U0275918

第七届中国石油石化腐蚀与防护技术交流大会论文集

中国石油学会石油腐蚀与防护专业委员会　编

石油工业出版社

内 容 提 要

本书收集了第七届中国石油石化腐蚀与防护技术交流大会论文136篇，主要内容包括油气田井筒管柱腐蚀、油气田地面集输和长输管道及装置腐蚀、炼化装置及管道腐蚀等。这些论文全面反映了我国近几年石油石化腐蚀与防护方面所取得的科研成果及技术进展。

本书可供从事石油石化腐蚀与防护领域的科研人员、工程技术人员及石油院校相关专业师生参考。

图书在版编目（CIP）数据

第七届中国石油石化腐蚀与防护技术交流大会论文集/
中国石油学会石油腐蚀与防护专业委员会编. — 北京：
石油工业出版社，2023.9
　　ISBN 978-7-5183-6354-4

　　Ⅰ.①第… Ⅱ.①中… Ⅲ.①石油化工设备-防腐-
学术会议-文集 Ⅳ.①TE98-53

　　中国国家版本馆 CIP 数据核字（2023）第 170955 号

出版发行：石油工业出版社
　　　　　（北京安定门外安华里 2 区1号　100011）
　　　网　　址：www.petropub.com
　　　编辑部：（010）64523757　图书营销中心：（010）64523633
经　　销：全国新华书店
印　　刷：北京中石油彩色印刷有限责任公司

2023 年 9 月第 1 版　2023 年 9 月第 1 次印刷
787×1092 毫米　开本：1/16　印张：74
字数：1900 千字

定价：200.00 元
（如出现印装质量问题，我社图书营销中心负责调换）

前　　言

当今世界面临百年未有之大变局，全球新一轮科技革命和产业变革迅速演进，国家对安全生产和绿色低碳转型的要求日益迫切。腐蚀失效是石油石化行业主要安全威胁之一，石油石化企业对腐蚀泄漏引起的安全、环保事故空前重视。近年来，以数字化感知、智能化诊断、体系化健康管理等为代表的腐蚀与控制新技术新理念方兴未艾。如何借助这些新技术新理念，实现石油石化设备设施腐蚀失效风险全生命周期精准防控，减少因腐蚀泄漏造成的各类安全环保事故事件，提升本质安全管理水平，保障设备设施延寿和长周期运行，助力"双碳"目标的实现是石油石化腐蚀与防护技术发展的大势所趋。

近年来，我国安全生产、污染防治等领域的发展取得了长足进步。构建了安全第一、预防为主的大安全大应急框架，在制度和法律两个层面提出了安全风险双重预防机制构建要求，积极推进包括腐蚀泄漏风险在内的安全风险管理体系。安全管理由事后处理处罚向风险事前预防、事中监测预警管控、事后诊断与综合治理的全生命周期体系转变，逐渐在形成风险辨识、危害识别、防治协同、防治融合、精准预判、科学预防的高质量发展新模式、新体系，有力支撑并保障了国家能源安全和绿色转型。

为全面贯彻落实党的二十大精神和党中央、国务院关于安全生产、生态文明建设和绿色低碳高质量发展等系列要求，降低石油石化行业腐蚀泄漏风险，中国石油学会石油腐蚀与防护专业委员会、中国石油学会石油管材专业委员会、石油工程建设专标委防腐分标委、中国石油炼化企业腐蚀与防护工作中心、中石化炼化工程(集团)股份有限公司洛阳技术研发中心、中海油油气田腐蚀防护中心定于2023年9月19-21日在成都市联合召开"第七届中国石油石化腐蚀与防护技术交流大会暨石油石化腐蚀与防护专家论坛"。

大会以"'双碳'转型下新能源及石油石化领域材料腐蚀控制面临的机遇与挑战"为主题，聚焦国内外腐蚀防护新理论和新技术，探讨腐蚀防护理论与技术的发展方向，推动我国石油石化行业腐蚀防护技术全面提升，为石油石化企业在"双碳"背景下实现高质量发展提供支撑。

本次大会得到了中国石油学会、中国石油、中国石化、中国海油、国家管网、延长石油和高等院校、科研院所等单位的大力支持和帮助，共征集240余篇学术论文，优选高质量论文136篇公开出版论文集。主要涉及油气田管道和站场全生命周期风险防控技术、油气田地面及井下腐蚀与防护技术、油气田管道及站场腐蚀失效智能识别技术、炼化腐蚀风险数字化/智能化检测与监测新技术、炼化腐蚀安全可靠性专业评估技术体系、微生物腐蚀(MIC)检测评价与防治技术、管道腐蚀控制智能化技术、储罐阴极保护技术与化学清洗技术等方面。论文整体上反映了国内石油石化行业腐蚀与防护领域最新研究成果、技术等进展，具有较高的学术水平和实用价值，对推动我国石油石化腐蚀防护专业技术发展，有序推进碳达峰碳中和目标实现具有重要意义。

本书编委会

2023 年 9 月

目　录

第一篇　油气田井筒管柱腐蚀

铼在镍基单晶高温合金中的作用 ……………………… 冯文昊　常剑秀　朱世东（ 3 ）

含 H_2S 环境下马氏体不锈钢的应力腐蚀敏感性研究
……………………………………… 赵雪会　戚建晶　刘君林　等（ 14 ）

新疆油田 CCUS 防腐技术研究与应用 …………… 熊启勇　陈　森　曾美婷　等（ 25 ）

油气领域 CO_2 与 Cl^- 介质交互作用下碳钢的腐蚀行为 ……………………… 魏开鹏（ 31 ）

东胜气田井筒腐蚀原因分析及防护对策 …………… 陈　旭　罗　懿　王锦昌　等（ 42 ）

井筒用降解型固体缓蚀剂颗粒的制备与性能研究 ……… 袁　浩　曹金安　段向锋（ 54 ）

关于石油钻杆腐蚀失效的研究 …………………… 王朋振　王　磊　崔灿灿　等（ 64 ）

酸性油气田某生产井 P110 套管断裂失效分析 ……… 李　芳　张江江　曾文广　等（ 72 ）

顺北油气田超深、超高温井下管柱腐蚀防控技术 ……………… 张　裕　李　帅（ 77 ）

热处理工艺对超级 13Cr 力学性能及耐腐蚀性能的影响及寿命预测
……………………………………… 陈小琴　李　权　程文佳　等（ 84 ）

基于 $H_2S/CO_2/O_2$ 三相混合气体环境下热采井井筒腐蚀机理研究 ………… 刘海彬（ 95 ）

稠油火驱管柱腐蚀现状及初步治理对策 …………… 谢嘉溪　吴　非　罗恩勇　等（105）

CO_2 驱井下缓蚀剂的优选与缓蚀机理研究 ………… 李俊仪　魏　旭　孙振华（115）

超分子清洗剂在油田采出水中的应用研究 ………… 徐明明　刘云磊　王亭沂　等（134）

渝西页岩气田 N80 钢油管腐蚀失效分析 …………… 张　笠　曹世昌　孙超亚　等（143）

固体缓蚀剂胶囊的制备及其缓蚀性能的研究 ……… 杨立华　刘广胜　苑慧莹　等（153）

低渗透油田油井长效缓蚀技术研究与试验进展 …… 李琼玮　郭　钢　苑慧莹　等（161）

黄土塬地貌套管阴极保护深井阳极床设计参数研究
……………………………………… 王小勇　李成龙　刘广胜　等（167）

老油田高含水开发后期腐蚀治理工艺研究 ………… 马宇博　李贵年　佟建成　等（173）

二氧化碳驱油藏新型腐蚀防治技术 ……………………………………… 鲍俊峰（186）

储气库气井油管 $\phi73.02mm \times 5.5mm$ BG13Cr 表面锈蚀原因分析
……………………………………… 李国锋　王树涛　周　玲　等（194）

中原油田二氧化碳驱油井油管断裂分析

.... 王树涛　黄雪松　方前程　王巧玲　李俊朋（207）

体积压裂气井细菌综合腐蚀规律与防控对策 ... 肖　茂　郭　琴　刘　通　姚麟昱（215）

川西须家河组气井腐蚀调查及预测研究 .... 史雪枝　张国东（230）

CCUS 用缓蚀剂及管杆材料的性能评价................ 管　新　郭志永　张博文　等（238）

油田注入水中防腐油管的静态腐蚀规律评价............ 渠慧敏　孙鑫宁　王　聪　等（246）

CCUS 安全长效注采技术的腐蚀与防护............... 岳广韬　于　超　刘建新　等（251）

第二篇　油气田地面集输和长输管道及装置腐蚀

油气田地面管道内腐蚀现状及防腐技术研究进展 ... 付安庆　袁军涛　李轩鹏　等（259）

油田 20# 钢弯头失效分析 .... 朱凯峰　苏　锋　崔　鹏　等（277）

高压直流输电负向干扰对 X80M 管线钢的氢致损伤行为研究

.... 袁军涛　韩　燕　付安庆　等（286）

玻璃钢失效管道带压修复工艺有限元模拟方法 .... 刘冬冬　黄大江　唐　宇（292）

页岩气集输场站管线弯头冲蚀研究及结构优化 .... 薛　艳　徐　军　胡维首（300）

油气集输管道腐蚀缺陷复合材料修复技术研究 .... 吴永春　刘成钢　钟　源（308）

油气田注水设备腐蚀现状与新材质的应用 .... 魏永辉　申　亮　詹海勇（318）

西部某油田进站汇管法兰螺栓断裂失效分析 .... 王　鹏　岳良武　常泽亮（327）

聚集诱导发光缓蚀剂的合成及不同阴离子对缓蚀作用的影响

.... 孙　飞　赵　玥　安一鸣（338）

高压直流接地极对山区管道的干扰规律探究 .... 侯　浩　王爱玲　梁　栋　等（346）

米桑油田脱硫塔腐蚀问题分析及流程改造实践 .... 吴锦亮　宗俊斌　柯文超（358）

气田异径管刺漏失效分析研究 .... 方　艳　岳良武　林　竹　等（364）

温度对原油储罐罐底微生物腐蚀影响规律的研究 ... 马凯军　王萌萌　史振龙　等（374）

地下管道无泄漏长寿命安全运营管理新技术展望 .... 袁厚明　周元杰（382）

埋地管道腐蚀机理及防治对策研究 .... 张奎鹏（390）

浅析降低山区管道阴保征地影响的技术措施 .... 李薇薇（399）

油田站场区域性阴极保护系统数值模拟优化实践 .... 符中欣　伊春涛（406）

喇嘛甸油田失效管道样品库建设与实践 .... 邵守斌（414）

渔光互补光伏发电项目对原油管道杂散电流干扰的评估 .... 孟繁兴（426）

试片面积对破损涂层下埋地管道直流干扰程度评价结果的影响

.... 王萌萌　彭云超　刘大伟　等（438）

无检修通道的油气管道悬索跨越主索病害养护方案研究 .... 沈飞军　修林冉（446）

基于 InSAR 技术的长输油气管道地质灾害早期识别与监测技术研究
　　…………………………………… 沈飞军　熊　伟　王　凯　等（452）
某站库管线与储罐底板阴极保护评价和优化设计 ……………… 孙佳妮（459）
塔河某集油干线内涂层局部失效机理分析 …………………… 范永佳（469）
储罐内壁非金属防护技术研究与应用评价 …… 刘青山　葛鹏莉　曾文广　等（479）
G 油田埋地钢质管道腐蚀穿孔成因及对策分析 …… 张田田　王可佳　赵启昌　等（491）
天然气外输管道黑粉形成原因及防治对策研究 …… 郭玉洁　张江江　孙海礁　等（497）
丛式井场管道区域性阴极保护技术研究与应用 ………………… 闫刘斌（503）
针刺覆膜法钠基膨润土防水毯对其包裹埋地管道阴极保护影响 ………… 李振军（508）
腐蚀监测技术在大港南部油田的应用探讨 …… 王　菁　赵　维　魏海生　等（519）
石油储罐用水性环氧导静电涂料制备及性能研究 …… 石家烽　康绍炜　王　磊　等（526）
阴极保护联排系统在兴隆台采油厂的应用 …………………… 马　驰（531）
复合材料管道技术的发展及在油气田的应用 …… 陶佳栋　金立群　卢明昌　等（537）
CCUS 地面集输系统腐蚀与防护工艺探究 …… 吴滨华　齐建伟　宋建成（544）
含硫气田腐蚀监控与评价专家系统研究 ……………………… 李　珊（553）
X80 管线钢环焊缝氢扩散多场耦合模拟研究 …… 徐涛龙　过思翰　郭　磊　等（560）
临氢环境下 X80 管道环焊缝氢致开裂相场法模拟 … 徐涛龙　韩浩宇　冯　伟　等（571）
安岳气田集输系统腐蚀监检一体化数据模型研究 ……… 朱　祯　郭　昕　罗彦力（583）
多元热流体环境中 H_2S 含量对 3Cr 钢腐蚀影响研究
　　………………………………… 韩　雪　曾德智　罗建成　等（599）
长宁页岩气场站腐蚀失效分析及对策 …… 罗彦力　杨建英　文　嶄（611）
高含硫气田集输系统腐蚀与防护技术应用 …… 李　宏　谭　浩　贾长青　等（621）
长庆油田地面管道腐蚀监测网建设 …… 姜　毅　李成龙　王卫军　等（632）
含氢环境下管线钢的慢应变速率拉伸试验影响研究
　　………………………………… 赵　茜　黄啸虎　杨芝乐　等（637）
东海某长输天然气海底管道清管作业优化实践 …… 李晨泓　韩国进　仲　华　等（649）
基于壁厚在线监测的集输管道腐蚀风险智能评价研究
　　………………………………… 田发国　刘广胜　刘天宇　等（664）
集油管道流向在线识别及回流控制方法研究 …… 李晓虎　杨兵谦　王重阳　等（671）
电阻探针在油田站场生产设施腐蚀平台中的应用研究
　　………………………………… 渠　蒲　陈永浩　尹琦岭　等（677）
地铁杂散电流对埋地管道腐蚀电位和管中电流分布的影响规律
　　………………………………… 唐德志　张维智　张文艳　等（682）
川南某页岩气田外输管线缺陷点分析和防腐措施研究 ………… 杨　娜（694）

玻璃钢管道失效及寿命预测技术研究 ·········· 孔繁宇 马晓红 袁金芳（706）

荆荆管道补口带失效与管体缺陷的关联度分析 ····· 李 菲 祝 颖 孙 伟 等（711）

电磁超声导波管道缺陷检测系统与方法 ········· 马晓红 王 聪 魏海涛（720）

威荣气田管道腐蚀机理及防腐措施研究综述 ········ 向 伟 王 腾 严 曦 等（730）

计算机视觉技术在威荣气田采气站场地面管道泄露检测中的应用
·································· 严小勇 向 伟 卜 洵 等（746）

高庙气田须家河组气藏气井地面流程腐蚀机理分析
····························· 张兴堂 刘尧波 潘超华 等（756）

吉林油田地面集输管网全生命周期风险防控技术研究 ··· 邹胤卓 马晓红 孔繁宇（765）

油气玻璃钢管道失效机理及吉林油田应用实践 ······· 王 聪 马晓红 孔繁宇（771）

H_2S 存在条件下 CCUS 集输系统中腐蚀行为影响研究 ·················· 范冬艳（780）

CO_2 驱集输系统腐蚀防护技术路线经济性评价 ······· 于 洋 马晓红 张 磊（787）

威荣气田集气干线腐蚀原因分析及管控措施研究 ··· 严 曦 王 腾 向 伟 等（791）

超声 C 扫描在胜利油田常压储罐检测应用实践分析
·································· 姬 杰 仇东泉 刘 超 等（800）

油田集输管道内外腐蚀相互影响因素研究 ······· 陈丽娜 韩 庆 闫泰松 等（805）

油田管道智能一体化区域性阴极保护技术应用与优化调整
····························· 张博文 刘书孟 吴镇禹 等（816）

榆树林油田 CO_2 驱集输系统防腐技术应用 ·········· 李 影 丛 林（830）

第三篇　油气田地面集输和长输管道及装置腐蚀

加氢换热器用 321 不锈钢、镍基合金 825 氢脆敏感性研究
····························· 徐秀清 王 玮 陈之腾 等（837）

冷轧塑变 304 不锈钢在稀硫酸中的腐蚀电化学行为
····························· 来维亚 秦国民 杜小英 等（846）

有机涂层防护性能电化学分析方法 ········· 王伟杰 王永才 徐 慧 等（857）

酸性水汽提装置塔顶空冷出口管线腐蚀原因分析及预防措施
····························· 张宏锋 陶东来 雷 建 等（868）

INCOLOY825 材料在加氢裂化装置中高压空冷器上的应用 ··········· 冯 勇（874）

常压塔顶油气线低温段腐蚀与防护 ····················· 杨毅晟（879）

GE 水煤浆气化炉拱顶超温事故分析 ···················· 王金辉（886）

柴油加氢硫化氢汽提塔顶线腐蚀分析与对策 ············· 曹雪峰 高 崎（892）

减黏装置塔顶低温系统工艺防腐优化研究 ······· 刘艳峰 徐 剑 陈秋芬 等（899）

加氢装置高压换热器长周期运行下的腐蚀分析与防护技术 ……………… 康秀阁（907）

连续重整装置工艺防腐蚀现状及分析 …………………… 冷文明 张 森（915）

催化装置分馏塔顶结盐腐蚀防护措施 …………………… 周定一 杨晓柯（922）

柴油加氢高压换热器腐蚀失效分析及解决措施 ……… 张晋玮 刘俊军 秦 汉 等（927）

常减压蒸馏装置腐蚀监测系统 pH 探针故障分析与处理

………………………… 艾尔西丁 包 军 段 强 等（938）

制氢装置转化炉炉管检测及材质劣化分析

……………… 木合塔尔·买买提 潘从锦 于 阗 等（943）

常减压蒸馏装置减压塔顶注水防腐技术应用 ……… 张 磊 段 强 彭 伟 等（951）

臭氧催化氧化系统腐蚀原因分析及防护措施 ……… 赵利生 卢 振 李正路（955）

焦化汽油加氢装置腐蚀与防护探讨 ……………… 娄 城 李立峰 倪家俊 等（961）

炼厂脱钙配套缓蚀剂的制备及应用研究 ……… 马 玲 李 磊 雷 兵 等（969）

燃煤电厂 SCR 烟气脱硝对空预器的堵塞腐蚀影响及防控措施

………………………… 朱文龙 杜晓锋 廖园轲 等（975）

污水处理装置臭氧塔泄漏原因分析 ……………… 潘从锦 木合塔尔·买买提（981）

常减压装置常压塔过汽化油上方远传压力表阀后弯头失效分析与应对策略

……………………………………………………… 贾超亚（986）

合成氨单元开工加热炉炉管开裂失效分析 ……… 季 斐 王 海 朱继红 等（999）

煤气化变换单元粗合成气与变换气换热器管束腐蚀泄漏失效分析

………………………… 陈 磊 朱兵兵 谷伟伟 等（1006）

炼化企业防腐蚀智能化管理决策系统的探索与建立 …… 梁宗忠 吴艳萍 胡 伟（1015）

MTBE 装置腐蚀原因分析及应对 ……… 姜 勇 王 宁 王秀萍 等（1025）

丙烯酸丁酯反应器循环泵出口膨胀节腐蚀泄漏原因分析 ……… 张恩瑞 黄林林（1030）

柴油加氢装置高压换热器腐蚀分析及对策 ……………………… 张维燕（1038）

个性化检验在工业管道保温下腐蚀护中的应用 ……………… 郝文旭（1050）

减压塔顶空冷器腐蚀泄漏原因分析 …………………… 雷 静 刘鹏举（1055）

炼化装置腐蚀源头主动防腐新技术、新装备探讨 … 孙亚旭 张海飞 刘晓燕 等（1062）

浅谈原油劣质化背景下炼化装置腐蚀危害及防控措施

………………………… 魏 玮 孙亚旭 刘晓燕 等（1068）

新型保温隔热反射材料在液化烃球罐的应用分析 ……………… 张兆辉（1073）

炼油装置腐蚀智能化决策系统研究 …………………… 李 斌 马 斌（1081）

川东北高含硫气田净化厂脱硫系统腐蚀原因及对策研究

………………………… 王 希 叶开清 龙继勇 等（1086）

硫磺回收装置一级冷凝冷却器硫酸腐蚀分析及防护

······························· 何　银　钱义刚　高青松　等(1096)

保温层下防护涂层耐腐蚀性能评价方法研究 ········ 李晓炜　于慧文　段永锋　等(1100)

304L 和 316L 耐酸性水中氯离子的阈值研究 ········ 包振宇　段永锋　李朝法　等(1109)

大型石化储罐防腐涂层现状及问题分析 ·········· 樊志帅　丁少军　任宁飞　等(1118)

二氧化碳对干气回收乙烯装置的腐蚀影响及对策 ······················· 刘自强(1127)

脉冲涡流检测在隐患排查中的应用及影响因素分析

······························· 樊志帅　李晓炜　包振宇　等(1133)

制氢装置中变气热媒水换热器管束漏点定位与分析 ······ 李　聪　毛立力　孟令滨(1141)

延迟焦化分馏塔腐蚀原因分析及防护措施 ······················· 任诗韬(1147)

硫磺回收装置氨吸收塔腐蚀原因分析及对策 ························· 黄　鑫(1157)

HYSYS 在焦化顶循环系统腐蚀分析中的应用 ········ 涂连涛　张宏锋　徐豪杰　等(1164)

第一篇

油气田井筒管柱腐蚀

铼在镍基单晶高温合金中的作用

冯文昊[1]　常剑秀[1]　朱世东[1, 2]

(1. 西安石油大学；2. 陕西省油气田环境污染
控制技术与储层保护重点实验室)

摘　要：镍基单晶高温合金因其优异的高温强度和良好的组织稳定性，广泛应用于航空航天领域。为了提高其承温能力，自第二代开始镍基单晶高温合金中便加入了铼(Re)。经过几十年的发展，镍基单晶高温合金已经发展到第七代，Re 已经成为了先进镍基单晶高温合金中不可缺少的元素。本文简述了镍基单晶高温合金的发展历程，综述了 Re 对镍基单晶高温合金显微组织、蠕变性能、高温氧化性能和热腐蚀性能的影响，分别从直接作用和间接作用两个角度对 Re 作用机理进行了着重探讨，并分析了 Re 在 γ 基体中的分布形式、Re 对 γ/γ′ 两相界面错配度的影响、Re 对合金元素分配比的影响以及氧化热腐蚀环境下 Re 对氧化膜黏附性、氧化膜致密性以及元素活度的影响。最后，对镍基单晶高温合金的成分优化、新材料研发手段等进行了展望，以期为新型镍基单晶高温合金的研发以及含 Re 镍基单晶高温合金的应用提供理论依据。

关键词：镍基高温合金；铼；蠕变性能；高温氧化；热腐蚀

为进一步提高燃油效率、降低碳排放量，先进航空发动机的涡轮前进气温度不断提高，这对机组的性能提出了更高的要求。镍基单晶高温合金因其具有力学性能优异和高温强度高、抗氧化和抗热腐蚀性能良好等特点，在现代航空发动机的涡轮叶片和叶片中得以广泛应用。镍基单晶高温合金主要由 γ 相和 γ′ 相组成，其 γ 基体相主要提供塑性，γ′ 相主要提高强度，二者的结合使该合金具有优良的力学性能[1]。镍基单晶高温合金的力学性能主要取决于具有 Ni_3Al 结构的 γ′ 相，现代合金中 γ′ 相的体积分数主要在 60%~75% 之间。此外，合金中 Cr、Al 等元素的存在，在高温下会生成结构致密并且连续的 Cr_2O_3、Al_2O_3 氧化膜，覆盖在基体表面，避免了基体与外界环境中氧气和腐蚀介质的直接接触从而提高抗氧化性和耐蚀性。

为提高该合金的承温能力，自第二代开始镍基单晶高温合金中便加入了铼(Re)，研究表明，Re 的加入可以显著提高高温合金的承温能力，尤其是蠕变性能，这种现象称之为"铼效应"。但 Re 又是一个相位不稳定元素，一定量的 Re 会和 W、Mo 等其他难熔元素一样导致 TCP 相(topologically close-packed phase, 拓扑密排相)的析出，损害了合金的高温性能。如何在保持难熔元素含量下，降低 TCP 有害相的生成显得尤为重要。元素 Ru 可以取代部分 Re，提高合金的抗氧化和耐腐蚀性能[2]，虽然未改变析出 TCP 相的类型，但能在一定程度上抑制 TCP 有害相的析出，提高组织的稳定性[3,4]。贵金属元素 Re、Ru 作为价格昂贵的战略元素，其加入比重越来越多，合金工作温度提高的同时伴随着制造成本的不断增加。要想制造出优质且廉价的合金，需要对其在合金中的作用有很清楚的认识。

本文总结了 Re 在镍基单晶高温合金组织和性能中所起的作用，详细概述了 Re 的加入对合金组织、蠕变性能、高温氧化性能、热腐蚀性能的影响，以期为未来单晶合金中 Re 元素含量的优化，设计出低成本、高性能的镍基单晶高温合金设计提供参考。

1 镍基单晶高温合金的发展

自 20 世纪 70 年代开始研究第一代单晶高温合金发展到现在的第七代，每代单晶高温合金的工作温度较上一代相比提高 20~30℃。Re 为银白色的重金属，在 20℃下的密度为 21.0g/cm³，熔点为 3180℃，属于高熔点金属。晶体结构为密排六方，具有良好的塑性，在高温和低温下都不存在脆性[5]。第二代、第三代单晶高温合金在第一代合金的成分基础上分别加入了质量分数为 3% 和 6% 的 Re 元素，第四代单晶合金在第三代的基础上又添加了 3% 的 Ru 元素[6]。第五代、第六代合金(主要以日本生产的 TMS-196、TMS-238 为代表)中 Re 含量又有小幅提高，Ru 含量增加到 5%~6%。日本科学家设计的新一代高温合金[7]以 TSM-238 为基础，进一步提高了 Re 和 Ru 含量，并引入了 Ir，其具有比上一代更高的蠕变寿命。其中，第一至第六代的典型镍基单晶高温合金的成分见表 1。

表 1 典型镍基单晶高温合金的成分

代	合金	国家	Elements									
			Co	Cr	Mo	W	Ti	Al	Ta	Re	Ru	Ni
第一代	PWA1480	USA	5.0	10.0	–	4.0	1.5	5	12.0	–	–	Bal.
	ReneN4	USA	8.0	9.0	2.0	6.0	3.7	4.2	4	–	–	
	AM1	FRA	6.0	8.0	2.0	6.0	1.2	5.2	9.0	–	–	
	AM3	FRA	6.0	8.0	2.0	5.0	2.0	6.0	4.0	–	–	
	SRR99	UK	5.0	8.0	–	10.0	2.2	5.5	3.0	–	–	
	RR2000	UK	10.0	15.0	3.0	–	4.0	5.5	–	–	–	
	CMSX-2	USA	4.6	8.0	0.6	8.0	1.0	5.6	9.0	–	–	
	CMSX-3	USA	5.0	8.0	0.6	8.0	1.0	5.6	6.0	–	–	
	CMSX-6	USA	6.0	10.0	3.0	–	4.7	4.8	2.0	–	–	
	DD3	CHN	5.0	9.5	3.8	5.2	2.1	5.9	–	–	–	
	DD8	CHN	8.5	16.0		6.0	3.8	2.1		–	–	
第二代	PWA1484	USA	10.0	5.0	2.0	6.0	–	5.6	9.0	3.0	–	Bal.
	ReneN5	UK	8.0	7.0	2.0	5.0		6.2	7.0	3.0	–	
	CMSX-4	USA	9.0	6.5	0.6	6.0	1.0	5.6	6.5	3.0	–	
	SC180	USA	10.0	5.0	2.0	5.0	1.0	5.2	8.5	3.0	–	
	MC2	FRA	5.0	8.0	2.0	8.0	1.5	5.0	6.0	–	–	

续表

代	合金	国家	Elements									
			Co	Cr	Mo	W	Ti	Al	Ta	Re	Ru	Ni
第三代	ReneN6	USA	12.5	4.2	1.4	6.0	–	5.75	7.2	5.4	–	Bal.
	CMSX-10	USA	3.0	2.0	0.4	5.0	0.2	5.7	8.0	6.0	–	
	TMS-75	JPN	12.0	3.0	2.0	6.0	–	6.0	6.0	5.0	–	
第四代	TMS-138	JPN	5.8	3.2	2.9	5.9	–	5.8	5.6	5.0	2.0	Bal.
	MC-NG	FRA	–	4.0	5.0	1.0	0.5	6.0	5.0	4.0	4.0	
	PWA1497	USA	16.5	2.0	2.0	6.0	–	5.55	8.25	5.95	3.0	
第五代	TMS-162	JPN	5.8	3.0	3.9	5.8	–	5.8	5.6	4.9	6.0	Bal.
	TMS-196	JPN	5.6	4.6	2.4	5.0	–	5.6	5.6	6.4	5.0	
第六代	TMS-238	JPN	6.54	4.6	1.1	4.0	–	5.9	7.6	6.4	5.0	Bal.

2 Re 对合金组织的影响

镍基单晶高温合金是由相似的两相结构组成，γ′相镶嵌在面心立方结构的基体 γ 相中，γ′相的尺寸、形状和分布对力学性能起着非常重要的作用。Re 的加入对 γ′相的影响主要有两个方面：（1）Re 对 γ′相的生长和形态有直接作用；（2）Re 通过改变其他元素在 γ′相中的分配，间接影响 γ′相的形貌。

2.1 Re 在组织中的分布

关于 Re 元素在组织中是均匀分布还是以原子团簇存在于组织中还存在争议。上世纪八十年代，Blavetee 等[8]首先在加入 Re 的 CMSX-2 合金和 PWA1480 合金中采用一维原子探针法发现，在合金基体中存在大约 1.0nm 的 Re 原子团簇。Ruusing 等[9]对第三代商用镍基合金 Re31 进行检测时也发现，Re 在 γ 相中呈现不均匀分布状态，可能的 Re 原子团簇尺寸为 1nm。但在对 RR3000 合金进行 FIM/AP 和 3DAP 检测后发现，Re 元素出现在 γ/γ′界面，但没有出现团簇[10]。Mottura 等[11,12]也在其一系列研究中给出了 Re 团簇不存在的证据。另外，很多学者在纳米尺度上研究其在合金组织中的分布时发现，Re 主要分布于 γ 基体，在 γ′相中的溶解度非常低。

2.2 Re 对 γ′相直接作用

1985 年 Giamei 和 Anton[13]在研究 Re 对合金组织的影响中指出，有限的 Re 添加可以延缓 γ′相的长大。骆宇时[14,15]观察四种 Re 含量不同的单晶合金的微观组织发现，随着合金 Re 含量的增加，γ′相立方化程度提高，枝晶干和枝晶间的 γ′相越来越细小，Re 添加量与 γ′相尺寸间的关系如图 1 所示。Yoon 等[16]进一步发现，Re 的加入在保持 γ′相的形貌上有很大的作用，γ′相与 γ 基体之间的界面能和两相之间弹性能的平衡决定了 γ′沉淀相的形态。在有 Re 加入的 Ni-Cr-Al 三元镍基合金长期时效过程中，γ′沉淀相仍然保持相当程度上的球状形态。

高温合金中的两相界面十分重要，确保较低的 γ/γ' 界面能对 γ' 相的粗化一直十分重要。Re 的加入降低了 γ/γ' 的界面能，从而起到延缓 γ' 相粗化的效果[16]。Li 等[17]通过对比含3%Re 合金和不含 Re 合金微观组织发现，含 Re 合金组织中 γ' 相尺寸比无 Re 合金中小得多，在900℃低周疲劳试验中发现随着应变幅度的增大 γ' 相粗化明显，Re 的加入阻止了 γ' 相的生长并保持了相结构的均匀，γ' 相的形貌和尺寸如图2所示。

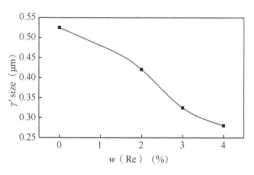

图1　Re 含量与 γ' 尺寸的关系

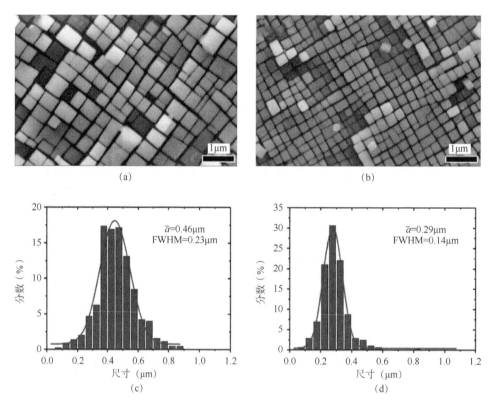

(a)　　　　　　　　　　　　　　(b)

(c)　　　　　　　　　　　　　　(d)

图2　标准热处理后两种合金 γ' 相的形貌和尺寸

2.3　Re 对 γ' 相间接作用

关于 Re 对其他元素在 γ 相和 γ' 相中分配的影响，研究者也进行了大量的研究。Blavette 等[8]发现 Re 的加入增加了 Ta 在 γ 相中的固溶度，使其在 γ 相中的含量增加；W

在无 Re 合金中的 γ 相和 γ′ 相中的分配比相同，但在 Re 加入后 W 元素优先分配到 γ 相，此时 W 在 γ′ 相中的含量大约是 γ 相中的一半。Wang 等人[18]却发现在含 Re 元素的镍基单晶合金中，W 元素的分配出现"反向分配"，随着 Re 的加入，W 更多的分配到 γ′ 相中，而 Mo 的分配不受影响。Qu 等[19]采用三维 APT 技术在研究一种含 4%Re 合金的次生 γ′ 相的析出行为时发现，W 在 γ 相和次生 γ′ 相中的含量要远高于其在初生 γ′ 相中的，如表 2 所示，二次 γ′ 相中包含更多 Re、Cr、W、Mo 等 γ 相形成元素，并认为 Re 可能阻碍了其他元素的扩散。Blavette 等[8]还发现当原始组织中 Ta 浓度很高时，Re 的加入不会改变 Ta 的分配系数；但是 Re 的加入会增加 Al 到 γ′ 相中的分配，Cr 到 γ 相中的分配[16]。

表 2　γ 相、γ′ 相和二次 γ′ 相中的典型成分[19]

相	Mo	Cr	Ni	Al	W	Ta	Co	Re
γ	2.485	11.038	55.046	4.280	3.177	0.430	18.310	4.973
初生 γ′	0.691	1.710	67.273	17.561	1.938	3.568	6.719	0.349
次生 γ′	1.211	2.926	65.365	15.850	3.248	1.896	7.885	1.369

3　Re 对蠕变性能的影响

单晶高温合金可以从 γ′-Ni₃Al 型沉淀中获得良好的高温强度和蠕变性能，γ′ 相的尺寸、形状、分布、体积分数对合金的蠕变性能有着直接的意义。研究发现，γ/γ′ 两相合金的蠕变性能最佳，其次为单独 γ′ 相合金和单独 γ 相合金，γ′ 相在合金蠕变过程中会逐渐彼此联结成板条状，此被称为"筏排化"，筏排组织的出现对高温合金的蠕变性能有较大的影响[20]。第二代和第三代镍基高温合金和上一代相比有更好的蠕变强度，Re 的加入会对蠕变性能产生显著的影响，蠕变性能变化的机制较复杂，目前尚未形成统一的结论。

3.1　Re 与 γ 相

一直以来，研究者们将合金蠕变性能的提高归因于三个方面：(1)γ 基体中 Re 的富集导致固溶强化效果增加。Volek 等[21]提出合金设计时要将尽可能多的 Re 放入 γ 相，引起较强的固溶强化效应，使发生位错运动的 γ 相中富集更多的 Re。(2)Re 原子扩散速度慢，减缓了位错的运动。由于 Re 较大的原子半径，很小的扩散系数，可以在一定程度上延缓由元素扩散引起的 γ′ 筏排化。杨海青等[22]发现，Re 的加入可以明显细化并且稳定合金的筏排组织，Re 含量增加导致合金持久性能下降的幅度变小。(3)γ 相中聚集的 Re 团簇成为位错运动的阻碍。关于 Re 团簇是否存在及其对"铼效应"的影响还存在很大争议，有研究者认为通过简单的显示 γ 相中 Re 浓度的波动，不能证实 Re 团簇的存在。Mottura 等[12]研究发现没有直接证据能证实 Re 团簇存在，且 Re 在 γ 基体中呈现出随机分布的特征；在之后的研究中采用 DFT 模型发现最邻近的 Re 原子间有很强的负结合能，系统需要克服很强的排斥能才可能形成团簇，并且最邻近的 Re-Re 团能量极不稳定，因此指出 Re 团簇不能有力的诠释高温蠕变强化效应。

3.2 Re 与 γ/γ′界面

Re 对蠕变性能的影响还在于 Re 通过改变 γ/γ′的组织形貌进而间接地影响蠕变性能。Heckl 等[23]研究发现，由于 Re 的加入导致 γ/γ′晶格错配度向负值转变，高 Re 合金中存在较高的晶格错配度，与 Re 含量较低的合金相比其蠕变强度有所提高，而且还发现 5% Re 使 γ′相体积含量下降，这种下降趋势对蠕变强度有负面影响。Wollgramm 等[24]对含 3% Re 合金在不同温度和不同应力作用下的蠕变表现进行了研究，发现在低温高应力下，γ/γ′显微组织稳定，γ 相位错密度高；而在高温低应力下，γ/γ′界面形成位错网，基体通道位错密度降低。Zhang 等[25]比较了五种含 Re 合金蠕变性能和微观结构发现，界面位错网越密集，最小的蠕变速率越低，蠕变性能越好。Ding 等[26]发现 Re 在合金中的位置对力学性能有显著的影响，Re 在 γ/γ′界面位错上的偏析大大强化了两相间的界面，Re 浓度较高的界面可以有效的阻止位错的剪切，Re 对界面位错网的稳定为改善合金的蠕变性能提供了新的视角。Wu 等[27]发现偏析效应可以跨越 γ/γ′界面，沿位错线从 γ 基体进入 γ′相；在 γ′相内部位错存在 Re 和 Mo 的偏析，产生位错运动的阻力，减缓位错运动，从而影响蠕变性能。Wu 等[28]最新的研究指出蠕变变形中所形成的晶体缺陷为 Re 的富集提供了直接证据，其静态和动态 PF 模拟结果表明，Re 在部分位错处富集，阻止位错运动，进而使蠕变速率降低、蠕变性能得以改善。

4 Re 对高温氧化和热腐蚀的影响

高温合金通常用于制作航空发动机或工业燃气轮机的涡轮叶片和导向叶片等，这些器件需要在高温燃气环境中服役。单晶合金高温氧化是指合金在高温下与环境氧化介质生成氧化物的过程。单晶合金热腐蚀是指在高温含硫燃气环境中服役时，合金与因燃烧而沉积在表面的盐发生反应而引起的加速氧化现象。高温氧化和热腐蚀严重破坏合金表面结构，生成疏松多孔的氧化膜，加快合金失效，降低合金使用寿命。Re 作为合金中添加的贵金属元素，加入量的多少关系到合金的制造成本，其对合金抗氧化性能和抗热腐蚀性能的影响受到材料研究者的高度重视。

4.1 Re 对高温涂层氧化性能的影响

镍基高温合金表面的高温氧化涂层自 20 世纪 50 年代以来就一直是高温领域的研究热点，涂层性能的好坏直接决定着合金的使用寿命。关于 Re 元素直接对镍基单晶高温合金抗氧化性影响的研究报道较少，目前主要集中在研究 Re 元素对合金高温涂层氧化性能的影响。

Czech 等[29]最早将 Re 元素添加到 MCrAlY 涂层中发现，与不含 Re 的涂层相比，含 Re 涂层的抗氧化性能明显改善，Re 含量高的涂层具有更高的抗氧化性能；在更高的温度下，Re 对氧化性能的影响也更显著。Beele 等[30]研究 Re 的加入对 MCoCrAlY 氧化性能的影响发现，Re 可以显著促进 NiCoCrAlY 涂层的抗氧化性；Re 的添加对涂层中 Al_2O_3 氧化膜的生长速率没有直接影响，但 Re 可以对涂层的长期氧化产生间接影响，Re 减缓 β-NiAl 相的贫化速度，并且促进 Al_2O_3 氧化膜剥落后的再生。Huang 等[31]进一步研究了 Re 对 NiCrAlY 涂层在长期高温氧化下的抗氧化性能，指出 Re 对 Al_2O_3 的生长速率影响不大，但 Re 的添

加增加了 α-Cr 的稳定性；由于 α-Cr 和 α-Al₂O₃ 的热膨胀系数相似，α-Cr 稳定性的增强降低了 α-Al₂O₃ 氧化膜与基体间的热应力，提高涂层的附着力，显著提高涂层在循环氧化条件下的抗氧化性。Li 等人[32]评价了不同 Re 含量的铝化物涂层的抗氧化性，涂层中少量 Re 的掺杂降低了氧化速率常数；Re 的含量多少对铝化物涂层的氧化性能有很大的影响，Re 在 1Re-NiAl 涂层中加速了 θ-Al₂O₃ 向 α-Al₂O₃ 的转变，使涂层氧化增重降低；当涂层中 Re 含量过高时，10Re-NiAl 涂层的氧化性能会出现恶化。

前人的研究主要集中在涂层 Re 合金化对涂层自身抗氧化性能的影响，但很少有学者研究高温合金 Re 合金化对其自身或其表面涂层抗氧化性能的影响。这是因为 Re 的扩散系数低，Re 可能会与 Cr 和 W 反应，在涂层扩散区生成有害 TCP 相，进而对涂层的抗氧化性能影响不大。为了研究合金中 Re 的加入对涂层抗氧化性能的影响，Liu 等[33]将 4%Re 加入 DD32M 合金，制成含 4%Re 的 DD32 合金，并将其与不含 Re 的 DD32M 合金的铝化物涂层在高温下的抗氧化性进行对比，研究发现 Re 的加入降低了涂层氧化速率，改善了涂层的长期氧化性能，但对氧化初期几乎没有影响，Re 影响长期氧化下 θ-Al₂O₃ 向 α-Al₂O₃ 的转变，这与 Li 等[32]的研究结果相一致；研究还发现在长期氧化后，互扩散区出现的富 Re 析出相可以阻止 Ni 和 Al 向外/内的扩散，从而成为一种有效的扩散屏障。

4.2 Re 对合金氧化性能的影响

Huang 等[34]发现 Re 以间接方式影响合金的氧化行为，含 4%Re 的 DD32 合金进一步增加了枝晶干和枝晶间 Al 元素的微观偏析，导致合金不均匀氧化，由于氧化膜的不均使得合金在较高温度下氧化增重明显。Moniruzzaman 等[35]研究发现 Re 明显降低了低 Al 含量合金的抗氧化性，随着 Re 的增加，在 10%Al 含量的合金中，失重增加。分析指出，由于 Re 的加入，生成具有挥发性的 Re₂O₇，造成 Al₂O₃ 氧化膜的多孔，降低了氧化膜的致密性。Murata 等[36]进一步指出 Re 对合金氧化性能的有害效应在 10%Al 合金中明显，但在 15%Al 合金中不明显；当 Re/Al 为 0.1 时表现出良好的抗高温氧化性，当两者比例大于 0.1 时抗高温氧化性下降。

过去，大多数研究者认为合金中 Re 的加入会恶化其高温氧化性能，近些年来有部分研究者发现 Re 的合金化会改善合金的高温氧化性能。Xu 等[37]研究 Cr 和 Re 对镍基合金高温氧化性能的影响发现，合金中加入 Cr 和 Re 可有效降低合金的氧化速率，提高合金基体与氧化膜间的结合力，导致 Mo 的挥发性氧化物显著减少、α-Al₂O₃ 氧化膜更加致密连续，合金的抗氧化性明显提高。Liu 等[38]发现 Re 的加入提高了一种新型镍基高温合金的抗氧化性，减缓了 Cr 的扩散，含 0.2%Re 的合金氧化产物的剥落速率明显小于无 Re 样品的。Chang 等[39]对比含 2%Re 与不含 Re 合金恒温氧化产物发现，Re 的加入可以促进连续 Al₂O₃ 氧化膜的形成，还可以抑制合金内部氮化物的形成。

4.3 Re 对合金热腐蚀性能的影响

依照温度的不同可以将热腐蚀分为两种，温度为 600~750℃时称为低温热腐蚀，温度为 800~950℃时称为高温热腐蚀[40]。镍基单晶高温合金在含硫环境中更容易发生低温热腐蚀，其主要特征是点蚀，对合金的破坏效果更严重。由于高温合金苛刻的工作环境，抗热腐蚀性能的提高对延长合金使用寿命有着很重要的意义。

早在 1992 年，Matsugi 等[41]发现加入 0.4%~0.5% 的 Re 可以显著提高镍基单晶高温合金的耐热腐蚀能力。Murata 等人[36]在研究一系列 Re 含量不同的合金时发现，低 Re 含量合金整体上比高 Re 含量合金的抗热腐蚀性能差。杨薇等人[42]发现 Re 可以增强合金的抗腐蚀能力，增加 Re 含量可使合金的腐蚀速率逐渐降低，合金表面容易形成致密的 Al_2O_3 保护层。Chang 等[43,44]也发现 Re 的加入明显提高了合金的抗热腐蚀能力，所生成的 Cr_2O_3 氧化膜更加致密；在之后的研究中进一步发现 Re 的加入促进了 TiO_2、$NiTiO_3$ 的形成，在长时间氧化下 E7 合金的增重远小于 E1 合金，含 Re 合金腐蚀动力学遵循多级抛物线规律，如图 3 所示。其可能原因是 Re 增加了 Cr、Ti 元素的活性，加快元素向外氧化层的扩散，在一定程度上促进了氧化膜的自愈。

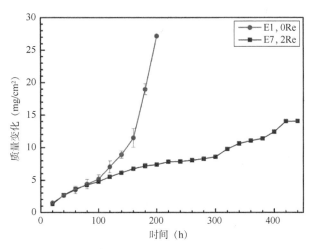

图 3　0Re 和 2Re 合金的热腐蚀动力学曲线

5　Re 合金化

国外先进的镍基单晶高温合金已经发展到第七代，主要以 Re、Ru、Ir 的添加为标志，并且添加少量的稀土元素。由于 Re、Ru、Ir 等元素储量较少并且价格昂贵，在确保合金性能的前提下，进一步降低 Re 含量，或者寻找 Re 的替代品、研究无 Re 合金成为今后开发高性能单晶高温合金的重点。

镍基单晶合金的稀土合金化可以显著提高其承温能力，在晶界处偏聚的稀土元素可以与硫等有害元素相互吸引，避免大颗粒有害夹杂物的形成[45]。近些年来研究者们也将 Y、Ce、La 等稀土元素加入到合金中，特别是 Y 的加入，可显著改善合金的抗高温氧化和腐蚀性能[46]。除了稀土元素，C、S、B、Hf 等微量元素的加入也会对合金性能产生较大影响。近期有研究者还发现镍基单晶高温合金中 C 含量为 0.085% 时，合金表现出较优的耐热腐蚀与耐磨性能[47]。S 作为杂质元素改变了氧化层形貌和组成，甚至 10^{-6} 级 S 含量的增加就可以显著恶化合金的抗氧化和抗热腐蚀性能[48]。B 和 Hf 的加入在一定程度上强化了小角度晶界，进而提高合金的持久性能和蠕变强度[49]。C、B、Hf 等微量元素的添加存在一个最佳值，要想合金获得良好的力学性能，需要严格控制微量元素的含量。

6 总结和展望

（1）在单晶镍基高温合金中添加 Re 可显著提高其蠕变性能，但关于"铼效应"的合理的解释还需要借用模拟对不同 Re 含量合金、不同温度和应力状态下的蠕变行为进行深入研究与分析。

（2）目前 Re 能改变合金组织、影响其力学性能，但 Re 元素的合金化对合金抗氧化性能和抗热腐蚀性能的影响机制有待进一步探究，以便优化合金中 Re 含量、设计出性能优异且廉价的高温合金。

（3）采用材料计算和高通量试验等方法可在短时间内完成各种不同 Re 含量合金样品的制备与表征，研发周期将大大缩短，必将成为未来合金成分设计的趋势。

参 考 文 献

[1] 何闯，刘林，黄太文，等. 镍基单晶高温合金中的位错及其对蠕变行为的影响[J]. 材料导报，2019，33(17)：2918.

[2] 管秀荣，关英双，纪慧思，等. 不同 Ru 含量的镍基高温合金热腐蚀研究[J]. 材料科学与工艺，2013，21(2)：108.

[3] 杜云玲，牛建平，王新广，等. 添加 Ru 对镍基单晶高温合金组织的影响[J]. 稀有金属材料与工程，2018，47(4)：1248.

[4] 袁志钟，崔树刚，罗锐，等. 57Ni-22Cr-14W-2Mo 高温合金的高温本构模型及微观组织演化[J]. 塑性工程学报，2020，27(11)：151.

[5] 李嘉荣，唐定中，陈荣章. 铼(Re)在单晶高温合金中的作用[J]. 材料工程，1997，(8)：3.

[6] 张健，王莉，王栋，等. 镍基单晶高温合金的研发进展[J]. 金属学报，2019，55(9)：1077.

[7] Yokokawa T, Harada H, Mori Y, et al. Design of next generation Ni-base single crystal superalloys containing Ir：towards 1150 ℃ temperature capability [A]. Superalloys 2016 [C]. Pennsylvania：TMS, 2016：123.

[8] Blavette D, Caron P, Khan T. An atom probe investigation of the role of rhenium additions in improving creep resistance of Ni-base superalloys[J]. Scripta Metallurgica, 1986, 20(10)：1395.

[9] Rüsing J, Wanderka N, Czubayko U, et al. Rhenium distribution in the matrix and near the particle-matrix interface in a model Ni-Al-Ta-Re superalloy[J]. Scripta Materialia, 2002, 46(3)：235.

[10] Warren P J, Cerezo A, Smith G D W. An atom probe study of the distribution of rhenium in a nickel-based superalloy[J]. Materials Science and Engineering A, 1998, 250(1)：88.

[11] Mottura A, Warnken N, Miller M K, et al. Atom probe tomography analysis of the distribution of rhenium in nickel alloys[J]. Acta Materialia, 2010, 58(3)：931.

[12] Mottura A, Finnis M W, Reed R C, On the possibility of rhenium clustering in nickel-based superalloys [J]. Acta Materialia, 2012, 60(6)：2866.

[13] Giamei A F, Anton D L, Rhenium additions to a Ni-base superalloy：effects on microstructure[J]. Metallurgical and Materials Transactions A, 1985, 16(11)：1997.

[14] 骆宇时. 铼(Re)对单晶高温合金铸态组织的影响[C]. 中国材料研究学会会议论文集. 北京：中国材料研究学会，2004. 745.

[15] 骆宇时，李嘉荣，刘世忠，等. Re 对单晶高温合金持久性能的强化作用[J]. 材料工程，2005，

（8）：10.

［16］Yoon K E, Noebe R D, Seidman D N. Effects of rhenium addition on the temporal evolution of the nano-structure and chemistry of a model Ni－Cr－Al superalloy. I：Experimental observations［J］. Acta Materialia, 2007, 55(4)：1145.

［17］Li P, Li QQ, Jin T, et al. Effect of Re on low-cycle fatigue behaviors of Ni-based single-crystal superalloys at 900 ℃［J］. Materials Science and Engineering：A, 2014, 603(1)：84.

［18］Wang Y J, Wang C Y. The alloying mechanisms of Re, Ru in the quaternary Ni-based superalloys γ/γ′ interface：A first principles calculation［J］. Materials Science and Engineering：A, 2008, 490(1)：242.

［19］Qu P F, Yang W C, Qin J R, et al. Precipitation behavior and chemical composition of secondary γ′ precipitates in a Re－containing Ni－based single crystal superalloy［J］. Intermetallics, 2020, 119(1)：106725.

［20］丁青青, 余倩, 李吉学, 张泽. 铼在镍基高温合金中作用机理的研究现状［J］. 材料导报, 2018, 32(1)：110.

［21］Volek A, Pyczak F, Singeret R F, et al. Partitioning of Re between γ and γ′ phase in nickel-base superalloys［J］. Scripta Materialia, 2005, 52(2)：141.

［22］杨海青, 李青, 肖程波, 等. Re 对耐腐蚀镍基定向高温合金组织及持久寿命的影响［J］. 稀有金属, 2012, 36(4)：547.

［23］Heckl A, Neumeier S, Gökenet M, et al. The effect of Re and Ru on γ/γ′ microstructure, γ-solid solution strengthening and creep strength in nickel-base superalloys［J］. Materials Science and Engineering A, 2011, 528(9)：3435.

［24］Wollgramm P, Buck H, Neuking K, et al. On the role of Re in the stress and temperature dependence of creep of Ni-base single crystal superalloys［J］. Materials Science and Engineering A, 2015, 628：382.

［25］Zhang J X, Murakumo T, Harada H, et al. Creep deformation mechanisms in some modern single-crystal superalloys［A］. Superalloys 2004［C］. Japan：TMS, 2004. 189.

［26］Ding QQ, Li S Z, Chen L Q, et al. Re segregation at interfacial dislocation network in a nickel-based superalloy［J］. Acta Materialia, 2018, 154：137.

［27］Wu XX, Makineni S K, Kontiset P, et al. On the segregation of Re at dislocations in the γ′ phase of Ni-based single crystal superalloys［J］. Materialia, 2018, 4：109.

［28］Wu XX, Makineni S K, Liebscher C H, et al. Unveiling the Re effect in Ni-based single crystal superalloys［J］. Nature Communications, 2020, 11(1), 389.

［29］Czech N, Schmitz F, Stamm W. Improvement of MCrAlY coatings by addition of rhenium［J］. Surface and Coatings Technology, 1994, 68：17.

［30］Beele W, Czech N, Quadakkers W J, et al. Long-term oxidation tests on a re-containing MCrAlY coating［J］. Surface and Coatings Technology, 1997, 94：41.

［31］Huang L, Sun X F, Guan H R, et al. Improvement of the oxidation resistance ofNiCrAlY coatings by the addition of rhenium［J］. Surface and Coatings Technology, 2006, 201(3-4)：1421.

［32］Li W, Sun J, Liu S B, et al. Preparation and cyclic oxidationbehaviour of Re doped aluminide coatings on a Ni-based single crystal superalloy［J］. Corrosion Science, 2020, 164：108354.

［33］Liu C T, Sun X F, Guan H R, et al. Effect of rhenium addition to a nickel-base single crystalsuperalloy on isothermal oxidation of the aluminide coating［J］. Surface and Coatings Technology, 2005, 194(1)：111.

［34］Huang L, Sun X F, Guanet H R, et al. Effect of rhenium addition on isothermal oxidation behavior of single-crystal Ni-based superalloy[J]. Surface and Coatings Technology, 2006, 200(24)：6863.

［35］Moniruzzaman M, Maeda M, Murata Y, et al. Degradation of high-temperature oxidation resistance for ni-based alloys by Re addition and the optimization of Re/Al content［J］. ISIJ International, 2003, 43 (3)：386.

［36］Murata Y, Moniruzzaman M, Morinaga M, et al. Double bladed effect of Re on high-temperature oxidation and hot-corrosion superature［J］. Material Science Forum, 2003, 426：4561.

［37］Xu X J, Wu Q, Gong S K, et al. Effect of Cr and Re on the oxidation resistance of Ni_3Al-base single crystal alloy IC21 at 1100 ℃［J］. Materials Science Forum, 2013, 747：582.

［38］Liu L F, Wu S S, Chen Y, et al. Oxidation behavior of RE-modified nickel-based superalloy between 950 ℃ and 1150 ℃ in air［J］. Transactions of Nonferrous Metals Society of China, 2016, 26(4)：1163.

［39］常剑秀，王栋，董加胜，等. 铼对镍基单晶高温合金恒温氧化行为的影响［J］. 材料研究学报，2017, 31(9)：695.

［40］Prashar G, Vasudev H. Hot corrosion behavior of super alloys［J］. Materials Today：Proceedings, 2020, 26(2)：1131.

［41］Matsugi K, Kawakami M, Murata Y, et al. Alloying effect of Cr and Re on the hot-corrosion of nickel-based single crystal superalloys coated with a Na_2SO_4-NaCl salt［J］. Tetsu to Hagane, 1992, 78 (5)：821.

［42］杨薇，刘恩泽. Re 对定向凝固镍基高温合金热腐蚀性能的影响［J］. 特种铸造及有色合金，2015, 35(7)：777.

［43］Chang J X, Wang D, Zhang G, et al. Effect of Re and Ta on Hot Corrosion Resistance of Nickel-base Single CrystalSuperalloys［A］. Proceedings of the 13th Intenational Symposium on Superalloys［C］. Pennsylvania：Superalloys, 2016. 177.

［44］Chang J X, Wang D, Liu X G, et al. Effect of rhenium addition on hot corrosion resistance ofni-based single crystal superalloys［J］. Metallurgical and Materials Transactions A, 2018, 49(9)：4343.

［45］刘英，张永安，王卫，李冬生，马军义. 稀土 Y 对 Ni-Fe-Co-Cu 合金微观组织和高温氧化性能的影响［J］. 稀有金属，2020, 44(1)：9.

［46］李晓丽. 稀土 Y 对 GH3535 高温合金微观结构和抗高温腐蚀性能的影响［D］. 上海：上海应用物理研究所，2015. 116.

［47］刘蓓蕾，余竹焕，王盼航. 碳对镍基高温合金 AM3 热腐蚀性能的影响［J］. 材料科学与工艺，2020, 28(1)：91.

［48］张宗鹏，张思倩，王栋，等. ppm 级 S 对第二代抗热腐蚀镍基单晶高温合金恒温氧化行为的影响［J］. 铸造，2019, 68(3)：232.

［49］余竹焕，张洋，翟娅楠，等. C、B、Hf 在镍基高温合金中作用的研究进展［J］. 铸造，2017, 66 (10)：1076.

含 H_2S 环境下马氏体不锈钢的应力腐蚀敏感性研究

赵雪会[1,2]　戚建晶[3]　刘君林[4]　李宏伟[4]　杜全庆[5]　韩　燕[1]　付安庆[1]

(1. 中国石油集团工程材料研究院有限公司；2. 西安交通大学；
3. 中国石油长庆油田公司；4. 中国石油青海油田公司)

摘　要：本文在模拟油田环境含 CO_2/H_2S 共存条件下，利用电化学动电位测试技术对比分析无应力/应力状态下的材料在热力学和动力学角度的腐蚀难易和腐蚀速率；利用高温高压模拟试验装置、四点弯曲应力加载方法及扫描电子显微镜分析评价了在模拟油田环境下超级 13Cr 不锈钢在应力协同缝隙条件时的应力腐蚀敏感性。结果表明：在 CO_2 和 H_2S 环境下未受加载力的材料均有稳定的阳极钝化区，H_2S 环境下腐蚀电位明显降低，腐蚀速率相对增大，点蚀敏感性增大，加载 $80\%\sigma_s$ 应力时材料表面钝化状态不稳定。加载 $80\%\sigma_s$ 应力并且 H_2S 分压为 0.1MPa 的高温高压环境下，材料应力腐蚀开裂不敏感；当加载相同的应力并协同 0.1mm 缝隙时，表面缝隙处出现了点蚀现象，但并未扩展导致应力腐蚀开裂。当 H_2S 分压增大至 0.5MPa 时，点蚀敏感性增大并且表面腐蚀产物膜沿晶开裂并明显脱落；在相同含 H_2S 环境并加载 $80\%\sigma_s$ 应力时试样发生应力腐蚀开裂。H_2S 的存在增大了材料表面的活性，促进腐蚀损伤的加速。

关键词：不锈钢；应力腐蚀；缝隙腐蚀；协同作用；点蚀

油气田腐蚀问题是一项复杂而又艰巨的亟待解决的问题，调查数据显示石油管材及装备在服役过程中因腐蚀导致的失效占总失效事故的 60% 以上。可见腐蚀问题异常严峻，尤其在油气开采阶段，腐蚀形式主要为地层产出水引起的腐蚀穿孔、应力腐蚀开裂、冲刷腐蚀、缝隙腐蚀、电偶腐蚀等。这些腐蚀的后果则是导致井下管柱尤其是油套管的腐蚀失效问题，油套管是决定油气井寿命的主要因素，因此如果油套管柱出现失效问题，则影响整个油气井的正常生产[1-3]。目前井下失效问题主要反应在油管柱的腐蚀泄漏、管柱开裂及油管断裂落井等现象[3-5]，失效原因多为螺纹连接处腐蚀泄露以及应力开裂导致，主要体现在管柱上卸扣应力集中区域和螺纹台肩的缝隙腐蚀[6-9]。油管之间是以螺纹方式连接，并且随着井深的增加油管数量增加，管柱接头承受的拉应力相对增大。因此由于管串的自重不仅使管体存在较大的拉伸应力，而且螺纹连接处的台肩或螺牙接触处产生结构上的缝隙，从而导致油管柱出现应力以及缝隙的协同作用的腐蚀现象。

结合油田环境、碳钢、合金钢以及不锈钢、镍基合金等油套管材经过多年的应用、改进和研制开发，在不同服役工况得到广泛使用[10-13]。目前超级 13Cr 不锈钢由于相对优越

的耐蚀性高含 CO_2 环境使用较普遍，尤其在塔里木油田超深井 CO_2 环境发挥了积极的耐蚀防腐作用；因此结合超级 13Cr 不锈钢管材使用环境以及井下储层改造工艺，众多专家学者进行了大量的分析研究[14-16]，分别从超级 13Cr 油管等含 Cr 钢在油田高温高压的气相、液相环境以及管柱存在不同种类缺陷时酸化环境下管材的耐蚀性进行了较多的阐述，表明在高温 150℃时 13Cr 油管在气相和液相环境下点蚀敏感性较高，带有缺陷的 13Cr 油管在酸化环境下腐蚀损伤相对无缺陷的材料明显加重，腐蚀坑深度加大。陶杉[17]等人研究了超级 13Cr 在 150℃、低 H_2S 高 CO_2 条件下的腐蚀损伤及应力敏感性，应力腐蚀开裂对温度不敏感；Lei[18]等人分析了全尺寸腐蚀拉伸条件下爱 13Cr 的开裂演变机理。Toshiyuki Sunaba[19]及 Jin Jin Zhao[20]等人分别研究了 H_2S/CO_2 共存环境以及 Cl^- 不同浓度对材料腐蚀损伤以及应力腐蚀开裂的敏感性，随着 Cl^- 浓度的增大腐蚀速率加大，材料钝化性降低。目前国内除西南油田等典型的含硫油田外，大多数油田 H_2S 含量较少。众多研究所知[21-23]，H_2S 的存在不论浓度大小都会对材料的耐蚀性有明显影响，只是每种材料在含 H_2S 环境适应范围不同，同时材料状态不同对 H_2S 的敏感度也不同。

结合油田管柱现场使用情况，针对管柱在承受拉应力并协同缝隙作用时，一定浓度范围的 H_2S 能否导致材料开裂或发生明显的局部腐蚀，相关研究还鲜有报道，需要针对材料和服役环境参数做进一步的研究分析，给油田预防腐蚀失效提供借鉴。本文主要针对油田用超级 13Cr 马氏体不锈钢油管，在模拟油田高温高压环境高矿化度条件下开展应力及应力协同缝隙作用对油管腐蚀行为的影响研究，对比分析了超级 13Cr 不锈钢油管在不同条件下腐蚀性能的变化规律和腐蚀机理，明确了 13Cr 不锈钢油管在油田苛刻条件下的缝隙腐蚀的敏感性，进一步为油田科学合理选材提供充分的理论依据。

1 试验

1.1 试验材料

实验材料为超级 13Cr 马氏体不锈钢油管，其化学成分(质量分数,%)为：C 0.030, Si 0.17, Mn 0.43, S 0.0016, P 0.018, Cr 13.09, Ni 5.53, Mo 2.25, Cu 0.075, Ti 0.001, 其余为 Fe。材料的金相组织主要为回火马氏体。

1.2 试验方法及试样制备

电化学工作电极为面积为 1cm² 的圆形试样和应力状态下的试样两种，应力试样尺寸为 58mm×10mm×3mm，试样制备以及加载应力示意如图 1 所示。试样的另一面用铜导线焊接，并用环氧树脂涂封其他非工作面。工作面逐次用 600#～1500#SiC 水性砂纸打磨、丙酮除油后用蒸馏水冲洗并干燥，待用。采用美国 PerkinElmer 公司生产的 M273 型恒电位仪和配套的 352 SoftCorr III 软件测试系统测定动电位极化曲线。采用三电极体系，试样为工作电极；参比电极为氯化银电极(Ag - AgCl)；对石墨棒为辅助电极，动电极扫描速率为 0.5mV/s。电化学性能测试是在 $NaCl+CO_2/H_2S$ 溶液体系中进行。试验溶液介质依据某油田环境高矿化度离子浓度用去离子水配制，溶液 Cl^- 浓度为 20g/L，试验温度 90℃。实验时通入 CO_2 气体至饱和，常压下实验室 H_2S 的加入由 $Na_2S \cdot 9H_2O$ 代替(3mg/l)。

高温高压挂片试样尺寸为 30mm×10mm×3mm，4 个平行样同时进行实验；应力实验含

3 个平行试样，尺寸为 115mm×10mm×3mm。高温高压模拟实验采用美国 Cortest 公司生产的 34.4MPa 高温高压釜进行。试验前先对溶液进行除氧处理，装上试样后釜内通入氮气除氧，再按照试验方案通入 CO_2 和 H_2S 气体至实验浓度，升温至所需温度。试验结束后用蒸馏水冲洗除去试样表面残留腐蚀介质，挂片试样中取 1 个样用于扫描电镜观察其表面腐蚀形貌（日本 JSM25800 型），另外 3 个样除去腐蚀产物膜后，利用电子天平（FR2300MK）称重后利用失重计算其平均腐蚀速率；应力试样除水、烘干后观察表面有无开裂及腐蚀形貌，实验所用化学试剂及气体均为分析纯。

应力加载采用四点弯曲加载方法实现，加载应力为材料屈服强度的 80%。试样表面的缝隙是利用自制的锯齿状块叠加在试样表面形成，实现齿端面与试样表面形成小于等于 0.1mm 的缝隙（发生缝隙腐蚀较敏感的宽度是小于等于 0.1mm）。加载应力及形成缝隙的装置示意图如图 2 所示。

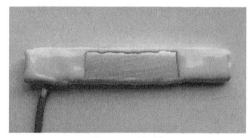

（a）电化学试样

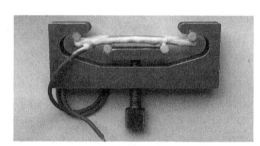

（b）加载应力示意图

图 1　电化学试样及加载应力示意图

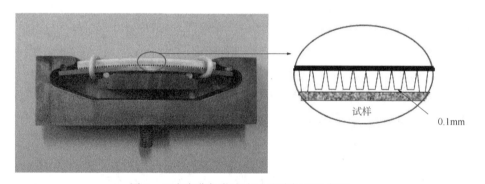

图 2　四点弯曲加载应力及缝隙装置示意图

2　结果与讨论

2.1　CO_2/H_2S 环境 13Cr 不锈钢电化学腐蚀行为

图 3 为超级 13Cr 不锈钢在 CO_2 及 CO_2/H_2S 共存环境下的极化曲线变化特征，明显可看出材料在不同条件下的电化学性能区别较大。比较可见在含 H_2S 环境下材料的极化曲线整体相对向右下方偏移，自腐蚀电位（E_{corr}）负向增大，同时腐蚀电流密度、钝化电流密度（$I_{钝化}$）也相对右移逐渐增大，从热力学讲在 H_2S 环境下材料极易发生腐蚀，从动力学讲

H₂S 环境下材料腐蚀速率增大，表明耐蚀性相对降低。比较试验条件下阳极曲线，曲线 1 和曲线 2 均有稳定的钝化区，说明 H₂S 的加入促进腐蚀的发生，对钝化性能的影响不显著，对比可见 CO_2 环境下材料的钝化区(钝化电流基本不变的阳极区)明显大于 H₂S 环境，并且点蚀破裂电位($E_{pit}=-8mV$)远远高于在 H₂S 环境下的点蚀电位($E_{pit}=-310mV$)。表明含 H₂S 酸性环境下材料与介质的反应活性增大，腐蚀极易发生，虽表面发生钝化，但该条件下点蚀破裂电位明显降低，说明 H₂S 的存在在 90℃条件明显降低了超级 13Cr 的耐蚀性能，点蚀敏感性增大。在 H₂S 环境下当材料处于应力状态下时，如图 3 中曲线 3 所示，腐蚀电位相对未加应力状态下向负向偏移，而且阳极曲线的钝化特征不稳定，随着极化电位的增大，腐蚀电流密度呈逐渐增大趋势，说明应力提高了表面的活性且微腐蚀反应一直进行，钝化膜没有有效阻碍腐蚀的进行。

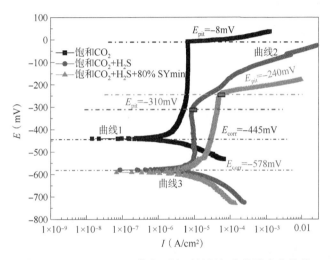

图 3　CO_2 及 CO_2/H_2S 共存环境下材料极化曲线变化趋势

2.2　高温高压条件超级 13Cr 不锈钢腐蚀行为

高温高压试验是完全模拟油田环境而在高压釜装置中进行的室内测试，用于比较评价材料在应力及缝隙协同作用的腐蚀敏感性，应力及缝隙状态下的试样表面附加的缝隙为 ≤0.1mm。模拟试验条件分为两种，具体参数见表 1。试验温度为 150℃。

表 1　高温高压模拟试验条件

试验条件	CO_2 分压	H_2S 分压	试验周期
条件 1	4MPa	0.1MPa	720h
条件 2	4MPa	0.5MPa	
备注	试验时试样分为两种：(a)挂片；(b)加载应力试样		

图 4 为材料在条件 1 试验后的微观腐蚀形貌和能谱分析。其中图 4(a)为无应力状态下试样的微观形貌，可见试验表面平整，无明显点蚀等局部腐蚀现象。利用失重法计算试样平均腐蚀速率为 0.013mm/a；图 4(b)为加载 80% σ_s(644MPa)应力后试样表面微观腐蚀形貌，可见试样应力集中区域表面相对粗糙，未发现明显点蚀及开裂现象，说明材料在该实

验条件下应力腐蚀开裂不敏感，计算的平均腐蚀速率为 0.017mm/a。EDS 表明两种状态腐蚀产物主要由 C、O、S、Fe、Cr 和 Ni 元素组成，通过元素含量比较，试样在应力状态下 C、O、S 含量相对增大，说明材料腐蚀程度增大。

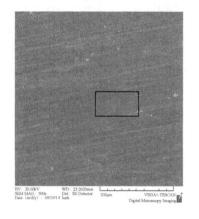
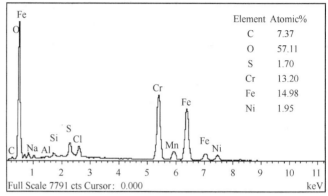

（a）无应力状态

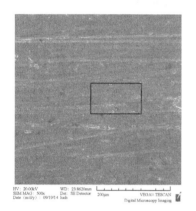
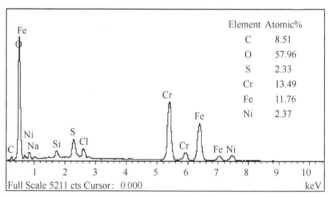

（b）应力状态

图 4　条件 1 环境下材料表面的微观腐蚀形貌及 EDS 分析

图 5(a) 为条件 1 环境下试样在加载应力协同缝隙条件下的表面腐蚀形貌，可见试样应力集中区域且协同微缝隙处点蚀坑较为明显，说明 13Cr 不锈钢在试验条件下发生了明显的缝隙腐蚀，并且进一步表明试样表面缝隙在 ≤0.1mm 较为敏感，点蚀坑之间为夹具与试样表面之间远 >1mm 的空隙，没有发生明显的腐蚀。应力状态下试样未出现因点蚀引起的开裂或断裂现象，进一步说明在 $P_{CO_2} = 4MPa$ 和 $P_{H_2S} = 0.1MPa$ 试验条件下，13Cr 不锈钢对应力协同缝隙腐蚀开裂敏感性相对较低。图 5(b) 为点蚀坑放大微观形貌，可见腐蚀产物呈现不同颜色并以点蚀坑为圆心向四周方向扩散，利用 EDS 对不同区域（Ⅰ、Ⅱ 和 Ⅲ）腐蚀产物组成分析，见表 2 所示，Ⅰ 区元素组成表明主要为材料基体，说明点蚀向深层扩展且腐蚀产物脱落，裸露基体材料。Ⅱ 和 Ⅲ 区域腐蚀产物主要由 C、O、S 和 Fe 元素组成，同时含硫量相对点蚀坑内增大，表明腐蚀产物主要由碳酸盐和硫化物组成。同时也说明缝隙处形成的闭塞区域以及氧浓差效应导致腐蚀相对较剧烈，远离缝隙处由于离子传递不受阻碍，阴、阳极反应相对较平衡，腐蚀相对均匀、缓慢。

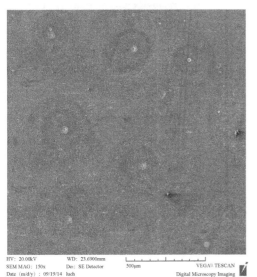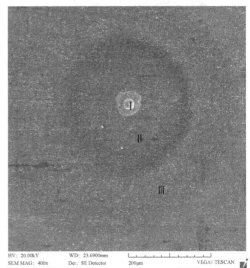

（a）点蚀形貌 　　　　　　　　　　　　　（b）点蚀放大形貌

图 5　材料在应力+缝隙协同作用下微观腐蚀形貌及 EDS 分析

表 2　不同区域腐蚀产物膜成分分析

元素(%) 区域	C	O	S	Fe	Cr	Ni
Ⅰ	12.39	/	1.07	69.95	13.01	3.58
Ⅱ	9.08	57.80	4.17	12.53	12.92	2.33
Ⅲ	7.37	58.13	4.16	13.22	13.18	2.67

图 6 为非应力状态下的试样在 P_{CO_2} = 4MPa 和 P_{H_2S} = 0.5MPa(条件 2) 试验后的微观形貌，明显可见表面膜层呈沿晶腐蚀现象，并且观察到点蚀坑[图 6(a)、(b) 中红色圆圈所示]，同时局部区域腐蚀产物膜明显脱落。通过 EDS 对腐蚀产物膜[图 6(c)] 和脱落区域的[图 6(d)] 分析(红色方框区域)，可见腐蚀产物膜中含 S 元素相对较高，说明随着 H_2S 浓度的增大材料腐蚀程度加重，点蚀敏感性增大。产物膜脱落区域元素分析可见，基本为裸露的材料基体，也说明腐蚀产物膜与基体附着力较差。

材料在 P_{CO_2} = 4MPa 和 P_{H_2S} = 0.5MPa 条件下加载 $80\%\sigma_s$ 应力且未协同缝隙时发生了断裂。图 7 为试验后的腐蚀微观形貌，在低倍数电镜下观察试样应力集中区域，明显可见垂直拉应力方向出现裂纹现象[图 7(a)]，有的在试样中部起裂，向两边延伸，说明材料在实验环境下应力开裂敏感性增大。对主裂纹及附近区域放大观察，如图 7(b) 所示，开裂处产物膜因应力拉伸作用起裂脱落，同时附近也发现点蚀坑形貌[图 7(c)]，膜层也出现因应力导致翘起开裂呈块状形貌。EDS 能谱分析，裂纹处 M 点[图 7(d)] 和产物膜 N 点[图 7(e)] 主要由 C、O、S、Fe、Cr 和 Ni 元素组成，相比较可见裂纹处含硫量较高，说明在应力状态下 H_2S 对材料开裂起促进作用。

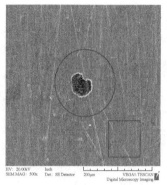

（a）试样表面点蚀坑形貌

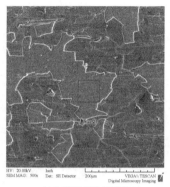

（b）腐蚀产物膜形貌

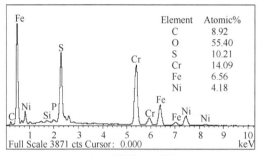

（c）产物膜EDS分析

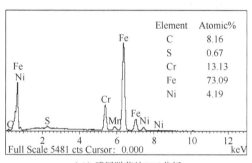

（d）膜层脱落处EDS分析

图6　材料在条件2及非应力状态下微观腐蚀形貌及 EDS 分析

图8为断裂试样的断口形貌，明显可见断口处形貌呈现沿晶脆性断裂特征，局部也可看到解理+沿晶形貌，说明材料发生了脆性断裂。表明在 H_2S 环境氢通过应力诱导扩散富集在晶界，降低沿晶裂纹形核表面能。

2.3　讨论

通过对超级 13Cr 不锈钢在含 CO_2/H_2S 环境下耐蚀性对比分析，以及在应力状态下协同缝隙后对材料耐蚀性的影响，表明了在低 H_2S 浓度下超级 13Cr 不锈钢点蚀、应力腐蚀开裂不敏感，而在同种条件下应力协同缝隙时点蚀敏感性增大。缝隙腐蚀主要是由于材料表面微小缝隙的存在，导致微区域内溶液介质的电化学不均匀性而引起的缝内、外溶液的对流和扩散受到阻碍，形成了闭塞区内的贫氧而在微小缝隙外仍然是富氧环境，因此造成的氧浓差电池使得缝隙内金属局部的电位低于缝隙外金属的电位，因此由于电位差而导致电位低的阳极加速腐蚀溶解，同时造成正电荷过剩，而有利于 Cl^- 的迁入[24,25]。而氯化物在水中的水解，使缝隙内介质(H^+浓度增加)酸化，导致溶液 pH 值下降，又加速了阳极的溶解，进一步促使更多的 Cl^- 离子迁入，随着如此反复循环的进行，在局部区域形成了一个闭塞电池内的自催化效应，促进点蚀的发生。从应力协同缝隙腐蚀的结果可看出在条件1 环境下材料表面发生点蚀现象，但材料在应力状态下并未发生腐蚀开裂或断裂，说明应力与缝隙的协同作用对材料开裂性能的影响与环境紧密相关，表明条件 1 环境下相对低的 H_2S 浓度与材料的反应消耗在点蚀的萌生，试样表面应力集中区域的 H 吸附并未达到可以诱导开裂的 H 的临界浓度。

（a）表面微裂纹分布形貌

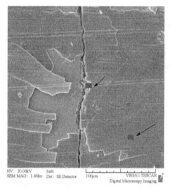

（b）主裂纹形貌

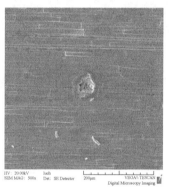

（c）点蚀形貌

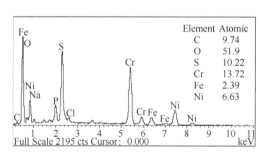

（d）裂纹处EDS分析

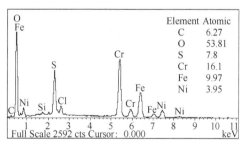

（e）产物膜EDS分析

图 7　材料在条件 2 环境及加载应力状态下试验后微观腐蚀形貌及 EDS 分析

　　当 H_2S 浓度增大时，溶液的酸度值发生变化，溶液体系中化学反应加剧，同时材料表面由于处于应力状态下相对更会活泼，H 在材料表面的吸附与渗透传递速度加大，加快了 H 的扩散和聚集[26]。因此在该相对高浓度的 H_2S 环境下，材料在无缝隙因素的影响下已经发生了硫化氢应力腐蚀开裂。为了了解缝隙的存在是否加快应力状态的材料的腐蚀开裂，笔者将进一步细化相对高 H_2S 浓度下不同缝隙的存在以及引起材料失效的 H_2S 临界浓度及规律。

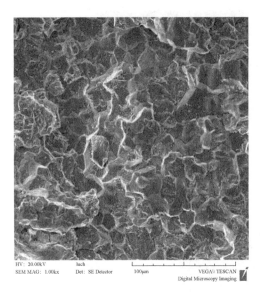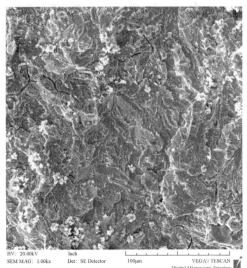

图 8　应力试样断口的解理+沿晶断裂微观形貌

3　结论

（1）在 CO_2 及 CO_2/H_2S 共存两种条件下，超级 13Cr 马氏体不锈钢阳极区均出现钝化区。含 H_2S 环境下极化曲线相对右偏移，点蚀敏感性增大，点蚀破裂电位降低，腐蚀电流密度增大；应力状态下阳极钝化区不稳定。

（2）应力状态下的超级 13Cr 马氏体不锈钢在 0.1MPa H_2S 环境下应力协同缝隙腐蚀增大了点蚀敏感性，应力腐蚀开裂不敏感。

（3）超级 13Cr 马氏体不锈钢在 0.5MPa H_2S 环境下表面产物膜呈现沿晶腐蚀特征，并出现点蚀现象，表明点蚀敏感性增大；在外加应力作用下腐蚀开裂敏感性增大，呈现沿晶脆性断裂特征。

参 考 文 献

［1］王勇. 油套管腐蚀与防护技术发展现状分析［J］. 中国设备工程. 2019，14：155-156.

［2］宋江波，郭智韬，张学颖. 高强度抗硫化氢应力腐蚀油套管的研制［J］. 包钢科技，2019，4：48-51.

［3］刘鹏刚，蒲万芬，倪积慧. 南梁油田油井腐蚀原因分析与防护措施［J］. 腐蚀科学与防护技术，2015，27（3）：283-287.

［4］吕拴录，宋文文，杨向同，等. 某井 S13Cr 特殊螺纹接头油管柱腐蚀原因［J］. 2015，36（1）：76-80.

［5］Liu Wan-ying, Shi Tai-he, Lu Qiang, et al. Failure analysis on fracture of S13Cr-110 tubing［J］. Engineering Failure Analysis. 2018，90：215-230.

［6］张颖，练章华，周谧，等. 油套管特殊螺纹密封面微观泄漏机制研究［J］. 润滑与密封，2019，8：93-98.

［7］Zadorozne N-S, Giordano C-M, Rodríguez M-A, et al. Crevice corrosion kinetics of nickel alloys bearing chromium and molybdenum [J]. Electrochimica Acta. 2012, 76: 94-101.

[8] Wang Jia-Ming, Qian Sheng-Sheng, Liu Yuan-Yuan, et al. Crevice Corrosion Performance of 436 Ferritic Stainless Steel Studied by Different Electrochemical Techniques in Sodium Chloride Solutions with Sulfate Addition[J]. Acta Metallurgica Sinica(English Letters)2018, 31: 815-822.

[9] Robert D. Moser, Preet M. Singh, Lawrence F. Kahn, et al. Crevice corrosion and environmentally assisted cracking of high strength duplex stainless steels in simulated concrete pore solutions[J]. Construction and Building Materials. 2019, 203: 366-376.

[10] 赵雪会, 冯耀荣, 尹成先, 等. 模拟油田 CO_2/H_2S 环境 15Cr 油管腐蚀行为研究[J]. 腐蚀科学与防护技术, 2016, 28(4): 325-331.

[11] Dong Bao-jun, Zeng De-zhi, Yu Zhi-ming, et al. Corrosion Mechanism and Applicability Assessment of N80 and 9Cr Steels in CO_2 Auxiliary Steam Drive[J]. Journal of Materials Engineering and Performance. 2019, 28(2): 1030-1039.

[12] Plennevaux C, Kittel J, Frégonèse M, et al. Contribution of CO_2 on hydrogen evolution and hydrogen permeation in low alloy steels exposed to H2S environment[J]. Electrochemistry Communications. 2013, 26: 17-20.

[13] Sabrina Marcelin, Nadine Pébère, Sophie Régnier. Electrochemical characterisation of a martensitic stainless steel in a neutral chloride solution[J]. Electrochimica Acta, 2013, 87: 32-40.

[14] 赵密锋, 吕祥鸿, 李岩, 等. 超级 13Cr 不锈钢油管在油气田苛刻环境中的适用性[J]. 腐蚀与防护, 2019, 40(12): 925-928.

[15] 牛坤, 郭俊文, 张国超. 超级 13Cr 不锈钢在气液两相环境下的腐蚀行为研究[J]. 全面腐蚀控制, 2015, 29(3): 47-50.

[16] 谢俊峰, 付安庆, 秦宏德, 等. 表面缺欠对超级 13Cr 油管在气井酸化过程中的腐蚀行为影响研究[J]. 表面技术, 2018, 47(6): 51-56.

[17] 陶杉, 徐燕东, 杜春朝. 超级 13Cr 管材在低 H_2S 高 CO_2 环境中的开裂敏感性研究[J]. 表面技术, 2015, 45(7): 90-95.

[18] Lei Xiao-Wei, Feng Yao-rong, Fu An-qing, et al. Investigation of stress corrosion cracking behavior of super 13Cr tubing by full-scale tubular goods corrosion test system[J]. Engineering Failure Analysis, 2015, 50: 62-70.

[19] Toshiyuki Sunaba, Hiroshi Honda and Yasuyoshi Tomoe. Corrosion experience of 13% Cr steel tubing and laboratory evaluation of Super 13Cr steel in sweet environments containing acetic acid and trace amounts of H_2S. Corrosion 2009. Paper No. 09568.

[20] Zhao Jin-Jin, Liu Xian-Bin, Hu Shuai, et al. Eff ect of Cl-Concentration on the SCC Behavior of 13Cr Stainless Steel in High-Pressure CO_2 Environment[J]. Acta Metallurgica Sinica, (English Letters) (2019) 32: 1459-1469.

[21] 王峰, 韦春艳, 黄天杰等. H_2S 分压对 13Cr 不锈钢在 CO_2 注气井环空环境中应力腐蚀行为的影响[J]. 中国腐蚀与防护学报, 2014, 34(1): 46-52.

[22] Zheng C-B, Huang Y-L, Yu Q, et al. Effect of H2S on stress corrosion cracking and hydrogen permeation behaviour of X56 grade steel in atmospheric environment [J]. Corrosion Engineering, Science & Technology, 2009, 44(2): 96-100.

[23] Gong Jian-Ming, Tang Jian-Qun, Zhang Xian-Chen, et al. Evaluation of Cracking Behavior of SPV50Q High Strength Steel Weldment in Wet H2S Containing Environment[J]. Key Engineering Materials, 2005, 297: 951-957.

[24] Yang Y-Z, Jiang Y-M, Li J. In situ investigation of crevice corrosion on UNS S32101 duplex stainless steel in sodium chloride solution[J]. Corrosion Science, 2013, 76: 163-169.

[25] Gan Yang, Li Ying, Lin Hai-chao. Experimental studies on the local corrosion of low alloy steels in 3.5% NaCl[J]. Corrosion Science, 2001, 43(3): 397-411.

[26] 邓洪达, 李春福, 曹献龙. 高含 H_2S 环境中 CO_2 对 P110 套管钢氢脆腐蚀行为的影响[J]. 石油与天然气化工, 2011, 3: 275-279.

新疆油田 CCUS 防腐技术研究与应用

熊启勇　陈　森　曾美婷　易勇刚　张莉伟

(中国石油新疆油田公司)

摘　要： 针对新疆油田 CO_2 驱提高采收率过程中油套管材料腐蚀失效行为进行研究，采用动静态高温高压挂片实验结合微观表征技术研究了新疆油田 CO_2 驱环境中油套管材料的腐蚀行为，研制水基、油基环空保护液及高效缓蚀阻垢剂，建立 CO_2 驱工况下管材腐蚀预测数学模型及管柱选材图版，形成了 CO_2 驱管材腐蚀防治工艺技术，在新疆油田 CO_2 驱提高采收率先导试验区应用，取得较好的防治效果，有效保障了新疆油田股份公司 CO_2 驱重大试验项目的顺利开展。

关键词： CCUS 腐蚀；缓蚀阻垢剂；腐蚀数学模型；选材界限

CCUS-EOR 是低渗透油田大幅度提高采收率的战略性接替技术，具有碳减排社会效益与驱油经济效益"兼得"的优势，与绿色低碳发展战略高度契合，发展完善和工业化推广应用该技术意义重大。新疆油田大力开展 CCUS 提产试验，计划建成横跨准噶尔盆地 $1000 \times 10^4 t$ CCUS 规模。由于 CO_2 溶于水具有很强的腐蚀性，在 CO_2 驱油的过程中，在高温、高压、高 CO_2 含量、高矿化度等复杂工况条件下，注采井管材发生较为严重的 CO_2 腐蚀，对 CO_2 驱油长期有效开采造成了制约。

腐蚀控制是油田注 CO_2 提高采收率的关键技术[1]，是 CCUS 全产业链关键一环。本文针对新疆低渗透砂砾岩油藏 CO_2 驱注采井中存在的 CO_2 腐蚀及其控制问题，采用高温高压釜、电化学工作站、扫描电镜、X 衍射仪等技术手段对注采井管柱的腐蚀行为进行研究，明确了不同温度、CO_2 分压和材质条件下 CO_2 腐蚀规律及影响因素，研制了环空保护液及高效缓蚀阻垢剂，形成了 CO_2 驱管材腐蚀防治工艺技术，在新疆油田××井区 CO_2 驱提高采收率先导试验区应用，取得较好的防治效果，有效保障了股份公司 CO_2 驱重大试验项目的顺利开展。

1　新疆油田 CO_2 驱腐蚀规律及影响因素

CO_2 驱采油过程中，注气井环空中的滞留液会引起油套管管柱产生腐蚀问题[2-3]。注气井环空中的滞留液主要由环空保护液、溶解的 CO_2、厌氧菌及少量的溶解氧构成。环空中的滞留液都会使油套管产生腐蚀，如：溶解氧引起的氧腐蚀，CO_2 腐蚀，细菌腐蚀以及氯离子引起的点蚀等。

CO_2 驱采油过程中，CO_2 溶于注入水和地层水中形成碳酸对井筒造成腐蚀。由于注采过程中的压力、温度、pH 值、微生物等变化因素的复杂性，使得 CO_2 腐蚀更加严重[4]。

本文针对新疆油田 CO_2 驱腐蚀工况条件，研究了温度、CO_2 分压、材质等因素对 CO_2 腐蚀的影响[5]。

1.1 不同温度下 4 种油套管钢腐蚀影响

如图 1 所示为 4 种油套管钢在模拟 CO_2 辅助蒸汽驱环境中，160℃、180℃、200℃、220℃实验条件下的失重实验结果。4 种油套管钢均随着温度升高，腐蚀速率先下降后升高，且均在 180℃时达到最小值。N80 和 3Cr 钢的腐蚀速率在 160℃时最高，而 9Cr 和 13Cr 钢的腐蚀速率在 220℃时最高。在不同温度下，四种钢材的腐蚀速率依次为：N80>3Cr>9Cr>13Cr。

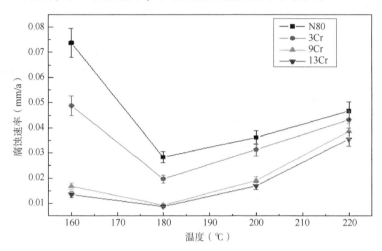

图 1　不同温度下 4 种油套管钢腐蚀失重实验结果

1.2 不同 CO_2 分压条件下 4 种油套管钢腐蚀影响

图 2 是不同 CO_2 分压条件下 4 种钢材的腐蚀速率。由图可知：CO_2 分压为 1~4MPa 时，4 种钢材随 CO_2 分压的升高，其腐蚀速率先升高后降低。N80 和 3Cr 钢的腐蚀速率在 CO_2 分压为 2MPa 时达到最大值，而 9Cr 和 13Cr 钢的腐蚀速率在 CO_2 分压为 3MPa 达到最大值。CO_2 分压为 2MPa 时，N80 钢的腐蚀速率超过油田腐蚀控制指标。在其他条件下，N80、3Cr、9Cr、13Cr 的腐蚀速率在四种温度下均小于油田腐蚀控制指标 0.076mm/a。在不同的 CO_2 分压下，4 种钢材的腐蚀速率依次为：N80>3Cr>9Cr>13Cr。

1.3 不同 Cl⁻ 浓度条件下 4 种油套管钢腐蚀影响

图 3 是不同 Cl⁻ 浓度条件下 4 种钢材的腐蚀速率。由图可知：4 种油套管材料随着 Cl⁻ 浓度升高腐蚀速率逐渐增加。当 Cl⁻ 浓度大于 20000ppm 时，4 种油套管材料的腐蚀速率均超过限定值。在不同 Cl⁻ 浓度条件下，4 种钢材的腐蚀速率依次为：N80>3Cr>9Cr>13Cr。

1.4 流速对 4 种油套管钢腐蚀行为的影响

图 4 是不同流速下 4 种钢材的腐蚀速率。由图可知：在 0~7.5m/s 内，4 种钢材随流速的升高，其腐蚀速率也升高。9Cr 和 13Cr 的腐蚀速率远小于 3Cr 和 N80 钢。4 种钢材均在 7.5m/s 时腐蚀速率达到最大值。在不同的流速下，9Cr 和 13Cr 钢的腐蚀速率均小于油田腐蚀控制指标 0.076mm/a，N80 钢的腐蚀速率值均高于 0.076mm/a，3Cr 钢的腐蚀速率值在 0~6m/s 内的腐蚀速率小于 0.076mm/a，但 3Cr 钢在 7.5m/s 时腐蚀速率大于 0.076mm/a。在不同流速下，四种钢材的腐蚀速率依次为：N80>3Cr>9Cr>13Cr。

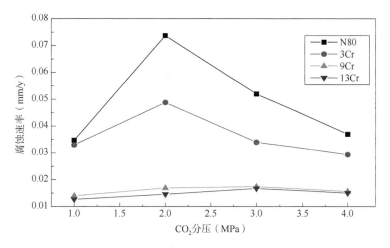

图 2　不同 CO_2 分压条件下，4 种油套管钢腐蚀失重实验结果

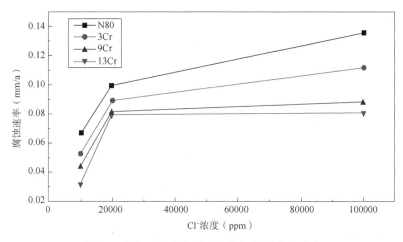

图 3　不同 Cl^- 浓度条件下 4 种钢材的腐蚀速率

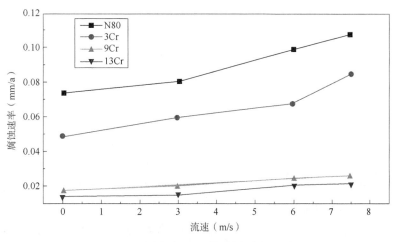

图 4　不同流速下 4 种钢材的腐蚀速率

2 新疆油田 CO_2 驱腐蚀防治技术研究

解决 CO_2 驱注采井腐蚀问题是 CO_2 驱规模应用中非常关键的一步，本文针对新疆油田 CO_2 驱注采井中不同工况下 CO_2 驱油过程中可能引起的腐蚀问题展开系统研究，研制 CO_2 驱注气井用环空保护液、缓蚀阻垢剂，建立了综合考虑材质、温度、CO_2 分压、流速、Cl^- 浓度的腐蚀数学模型，建立了以腐蚀速率控制和腐蚀寿命为指标的注采井油、套管选材界限确定方法和选材图版，形成新疆油田 CO_2 驱腐蚀防治工艺技术。

2.1 复合缓蚀阻垢剂研究

在传统单曼尼希碱基础上，改造分子结构，研制出既具有缓蚀功能(如芳环、咪唑啉环等)，又具有阻垢功能(苯环、羧基、含 N 和 O 等元素)的新型高效氨羧聚曼尼希碱缓蚀阻垢剂 GCYHSJ-1，实现缓蚀阻垢一剂化。缓蚀阻垢剂 GCYHSJ-1 性能评价见表1，评价表明 CO_2 分压 5MPa，缓蚀阻垢剂 GCYHSJ-1 加量 200ppm 最大腐蚀速率 0.0253mm/a，缓蚀率>97%，阻垢率>95%，缓蚀阻垢性能优良。

表 1 缓蚀阻垢剂 GCYHSJ-1 性能评价数据表

药剂名称	加量（ppm）	CO_2 分压	温度（℃）	Cl^- 浓度（ppm）	材质	腐蚀速率（mm/a）	缓蚀率（%）	阻垢率（%）
空白		4MPa	60	22000	N80	1.7143		
GCYHSJ-1	200	4MPa	60	22000	N80	0.0475	97.23	95.6

2.2 水基环空保护液研究

针对目前油基缓控保护液价格较高，CO_2 腐蚀防治效果差，通过溶氧仪测试、绝迹稀释法、电化学腐蚀测试和水溶性评价，筛选出了性能良好的除氧剂 CF-1、杀菌剂 XW-2 和缓蚀阻垢剂 GCYHSJ-1，形成 CO_2 驱用低成本水基环空保护液 SHKB-1，性能评价效果表明，该水基环空保护液具有良好的缓蚀性能，加注环空保护液后，P110 和 N80 的腐蚀速率分别为 0.0634mm/a 和 0.0714mm/a(表2)，由此可知，加注环空保护液能保障 P110 和 N80 的腐蚀速率达到油田腐蚀控制指标(0.076mm/a)要求。

表 2 水基环空保护液 SHKB-1 性能评价表(CO_2 分压 20MPa、70℃)

材质	编号	失重（g）	均匀腐蚀速率（mm/a）	平均腐蚀速率（mm/a）
P110	346	0.0118	0.0667	0.0634
	311	0.0105	0.0602	
N80	490	0.0131	0.0751	0.0714
	496	0.0118	0.0678	

2.3 油基环空保护液研究

为了得到性能优良，防护效果良好的油基环空保护液，通过室内评价实验，研究了油基环空保护液的配方。首先进行了基础油的筛选实验，然后开展了 9 种抗 CO_2 缓蚀剂与基础油的配伍性实验，采用电化学法进一步对配伍性良好的缓蚀剂进行筛选，得到缓蚀效果最好的缓蚀剂及其最佳注入浓度，最后采用室内试管挂片实验选定油基环空保护液的组成成分，形成了油基环空保护液配方，并开展了油基环空保护液性能评价见表3，性能评价效果表明，油基环空保护液 OHKB-1 闪点>155℃，倾点<-35℃，稠环芳烃为0.3%，符合安全、环保要求，N80 钢油相腐蚀速率<0.0109mm/a，缓蚀率≥90%，缓蚀性能良好。

表3 油基环空保护液 OHKB-1 性能评价表

样品名称	闪点（℃）	倾点（℃）	密度（g/cm³）	腐蚀速率（mm/a）	缓蚀率（%）	稠环芳烃（%）
OHKB-1	>160	-37	0.82	0.0109	98.2	0.3

2.4 CO_2 腐蚀规律数值模拟及油、套管选材界限研究

2.4.1 CO_2 腐蚀预测数学模型的建立

基于最小二乘法，对实验数据进行多元非线性回归分析，并采用 Matlab 软件建立了 CO_2 腐蚀注采井的不同材质腐蚀预测数学模型。该数学模型综合考虑了温度、CO_2 分压及流速等影响因素，通过将模型曲线和腐蚀实验数据比较分析，注气井腐蚀数学模型预测准确性大于90%，采油井 CO_2 分压、温度和 Cl^- 含量腐蚀速率数学模型，准确性达95%，验证了数学计算模型的准确性和适用性，为后期 CO_2 驱注采井管柱的动态腐蚀评估、腐蚀寿命计算提供了依据。

2.4.2 注采井油、套管选材界限标准的建立

油管、套管结构的完整性是油气井井筒结构完整性的重要指标之一。在井下腐蚀性环境下，要确保油管、套管结构的完整性，必须保证油、套管本体的完整性。要实现上述的目的，可采取通过油管、套管材质的选择来加以保证。腐蚀安全系数是油田腐蚀控制指标与材质腐蚀速率的比值。腐蚀安全系数值高于1，说明材质的抗腐蚀能力越好，管柱处于安全状态。腐蚀安全系数值低于1，说明材质的抗腐蚀性能越差，管柱处于在危险状态。利用腐蚀数学模型，以腐蚀安全系数为指标建立新疆油田 CO_2 驱注气井油套管选材图版和选材界限，以服役寿命为指标建立采出井油套管选材图版和选材界限，有效指导了新疆油田 CO_2 驱注采井的合理选材，为油田开发方案的编制提供了重要的借鉴。

3 现场应用

新疆油田在××区齐古组油藏开展 CO_2 辅助蒸汽驱先导试验，注气井管材采用9Cr抗腐蚀套管和N80复合镀隔热油管，生产井采用"防腐油管+加注缓蚀剂"方法防治管材腐蚀，采用3Cr平式油管，同时在井口采用加药泵加注缓蚀剂，研制的缓蚀阻垢剂现场应用39口井，10口井采用加药泵连续滴加缓蚀剂，29口井采取环空定期添加缓蚀剂，加药后腐蚀速率从空白0.217mm/a下降到0.068mm/a，低于行业标准0.076mm/a，加药前采出液总铁0.47mm/L，加药后总铁含量0.31mm/L，降低33.3%，取得了较好的应用效果。研

制的油基环空保护液在×井区 CO_2 驱先导试验区全面推广应用，注气井共计应用 14 口井，累计 $313m^3$，取样腐蚀速率测定 0.016mm/a，从现场应用效果看，注气井和生产井都没有发现管材腐蚀问题，注气生产正常。

4　结论

（1）弄清了 CO_2 辅助蒸汽驱工况影响注采管柱腐蚀的影响因素和影响规律，发现温度、二 CO_2 分压、氯离子是管柱腐蚀的主控因素，因此在设计工艺参数时及选择防护措施时应保证油套管材料在该因素的最佳工艺区间服役。

（2）研制 CO_2 驱用水基、油基环空保护液和新型高效氨羧聚曼尼希碱缓蚀阻垢剂 GCYHSJ-1，形成了新疆油田 CO_2 驱管材腐蚀防治工艺技术。

（3）建立了综合考虑材质、温度、 CO_2 分压、流速、氯离子浓度的腐蚀数学模型，建立了以腐蚀速率控制和腐蚀寿命为指标的注采井油、套管选材界限确定方法和选材图版，形成 CO_2 驱管柱材质适用性评价技术。

参　考　文　献

[1] 吕红梅，时维才. 利用 CO_2 提高油井采收率技术中腐蚀与防护技术[J]. 腐蚀与防护，2018（39）：243-246.

[2] 曹力元，钱卫明，宫平，等. 苏北油田二氧化碳驱油注气工艺应用实践及评价. 新疆石油天然气. 2022，18（2）：46-50.

[3] 傅海荣，韩重莲，韩洋. 大庆油田二氧化碳驱腐蚀规律室内研究[J]. 采油工程文集，2016（3）：56-59.

[4] 张德平. CO_2 驱采油技术研究与应用现状[J]. 科技导报，2011（29）：74-75.

[5] 钟志英，罗天雨，邬国栋，等. 新疆油田呼图壁储气库气井管柱腐蚀实验研究[J]. 新疆石油天然气，2012. 8（3）：82-86.

油气领域 CO_2 与 Cl^- 介质交互作用下碳钢的腐蚀行为

摘　要：本文研究了 20 碳钢管线材料在 CO_2 和 Cl^- 的溶液体系中的腐蚀行为，通过采用电化学技术，配合浸泡失重法与一系列表征技术，从多角度分析了 Cl^- 与 CO_2 共同作用对管线材料腐蚀行为的影响。实验表明，在单独 Cl^- 溶液体系中，碳钢的腐蚀速率呈现出相对较低的值，且随着 Cl^- 浓度的增加，其腐蚀速率先增大然后趋于平缓。当 Cl^- 与 CO_2 两者共同作用时，将导致碳钢腐蚀速率显著增加。从电化学实验角度来看，阻抗与极化测试结果均与浸泡测试腐蚀速率的结果相一致，即 Cl^- 与 CO_2 两者共同作用可以使得碳钢容抗弧半径显著减小的同时，并伴随着腐蚀电流密度的显著增加。

关键词：氯离子；CO_2；碳钢；腐蚀速率；电化学腐蚀；交互作用

随着我国石油天然气工业的发展，深层油气资源的勘探开发不断加快，管线钢的腐蚀已经成为严重制约油气工业发展的一个重要挑战[1-3]。"多介质交互作用腐蚀"指的是材料在多种介质（包括环境因素）交互作用下，发生的腐蚀行为。工况环境下，金属材料经常处于一个复杂介质包含的体系中，其腐蚀行为往往不是单一介质作用效果的简单叠加。这些介质之间或许存在着一种或几种交互作用关系，进而加速了材料的腐蚀过程，甚至导致设备发生永久的失效，给国家财产和人民生命安全造成重大的损失。因此，在国际上受到了广泛的重视。

目前来看，油气领域的腐蚀现象普遍、难题多且极为棘手，其根本原因在于集输管线内部复杂的腐蚀环境。它受到了物理、化学以及生物等多种耦合因素的影响。腐蚀机理极其的复杂[3]，我们采用电化学测量的方式能够得到暴露期间原位、动态、连续的腐蚀数据，对腐蚀机理的研究具有重要意义。

在油气田中，CO_2 气体伴随着地层水普遍存在于油气生产与运输的管线流中[4]。当 CO_2 溶解于地层水后形成 H_2CO_3，对油气领域用碳钢管线具有很强的腐蚀性[5]。其腐蚀机制主要体现在两个方面：一方面是没有直接作用于碳钢自由表面，因为感抗弧的出现源于 Fe-H_2O 相关物质的释放[6]；另一方面是 CO_2 可以使碳钢阳极极化曲线的 Tafel 斜率值从 28mV/decade 降到 22mV/decade，这种差异源于 CO_2 相关物质直接作用于碳钢的阳极溶解过程[7]。具体来说，Almedia 和 Mattos 等人[6]采用电化学暂态技术比较碳钢在 1bar CO_2 分压饱和的去离子水溶液体系和 1bar CO_2 分压饱和的 3.2mol/L NaCl 电解质溶液体系中的腐蚀行为(pH 均调节至4.0），并通过一系列数学计算[8-10]，阐述$(FeOH)_{ads}$ vs $(FeCO_2)_{ads}$ 之间的界面竞争反应，氯离子主要作用于调控 CO_2 的溶解度以降低碳钢的腐蚀速率。相比较，Kahyarian 等人[7]的研究已经指出 CO_2 相关物质可以直接作用于碳钢的阳极溶解反应；同时，随着温度和 CO_2 分压的增加，实验现象也逐渐偏离了 Mattos 课题组总结出的一些规律（即 $p_{CO_2}=2MPa$，$T=60℃$，碳钢的腐蚀速率随 Cl^- 含量的增加呈现出先增加后减小的趋势[11]；$p_{CO_2}=5.5MPa$，$T=150℃$，当 Cl^- 浓度大于 10%，碳钢的腐蚀速率快速增加[12]）。基于以上两个相悖的理论，一个核心问题由此引出：电化学暂态技术更偏重于基体-介质之间的界面反应[13]；相比较，阳极极化（稳态技术）以及高温高压则促进金属表面膜化，反映了金属表面成膜后的界面反应[7]。对此，Zhang 等人[14]构建了一个简单的伪钝化体系（包含反应初始阶段的阳极溶解区间（即无膜层阶段）、伪钝化区间和击穿区间），氯离子浓度的增加仅对膜化后的碳钢表面产生影响，呈现出不同程度的点蚀行为，而阳极溶解区间相对氯离子浓度保持独立性。工况环境下，油气管线内部存在大量的腐蚀性离子，其中最为常见的离子是 Cl^-、HCO_3^-、SO_4^{2-}、Na^+、Ca^{2+}。而 Cl^- 是地层水中的一种常见成分，随地层水流入管线。在管线流的不同区域，Cl^- 由低浓度向高浓度分布不等。就目前的研究发现，Cl^- 主要作为催化剂参与到了阳极的溶解过程，点腐蚀的风险被大大增加[15-16]。大致可以概括为："穿透机制"，"膜层破坏机制"和"吸附机制"。其中"穿透机制"是由于腐蚀性 Cl^- 的半径很小，容易穿过表面的氧化物膜层，并且氯离子的参与破坏了氧化膜，在膜层间诱发强烈的电子导电现象，易在局部位置维持较高的电流密度，阳离子的杂乱移动导致电流密度显著升高，当达到其临界值时，点蚀就会发生[16-17]。"膜层破坏机制"是 Cl^- 的吸附减少了膜层的收缩，导致膜层裂纹增加，侵蚀性 Cl^- 因此可以直接接触金属表面，导致金属基体的局部溶解[18-19]。"吸附机制"是这个理论是基于钝化膜由一层吸附的氧组成，Cl^- 会和氧发生竞争吸附，当金属表面氧吸附的位置被 Cl^- 取代时，点蚀将会发生[21-22]。

尽管这些研究已对碳钢在 CO_2 以及 Cl^- 包含溶液体系中腐蚀机制的澄清做出了巨大的贡献。然而，研究结果出现了一些争议，各个方面仍需要进一步的解释。同样地，CO_2 与 Cl^- 对碳钢腐蚀行为的影响被分开讨论，以精确地解释其在碳钢腐蚀中的作用。然而，针对碳钢在 CO_2、Cl^- 以及 CO_2-Cl^- 介质包含的溶液体系中的腐蚀行为并没有做出系统的比较，且在碳钢管线流中，CO_2 与 Cl^- 两种腐蚀性介质之间是否存在交互作用关系仍缺少明确的阐述与总结。

本论文主要通过比较 20 碳钢管线在 CO_2、Cl^- 以及 CO_2-Cl^- 介质包含的溶液体系中的腐蚀行为，基于此，建立 CO_2 与 Cl^- 介质腐蚀能力与碳钢管线腐蚀程度的关系。此研究将对减小油气领域设备的失效风险、潜在的经济损失以及腐蚀的防护具有重要的指导意义。

1 实验部分

1.1 试样制备及组织观察

20 优质碳素结构钢作为本文的研究对象（其化学成分如表 1 所示），将其加工成所需尺寸,即浸泡实验(50mm×10mm×4mm)和电化学实验(15mm×15mm×4mm)。首先,用碳化硅水磨砂纸将样品表面依次打磨至 1200 目,随后用去离子水冲洗表面的溶液残留,并用丙酮脱脂,无水乙醇清洗、干燥处理后待用。用于微观组织观察的试样用抛光机进行抛光处理,并用 4% 的硝酸酒精腐蚀并在显微镜下观察,其显微组织由铁素体(区域 A)和珠光体(区域 B)组成,如图 1 所示。

表 1   实验用 20 碳钢的化学成分

化学成分	C	Si	Mn	S	P	Cr	Ni	Cu	Fe
质量分数/%	0.22	0.252	0.452	0.0081	0.0122	0.0293	0.0361	0.1331	balanced

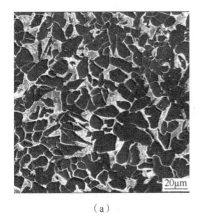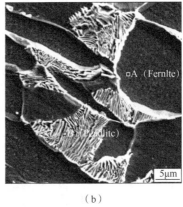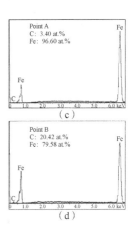

图 1   20 碳钢的显微组织及元素含量

1.2   浸泡与电化学测试

浸泡实验与电化学实验在容积为 1.0L 的高温高压反应釜中进行,分为三个体系:(a) Cl^- 介质包含的溶液体系;(b) CO_2 介质包含的溶液体系,(c) CO_2-Cl^- 介质同时包含的溶液体系。后两种 CO_2 介质包含的溶液体系测试前,先用低速 CO_2 气体喷吹 6h 达到饱和,浸泡实验周期为 24h,然后计算此时间段的腐蚀速率。浸泡测试完成后,碳钢试样表面的腐蚀形貌以及腐蚀产物用扫描电子显微镜(SEM, TESCAN VEGA3)进行观察。腐蚀产物的成分用 X 射线衍射(XRD, D8 Advance)、拉曼光谱(氩离子激光和 488nm 辐射, Renishaw RM2000)和 X 射线光电子能谱(XPS, ESCALAB 250)。XPS 设备(XPS, ESCALAB 250)进行表征。XPS 参数:使用单色化的 Al Kα 辐射(hν=1486.6eV)作为激发源,所有光谱都是从直径为 0.65mm 的圆斑区域和 58° 的发射角收集的。在分析之前,样品没有被溅射蚀刻。分析过程中系统中的基本压力为 $3.5×10^{-5}$ Pa。XPS 实验中使用了标准模式的中和枪。此外,本文中获得的 XPS 数据已经使用功函数方法进行了校正,C1s 峰位于 289.58eV−Φ=284.81eV,其中功函数(Φ)为 4.77eV。电化学测试采用经典的三电极系统和电化学工作站(Bio-Logic SP-150),其中,阻抗谱测试范围为 10^{-2} ~ 10^5 Hz,动力学极化测试范围为 −1.20~0.20V vs. SCE(饱和甘汞电极),扫描速率为 1.0mV/s。

2 结果与分析

2.1 腐蚀速率

图 2 为碳钢在单独 Cl^- 介质包含的溶液体系、单独 CO_2 介质包含的溶液体系和 CO_2–Cl^- 介质同时包含的溶液体系中经过浸泡测试后所测得的腐蚀速率。可以发现，单独 Cl^- 存在时，随着离子浓度的增加，腐蚀速率的波动不是很明显。然而，当 Cl^- 浓度超过 0.2mol/L 时，碳钢的腐蚀速率明显增加。同时，对比单独 CO_2 介质包含的溶液体系，其腐蚀速率值仍处于一个较低的水平。相比较，当两介质同时存在时，腐蚀速率有一个显著的提升，在 0.02mol/L 到 0.2mol/L 时增加较多，其浓度在 0.2mol/L 至 0.6mol/L 区间，腐蚀速率的变化趋于平缓，总体呈现出一个增加的趋势。

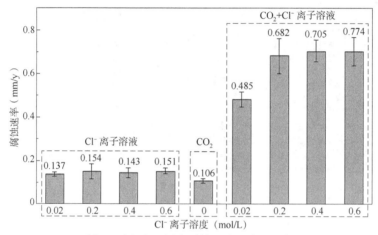

图 2 碳钢在不同介质体系中的腐蚀速率

对此，我们将 Cl^- 和 CO_2 在两介质间的交互作用比例进行了一个统计，如图 3 所示。可以发现，Cl^- 和 CO_2 共同作用腐蚀速率远大于单独介质作用下的腐蚀速率，其中，Cl^- 在其中的贡献值为 3~7 倍，而 CO_2 的贡献值在 2~4 倍之间，由此可以发现，Cl^- 与 CO_2 对碳钢管的腐蚀存在一个相互影响，共同促进了碳钢的腐蚀。

2.2 动电位极化曲线

图 4 显示了碳钢在单独 Cl^- 介质包含的溶液体系、单独 CO_2 介质包含的溶液体系和 CO_2–Cl^- 介质同时包含的溶液体系中的动电位极化曲线。可以发现，单独 CO_2 介质存在时，极化曲线向最左侧发生显著的迁移，这或许是由于溶液中的电解质较少所致。另一方面，在单独 Cl^- 介质包含的溶液体系中，随着 Cl^- 浓度的增加，阳极曲线是先向高电流密度方向移动，当浓度大于 0.4mol/L 时，曲线开始向左移动。相比较，在 CO_2–Cl^- 介质同时作用下，极化曲线发生了显著向右侧迁移的现象。表明两介质之间交互作用共同促进了碳钢腐蚀速率的明显增加。

基于此，对动电位极化曲线进行 Tafel 拟合，得到其腐蚀电流密度与腐蚀电位，如图 5 所示。其中，CO_2–Cl^- 介质同时作用下的腐蚀电位和腐蚀电流密度均大于 CO_2 或 Cl^- 介质的单独作用，进一步说明两者的作用效果远大于单一介质的影响。

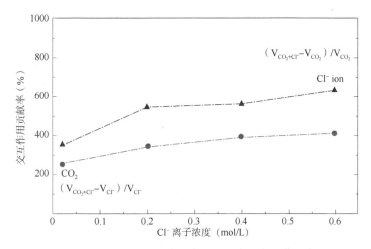

图3 Cl^- 和 CO_2 介质在碳钢腐蚀过程中的交互作用行为

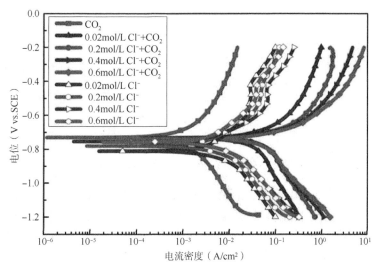

图4 碳钢在不同介质体系中的极化曲线图

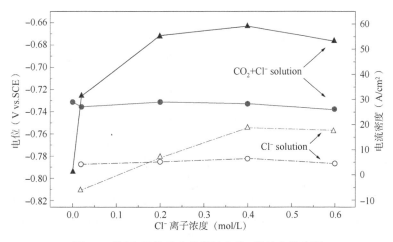

图5 不同介质体系中的腐蚀电位-腐蚀电流密度

2.3 阻抗曲线

图6显示了碳钢在单独 Cl^- 介质包含的溶液体系、单独 CO_2 介质包含的溶液体系和 CO_2-Cl^- 介质同时包含的溶液体系中的动电位极化曲线。可以发现，CO_2 介质包含的溶液体系中，当 Cl^- 的浓度为0或0.02mol/L时，阻抗曲线由一个高频容抗弧和另一个低频容抗弧组成；随着 Cl^- 的浓度的继续增加（0.2~0.6mol/L），低频区的容抗弧转变为感抗弧，这主要与碳钢表面 $Fe-H_2O$ 吸附物质的释放有关[6]，表明 CO_2-Cl^- 介质共同作用时，碳钢表面的腐蚀行为发生了机理性的转变且 Fe^{2+} 的释放过程明显加速。相比较，在单独 Cl^- 介质包含的溶液体系中，碳钢的阻抗弧完全有一个容抗弧组成，且随着 Cl^- 浓度的增加，其半径呈现出收缩的现象。

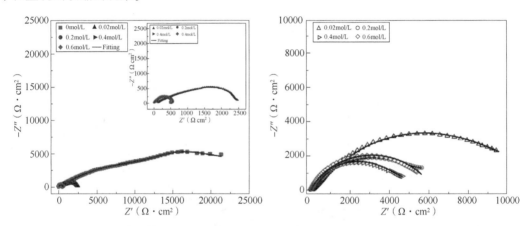

图6 碳钢在不同介质体系中的抗曲线图：（a）CO_2 介质包含的溶液体系；（b）单独 Cl^- 介质

为了阐明碳钢与 CO_2-Cl^- 介质之间的界面反应，利用等效电路对阻抗曲线进行拟合，如图7所示。其中，（a）代表双容抗弧电路，（b）代表高频容抗弧与低频感抗弧共同组成的电路，（c）代表单容抗弧电路。R_s 为溶液电阻，R_{ct} 为电荷转移电阻，CPE_{dl} 为双层容抗，CPE_f 为膜层容抗，R_f 为膜层电阻，R_L 为感应电阻，L 为电感。其等效电路的拟合值如表7所示。

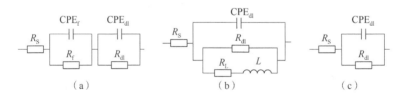

图7 碳钢在不同介质体系中阻抗曲线的等效电路

表2 单独 Cl^- 介质体系中碳钢的阻抗拟合数据

浓度	0.02mol/L	0.2mol/L	0.4mol/L	0.6mol/L
$R_s(\Omega \cdot cm^2)$	214.5	47.65	31.2	31.46
$CPE_{dl}(10^{-4} F/cm^2)$	1.939	1.945	1.829	1.843
n_{dl}	0.7505	0.8	0.7877	0.7397
$R_{ct}(\Omega \cdot cm^2)$	7957	5910	4265	6187

2.4 腐蚀形貌

图 8 显示了碳钢在单独 Cl^- 介质包含的溶液体系中浸泡 24h 的表面腐蚀形貌。可以发现其表面存在大量样品制备过程中留下的划痕，表明此溶液体系中，碳钢的腐蚀较为轻微。相比较，图 9 为碳钢在 CO_2-Cl^- 介质体系中的腐蚀形貌图，可以观察到明显的腐蚀产物存在，且随着 Cl^- 浓度的增加表面被腐蚀的程度更加明显。基于 EDS 结果，区域 A 的含碳量较低，而区域 B 的含碳量明显增加，对比碳钢显微组织，其主要由铁素体和珠光体（铁素体+Fe_3C）组成。因此，碳钢表面的腐蚀为铁素体的选择性腐蚀，电位较低的铁素体优先选择性腐蚀，碳钢表面呈现出残余的 Fe_3C 形貌[23]。

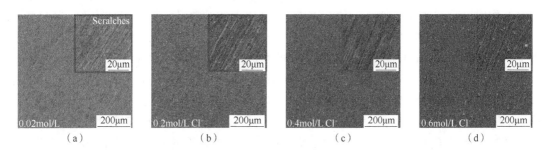

图 8　碳钢单独 Cl^- 介质体系中浸泡 24h 后的腐蚀形貌图

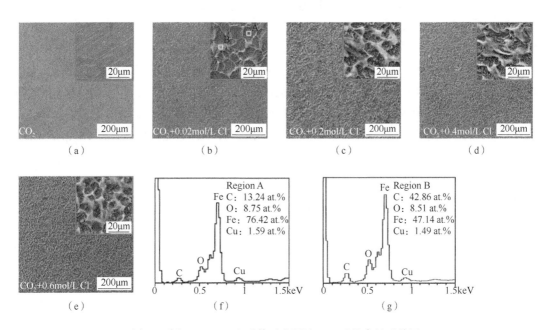

图 9　碳钢 CO_2-Cl^- 介质体系中浸泡 24h 后的腐蚀形貌图

2.5 高温高压腐蚀形貌

为了进一步模拟碳钢管线所处的工程环境，解释 CO_2-Cl^- 介质在碳钢管线腐蚀过程中的交互作用关系，采取了高温高压浸泡实验，辅之上述的常温电化学实验结果，其目的在于高温浸泡过程会生成大量的腐蚀产物，反应机理可能会发生变化。图 2.9 显示了 60℃ 条件下，碳钢在 CO_2-Cl^- 介质体系中浸泡 24h 的腐蚀形貌图。可以发现，随着氯离子浓度的增加，腐蚀产物的颗粒尺寸呈现出一个增加的趋势。然而，较大的颗粒尺寸则会给腐蚀性离子与钢基体的接触留下大量的空隙。此外，随着氯离子浓度的增加腐蚀产物的厚度呈现出先增加后减小的趋势。腐蚀产物膜层厚度增加的现象表明，在氯离子的作用下，碳钢表面的腐蚀产物逐渐增加。对于 CO_2 饱和的不同氯离子腐蚀环境中，溶解的 CO_2 是一个恒定值，腐蚀产物的增加代表溶液中 Fe^{2+} 含量增加。由此可以得出，在氯离子的作用下，腐蚀变得更加严重。

为了进一步模拟碳钢管线所处的工程环境，解释 CO_2-Cl^- 介质在碳钢管线腐蚀过程中的交互作用关系，采取了高温高压浸泡实验，辅之上述的常温电化学实验结果，其目的在于高温浸泡过程会生成大量的腐蚀产物，反应机理可能会发生变化。图 2.9 显示了 60℃ 条件下，碳钢在 CO_2-Cl^- 介质体系中浸泡 24h 的腐蚀形貌图。可以发现，随着氯离子浓度的增加，腐蚀产物的颗粒尺寸呈现出一个增加的趋势。然而，较大的颗粒尺寸则会给腐蚀性离子与钢基体的接触留下大量的空隙。经过 XRD 与拉曼光谱表征，腐蚀产物的主要成分为 $FeCO_3$ 晶体，如图 2-10(a) 和 2-10(b) 所示。另一方面，考虑到一定程度上可能出现的非晶产物，选择了高分辨率 XPS 光谱来确定腐蚀产物的精确成分，如图 2-10(c~f) 所示。基于 XPS 峰拟合的自洽性，C 1s、O 1s 和 Fe 2p 光谱中的峰得到了很好的拟合[24]。在 C1s 光谱中，结合能为 284.8eV 和 289.2eV 的峰被鉴定为吸附的 C 和 $FeCO_3$[25-27]。此外，O1s 光谱中的两个拟合峰位置，结合能分别为 531.3 eV 和 529.9eV 的峰被鉴定为 $FeCO_3$ 和 Fe_2O_3。Fe 2p1/2（2p3/2）光谱在峰位 709.8eV（723.3eV）、710.9eV（724.5eV）和 714.7eV（728.3eV）分别对应于 $FeCO_3$、Fe_2O_3 和 Fe^{2+}。此外，随着氯离子浓度的增加，腐蚀产物的厚度呈现出先增加后减小的趋势。腐蚀产物膜层厚度增加的现象表明，在氯离子的作用下，碳钢表面的腐蚀产物逐渐增加。对于 CO_2 饱和的不同氯离子腐蚀环境中，溶解的 CO_2 是一个恒定值，腐蚀产物的增加代表溶液中 Fe^{2+} 含量增加。由此可以得出，在氯离子的作用下，腐蚀变得更加严重。

表3 CO_2-Cl^- 介质体系中碳钢的阻抗拟合数据

浓度	0mol/L	0.02mol/L	0.2mol/L	0.4mol/L	0.6mol/L
$R_s(\Omega \cdot cm^2)$	207.6	106.1	23.38	12.29	7.434
$CPE_{dl}(10^{-4}F/cm^2)$	0.4578	0.7186	3.297	4.175	3.054
n_{dl}	0.4086	0.6343	0.6968	0.6790	0.7539
$R_{ct}(\Omega \cdot cm^2)$	19320	1593	581.9	566.8	608.4
$CPE_f(10^{-4}F/cm^2)$	14.89	0.4624	–	–	–
n_f	1	0.4751	–	–	–
$R_f(\Omega \cdot cm^2)$	5284	950.7	–	–	–
$R_L(\Omega \cdot cm^2)$	–	–	1157	1609	2145
$L(H/cm^2)$	–	–	834.9	1260	2513

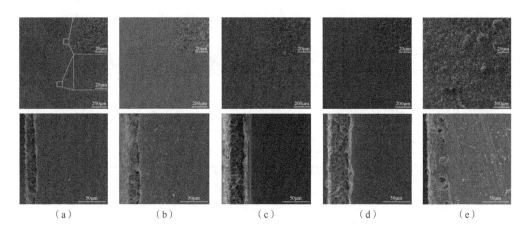

图 10   60℃ 条件下碳钢在 CO_2-Cl^- 介质体系中浸泡 24h 的腐蚀形貌图

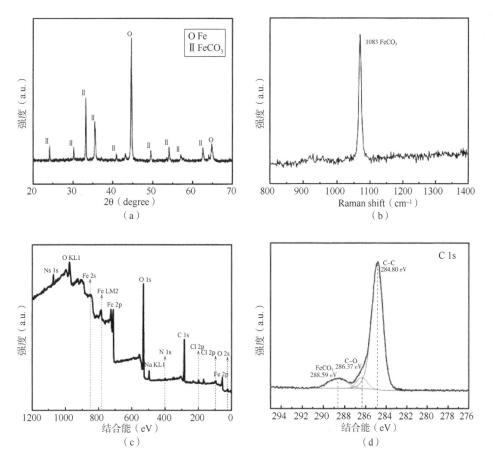

图 11   在 60℃ 的静态条件下，碳钢在 CO_2-Cl^- 系统中浸泡 24h 后的
XRD 图谱、拉曼光谱和 XPS 光谱

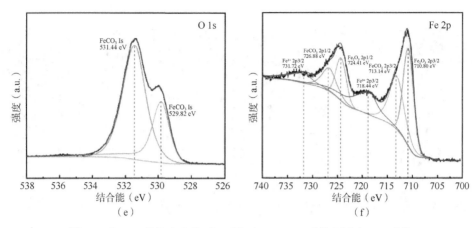

图 11　在 60℃的静态条件下，碳钢在 CO_2-Cl^- 系统中浸泡 24h 后的
XRD 图谱、拉曼光谱和 XPS 光谱(续)

3　结论

本文研究了 20 碳钢管线在 CO_2 和 Cl^- 介质溶液体系中的交互腐蚀行为，得出以下结论：

（1）在单独 Cl^- 溶液体系中，碳钢的腐蚀速率呈现出相对较低的值，且随着 Cl^- 浓度的增加，其腐蚀速率先增大然后趋于平缓。当 Cl^- 与 CO_2 两者共同作用时，将导致碳钢腐蚀速率显著增加。

（2）从电化学实验角度来看，阻抗与极化测试结果均与浸泡测试腐蚀速率的结果相一致，即 Cl^- 与 CO_2 两者共同作用可以使得碳钢容抗弧半径显著减小的同时，并伴随着腐蚀电流密度的显著增加。另一方面，在 CO_2 介质包含的溶液体系中，随着 Cl^- 的浓度的增加，低频区的容抗弧转变为感抗弧，这主要与碳钢表面 Fe-H_2O 吸附物质的释放有关，表明 CO_2-Cl^- 介质共同作用时，碳钢表面的腐蚀行为发生了机理性的转变且 Fe^{2+} 的释放过程明显加速。

参 考 文 献

[1] 陈长风，等. 铬对油管钢在二氧化碳腐蚀体系中耐点蚀性的影响[J]. 腐蚀，2005，61(6)：594-601.
[2] 王亚飞，程光旭，李云. 使用原位和三维测量显微镜观察 X80 钢在 3.5 wt.%NaCl 溶液中的点蚀和均匀腐蚀[J]. 腐蚀科学，2016，111：508-517.
[3] 史晶莹，陶桂凤，卢永强，等. SRB 和 IB 对 X65 管线钢的微生物腐蚀行为研究[J]. 油气田地面工程，2021，40(8)：12-16+20.
[4] Nešić S. 与石油和天然气管道内部腐蚀建模相关的关键问题—综述[J]. 腐蚀科学，2007，49(12)：4308-4338.
[5] 韩也，田春晓，马金榕，等. 含 CO_2/H_2S 湿气管道内腐蚀评价方法研究[J]. 油气田地面工程，2021，40(12)：21-25.
[6] Almeida T D C, Bandeira M C E, Moreira R M. CO_2 在碳钢腐蚀机理中作用的新见解[J]. 腐蚀科学，

2017，120：239-250.

[7] Kahyarian A，Brown B，Nesic S. CO_2 腐蚀低碳钢的电化学过程：CO_2 对铁溶解反应的影响[J]. 腐蚀科学，2017，129：146-151.

[8] Keddam M，Mottos O R，Takenouti H. 利用电极阻抗研究铁溶解的反应模型 I. 实验结果与反应模型 [J]. 电化学学会杂志，1981，128(2)：257-266.

[9] Keddam M，Mottos O R，Takenouti H. 利用电极阻抗研究铁溶解的反应模型 II. 反应模型的确定[J]. 电化学学会杂志，1981，128(2)：266-274.

[10] Epelboin I，Keddam M. 法拉第阻抗 扩散阻抗和反应阻抗[J]. 电化学学会杂志，1970，117(8)：1052-1056.

[11] 刘清友，毛良杰，等. 氯化物含量对模拟油气井环境中碳钢 CO_2 腐蚀的影响[J]. 腐蚀科学，2014，84：165-171.

[12] Ikeda A，Mukai S，Ueda M. CO_2 腐蚀研究进展[M]. 休斯顿：国际腐蚀工程师协会，1984：289.

[13] Almeida T D C，Bandeira M C E，Moreira R M. 关于 A. Kahyarian，B. Brown，S. Nesic 所著《低碳钢的二氧化碳腐蚀电化学：二氧化碳对铁溶解反应的影响》的讨论[Corrosion Science. 129(2017)146-151][J]. 腐蚀科学，2018，133：417-422.

[14] 张少华，李彦睿，卫英慧，等. 碳钢伪钝化行为中氯离子和钝化表面对点蚀的协同效应[J]. 真空，2021，185：110042.

[15] Hoar T P，Mears D C，Rothwell G P. 阳极钝化，光亮和点蚀之间的关系[J]. 腐蚀科学，1965，5 (4)：279-289.

[16] 徐洪敏，杨燕，陈虎等. NaCl 对 X80 管线钢冲刷腐蚀行为的影响[J]. 油气田地面工程，2018，37 (3)：69-72.

[17] Evans U R. 金属的钝化性. 第一部分. 保护膜的隔离[J]. 化学学会杂志，1927：1020-104.

[18] Sato N. 金属阳极氧化膜的击穿理论[J]. 电化学学报，1971，16(10)：1683-1692.

[19] Bargeron C B，Givens R B. 铝局部腐蚀中的精密起泡[J]. 腐蚀，1980，36(11)：618-625.

[20] Burstein G T，Pistorius P C，Mattin S P. 不锈钢腐蚀坑的成核与生长[J]. 腐蚀科学，1993，35(1-4)：57-62.

[21] Kolotyrkin J A M. 金属的点蚀[J]. 腐蚀，1963，19(8)：261-268.

[22] Hoar T P，Jacob W R. 卤化物离子对不锈钢钝性的破坏[J]. 自然，1967，216：1299-1301.

[23] Wright R F，Brand E R，Ziomek-Moroz M，等. HCO_3^- 对 CO_2 饱和盐水中碳钢腐蚀电化学动力学的影响[J]. 电化学学报，2018，290：626-638.

[24] G. Greczynski，L. Hultman. 进行 X 射线光电子能谱分析的分步指南. 理论与应用力学学报，132 (2022)011101.

[25] J. K. Heuer，J. F. Stubbins. 来自 CO_2 腐蚀的 $FeCO_3$ 薄膜的 XPS 特性[J]. 腐蚀科学，41(1999) 1231-1243.

[26] T. Yamashita，P. Hayes. 氧化物材料中 Fe^{2+} 和 Fe^{3+} 离子的 XPS 光谱分析[J]. 应用表面科学，254 (2008)2441-2449

[27] P. C. J. Graat，M. A. J Somers. 同时测定 XPS Fe 2p 光谱中氧化铁薄膜的成分和厚度[J]. 应用表面科学，100(1996)36-40.

东胜气田井筒腐蚀原因分析及防护对策

陈　旭　罗　懿　王锦昌　周瑞立　孔　浩

（中国石化华北油气分公司）

摘　要： 综合运用化学分析及气井生产动态分析方法，明确了腐蚀机理为氧去极化腐蚀，氧气来源于膜制氮气举气体。频繁气举井积液速度快，环空形成高温高压含氧含水密闭空间，造成油管外壁严重腐蚀。基于高温高压室内挂片实验明确了氧去极化腐蚀规律，并从改善腐蚀环境、药剂防护、管材升级优化等方面提出了腐蚀防护对策。

关键词： 东胜气田；氧去极化腐蚀；膜制氮气举；积液；复合防护

东胜气田气井普遍产水，平均液气比为 $4.76m^3/10^4m^3$，产出气中无 H_2S、CO_2 含量介于 $0.13\% \sim 0.83\%$，CO_2 分压介于 $0.025 \sim 0.178MPa$。根据 Corn 和 Marsh 研究形成的 CO_2 电化学腐蚀定性判断方法，东胜气田井筒腐蚀程度为"可能腐蚀"。现场井筒挂片结果显示[1]，井筒腐蚀速率为 $0.0033 \sim 0.0042mm/a$，远低于 $0.076mm/a$ 的行业标准要求，与定性判断结果一致。但 2021 年 6 月份以来，256 口作业提管柱井中有 19 口井腐蚀特别严重，其中 4 口井油管断脱、4 口井腐蚀穿孔。因此有必要明确上述气井腐蚀原因及规律，针对性提出腐蚀防护对策。

1　腐蚀原因分析

1.1　腐蚀特征与腐蚀机理

19 口腐蚀严重井基本情况见表 1，典型井腐蚀外观见图 1~图 3。由图表可知，腐蚀呈现以下特征：(1)腐蚀严重井投产时间集中 3 年以内，以 A10 井为例，投产 1.3 年发现油管穿孔断裂，折算腐蚀速率>2.83mm/a。(2)腐蚀部位均为下部油管外壁，内壁腐蚀轻微。(3)腐蚀产物呈红褐色、片状脱落特征。而东胜气田气井 CO_2 电化学腐蚀速率小[1]，油管内壁作为气水产出通道腐蚀应更严重[2]，产物碳酸亚铁应为灰黑色[3]；说明气井腐蚀机理与 CO_2 电化学腐蚀存在明显不同。

表 1　19 口腐蚀严重井基本情况表

井号	生产层位	油管尺寸（mm）	油管入井日期	油管出井日期	油管腐蚀情况	腐蚀深度
A1	盒1	60.3	2018/4/23	2021/4/14	下部 5 根油管穿孔	1619m 以深
A2	奥陶系	60.3	2017/7/22	2019/4/25	腐蚀穿孔，孔径约 15mm	

续表

井号	生产层位	油管尺寸（mm）	油管入井日期	油管出井日期	油管腐蚀情况	腐蚀深度
A3	盒1	60.3+48.3	2018/11/16	2021/5/30	48mm油管尾端公扣处被腐蚀断脱	2754m以深
A4	盒3	60.3+48.3	2018/10/9	2021/6/2	原井管柱腐蚀严重，48油管断	2623.4m以深
A5	盒3	60.3+48.3	2018/12/20	2021/7/22	60.3mm油管有腐蚀坑，深度约1~2mm	2693m以深
A6	盒1	60.3+48.3	2017/11/23	2022/4/23	起出60.3mm油管腐蚀严重，外部起皮掉块，第152根、153根、173根，三根油管腐蚀穿孔；48.3mm油管外壁腐蚀严重	1550m以深
A7	奥陶系	60.3	2018/8/15	2022/4/25	油管外部腐蚀严重，第217根油管破裂断开	2075m以深
A8	盒1	60.3+48.3	2018/4/10	2022/4/13	腐蚀穿孔	2830m以深
A9	盒1	60.3+48.3	2018/5/7	2022/4/7	原井60.3/48.3mm油管检查外表腐蚀严重，内壁轻微结垢	下部管柱外壁
A10	盒1	60.3+48.3	2018/7/30	2021/12/9	油管整体外壁腐蚀、结垢严重，打捞油管残体，表现腐蚀严重，多处穿孔的特征	2999m以深
A11	盒1	60.3	2020/12/11	2021/11/30	油管内壁轻微腐蚀结垢，外壁腐蚀结垢，310根以下外壁腐蚀严重	3038m以深
A12	盒1	60.3	2017/1/13	2021/8/9	下部油管外壁腐蚀	下部管柱外壁
A13	盒3	60.3	2013/11/19	2022/4/29	外壁结垢腐蚀严重，内壁轻微结垢	下部管柱外壁
A14	盒1	60.3+48.3	2018/6/15	2022/5/25	油管外表腐蚀严重，内壁有轻微结垢	下部管柱外壁
A15	盒1+山2	60.3	2020/6/29	2022/7/29	油管外壁严重腐蚀，内壁轻微结垢	2000m以深
A16	盒1+山1	60.3	2020/6/8	2022/8/29	管柱丝扣紧，油管外壁严重腐蚀，起管柱过程中，掉铁屑垢块，洗井返出物为铁屑，铁垢渣约20L	下部管柱外壁
A17	盒1	60.3	2018/5/29	2022/8/28	油管壁腐蚀、结垢严重，油管丝扣严重沾扣	1750m以深
A18	盒1	60.3+48.26	2018/10/20	2022/9/17	2830m以下48mm油管腐蚀丝扣滑脱	2830m以深
A19	盒1+山2	73	2020/5/20	2022/9/25	2283m以下腐蚀严重，洗井有铁锈洗出	2283m以深

图 1　A10 井油管断裂照片

图 2　A5 井油管外壁腐蚀产物

（a）深度1000m外壁

（b）深度2000m外壁

（c）深度3000m外壁

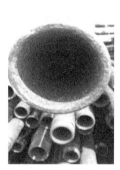

（d）深度3000m内壁

图 3　A15 井油管腐蚀照片

依托 X 射线衍射方法对 A5、A10、A15 三口典型井腐蚀产物成分进行分析，结果见表 2。由表中数据可知，腐蚀产物主要以铁的氧化物（Fe_2O_3、Fe_3O_4）及羟基氧化物形式存在，含量占 90% ~ 97.5%。随着管柱深度增加，腐蚀产物中出现极少量 $FeCO_3$（含量 2.5% ~ 6%）。根据腐蚀产物组分可以判定，气井腐蚀机理主要为氧去极化腐蚀[4]，底部管柱伴随微量 CO_2 电化学腐蚀(图 4 和图 5)。

表 2　19 口腐蚀严重井基本情况表

井号	部位	对应深度（m）	质量分数					铁的氧化物所占质量分数
			Fe_3O_4	Fe_2O_3+MgO	Fe_2O_3	FeO(OH)	$FeCO_3$	
A5	下部管柱外壁	2750	49.90%	50.10%	0	0	0	90%
A10	下部管柱外壁	2998	11.10%	19.80%	69.10%	0	0	96%
A15	上部外壁	约 1000	0	0	10.40%	86.20%	0	96.60%
A15	中部外壁	约 2000	10.90%	0	8.20%	74.90%	6%	94%
A15	尾部外壁	3446	4.70%	0	7.70%	85.10%	2.50%	97.50%

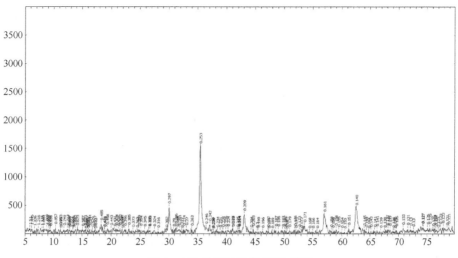

图 4　A10 井腐蚀样品 XRD 谱图

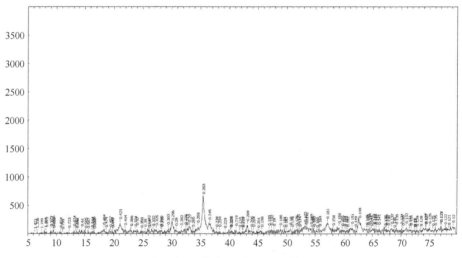

图 5　A5 井腐蚀样品 XRD 谱图

1.2　氧气来源分析

东胜气田气井产出气中无 O_2，O_2 应为外部注入导致。系统分析 19 口腐蚀严重井生产特征可知（表 3），气井平均产液量达 43.2 m^3/d，呈现高产液特征；气井在生产过程中不能自主携液，多次水淹并进行膜制氮气举复产，平均历史气举次数为 13.3 次。统计 117 口提管柱未腐蚀井生产情况（表 4），发现单井平均产液量为 5.1 m^3/d，历史平均气举次数为 0.3 次，远小于腐蚀严重井。膜制氮工艺以空气为原料分离 O_2 得到高浓度 N_2，N_2 体积分数 95%~99% 可调，对应 O_2 浓度 5%~1%。对膜制氮气举注入气体进行 26 样次氧含量分析，分析结果如图 6、图 7 所示。由图 6 中数据可知，东胜气田气举注入气中普遍含有氧气，平均含量为 5% 左右，最高含量高达 23.7%。因此，腐蚀严重井中氧气来自膜制氮气举注入的含氧气体。统计 474 井次气举后套压，最高套压为 10MPa，估算最高氧气分压约为 0.5MPa。为常压条件下 O_2 分压的 25 倍。

表3 19口腐蚀严重井生产情况表

井号	试气阶段生产情况				历史制氮气举次数
	油压（MPa）	套压（MPa）	日产气（×10⁴m³/d）	日产水（×10⁴m³/d）	
A1	7.6	16.5	3.5	220	13
A2	16.4	20.2	2.48	16.8	5
A3	0.1	4.4	0.83	31.0	14
A4	3.0	12.3	3.98	124	19
A5	2.8	7.0	1.53	39.2	5
A6	17.2	21.3	3.85	29.0	10
A7	2.0	5.2	3.20	19.5	21
A8	18.1	21.1	4.23	21.6	8
A9	4.6	8.4	4.33	51.3	10
A10	10.2	17.5	2.10	55.0	23
A11	1.3	4.5	0.42	2.5	3
A12	1.3	13	1.2	12.3	31
A13	14.0	15.4	2.81	2.1	8
A14	3.0	8.2	0.81	35	2
A15	4.0	10.8	0.55	14.6	25
A16	2.4	7.2	0.84	15.4	18
A17	3.2	7.0	1.82	36.9	10
A18	9.6	19	2.1	51.6	10
A19	0	11	0.0312		14
平均	6.05	12.11	2.14	43.2	13.3

表4 117口提管柱未腐蚀井产业及气举情况表

井号	产液（方）	气举次数
B1	2.3	0
B2	1.4	0
B3	3.5	0
B4	1.6	0
B5	2.5	1
B6	2	0
B7	2.2	0
B8	2.9	0
B9	2.5	0

井号	产液(方)	气举次数
B10	12.3	0
......		
B114	1.9	0
B115	1.8	0
B116	1.5	0
B117	2.1	0
平均	5.1	0.3

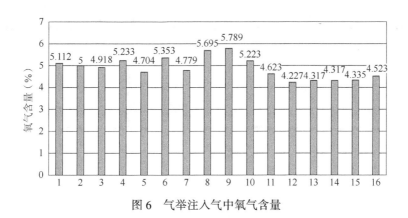

图6 气举注入气中氧气含量

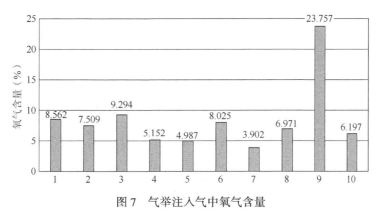

图7 气举注入气中氧气含量

1.3 环空腐蚀环境的形成

水淹井进行制氮气举时，通常从油套环空注入气体，从油管排出积液后进行正常生产。理论上气举后随着地层中天然气不断产出，环空及油管内含氧气体会与天然气进行充分置换，井内不会长期存在含氧腐蚀环境。但对典型井(A10井)生产情况进行分析可知(图8)，该井气举复产后连续稳定生产时间<7天，井内积液速度快。采用赵润冬建立的积液定量诊断方法对 A10 井气举后环空积液情况进行计算[5]，结果见图9、图10及表5。由结果可知，该井气举后 2 天内环空液面已上升 2921.7m，6 天内已上升至 2318m，均在

腐蚀断裂部位(2999m)以浅，远高于油管管脚(3375m)。由于此类井积液速度快，气举后环空内含氧气体还未与产出天然气充分置换，积液液面即上升至管脚以上，环空形成高温高压含氧密闭空间，造成油管外壁腐蚀严重。

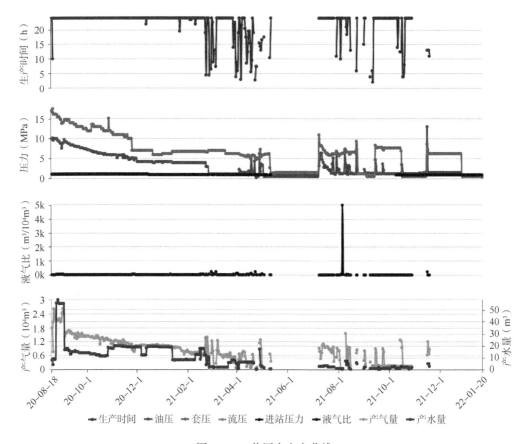

图8　A10井历史生产曲线

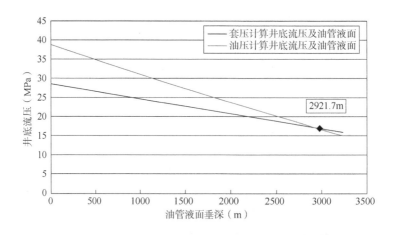

图9　气举后3天环空积液高度定量计算曲线

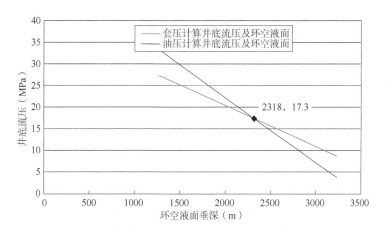

图 10　气举后 6 天环空积液高度定量计算曲线

表 5　A10 井气举后环空积液深度情况表

项目	环空液面深度(m)	油管管脚深度(m)	油管腐蚀断裂深度(m)
气举后 3 天	2921.7	3375	2999
气举后 6 天	2318		

2　氧腐蚀规律研究

2.1　温度对腐蚀影响

采用高温高压动态挂片实验,考察了不同温度对溶解氧去极化腐蚀的影响,氯离子浓度按照东胜气田平均浓度设定(40000mg/L),压力按照气举后套管最高压力 10MPa 设定,O_2 分压按照平均值 0.3MPa 设定,温度水平 70℃、80℃、90℃、100℃和110℃。

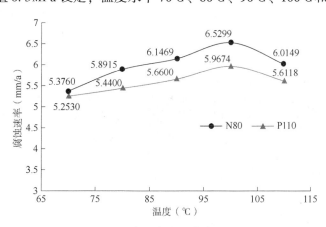

图 11　温度对氧去极化腐蚀影响

随着温度增加,溶解氧腐蚀速率呈现先增大、后减小趋势,N80 材质的挂片腐蚀速率 5.3760-6.5299-6.0149mm/a,P110 材质的挂片腐蚀速率 5.2530-5.9674-5.6118mm/。温度为100℃时腐蚀速率最高，N80材质的挂片腐蚀速率为6.5299mm/a，P110材质的挂片腐蚀速率为5.9674mm/a，此温度下N80材质的挂片腐蚀速率高于P110材质的挂片。这是由于随温度升高，化学反应速率加快，腐蚀速率增加；温度超过100℃后，腐蚀产物膜形态变得更加致密，阻碍了反应进一步发生。

东胜气田各层位储层温度不高于100℃，越靠近储层，理论上氧气腐蚀速率逐渐增加。

2.2 氧含量(分压)对腐蚀影响

考察了不同O_2含量(分压)对氧去极化腐蚀的影响，氯离子浓度按照东胜气田平均浓度设定(40000mg/L)，压力按照气举后套管最高压力10MPa设定，温度按照80℃设定，O_2分压水平0.05MPa、0.10MPa、0.15MPa、0.20MPa、0.30MPa、0.40MPa、0.50MPa(按照氧气浓度0.5%~5%)(图12)。

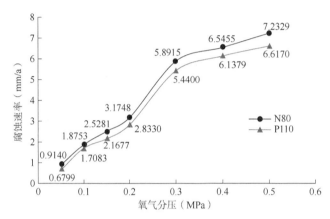

图12 O_2分压对氧去极化腐蚀影响

随着O_2分压增大，溶解氧腐蚀速率呈现不断增大的趋势，N80材质的挂片腐蚀速率介于0.9140~7.2329mm/a之间，而P110材质的挂片腐蚀速率介于0.6799~6.6170mm/a之间。O_2分压为0.5MPa时腐蚀速率最高，且产物疏松多孔，发生严重的局部腐蚀。这是由于O_2作为电化学腐蚀去极化剂，直接参与阴极反应，使得腐蚀速率不断增加。两种材质的钢材相对比，P110比N80腐蚀速率小，P110钢材耐蚀性相对强(图13)。

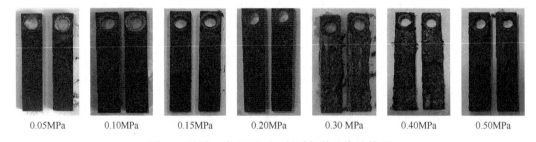

| 0.05MPa | 0.10MPa | 0.15MPa | 0.20MPa | 0.30 MPa | 0.40MPa | 0.50MPa |

图13 不同O_2分压下N80材质的挂片腐蚀外观

此外，即使在氧气含量很低(1%)时，两种材质的挂片腐蚀速率仍>1.7mm/a，说明O_2去极化腐蚀速率很高。膜制氮设备最低氧气浓度为1%，而单独采用降低膜制氮气体中氧气浓度的方法，不能实现气井的有效防护。

0.05MPa 0.10MPa 0.15MPa 0.20MPa 0.30 MPa 0.40MPa 0.50MPa

图 14 不同 O_2 分压下 P110 材质的挂片腐蚀外观

2.3 氯离子浓度对腐蚀的影响

考察了不同氯离子浓度对氧去极化腐蚀影响，压力按照气举后套管最高压力 10MPa 设定，温度按照 80℃ 设定，O_2 分压按照中间值 0.3MPa 设定。氯离子水平为 20000mg/L、40000mg/L、50000mg/L、60000mg/L 和 70000mg/L。

随着氯离子浓度升高，N80、P110 挂片腐蚀速率呈现先增大、后减小趋势，N80 材质的挂片腐蚀速率介于 5.6775-6.8488-5.7211mm/a 之间；P110 材质的挂片腐蚀速率介于 4.9897-6.1486-4.8228mm/a 之间。氯离子浓度为 50000mg/L 时腐蚀速率最高，N80 材质的挂片的腐蚀速率为 6.8488mm/a，P110 材质的挂片的腐蚀速率为 6.1486mm/a。这是由于氯离子体积较小，易穿透腐蚀产物保护膜，从而增大腐蚀速率；当氯离子浓度超过一定值时，氯离子降低了其他离子活度，金属表面更容易形成腐蚀产物保护膜，从而使速率略降(图 15)。

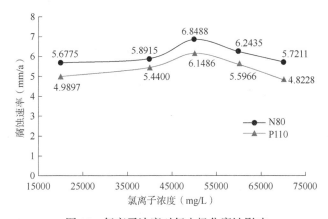

图 15 氯离子浓度对氧去极化腐蚀影响

2.4 浸没程度对腐蚀影响

考察了不同浸没程度对氧去极化腐蚀的影响，实验条件选择最苛刻条件为：O_2 分压 0.5MPa，温度 100℃，氯根 50000mg/L。N80 材质的挂片在三种条件下腐蚀速率分别为 0.8987mm/a、4.8023mm/a、7.7605mm/a；P110 材质的挂片在三种条件下腐蚀速率分别为 0.5136mm/a、3.4678mm/a、6.8157mm/a。从结果来看，腐蚀速率全浸没>半浸没>未浸没，说明水的存在促进了电化学腐蚀的发生，与现场下部油管腐蚀严重情况相吻合(图 16)。

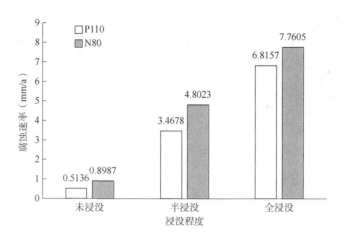

图 16　不同浸没程度对氧去极化腐蚀影响

3　对策建议

氧去极化腐蚀腐蚀速率大，即便水中溶解氧仅为 1ppm，依然会造成严重腐蚀[6]。按照温度 70℃，O_2 分压 0.5MPa 计算[7]，东胜气田气井环空积液中溶解氧含量高达 116.8mg/L。在氧含量 1% 条件下，室内挂片测试腐蚀速率>1.7mm/a，腐蚀速率极高。因此采用单一措施难以达到防护要求，应从改善腐蚀环境、药剂防护、管材升级优化等方面入手，采取复合方法进行防护。

（1）改善腐蚀环境，降低环空氧气浓度：①跟踪气井气举后生产情况，开展环空积液高度定量计算，对气举后稳产期<7 天、环空积液迅速的气井改用其他排液工艺，从源头限制腐蚀性气体注入；②若水淹井同井场存在其他气井，且该井能够生产正常，产出气量满足气举需求，则可采用循环气举或压缩天然气气举工艺对水淹井进行复产；③加强制氮气举现场管理，按照 1% 氧气含量指标严控气举注入气体质量，改善腐蚀环境，降低环空氧气浓度。

（2）加注缓蚀剂进行防护：优选兼顾氧去极化腐蚀及 CO_2 电化学腐蚀的药剂，开展现场腐蚀防护，并优化形成合理加注制度。

（3）采用涂层油管进行管材升级：根据文献调研[8]，环氧树脂类涂层油管具有较好的抗 CO_2、O_2 腐蚀性能。可在新投产井开展涂层油管实验，保障管材本质安全。

参　考　文　献

[1] 陈旭. 含 CO_2 气井腐蚀速率预测方法对比与分析[J]. 天然气技术与经济，2017，11(5)：18-21.

[2] 张万. 苏里格气田井筒腐蚀规律及影响因素研究[D]. 西安石油大学，2018.

[3] 陈旭. 东胜气田气井腐蚀软件模拟研究[J]. 承德石油高等专科学校学报，2021，23(01)：25-31，85.

[4] 祁丽莎，陈明贵，王小玮，等. 塔河油田朱气井井筒氧腐蚀机理研究[J]. 石油工程建设，2016，42(6)：70-72.

[5] 赵润冬. 井下节流天然气井理论产气量及积液诊断方法研究[J]. 西安石油大学学报(自然科学版)，2022，37(2)：59-64.

[6] Newton L E etal. CO$_2$ Corrosion in Oil and Gas Production，NACE 1984：167.

[7] 张朝能. 水体中饱和溶解氧的求算方法探讨[J]. 环境科学研究，1999. 12(2)：54-55.

[8] 林柏松. 采油系统防腐防垢复合涂层实验研究[J]. 中国设备工程，2019，09(上)：140-141.

井筒用降解型固体缓蚀剂颗粒的
制备与性能研究

袁　浩　曹金安　段向锋

(陕西日新石油化工有限公司)

摘　要： 添加缓蚀剂是油气井防腐最常用、最有效的缓蚀手段之一，但现有的液体缓蚀剂存在使用效率低、防护效果有限的问题。因此，研究并使用具有长效性的固体缓蚀剂已经成为大家的共识。但目前这类缓蚀剂制作成本较高且存在大量不溶物，长期使用容易堆积在井筒中，造成油井堵塞。本文首先探究了聚乳酸(PLA)的合成工艺，当催化剂 Sn(Oct)$_2$ 用量为 0.4%(质量分数)，在 180℃、0.095MPa 的条件下反应 16h，合成出分子量为 17902 的聚乳酸。使用该 PLA 对咪唑啉进行包覆，制备了一系列固体缓蚀剂样品。通过研究固体缓蚀剂样品的释放特性和缓蚀能力，发现 G-2 号固体缓蚀剂颗粒能够在 70 天内完全降解，且在63 天内的缓蚀率均大于 80%。

关键词： 聚乳酸；咪唑啉；固体缓蚀剂；缓蚀性能；降解

我国部分油田开采进入高含水开发期，由于地质原因，油气介质具有矿化度高、氯离子含量大、高含水和高 CO$_2$ 分压的特点，在这种环境下，井下管柱和出油管线腐蚀穿孔风险越来越高[1-2]。针对于目前油田井下油套管的腐蚀问题，目前被广泛使用的手段是在生产过程中向井中添加缓蚀剂[3]。加注液体缓蚀剂是目前最可靠、最通用的技术，并且可以根据生产条件轻松调整缓蚀剂投加量。液体缓蚀剂优点突出，但在使用过程中仍存在许多不足[4-6]：液体缓蚀剂投加频繁且加药量大，如需人工投加时，还存在人力物力消耗大，成本增加的问题。此外，采液量过高时，缓蚀剂回流浓度增大，会造成浪费甚至降低防护效果。对于气举油井及气井，产出介质流速快，井内压力较大，液体缓蚀剂难以加入井中且易黏附在油管和套管上[7]。

针对油气田液体缓蚀剂在使用过程中存在诸多缺点，研究人员开始开发新型固体缓蚀剂[8-10]。目前市场上存在的固体缓蚀剂大都是将母体缓蚀剂成份与黏合剂、增效剂和填充加重剂等成份混合压制而成的棒状或粒状缓蚀剂，这种固体缓蚀剂制作成本高且溶解时间过长，导致后期采出液含药量不足，防护效果不佳[11,12]。此外，这类固体缓蚀剂添加的加重剂多为不溶成份，长期使用容易堆积在井筒中，造成油井堵塞[13]。基于此，本文拟开发一种完全可降解型固体缓蚀剂颗粒，这种固体缓蚀剂颗粒加入井袋中可为井下管件、设备提供长效的防护。

本文首先制备了分子量为 17902 的 PLA。将该 PLA 与咪唑啉进行混合，经过加热搅拌，冷却脱模后得到一系列不同载药量的 PLA 包裹咪唑啉的固体缓蚀剂颗粒。通过对不同载药量的固体缓蚀剂颗粒释放行为研究后发现，G-2 固体缓蚀剂（载药量 40%）释放过程平稳且释放周期可达 60 天，该固体缓蚀剂在 63 天的试验周期内缓蚀率均大于 80%。

1 实验部分

1.1 实验试剂与药品

乳酸、$SnCl_2 \cdot 2H_2O$、$Sn(Oct)_2$、四氢呋喃、丙酮、无水乙醇、$CaCl_2$、$MgCl_2 \cdot 6H_2O$、$NaHCO_3$、$NaSO_4$、$NaCl$、KCl、HCl、六次甲基四胺、石油醚（分析纯、国药集团化学试剂有限公司）、咪唑啉（工业品，陕西日新石油化工有限公司），N80 试片（规格：50mm×10mm×3mm）

1.2 PLA 的制备

在 50mL 三口烧瓶中加入 20mL 85%~90% 的含水乳酸，然后将一定量的 $SnCl_2 \cdot 2H_2O$ 或 $Sn(Oct)_2$ 加入到反应容器中，边加热边减压，升温至 100℃，真空压力维持在 0.06MPa，保温磁力搅拌脱水 2h，再逐渐升温至 180℃，持续减压至真空压力 0.095MPa，继续磁力搅拌反应一段时间至反应完全。冷却后用丙酮溶解，然后用乙醇沉淀，再用蒸馏水重沉淀，得到白色粉末状固体聚合物。

1.3 固体缓蚀剂的制备

将 PLA 粉末和咪唑啉按比例混合均匀（7∶3、6∶4、5∶5、4∶6、3∶7），加热到一定温度，所有物料呈熔融状态后，搅匀，倒入模具内，冷却后脱模取出即可得到固体缓蚀剂颗粒。

1.4 固体缓蚀剂颗粒的表征与性能测试

采用德国 Bruker VECTOR-22 型傅里叶变换红外光谱仪获得样品的红外谱图，测试波长范围 4000~500cm^{-1}；通过日本日立公司 STA7200RV 型热重—差热同步分析仪，在空气气氛下，温度范围为 30~800℃，升温速率为 20℃/min，测量样品的热重曲线；使用日本日立公司的 STA7200RV 型热重—差热同步分析仪，在氮气氛围中，升/降温速率为 10℃/min。先将样品一次升温至 100℃，稳定 3min，消除材料热历史，再降温至 -60℃，稳定 3min，最后升温至 350℃，研究聚合物的结晶度、熔点和熔融焓。通过乌氏黏度计测定 PLA 的特性黏度，用公式 $[\eta] = 5.45 \times 10^{-4} \times \overline{M}_\eta$。使用日本 Nikon 公司的 LV150NA 型数码显微镜对固体缓蚀剂表面形貌和试片形貌进行表征；使用日本 Hitachi 公司的 U-3900H 型紫外可见分光光度计对固体缓蚀剂释放量进行测定。

固体缓蚀剂缓蚀性能通过失重法进行评价，失重实验介质采用实验室配制模拟现场水质，总矿化度 60g/L，pH 值 6.5，$CaCl_2$ 水型。各组分为 $CaCl_2$：24.57g/L，$MgCl_2 \cdot 6H_2O$：20.00g/L，$NaHCO_3$：0.20g/L，Na_2SO_4：0.02g/L，$NaCl$：14.75g/L，KCl：1.12g/L。挂片材质使用 N80，尺寸为 50mm×10mm×3mm。量取 1000mL 模拟水置于实验瓶中，随后在实验瓶中加入 2g 固体缓蚀剂，最后将 N80 挂片 3 片挂入实验瓶中。同时准备一个未添加固体缓蚀剂的对照试验。实验过程中模拟介质需现配现用，N80 挂片在实验瓶中的位置应保证不与实验瓶内壁接触，不少于上液面之下 3cm，位于瓶底上 1cm 处，模拟腐蚀介质用量不少于 20mL/cm²。将上述实验瓶放入恒温水浴中，在恒定温度（60±0.01℃）的环境中静置 7 天。每隔七天重复一组实验，其中实验温度不变，缓蚀剂使用上一组实验后的固体缓蚀剂，不更换实验挂片，更换实验介质。实验的后处理参考标准 SY/T5273—2014《油田采出水处理用缓蚀剂性能评价方法》进行。

N80 试片在模拟腐蚀介质中的缓蚀率计算公式如下：

$$\eta = (m_0 - m_1)/m_0 \times 100\% \tag{1}$$

式中，η 为缓蚀率，%；m_0 为空白溶液中腐蚀试片的失重，g；m_1 为添加缓蚀剂溶液中腐蚀试片的失重，g。

N80 试片在模拟腐蚀介质中的腐蚀速率计算公式如下：

$$R_c = (8.76 \times 10^4 \times \Delta m)/S \times t \times \rho \tag{2}$$

式中，R_c 为均匀腐蚀速率，mm/a；Δm 为试验前后挂片质量差，g；S 为试片表面积，cm²；ρ 为试片材料密度，g/cm³；t 为试验周期，h。

2 结果与讨论

2.1 PLA 合成工艺的影响因素

2.1.1 催化剂种类和用量对 PLA 产率和分子量

分别以 SnCl₂·2H₂O 和 Sn(Oct)₂ 为催化剂，在 180℃，0.095MPa 的条件下反应 16h。催化剂种类、用量与 PLA 产率和分子量的关系曲线如图 1 所示，从图 1 可以看出，Sn(Oct)₂ 的催化效果明显优于 SnCl₂·2H₂O。随着催化剂量的增加，PLA 的分子量逐渐升高，催化剂加量达到 0.4%（质量分数）时为最大值。当催化剂加量大于 0.4%（质量分数）时，导致 PLA 的分子量降低，这可能是当锡盐用量过多时，易于形成短链分子，导致 PLA 的分子量下降[14]。

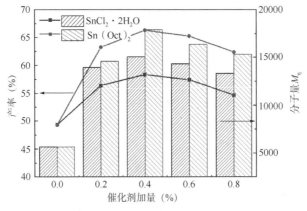

图 1 催化剂种类、用量与 PLA 产率和分子量的关系曲线
（反应条件：180℃，16h，0.095MPa）

2.1.2 聚合温度对 PLA 产率和分子量

Sn(Oct)$_2$用量为 0.4%(质量分数)，在 0.095MPa 的条件下反应 16h，通过改变聚合温度(140℃、160℃、180℃、200℃)探究聚合温度与 PLA 产率和分子量的关系曲线(图 2)。从图 2 可以看出，聚合反应温度在 180℃之前，温度对反应的加速作用明显，随着温度的提高，产物的产率与分子量增加，这是因为升高温度，提高了反应的速率同时降低了体系的黏度，有利于水从体系中排除，使反应向聚合方向深入进行，从而提高了聚合物的分子量。当温度超过 180℃时，由于体系黏度的增高不利于水的排除，加之副反应加剧，生成环状低聚物等副产物而造成份子量下降。最佳反应温度为 180℃。

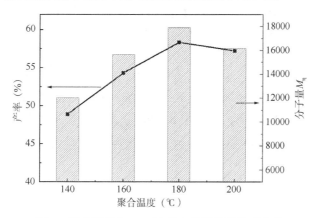

图 2　聚合温度与 PLA 产率和分子量的关系曲线

(反应条件：16h，0.095MPa，Sn(Oct)$_2$用量：0.4wt%)

2.1.3 聚合时间对 PLA 产率和分子量

Sn(Oct)$_2$用量为 0.4%(质量分数)，在 180℃、0.095MPa 的条件下，通过改变聚合时间(8h、12h、16h、20h)探究聚合时间与 PLA 产率和分子量的关系曲线(图 3)。从图 3 可以看出，随反应时间的增加，产物的产率与分子量也随之增大，缩聚反应时间为 16h，产物产率与分子量达最大。超过 20h 后，产物产率与分子量稍有下降。最佳反应时间为 16h。

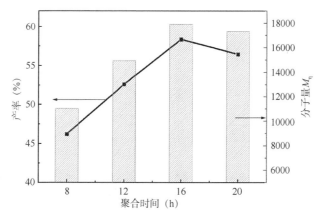

图 3　聚合时间与 PLA 产率和分子量的关系曲线

［反应条件：180℃，0.095MPa，Sn(Oct)$_2$用量：0.4%(质量分数)］

综上所述，通过对催化剂种类、催化剂用量、反应温度、反应时间的探讨，得出最佳的反应条件为 Sn(Oct)$_2$ 用量为 0.4%（质量分数），在 180℃、0.095MPa 的条件下反应 16h。

2.2 PLA 的表征分析

图 4(a) 为 PLA 的红外谱图，从图 4(a) 可以看出，2998cm^{-1} 和 2946cm^{-1} 处为 PLA 中亚甲基 C-H 键的伸缩振动峰，1755cm^{-1} 处为 PLA 中-COO-键 C=O 的伸缩振动峰[15]，1456cm^{-1} 处为 PLA 中-CH$_3$ 的伸缩振动峰，1186cm^{-1} 和 1090cm^{-1} 处为 PLA 的-COO-键中-O-的伸缩振动峰[16]。

图 4(b) 为 PLA 的 DSC 曲线，从图 4(b) 可以看出，PLA 的玻璃化转变温度为 38℃，在 120~140℃ 的范围内开始熔融，熔融焓为 1.57J/g，140~300℃ 的范围内逐渐分解，分解焓为 99.04J/g。

图 4(c) 为 PLA 的 TG 曲线，从图 4(c) 可以看出，PLA 的热分解曲线只有一个失重台阶，起始分解温度 200℃，在 280℃ 时已经全部分解，分解产物为二氧化碳和水。

图 4(d) 为 PLA 的 DTG 曲线，从图 4(d) 可以看出，PLA 最大分解温度为 262℃。

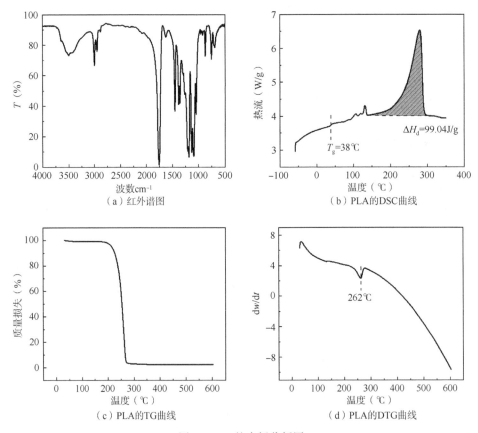

（a）红外谱图　　　　　　　　　（b）PLA的DSC曲线

（c）PLA的TG曲线　　　　　　　　（d）PLA的DTG曲线

图 4　PLA 的表征分析图

2.3 固体缓蚀剂的表征

图 5 为不同载药量的固体缓蚀剂宏观和微观照片。从图 5 宏观照片可以看出，G1-G4

号样品均呈圆球状，直径为 5mm 左右。随着载药量的提升，固体缓蚀剂颗粒的硬度逐渐下降，表面均出现不同程度的咪唑啉外渗现象，当载药量为 70% 时，混合物黏度较大，不能成型。从图 5 微观照片可以看出，G-1 样品表面平整光滑，孔洞较少，不能为咪唑啉提供释放的孔道，可能导致前期释放较慢，后期释放过快。G-2 样品表面存在大量微孔，这些微孔为咪唑啉提供释放的孔道；G-3 与 G-4 样品表面存在大量外渗出的咪唑啉，这会导致其前期释放过快，后期释放不足。G-5 呈黏稠液态，在水中释放模式应为一次释放，不存在缓释性能。

图 5　不同载药量的固体缓蚀剂宏观及微观形貌

2.4　固体缓蚀剂的释放行为

图 6(a) 为 G-2 样品在模拟介质中的释放过程，通过每天更换实验介质来模拟现场产液情况。从图 6(a) 可以看出，随着释放时间的增长，固体缓蚀剂颗粒的破碎程度增加，这是由于颗粒内部 PLA 的降解。当释放周期为 60 天时，固体缓蚀剂已经完全释放出咪唑啉，其结构中的 PLA 已经完全降解。

图 6(b) 为使用紫外可见分光光度计测量的咪唑啉在 200~350nm 的吸收光谱以及在 240nm 处建立的标准曲线。随着浓度的增加，咪唑啉的吸光度线性关系良好（ $R^2 = 0.9993$ ）。

图6(c)为固体缓蚀剂样品在模拟介质中咪唑啉的释放曲线。在每组释放实验中，每天更换一次新的水样。从图6(c)可以看出，G-5的释放周期最短，仅3天左右就是放出约100%的咪唑啉，这表明G-5的载药量过大，PLA不足以对咪唑啉进行包覆，当期加入水中后便快速释放，不能实现控释。G-4和G-3的前期释放较快，实验第10天时累计释放量分别为77%和52%，G-4的释放周期约为20天，G-3的释放周期约为30天。G-2释放咪唑啉的过程比较平稳，在第20天时释放量接近50%，总释放周期约为60天。G-1释放过程比较特殊，前期释放量较少，第10天时累计释放量仅为3.8%，随着实验周期的延长，样品在模拟介质中发生破裂，比表面积增加，引起咪唑啉的加速释放，第20天的释放量达到22%，总释放周期约为70天。G-1样品前期释放量太少，容易引起部件防护不足。G-3、G-4和G-5样品释放周期较短，且一次释放的咪唑啉量较大，容易造成药剂浪费。因此，因其他样品均存在不同程度缺陷，后面将着重评价G-2号样品的缓蚀性能。

（a）G-2固体缓蚀剂在模拟水中60天的释放过程

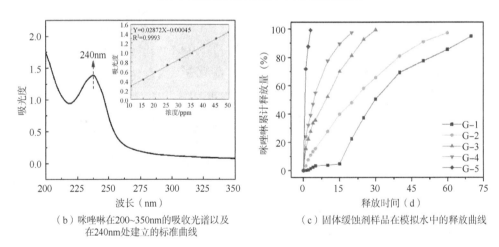

（b）咪唑啉在200~350nm的吸收光谱以及
在240nm处建立的标准曲线

（c）固体缓蚀剂样品在模拟水中的释放曲线

图6　固体缓释剂的释放行为

固体缓蚀剂的释放曲线符合Ritger-Peppas模型[17,18]。

$$M_t/M_\infty = kt^n \tag{3}$$

其中，M_t和M_∞分别表示t和∞时间内咪唑啉的累积释放量和最大累积释放量；k为动力学常数；t为释放时间；n为释放机理特征指数。结果表明，在线性拟合中（表1），G-1样品的n值为1.07（n≥0.89）。这种释放机制主要是PLA骨架的溶蚀。G-2、G-3和G-4

样品的 n 值分别为 0.70、0.56 和 0.47（$0.45 \leqslant n \leqslant 0.89$）。这种扩散被归类为 non-Fick 扩散，即有两种扩散形式，包括 PLA 骨架的溶蚀和咪唑啉的扩散。G-5 样品的 n 值为 0.29（$n \leqslant 0.45$）。这种扩散被归类为 Fick 扩散，这主要是咪唑啉的扩散。

表 1　固体缓蚀剂的溶解动力学参数

样品编号	n	k	R^2
G-1	1.073±0.105	1.082±0.456	0.957
G-2	0.700±0.020	5.846±0.504	0.994
G-3	0.560±0.010	15.086±0.463	0.998
G-4	0.470±0.020	24.743±1.213	0.993
G-5	0.294±0.004	71.793±0.216	0.999

2.5　固体缓蚀剂的缓蚀性能

图 7（a）为 G-2 固体缓蚀剂在模拟水中 70 天对于 N80 试片的缓蚀率和腐蚀速率，从图 7（a）可以看出，G-2 样品具有明显的缓蚀效果，在前 63 天具有大于 80% 的缓蚀率，N80 试片的腐蚀速率也从空白的 0.25mm/a，降低至 0.076mm/a 以下。第十轮实验（63~70天）结果显示，缓蚀率降低至 46.06%，腐蚀速率明显升高至 0.14mm/a，这表明 G-2 样品的有效使用周期为 60 天左右。

图 7（b）为第 9 轮实验（56~63 天）过程中 N80 试片的微观形貌，从图 7（b）可以看出，新片的表面比较平整，呈现出金属光泽。空白组试样表面腐蚀严重，产生了大小不一的点蚀，并存在大量腐蚀产物。加 G-1 固体缓蚀剂后的试样表面腐蚀产物较少，并未出现明显点蚀。

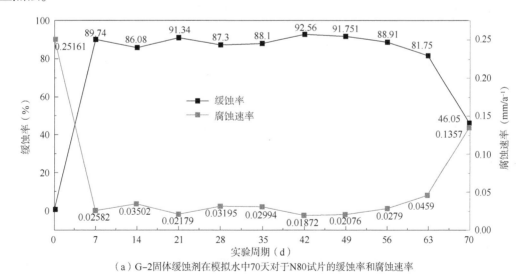

（a）G-2固体缓蚀剂在模拟水中70天对于N80试片的缓蚀率和腐蚀速率

图 7　固体缓释剂的缓蚀性能

（b）第9轮实验（56~63天）过程中N80试片的微观形貌

图7　固体缓释剂的缓蚀性能(续)

3　结论

（1）PLA 合成最佳的反应条件为 $Sn(Oct)_2$ 用量为 0.4%（质量分数），在 180℃、0.095MPa 的条件下反应 16h，产率为 66.32%，分子量为 17902。

（2）将 PLA 和咪唑啉按照比例制备了一系列固体缓蚀剂，其中 G-2 具有 63 天的稳定释放周期和缓蚀性能且使用后无残留。

参　考　文　献

[1] 雷博，杨雅文，李耀龙，等. 长庆油田某作业区采出水腐蚀及新型缓蚀剂的复配研究[J]. 化学工程师，2022，36(2)：43-46.

[2] 刘贵宾，连宇博，韩创辉，等. 抗硫缓蚀剂在长庆油田含硫区块某转油站的应用效果研究[J]. 石油管材与仪器，2020，6(3)：22-25.

[3] 李言涛，王路遥，史德青，等. 油气田用咪唑啉缓蚀剂的研究进展[J]. 材料保护，2011，44(12)：50-53.

[4] 任铁钢，苏慧双，刘月，等. 金属缓蚀剂的研究进展[J]. 化学研究，2018，29(4)：331-342.

[5] 姚培芬. 油气管道 CO_2 与 H_2S 腐蚀与防护研究进展[J]. 腐蚀与防护，2019，40(5)：327-331.

[6] 李耀龙，刘云，鄢晨，等. 油气田开发过程中的缓蚀剂应用[J]. 当代化工，2019，48(1)：147-150.

[7] 冉箭声，张文可，戚颜华，等. 固体缓蚀剂的研制及应用[J]. 内蒙古石油化工，2007，33(5)：45-47.

[8] 王永垒，李海云，方红霞，等. 新型固体缓蚀剂对 45 钢的缓蚀性能[J]. 电镀与精饰，2015，37(11)：31-33.

[9] 施明华，王旭东，唐晓. 固体缓蚀剂对抽油杆材料 CO_2 腐蚀行为的影响[J]. 腐蚀与防护，2016，37(5)：402-406.

[10] 石鑫，曾文广，刘冬梅，等. 固体缓蚀剂的耐温性及释放速率实验[J]. 油田化学，2019，36(2)：348-352.

［11］艾俊哲，段立东，王欢. 咪唑啉固体缓蚀剂的溶解性能及缓蚀性能［J］. 腐蚀与防护，2019，40（10）：740-746.

［12］高阳，于新亮，陈智鹏，等. 油井用固体颗粒缓蚀剂应用研究［J］. 石油化工应用，2023，42(4)：61-63.

［13］Wang Lida, Zhang Cheng, Xie Hongbin, Sun Wen, Chen Xiuling, Wang Xuankui, Yang Zhengqing, Liu Guichang. Calcium alginate gel capsules loaded with inhibitor for corrosion protection of downhole tube in oilfields［J］. Cor. Sci., 2015, 90：296-304.

［14］雷自强，白雁斌，王寿峰. 丁二酸酐与SnCl$_2$·2H$_2$O共催化乳酸缩聚制备高分子量聚乳酸［J］. 科学通报，2005，50(19)：2174-2175.

［15］汪朝阳，赵耀明. 生物降解材料聚乳酸的合成［J］. 化工进展，2003，22(7)：678-682.

［16］曾庆慧，罗丙红，杨媛，等. 低温常压下高分子量左旋聚乳酸的微波合成及表征［J］. 功能材料，2007，38(6)：972-975.

［17］Xing Xuteng, Wang Jihui, Hu Wenbin. Inhibition behavior of Cu-benzoltriazole-calcium alginate gel beads by piercing and solidification［J］. Mater. Design, 2017, 126：322-330.

［18］Xing Xuteng, Sui Yating, Zhao Hantuo, Chu Xiaomeng, Liu Shaojie, Tang Erjun. Boosting the Corrosion Inhibition of Q235 Steel by Incorporating Multi-responsive Montmorillonite-based Composite Inhibitor into Epoxy Coating［J］. Chem. Lett., 2022, 51(9)：940-944.

关于石油钻杆腐蚀失效的研究

王朋振　王　磊　崔灿灿　韩忠智

（中国石油工程技术研究有限公司）

摘　要：石油钻杆是钻井装备中重要的钻具，钻杆发生失效阻碍效率的提升，同时造成了巨大的经济损失。其工作环境中常含有腐蚀性的介质（如 H_2S、CO_2 和泥浆添加剂的分解产物等）会使石油钻杆发生腐蚀现象；与此同时，在钻杆工作的过程中，钻杆还要承受拉、压、弯、扭、振动载荷、旋转离心和起下钻时附加的动载作用等，极其恶劣工作环境常使钻杆发生坑蚀、裂纹、刺穿直至断裂。许多学者对钻杆失效原因进行了试验分析，认为是由于电化学腐蚀和应力腐蚀以及二者的综合影响而造成的。当前，石油钻杆的主要防腐蚀技术包括选用优质耐腐蚀钢、添加缓蚀剂和内涂层，采用内涂层防腐技术是更为经济有效的措施，且最为常用的是酚醛环氧涂层。

关键词：石油钻杆；腐蚀失效；电化学腐蚀；应力腐蚀；防腐蚀技术；酚醛环氧涂层

近年来，随着国内油、气需求量的不断增加，浅部油气储量已接近枯竭。加强对西部油气田的勘探与开发工作，深井、超深井、高含二氧化碳以及硫化氢的酸性气田的数量呈倍数增长，对钻井所用的钻杆的要求也变得越来越高。钻杆是组成钻柱最基本的部件，它的功能是传递扭矩、输送钻井液、连接和增长钻柱、不断加深井眼，最终达到钻井目的。钻杆是石油管材中质量要求较高、用量较多的管材，钻杆所处的工况环境极为恶劣，钻杆在钻深井中可能遇到腐蚀环境，温度超过 260℃，气压大于 $2×10^8$ Pa，CO_2 和 H_2S 的浓度大于1%，以及含有氯和有机酸溶盐的水相中[1-3]。钻杆在使用过程中出现的各种失效模式，如脆性破坏、疲劳破坏、腐蚀疲劳破坏、腐蚀损伤破坏等。我国各个油田每年都有大量的石油钻杆发生故障，因此，提高石油钻杆的使用寿命是一个迫切需要解决的问题。

当前，钻杆防腐蚀的主要方法有：选择高质量的耐蚀钢、加入缓蚀剂和内涂层防腐技术，采用内涂层防腐技术是更为经济有效的措施。因此，研发高性能的钻杆内防腐涂层及配套喷涂工艺，将会有效延长钻杆使用寿命，降低油气勘探与开发成本。

1　钻杆的腐蚀失效

钻杆的腐蚀失效方式有两种，一是螺钉破坏，二是钻杆本体破坏。造成钻杆螺纹失效问题的原因有很多，常见的有：内螺纹接头涨螺纹、内螺纹接头开裂、螺纹黏结、刺漏等，以及钻杆本体刺漏、断裂等[4]。

通过对钻杆使用过程中事故分析可知，大部分的钻杆失效事故是由于腐蚀疲劳失效等腐蚀原因导致。钻杆的防腐技术越来越得到重视，其研究也得到了一定的发展。通过研究发现钻杆的腐蚀原因主要是电化学腐蚀和应力腐蚀以及两者共同作用。

1.1 钻杆的电化学腐蚀

由于钻井液循环系统并不是完全封闭的，空气中的氧气会通过泥浆池、泥浆泵等设备，在钻井液的循环过程中与钻井液混合，变成游离氧。在含一定量的溶氧的情况下，钻杆的表面会受到侵蚀。此外，从地层或是泥浆中一些含硫有机添加剂和高温分解泥浆中硫酸盐还原菌的新陈代谢产生的 H_2S，也会导致钻杆出现应力腐蚀断裂[5]。由于 CO_2 在钻井液中的存在，使得其呈弱酸状态，引起钻杆表面的侵蚀。其他的离子（例如 Cl^- 等）以及 H_2S、CO_2 等具有腐蚀性的介质与钻杆的钢铁材料直接作用，从而产生了电化学反应，从而使钻杆的腐蚀更加严重，氧腐蚀的电化学反应如下所示。

阳极反应： $$Fe \rightarrow Fe^{2+} + 2e \qquad (1-1)$$

阴极反应： $$O_2 + 4H^+ + 4e \rightarrow 2H_2O（酸性环境下） \qquad (1-2)$$

$$O_2 + 2H_2O + 4e \rightarrow 4OH^-（碱性环境下） \qquad (1-3)$$

引起钻杆的电化学腐蚀主要有以下几种因素：

（1）钻杆钢中的成分不均匀，结构不同，导致不同部位的电极电位不同，如钢铁中含有 Fe_3C，它的电极电位相对与纯铁的高，形成了原电池，致使钻杆溶解，引起了钻杆的腐蚀。

（2）腐蚀介质的不均匀构成了浓差电池。同一钻杆不同处所处的腐蚀介质浓度不同，形成了浓差电池。特别是氧浓度差，当钻杆所处氧浓度不同时，氧浓度低的部位电位低，在发生腐蚀的过程中发生了氧化反应成为阳极使得钻杆发生腐蚀[4-6]。

1.2 钻杆的应力腐蚀

石油钻杆在正常的钻进过程中，除了应对严重的腐蚀环境，还要承受拉，压、弯、扭、振动载荷等不同的应力。在这种交替变化的应力下，金属就会受到损伤，出现腐蚀疲劳现象，而在严重的腐蚀介质中，更加速了这一腐蚀。在应力集中的部位更有可能发腐蚀疲劳裂纹，最终可能导致钻杆的断裂[7-8]。

在钻进过程中，由于钻井液中有机物的分解而形成的氢硫化物，具有很强的腐蚀性。硫化氢是一种非常易溶于水的物质，在水里溶解后，会和铁起反应。该反应通常被认为是以如下方式进行的：

阳极反应： $$Fe + H_2S + H_2O = Fe(SH^-)_{吸附} + H_3O^+ \qquad (1-4)$$

$$Fe(SH^-)_{吸附} \rightarrow (FHS)^+ + 2e \qquad (1-5)$$

$$(FHS)^+ + H_3O^+ \rightarrow Fe^{2+} + H_2S + H_2O \qquad (1-6)$$

阴极反应： $$Fe + HS^- \rightarrow Fe(SH^-)_{吸附} \qquad (1-7)$$

$$Fe(SH^-)_{吸附} + H_3O^+ \rightarrow Fe(H-S-H)_{吸附} + H_2O \qquad (1-8)$$

$$Fe(H-S-H)_{吸附}+e\rightarrow Fe(SH^-)_{吸附}+H_{吸附} \tag{1-9}$$

在整个反应中，末段是最慢的，它限制着整个阴极过程的速率。在阴极反应中，硫化氢并没有直接参与，而是起到了催化作用。一些被还原的氢原子重新结合起来，另外一些扩散进入金属中造成氢脆，会造成套管、钻杆中硫化物的应力腐蚀开裂，对管材的强度造成影响，从而造成灾难性的后果。

2 钻杆的防腐蚀技术进展

(1)通过选择适当的缓蚀剂来减少钻井液对钻杆的侵蚀；(2)选择抗腐蚀性较强的材质；(3)用适当的方法对所述钻杆进行表面处理或镀层处理。

2.1 合适的缓蚀剂

目前由于钻杆价格上涨，因为腐蚀而造成钻井时间延长的经济损失是非常巨大的。腐蚀失效因素有很多，因溶于泥浆中的氧、二氧化碳和硫化氢气体的腐蚀最多。需要选择合适缓蚀剂来抑制钻杆发生腐蚀失效。

2.1.1 溶解氧的控制

利用除氧剂去除氧气是抑制氧气腐蚀的最有效手段。现在广泛应用的是联氨和亚硫酸盐等与氧气结合的除氧剂。在这些方法中，亚硫酸盐法是最有效的，当亚硫酸盐法将溶解的氧气分解为硫酸盐法时，可以有效地控制氧侵蚀。

亚硫酸盐同氧按下式反应：

$$2RSO_3+O_2\rightarrow 2RSO_4 \tag{2-1}$$

加入抑制剂也是一种很好的抗氧腐蚀措施，通常与除氧剂配合使用。石油钻井中常用的氧腐蚀的抑制剂有铬酸钠、磷酸盐、有机胺成膜抑制剂等。铬酸钠是应用较广的一种缓蚀剂，具有较好的抗腐蚀性能。但用于包含诸如硫化氢或二氧化硫之类的还原剂的钻井液体系，以及包含有机物的 pH 较低的钻井液体系[5,9]。

2.1.2 溶解 CO_2 的控制

脱除剂：CO_2 为酸性气体，在水中溶解后形成具有腐蚀性的碳酸，采用酸碱中和法可以抑制 CO_2 的腐蚀。通常使用的碱类有氢氧化钠，碳酸钠和石灰。在应用时，要特别留意泥浆的结垢和沉淀趋势，防止在结垢下面发生腐蚀。

抑制剂：在泥浆中，尤其是 pH 值较低的泥浆中，成膜胺类通常作为 CO_2 缓蚀剂使用。CO_2 的侵蚀可以通过调节 pH 值至 9~10 并添加胺类来控制[5,9]。

2.1.3 控制 H_2S 的腐蚀

氢硫化物是一种极具污染的材料。在含 H_2S 的地层中进行钻探，若防护措施不当，不但会导致井筒及井口装置严重损坏，还可能引起作业人员 H_2S 中毒。因此采用硫化氢清除剂及抑制剂来抑制腐蚀。

脱除剂：目前，工业上使用的硫化氢脱除剂主要有碳酸铜、碳酸锌、海绵铁等，其中碳酸铜对硫化氢的去除效果较好。在 pH 值已经调节到 9 以上的钻井液中加入碳酸铜，铜离子和亚铜离子与二价的硫化物离子发生反应，形成惰性的硫化铜和硫化物，这样就不会有硫化氢对钻井液体系的污染；碳酸锌：使用碳酸锌作为硫化氢脱除剂，能够有效地解决双金属腐蚀的问题，所以在工业上，碳酸锌被广泛地取代了碳酸铜。

2.2 合适的耐腐蚀材料

在开采深层资源的过程中，普通的钢制钻杆经常很难应对高腐蚀介质和地层下的摩擦环境，从而导致了腐蚀和断裂等问题，这将会极大地影响到开采的效率。在钻井开采方面，有很多先进的技术，如：超高强钢（UHSS），铝（ADP），钛（TDP）等。相对于钢钻管，铝、钛合金钻杆由于其高比强度、低密度、低弯曲应力、抗硫化氢侵蚀等特点，在深井、超深井及酸性气井的勘探开发中有着很大的优势[11-13]。

俄罗斯[14]已有数十年的应用历史，其在海上钻探项目中的广泛应用具有丰富的经验。与常规的钢钻杆相比，铝钻杆具有许多优势，重量轻、比轻、抗腐蚀和抗疲劳。铝钻杆可以用于大位移井、水平井等，但也存在着许多不足之处，由于其屈服强度很小，因此很少在其他工程中使用。

2.3 钻杆的表面处理技术

当前，对于钻杆的防腐技术，主要包括了添加缓蚀剂、内涂层和选用优质耐腐蚀钢三个方面。其中，缓蚀剂消耗比较大，很难被应用到钻杆的防腐上。利用钻杆内涂层防腐技术，来提高钻杆的使用寿命，是一种既经济又行之有效的方法[15]。此外，用优质涂料对钻杆内壁进行保护，从而改善钻杆的使用性能，有效地防止井下钻井液腐蚀，从而延长钻杆的使用寿命。在钻杆内涂层技术标准中规定了涂层的基本要求，表1为钻杆内涂层的技术条件。

表1 钻杆内涂层技术条件

项目	指标
外观	平整均匀、光滑，无气泡、橘皮和流淌等缺陷
干膜厚度	（200±50μm）
粗糙度	≤2.5μm
附着力	≥2级
耐磨性	≥2.0L/μm
耐高温高压性能	液相：NaOH溶液，pH值为12.5，温度为148℃，压力为70MPa，时间为24h，试验后涂层无气泡，附着力≥2级；
	气相：100%CO_2，液相：水、甲苯、煤油；温度为107℃，压力为35MPa，时间为16h；试验后涂层无气泡，附着力不降级
耐化学介质性能	10%HCl，常温浸泡90d涂层无变化
	3.5%NaCl，常温浸泡90d涂层无变化
	10%NaOH，常温浸泡90d涂层无变化
拉伸试验	达到AP1-5D钻杆的屈服强度，无裂纹
扭转试验	达到API-5D钻杆的屈服强度，无裂纹

为了能达到以上要求，科研学者们和企业进行了大量的研究和试验，研究表明酚醛环氧防腐涂料在钻杆内涂层的应用中表现出良好的性能。

何毅等人在 3.5% NaCl(质量分数)含有饱和 H_2S/CO_2 的水溶液中，对双酚 A-甲醛-酚醛环氧树脂涂料在不同温度下的失效规律进行了研究。结果发现，在电化学阻抗测试中，随着温度(50℃，70℃，90℃)的升高，涂层的失效得到了缓解。经过高温高压釜 16h 的试验，涂层表观正常，附着力良好。同时，利用扫描电子显微镜(SEM)等手段，研究不同温度对涂层性能的影响。胡建修[17]等人提出了一种改性的环氧酚醛涂料(DPC)的结构特征，并对这种涂料的耐化学腐蚀性、耐高温性和耐磨性进行了阐述，并对这种涂料的施工方法进行了说明，这种技术适合于在腐蚀性较强且有磨耗的油气田中使用，可作为新一代钻井装备的配套技术。Alp Manavbasi, Estes B.[18]对铬钼合金钻杆材料表面电镀硬铝并进行后续处理进行了研究。

3 酚醛环氧涂层的研究进展

众所周知，环氧树脂涂料[19]拥有优良的耐化学介质性，贮存稳定，并且自身还具有防锈功能，是重防腐蚀涂料的主要品种。环氧树脂涂层作为一种重要的防腐蚀涂层，已被广泛用于海上石油钻井平台、管线、桥梁、石化设施等恶劣腐蚀环境下的工程设施，并占据了主要位置[20-21]。环氧树脂与金属表面的附着力较好，还具备优异的耐碱性、耐化学性及柔性，其中，酚醛树脂的耐酸性较为显著，因此，涂覆好的涂层可以很好地隔离钻井液和氧气，对钻杆基材起到保护作用。

3.1 成膜树脂的研究进展

环氧酚醛涂层因其优异的耐热性、耐药性、耐盐雾、耐磨耗和耐酸碱性能而被广泛地用于航空零件、石化设备等领域，是当前用于预防钻杆腐蚀的一种行之有效的涂层材料[22-23]。在对酚醛环氧涂层进行筛选后，选用酚醛环氧作为成膜剂(其性能见下表2)。酚醛树脂(PF)具有较高的交联密度，耐热性、耐酸性和耐磨性能，也存在着黏附性差、黏度大和价格昂贵等问题。另外，未经改性的酚醛树脂分子中亚甲基及酚羟基易氧化，在250℃以上就会产生热降解，从而降低其耐高温及抗氧化性能。

表 2　酚醛环氧树脂的主要性能

项目	指标
外观	浅黄色黏稠液体至半固体
软化点(℃)	≥35
比重(25℃)(g/cm³)	约 1.2
环氧当值(g/eq)	188~210
环氧值(eq/100g)	0.48~0.53

张军科、徐勃等[24]将合成的硅烷低聚物用于环氧树脂的改性，再以酚醛树脂为固化剂将硅烷改性的环氧树脂固化。制备的有机硅改性环氧树脂具有耐候、耐热、低温柔韧

性、介电强度高等优点，还具有优异的耐化学介质性能、机械性能以及黏附等性能。将耐热填料和其他助剂添加到树脂中，得到一种综合了这三种优势的耐高温涂料，可用于500℃以上的耐热环境。马诗纬等[25]采用苯酚、甲醛和二乙烯三胺配制出一种改性二乙烯三胺固化剂，并将其与聚醚胺 D400 和二乙烯三胺复配到环氧树脂中，对其进行了冲击实验和湿热法老化实验，结果表明：随着聚醚胺 D400 的加入，环氧树脂的冲击强度有所提高，但其黏结性随湿热法老化时间的延长而下降。段绍明等[26]将改性的酚醛树脂与环氧树脂在高温下进行交联，生成一种耐温的大分子聚合物，并作为成膜物质，制得了一种新型的环氧酚醛涂层。这种涂层对 H_2S、CO_2、原油、污水等有很好的抵抗能力，并且还能耐高温高压(180℃，70MPa，pH 值 12.5)，耐盐雾 8000h 不起泡、不脱落，热分解温度不低于 260℃，可以用于油气田套管、油管、钻杆等的防腐。

3.2 固化剂的研究

由于体系中对涂料的附着力、柔韧性、耐热性和耐酸碱的要求很高，选择了聚酰胺，脂肪族胺，脂环胺，聚醚胺，这些固化剂与酚醛环氧树脂所制的涂料进行了对比试验，结果表明，脂环胺，聚醚胺等固化剂对酚醛环氧树脂所制的涂料的性能都比较理想，达到了钻管的内层涂料的技术要求。酚醛修饰的胺类化合物可用作环氧树脂的固化剂，它的合成通常是由醛经曼尼希(Mannich)反应在特定条件下生成的小分子聚合物，根据不同的酚类、醛类和胺类化合物，在不同的条件下，可以得到具有不同性质的固化剂。

$$\text{(3-1)}$$

其反应主要是利用酚、胺和醛在一定的条件下发生反应生成酚醛亚胺类产品，随着原料的不同和用量的不同以及对条件的改变，能生成不同黏度和胺值固化剂，来满足不同的需要。

林青松等[27]采用曼尼希反应原理，对苯酚、甲醛和二乙烯三胺在特定条件下制备出的酚醛-胺型固化剂进行了研究，结果表明，所制备的环氧树脂与理论计算结果基本一致，改性后的环氧树脂性能良好。张黎黎等[28]以酚醛改性环氧树脂及改性聚酰胺类固化剂为基础，以氧化铁红、片状填料等作为防腐蚀填料，研制出了一种酚醛环氧涂层，并对其性能进行了评价。测试结果是：该产品的抗 Cl^- 渗透性为 0.9×1.0^{-3} mg/cm^2，吸水率为 1.2%，柔性为 1mm，具有 50cm 的耐冲撞性和 10000h 的耐盐性。

3.3 填料的研究

在涂料中，填料起到了非常关键的作用，颜料起着着色的作用，它可以给涂料带来不同的颜色，从而提升了涂料的装饰性，但是它还具备一些特定的功能，在降低涂料成本的同时，它还可以发挥出一些特定的作用，比如，防腐填料，隔热填料等。在选择填料时，既要兼顾涂料的综合性能，又要兼顾涂料对涂料的某些特殊要求。石油钻杆内涂层的主要目的是为了改善涂层的耐磨、耐温以及抗渗透性能，进行填料对涂层性能影响的试验。

施铭德、周爱等[29]采用丁腈改性环氧树脂作为成膜剂，添加硫酸钡、滑石粉等颜填料、稀释剂及其他助剂作为成膜剂，用甲醛、腰果酚、二乙基三胺等合成的腰果酚缩醛胺

（PCD）固化剂作为成膜剂，通过耐盐雾性试验，对该涂层的性能进行了测定和表征。试验证明，这种涂层在室温下能迅速固化，并表现出良好的耐温性和耐化学介质腐蚀性能，并具有良好的柔韧性、抗冲击性和附着力。它可以在低温（-5℃）和潮湿的环境中进行固化，它的适用时间很长，而且它的涂料的绝缘性能非常好，在使用的过程中，它可以对周围的环境造成VOC的零排放，它可以被用在舰艇、潜艇、船舶密闭舱、大型储油罐等设施的防腐涂料中。张迎平等人选择了以环氧树脂、酚醛树脂为基料，以二硫化钼为自润滑减摩材料，以氧化锆陶瓷粉、硅微粉为耐磨填料，以偶联剂KH560为添加剂，制备了一种新型的耐磨防腐涂料。结果表明，这种涂层具有良好的耐磨性、自润滑和水润滑性能，是一种非常适合于在泵油管杆腐蚀环境中使用的耐磨性和防腐蚀涂层。

4 结论

钻杆是石油钻井装备中重要的钻具，钻杆失效阻碍了钻井效率的提升，造成了巨大的经济损失。针对钻杆所处的苛刻的工况环境，分析了钻杆失效的原因，尝试采用新材料、新技术研发高质量的钻杆内涂层以延长钻杆寿命，研发高性能的钻杆涂层及配套喷涂工艺，将会有效延长钻杆使用寿命，降低油气勘探与开发成本。

参 考 文 献

[1] 李鹤林, 冯耀荣. 石油钻柱失效分析及预防措施[J]. 石油机械, 1990, (08): 38-44+37-38.

[2] 叶顶鹏, 王瑞成, 崔顺贤, 等. φ127mm S135钻杆刺漏失效分析[J]. 理化检验（物理分册）, 2009, (08): 514-516.

[3] 朱丽霞, 仝珂, 瞿婷婷, 等. G105钻杆管体刺穿失效分析[J]. 理化检验（物理分册）, 2010, (04): 259-262.

[4] 刘光磊. 石油钻柱疲劳腐蚀失效机理及防治措施研究[D]. 中国石油大学, 2007.

[5] 倪怀英. 钻杆腐蚀的化学控制[J]. 天然气工业, 1982(03): 56-62.

[6] 张文波. 石油钻柱的失效原因分析与预防[D]. 东北石油大学, 2016.

[7] 张孝兵, 海照新, 陈保民. 钻具断裂的失效分析及预防[J]. 化工管理, 2017(27): 250.

[8] 王银强. 油气管线穿越钻杆失效分析及预防[D]. 西安石油大学, 2015.

[9] 倪怀英. 硫化氢引起的钻杆腐蚀及其控制[J]. 石油与天然气化工, 1991(04): 52-56.

[10] 周文, 兰伟, 曹献龙, 等. CO_2-H_2S环境下钻杆腐蚀机理与防护技术的研究进展[J]. 电镀与涂饰, 2017, 36(03): 131-136.

[11] 王小红, 郭俊, 郭晓华, 等. 铝合金钻杆材料、特点及其磨损研究进展[J]. 材料导报, 2014, 28(S1): 431-434+437.

[12] 查永进, 胡世杰, 卓鲁斌, 等. 钛合金石油管材应用前景研究[J]. 钻采工艺, 2017, 40(04): 1-3+135.

[13] 李亚敏, 陈玉松, 徐旭. 铝合金钻杆的特点及应用前景[J]. 设备管理与维修, 2019(18): 126-128.

[14] Jellison M, Muradov A, Hehn L, et al. Ultra-high-strength drill pipe[J]. World Oil, 2009, 230(7): 16-16.

[15] 黄本生, 卢曦, 刘清友. 石油钻杆H_2S腐蚀研究进展及其综合防腐[J]. 腐蚀科学与防护技术, 2011, 23(03): 205-208.

[16] 何毅，周斌葛，徐中浩，等. 钻杆用双酚 A 甲醛酚醛环氧树脂内涂层的失效规律[J]. 腐蚀与防护，2013，34(03)：245-248+251.

[17] 胡建修，王谦，张彦东，等. DPC 内涂层技术在石油专用管中的应用[J]. 腐蚀与防护，2009，30(07)：504-505.

[18] Manavbasi A，Estes B. Advanced Trivalent Chromium Seals for Hard-Coat Anodized Aluminum Alloys：Proceedings of the Corrosion 2010, San Antonio, TX, 01/01/2010［C］. NACE International，2010.

[19] 秦国治，田志明. 防腐蚀技术及应用实例[M]. 北京：化学工业出版社，2002.

[20] 郭光琳，刘锐，程望. 重防腐涂料的技术发展状况及环保要求[J]. 河北化工，2001，3：6-7.

[21] 张斌，刘伟区. 有机硅改性环氧树脂. 化工新型材料[J]，2001，(29)：13-17.

[22] 王洪悦. 酚醛环氧树脂防腐蚀涂层的制备及其改性研究[D]. 吉林大学，2021.

[23] 方坤. 酚醛环氧防腐涂料的制备与性能研究[D]. 北京化工大学，2013.

[24] 张军科，徐勃. 耐热环氧/有机硅/酚醛树脂涂料的研制[J]. 涂料工业 2008，38(8)：13-15.

[25] 马诗纬，王钧，段华军，等. 酚醛改性脂肪胺环氧树脂固化剂的性能研究. 黏接，2007，28(5)：8-10.

[26] 段绍明，张丽萍，张其滨，等. YG 油管防腐蚀涂料[J]. 石油科技论坛，2015(B10)：3.

[27] 林青松，刘松，等. 曼尼希型改性二乙烯三胺环氧树脂固化剂[J]. 1999，39(6)：746-750.

[28] 张黎黎，陈凯锋，梁宇，等. 高屏蔽耐温酚醛环氧重防腐涂料的制备及性能研究[J]. 涂料工业，2020，50(2)：5.

[29] 施铭德，周爱，罗辉，等. 腰果酚改性环氧无溶剂绝缘防水重防腐涂料在大型石油储备罐中的应用[J]. 全面腐蚀控制，2008，22(5)：40-43.

[30] 张迎平，刘兰轩，汪洋，等. 酚醛改性环氧树脂耐磨防腐涂料的研制[J]. 上海涂料，2014，52(4)：4.

酸性油气田某生产井 P110 套管断裂失效分析

李　芳[1,2]　张江江[1]　曾文广[1]　范永佳[1]　郭玉洁[1]　陈　苗[1]

(1. 中国石油化工股份有限公司西北油田分公司;
2. 中国石化缝洞型油藏提高采收率重点实验室)

摘　要: 油套管腐蚀/失效控制是井筒完整性的重要环节之一。通过 P110 断裂失效套管断口宏观形貌、金相组织、化学成分、力学性能和腐蚀产物成分等综合分析,对酸性油气田某油井 P110 套管断裂原因进行了探讨。结果表明:套管不居中导致套管产生应力集中,并在套管与卡瓦咬合的第一个齿形成严重机械损伤;同时,地层运动、套压波动等因素导致套管在应力集中部位出现交变载荷。最终,在套管内壁处于高 H_2S、低 pH 值环境下,在内表面张应力集中区域发生腐蚀疲劳开裂。

关键词: 酸性油气田;套管;腐蚀疲劳开裂;失效分析

套管是石油钻探、开采过程分割采油空间和地层,维护井壁稳定的重要器材,也是油气井开采的重要构件,套管在井下承受复杂的拉、压、弯、扭等载荷及腐蚀作用[1-3]。随着高含 H_2S 酸性油气田勘探开发的增多,油套管工作环境更加复杂,高强度抗酸性 P110 钢广泛应用于含 H_2S 油气田的开发中,但在油气生产中 P110 钢受 H_2S、CO_2、Cl^- 等腐蚀介质影响,易造成套管腐蚀失效,套管失效损坏若处理不当严重时会导致油气井报废和重大安全生产事故,带来巨大经济损失和影响正常的安全生产[4-6]。

酸性油气田某油井井口 H_2S 含量 23326.79mg/m^3、CO_2 含量 3.55%,2012 年完井投产,井身结构为 ϕ339.7mm 表层套管下深 800m,ϕ244.5mm 技术套管下深 5300m,ϕ177.8mm 油层套管下深 6500m(悬挂器位置 5200m),裸眼段使用 ϕ149.2mm 钻头钻至 6576m 完钻。2016 年发现距井口 31cm 处 ϕ244.5mm 技术套管断裂。套管失效问题发生后,对失效位置取样进行失效分析,以期澄清套管断裂原因,为油气井安全、高效生产提供支撑。

2　理化试验及结果

2.1　断口宏观形貌分析

ϕ244.5mm 技术套管在距离井口 31cm 处断裂,具体失效形貌如图 1(a)所示。由图 1(b)可知,断裂套管断口平齐,断口整体呈现出脆性断裂特征。失效套管主断面位于卡瓦咬合的第一个卡痕处,卡痕最深处可达 2.10mm(图 2)。在断口处可见裂纹由内向外扩展的发散型花样(图 3),表明该类裂纹起源于套管内表面,且此处套管内表面受张应力,外表面受压应力；同时可见图3中的A、B、C三个裂纹源的扩展过程存在较为明显的疲劳辉纹特征，表明套管受交变应力作用。在断口处亦可见裂纹由外向内扩展的疲劳辉纹（图4），表明该类裂纹起源于套管外表面，且此处套管外表面受张应力，内表面受压应力，同样也受交变应力的作用。因此，推断是套管不居中导致套管不同部位内外表面受力情况不同，且套管承载交变载荷。

 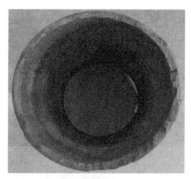

（a）套管断裂失效现场照片　　　　　　（b）断裂套管断口形貌

图1　失效套管

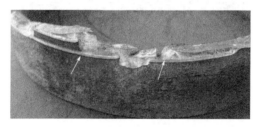

图2　主断面位于卡瓦损伤部位

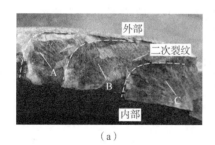 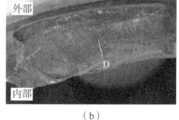

（a）　　　　　　　　　　　　（b）

图3　裂纹由内向外扩展形貌(裂纹源A、B、C、D)

图4　裂纹由外向内扩展形貌(疲劳辉纹)

1.2 化学成分分析

对失效套管取样进行化学成分分析，结果见表1。由表1可知，失效套管化学成分符合 API SPEC 5CT—2011 标准要求。

表1 失效套管的化学成分(质量分数,%)

元素	C	Mn	Mo	Cr	Ni	Cu	P	S	Si
失效套管	0.25	0.43	0.75	0.48	0.032	0.064	0.019	0.0017	0.29
标准要求	≤0.35	≤1.20	0.25~1.00	0.40~1.50	≤0.99	—	≤0.020	≤0.005	—

1.3 金相组织分析

对断裂失效套管取样进行金相组织分析，结果如图5所示。由图5可知，失效试样金相组织为回火索氏体组织，符合标准 API SPEC 5CT—2011 对 P110 钢的金相组织要求。

25μm

图5 金相组织

1.4 力学性能分析

依据 API SPEC 5CT—2011 标准，在断裂失效的套管取样进行力学性能测试，试验结果见表2。由表2可知，失效套管力学性能均符合标准要求。

表2 力学性能测试结果

项目	拉伸强度 R_m(MPa)	屈服强度 $R_{t0.5}$(MPa)	断后伸长率 A(%)	硬度 HRC
失效套管	893	824	19.0	27.4
标准要求	≥793	758~828	—	≤30

综上所述，断裂套管金相组织、化学成分、力学性能等性能均符合标准 API SPEC 5CT—2011 对 P110 钢的材质要求。因此，排除材质因素导致套管断裂失效。

1.5 断口微观形貌及腐蚀产物分析

结合断口宏观分析和材质分析结果，对失效套管断口内表面起源裂纹源，进行扫描电子显微镜和能谱仪(SEM-EDS)分析，结果如图7和图8所示。起源于内表面裂纹扩展形貌如图6的C处，其裂纹扩展花样和裂纹起源部位微观形貌如图7所示。由图7(a)可以看出裂纹扩展形成的撕裂棱，且撕裂棱是由套管内壁向外发散，表明裂纹由套管壁内向外扩展。由图7(b)可知，裂纹起源处于夹杂部位，且裂纹起源处存在诸多二次微裂纹。结合断口宏观和微观分析结果可知，裂纹主要起源套管内表面，且呈现"多源"特征；同时，裂纹扩展存在疲劳辉纹呈现疲劳特征。

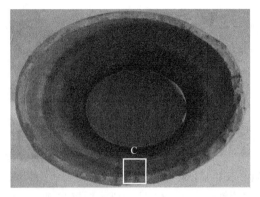

图 6 微观形貌分析取样位置(同图 3 中 C 处裂纹源)

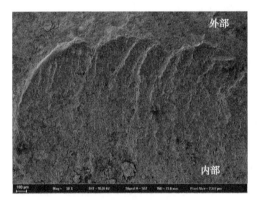

（a）撕裂棱

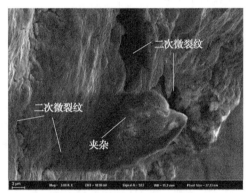

（b）裂纹起源处的夹杂和二次裂纹

图 7 断口 C 处微观形貌

（a）新打开断面腐蚀产物微观形貌

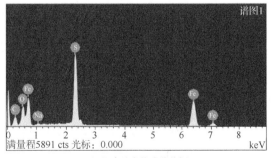

（b）腐蚀产物成分分析

图 8 图 3 处二次裂纹新打开断面微观形貌和成分分析

打开图 3 处的二次裂纹，采用 SEM-EDS 技术对新打开断面的腐蚀产物微观形貌和成分进行分析，结果如图 8 所示。由图 8 可知，新打开断面表面腐蚀产物含有大量 S、Fe 等元素，推断断面腐蚀产物主要为铁硫化物。结合该井 H_2S 含量 23326.79mg/m^3 的数据和前面断口宏、微观分析结果，推断套管发生腐蚀疲劳开裂。

2 断裂失效原因综合分析

综合以上分析，断裂套管金相组织、化学成分、力学性能等材质性能符合 API SPEC 5CT—2011 标准关于 P110 的规范要求。

通过仿真计算，井口套管断裂后上下部分错位明显；下部分悬挂器钳牙咬痕深浅不一，存在套管不居中现象。断裂在卡瓦钳牙顶部位置处，8 根套管无扶正器，套管不居中造成应力集中。

套管不居中使套管在一侧内表面存在张应力，并在外表面形成严重机械损伤，机械损伤深度可达 2.10mm；同时，地层运动、套压波动等因素导致套管在应力集中部位承载交变载荷作用。最终，套管在高含 H_2S、低 pH 服役环境下，发生腐蚀疲劳开裂。裂纹主要起源套管内表面，且呈现"多源"特征；同时，裂纹扩展呈现疲劳特征。套管不居中是腐蚀疲劳开裂的主要诱因。

3 结论及建议

（1）断裂套管金相组织、化学成分、力学性能等材质性能符合 API SPEC 5CT—2011 标准要求。

（2）套管不居中使套管在与卡瓦咬合的第一个螺纹齿部位出现应力集中，且在地层运动、套压波动等因素作用下，套管在应力集中部位出现疲劳载荷。最终，在高含 H_2S、低 pH 服役环境下，套管发生腐蚀疲劳开裂。其中，套管不居中是导致腐蚀疲劳开裂失效的主要诱因。

（3）通过对 P110 断裂失效套管断裂失效原因分析，建议在施工过程中加强监管，确保套管居中后实施固井作业。

参 考 文 献

[1] 潘志勇，宋生印，张树茂，等. 石油套管管体刺漏失效分析[J]. 机械工程材料，2014，38(2)：98-101.

[2] 周欣. 高硫化氢油气田石油套管的腐蚀研究[J]. 石油化工腐蚀与防护，2015，32(4)：7-11.

[3] 李天雷，徐晓琴，孙永兴，等. 酸性油气田油套管抗腐蚀开裂设计新方法[J]. 天然气与石油，2010，28(1)：14-16.

[4] 赵国仙，李婷，谢俊峰，等. 外加电位对 P110 钢抗硫化物应力开裂及氢渗透行为的影响[J]. 机械工程材料，2017，41(5)：12-16.

[5] 候铎，曾德智，陈玉祥，等. H_2S，CO_2 酸性环境中 110ksi 钢 P110，P110 套管的应力腐蚀速率[J]. 材料保护，2014，47(10)：65-67.

[6] 曾钟，王飞宇，候铎，等. P110 套管螺纹断裂失效分析[J]. 理化检验—物理分册，2017，53(5)：357-360.

顺北油气田超深、超高温井下管柱腐蚀防控技术

张　裕[1, 2]　李　帅[1, 2]

(1. 中国石油化工集团公司碳酸盐岩缝洞型油藏提高采收率重点实验室；
2. 中国石油化工股份有限公司西北油田分公司)

摘　要： 顺北断溶体油气藏具有超深、超高温、高含 H_2S、CO_2 的特点。井下管柱极易发生硫化氢、二氧化碳及氧腐蚀。文章分析了顺北断溶体油气藏井下管柱腐蚀规律，针对顺北油气田井下腐蚀环境，优选出抗温200℃的缓蚀剂及除氧剂，挂片监测缓蚀率80%以上，取得良好的防腐效果。

关键词： 超深、高温、高含 H_2S/CO_2、抗高温防腐剂

顺北断溶体油藏具有独特的工程地质特征[1]。首先是超深油藏，埋深 7000~8000m，油藏压力 82~89MPa，油藏温度 165~170℃；二是断溶体油藏的储集空间由走滑断裂带经多期活动和变形形成的断裂、洞穴和裂缝组成；三是油藏横向宽度较小，流体流动方向以垂向为主；四是地层含酸性流体，二氧化碳含量 0.9%~5.1%，硫化氢含量 $(1.8~60) \times 10^4 mg/m^3$。

在国内的天然气资源中，大部分含有硫化氢或二氧化碳，油气田开发过程中，腐蚀是一个始终伴随而又无法回避的严重问题[2]。统计 2017—2022 年井下管柱失效数据，顺北一区前期失效 12 井次：3 井次 P110 管材发生硫化物应力腐蚀开裂失效，1 井次井下工具选用 13Cr 发生硫化物应力开裂；8 井次因管柱弯曲、应力集中或先期受机械损伤导致管柱腐蚀断脱。

1　腐蚀因素分析

1.1　室内模拟分析

1.1.1　采油阶段不同含水工况

前期模拟顺北一号带生产工况室内实验表明，在含水低于15%工况下，井筒液相大部分呈油包水形态，腐蚀速率较低；均匀腐蚀速率介于 0.163~0.363mm/a，点腐蚀速率介于 0.43~1.02mm/a。当伴随生产，含水大于30%工况，井筒液相逐渐转变为水包油，腐蚀速率急剧增大，均匀腐蚀速率介于 0.172~1.663mm/a，点腐蚀速率介于 0.65~1.68mm/a。当含水达到100%工况下，1 号带单井均匀腐蚀速率高达 0.2321~4.5mm/a。

5 号带在含水低于15%工况下，均匀腐蚀速率介于 0.0047~0.2882mm/a，点腐蚀速率

介于 0.18~0.72mm/a。含水大于 30% 工况，均匀腐蚀速率介于 0.0356~0.4269mm/a，点腐蚀速率介于 0.66~1.58mm/a。当含水达 100% 时，单井均匀腐蚀速率达 0.113~1.129mm/a。

1.1.2 单元注水工况

前期结合 YJ1-6、SHB1-13CH、SHB1-23H 三口井工况，开展了注入水对管材的腐蚀性的评价(表 1 和图 1)。

表 1 顺北注水井腐蚀评价实验条件

井号	井深(m)	井底温度(℃)	井底压力(MPa)	材质	温度(℃)	水质	是否除氧	周期(h)
YJ1-6	7284.0	148	/	P110S	150	油田水	是	120
SHB1-13CH	8253.1	151	56	P110S	150	地表水	是	120
SHB1-23H	8246.8	139	55	P110S	140	地表水	是	120

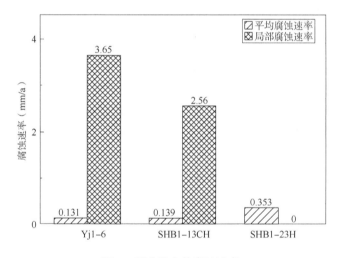

图 1 顺北注水井腐蚀速率

对比三组实验结果，其中 SHB1-23H 井试样平均腐蚀速率最高，为 0.353mm/a；YJ1-6 井试样实验局部腐蚀速率为 3.65mm/a，SHB1-13CH 井试样局部腐蚀速率为 2.56mm/a，SHB1-23H 井试样无局部腐蚀。

1.1.3 注天然气工况

前期以顺北 51X 井工况开展了腐蚀模拟分析。顺北 51X 平均注入压力 30MPa 左右，注入干气中硫化氢含量为 15.33mg/m^3、二氧化碳摩尔分数为 2.64%，估算硫化氢分压 0.207kPa、二氧化碳分压 0.541MPa。

结合实验室工况模拟，注天然气(干气)工况腐蚀速率极低，均匀腐蚀速率介于 0.008~0.020mm/a；但在伴水注天然气工况下引入水作为电解质，均匀腐蚀速率加快，介于 0.3~0.8mm/a(表 2)。

表2 注天然气井腐蚀评价实验

注入介质情况				实验室模拟数据			
	含量	分压		温度	100℃	150℃	170℃
CO_2	2.64%	0.541MPa	$p_{CO_2}=0.8MPa$	气水	0.3	0.5	0.8
H_2S	15.33mg/m^3	0.207kPa	$p_{H_2S}>0.3kPa$	干气	0.008	0.015	0.020

3.2 腐蚀程度现场评价

3.2.1 腐蚀挂片监测分析

利用井下腐蚀挂片,对顺北生产井及注水注气井进行了腐蚀监测,监测结果表明,腐蚀风险:4号带>8号带>1号带>5号带。目前,1、5号带挂片监测井较少,含水小于5%工况下,1、5号带腐蚀速率较低(0.001~0.126mm/a)。

通过监测三种不同类型单井腐蚀速率来看,腐蚀风险程度为伴水注天然气井>注水井>自喷井>机抽井;其中伴水注气井均匀腐蚀速率高达2.72mm/a,点腐蚀速率高达10.9mm/a(表3)。

表3 腐蚀速率监测数据表

井号	井别	H_2S分压 (kPa)	CO_2分压 (MPa)	监测位置 (m)	含水(%)	均匀腐蚀 (mm/a)	点蚀 (mm/a)
顺北1-1H	自喷	0.208	0.081	井口	0.83	0.001	0.073
顺北1-1H	自喷	2.05	0.7972	6500	0.55	0.126	/
SHB51X	自喷	0.417	10.195	500	0.07	0.0024	/
SHB51X	自喷	0.417	10.195	4600	0.07	0.0021	/
SHB51X	自喷	0.417	10.195	7000	0.07	0.0044	/
SHB1-8H	自喷	0.257	0.963	500	0.527	0.018	0.54
SHB1-8H	自喷	0.917	0.037	4500	0.527	0.006	0.32
SHB1-8H	自喷	0.917	0.037	6000	0.527	0.013	0.25
SHB1-22H	注水井	–	–	井口	100	0.1	5.4
SHB1-23H	注水井	–	–	井口	100	0.16	5.9
SHB1-25H	伴水注气	–	–	6957	100	2.72	10.9
SHB501CH	机抽井	1.54	0.346	井口	59.95	0.016	0.122
SHB5-5H	机抽井	1.71	0.393	井口	81.23	0.009	0.091

1.2.3 现场修井检管腐蚀分析

SHB1-3井2016年7月完井,2019年7月4500m以深管柱因硫化物应力腐蚀开裂失效上修,服役期间平均含水0.575%。经现场检管壁厚检测腐蚀速率介于0.015~0.043mm/a,平均腐蚀速率0.0247mm/a。P110材质管柱均有硫化物应力腐蚀开裂痕迹,局部腐蚀速率介于0.083~0.267mm/a(表4)。

表4 SHB1-3 井壁厚检测

序号	深度（m）	原始壁厚（mm）	油管新旧	材质	是否有裂纹	油管平均减薄（mm）	均匀腐蚀速率（mm/a）	局部腐蚀速率（mm/a）
1	250	9.52	新	P110S	无	0.09	0.015	——
2	1000	9.52	新	P110S	无	0.26	0.043	——
3	2946	6.45	新	P110S	无	0.12	0.020	——
4	3997	6.45	旧	P110S	无	0.13	0.022	——
5	4863	6.45	旧	P110	有	0.16	0.027	——
6	5686	6.45	旧	P110S	无	0.10	0.017	——
7	5993~7112	5.51	新/旧	P110	有	0.15	0.025	0.183
8	5993~7112	5.51	新/旧	P110	有	0.18	0.030	0.083
9	5993~7112	5.51	新/旧	P110	有	0.14	0.023	0.106
10	7094	5.51	新/旧	P110	有	0.15	0.025	0.267

注：2016年7月—2019年7月服役，含水0.575%，产油18.81×10⁴t，产水0.1034×10⁴t。

SHB1CX井2017年1月完井，2019年9月4500m以深管柱因硫化物应力腐蚀开裂、穿孔失效上修，服役期间平均含水30%。经现场检管壁厚检测腐蚀速率介于0.14~0.70mm/a，平均腐蚀速率0.3325mm/a。P110材质管柱均有硫化物应力腐蚀开裂和局部腐蚀痕迹（表5）。

表5 SHB1CX 井检管壁厚检测

序号	深度（m）	原始壁厚（mm）	剩余壁厚（mm）	材质	是否有开裂	是否有局部腐蚀	油管平均减薄（mm）	均匀腐蚀速率（mm/a）
1	1015	6.45	6.28	P110S	无	无	0.17	0.043
2	2008	6.45	6.28	P110S	无	无	0.17	0.043
3	3016	6.45	6.26	P110S	无	无	0.19	0.024
4	4017	5.50	5.50	P110S	无	无	≤0.01	≤0.005
5	5016	5.50	5.82	P110	无	无	/	/
6	6016	5.50	5.36	P110	无	有	0.14	0.035
7	6228	5.50	5.13	P110	有	有	0.37	0.093
8	6347	5.50	4.80	P110	无	有	0.70	0.175
9	6356	5.50	4.98	P110	无	有	0.52	0.13
10	6513	5.50	5.10	P110	无	有	0.40	0.10

注：2017年1月—2019年9月服役，含水30%；产油0.4691×10⁴t，产水0.2116×10⁴t。

SHB51X井2018年3月完井，2022年2月因侧钻上修，服役期间平均含水1.83%。经现场检管壁厚检测腐蚀速率介于0.069~0.179mm/a，平均腐蚀速率0.109mm/a（表6）。

表6 顺北51井检管壁厚检测

序号	井深（m）	原始壁厚（mm）	材质	平均剩余壁厚（mm）	腐蚀速率（mm/a）
1	1000	9.52	110S	9.118	0.085
2	3000	6.45	110S	6.05	0.085
3	4000	6.45	110S	5.607	0.179
4	4100	6.45	110S	5.94	0.108
5	5000	6.45	110S	5.853	0.127
6	6000	5.51	110	5.185	0.069

注：2018年3月—2022年2月服役，含水1.83%；产油 7.6821×10^4 t；产水 0.1433×10^4 t。

2 腐蚀防控技术

2.1 内衬油管

2022年采油四厂注水井监测腐蚀速率较高，在 SHB2、SHB51 及 SHB5-16 拖水源井、注水井开展内衬油管应用，设计结构为<70℃为 PE 内衬，70~130℃为 POK 内衬油管。

针对内衬油管耐温不能满足顺北工况需求，研发了耐温 160℃ 的 FEP 聚全氟乙丙烯内衬油管，目前在 SHB1-10 井、SHB1-25 井下入油管底部，开展短节耐温、耐压评价

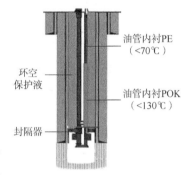

油管内衬PE（<70℃）
环空保护液
油管内衬POK（<130℃）
封隔器

图2 内衬油管结构设计

试验。鉴于顺北油管多用 BGT3 密封扣型，正在制备内衬不翻边聚四氟乙烯内衬油管，耐温同样可以达到 160℃。

2.2 防腐助剂优选

顺北注天然气中 CO_2 分压 0.4MPa，H_2S 分压 1KPa。注气方式包含伴水注气和不伴水注气。不伴水注气腐蚀风险较低，主要考虑开裂风险，采用 P110S 抗硫油管+封隔器保护套管方式。

伴水注气腐蚀风险较高，目前顺北注气 SHB1-25 井监测均匀腐蚀速率 2.5mm/a（极严重），顺北 51X 井多臂井径+电磁探伤检测换算，油管均匀腐蚀速率为 0.04mm/a（中度），局部腐蚀速率 0.919~1.44mm/a（极严重）；套管均匀腐蚀速率 0.079~0.16mm/a（中度-严重）。

拌水注气由于流程不密闭，水中溶解氧气。水中溶解氧加速了金属管道的腐蚀[3]。因此，在拌水注气开采工作中，需要对除氧剂进行优选，有效控制水体当中的氧含量，以此来保证整个油田开采工作的顺利开展。

综合考虑，拌水注气配套防腐地面需要考虑密闭流程，井下管柱防护需要加注除氧剂、耐高温缓蚀剂或使用耐高温内衬，延长管柱寿命。

2.2.1 缓蚀剂优选

开展5种缓蚀剂的室内评价，其中4种缓蚀剂的缓蚀率>80%；完成3种缓蚀剂在

SHB1-25 井的现场评价，其中 1 种缓蚀剂的缓蚀率>80%，整体评价科组的 KY-10 缓蚀剂缓蚀剂效果优良，室内评价缓蚀率>90%，现场监测缓蚀率>80%（表 7）。

表 7　缓蚀剂评价详表

序号	药剂型号	缓蚀剂浓度（ppm）	室内评价	
			腐蚀速率（mm/a）	缓蚀率（%）
1	DZC-1	300	1.0614	61.89
2	KY-10	300	0.2634	90.54
3	TP-6	300	0.3948	85.82
4	GCYHS-1 型	300	0.3112	88.83
5	XBQHS-01	/	0.3492	87.46

2.2.2　除氧剂优选

针对目前注气伴水地面流程难以达到密闭效果，引入腐蚀介质造成管材穿孔失效问题，井口管线设备引入除氧剂，定期除氧。除氧剂已在 SHB1-29 井、HB1-25 井完成设计，在 SHB1-25 井试验缓蚀率 78.7%（表 8）。

表 8　除氧剂+缓蚀剂加注效果

样品名称	平均腐蚀速率（mm/a）	缓蚀率（%）
空白	0.18	/
除氧剂 DSC-2+缓蚀剂 GCYHS-01	0.03	78.7

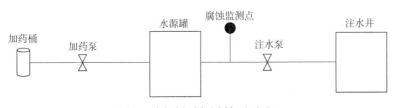

图 3　除氧剂+缓蚀剂加注流程

3　现场应用

2022 年 6 月至 8 月在现场进行了试用，共试验 4 口井，挂片监测缓蚀率 80% 以上（表 8）。

表 8　现场应用效果

井号	加药浓度（ppm）	空白腐蚀速率（mm/a）	加药后腐蚀速率（mm/a）	缓蚀率（%）
SHB1-25H	300	2.72	0.50	81.6
SHB1-23	300	1.37	0.27	80.5

4 结论

（1）顺北具有高温、高 H_2S、高 CO_2 特点，井下腐蚀环境苛刻，井下管柱失效风险大。

（2）采用注天然气方式补能，伴水后，井下管柱腐蚀风险较高。

（3）通过加注高温缓蚀剂及除氧剂，管柱腐蚀速率可降低80%以上。

（4）针对内衬油管耐温不能满足顺北工况需求，研发了耐温160℃的 FEP 聚全氟乙丙烯内衬油管。

参 考 文 献

[1] 李冬梅，柳志翔，李林涛，等. 顺北超深断溶体油气藏完井技术[J]. 石油钻采工艺，2022(5)：601.

[2] 周欣. 石化行业常用腐蚀监测技术综述[J]. 高硫化氢油气田石油套管的腐蚀研究，2015(4)：8.

[3] 任玮玮. 油田注水除氧剂的研究进展[J]. 清洗世界，2023，39(4)：62.

热处理工艺对超级 13Cr 力学性能及耐腐蚀性能的影响及寿命预测

陈小琴　李　权　程文佳　秦小飞

(中海油田服务股份有限公司)

摘　要：探究不同淬火和回火温度对超级 13Cr 不锈钢力学性能和耐腐蚀性能的影响，通过对微观形貌观察发现，1000℃淬火和630℃回火可使得钢中合金元素充分固溶，提高组织均匀性同时控制逆变奥氏体含量，强化其力学性能。通过控制逆变奥氏体的含量及分布可提高界面处形成的腐蚀膜的稳定性，从而提高不锈钢的耐腐蚀性能，维钝电流密度降低了 3.4%，耐点蚀性能提升了 22.3%。并通过高温高压腐蚀模拟试验建立腐蚀速率预测模型。

关键词：超级 13Cr；热处理；力学性能；耐腐蚀性能；高温高压

近年来，我国酸性油气田数量不断增加[1]，使得油气田开发过程中石油化工设备以及管道均面临着严重的湿 H_2S 腐蚀问题，并且在高温高压油井环境中，H_2S 分压、温度、CO_2 分压、Cl^- 浓度及 pH 等因素的共同作用还会进一步加速油气设备的腐蚀[2]，对油气井的寿命造成严重影响。对于现阶段完井工具面临的 H_2S/CO_2 腐蚀问题，常用的防腐措施便是根据完井工具的服役环境选择不同的耐蚀材料[3]，但酸性油气田的选材要求较高，原先应用于普通油气井开发的碳钢、低合金钢等材料在很多场合已不能满足使用要求，高含 Cr、Ni、Mo 等耐蚀元素的不锈钢和镍基合金逐渐广泛应用于井下工具和设备，其在酸性油气井环境下服役，能显著提高装备的可靠性，整体降低油气开发成本[4]。

目前，13Cr 不锈钢已广泛应用于油气田开发中，L80-13Cr 不锈钢被美国石油学会列为适用于湿性 CO_2 环境的代表性材料[5]。13Cr 不锈钢主要靠 Cr 元素在不锈钢表面形成钝化膜来提高材料的 CO_2 腐蚀抗力，其在油气田开发过程中的需求量也在逐年增长[6]。近年来随着深井超深井的开发，油井中高温、高 CO_2 分压和高浓度 Cl^- 的腐蚀条件导致 13Cr 不锈钢常常表现出耐 CO_2 腐蚀性能不足的缺点[7]。研究表明，普通 13Cr 不锈钢在高温时的均匀腐蚀、中温时的点蚀和低温时的硫化物应力开裂(SSC)都表现出局限性[6]。

相对于普通的 13Cr 不锈钢，超级 13Cr 不锈钢中合金元素含量更高，可面对更加恶劣的使用环境，其耐 CO_2 腐蚀和耐 CO_2/H_2S 性能更好[8]。超级 13Cr 不锈钢是在 L80-13Cr 基础上增加了 Ni、Mo、Cu 等合金元素，同时含碳量更低，在具有高强度、低温韧性的同时还具备较强抗腐蚀性能[7]。但由现场应用调查可知，超级 13Cr 不锈钢依然存在多种腐蚀共同作用而引起的失效等问题[9]。由于服役环境复杂多变，金属材料需要同时满足力学性能和耐腐蚀性能的要求，而通过热处理的方式能够改变金属的显微组织结构来达到控制其性能的目的[10]。在这项工作中通过采用不同淬火和回火工艺对试验钢进行热处理，对热处理后超级 13Cr 的显微组织、力学性能及高温高压井下环境耐蚀性进行对比，明确热处理对材料性能的影响规律，并采用 $FeCl_3$ 点蚀试验以及高温高压电化学腐蚀试验对比最佳热处理前后材料耐蚀性能，探明热处理工艺的适用性。

1 试验方法

1.1 试验材料

本研究所采用的超级 13Cr 合金钢棒材尺寸为 $\phi135\times130mm$ 的半圆柱，化学成分见表 1。

表 1 超级 13Cr 钢化学成分

化学成分	C	Cr	Ni	Si	Mo	P	S	Mn	Cu
Super13Cr	0.0228	12.1	5.30	0.482	1.57	0.0095	0.001	0.454	0.0745

采用不同淬火温度与回火温度组合对试验钢进行热处理，分别研究淬火温度和回火温度对超级 13Cr 钢的组织和性能的影响，并确定最佳热处理工艺。试验设备为 SX2-15-13 型高温箱式电阻炉。淬火温度采用 1000℃、1030℃、1050℃，在各温度下保温 2h 后水冷；回火温度采用 610℃、630℃、650℃，在各温度下保温 5h 后空冷。

1.2 微观形貌

采用线切割将样品切为 10mm×10mm×10mm 的小块，经镶嵌，砂纸打磨抛光后，滴加 4% 的硝酸酒精溶液侵蚀，使用蔡司金相显微镜观察金相组织，使用扫描电子显微镜观察表面形貌，XRD 测试不同热处理后钢材内部相组成。

1.3 力学性能

硬度测试：试样加工完成后用砂纸依次打磨抛光处理，保证试样表面平坦光滑后采用 HR-150A 洛氏硬度计对不同位置试样进行硬度测试。

拉伸测试：采用万能试验机进行拉伸测试，拉伸速度为 0.2mm/s。实验完成后依次测量标距段伸长量、断面面积，计算断后伸长率及断面收缩率。

冲击试验：采用 JB-500B 摆锤式冲击试验机进行冲击测试，冲击试样尺寸为 55mm×10mm×10mm，使用拉槽机进行 V 形坡口加工。

1.4 耐腐蚀性能检测

高温高压电化学测试：在电化学釜中进行试验，参比电极选择高温参比电极，对电极选择铂片，工作电极裸露面积为 $1cm^2$，电解质溶液溶液用氮气除氧 12h 以上，其具体的参数设置为试验温度 80℃，CO_2 分压 0.5MPa，H_2S 分压 0.0001MPa，Cl^- 含量 25000mg/L。测量开路电位(OCP)、动电位极化测试。开路电位(OCP)波动在 ±5mV 以内时进行动电位极化测试，动电位极化测试范围为 ±250mV(vsOCP)，扫描速率 0.25mV/s。

$FeCl_3$ 腐蚀试验：切取尺寸为 50mm×25mm×3mm 的试样并打磨至 500#，然后清洗试样表面，称重并计算试样总面积，浸泡在恒温(22±1℃)的 6%$FeCl_3$ 溶液中浸泡 72h，试验结束后，取出试样，清除腐蚀产物，洗净吹干后进行称重。

2 结果与讨论

2.1 淬火温度对 Super13Cr 组织及性能的影响

2.1.1 显微组织

图 1 示出了在不同淬火温度下回火后的超级 13Cr 显微组织。可见，四种工艺得到的显微组织均为低碳板条马氏体，晶界较为明显，SEM 照片中未发现碳化物析出相的存在，说明合金元素充分溶解。随着淬火温度的升高，晶粒尺寸增大，是由于随着温度的升高原奥氏体晶粒粗大[11]。

图 1 不同淬火温度下超级 13Cr 试验用钢的金相显微组织及扫描图像(630℃×4h 回火)

(a、d)1000℃×2h；(b、e)1030℃×2h；(c、f)1050℃×2h

图 2 示出了不同淬火温度下热处理得到的超级 13Cr 钢的 XRD 测试结果。可知，随着淬火温度的升高，超级 13Cr 钢中逆变奥氏体含量呈下降趋势，说明较低的淬火温度有利于在后续回火工艺中逆变奥氏体的形成。

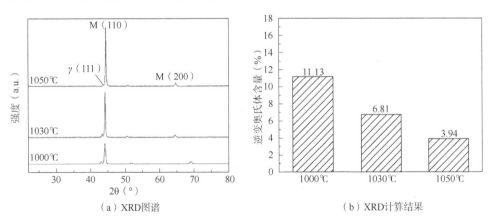

(a)XRD图谱

(b)XRD计算结果

图 2 不同淬火温度下超级 13Cr 试验用钢的 XRD 测试结果(630℃×4h 回火)

2.1.2　力学性能

图 3 示出了不同淬火工艺下超级 13Cr 力学性能的变化情况。可见，随着淬火温度的升高，超级 13Cr 硬度、强度、冲击韧性均有所降低，塑性略有提升，其中 1000℃淬火后材料为 110 钢级，另外两种淬火温度后材料为 95 钢级。这是因为随淬火温度升高，奥氏体晶粒逐渐长大，板条马氏体也逐渐增大，晶粒越大，同样大小的面积中晶界就越少，按照位错塞积模型，晶界两侧的晶粒取向不同，不同晶粒之间的位错不能通过晶界进行直接传递，只有在晶界处塞积大量位错后引起应力集中，才可能激发相邻晶粒中的位错运动，产生滑移[12]。所以晶粒越细，晶界越多，材料硬度就越高。同样受晶界数量的影响，材料受到外界冲击时，晶界数量越多，裂纹沿晶界扩展所需驱动力增加，从而阻碍裂纹的发展，材料冲击韧性得到提高。

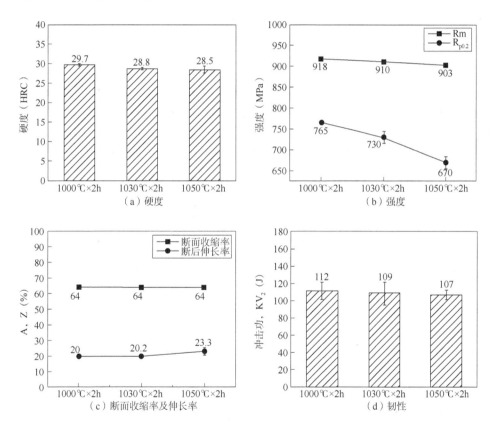

图 3　不同淬火温度下超级 13Cr 试验用钢的力学性能(630℃×5h 回火)

2.1.3　耐蚀性能

图 4 示出了不同淬火工艺下超级 13Cr 钢在高温高压环境中测得的循环极化曲线，其具体的参数设置为试验温度 180℃，CO_2 分压 10MPa，H_2S 分压 0.00345MPa，Cl^- 含量 150000mg/L。可见，不同淬火温度下超级 13Cr 钢均存在明显的活化-钝化转变区间，且三者维钝电流密度和再钝化电位相差较小，其耐蚀性差异主要体现在破钝电位的高低，随着淬火温度的升高，破钝电位逐渐降低。

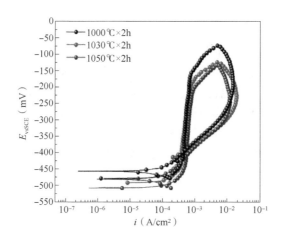

图4　不同淬火温度下超级 13Cr 钢的高温高压电
化学极化曲线（630℃×4h 回火）

进一步对图 4 中的极化曲线进行拟合，结果见表 2。可见，不同淬火温度下超级 13Cr 钢的维钝电流密度分别为 0.535mA/cm²、0.515mA/cm²、0.617mA/cm²，差距较小。而三者的破钝电位分别为-167.05mV、-204.80mV、-226.72mV，当淬火温度为 1000℃ 时，超级 13Cr 破钝电位最高，说明其相较于另外两种淬火工艺具有较好的耐点蚀性能。

表 2　超级 13Cr 钢高温高压电化学测试拟合结果

厂家	E_{corr}(mV)	i_p(A/cm²)	E_b(mV)	E_{rp}(mV)
1000℃×2h 淬火	-480.81	5.35×10^{-4}	-167.05	-397.80
1030℃×2h 淬火	-494.05	5.15×10^{-4}	-204.80	-402.06
1050℃×2h 淬火	-509.99	6.17×10^{-4}	-226.72	-414.27

综上，超级 13Cr 钢随着淬火温度升高，硬度、强度、韧性降低，力学性能的变化主要与晶粒尺寸长大有关。耐蚀性方面，淬火温度升高会降低超级 13Cr 钢的耐点蚀性能。因此，综合考虑力学性能及耐蚀性能，超级 13Cr 钢的最佳淬火温度选择为 1000℃。

2.2　回火温度对超级 13Cr 组织及性能的影响

2.2.1　显微组织

图 5 示出了不同回火工艺下超级 13Cr 钢的显微组织。可见，不同回火温度后的显微组织特征主要是由板条马氏体和弥散细小分布的逆变奥氏体所构成，不同板条束呈现一定的夹角，说明马氏体中的板条束存在不同位向。随着回火温度的升高可以发现，回火处理并不改变原奥氏体晶粒尺寸，这是由于试验钢中存在大量 Cr、Ni、Mo 元素[13]，使得马氏体组织具有优异的结构稳定性。

图 6 示出了不同回火温度下热处理得到的超级 13Cr 钢的 XRD 测试结果。可知，随着回火温度的升高，超级 13Cr 钢中逆变奥氏体含量呈上升趋势。这是由于逆变奥氏体的含量主要由高温时奥氏体的转变量及其在回火冷却过程中的稳定性决定[14]。当回火温度高于 610℃ 时，马氏体向奥氏体转变的驱动力较大，形成的逆变奥氏体较多。

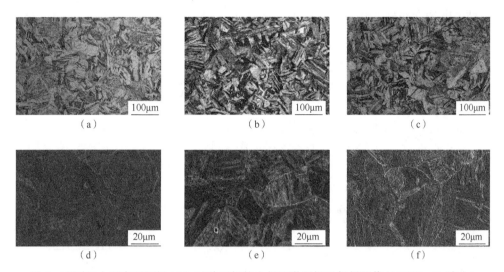

图 5 不同回火温度下超级 13Cr 试验用钢的金相显微组织及扫描图像(1000℃×2h 淬火)

(a, d)610℃×4h; (b, e)630℃×4h; (c, f)650℃×4h

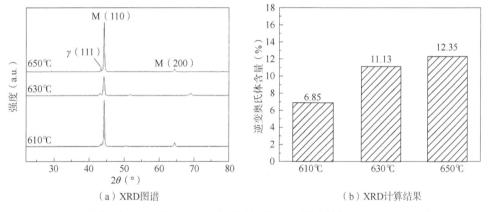

(a) XRD图谱　　　　　　　　　　(b) XRD计算结果

图 6 不同回火温度下超级 13Cr 试验用钢的 XRD 测试结果(1000℃×2h 回火)

2.2.2 力学性能

图 7 示出了不同回火温度后超级 13Cr 钢的力学性能变化情况。可见，随回火温度的升高，超级 13Cr 硬度、强度降低，塑韧性有所升高，且当回火温度为 650℃ 时，材料为 95 钢级。这是因为随回火温度的升高，试验钢位错密度下降，不断形成逆变奥氏体，导致其逐渐软化，因而硬度下降。此外，回火温度升高使得回火马氏体转变为逆变奥氏体的驱动力逐渐增加，逆变奥氏体含量增多，而逆变奥氏体作为韧性相，弥散分布于低碳马氏体板条束之间，对材料具有明显的韧化作用[15]，当发生塑性变形时，可通过吸收变形功而转变成马氏体来改善材料的韧性。

2.2.3 耐蚀性能

图 8 示出了不同回火温度下超级 13Cr 钢在高温高压环境下的极化曲线，其具体的参数设置为试验温度 180℃，CO_2 分压 10MPa，H_2S 分压 0.00345MPa，Cl^- 含量 150000mg/L。可见，不同回火温度下超级 13Cr 同样存在明显的活化—钝化转变区间，且三者维钝电流

密度与破钝电位存在显著差异。

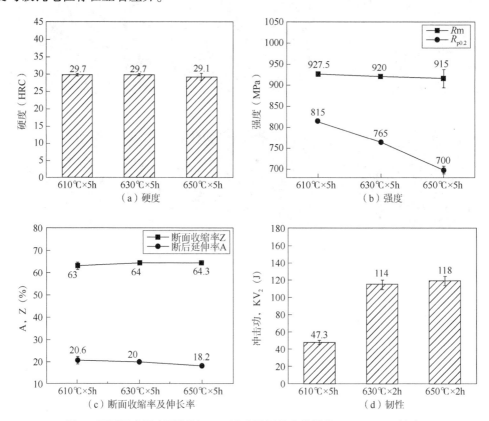

图 7 不同回火温度下超级 13Cr 试验用钢的力学性能（1000℃×2h 淬火）

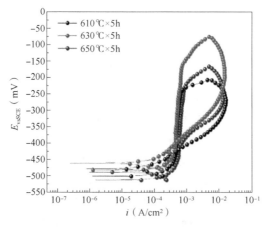

图 8 不同回火温度下超级 13Cr 钢的高温高压电化学极化曲线（1000℃×2h 回火）

基于图 8 中极化曲线，拟合得到电化学参数如表 3 所示。可见，回火温度升高，超级 13Cr 钢的维钝电流密度逐渐增大，分别为 0.507mA/cm²、0.535mA/cm²、0.65mA/cm²。此外，三者的破钝电位分别为−240.85mV、−167.05mV、−241.21mV，对比结果表明当回火温度为 630℃时，超级 13Cr 钢具有较好的耐点蚀性能。

表3 超级13Cr钢高温高压电化学测试拟合结果

厂家	E_{corr}(mV)	i_p(A/cm^2)	E_b(mV)	E_{rp}(mV)
610℃×5h 回火	−499.19	5.07×10^{-4}	−240.85	−426.40
630℃×5h 回火	−480.81	5.35×10^{-4}	−167.05	−397.80
650℃×5h 回火	−510.55	6.50×10^{-4}	−241.21	−412.74

综上，超级13Cr钢随着回火温度升高，硬度、强度降低，塑韧性提升，力学性能的变化主要与逆变奥氏体含量有关。耐蚀性方面，回火温度升高会降低超级13Cr钢的维钝电流密度。因此，综合考虑力学性能及耐蚀性能，超级13Cr钢的最佳回火温度选择为630℃。

2.3 超级13Cr钢耐蚀性能提升对比

2.3.1 耐电化学腐蚀性能

图9示出了高温高压环境中超级13Cr钢原材料与最佳热处理后材料的循环极化曲线，高温高压环境参数设置为试验温度80℃，CO_2分压0.5MPa，H_2S分压0.0001MPa，Cl^-含量25000mg/L。可见，最佳热处理后超级13Cr钢维钝电流密度与原材料相差较小，但破钝电位明显提高，耐点蚀性能有所提升。

基于图9中极化曲线，拟合得到电化学参数如表4所示。可见，最佳热处理后超级13Cr钢维钝电流密度为5.35×10^{-4}A/cm^2，而原材料为5.54×10^{-4}A/cm^2，降低了3.4%，耐点蚀性能则由−282.1mV提高至−167.05mV，耐蚀性能提升显著。

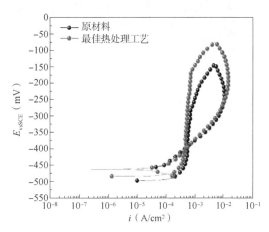

图9 热处理前后超级13Cr钢的
高温高压电化学极化曲线

表4 超级13Cr钢高温高压电化学测试拟合结果

材料	E_{corr}(mV)	i_p(A/cm^2)	E_b(mV)	E_{rp}(mV)
原材料	−494.13	5.54×10^{-4}	−282.10	−394.62
最佳热处理工艺	−480.81	5.35×10^{-4}	−167.05	−397.80

2.3.2 耐FeCl$_3$点蚀性能

图10为超级13Cr钢原材料与最佳热处理后材料在6% FeCl$_3$溶液中腐蚀72h后表面宏观形貌。可见，热处理前后试样表面均可观察到明显点蚀坑。去除表面腐蚀产物后，发现热处理前后试样均发生严重点蚀，但最佳热处理后材料表面点蚀坑数量明显少于原材料。

进一步计算两者平均腐蚀速率，最佳热处理后材料平均腐蚀速率为18.4819mm/y，而原材料为23.7879mm/y，降低了22.3%，耐点蚀性能提升。

根据热处理温度变化对超级13Cr钢显微组织的影响可知，较高的淬火温度（1000℃）使得钢中合金元素充分固溶，提高组织均匀性，但过高的淬火温度会降低逆变奥氏体含

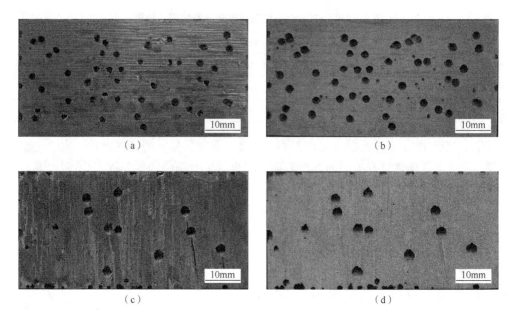

图 10 原材料与最佳热处理后材料在 6% FeCl₃ 溶液中腐蚀 72h 后表面宏观形貌

（左图：带腐蚀产物，右图：去除腐蚀产物）(a、b)原材料；(c、d)最佳热处理工艺

量；同时 630℃ 的回火温度既保证了弥散析出具有强化作用的金属间相，同时又不会使析出相长大消耗过多的 Cr 元素。1000℃ 淬火和 630℃ 回火能有效控制逆转奥氏体数量及分布，以达到强化基体，提高韧性的效果。

当逆变奥氏体在富 Cr 碳化物周围形成时，C 元素更倾向于分配到奥氏体相中，可降低周围 Cr 的消耗程度，从而减少贫 Cr 区的形成。此外，逆变奥氏体中富含 Ni 和 Mo 元素，因 Ni 难以被氧化，逆变奥氏体常分布在钝化膜与金属基体界面处，降低了 Fe 和 Cr 的总溶解速率，而逆变奥氏体中较高浓度的 Mo 元素则可提高其抗点蚀能力。同时逆变奥氏体具有较好的稳定性，不易溶解，同样可提高界面处形成的腐蚀膜的稳定性，从而提高其保护性。

2.4 腐蚀速率预测模型

模拟超级 13Cr 钢在高温高压井下环境中腐蚀不同周期后失重量，具体参数设置为试验温度 180℃，CO_2 分压 1.0MPa，H_2S 分压 0.01MPa，Cl^- 含量 50000mg/L。计算腐蚀不同周期后的超级 13Cr 钢腐蚀速率，结果如图 11 所示。可见，随着腐蚀周期的延长，平均腐蚀速率呈指数降低。当腐蚀周期达到 3d 时，平均腐蚀速率已低于 0.076mm/y。其腐蚀速率预测模型如公式 1 所示。

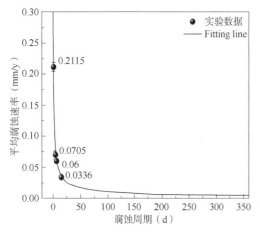

图 11 高温高压井下环境中超级 13Cr 钢腐蚀不同周期后的平均腐蚀速率及拟合曲线

$$R_{corr} = 0.2115\ t^{-0.6793} \qquad (1)$$

利用公式 1 对超级 13Cr 钢在 180℃、CO_2

分压 1.0MPa、H_2S 分压 0.01MPa、Cl^-含量 50000mg/L 条件下的腐蚀寿命进行预测，结果表明仅需 0.01mm 的腐蚀裕量，超级 13Cr 即可在此环境下安全稳定服役 20 年。

3 结论

淬火温度为 1000℃可使得超级 13Cr 钢中合金元素充分固溶，提高组织均匀性同时保证逆变奥氏体含量；630℃的回火温度既保证了回火马氏体基体上弥散析出有强化作用的金属间相，也不至于析出物长大或溶解，有效控制了逆转奥氏体数量及分布，以达到强化基体，提高韧性的效果。逆变奥氏体的存在使得 C 元素更倾向于分配到奥氏体相中，可降低周围 Cr 的消耗程度，从而减少贫 Cr 区的形成，稳定的逆变奥氏体常分布在钝化膜与金属基体界面处，可提高界面处形成的腐蚀膜的稳定性，从而提高不锈钢的耐腐蚀性能。通过模拟高温高压井下腐蚀环境，对热处理工艺优化后超级 13Cr 进行耐腐蚀性能检测并对其进行腐蚀寿命进行预测，结果表明完井工具仅需 0.01mm 的腐蚀裕量，即可在 180℃、CO_2 分压 1.0MPa、H_2S 分压 0.01MPa、Cl^-含量 50000mg/L 条件下高温高压井下环境中安全稳定服役 20 年。

参 考 文 献

[1] 徐孝轩，朱原原，付安庆，等. 酸性油气田 C110 套管断裂失效分析[J]. 材料保护，2019，52(03)：138-141.

[2] 范东升，何川，陈旭，等. CO_2 分压力对 2205 双相不锈钢在酸性油气田中腐蚀行为的影响[J]. 热加工工艺，2019，48(24)：50-55.

[3] 何国玺，唐鑫，冷吉辉，等. 温度和 O_2 含量在 $CO_2/H_2S/O_2$ 体系中对输气管道的腐蚀行为研究[J]. 表面技术，2023，52(04)：285-294.

[4] 张文丽，张振龙，吴兆亮，等. 温度对 316L 不锈钢在油田污水中点蚀行为的影响研究[J]. 中国腐蚀与防护学报，2022，42(01)：143-148.

[5] 宋江波，米永峰，姜海龙，等. L80-13Cr 油井管的研制及耐腐蚀性能研究[J]. 钢管，2022，51(01)：44-47.

[6] 朱金阳，郑子易，许立宁，等. 高温高压环境下不同浓度 KBr 溶液对 13Cr 不锈钢的腐蚀行为影响[J]. 工程科学学报，2019，41(05)：625-632.

[7] 赵国仙，许欢敏. 超级 13Cr 不锈钢在苛刻环境中的腐蚀行为研究[J]. 焊管，2021，44(02)：16-19.

[8] 何松，王贝，冯桓榰，等. S13Cr 在超高温超临界 CO_2 环境下的腐蚀行为及产物膜特征[J]. 装备环境工程，2021，18(01)：8-14.

[9] 何松，邢希金，刘书杰，等. 硫化氢环境下常用油井管材质腐蚀规律研究[J]. 表面技术，2018，47(12)：14-20.

[10] 王正品，刘江南，要玉宏，等. 高温对 9Cr-1Mo-V-Nb-N 钢力学性能的影响[J]. 金属热处理，2005(03)：23-26.

[11] 魏海霞，潘吉祥，纪显斌，等. 热处理对经济型高碳马氏体不锈钢 J50Cr13 组织和硬度的影响[J]. 金属热处理，2022，47(08)：148-151.

[12] 李凯尚，彭剑，彭健. 预应变对奥氏体不锈钢力学行为的影响及本构模型的构建[J]. 材料工程，2018，46(11)：148-154.

［13］韩顺，李刚，杨豪，等. 回火温度对 N63 钢组织及力学性能的影响［J］. 金属热处理，2023，48（07）：79-83.

［14］杨晓辉，李兴东，张繁，等. 热处理工艺对 04Cr13Ni8Mo2Al 钢逆变奥氏体含量的影响［J］. 机械工程材料，2018，42（07）：23-27.

［15］李照国，王珂，纪显彬，等. 回火温度对 00Cr13Ni5Mo 超级马氏体不锈钢组织及性能的影响［J］. 金属热处理，2021，46（05）：95-99.

基于 $H_2S/CO_2/O_2$ 三相混合气体环境下热采井井筒腐蚀机理研究

刘海彬

（中国石油辽河油田公司）

摘　要： 本文的目的是通过模拟现场温度、三相混合气体分压环境下的腐蚀产物进行化验分析，确认其腐蚀原因和机理。开展 $50\sim240℃$、H_2S 为 $0.00018\sim0.69MPa$、O_2 为 $0.006\sim0.24MPa$、CO_2 为 $0.56\sim2.19MPa$ 条件下的正交实验，结果显示，小于 $100℃$ 时，随着 $H_2S/CO_2/O_2$ 含量的增加，腐蚀速率先增加后减小，$75℃$ 时达到最大值，影响权重依次为 $O_2>$ 温度 $>H_2S>CO_2$；超过 $100℃$ 后，腐蚀速率先减小后增加，影响权重依次为温度 $>O_2>H_2S>CO_2$。对腐蚀产物进行 XRD 组分分析，主要成分为 Fe_2O_3、FeS 和少量 $FeCO_3$；温度升高、O_2 分压、H_2S 浓度、CO_2 分压相同时产物膜的成分未发生明显改变，在 $>200℃$ 时，$FeCO_3$ 消失，产物膜主要为 Fe_2O_3、FeS 和 Fe_3O_4。三相混合气体环境下热采井井筒腐蚀机理研究为现场防腐措施提供理论依据。

关键词： 三相混合气体；正交实验；腐蚀产物；腐蚀规律；腐蚀机理

辽河油田以稠油热采为主，随着热采开发的推进导致地层温度大幅度升高，促使原油和地层水中的盐类在地层矿物催化作用下发生裂解，产生 H_2S、CO_2 等腐蚀性伴生气，其产量随着温度增大而增加，井筒腐蚀现象日趋显现，伴随着井筒环空中的氧气，以及稠油热采现场的情况复杂，高温、蒸汽等都会加剧井筒的腐蚀[1-3]，形成井筒穿孔、错段等现象。这些腐蚀情况不仅会造成油气管柱无法正常生产运行，甚至还会给安全生产带来危害。

近年来，大量学者围绕 H_2S、CO_2、O_2 单一气体或两项混合气体进行了深入研究，对于规律和机理有一定的认识[4-17]。比如，单一的 CO_2 气体，腐蚀规律是随着温度的升高，腐蚀速率加快，在 $90℃$ 时出现腐蚀速率拐点，温度增加腐蚀速率减小；相同温度下，CO_2 分压越大，腐蚀速率越快。对于单一的氧腐蚀，在敞口系统中，温度对于钢铁的腐蚀速率影响相对复杂，当水温为 $65\sim70℃$ 时，均匀腐蚀最强；当水温为 $90\sim100℃$ 时，局部腐蚀最剧烈。但是在封闭系统中，随着温度的升高对应的腐蚀速率呈现增加趋势。另外，在油田环境中，多数钻杆出现明显的氧腐蚀，并在钻杆表面生成疏松的 $FeO(OH)$ 和 Fe_2O_3 等腐蚀产物。CO_2 和 H_2S 两项混合气体环境下，腐蚀速率随着温度升高先增大后减小，在 $100℃$ 时达到最大值，当超过 $110℃$ 时腐蚀速率趋于平缓；腐蚀速率随着 CO_2 分压增大呈逐渐增大趋势，随着 H_2S 分压的增大，腐蚀速率则先增大后减小[18]。

目前，国内外暂无对三相混合气体腐蚀情况的研究，腐蚀机理尚属空白。因此，本文通过模拟现场温度、三相气体分压的作业环境，开展井筒腐蚀产物、腐蚀规律与腐蚀机理研究，为现场以后治理腐蚀措施提供理论依据。

1 实验方法

1.1 实验材料

本实验采用的是宝钢生产的 N80、P110、110H 和 130TT 管材，也是目前辽河油田热采井筒常用的四种材质，以及两种耐腐钢材 120TT、316L，其热处理状态均为调质状态，各种材料的元素含量见表 1。分别从井筒上加工腐蚀挂片，尺寸为 50mm×10mm×3mm。

表 1 四种常用管体的化学成分

材质	C	Si	Mn	P	S	Cr	Mo	Fe
N80	0.29	0.24	1.31	0.014	0.003	0.100	0.01	Balance
P110	0.26	0.32	1.73	0.014	0.004	0.62	0.12	Balance
110H	0.27	0.23	1.56	0.013	0.0023	0.21	0.017	Balance
130TT	0.24	0.26	0.67	0.0072	0.0016	1.04	0.39	Balance

1.2 高温高压浸泡试验

采用高温高压反应釜模拟辽河油田热采井现场工况，依据现场监测结果确定实验过程中 H_2S、CO_2、O_2 浓度（表 2），经计算，三相气体的分压分别为 0.00018~0.69MPa、0.56~2.19MPa、0.006~0.24MPa。依据现场的溶液浓度，结合 CO_2 与 H_2S 混合腐蚀规律，在 100℃ 出现拐点，因此将 50~240℃ 范围分为 50~100℃、100~240℃ 两个区域，依据正交实验表构建实验方案，见表 3。为了保证实验过程中三相混合气体分压的准确性，设计了混合釜，混合釜与实验釜相连，先将实验气体按照分压注入到混合釜中，再将混合气体通过压差级总压控制输送到实验釜中。

表 2 现场水样中离子浓度

离子	SO_4^{2-}	HCO_3^-	$Na^+ + K^+$	CO_3^{2-}	Cl^-
离子浓度（mg/L）	24	1243	516	127	129

表 3 正交实验数据表

条件	温度（℃）	H_2S（MPa）	CO_2（MPa）	O_2（MPa）
1	50	180（Pa）	0.56	0.006
2	50	0.345	1.2	0.12
3	50	0.69	2.19	0.24
4	75	180（Pa）	1.2	0.24
5	75	0.345	2.19	0.006

续表

条件	温度(℃)	H_2S(MPa)	CO_2(MPa)	O_2(MPa)
6	75	0.69	0.56	0.12
7	100	180(Pa)	2.19	0.12
8	100	0.345	0.56	0.24
9	100	0.69	1.2	0.06
10	130	180(Pa)	0.56	0.006
11	130	0.345	1.2	0.12
12	130	0.69	2.19	0.24
13	200	180(Pa)	1.2	0.12
14	200	0.345	2.19	0.006
15	200	0.69	0.56	0.12
16	240	180(Pa)	2.19	0.12
17	240	0.345	0.56	0.24
18	240	0.69	1.2	0.06

根据预估的腐蚀速率，选择实验的浸泡时间为 7 天，见表 4。

表 4　实验时间的选择

估算或预测的腐蚀速率(mm/a)	实验时间(h)	是否更换溶液
>1.0	24~72	不更换
1.0~0.1	72~168	不更换
0.1~0.01	168~336	约 7 天更换一次
小于 0.01	336~720	约 7 天更换一次

实验结束后依次采用去离子水、丙酮、酒精对试样进行清洗；清洗完成后依据 GB/T 16545—2015 标准清除腐蚀产物［500mL 盐酸($\rho=1.19$g/mL)，3.5g 六次甲基四胺，加蒸馏水配制成 1000mL 溶液，25℃超声处理 10min］，随后依次采用去离子水，酒精清洗冷风吹干。均匀腐蚀速率和按照公式(1)进行计算。

按照式(1)计算均匀腐蚀速率。

$$R = \frac{8.76 \times 10^7 \times (M - M_1)}{S \times T \times D} \tag{1}$$

式中，R 为均匀腐蚀速率，mm/a；M 为试样前的试样质量，g；M_1 为试验后的试样质量，g；S 为试样的总面积，cm^2；T 为试验时间，h；D 为材料的密度，kg/m^3。

1.3　表征及测试

采用 INCA-350 扫描电子显微电镜(SEM)对腐蚀产物形貌表面形貌进行观察，EDS 分析产物膜成分组成；并通过用 XRD-6000 型 X 射线衍射仪(XRD)对腐蚀产物膜进行物相分析，扫描范围为20°~80°，扫描速率为4°/min。

2　实验结果

2.1　温度对腐蚀影响

图1为6种材料在不同温度下的均匀腐蚀速率。可以看出，N80、110H、P110、130TT、120TH、316L6种材料的腐蚀速率在50~100℃范围内腐蚀速率先增大后减小，在75℃时出现峰值，O_2分压大的情况下腐蚀速率增长明显；100~240℃范围内，腐蚀速率先减小后增大，随着温度的增加，腐蚀现象更明显。值得注意的是，316L材质在各种环境下均表现出了更加优秀的防腐性能。

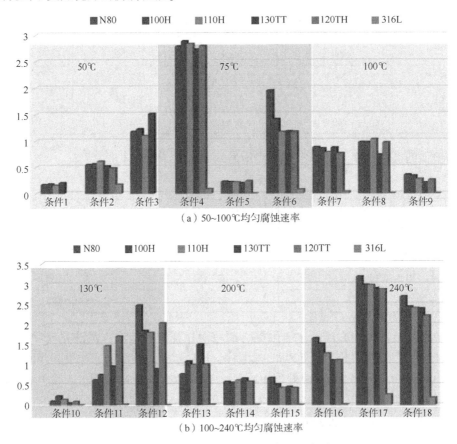

（a）50~100℃均匀腐蚀速率

（b）100~240℃均匀腐蚀速率

图1　不同温度分压环境下的腐蚀速率对比

图2列举了不同温度不同气体分压下4种材质的腐蚀速率的变化趋势，可以看出4种材质随着温度升高、分压变化与腐蚀速率呈现非线性关系，50~100℃时，同等温度条件下O_2分压越大，腐蚀越明显；100~240℃时，温度越高对于材质腐蚀速率的影响越显著。

正交实验结果表明，溶解氧和温度的影响要高于H_2S和CO_2，但是H_2S和CO_2溶于水后均会改变溶液体系，因此本实验通过对溶液的离子浓度计算进一步验证主控因素筛选的准确性。

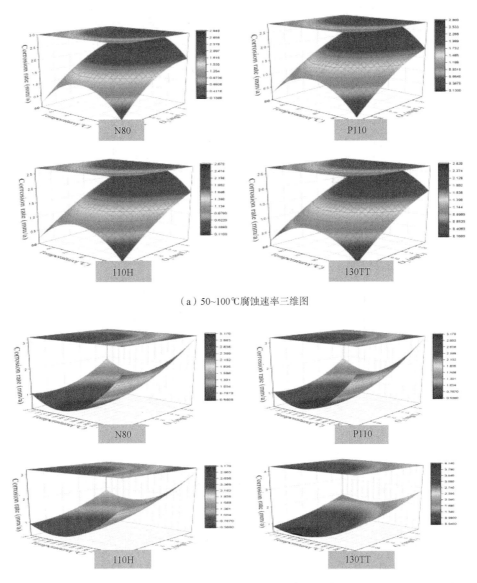

（a）50~100℃腐蚀速率三维图

（b）100~240℃腐蚀速率三维图

图 2　不同温度分压腐蚀速率三维图

溶液中的反应主要是 CO_2 的溶解、电离反应，其决定了溶液中参与反应的阴离子浓度。当 CO_2 溶于水后，会与 H_2O 反应生成 H_2CO_3，H_2CO_3 会发生两次电离产生 CO_3^{2-}、HCO_3^-、H^+；H_2S 气体在水溶液中的溶解度较大，H_2S 在溶液中会直接电离成 HS^-，HS^- 进一步电离生成 S^-。对溶液中的离子浓度计算结果列举在图 3 中，可以看出对应的正交实验条件中随着温度的增加，溶液的 pH 基本上呈现增加趋势，但是在 75℃ 和 130℃ 左右并未出现明显的拐点。同样溶液中影响成膜的离子浓度为在 75℃ 和 130℃ 左右出现峰值或者谷值，进一步表明溶解氧对于腐蚀的影响要高于 CO_2 和 H_2S。

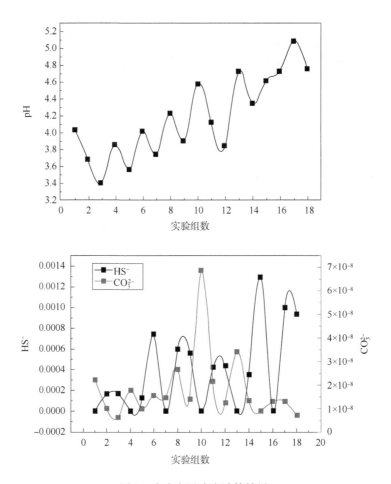

图 3　溶液离子浓度计算结果

2.2　腐蚀机理分析

选取 130℃ - 0.69MPa H_2S - 2.19MPa CO_2 - 0.24MPa O_2 和 240℃ - 0.345MPa H_2S - 0.56MPa CO_2 - 0.24MPa O_2 实验条件为例，浸泡 168h 后，前者实验条件下 N80、P110、110H、130TT 对应的腐蚀速率分别为：2.486mm/a、1.852mm/a、1.802mm/a、0.8385mm/a，后者实验条件下 N80、P110、110H、130TT 对应的腐蚀速率分别为：3.1987mm/a、2.9942mm/a、2.9892mm/a、2.887mm/a。

图 4 为上述两种实验条件下 N80、P110、110H、130TT 表面腐蚀的 SEM 形貌。可以看出四种材质在相同实验条件下的腐蚀产物微观形貌相接近，均为絮状物，能谱测试结果可以看出试样表面的腐蚀产物主要由 Fe、O、C、S 组成。XRD 的测试结果表明（图 5），前者实验条件下试样表面的腐蚀产物主要是由 $FeCO_3$、FeS、Fe_2O_3 组成，后者实验条件下试样表面的腐蚀产物主要是由 FeS、Fe_2O_3 和 Fe_3O_4 组成。

对比不同浸泡环境的 SEM/EDS（表 5 和表 6）和 XRD 测试结果，可以看出，在 H_2S（180Pa）、O_2（0.006MPa）环境时，能够观察到明显的 $FeCO_3$ 特征峰，但是随着温度增加、

H_2S 分压和 O_2 分压增加,整体产物膜中 $FeCO_3$ 的特征峰强度变弱甚至消失,产物膜主要由 FeS 和 Fe_2O_3 组成;尤其是温度超过 200℃ 后,腐蚀产物膜中的 $FeCO_3$ 几乎消失,但是此时产物膜中生成 Fe_3O_4,结合腐蚀环境对腐蚀产物转变过程进行梳理。

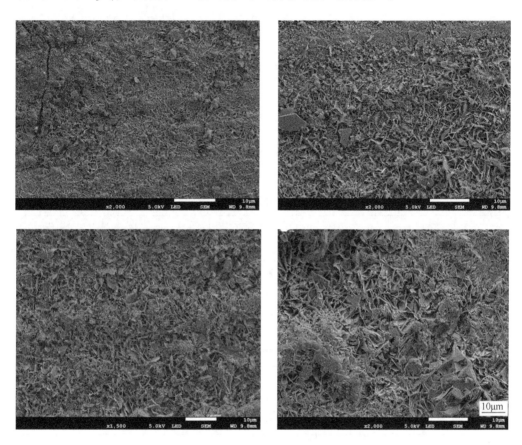

图 4   四种材质腐蚀后的微观形貌

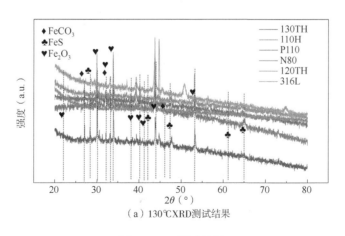

(a) 130℃XRD测试结果

图 5   XRD 测试结果

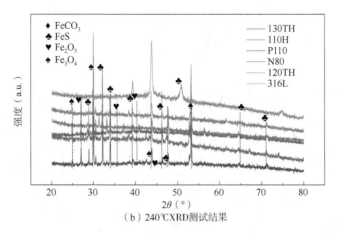

（b）240℃XRD测试结果

图 5　XRD 测试结果(续)

表 5　130℃CEDS 测试结果　　　　　　　　　　　　　［%(质量分数)］

	C	O	S	Fe
N80	8.01	25.18	1.68	63.32
P110	10.68	20.34	8.23	49.69
TP110H	11.77	29.69	6.04	52.26
TP130TT	10.98	23.44	3.89	61.69

表 6　240℃CEDS 测试结果　　　　　　　　　　　　　［%(质量分数)］

	C	O	S	Fe
N80	9.98	24.34	30.86	54.83
P110	5.69	28.42	26.86	52.08
TP110H	13.59	31.94	25.25	42.36
TP130TT	12.89	35.30	35.47	45.00

在 CO_2 和 O_2 共存环境下，腐蚀产物膜的生成主要通过以下方程进行：此时生成的 $FeCO_3$ 会被溶液中溶解的氧氧化生成 $Fe(OH)_3$，进一步水解生成 Fe_2O_3。

$$Fe^{2+}+CO_3^{2-}\longrightarrow FeCO_3$$

$$Fe^{2+}+2OH^-\longrightarrow Fe(OH)_2$$

$$FeCO_3+O_2+6H_2O\longrightarrow Fe(OH)_3+4\,CO_2$$

$$Fe(OH)_2+O_2+2H_2O\longrightarrow Fe(OH)_3+4\,CO_2$$

$$Fe(OH)_3\longrightarrow Fe_2O_3+3H_2O$$

$$Fe(OH)_3\longrightarrow 2FeOOH+2H_2O$$

当介质中存在 H_2S 环境时，腐蚀产物膜会进一步转变，除与 H2S 反应生成 FeS 外，生成的与氧气反应生成的Fe_2O_3也会部分被H_2S溶解，转为FeS，同时，FeS部分被氧化生成Fe_2O_3。相比于$FeCO_3$，FeS的溶解度更小，更容易沉积，这也就导致在溶液中主要产物为FeS和Fe_2O_3。

$$Fe^{2+}+S^{2-}\longrightarrow FeS$$

$$Fe(OH)_2+H_2S\longrightarrow FeS+4H_2O$$

$$Fe(OH)_3+3H_2S\longrightarrow 2FeS+6H_2O+S$$

$$Fe_2O_3+3H_2S\longrightarrow 2FeS+3H_2O+S$$

$$FeS+O_2\longrightarrow 2FeO+2SO_2$$

$$FeO+O_2\longrightarrow 2\,Fe_2O_3$$

当温度高于200℃后，Fe^{2+}和$FeCO_3$会与水直接反应生成Fe_3O_4沉积在试样表面。

$$3\,Fe^{2+}+4H_2O\longrightarrow Fe_3O_4(s)+8H^++2e$$

$$3\,FeCO_3+4H_2O\longrightarrow Fe_3O_4(s)+3H_2CO_3(aq)+2H^++2e$$

3 结论

（1）温度/$H_2S/CO_2/O_2$正交实验：50~100℃，腐蚀速率先增加后减小，在75℃附近出现拐点，主控因素依次为O_2>温度>H_2S>CO_2，100~240℃，腐蚀速率先减小后增加，主控因素依次为温度>O_2>H_2S>CO_2。

（2）温度/$H_2S/CO_2/O_2$正交实验腐蚀机理研究：氧浓度、H_2S浓度较小时，腐蚀产物主要为$FeCO_3$、伴有少量的FeS和Fe_2O_3；氧浓度增加、H_2S浓度增加、CO_2分压增加，腐蚀产物膜中主要成分为Fe_2O_3、FeS和少量$FeCO_3$；温度升高、O_2分压、H_2S浓度、CO_2分压相同时产物膜的成分未发生明显改变，在>200℃时，$FeCO_3$消失，产物膜主要为Fe_2O_3、FeS和Fe_3O_4。

参 考 文 献

[1] 尚思贤，董莉，魏新春. 克拉玛依稠油热采管线腐蚀原因及对策研究[J]. 腐蚀与防护，2003(04)：168-171+174.

[2] 厉嘉滨，李敏，高大义，孙吉星. 海上某油田高温高压水蒸汽对热采井管柱腐蚀问题研究[J]. 全面腐蚀控制，2014，28(12)：54-60.

[3] 于晓涛，刘志龙，吴婷，董世超，万芬，辛野，柳沣洵. 海上热采井井筒管柱腐蚀研究及应用[J]. 复杂油气藏，2021，14(04)：112-115.

[4] 董晓焕，赵国仙，冯耀荣，等. 13Cr不锈钢的CO_2腐蚀·20·表面技术2018年12月行为研究[J]. 石油矿场机械，2003，32(6)：2-3.

[5] MISHRA B, ALHASSAN S, OLSON D L, et al. Devel-opment of a predictive model for activation-controlledcorrosion of steel in solutions containing carbon diox-ide[J]. Corrosion, 1997, 53(11)：852-859.

［6］ WANG C, NEVILLE A. Study of the effect of inhibitors on erosion-corrosion in CO_2-saturated condition withsand［J］. Spe projects facilities & construction, 2009, 4(1): 1-10.

［7］ 李海奎. 注空气过程中井下管柱氧腐蚀防护技术研究［D］. 中国石油大学(华东)硕士学位论文, 2015.

［8］ Yu Z, Zeng D, Lin Y, Zeng G, Feng Y, Ding B, Li H. Investigations on the oxygen corrosion behaviors of P110 steel in a dynamic experiment simulating nitrogen injection［J］. Materials and Corrosion, 2020, 71: 1375-1385.

［9］ 万金成, 付朝阳, 马增华, 等. 油气井高温高压 CO_2/O_2 腐蚀研究进展［J］. 全面腐蚀控制, 2014, 28 (02): 39-43.

［10］ Khobragade N N, Bansod A V, Patil A P. Effect of dissolved oxygen on the corrosion behavior of 304 SS in 0. 1N nitric acid containing chloride［J］. Materials Research Express, 2018, 34(8): 2134-2145.

［11］ 白马, 罗军, 陈超, 等. 氯离子对钻杆用 S135 钢腐蚀的影响［J］. 材料保护, 2021, 54(2): 140-144.

［12］ DURNIE W, MARCO R D, JEFFERSON A, et al. Har-monic analysis of carbon dioxide corrosion［J］. Corrosionscience, 2002, 44(6): 1213-1221.

［13］ 李月爱, 吴涛, 潘阳秋. 注氮气采油井筒腐蚀评价与治理对策讨论［J］. 油气藏评价与开发, 2020, 10(2): 116-120.

［14］ TAKABE H, UEDA M. The relationship between CO_2 corrosion resistance and corrosion products structure on carbon and low Cr bearing steels［J］. Zairyo-to-kankyo, 2007, 56(11): 514-520.

［15］ 李晓东. 注空气过程中井下管柱氧腐蚀规律及防护实验研究［J］. 科学技术与工程, 2018, 18(35): 18-25.

［16］ SERRA E, PERUJO A, GLASBRENNER H. Hot-dip aluminium deposit as a permeation barrier for MA-NET steel［J］. Fusion engineering & design, 1998, 41(1-4): 149-155.

［17］ 林玉华, 杜荣归, 胡融刚, 等. 不锈钢钝化膜耐蚀性与半导体特性的关联研究［J］. 物理化学学报, 2005(7): 53-57.

［18］ 朱世会, 刘东, 白真权, 等. 模拟油田 CO_2/H_2S 环境中 P110 钢的动态腐蚀行为［J］. 石油与天然气化工, 2009(1): 65-68.

稠油火驱管柱腐蚀现状及初步治理对策

谢嘉溪 吴 非 罗恩勇 匡旭光 郭英刚 席 新

(中国石油辽河油田公司)

摘 要：曙光油田火驱开发始于 2005 年，目前年产油规模达到 29.2×10⁴t，取得了较好的效果。随着火驱开发进程的不断深入，注气井点火后持续注入空气，近井地带尤其是井段套管附近在点火初期处于高温环境，后随火线逐步向生产井推进，温度快速下降。同时生产井尾气排量整体呈上升趋势，并含有 CO_2、H_2S 等大量腐蚀性气体。复杂工况条件导致火驱注气井和生产井因管柱腐蚀频繁检泵的问题逐渐出现，近年来作业过程中 10 余口井油管存在严重腐蚀现象，抑制了油井正常生产，降低了火驱开发效果。2020 年以来开展了一系列火驱腐蚀现状调查及腐蚀原理分析工作，通过化验尾气及油水样组分，进一步明确腐蚀主控因素。2021 年提出了初步治理思路，为建立一套完善的火驱管柱防腐技术积累经验。

关键词：火驱；点火；尾气；油管腐蚀

曙光油田火驱开发始于 2005 年，先后经历了先导试验、扩大试验、规模实施等阶段，目前已实施 112 个井组，其中注气井开井 92 口，油井开井 370 口；日产油 812t/d，较火驱前提高 318t；单井日产油由 0.7t 上升到 2.2t；年产油规模达到 29.2×10⁴t，取得了较好的效果。

近年来，通关调研发现随着火驱开发的不断深入，转驱 5 年后开始出现腐蚀现象，且生产井尾气量、日产液、沉没度越高发生腐蚀比例越高。管柱腐蚀问题预计将在未来几年内成为影响火驱开发的重点问题。

国内各油田都针对自己油田存在的管柱腐蚀问题开展了相应技术的研究与应用，技术都比较成熟，但多数都是常规注水或热采开发油井。面对工况更为复杂，更易发生腐蚀的火驱井，现有成熟技术并不适用。2015 年辽河油田曙光采油厂开展了火驱井套损机理综合分析研究，提出一些好的预防措施，套管加固进入现场试验，但是生产井管柱腐蚀还没有系统的研究和分析，因此有必要开展相关研究。

1 火驱管柱腐蚀概况

杜 66 断块区(杜 66 块及杜 48 块)开发目的层为下第三系沙河街组四段杜家台油层。火驱开发始于 2005 年，目前年产油规模达到 29.2×10⁴t。近年来，随着开发的不断深入，套损比例逐年增高。2004 年转火驱前共有油井 686 口，套坏井 136 口，套损率 20%。截至 2020 年十月底火驱生产井共 576 口，套坏井 276 口，套损率达到 48%。2015 年辽河油田曙光采油厂开展了火驱井套损机理综合分析研究，套管加固技术进入现场试验阶段。

2015 年以来，火驱生产管柱开始陆续发现腐蚀，2015 年以来，年均实施检泵 1300 井次，腐蚀比例由 0.7‰上升至 13.5‰，腐蚀井数由 1 口上升至 14 口，尤其是 2020 年增幅较大。腐蚀井管柱老化速度极快，检泵频率增加。14 口井见腐时间在转驱后 3～7 年，第一次发现腐蚀均为检泵作业，单井见腐最短时间 10 天。现场调研发现，火驱生产井油管本体腐蚀常见的问题有：油管本体穿孔，公扣有孔眼、凹坑和沟槽，底部抽油杆腐蚀等。这些管杆腐蚀现象轻则导致油井产液量急剧下降，重则导致油管、抽油杆断脱，同时套损几率也大大增加了。

（a）油管腐蚀碎裂图

（b）油管腐蚀断脱

（c）抽油杆腐蚀断脱图

（d）油管本体穿孔

图 1　火驱管杆腐蚀情况图

2　主要研究内容

2.1　火驱管柱腐蚀特征

针对 14 口严重腐蚀生产井展开研究，14 口油井中 8 口井因腐蚀严重影响正常生产，平均日产油2.2t，影响正常生产129天，累计影响产量2194t。目前8口井中有5口井因腐蚀严重导致关井。5口井关井前正常生产周期平均措施生产204天、产油579t。对比同井组未腐蚀井发现，腐蚀井呈现"四高"的特征，即高尾气、高液面、高沉没度、高产液(表1)。

表1　腐蚀井非腐蚀井生产数据对比

类别	日产尾气量(m³)	动液面(m)	沉没度(m)	日产液(t)
腐蚀井	10000.0	611.3	355.4	12.4
未腐蚀井	5700.0	820.6	152.9	8.8
对比	4300.0	209.4	202.5	3.6

通过对腐蚀井进行分析，认为腐蚀主要与对应井组转驱时间、日产尾气量、累注气量相关。基本上转驱5年后开始出现腐蚀情况，尾气量越高发生腐蚀比例越高，同时累注气量在$1700×10^4 m^3$方以上的井出现腐蚀的几率大大提高。2015年以后火驱区块腐蚀井数增长速度逐年加快(图2)。

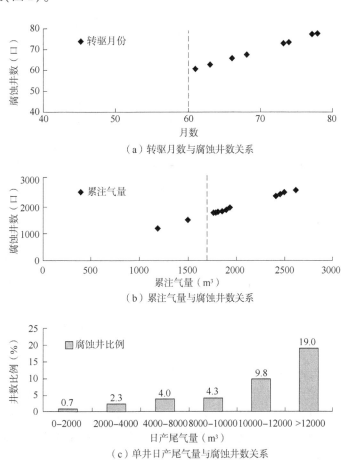

(a)转驱月数与腐蚀井数关系

(b)累注气量与腐蚀井数关系

(c)单井日产尾气量与腐蚀井数关系

图2　火驱管杆腐蚀影响因素

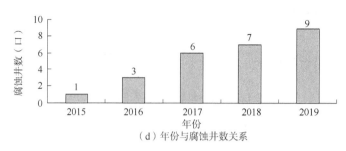

（d）年份与腐蚀井数关系

图 2　火驱管杆腐蚀影响因素(续)

2.2　火驱管柱腐蚀主控因素分析

根据以上现场数据分析初步判断，导致火驱区块管柱腐蚀的主要原因是转驱后在点火注入井和蒸汽吞吐的作用下，井下温度逐年升高，井下产出的 H_2S 气体、尾气中的 O_2 及 CO_2 气体随之增加。这些气体进入生产井近井地带，使井筒周围呈弱酸性，导致管柱与地层液接触位置电化学腐蚀加剧。初步判断火驱管柱腐蚀属于氧腐蚀、酸腐蚀(图 3)。

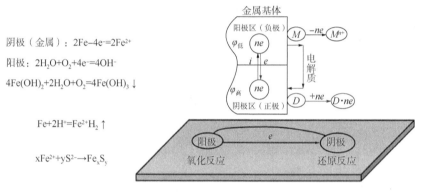

阴极（金属）：$2Fe-4e^-=2Fe^{2+}$

阳极：$2H_2O+O_2+4e^-=4OH^-$

$4Fe(OH)_2+2H_2O+O_2=4Fe(OH)_3\downarrow$

$Fe+2H^+=Fe^{2+}H_2\uparrow$

$xFe^{2+}+yS^{2-}\longrightarrow Fe_xS_y$

图 3　火驱管柱腐蚀原理示意图

2.3　室内实验

曙光采油厂地层属辽河西部凹陷，该地区矿化度(TDS)分布范围较大，介于 480~21500mg/L，主体分布在 2000~10000mg/L，平均为 4660mg/L，具微咸水—咸水的特点。而曙光属该地区南部，离凹陷中心较远，矿化度呈低值，火驱区块平均矿化度 1100mg/L。地层水 pH 值介于 6.5~9.0，平均为 7.6，表现为弱碱性沉积环境。其水型主要以 $NaHCO_3$ 地层水为主，在靠近清水、鸳鸯沟洼陷的浅常规离子检测，阳离子含量表现为 $Na^+>Mg^{2+}>Ca^{2+}$，Na^+ 平均含量为 1437mg/L，阴离子含量则呈现 $HCO_3^->Cl^->SO_4^{2-}>CO_3^{2-}$ 的特点，HCO_3^- 含量平均为 2230mg/L，最高达 10770mg/L，而 Cl^- 含量则相对较低，平均 798mg/L。

分析国内多个区块腐蚀井情况发现，油气管道中的腐蚀一般具有以下特点：一般为气相、烃相、液相多相介质共同作用引起的腐蚀，腐蚀情况比较复杂；管道工作的环境多为高温高压，加剧管道腐蚀；硫化氢、二氧化碳等酸性气体在高温条件下加剧管道的腐蚀。研究发现，腐蚀区域水样呈弱酸性，pH 接近 6.1。

在实验室采用挂片失重方法对矿化度影响腐蚀进行了评价。在研究区管道水样中加入不同浓度的氯化钠溶液，对管道材质的钢片进行挂片实验。从图 5 可以看出，在氯化钠矿化度小于 10g/L 时，管道钢片的腐蚀随着氯化钠矿化度的增大不断的增大，当氯化钠矿化度大于 10g/L 时，管道钢片的腐蚀速率随着矿化度的增大不断减小。得出结论：（1）研究区管道钢片的腐蚀随着氯化钠矿化度的增大先增大后减小；（2）水中氧分子的多少在一定程度上决定了矿化度对腐蚀的影响(图4)。

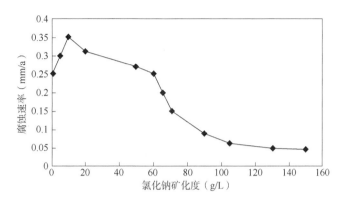

图 4　氯化钠矿化度与腐蚀速率关系

　　这是由于氯化钠对钢腐蚀过程是阴极氧分子还原的过程。在氯化钠浓度较小时，随着氯化钠的增加，溶液的导电率不断增加，使得腐蚀速率增加，随着氯化钠浓度的不断增大，氧分子越来越少，腐蚀的速率便不断降低。

　　为进一步分析火驱腐蚀因素，选取典型腐蚀井曙 1-38-0550 及同井组未腐蚀井曙 1-37-552 进行油、水、气样化验分析。该井三次因腐蚀检泵数据如图 5 所示。腐蚀位置在动液面位置或动液面上部。

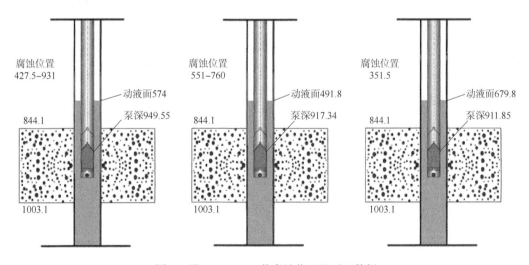

图 5　曙 1-38-0550 井腐蚀位置及页面数据

　　对比两口井油样物理性质发现，火驱同井组生产井原油物性基本一致(表2)。

　　对比两口井地层水样化验结果发现，腐蚀井地层水矿化度偏低。腐蚀井地层水 pH 值显示呈弱酸性、未腐蚀井地层水呈弱碱性(表3)。

表2 曙1-38-0550、曙1-37-552原油物性对比

评价项目	曙1-38-0550	曙1-37-552	执行标准
胶质+沥青质含量(色谱法)(%)	23.08	23.08	/
蜡含量(%)	2.44	2.44	SY/T5119—2016
相对密度(20℃)	0.929	0.929	GB/T1884—2000

表3 曙1-38-0550、曙1-37-552地层水化验结果对比

评价项目	曙1-38-0550	曙1-37-552	执行标准
钾(K)离子含量(mg/L)	10.32	32.29	SY/T5523—2000
钠(Na)离子含量(mg/L)	332.37	996.51	SY/T5523—2000
钙(Ca)离子含量(mg/L)	33.99	48.1	SY/T5523—2000
镁(Mg)离子含量(mg/L)	7.39	6.81	SY/T5523—2000
碳酸根离子含量(mg/L)	150.03	135.02	SY/T5523—2000
碳酸氢根离子含量(mg/L)	479.25	1836.09	SY/T5523—2000
氯离子含量(mg/L)	242.83	544.16	SY/T5523—2000
总矿化度(mg/L)	1256.17	3598.98	SY/T5523—2000
总硬度($CaCO_3$计)	115.2	148	SY/T5523—2000
pH	6.5~7	7.5~8	SY/T5523—2000

对比两口井地层水样化验结果发现，腐蚀井尾气中氧气、甲烷含量偏低，二氧化碳、硫化氢含量偏高(表4)。

表4 曙1-38-0550、曙1-37-552尾气化验结果对比

评价项目	曙1-38-0550	曙1-37-552	执行标准
O_2含量(%)	1.673	2.381	/
N_2含量(%)	84.295	83.291	
CH_4含量(%)	1.647	4.385	SY/T5119—2016
CO_2含量(%)	11.66	8.949	
C_2H_4含量(%)	0.379	0.221	
C_3H_8含量(%)	0.345	0.142	/
H_2S含量(ppm)	1.3	1.2	GB/T1884—2000

室内实验结合井例对比化验结果表明，腐蚀井地层水中Na^+、Cl^-、HCO_3^-离子已大量与管柱中的铁反应，生成H_2和OH^-，尾气中的O_2，CH_4大量参与反应，使火驱管柱快速腐蚀。腐蚀严重井矿化度范围1100~2500mg/L，地层水呈弱酸性，与理论分析结果基本吻合。

3 处理对策

针对腐蚀主控因素，拟采用化学缓腐剂或现有管柱改进技术。

3.1 尾管外挂缓腐剂技术

20 世纪 70 年代兴起的油井加药防腐技术不但可以保护油管，套管及井下设备，而且也可以起到保护集油管线和设备的作用，是一项成本低、容易实施见效快的措施。目前国外较好的缓蚀剂，主要类型有丙炔醇类、有机胺类、咪唑啉类和季胺盐类等。

虽然井下注入缓腐剂可有效的保护油管，但火驱区域尾气量逐年增加，采用井下注入的方式无法控制成本且针对性不强。拟开发一种尾管外挂缓腐剂的防腐技术，在平衡中性离子的前提下，加入极化剂将氧化态物质转化为中性态或还原态，缓慢调节产出液的氧化还原电位 ORP，从而达到降低腐蚀速率的目的(图 6)。

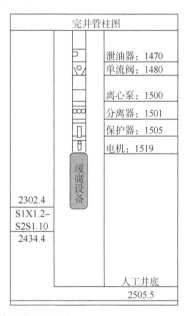

图 6 尾管外挂缓腐设备原理图

理论基础：双电层+氧化还原理论

技术路线：在平衡中性离子的前提下，通过加入极化剂的方式将氧化态物质转化为中性态或还原态，整体调节产出液的氧化还原电位 ORP，从而达到降低腐蚀速率的目的。

工作原理：地层采出水流经设备表面，通过引发孔进入到设备内部，温敏凝胶与高温地层水反应，分别引发离子螯合剂和极化剂通过释放孔释放，缓冲层中含有溶解抑制剂，可以控制离子螯合剂和极化剂的释放速率。

首先释放出离子螯合剂，控制采出水中的阴阳离子平衡浓度，然后释放出极化剂，调整采出水的氧化还原电位 ORP，从而改变电化学阳极和阴极的腐蚀电位，缩小阳极和阴极的电位差，达到控制腐蚀的目的。

3.2 油管处理技术

现有油管处理技术是另一种管柱防腐思路，其在保证防腐效果的前提下具有成本低、管理难度低的优点。经考察，国内油管处理防腐技术有以下 7 种。

1）高压无气喷涂防腐技术

高压无气喷涂防腐技术是利用压缩空气驱动高压泵，使涂料增压，涂料在喷出时体积急剧膨胀，雾化成极细的漆粒附着在管表面。其特点是压缩空气不与涂料直接接触，喷出的高压涂料中不混有空气，提高了防腐涂层的质量，而且适用于高压无气喷涂工艺的涂料范围广，对黏度高的涂料也能充分雾化，涂层附着力强，物料损失小，污染小，但其技术要求较高。

2）氮化油管防腐技术

氮化防腐是一种金属化学热处理方法。把油管放入氮化炉中加热，在一定温度下通入氨气，氨气被分解成氮离子和氢离子，氮离子渗入油管的表面，改变表面化学成分，生成含氮的化合物，在不改变芯部韧性的情况下提高钢材表面的硬度、耐磨性、抗咬合能力和抗腐蚀性。

3）纳米复合涂层对碳钢防腐技术

该涂层的成膜高聚物是聚苯硫醚（PP5），由美国杜邦公司生产。涂层内的固含物颗粒的粒径分别是微米级和纳米级。在涂层的成膜高聚物中加入纳米 SiO_2，以改善基体高聚物的致密性，提高了涂层与金属的结合力，使涂层抗电解质溶液的渗透能力增强，所以耐蚀性能显著提高。此外，在纳米复合涂层的基础上加入氟表面活性剂，进一步提高其耐蚀性是因为疏水的纳米复合涂层对水具有排斥作用，不是单纯的屏障作用。溶液中的离子要向涂层中扩散必须先与涂层接触，由于涂层的憎水性，使得离子接触涂层比较困难，这样离子在涂层中的扩散也就变得困难。由此表明，不仅涂层/金属界面憎水对涂层有防腐作用，就是涂层表面憎水也能提高涂层对金属的防腐作用。

4）陶瓷内衬技术

自蔓延高温合成技术（SHS）起源于前苏联，后来在日本得到进一步的发展，20 世纪 80 年代传到中国。实际应用中分为离心法和重力法，离心法应用较普遍。其基本原理是，把铁粉和铝粉放在钢管中，并让钢管高速旋转，利用铝热剂反应产生的高温使铝热反应持续进行。发生铝热反应后，在离心力的作用下，反应产生的铁和氧化铝（俗称"刚玉"，是最常用的氧化物陶瓷）由于比重不同而分离，前者与钢管壁形成冶金结合，贴在油管内壁；后者紧贴铁层，为机械结合，形成陶瓷内衬复合钢管。

5）内衬 HDPE 耐磨防腐

内衬 HDPE/EXPE 抗磨抗腐油管是在标准外加厚油管内壁加衬上 HDPE/EXPE 内衬管，将衬管放入钢管之中，通过热胀冷缩工艺和材料的记忆效应，使得衬管紧紧地张紧在钢管上制成具有耐磨和防腐性能特种油管。HDPE/EXPE 是一种以高密度聚乙烯为基体的高分子材料，这种材料具有很优良的弹性、柔韧性、耐磨、耐温（80～130℃）等物理特性，并具有耐 H_2S，CO_2 耐酸盐等性能。目前内衬 HDPE/EXPE 抗磨抗腐油管已成为油田治理偏磨油井最有效的方法之一。

6）镀钨合金技术

钨合金电镀技术是一种应用于机械设备零部件表面处理的防腐耐磨技术。钨合金的独特成分和结构，使其具有很好的耐磨性和耐蚀性，它在钢材表面形成了致密均匀的耐蚀镀层，硬度≥800HV，镀层>50μm，在不降低原有机械性能的前提下其表面抗蚀性能得到明显改善。由于钨基非晶态合金具有长程无序、短程有序的结构，结构致密，各向同性，没有晶界、错位和缺陷，因而镀渗钨合金防腐应用于抽油杆及油管具有显微硬度高、耐磨性好、耐酸碱腐蚀，且与基底材料结合力好等特点，而且镀层均匀，物料利用率高，能耗和水耗比较低；无污染，可有效解决磨损与腐蚀两大难题。

7）碳纤维防腐技术

碳纤维是有机纤维经过碳化及石墨化处理而得到的微晶石墨材料。碳纤维的微观结构类似人造石墨，为乱层石墨结构。碳纤维是一种力学性能优异的新材料，它的比重不到钢的1/4，碳纤维复合材料强度很高，是钢的10倍左右，弹性模量亦高于钢。化学性质稳定，具有耐腐蚀性和耐久性、高强度高模量、柔韧性和黏接性也很好，与其他材料复合不增加构件的自重及体积等特点。碳纤维内外喷涂（内外衬敷）油管防腐技术主要是对新油管及报废油管进行碳纤维内外喷涂（内外衬敷），对油管进行防腐及修复。和其他防腐工艺一样，首先进行喷砂除锈，然后内外喷涂碳纤维涂料或内外衬敷碳纤维布，提高油管的防腐蚀性和耐磨性及强度，同时对油管内壁缺陷进行修复，从而达到消除井筒内介质腐蚀油管及管杆偏磨，大幅度延长使用寿命、降低成本。旧油管修复后使用寿命比新油管延长两倍以上，并有效解决了强腐蚀及偏磨油井的生产难题。废旧油管得到了有效利用，大大的降低了生产成本。

国内主要防腐工艺的性能对比分析见表5。经过综合考量判断，碳纤维管柱防腐技术更适用于火驱管柱防腐需求。

表5　国内油管防腐技术优缺点对比

名称	优点	缺点
陶瓷内衬	防腐和防结垢性能良好，工艺简单，可用于修复旧油管	油管内径降低，防腐层比较脆，不耐磨
涂敷防腐	抗蚀、阻垢能力良好	耐磨能力较差，只能用于注水井。由于防腐层结合强度问题，造成粉末喷涂呈层片状脱落，堵塞井筒。
氮化防腐	耐磨、成本低	防腐能力有限，氮化产品有氢脆效应、渗氮层不均等问题，容易发生脆断
玻璃钢	优良的耐腐蚀防结垢能力	价格贵，耐高温性能差，适用于浅井，运输、作业过程中容易碎裂
镀钨合金	抗蚀、阻垢能力优良	工艺较复杂处理时间长，后期需要镀件处理
碳纤维防腐	耐腐蚀，抗结垢能力优良，强度高、成本相对低	无法长期耐高温、抗刮擦能力差，只能用于生产井，需要结合低硬度抽油杆使用

4 结论

（1）火驱管柱腐蚀问题逐年严重，五年内将成为制约火驱开发效果的重要因素。近期必须开展相关研究实验为以后的防腐工作打基础，使火驱管柱防腐技术迅速成熟。

（2）火驱管柱腐蚀的主要原因是随着点火井不断向地层注入空气，同时火线向生产井推进，导致井下地层温度逐年上升；生产井尾气中氧气、二氧化碳、硫化氢气体含量上升。酸性气体溶于地层水，在大量氧气作用下加速了火驱管柱的电化学腐蚀。

（3）在腐蚀过程中，地层水的矿化度和地层中氧分子浓度起到了催化作用。腐蚀严重井矿化度范围 1100-2500mg/L，地层水呈弱酸性，尾气中氧气含量一般大于 1.5%。

（4）目前曙光油田火驱管柱防腐思路主要是采取尾管外挂缓腐剂技术和碳纤维管柱处理技术，现场实施效果有待下一步实验。

参 考 文 献

[1] 张敬华，杨双虎，王庆林. 火烧油层采油[M]. 北京：石油工业出版社，2000.

[2] 张锐. 稠油热采技术[M]. 北京：石油工业出版社，1999.

[3] 张方礼. 火烧油层技术综述[J]. 特种油气藏，2011，18(6)：1-5.

[4] Zhang Fangli, Ma Desheng, Liu Qicheng, Zhang Yong. Physical Simulation test Study of Steam-Assisted Gravity Drainage with Combination of Straight Well and Horizontal Well(2006-647). The Proceedings of the Technical Sessions of the First World Heavy Oil Conference, 2006 12-15th. Nov. 2006 Beijing, China. China Modern Economic Publishing House.

[5] 关文龙，马德胜，梁金中，等. 火驱储层区带特征实验研究[J]. 石油学报，2010，31(1)：100-104.

[6] 冷济高，庞雄奇，张凤奇，崔丽静，刘海波. 辽河西部凹陷地层水特征及其成因分析[J]. 西南石油大学学报(自然科学版)，2018，30(5)

[7] 武维胜，黄小美，臧子璇，等. 埋地管道腐蚀检测与评价技术 [J]. 煤气与热力，2012(10)：79-83.

[8] 房媛媛，卢剑. 直流接地极的地电流对埋地金属管道腐蚀影响分析 [J]. 南方电网技术，2013(6)：71-75.

[9] 范开峰，王卫强，孙瑞，等. 天然气管道腐蚀与防腐分析 [J]. 当代化工，2013，(5)：653-656.

CO₂ 驱井下缓蚀剂的优选与缓蚀机理研究

李俊仪　魏　旭　孙振华

（中国石化胜利油田分公司）

摘　要：针对胜利油田 CO_2 驱大规模开采面临的井下高含水严重 CO_2 腐蚀问题。以缓蚀剂单体咪唑啉、季铵盐、硫脲、醇胺、脂肪醇为原料，复配优选出一种新型耐高温抗 CO_2 缓蚀剂。投加浓度达到 200mg/L 以后，缓蚀率均能达到 85% 以上，适用于不同温度、流速和 CO_2 压力条件。缓蚀机理研究表明，吸附作用遵循 Langmuir 吸附模型，增大了表面电荷传递电阻，抑制了腐蚀阳极过程，极大减轻了钢表面腐蚀。现场实验加药浓度为 200mg/L，可实现井下腐蚀速率小于 0.076mm/a，满足防护需求。

关键词：CO_2 驱；井下；耐高温抗 CO_2 缓蚀剂；缓蚀率；缓蚀机理

随着能源需求的日益高涨及石油价格的大幅上扬，CO_2 提高石油采收率（EOR）在石油工业中处于越来越重要的地位[1]。油井管材的高温高压 CO_2 腐蚀和防护问题日益突出，面临巨大挑战[2-3]。目前国外油气田集输系统所用缓蚀剂大都为界面型吸附缓蚀剂，大体可分为咪唑啉类、酰胺类、季铵盐类、含硫化合物类、含氧或含磷化合物类和少数的无机盐类[4-8]，缓蚀剂也得到了较为广泛的研究和应用。但 CO_2 驱环境复杂，不同区块、不同单元的腐蚀环境（温度、水质、细菌、腐蚀性气体等因素）差异较大，存在复杂环境下多因素腐蚀，因此缓蚀剂使用针对性不强。CO_2 驱采出液含油气水多相，腐蚀机理复杂[9]，造成缓蚀剂在多相流中的缓蚀效果不稳定。

CO_2 驱油田针对腐蚀常用的方法是注入缓蚀剂，其操作简便和高缓蚀能力被广泛应用于油田防腐蚀技术的研究。但是，这种的传统缓蚀剂在高温环境下会发生分解进而失去缓蚀保护作用，对局部的点蚀却不能起到很好的保护作用，因此传统缓蚀剂在 CO_2 驱油田不具备很好的保护作用。为保证生产的安全性和经济性，必须深入开展针对性防腐研究，开发适合 CO_2 驱注采系统的不同腐蚀环境的缓蚀剂防腐技术。

本研究采用高温高压釜动态测试及电化学测试方法，优化复配一种新型耐高温抗 CO_2 缓蚀剂，模拟井下不同温度、流速、CO_2 分压工况，评价缓蚀剂的缓蚀性能，利用缓蚀剂吸附模型及电化学分析，配合扫描电镜 SEM 形貌和原子力 AFM 表面分析对缓蚀机理进行研究，并在现场进行了应用效果评价。

1　试验方法

1.1　腐蚀介质

试验采用的腐蚀介质为胜利油井采出水样（取样井为 CO_2 驱区块井次，采出液介质具有代表性)，其离子成分见表1。

表1　胜利油井采出水样组成

水样	Cl^-	HCO_3^-	CO_3^{2-}	Ca^{2+}	Mg^{2+}	Na^+	总矿	水型
采出水(mg/L)	40945	366	60	18289	241	5302	65203	$CaCl_2$
模拟水(mg/L)	40945	366	60	18289	241	5217	65118	$CaCl_2$
配制	12.8g/LNaCl+50.75g/L $CaCl_2$+2.04g/L $MgCl_2$.6H_2O+0.5g/L $NaHCO_3$+0.11g/L Na_2CO_3							

1.2　高温高压釜测试条件及方法

锅炉烟道气腐蚀实验采用失重法，参考中国 GB/10124—1988《金属材料实验室均匀腐蚀试验方法》、NACE TM—01—71《高压釜腐蚀试验方法》、中国石油行业标准 SY 5273—2014《油田注水缓蚀剂评定方法》进行试验。

腐蚀测试核心条件为：温度选取 130℃，测试时间为 24h，流速为 1m/s，二氧化碳分压 1MPa。

1.2.1　酸洗液的配置

配置酸洗液，其主要主要成分：10%盐酸+1%的乌洛托品+1%7701 缓蚀剂。

1.2.2　试样处理

试片前处理参照标准 GB/2477 和 SY/T 5273—2014，将试片先后置于丙酮中除油，然后置于无水乙醇中，用脱脂棉擦拭干净，再用冷风吹干，用滤纸包好放置在干燥器中，电子分析天平称重(精度 0.1mg)备用。

试验后参照标准 GB/T 16545—1996，对试片上的腐蚀产物进行清除。反应完成后，卸压，打开高压釜取出试片，记录试片表面形貌，将试片置于酸洗液中浸泡 1~3min，用棉球擦洗金属表面除去金属产物，随后用分析纯丙酮洗去表面有机物残余，并使用无水乙醇脱水，冷风吹干用滤纸包好，置于干燥器中半小时后称重，并记录数据。

图1　高温高压实验装置

1.2.3　高温高压试验方法

高温高压腐蚀实验采用全浸泡挂片失重法。常温下，往高压釜中加入腐蚀介质，安装试片(每种试样平行样三个，两个用于计算平均腐蚀速率，一个用于表面形貌分析和腐蚀产物成分分析)，密封高压釜。根据试验需要(部分试验需要除氧 2h)，分别通入计量的一种或者两种气体，升温至所需要的温度，调节所需要的压力条件，控制搅拌速率模拟介质流速，试验 24h 后，通入冷却水降温、卸压后，取出试片，清洗、除锈、干燥后称重，记录数据与试片表面情况。实验装置如图 1 所示。

不同实验的充气步骤如下：

CO_2 腐蚀充气：向配置的 2L 模拟现场水中持续通入 1h 的 CO_2，将其中的 1.5L 溶液加入高压釜中，挂好试片后将高压釜密封，向持续通 CO_2 气并排放 10min，关闭出气阀。接着通入 1MPa CO₂ 气体，然后放空，重复 3 次。再通入 1MPa CO₂，高速搅拌 10min 后放空。最后通入 1MPa CO₂，加热升温至所需的温度，待温度稳定后调整釜内压力，使 CO₂ 压力稳定在 1MPa。

1.2.4　平均腐蚀速率的计算

本实验采用的腐蚀速率均为失重腐蚀速率，按式(1)计算。

平均腐蚀速率计算公式：

$$V = C \times \Delta G / (S \times t \times \rho) \tag{1}$$

式中，V 为平均腐蚀速率，mm/a；ΔG 为实验前后试片质量之差，g；S 为试片表面积，cm^2；t 为腐蚀时间，h；ρ 为试片材质密度，g/cm^3(钢铁取 7.8)；C 为换算系数(8.75 $\times 10^4$)。

1.2.5　腐蚀表面形貌及产物分析

腐蚀后试样经过石油醚、无水乙醇处理，冷风吹干放置干燥器干燥后，进行扫描电镜 SEM 形貌和原子力 AFM 表面分析。

使用荷兰 FEI/飞利浦公司 Quanta 200 环境扫描电子显微镜对试样的表面形貌进行观察，确定腐蚀产物的微观形貌和分布特征、致密度等特征。为了增加样品的导电性和保证图像的清晰，测试前在真空镀膜机上镀金，并用导电胶固定在仪器的样品测试台上。

利用 AFM 原子力显微镜观察金属表面的形貌，测试时扫描面积为 $5 \times 5 \mu m$，可以得到腐蚀形貌的三维高度图，同时得到测试区域的平均粗糙度，研究缓蚀剂对金属的防护作用。

1.3　电化学测试

1.3.1　工作电极的制备

电极材料为 N80、P110 和 J55 钢，加工成 10mm×10mm×3mm 作为工作电极，用耐高温涂料涂封，工作面积为 $1cm^2$，试验前将工作电极用砂纸由 180# 逐级打磨至 1200# 金相，用丙酮除油，去离子水及无水乙醇清洗干净，用冷风吹干并用密封袋封好，放在干燥器中备用。

1.3.2　动电位扫描测试

实验使用 CS-350 电化学工作站，采用三电极体系，钢电极为工作电极，饱和甘汞电极为参比电极，铂电极为辅助电极，试验介质为饱和 CO₂ 的模拟油井水。

待电极稳定 0.5h 后进行电化学极化测试，电位扫描范围为自腐蚀电位±0.2V，扫描速度为 0.5mV/s，测试数据由弱极化区三参数法进行拟合求算 I_{corr}。

1.3.3　交流阻抗测试

交流阻抗(EIS)谱的测定采用 IM6e 电化学测试系统，测试频率范围为 10mHz~10kHz，正弦波交流激励信号幅值为±10mV，测试数据由 zview 软件进行拟合处理。复配实验

2　井下耐高温抗 CO₂ 缓蚀剂优选研究

采用电化学和高压釜动态方法，对常用 CO₂ 缓蚀剂单体及助剂进行缓蚀性能正交试验

组合测试，测试确定耐高温高压 CO_2 缓蚀剂成分；测试井下三种温度、三种流速、两种 CO_2 分压工况的五种浓度缓蚀剂的缓蚀性能，基本试验条件：模拟水，1MPa CO_2，流速 1m/s，24h，130℃，J55、N80 和 P110 钢。

2.1 抗 CO_2 缓蚀剂单体及助剂缓蚀性能正交试验组合测试

井下抗 CO_2 高效缓蚀剂的正交试验：选择两种单体缓蚀剂咪唑啉和季铵盐，利用咪唑啉、季铵盐、硫脲、醇胺、脂肪醇五种主要缓蚀组分，按五因素四水平正交表 $L^{16}(4^5)$ 进行优化试验，各取 4 个水平值，共得到 16 个缓蚀剂样品进行测试(表 2)。

表 2　缓蚀剂正交试验表

试验	咪唑啉（A）	季铵盐（B）	硫脲（C）	醇胺（D）	脂肪醇（E）
1	8%	0	2%	0	0
2	8%	5%	4%	2%	5%
3	8%	10%	6%	5%	10%
4	8%	15%	8%	10%	15%
5	12%	0	4%	5%	15%
6	12%	5%	2%	10%	10%
7	12%	10%	8%	0	5%
8	12%	15%	6%	2%	0
9	16%	0	6%	10%	5%
10	16%	5%	8%	5%	0
11	16%	10%	2%	2%	15%
12	16%	15%	4%	0	10%
13	20%	0	8%	2%	10%
14	20%	5%	6%	0	15%
15	20%	10%	4%	10%	0
16	20%	15%	2%	5%	5%

采用电化学测试和高压釜动态测试的筛选评价。电化学测试条件：60℃，N80、P110 和 J55 钢，CO_2 饱和模拟水，缓蚀剂浓度 100mg/L。高压釜测试条件：130℃，1MPa CO_2 饱和模拟水，流速 1m/s，N80、P110、J55 钢，缓蚀剂浓度 200mg/L，腐蚀测试时间为 24h。

按前面正交试验设计配制 16 种缓蚀剂，通过电化学极化曲线法和高压釜腐蚀测试，优选出一种性能最优的缓蚀剂。

2.1.1 极化曲线测试

从图 2 至图 4 来看，加入缓蚀剂后，腐蚀电流密度均减小，腐蚀电位略有正移。从表 3 中三种钢的腐蚀电流密度和缓蚀率来看，缓蚀剂 15 号的缓蚀率最高。

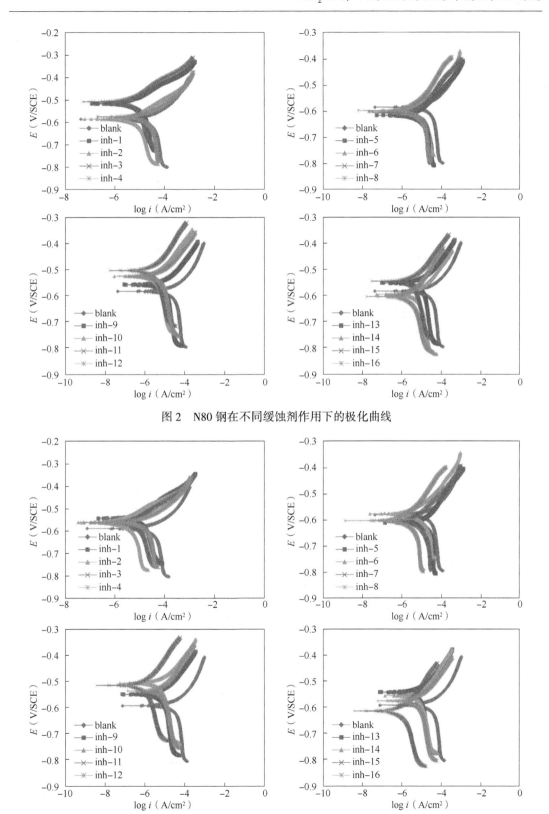

图 2　N80 钢在不同缓蚀剂作用下的极化曲线

图 3　P110 钢在不同缓蚀剂作用下的极化曲线

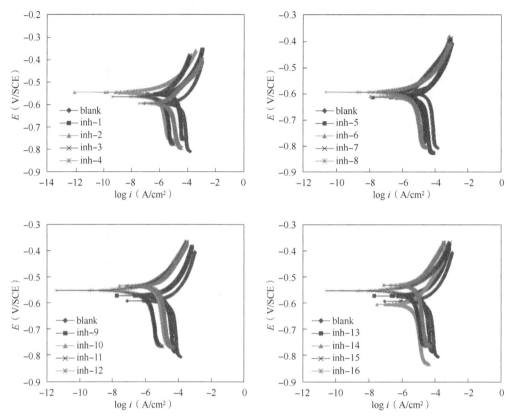

图 4   J55 钢在不同缓蚀剂作用下的极化曲线

表 3   不同缓蚀剂作用下的极化测试比较

管材 缓蚀剂	N80		P110		J55	
	腐蚀电流密度 （μA/cm²）	缓蚀率 η	腐蚀电流密度 （μA/cm²）	缓蚀率 η	腐蚀电流密度 （μA/cm²）	缓蚀率 η
空白	93.2		115.4		108.9	
Inh-1	12.34	87%	12.85	89%	13.05	88%
Inh-2	7.98	91%	8.88	92%	9.01	92%
Inh-3	8.66	91%	9.07	92%	9.55	91%
Inh-4	13.41	86%	14.67	87%	15.08	86%
Inh-5	12.78	86%	13.87	88%	14.02	87%
Inh-6	7.01	92%	8.15	93%	8.23	92%
Inh-7	10.32	89%	10.82	91%	10.86	90%
Inh-8	7.64	92%	8.62	93%	8.77	92%
Inh-9	11.44	88%	12.21	89%	12.36	89%
Inh-10	9.37	90%	9.96	91%	9.98	91%

管材 缓蚀剂	N80		P110		J55	
	腐蚀电流密度 （μA/cm^2）	缓蚀率 η	腐蚀电流密度 （μA/cm^2）	缓蚀率 η	腐蚀电流密度 （μA/cm^2）	缓蚀率 η
Inh-11	9. 15	90%	9. 68	92%	9. 77	91%
Inh-12	10. 67	89%	11. 46	90%	11. 44	89%
Inh-13	9. 88	89%	10. 54	91%	10. 62	90%
Inh-14	6. 55	93%	7. 98	93%	7. 35	93%
Inh-15	5. 23	94%	5. 87	95%	5. 42	95%
Inh-16	6. 31	93%	7. 65	93%	6. 94	94%

2.1.2 高压釜腐蚀测试

从表4中可以看出130℃、CO$_2$介质中，三种钢的腐蚀速率均较大，需要进行缓蚀剂保护；其中P110的腐蚀速率最高，其次是J55和N80；从不同缓蚀剂对三种钢的作用来看，15号缓蚀剂的缓蚀率最高(表4)。

表4　不同缓蚀剂的缓蚀率比较

管材 缓蚀剂	N80		P110		J55	
	腐蚀速率(mm/a)	缓蚀率 η	腐蚀速率(mm/a)	缓蚀率 η	腐蚀速率(mm/a)	缓蚀率 η
空白	3. 9618		9. 563		4. 8976	
Inh-1	0. 8122	79%	0. 9546	90%	0. 9547	81%
Inh-2	0. 4919	88%	0. 6589	93%	0. 5124	90%
Inh-3	0. 5124	87%	0. 7547	92%	0. 6983	86%
Inh-4	0. 8745	78%	0. 9546	90%	0. 8836	82%
Inh-5	0. 8214	79%	1. 2541	87%	1. 3111	73%
Inh-6	0. 4618	88%	0. 5625	94%	0. 4697	90%
Inh-7	0. 5861	85%	0. 6834	93%	0. 5648	88%
Inh-8	0. 4821	88%	0. 4974	95%	0. 5462	89%
Inh-9	0. 6378	84%	0. 6881	93%	0. 8694	82%
Inh-10	0. 5462	86%	0. 8206	91%	0. 9556	80%
Inh-11	0. 5364	86%	0. 7321	92%	0. 5452	89%
Inh-12	0. 6258	84%	0. 6997	93%	0. 6711	86%
Inh-13	0. 5541	86%	0. 5665	94%	0. 5447	89%
Inh-14	0. 3718	91%	0. 3929	96%	0. 3338	93%
Inh-15	0. 2437	94%	0. 2921	97%	0. 2655	95%
Inh-16	0. 2683	93%	0. 3911	96%	0. 3004	94%

通过对以上 16 组缓蚀剂进行电化学极化和高压釜失重测试评价，15 号缓蚀剂对三种钢的缓蚀性能最佳，达到 94%~97%，作为优选缓蚀剂进行全面性能测试。

2.2 优选缓蚀剂性能评价

对优选的缓蚀剂 inh-15，进行不同条件下的缓蚀性能评价。

2.2.1 不同浓度下的性能评价

模拟水温度 130℃，测试时间为 24h，流速为 1m/s，二氧化碳分压 1MPa，缓蚀剂浓度分别为 50mg/L、100mg/L、200mg/L、300mg/L 和 500mg/L。随着缓蚀剂 inh-15 浓度的增加，碳钢腐蚀速率逐渐减小，缓蚀率逐渐增大（表 5）。

表 5　不同浓度缓蚀剂 inh-15 的缓蚀性能

缓蚀剂浓度	N80		P110		J55	
	腐蚀速率（mm/a）	缓蚀率 η	腐蚀速率（mm/a）	缓蚀率 η	腐蚀速率（mm/a）	缓蚀率 η
0	3.9618	/	9.563	/	4.8976	/
50mg/L	0.5741	86%	0.7886	92%	0.6674	86%
100mg/L	0.3859	90%	0.5942	94%	0.4997	90%
200mg/L	0.2437	94%	0.2921	97%	0.2655	95%
300mg/L	0.2227	94%	0.2587	97%	0.2546	95%
500mg/L	0.1986	95%	0.2228	98%	0.2367	95%

2.2.2 不同温度下的性能评价

模拟水温度分别为 60℃、80℃、130℃，测试时间为 24 小时，流速为 1m/s，二氧化碳分压 1MPa，缓蚀剂浓度为 200mg/L。相比空白，200mg/L 缓蚀剂 inh-15 作用下，不同温度下碳钢的腐蚀速率均大幅减小，缓蚀率均超过 85%（表 6）。

表 6　不同温度下缓蚀剂 inh-15 的缓蚀性能

管材温度		N80		P110		J55	
		腐蚀速率（mm/a）	缓蚀率 η	腐蚀速率（mm/a）	缓蚀率 η	腐蚀速率（mm/a）	缓蚀率 η
60℃	空白	4.6104	/	6.8278	/	10.2684	/
	缓蚀剂	0.2611	94%	0.2805	96%	0.5746	94%
80℃	空白	1.7186	/	23.4371	/	8.0165	/
	缓蚀剂	0.2445	86%	0.6548	97%	0.4438	94%
130℃	空白	3.9618	/	9.563	/	4.8976	/
	缓蚀剂	0.2437	94%	0.2921	97%	0.2655	95%

2.2.3 不同流速下的性能评价

模拟水温度 130℃，测试时间为 24h，流速分别为 0m/s、0.5m/s 和 1m/s，二氧化碳分压 1MPa，缓蚀剂浓度为 200mg/L。相比空白，200mg/L 缓蚀剂 inh-15 作用下，不同流速下碳钢的腐蚀速率均大幅减小，缓蚀率均超过 85%（表 7）。

表 7　不同流速下缓蚀剂 inh-15 的缓蚀性能

管材流速		N80		P110		J55	
		腐蚀速率（mm/a）	缓蚀率 η	腐蚀速率（mm/a）	缓蚀率 η	腐蚀速率（mm/a）	缓蚀率 η
0	空白	1.7829	/	2.1122	/	2.3343	/
	缓蚀剂	0.2075	88%	0.2158	90%	0.2367	90%
0.5m/s	空白	3.2507	/	5.7135	/	4.6882	/
	缓蚀剂	0.2445	92%	0.2548	96%	0.2614	94%
1m/s	空白	3.9618	/	9.563	/	4.8976	/
	缓蚀剂	0.2437	94%	0.2921	97%	0.2655	95%

2.2.4　不同二氧化碳分压下的性能评价

模拟水温度 130℃，测试时间为 24h，流速为 1m/s，二氧化碳分压分别为 0.5MPa 和 1MPa，缓蚀剂浓度为 200mg/L。相比空白，200mg/L 缓蚀剂 inh-15 作用下，不同 CO_2 压力下碳钢的腐蚀速率均大幅减小，缓蚀率均超过 85%（表 8）。

表 8　不同 CO_2 压力下缓蚀剂 inh-15 的缓蚀性能

管材 CO_2 压力		N80		P110		J55	
		腐蚀速率（mm/a）	缓蚀率 η	腐蚀速率（mm/a）	缓蚀率 η	腐蚀速率（mm/a）	缓蚀率 η
0.5MPa	空白	1.2585	/	1.4961	/	1.5842	/
	缓蚀剂	0.1858	85%	0.2118	86%	0.2055	87%
1MPa	空白	3.9618	/	9.563	/	4.8976	/
	缓蚀剂	0.2437	94%	0.2921	97%	0.2655	95%

该缓蚀剂在不同条件下的性能测试数据表明，浓度达到 200mg/L 以后，在设定的条件波动范围内，缓蚀率均能达到 85% 以上，适用于不同温度、流速和 CO_2 压力条件。

3　缓蚀机理分析

3.1　缓蚀剂吸附模型研究

利用 130℃不同浓度缓蚀剂下高压釜测试的缓蚀率结果，采用 Langmuir 吸附模型对所得实验数据进行拟合，发现 Langmuir 吸附等温式与实验结果吻合较好。Langmuir 吸附等温式可用式(2)表示：

$$\frac{C}{\theta} = fC + \frac{f}{K} \tag{2}$$

式中，θ 为缓蚀剂在金属表面的覆盖度；c 为缓蚀剂的有效浓度；K 为吸附平衡常数；f 为吸附因子。根据实验数据，对 $c/\theta - c$ 作图，结果如图 5 所示。

图 5 中吸附等温线的相关系数 $R^2 = 1$，说明具有良好的相关性。根据标准吉布斯自由

能可由式计算：

$$K=\frac{1}{55.5}\exp\left(\frac{-\Delta G^0}{RT}\right) \tag{3}$$

式中，R 为气体平衡常数［8.314J/（K·mol）］；T 为绝对温度（实验温度为130℃），K。

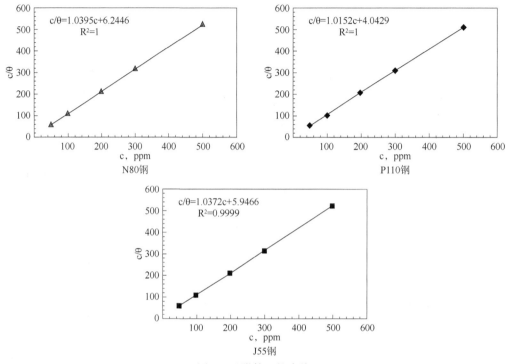

图5 吸附等温拟合线

当吸附自由能大于-20kJ/mol 时，缓蚀剂在金属表面的吸附为物理吸附过程，当吸附自由能小于-40kJ/mol 时，为化学吸附过程，而吸附自由能介于二者之间，则为混合吸附。

计算缓蚀剂的吸附热力学参数，见表9。从吸附吉布斯自由能数值来看，该缓蚀剂在碳钢表面属于自发的化学吸附。

表9 缓蚀剂 inh-15 的吸附热力学参数

管材	f	K(mg/L)	ΔG(kJ/mol)
N80	1.0395	0.1665	-40.297
P110	1.0152	0.2511	-41.675
J55	1.0372	0.1744	-40.454

3.2 缓蚀剂的电化学作用评价

随着缓蚀剂浓度的增加，腐蚀电流显著降低，缓蚀剂的缓蚀效率随其浓度的增加而增加。观察极化曲线发现腐蚀电位向阳极有轻微的移动，但是移动小于85mV 由此可知缓蚀剂 inh-15 是以阳极型为主的混合型缓蚀剂，主要抑制金属阳极的溶解过程（图6）。从表10可以看出，随缓蚀剂 inh-15 浓度增加，缓蚀率逐渐增大。

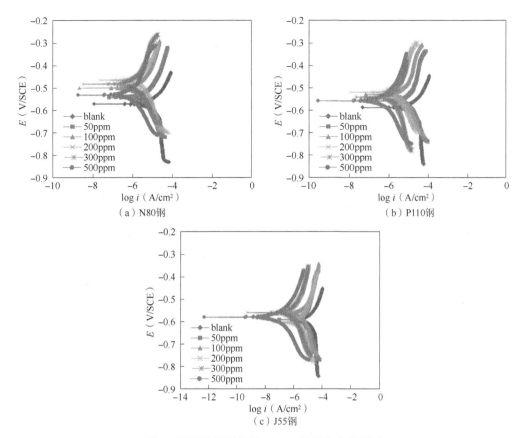

（a）N80钢　　　　　　　　　　（b）P110钢

（c）J55钢

图 6　不同浓度缓蚀剂 inh-15 的极化曲线测试

表 10　不同浓度缓蚀剂 inh-15 的极化曲线测试参数

管材	缓蚀剂浓度 （mg/L）	i_{corr} （μA/cm²）	E_{corr} （V/SCE）	b_a （mVdec^{-1}）	b_c （mVdec^{-1}）	η_i （%）
N80	0	93.2	−0.571	83.8	165.8	/
	50	14.35	−0.533	85.4	107.3	85%
	100	9.34	−0.499	92.8	94.9	90%
	200	5.23	−0.463	99.8	101.6	94%
	300	4.87	−0.481	95.4	97.1	95%
	500	4.21	−0.531	102.4	67.2	95%
P110	0	115.4	−0.589	46.9	127.6	/
	50	15.76	−0.574	58.0	129.8	86%
	100	10.24	−0.544	62.3	147.4	91%
	200	5.87	−0.521	82.5	121.6	95%
	300	5.42	−0.558	95.5	143.9	95%
	500	4.89	−0.559	105.2	119.8	96%

续表

管材	缓蚀剂浓度 （mg/L）	i_{corr} （μA/cm²）	E_{corr} （V/SCE）	b_a （mVdec⁻¹）	b_c （mVdec⁻¹）	η_i （%）
J55	0	108. 9	−0. 598	71. 1	118. 1	/
	50	15. 33	−0. 591	64. 3	188. 1	86%
	100	9. 96	−0. 578	57. 9	162. 8	91%
	200	5. 42	−0. 619	78. 4	123. 0	95%
	300	5. 11	−0. 559	86. 4	123. 1	95%
	500	4. 75	−0. 579	98. 2	122. 4	96%

随着缓蚀剂浓度的增加，容抗弧半径有着明显的增加趋势，说明了缓蚀剂浓度的增加使电荷转移电阻增大，即总的腐蚀电化学过程受到了抑制（图7）。从表11可以看出，随缓蚀剂 inh-15 浓度增加，缓蚀率逐渐增大。

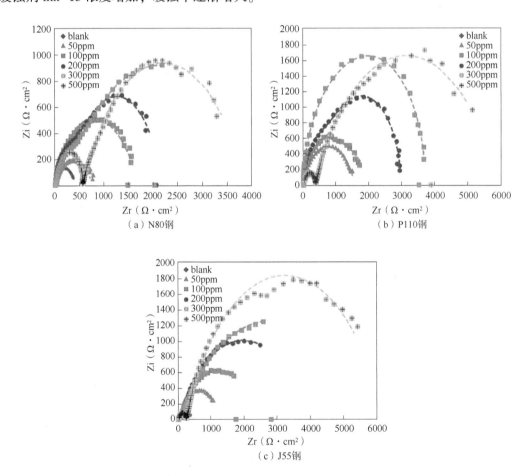

图 7　不同浓度缓蚀剂 inh-15 的阻抗测试

表 11　不同浓度缓蚀剂 inh−15 的阻抗测试参数

管材	缓蚀剂浓度 （mg/L）	R_s （$\Omega \cdot cm^2$）	C_{dl} （$\mu F \cdot cm^{-2}$）	n	R_{ct} （$\Omega \cdot cm^2$）	η
N80	Blank	4.88	588.54	0.79	133	/
	50	2.17	186.62	0.67	890	85%
	100	5.25	419.17	0.77	1542	91%
	200	4.53	536.73	0.65	2346	94%
	300	7.08	351.84	0.74	3335	96%
	500	5.36	333.28	0.73	3567	96%
P110	Blank	3.67	398.26	0.83	128	/
	50	2.31	674.14	0.75	1432	91%
	100	6.31	521.88	0.74	2316	94%
	200	3.52	585.88	0.63	3032	96%
	300	3.34	456.07	0.67	3758	97%
	500	3.23	434.09	0.68	5857	98%
J55	Blank	5.01	105.32	0.79	121	/
	50	4.46	167.33	0.71	1523	92%
	100	4.34	281.09	0.77	2643	95%
	200	3.78	403.55	0.72	3768	97%
	300	6.21	290.01	0.71	5679	98%
	500	6.14	287.04	0.71	6128	98%

3.3　腐蚀表面微观分析

缓蚀剂吸附后，极大减轻了钢表面腐蚀，表面形貌趋于平整，粗糙度下降(图 8 至图 10)。

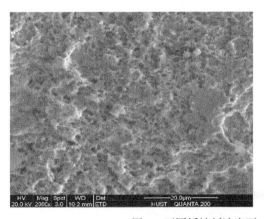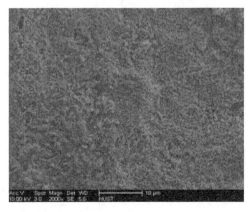

图 8　不同缓蚀剂浓度下 N80 钢试片微观表面形貌

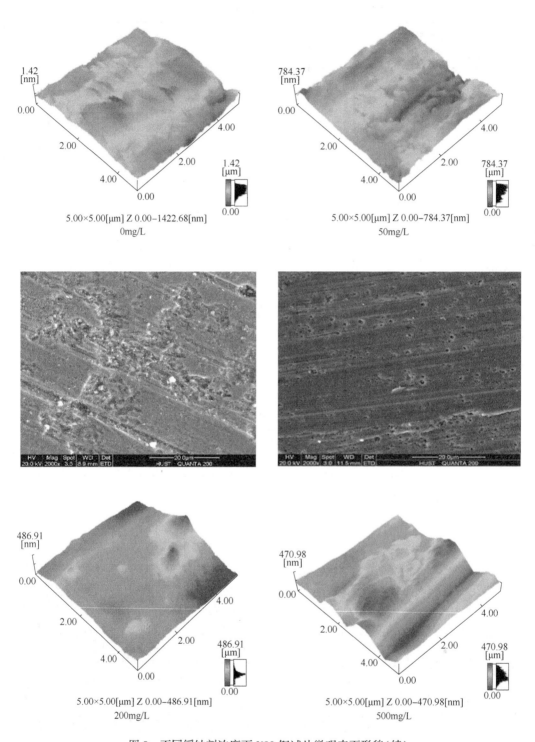

图 8　不同缓蚀剂浓度下 N80 钢试片微观表面形貌(续)

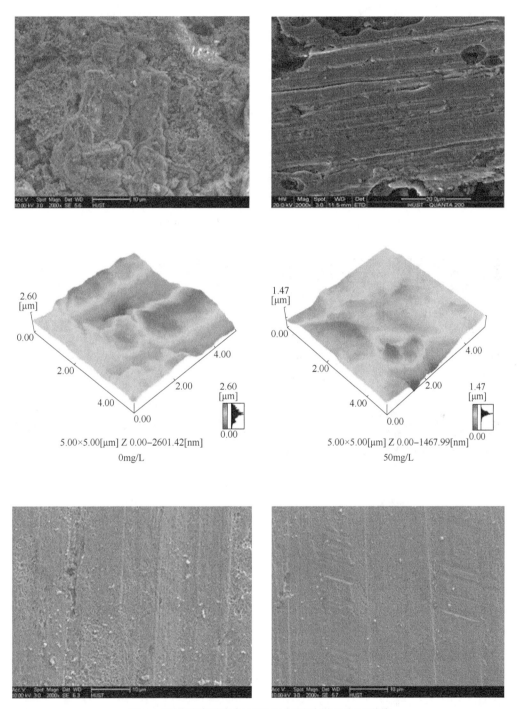

5.00×5.00[μm] Z 0.00−2601.42[nm]

0mg/L

5.00×5.00[μm] Z 0.00−1467.99[nm]

50mg/L

图9　不同缓蚀剂浓度下 P110 钢试片微观表面形貌

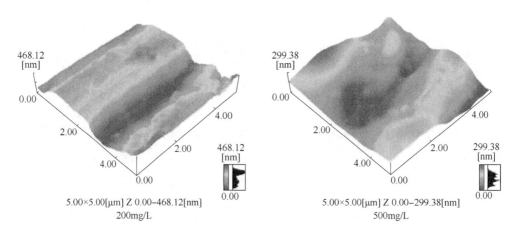

5.00×5.00[μm] Z 0.00−468.12[nm]
200mg/L

5.00×5.00[μm] Z 0.00−299.38[nm]
500mg/L

图9　不同缓蚀剂浓度下 P110 钢试片微观表面形貌(续)

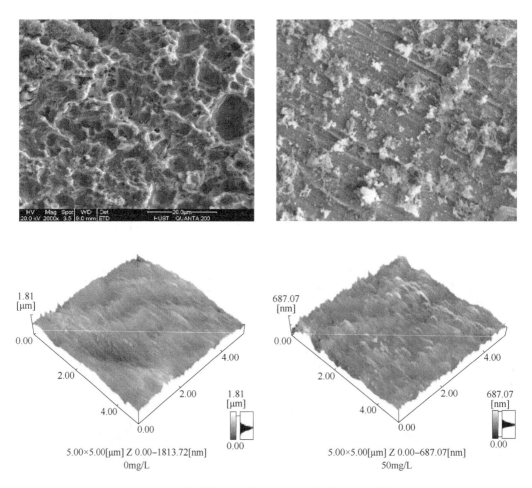

5.00×5.00[μm] Z 0.00−1813.72[nm]
0mg/L

5.00×5.00[μm] Z 0.00−687.07[nm]
50mg/L

图 10　不同缓蚀剂浓度下 J55 钢试片微观表面形貌

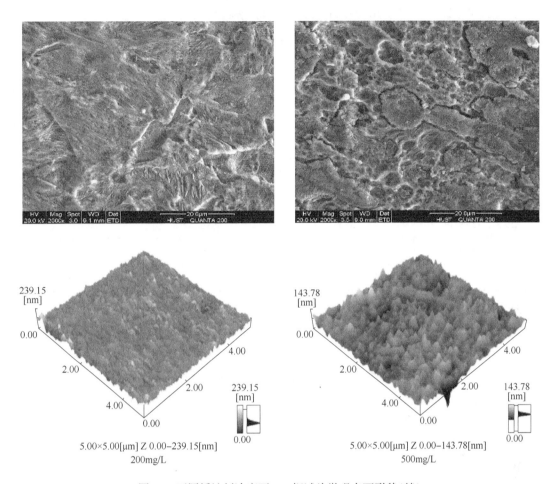

图10　不同缓蚀剂浓度下 J55 钢试片微观表面形貌(续)

4　应用效果

在胜利油田选取某 CO_2 腐蚀井,为自喷井,地层深度 2500m(井下温度约 110℃),CO_2 含量 17.2%,含水 63.4%,N80 管柱,应用时间为 2022 年 1 月至今。井下防护应用普通钢+缓蚀剂/低铬钢+缓蚀剂,防护方案选择普通钢+RS-Ⅱ型新型耐高温缓蚀剂;药剂加注方式为连续式投加,每 7 天为一周期,周期首天为冲击式投加,药剂浓度 200mg/L;随钢丝绳+脱挂器下入 N80 腐蚀挂片,进行加药前后同一腐蚀周期(30d)的腐蚀监测(图11)。

现场应用结果表明,50%<含水≤70%的推送

图11　现场应用照片

防护措施，可实现井下腐蚀<0.076mm/a，满足防护需求(表12)。

表12　井下挂片腐蚀数据

监测周期	挂片材质	挂片深度(m)	腐蚀速度(mm/a)
2022.1.4-2.5	N80	2300	0.426
2022.3.8-4.10	N80	2300	0.074
2022.4.10-5.11	N80	2300	0.068
2022.5.15-6.15	N80	2300	0.053
2022.6.16-7.15	N80	2300	0.067
2022.7.15-8.19	N80	2300	0.061
2022.8.25-9.27	N80	1800	0.073
2022.9.27-10.28	N80	1800	0.065

5　结论

(1) 经过电化学比较和高压釜测试，缓蚀剂 inh-15 在 130℃下对三种钢的缓蚀率为 94%~95%。

(2) 在不同条件下的性能测试表明，缓蚀剂 inh-15 浓度达到 200mg/L 以后，缓蚀率均能达到 85% 以上，适用于不同温度、流速和 CO_2 压力条件。

(3) 缓蚀剂 inh-15 属于混和型缓蚀剂，主要增大了表面电荷传递电阻，抑制了腐蚀阳极过程。钢表面缓蚀剂的吸附作用遵循 Langmuir 吸附模型，属于自发的化学吸附过程。该缓蚀剂吸附后，极大减轻了钢表面腐蚀，使钢表面形貌趋于平整，粗糙度下降。

(4) 现场应用投加量 200mg/L，50%<含水≤70% 的推送防护措施，可实现井下腐蚀<0.076mm/a，满足防护需求。

参 考 文 献

[1] Chen, S., et al. A critical review on deployment planning and risk analysis of carbon capture, utilization, and storage (CCUS) toward carbon neutrality [J]. Renewable and Sustainable Energy Reviews, 2022. 167: 112537.

[2] Sun, H., et al. Corrosion challenges in supercritical CO_2 transportation, storage, and utilization—a review [J]. Renewable and Sustainable Energy Reviews, 2023. 179: 113292.

[3] Kairy, S. K., et al. Corrosion of pipeline steel in dense phase CO_2 containing impurities: A critical review of test methodologies[J]. Corrosion Science, 2023. 214: 110986.

[4] Zhang, Q. H. and N. Xu. Developing two amino acid derivatives as high-efficient corrosion inhibitors for carbon steel in the CO_2-containing environment. Industrial Crops and Products, 2023. 201: p. 116883.

[5] 陈钧. 咪唑啉类、硫脲类、胺类以及胺基膦酸类有机缓蚀剂的构效关系研究[D]. 西北大学, 2013.

[6] 吴一新, 孙飞. 新型硫脲衍生物在高矿化度饱和 CO_2 盐水中对碳钢的缓蚀作用[J]. 石化技术,

2023, 30(5): 1-4.

［7］ Shamsa, A., et al. Impact of corrosion products on performance of imidazoline corrosion inhibitor on X65 carbon steel in CO_2 environments［J］. Corrosion Science, 2021. 185: 109423.

［8］ Wang, X., et al. Inhibition effect and adsorption behavior of two pyrimidine derivatives as corrosion inhibitors for Q235 steel in CO_2 – saturated chloride solution［J］. Journal of Electroanalytical Chemistry, 2021. 903: 115827.

超分子清洗剂在油田采出水中的应用研究

徐明明[1,2]　刘云磊[1,2]　王亭沂[1,2]　徐英彪[1,2]　李　凤[1,2]

(1. 中国石化胜利油田技术检测中心；

2. 中国石化胜利油田检测评价研究有限公司)

摘　要：油田采出水结垢、腐蚀问题已成为制约油田降本增效、提高开发管理水平的重要因素之一。超分子清洗剂作为一种利用超分子的组装作用的新型药剂，能够起到除垢、拒污、防腐等作用。本文对中石化某油田采出水处理站开展结垢原因及垢样成分分析，并对站内应用的物理防垢仪进行了效果评价，同时开展了超分子清洗剂的适应性评价试验，探索其在油田水缓蚀防垢方面应用的可能性。

关键词：超分子清洗剂；采出水；防垢；缓蚀

目前，我国大部分油田已进入以注水开发为主要技术的中后期阶段，为保持地层压力、提高油田采收率，需要从注水井注入大量清洁水，以驱动储层原油向采油井流动。油田注水系统的腐蚀结垢是注水开发以来一直困扰油田生产的一个重要的问题。油田水在采出、处理到回注的过程中，由于压力、温度、离子组成等条件的改变或与水质的不配伍，系统结垢不可避免，轻则造成管线堵塞，设备报废；重则造成地层堵塞，注水井报废[1]，给油田带来很大的经济损失。

目前国内外油田采用最多的防垢手段是化学防垢，其次是物理防垢，前者主要是通过加入阻垢剂来防止结垢物质的形成，后者则是通过形成某种条件或改变外界条件来破坏成垢因素[2]。两种防垢手段存在不同程度的用量大、费用高、适应性差等缺点。

1　超分子清洗剂

超分子清洗剂的工作机理主要通过超分子药剂的选择组装作用，将金属表面的锈垢、水垢等热阻大的污垢分散到水里，并在管壁上形成一层坚硬致密、平整光滑、防腐蚀、防污垢堆积的超分子层保护膜，能够起到除垢、拒污、防腐等多项作用。目前主要应用于工业循环水系统、生物除油系统等。

（1）除垢：组成药剂的超分子选择性组装过程，通过振动、渗透、分散作用，破坏污垢组分间的结合，将污垢以分子或离子状态均匀分散于水溶液里，从而达到彻底清除各种混合污垢的目的。

（2）拒污：超分子组装过程使原子态的金属表面形成一层之谜的"联姻"分子层，即薄而致密的超分子膜，其微观结构的尺寸效应，类似于荷叶表面，能够有效组织污垢附着，拒绝二次污染。

（3）防腐：金属表面的这层致密而又清洁的超分子膜，可以增强金属表面的防腐能力，提高换热效率，延长设备寿命。

2 实验室适应性评价

2.1 试验方案

针对超分子清洗剂的除垢和防垢作用，进行室内防垢率及缓蚀率实验，防垢率试验执行 Q/SHCG 133《油田采出水处理用防垢剂技术要求》，缓蚀率试验执行 Q/SHCG40《油田采出水处理用缓蚀剂技术要求》，分别测试超分子清洗剂在不同加药浓度下的防垢率和缓蚀率，探索其在油田采出水中的适应性。

表1　试验依据

序号	项目	执行标准	加药量（mg/L）	指标
1	防垢率	Q/SHCG 133《油田采出水处理用防垢剂技术要求》	10	碳酸钙垢≥80% 硫酸钙垢≥85%
2	缓蚀率	Q/SHCG 40《油田采出水处理用缓蚀剂技术要求》	30	碳酸钙垢≥70%

2.2 试验数据

根据执行标准要求并参考工业循环用水系统的实际投加情况，设计超分子清洗剂的加药浓度分别为 1mg/L、3mg/L、5mg/L、7mg/L、10mg/L、20mg/L、30mg/L，采用室内试验与现场实践结合的方式，开展防垢率与缓蚀率试验（表2和图1）。

表2　实验室检测数据（平均值）

序号	加药量（mg/L）	碳酸钙防垢率（%）	硫酸钙防垢率（%）	缓蚀率（%）
1	1	74	78	96
2	3	80	85	79
3	5	89	89	63
4	7	94	96	50
5	10	98	97	44
6	20	/	/	40
7	30	/	/	35

2.3 数据分析

采用配置水开展室内防垢实验，试验数据显示碳酸钙防垢率和硫酸钙防垢率随着超分子清洗剂加药浓度的增大而增大，当加药浓度为 1mg/L 时，碳酸钙防垢率和硫酸钙防垢率已达到 74%、78%，说明超分子清洗剂对水质的防垢效果由一定的作用。

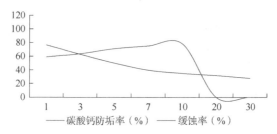

图 1 不同加药量下超分子清洗剂的防垢与缓蚀性能趋势

采用某采出水站来水开展缓蚀率测试，数据显示缓蚀率随着加药量的增加呈现降低趋势，当加药量为 3mg/L 时，可满足缓蚀率≥70%的技术要求，说明在低浓度时超分子清洗剂的缓蚀作用最佳。

通过室内试验数据分析，超分子清洗剂在油田采出水中具有良好的适应性，当加药量为 3mg/L 时，可同时满足碳酸钙防垢率、硫酸钙防垢率及缓蚀率的标准要求。

3 现场水适应性评价

3.1 采出水站基本情况

中石化某油田采出水处理站水质呈酸性，腐蚀性强，总铁含量在 6mg/L 左右，细菌含量高，水质稳定性差。为解决回注水腐蚀严重以及下游水质不稳定的问题，该站采用空气预氧化工艺，去除水中存在的亚铁离子、二氧化碳等物质，以保证回注水水质达标。该站设计出水指标为含油≤8mg/L，悬浮物≤3mg/L，粒径中值 2um，来水水性分析见表 3。

表 3 中石化某油田来水水性分析

项目	结果	项目	结果
Na^+（mg/L）	17483.9	温度（℃）	50
K^+（mg/L）	479.1	pH 值	6.78
Ca^{2+}（mg/L）	713.5	溶解氧（mg/L）	0.1
Mg^{2+}（mg/L）	178.3	游离二氧化碳（mg/L）	350
Sr^{2+}（mg/L）	0	硫化物（mg/L）	0.1
总铁（mg/L）	6.0	含油量（mg/L）	41.9
亚铁（mg/L）	3.7	悬浮物（mg/L）	22.8
Cl^-（mg/L）	21012.5	粒径中值（μm）	2.9
SO_4^{2-}（mg/L）	72.3	平均腐蚀速率（mm/a）	0.096
F^-（mg/L）	0	SRB（个/mL）	600
NO_3^-（mg/L）	46.7	IB（个/mL）	0
CO_3^{2-}（mg/L）	0	TGB（个/mL）	0
HCO_3^-（mg/L）	3720.2	矿化度（mg/L）	43706

3.2 现场问题分析

水质改性工艺实施后该站 pH 值由 6.5 提升值 7.0 左右，对水质结垢趋势进行预测，$CaCO_3$、$MgCO_3$ 垢的结垢趋势增加明显。站内结垢的现象具体体现为流程压力增高、过滤罐滤料板结造成滤料更换周期短(6~8 个月)、闸门垢死等，影响回注水处理系统的正常运行。

目前该站的防垢控制措施是在回注水出站前投加阻垢剂，以降低外输水的结垢速率，但随着站内生产流程中压力、温度等因素的变化，集输管线、阀门等部位仍会出现不同程度的结垢现象，地面管输压降增高、水表结垢造成读数不准、井口闸门关不严的现象日益突出(图 2)。

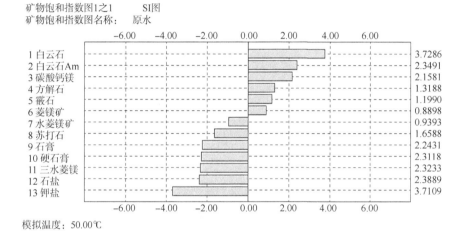

矿物饱和指数图1之1　　SI图
矿物饱和指数图名称：　原水

		SI值
1 白云石		3.7286
2 白云石Am		2.3491
3 碳酸钙镁		2.1581
4 方解石		1.3188
5 霰石		1.1990
6 菱镁矿		0.8898
7 水菱镁矿		0.9393
8 苏打石		1.6588
9 石膏		2.2431
10 硬石膏		2.3118
11 三水菱镁		2.3233
12 石盐		2.3889
13 钾盐		3.7109

模拟温度：50.00℃

图 2　原水结垢趋势预测

对该油田采出水进行了结垢趋势预测，发现主要的结垢产物是白云石、碳酸钙镁、碳酸钙等，其主要化学成分为 $CaMg(CO_3)_2$、$CaCO_3$ 等，同时，对现场所取的结垢产物进行 XRD 分析，确定其主要成分为方解石(化学成分 $CaCO_3$)，所占质量百分比为 91.7%(表 4 和图 3)。

表 4　站内混合反应器垢样成分分析

序号	英文名称	中文名称	主要化学成分	质量百分比
1	calcite	方解石	$CaCO_3$	91.7
2	halite	岩盐	NaCl	3.0
3	非晶体成分	/	/	5.3%

碳酸钙垢可发生在油气田生产的各个流程节点中，若采出液的离子含量高，碳酸钙垢极易堵塞孔喉通道，致使油井产液量低。同时在油气集输过程中，由于碳酸钙垢的成垢速度很快，易在集输管道内壁结垢析出，使得管线有效横截面面积减小，大大加大了液体输送消耗的能量。而且由于垢层表面粗糙不平，摩擦阻力增大，更为严重的是由于垢层的不均匀性，使得某些地方出现裸露的金属表面，产生局部腐蚀或者产生点蚀穿孔，使得管道损坏，带来严重的经济损失。

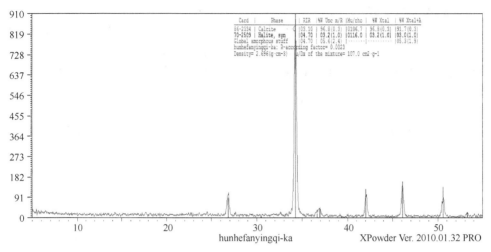

图 3　站内垢样 XRD 图

3.3　结垢原因分析

碳酸钙在水中的溶解度很低，但存在可逆反应，其结垢反应机理如下：

碳酸钙在水中的溶解反应为：

$$Ca^{2+} + CO_3^{2-} \rightleftharpoons CaCO_3 \downarrow \qquad (1-1)$$

CO_3^{2-} 离子的浓度直接受水的 pH 值和碳酸平衡状态的影响，碳酸平衡各级反应式为：

$$CO_2 + H_2O \rightleftharpoons H_2CO_3 \qquad (1-2)$$

$$H_2CO_3 \rightleftharpoons H^+ + HCO_3^- \qquad (1-3)$$

$$HCO_3^- \rightleftharpoons H^+ + CO_3^{2-} \qquad (1-4)$$

由反应式(1-3)和反应式(3-4)可以得到：

$$2HCO_3^- \rightleftharpoons CO_3^{2-} + H_2CO_3 \qquad (1-5)$$

由反应式(1-2)和反应式(3-5)可以得到

$$2HCO_3^- \rightleftharpoons CO_3^{2-} + CO_2 + H_2O \qquad (1-6)$$

反应式(1-6)是水中三种状态碳酸的统一化学式，即游离碳酸(CO_2、H_2CO_3)、重碳酸盐碳酸(HCO_3^-)和碳酸盐碳酸(CO_3^{2-})的统一化学式。水中的 CO_3^{2-} 离子要同时参与碳酸平衡和碳酸钙溶解平衡两方面的反应，所以，油田水中碳酸钙的溶解平衡可以用下列可逆反应来表示：

$$Ca(HCO_3)_2 \rightleftharpoons CaCO_3 \downarrow + CO_2 \uparrow + H_2O \qquad (1-7)$$

通过对该站进行水性分析，调研其生产工艺流程，确定了影响该站采出水结垢的主要因素：

(1) 二氧化碳分压。

压力影响碳酸钙垢，主要是影响二氧化碳分压，压力降低二氧化碳分压降低，平衡向右移动，使碳酸钙更易于沉积。压力增大，二氧化碳分压增大，碳酸钙的溶解度增加，结垢可能性就减小(式1-7)。该采出水处理站来水存在酸性气体二氧化碳，现场检测时最高含量可达400mg/L左右，经过预氧化工艺处理后，二氧化碳气体析出，平衡整体向右移动，碳酸钙结垢趋势明显增加。

（2）pH值。

pH值对垢的影响主要体现在氢离子含量的高低。pH值较低时，溶液中氢离子含量多，溶液此时处于酸体系，碳酸钙不易形成，结垢较少；pH值较高时，溶液中氢离子含量少，碳酸钙容易形成，结垢较多。该采出水处理站来水pH值在6.5左右，水质呈现弱酸性，当水体经空气预氧化处理后，pH值由6.5提高至7.2左右，结垢趋势增加明显。

（3）离子含量。

该采出水处理站来水碳酸氢根的离子含量高达3000mg/L以上，明显高于其他类型站点，来水钙离子含量为700-800mg/L，本身为一种容易结垢的水体。

3.4 现场物理防垢装置效果评价

该采出水处理站在空气预氧化装置之前装有物理防垢装置1台，如图4所示。物理法防垢是通过某种作用阻止无机盐沉积于系统壁上，同时允许无机盐在溶液中形成晶核甚至结晶，但要求这种结晶悬浮于溶液中而不黏附于系统的器壁上[3]。

图4　站内物理防垢装置

其防垢原理如下：

当流体流过物理防垢装置时，装置的原电池作用将形成一个微电场，使水分子极化，形成"水偶极子"，物理防垢装置装置合金材料的电负性比液相中的离子要低，一些金属电子将进入流体中，成为"自由电子"，"水偶极子"和"自由电子"将取代一些已经被捕获的离子，CO_3^{2-}、HCO_3^-、SO_4^{2-}和Cl^-等，或被电负性小的离子或胶体、Ca^{2+}、Mg^{2+}所捕获，这使得Ca^{2+}、Mg^{2+}脱离CO_3^{2-}、SO_4^{2-}和HCO_3^-，形成原子结构的Ca^0、Mg^0。"水偶极子"和"自由电子"的捕获作用，将使得原来流体中带正负电荷的离子（如钙镁等离子和酸根离子等）和胶体物质（如硅石、氧化铝以及锈颗粒）相互结合的环境得以改变，到达一种新的动态平衡状态；对于已经趋向于或已经结合的正负离子之间的晶格键断裂，阻止了垢的形成。

现场防垢效果评价依据Q/SH 1020 1737—2006《物理防垢仪防垢效果评价方法》对，采取表面张力降低值技术指标。

$$\Delta F = F_q - F_h$$

式中，ΔF为表面张力降低值，mN/m；F_q为防垢合金处理前水样的表面张力，mN/m；F_h为防垢合金处理后水样的表面张力，mN/m。

若ΔF表面张力降低值大于等于2mN/m，即说明防垢效果优异（图5）。

现场测试数据见表5。

图5　恩曼物理防垢器前后水样

表5 防垢装置防垢效果数据(mN/m)

项目	F_q	F_h	ΔF
2019.11.01	65.0	71.8	-6.8
2019.11.13	55.7	63.2	-7.5
2019.11.19	52.1	61.9	-9.8

通过现场检测数据发现,物理防垢装置前后的钙镁离子变化不大,表面张力出现不同程度的提高,说明该装置对该油田采出水未起到明显的防垢作用。

3.5 超分子清洗剂防垢性能评价

以上述油田采出水为试验对象,针对碳酸钙的结垢问题,开展超分子清洗剂对现场水的适应性评价(图6和表6)。

图6 滨二水样恒温50℃、静置7d

表6 实验室检测数据(50℃)

项目	原水	恒温50℃、静置7d 加药量(mg/L)				
		空白	1	3	5	7
Ca^{2+}	713.5	366.5	647.5	687.3	704.3	695.7
Mg^{2+}	178.3	175	170.3	169.4	173.1	170.6
HCO_3^-	3720.2	2739.2	3387.3	3705.2	3680.7	3692.9

通过前期的室内试验数据分析,设定加药量分别为1mg/L、3mg/L、5mg/L、7mg/L,依据SY/T 5523测定加药前后水中钙离子、镁离子、碳酸氢根离子含量变化,判定药剂的缓蚀防垢效果。

(1)取1mg/L、3mg/L、5mg/L、7mg/L的1%浓度的超分子清洗剂,分别加入500mL试样水样中,同时做空白实验。

(2)将加药后的样品置于50℃恒温干燥箱内7d。

(3)测定加药前后 Ca^{2+}、Mg^{2+}、HCO_3^- 离子数量。

从数据可以判断,原水的 Ca^{2+}、Mg^{2+}、HCO_3^- 含量较高,有明显的碳酸钙的结垢倾向。在恒温50℃、静置5d后,Ca^{2+}、HCO_3^- 出现不同程度的下降,说明在静置过程中生成了碳酸钙的沉淀；当加入不同浓度的超分子清洗剂时，较空白相比 Ca^{2+}、HCO_3^- 出现不同程度的上升，说明清洗剂对水防垢作用明显，Ca^{2+}、Mg^{2+} 并未和 HCO_3^- 发生明显的化学反应，水中并未出现明显的结垢产物(图 7)。

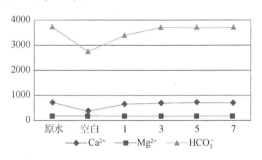

图 7　离子变化情况(mg/L)

3.6　超分子清洗剂缓蚀性能评价

取上述油田采出水，为避免水中二氧化碳、硫化氢等气体溢出，在采出水处理站现场开展缓蚀性能试验，设定加药量分别为 1mg/L、3mg/L、5mg/L、7mg/L，同时做空白，室内 50℃ 条件下恒温放置 7 天，测试缓蚀率。

表 7　缓蚀率检测数据(50℃)

序号	加药量(mg/L)	缓蚀率(%)
1	1	79
2	3	70
3	5	58
4	7	41

从数据可以看出，加药量为 1mg/L 时，缓蚀率可基本达到减缓腐蚀的效果，同时 50℃ 条件下，随着加药量的增加缓蚀率逐渐降低，说明高加药量下，缓蚀效果会逐渐下降。

3.7　小结

通过室内及现场试验，初步确定了超分子清洗剂在油田采出水处理站应用的可能性，当加药量为 3mg/L 时，缓蚀率能达到 70%，同时对水中的钙镁垢由明显的抑制作用，可在现场应用。

4　结论

（1）通过室内试验及现场水的研究分析，超分子清洗剂在油田采出水具有良好的适应性，对结垢、腐蚀作用效果明显，可在油田采出水处理站开展应用。

（2）对目标采出水处理站进行了结垢原因及成分分析，确定了该采出水处理站的结垢成分主要为碳酸钙，主要水中的二氧化碳引起，对站内在用的物理防垢仪进行了效果评价，分析确定并未起到物理防垢的作用。

（3）对站内在用的物理防垢仪进行了效果评价，依据 Q/SH 1020 1737—2006《物理防垢仪防垢效果评价方法》，数据表明采出水的水表面张力降低值未达到预期要求，并未起到物理防垢的作用。

（4）超分子清洗剂目前仅针对该目标采出水处理站的水性进行了适应性评价，当加药量为 3mg/L 时，可起到防垢、缓蚀良好效果，下一步可开展与其他三防药剂的配伍性研究，确保应用效果。

参 考 文 献

［1］江绍静，余华贵，刘春燕. 高矿化度体系碳酸钙结垢动力学研究［J］. 应用化工，2011，40（9），1623-1628.

［2］朱倩，郑海英. 碳酸钙成垢离子含量与阻垢效果的影响规律［J］. 油气田地面工程，2011，30（10），27-29.

［3］毛平平. 油田污水电磁防垢除垢技术研究［D］. 中国石油大学（华东），2007.

［4］周战军，王汝广，周峰，等. 注水管线物理清洗技术［J］. 油气田地面工程. 2007.

［5］张晨利，薛雄锐，马建军. 非开挖穿插高密度聚乙烯管在线管道修复技术［J］. 管道技术与设备，2002.

渝西页岩气田 N80 钢油管腐蚀失效分析

张　笙　曹世昌　孙超亚　罗远平　邓亨建

(重庆页岩气勘探开发有限责任公司)

摘　要：渝西页岩气田自 2017 年底首口页岩气井投产以来，累计投产井 48 口，其中下油管 29 口。至 2022 年底，累计发生油管穿孔、断落 7 井次，油管失效已成为制约气井产能发挥的重要因素。本文从腐蚀特征、腐蚀规律、腐蚀条件、腐蚀结论等方面入手，依托实验室取得的成果制定了解决重庆页岩气公司油管腐蚀的措施，为公司页岩气井平稳生产奠定了基础，对国内深层页岩气井油管防腐提供了重要的参考价值。

关键词：页岩气井；油管腐蚀；油管防腐

我国页岩气储量丰富，随着页岩气开采成本逐步降低，页岩气开发进入急剧增长期[1-2]，目前川渝地区已形成年产页岩气 $650×10^8 m^3$ 的生产规模。渝西区块页岩气气质组分甲烷占比约 98%，二氧化碳占比约 1.5%，硫化氢含量为 0，从气质组分分析，页岩气对管柱的腐蚀并不强。然而，随着水力压裂工艺的技术迭代，大量返排液的回用造成页岩气管柱环境改变，井下管柱及地面管线失效频发，尤其是对井下管柱而言，苛刻的服役工况及地温梯度变化，油管腐蚀机理变得异常复杂。

1　失效井工况及区块腐蚀环境

相对于国内其他高含 CO_2、H_2S 的气田，渝西深层页岩气田的井筒腐蚀性不算特别强。但由于在页岩气开发中，压裂液大量滞留和地层可动水体的产出，使得井底容易出现积液，地层流体中的高矿化度、低含量 CO_2 以及细菌等，在井底条件下极易引起井筒腐蚀问题。截至 2021 年底，共计 13 口井下入油管，其中 6 口井油管失效。渝西深层页岩气井油管失效具有以下特点：(1)腐蚀穿孔占比高，占下油管总井数的 42.8%；(2)硫酸盐还原菌含量高，达到 1000～3000 个/mL；(3)入井至穿孔失效时间短，失效时间在 52～189 天；(4)气井水气比高，总体区间为 $3.1～12.9 m^3/10^4 m^3$。

渝西区块 Z203H1-2 井于 2020 年 6 月 14 日投产，井深 5911.0m，压裂段长 1501m，开井压力 44.29MPa，日产气量 $21.34×10^4 m^3$。2020 年 10 月 24 日该井下入 $\phi60.3mm×4.83mm$ N80 油管，套压 22.17MPa，油压 16.34MPa，12 月 19 日该井生产数据异常(图 1)，初步判断为油管穿孔，该井油管失效周期为 57 天。Z203H1-2 井修井作业过程中发现，从第 1 根至第 34 根 $\phi60.3mm×4.83mm$ N80 油管腐蚀穿孔，并在井下 340m 处发生断落，腐蚀情况触目惊心。

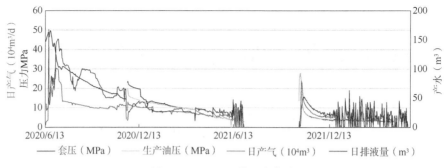

图 1　Z203H1-2 井生产曲线

本文根据腐蚀特征、腐蚀规律、腐蚀条件、腐蚀结论等研究成果，制定了针对重庆页岩气公司油管腐蚀的措施，解决了油管腐蚀的问题。

2　腐蚀失效分析

2.1　宏观形貌分析

渝西区块属于低含二氧化碳天然气气质，返排液中含细菌，现场油管失效井次均采用了 N80 材质油管。取出失效油管发现腐蚀主要发生在油管内壁，内壁有沿着轴向腐蚀沟槽，但是冲刷特征不明显(图 2)。腐蚀坑表面附着一层黑色物质，黑色物质中含有长杆状不明物体(图 3)。

图 2　内壁腐蚀形貌

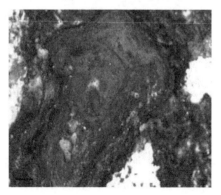

图 3　腐蚀坑分析

2.2　化学成分分析

取现场失效油管，开展了材质及材料性能分析，结果表明油管材质质量较好，腐蚀不是因为材质质量不合格导致的。

2.2.1　材料化学成分分析

将管段取样采用化学法对油管进行化学成分分析，结果见表 1。其磷和硫元素满足 GB/T 19830—2017《石油天然气工业　油气井套管或油管用钢管》标准中对 N80 材质的要求。

表 1　化学成分分析结果　　　　　　　　［%（质量分数）］

元素	C	Si	Mn	S	P	V
测试结果	0.277	0.242	1.55	0.0078	0.015	<0.005

2.2.2　冶金质量分析

对抛光后的腐蚀坑附近基体在金相显微镜不同倍下进行观察，腐蚀坑附近的基体中夹杂物比较细小，尺寸在 10 μm 以下左右，成点状分散分布，没有发现疏松结构存在，因此冶金质量比较好［图 4（a）~4（d）］，与远离腐蚀坑的基体夹杂物分布类似［图 4（e）和图 4（f）］。

（a）腐蚀坑部位低倍

（b）腐蚀坑部位低倍

（c）腐蚀坑部位高倍

（d）腐蚀坑部位高倍

图 4　基体中夹杂物

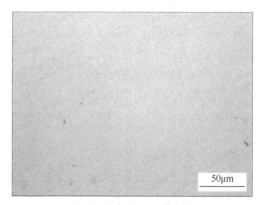

（e）远离腐蚀坑的基体高倍　　　　　　　　（f）远离腐蚀坑的基体高倍

图4　基体中夹杂物(续)

2.2.3　金相组织分析

在金相显微镜下分析金相组织，可以看出钢坑洞附近的基体的组织为粒状贝氏体+少量块状铁素体，组织细小，没有发现珠光体，不属于典型的热轧态组织即珠光体+铁素体。如图5(a)~(d)，与远离腐蚀坑的基体金相组织相同[图5(e)]。

（a）腐蚀坑部位金相组织低倍　　　　　　　（b）腐蚀坑部位金相组织低倍

（c）腐蚀坑部位金相组织高倍　　　　　　　（d）腐蚀坑部位金相组织高倍

图5　基体的金相组织

（e）基体组织高倍

图 5　基体的金相组织（续）

2.2.4　力学性能检测

将管段取样做板状力学性能测试，结果见表 2。对照 GB/T 19830—2017《石油天然气工业　油气井套管或油管用钢管》标准，可以看出材质满足 N80 拉伸性能和硬度的要求。

表 2　力学性能检测结果

钢级	屈服强度（MPa）	抗拉强度（MPa）	延伸率（%）	硬度（HRC）
N80	695	726	14.2	17.6

可以看出材料成分、力学性能满足 GB/T 19830—2017 中 N80 的规定要求；油管材质夹杂物细小，数量少，孤立分布，冶金质量良好。

2.3　腐蚀因素综合分析

根据前期油管检测情况，腐蚀主要发生在井下 1000m 以上油管段和井下 2000～2500m 油管段情况可以看出，发生腐蚀的温度在 30～60℃温度区间和 80～100℃温度区间。

2.3.1　1000m 以上油管段

本段温度在 30～60℃之间，因此首先开展了细菌在 60℃下的生存活性实验，结果见表 3。

表 3　60℃时返排液中细菌生存状态结果

培养时间（d）	SRB（个/mL）		FB（个/mL）	
	返排液	返排液+营养液	返排液+试片	返排液+营养液+试片
0	$70×10^4$	$35×10^4$	$25×10^4$	$12.5×10^4$
2	$11×10^4$	$6×10^3$	$25×10^1$	$70×10^3$
7	$6×10$	$7×10^4$	$6.0×10^2$	$11×10^4$
14	0	$25×10^3$	$2.5×10^3$	$6×10^3$
18	0	$0.6×10^0$	$5×10^3$	$2.5×10^4$

注：现场水+营养液=现场水+SRB 营养液+FB 营养液；加入比例为 50（现场水）：25（SRB 营养液）：25（FB 营养液）。

可以看出，细菌在 60℃返排液中生存状态较好，可以生存代谢。

同时对仅细菌和细菌+二氧化碳环境下的腐蚀评价实验，结果见图 6、图 7。

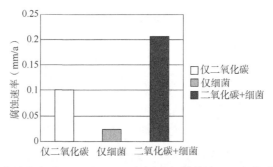

图 6　腐蚀速率对比(40℃、N80 钢，现场返排液、二氧化碳饱和)

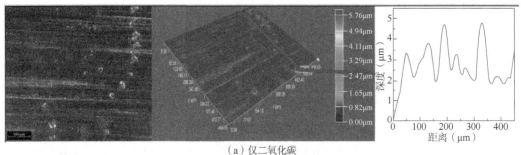

（a）仅二氧化碳

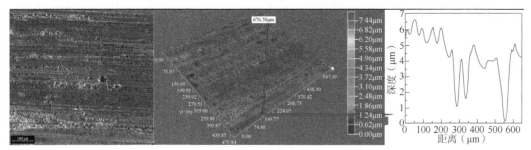

（b）二氧化碳+细菌

图 7　局部腐蚀情况对比

可以看出，细菌与二氧化碳对腐蚀具有耦合作用，平均腐蚀速率成倍增长，且腐蚀形貌以点蚀为主。

取油管失效部位开展了 SEM 分析，发现失效部位同时存在无机晶体状腐蚀产物和絮状腐蚀产物(图 8)。

（a）观察部位

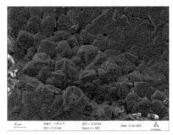
（b）晶体状腐蚀产物

（c）絮状腐蚀产物

图 8　腐蚀形貌

图 9、图 10 分别是无机晶体状腐蚀产物和絮状腐蚀产物的 EDS 测试结果。

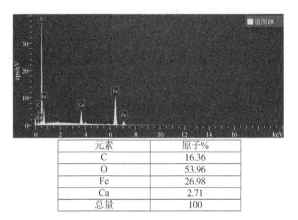

元素	原子%
C	16.36
O	53.96
Fe	26.98
Ca	2.71
总量	100

图 9　晶体状腐蚀产物 EDS 测试结果

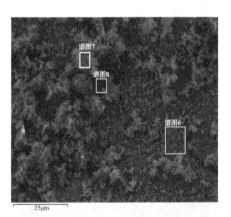
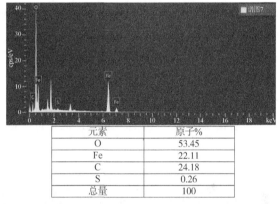

元素	原子%
O	53.45
Fe	22.11
C	24.18
S	0.26
总量	100

图 10　絮状腐蚀产物 EDS 测试结果

通过图 9 可以看出，无机晶体状腐蚀产物元素主要是 C、O、Fe 等，且原子比例在 1∶3∶1 左右，说明这些腐蚀产物主要是二氧化碳的腐蚀产物 $FeCO_3$。

通过图 10 可以看出，絮状腐蚀产物中除了 C、O、Fe 以外还含有 S，说明可能有 SRB 存在并参与了腐蚀。

取油管腐蚀部位进行了死活细菌染色，结果见图 11。

（a）染色试件　　　（b）死活细菌叠加　　　（c）仅活细菌　　　（d）仅死细菌

图 11　细菌死活染色结果

可以看出，腐蚀部位有细菌菌落，结合 EDS 结果，说明细菌参与了腐蚀。

2.3.2 2000~2500m 段以上油管段

本段温度在 80~100℃ 之间，因此首先开展了细菌在 90℃ 下的生存活性实验，结果见表 4。

表 4 90℃时返排液中细菌生存状态结果

培养时间(天)	SRB(个/mL)	FB(个/mL)
0	25×10^4	70×10^3
1	0	2.5×10
7	0	6.0×10^0

可以看出，SRB 在 90℃ 下不能生存代谢，FB 在 90℃ 下可以存活，但是整体活性不高。

接着，开展了仅二氧化碳时的腐蚀实验，结果见表 5。

表 5 90~100℃腐蚀速率

温度(℃)	腐蚀速率(mm/a)
90	0.1024
100	0.1375

可以看出，即使二氧化碳仅 0.05MPa 时 N80 也会发生明显腐蚀。图 12 是实验后试片表面及截面形貌图。

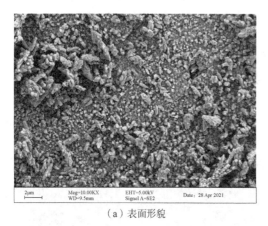 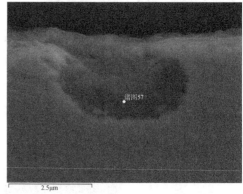

（a）表面形貌　　　　　　　　　　　　　　（b）截面形貌

图 12 试片表面及截面形貌

可以看出，试片表面腐蚀产物膜较为疏松，说明腐蚀较易发生；同时，截面形貌表明有轻微点蚀出现。

对井下 2031m 油管(第 214 根油管)进行了取样，破开后可以看到内表面有明显的腐蚀特征，存在很多小台阶，具体如图 13 所示。

SEM 观察发现腐蚀产物发现除了较多的球状物质，还夹杂有立方块(图 14)。

EDS 扫描发现除了立方块部位含硫外其余部位均不含硫，立方块部位 EDS 扫描结果如图 15 所示。

图 13　井下 2031 米油管内壁形貌

图 14　#214 管段内表面腐蚀物形貌

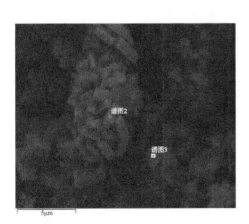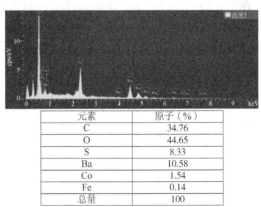

元素	原子（%）
C	34.76
O	44.65
S	8.33
Ba	10.58
Co	1.54
Fe	0.14
总量	100

图 15　立方块 EDS 结果

虽然立方块中含有明显 S 元素，但是只含有微量 Fe，说明立方块不是油管腐蚀产物，可能是残余的井流物。

切开油管做截面观察，发现有伸入基体凸起物，EDS 线扫描表明腐蚀产物层从内至外均不含硫(图 16)。

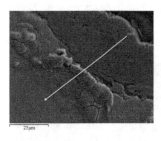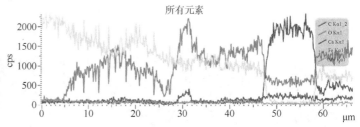

图 16　截面元素结果

综合室内实验和现场油管分析结果可以看出：（1）SRB 不是本段油管发生腐蚀的原因；（2）本段二氧化碳分压高于 0.21MPa，会导致 N80 油管发生二氧化碳腐蚀。

3　防腐措施

油管防腐总体思路是控制腐蚀源，提升管材防腐性能，加强细菌含量动态监测。通过定期加注缓蚀剂，返排液杀菌等手段，降低井下硫酸盐还原菌的活性同时辅以内涂层油管，自 2021 年 7 月实施该方式以来，重庆页岩气公司未发生油管失效。

4　结论

综合现场情况及实验室研究结果，渝西区块油管腐蚀主要以硫酸盐还原菌为主，油管上部温度在 30-60℃ 区间范围内腐蚀最为严重，高于 60℃ 也存在腐蚀但比较轻微，腐蚀原因为二氧化碳分压过高导致。同时，硫酸盐还原菌与二氧化碳对油管腐蚀形成了耦合作用，加快了油管腐蚀速率，下步将进一步探索新材料防腐效果。

参 考 文 献

[1] LAN D W, CHEN M Y, LIU Y C, et al. Development of shale gas in China and treatment options for wastewater produced from the exploitation：sustainability lessons from the UnitedStates[J]. Journal of environmental engineering, 2020, 146(9)：04020103.

[2] ZHAI G Y, WANG Y F, ZHOU Z, et al. Exploration and research progress of shale gas inChina[J]. China geology, 2018, 1(2)：257-272.

[3] 青松铸，张晓琳，文崇，等. 长宁页岩气集气管道内腐蚀穿孔原因探究[J]. 材料保护，2021, 54(6)：166-169, 174.

[4] 刘乔平，冯思乔，李迎超，等. 页岩气田集输管线的腐蚀原因分析[J]. 腐蚀与防护，2020, 41(10)：69-73.

[5] 孙玉朋. X80 管线钢在微生物存在下的腐蚀行为研究[D]. 沈阳：辽宁大学，2019.

固体缓蚀剂胶囊的制备及其缓蚀性能的研究

杨立华[1、2]　刘广胜[1、2]　苑慧莹[1、2]　李　慧[1、2]

（1. 中国石油长庆油田公司油气工艺技术研究院；

2. 低渗透油气田勘探开发国家工程实验室）

摘　要：添加缓蚀剂是油气井防腐最常、最有效用的缓蚀手段之一，但液体缓蚀剂加注过程存在挂壁损失量大、加注作业频繁的问题。因此，研究并使用具有长效可控释缓蚀剂已经成为一个重要的研究方向。本文首先制备了基质型固体缓蚀剂胶囊，并研究了其在不同实验介质和不同实验温度下的长期缓蚀效果。结果表明腐蚀介质和温度对固体缓蚀剂的缓释效果有明显的影响。电化学和热力学分析得出该固体缓蚀剂属于抑制阳极溶解型缓蚀剂，在 N80 钢表面吸附遵循 Langmuir 等温吸附，吸附过程是以物理吸附为主的自发放热过程。在 $40 \sim 70$℃ 时，对于 CO_2-矿化度体系和 CO_2-H_2S-矿化度体系两种腐蚀介质，固体缓蚀剂对 N80 钢片具有良好的缓蚀效果，缓蚀效率在 90 天内持续维持在 75% 以上。

关键词：油气井；CO_2 腐蚀；H_2S 腐蚀；固体缓蚀剂胶囊；吸附

油田产出液中的 CO_2、H_2S、O_2、细菌以及溶解盐等对设备和管道产生了严重的腐蚀，也造成了重大经济损失[1,2]。有文献报道，石油与石化行业由于腐蚀造成的损失平均约占产值的 6% 左右。如果采取适当的防护措施，腐蚀损失的 50% 以上可以挽回[3]。缓蚀剂能够在金属表面形成保护膜，减缓金属的腐蚀速度，是油田常用的防腐措施之一。目前所使用的油田缓蚀剂多为液态，一般通过油井环形空间连续注入或者定期停工通过井口高压注入[4,5]。缓蚀剂注入口经常距离油管下口较远，导致缓蚀剂的使用效率很低。而且冬季容易冻结，给缓蚀剂加入带来不便[6,7]。

近年来，研究者采用不同的方法制备了固体缓蚀剂胶囊，将其置于油井的井袋部位，利用固体胶囊壁上的微孔缓慢释放缓蚀剂，释放的缓蚀剂会逐步扩散到井筒的采出液中，从而达到一次注入长期缓蚀的目的[8,9]。但是，虽然长庆油田、中原油田、胜利油田和新疆油田等正在能够固体缓释剂胶囊的添加实验[10]，但综合使用效果良好的固体缓蚀剂胶囊还需要研究者做更多的研究工作。

鉴于此，研究者在充分考虑了现场需求的情况下，制备了新型的基质型固体缓蚀剂胶囊，并研究了在不同腐蚀介质和不同使用温度下三个月内的缓蚀效果。结果发现腐蚀介质和温度对固体缓蚀剂胶囊的缓释效果有明显的影响，该固体缓蚀剂胶囊对于 CO_2-矿化度体系 CO_2-H_2S-矿化度体系具有良好的缓蚀效果，90 天内缓蚀效率均大于 75%。

1 实验部分

1.1 试剂与模拟水的配置

乙烯—醋酸乙烯酯共聚物(EVA),日本三井集团(V5254);咪唑啉季铵盐类缓蚀剂,陕西日新石油化工有限公司;硅藻土、NaCl、$MgCl_2 \cdot 6H_2O$、Na_2SO_4、$CaCl_2$、$NaHCO_3$、无水乙醇、丙酮、六次甲基四胺、浓盐酸(质量分数 37%),国药集团化学试剂有限公司(分析纯);N80 腐蚀试片(尺寸 50mm×10mm×3mm)、去离子水,自制。

实验用水为依据标准 Q/SY 126—2014《油田水处理用缓蚀阻垢剂技术规范》配置的模拟水,矿化度 62400mg/L,各物质质量浓度为:NaCl 50000mg/L、$MgCl_2 \cdot 6H_2O$ 2000mg/L、Na_2SO_4 6000mg/L、$CaCl_2$ 4000mg/L、$NaHCO_3$ 400mg/L。含 CO_2 的腐蚀介质需向上述模拟水以 1L/min 通入 CO_2 气体2h制备;含 H_2S 的腐蚀介质需向上述模拟水通入 500±50mg/L H_2S 气体制备;含 CO_2、H_2S 的腐蚀介质需向上述模拟水以 1L/min 通入 CO_2 气体2h后,通入 500±50mg/L H_2S 气体制备。

1.2 固体缓蚀剂的制备

固体缓蚀剂的主剂选用市场上最常用的液态咪唑啉季铵盐类缓蚀剂,包覆材料为 EVA,吸附材料为硅藻土。首先将吸附材料和缓蚀剂混合均匀形成混合物Ⅰ,然后将 EVA 在 140℃下加热熔融,缓慢将混合物Ⅰ加入熔融的 EVA,不断搅拌至均匀,然后置于模具内冷却,脱模成型后即可获得固体缓蚀剂颗粒。

1.3 测试与表征

使用游标卡尺对固体缓蚀剂的粒径进行测量;依据标准 GB/T 4 472《化工产品密度、相对密度的测定》中 4.2 固体密度的测定-密度瓶法进行密度的测量;使用美国 OHAUS 公司 ST2100 型 pH 计对固体缓蚀剂水溶液的 pH 进行测量;利用日本尼康公司 LV150NA 型电子显微镜对固体缓蚀剂的微观形貌进行分析。

1.4 释放速率、缓蚀性能的评价

1.4.1 缓蚀剂释放速率的评价

通过干燥称重法来评价固体缓蚀剂在不同温度下的释放速率。将不同阶段的固体缓蚀剂从腐蚀介质中取出,用吸水纸将表面吸附的水擦干净,在50℃、−0.085 真空度下干燥10h后称重。前一次测试的重量为 W_m,本次测试的重量为 W_n,在本阶段释放的缓蚀剂的重量为 W_m-W_n。

1.4.2 失重法评价腐蚀速率、缓蚀效率

腐蚀实验前依次使用丙酮、无水乙醇和去离子水对 N80 钢挂片表面进行脱脂去油处理,随后以冷风吹干,称重备用。进行腐蚀实验时,首先向实验容器中加入固体缓蚀剂(加量1g/L),随后加入预先设计好的腐蚀介质并进行挂片,体系的温度根据要求进一步设定。实验过程中在72h后收取第一组实验、第7天收取第二组实验、第14天收取第三组实验、第21天收取第四组实验、第28天收取第五组实验、第45天收取第六组实验和第90天收取第七组实验,其中腐蚀介质每7天更换一次。N80 钢挂片取出后,记录其宏观形貌后用酸洗液液(10%盐酸+0.14g/L 六次甲基四胺)清洗,清除干净腐蚀产物后以冷

风吹干，称重记录试片质量。依据标准 SY/T 5 273—2014《油田采出水用缓蚀剂性能指标及评价方法》和标准 Q/SY 126—2014《油田水处理用缓蚀阻垢剂技术规范》分别计算固体缓蚀剂的缓蚀效率和试片的腐蚀速率。

腐蚀速率（CR，mm/a）由下式计算：

$$CR = \frac{87600 \times (m_0 - m_1)}{A \times \rho \times t} \tag{1}$$

式中，m_0，m_1 分别为腐蚀实验前后试样的质量，g；A 为试样的表面积，cm^2；ρ 为试样的密度，g/cm^3；t 为实验时间，h。标准要求 $CR \leqslant 0.076$mm/a。

缓蚀效率（IE,%）由下式计算：

$$IE(\%) = \frac{v_0 - v_1}{v_0} \times 100 \tag{2}$$

式中，v_0，v_1 分别为腐蚀实验前后试样的腐蚀速率，g。标准要求 $IE \geqslant 70\%$。

1.4.3 电化学评价缓蚀效率

使用美国普林斯顿公司的 PARSTAT MC 型电化学工作站测量 N80 钢挂片的极化曲线和电化学阻抗谱。电化学测试使用三电极体系，工作电极为 N80 钢挂片（1cm^2），参比电极为饱和甘汞电极，对电极为铂片（1cm^2）。测试实验前向测试装置中通 CO_2、H_2S 混合气体 1h 除氧并在测试过程中持续注入 CO_2。在进行电化学测量之前，监测开路电位值 1h，达到稳定状态。极化曲线是在电位范围为 $-0.25 \sim 0.25$V（相对开路电位），扫描速率为 1mV/s。电化学阻抗谱在腐蚀电位下进行，频率范围为 $10^{-2} \sim 10^5$Hz，激励信号为正弦波，振幅为 5mV。Nyquist 图的等效电路模型和相关参数通过 ZView 软件拟合。

根据电化学阻抗谱和极化曲线可计算固体缓蚀剂对 N80 钢的缓蚀效率，计算公式如下：

$$\eta_{EIS}\% = 1 - \frac{R_{ct}^0}{R_{ct}} \times 100\% \tag{3}$$

$$\eta_{Taf}\% = 1 - \frac{i_{corr}^0}{i_{corr}} \times 100\% \tag{4}$$

式中，R_{ct}^0，R_{ct} 分别为添加固体缓蚀剂前后的电荷转移电阻，Ω/cm^2；i_{corr}^0，i_{corr} 分别为添加固体缓蚀剂前后的腐蚀电流密度，μA/cm^2。

2 结果与讨论

2.1 固体缓蚀剂的制备

通常情况下，固体缓释剂胶囊中所含的缓蚀剂越多，所制备的缓蚀剂在油井中释放和使用周期越长。本文中，将缓蚀剂和硅藻土混合的过程中发现，常温下当液态缓蚀剂和硅藻土的质量比超过 1:2.5 时，所制备的混合物黏性很大，不适合于后期的制备工艺。因此，所制备的固体缓释剂颗粒最终将液态缓蚀剂和硅藻土的质量比确定为1∶2.5。包覆材料选用成膜性能良好的EVA，在前期的研究中心发现，胶囊中EVA添加量小于30%时，胶囊的稳定性比较差，故本研究中EVA含量为30%。综合上述，固体缓释剂胶囊中液态缓蚀剂、EVA和硅藻土的质量比1∶1.5∶2.5。

所制备的固体缓蚀剂的理化指标测试结果见表1。从表1可以看出制备的固体缓蚀剂粒径分布在3~5mm，合适的粒径一方面便于从油井环形空间快速加注，另一方面保证在井底不堵塞井筒上的射孔。缓蚀剂颗粒密度为1.20g/cm³，适中的密度使其在加注过程中更容易到达井底。在水中浸泡固体缓蚀剂粒后，水溶液微碱性，保证了加入后不会引起管道的酸蚀。在高温浸泡下不破碎、不黏不连以及不上浮，表明固体缓蚀剂架构稳定。

表1　固体缓蚀剂的理化指标

项目	粒径(mm)	密度(g/cm³)	水溶液 pH(10g/L)	80℃浸泡30分钟
测定值	3~5	1.20	7.5	不破碎、不黏连 不上浮

图1(a)是固体缓蚀剂的外观照片，可以看出其大小均一，表面光滑且孔隙较少，形状呈纺锤形。图1(b)是固体缓蚀剂的断面形貌，可以看出淡黄色的缓释有效成分在其内部分布较均匀，并且固体缓蚀剂内部具有较多开放孔隙，有利于缓释有效成分的释放。从图(b)可以看出，所制备的微胶囊属于基质型微胶囊的结构，这种微胶囊的结构如图(c)所示。

(a)外观　　　　　　　(b)断面形貌　　　　　　　(c)结构示意图

图1　固体缓蚀剂的外观、断面形貌和结构示意图

2.2　固体缓蚀剂的释放行为

通过干燥称重法来评价固体缓蚀剂胶囊在不同温度下的释放速率，计算出固体缓蚀剂胶囊的释放结果如图2所示。由图2可知固体缓蚀剂胶囊的释放速率随着温度的升高而升高。当温度为80℃时，90天的释放量为96.8%，且在前21天内有一个快速的释放过程，接近90%的有效物质释放出来；而在之后的时间内，释放的缓蚀剂已经很少。温度为40~70℃时，固体缓蚀剂胶囊在前15天释放速率较快，15天之后释放过程变得相对平稳。因此，该固体缓蚀剂胶囊最可能是在70℃及以下的环境中使用，可以相对平稳的释放出有效成分，为管道提供缓蚀保护。高温出现释放不可控，主要是因为包覆固体缓蚀剂的EVA形变温度较低，高温下易发生结构坍塌，导致有效成分快速释放。在高于80℃情况下，所

制备固体缓蚀剂胶囊应该不具有长效性。

2.3 红外表征

图 3 为添加固体缓蚀剂胶囊前后 N80 钢表面以及固体缓释剂表面的 FT-IR 谱图。将在腐蚀介质中浸泡 3 天后的 N80 挂片表面水分用滤纸吸干，置于真空干燥烘箱中，50℃ 的温度干燥 10h。使用红外光谱仪的 ATR 附件采集 N80 钢表面、固体缓释剂表面的 FT-IR 光谱。对于固体缓蚀剂胶囊，$3000 \sim 2700cm^{-1}$ 处为 C-H 伸缩振动特征峰，$1745cm^{-1}$ 处为 C=O 伸缩振动特征峰[11]，$1606cm^{-1}$ 处为 C=N 伸缩振动特征峰，$1385cm^{-1}$ 处为 C-N 伸缩振动特征峰，这对应于该固体缓蚀剂胶囊中的季铵盐类缓蚀成分[12]。同时，$1100cm^{-1}$ 处为聚醚链 C-O-C 的伸缩振动峰，对应于该固体缓蚀剂胶囊中聚醚类表面活性剂成分[9]。腐蚀前的 N80 钢表面的 FT-IR 谱图基本上为一条直线，没有明显的吸收峰。而对于添加固体缓蚀剂胶囊失重测试后的 N80 钢表面，出现了固体缓蚀剂胶囊的相关特征峰，这表明固体缓蚀剂胶囊释放出的有效成分在腐蚀介质中扩散至 N80 钢表面并吸附成一层保护膜，有助于减缓了 N80 钢表面的腐蚀。

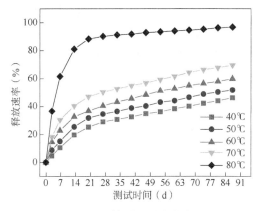

图 2 固体缓蚀剂胶囊在不同温度下的释放曲线

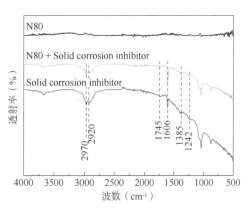

图 3 添加固体缓蚀剂胶囊前后 N80 钢表面的 FT-IR 谱图

2.4 固体缓蚀剂胶囊的缓蚀效果评价

2.4.1 不同腐蚀介质中的缓蚀效率和腐蚀速率

图 4 为添加固体缓蚀剂胶囊后 N80 钢在腐蚀介质(CO_2-矿化度体系、H_2S-矿化度体系和 CO_2-H_2S-矿化度体系)中不同实验周期的缓蚀效率和腐蚀速率，实验温度为 60℃。

从图 4(a)N80 钢片在腐蚀介质中的缓蚀效率结果可以看出，固体缓蚀剂胶囊在 90 天内对 N80 钢片在 CO_2-矿化度体系和 CO_2-H_2S-矿化度体系两种腐蚀介质具有明显的缓蚀效果，30 天的缓蚀效率达到 85% 以上，90 天的缓蚀效率依然维持在 80% 以上，说明这种固体缓蚀剂胶囊在 90 天内释放的有效成分完全能够满足以上两种工况的使用要求，并且具有较好的缓蚀效果。对于 H_2S-矿化度体系，固体缓蚀剂胶囊缓蚀效率明显下降，但仍然在 30 天内具有大于 70% 的缓蚀效率，但 30 天后缓蚀效率出现下降。

从图 4(b)N80 钢片在腐蚀介质中的腐蚀速率图片可以看出，N80 钢片在 CO_2-矿化度体系的腐蚀介质中腐蚀速率最大，在 CO_2-H_2S-矿化度体系的腐蚀介质中腐蚀速率次之，在 H_2S-矿化度体系的腐蚀介质中腐蚀速率最小。这说明 CO_2 相较于 H_2S 更容易引起 N80

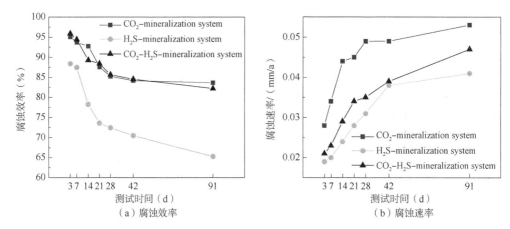

图 4　N80 钢片在添加有固体缓蚀剂胶囊的不同腐蚀介质中的缓蚀效率和腐蚀速率

钢片的腐蚀。有研究表明在腐蚀实验前期腐蚀介质中的 H_2S 的会在碳钢表面快速形成一层 FeS(Mackinawite 体)，阻塞活性阳极位点，显著降低均匀腐蚀速率[13,14]。因此，N80 钢片在 H_2S-矿化度体系腐蚀介质的腐蚀速率较低，向 CO_2-矿化度体系引入 H_2S 后，N80 钢片的腐蚀速率也有所下降，这也说明了 H_2S 具有一定的缓蚀效果。向三种腐蚀介质中加入固体缓蚀剂胶囊后，N80 钢片的腐蚀速率均小于 0.076mm/a，表明该固体缓蚀剂胶囊具有明显降低 N80 钢片均匀腐蚀速率的效果。

2.4.2　不同温度下固体缓蚀剂胶囊的缓蚀效率和腐蚀速率

图 5 为添加固体缓蚀剂胶囊后 N80 钢在不同温度(40℃、50℃、60℃、70℃和80℃)下不同实验周期的缓蚀效率和腐蚀速率，实验介质为 CO_2-H_2S-矿化度体系腐蚀介质。

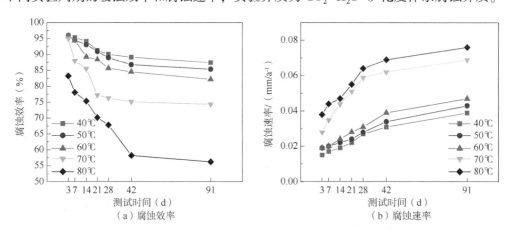

图 5　N80 钢片在添加有固体缓蚀剂胶囊的不同温度下的缓蚀效率和腐蚀速率

图 5(a)为添加了固体缓蚀剂胶囊后 N80 钢片在不同实验温度下的缓蚀效率和腐蚀速率结果。当实验温度在 40~70℃时，固体缓蚀剂胶囊具有明显的缓蚀效果，缓蚀效率在 90 天内持续维持在 75% 以上。这表明固体缓蚀剂胶囊在低于 70℃ 的工况中能够持续释放出有效成分，对 N80 钢片起到缓蚀作用。当实验温度为 80℃时，较高的缓蚀效率(>70%)只能维持 15 天左右。随着时间的延长，固体缓蚀剂胶囊的缓蚀效果明显减弱。这表明该固

体缓蚀剂胶囊产品在 80℃ 及以上的温度使用时，其内部的骨架材料会由于高温作用发生变形，导致前期释放过快，后期释放不足，使用寿命缩短。因此，在高温下，固体缓蚀剂胶囊需要耐热性更好的骨架材料来满足高温使用环境。

图 5(b) 为添加了固体缓蚀剂胶囊的 N80 钢片在不同实验温度下的腐蚀速率结果。可以看出，当实验温度在 40~70℃ 时，N80 钢片的腐蚀速率均小于 0.076mm/a，这也说明固体缓蚀剂胶囊在 70℃ 及以下的温度使用时具有良好的缓蚀效果，保护效果可以维持至少三个月。

3 结论

本文首先制备了基质型固体缓蚀剂胶囊胶囊，并研究了新型固体缓蚀剂胶囊的缓蚀特性，主要结论如下：

（1）腐蚀介质的组成对固体缓蚀剂胶囊的缓蚀效果有明显的影响，该固体缓蚀剂胶囊对于 CO_2-矿化度体系和 CO_2-H_2S-矿化度体系的缓蚀效果较好，在 90 天内 N80 钢片的缓蚀效率均大于 75%；而对于 H_2S-矿化度体系，缓蚀效果需要进一步改善。

（2）腐蚀介质的温度对固体缓蚀剂胶囊的缓蚀效果有明显的影响，在 40~70℃ 范围内，固体缓蚀剂胶囊表现出好的缓释效果。但在 80℃ 时，固体缓蚀剂胶囊释放速率较快，缓蚀周期较短。主要是因为包覆材料 EVA 由于高温作用发生变形，导致有效成分释放过快。因此，对于固体缓蚀剂胶囊，合适的使用温度非常重要。

（3）固体缓蚀剂胶囊释放过程呈现出前期较快，后期较慢的特点。前期释放量大有助于快速形成保护膜，后期释放量小，所释放的有效成分主要用来修补破损的保护膜。因此，后期低的释放浓度依然能够保证一个较高的缓蚀效率。

参 考 文 献

[1] Alamri A. H. Localized corrosion and mitigation approach of steel materials used in oil and gas pipelines-An overview [J]. Engineering Failure Analysis. 2020, 116: 104735.

[2] Shang Z, Zhu J. Overview on plant extracts as green corrosion inhibitors in the oil and gas fields [J]. Journal of Materials Research and Technology. 2021, 15: 5078-5094.

[3] Shamsa A, Barker R, Hua Y, et al. Impact of corrosion products on performance of imidazoline corrosion inhibitor on X65 carbon steel in CO_2 environments [J]. Corrosion Science. 2021, 185: 109423.

[4] Askari M, Aliofkhazraei M, Jafari R, et al. Downhole corrosion inhibitors for oil and gas production-a review [J]. Applied Surface Science Advances. 2021, 6: 100128.

[5] Chong A. L, Mardel J. I, Macfarlane D. R, et al. Synergistic corrosion inhibition of mild steel in aqueous chloride solutions by an imidazolinium carboxylate salt [J]. ACS Sustainable Chemistry & Engineering. 2016, 4(3): 1746-1755.

[6] 艾俊哲, 段立东, 王欢. 咪唑啉固体缓蚀剂的溶解性能及缓蚀性能 [J]. 腐蚀与防护. 2019, 40 (10): 740-746.

[7] Cherubin A, Guerra J, Barrado E, et al. Addition of amines to molasses and lees as corrosion inhibitors in sustainable de-icing materials [J]. Sustainable Chemistry and Pharmacy. 2022, 29: 100789.

［8］石鑫，曾文广，刘冬梅，等. 固体缓蚀剂的耐温性及释放速率实验［J］. 油田化学. 2019，36(2)：348-352.

［9］Xing X，Wang J，Hu W. Inhibition behavior of Cu-benzoltriazole-calcium alginate gel beads by piercing and solidification［J］. Materials & Design. 2017，126：322-330.

［10］Farag A. A，Badr E. A. Non-ionic surfactant loaded on gel capsules to protect downhole tubes from produced water in acidizing oil wells［J］. Corrosion Reviews. 2020，38(2)：151-164.

［11］Wang G，Li W，Wang X，et al. A Mannich-base imidazoline quaternary ammonium salt for corrosion inhibition of mild steel in HCl solution［J］. Materials Chemistry and Physics. 2023，293：126956.

［12］刘晶，张光华，郭杜凯，等. 三嗪基聚醚双子咪唑啉的合成及缓蚀性能［J］. 精细化工. 2021，28(2)：419-425.

低渗透油田油井长效缓蚀技术研究与
试验进展

李琼玮[1,2]　郭　钢[1,2]　苑慧莹[1,2]　李成龙[1,2]　刘广胜[1,2]　姜　毅[1,2]
孙雨来[1,2]　杨立华[1,2]

(1. 低渗透油气田勘探开发国家工程实验室；
2. 中国石油长庆油田分公司油气工艺研究院)

摘　要： 针对低渗透油田的油井数多、单产低和开发周期长等特点，为实现高效经济开发，提升缓蚀剂效率、加注规律及合理加注制度等方面的研究和应用，多年来始终是油田生产工艺关注的重点。

以实现缓蚀剂长效化和综合加注效果的经济性为目标，从缓蚀剂成型模式和快速加注工艺方面，分析固体块状缓蚀剂（第一代）的应用不足，研究提出了适应不同油气井生产工况和需求的技术迭代方向：固体颗粒体系（第二代）、分散胶囊体系（第三代）和分段释放工艺（第四代）。根据缓蚀剂成型难度和成本差异，通过迭代技术的现场规模试验和测试评价，初步形成了第一、二代技术相关标准和第三、四代技术的专利体系，为低渗透油田油气井的井筒完整性长效防护提供了技术保障。

关键词： 缓蚀剂；成型工艺；长效；控制释放；防腐效果

1　低渗透油田油井缓蚀剂技术现状

油气井长期生产过程中，缓蚀剂技术是控制井筒油套管腐蚀问题的主要手段之一。多年来，为提升缓蚀剂的保护效果，人们围绕缓蚀剂配方和加注工艺、效果监测与评价等方面开展了大量研究工作。

地处鄂尔多斯盆地内的长庆油田作为国内产量的最高油气田，2022年油气当量超过 6500×10^4 t。油田以开发低渗透/特低渗透油藏为主，油水井分布区域分散，总数近 10×10^4 口。相较于国内外高渗透油藏，长庆油田虽然油井日均产量低、但开发周期长，有较好的稳产能力。

部分浅层井（产量占比35%）因产出液 CO_2 含量高且存在不同量的腐蚀性细菌，造成长段动液面以下的套管内腐蚀速率高（局部腐蚀速率平均 $0.8 \sim 3$ mm/a），油井套管腐蚀破损的平均寿命 $6 \sim 8$ 年。针对此类井的早期老井，主要采用缓蚀剂结合油管耐温阳极，控制动液面以下段内腐蚀；在新井建设中，配套套管高性能内涂层，当涂层损伤或老化后，也需要加注缓蚀剂进一步控制局部的腐蚀段。此外，全油田投产超过 10 年的油水井有 3.6×10⁴ 口，也需要采取防控措施，避免腐蚀套损。

2 常用缓蚀剂及其加注技术

油井缓蚀剂产品在应用中，对其组分及性能、产品质量控制等已开展了大量研究试验，形成了很多标准规范。油田常用缓蚀剂的性能主要指标见表 1。为实现缓蚀剂加注的长效性，加注工艺以液体缓蚀剂为主，也有采用固体成型工艺制成的棒、块及工作筒，见表 2。

表 1 现场常用缓蚀剂的主要指标

种类	型号	密度	凝点℃	pH	缓蚀率
咪唑啉	AD4 *	0.95~1.05	≤-14	9~10	≥70%
季铵盐	RX-6 *	≥1.0	/	5.0	≥70%
	MH-4 *	0.8~1.0	≤-15	/	≥90%
	YB-19 *	0.95~1.05	/	8.6	≥65%

表 2 油田常用的缓蚀剂加注技术

技术	加注释放控制方法			成型释放控制方法		
	人工加注	连续加注	井下电控加药	压裂伴注防腐颗粒	储层挤注	固体缓蚀棒
优点	加量控制灵活	浓度控制准确；与井寿命同步	油管储药；电控系统定期打开	与支撑剂同步注入	缓慢释放，周期长	工艺简单，无需人工管理。
缺点	井多面广、管理难	设备及附件复杂；有毛细管时，易堵塞。	电池寿命、开关可靠性难保障。	一次加量大；适于高产井	适于高产井，潜在储层伤害	溶解控释难度大。
成本	低(约1.1万元/年)	高(>8万元/年)	中(5~6万元/年)	较高(20万元/年)	高(>6万元/年)	低(0.7万元/年)
有效期	短(7~15天)	短(每天)	长(1~1.5年)	较长(2~3年)	长(0.5~1年)	中(6~10个月)

现有缓蚀剂及其加注技术在浅层井的现场应用中，存在无法适应管理要求的局限性：

(1) 缓蚀剂加注日常管理难：通过地面泵注系统的连续加注工艺，要么需要配套井下毛细管加注系统，要么针对地面丛式井组的"一机多井间隔轮巡加药"，具有数据远传和远程控制的功能，但设备一次性投资高，冬夏季等的维护管理工作量大，难以在低渗透油田规模应用。而丛式井组规模生产区域，按照 7~10 天/次的规律，进行人工井口倒加缓蚀剂，往往员工劳动强度大，易受天气等影响大；边远井、高气油比井等的井口加注难，更为费时费力。

(2) 缓蚀剂的主要成分、溶剂类型等决定了液态药剂的密度总体比水低。为满足低渗透油井生产的供排平衡，抽油泵的泵挂深度一般在动液面下 150~200m，而油井动液面到井底射孔段之间的液面深度基本都处于 600~1000m，两个深度的平均差值达到 400~

900m。这样在井口加注缓蚀剂后，低密度的缓蚀剂主要随着抽油泵的抽汲采出，仅能保护泵-动液面之间的套管和泵、管杆系统，无法有效沉降到井底，也就无法保护井底-泵段的400~900m长段。

（3）井下电控/点滴加药等技术受制于有机材料组件易溶胀、漏失和成本稍高。井下固体缓蚀棒及其工具，已有类似的技术标准规范化要求，但整体看其有效周期短，受井下作业、井温等影响，难以长期控释。

针对以上技术的不足，提出缓蚀剂固体化成型、长效化控制释放的技术方向。

3 缓蚀剂技术迭代思路

3.1 固体块状缓蚀剂的不足分析

借鉴油田前期在固体缓蚀块的加工和评价经验，及与大庆采油院共同编制 Q/SY 01876—2021《固体阻垢器性能评价及验收规范》等所开展的评价工作。无论加工成型为环、块或柱状，其主要工艺是以单纯水溶性或油溶性材料为载体、缓蚀剂为主剂并配合适量表面活性剂等，通过成型模具热压或注塑成型。但仅能在修井作业过程中，更换的固体缓蚀工作筒随油管挂入井，受载体在油水介质中的溶解性限制，有效期有限，还需提高缓蚀的连续有效性。

3.2 技术迭代思路

以常用缓蚀剂体系为主体，通过添加骨架、加重和包覆、分散组分，经过捏合-造粒/注塑/乳液聚合等成型工艺，形成高密度的颗粒或分散胶囊体形态，这样既可保证井口快速加注便利，又可使缓蚀剂沉降到井底后，油水产出液中的有效成分缓慢释放，保持持续高于最低有效浓度的水平。如需进一步延长缓蚀剂释放有效期或适应水平井、隔采井等特殊井生产需求，可以将成型药剂与井下工具的机械化学控制技术组合，提升缓蚀效果。

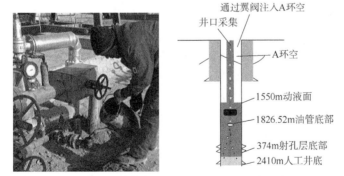

通过翼阀注入A环空
井口采集
A环空
1550m动液面
1826.52m油管底部
374m射孔层底部
2410m人工井底

图1　缓蚀剂日常加注(左)、颗粒或分散聚合体缓蚀剂加注(中、右)

4 新型缓蚀剂技术室内评价与现场试验

4.1 第二代技术评价与试验效果

研究了固体颗粒化的防 CO_2 腐蚀的缓蚀/防垢剂，在颗粒成型-加注方式-释放周期-

效果评价等方面的规模性试验，实现了一次加注有效期近 3 个月，产出液腐蚀性 Fe^{2+} 浓度降低 60% 以上，并大幅降低了加注频次和劳动强度。

固体颗粒缓蚀剂的技术指标主要为：有效组分含量>30%，耐温压性能优良且密度≥ 1.3g/cm³、释放速度>1.8mg/(g·d·L)。室内开展了颗粒缓蚀剂不同介质中溶解规律、释放周期和高温高压缓蚀扩散试验率、残余浓度检测方法评价。环空加注流程是：(1) 预冲洗井筒；(2) 根据产出液量和含水程度，计算单次平均 200kg 的加量，通过环空注入颗粒；(3) 含防垢剂的水后顶替；(4) 关井 6~8h，颗粒充分沉降于井底口袋；(5) 复产后，通过扩散、产液流动缓慢释放缓蚀剂。已应用超过 1500 口井，多轮次效果良好。

表3 典型井第二代缓蚀剂加注效果

井号	产液（m³）	含水（%）	试验前后，产出液 Fe^{2+} 浓度（mg/L）					
			试验前	1个月	2个月	3个月	4个月	5个月
Z289-3	1.37	76.8	24	10.0	32.5	25.6	16.4	12.5
Z96-2	4.61	93.0	44	4.60	0.08	间歇出液，无法取样	0.5	21.5
Z331-8	2.54	60.2	1.7	0.02	0.20	0.82	0.6	0.22

4.2 第三代技术的研究进展

针对颗粒缓蚀剂井口环空加注需要顶替用水、罐车等配套，及部分井环空压力高、伴生气量大，加注效率低的难点，通过乳液聚合的多步合成、包覆，制成分散胶囊体系。有效组分含量、密度和释放速度都可达到同类固体颗粒缓蚀剂的水平。现场采用小型柱塞泵可实现正压下快速注入，比较适于低渗透油田生产管理的需求。

近 3 年来，先后试制合成了 2 种类型产品，开展了近 10 口井的试验。在分散胶囊缓蚀剂体系的稳定释放、浓度控制方面，还需要继续深化提高。

4.3 第四代技术的研究与试验效果

针对隔采井的环空无法加药、水平井的产液段易受颗粒或胶囊体影响，同时油井投产后，当含水>30%会出现水包油乳化态改变，加剧井筒腐蚀程度等问题，提出了替代传统井筒加药模式的分段释放工艺。技术思路是：长效控释工具由多节按照井况设计长度的储药短节组成，筒间被可溶金属隔板纵向上分隔。在油井进行井下作业时，随采油管柱和封隔器等下入油井内。可溶隔板在一定矿化度溶液和温度的工况下，会逐级发生溶解。井液进入储药筒，药剂溶解释放。探索该工艺一次达到 2 年以上的有效期，既与当前油井的检泵周期相当，又可大幅提高防腐防垢效果。

通过试验，基本解决了长效释控工具结构设计（主要由连接器、可溶隔板、排气阀、中心管、储药筒等组成）、配套药剂成型和井下释放、井下释控状态监测等技术难点。

2021—2022 年，在现场开展了 10 口井的长效控释工具试验，同步配套产出液 Fe^{2+} 和缓蚀剂示踪剂浓度监测。典型井 Z28*-301 的控释试验工具下井 7 个月，已打开的可溶隔板在油井液中完全溶解；排气阀顺利打开，形成循环通道；储药筒内的缓蚀剂完全溶解，中心管通道畅通如图3所示。

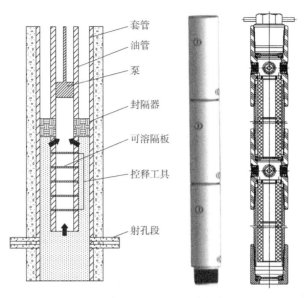

图 2　长效释控工具原理及实验装置图

图 3　可溶隔板溶解后，最下部第 1、3 和 4 节排气阀均完全打开，管柱无腐蚀

控释工具的可溶隔板设计单段溶解时间为 1 个月，储药筒分段设置了 5 个可溶隔板，理论溶解时间为 2~3 个月。2 口典型井的实际试验中(见图 4)，储药筒内还添加了含氮有机示踪剂，连续监测显示可溶隔板与设计时间基本一致，受产出液含水量影响，含水较低井的可溶隔板溶解时间相应延长。

5　结论和下步研究建议

（1）围绕低渗透油田油井缓蚀剂成型、快速加注工艺，研究提出了适应不同油井生产工况和长效需求的固体颗粒体系(第二代)、分散胶囊体系(第三代)和分段释放工艺(第四代)技术迭代方向。通过迭代技术的现场规模试验和测试评价，初步形成了第一、二代技术相关标准和第三、四代技术的专利体系，为低渗透油田油气井的井筒完整性长效防护提

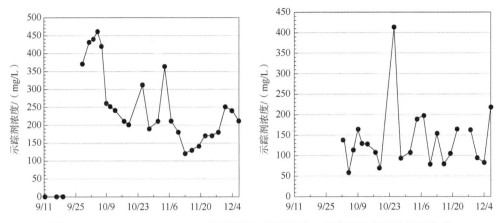

图 4 Z28 * -301、Z29 * -297 井的控释工具试验中，示踪剂浓度连续监测曲线

供了技术方向。

（2）下步继续在缓蚀剂成型技术、有效浓度监测和效果等方面深化研究，需加强室内、现场应用层面的试验评价，以提升缓蚀剂长效化和综合加注效果的经济性。

参 考 文 献

[1] 王明瑜，何建军，蒋天昊，等. 数字化多井口加药装置的研究与应用[J]. 石油化工应用，2012（1）：85-87.

[2] Q/SY 01876—2021. 固体阻垢器性能评价及验收规范[S].

[3] 胡山峰，刘杲章. 点滴加药装置简介[J]. 油气田地面工程，2004（7）：63.

[4] Britt M. H., Odd G. S., John H. O., et al. Downhole Chemical Injection Lines-Why Do They Fail? Experiences, Challenges and Application of New Test Methods[C]. SPE International Conference on Oilfield Scale. Aberdeen, UK, May 30-31, 2012：SPE 154967.

[5] 黄红兵，刘友家，艾天敬. 水溶性棒状缓蚀剂 CT2-14 的研究及应用[J]. 石油与天然气化工，2000，29（4）：191-194.

[6] 王锐. 腰英台油田采出井阻垢防腐工艺技术[J]. 油气田地面工程. 2010（07）.

[7] 周云，付朝阳，郑家燊. 耐高温固体缓蚀防垢剂的研制[J]. 材料保护，2004，37（6）：14-16.

[8] Weirich, J. B., Monroe, T. D., Beall, B. B., et al. Field Application of Chemically Treated Substrate in Pre-packed Well Screen. January 1, 2011：SPE 141054.

[9] Brown J. M., Gupta D. V. S., Taylor G. N. et al. Laboratory and field studies of long-term release rates for a solid scale inhibitor[C]. SPE International Symposium on Oilfield Chemistry, 2011.

[10] 贾方，王佳. 油田系统微胶囊缓蚀剂研究与应用进展[J]. 中国腐蚀与防护学报，2006，26（4）：251-256.

[11] 蔡涛，王丹，宋志祥，等. 微胶囊的制备技术及其国内应用进展[J]. 化学推进剂与高分子材料，2010，8（2）：20-26.

[12] Wazarkar K., Patil D., Rane A.. Micro encapsulation：an emerging technique in the modern coating industry, RSC advances, 2016, 108（6）：106964-106979.

黄土塬地貌套管阴极保护深井阳极床设计参数研究

王小勇[1,2]　李成龙[1,2]　刘广胜[1,2]　杨立华[1,2]　程碧海[1,2]　王卫军[1,2]

(1. 中国石油长庆油田公司油气工艺研究院；
2. 低渗透油气田勘探开发国家工程实验室)

摘　要：套管外加电流阴极保护技术中阳极床性能决定了系统运行效果。通过建立边界元三维立体模型，利用 Beasy 软件，在井场几何模型、土壤分层电阻率模型和三电极馈电测试基础上，对阳极床的几何位置、埋藏深度、阳极数量等参数进行优化。现场根据井场实际几何形状，参考管线屏蔽，地形地貌确定阳极床与套管的位置，采用阳极床埋深 250m，单井套管的高硅铸铁阳极长度为 2.0～2.5m 后，系统运行稳定，阳极接地电阻 2～3Ω，套管保护电位可以达到-1.25～-0.85V 设计要求。

关键词：套管、阴极保护、阳极床、数字模拟、参数优化

多年来油田的生产井套管阴极保护技术在控制套管外腐蚀方面建立了一整套相对完善的理论体系和工程技术应用标准[1-4]，其中国内油田从上世纪七十年代开始套管在江汉、大庆、长庆等油田规模应用阴极保护，其工程应用的良好效果也得到了大量实践验证。长庆油田丛式井组阴极保护 1996—2014 年应用 1000 多井组，7000 余口井，套损率 2.8%，取得了较好的效果[5-6]。

外加电流阴极保护技术中，整流器或其他电源规格、埋地电缆的型号和尺寸以及地床阳极性能决定了系统运行效果。地床阳极性能由阳极相对于油井的位置、阳极的数量和阳极的型号、尺寸、埋深、填料和阳极间距决定等参数决定。同时黄土塬地貌的鄂尔多斯盆地应用时，地表包括黄土层、胶泥层、砂石层、羊干石层和稳定石板层，其成分组成和湿度引起的电导率相差很大。套管阴极保护(1)阳极床与油水井的相对几何位置；(2)阳极床的埋深；(3)阳极数量或阳极活性段长度需要优化参数，提高套管的保护效果。

1　数学模型建立

套管阴极保护数据模拟研究较多，如边界元模型方面延长油田进行了阳极不同埋藏深

基金项目：中国石油天然气集团有限公司"长庆油田重点腐蚀区块套损防治技术研究与试验"(长油【2016】141 号)，长庆油田分公司《油田重点腐蚀区长停井、套损井防治关键技术研究》。

度对保护效果的影响[7]，王萌等研究了电流对套管阴极保护的效果[8]。杜艳霞[9]等利用边界元方法对套管阴极保护性能进行了评价，研究了阳极床的阳极深度、阳极长度以及阳极与井套管之间的距离关系。国外应用边界元模型和 BEASY 软件研究水泥环在"裸""湿""干"和"混合"条件下不同外加电流对套管阴极保护的影响[10]。赵健[11]等人利用自建的阴极保护电位分布公式，对套管的井下阴极保护电位分布进行研究。本文建立了边界元三维立体模型，利用 Beasy 软件，在井场几何模型、土壤分层电阻率模型、单井电流和三电极馈电测试基础上，对阳极床的参数进行优化，获得最佳运行参数，为阴极保护系统建设提供依据。

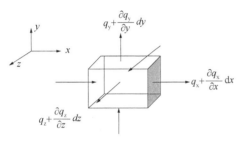

图 1　阴极保护微 Y 体

在黄土塬地区阴极保护体系中，土壤含水率、含盐率等参数的分布是不均匀的，因此土壤介质的性质也不是均匀一致的。下面采用不均匀介质数学模型进行阴极保护电位分布描述。假定在一定的时间段内阴极保护体系处于稳态，在研究区域内取一微 Y 体，如图 1 所示。设微 Y 体内土壤介质均匀，土壤电导率为 σ，电流 $q = (q_x, q_y, q_z)$ 密度，对于稳恒电流场，根据基尔霍夫定律，进出区域的电通量之和为零，即

$$divq = \frac{\partial q_x}{\partial x} + \frac{\partial q_y}{\partial y} + \frac{\partial q_z}{\partial z} = 0 \tag{1}$$

考虑介质不均匀情况下外加电流阴极保护系统的电位分布数学模型分别如下：

$$\begin{cases} V: \dfrac{\partial}{\partial x}\left(\sigma \dfrac{\partial \varphi}{\partial x}\right) + \dfrac{\partial}{\partial y}\left(\sigma \dfrac{\partial \varphi}{\partial y}\right) + \dfrac{\partial}{\partial z}\left(\sigma \dfrac{\partial \varphi}{\partial z}\right) = 0 \\[2mm] \Gamma_A: \varphi = \varphi_{a/s} = \varphi_a - \Delta\varphi_{a/s} \ 或 \ \sigma_a \dfrac{\partial \varphi}{\partial n} + j_a = 0 \\[2mm] \Gamma_C: \sigma_c \dfrac{\partial \varphi}{\partial n} + f(\varphi_c - \varphi) = 0 \\[2mm] \Gamma_1: \partial\varphi/\partial n = 0 \\[2mm] \varphi_a - \varphi_c = \Delta\varphi_{power} - \Delta\varphi_a - \Delta\varphi_c - \Delta\varphi_{cable1} - \Delta\varphi_{cable2} \end{cases} \tag{2}$$

式中，V 为计算求解的电解质区域；φ 为求解区域内各处的电位；x、y、z 为空间坐标；Γ_A 为包围辅助阳极体的电解质边界；φ_a 为辅助阳极体电位；$\Delta\varphi_{a/s}$ 为辅助阳极对电解质电位，即通常所说的辅助阳极极化电位；j_a 为辅助阳极表面极化电流密度；σ 为电解质的电导率；Γ_C 为包围阴极体的电解质边界；φ_c 为阴极体电位；Γ_1 为电解质绝缘边界；$\Delta\varphi_{power}$ 为外加电源电压；$\Delta\varphi_a$ 为辅助阳极考察点电位降；$\Delta\varphi_c$ 为阴极体考察点相对通电点的电位降；$\Delta\varphi_{cable1}$ 为电源正极到辅助阳极体的电缆电压降；$\Delta\varphi_{cable2}$ 为阴极通电点到电源负极的电缆电压降。

边界条件设置：（1）阳极边界条件，不考虑辅助阳极材料输出电流和电位随时间的变化，即将阳极区定义为具有恒定的电流值；（2）绝缘面边界条件，对于绝缘表面，电流不随时间发生变化，为常数零；（3）阴极边界条件，阴极区表面上的边界条件采用极化函数进行定义：$\partial\varphi(x, y, z)/\partial n(x, y, z) = -f_c/\sigma$，$f_c$ 为阴极极化函数，表示电流密度与电位之间的函数关系，采用专业的边界元计算软件 Beasy 对所建模型进行求解。

2 土壤分层电阻率和边界条件确定

在阳极及填料选定之后，套管阴极保护系统的地床深井阳极性能由位置、埋藏深度决定，地层的电阻率等决定。

2.1 土壤分层电阻率

套管阴极保护设计优化方法中土壤电阻率的获得，可以采用温纳等距四极法也可采用钻井时的测井数据，本实验采用钻井时不同岩层的测井数据，见表 1。

表 1　数模土壤分层电导率

土壤分层	深度（m）	电导率（S/m）	不同岩性层界面
1	0~180	0.022	黄土层—胶泥混层
2	180~280	0.04	HH 组
3	280~450	0.071	HC 组
4	450~810	0.076	LY 组
5	810~860	0.05	AD 组
6	860~1100	0.055	ZL 组
7	1100~1330	0.052	YA 组
8	1330~1880	0.076	HY 组

2.2 阴极边界

阴极边界即为极化曲线测试所求的数据，将所得实验数据等间距选取后导入 Beasy 软件的极化数据库。根据现场调研测试将地下分为三层的边界条件：0~20m、20~40m、40~1880m，实际套管的服役情况为套管有锈层和套管外壁有水泥返高保护，具体数据如图 2 所示。

2.3 阳极边界

这里的阳极边界，即将阳极区定义为具有恒定的电流值。

2.4 求解边界

本部分主要针对单口井阴极保护系统，根据实际试验的套管和辅助阳极尺寸进行基础

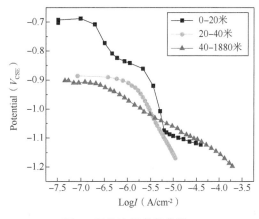

图 2　极化边界条件曲线

模型的建立(图3和图4)。其中表层套管尺寸：0~210m：φ244.5mm 的 Q235 钢管；生产套管尺寸：210~1880m：φ139.7mm 的 Q235 钢管。辅助阳极尺寸：φ215m 的 Q235 钢管。具体计算区域：1000m×1000m×3000m 的长方体。以下为单口套管基础数学模型的建立。

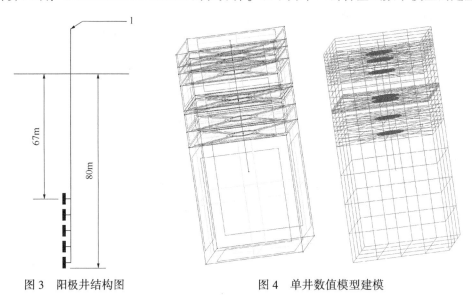

图3　阳极井结构图　　　　　　　　　　图4　单井数值模型建模

3　单口油井深井阳极优化计算研究

从整体上看，随着外加电流的增加，阴极保护效果逐渐好转，在辅助阳极附近的位置电位负向偏移。对深 1500m、5½in 套管，根据电位剖面测试，当 2A/井时即可消除腐蚀阳极区，通过大量实例证明单井运行电流 3-8A 可保证良好效果[12]，下面将以此为基础对 0~1000m 套管保护参数进行研究。

3.1　阳极水平位置

在考察阳极与套管之间的距离对套管电位分布规律的影响时，其他条件保持不变，仅更改阳极距离考察阳极距离对电位分布的影响，单井套管与深井阳极水平位置为 7m、12m、17m、22m 和 27m，以阳极床深度 200m 进行研究(表3)。

表3　不同阳极距离的套管电位分布

阳极水平位置		7m	12m	17m
套管电位 （mV$_{CSE}$）	0~20m	−956.581~−857.637	−959.075~−858.766	−960.763~−859.689
	20~40m	−1019.71~−956.581	−1019.349~−959.075	−1018.45~−960.763
	40~1880m	−1056~−949.289	−1050.1~−950.953	−1041.7~−952.531
阳极水平位置		22m	27m	
套管电位 （mV$_{CSE}$）	0~20m	−961.181~−860.249	−960.44~−860.442	
	20~40m	−1016.94~−961.183	−1015.19~−960.44	
	40~1880m	−1035.8~−953.961	−1031.7~−955.218	

结果可以看出，随着阳极与套管距离的增加，套管整体保护均匀性得到优化，阳极距离分别为 7m、12m、17m、22m 和 27m 情况下，随着阳极与套管的距离增大，套管整体保护电位分布均匀性增加。

3.2 阳极埋深

因为表层套管一般下深大于 200m，在此主要考查阳极埋设深度对 200～1000m 套管保护电位分布规律的影响。分层电导率值采用原始数据，阴极边界为图 2 的半阴极极化曲线，阳极与套管距离恒定，外加电流值恒定，考察阳极埋深分别为 100m、150m、200m、250m、300m 对套管保护电位分布影响，计算结果如表 4 所示。

表 4   不同阳极距离的套管电位分布(200～1000m)

埋深	100m	150m	200m
套管电位(mV_{CSE})	$-985.31 \sim -952.36$	$-1001.9 \sim -953.15$	$-1046.1 \sim -953.16$
埋深	250m	300m	
套管电位(mV_{CSE})	$-1047.5 \sim -953.7$	$-1051.2 \sim -955.65$	

阳极不同埋设深度的保护效果相似，随着阳极埋深的逐渐增加，埋深为 300m 保护效果相对于其他位置较好，综合保护电位数据、电位均匀程度和阳极床施工费用，推荐 200～300m。

3.3 阳极活性段长度

在考查阳极埋设深度对套管整体保护电位分布规律的影响，首先恒定其他影响因素，分层电导率值采用原始数据，仅改变活性段长度为 3m、6m、13m、20m 和 27m 来考察其对套管电位分布的影响。

表 5   不同活性段长度的套管电位分布

阳极活性段长度		3m	6m	13m
套管电位 (mV_{CSE})	0～20m	$-951.23 \sim -856.63$	$-953.732 \sim -857.49$	$960.763 \sim -859.69$
	20～40m	$-1013.57 \sim -951.23$	$-1014.87 \sim -953.732$	$-1018.45 \sim -960.763$
	40～1880m	$-1042.2 \sim -952.549$	$-1042.1 \sim -952.543$	$-1041.7 \sim -952.531$
阳极活性段长度		20m	27m	
套管电位 (mV_{CSE})	0～20m	$-969.486 \sim -863.573$	$-980.076 \sim -869.749$	
	20～40m	$-1023.54 \sim -969.486$	$-1029.48 \sim -980.076$	
	40～1880m	$-1040.9 \sim -952.523$	$-1040 \sim -952.519$	

结果显示随着阳极活性段长度的增加，套管整体保护均匀性得到优化，随着阳极活性段增大，套管上部的电位逐渐负向偏移，套管整体保护电位分布均匀性增加。但从电位分布范围上看，变化并不明显。

4 结论

通过建立边界元三维立体模型，利用 Beasy 软件可以优化黄土塬地区典型环境下外加电流阴极保护系统中阳极床的各项参数，实际系统运行情况验证了参数了合理性。实践证明通过优化的阴极保护系统，运行平稳，各项保护参数均能达到设计要求，具体有以下几点：

（1）根据井场实际几何形状，参考管线屏蔽，地形地貌确定阳极床与套管的位置。

（2）采用阳极床埋深 200～300m，实际埋深 250m，系统运行稳定，阳极接地电阻 2～3Ω，套管保护电位可以达到 -1.25～-0.85V 设计要求。

（3）阳极活性段长度与套管保护电位关联性不强，因此考虑系统设计寿命 15 年，确定单井套管的高硅铸铁阳极长度为 2.0～2.5m，如果多口井可根据保护井数和设计寿命核算阳极活性段长度。

参 考 文 献

［1］ NACE Standard RP0186(latest revision)，"Application of Cathodic Protection for Well Casings".

［2］ NACE StandardRP0572(latest revision)，"Design，Installation，Operation，and Maintenance of Impressed Current Deep Groundbeds".

［3］ BS EN 15112—2021.《External cathodic protection of well casings》［S］.

［4］ GB/T 33791—2007. 钢质井套管阴极保护耐蚀作业技术规范［S］.

［5］ 杨全安. 实用油气井防腐蚀技术［M］. 北京：石油工业出版社，2012.

［6］ Yonggao Xu，Quan'an Yang，Qiongwei Li，Bihai Chen. The Oil Well Casing's Anticorrosion and Control Technology of Changqing Oil Field，SPE 104445.

［7］ 黄国胜，邢少华，王巍，等. 非均质土壤中油井套管外加电流阴极保护的数值仿真［J］. 材料保护，2016，25(4)：55-58.

［8］ 王萌，卫续. 深井套管阴极保护干扰的数值模拟研究［J］. 石油化工高等学校学报，2017，30(5)：93-97.

［9］ Jinzhu Zhang，Yanxia Du，Minxu Lu. Numerical Modeling Of Cathodic Protection Applied To Deep Well Casings. Paper Number：NACE-2012-1359.

［10］ Andres B. Peratta，John M. W Baynham，Robert A. Adey. Enhancing Design And Monitoring Of Cathodic Protection Systems For Deep Well Casings With Computational Modeling. Paper Number：NACE-10399.

［11］ 赵健，常守文，张莉华，等. 深井套管阴极保护的计算与分析［J］. 腐蚀科学与防护技术. 2003，15(5)：282-284.

［12］ 杨全安，李琼伟，何治武. 长庆油田丛式井组套管的阴极保护，腐蚀与防护［J］. 2000，21(8)：370-372.

老油田高含水开发后期腐蚀治理工艺研究

马宇博　李贵年　佟建成　刘　彬　李良帮

(中国石油化工股份有限公司中原油田分公司)

摘　要：文留油田经过四十多年的开发进入高含水期，且井筒环境恶劣，生产系统存在各种腐蚀问题，主要影响因素和规律不明确，存在防腐盲区，防腐措施缺乏针对性，缺乏数据支持。通过开展老油田高含水开发后期防腐治理工艺研究，以腐蚀机理研究为抓手，明确了腐蚀影响因素、腐蚀规律等，开展了新型缓蚀剂、优选管材、重点部位强化防腐保护措施的研究。通过配套系列工艺改进应用，达到了降低生产系统腐蚀速率的目的，实现了老油田开发后期的效益开发。

关键词：文留油田；腐蚀速率；高含水开发后期；新型缓蚀剂；优选管材

1　概况

随着油田不断地的深入开发，面临综合含水上升、腐蚀机理不断变化、腐蚀现象越来越严重等问题。具不完全统计油田每年因各类腐蚀造成经济损失达数百亿元，给油田生产带来了巨大的安全环保隐患。腐蚀成为油田开发中的一大难题。

文留油田地处河南省濮阳市濮阳县，区域构造位于东濮凹陷中央隆起带文留构造内[1]，具有文中、文东、文南油田58个开发单元，动用含油面积122.69km²，石油地质储量19274.7×10⁴t，标定采收率27.2%，可采储量5230.6×10⁴t，属于多类型复杂断块油气藏，以中、低渗油藏为主，其中低渗油藏储量占比60%，具有"五高两低一小"的特点。即原始地层压力高、饱和压力高、原始溶解气油比高、油藏温度高、地层水矿化度高、原油密度低、原油黏度低、地饱压差小(表1)。

表1　文留油田分油藏类型油藏参数统计表

油藏类型	含油面积（km²）	地质储量（10⁴t）	标定采收率(%)	可采储量（10⁴t）	油藏中深（m）	孔隙度（%）	渗透率（10⁻³μm²）	原始地层压力（MPa）	压力系数	温度（℃）	地层水矿化度（10⁴mg/L）
中渗油藏	59.74	7737.3	35.5	2748.59	2234~3080	17.6~26	44~263.5	22.9~40.8	1.04~1.36	80~120	18~31.5
低渗油藏	100.48	9358	22.83	2131	3000~3750	8.3~20	3.35~47.3	32~69	1.24~1.88	115~150	28~37

续表

油藏类型		含油面积（km²）	地质储量（10⁴t）	标定采收率（%）	可采储量（10⁴t）	油藏中深（m）	孔隙度（%）	渗透率（10⁻³μm²）	原始地层压力（MPa）	压力系数	温度（℃）	地层水矿化度（10⁴mg/L）
特殊油藏	高油气比	21.09	1746.9	18.2	317.28	3400~3800	5.1~16.0	4.2~18.6	33~69	1.4~1.65	122~136	26~32
	特低渗透	11.94	433.5	7.69	33.31	3500~3854	13.1	3.35~7.5	35~69	1.3~1.6	120~150	25~35
文留油田		122.69	19275	27.2	5230.63	2234~3855	8.3~26	3.35~263.5	22.9~69	1.04~1.88	80~150	18~37

自 1979 年投入开发以来，共经历了快速建产阶段（979—1988 年）、产量递减阶段（1989—1995 年）、调整治理稳产阶段（1996—2002 年）、精细挖潜阶段（2003—目前）四个阶段。

经过四十多年高效开发和多次注采调整，目前已进入高含水开发后期，部分单元已进入特高含水阶段，共有油井 1431 口，开井 1104 口，平均日产液 20.4t，日产油 1.1t，平均动液面 1606m，平均泵挂 2019m，综合含水 94.6%，采油速度 0.2%，采出程度 25.97%，自然递减 4.62%，综合递减 2.38%（表 2）。

表 2　2023 年 8 月采油管理指标统计表

时间	油井总井数（口）	开井数（口）	单井日产(t/d)		液面（m）	泵挂（m）	沉没度（m）	含水（%）
			液	油				
2023.08	1431	1104	20.4	1.1	1606	2019	413	94.6

在油气田开发中，从钻井、开采、集输、到油气水处理等生产的各个环节腐蚀都无处不在，无时不有，生产安全、人身安全和环境保护都受到影响[2]。腐蚀是制约和影响油田生产的主要因素之一。而老油田随着开发的深入，含水上升生产系统出现的腐蚀问题更加严重。

本文以文留油田高含水生产现状为背景，对其在采油管理中存在的腐蚀问题进行深度剖析，通过集成应用高含水期腐蚀综合防治技术，生产系统腐蚀速率呈逐年下降趋势，腐蚀影响得到有效降低。

2　高含水开发后期油田腐蚀现状调查

随着油田多年的注水开发，综合含水上升，腐蚀因素发生了很大变化，腐蚀现象越发严重。防腐蚀控制技术成为文留油田效益开发中的一大技术瓶颈。

2.1　油系统腐蚀现状

文留油田 2019—2022 年抽油机躺井总数 1160 口，其中因腐蚀因素导致躺井 114 口，占比 9.83%；随着持续开展"腐蚀专项治理研究"，加强作业跟踪，根据作业起出管杆腐蚀情况，优化调整加药量及周期，结合作业配套缓蚀阻垢器，取得一定的防腐效果，整体呈平稳下降趋势。但部分油井因腐蚀严重导致套管错断、缩径工程报废，造成巨大的经济损失。据统计 2019—2022 年集输管网腐蚀穿孔共计 2283 次，造成污染赔偿等各项费用巨大。

2.2 水系统腐蚀现状

注水管线及回水管线穿孔频繁，有的管线投产不足 5 年就开始发生穿孔泄漏，同时造成严重的污染损失，7 年左右便无使用及维修价值后报废。据统计 2019 年—2022 年注水管线及回水管线腐蚀穿孔共计 1234 次。

2.3 生产系统腐蚀新问题

针对防腐治理难题，开展技术攻关，结合科研单位进行专项治理等，提高了整体防腐效果，腐蚀指标整体呈逐年下降趋势，但也出现了新的腐蚀问题，严重影响文留油田后期的效益开发。

由于老油田开发成本较高，受资金所限，同时随着开发步入后期也出现了一些新的腐蚀问题，具体如下：

（1）油井：井筒腐蚀环境恶劣，腐蚀影响因素多、防腐措施针对性不强，全井筒防腐存在盲区，高液面井及卡封井加药困难，现有固体缓蚀剂无法满足要求；

（2）计量站：重点设备水套炉大小循环腐蚀穿孔较多，更换频繁；

（3）集输干支线：腐蚀穿孔严重；

（4）原油处理系统：三相分离器腐蚀维修工作量大；

（5）污水处理系统：结垢腐蚀问题严重，水质不达标。

整体来看文留油田经过 40 多年的注水开发和完善，系统腐蚀严重，加之多年的强注强采，井况进一步恶化，致使管杆在井下的工作条件日益恶化[3]。腐蚀偏磨加剧，已严重影响油田正常开发，加大了工作量，增加了生产成本，成为油田生产的主要技术难题之一。

3 腐蚀治理技术研究

3.1 研究思路及对策

（1）针对油井腐蚀严重及存在加药盲点的问题，通过井筒腐蚀影响因素普查与分析，开展井筒腐蚀评价及腐蚀规律研究、缓蚀剂优选评价及加注浓度优化，开展固体缓蚀剂研发，最终形成一套高含水井腐蚀治理综合工艺，保障油井安全生产。

（2）针对计量站及支干线的腐蚀现状，开展耐腐蚀管材的优选的研究工作，并应用阴极保护+防腐涂料等集成防腐技术，治理效果显著。

（3）针对注水管线及回水管线穿孔频繁的问题，开展了注入水质研究及提升处理技术，加之结合实际情况优选管材，腐蚀穿孔次数显著降低。

3.2 油系统防腐技术研究

3.2.1 产出介质腐蚀性分析

1）产出水分析

油田生产中，油井产出液含有游离水，而游离水中又由于含有各种能够产生腐蚀的离子、气体及微生物等，会导致油井管柱及集输管网的腐蚀，随着油田进入高含水期，产出液中的游离水导致腐蚀越来越严重，直接影响着油田生产的正常进行及油田开发效益的提高。

通过对文一联、文二联、文三联三个联合站进行取样分析，其矿化度化验结果分别为 15×10^4 mg/L、13.2×10^4 mg/L、11.2×10^4 mg/L，Cl^- 平均含量在 88500mg/L、10300mg/L、66400mg/L 左右，水型为 $CaCl_2$ 型，pH 值 6.0-6.5，属于弱酸性介质（表3）。

表3 联合站取样化验结果

站别	Cl^-	SRB（个/mL）	矿化度（mg/L）	pH 值	水型
文一联	88500	3	150000	6.20	$CaCl_2$
文二联	103000	2	172000	6.17	$CaCl_2$
文三联	66400	/	112000	6.18	$CaCl_2$

产出水矿化度越高，水的导电性越大，穿越水中的游离电子也越多，会加快电化学腐蚀[4]；Cl^- 平均含量 $(8.4 \sim 10.8) \times 10^4$ mg/L，是易促进腐蚀的浓度范围，是造成点蚀的主要因素（图1）。产出水 pH 值较低，易产生酸性电化学腐蚀，pH 值越低，腐蚀速率则会越高；且产出水细菌含量较低，基本不含硫酸盐还原菌 SRB，可以不考虑细菌腐蚀。

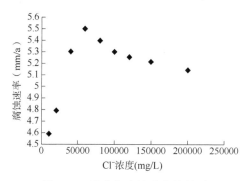

图1 Cl 浓度与腐蚀速率的关系

2）产出气分析

选取典型区块文33、文10、文88块作为研究对象进行气体取样分析可知均含有 CO_2：文33块 2.06%、文10块 1.20%、文88块 1.77%；并进行了井筒 CO_2 分压测试：油井 1000m 深处 CO_2 分压平均 $0.12 \sim 0.21$ MPa；2000m 处 CO_2 分压平均为 $0.24 \sim 0.42$ MPa；3000m 处 CO_2 分压平均为 $0.36 \sim 0.63$ MPa。

综上所述：通过产出介质腐蚀性分析，腐蚀的主要因素是 CO_2 溶于水产生的电化学腐蚀，以及产出水中高含量的氯离子的点腐蚀。

3.2.2 产出介质腐蚀规律研究

1）产出水腐蚀性评价

依据标准 SY/T 0026—1999《水腐蚀测试方法》进行腐蚀评价实验：区块产出水的腐蚀速率为 $0.1495 \sim 0.2439$ mm/a，远大于标准值 0.076mm/a，产出介质具有很强的腐蚀性（表4）。

表4 联合站产出水腐蚀评价实验

实验条件：试片材质 N80、试验温度 80℃、充饱和 CO_2						
区块	钢片号	实验前重量(g)	实验后重量(g)	失重(g)	平均失重(g)	腐蚀速率(mm/a)
文一联	1	12.1266	12.0757	0.0509	0.0500	0.2439
	2	12.2159	12.1668	0.0491		
文二联	3	12.3447	12.3066	0.0381	0.0364	0.1773
	4	12.2330	12.1984	0.0346		
文三联	5	12.3346	12.3041	0.0305	0.0306	0.1495
	6	12.8828	12.8520	0.0308		

2）井筒腐蚀性预测评价

利用腐蚀预测软件开展了井筒不同温度、不同 CO_2 分压条件下的腐蚀规律预测研究，设定条件：总压 30MPa、Cl^- 含量为 100000mg/L（表5和图2）。

表5 井筒腐蚀性评价实验

温度(℃) \ CO_2 分压	腐蚀速率(mm/a)				
	0.1MPa	0.2MPa	0.3MPa	0.4MPa	0.5MPa
40	0.0649	0.1644	0.2829	0.4154	0.5596
60	0.1053	0.2667	0.4591	0.6748	0.9096
80	0.1713	0.4337	0.7467	1.0979	1.4804
100	0.3408	0.8631	1.4865	2.1855	2.9474
120	0.4885	1.2373	2.1309	3.1329	4.2258

依据 CO_2 分压判断 CO_2 电化学腐蚀程度（临界判据）：井筒 1000m 以上处于 CO_2 中等腐蚀等级、深度超过 1000m 达到严重腐蚀等级。腐蚀速率随着 CO_2 分压增加而增大、随井深增加而增大。

3.2.3 油系统防腐技术研究

1）缓蚀剂的优选及研究

通过现场应用开展了不同类型、不同浓度的缓蚀效果评价（表6），发现缓蚀剂浓度在 100ppm 时腐蚀速率均能达到 0.076mm/a 以下，缓蚀率随缓蚀剂浓度的增加而增大。通过对比优选抗 CO_2

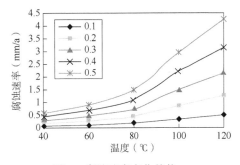

图2 腐蚀速率变化趋势

缓蚀剂的使用，抗 CO_2 缓蚀剂通过在油管接触表面形成的致密保护膜（21μm），厚度比普通缓蚀剂的保护膜厚 1 倍，能够有效减缓 CO_2 腐蚀。

针对高液面井及卡封井投加液体缓蚀剂防腐效果差问题，开展固体药剂技术研究，将液体缓蚀剂进行"固化"。通过调研评价市场上现有的三种固体缓蚀剂发现缓蚀率均达到 Q/SH 1025 0389—2020《缓蚀剂技术条件》指标要求，但存在缓释周期短（5~7天）、耐温性能差(<90℃)等问题。

表6　缓蚀剂优选对比实验

区块	缓蚀剂类型	缓蚀剂浓度（ppm）	腐蚀速率（mm/a）	缓蚀率（%）
文10块	无添加	/	0.2438	/
	普通缓蚀剂	100	0.0753	69.2
		200	0.0611	74.8
		300	0.0557	77.3
	抗 CO_2 缓蚀剂	100	0.0745	70.5
		200	0.0594	75.6
		300	0.0458	81.4
文33块	无添加	/	0.1774	/
	抗 CO_2 缓蚀剂	100	0.0526	70.2
		200	0.0487	72.7
		300	0.0437	75.5
文88块	无添加	/	0.1494	/
	抗 CO_2 缓蚀剂	100	0.0433	71.2
		200	0.0394	73.6
		300	0.0362	76.7

　　针对目前现有固体缓蚀剂存在的问题，通过对固体缓蚀剂骨架及填充吸附材料的优选，开展了配伍性、耐温性、缓释性等数百组室内合成实验，设计研发了一种新型固体缓蚀剂。其缓蚀率>80%，缓释周期>15天，耐温>100℃，此固体缓蚀剂缓蚀率比普通缓蚀剂要高，且释放速度较慢，通过优化配比，投入高液面井或卡封井可在产出液中匀速溶解，缓解了高液面井及卡封井的井下防腐问题(图3)。

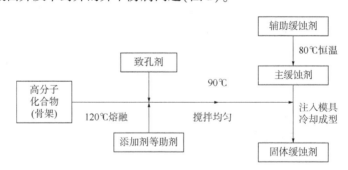

图3　新型固体缓蚀剂设计方案

2）集输系统防腐工艺优化

（1）计量站水套炉盘管防腐。

　　通过对废弃的水套炉进行分解发现盘管焊缝连处和弯头最易腐蚀穿孔，研究发现可在盘管弯头处采用卡箍连接，同时采用小管直多密度设计方式(见图4和图5)。

图 4 水套炉腐蚀图片

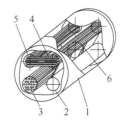

图 5 新水套炉设计

（2）联合站三相分离器防腐。

目前三相分离器防腐采用采用牺牲阳极和玻璃钢内衬防腐，存在防腐效果差的问题。通过开展分离器防腐技术的研究，采用外加电流阴极保护技术+内衬防腐涂料组合技术，可弥补单独使用涂层、内衬防腐所带来的针空、鼓泡等缺陷，使三相介质与罐壁隔离，达到良好的防腐效果(图6)。

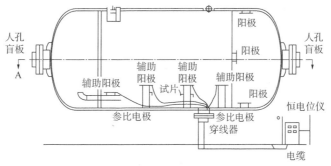

图 6 外加电流阴极保护示意图

（3）集输管材优选。

针对集输管网输送介质，开展不同类型耐腐蚀管材评价优选工作，通过不同性能对比发现钢骨架塑料复合管在现场应用中效果最好，目前集输管网在有计划的更换中(表7)。

表 7 集输防腐管材性能比较

性能	强度	防腐性能	保温性能	摩阻	寿命	性能价格比	备注
钢管内防腐	好	一般	差	大	10	一般	易破损、腐蚀
玻璃钢管	差	好	一般	一般	20	一般	耐压低、只用于回水
钢塑管	好	好	一般	一般	30	较好	易脱落、管线堵
钢骨架塑料管	好	好	一般	小	50	较好	较好

3.3 水系统防腐技术研究

注水水质是实现油田高效开发的关键，对水驱油藏的开发效果有着重要的影响[5]。在目前的开发阶段，注水开发是老油田稳产的基础，油田开发要获得更高的采收率和更大的经济效益，注水井口水质达标回注是其中的关键[6]。但水处理设备、注水设备及输水管线等普遍存在腐蚀现象，因此开展了影响水质稳定的影响因素研究，并在此基础上，采取了水质稳定控制措施。

3.3.1 注入水水质检测

通过对注水管线沿程检测，发现注入水水质普遍存在污水站外输到注水井口的水质逐渐变差的现象。分析发现一方面是采出水中存在地层带出或集输过程产生的游离二氧化碳、硫化氢、铁离子等水质不稳定因素，另一方面是采出水在集输系统中存在腐蚀、结垢、细菌滋生等导致系统平衡变化，两方交互影响作用是造成沿程水质悬浮物含量的增加主要因素。主要为悬浮物、SRB菌指标沿程变化较大(图7)。

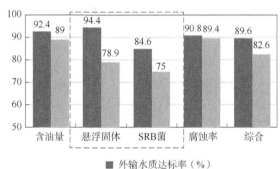

图 7 水质检测

3.3.2 腐蚀影响规律研究

1）pH 值与矿化度的影响

通过取样化验可知 pH 低，呈弱酸性，会影响金属表面上氧化膜的形成和溶解，但在不同矿化度的水中影响程度不同。矿化度从 55000～70000mg/L，在低矿化度范围内，随着矿化度的增加，腐蚀速率随之增大，直到矿化度 50000mg/L 时达到最大值，随后腐蚀速率随矿化度的增大而减小(表8、图8和图9)。

表 8 污水站取样化验表

站名	水温 (℃)	pH 值	Fe^{2+} (mg/L)	悬浮物 (mg/L)	SRB 菌 (个/mL)	矿化度 (mg/L)	Cl^- (mg/L)
文一污	37	6.23	0.3	21	6	65224	99500
文二污	38	6.30	0.2	48	25	58860	68400
文三污	37	6.28	1.0	119	12	69450	92300

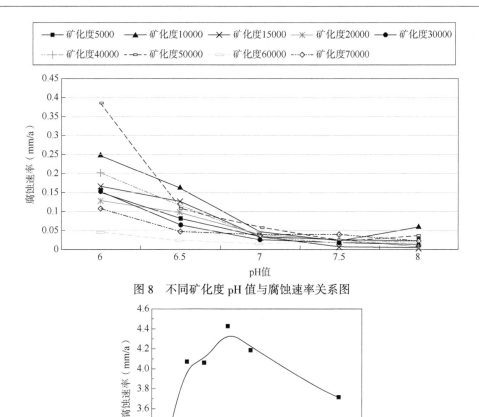

图 8　不同矿化度 pH 值与腐蚀速率关系图

图 9　溶氧含量 0.05~1mg/L 矿化度与腐蚀速率关系图

2）铁离子与硫离子的影响

当 Fe^{2+} 含量大于 1.0mg/L 时，S^{2-} 的增加对水质影响较大；当 S^{2-} 含量大于 2.0mg/L 时，Fe^{2+} 的增加对水质影响较大(图 10)。

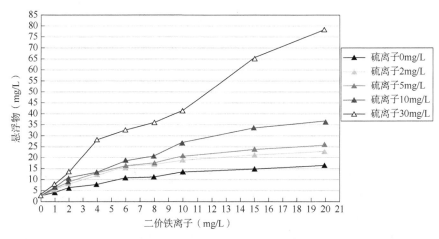

图 10　水中硫离子、二价铁离子与水中悬浮物的关系

3) 铁离子与溶氧的影响

当水中 Fe2+大于 1.0mg/L，水中的溶氧对悬浮物影响较大；当水中溶氧大于 0.05mg/L，水中的 Fe2+对悬浮物影响较大(图 11)。

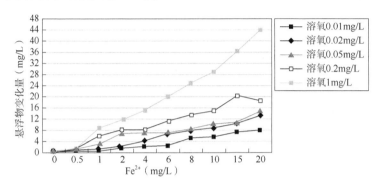

图 11 水中溶氧、二价铁离子与水中悬浮物的关系

3.3.3 水质防腐控制技术研究

1) "预氧化"水处理技术

在水质改性流程上增加氧化剂加药点；投加氧化剂、pH 值调节剂、絮凝剂等；应用"先氧化、后沉降，先杀菌、后控制"水处理技术。通过预氧化剂或强氧化性物质杀灭水中细菌，实现低 pH 值条件下实现二价铁离子的转化与去除[7]，解决 Fe2+对注水系统造成的腐蚀问题(图 12)。

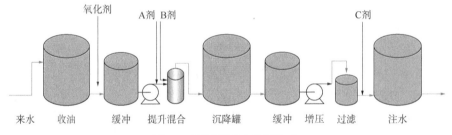

图 12 "预氧化"水处理技术

2) "低污泥"水处理技术

根据低污泥污水处理技术原理，在中性 pH 值下，利用一种弱碱性活化剂，使污泥中的钙、镁、铁等离子从污泥中分离出来，使其与产出水中的铁、钙离子一起充分利用；同时通过活化剂慢慢释放出的 OH^- 打破水中由于 HCO_3^- 和 CO_3^{2-} 的存在而形成的缓冲区，提高污水的 pH 值[8]。

3) 二氧化碳驱产出液气提脱碳处理工艺

气提脱碳工艺目前试验阶段，主要解决二氧化碳驱酸性产出液强腐蚀性及加碱处理污泥量大的问题。根据亨利定律（$P_g = HC_1$，$C_1 = P_g/H$），通过降低 CO_2 的气相分压，降低 CO_2 在水中的溶解度，提高 pH 值。等温条件下，H 为常数；P_g 降低，则 C_1 减小。

3.3.4 注水系统管材优选

针对注水管网的输送介质，对不同类型耐腐蚀管材开展评价，通过在强度、防腐性、保温性、使用寿命等多方面对比发现柔性管在现场应用中效果良好(表9)。

表9 注水防腐管材性能对比表

类型	刚度	强度	防腐	保温	寿命(a)	性价比	备注
钢管内防腐	好	好	一般	差	10	一般	易破损、腐蚀
玻璃钢管	不好	不好	好	一般	20	一般	耐压低、只用于回水
钢塑管	好	好	好	一般	10	较好	易脱落、管线堵
柔性管	好	好	好	一般	15	较好	较好

3.3.5 回水系统管材优选

根据回水管网实际生产情况,研究对比各种管材的优缺点和投资费用,优选玻璃钢为回水管网的首选管材。玻璃钢管是将浸有树脂基体的纤维增强材料按特定的工艺条件逐层缠绕到芯模上,并进行适当固化而制成[9]。具有防腐性能好、工艺简单、施工及维修简便、价格低廉、使用寿命长等优点(表10)。

表10 不同管材对比表

管材	优点	缺点	投资对比
钢质管	施工及维修简便,管线走向确认方便,抗内、外压能力强。	防腐性能差,使用寿命短(5~7年)	25万元/km
玻璃钢管	防腐性好、工艺简单、价格低廉,使用寿命长(30~50年)	抗内、外压能力弱,维修时放压要求高(余压完全放净)	32万元/km
钢塑复合管	抗内、外压能力强,管线走向确认方便,使用寿命达15年以上。	内衬易损坏,且脱落后堵塞管线,解堵难度大,造价高	36万元/km

4 治理效果

通过井筒应用缓蚀剂、内衬管、玻璃钢杆,管线应用优质管材+外加电流阴极保护等集成系列防腐工艺技术,取得良好的治理效果。

4.1 生产井腐蚀治理效果显著

针对生产井进行腐蚀速率检测,通过优化药剂及加药制度,应用内衬管、玻璃钢杆等配套工艺,腐蚀躺井由2019年的43井次降至2022年的16井次,生产系统腐蚀速率由2019年0.0131mm/a降至2022年0.0116mm/a。(图13和图14)

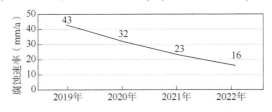

图13 2019—2022年油井腐蚀因素躺井统计表

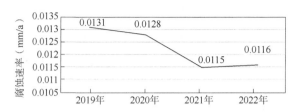

图 14　2019—2022 年文留油田生产系统腐蚀情况统计表

4.2　集输和回水管网腐蚀穿孔明显下降

自推广应用钢骨架复合管技术腐蚀穿孔次数逐年下降，集输管线穿孔次数由 2019 年 687 次降至 2022 年的 416 次，降低了 39.4%，减少了大量的维修工作量及原油损失；回水管网自应用玻璃钢管以来，防腐效果明显，注水及回水管线穿孔次数由 2019 年 340 次降至 2022 年的 249 次，降低了 26.8%，水土污染大幅度降低（表 11 和表 12）。

表 11　2019—2022 年集输管网穿孔统计表

年份/穿孔次数	干支线	单井管线	计量站	合计
2019 年	143	518	26	687
2020 年	123	459	27	609
2021 年	116	433	22	571
2022 年	73	327	16	416
合计	455	1737	91	2283

表 12　2019—2022 年注水及回水管线穿孔统计表

年份/穿孔次数	干支线	单井管线	计量站	合计
2019 年	31	296	13	340
2020 年	35	273	15	323
2021 年	56	254	12	322
2022 年	42	198	9	249
合计	164	1021	49	1234

4.2　分离器应用阴极保护技术防腐效果突出

三相分离器试验应用外加电流阴极保护技术，从试现场运行情况来看，达到了预期防腐效果，故在联合站三相分离器全面推广应用。截至至今应用外加电流阴极保护系统的分离器运行良好，每年减少大量维修费用。

5　结论与认识

通过开展高含水开发后期腐蚀治理研究，根据产出介质及注入水水质腐蚀规律分析，研究改进新型缓释剂及水质处理技术，并进行的管材优选工作，集成应用系列防腐工艺技术，文留油田整体腐蚀控制较好，重点腐蚀区域因素明确，防腐方案优化到位，对下步腐蚀控制起到了很好的指导作用。

形成了系列老油田高含水开发后期腐蚀治理工艺，有效降低腐蚀风险，对保障油田安全生产、稳产降本意义重大。

参 考 文 献

[1] 李加旭，于伟，张多娇. ZPS-2型水井调剖剂的现场应用及效果分析[J]. 科技信息，2012(7)：481-482.

[2] 张瑞东. 油气田腐蚀监测技术应用[J]. 安全、健康和环境，2013(7)：18-20.

[3] 杨建华，耿文宾，李美丽，等. 濮城油田井下管杆偏磨腐蚀因素分析及防治对策[J]. 石油仪器，2003，17(6)：52-54.

[4] 晁代强. 中原油田三相分离器垢下腐蚀行为及防护措施研究[J]. 重庆科技学院，2015.

[5] 李毅，纯梁油区回注水沿程水质控制技术研究[D]. 济南：山东大学，2016.

[6] 蒋本儒. 滨二污水站污水处理工艺研究[D]. 青岛：中国石油大学(华东)，2016.

[7] 钱红霞，崔凤霞，吕秀生. 明一污低污泥试验技术应用，《化学工程与装备》，2011.06.15

[8] 万登峰，康金成，郭兰梅，等. 文南油田回水管线防腐治理及配套控压技术[C]. 第二届石油石化工业用材研讨会论文集，2001.

二氧化碳驱油藏新型腐蚀防治技术

鲍俊峰

(中国石油化工股份有限公司中原油田分公司)

摘　要：濮城油田沙一下油藏 1980 年投入开发，经历了常规水驱到二氧化碳气水交替驱。近年来，二氧化碳气驱成为油藏驱油的主导，潜油电泵提液同时成为提升产能的主要工艺，在产能稳步上升的同时，腐蚀加剧，每年腐蚀造成的事故井达 20 井次，直接损失 800 万元以上。为提高开发效率，近年来，在沙一油藏成功应用强制电流阴极保护技术、低成本套损井治理等新型技术，从源头上防治了腐蚀。

关键词：二氧化碳；腐蚀；新型；防治；技术

特高含水沙一油藏自 1980 年投入开发以来，由常规水驱到二氧化碳气水交替驱，实现了四十多年的高效开发，综合含水高达 98.4%，井下事故多，以套漏为主要表现形式，2016 年到 2023 年年累计达到 14 井次，日影响产量 30.3t（表 1）。

表 1　2016—2018 年沙一下油藏事故井统计

序号	井号	正常生产数据			关井影响		故时间	备注
		工作制度	产液(t)	产油(t)	产液(t)	产油(t)		
1	P6-21	电 150 * 1769	145.7	2.6	-145.7	-2.6	2016.1	套管错断关
2	P1-154	44 * 4.8 * 4 * 1801	20	1.5	-20	-1.5	2016.1	套漏关
3	P1-152	70 * 4.8 * 5.5 * 1102	80.1	1.3	-80.1	-1.3	2016.11	套管错断关
4	P1-400	44 * 4.8 * 3 * 1798	17.1	0.8	-17.1	-0.8	2016.2	套管错断关
5	P1-301	56 * 4.8 * 3 * 1404	57.6	2.7	-57.6	-2.7	2016.6	套管错断关
6	P1-67	70 * 4.8 * 4 * 1000	116	2.3	-116	-2.3	2016.8	套管错断关
7	P1-C104	44 * 4.8 * 4 * 1701	12.1	2.6	-12.1	-2.6	2016.9	套漏关
8	P1-2	44 * 4.8 * 4 * 1808	30.1	0.7	-30.1	-0.7	2016.9	套管错断关
9	P1-71	电 300 * 1518	276.6	3.3	-276.6	-3.3	2017.12	套管错断关
10	P5-145	56 * 4.8 * 4 * 1302	37.7	1.8	-37.7	-1.8	2017.12	套漏关
11	PC1-334	56 * 4.8 * 4 * 1397	54.7	1.3	-54.7	-1.3	2017.4	套漏关
12	P1-92	56 * 4.8 * 4 * 1349	63.4	4.4	-63.4	-4.4	2017.9	套漏关
13	P1-C102	70 * 4.8 * 4 * 1149	69.8	1.5	-69.8	-1.5	2018.1	套漏关
14	P7-25	电 250 * 1500	250.4	3.5	-250.4	-3.5	2018.7	套漏关
	合计 14 口		1231.3	30.3	-1231.3	-30.3		

1 强制电流阴极防护技术

1.1 腐蚀防护的现状

濮城油田沙一油藏产出液腐蚀，近年来，采用连续投加缓蚀剂的方法维持运行。为防护腐蚀，缓蚀药剂用量在 2021 年达到 261.4t，比 2020 增加 126.5t（表2），药剂年费用达到 205 万元。在加药量逐年增加的形势下，腐蚀仍不能得到有效和减缓，说明需要新型的防腐蚀技术。

表2　沙一二油藏 2020 至 2021 年抗二氧化碳缓蚀剂用量表

日期	项目	1月	2月	3月	4月	5月	6月	7月	8月	9月	10月	11月	12月	合计
2020 年	加药井数（口）	11	12	11	11	12	12	12	12	12	12	12	12	141
	加药量（kg）	8.8	10.8	10.7	11.3	11.3	11.3	10.9	0.7	13.2	13.0	16.5	16.5	135.0
2021 年	加药井数（口）	13	12	14	11	11	13	13	13	15	15	15	15	160
	加药量（kg）	16.7	15.1	12.2	14.7	16.3	18.7	27.5	27.5	28.8	26.8	27.8	29.6	261.4
对比	加药井数（口）	2	0	3	0	-1	1	1	1	3	3	3	3	19
	加药量（kg）	8.0	4.3	1.5	3.5	5.0	7.4	16.6	26.8	15.6	13.7	11.3	13.1	126.5

沙一油藏产的腐蚀主要为电化学腐蚀，主要原因为金属活泼性差异，采用阴极保护的技术主要有以下两种。

牺牲阳极：是将电位更负的金属与被保护金属连接，使该金属的电子转移到被保护金属上，阳极逐渐被消耗掉。外加电流：通过外加电源，迫使被保护的的金属电位低于周围环境，使电流流向被保护金属。

两种腐蚀防护技术各有优点和缺点，牺牲阳极适用于腐蚀较轻，使用周期较短的短周期防护，而外加电流则可以长时进行腐蚀的防护。依据这两种腐蚀防护技术的特点，结合油田开发现状，优选强制电流阴极保护技术。

1.2 技术思路

沙一油藏的腐蚀是油田开发过程中，对油水井生产和井筒影响十分严重的现象，因油水井套管腐蚀穿孔造成的油水井报废、井下管杆泵等因腐蚀损坏造成作业周期缩短等，给油田的生产带来巨大的经济损失。

1.3 技术机理

不同的金属在同一种电解质溶液里，也有不同的电极电位，相同的金属在不同的电解质里也有不同的电极电位；电极电位不同就出现了电位差，这个电位差将推动电子流动而形成电流。在电流流出的地方，金属受到腐蚀叫阳极区；在有电流流入的地方金属得到电子则不会腐蚀。阴极保护的原理是给金属补充大量的电子，使被保护的金属整体处于电子过剩状态，从而使金属原子不容易失去电子而变成离子，溶解到电解质中去，实现金属材料的防腐。腐蚀强度依据 Fe/H_2O 体系的 $E_n(V)$—pH 图版（图1）。

从钢材在 H_2O 的关系结构 Fe/H_2O 体系的 $E_n(V)$—pH 图版可知，腐蚀强度与 pH 值的关系变化，从 pH 值 1~7 腐蚀强度逐渐变弱，当 pH 值达到 7 时，视为腐蚀停止。所以 pH 值与腐蚀强度存在 $7-x$ 的关系，所得值越大腐蚀强度越大。而石油产出液的腐蚀区域在图版的左面区域，其腐蚀强度与 pH 值和 En(V) 具有非常明显的相关性。

腐蚀强度与 pH 值的关系：pH 值从 1~7 腐蚀强度逐渐变弱，当 pH 值达到 7 时，视为腐蚀停止。所以 pH 值与腐蚀强度存在 $7-x$ 的关系，

腐蚀强度与 $E_n(V)$ 的关系：钢材自然电位处于 $-0.62~0.4V$ 的范围腐蚀强度逐渐变强，当自然电位超过 $-0.62V$ 时电化学腐蚀停止，所以 E_n 值与腐蚀强度存在 $0.62-y$ 的关系(图2)。

依据沙一油藏 pH 值 4~4.5，阴极防护电位差设计为 3.8~4.5V。

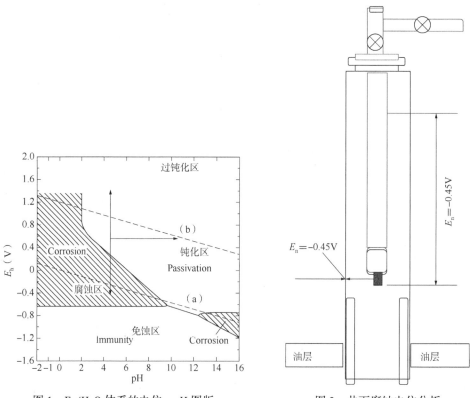

图 1　Fe/H₂O 体系的电位—pH 图版　　　　图 2　井下腐蚀电位分析

1.4　强制电流阴极保护设计

采用风电、光能源作能源，设计一种新型防腐基站，提供长期稳定的补充电子源，对井下设备进行连续长期的保护。

设计要点：能源采用风能、太阳能作电源，不需要其他外接电源；利用强制电流使被保护设备长期处于负电位保护状态；地面地下同时保护，可以减少其他井下防腐工具和材料的使用。

1.5　技术特点

采用钝化阳极和阳极地床两个阴极保护系统，不仅可将原来的不同系统的腐蚀防护进行针对的保护，同时减少了相互的干扰，适应于复杂腐蚀环境的钢材保护，既解决宏观电

池场的负电位保护，还解决微观电池场到阴极保护。

（1）强制电流防腐技术，性能稳定，效果连续。

（2）地面阳极地床安装的牺牲阳极材料量大，有效期长（图3）。

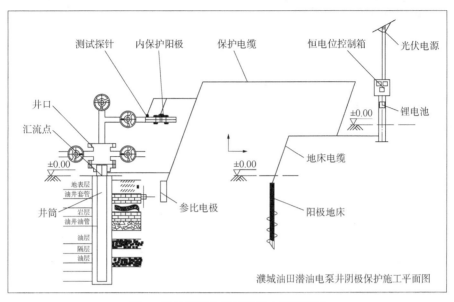

图3　钝化阳极和阳极地床应用示意图

（3）避免了井下使用的牺牲阳极防腐技术量小、有效期短、反应物污染井筒、特殊井容易结垢和下井工具风险大等问题。

（4）整体结构，安装方便，防盗性强

1.6　主要参数

活性阳极开路电位：（-V）1.77～1.82；

闭路电位：（-V）1.64～1.69；

实际电容量：≥2000A·h/kg；

油水井强制电流阴极保护其他技术要求：

恒电位电压：-1.18V；

防腐有效期：7年；

安装深度：1200～2000mm；

电源功率：1200W；

防爆要求：地面电气恒电位仪IP54防护等级，适用爆炸性气体境：EXBIIT5

1.7　现场应用

濮1-65是濮城沙一油藏CO_2驱对应一口电泵井，2019年5月31日实施下电泵以来，因腐蚀严重，造成频繁作业9次，其中检电泵作业7次，套漏2次，平均检泵周期99天（图4）。

2022年1月，结合作业提液，在濮1-65井配套使用，装置深度1506m。

该装置用24～48V的恒电位仪控制，通过地面安装的阳极不断向套管释放电流，提高地床大地电位，使油井油套管电位低于设定值，实现阴极保护(图5)。

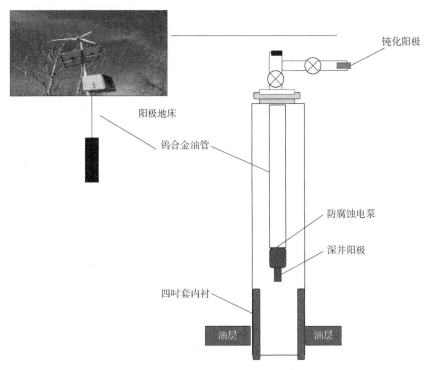

图 4　风光电阴极保护设置设计

图 5　风光电阴极防护地面设备及检测数据

应用的风光电组合电源，提供了足够的电力，风光能组合电源的恒电位供电控制和阴极保护恒电位控制系统对井下和地面进行了完美的控制，井口测试的保护点位：-1.143，国家标准规定为-0.85V，超出国家标准 34.47%。

截至 2023 年 7 月 27 日，免修期已达 558 天，与措施前相比，检泵周期延长了 476 天，仍然能继续正常生产。

1.8 技术创新点

风、光的强制电流电阴极保护技术，将原来的加药才能防腐蚀的繁重的工作，改进成了通过地面风光电新能源就能完成的防腐蚀工作，对油田腐蚀防护技术的进步，起到了巨大的推动作用，有望在油田开发中发挥更大的作用。

2 低成本套损井修复技术

2.1 技术思路

以理念引领、问题引领、目标引领为导向，创新构建低成本工艺技术体系。不断提高地质认识，开展全过程效益评价，通过转换井点开展低成本恢复井点。重构低成本工艺技术思路，深入研究修复方案，用小修队伍完成套损井修复。将近年来的科研成果，转化集成配套工艺技术，为低成本套损修复丰富技术手段。

2.2 主要集成技术种类

（1）通过转换井点，探索应用低成本修井技术，治理复杂套损

典型井例：濮 5-100 井，日产油 8t，2022年 3 月 20 日套损事故关，需恢复生产。初步方案为濮 5-100 打更新井，钻井费 400 万元。资金受限无法实施（图 6）。

优化方案：通过作业、工艺会审，利用小修，实施钻灰、修套、衬四寸套、射孔、下电泵等工序，生产层位与濮 5-100 井同层，发生费用 94.26 万元。实施后濮 1-307 日产油 8t，与原井点产量持平（图 7）。

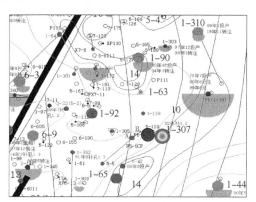

图 6 濮 1-307 替代濮 5-100

（2）重构低成本工艺技术思路，针对套损程度大小，创新使用小修队伍完成套损井修复

典型井例：濮 70 井原井为 9 寸套管，含水突然 100%，上作业后发现套管腐蚀严重，且多处漏失。需大修衬 5in 半套管。

优化方案：以降本增效为目标，利用小修完成 5 寸半套管下入。

实施难点：一是 7in 套管内径大，无合适的处理井筒工具；二是套管重约 73t，超过小修井架负荷 60t。

创新做法：一是自行加工处理井筒工具、特殊正反接头；二是将下套分解成 2 次，通过对扣完成套管的下入。

实施效果：小修下套管及固井施工用时 7 天，作业劳务 17.5 万元，若大修需劳务费用 50 万元，节约 33.5 万元。

（3）转化集成近年单项套损治理科研成果，形成三种低成本修井配套工艺技术，恢复关停套漏井 11 口，费用 621 万元，节约侧钻修复则费用 979 万元。

集成技术 I：实施 4 井次。应用通钻一体化工具、快速挤堵管柱、免污染一体化工

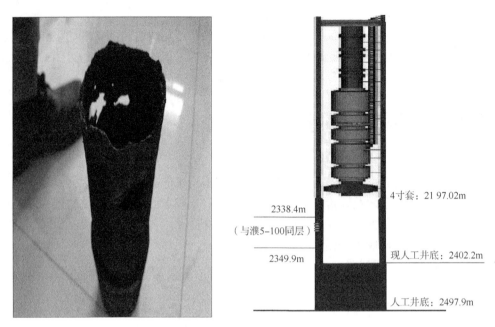

图7 濮5-100取出的套管和恢复生产的管柱

具、快速钻塞工艺、不留塞工艺技术集成。先挤堵套损长井段，全井内衬 φ139mm 套管，重新固井，射孔下泵生产，单井费用69万元(图8)。

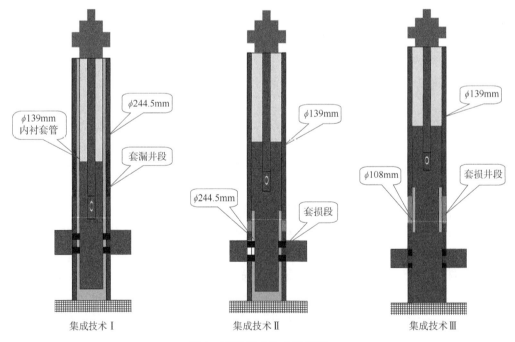

图8 三种集成技术示意图

集成技术Ⅱ：实施4井次。应用免污染一体化工具、快速挤堵管柱、四吋套内衬、快速钻塞工艺等技术集成。暂堵套损井段，1500m以下内衬 φ108mm 套管，重新固井，射孔下泵生产，单井费用 54 万元。

集成技术Ⅲ：实施 3 井次。应用快速挤堵管柱、通钻一体化工具、快速钻塞工艺、膨胀管内衬工艺集成。先暂堵套损井段，内衬 $\phi 108mm$ 膨胀管 8~10m，射孔下泵生产，单井费用 43 万元。

2.3 应用效果

2019 年以来，应用低成本套损修技术恢复关停井 22 口，节约钻井费用 920 万元，侧钻费 979 万元，节约大修费 219.3 万元，累增油 7015 吨，累创效 4328.0 万元(表 3)。

表 3 低成本集成套损修复技术应用效果表

名称	应用井次	作业费用（万元）	预计钻井费用（万元）	预计侧钻费用（万元）	预计大修费用（万元）	增油（t）	增油创效（万元）	合计创效（万元）
转换井点	4	280	1200			1137.1	358.2	1278.2
小修套损	7	130.7			350	2710.8	853.9	1073.2
集成技术	11	621		1600		3167.1	997.6	1976.6
小计	22	1031.7	1200	1600	350	7015.0	2209.7	4328.0

3 结论与认识

新型腐蚀防治技术在二氧化碳驱油藏的成功应用，进一步完善了沙一油藏防腐体系，是有效、经济的防腐控制技术，是对原防腐技术的有效补充。

参 考 文 献

[1] 王志强. 潜油电泵的腐蚀与预防[J]. 石油化工，2016(12)：204.
[2] 师剑鹏，张晓剑，刘斌. 潜油电泵腐蚀性研究[J]. 内蒙古石油化工，2013(11)：33.
[3] 李美栓. 金属高温腐蚀[M]. 北京：冶金工业出版社，2001.
[4] 林玉珍，杨德军. 腐蚀和腐蚀控制原理[M]. 北京：中国石化出版社，2007.

储气库气井油管 ϕ73.02mm×5.5mm BG13Cr 表面锈蚀原因分析

李国锋　王树涛　周　玲　方前程　王巧玲　李俊朋

(中国石油化工股份有限公司中原油田分公司)

摘　要：文章以地下储气库为背景，介绍了高级 13Cr 马氏体不锈钢的氧腐蚀问题，总结了高级 13Cr 不锈钢耐蚀性研究现状，同时对高压注氮气环境下某储气库气井油管所用规格为 ϕ73.02mm×5.5mm BG13Cr 的锈蚀现象进行了分析。利用宏观分析、腐蚀坑深度分析、金相分析、元素含量分析等发现，该油管材质的化学成分、金相组织等均正常，但油管外表面发现有局部的不均匀凹陷坑，尤其在近丝扣处不均匀凹陷坑比较集中，凹陷坑深分布在 0.12~0.73mm 间，平均深度为 0.39mm；在不均匀小凹陷坑远离丝扣处有 2 处相隔 8mm 的大凹陷坑，最大坑深 1.72mm。通过井筒工况模拟实验，认为气井油管局部腐蚀坑的腐蚀产物组分主要为 Cr_2O_3，且溶液中活性氯离子导致高级 13Cr 管材钝化膜被溶解破坏，实验结果与局部腐蚀坑内扫描电镜能谱分析的氧含量高、氯离子含量高相一致。所研究的内容将为储气库气井注气环境选择提供依据，同时为储气库的安全生产提供有效的指导。

关键词：储气库；高级 13Cr 不锈钢；腐蚀产物；腐蚀机理；吸氧腐蚀

储气库一般分为地面储气库和地下储气库。地下储气库用作城市燃气供给的调峰设备，拥有储存量大、经济效益高、安全系数高等优势，是政府针对城市燃气使用量不均而加以调控的有效工具[1]。我国作为全球第三大的天然气消费国，天然气对外依存度近 40%，根据统计，到 2030 年，我国的天然气用量将上升至 $5000×10^8 m^{3[2]}$，但鉴于中国天然气消费受季节性和地区因素的影响，差别很大，所以作为国家紧急调峰和重要战略储备的地下储气库就显得越来越关键。地下储气库注采井一般是同注同采，在注采过程中，井筒内温度压力变化将导致环空内压力巨变。注采井在高温和高压尤其是高温气体的多重影响下，井中极易产生变形或造成封隔器密封破裂等，所以，提高储气库中注采井管柱系统的稳定性，是储气库建库中必须突破的问题。

管柱腐蚀常常会造成井下事故，从而危害储气库安全建设。根据注空气/空气泡沫驱油工艺中井下管柱的腐蚀形态与特征，管柱材料的腐蚀破坏分为均匀腐蚀和局部腐蚀[3]，表 1 总结了均匀腐蚀和局部腐蚀的主要区别。管柱局部腐蚀可包括孔蚀、缝隙腐蚀、电偶腐蚀和晶间腐蚀。一般来说，管柱材料在酸性介质会发生析氢腐蚀，注空气过程中井下管柱在中性或者碱性腐蚀介质则会发生吸氧腐蚀。井下管柱材料的吸氧腐蚀在阳极是 Fe 失去电子的过程，阴极主要为氧的传送和氧的离子化，在阴极反应中 O_2 穿过扩散层的扩散过程通常为控制步骤。注空气过程中，井下管柱腐蚀除了受到管柱本身材料的影响，还要受到实际工况条件的影响，如注入压力的大小、注入气体中氧气及水蒸气含量、地层温度、地层水矿化度、离子类型及流速等。通常认为，氧气分压越大，钢材的腐蚀速率越大；温度升高，氧气分子运动速度增大，氧气扩散过程加快，井下管柱的腐蚀破坏加速；腐蚀介质矿化度增加，介质中离子浓度变大，腐蚀溶液的电导率增大，腐蚀速率随之加快；一般 pH 值越高，钢材表面越易形成氧化膜，减缓钢材的腐蚀。此外，腐蚀介质的流动、搅拌会使钢材表面的扩散层厚度变薄，加速氧分子的扩散，致使金属腐蚀速率加快。

表 1　均匀腐蚀和局部腐蚀的主要区别

项目	全面腐蚀	局部腐蚀
腐蚀形貌	整个金属材料腐蚀程度接近	金属材料的某一(些)部位腐蚀程度远远高于其他部位
腐蚀电池	无数的微阴、阳极，且随机变化	一般阴、阳极肉眼可辨
电极面积	阴、阳极大小接近	往往会出现小阳极大阴极的情况
腐蚀电势	阳极电势＝阴极电势＝腐蚀电势	阳极电势＜阴极电势
腐蚀产物	可能有保护作用	一般无保护作用

目前，通用的金属防腐技术措施包括优选金属材料、表面处理技术、缓蚀剂加注技术、牺牲阳极阴极保护技术以及腐蚀检测、监测和评价技术等等[4]。针对现场锈蚀条件、技术要求、社会经济因素等选择适合管材，如在锈蚀严重的工作条件建议采用 13Cr、304 或 316 等不锈钢；表面处理技术主要包括在钢材表面形成一层厚度仅为 $0.5 \sim 1.5\mu m$ 的氧化膜、表面涂装技术、电镀技术、油层保护及涂层油脂等；还可通过缓蚀剂来抑制锈蚀，按其慢化原理分为电化学理论(提高电极过程中的极化阻力)、吸附理论(吸附在金属表面形成保护性隔离层)、成膜理论(与金属或介质离子反应生成钝化膜、氧化膜或沉积膜)；阴极保护，是指一种利用给被防护金属提供一定量的输出电压，进行阴极极化或者增加一个更容易腐蚀(电位更低)的异种金属(牺牲阳极)，以达到抑制和减轻井内腐蚀的目的。但在注空气工艺生产过程中，井筒内高压富氧、潮湿或有水的高温环境，使井下管柱遭受严重的腐蚀破坏，单一的防腐技术措施很难将腐蚀控制在行业标准范围内，需要多种措施联用使用。

美国从 20 世纪 90 年代初开始对新井采用连续油管完井，并逐步采用 N80 套管和涂料油管，减缓油套管的腐蚀。同时需要对井身结构进行优化，并用永久型封隔器封隔油套环空，并加注环空保护液(缓蚀剂)，若未使用封隔器，需要定期向油套环空加注缓蚀剂。对于注入工艺，可利用脱氧技术(如除氧剂等)对注入空气进行预处理，降低注入空气中的氧气含量，同样可以有效预防管柱腐蚀。从 21 世纪初开始，中国对环空注氮的控压技术的研究也还仅仅起步，实际运用到地下储气库中也还仅仅处于试验阶段，在大港油田储气库中仅仅有限的几口井进行了测试应用[5]。针对注氮气过程中管柱存在的腐蚀问题，有学者指出，即使较轻微的氧腐蚀环境管柱也会发生严重的腐蚀[6,7]。郑华安等在分析了某氮气作业井油管的断裂事故以后得出结论，氮气所携带的氧气是油管短期内断裂的主要原因[8]。石鑫等人[9]研究了注气高含氧环境下 P110 钢的腐蚀行为和规律，张江江等发现了塔河油田的注氮气井在不同生产时期的腐蚀情况存在明显的差异，注氮气作业时造成井口及管柱腐蚀的主要原因是氧气和流速[10]。

综合而言，由于现阶段中国国内的技术人员已经对氮气采油技术开展了大量研究并累积了大量的现场成功经验，所以注氮采油技术对提高采收量的重要意义也已在国内得到了普遍的肯定。但是目前，各大油气田中关于氧锈蚀问题的研究成果主要针对于低合金钢管材，而对于气井管常见的 3Cr、13Cr、高级 13Cr 等材料研究成果则相对较少。文章中阐述了高级 Cr 马氏体不锈钢，也总结了高级 13Cr 的不锈钢材料耐蚀性研究状况，并且文章在高压注氮气环境中，还剖析了气井管柱常见的材料高级 13Cr 的腐蚀原理，以期为井管注气环境选择提供重要依据，同时也为储气库的安全生产提出有效的技术指导。

1 高级 13Cr 马氏体不锈钢

13Cr 马氏体不锈钢材料是一类抗腐蚀性能相对优良的材料，它主要通过增加 12%~14% 的 Cr 改善材料的抗腐蚀特性[11,12]。普通 13Cr 的适用工作温度只有 100℃，如果在 100℃ 以上的井下工作中应用时，会存在很大的热腐蚀问题。日本率先在普通 13Cr 基础上开发出 HP13Cr 不锈钢油管，称高级 13Cr 马氏体不锈钢。HP-13Cr 不锈钢相比于传统 13Cr 不锈钢，为维持基体内部的 Cr 浓度，通过减少了 C 含量使得奥氏体区的体积显著减小，从而能够有效阻止含 Cr 碳化物析出，使得 HP-13Cr 不锈钢的耐腐蚀性能获得了进一步的改善；为增加金属材料的热力学性能，还向基体中加入了 Cu、Ni 和 Mu 这些合金微量元素，达到了进一步细化马氏体晶粒结构的效果[13]。其中，Ni 的加入还可以增强金属材料的低温韧性，从而增强了不锈钢材料在非氧化物性介质中的钝化能力；Mu 可以增强金属材料的高温硬度，从而减少了产生回火脆性的几率，并且对还原性酸以及高氧化的盐溶液中钝化物质能力的增加也有助益，进而增强了金属材料在含氯化物发生环境中的抗点蚀和缝隙腐蚀的能力[14]；Cu 的添加可提升材料对还原性酸（特别是不充气的硫酸和氢氟酸）及其盐类的抵抗力。

耐蚀合金高级 13Cr 马氏体不锈钢因为良好的力学性能、适中的价格、优良的耐 CO_2 均匀腐蚀以及一定的耐点蚀能力而被广泛应用。高级 13Cr 不锈钢具有很高的力学性能，屈服应力为 550~850MPa，抗拉强度为 780~1000MPa，并且具有了良好的冲击韧性和延展性。尽管高级 13Cr 不锈钢的显微组织结构一般为低碳回火马氏体。但是，由于含镍数量的多少以及热处理条件的不同，在某些低高超马氏体不锈抗酸钢的组织中，可能存在着部分细化弥散的残余奥氏体以及少量的铁素体。与普通马氏体不锈抗酸钢板相比，高级 13Cr 的强度和硬度都可以达到 API5CT 规范里的 110 钢级标准，而且在高温（大于 120℃）条件下耐蚀性更好，在酸性环境中的抗硫化物应力腐蚀开裂（SSC）时的稳定性也大大提高了，在 CO_2 和在含有氯化物发生离子的环境条件中，都获得了优异的抗平均腐蚀和局部锈蚀的表现。上海宝山钢铁股份有限公司是最早开始尝试研发生产高级 13Cr 产品的厂家之一，现已基本实现了高级 13Cr 油管的国产化，其产品性能与国外产品基本相当，产品价格大幅降低，为高级 13Cr 在国内油田的大规模经济应用做出了突出贡献，相关不锈钢管材的化学成分见表 2。

表 2　13Cr 和高级 13Cr 不锈钢管材的化学成分　　　　[%(质量分数)]

Ttype	C	Cr	Ni	Mo	Mn	Si
13Cr	0.20	13.0	—	—	0.44	0.23
HP13Cr-1	0.025	13.1	4.0	1.0	0.46	0.25
HP13Cr-2	0.025	13.0	5.1	2.0	0.40	0.25

2　高级 13Cr 耐蚀性研究现状

目前，关于 13Cr 钢表面腐蚀产物膜中 Cr 元素的存在形式，研究者们的看法不一。有研究者提出 Cr 在薄膜中主要以 CrOOH 的形态出现，另有研究者持相反看法，指出 Cr 在薄膜中主要以 Cr_2O_3 的形态出现[15]。在含 H_2S 的 CO_2 腐蚀环境中，普通 13Cr 不形成 Cr 的氧化物钝化膜，但添加了 Mo 和 Ni 的高级 13Cr 能形成富 Cr 的氧化层，从而大幅度提高管材的抗腐蚀能力。结果表明，含有 Cr 的腐蚀产物膜在金属材料和腐蚀介质之间形成了良好的屏蔽效应，也从而降低了普通 Cr 钢的平均腐蚀速率和局部腐蚀速率。而对于高级 13Cr 钢 CO_2 腐蚀的影响原因也有很多种，主要为 CO_2 分压、温度变化和流速。其中，高 CO_2 分压会促进钝化膜的分解破坏，使受扩散速度限制的电流密度增大，并因此导致腐蚀速率的提高；在温度高于 180℃ 的 CO_2 腐蚀条件中，高级 13Cr 仍存在着较好的局部腐蚀抵抗力等级和缝隙腐蚀抵抗力；当不锈钢表面的腐蚀产物膜出现裂缝且流速大于临界流速后，腐蚀速率受流量的改变影响也较大。

学者们认为，氯化物中发生离子的产生是造成钢产生局部腐蚀现象的最主要因素之一。虽然氯离子并不是去极化的物质，但却在腐蚀中起了非常重要的作用。因为氯化物中中氯离子的半径相当小，其贯穿力又非常强，从而更容易进入由腐蚀产物所形成的保护膜中，并吸附在金属表面，因此就形成了电偶电池的阳极，而其他不能吸附氯离子的部分则构成了阴极；而电偶电池作用的结果，也是在金属的表面形成点蚀坑，但因为氯化物氯离子的自催化作用在蚀核形成后就不断发展直到全部穿孔，故氯化物的氯离子浓度对局部腐蚀速度影响很大。ArdjanKopliku[16]分析了高级 13Cr 在高氯离子条件中的局部腐蚀和缝隙情况，结果表明，高级 13Cr 的缝隙腐蚀试样出现了局部腐蚀，但腐蚀坑较浅，不足 5μm 量级。所以，对于高级 13Cr 而言，氯化物离子浓度越大，对金属材料的缝隙腐蚀也越剧烈。

3　某气井理化性能检验

某储气库气井的井下温度 80℃，井底压力 35MPa，采出水矿化度约 145000mg/L。所用油管为 110U/110-HP13 高级马氏体不锈钢，其规格为 $\phi73.02mm\times5.5mm$，其化学组成、力学性能符合 Q/BQB 266 的相关要求，产品具体参数见表 3。起初油井利用油管注氮气，油管在入井八个月起出后发现管子外表面出现锈蚀现象，约 10% 的部位发现局部的不均匀凹陷坑。

表3　产品规格及相关参数

规格	规格 （mm×mm）	名义重量 （kg/m）	内径（mm）	通径尺寸（mm）	接箍外径（mm）	接头类型
	φ73.02×5.51	9.42	62.00	59.62	88.90	BGT2
化学成分	C	Si	Mn	P	S	Cr	Mo	Ni
	≤0.04	≤0.50	≤0.60	≤0.015	≤0.005	11.50~13.50	0.50~1.50	3.50~5.00

力学性能	屈服强度 $R_{p0.2}$（MPa）	抗拉强度 R_m（MPa）	延伸率 $A_{50.8}$（%）	硬度（HRC）	钢级
	758~965	≥793	12	≤32	BG13Cr-110U丨 110-HP13Cr

夏比V型 缺口冲击试验	10mm×10mm 夏比冲击 CVN 试样吸收能 C_V（J）		温度（℃）
	横向	纵向	
	全尺寸，≥80J	全尺寸，≥100J	−10

使用性能 保证值	接箍外径 （mm）	管体屈服强度 （kN）	管体内屈服强度 （MPa）	接头抗内压 （MPa）	接头连接强度 （kN）	抗挤毁强度 （MPa）
	88.90	887	100.2	100.2	887	100.3

3.1　宏观分析

取现场油管进行观测，发现油管外表面发现有局部的不均匀凹陷坑，尤其是在近丝扣处，不均匀凹陷坑比较集中、明显，同时现场取了一段典型近丝扣油管，发现紧贴丝扣的边缘处，有一圈相对明显的不均匀小凹陷坑，如图1所示。

图1　油管现场照片

3.2　腐蚀坑深度

对丝扣边缘不均匀小凹陷坑的深度进行了测量，如图2所示，凹陷坑深的范围在0.12~0.73mm间，平均深度为0.39mm，各个凹陷坑坑深分别为0.12mm、0.12mm、0.14mm、0.36mm、0.38mm、0.39mm、0.41mm、0.45mm、0.52mm、0.64mm、0.73mm。

此外，发现在不均匀小凹陷坑远离丝扣处有2处相隔8mm的大凹陷坑，测量过程如图3所示。一处凹陷坑长5.56mm、宽3.88mm、深1.72mm，另一处凹陷坑长5.15mm、宽4.97mm、深1.29mm。

3.3　组织观察

利用扫描电子显微镜分别对管材的截面、表面进行了分析，如图4和图5所示，同时利用能谱分析仪分析了管材的截面和表面元素。见表4。从管材截面的金相组织看，均为细晶粒的马氏体组织为主，晶粒细小均匀，金相组织正常。从管材截面的能谱看，管材元素含量处于正常范围；但是，大凹陷坑底部和小凹陷坑底部有氯离子，大凹陷坑底部氯离子含量为 0.82%、2.37%，小凹陷坑底部氯离子含量为 0.864%、2.85%。从管材表面的金相组织看，均为细晶粒的马氏体组织为主，晶粒细小均匀，金相组织正常，且管材元素含量处于正常范围内。

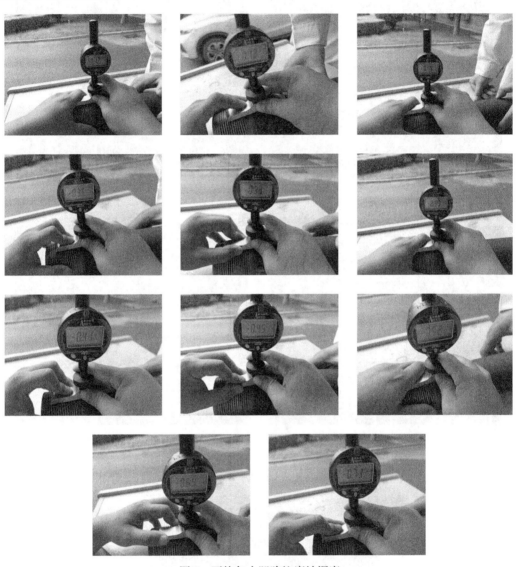

图 2　不均匀小凹陷坑腐蚀深度

图 3　大凹陷坑腐蚀深度值

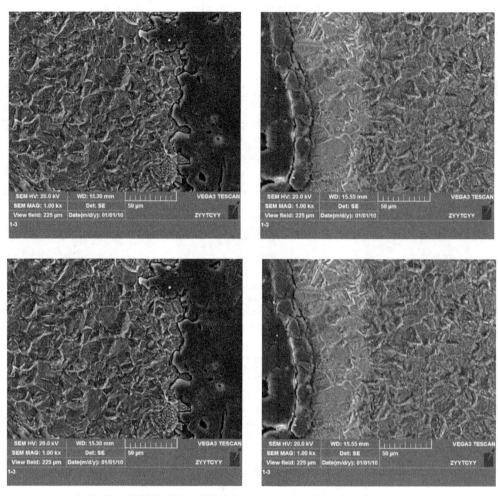

图4 截面(依次为管材表面、管材中部、大凹陷坑底部、小凹陷坑底部)金相组织

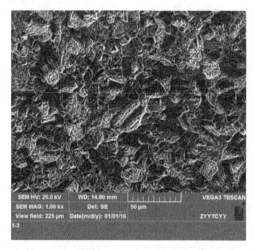

图5 管材切去凸表面的金相组织

表 4　管材截面各部位(晶内)能谱分析

管材部位	元　素	Series	Unn. C [%(质量分数)]	Norm. C [%(质量分数)]	Atom. C [%(原子分数)]	Sigma [%(质量分数)]
截面表面晶内	Oxygen	K-series	0.41	0.77	2.61	0.15
	Chromium	K-series	7.20	13.43	14.05	0.23
	Iron	K-series	43.70	81.52	79.38	1.20
	Nickel	K-series	2.29	4.28	3.96	0.11
		Total	53.60	100.00	100.00	
截面中部晶界	Oxygen	K-series	0.45	0.93	3.14	0.15
	Chromium	K-series	6.64	13.67	14.24	0.21
	Iron	K-series	39.64	81.65	79.16	1.09
	Nickel	K-series	1.82	3.75	3.46	0.09
		Total	48.55	100.00	100.00	
大凹陷坑底部	Oxygen	K-series	0.45	0.80	2.72	0.16
	Chlorine	K-series	0.46	0.82	1.25	0.05
	Chromium	K-series	7.15	12.70	13.22	0.23
	Iron	K-series	45.93	81.63	79.08	1.26
	Nickel	K-series	2.28	4.05	3.73	0.11
		Total	56.27	100.00	100.00	
小凹陷坑底部	Oxygen	K-series	0.38	0.68	2.31	0.14
	Chlorine	K-series	0.35	0.64	0.98	0.04
	Chromium	K-series	6.98	12.62	13.19	0.22
	Iron	K-series	45.29	81.86	79.64	1.24
	Nickel	K-series	2.32	4.20	3.89	0.11
		Total	55.32	100.00	100.00	
管材表面	Chromium	K-series	10.15	13.11	14.04	0.31
	Iron	K-series	63.58	82.13	81.86	1.73
	Nickel	K-series	2.83	3.65	3.46	0.12
	Molybdenum	K-series	0.86	1.11	0.64	0.07
		Total	77.42	100.00	100.00	
管材切去凸表面	Silicon	K-series	0.20	0.26	0.51	0.04
	Chromium	K-series	9.69	13.06	13.95	0.30
	Iron	K-series	61.97	81.83	81.37	1.68
	Nickel	K-series	2.82	3.72	3.52	0.12
	Molybdenum	K-series	0.85	1.12	0.65	0.07
		Total	75.73	100.00	100.00	

分别对大凹陷坑和小凹陷坑进行了微观形貌和元素含量分析，结果如表5、图6、图7所示。从大凹陷坑和小凹陷坑的边部、底部的微观形貌看，均为典型的腐蚀形貌。从大凹陷坑的边部、底部的能谱看，氧含量和氯离子含量非常高，其中大凹陷坑的边部、底部氧含量分别为15.60%和18.87%，氯离子含量分别为7.86%和8.65%。从小凹陷坑的边部、底部的能谱看，氧含量很高，且含一定量的氯离子，其中小凹陷坑的边部、底部氧含量分别为3.25%和9.55%，氯离子含量分别为1.96%、0.91%。

表5 管材大凹陷坑及小凹陷坑的底部及边部能谱分析

部位	元素	Series	Unn. C [%(质量分数)]	Norm. C [%(质量分数)]	Atom. C [%(摩尔分数)]	Sigma [%(质量分数)]
大凹陷坑边部	Oxygen	K-series	12.69	15.60	37.75	1.77
	Silicon	K-series	0.21	0.26	0.36	0.04
	Chlorine	K-series	6.39	7.86	8.58	0.25
	Chromium	K-series	10.40	12.78	9.52	0.31
	Iron	K-series	51.00	62.66	43.45	1.39
	Molybdenum	K-series	0.69	0.85	0.34	0.06
	Total		81.39	100.00	100.00	
大凹陷坑底部	Oxygen	K-series	15.69	18.87	42.95	2.18
	Silicon	K-series	0.43	0.52	0.68	0.05
	Chlorine	K-series	7.19	8.65	8.88	0.27
	Chromium	K-series	16.08	19.34	13.54	1.18
	Iron	K-series	42.69	51.35	33.47	0.07
	Molybdenum	K-series	1.06	1.27	0.48	
	Total		83.14	100.00	100.00	
小凹陷坑边部	Oxygen	K-series	2.58	3.25	10.33	0.50
	Silicon	K-series	0.19	0.24	0.44	0.04
	Chlorine	K-series	1.55	1.96	2.80	0.08
	Chromium	K-series	11.05	13.93	13.61	0.33
	Iron	K-series	60.84	76.68	69.72	1.65
	Nickel	K-series	2.41	3.04	2.63	0.11
	Molybdenum	K-series	0.71	0.89	0.47	0.06
	Total		79.34	100.00	100.00	
小凹陷坑边部	Oxygen	K-series	0.16	9.55	26.53	1.23
	Silicon	K-series	0.23	0.27	0.43	0.04
	Chlorine	K-series	0.77	0.91	1.14	0.06
	Chromium	K-series	14.94	17.48	14.96	0.44
	Iron	K-series	60.76	71.10	56.62	1.65
	Molybdenum	K-series	0.59	0.69	0.32	0.06
	Total		85.46	100.00	100.00	

图 6 大凹陷坑及其边部(500 倍)、底部(1000 倍)的微观形貌

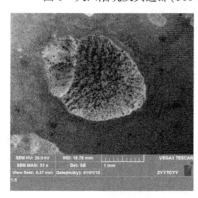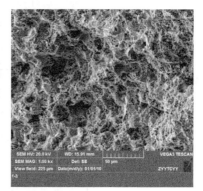
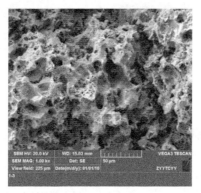

图 7 小凹陷坑(51 倍)及其边部(1000 倍)、底部(1000 倍)的微观形貌

4 井筒工况模拟及锈蚀机理分析

在 80℃，氧压力 1.3MPa，水样矿化度 14.5×10^4 mg/L 情况下，室内静态模拟了四组实验，如图 8 所示，模拟时间为 2022 年 8 月 4 日至 9 月 28 日。结果表明，表面只有轻微小坑的试样出现了严重的局部腐蚀，表面有明显局部腐蚀的试样局部腐蚀更加严重。

模拟工况实验表明，含氧和高矿化水的环境中，高级 13Cr 管材会发生严重的局部腐蚀。该气井进行了两次注氮找漏，注入的氮气含氧量不超过 5%，导致井筒内为含氧环境。氧的存在同时加速了高级 13Cr 管材阳极和阴极过程，钝化电流密度增加，钝化膜稳定性降低。高级 13Cr 管材局部表面钝化膜的溶解—钝化平衡被打破，高级 13Cr 局部基体进入失稳状态即活化溶解状态，生成了大量的 Fe^{2+}、Cr^{3+} 以及 Fe^{3+}。从溶解反应动力学角度而言，由于 Cr 原子的活性高于 Fe 原子，因而将优先发生活性溶解，即固/液界面处最外层的 Cr 原子将优先发生活性溶解生成 Cr^{3+}，进而 Cr^{3+} 发生水解反应生成 $Cr(OH)_3$，并最终转化为 Cr_2O_3，因此，局部腐蚀坑内的腐蚀产物组分主要为 Cr_2O_3[17]。随着局部活性溶解的进行，Fe 原子溶解进入溶液，铁的氧化物优先达到溶度积并在外层发生沉积。与局部腐蚀坑内扫描电镜能谱分析的氧含量高一致。

$$Fe^{2+}+2H_2O \longrightarrow Fe(OH)_2+2H^+$$

$$4Fe^{2+}+O_2+4H^+ = 4Fe^{3+}+2H_2O$$

$$Fe^{3+}+3H_2O \longrightarrow Fe(OH)_3+3H^+$$

$$Cr^{3+}+3H_2O \longrightarrow Cr(OH)_3+3H^+$$

组别	实验前	实验后	组别	实验前	实验后
第一组		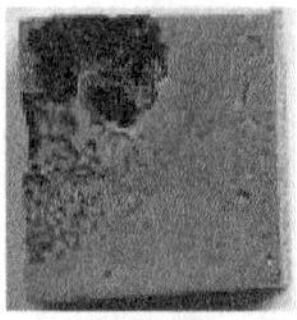	第二组	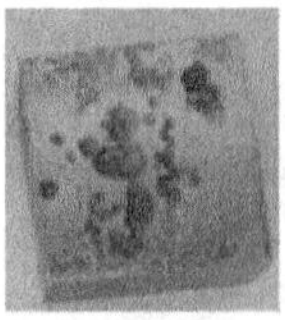	
第三组	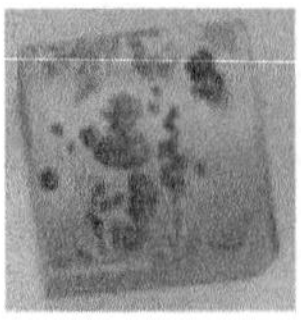		第四组		

图 8 井筒工况模拟实验

由于水溶液中存在活性氯离子，吸附在高级 13Cr 管材钝化膜上，与钝化膜中的阳离子结合成可溶性氯化物，导致高级 13Cr 管材钝化膜被溶解破坏。高级 13Cr 管材钝化膜破坏，发生局部腐蚀，在局部腐蚀底部进一步形成闭塞电池，局部腐蚀底部的腐蚀电位比周围钝化区更负、保持较低的 pH 值，形成大阴极（周围区域）和小阳极（局部腐蚀坑），进一步加速了局部腐蚀。这是一个自身促进和自身发展的过程，与局部腐蚀坑内扫描电镜能谱分析的氯离子含量高一致。

$$Fe \longrightarrow Fe^{2+}+2e$$
$$（氢氧化铁）2+2^*$$
$$1/2O_2+H_2O+2e \longrightarrow 2OH^-$$

5 结论

（1）高级 13Cr 油管的化学成分、金相组织均属于正常；油管取出样存在不均匀凹陷坑，小坑深度范围在 0.12~0.73mm，2 个大坑尺寸分别为 5.56mm×3.88mm×1.72mm 和 5.15mm×4.97mm×1.29mm；同时，从大、小凹陷坑能谱分析分析得出，凹陷坑有非常高的氧含量（底部最高 18.87%）和氯离子含量（底部最高 8.65%）。

（2）某储气库气井进行了两次注氮找漏，井筒内为含氧腐蚀环境，高级 13Cr 管材会发生局部腐蚀是氧和和高矿化水的共同作用结果，因此该储气库在今后验漏时应避免注入不纯的氮气，以防发生严重的局部腐蚀。

参 考 文 献

[1] 闫相祯，王同涛. 地下储气库围岩力学分析与安全评价[M]. 北京：中国石油大学出版社，2012.

[2] 杨晶，张智，宋闯，等. 储气库井 A 环空注氮气控压机理研究与应用[R]. 第 31 届全国天然气学术年会，2019.

[3] 杨若涵，李海奎，许素丹，等. 注空气过程中井下管柱氧腐蚀规律及防护实验研究[C]. 中国石油学会第十届青年学术年会，中国石油学会，2017.

[4] 高荣杰，杜敏. 海洋腐蚀与防护技术[M]. 北京：化学工业出版社，2011.

[5] 李勇，王兆会，陈俊，等. 储气库井油套环空的合理氮气柱长度[J]. 油气储运，2011，30(12)：923-926.

[6] 彭会新. 油套管钢在注气高压氧环境中的腐蚀规律研究[J]. 辽宁化工，2021，560-562+565.

[7] 赵密锋，付安庆，秦宏德，等. 高温高压气井管柱腐蚀现状及未来研究展望[J]，表面技术，2018，47(6)：44-50.

[8] 郑华安，闫化云，佟琳，等. 气举作业中连续油管腐蚀断裂原因[J]. 腐蚀与防护，2011，32(9)：758-760.

[9] 石鑫，李大朋，张志宏，等. 高含 O_2 工况下温度对 P110 钢腐蚀规律的影响[J]. 材料保护，2018，50(1)：113-116.

[10] 张江江. 气液环境下注氮气井管道腐蚀因素和机理研究[J]. 科学技术与工程，2014，14(29)：9-14.

[11] 宋洋，赵国仙，郭梦龙，等. ϕ88.9mm×6.45mm 180-13Cr 油管穿孔原因分析. 焊管，2021，44(4)，6.

[12] 张国超，林冠发，孙育禄，等. 13Cr 不锈钢腐蚀性能的研究现状与进展[J]. 全面腐蚀控制，2011，25(4)：6.

[13] Zhu SD, Wei JF, Cai R, et al. Corrosion failure analysis of high strength grade super 13Cr-110 tubing string[J]. Engineering Failure Analysis, 2011, 18(8): 2220-2231.

［14］王星. 模拟油气田环境中高级 13Cr 缝隙腐蚀研究［D］. 西安：西安石油大学，2018.

［15］牛坤. 高级 13Cr 不锈钢在油气田环境中的耐蚀性研究［D］. 西安：西安石油大学，2012.

［16］Ardjan K, Lucrezia S. Selecting Materials for an Offshore Development Characterized by Sour and High Salinity Environment［C］. Corrosion, 2003, Paper No. 03128.

［17］Bing-wei Luo, Jie Zhou, Peng-peng Bai, et al. Comparative study on the corrosion behavior of X52, 3Cr, and 13Cr steel in an $O_2-H_2O-CO_2$ system: products, reaction kinetics, and pitting sensitivity. International Journal of Minerals Metallurgy & Materials, 2017, 24(6): 646-656.

中原油田二氧化碳驱油井油管断裂分析

王树涛　黄雪松　方前程　王巧玲　李俊朋

(中国石油化工股份有限公司中原油田分公司)

摘　要：二氧化碳驱作为中原油田的主要提高采收率技术，在现场实施先导试验的过程中，电化学腐蚀速率控制优于行业标准，但是出现了油管断裂的管柱损坏问题。通过现场工况条件、油管成分力学性能的分析及油管断口的宏观形貌、微观形貌的系统分析，确定了油管断裂的原因为"复杂应力+腐蚀+疲劳"，是材料、应力、腐蚀环境三方面因素协同耦合作用的脆性断裂。从材料、应力和腐蚀环境三个发面综合制定了相应的油管防断裂对策。

关键词：二氧化碳驱油井；油管断裂；复杂应力；腐蚀；疲劳

随着国民经济的快速发展，国家对石油的需求与日俱增，2021 年我国石油进口量为 $5.1298×10^8$ t，石油对外依存度 72%，立足国内生产，保障石油安全，已刻不容缓。东部老油田的稳产和高效开发的关键和突破口在于技术。中原油田地跨河南山东两省，面积 5300km^2、石油资源量 $12.37×10^8$ t，目前动用石油地质储量 $5.4×10^8$ t，进一步开发潜力巨大，经过 30 多年水驱开发，已进入总体递减阶段。中原油田具有埋藏深、地层温度高（90℃以上的油藏占总储量的 67%左右）、地层水矿化度高（矿化度高于 $10×10^4$ mg/L 的油藏占总储量 90%）等特点[1]。多年来，针对三次采油技术，中原油田进行了大量研究和试验，由于聚合物驱、表面活性剂驱等受高温高矿化度影响很大，均未取得实质性的突破；CO_2 驱具有驱油效果好，不受油藏高温高矿化度的影响，是目前找到的现实可行的三次采油方法。经地质评价，中原油田适合 CO_2 驱储量 $4.9×10^8$ t，CO_2 驱增加可采储量 4436× 10^4 t，可延长油田开发寿命 20 余年，中原油田今后提高采收率技术的主要发展方向，同时，可以实现 CO_2 效益埋存也是国家实现"双碳"目标的重要方向。

中原油田生产系统长期处于"三高一低"的恶劣腐蚀环境，2015 年以来在深层低渗油藏"卫 42 块"整体实施 CO_2 驱先导试验，进一步加剧了生产系统腐蚀，躺井、穿孔频发，腐蚀速率最高接近 10mm/a（行业标准 0.076mm/a 的百余倍）。攻关形成了"液体缓蚀剂+固体缓蚀剂+牺牲阳极+强制电流阴极保护+非金属管材"的全生产系统、高效防腐技术体系，腐蚀速率控制在 0.076mm/a 的行业标准以内[2,3]。

但是，随着 CO_2 驱进一步的实施，"卫 42 块油藏"的油井出现了油管断裂现象，影响安全生产，断裂原因、机理不清楚[4]，且现有的防腐技术体系针对这类井筒损坏的防护效果不佳。油管是维持油井运行的生命线，其安全服役对生产意义重大。因此，针对"卫 42 块油藏"的代表性 VC42-14 井油管断裂情况进行系统分析，揭示断裂的原因、机理，并制定针对性的防护对策，为保障 CO_2 驱先导试验的顺利实施提供技术支撑，对国内同类油田实施 CO_2 驱有借鉴意义。

1　油井基本情况

VC42-14 井日产液 6t、日产油 0.4t、日产气 119m³、含水 93.1%，CO_2 含量 80.3%、H_2S 含量 13ppm、套压 6.5MPa。井筒挂环腐蚀监测腐蚀速率 0.010~0.032mm/a，优于 0.076mm/a 的行业标准。

油管断裂情况：2018 年 1 月作业更换管柱，2018 年 8 月 4 日现场巡检发现井口下法兰泄漏，8 月 4 日上作业更换井口，第 147 根（1397m）油管本体断裂，外表面有明显斜向裂纹 2 条，断点温度在 60~70℃之间。

2　断裂分析

2.1　化学成分、力学性能与金相分析

现场断裂油管为普通 N80 油管，按照 GB/T 228—2002 进行拉伸试验，按照 GB/T 229—2007 标准进行冲击试验，按照 GB/T 230.1—2004 进行硬度试验，按照 GB/T 13238—1991《金属显微组织检验方法》进行金相显微组织试验。

油管的化学成分、拉伸强度和冲击韧性都符合 API-5CT 标准，但延伸率 A50.8mm% 只有 7%，低于 API-5CT 标准要求的 14%，硬度都高于 HRC22（NACE 0175 要求 H_2S 环境中低于 HRC22）。延伸率低于标准，说明该油管的韧性较差，易发生脆性断裂。油管冲击功相对较低，低的冲击功值就意味着含缺陷材料阻止裂纹失稳扩展的能力低，倾向于发生脆性断裂。油管的金相组织是带状铁素体珠光体组织、晶粒相对粗大，这是油管韧性差的原因之一（表 1 至表 4、图 1）。

表 1　VC42-14 井现场断裂油管的化学成分　　　　　[%（质量分数）]

化学成分	C	Si	Mn	P	S	Cu	Ni
含量	0.36	0.36	1.61	0.012	0.002	0.075	0.030
化学成分	Cr	Nb	Mo	V	Ti	Al	
含量	0.031	<0.002	0.005	0.15	0.0027	0.014	

表 2　VC42-14 井现场断裂油管的拉伸性能

拉伸性能	$a_0 \times b_0$	$R_{p0.2}$（MPa）	R_m（MPa）	A50.8mm（%）
数据	5.47×18.91	667	884	7.0

表 3　VC42-14 井现场断裂油管的冲击韧性

冲击性能	KV8J（20℃）	KV8J（0℃）
数据	27	14
	27	15
	38	40

表4　VC42-14井现场断裂油管的HRC硬度

区域	硬度（HRC）			均值及极差（HRC）
1象限	21.3	23.6	25.1	均值：24.0 极差：4.5
2象限	20.9	23.8	24.5	
3象限	23.8	24.7	25.4	
4象限	25.0	25.1	25.2	

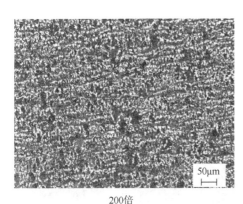 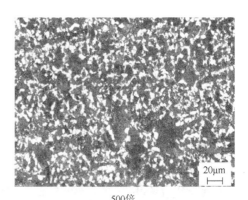

200倍　　　　　　　　　　500倍

图1　VC42-14井现场断裂油管的金相组织

2.2　断口分析

2.2.1　宏观形貌

宏观形貌上看VC42-14井油管断口比较整齐、无明显塑性变形、少量有剪切唇，为典型的脆性断裂宏观特征；同时，该断裂油管管体外表面有明显斜向细小裂纹(图2)。

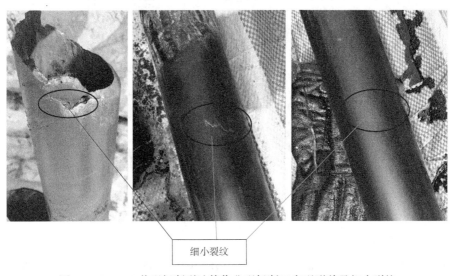

图2　VC42-14井现场断裂油管作业现场断口宏观形貌及细小裂纹

油管的内腔始终充满着油水混合介质（含水93.1%），CO_2（含量80.3%）与油水混合介质接触的油管壁上，腐蚀不可避免，油管内壁腐蚀比外壁严重，内壁发生了明显的局部腐烛，整个局部呈浪涌状腐独形貌、一致为轴向，油管输送介质为轴向引起的明显局部腐蚀。断口与裂缝处的油管内壁有明显严重的局部腐蚀，断口处局部腐蚀深度 1.21mm，裂纹处局部腐蚀深度 1mm，同时还存在裂纹(图 3)。

从断口俯视图可以看出，断口处存在疲劳台阶，由于油管内壁多处存在局部腐蚀坑，作为多个裂纹源，裂纹先是在对各自有利的平面上扩展，当两个在不同平面上扩展的裂纹相遇并连接时，通过切变或撕裂等方式，形成疲劳台阶，疲劳台阶是疲劳断裂的基本特征之一[5]。

断口处内壁　　　　　　　　　　　断口处外壁

断口俯视图

图 3　VC42-14 井现场断裂油管的断口宏观形貌

2.2.2　微观形貌

扫描电子显微镜微观形貌显示，油管断口处的内壁腐蚀坑是起裂源，向外壁扩展，放射条纹指向裂纹源；同时存在明显的细小二次裂纹(图 4 和图 5)。

油管的断口微观形貌显示，存在河流状+扇形的解离断裂与准解离断裂(带有撕裂棱)并伴有多条细小二次裂纹(图 6)。

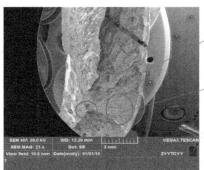

内壁腐蚀坑，
裂纹起裂源

放射线，
裂纹扩展

图 4　VC42-14 井现场断裂油管的断口微观形貌—起裂源与裂纹扩展

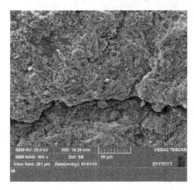 

图 5　VC42-14 井现场断裂油管的断口微观形貌—细小二次裂纹

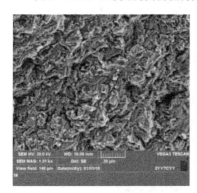 

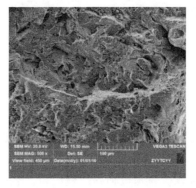

图 6　VC42-14 井现场断裂油管断口微观形貌—河流状+扇形的解离断裂与准解离断裂、细小二次裂纹

油管的断口微观形貌显示，存在疲劳条带；这是油管腐蚀疲劳断裂的基本特征[6-8]。断口扩展区上的疲劳辉纹是疲劳断裂所特有的、区别于其他性质断裂的最显著的特征花样。断口的微观形貌中除了疲劳辉纹这一主要特征以外，二次台阶和二次裂纹是另两种形式的微观特征(图7)。

疲劳条带

图7　现场断裂油管断口微观形貌

综合以上断口宏观和微观形貌，VC42-14井现场断裂油管为典型的"应力腐蚀断裂"+"腐蚀疲劳断裂"脆性断裂特征，是油管在井下高腐蚀环境中，油管内壁上造成各种局部腐蚀，该处发生应力集中，从而使油管产生裂纹萌生，同时井下油管在服役过程中始终受到交变应力的作用，裂纹在交变载荷下扩展直至断裂。

2.3　综合分析

应力腐蚀断裂和腐蚀疲劳断裂是材料、应力、腐蚀环境三方面因素协同耦合作用，从这三方面分析；相比套管，腐蚀疲劳断裂是油管独具特色的失效形式。

2.3.1　材料方面

现场断裂油管的化学成分、拉伸强度和冲击韧性都符合API-5CT标准；但延伸率A50.8mm%只有7%，低于API-5CT标准要求的14%，该油管韧性较差，易发生脆性断裂；现场断裂油管硬度都高于HRC22(NACE 0175要求H_2S环境中低于HRC22)。

油管的金相组织是带状铁素体珠光体组织、晶粒相对粗大；因为管材组织晶粒越细小、冲击功越高、韧性越好，粗大晶粒、带状组织等对现场断裂油管的延伸率和韧性的影响是负面的，导致该油管延伸率A50.8mm%低于API-5CT标准要求，且冲击功相对较低。

2.3.2　应力方面

油管在服役期间主要受到拉应力和交变应力。拉应力是油管自身重力产生。交变应力主要由服役工况下抽油杆上下带来的轴向交变载荷，还油管振动、弯曲、扭转、环空外压、内压、温度交变等引起的交变应力作用。

油管内壁腐蚀比外壁严重，断口与裂缝处的油管内壁有明显严重的局部腐蚀。局部腐蚀坑在应力的作用下，不但会加剧该处电化学腐蚀的进行，还会造成应力集中，使油管的局部应力远大于其设计强度，在交变载荷与Cl^-、CO_2等腐蚀介质的协同作用，作为应力腐蚀裂纹源和疲劳裂纹源，当合成应力超过临界断裂应力，裂纹向前扩展，加速应力腐蚀裂纹的扩展，使油管发生断裂失效。

2.3.3 腐蚀环境

该井的日产液 6t、日产油 0.4t、日产气 119m³、含水 93.1%，CO_2 含量 80.3%、H_2S 含量 13ppm、套压 6.5MPa，总矿化度为 258168mg/L，其中 Cl^- 为 182216.54mg/L。

H_2S 是碳钢材料发生应力腐蚀断裂的敏感介质，其易溶于水，电离出的 H+ 是很强的去极化剂，能够促进阳极铁溶解反应，同时加速向材料内部渗透，产生氢脆机制，使钢的脆性增加，在应力作用下易造成应力腐蚀断裂。油井产液量低，给硫酸盐还原菌生长提供了必要的环境，导致油井产出气中含 H_2S，虽然井口气的平均含量不高，但是在井筒中的硫酸盐还原菌富集处 H_2S 含量会局部高，油井处于腐蚀环境中，断裂位置且处于应力腐蚀断裂的敏感温度区间（60~80℃之间）。

CO_2 溶于水生成 H_2CO_3，H_2CO_3 发生如下电离而具有酸性：H^+、HCO_3^- 和 CO_3^{2-}。HCO_3^--CO_3^{2-} 水溶液介质环境也是碳钢发生应力腐蚀的敏感环境，发生应力腐蚀[6]。在含 CO_2 溶液中，随着 H^+ 浓度的增加腐蚀性增强，且金属的临界应力强度因子会降低，加快了应力腐蚀断裂和腐蚀疲劳断裂[8]。

Cl^- 的存在可弱化金属与腐蚀产物间的作用力，加速材料腐蚀，并在油管内壁形成腐蚀坑，引起应力集中，促使应力腐蚀裂纹和腐蚀疲劳裂纹在腐蚀坑底部萌生。

2.4 小结

（1）VC42-14 井现场断裂油管的化学成分、力学性能都符合 API-5CT 标准，A50.8mm% 只有 7%、低于 API-5CT 标准要求的 14%，硬度不符合 NACE 0175 要求的硫化氢环境中 HRC22 的要求，金相组织是带状铁素体珠光体组织、晶粒相对粗大。

（2）VC42-14 井现场油管断裂为典型的应力腐蚀断裂和腐蚀疲劳断裂的脆性断裂特征。

（3）VC42-14 井油管断裂部位温度处于脆性断裂敏感温度区间；脆性断裂原因：套压 6.5MPa、高含 CO_2、低含 H_2S、高 Cl^- 水溶液的腐蚀环境、"腐蚀+应力+疲劳耦合"等多种因素耦合。

3 结论及对策

3.1 结论

综上所述，油管断裂是材料、应力、腐蚀环境三方面因素协同耦合作用，可得出以下结论：

（1）油管断裂为"复杂应力+腐蚀+疲劳"导致。

（2）CO_2 含量高，腐蚀环境更为恶劣；油管管柱长、动液面低，油管受力复杂；油管断裂更为突出。

（3）油管符合 API-5CT 标准指标，但是硬度超过了 HRC22，是脆性断裂的敏感材料。

3.2 对策

CO_2 驱油井油管断裂，是材料、应力、腐蚀环境三方面因素协同耦合作用，因此有效的防护措施就是消除这三个方面中一切有害的因素，从这三方面制定对策。

1）材料方面

硬度越高，应力腐蚀断裂倾向越大；显微组织越细小均匀，抗应力腐蚀断裂的能力更强。晶粒越细，晶界面积越大，在一定区域内形变进而裂纹失稳扩展所消耗的能量就越大，材料抗裂纹扩展的能力越强。力学性能满足现场生产要求的前提下，优先使用抗硫管材或者力学性能综合良好的管材(管材硬度<HRC22、金相组织均匀晶粒细小)。

2）应力方面

优化油管管柱设计，避免受应力集中过载的影响；优化油井工作制度，减弱冲程等对油管振动的影响；油管配套油管锚或油管减振器，对油管柱振动进行控制，并有效减小结构的振幅增加系统的结构阻尼等，防止油管柱振动产生的疲劳。

3）腐蚀环境方面

加强封堵，避免 CO_2 气窜，从根本减轻腐蚀。做好井筒防腐，腐蚀速率控制低于 0.076mm/a 行业标准要求，控制局部腐蚀的产生，避免在局部腐蚀处应力集中、作为裂纹源。消除井筒 H_2S，尤其是局部 H_2S 浓度高的问题。

参 考 文 献

[1] 国殿斌，房倩，聂法健. 水驱废弃油藏 CO_2 驱提高采收率技术研究[J]. 断块油气田，2012，19(2)：187-190.

[2] 朱德智，黄雪松，南楠. CO_2 驱生产系统腐蚀与防护技术研究[J]. 油气田地面工程，2017，36(07)：78-81.

[3] 史常平，杨建华，杨苏南. 二氧化碳驱油藏油井腐蚀原因分析及防治技术[J]. 清洗世界，2018，34(12)：55-58.

[4] 张学元，王凤平，陈卓元，等. 油气开发中二氧化碳腐蚀的研究现状和趋势[J]. 油田化学，1997，14(2)：190-196.

[5] 王宝艳. 抽油机井油管疲劳断裂机理和预防措施的研究[D]. 浙江大学，2002.

[6] PARKINS R N, ZHOU S. The stress corrosion cracking of C-Mn steel in $CO_2-HCO_3^--CO_3^{2-}$ solutions. I: Stress corrosion data[J]. Corrosion Science, 1997, 39(1): 175-191.

[7] 杜秀华，张德文，李强，等. 抽油机井油管疲劳断裂原因[J]. 大庆石油学院学报，2002，26(2)：71-73+137.

[8] 崔璐，李臻，王建才，等. 油井管的腐蚀疲劳研究进展[J]. 石油机械，2015，43(1)：78-84.

体积压裂气井细菌综合腐蚀规律与防控对策

肖　茂　郭　琴　刘　通　姚麟昱

(中国石化西南油气分公司)

摘　要： 针对体积压裂气井地面腐蚀刺漏频发问题，首先根据气井腐蚀特征，优选不同时段、不同位置失效管样，建立了"流体介质/工况环境、宏/微观形貌、腐蚀产物检测、相似实验印证"的四步协同分析法，对腐蚀原因进行了分析；其次建立了以"绝迹稀释、厌氧腐蚀评价"为核心的细菌腐蚀综合检测法，确定了气井细菌含量范围，分析了水质井况与细菌腐蚀的关系；再次提出了"杀菌缓蚀+配套除砂器"的腐蚀防控措施，并在18平台、4条外管实施。结果表明，研究成果将某气田腐蚀刺漏频率由29次/月降到3~10次/月。结论认为：(1)体积压裂井地面腐蚀刺漏主要为细菌、CO_2和冲蚀的综合作用结果，主要发生在弯头、三通等部位；(2)细菌含量超标是引起地面长期持续点蚀的主因，而压返液重复利用为细菌增长提供了营养等适宜环境；(3)采用"杀菌缓蚀+配套除砂器"有效降低了体积压裂井地面腐蚀刺漏频率，可以持续推广。

关键词： 体积压裂气井；硫酸盐还原菌；腐蚀；杀菌剂

1　前言

体积压裂技术攻克了天然裂缝总体欠发育等地层复杂问题，有效的提高了气井产量。相较于其他采用常规压裂技术的气藏，体积压裂井单井入井液量更高，有的高达约 $2~5×10^4 m^3$，求产 15~30 天内排液增加到最大，日排液在 $200~700 m^3$，随后逐渐降低，为降低污水处理成本，压返液将作为后续气井压裂液水源，实施重复利用。

体积压裂入井液量大、气井生产工况变化大，采出流体含大量的砂、SRB、CO_2等多种腐蚀介质，地面流程出现严重的管道刺漏，影响了气田的安全、平稳生产，也将影响体积压裂技术推广。针对体积压裂井地面腐蚀刺漏频发问题，优选了失效管件，建立了四步协调分析法分析了腐蚀原因，并建立了细菌腐蚀综合检测法分析了水质与细菌腐蚀的关系，提出腐蚀防控总思路，现场成果应用，有效减缓集输系统的腐蚀失效，提升安全运行水平。

2　腐蚀现状及规律

X气田采用体积压裂工艺，随着开发气井数的增加，地面泄漏频率出现爆发式增长，最高达29次/月，实施杀菌剂、缓蚀剂防腐措施，气田泄漏得到了有效的缓解，但仍未清零，截至 2022 年 7 月 31 日，统计 X 气田不同时间、不同位置、不同环节的泄漏比例，发现总体具有腐蚀快、周期长、迎流面和焊缝风险高的特点，具体在空间和时间上有以下特点：

2.1 空间分布特点

气田共发生 195 次泄漏，18 个平台发生平台覆盖率高达 85.7%，站场流程位置中弯头、三通、焊缝泄漏占比约 83%(图 1)，高压环节占比 19.6%、节流环节占比 29.2%、计量分离环节占比 34%(图 2)。气田泄漏在空间上，具有分布广泛、流程部位集中的特点，主要集中迎流面焊缝部位。

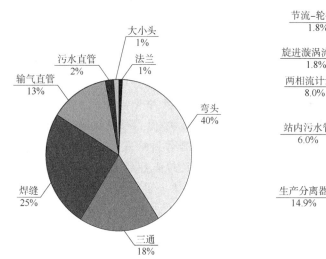

图 1 泄漏部位统计

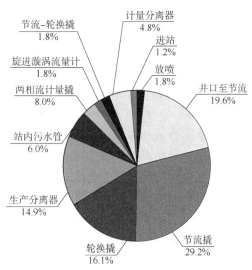

图 2 泄漏环节统计

2.2 时间分布特点

气井泄漏发生在投产后 0~43 个月(图 3)，最短时间不到 2 天，最长约 43 个月。X 气田气井压力、产量递减快，约 12~18 个月进入生长中后期，反映了气井泄漏风险是全生命周期。需要注意的是，X 气田因采取防腐措施而降低泄漏频率，不能因图 3 中的生产中后期气井泄漏次数较少，而认为气井生长中后期泄漏风险低。

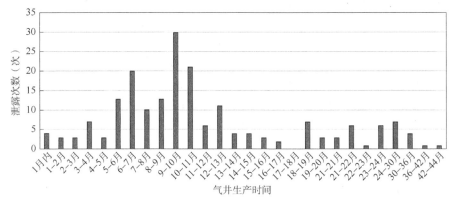

图 3 不同生产时间泄漏次数统计

3 腐蚀原因分析

杨长华等人[2]针对涪陵气田管道泄漏原因,分析了腐蚀环境、工况、腐蚀产物、腐蚀介质,明确了存在细菌腐蚀;刘乔平等人[3]在针对某气田管道穿孔失效,分析了宏观形貌、微观形貌、失效位置、腐蚀产物、腐蚀介质,并开展腐蚀模拟实验;毛汀等人[4]针对某气田输气管道失效原因,采用宏观检测、机械性能测试、腐蚀产物分析法;岳明等人[5]针对某区块油管、站场工艺管道,以及集气干线的管道进行了失效分析、腐蚀产物能谱分析,结合现场生产数据,认为腐蚀的原因是SRB腐蚀是主因,CO_2、Cl促进腐蚀;罗凯[6]等人针对昭通气田穿孔,开展了腐蚀产物、腐蚀形貌、工况分析。

本文针对X气田腐蚀分布广、位置集中、周期长、形貌多样的特点,借鉴以往学者研究方法,建立了系统分析方法——"流体介质/工况环境、宏/微观形貌、腐蚀产物、相似实验印证"的四步协同分析法,按步骤进行了腐蚀原因分析。

3.1 流体介质/工况环境

腐蚀介质/工况是形成腐蚀的源头、必要条件,包括了流体气、液、固等组分和含量,以及温度、压力、流速、流态等工况及环境。统计了气质、水质检测、投产至生长中后期工况,结果见表1~表3,结果显示Cl含量高、CO_2分压范围宽、普遍高含SRB、气井前期/后期出砂、井口温度范围宽。

表1 气质组分   单位:%(体积分数)

气样	甲烷	乙烷	二氧化碳	氧	硫化氢
范围	97~99	0.1~0.5	0.95~1.97	0.01~0.06	0

表2 水质组分

水样	pH值	总铁(mg/L)	阳离子(mg/L)			阴离子(mg/L)			总矿化度(mg/L)	SRB 个(mL)
			$K^+ + Na^+$	Ca^{2+}	Mg^{2+}	Cl^-	SO_4^{2-}	HCO_3^-		
范围	6~6.8	0.45~39	4588~13248	28~905	5~123	4774~20203	0~82	190~881	6713~35857	$(2.5~1.1)) \times 10^6$

表3 地面流程运行工况

时间段	井口		节流—分离器		出站
	温度(℃)	压力(MPa)	温度(℃)	压力(MPa)	温度(℃)
投产初期	80~95	<70	40~80	2.0~5.0	20~40
正常生产期	30~35	<30	20~30		15~20

3.1.1 CO_2腐蚀风险

CO_2单因素下对碳钢的腐蚀风险研究较多,基于普遍认识[7]形成CO_2腐蚀风险版图(图4)。X气田高压区从投产到中后期的CO_2分压从约0.45MPa下降到0.03MPa,温度从80℃以上下降到30℃,即从CO_2腐蚀图版中的C3区到A区,腐蚀风险从重度局部腐蚀降为可忽略的腐蚀风险;中压区的CO_2分压处于B、A区,处于轻度均匀腐蚀或可忽略腐蚀风险。总体而言，CO_2腐蚀风险在高压区有从严重到可忽略的转变、中压区均不严重的特点。

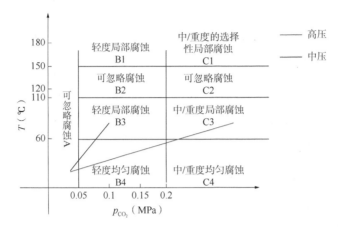

图4 CO_2腐蚀参数图版及 X 气田地面 CO_2 工况

3.1.2 细菌腐蚀风险

细菌腐蚀在油田输送、污水系统、回注研究较多[8-15]，普遍认为细菌温度25~60℃、pH 值6~9时可能发生腐蚀，且随着细菌含量的增加腐蚀风险增加，但具体的细菌含量并未有明确的指标，仅在回注系统中普遍要求 SRB 控制在 25 个/mL 以内。显然，X 细菌含量高，在中后期满足温度等条件，具有细菌腐蚀风险。

图5 携砂泡沫

3.1.3 冲蚀风险

气井投产初期气量大，携砂能力强，中期产量下降后携砂能力减弱[16]，但后期泡排等采气工艺加剧出砂（图5），特别是泡排泡沫携砂。砂粒均匀分布泡沫上，也更容易受到湍流影响，随气液波动，加强对金属的切应力，形成较强的犁销作用，在具有湍流动的区域，携砂泡沫能造成更严重的冲蚀。弯头、三通前期受到高速砂粒冲击腐蚀，后期受携砂泡沫犁销磨蚀。

3.2 宏/微观形貌检测

腐蚀形貌是腐蚀的综合反应，腐蚀介质在一定工况下形成特点形貌，国内外学者对典型介质的腐蚀形貌具有一定研究。采用目测和电子显微镜2种手段，对12个管件的腐蚀形貌进行检测，并与典型腐蚀形貌进行了对比，发现主要存在冲蚀、细菌、CO_2的单一腐蚀形貌特征，但弯头、三通、焊缝等位置多为复杂形貌，如图6和图7。

3.2.1 CO_2腐蚀形貌

CO_2局部腐蚀形貌宏观上有点蚀、台地侵蚀、流动侵蚀三类，微观下产物为有棱角的晶体、丝状，如图8所示。点蚀表现为金属出现凹坑、坑周边光滑；台地侵蚀会出现较大面积的凹台，底部平整，周边垂直凹底；流动诱使局部腐蚀形状如凹沟，即平行于物流方向的刀型线槽沟。

图 6　现场的规则圆形蚀坑的蜂窝状形貌

图 7　现场的沟壑交错的海绵状

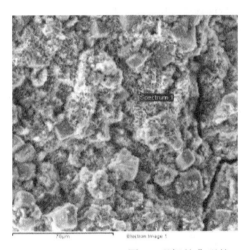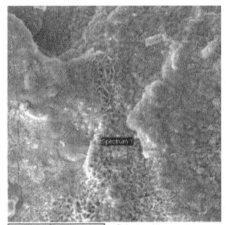

图 8　现场的典型的 CO_2 腐蚀棱角晶体、晶丝

3.2.2　SRB(硫酸盐还原菌)腐蚀形貌

细菌以点、坑蚀为主,形成的腐蚀点、坑为规则圆形,包括同心圆,也有点蚀坑内部呈空洞状,仅在表面覆盖有一层腐蚀产物;微观上腐蚀产物主要是规则球形结构,SRB 细菌成杆状(图 9)。

3.2.3　磨损类腐蚀形貌

冲击腐蚀一般形成点、片,会有明显的冲刷流向;湍流,流体流态变化大的流动状态,腐蚀形貌常常呈现深谷或马蹄形的凹槽,一般按流体的流动方向切入金属表面层,蚀谷光滑没有腐蚀产物寄存；空泡腐蚀下，金属表面会形成空穴，并不断发展，形成海绵状，如图 10 所示。

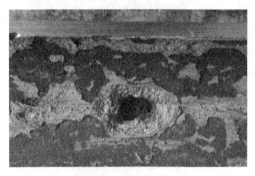

图 9　现场的典型细菌腐蚀同心圆蚀坑

图 10　现场典型的冲蚀坑

3.3　腐蚀产物检测

腐蚀产物是腐蚀的直接结果，不同的介质腐蚀后形成的腐蚀产物不同。取 11 节失效管件，采用 XRD 检测分子、EDS 检测元素，结果见表 4、图 11、图 12，结果表明，腐蚀产物主要为 $FeCO_3$，局部腐蚀坑有 FeS，高压、中压各环节都有 S 元素，且靠近基体 S 元素含量更多，认为腐蚀产物主要来自 CO_2 腐蚀，部分来自 SRB 细菌腐蚀，且细菌腐蚀发生时间更晚。

表 4　11 个失效管件 XRD、EDS 能谱检测结果汇总

	样品	XRD	EDS
高压区	39-8 弯头	表面浮渣：$FeCO_3$	腐蚀层均有 S，1 样靠近基体 S 最高，2 样腐蚀中层 S 最高
	24-1(三节直管)	表面浮渣：$FeCO_3$	腐蚀产物层有 S，基体无 S，含有 Cl，最高达 18%
	41-5(进节流撬弯头)	表面浮渣：$FeCO_3$、Al_2O_3	部分含有 S 元素
节流撬上	23-4 三通	表面浮渣：$FeCO_3$	S 含量最大值为 4.8%wt，位于产物中层
	35-5 节流后弯头	表面浮渣：$FeCO_3$	部分含有 S，产物表面更高
	41-5 方弯头	—	均有 S，1#最大值 0.45%wt，靠近产物表层；2#最大值 1.02%wt，靠近基体
	43-2 二级下三通 1#	表面 $FeCO_3$、Fe_2O_3 蚀坑 $FeCO_3$、Fe_2O_3	无 S
	43-4 二级后三通 2#	表面 $FeCO_3$、Fe_2O_3、FeS 蚀坑 $FeCO_3$、Fe_2O_3	S 含量最大原子 0.84%
分离器	39 分离器进口弯头		S 最大值 0.25%wt，靠产物表层
	23 计量器入口 3#	表面 $FeCO_3$、Fe_2O_3； 蚀坑 $FeCO_3$、Fe_2O_3、FeS	S 含量表面原子 1%、蚀坑 0.37%
	35 生产器入口 4#	表面 $FeCO_3$、Fe_2O_3 蚀坑 $FeCO_3$、Fe_2O_3	S 含量蚀坑原子 0.65%

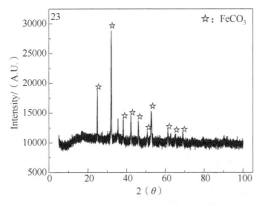

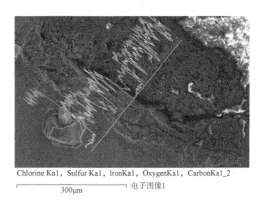

Chlorine Ka1, Sulfur Ka1, IronKa1, OxygenKa1, CarbonKa1_2

├──── 300μm ────┤ 电子图像1

图 11 某平台失效管件产物耐磨后 XRD   图 12 某平台失效管件截面能谱分析

3.4 相似工况模拟实验

模拟现场工况的实验，特别是人为控制腐蚀的影响因素参数，可有效辅助还原、探索现场腐蚀、腐蚀界限。采用高温高压动态釜，在 2 种细菌含量、35℃细菌生长温度、CO_2 分压 0.07MPa、冲蚀与未冲蚀、损伤焊缝 3 种挂片条件下，测试了点蚀腐蚀速率（表 5）。

表 5 模拟试验参数

CO_2含量（MPa）	SRB 含量个（mL）	温度（℃）	压力（MPa）	试验周期（d）	材　　　质
0.07	100000；10000	35	4.5	7	20#冲蚀样/正常样、焊缝样（地面4#）

模拟采出水环境（mg/L）											
pH	K	Na	Ca	Mg	Fe	Sn	Ba	Cl^-	SO_4^{2-}	HCO_3^-	矿化度
6.8	165	7700	140	30	55	60	230	14560	30	490	21300

模拟结果表明：SRB 含量 10 万个/mL 的实验组的最大点蚀速率高于 SRB 含量 1 万个/mL 的实验组，细菌含量越高，腐蚀速度越快，即细菌对腐蚀有促进作用；冲蚀样的腐蚀速率高于正常样，发生冲蚀后的点蚀速率更高，即冲蚀破坏后，细菌腐蚀更加严重（图 13）。

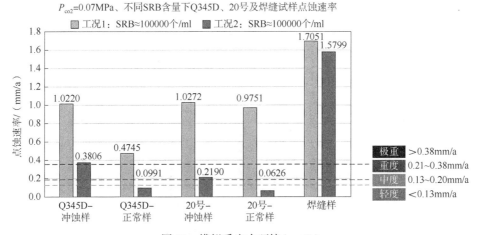

图 13 模拟采出水环境（mg/L）

3.5 泄漏原因及腐蚀过程

综合上述结果，认为页岩气腐蚀来源于冲蚀+CO_2+细菌的综合作用，不同阶段表现出不同的主要矛盾：初期高温阶段，出砂多，冲蚀严重，同时井口温度高于60℃，CO_2腐蚀活跃，以冲蚀+CO_2腐蚀为主；中后期低温阶段，出砂变少，冲蚀减弱，同时井口温度低于60℃，细菌腐蚀活跃，以细菌腐蚀为主(图14和图15)。

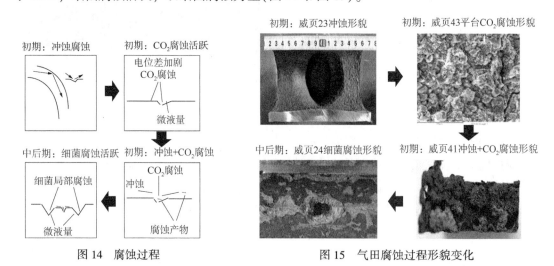

图14 腐蚀过程　　　　　图15 气田腐蚀过程形貌变化

4 细菌腐蚀影响因素分析

细菌含量和代谢活性决定了代谢产物的总量、腐蚀程度，围绕细菌含量、代谢活性影响因素开展了腐蚀的关联性分析。

4.1 气田细菌含量及其腐蚀影响

采用绝迹稀释法，从2018年年初至今，检测了16个平台分离器或排污口位置100余组细菌含量，范围在6~110万个/mL，平均为10万个/mL，普遍超过了回注水细菌防控标准25个/mL(图16)。

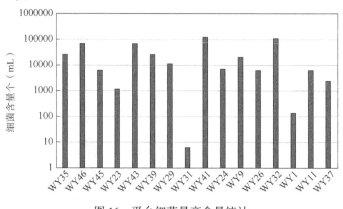

图16 平台细菌最高含量统计

跟踪某井投产后细菌含量，发现单井细菌含量变化规律：从压裂返排至生产中后期，细菌含量呈现先降低、再升高的现象，投产一周后，细菌含量由几万个/mL迅速陡降至接近 0 个/mL，气井到生产中后期，细菌含量由接近 0 个/mL增加几万个/mL及以上（图 17）。

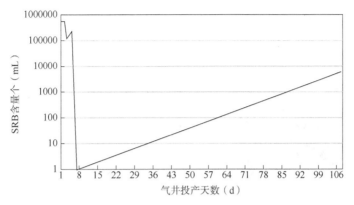

图 17　某井 SRB 含量随投产时间统计

统计分析了现场细菌含量与泄漏次数的关系，结果表明，细菌含量高，总体腐蚀刺漏次数多，细菌含量低，泄漏次数少（图 18）。

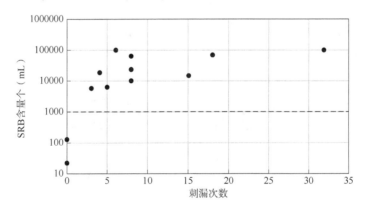

图 18　平台 SRB 含量与泄漏次数统计

4.2 营养源对 SRB 活性/腐蚀性影响

采用常压静态腐蚀挂片法，在无菌、含菌+1mL SRB 培养基（少菌组）、含菌+9mL SRB 培养基（多菌组）、含菌+9mL SRB 培养基+每 2 天补充 2mL 培养基（加营组），35℃细菌生长温度条件下，以腐蚀速率为活性指标，开展营养源对 SRB 活性影响实验，结果表明，挂片均匀腐蚀速率均<0.076mm/a，细菌对挂片均匀腐蚀程度有限，但随着营养源的增加，细菌含量明显增加，点蚀深度加剧，细菌高活性下明显加剧了点蚀腐蚀（图 19 至图 21）。

4.3　气田水质对细菌含量影响

4.3.1　气田水质组分对细菌含量影响

收集了 14 个平台 39 个水样组分含量，采用灰色理论、统计分析法分析了水质中细菌含量与营养源的关系，其中，灰色关联无量纲采用均值化、分辨系数取 0.1，统计是以

250 个/mL 为界，关联度结果(图 22)显示碳源与细菌含量相关性较强，统计结果(图 23)表明细菌多时营养源少，细菌会明显消耗营养源，两者呈现负相关。

图 19　常压静态腐蚀实验前后实物

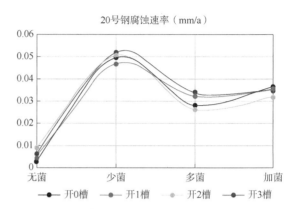

图 20　常压静态腐蚀实验均匀腐蚀速率

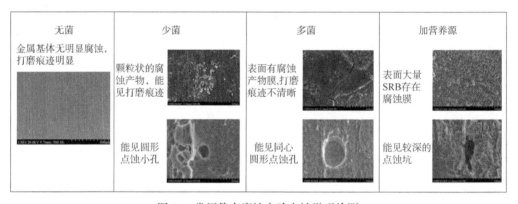

图 21　常压静态腐蚀实验点蚀微观检测

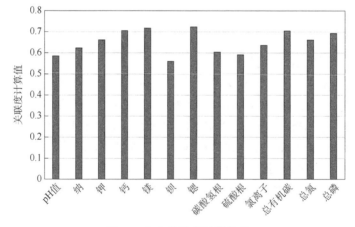

图 22　灰色关联度计算结果

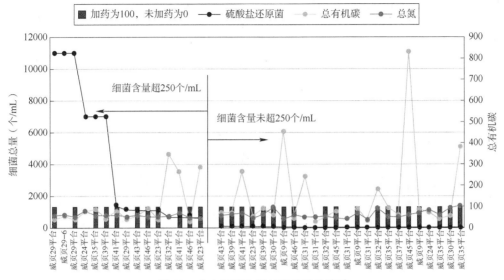

图 23　水中细菌含量与营养组分统计

4.3.2　压裂液组分对细菌含量影响

聚丙烯酰胺是压裂液中最主要的配方，是一种线型高分子聚合物，分子量在 $1×10^4 \sim 2×10^7$ 范围，随着温度升高而分子结构被破坏，针对聚丙烯酰胺高温破胶前后对 COD、N、P 等营养源进行影响分析。

（1）按操作规范对聚丙烯酰胺破胶，采用分光分度水质快速测定仪，测定破胶前后的 COD、氨氮、总磷，结果（表 6）显示，破胶后 COD、氨氮、总磷含量均增加，其中 COD、氨氮分别增加 33%、2263%，总磷由无到有，破胶能为细菌提供更充足的营养。

表 6　破胶前后营养物含量

项　　目	COD（mg/L）	氨氮（mg/L）	总磷（mg/L）
降阻水 0.1%计	207.33	1.67	0
破胶水 0.1%计	276.80	39.47	0.03

（2）采用便捷溶氧量测试管、在 26℃、大气压下，测试了自然水体、压返液中细菌含量，结果（表 7）显示，采出水、压返液溶解氧浓度远低于自然水体，更适宜厌氧菌 SRB 繁殖。

表 7　不同水样溶解氧含量

水样	平均值（mg/L）	水样	平均值（mg/L）
自来水	4	压返液	0.83
湖水	3.7	某平台采出水	0.4

4.3.3　细菌含量随压返液复用变化过程

统计了压返液复用与细菌含量，结果（图 24）显示压返液重复利用低的平台细菌含量总体低。结合上述分析，重复利用压返液中营养充足、厌氧环境，形成了适宜SRB繁殖的环境，随着复用利用持续进行，细菌含量总体增加，细菌含量随压返液重复利用变化过程如图25所示。

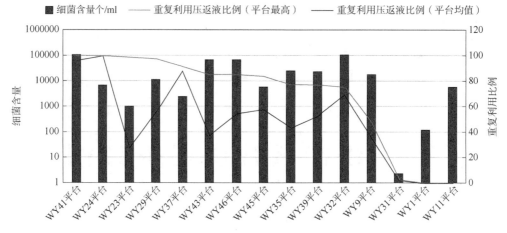

图 24　压返液复用与细菌含量统计

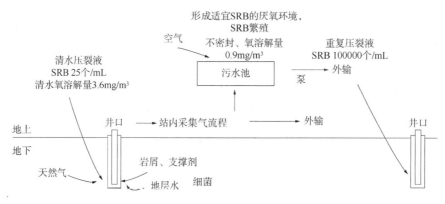

图 25　重复利用压返液 SRB 繁殖过程示意

5　防控措施

5.1　应用措施及效果

针对冲蚀-CO_2-细菌的综合腐蚀，X气田采用"除砂器+杀菌缓蚀剂"的防治措施。

5.1.1　除砂器

统计了5套除砂器应用情况，结果(表8)显示除砂器有效的降低了泄漏风险。

5.1.2　杀菌、缓蚀剂

站内流程、井筒、外输管道加注药剂，截至2021年末，18平台井筒或地面流程、3条集输管道实施，气田细菌含量得到有效控制，SRB含量有6000个/mL以上降至接近0个/mL。

表8　除砂器运行及泄漏统计

序号	气井	安装位置	运行情况	泄漏情况
1	43—6	井口	停用	1次泄漏
2	37—8		正常应用	未发生
3	29—7		未投用	未发生
4	29—8			7次泄漏
5	24	节流撬后	正常应用	未发生

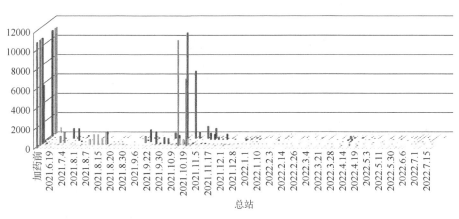

图26　气田细菌含量(单位:个/mL)

5.1.3　综合效果

多种措施实施之下,有效的缓解了体积压裂井腐蚀泄漏,X气田泄漏频率由29次/月下降至3~10次/月内。虽然防腐工作取得了阶段性成效,但老井腐蚀刺漏频率并未完全清零,究其原因,部分老井前期地面管道已形成腐蚀损伤,处于刺漏边缘,后期开始逐渐暴露问,后期采气措施加剧携砂也是原因之一(图27)。

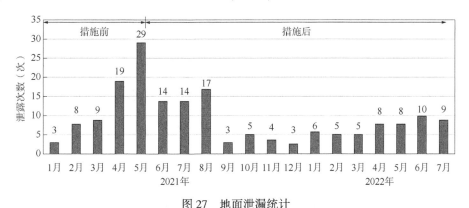

图27　地面泄漏统计

5.2　措施优化建议

针对站场内已受损部位,可采用超声测厚/导波、X射线拍片等措施,全面检测摸清受损部位和程度,然后进行整体更换。

针对弯头、三通等迎流面部位，可采用耐蚀耐冲材料、盲三通（图28）等措施，盲板宜耐蚀材质并涂耐冲涂层；针对弯头、三通附近焊口易损，可延长弯头直管段、采用耐蚀耐冲材料等措施。

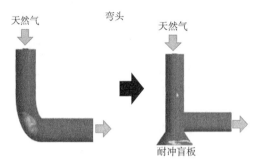

图 28 弯头改为盲三通

6 结语

（1）体积压裂井地面泄漏为细菌-CO_2-冲蚀的综合作用，具有全生命周期性，随着生产工况的变化而主因也在改变，发生位置集中在弯头、三通等流体改变部位及其两端焊缝；

（2）细菌含量高是引起地面长期持续点蚀的主因，而压返液重复利用为细菌增长提供了较为丰富的营养环境和适宜 SRB 的厌氧条件；

（3）"杀菌缓蚀+除砂器"有效降低了地面腐蚀刺漏频率，可以持续推广，但生产后期泡排采气加剧出砂风险，降低了措施的防治效果，提出的优化措施将提高系统防腐性能。

参 考 文 献

[1] 曹学军，王明贵，康杰，等. 四川盆地威荣区块深层页岩气水平井压裂改造工艺[J]. 天然气工业，2019，39（11）：127-134.

[2] 杨长华. 涪陵页岩气田管道泄漏风险分析及预防措施[J]，科学管理，2019，（2）：70-72.

[3] 刘乔平，冯思乔，李迎超，等. 页岩气田集输管线的腐蚀原因分析[J]，中腐蚀与防护，2020，41（10）：69-73.

[4] 毛汀，杨航，石磊. 威远页岩气田地面管线腐蚀原因分析[J]. 石油与天然气化工，2019，48（5）：83-86.

[5] 岳明，汪运储. 页岩气井下油管和地面集输管道腐蚀原因及防护措施[J]，钻采工艺，2018，41（5）：125-127.

[6] 罗凯，朱延著，张盼锋，等. 页岩气集输平台管线腐蚀原因及 CO_2 来源分析——以昭通国家级页岩气示范区为例[J]，天然气工业，2021，41（增刊1）：202-206.

[7] 卢绮敏. 石油工业中的腐蚀与防护[M]. 化学工业出版社，2001，9.

[8] 李玉萍. 中原油田污水细菌生长规律研究[J]. 石油化工腐蚀与防护，2004：21.

[9] 孟章进. 井筒环境因素对 SRB 生长及腐蚀影响分析[J]. 石油化工应用，2015，34（1）：13-15.

[10] 山丹. 生态因子对油田注水系统中硫酸盐还原菌生长的影响[J]. 大庆石油学院学报，2007，31（1）：51-54.

[11] 刘勇. 含油污水回注时 pH、COD 对细菌生长及杀菌性能的影响[J]. 新疆石油科技, 2004, 14(2): 19-21.

[12] 吴文菲. pH、盐度对微生物还原硫酸盐的研究[J]. 环境工程学报, 2011, 5(11): 2527-2531.

[13] 潘月秋, 张迪彦. 细菌微生物对工业油田生产的危害及机理研究[J]. 安徽化工, 2014, 40(4): 43-45.

[14] 蒋波, 杜翠薇, 李晓刚, 弓爱君. 典型微生物腐蚀的研究进展[J]. 石油化工腐蚀与防护, 2008, 25(4): 1-4.

[15] 张学元, 王凤平, 杜元龙, 等. 油气工业中细菌的腐蚀和预防[J]. 石油与天然气化工, 1999, 28(1): 53-66.

[16] 董长银, 陈新安, 阿雪庆, 等. 产水气井井筒携砂机制及携砂能力评价试验与应用[J]. 中国石油大学学报(自然科学版), 2014, 38(6): 90-96.

[17] 任广萌. 硫酸盐还原菌降解采油污水中聚丙烯酰胺的实验研究[J]. 黑龙江科技大学学报, 2018, 28(3): 329-333.

川西须家河组气井腐蚀调查及预测研究

史雪枝　张国东

(中国石化西南油气分公司)

摘　要：川西须家河组属于高温高压含 CO_2 气藏，气井在开采过程中先后出现了油管腐蚀断裂与地面管线多次腐蚀泄露的现象。腐蚀主控因素研究表明，气井压力是影响气井腐蚀速率的最大因素，而温度、水气比影响井下管柱腐蚀位置。9 口老井的腐蚀调查结果表明，采用耐蚀合金油管的 2 口井未出现井下管柱腐蚀穿孔、断裂等问题。而采用普通材质油管的 7 口井，5 口井出现油管断脱等问题。基于老井腐蚀调查形成的数据库，运用主成分分析和判别分析方法，建立了川西须家河组新井腐蚀预测方法，能够指导川西须家河组体积压裂井二次完井的方案设计和实施顺序。

关键词：CO_2；腐蚀；预测；油管

川西须家河组气藏的勘探始于 20 世纪 80 年代，以须二、须三、须四段为主要目的层。截至目前，须二气藏总井数 51 口，其中新场气田 25 口，高庙气田 16 口，合兴场气田 4 口，大邑气田 3 口，中江气田 3 口。须三气藏总井数 9 口，其中大邑气田 8 口。须四气藏总井数 29 口，其中新场气田 20 口，孝泉气田 4 口。

川西须家河组属于高温高压含 CO_2 气藏，气井在开采过程中先后出现了 CH100、CH137、DY1、X21-1H、X301 等井管柱断裂与 X2 地面管汇多次腐蚀泄露的现象。近年来，随着"体积压裂工艺"在川西须家河组气藏得到推广应用，多口井获得产能突破，该气藏已成为中石化西南油气分公司增储上产的重要阵地。因此深入开展川西须家河组老井的腐蚀调查，并建立一套腐蚀风险预测方法，对于新建井的腐蚀管控具有非常重要的现实意义。

1　川西须家河组气藏腐蚀环境分析

1.1　地层压力和地层温度

新场须二气藏原始地层压力在 68~85MPa 之间，平均为 77.05MPa，地层压力系数在 1.44~1.73 之间，平均为 1.64。地层温度在 127~142℃ 之间，平均为 132.4℃，地温梯度在 2.22~2.44℃/100m 之间，平均为 2.35℃/100m。

高庙须二气藏原始地层压力在 75.51~83.78MPa 之间，地层压力系数在 1.59~1.81 之间。地层温度在 121.14~127.36℃ 之间，地温梯度在 2.32~2.36℃/100m 之间。

合兴场须二气藏原始地层压力在 69.79~78.79MPa 之间，地层压力系数在 1.52~1.74

之间。地层温度在 120~125℃ 之间，地温梯度在 2.27~2.33℃/100m 之间。

大邑须三气藏原始地层压力在 52.29~53.27MPa，平均 52.76MPa，压力系数 1.14；地温 117.53℃，地温梯度 2.25℃/100m。

1.2 流体性质

新场须二气藏 CO_2 含量平均 0.98%，产出水水型多样，包括 $CaCl_2$ 型、$NaHCO_3$ 型、$MgCl_2$ 型，其中 $CaCl_2$ 型占 86%。pH 值分布范围 5.5~7.91，平均值 6.63，多数分布在 6~7.5 之间左右，酸性水为主，碱性水更多出现 5.12 地震以后。总矿化度分布范围 900~143000mg/L，188 个样本中，40000~100000mg/L 占比 27%，>100000mg/L 占比 46%。

高庙须二气藏 CO_2 含量平均 1.26%，水样的总矿化度 52918.6~137000mg/L，Cl^- 为 31898~86400mg/L，水型为 $CaCl_2$ 型。

合兴场须二气藏 CO_2 含量平均 0.27%，水样的总矿化度 1422.82~39166mg/L，Cl^- 为 661.29~34483mg/L，水型为 $CaCl_2$ 型。

大邑须三气藏 CO_2 含量平均 1.10%，地层水水型均为 $CaCl_2$ 型，总矿化度为 30900mg/L。

1.3 开采特征

川西须家河组气井产能和开采特征存在明显差异。同属新场须二的气井，开采特征包括：(1) X851、X856、X2 等井：无阻流量 $131×10^4 ~ 245×10^4 m^3/d$，累计水气比 0.1~12.9m^3/10^4 m^3，累产气 $2.40×10^8 ~ 9.59×10^8 m^3$，表现为初期产能高、后期均水侵，X2 井依靠低部位 X201 井排水实现平稳生产，X851、X856 水侵后复产难度大；(2) X601、L150 等井：其中 X601 井无阻流量 $39×10^4 m^3/d$，不出水，累产气 $1.51×10^8 m^3$。L150 井日产气 $4×10^4 ~ 7×10^4 m^3$，稳产 14 年，累计水气比 $0.1m^3/10^4 m^3$，累产气 $2.48×10^8 m^3$，无水侵迹象，属于中产井。(3) X3 井：初期日产气 $24×10^4 m^3$，后期水侵严重，累计水气比 $3.0m^3/10^4 m^3$，累产气 $0.81×10^8 m^3$，属于低产井。

高庙须二的 XS1、CG561，无阻流量 $13×10^4 ~ 25×10^4 m^3/d$，累计水气比 0.1~0.2m^3/10^4 m^3，累产气 $0.85×10^8 ~ 1.10×10^8 m^3$。

合兴场须二的 CH100、CH127、CH137、CH148，无阻流量 $28×10^4 ~ 35×10^4 m^3/d$，累计水气比 0.2~2.6m^3/10^4 m^3，累产气 $0.0053×10^8 ~ 2.0600×10^8 m^3$，出水后治理难度大基本不能正常开井。

2 川西须家河组气井腐蚀影响因素分析

2.1 川西须家河组气井 CO_2 腐蚀主控因素研究

王雨生等[1]采用川西须家河组气井产地层水阶段的产出流体，采用正交实验法，模拟不同的气井压力、气体中 CO_2 含量、温度、流体 pH 值、流速及水气比对川西气田须家河组气井腐蚀的影响，就各因素对气井腐蚀速率影响大小进行排序，确定气井腐蚀影响的主控因素。各因素对气井腐蚀速率影响大小排序为：气井压力>温度>pH 值>水气比>CO_2 含量>流速。

2.1.1 气井压力是影响气井腐蚀速率的最大因素

与其他气田相比，川西须家河组气井产出流体中平均 CO_2 含量并不高，但气井腐蚀程度比其他气田还严重，最主要原因就是气藏压力较高所引起；同时纵观气井生产过程，气井腐蚀主要发生在气井生产压力较高的时期。根据统计气井井下管柱产生腐蚀穿孔的气井，期间井口压力均较高（表1）。

表1 产生腐蚀气井期间井口平均压力

井号	DY1	CG561	CH100	CH127	CH137	X2
井口压力（MPa）	35	40	32	39.2	33	50

2.1.2 温度、水气比影响井下管柱腐蚀位置

温度是影响气井井下管柱腐蚀的另一个重要因素，在中间区域气井腐蚀最严重；如 X2 井地面管汇温度为 80℃，处于产生严重局部腐蚀区域，20G 管材的腐蚀速率达到 5.5mm/a；而同一材质在 X301 井井口腐蚀挂片，在井口温度为 30℃ 条件下腐蚀速率仅 0.0096mm/a。川西须家河组气井多数井口温度为 20~30℃ 左右，按 2℃/100m 温度梯度计算，腐蚀严重区域一般在井深 1500m 以下位置，井口附近腐蚀相对较轻。

而随着气井水气比的变化，腐蚀严重的中间区域也在变化；随着气井水气比的增加，气井腐蚀中间区域向井底偏移。根据 X882、CH100、CH137 井水气比与腐蚀严重位置对比也可以看出，水气比较大的 X882 井，严重腐蚀区域更靠进井底，水气比相对较低的 CH137 井、CH100、CG561 井腐蚀严重位置更靠近井口（表2）。

表2 不同水气比下各气井腐蚀严重位置

井号	水气比（m³/10⁴m³）	腐蚀最严重位置（m）	井深（m）
X882	200	2700~2800	3380
CH137	2.4	1100~1500	4500
CH100	0.5	1200~1700	4500
CG561	0.1	1500~1700	4900
DY1	0.3	2900~3000	5000

2.2 电偶腐蚀

王雨生等[1]将 13Cr 分别与 N80、35CrMo 相连后在 L150 井口进行挂片实验。L150 井口腐蚀挂片表明，电偶腐蚀腐引起普通管材气井蚀速率相对增加 25% 左右。川西须家河组部分气井无论是井下管柱还是地面管汇，均存在不同材质相连情况，不同材质连接处必将加剧气井腐蚀（图1）。

3 川西须家河组老井的腐蚀调查

选取了主力气藏中的 9 口典型井开展腐蚀调查，井筒及地面管线的材质选择见表3。其中采用耐蚀合金油管的 2 口井（X2、XS1）未出现井下管柱腐蚀穿孔、断裂等问题。采用普通材质油管的 7 口井，5 口井出现油管断脱等问题（表4），仅 L150、DY102 目前为止未见异常。

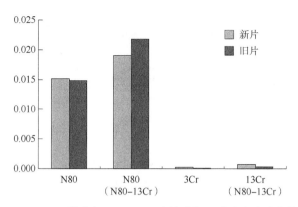

图 1　N80、13Cr 单片与 N80-13Cr 连接片新旧试片腐蚀速率柱状图

表 3　典型井的材质选择

井号	生产套管材质	油管材质	是否带封隔器	井口材质	地面流程材质
X2	全井 HPI-13Cr	全井 HPI-13Cr	是	105MPa FF 级油层套管头+105MPa HH 级 FMC 采气井口	普通材质
X601	普通材质	普通材质	否	普通材质（105MPa DD 级油层套管头+105MPa EE 级采气井口）	普通材质
L150	普通材质	普通材质	否	普通材质	普通材质
X301	部分 HPI-13Cr 套管（井口段、井底段）	普通材质	否	105MPa FF 级套管头和采气树	普通材质
XS1	部分 HPI-13Cr 套管（井底段 165m）	4094.27m 13Cr+300m N80	否	105MPa FF 级	普通材质
CH137	普通材质	普通材质	否	普通材质	普通材质
DY1	部分 HPI-13Cr 套管（井口段、井底段）	普通材质	否	105MPa HH 级美国钻采采气树	普通材质
DY102	312mHPI-13Cr 套管（井口段）+4617m3Cr+375mP110	普通材质	否	普通材质	普通材质
X21-1H	普通材质	普通材质	否	普通材质	普通材质

表 4　川西须家河组气井井下管柱腐蚀调查

井号	井下管柱腐蚀状况
X2	未出现异常
X601	投产 2 年 9 个月后，油套压差存在异常
L150	平稳生产 17 年，油套压差有增大趋势，实施井底净化
X301	投产近 3 年，疑似中下部油管穿孔。2018 年发现的 1330m 处油管断裂、2023 年起出的上部油管腐蚀成薄片
XS1	未出现异常

续表

井号	井下管柱腐蚀状况
CG561	2007 年修井复产, 2012 年修井取出油管在 1500~1700m 处存在严重穿孔, 且油管接箍、表明腐蚀严重
CH100	1991 年投产, 1995 年发现油管断脱而不得不修井更换油管
CH137	1992 年投产, 开采 5 年, 1140~1170 米处油管穿孔。开采 11 年油管腐蚀断落为 6 节
DY1	2007 年 7 月投产, 2011 年 9 月水淹停产, 后该井开展生产测井, 发现 2960m 与 3060m 处油管穿孔
DY102	未见明显异常
X21-1H	2009 年 9 月投产, 开采 11 年 2 个月, 产量骤减直至停产, 使用井下电视发现油管在 1300m 断裂, 清晰观察到掉落油管端面及下方断裂多段的油管

X2 井 2007 年开始生产至 2009 年 9 月, 地面管汇油嘴一级节流, 水套炉进行二、三级节流; 一级节流前压力保持 45MPa 以上, 节流后压力为 10MPa 左右; 一级节流温度由 80℃降至 67℃。因此, 从井口至管汇节流油嘴间压力一直高于 45MPa, 温度一直保持在 80℃左右, 气井见水后产气量一直维持在 $18 \times 10^4 \mathrm{m}^3/\mathrm{d}$, 产水量大于 $100 \mathrm{m}^3/\mathrm{d}$。2009 年 9 月-12 月, 相继在管汇部件、井口连接采油树左侧管线法兰、井口连接采油树右侧管线法兰发生严重腐蚀而发生泄露。其中 X2 井井口至管汇部分地面管线材质为 20G 钢; 该管线经过 2 年时间后壁厚减薄 10mm, 腐蚀速率达到了 5mm/a(图 2)。

 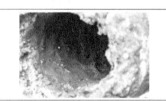

井口至管汇部分高压管线壁厚减薄10mm; 平均腐蚀速率达到5mm/a	管线内壁大面积呈不均匀的台蚀、坑蚀

图 2 X2 井地面高压管线腐蚀形貌特征

X851 井 2000 年投产, 2002 年封井, 封井后发现 KO-HP1—13Cr 油管及井口 (35CrMo)油管悬挂器、阀门体、接头等内壁均有不同程度腐蚀。其中, 油管悬挂器内壁大面积严重冲刷腐蚀, 最大腐蚀深度达 5~6mm, 连接处、变径处的腐蚀极为严重, 阀门体、弯管存在部分腐蚀; 节流针阀存在严重腐蚀, 蚀坑裂纹 20mm, 阀针也存在局部蚀坑; 弯管、直管内壁存在部分腐蚀, 深度 1.0~2.0mm(图 3)。

  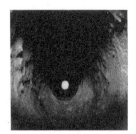

油管悬挂器腐蚀　　　　采气主阀内部腐蚀　　　　阀门体内部腐蚀

图 3 X851 井腐蚀状况

4 川西须家河组新井的腐蚀分析

4.1 腐蚀预测方法的建立

建立了一种川西须家河组气井管柱腐蚀预测方法，研究方法为：基于川西须家河组老井的腐蚀资料建立井下管柱腐蚀数据库，数据库设置了初期压力、初期产气量、初期产水量、初期水气比、长期压力、长期产气量、长期产水量、长期氯根含量等8个变量，运用主成分分析降维并获得主成分的计算公式。根据每口井的主成分值，将气井分为7类（表5）。计算待预测井的主成分值，运用判别分析，预测该井属于7类中的哪一类别，该类的腐蚀失效结果即为该井的预测结果（表6）。

表5　川西须家河组气井（老井）腐蚀风险分析

井号	初期压力	初期产气量	初期产水量	初期水气比	长期压力	长期产气量	长期产水量	长期氯根含量	类别
X2	5	5	6	5	3	3	3	3	7
CH100	6	1	1	1	3	3	1	2	6
X301	2	2	1	1	3	2	1	1	5
CH137	4	2	2	4	2	2	2	3	5
CG561	4	2	1	2	3	2	1	4	4
DY1	1	1	3	6	1	1	1	1	4
X601	1	1	3	5	1	1	2	3	3
X21-1H	2	2	1	3	2	2	3	2	2
L150	1	2	3	4	3	1	2	3	1
DY102	4	4	2	4	3	1	3	2	1

备注：以上列中1~5代表某项变量的打分。

表6　川西须家河组气井（新井）腐蚀风险分析

井号	初期压力	初期产气量	初期产水量	初期水气比	长期压力	长期产气量	长期产水量	长期氯根含量	类别	井口流温	备注(二次完井拟选油管材质)
XS101-2	1	3	4	6	2	3	3	3	5	56.8	13Cr
XS101-1	1	3	2	3	1	3	2	3	5	38.3	13Cr
X207-1	1	2	5	5	2	2	3	3	5	29	3Cr
XS205	1	2	1	4	1	2	3	3	5	28	3Cr
X205	1	1	3	5	1	1	3	3	5	20	3Cr
X207	1	1	2	6	1	3	3	3	5	20	3Cr
XS205-1	1	2	2	3	1	2	2	3	4	31	3Cr
XS201	5	6	1	2	2	3	3	3	2	70	13Cr
XS202	2	6	2	3	2	3	2	2	2	56.1	13Cr
XS101-4	3	6	2	3	2	3	2	2	2	54	13Cr
XS204H	1	5	2	3	2	3	2	2	2	53	13Cr
XS101	3	5	1	3	2	3	2	2	1	43.8	13Cr

备注：以上列中1~5代表某项变量的打分。

通过以上预测方法对新建的 12 口井进行腐蚀风险预测，结果表明：(1)有 7 口井腐蚀风险类别高(判别分类为 5 类和 4 类)，参照同类的 X301、CH137、CG561、DY1 的开采历程，若采用普通材质油管，可能在 3~5 年内穿孔。但 7 口井的腐蚀严重区域不同，根据井口流温和气水比，XS205、XS205-1 的腐蚀严重区域在 1500m 以下，X207-1、X205、X207 的腐蚀严重区域更靠近井底，5 口井的井口腐蚀不严重。而 XS101-2、XS101-1 的腐蚀严重区域将向上部移动，特别是 XS101-2 的地面流程也将面临严重腐蚀。(2)有 5 口井腐蚀风险判别为 2 类或 1 类，参照同类的 X21-1H 的开采历程，若采用普通材质油管，长期生产可能出现油管腐蚀断裂，若后期产水量、氯根含量显著增加，将加速出现油管腐蚀断裂等异常情况。

为了兼顾安全、经济要求，以上气井二次完井拟选油管材质为：其中产量较高井采用 13Cr 材质油管，其余低产气井采用 3Cr 材质油管。X2、XS1 井的生产实践表明 13Cr 油管能够满足川西须家河组气井的长期安全生产要求；而 3Cr 油管的抗腐蚀性能仅相比普通材质更优，满足须家河组气井安全生产的时间有待于进一步实践。

4.2 新井的腐蚀调查

XS101-2 井站场高压段发生刺漏，弯头整体都存在严重腐蚀，形貌呈蜂窝状；焊缝处整体腐蚀凹陷。弯头、弯头附近直管段的外侧正对气流方向腐蚀明显更为严重。微观检测表明：腐蚀坑内为有棱有角的坑、沟，在大量的腐蚀深坑内、腐蚀孔边缘，发现留存有少量的球状支撑剂。根据腐蚀形貌的方向性、腐蚀坑内发现支撑剂，判断存在冲蚀；根据 CO_2 分压、流温判断存在 CO_2 腐蚀；根据针孔状点蚀形貌判断存在 Cl^- 腐蚀；根据焊缝与母材的化学组分、金相组织、电化学腐蚀实验，判断焊缝为腐蚀薄弱环节。因此综合分析认为：XS101-2 井高压流程腐蚀以冲蚀为主，Cl^- +CO_2 腐蚀起到促进作用。

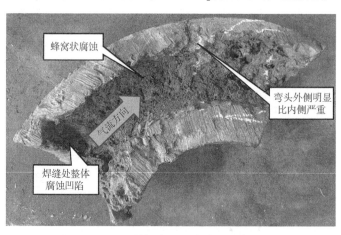

图 4　XS101-2 站场高压段弯头宏观腐蚀形貌

4　结论及认识

(1) 川西须家河组气井 CO_2 腐蚀主控因素研究表明，气井压力是影响气井腐蚀速率的最大因素，而温度、水气比影响井下管柱腐蚀位置。

（2）9 口老井的腐蚀调查结果表明，采用耐蚀合金油管的 2 口井未出现井下管柱腐蚀穿孔、断裂等问题。而采用普通材质油管的 7 口井，5 口井出现油管断脱等问题。

（3）基于老井腐蚀调查形成的数据库，运用主成分分析和判别分析方法，建立了川西须家河组新井腐蚀预测方法，能够指导川西须家河组体积压裂井二次完井的方案设计和实施顺序。

参 考 文 献

[1] 王雨生，张云善，郑凤，等. 川西须家河组气藏气井的腐蚀规律[J]. 腐蚀与防护，2014，35（4）：325-330+339.

[2] 袁和义，江蕊希，黄炜伦，等. 川西地区须家河组气藏井下油管 CO_2 腐蚀研究[J]. 天然气与石油，2018，36（2）：66-71+128-129.

CCUS用缓蚀剂及管杆材料的性能评价

管 新[1,2] 郭志永[1,2] 张博文[1,2] 李 凤[1,2] 于 洲[1,2] 李汝强[3] 陈 超[3]

(1. 中国石油化工股份有限公司胜利油田分公司技术检测中心;

2. 中国石油化工股份有限公司胜利油田检测评价研究有限公司;

3. 中国石油化工股份有限公司胜利油田分公司工程技术管理中心)

摘 要:针对CO_2驱注采过程中引发的腐蚀问题,开展了高温高压工况下CCUS用管杆材料和缓蚀剂性能的评价。结果显示,60℃、总压10MPa下常规管杆材料的腐蚀速率较高,由于表面形成了腐蚀产物,腐蚀速率随时间延长而降低。随Cr含量的增加,材料的腐蚀方式由局部腐蚀和点腐蚀向均匀腐蚀转变,腐蚀速率降低。随着温度和压力的增加,缓蚀剂的缓蚀率均有所下降。与咪唑啉类缓蚀剂相比,咪唑啉改性中间体受温度和压力的影响较小,缓蚀效果更好。

关键词:腐蚀速率;缓蚀剂;缓蚀率;管杆材料;Cr元素

随着全球气候变暖,冰川融化导致海平面上升,越来越多的国家开始关注CO_2排放引发的一系列问题[1]。中国于2020年9月提出"碳达峰"和"碳中和"的战略[2],其中碳捕集封存与利用(CCUS)技术是实现CO_2深度减排的重要手段[3-4]。CO_2驱油封存既可以实现减排还可实现原油采收率的提升,是目前先进的强采技术。但是,CO_2利用过程中的腐蚀问题不容忽视,且注采过程中均有发生[5]。随着原油含水量不断升高,高温高压和水环境的协同作用加剧了CO_2造成的腐蚀问题[6]。

通常应对CO_2腐蚀方法包括添加缓蚀剂和使用耐蚀材料,其中添加缓蚀剂成本低且不会影响正常生产[7]。咪唑啉已被证实对处在含有CO_2卤水介质中的碳钢和合金钢具有优异的缓蚀性能[8],耐蚀材料主要包括高含铬—镍钢、非金属、有机涂层等。前人研究指出,含CO_2的矿水介质对金属材料的最高腐蚀速率出现在60~90℃,此温度被称为高腐蚀温度区,且腐蚀率随CO_2分压的升高而升高[9]。现场应用表明,随着CO_2注气量的增加和时间的延长,大量CO_2溶于油井,产出液的酸性不断增强,管杆材料的腐蚀严重,造成频繁躺井等问题[10]。

目前,中国石化已建成齐鲁石化-胜利油田百万吨级CCUS示范区。为了应对注采井腐蚀问题,胜利油田引进、开发了多种耐蚀合金和缓蚀剂,并在生产中发挥了良好效果。但是,上述材料的适用范围尚不明晰,因此本中心开展了高温、高压CO_2腐蚀、缓蚀规律的模拟实验,以期界定各类产品的应用界限,为CCUS注采缓蚀剂的选型和管杆的选用提供技术支持。

1 实验部分

1.1 实验仪器

高温高压反应釜(压力范围：0~70MPa，温度范围：室温~200℃，容积：25L)；超景深显微镜；钨灯丝扫描电子显微镜；金相显微镜；直读光谱仪。

1.2 实验材料

管杆材料包括 4 种常用的油套管(N80、P110)和抽油杆(20CrMo 和 30CrMo)材料，以及 2 种新型防腐材料(Cr9 和 Cr10)，各材料的化学成分如表 1 所示；缓蚀剂包括固相咪唑啉、液相咪唑啉和固相咪唑啉改性中间体 3 类。

表 1　选用材料的化学成分　　　　　　　　　　　[%(质量分数)]

材料	C	Mn	Si	Ni	Cr	Mo	Cu	稀土
N80	0.24	1.19	0.22	0.03	0.04	0.02	0.02	—
P110	0.29	1.40	0.21	0.02	0.30	0.03	0.01	—
20CrMo	0.23	0.54	0.25	0.05	0.96	0.18	0.09	—
30CrMo	0.32	0.57	0.26	0.01	0.91	0.17	0.01	—
Cr9	0.10	0.92	0.40	0.64	8.60	0.91	0.30	—
Cr10	0.08	1.31	1.09	0.03	9.88	0.33	0.31	微量

1.3 实验方案

1.3.1 实验条件

根据油田采出液成分和井下工况，确定不同井深对应的温度、总压力和 CO_2 分压等模拟实验条件，如表 2 所示。分别评价金属材料的耐腐蚀性和缓蚀剂(不同加药量)的缓蚀效果，实验介质为矿化度 40000mg/L 的纯矿化水，侵蚀气体为不同含量、分压的 CO_2，试验周期 3d、6d、9d 以及 12d。

表 2　实验介质和条件

序号	实验条件	CO_2 分压(MPa)			缓蚀剂浓度(mg/L)
1	60℃总压 10MPa	5(CO_2 含量 50%)	10(CO_2 含量 100%)	—	100
2	90℃总压 20MPa	5(CO_2 含量 25%)	10(CO_2 含量 50%)	15(CO_2 含量 75%)	500
3	130℃总压 30MPa	5(CO_2 含量 15%)	10(CO_2 含量 35%)	15(CO_2 含量 50%)	1000
4	备注	适用于缓蚀剂、管杆材料评价			适用于缓蚀剂

1.3.2 管杆材料

检测各类材料在模拟实验条件下的腐蚀速率及变化趋势，确定各类材料适用的工艺条件。

1.3.3 缓蚀剂

以对 N80、P110 和 30CrMo 材料的缓蚀效果作为评价依据，分析不同加药浓度对腐蚀速率的影响以及不同类型缓蚀剂的缓蚀效果。

2 结果与讨论

2.1 管杆材料评价结果

目前完成了部分评价。由图 1 所示，在 CO_2 分压为 5MPa、模拟井深 1000m（温度 60℃、总压 10MPa）的条件下，常规的管杆材料（N80、P110、20CrMo 和 30CrMo）的腐蚀速率随实验

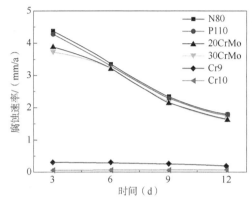

图 1　不同材料的腐蚀速率
（CO_2 分压 5MPa、温度 60℃、总压 10MPa 条件下）

时间的延长逐渐降低，这是由于腐蚀产物在材料的表面不断沉积，影响了侵蚀介质与基体的接触所致。而新型防腐材料（Cr9 和 Cr10）的腐蚀速率随时间的延长变化不大，并且常规材料的腐蚀速率偏高，始终高于 1.5mm/a。与常规材料相比，新型防腐材料的腐蚀速率成数量级下降，其中 Cr10 材料的耐蚀效果最好，腐蚀速率在整个实验周期内始终 <0.06mm/a，根据《金属防腐蚀手册》，Cr10 材料属于耐蚀级别（5 级：0.05~0.10mm/a），满足油田腐蚀速率 ≤0.076mm/a 的控制指标，是可以优先选用、无需添加缓蚀剂的材料。

由图 2 可见，60℃、总压 10MPa、CO_2 分压 5MPa 时，N80、P110 和 20CrMo 三种材料均出现了明显的腐蚀坑，这是局部腐蚀的特征，图 2（b）中还可以观察到较大的点蚀坑。而图 2（d）Cr10 材料未见到明显的腐蚀坑，呈均匀腐蚀形貌。

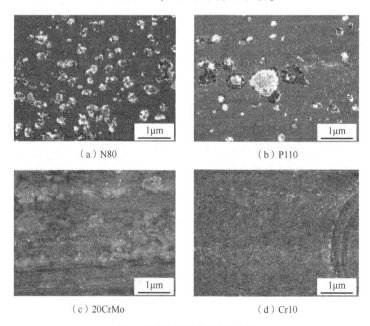

（a）N80　　　　　（b）P110

（c）20CrMo　　　　（d）Cr10

图 2　不同材料的腐蚀形貌

根据腐蚀速率和腐蚀产物的形貌可知，Cr 元素的添加可以有效减少局部腐蚀和点蚀的发生，有利于提高钢材抗 CO_2 腐蚀的能力。有学者认为[13]，当合金钢中含有 Cr 元素时，Cr 会参与额外的阳极反应：$Cr-3e^+ + 3OH^- \longrightarrow Cr(OH)_3$，生成的 $Cr(OH)_3$ 可以进一步发生脱水反应生成 Cr_2O_3。与 N80、P110 材料相比，20CrMo、Cr10 腐蚀产物中多了 $Cr(OH)_3$ 和 Cr_2O_3，$Cr(OH)_3$ 和 Cr_2O_3 组成的腐蚀产物膜具有阳离子选择性，会阻碍阴离子达到金属表面，从而降低金属的腐蚀速率，因此可以认为，Cr 元素形成的 $Cr(OH)_3$、Cr_2O_3 非晶形腐蚀产物膜可有效缓解腐蚀，Cr10 材料含有约 10% 的 Cr，因此具有更优异的抗 CO_2 腐蚀性能。

2.2 缓蚀剂缓蚀性能的评价结果

2.2.1 缓蚀剂实验结果

目前完成了部分评价。表 3、表 4 列出了加药浓度分别为 100mg/L 和 500mg/L 时，模拟 1000m 井深(60℃、总压 10MPa、CO_2 分压为 5MPa)和 3000m 井深(130℃、总压 30MPa、CO_2 分压为 5MPa)环境，3 种缓蚀剂对 N80、P110 和 30CrMo 材料腐蚀速率的影响。

表 3　不同缓蚀剂缓蚀性能实验结果(60℃)

材料	缓蚀剂	浓度(mg/L)	腐蚀速率(mm/a)					缓蚀率(%)
			3d	6d	9d	12d	平均值	
N80	空白	—	4.41	3.34	2.33	1.78	2.97	—
	固相咪唑啉	100	2.66	2.31	2.25	2.31	2.38	39.68
		500	1.01	0.99	0.97	1.02	1.00	77.10
	固相咪唑啉改性中间体	100	2.33	2.25	2.29	2.24	2.28	47.17
		500	0.85	0.81	0.83	0.74	0.81	80.73
	液相咪唑啉	100	2.29	2.21	2.29	2.25	2.26	48.07
		500	0.91	0.88	0.86	0.89	0.89	79.37
P110	空白	—	4.31	3.29	2.31	1.77	2.92	—
	固相咪唑啉	100	2.61	2.27	2.26	2.29	2.36	39.44
		500	0.95	0.95	1.03	1.01	0.99	77.96
	固相咪唑啉改性中间体	100	2.28	2.19	2.21	2.20	2.22	47.10
		500	0.80	0.76	0.79	0.83	0.80	81.44
	液相咪唑啉	100	2.16	2.13	2.19	2.18	2.17	49.88
		500	0.93	0.87	0.88	0.88	0.89	78.42
30CrMo	空白	—	3.76	3.21	2.17	1.64	2.69	—
	固相咪唑啉	100	2.49	2.19	2.19	2.20	2.27	33.78
		500	0.87	0.89	0.90	0.89	0.89	76.86
	固相咪唑啉改性中间体	100	2.06	1.98	2.01	2.03	2.02	45.21
		500	0.78	0.75	0.77	0.75	0.76	79.26
	液相咪唑啉	100	2.09	2.04	2.03	2.03	2.05	44.41
		500	0.85	0.83	0.84	0.87	0.85	77.39

表4 不同缓蚀剂耐高温性能实验结果(130℃)

材料	缓蚀剂	浓度(mg/L)	腐蚀速率(mm/a)					缓蚀率(%)
			3d	6d	9d	12d	平均值	
N80	空白	—	4.98	3.30	2.36	1.79	3.11	—
	固相咪唑啉	100	4.71	3.22	2.25	1.64	2.96	5.42
		500	1.59	1.56	1.53	1.52	1.55	68.07
	固相咪唑啉改性中间体	100	4.64	3.14	2.20	1.61	2.90	6.83
		500	1.18	1.20	1.16	1.18	1.18	76.30
	液相咪唑啉	100	4.66	3.20	2.21	1.69	2.94	6.43
		500	1.33	1.38	1.32	1.40	1.36	73.29
P110	空白	—	4.84	3.30	2.33	1.78	3.06	—
	固相咪唑啉	100	4.79	3.16	2.12	1.61	2.91	1.03
		500	1.48	1.44	1.45	1.40	1.44	69.42
	固相咪唑啉改性中间体	100	4.69	3.11	2.07	1.56	2.86	3.10
		500	1.14	1.17	1.15	1.10	1.14	76.45
	液相咪唑啉	100	4.71	3.19	2.17	1.67	2.94	2.69
		500	1.30	1.35	1.36	1.40	1.35	73.14
30CrMo	空白	—	4.12	3.23	2.19	1.67	2.80	—
	固相咪唑啉	100	3.86	3.14	1.99	1.43	2.61	6.31
		500	1.48	1.49	1.47	1.43	1.47	64.08
	固相咪唑啉改性中间体	100	3.83	2.99	1.94	1.43	2.55	7.04
		500	1.05	1.09	1.12	1.02	1.07	74.51
	液相咪唑啉	100	3.91	3.08	1.88	1.44	2.58	5.10
		500	1.24	1.29	1.29	1.34	1.29	69.90

2.2.2 缓蚀剂性能分析

结果显示,在130℃、总压30MPa条件下,加药浓度为100mg/L时,3种材料的腐蚀速率随缓蚀剂的加入略有下降,但变化规律与未添加缓蚀剂时基本一致。图3和图4为以液相咪唑啉缓蚀剂为例,加药浓度对各种材质腐蚀速率的影响。可以看出当加药浓度为100mg/L时,缓蚀剂基本无缓蚀效果。随着加药浓度提升至500mg/L,缓蚀效果明显提高,说明加药浓度的提升有利于缓蚀剂在金属表面形成更加致密和完整的分子膜,促使金属表面的能量趋于平衡态,提升腐蚀反应所需的活化能。但实验周期内的缓蚀率均在80%以下、腐蚀速率均保持在1.0mm/a以上,腐蚀程度较为严重。

在60℃、总压为10MPa的条件下,缓蚀剂的缓蚀效果更明显。加药浓度为100mg/L时即可展现出较明显的缓蚀效果。图5和图6为以液相咪唑啉缓蚀剂为例,不同的加药浓度对各材质腐蚀速率的影响。图5显示,加入缓蚀剂后3种材料的腐蚀速率均明显下降,但材料的腐蚀速率仍高于2.0mm/a,腐蚀速率较高。随着加入缓蚀剂的浓度提升至500mg/L,缓蚀效果明显提高(如图6所示)。其中咪唑啉改性中间体缓蚀剂的缓蚀率可达

80%，但材料的平均腐蚀速率仍高达 0.80mm/a 左右，远超过石油行业标准规定的 0.076mm/a，说明即便加入了高浓度的缓蚀剂，处在高腐蚀温度区的材料依旧面临严重的腐蚀风险。

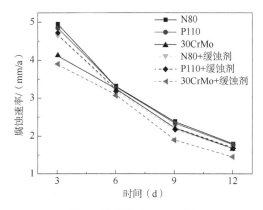

图 3　浓度为 100mg/L 时
缓蚀剂对腐蚀速率的影响
（130℃、总压 30MPa 及 CO_2 分压为 5MPa 条件下）

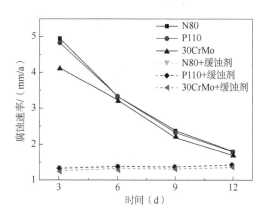

图 4　浓度为 500mg/L 时
缓蚀剂对腐蚀速率的影响
（130℃、总压 30MPa 及 CO_2 分压为 5MPa 条件下）

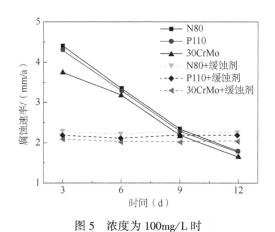

图 5　浓度为 100mg/L 时
缓蚀剂对腐蚀速率的影响
（60℃、总压为 10MPa 及 CO_2 分压为 5MPa 条件下）

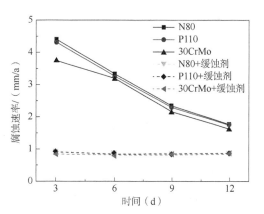

图 6　浓度为 500mg/L 时
缓蚀剂对腐蚀速率的影响
（60℃、总压 10MPa 及 CO_2 分压为 5MPa 条件下）

2.2.3　缓蚀剂对比分析

由实验结果可知，温度对缓蚀剂的性能影响显著。当缓蚀剂浓度为 500mg/L 时，在 60℃、10MPa 的高腐蚀温度区，各类缓蚀剂的缓蚀效果差别不明显（图 7），缓蚀率均接近 80%，缓蚀效果较好，3 种缓蚀剂缓蚀效果的排序依次为固相咪唑啉改性中间体、液相咪唑啉和固相咪唑啉。

在 130℃、30MPa 的高温高压条件下，3 种缓蚀剂的缓蚀率均低于 80%，与 60℃ 条件相比，缓蚀效果降低（图 8）。与 60℃、10MPa 实验条件下得出的规律一致，3 种缓蚀剂的缓蚀效果排序依次为固相咪唑啉改性中间体、液相咪唑啉和固相咪唑啉。

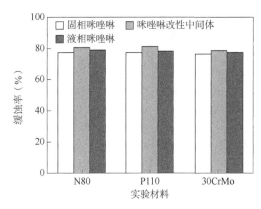

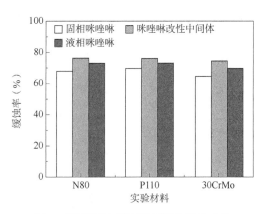

图 7　不同缓蚀剂缓蚀率的对比
（60℃、总压 10MPa 及 CO_2 分压为 5MPa 条件下）

图 8　不同缓蚀剂的耐高温性能的对比
（130℃、总压 30MPa 及 CO_2 分压为 5MPa 条件下）

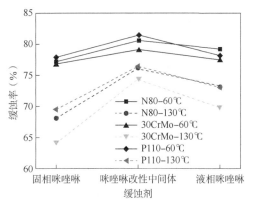

图 9　温度对缓蚀剂缓蚀率的影响

图 9 展示了在相同 CO_2 分压（5MPa）、加药浓度为 500mg/L 时，温度对 3 种缓蚀剂缓蚀效果的影响。结果显示，所有缓蚀剂的缓蚀效果均随着温度和压力的升高而降低，其中固相咪唑啉改性中间体受温度和压力的影响较小，缓蚀效果最好，与前人的发现一致[8]。同时固相咪唑啉受温度和压力的影响较大，随温度和压力的升高缓蚀率明显降低。咪唑啉是一种吸附型缓蚀剂，而吸附过程一般为放热反应，因此温度的升高会抑制其吸附效果，导致缓蚀剂在金属表面的成膜性变差，最终影响缓蚀效果；另一方面，咪唑啉类缓蚀剂在高温和水的环境中可以发生水解反应，生成酰胺类物质[12]，从而降低缓蚀效果。而咪唑啉改性中间体中原本的咪唑啉 N 原子经季铵化后变为阳离子大分子，更易被金属表面活性点吸附，从而抑制了腐蚀过程的阴极反应，因此咪唑啉改性中间体缓蚀剂的耐高温性能更好，但添加后，材料的平均腐蚀速度仍达到 0.80mm/a 左右，不满足现场防腐蚀需求。

3　结论与展望

（1）随着材料中 Cr 含量的增加，材料的腐蚀方式由局部腐蚀和点蚀向均匀腐蚀转变，抗 CO_2 腐蚀能力逐渐提高。

（2）在不添加缓蚀剂的情况下，含 Cr 量最高的 Cr10 材料在高腐蚀温度区的腐蚀速率始终低于 0.056mm/a，具有优异的耐蚀性能，建议开展深入研究。

（3）季铵盐改性咪唑啉中间体受温度和压力的影响较小，在高腐蚀温度区以及高温高压的条件下，缓蚀效果均优于咪唑啉类缓蚀剂。

（4）进一步开展耐高温缓蚀剂的筛选实验，探究改善缓蚀剂耐高温性能差、高腐蚀温度区缓蚀效果差的措施。

（5）按照实验方案继续完成剩余缓蚀剂和管杆材料的性能评价实验，确定各类材料的适用工况，并为管材材料的寿命评价提供依据。

参 考 文 献

[1] 邝生鲁. 全球变暖与二氧化碳减排[J]. 现代化工，2007，27(8)：1-12.

[2] 胡鞍钢. 中国实现 2030 年前碳达峰目标及主要途径[J]. 北京工业大学学报(社会科学版)，2021，21(3)：1-15.

[3] 郭敏晓，蔡闻佳. 全球碳捕捉、利用和封存技术的发展现状及相关政策[J]. 中国能源，2013，35(3)：39-42.

[4] 韩桂芬，张敏，包立. CCUS 技术路线及发展前景探讨[J]. 电力科技与环保，2012，28(4)：8-10.

[5] 赵雪会，何治武，刘进文，等. CCUS 腐蚀控制技术研究现状[J]. 石油管材与仪器，2017，3(3)：1-6.

[6] 胡耀强，何飞，鲍文，等. CO_2 输送管道腐蚀研究进展[J]. 表面技术，2016，45(8)：14-21.

[7] 马涛，张贵才，葛际江，等. 改性咪唑啉缓蚀剂的合成与评价[J]. 石油与天然气化工，2004，33(5)：359-361.

[8] 朱镭，于萍，罗运柏. 咪唑啉缓蚀剂的研究与应用进展[J]. 材料保护，2003，36(12)：4-7.

[9] 齐光峰，李风，张瑾，等. 抽油杆材料在含 CO_2 高温高压环境中的腐蚀规律研究[J]. 全面腐蚀控制，2022，36(4)：126-130.

[10] 史常平，杨建华，杨苏南. 二氧化碳驱油藏油井腐蚀原因分析及防治技术[J]. 清洗世界，2018，34(12)：55-58.

[11] 李国敏，李爱魁，郭兴蓬，等. 油气田开发中的 CO_2 腐蚀及防护技术[J]. 材料保护，2003，36(6)：1-5.

[12] 熊颖，陈大钧，张磊，等. 一种咪唑啉类抗高温酸化缓蚀剂的制备与性能评价[J]. 钻采工艺，2007，30(4)：140-143.

[13] 陈长风，赵国仙，严密林，等. 含 Cr 油套管钢 CO_2 腐蚀产物膜特征[J]. 中国腐蚀与防护学报，2002，22(6)：16-19.

油田注入水中防腐油管的静态腐蚀规律评价

渠慧敏　孙鑫宁　王　聪　王海燕　张广中　吴　琼　戴　群

(中国石化胜利油田分公司)

摘　要：胜利油田注水井工况复杂，井筒温度分布大；注入水矿化度高、氯离子浓度高，有硫酸盐还原菌，还有些注入水含有腐蚀性气体。防腐油管耐腐蚀性好，但是不同的防腐油管防腐工艺不同、价格不同，适用的环境也不同。如何针对不同的注入水匹配适应新的防腐油管并没有结论性的认识。因此本文以 N80 作对比，对渗氮、镀渗钨、钛纳米和钛钼 4 种防腐油管的静态腐蚀性能在室内进行了系统评价。评价时选用了含有腐蚀性气体及不含有腐蚀性气体的 2 种典型水，实验温度为 80℃和 120℃，并通过灰关联统计分析方法归纳出腐蚀性影响因素和腐蚀速率之间的关联度：腐蚀性气体是影响 N80、镀渗钨和渗氮试片的关键因素，矿化度是影响钛纳米和钛钼涂层油管腐蚀的关键因素。

关键词：油田注入水；防腐油管；腐蚀规律；灰关联分析

胜利油田水驱开发居于主导地位，产量比重大、规模大，是胜利油田的稳产基础。胜利油田水井在用油管以防腐油管为主，主要为镀渗钨、钛纳米、渗氮及钛钼油管等。由于油田注入水矿化度高、水型水离子复杂、含有侵蚀性气体、SRB、低渗透油藏温度高、中高渗油藏注水量大油管腐蚀、结垢现象依然存在，腐蚀结垢影响因素复杂导致油管匹配难度大。目前的研究主要集中在注水井腐蚀影响因素、机理研究[1-6]及新材料、新防腐油管在注水井上的单一性能评价方面[7-11]。而关于油管选材及适应性评价的研究报道较少[12-13]，主要研究了不同钢级和不同铬含量的耐蚀合金在地下储气库油套管选择及海上油田超深井上的适应性评价；和胜利油田注水环境和所用油管类型完全不同。目前关于胜利油田注水井油管适应性评价的研究基本没有，因此本研究针对胜利油田注水井工况和水质情况，对目前应用较多的防腐油管的腐蚀结垢规律进行了系统评价，深入分析了各因素对油管腐蚀结垢的影响程度，对现场油管的选型和应用具有重要的指导意义和应用价值。

1　实验部分

1.1　实验材料和仪器

(1) 盐酸、六亚甲基四胺，均为分析纯，国药集团化学试剂有限公司。

(2) N80 标准试片，山东省阳信县晟鑫科技有限公司，符合 SY/T 5329—2012《碎屑岩油藏注水水质指标及分析方法》标准要求。

（3）镀渗钨试片、渗氮防腐试片、钛纳米和钛钼防腐试片用 N80 标准试片加工处理而得。

（4）实验用水分别为胜利油田某区块注入水，其水离子及相关参数见表1。

表1　实验用注入水离子及相关参数表

离子类型		A 区块	B 区块
阳离子（mg/L）	K^+/Na^+	7067.36	12623.56
	Ca^{2+}	1063.39	1013.23
	Mg^{2+}	102.33	156.50
阴离子（mg/L）	Cl^-	12966.2	21430.2
	SO_4^{2-}	0.00	0.00
	HCO_3^-	196.08	490.21
	CO_3^{2-}	0.00	0
	OH^-	0	0
矿化度（mg/L）		35713.73	21395.36
pH 值		6.7	6.8
SRB 菌（个/mL）		25	2.5
侵蚀性 CO_2		0	35
水型		$CaCl_2$	$CaCl_2$

（5）电子分析天平，精度 0.01mg，梅特勒托利多科技（中国）有限公司。

（6）M110-25 千分尺，精度 0.01mm，日本 Mitutoyo。

1.2　实验方法

利用失重法评价防腐油管的腐蚀速率。实验试片经过测量、脱脂并称重后，置于玻璃广口瓶中，注入实验用水，升温到实验温度并保温 7 天。试片取出后用盐酸洗液清洗后干燥称重。由公式（1）计算出试片的均匀腐蚀速率。一种试片做 3 次平行实验，结果取平均值。

$$C=\frac{(m_0-m_1)\times 8.76\times 10^4}{s\times t\times \rho} \tag{1}$$

式中，C 为均匀腐蚀速率，mm/a；m_0 为实验前试片质量，g；m_1 为实验后盐酸洗液处理后试片的质量，g；s 为试片表面积，cm^2；t 为挂片时间，h；ρ 为试片材质密度，g/cm^3。

为了方便对比分析数据，把试片的腐蚀速率（C）和80℃时 N80 试片的腐蚀速率（C_{N80}）的比值定义为比腐蚀速率 A。

2　结果和讨论

2.1　A 区块注入水中的腐蚀规律

5 种试片在 A 区块注入水中的腐蚀速率如图 1 所示。从图 1 种看出，N80、镀渗钨和渗氮试片在 A 注入水中腐蚀失重，温度升高、腐蚀速率增加。其中镀渗钨和渗氮试片腐蚀速率相同，80℃下的腐蚀速率为 0，120℃下 0.004mm/a，耐腐蚀性能好。钛纳米及钛钼试片在 A 注入水中吸水增注，温度升高，增重速率降低。这是因为钛纳米和钛钼防腐试片的防腐涂层为有机聚合物，在注入水中吸水溶胀，当溶胀到一定程度水才能通过涂层渗透到 N80 基材，导致腐蚀；温度升高，吸水加快，腐蚀程度增加。温度从 80℃升到 120℃后，钛纳米和钛钼试片的平均厚度分别增加了 0.04 和 0.03mm，这也说明温度升高，吸水溶胀程度确实增加。

用每种试片 120℃时的比腐蚀速率减去 80℃时的比腐蚀速率，结果如图 2 所示。从图 2 中看出，温度升高后，镀渗钨、渗氮、钛纳米和钛钼试片的腐蚀速率增加幅度均远远小于 N80 试片，其中渗氮和镀渗钨试片的耐温程度相当，钛纳米和钛钼的耐温程度相当。

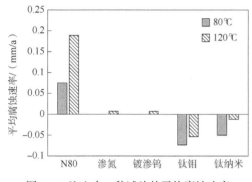

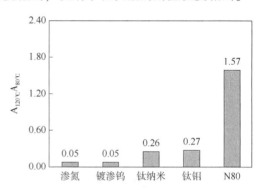

图 1　A 注入水 5 种试片的平均腐蚀速率　　　图 2　温度升高后 A 注入水中
　　　　　　　　　　　　　　　　　　　　　　　5 种试片的比腐蚀速率增加幅度

2.2　B 注入水中的腐蚀规律

5 种试片在 B 区块注入水中的腐蚀速率如图 3 所示。从图 3 看出，和在 A 注入水中的腐蚀实验结果相比，5 种试片的腐蚀速率均显著升高；且温度升高，N80、镀渗钨和渗氮试片的腐蚀速率降低。这是因为 B 注入水中含有腐蚀性气体二氧化碳，温度升高，二氧化碳在水中的溶解度降低，导致腐蚀速率降低。钛纳米及钛钼试片在 B 注入水中的腐蚀规律和 A 注入水中相同。

求两个温度下每种试片比腐蚀速率的差值，结果如图 4 所示。从图 4 中看出，温度升高后，N80、渗氮和镀渗钨的比腐蚀速率变化幅度依次降低，说明其受温度的影响程度也依次降低，这一点和在 A 中不同。钛钼和钛纳米试片的比腐蚀速率变化和在 A 注入水中相似，说明涂层防腐试片受 CO_2 影响较小。

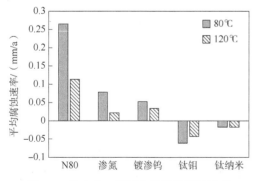

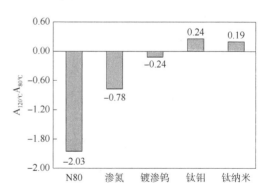

图 3　B 注入水 5 种试片的平均腐蚀速率　　　图 4　温度升高后 B 注入水中
　　　　　　　　　　　　　　　　　　　　　　　5 种试片的比腐蚀速率变化幅度

2.3 各因素对防腐试片腐蚀的影响程度分析

利用灰关联分析方法[14-15]研究了80℃时不同因素对5种试片腐蚀的影响程度，灰关联分析结果如表2所示。实验用水中的腐蚀影响因素有矿化度、pH值、SRB和侵蚀性CO_2浓度，当某种因素的平均灰关联系数≥0.50时对腐蚀速率有显著影响，平均灰关联系数越大，影响程度越大。从表2中可以看出，侵蚀性CO_2气体对N80、渗氮和镀渗钨三种试片腐蚀的影响最大；而对钛钼和钛纳米涂层试片无明显影响，矿化度是影响钛钼和钛纳米涂层试片的主要因素。从表中还可以看出，PH、矿化度和SRB对渗氮试片均无影响；对镀渗钨试片来说，SRB无影响。

表2 各因素腐蚀的影响程度灰关联分析结果

试片类型	二氧化碳	pH	矿化度	SRB
N80	1.000	0.904	0.749	0.544
渗氮	1.000	0.478	0.421	0.333
镀渗钨	1.000	0.691	0.585	0.439
钛钼	0.404	0.970	1.000	0.534
钛纳米	0.399	0.763	1.000	0.737

3 结论

（1）在不含腐蚀性气体的A注入水中，N80、镀渗钨和渗氮试片腐蚀失重，温度升高、腐蚀速率增加。其中镀渗钨和渗氮试片耐蚀性较好，在80℃下零腐蚀，120℃下腐蚀速率0.004mm/a。

（2）在含腐蚀性气体的B注入水中，N80、镀渗钨和渗氮试片的腐蚀受二氧化碳的影响程度较大，温度升高、腐蚀速率降低。而钛纳米和钛钼试片的腐蚀主要受矿化度影响大，受腐蚀性气体的影响较小。

参 考 文 献

[1] 杨中娜，徐振东，李文涛，杨阳，王海锋，王骅钟，金磊. 某海上注水井N80油管腐蚀穿孔失效分析[J]. 材料保护，2022，55(04)：189-194+202.

[2] 乔林胜. 二氧化碳驱采油井油管腐蚀规律研究[D]. 西安石油大学，2019.

[3] 李永太. 注水井管道腐蚀与防护措施[J]. 油气田地面工程，2014，33(12)：100-101.

[4] 王力刚. 红岗油田注水井腐蚀机理及水质改善技术[D]. 东北石油大学，2013.

[5] 杨军征，李慧心，邹洪岚，等. 溶解氧对注水井井筒腐蚀行为的影响[J]. 材料保护，2018，51(12)：136-138.

[6] 崔明月，王青华，温宁华，等. 哈法亚油田注水井管材腐蚀规律研究[J]. 装备环境工程，2018，15(06)：70-73.

[7] 朱丽娟，田涛，范晓东，等. 一种环氧涂层防腐油管的室内模拟工况评价与实际服役性能对比研究[J]. 石油管材与仪器，2017.

[8] 赵清敏. 稀有金属钛聚合物防垢防腐油管工艺研究[J]. 化学与黏合，2010，32(02)：68-71.

[9] 李东生. HDPE 内衬抗磨防腐油管项目后评价[D]. 大连理工大学, 2009.

[10] 王文娟. 钛纳米聚合物涂层防腐油管中试试验与性能评价[J]. 管道技术与设备, 2009(04)：47-48+52.

[11] 肖建洪. 氮化防腐油管的研究与应用[J]. 石油矿场机械, 2005(05)：66-68.

[12] 高大义, 薛蓥, 兰旭, 等. 高温高压超深井油管选材[J]. 腐蚀与防护, 2016, 37(12)：999-1002.

[13] 王建军, 付太森, 薛承文, 等. 地下储气库套管和油管腐蚀选材分析[J]. 石油机械, 2017, 45(01)：110-113.

[14] 王莎莎, 马帅杰, 车琨, 等. 机器学习在自然环境腐蚀评估与预测领域的应用现状[J]. 中国腐蚀与防护学报, 2023, 43(03)：441-451.

[15] 李洋, 李承媛, 陈旭, 等. 超级 13Cr 不锈钢在海洋油气田环境中腐蚀行为灰关联分析[J]. 中国腐蚀与防护学报, 2018, 38(05)：471-477.

CCUS 安全长效注采技术的腐蚀与防护

岳广韬[1]　于　超[1]　刘建新[1]　苏秋涵[1]　魏　伟[1]　李汝强[2]

(1. 中国石化胜利油田石油工程技术研究院;
2. 中国石化胜利油田工程技术管理中心)

摘　要: CO_2 驱是提高低渗油藏原油采收率的一种重要手段。研发了 Y445J 型安全注气管柱、测调联动分层注气技术和腐蚀与防护技术, 为 CO_2 驱提供了技术支持。创新研制了 Y445J 型长效气密封隔器, 研发了笼统安全注气管柱, 具备了耐气密压差 30MPa、耐温 150℃、有效期大于 3 年的能力。优化设计了双锚定分层注气管柱, 创新研发了井下超临界 CO_2 流量测调仪, 采用边测边调的方式, 研发了测调联动高压分层注气技术。通过高温高压 CO_2 腐蚀实验, 明确了井下管材 CO_2 腐蚀规律, 优选了耐 CO_2 腐蚀材料, 提出了把原油含水率 30% 作为油井采取防腐措施的时机界限, 形成了系统的 CO_2 注采井腐蚀与防护方案。现场应用结果表明, 安全注气技术可为 CCUS 大规模开发提供技术支持, 具有广阔的应用前景。

关键词: CO_2 驱; 注气; 封隔器; 腐蚀; 防护

二氧化碳捕集利用与封存(CCUS)是实现碳达峰、碳中和的重要途径, 在全世界得到了广泛应用。CCUS 是指将 CO_2 从工业过程、能源利用或大气中分离出来, 直接加以利用或注入地层以实现 CO_2 永久减排的过程。迄今为止, 人类产生的 CO_2 被注入地下永久封存的超过 $2.6×10^8$t, 其中大部分是通过 CO_2 驱实现。CO_2 驱可提高原油采收率 7%~20%[1-6], 胜利油田 2008 年开始 CO_2 驱先导试验, 取得了良好的效果。在 CO_2 驱现场试验过程中, 套管长期带压注气、油套管腐蚀等问题严重影响注采井的安全生产。针对上述问题, 通过多年坚持不懈的攻关, 研发了包括 Y445J 型安全长效注气管柱、测调联动高压分层注气和腐蚀与防护的 CCUS 长效安全注气技术。

1　注入工艺技术

1.1　Y445J 型安全长效注气管柱

(1) 技术原理: 用气密封隔器将油套环空封隔[7-9], 环空上部用套管保护液进行防腐; 通过单向注入阀进行注气, 停注时自动防止注入气返吐; 后期作业时通过滑套提供洗井压井通道。

(2) 管柱主要构成: 滑套+Y445J 注气封隔器+单向注入阀(如图 1 所示)。

(3) 技术指标: 耐温 150℃、耐注气压差 30MPa, 适用于 ϕ139.7mm 套管井。

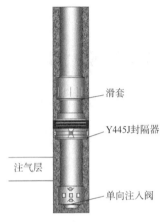

图 1　Y445J 安全注气管柱

（4）技术创新：

① 发现了胶筒"气爆"现象，揭示了胶筒"气爆"机理：将橡胶置于高压气体中，然后急剧减压，橡胶表面会出现鼓包破坏。封隔器胶筒在高压差下失效破坏的形式与橡胶气爆的破坏形式相类似。分析胶筒产生"气爆"的原因，与胶筒材料本身的气密性有关。橡胶材料的分子之间存在较大间隙，而 CO_2 气体分子较小，在压力作用下，CO_2 分子能渗入橡胶件内部，穿过橡胶件到压力较低的一端渗出。优化了胶筒结构，研制了气密封胶筒，解决了胶筒"气爆"问题，保证了胶筒在高温高压条件下的气密性。

② 在分析胶筒受力与坐封距的动态变化规律的基础上，巧妙地引入了二次加载持续压缩胶筒的设计理念[19]，由于胶筒套管径向接触应力分布的不均匀性，锁环回退是影响接触应力的重要因素。要提高并保持较高的接触应力，不仅要消除锁环回退所带来的影响，还应考虑将坐封力加载方式由短时间作用改变为持续施力，即在坐封液压力泄压之前，通过其他方式对胶筒再进行加载，持续保持该加载力，然后再进行坐封液压力泄压过程。这样，胶筒可以保持持续受力状态，有效避免最大接触应力的降低，借助上述原理研制了 Y445J 型注气封隔器，增加了利用管柱加载持续压缩胶筒功能，使其永久保持与套管的接触应力[15-18]。大幅度提高了胶筒的坐封力，克服了胶筒的应力松弛和锁紧机构回退对密封的不利影响[11-14]，解决了常规封隔器不能长期承受双向交变压差的问题。

③ 研制了防返吐单向注入阀，设计了单球气密反向密封机构，实现了自动防返吐功能。

④ 研制了可多次开关滑套，设计了防胶圈刺坏扩压平衡机构，提高了反复开关后组合密封的可靠性，为后期作业提供循环通道。

（5）现场应用情况：2014 年 10 月起，在中石化胜利油田、华东分公司、江苏油田、长庆油田应用了 230 余口，其中草中 1-8 井注气压力 28MPa，无套压生产 8 年，目前继续有效。现场试验结果表明，安全注气管柱解决了套管长期带压注气的问题。目前该管柱应用井的最高注气压力 33MPa，最大井深 3500m。

1.2　测调联动高压分层注气技术

（1）技术原理：用气密封隔器将注气层分开，通过配气器进行注气；采用边测边调的方式进行流量测量与调配，自下而上，先测调最下层，再向上逐层完成测调。

（2）技术构成：

① 管柱主要构成：井下滑套+安全接头+悬挂封隔器+配气器+分层封隔器+配气器（图 2）。

② 测调系统构成：测调仪+测试电缆+井口电缆防喷装置+测试绞车+地面控制柜。

（3）技术指标：耐温 150℃、耐注气压差 30MPa，适用于 ϕ139.7mm 套管井。

（4）技术创新：

① 打破传统分层管柱理念，设计了双锚定注气管柱，解决了由于交变压力、温度变化等造成管柱蠕动、失稳弯曲的问题。

② 研制了可调式配气器，优化设计了旋转阀片式调节结构，保证了开关灵活和配气精度，实现了配气量线性可调。

③ 研制了集流式井下超临界 CO_2 流量测调仪，其中涡轮流量计已完成了井下标定，测量误差小于 5%，达到了设计目标。

（5）应用情况：在胜利油田应用 8 井次，超临界 CO_2 流量测量误差小于 5%，满足了工艺需求。

2 腐蚀与防护技术

在水湿环境下，CO_2 极易引起钢铁严重腐蚀，腐蚀速率可高达 20mm/a。利用高温高压反应釜模拟井筒环境，开展 CO_2 腐蚀挂片实验，研究了注入管材 CO_2 腐蚀规律，优选了耐蚀管材。在实验和国内外文献调研的基础上，提出了注采井腐蚀与防护方法。

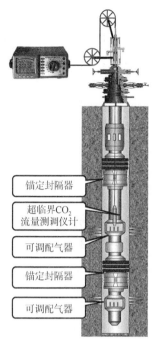

锚定封隔器
超临界CO_2
流量测调仪计
可调配气器
锚定封隔器
可调配气器

图 2　测调联动分注技术

2.1 CO_2 腐蚀规律

CO_2 具有易溶于水和原油的特性，当 CO_2 溶于水或原油时，会与其中的水分子反应生成碳酸，碳酸会进一步与金属发生电化学腐蚀。

（1）井下管材 CO_2 腐蚀的主要形式是点蚀和台地腐蚀，点蚀速率是平均腐蚀速率的 16~25 倍。在井下深度 800~2200m 范围内，是管材的高腐蚀区，是应采取防腐措施的重点区域。

（2）含水率是影响 CO_2 腐蚀速率的一个重要因素。含水低于 30% 时，管材腐蚀轻微，含水率在 30%~50% 之间时，腐蚀速率发生一次突变，腐蚀速率提高约 10 倍，含水率超过 50% 后，腐蚀速率快速上升。因此，含水率 30% 是油井采取防腐措施的时机界限。

2.2 耐蚀材料

油田中常用的井下工具及管道的材质大多以碳钢和低合金钢为主，其中合金元素对金属的 CO_2 腐蚀影响极大。一种是 Cr 元素的影响，Cr 元素对提高合金的耐 CO_2 腐蚀具有很好的效果。Cr 元素可以较好的富集在 $FeCO_3$ 中，从而提高金属表面膜的稳定性。另一种是 C 元素的影响，当钢铁被介质中的 CO_2 腐蚀时，Fe_3C 因失去保护膜被暴露在钢铁表面形成腐蚀的阴极，从而加快了钢铁的腐蚀，当腐蚀进行到一定程度后，Fe_3C 又会在钢铁表面形成一层腐蚀产物膜而抑制 CO_2 腐蚀的进行。13Cr 的最大腐蚀速率出现在温度为 70℃ 时，最大腐蚀速率达到 1.1726mm/a。在温度较低时，随着温度升高。阴阳极反映速率加快，促进了腐蚀的进行，所以腐蚀速率先升高。当温度升高到一定程度，影响了 CO_2 在介质中的溶解度，此时 CO_2 的扩散界定了腐蚀速率，所以温度升高溶解度降低，抑制了腐蚀的进行。在相同的模拟井下环境下，镀镍钨合金材料腐蚀速率最低，不超过 0.076mm/a，腐蚀形态为均匀腐蚀，表现出良好的抗 CO_2 腐蚀性能；3Cr-N80 虽然腐蚀速率较高，但是腐蚀形态为均匀腐蚀，表现出较好的抗 CO_2 局部腐蚀性能(图3)。

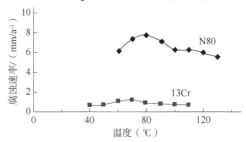

图3　温度对 N80 和 13Cr 的腐蚀速率的影响

2.3　腐蚀与防护方法

综合考虑实验研究结果与国内外 CO_2 驱的腐蚀与防护措施[10]，提出了"注采管材、缓蚀剂、阴极保护和防腐效果监测"四位一体的注采井腐蚀防护工艺措施。

2.3.1　注气井

采用 EE 注气井口；连续注 CO_2 采用 N80 气密扣油管，气水交替注入采用镀镍钨合金 N80 或 3Cr-N80 气密扣油管，新钻井套管采用 N80 或 P110 气密扣套管，井下工具材质采用 30Cr13。环空保护液采用 CO_2 专用缓蚀剂溶液。注 CO_2 前，先注柴油 200L，以隔开 CO_2 与水；对于气水交替注入，注气前后 3 天，水中要连续加 CO_2 专用缓蚀剂，并且注气前后要注柴油 200L，以隔开 CO_2 与水。

2.3.2　采油井

(1) 含水<30%的井采用 AA 级采油井口，含水>30%的井采用 CC 级采油井口；

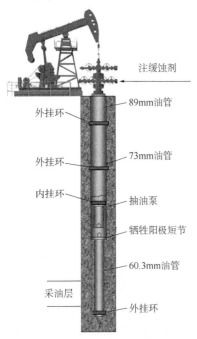

图4　无偏磨井采油管柱防腐配套

(2) 含水<30%的井采用普通碳钢井下工具，定期检测铁离子浓度；含水>30%的井，对于杆管无偏磨现象油井，油管采用 N80 油管，D 级抽油杆，抽油泵采用过桥式防腐抽油泵，如图4所示；对于杆管有偏磨现象油井，当泵深对应温度小于等于80℃时，采油井防腐工艺为油管泵以上采用 N80 内衬油管，泵以下 N80 油管，抽油杆采用包覆抽油杆/碳纤维杆，如图5(a)所示；当泵深对应温度大于80℃时，采油井防腐工艺为油管泵以上采用 89mmNHW101 涂料油管/激光涂层油管或内衬油管+73mmNHW101 涂料油管/激光涂层油管，泵以下 N80 油管，抽油杆采用包覆抽油杆/碳纤维杆，如图5(b)所示；抽油泵采用牺牲阳极短节保护抽油泵。实验井安装内外挂环监测腐蚀情况，同时采取从井口环空连续加药的方式加注缓蚀剂。

(3) 作业入井液中应加入 CO_2 专用缓蚀剂并替到井底，并确定合理的缓蚀剂添加浓度。加缓蚀剂的采油井需要定期测试产出液的腐蚀速率，发现有腐蚀问题应及时调整措施参数，保证达到最佳防腐效果。

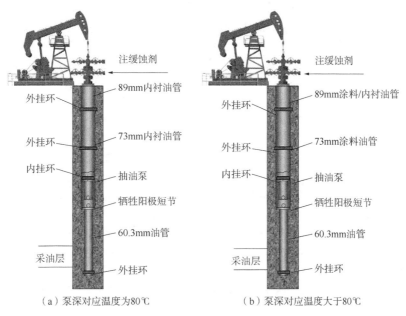

（a）泵深对应温度为80℃　　　（b）泵深对应温度大于80℃

图 5　泵深偏磨井采油管柱防腐配套

3　结论

　　CO_2驱安全注气技术解决了套管长期带压注气、管材腐蚀和超临界 CO_2 流量测量的问题，研发了 Y445J 型安全注气管柱、测调联动分层注气技术和腐蚀与防护技术，为 CO_2 驱提供了技术支持。创新研制了 Y445J 型长效气密封隔器，研发了笼统安全注气管柱，具备了耐气密压差 30MPa、耐温 150℃、有效期大于 3 年的能力。优化设计了双锚定分层注气管柱，创新研发了井下超临界 CO_2 流量测调仪，采用边测边调的方式，研发了测调联动高压分层注气技术。通过高温高压 CO_2 腐蚀实验，明确了井下管材 CO_2 腐蚀规律，优选了耐 CO_2 腐蚀材料，提出了把原油含水率30%作为油井采取防腐措施的时机界限，形成了系统的 CO_2 注采井腐蚀与防护技术。该技术在中石化胜利油田、华东分公司、江苏油田、长庆油田应用注气井 230 余口，采油井 300 余口，现场应用结果表明，CCUS 安全长效注采腐蚀与防护技术可为 CCUS 大规模开发提供技术支持，具有广阔的应用前景。

参 考 文 献

[1] 秦积舜，韩海水，刘晓蕾. 美国 CO_2 驱油技术应用及启示[J]. 石油勘探与开发，2015，42（2）：209-216.

[2] 杨永智，沈平平，张云海，等. 中国 CO_2 提高石油采收率与地质埋存技术研究[J]. 大庆石油地质与开发，2009，28（6）：262-267.

[3] Koottungal L. 2014 worldwide EOR survey[J]. Oil & Gas Journal, 2014, 112(4): 79-91.

[4] 郝敏，宋永臣. 利用 CO_2 提高石油采收率技术研究现状[J]. 钻采工艺. 2010，33（4）：59-64.

[5] 张冬玉. CO$_2$驱技术及其在胜利油田的应用前景[J]. 油气田地面工程, 2010, 29(5)：52-55.

[6] 张德平. CO$_2$驱采油技术研究与应用现状[J]. 科技导报, 2011, 29(13)：75-79.

[7] 程百利, 钱卫明. CO$_2$驱油注入管柱的研制与应用试验[J]. 油气藏评价与开发, 2012, 2(2)：58-75.

[8] 张瑞霞, 刘建新, 田启忠, 等. CO$_2$驱注气管柱研究及应用[J]. 石油机械, 2013, 41(12)：26-32.

[9] 张瑞霞, 刘建新, 王继飞, 等. CO$_2$驱免压井作业注气管柱研究及应用[J]. 钻采工艺, 2014, 37(1)：78-82.

[10] 方谊峰. CO$_2$水气交替驱防腐技术研究[J]. 中国化工贸易, 2019(6).

[11] 王兴. 高温高压完井封隔器力学性能分析[D]. 西安石油大学, 2013.

[12] 刘永辉, 付建红, 林元华, 等. 封隔器胶筒密封性能有限元分析[J]. 石油矿场机械, 2007, 36(9)：38-41.

[13] 王海兰, 辜利江, 刘清友. 井下封隔器胶筒橡胶材料力学性能试验研究[J]. 石油矿场机械, 2006, 35(3)：57-59.

[14] 刘天良, 施纪泽. 封隔器胶筒对套管接触应力模拟试验研究[J]. 石油机械, 2001, 29(2)：10-11.

[15] 杨秀娟, 杨恒林. 液压封隔器胶筒座封过程数值分析[J]. 石油大学学报(自然科学版), 2003, 27(5)：84-87.

[16] 练章华, 乐彬, 宋周成, 等. 封隔器坐封过程有限元模拟分析[J]. 石油机械, 2007, 35(9)：19-21.

[17] 尹飞, 高宝奎, 金磊. 压缩式封隔器坐封力学有限元分析[J]. 石油机械, 2012, 40(2)：39-41.

[18] 陈爱平. 压缩式封隔器胶筒耐温耐压浅析[J]. 石油机械, 1999, 27(3)：45-48.

[19] 王世杰. 二次压缩Y445型封隔器的研制[J]. 石油机械, 2014, 42(11)：163-165.

第二篇

油气田地面集输和长输管道及装置腐蚀

油气田地面管道内腐蚀现状及防腐技术研究进展

付安庆[1]　袁军涛[1]　李轩鹏[1]　陈子晗[1]　李文升[1,3]　吕乃欣[1]
范　磊[1]　李　磊[1]　李厚补[1]　马卫锋[1]　曹　峰[2]　尹成先[1,3]　冯耀荣[1]

(1. 中国石油集团工程材料研究院有限公司；
2. 石油管材及装备材料服役行为与结构安全国家重点实验室；
3. 西安三环石油管材科技有限公司)

摘　要：针对我国油气田地面管道腐蚀穿孔失效频发的难题，首先介绍了几种不同材质管道腐蚀和开裂失效案例，然后基于我国油气田大量地面管道腐蚀失效分析及规律，总结了内腐蚀经常关注的问题及建议。重点综述了缓蚀剂、内涂层、双金属复合管、非金属复合管等油气田地面管道常见的内腐蚀控制技术，以及内穿插修复、风送挤涂修复和局部补强修复等内腐蚀治理技术的原理、研究进展、现场应用效果等。最后分析了油气田地面管道内腐蚀面临的难题和挑战。

关键词：地面管道；腐蚀穿孔；碳钢；缓蚀剂；双金属复合管；内涂层

随着我国油气资源开发向"深、低、海、非"方向发展，油气开发和生产工况环境日益复杂苛刻(高温、高压、高含 H_2S/CO_2、细菌等)，加之部分油气田开发进入中后期，大量采用增产技术(酸化压裂、CO_2 驱、空气泡沫驱、聚合物驱等)引入了新的腐蚀问题，导致油气管道腐蚀泄漏问题非常突出，严重影响油气资源安全高效开发和输送。油气田地面管道是油气田地面系统各单元之间的联通线，具有点多线长面广、管径不一结构复杂、输送介质腐蚀性高管道腐蚀失效频发等特点。根据油气田地面管道材质分类，主要有金属管(碳钢、不锈钢等)、非金属管(玻璃钢、柔性复合管等)、复合管(金属—金属、金属—非金属、非金属—非金属)，地面管道主要采用缓蚀剂、涂层、双金属复合管、非金属管等防腐技术。据统计，我国陆上某 A 油田地面管道近 90% 失效是腐蚀引起的，陆上某 B 油田地面管道 97% 失效是腐蚀造成的，海上某 C 油田海底管道近 50% 失效是腐蚀引起的。"11·22"黄岛输油管线因腐蚀失效导致爆炸事故给石油天然气工业的安全生产和运行再次敲响了警钟，自 2015 年新的《环境保护法》和《安全生产法》颁布以来，油气管道腐蚀失效不仅仅是引起油气损失的经济问题，而更重要的是环境和安全问题，油气管道腐蚀防护也受到了前所未有的关注和重视。

本文围绕油气田地面管道内腐蚀现状及防腐技术，首先介绍了油气田不同类型材质地面管道典型腐蚀失效案例，分析内腐蚀特征及常见的腐蚀问题认识分析，然后重点介绍了我国油气田地面管道在内腐蚀控制技术(防腐选材、缓蚀剂、内涂层、双金属复合管、非金属复合管等)和内腐蚀治理技术(内穿插修复、风送挤涂修复、补强修复等)的技术原理、研究进展、现场应用效果等,最后分析了油气田地面管道内腐蚀面临的难题和挑战。

1 油气田管道典型内腐蚀失效案例

1.1 碳钢管道失效

1.1.1 碳钢管道腐蚀穿孔失效

某天然气公司采用符合 GB/T 9711—2011 的 ϕ406.4×7.1mm L360M 焊缝钢管作为液化天然气输送管道,管道运行温度为-15~25℃,运行压力为 3.6MPa。2017 年管线铺设完成经强度和严密性试验后,闲置约 1 年时间,2018 年该管线投产后不足 1 年时间,在管道 6点钟方向连续出现两次腐蚀穿孔,穿孔位置间隔 1.5m 左右,如图 1 所示。管道内壁沉积大量的 Fe_2O_3 腐蚀产物,在失效位置管道壁厚出现明显减薄,并在周围观察到明显蚀坑。其失效原因为管道强度、严密性试验结束后,管道内的积水未及时清理干净,导致管道发生局部腐蚀,随后在天然气输送过程中导致腐蚀产物在管道 6 点钟方向堆积,进而引起管道急速失效。在实验室内的模拟天然气管道全寿命周期内的腐蚀行为,结果表明,在腐蚀产物沉积的条件下,管道内壁的点蚀生长速率高达 5.42mm/a。

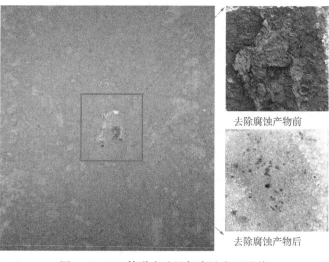

去除腐蚀产物前

去除腐蚀产物后

图 1 L360M 管道内壁局部腐蚀宏观形貌

1.1.2 碳钢管道应力腐蚀开裂失效

某油田集气支线采用符合 GB/T 9711—2011 的 ϕ406.4×8mm L360QS 无缝钢管输送含硫天然气,管道平均运行压力为 5.27MPa,焊接工艺为氩弧焊打底,手工焊盖面。该管线建设投产运行 3 年期间在环焊缝部位发生多起开裂,如图 2 所示,管道设计时考虑抗硫为 SY/T 0599—2006 SSC 1 区(955mg/m^3),实际运行中 H_2S 含量远超过设计值,约为 2184~8201mg/m^3。环焊缝开裂为脆性断口,开裂区呈现多源特征,源区开裂面内侧有轻微放射状花样,且放射状花样收敛于环焊缝内表面,说明裂纹起源环焊缝内表面,在断口源区和扩展区发现较多 S 元素。其失效的根本原因是高含 H_2S 湿气造成的硫化物应力腐蚀开裂（SSC），其次是管道采用弹性敷设，管道整体受到较大的弯曲应力。现场和实验室检测分析结果表明：约有 20% 的环焊缝存在错边和圆形缺陷，环焊缝 6 点钟位置最大残余应力为346MPa，环焊缝现场服役 3 年后相对未服役冲击功下降 20% ~ 50%，抗拉强度平均下降 10% 左右，硬度平均升高 17.8%，这主要是在 H_2S 作用下氢致损伤造成环焊缝性能退化。

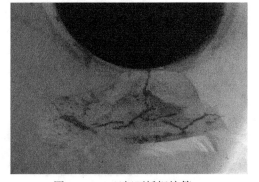

图 2　L360QS 无缝钢管环焊缝
在高含湿 H_2S 环境中的应力腐蚀开裂

1.2　2205 双相不锈钢管道失效

1.2.1　2205 双相不锈钢管道腐蚀穿孔失效

某高压气田采气管线材质为 2205 双相不锈钢，规格 $\phi273×11mm$，环焊缝采用氩电联焊焊接，氩弧焊焊丝型号为 AWS ER2209，手弧焊焊条型号为 AWS E2209，2013 年关井停产后管线长期处于停输状态，未清管吹扫，积水中氯离子浓度 70060mg/L，不含硫化氢。

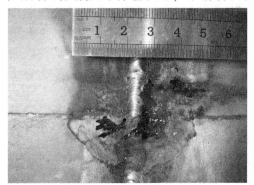

图 3　2205 双相不锈钢管道
在高浓度 Cl⁻ 地层水中水线腐蚀穿孔

停输 4 年后试压发现，该管线在低洼处存在穿孔点，位于环焊缝 9 点钟方向（图 3），恰处于管内积水的水线位置，另一侧水线虽未穿孔但也出现明显腐蚀坑，管体内壁未见腐蚀。其穿孔失效是由环焊缝内腐蚀所致，引起腐蚀的主要原因为水线及水线以下管体和焊缝因氧气和二氧化碳等腐蚀介质的浓度差导致水线附近电极电位升高，耐蚀性相对较差的焊缝在水线附近优先发生腐蚀，积水中高浓度的氯离子破坏了不锈钢的钝化膜，而长期积水使腐蚀环境恶化加速腐蚀。

1.2.2　2205 双相不锈钢管道应力腐蚀开裂失效

某油田天然气处理站集气汇管底部的排污接管本体端面出现腐蚀坑，渗透检测发现坑底存在枝状裂纹，如图 4 所示。该接管材质为 2205 锻件，壁厚约 45mm，运行压力 14MPa，运行温度约 40℃，输送介质为湿天然气，Cl⁻ 浓度约为 60000mg/L，含砂。其发生腐蚀和开裂的首要原因是材料质量问题，即存在大量非金属夹杂物和有害析出相造成材料韧性和耐蚀性下降，次要原因是腐蚀环境恶化，即含水率上升、Cl⁻ 浓度增大和积水积砂促进腐蚀发生，最终在两者共同作用下产生腐蚀坑，并以坑底非金属夹杂物为裂纹源，发生枝状开裂失效。

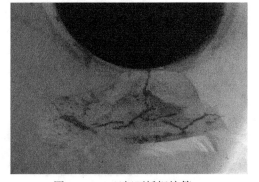

图 4　2205 双相不锈钢接管
在高浓度 Cl⁻ 污水中应力腐蚀开裂

1.3 双金属复合管失效

1.3.1 双金属复合管腐蚀穿孔失效

某海上油田 X65+316L 复合管海底管道铺设完成放置 6 个月后，发现海水倒灌致使复合管内发生腐蚀，衬层(316L)靠近堆焊层(625 合金)处存在大量腐蚀坑，蚀坑深度最大达 9.37mm，如图 5 所示。材料理化分析(化学成分、金相组织)发现 X65-316L 复合管的化学成分和金相组织符合技术规格书的要求，但是堆焊层与内衬层连接处存在明显的化学成分浓度梯度和组织差异。这使得靠近堆焊层的内衬层一侧存在较高的点蚀敏感性和电偶腐蚀敏感性。与 DNVGL-ST-F101 中关于 316L、625 合金耐原海水腐蚀的描述相符合，316

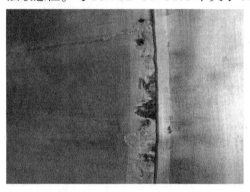

图 5 X65+316L 双金属复合管焊缝部位内腐蚀失效

型奥氏体不锈钢不耐原海水腐蚀，浸泡试验表明原海水会诱发 316L 不锈钢的局部腐蚀，一旦 316L 内衬层穿透后，原海水进入内衬层与基管的夹层空间，在缝隙和电偶的双重加速作用下，腐蚀速率提高 1~2 个数量级，从而导致基管的快速溶解。因此，原海水是导致 X65-316L 复合管腐蚀的主要原因，并且进入内衬层与基管夹层中的原海水难以通过气体吹扫或液体置换而排出，滞留海水严重缩短复合管的剩余寿命(预估为 1~2 年)，对复合管后期运行造成极大威胁。

1.3.2 双金属复合管开裂失效

某气田集气干线为 L415+316L 双金属复合管，规格 $\phi508\times(14.2+2.5)$，管道设计压力为 16MPa，运行压力一直保持在 13MPa 以内，焊接工艺为钨极氩弧焊+手工电弧焊。该集气干线投产运行 75 天后在环焊缝部位发生开裂，如图 6 所示，失效管段碳钢基管无明显塑性变形，属脆性开裂，覆层被撕开，有明显塑性变形，环焊缝开裂扩展区开口方向与基管坡口角度一致。从失效环焊缝金相及显微硬度试验中可以看出，复合管环焊缝过渡焊组织出现了较多马氏体，是典型的硬脆组织，硬度值超过 350HV10。该失效环焊缝在根焊、过渡焊、封焊、填充焊分别采用了不同的焊材，特别是在过渡焊(不锈钢材质)上面进

图 6 L415+316L 双金属复合管环焊缝开裂失效

行填充焊(碳钢材质),使得在过渡焊和填充焊相熔的区域,形成了中合金焊缝,这种中合金焊缝在快速冷却下,极易产生硬脆的马氏体组织,这在金相组织和硬度测试中得到验证。因此,复合管环焊缝开裂主要是由于环焊缝中过渡焊存在高硬度的马氏体组织导致的。

2 油气田地面管道内腐蚀常见问题分析及建议

油气田地面管道常用的管材有普通碳钢、耐蚀管材、双金属复合管、非金属管、涂层管等,但从长度比例上来看,主要还是普通碳钢管道,而且失效形式主要为局部腐蚀穿孔。通过对我国油气田大量地面管道失效分析和规律统计的基础上,总结了碳钢管道局部内腐蚀穿孔经常关注的几个热点问题:

2.1 管道内腐蚀穿孔

油气田地面管道内腐蚀失效90%以上发生在4~8点钟(特别是6点钟左右),主要表现为局部腐蚀(穿孔)。很多实验室挂片模拟实验往往不能还原现场局部腐蚀穿孔,而且大多数实验室模拟结果为轻度均匀腐蚀,与现场实际严重不符。分析原因主要因为实验室模拟实验试样表面状态、试样几何形状、介质流型流速、腐蚀性介质含量、实验周期等与现场存在差别。尽管腐蚀性介质(H_2S、CO_2、Cl^-、SRB等)是引起腐蚀的根本因素,但决定性因素是管道底部沉积物(油泥、泥沙、腐蚀产物等),其腐蚀失效形式是沉积物下的局部腐蚀。因此,对于油气田地面管道腐蚀失效实验室模拟,除首先考虑腐蚀介质含量外,更重要的是需要考虑保留试样原始表面状态、表面覆盖沉积物(油泥、泥沙、腐蚀产物)等,重点控制覆盖沉积物的结构、组分、比例、厚度。此外,在可能的情况下,设计更大尺寸的腐蚀挂片试样,同时实验周期考虑延长,在15~30天的基础上,增加到60天、90天、180天等。

2.2 管道防腐选材

在油气田地面管道选材设计中,涉及到的常见碳钢管材有16Mn、20#、20G、L245、L360等,在油田现场服役不同年限发生腐蚀失效后,这几种碳钢管材的腐蚀性能差异受到关注。很多研究往往通过对比这几种碳钢在化学成分、微观组织、力学性能、晶粒度等参数存在的差别分析其存在的腐蚀差异性,实际上,根据这几种碳钢管材现场服役情况和实验室模拟实验结果来看,其腐蚀性能存在一定的差异,但没有实质性倍数和数量级的区别,而且就目前的研究分析来看,很难找到这些碳钢腐蚀性能与以上参数的内在联系。

此外,油田现场地面管道腐蚀穿孔频发,而实验室失效分析结果往往是管材各项指标合格,既然管材合格为什么发生穿孔,这也是油气田现场技术人员关注的一个问题。管材是否合格主要是按照GB/T 9711标准判断,该标准主要规定了几何尺寸、化学成分、微观组织、力学性能、表面状态等进行判定,标准并没有对管材(局部)腐蚀速率做要求,因为每个油田(区块)的环境千差万别(CO_2、H_2S、Cl^-、温度、流速等),很难给出统一的、具体的数值标准。建议可参考NACE TM 0177抗硫标准,选一个统一的相对极端的环境工况进行管材(局部)腐蚀速率评价,作为推荐性参考;也可结合各油田实际腐蚀介质环境,制定对腐蚀速率要求的企业标准或者订货技术条件。

2.3 管道腐蚀与流速关系

流速对油气管道的腐蚀行为及机理影响非常复杂,涉及到介质相态、流速大小、流型、相含率、管道几何形状、管道表面状态等。对于油田的原油管道，其流速普遍偏低，某油田统计了2008—2011年期间原油管道腐蚀穿孔与流速的关系：在流速<1m/s，腐蚀穿孔次数1457次；流速1~2m/s，腐蚀穿孔次数269次；流速>2m/s，腐蚀穿孔次数30次。另一某油田统计了2017—2021年期间集油管道腐蚀穿孔与流速的关系：在流速<0.8m/s，腐蚀穿孔次数2274次；流速0.8~2m/s，腐蚀穿孔次数411次；流速>2m/s，腐蚀穿孔次数83次。某些油田由于其产量降低，部分原油管道采油间歇式输送，现场发现这类管道腐蚀非常严重，即在"歇"的状态管内流速为0m/s。结合以上油田现场统计的原油管道腐蚀穿孔频次与流速的关系可以得出，流速越小对应的腐蚀穿孔次数越多，主要是因为在低流速状态下，管道内流体处于层流，且流速越低，油水分离越严重，管道内的固体物沉积越充分[1]。以上解释仅适用于较低流速的油田原油管道，对于高流速、高含砂的原油和天然气管道不适用。

2.4 管道腐蚀与Cl⁻关系

油田地面管道发生腐蚀后，往往将失效原因归结为高Cl^-地层水引起的，认为Cl^-含量越高，腐蚀速率越高，发生腐蚀穿孔的速度越快。碳钢的腐蚀与Cl^-是相关的，但是不是正相关或线性相关，F. M. Sani等人[2]探究NaCl对于碳钢在CO_2腐蚀环境中Cl^-浓度对腐蚀速率的影响，研究发现腐蚀速率先增加后减小，因而不能将碳钢管道的腐蚀穿孔失效都归结为高含Cl^-的地层水。对于不锈钢管道，Cl^-浓度与不锈钢点蚀击破电位之间呈对数正相关[2]，Sunaba等人探究了Cl^-浓度对于13Cr、超级13Cr以及15Cr不锈钢腐蚀速率的影响，结果表明在180℃时几种材料随着氯离子浓度(>1000ppm)增加均匀腐蚀速率增加；但是在150℃除了13Cr腐蚀速率随着氯离子增加而增加外，超级13Cr和15Cr腐蚀速率几乎与氯离子浓度不相关[3]。此外，点蚀是在金属上产生小孔的一种极为局部的腐蚀形态，经常发生在具有自钝化性能的金属或合金上，即钝化膜破坏后引起的局部腐蚀。对于Cl^-对碳钢引起的腐蚀可能用局部腐蚀更为合适，局部腐蚀的出现主要与腐蚀环境及表面产物膜防护作用密切相关。建议对油田地面管道常用的管材，如16Mn、20#、20G、L245(不同热处理状态)、L360(不同热处理状态)、不锈钢(316L、2205)等管材在某一特定温度-CO_2-H_2S环境下，测试不同Cl^-浓度(0.5×10^4、1×10^4、3×10^4、5×10^4、7×10^4……17×10^4mg/L)下的腐蚀速率，特别是局部腐蚀和点蚀速率，为油气田地面管道选材和评价提供数据支持。

2.5 管道缓蚀剂评价

实验室评价缓蚀剂通常采用配置的模拟地层水(无其他药剂)，而现场管道内的地层水(往往还加有阻垢剂、破乳剂、杀菌剂等药剂)与实验室配置的模拟地层水存在差异，在缓蚀剂与阻垢剂、破乳剂、杀菌剂配伍的前提下，这些药剂对缓蚀剂的缓蚀率是正影响(+)、无影响(0)、还是负影响(-)，以及影响程度目前尚不清楚。建议考虑取现场管道地层产出水(含一种或者多种药剂)与实验室配置的模拟地层产出水(无其他药剂)同时开展缓蚀剂的缓蚀率对比评价，看是否有影响及影响程度，其次，建议开发"一剂多效"的油田化学助剂，可以减少加注的频次和不配伍的风险。

在进行缓蚀剂筛选评价实验时，SY/T 5273等缓蚀剂评价标准均有两个指标，缓蚀率指标(>80%)或者腐蚀速率指标(<0.076mm/a)。缓蚀剂评价指标的选择需要结合实际情况：一种情况，空白腐蚀速率特别高时，加注缓蚀剂后腐蚀速率很难达到<0.076mm/a，

建议采用缓蚀率指标；另一种情况，空白腐蚀速率特别低时，加注缓蚀剂后缓蚀率很难达到>80%，建议采用腐蚀速率指标。在缓蚀剂评价筛选时，缓蚀剂的缓蚀率或腐蚀速率达标，但发生了(严重)局部腐蚀，建议缓蚀剂评价标准中将局部腐蚀速率作为评价缓蚀剂的指标。

3 油气田地面管道内腐蚀防护技术

3.1 腐蚀选材

油气田地面管道的选材一般考虑介质特性、运行工况、服役寿命和环境特点等因素，经技术经济比选后确定。油气田地面管道通常根据输送介质中 H_2S 分压、CO_2 分压将工况分为常规(H_2S 分压<0.0003MPa，且 CO_2 分压<0.05MPa)、含 CO_2(H_2S 分压<0.0003MPa，且 CO_2 分压≥0.05MPa)、含 H_2S(H_2S 分压≥0.0003MPa，且 CO_2 分压<0.05MPa)、含 H_2S/CO_2(H_2S 分压≥0.0003MPa，且 CO_2 分压≥0.05MPa)四大类，在此基础上，结合管道运行温度和压力，形成的油气田地面管道选材推荐如表1所示[4-5]。可以看出，主要的管材包括碳钢、低合金钢、非金属和不锈钢等。由于非金属管的关键性能受管道运行温度和压力的影响比较显著，因此要充分考虑不同非金属材料的环境适用性[6]，将在后面章节进行详细描述。NACE MR0175/ISO 15156 标准为碳钢、低合金钢及耐蚀合金在含 H_2S 环境中抗硫化物应力腐蚀开裂选材提供了选材指导，但对于油气田地面管道失效，主要是腐蚀尤其是局部腐蚀所诱发的泄漏问题是油气田地面管道的主要失效方式。因此，对于碳钢和低合金钢管道而言，需要对腐蚀风险进行评估以确定是否需要加注缓蚀剂或者施加涂层来进行防腐。Ueda 等[7]认为在低于150℃的 CO_2/H_2S 环境中，碳钢和低合金钢加上缓蚀剂，就可以有效地控制腐蚀。但是当"癣状腐蚀"和"台地腐蚀"等局部腐蚀显著时，无法通过缓蚀剂来控制局部腐蚀[8]，可选择使用耐蚀合金或双金属复合管。基于大量的试验研究和应用实践，我国西部油气田在温度高于60℃的含 CO_2 工况中，推荐选用316L、2205或者以它们为衬层/覆层的复合管，但由于316L和2205在含 H_2S 环境中的应用极限较低，它们在含 H_2S 环境中的应用受到限制，则推荐用825合金来替代。

表 1 油气田地面管道选材推荐表

服役工况	T(℃)	P(MPa)	材料	牌号/分类	标准
常规工况	<60	见备注[b]	非金属管[c]	高压玻璃纤维管、增强热塑性塑料复合管	SY/T 6267 SY/T 6662 SY/T 6795
		—	碳钢或低合金钢	20	GB/T 8163、GB 6479
				20G	GB 5310
				L245~L415	GB/T 9711
	≥60(45)[a]	—	碳钢或低合金钢	20	GB/T 8163、GB 6479
				20G	GB 5310
				L245~L415	GB/T 9711

服役工况	$T(℃)$	$P(MPa)$	材料	牌号/分类	标准
含 CO_2 工况	<60	见备注[b]	非金属管[c]	同常规工况	同常规工况
		—	碳钢或低合金钢	同常规工况	同常规工况
	≥60	—	非金属管[c]	耐高温非金属管	—
			碳钢或低合金钢	同常规工况	同常规工况
			双金属复合管[d]	衬管：316L 不锈钢（UNS S31603）	SY/T 6601
				基管：20G，L245~L415	GB 5310、GB/T 9711
			耐蚀合金	2205 双相不锈钢（UNS S31803）	SY/T 6601
				316L 不锈钢（UNS S31603）	SY/T 6601
含 H_2S 工况	<60(45)[a]	—	碳钢或低合金钢	20(SSC 3 区)	GB/T 8163、GB 6479
		—		20G(SSC 3 区)	GB 5310
		—		L245、L290、L360(SSC 3 区)；L415(SSC 1 区和 2 区)	GB/T 9711
		见备注[b]	非金属管[c]	抗硫非金属管	—
	≥60(45)[a]	—	碳钢或低合金钢	20(SSC 3 区)	GB/T 8163、GB 6479
		—		20G(SSC 3 区)	GB 5310
		—		L245~L360(SSC 3 区)；L415(SSC 1 区和 2 区)	GB/T 9711
		见备注[b]	非金属管[c]	高温抗硫非金属管	—
含 H_2S/CO_2 工况	<60(45)[a]	—	碳钢或低合金钢	同含 H_2S 工况	同含 H_2S 工况
		见备注[b]	非金属管[c]	同含 H_2S 工况	
	≥60(45)[a]	见备注[b]	非金属管[c]	同含 H_2S 工况	
		—	双金属复合管[d]	衬管：825 镍基合金	SY/T 6601
		—	耐蚀合金	825 镍基合金	SY/T 6601
		—	碳钢或低合金钢	同含 H_2S 工况	同含 H_2S 工况

注：a. 油田的临界温度是 60℃，气田的临界温度是 45℃。

b. 非金属管的应用受运行工况的限制。

c. 非金属管推荐在油田使用，不推荐在气田使用。

d. 双金属复合管推荐在气田使用。

3.2 缓蚀剂

缓蚀剂是油气田地面管道系统重要的内防腐技术之一，目前常用的缓蚀剂类型为吸附膜型，如喹啉季铵盐类、炔氧甲基季铵盐类、咪唑啉季铵盐类、咪唑啉曼尼希碱类，其缓蚀机理为分子中的 N、P、S、O 等带孤对电子的原子与铁形成配位键，吸附在金属表面，形成一种很薄的保护膜，从而抑制腐蚀过程。缓蚀剂在油气管道应用效果与现场腐蚀参数密切相关，温度、压力、流速、H_2S 含量、CO_2 含量、是否含氧、矿化度等环境因素对缓蚀剂的影响非常显著。当温度和流速较低时，主要选择咪唑啉缓蚀剂，在金属表面能形成致密的表面膜，具有优异的防腐性能；当温度升高或者流速较高时，流体脱附能力加剧，需选择吸附性能更强的缓蚀剂，例如曼尼希碱、喹啉季铵盐等；各类增产技术导致氧气进入井筒注采和地面管道系统，造成氧腐蚀，相对于 H_2S 和 CO_2，含氧环境下常规缓蚀剂的吸附性能大大降低，因此，当地面管道系统中含氧时，一方面添加除氧剂与氧结合，降低氧分压；另一方面选择快速成膜的抗氧缓蚀剂，在氧腐蚀发生前与金属快速结合，形成有效的防护膜。此外，缓蚀剂的理化性能对其现场应用效果影响很大，如 pH 值、凝点、闪点、溶解性、乳化倾向、配伍性等，理化性能指标不合格往往会造成缓蚀剂起泡、分层、不溶解、不配伍、冻堵、无缓蚀作用等。

综上所述，缓蚀剂防腐是一个系统工程问题，缓蚀剂的理化性能和缓蚀率达标是基础，现场应用技术才是关键。缓蚀剂在油气田现场应用应从选型及评价、清管及预膜、加注工艺、缓蚀效果评价等方面出发，综合提升缓蚀剂现场应用效果。第一，对于缓蚀剂选型及评价，需要结合管输流体的特性及腐蚀参数，选择合适的缓蚀剂类型(水溶型、油溶型、水溶油分散型、油溶水分散型)，再依据 SY/T 5273 或 SY/T 7025 标准对缓蚀剂的理化性能和缓蚀性能进行评价，对于实验室评价缓蚀性能特别要注意模拟溶液的除氧、试验前后试样表面处理以及缓蚀性能评价指标等。第二，对于管道清管及预膜，需要重点考虑清管器的过盈量、清管次数及清出污物量、预膜缓蚀剂类型、预膜缓蚀剂用量、预膜速度等。第三，对于缓蚀剂加注工艺，首先需要考虑缓蚀剂加注点，直接影响目标管道的保护范围，缓蚀剂加注点尽量设置在碳钢管线的首端，气液混输时应兼顾考虑气液两相，同时加注点应考虑与其他药剂(杀菌剂、絮凝剂、破乳剂)的加注顺序，此外对于加注设备应选择与现场加量匹配的加药泵，气管线选择带有雾化器的加药装备。第四，缓蚀剂效果评价，缓蚀剂现场应用效果评价技术主要有腐蚀监测、腐蚀检测、水分析、缓蚀剂残余浓度等多种方法，其中腐蚀监测主要有腐蚀挂片、电阻探针、氢探针、FSM 等；腐蚀检测主要有超声波、超声导波、氢通量等；水分析主要包括采出水腐蚀性分析、铁离子含量监测分析等；缓蚀剂残余浓度检测是通过红外光谱、紫外光谱等技术检测管线末端的缓蚀剂残余浓度，及时对缓蚀剂加量进行调整；以上方法均能间接或直接反应缓蚀剂的现场应用效果，但是往往单一的评价技术难以真实的评价缓蚀剂现场应用效果，因此必须多个方法相结合联用，综合评价缓蚀剂的现场应用效果。

3.3 内防腐涂层

油气田管道内防腐涂层主要有液体环氧和熔结环氧粉末两大类，涂料性能、涂装施工、质量检验、现场补口等技术要求参见 SY/T 0457—2019《钢制管道液体环氧涂料内防腐技术规范》以及 SY/T 0442—2018《钢制管道熔结环氧粉末内防腐层技术标准》。内防腐涂层主要失效形式为涂层鼓包、涂层脱落、涂层针孔、涂层开裂四大类。内防腐涂层管道主要采用工厂单根预制形式，由于喷砂除锈、喷涂等工作在工厂开展，质量可检、可控，从源头保证了涂装质量。但内涂层管道现场连接施工直接影响涂层内防腐的连续性和完整性，因此，内防腐涂层现场补口已成为制约管道内防腐涂层技术发展应用的主要瓶颈。以下重点介绍油气田管道内防腐涂层现场补口工艺技术特点。

3.3.1 内补口机补口技术

内补口机补口技术主要采用自动补口机对管道焊接完毕后的焊口部位进行内表面处理(焊缝余高及表面粗糙度)、涂料补口涂覆、内表面宏观摄像检测(外观形貌)和内涂层质量检测(涂层厚度检测和电火花漏点检测等)。自动补口机由具有不同功能的作业小车组成，小车之间通过非固定方式连接，可在一定角度内摆动，实现整机过弯。功能全面的自动补口机能够携带动力和涂料，综合定位系统和摄像头人工控制，一次完成焊口定位、喷砂除锈、磨料回收、涂料喷涂、质量检测等一系列作业。内补口机补口相关技术要求可参照 SY/T 4078—2014《钢制管道内涂层液体涂料补口机补口工艺规范》。目前该技术在油气田大口径管道(>DN200)方面应用较为成熟，但针对小口径管道(<DN100)还需进一步加强技术攻关。

3.3.2　耐蚀合金接头技术

耐蚀合金接头技术包括不锈钢接头技术和管端复合管技术。不锈钢接头技术是在工厂端先将碳钢管两端焊接不锈钢短节，再开展内涂层施工，现场采用不锈钢焊接方式进行连接。管端复合管技术是在工厂端先在碳钢管管端内壁复合一层耐蚀合金，再开展内涂层施工，现场采用双金属复合管焊接方式进行连接。管端复合管技术主要有机械复合以及冶金复合。机械复合是指在管道两端内衬一段不锈钢管短节，采用机械复合的方式将外层碳钢管与不锈钢复合，并在管端封焊。冶金复合是指在管道两端内壁堆焊一段耐蚀合金层，管端碳钢与耐蚀合金通过冶金结合方式复合。由于内涂层距离焊口仍有一定距离，可防止现场焊接高温对管道内涂层破坏。焊口附近采用耐蚀合金防腐，故无需进行内涂层补口。现场应用方面，相对常规碳钢焊接，该技术对焊接质量控制要求高，焊接效率较低；对于大口径管道或者弯头弯管，整体采用不锈钢接头连接或者选用不锈钢弯头弯管，材料成本较高。

3.3.3　内衬滑套技术

内衬滑套技术是在现场作业过程中在钢管焊口处安装内衬保护滑套。滑套两端用管道专用胶连接，使内涂层与滑套完整连接；内置 O 形密封圈密封，防止腐蚀介质进入滑套和钢管之间环形空间发生腐蚀；滑套外表面的隔热层有效隔绝焊接高温对涂层的破坏。该技术采用常规碳钢焊接，焊接要求较低，但是内置滑套减小了管道焊口处内径，造成管道缩颈，影响通球清管。

3.3.4　外接箍无损焊接技术

外接箍无损焊接技术是工厂端先在碳钢管两端分别焊接碳钢材质外接箍公头和母头，再对管道内壁整体进行内防腐层涂覆，无需预留焊接补口位置。现场焊接作业时，将外接箍进行焊接，内部原碳钢管通过内置于母头的密封圈实现过盈密封，外接箍与原碳钢管道外壁之间形成一中空隔热层，隔热层可有效防止焊接高温对管道内涂层的破坏。该技术由于采用碳钢材质外接箍焊接的方式，管道无缩颈，方便通球清管，常规碳钢焊接即可完成焊接作业，施工要求低。现场应用方面，当现场地形复杂时，钢管之间公头与母头对接要求较高，其长期服役密封性有待进一步验证。

3.4　非金属复合管

非金属管具有耐腐蚀、抗结垢结蜡、流体摩阻低、电绝缘、重量轻、使用寿命长等优势，已成为油田地面管道防腐的重要解决方案，在油气输送和注水等工程中得到广泛应用。据统计[9]，截止 2020 年底仅中国石油已应用各类非金属管近超过 4 万公里，约占地面集输管道总量的 13%，其中部分油田用量已超过 20%。国内外油气田常用的非金属管可以分为塑料管、增强塑料管和内衬管三大类，具体分类情况如图 8 所示。

（a）内补扣机

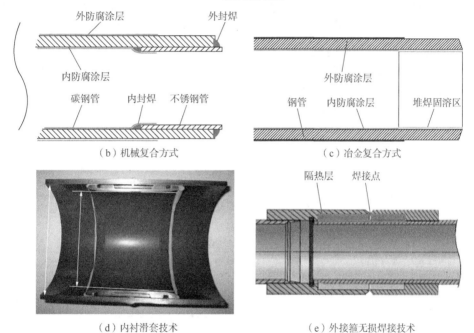

（b）机械复合方式　　　　　　　　（c）冶金复合方式

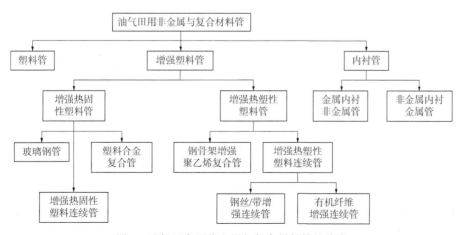

（d）内衬滑套技术　　　　　　（e）外接箍无损焊接技术

图 7　管道内涂层防腐现场补口工艺

```
                    油气田用非金属与复合材料管
        ┌──────────────────┼──────────────────┐
     塑料管              增强塑料管              内衬管
              ┌────────────┴────────────┐    ┌────┴────┐
          增强热固            增强热塑性      金属内衬   非金属内衬
          性塑料管             塑料管        非金属管     金属管
        ┌────┴────┐        ┌────┴────┐
     玻璃钢管   塑料合金    钢骨架增强   增强热塑性
               复合管      聚乙烯复合管  塑料连续管
        │                        ┌──────┴──────┐
     增强热固性                钢丝/带增      有机纤维
     塑料连续管                强连续管       增强连续管
```

图 8　油气田常用非金属与复合材料管的分类

塑料管通常采用热塑性塑料为基材,包括聚乙烯(PE)、氯化聚氯乙烯(CPVC)和聚丙烯(PPR)等,这类产品已大规模应用于市政给排水、天然气分输和建材等领域,在油田主要应用于一些站内低压环境(压力通常不超过1.6MPa),如站内加药、输水管线等,在管线内穿插修复用管中也有部分应用。增强塑料管是油田中用量最大、范围最广的非金属管。增强塑料管可分为增强热固性塑料管和增强热塑性塑料管两种类型。

增强热固性塑料管是以热固性树脂(环氧树脂、不饱和聚酯树脂等)为基体,采用玻璃纤维为增强材料制备而成。目前国内油田常用产品类型包括玻璃钢管(玻璃纤维增强热固性树脂管)和塑料合金复合管(即以塑料为内衬的玻璃钢管)。增强热塑性塑料管以热塑性塑料(PE、PEX等)为基管,采用有机纤维、钢丝/带为增强材料制备而成。目前国内油田常用的产品包括钢骨架增强聚乙烯复合管(包括连续和定长两种形式)和柔性复合高压输送管(有机纤维增强热塑性塑料、RTP管)。增强塑料管的使用压力相对较高,部分管材已达32MPa以上,可广泛用于地面集输、注水等管线。

内衬管包括两种形式,即以非金属作为内衬的钢管和以不锈钢为内衬的玻璃钢管。非金属内衬包括PE、陶瓷、复合材料等,以此为内衬的钢管主要用于井下油管;以不锈钢为内衬的内衬管主要应用于地面油气集输。

油田应用较多的非金属管为玻璃钢管、塑料合金复合管、钢骨架增强聚乙烯管和柔性复合高压输送管等,不同管之间的优缺点对比见表2。

表2 不同类型非金属管的优缺点对比

类　型	优　点	缺　点
玻璃钢管	(1)耐温性能相对较好,理论最高使用温度:酸酐固化为80℃,胺类固化为93℃(Ameron的产品的最高使用温度≥120℃); (2)价格较低	(1)抗冲击性能差; (2)接头性能较弱; (3)属于硬管,地形起伏大时接头与管体易发生剪切破
塑料合金复合管	抗冲击性、气密性优于玻璃钢管	(1)耐温性能受内衬和接头黏接剂的影响,通常低于70℃; (2)接头为金属材料,需外防腐; (3)属于硬管,地形起伏大时接头与管体易发生剪切破坏
钢骨架增强聚乙烯管	可做大口径(600mm以上)	(1)承压能力(4MPa以下); (2)接头连接和质检需专业人; (3)使用温度低于60℃
柔性复合高压输送管	(1)连续成型,单根可达数百米,接头少; (2)柔性好,抗冲击性能优良; (3)重量轻,运输成本低; (4)安装快速简单	(1)耐温性能好的产品价格较高; (2)口径较小,通常低于150mm

虽然非金属管具有优异的耐腐蚀性能,但在应用过程中,仍然发生一些失效事故。特别是非金属管的多样性、材料的复杂性以及现场工况条件的差异性,使得非金属管暴露出一些突出的问题。据统计[10]:非金属管的失效类型以管体失效、接头失效和机械损伤为主;按非金属管材类型统计,玻璃钢管失效比例最高(50%),其次为塑料合金复合管(占

26%）；按失效类型分析，管体泄漏失效比例最高（49%），其次为接头泄漏失效（31%）。从失效原因来看[11]，玻璃钢管的失效多是因树脂缺失、螺纹参数不合格、运输及施工过程中的机械损伤导致的，塑料合金复合管则多是由于内衬材料与输送介质不相容所致，钢骨架复合管和柔性复合管则多是因管材耐温性与现场工况不匹配所导致的。由此来看，非金属管材在耐温性、与油气相容性、施工规范性等方面存在的问题较为突出。除此之外，连接部位失效（如断脱、泄漏等）也是非金属管在应用过程中主要的失效风险，是当前亟需解决的关键问题。

3.5 双金属复合管

双金属复合管作为一种兼具耐蚀性和经济性的复合管材，既有碳钢（外层）优良的经济性，又有耐蚀合金（内层）优异的耐腐蚀性。据报道[12-14]，双金属复合管相对耐蚀合金纯材管成本降低 50%～70%，已在石油天然气、化工、海底管道等工业领域得到推广应用[15]。根据双金属界面结合方式的不同，双金属复合管分为机械结合复合管（衬里复合管）和冶金结合复合管（内覆复合管）[15-16]。目前，双金属复合管主要应用在中石油塔里木高温高压气田、中石化普光气田、中海油崖城等，应用产品大多数为机械复合管，仅普光大湾区、崖城 13-4 气田有少量冶金复合管件的应用。

机械复合管通常基层为碳钢无缝管，内衬层为耐蚀合金焊管，采用液压、爆炸水压、滚压等生产工艺，具有生产工艺简单、成本低的特点；但由于基层与衬层结合方式为机械结合，结合强度仅为几个 MPa，在实际使用过程时易产生内衬层塌陷、鼓包等问题，同时由于层间间隙的存在，在对接焊时需要在管端内层堆焊 10cm 左右，以避免焊缝处气孔的产生，一定程度上增加了焊缝的数量，降低了焊缝的可靠性。

冶金复合管包括冶金复合板焊管与冶金无缝复合管两类，市场主流产品为冶金复合板焊管，板材选用爆炸或轧制冶金复合板，进而通过 JCOE 或 UOE 等成型方式生产直缝管或通过卷管机生产螺旋焊管，适宜于生产中大规格复合管，受限于成型技术无法生产 φ160mm 以下规格；冶金无缝复合管则可采用离心浇铸、内堆焊、压熔锚合等多种不同生产工艺，目前尚未形成大规模生产线，仅内堆焊工艺制造的冶金复合管件有少量应用。与机械复合管相比，冶金复合管具有结合强度高的优点，其生产工艺较为复杂、效率较低、成本较高等不足。

针对油气地面管道用双金属复合管的焊接问题，其现场焊接工艺经过了多年的发展逐步成熟。早期应用的机械复合管从开始的 309 封焊-316L 打底-309 过渡-碳钢盖面的工艺，逐步发展为 309 封焊-316L 打底-309 过渡-不锈钢盖面的工艺，以上工艺由于涉及不同焊材的熔合，易造成封焊、根焊或盖面处硬度的超标，因此早期的机械复合管焊缝容易产生开裂。经现场实践和实验室工艺研究，现在机械复合管多采用端面内堆焊的方式，而焊接工艺也由原来的多种焊材变为采单一镍基焊材焊接的方式，与早期焊接工艺相比，采用堆焊-镍基合金焊接的方式可靠性更高。冶金复合管由于层间不存在间隙，不需要机械复合管管端内堆焊的工艺过程，采用镍基合金打底-过渡-填充-盖面的方式，可有效保证环焊接的可靠性和焊缝质量，四川油建、新疆油建、管道局等施工单位已针对该焊接工艺开发了自动焊接设备，大幅提高了现场作业效率。

为解决现有冶金复合技术工艺复杂、成本高的问题，石油管工程技术研究院基于对冶金复合技术的科研攻关及大量试制，开发了基于径向力约束的冶金无缝双金属复合管真空爆炸复合+无缝管成型的制备技术，并通过其界面元素互扩散行为和碳化物析出行为阐明了其界面强化机制，该技术突破了现有爆炸复合工艺对管材的局限，可实现基层碳钢无缝管与内覆层耐蚀合金无缝管的冶金结合，避免了复合板焊管的直焊缝或螺旋焊缝问题，解决了复合板焊管无法生产小口径的难题，实现了冶金无缝双金属复合管的低成本生产制造。产品综合性能满足 API SPEC 5LD-2015、GB/T 37701 等相关标准要求，基层与内覆层结合强度超过 300MPa，优于现行标准要求(200MPa)，产品生产成本低于冶金复合板焊管，在中小口径(<ϕ219mm)复合管方面具有显著的优势。该产品已在长庆油田示范性应用 3.2km，应用产品为 L245N+316L 管道，应用产品规格为 ϕ89×(4.5+1.5)mm 和 ϕ159×(5+1.5)mm。

与碳钢、碳钢+缓蚀剂、耐蚀合金无缝管相比，虽然双金属复合管一次性投资较高，但从管道的全生命服役周期来讲，对于设计年限超过十年的管道选用双金属复合管具有一定的经济性，特别是考虑到苛刻的高腐蚀环境造成碳钢油气管道腐蚀穿孔泄漏造成的油气损失、管道维修、环保和安全风险等，采用双金属复合管不仅可以大幅提高油气田地面管道的服役寿命，同时可保障油气管道安全稳定运行，实现降本增效。

4 油气田地面管道内腐蚀治理技术

油气田地面管道根据缺陷评价结果，对不可接受的管道本体或防腐层缺陷进行修复，常用的方法有：夹具注环氧、堆焊、打补丁、打套袖、纤维复合材料/PE 涂层修复、带压封堵、换管等。目前，部分管道修复技术评价方法及指标不健全，主要根据经验和各自企业标准，尚未形成统一的国家或行业标准。

4.1 内穿插修复技术

内穿插修复技术即为在原管道内插入一条聚乙烯(PE)管，形成内衬非金属管与原碳钢管道合二为一的"管中管"复合结构，达到修复旧管道并延长使用寿命的目的。内衬管穿插方式主要有两种：第一种，"U"形穿插，内衬管与原管之间有间隙，内衬管采用空气加压复原，胀贴到钢管管壁，内衬管自身支撑力低，易发生塑性变形造成堵塞管道；第二种，"O"形穿插，通过过盈配合将 PE 管记忆性能恢复，与钢管内壁紧紧结合，该种内穿插方式相对较好[17]。内穿插聚乙烯管修复技术具有良好的经济性，一般情况下穿插费用仅为新建管道的 50%，一次修复管道的距离可达 1~1.2km，使用温度范围为−60~60℃。修复后管道既具有碳钢管道的机械性能，还具有非金属管耐蚀性能，使用非开挖技术对地下管线进行修复对环境扰动小，同时适用于旧管线修复及新建管线铺设[18]。

对于特殊严苛工况时，如需更耐高温，可选用耐高温聚烯烃管(HTPO)，是乙烯和辛烯共聚物，可适应于<75℃长期服役工况；如需高抗渗透性，可选用高阻隔聚乙烯管(HBPE)，抗气体渗透性能较 PE 提高了 4 个数量级，经济性与 PE 相差不大。无论是 HDPE、还是 HTPO 和 HBPE，同样存在过弯头能力弱、逐根焊接效率低等不足，在地形起伏落差大的油田区块难以有效应用[19]。为了应对上述问题，进一步发展出了内穿插承压复合软管修复技术，具有承压高(最高 24MPa)、施工距离长(2~2.5km)、过弯头能力

强(一次通过4D和5D弯头)、施工速度快(300~400m/h)、口径范围宽(DN50~800)等特点，适用于长距离、多弯头、高坡度及中高度腐蚀的钢质管道修复和防腐。

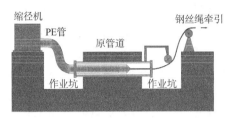

图9　非金属管内穿插修复技术原理及内穿插方式

4.2　风送挤涂修复技术

风送挤涂修复技术的原理为，挤涂球和封堵球两个球之间携带涂料，在空压机推动下前进，使管道内壁形成连续均匀的复合防腐层结构，如图10所示。其优点在于一次性修复距离长(1.2~1.5km)、抢维修容易、弯头不需要断管、费用较低(新建管道的45%)。但是同样存在对管道内壁清洗要求高、修复强度低、通风养护时间长等问题。

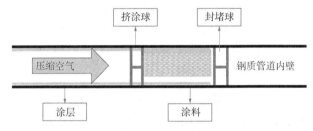

图10　风送挤涂修复技术原理示意图

风送挤涂修复技术最为关键的环节之一是原管道的内表面处理。首先，对管道内壁进行机械清洁，根据管道的实际管径和积垢程度选择清管器；其次，对管道内壁进行化学清洗，其基本步骤为清洁水夹注冲洗、除油、酸洗、漂洗、钝化和保护等；第三，对管道进行干燥，可使用干空气法或真空法，具体参照SY/T 4114—2016《天然气管道、液化天然气气站(厂)干燥施工技术规范》；第四，对管道内壁进行喷砂除锈，选用的磨料应符合SY/T 0407—2012《涂装前钢材表面处理规范》，除锈等级不低于Sa 2.5，管道除锈后与涂覆时间间隔不超过4h。

早期的风送挤涂工艺为三层结构，在挤涂涂料前，先在管道内壁挤涂一层高强度聚合物水泥砂浆层，起到填平、封堵和阻隔的作用；然后中间层为无溶剂环氧过渡层，起到偶联结合的作用；最外层为无溶剂防腐层，主要起防腐作用[20]。某油田管道采用三层结构风送挤涂修复技术修复后的管道运行1年后断管取样检测，发现涂层表面光滑平整，无腐蚀起泡、裂纹和针孔，硬度3H级，涂层和水泥砂浆之间，水泥砂浆和外部金属之间均结合紧密无孔洞，水泥砂浆与金属层结合力达到0.25MPa。

由于三层结构中的聚合物水泥砂浆层厚度较厚，对于小口径管道造成严重缩径，后期多采用环氧玻璃纤维(HCC)涂层，涂覆道数根据不同的防腐等级选择，一般情况下，普通级为2道，加强级为3道，特加强级为4道[21-22]。某油田地面管道采用HCC涂层进行风送挤涂防腐，共挤涂3道，累计现场应用130余公里管道，经过1~3年运行无腐蚀穿孔发生，进行断管取样检测，管道内壁光滑平整，涂层无腐蚀起泡、裂纹和针孔等。

4.3 修复补强及不停输快速堵漏技术

纤维复合材料补强技术是油气管道常用的局部修复技术之一，目前在现场应用存在较多的产品和施工质量问题，如分层、脱黏、空鼓、开裂等。针对该技术存在的问题，石油管工程技术研究院在原材料和施工工艺两方面进行了改进提升。此外，针对修复质量评价指标，建立了系统的管道复合材料修复补强检验评价指标体系和检验方法[23]，形成了Q/SY 05033—2018《油气管道复合材料修复补强检测评价方法》。该产品在长庆油田、青海油田、西部管道、陕西省天然气等单位得到了良好应用，修复效果良好。纤维复合材料局部修复技术性能优异、施工简单、相对换管治理综合费用节省90%。

此外，对于已发生局部腐蚀泄漏的管道，在现有纤维复合材料补强技术的基础上研发了管道不停输快速堵漏技术，即先对管道进行降压运行，然后对泄漏部位进行湿法除锈，再进行速凝金属胶堵漏，最后进行高强纤维补强。其中速凝金属胶材料是修复的核心技术之一，速凝金属胶材料为 A 和 B 组分，这两种组分必须充分混合之后，具有较强的黏黏性，固化时间 20 分钟，充分固化之后即可达到封堵效果。该技术主要针对油气田腐蚀穿孔管线进行应急抢险堵漏作业维修，可对管道本体及环焊缝穿孔进行修复，具有成本低、响应时间短、安全可靠性高、环境污染小等特点。某油田管道采油该技术完成了 7 次堵漏作业，管线设计压力 6.4MPa，运行压力 2.8MPa。管线在堵漏修复后进行了通球憋压试验（≤4MPa），管线投入使用后运行状况良好。

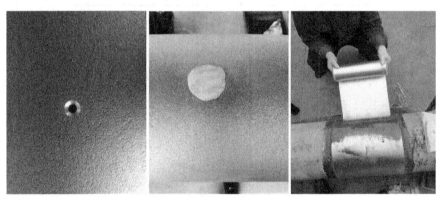

图 11　带压堵漏快速抢修技术

5　油气田地面管道内腐蚀面临的挑战

（1）管道腐蚀问题越来越严重。第一，随着我国大部分油气田开发进入中后期，一方面，管线服役年限增加，综合含水升高，腐蚀加剧；另一方面，油田增产技术（压裂、CO_2驱、空气泡沫驱、多元热流体等）引入了新的腐蚀介质（O_2、细菌等）导致腐蚀严重。第二，随着我国油气资源向"深、低、海、非"方向进军的过程中，复杂苛刻的作业和生产工况导致腐蚀加剧，特别是近年来我国页岩气开发过程中采用"千方砂、万方液"进行大规模压裂施工，由于压裂液的重复使用，页岩气井筒及地面生产系统带入氧和大量细菌，导致地面管线腐蚀问题异常突出，这对于采用同样作业工艺的页岩油和致密油需要关注井筒管柱及地面生产管线的腐蚀问题。

（2）管道选材投资未从管道运行的全生命周期出发，仅考虑了一次性的绝对投资成本。从某种意义来讲，地面管道防腐选材不仅仅是一个技术问题，更是一个投资和经济问题，油气田地面管道工程建设投资相对较少，这就从根本上决定了无论是低腐蚀还是高腐蚀环境，都只能选择普通碳钢，目前我国绝大部分油气田地面管线常用的普通碳钢管有20#、20G、L245、L360等。随着油气田开发进入中后期，管道腐蚀穿孔频发，腐蚀穿孔造成经济损失（漏油、停产和维修）、环境影响和安全风险，因此，管道选材的综合成本除了考虑一次性投资外，还需要结合管道的服役工况环境和年限评估因腐蚀穿孔产生的直接和间接成本。

（3）管道泄漏监测技术和小口径管道内检测技术缺乏现场适应性。针对管道泄漏监测的技术种类很多，如次声波法、负压波法、红外成像法、分布光纤法、瞬态模型法、流量平衡法等，部分技术在油气长输管道应用较为成熟。对于油气田地面管道，由于其压力低、输送介质复杂、点多面广、配套技术成本控制严格等特点，目前的泄漏监测技术不同程度存在成本高、适应性差、误报率、定位不准确高等问题。大口径（>DN200mm）的长输管道和油气田集输管道漏磁内检测技术已经非常成熟，但是油气田有大量的小口径管道（<DN200mm），特别是<DN100mm的管道，其内检测技术尚不成熟，常用的技术有电磁涡流、远场涡流、超声波等，但目前存在技术不成熟、适应性差、检测不准确、成本高等问题。

（4）管道内防腐技术性能指标不达标、现场施工质量不过关、运维管理不规范。对于目前油田地面管道使用最为普遍的碳钢，防腐措施主要有三种：无任何防腐措施、加注缓蚀剂、内涂层。第一，对于无任何防腐措施的管道，即在源头设计时未考虑防腐，如果中后期腐蚀严重，一般只能进行局部的修复和更换；第二，对于加注缓蚀剂的管道，往往存在缓蚀剂选型、实验室评价、质量控制、加注工艺、现场评价等方面的问题，导致缓蚀剂现场应用效果不明显；第三，对于采用内涂层防腐的管道，往往由于成本因素导致选用的涂层质量不高，长久防腐性能无法保证，其次是涂层管道的接头连接（焊接和非焊接）设计欠合理且现场施工质量不高，经常出现涂层防腐管道比无任何防腐措施的管道失效更快更严重。总体来讲，管道的内防腐技术一定要做好源头设计、合理选型、质量控制、运维管理、在线及后评价。否则一旦发生腐蚀，防腐措施很难促效，治理措施很被动。

参 考 文 献

[1] X. Landry, A. Runstedtler, S. Papavinasam, T. D. Place, Computational fluid dynamics study of solids deposition in heavy oil transmission pipeline[J], CORROSION, Houston TX：NACE, 2012, Paper No. 10.

[2] F. M. Sani, B. Brown, Z. Belarbi, S. Nesic, An Experimental Investigation on the Effect of Salt Concentration on Uniform CO_2 Corrosion[J], CORROSION, Houston TX：NACE, 2019, Paper No. 13026.

[3] Sunaba T, Ito T, Miyata Y, et al. Influence of chloride ions on corrosion of modified martensitic stainless steels at high temperatures under a CO_2 environment[J]. Corrosion, 2014, 70(10)：988-999.

[4] Q/SY TZ 0560—2019, 油田内部集输管材选用导则, [S].

[5] Q/SY TZ 0561—2019, 气田内部集输管材选用导则, [S].

［6］齐国权，戚东涛，魏斌，等. 非金属管在酸性环境应用存在的问题[J]. 油气储运，2015，34(12)：1272-1275.

［7］植田昌克. 合金元素和显微结构对 CO_2/H_2S 环境中腐蚀产物稳定性的影响[J]. 石油与天然气化工，2005，34(1)：43-52.

［8］杨建炜，张雷，路民旭. 油气田 CO_2/H_2S 共存条件下的腐蚀研究进展与选材原则[J]. 腐蚀科学与防护技术，2009，21(4)：401-405.

［9］张冠军，齐国权，戚东涛. 非金属及复合材料在石油管领域应用现状及前景[J]. 石油科技论坛，2017，36(2)：26-31.

［10］许艳艳，葛鹏莉，肖雯雯，等. 塔河油田非金属管失效分析与评价体系的建立[J]. 石油与天然气化工，2020，49(4)：78-82.

［11］李厚补，李鹤林，戚东涛，等. 油田集输管网用非金属管存在问题分析及建议[J]. 石油仪器，2014，28(6)：4-8.

［12］赵为民. 金属复合管生产技术综述[J]. 焊管，2003，26(3)：10-14.

［13］曾德智，杜清松，谷坛，等. 双金属复合管防腐技术研究进展[J]. 油气田地面工程，2008，27(12)：64-65.

［14］宋彬. 双金属复合管的制造及应用[J]. 给水排水，2002，28(10)：65-66.

［15］王纯，毕宗岳，张万鹏，等. 国内外双金属复合管研究现状[J]. 焊管，2015，38(12)：7-12.

［16］API SPEC 5LD—2015. Specification for CRA Clad or Lined Steel Pipe[S].

［17］葛鹏莉，羊东明，韩阳，等. 内穿插修复技术在塔河油田的应用[J]. 腐蚀与防护，2014，35(4)：284-386.

［18］X. Jian. Application of Trenchless Pipeline Rehabilitation Technology[C]. ICPTT(2014)：473-477.

［19］F. Rueda, et al. Buckling collapse of HDPE liners：Experimental set-up and FEM simulations[J]. Thin-Walled Structures，109(2016)：103-112.

［20］李绍兴，周拾庆. 陈堡油田管道腐蚀调查及风送挤涂防腐技术应用[J]. 现代涂料与涂装，2011，14(9)：16-19.

［21］王柱，任广欣，周俊，等. 风送挤涂纤维增强涂料管道内防腐技术应用[J]. 全面腐蚀控制，2018，32(8)：87-91.

［22］王荣敏，罗慧娟，成杰，等. 含水油管道内防腐技术研究与应用[J]. 中国石油和化工，2016，(S1)：181-182.

［23］马卫锋，唐凡，梁兵，等. 管道修复补强用复合材料现场检测及评价指标体系[J]. 石油工程建设，2013，39(6)：56-58.

油田 20# 钢弯头失效分析

朱凯峰[1] 苏 锋[1] 崔 鹏[1] 李轩鹏[2]

(1. 中国石油大港油分公司采油工艺研究院；
2. 中国石油集团工程材料研究院有限公司)

摘 要：通过理化性能检测、组织分析、腐蚀形貌、产物膜分析、流体和冲刷腐蚀数值模拟等手段，并结合现场服役工况，系统分析了某油田 20# 钢弯头短期内 3 次腐蚀穿孔原因。结果表明，CO_2 吞吐过程中导致弯头部位出现 CO_2 腐蚀，生成的腐蚀产物膜疏松多孔，同时介质中固体颗粒的存在导致弯头外弧侧出现冲刷腐蚀。在 CO_2 腐蚀和冲刷腐蚀的共同作用下，弯头外弧侧 $FeCO_3$ 产物膜破坏，金属基体裸露，导致外弧侧壁厚迅速减薄最终穿孔。最后，给出了避免或减缓此类弯头失效的建议。

关键词：20# 钢；弯头；腐蚀穿孔；冲刷腐蚀；CO_2 腐蚀

随着我国某些油田的开发逐渐进入中后期，提高采收率已经成为目前各油田面临的主要问题。CO_2 吞吐采油技术作为提高石油采收率的重要技术之一，已经得到大量应用，CO_2 吞吐采油技术主要是利用 CO_2 与原油发生的混相反应，从而降低原油黏度，增加油井产量；另一方面，该项技术又在一定程度上实现了 CO_2 的封存和利用，对于降低碳中和具有重要意义[1-4]。

但是，随着 CO_2 吞吐技术的应用，导致油气管道内的腐蚀更为严重[5-6]。在我国华北某油田，于 2020 年 5 月份实施 CO_2 吞吐后，相继在同年 8 月 11 日、9 月 7 日、9 月 11 日，同一集输支线弯头(2019 年 11 月 25 日建成投入应用)出现 3 次腐蚀穿孔，弯头出现漏点 4个，漏点均位于管道的外弯位置。失效弯头为 90° 无缝弯头，规格为 DN150mm×6mm，1.5D，整体为 20# 无缝钢管，外防腐层为 3PE 防腐。针对该弯头的穿孔失效，分别搜集现场失效弯头、未失效弯头各一段，从管道的材质的宏观形貌、理化分析、微观形貌、产物膜成分、流体模拟、腐蚀试验等角度系统的分析了该弯头腐蚀失效原因，同时为避免或减少同类型弯头的失效提出合理可行的建议。

1 实验方法

1.1 理化性能检测方法

采用 ARL 4460 直读光谱仪对弯头化学成分进行分析；采用 TH320 硬度计对硬度进行测试；采用 MEF3A 金相显微镜以及 MEF4M 金相显微镜及图像分析系统进行金相分析。

采用 Philips XL-20 扫描电镜(SEM)观察去除腐蚀产物后的腐蚀形貌；采用 D8

Advance X 射线衍射仪对腐蚀产物的物相结构进行分析，扫描范围为 $10° \sim 90°$，扫描速率为 $2°/\min$。

1.2 流速模拟

本实验采用 ANSYS FLUENT 软件计算弯头区域的流体动力学，在流体动力学模拟过程中采用校准 k-ε 湍流模型，以实际工况中日产量以及油田的含水率，计算弯头入口的流速，以压力作为出口边界条件[7-9]，根据 Zhang 等人[7]的对于弯头流速的模拟方法计算弯头不同位置的流速分布，其中在计算过程中，当各个方程的归一化残差稳定在 $5×10^{-4}$ 以下时，认为模型收敛。由于开采及输送过程中，管道内液体内包含沙粒等固体颗粒，因此在模拟固-液-气三相过程中，依据杜强等人关于油气管线弯管处固液两相流场数值模拟方法进行模拟计算，其中液相计算模型选择标准模型，砂粒(离散相)运动采用拉格朗日轨道模型，压力-速度耦合采用 SIMPLE 方法，扩散项采用二阶迎风差分方法[10-12]。

1.3 腐蚀模拟实验

本实验采用高温高压反应釜模拟弯头服役环境，其中腐蚀挂片从未失效弯头上切割，样品尺寸为 50mm×10mm×3mm，依次采用 240#、400#、800#、1200# 的 SiC 水砂纸将腐蚀挂片表面进行打磨。随后依次采用离子水、丙酮超声清洗，冷风吹干后置于干燥器中备用。在高温高压反应釜浸泡实验之前，采用鼓泡法用高纯氮气对腐蚀溶液进行除氧，除氧时间为 4h，随后用 CO_2 气体除氧 2h。腐蚀溶液为现场水样，实验温度为 45℃，到达实验温度后通过 CO_2 气体加压至 0.45MPa，实验过程中将样品置于腐蚀旋转笼上，通过电极和旋转轴控制样品表面线速度为 2m/s。实验结束后，用蒸馏水冲洗干净并用冷风吹干，将取出的试样用除膜液(配方详见 GB/T 16545—1996)在 20~30℃ 下除去试样表面的腐蚀产物，时间 20~25min，在室温下用无水乙醇脱水，吹干，干燥。实验前后分别采用精度为 0.01mg 的电子天平和精度为 0.01mm 的游标卡尺对样品重量和尺寸进行测量，并通过公式(1)计算腐蚀速率。

$$V_c = \frac{87600\Delta W}{t\rho A} \tag{1}$$

式中，V_c 为腐蚀速率，mm/a；ΔW 为腐蚀前后的腐蚀失重，g；t 为浸泡时间，h；ρ 为 20#钢的密度，g/cm^2；A 为样品的表面积。实验结束后采用超景深 3D 显微镜观察样品表面的点蚀深度。

2 结果

2.1 失效宏观形貌

图 1 为 20# 钢无缝弯头失效现场形貌以及失效弯头的宏观形貌。由图 1(b)可以看出，穿孔位置均位于外弯，共 4 个泄漏点。通过对失效位置进行壁厚监测，未失效位置的最小壁厚约 0.8mm，进一步对失效位置进行拆解，内壁孔径明显大于外壁，内壁表面附着大量泥沙及黑色腐蚀产物。宏观形貌分析结果表明，失效的 20# 无缝弯头为内腐蚀穿孔。

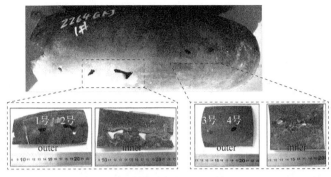

（a）失效弯头现场形貌　　　　　　　　　　（b）失效弯头宏观形貌

图 1　20#钢无缝弯头失效现场形貌以及失效弯头的宏观形貌

2.2　理化性能

分别在失效管道的外弯和内弯取样进行成分及组织分析。表 1 为外弯和内弯的元素组成，其中内弯和外弯处 20#钢中 P 的质量分数略高于 GB/T 8163—2018 输送流体用无缝钢管标准中规定的≤0.030%，其余元素含量均满足标准要求。

表 1　20#失效弯头的化学成分　　　　　　　　　［%（质量分数）］

取样位置	化学成分[%（质量分数）]							
	C	Si	Mn	P	S	Cr	Ni	Cu
外弯	0.17	0.21	0.54	0.031	0.0093	0.029	0.0076	0.011
内弯	0.17	0.21	0.55	0.031	0.0092	0.029	0.0075	0.011
GB/T 8163—2018	0.17~0.23	0.17~0.37	0.35~0.65	≤0.030	≤0.030	≤0.25	≤0.30	≤0.30

图 2 分别为失效管道内弯和外弯的金相组织。由图 2 可以看出，内弯和外弯的组织均为铁素体+珠光体，晶粒度分别为 9.5 和 10.0。表明失效管道的内弯和外弯的晶粒度均较细，对应的非金属夹杂物主要为 A0.5，B0.5，D0.5。

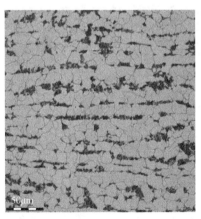

（a）内弯　　　　　　　　　　　　　　（b）外弯

图 2　失效弯头的金相组织

2.3 微观形貌

为了进一步明确管道失效的原因，采用去离子水对管道内表面进行清理，并观察内表面失效位置的微观腐蚀形貌，结果如图3所示。由图3(b)和(c)可以看出，管道内表面腐蚀产物的微观形貌呈现两种特征：球形和立方体。图2(d)和(e)中的能谱结果表明，球形和立方体的腐蚀产物膜主要由C、O、Fe组成，其中立方体产物膜中三种元素的比例近似于1：3：1。

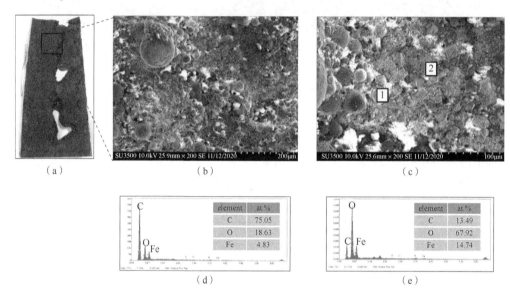

图3 微观腐蚀形貌及EDS结果

(a)SEM取样位置，(b)和(c)为腐蚀产物的微观形貌，(d)和(e)腐蚀产物EDS结果

图4为腐蚀产物膜的截面形貌，可以看出，腐蚀产物膜的厚度较大接近1mm，并且内部存在明显的孔洞。对孔洞位置放大，如图4(b)所示，产物膜内部分布大小不一的球形和立方体颗粒，产物膜内部比较疏松。

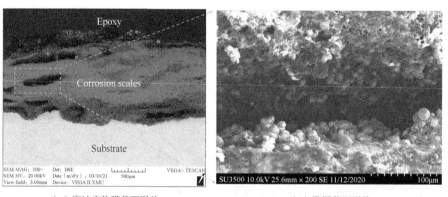

(a)腐蚀产物膜截面形貌　　　　　　(b)孔洞截面形貌

图4 腐蚀产物膜的截面形貌

2.4 XRD测试结果

为了进一步分析产物膜的物相组成，对腐蚀产物进行XRD测试，结果如图5所示。

通过与标准卡片对比，可以看出腐蚀产物的主要成分为 $FeCO_3$。结合腐蚀产物能谱中立方体结构以及对用 EDS 能谱中元素原子百分比，进一步证明该失效弯头腐蚀产物为 $FeCO_3$，表明该弯头的腐蚀为 20#钢的 CO_2 腐蚀。

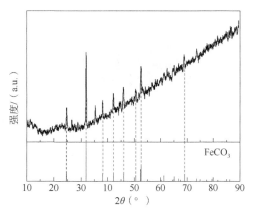

图 5　失效弯头内表面腐蚀产物的
XRD 测试结果

3　失效原因分析

通过失效弯头的理化分析、宏观形貌、微观形貌及产物膜成分分析，该弯头的化学成分除 P 含量略微高于标准要求外，金相组织和非金属夹杂均符合相关标准及订货协议，同时弯头的失效为 CO_2 腐蚀导致的内腐蚀。为了进一步明确弯头的失效原因，本文对弯头内的流体流态进行模拟，同时借助高温高压动态反应釜模拟 20#钢的腐蚀行为。

3.1　流速模拟

图 6 为基于计算流体动力学（CFD）模拟的现场弯头内部流速剖面分布，失效弯头内的流速分布在 $1.3 \sim 2.35 m/s$。由图 6 可以看出，在弯头上游的直管段位置，沿同一弧度从外弯到内弯位置流速逐渐增加。沿着流体流向，在外弯弧度最大处，对应的流速最小为 $1.3 m/s$，相对应同一弧度的内表面流速最大为 $2.35 m/s$。但是，在弯头下游直管段位置，靠近内弯处流速逐渐减小，外弯侧的流速逐渐增加。同时，沿同一弧度内弯到外弯的流速先增加后减小，在中间位置的流速最大。弯头的流速分布与 Zhang 等人[7]的模拟结果相一致。依据 Zhang 等人[7]对于弯头流速与腐蚀速率之间的关系，在弧度最大的内弯一侧对应的流速最大，相应的壁面剪切力最大，导致该处的腐蚀速率最大。但是，该失效弯头的失效位置位于管道外弯侧，因此流速的增加可能不是导致弯管失效的主要因素。

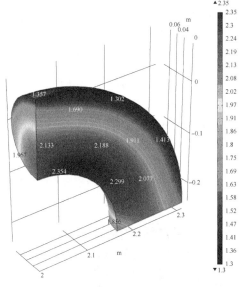

图 6　弯管剖面的流速分布

由失效弯管内表面的宏观形貌可以看出，弯管内表面附着大量泥沙，结合现场的输送情况，在弯管运行过程中存在气—液—固三相混输，因此依据冲刷腐蚀模型，模拟了失效弯头冲刷腐蚀速率以及对应的剪切力，如图 7 所示。由图 7 可以看出，在有固体颗粒存在时外弯处对应的剪切力和冲刷腐蚀速率最大，内弯处的腐蚀速率最小。这与杜强等人[12]的模拟结果相一致，在入口直管段和内弯测几乎没有冲刷腐蚀，而在外弯及出口的直管段外侧存在较大的剪切力和冲刷腐蚀倾向。

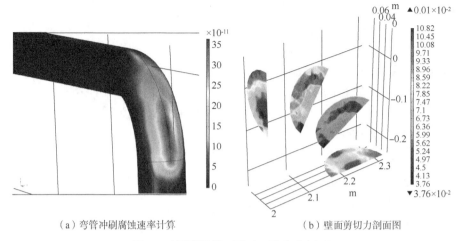

（a）弯管冲刷腐蚀速率计算　　　　　　　　（b）壁面剪切力剖面图

图7　冲刷腐蚀模型及壁面剪切力剖面

3.3　腐蚀模拟实验

依据流速的模拟结果，整个弯头的流速在 $1.3\sim2.35m/s$，计算得到的冲刷腐蚀最大为 $1.48mm/a$，相对于失效弯管而言，单纯的冲刷腐蚀很难导致弯头失效。结合腐蚀产物膜形貌和成分分析，除冲刷腐蚀之外，弯头内表面存在 CO_2 腐蚀。因此本实验依据流速及冲刷模拟结果，利用高温高压反应釜模拟 $2m/s$ 条件下，CO_2 腐蚀及 CO_2 腐蚀与冲刷腐蚀协同作用下的腐蚀行为，去除腐蚀产物前后的宏观形貌如图8所示。可以看出，20#钢在 $2m/s$ 流速条件下的腐蚀速率为 $0.33\pm0.02mm/s$，浸泡7天后对应的最大点蚀深度为 $26.5\mu m$；当存在固相（$50g/L$ 沙子，粒径 $500\mu m$）条件下，对应的均匀腐蚀速率常为 $1.33\pm0.04mm/a$，对应的最大点蚀深度为 $30.1\mu m$。对比可以看出，在 CO_2 腐蚀与冲刷腐蚀共存条件下，均匀腐蚀速率显著提升。

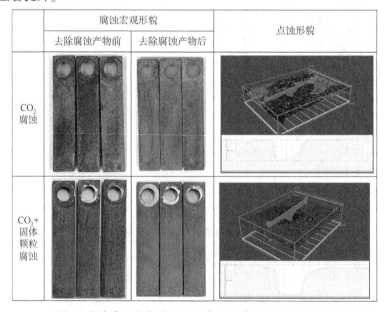

图8　去除腐蚀产物前后宏观腐蚀形貌和最大点蚀深度

3.4 失效原因分析

基于失效弯头理化性能，可以看出材料的金相及非金属夹杂均符合相关要求，除 P 元素含量略高于 GB/T 8163—2018 外，其余化学元素均满足国标要求。从腐蚀形貌及产物膜分析结果可以看出，产物膜成分主要为 $FeCO_3$，并且腐蚀产物膜厚度较大，但是产物膜内存在大量孔洞等缺陷。从流体及冲刷腐蚀模拟结果可以看出，在 CO_2 气—液两相作用下，弯头内弯处的流速最大，而外弯处的腐蚀速率最小，但是从 CO_2 腐蚀模拟实验结果可以看出，单纯的 CO_2 腐蚀并不足以导致弯头外弯出现穿孔，但是会导致内弯位置出现明显的腐蚀坑，如图 9 所示。当存在固相条件下，由于入口直管部分，流体携带着固体颗粒平行于管壁流运动，固体颗粒很难与壁面发生碰撞，因此在外弯处对应的冲刷腐蚀相对轻微，在外弯处则由于弯管的曲率和离心作用，导致固体颗粒对外弯处的冲刷作用更为明显，导致腐蚀速率增加，但是模拟结果显示，在 $1.3 \sim 2.35 m/s$ 的流速范

图 9 内弯处的宏观点蚀形貌

围内，冲刷引起的腐蚀速率不足以导致弯管外弯处半年内出现腐蚀穿孔。同时从腐蚀模拟实验结果可以，在 CO_2 腐蚀和冲刷腐蚀共同作用下，对应的腐蚀速率显著提高。因此该弯头的失效是在 CO_2 腐蚀和冲刷腐蚀共同作用下导致的腐蚀穿孔，对应的腐蚀穿孔过程示意图如图 10 所示。

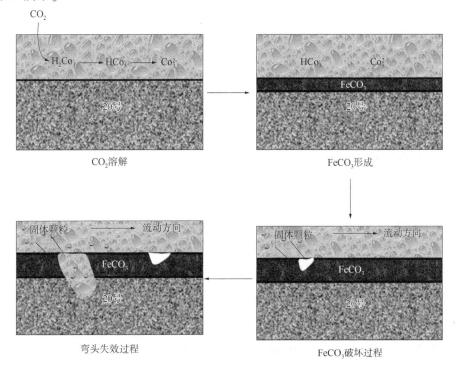

图 10 弯头腐蚀失效过程示意图

首先在 CO_2 吞吐过程中，CO_2 不断在腐蚀介质中溶解生成 H_2CO_3，并通过两次电离不断产生 HCO_3^- 和 CO_3^{2-}[13-14]；

$$CO_2 + H_2O \longleftrightarrow H_2CO_3 \tag{1}$$

$$H_2CO_3 \longleftrightarrow H^+ + HCO_3^- \tag{2}$$

$$HCO_3^- \longleftrightarrow H^+ + CO_3^{2-} \tag{3}$$

随后，在阴阳极反应与沉积反应的共同作用下，弯头内表面生成 $FeCO_3$[15-16]，具体反应过程如下：

阳极反应：

$$Fe \longrightarrow Fe^{2+} + 2e^- \tag{4}$$

阴极反应：

$$2H^+ + 2e \longrightarrow H_2 \tag{5}$$

$$2H_2CO_3 + 2e^- \longrightarrow H_2 + 2HCO_3^- \tag{6}$$

$$2HCO_3^- + 2e^- \longrightarrow H_2 + 2CO_3^{2-} \tag{7}$$

$$2H_2O + 2e^- \longrightarrow H_2 + 2OH^- \tag{8}$$

$FeCO_3$ 沉积过程：

$$Fe^{2+} + CO_3^{2-} \longrightarrow FeCO_3 \tag{9}$$

依据现场的服役工况，弯头位置的服役温度在 45℃，CO_2 压力为 0.5MPa，生成的 $FeCO_3$ 产物膜相对疏松，结合力较差[17]，在流速及固体颗粒的冲击作用下，$FeCO_3$ 从管道外弯位置逐渐脱落，裸露新鲜金属，进一步促进 CO_2 腐蚀。随着腐蚀的加剧，一方面，界面处的 Fe^{2+} 浓度增加，$FeCO_3$ 过饱和度增加，导致沉积的产物膜厚度增加；另一方面，由于 CO_2 腐蚀和冲刷的共同作用下，导致弯头外表面出现穿孔。

4 结论及建议

（1）弯头内测的腐蚀产物均为 $FeCO_3$，产物膜厚度在 1mm 左右，且疏松多孔；弯头的失效是由于 CO_2 腐蚀和固体颗粒的冲刷腐蚀共同造成的。

（2）为了避免相同弯头的失效，在管道上游添加除沙装置，并且添加抗 CO_2 腐蚀的缓蚀剂，同时在弯头外弯处安装定点壁厚监测装置，实时监测弯管壁厚。

参 考 文 献

[1] 林吉生. CO_2 提高特超稠油采收率作用机理研究[D]. 东营：中国石油大学（华东），2008.

[2] 张立，张卫东，沈之芹，等. 二氧化碳提高稠油采收率技术进展[J]. 化学世界，2020 61（11）：727-732.

[3] 张智，杨昆，刘和兴，等. CO_2吞吐井油管柱不同生产制度下的腐蚀规律研究[J]. 石油管材与仪器，2020，6(05)：45-51.

[4] Li Q, Chen Z A, Zhang J T, et al. Positioning and revision of CCUS technology development in China[J]. International Journal of Greenhouse Gas Control, 2016, 46：282-293.

[5] 付安庆，耿丽媛，李广，等. 西部油田某井油管腐蚀失效分析[J]. 腐蚀与防护，2013，24(7)：645-648.

[6] 顾颖波. CO_2驱地面集输管道的腐蚀与防护[C]//油气田地面工程技术交流大会. 中国石油学会，2015.

[7] Zhang G A, Zeng L, Huang H L, et al. A study of flow accelerated corrosion at elbow of carbon steel pipeline by array electrode and computational fluid dynamics simulation[J]. Corrosion Science, 2013, 77：334-341.

[8] 郑斐，邢少华，何华，等. 流速和弯曲角度对弯头腐蚀行为影响仿真研究[J]. 装备环境工程，2020，v. 17(06)：26-31.

[9] Nesic S, Gulino D A, Malka R. Erosion Corrosion and Synergistic Effects in Disturbed Liquid Particle Flow[J]. Wear, 2007, 262(s 7-8)：791-799.

[10] Mohammadi F, Luo J, Lu B, et al. Single particle impingement current transients for prediction of erosion-enhanced corrosion on 304 stainless steel[J]. Corrosion Science, 2010, 52(7)：2331-2340.

[11] 李伟. 流速对弯头冲蚀率影响研究[J]. 科技资讯，2019，017(012)：59-60.

[12] 杜强，李洋，曾祥国. 数值模拟油气管线弯管处固液两相流场特性及冲刷腐蚀预测[J]. 腐蚀与防护，2017，38(010)：751-755，811.

[13] Zhang G A, Cheng Y F. On the fundamentals of electrochemical corrosion of X65 steel in CO_2-containing formation water in the presence of acetic acid in petroleum production[J]. Corrosion Science, 2009, 51(1)：87-94.

[14] Nordsveen M, Nešic S, Nyborg R, et al. A mechanistic model for carbon dioxide corrosion of mild steel in the presence of protective iron carbonate films—part 1：theory and verification[J]. Corrosion, 2003, 59(5)：443-456.

[15] Wei L, Pang X, Gao K. Effect of flow rate on localized corrosion of X70 steel in supercritical CO_2 environments[J]. Corrosion Science, 2018, 136：339-351.

[16] 李建平，赵国仙，郝士明. 几种因素对油套管钢 CO_2 腐蚀行为影响[J]. 中国腐蚀与防护学报，2005，25(4)：241-244.

[17] Nesic S, Postlethwaite J, Olsen S. An electrochemical model for prediction of corrosion of mild steel in aqueous carbon dioxide solution[J]. Corrosion, 1996, 52(4)：280-294.

高压直流输电负向干扰对
X80M 管线钢的氢致损伤行为研究

袁军涛　韩　燕　付安庆　尹成先

(中国石油集团工程材料研究院有限公司)

摘　要：[目的]针对高压直流输电(HVDC)单极/双极接地形成的直流干扰对埋地管道造成的损伤，研究了负向干扰对 X80M 管线钢的损伤行为的影响；[方法]采用原位充氢的轴向拉伸试验方法研究了负向干扰电位、拉伸速率对 X80M 管线钢在 NS4 土壤溶液中的应力-位移曲线、氢脆敏感性指数，采用扫描电子显微镜观察了拉伸试样主断口的断裂特征；[结果]研究发现：在 $-150 \sim -50V$ 负向干扰电位范围内，X80M 管线钢存在严重的氢损伤风险，但当干扰电位负于 $-100 \sim -80V$ 时，X80M 管线钢的氢脆敏感性有所降低；负向干扰电位越负，试验溶液的温度升高，从而影响 X80M 管线钢的氢脆敏感性；拉伸速率较低时，X80M 管线钢的氢脆敏感性较大，呈现出脆性断口特征，但随着拉伸速率增大，脆性特征逐渐向韧性断口转变；[结论]负向干扰电位越负，试验溶液温度越高，促进 X80M 管线钢中氢的逸出，从而降低其氢脆敏感性，临界电位位于 $-100 \sim -80V$ 之间；拉伸速率较低时，扩散氢有足够的时间向裂纹尖端迁移，从而导致试样呈现出脆性断裂特征，而拉伸速率逐渐增大时，脆性断口向韧性断口转变。

关键词：HVDC；负向干扰；氢脆；外加电位；拉伸速率

高压直流输电(HVDC)是一种高电压、大功率、远距离的输电技术。2004 年以来，我国电力资源需求快速增长，特高压交流(≥1000kV，UHVAC)和特高压直流(≥±800kV，UHVDC)技术快速发展。相对于 UHVAC 而言，UHVDC 具有"点对点远距离输电更经济"、"适用于不同频率电网的互联"等优点。目前，我国已投运的高压直流输电线路达 29 条。HVDC 具有单极、双极两种主要的输电方式，都会产生不同程度的入地电流。当 HVDC 以正常的双极运行时，入地电流为不平衡电流，数值小于额定输出电流的 1%，具有波动性；但当发生故障或调试时，HVDC 以单极运行，入地电流数值是输电线路中的输出电流，在实际过程中数值上达数千安培[1]。入地电流可以被埋地金属结构物吸收、传递、释放，造成金属结构物存在腐蚀、氢脆的风险[2]。

油气管道时国家能源的"命脉"，我国油气管道干线数量总和已达到 $13.6×10^4$ km[3]，油气管网四通八达。其中，以 X80 为代表的高钢级油气管道总里程达 $1.7×10^4$ km，约是国外 X80 管道总长度的 2 倍[4]。HVDC 网络与埋地油气管网的纵横交错，对油气管道的服役安全造成较大的威胁。李振军[5]测试哈密南–郑州特高压直流输电系统(±800kV)的运行情况时发现采用单级大地回线方式运行时的最大入地电流达到 2900A，接地阴极放电时距离接地极与西气东输管道垂直点 11km 处的管地电位正向偏移量达 11.73V，而接地阳极放电时距离接地极与管道垂直点 21km 处的管地电位负向偏移达 7.1V，且放电的影响范围均达到 300km 以上。谭春波等[6]测量鱼龙岭接地单极大地回路入地电流对广东管网天然气管道的干扰，发现管地电位负向偏移最大达 10.5V，正向偏移最大达 141.7V。高压直流输电对管道的正向干扰会加速管道的腐蚀，而负向干扰则会加速管道防腐层的阴极剥离以及造成管道的氢致损伤，从而影响油气管道的安全运行。因此，高压直流输电干扰对油气管道损伤行为的研究受到了国内外学者的关注。

秦润之等[7]研究了高压直流正向干扰下 X80 钢的腐蚀行为，发现电流密度随之间变化表现出 3 阶段变化的特征(陡增→逐渐下降→稳定)，而这种变化时由于大幅干扰电位造成短时间内试片周围土壤温度升高、含水率降低、局部电阻率大幅增加所导致的，直流干扰电位为 200V 时 X80 钢的腐蚀速率达到极大值(10.63μm/h)，而且高压直流干扰下的腐蚀速率和电流密度变化符合 Faraday 定律。Qian 等[8]研究了直流电流干扰下 X52 钢的腐蚀行为，发现直流电流密度增大至 10A/m2 时的腐蚀速率达到 12.5mm/a，是自然状态下的 31 倍。Dai 等[9]研究了高压直流干扰下干湿循环对钢腐蚀的影响，发现高压直流电会加速腐蚀，并且腐蚀速率随电场强度的增大而增大。尽管如此，现有的研究主要针对高压直流正向干扰对钢铁的腐蚀行为的影响，缺少 HVDC 干扰时造成的大幅度负向电位下的氢脆行为的研究，相关的损伤行为和损伤机制尚不清楚。

本文围绕 HVDC 负向干扰，采用轴向拉伸法、扫描电子显微镜等方法，研究了负向干扰电位、负向干扰电流对 X80 钢在模拟土壤溶液中的损伤行为。

1 试验方法

试验材料取自规格为 φ1422×25.7mm 的 X80M 直缝埋弧焊管，其主要化学成分(质量分数,%)见表 1。试验材料的金相分析结果如图 1 所示，其显微组织为粒状贝氏体+多边形铁素体，晶粒度等级为 11.0 级，夹杂物级别为 A0.5、B0.5、D0.5，带状组织级别为 0.5 级。

表 1 X80M 直缝埋弧焊管的化学成分　　　　[%(质量分数)]

元素	C	Si	Mn	P	S	Cr	Mo	Ni	Nb	V	Ti	Cu	B	Al	N	Fe
含量	0.045	0.20	1.65	0.0069	0.0015	0.21	0.16	0.27	0.070	0.0049	0.018	0.014	0.0002	0.026	0.0050	余量

轴向拉伸试验在 MTS 电子拉伸试验机上进行，采用棒状试样(图 2)，长为 101mm，试验段直径为 6.35mm，标距为 25.4mm。试验前，试样标距段抛光至镜面，并用硅胶将非标距段覆盖以防止试验时与试验溶液接触。

试验溶液为近中性模拟土壤溶液(NS4 溶液)，其化学组成(g/L)为：$NaHCO_3$ 0.483，KCl 0.122，$CaCl_2 \cdot 2H_2O$ 0.181，$MgSO_4 \cdot 7H_2O$ 0.131。该溶液采用去离子水和分析纯化学试剂配制而成，pH 值约为 7。

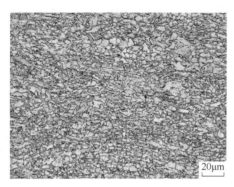 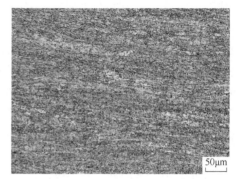

| （a）显微组织 | （b）带状组织 |

图 1　X80M 管线钢的金相分析结果

图 2　轴向拉伸试验用试样

将试样固定在电解槽中，并用硅胶将底部密封后，夹持在电子拉伸试验上。将配制好的试验溶液倒入电解槽中，并通过铜导线将直流电源与试样、辅助电极连接。试验时，通过恒压输出，将输出电压调控在 $-50\sim-150$V 范围内，待试样表面有气泡冒出时，开始拉伸试验直至试样拉断。此外，为了研究拉伸速率对 X80M 管线钢的氢致损伤的影响，将输出电流控制为 50mA/cm^2，拉伸速率调控在 $0.05\sim2.0$mm/min 范围内。试验结束后，将断裂试样用无水乙醇清洗、冷风吹干、保存。采用式（1）计算氢脆敏感性指数以衡量试样的氢脆敏感性，式中 Ψ_0 为未充氢试样的断面收缩率（%），Ψ_H 为充氢试样的断面收缩率（%）。采用扫描电子显微镜观察拉伸试样的断口形貌，以明确断口特征。

$$I_{HE} = \frac{\Psi_0 - \Psi_H}{\Psi_0} \times 100\% \tag{1}$$

2　结果与讨论

2.1　负向干扰电位的影响

图 3 是 X80M 管线钢在不同外加直流电压下的氢脆敏感性指数。可以看出：在 $-80\sim$ -50V 范围内，随着外加直流电压越负，X80M 管线钢的 I_{HE} 值增大；当外加电压负至 -100V 时，I_{HE} 值降低约 30%；之后，随着外加电压继续变负，I_{HE} 值趋于稳定。工程上，通常认为 I_{HE} 值大于 35% 时为脆断区，在 25%~35% 之间时为危险区，小于 25% 时为安全区。美国宇航局标准 NASA 8-30744 中则认为当 I_{HE} 值小于 10% 时无氢损伤，在 10%~25% 之间时存在氢损伤，在 25%~50% 之间时为严重氢损伤，大于 50% 时为极度氢损伤。据此，可以判断当外加电压在 $-150\sim-50$V 之间时，X80M 管线钢存在严重氢损伤的风险；尽管如

此，当外加电压负于-100V 时，氢脆敏感性有所降低。

图 4 是不同外加直流电压与试验溶液温度的关系。从图中可以看出，随着外加直流电压越负，试验溶液的温度越高，当外加电压达到-150V 时，试验溶液的温度已接近于沸点。一般来讲，温度升高，气体更容易从金属中逸出，因此随着外加电压越负，X80M 管线钢的氢脆敏感性大幅降低。

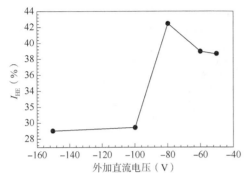

图 3　外加直流电压与
X80M 钢氢脆敏感性指数之间的关系

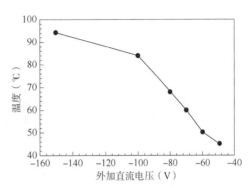

图 4　外加直流电压与
试验溶液温度之间的关系

2.2　负向干扰下拉伸速率的影响

图 5 是 X80M 管线钢在充氢电流密度为 $50mA/cm^2$ 条件下的应力-位移曲线及氢脆敏感性指数，可以看出拉伸速率对 X80 钢的断裂时间和氢脆敏感性指数影响比较显著。随着拉伸速率增大，X80M 管线钢的断裂时间缩短，同时氢脆敏感性指数减小。

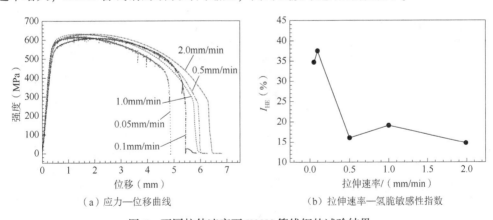

（a）应力—位移曲线　　　　　　（b）拉伸速率—氢脆敏感性指数

图 5　不同拉伸速率下 X80M 管线钢的试验结果

图 6 是不同拉伸速率下 X80M 管线钢的断口形貌。随着拉伸速率增大，断口侧面裂纹尺寸增大、密度增加，断面收缩率变大。图 7 是不同拉伸速率下 X80M 管线钢拉伸主断口的微观形貌。由图 7 可以看出：当拉伸速率为 0.05mm/min 时，断口为准解理断口形貌，同时伴有较大孔洞，呈现出脆性特征；当拉伸速率增大为 0.5mm/min 时，断口形貌呈现出一定的韧性断裂特征，韧窝间出现明显的撕裂棱，不均匀性增强；当拉伸速率继续增大至 2.0mm/min 时，断口形貌更接近于韧性断裂，试样表层区域的韧窝增多，脆性特征逐渐消失。尽管如此，由于氢的扩散与其浓度梯度有关，因此，试样边缘附近的氢富集会显

著高于中心区域，从而导致从边缘的脆性断裂到中心的相对韧性断裂之间存在过渡[10]。

由上可以看出，拉伸速率对 X80M 管线钢的氢损伤行为有着显著的影响。通常情况下，扩散氢与位错、裂纹形成及扩展之间的交互作用，使得扩散氢在氢脆中起着重要的作用。在较低的拉伸速率下，扩散氢有更多的时间向裂纹尖端迁移，从而导致试样的脆性断裂。

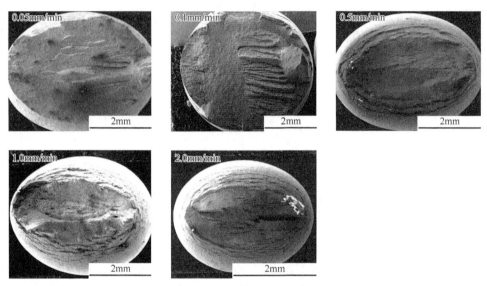

图 6　不同拉伸速率下 X80M 钢的断口形貌

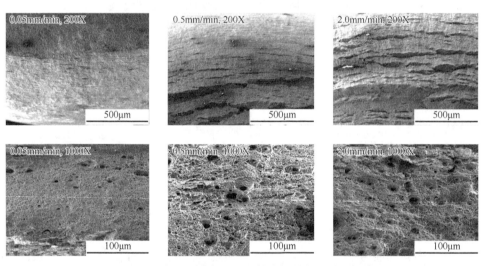

图 7　不同拉伸速率下 X80M 管线钢的断口微观形貌

3　结论

本文研究了高压直流输电负向干扰对 X80M 管线钢在 NS4 土壤溶液中的损伤行为的影响。基于试验结果，可得出以下结论：

（1）高压直流输电负向干扰对 X80M 管线钢的氢脆敏感性影响显著，在−150～−50V 范围内，随着干扰电位负向增大，X80M 管线钢的氢脆敏感性指数呈先增大后减小再稳定的趋势，临界电位值大约在−100～−80V 之间。

（2）在负向干扰下，拉伸速率对 X80M 管线钢的氢脆敏感性影响显著，拉伸速率低于 0.1mm/min 时 X80M 管线钢呈现脆性断裂特征，随着拉伸速率增大，脆性特征逐渐减少，试样逐渐呈现出韧性断裂特征。这是由于在较低的拉伸速率下，扩散氢有更多的时间向裂纹尖端迁移，从而导致试样的脆性断裂。

参 考 文 献

[1] 孙建桄，曹国飞，韩昌柴，等. 高压直流输电系统接地极对西气东输管道的影响[J]. 腐蚀与防护，2017，38(8)：631-636.

[2] 蒋卡克，葛彩刚. 高压直流输电接地极对埋地管道的干扰及防护措施研究[J]. 石油化工腐蚀与防护，2019，36(5)：13-19.

[3] 董绍华. 中国油气管道完整性管理 20 年回顾与发展建议[J]. 油气储运，2020，39(01)：1-21.

[4] 冯耀荣，吉玲康，李为卫，等. 中国 X80 管线钢和钢管研发应用进展及展望[J]. 油气储运，2020，39(06)：1-11.

[5] 李振军. 高压/特高压直流输电系统对埋地钢质管道干扰的现场测试与分析[J]. 腐蚀与防护，2017，38(2)：142-146.

[6] 谭春波，许罡，许明忠，等. 接地极单极大地回路电流运行对天然气管道的影响[J]. 油气储运，2018，37(6)：670-675.

[7] 秦润之，杜艳霞，路民旭，等. 高压直流干扰下 X80 钢在广东土壤中的干扰参数变化规律及腐蚀行为研究[J]. 金属学报，2018，54(6)：886-894.

[8] QIAN S, CHENG Y F. Accelerated corrosion of pipeline steel and reduced cathodic protection effectiveness under direct current interference[J]. Construction and Building Materials, 2017, 148：675-685.

[9] DAI N W, CHEN Q M, ZHANG J X, et al. The corrosion behavior of steel exposed to a DC electric field in the simulated wet-dry cyclic environment[J]. Materials Chemistry and Physics, 2017, 192：190-197.

[10] DEPOVER T, ESCOBAR D P, WALLAERT E, et al. Effect of hydrogen charging on the mechanical properties of advanced high strength steels [J]. International Journal of Hydrogen Energy, 2014, 39：4647-4656.

玻璃钢失效管道带压
修复工艺有限元模拟方法

刘冬冬　黄大江　唐　宇

(中国石油新疆油田公司)

摘　要： 玻璃钢管道的树脂基体属于脆性材料，易发生泄漏失效，其传统修复方法存在停输时间长、修复效率低、停产损失大等缺点。本文以不停输、带压修复技术为研究主体，选取 SOLID186 实体单元建立失效管道的有限元分析模型，通过 ANSYS 计算模拟，研究管道本体规格、修复机具规格、施工工艺等多参数的内在关系，拟合出失效状态下带压修复的安全施工压力计算方法，为保障施工作业成功率及安全性提供可靠的技术支撑。

关键词： 玻璃钢管道；失效模型；有限元；安全施工压力

随着石油开采油气集输工艺的不断发展，为满足腐蚀、高压、结垢等复杂工况的使用要求，各类非金属管道的应用领域逐步拓宽，其中玻璃钢管道因其轻质、高强、耐腐蚀的特点亦被广泛使用。玻璃钢管道是一种新型复合材料管道，它的增强体是玻璃纤维，一般来说玻璃纤维的含量可以达到 70%，而基体也大都由环氧树脂，不饱和聚酯树脂，酚醛树脂，填料硅砂等热固性材料组成。

在现场实际运行中，由于受到外力冲击、输送介质水击、输送温差大幅波动、管材加工及安装质量不合格等原因，玻璃钢管道会发生泄漏失效。其中玻璃钢管道接头的失效形式有泄漏和滑脱两种，接头连接部分在外力的作用下，外螺纹连接头从接箍内脱开，导致发生泄漏；玻璃钢管道本体的树脂基体属于脆性材料，当变形率达到 2%~3% 时，材料就会产生永久性破坏。因此管道在装卸、安装及生产运行或作业施工中受外力冲击，尤易受损。

1　玻璃钢管道带压修复工艺简介

目前玻璃钢管道传统维修方法主要有卡箍黏接维修、截断换管维修、法兰维修等，均需要全线停输，对破漏处进行深度清理后，进行打磨、黏接、热固等，即存在停输时间长、维修工序复杂、修复效率低等问题，且停输会造成油气开发上游停产，因此造成巨大的经济损失。依托热注塑造原理，发明"注胶槽带压密封工艺"，衍生玻璃钢管道不动火带压维抢修技术，可以在不停输、不动火条件下对失效管道进行快速堵漏密封修复，减少大量经济损失。

考虑到管材的独特性质，玻璃钢管道带压修复作业通常采用内衬式卡具。卡具为双面弧结构，分为上下盘两部分。双槽式卡具上、下盘中分别设计有条形、环形注胶槽，扣合后形成彼此相联的四个密封腔。密封卡具的独特之处在于按照卡具环形凹槽规格尺寸制作内衬卡瓦，分上下两盘交错搭接，卡在环形凹槽上将其填平。管道发生泄漏破损时，利用内衬保护卡瓦和密封卡具将泄漏部位快速包裹，阻止管道内的流体继续泄漏，重建集输通道。然后通过在特殊的密封槽内注入密封胶，便可实现管道与卡具之间的密封，达到快速抢修的目的(图1)。

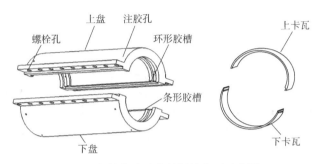

图1　密封卡具及内衬保护卡瓦示意图

2　玻璃钢失效管道有限元分析模型的建立

玻璃钢是一种纤维复合材料，根据其结构特点及力学性能，可以得到玻璃钢失效管道的建模方式为层合板建模方式。

2.1　模型单元的确定

对于复合材料来说，层合板结构可用壳单元和实体单元来模拟，在此选取 SOLID186 实体单元进行模拟(图2)。对于其分层特性来说，SOLID186 单元最大层数可以达到 250 层，可以利用 SOLID186 分层实体单元来模拟玻璃钢管道本体，用 SOLID186 结构实体单元来模拟钢制卡具内衬。由于内衬与管道外壁是面面接触所以采用目标单元 TARGR170 和接触单元 CONTA174 来定义三维接触对。

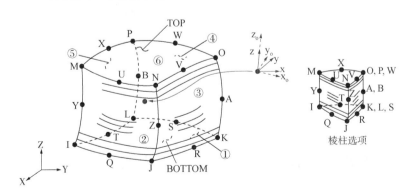

图2　SOLID186 结构分层实体单元示意图

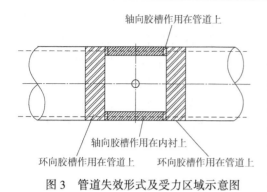

轴向胶槽作用在管道上

轴向胶槽作用在内衬上

环向胶槽作用在管道上　　环向胶槽作用在管道上

图 3　管道失效形式及受力区域示意图

2.2　管道几何模型及受力区域的确定

实验中，模拟玻璃钢失效管道不动火带压修复的过程，采用带有内衬的卡具对泄露部位进行密封作业[1]。模型的受力区域主要分为三大部分，用阴影区域进行表示：管道受到环向胶槽的作用力以及一部分轴向胶槽的作用力；卡具内部与管道接触的内衬受到轴向胶槽的作用力；管道内壁受到内压的作用力，受力区域如图 3 中的阴影区域所示。

2.3　材料模型的确定

玻璃钢属于分层各向异性材料，所以在其材料模型建立时需要同时考虑这两方面的性质。在各向异性中需要设置材料单层板的各个方向的泊松比，杨氏模量，剪切模量，拉伸失效强度，压缩失效强度和剪切强度。在分层性质设置时需要输入其铺层角，单层厚度以及铺层数，其中玻璃钢的单层板厚度为 0.33mm，铺层角为 55°，如图 4 所示。

2.4　网格划分

由于采用 SOLID186 分层单元表示玻璃钢管道的层状结构，所以一般需要把网格画成六面体网格，则在网格划分时需要采用映射网格的划分方法，在利用映射网格划分时需要注意以下几点：(1)几何体需是四面体，五面体或六面体，对于面来说必须是三角形或者是四边形；(2)在体的对边上需要划分出相同的单元数；(3)对于几何体为四面体或者棱柱则需要在三角形面上的分割数为偶数。为确保计算的准确性需要在缺陷附近进行网格的加密。

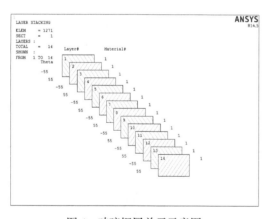

图 4　玻璃钢层单元示意图

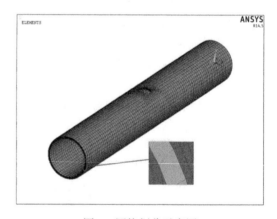

图 5　网格划分示意图

3　玻璃钢失效管道带压修复安全施工压力研究

由于玻璃钢管道抗冲击性差，在带压密封注剂过程中管道外壁需承受部分注剂压力，其能承受的最大弹性压力即为安全施工压力[2]。在施工过程中若超过安全施工压力，管道会发生不可恢复的失效破坏。因此，通过分析管道材质、缺陷形式以及施工工艺与安全施工压力之间的关系，确模拟出不同工况下安全施工压力的计算方法，为提高作业成功率，确保施工作业的可靠性、安全性具有重要意义。

3.1 模型参数

以内径为94mm的管道，内压为1.6MPa为例进行模拟。其中胶槽的宽度取20mm，壁厚 δ 分别取值为：3.3mm（10层）、4.62mm（14层），7.92mm（24层）、9.24mm（28层）、12.54mm（38层）、14.52mm（44层）；缺陷半径 r 分别取值为：2.5mm、5mm、7.5mm、10mm、12.5mm、15mm、20mm、25mm；注剂胶槽距圆孔缺陷边缘的距离 L 分别取值为：10mm、15mm、20mm、25mm、30mm、40mm；模拟管道的长度取4倍的外径。

3.2 模拟结果

以管内径为94mm，壁厚为7.92mm，圆形缺陷半径 $r=12.5$mm，胶槽距缺陷边缘的距离 $L=10$mm，运行压力 P 为1.6MPa为例进行说明。如图6所示，在外压为14.9MPa作用下，其Tsai-wu系数为1.00343，大于1，即材料发生破坏，且其首先发生破坏处位于缺陷附近；在外压为14.8MPa作用下，其Tsai-wu系数为0.997986，小于1，此时材料未发生破坏，所以在此工况下玻璃钢缺陷管道带压堵漏安全注剂压力为14.8MPa。

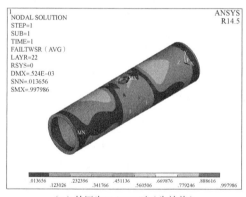
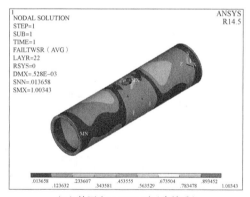

（a）外压为14.8MPa时（失效前）　　　　　（b）外压为14.9MPa时（失效后）

图6　失效前后蔡吴系数分布图

通过ANSYS有限元模拟，得到288组模拟结果，如表2至表7所示，其中"—"代表管道在其本身的工况下就已经失效，所以此时不存在安全注剂压力。

表2　内径 $D=94$mm、壁厚 $\delta=3.3$管道的安全注剂压力

槽边距 L(mm)	圆形缺陷半径 r(mm)	安全注剂压力 p(MPa)
10	2.5、5、7.5、10、12.5、15、20、25	4.8、—、—、—、—、—、—、—
15	2.5、5、7.5、10、12.5、15、20、25	1.9、—、—、—、—、—、—、—
20	2.5、5、7.5、10、12.5、15、20、25	1.5、—、—、—、—、—、—、—
25	2.5、5、7.5、10、12.5、15、20、25	1.4、—、—、—、—、—、—、—
30	2.5、5、7.5、10、12.5、15、20、25	1.2、—、—、—、—、—、—、—
40	2.5、5、7.5、10、12.5、15、20、25	1.1、—、—、—、—、—、—、—

表3　内径 $D=94mm$、壁厚 $\delta=4.62mm$ 管道的安全注剂压力

槽边距 L(mm)	圆形缺陷半径 r(mm)	安全注剂压力 p(MPa)
10	2.5、5、7.5、10、12.5、15、20、25	10.3、3.6、3.3、—、—、—、—、—
15	2.5、5、7.5、10、12.5、15、20、25	4.2、2.8、2.5、—、—、—、—、—
20	2.5、5、7.5、10、12.5、15、20、25	3.9、2.6、1.7、—、—、—、—、—
25	2.5、5、7.5、10、12.5、15、20、25	3.7、2.5、1.6、—、—、—、—、—
30	2.5、5、7.5、10、12.5、15、20、25	3.4、2.3、1.4、—、—、—、—、—
40	2.5、5、7.5、10、12.5、15、20、25	3.2、2.1、1.2、—、—、—、—、—

表4　管内径 $D=94mm$、壁厚 $\delta=7.92mm$ 管道的安全注剂压力

槽边距 L(mm)	圆形缺陷半径 r(mm)	安全注剂压力 p(MPa)
10	2.5、5、7.5、10、12.5、15、20、25	15.7、15.4、15.3、15.1、14.8、14.5、14.1、13.2
15	2.5、5、7.5、10、12.5、15、20、25	14.3、14.1、13.9、13.2、12.7、12.5、12.1、10.8
20	2.5、5、7.5、10、12.5、15、20、25	11.9、11.3、10.6、9.9、9.6、9.1、8.7、8.1
25	2.5、5、7.5、10、12.5、15、20、25	10.5、9.9、9.3、8.6、8.1、7.9、7.6、7.4
30	2.5、5、7.5、10、12.5、15、20、25	8.9、8.6、8.4、8.1、7.7、7.4、7.2、7.1
40	2.5、5、7.5、10、12.5、15、20、25	8.5、8.0、7.7、7.5、7.2、7.1、6.9、7

表5　管内径 $D=94mm$、壁厚 $\delta=9.24mm$ 管道的安全注剂压力

槽边距 L(mm)	圆形缺陷半径 r(mm)	安全注剂压力 p(MPa)
10	2.5、5、7.5、10、12.5、15、20、25	17.6、17.9、18.1、18.5、19.4、20.1、20.8、21.5
15	2.5、5、7.5、10、12.5、15、20、25	17.2、17.4、17.7、18.1、18.5、17.9、17.5、17.1
20	2.5、5、7.5、10、12.5、15、20、25	16.8、17.1、15.8、14.9、14.6、14.2、13.9、13.5
25	2.5、5、7.5、10、12.5、15、20、25	15.7、14.8、14.5、14.2、13.6、13.3、12.9、12.6
30	2.5、5、7.5、10、12.5、15、20、25	14.3、13.1、12.7、12.3、12.1、11.6、11.1、10.5
40	2.5、5、7.5、10、12.5、15、20、25	13.5、12.3、11.8、11.7、11.5、11.3、10.9、10.2

表6　管内径 $D=94mm$、壁厚 $\delta=12.54mm$ 管道的安全注剂压力

槽边距 L(mm)	圆形缺陷半径 r(mm)	安全注剂压力 p(MPa)
10	2.5、5、7.5、10、12.5、15、20、25	24.8、25.1、25.8、26.3、27.8、29.4、31.9、35.5
15	2.5、5、7.5、10、12.5、15、20、25	24.2、24.6、25.1、25.9、26.5、28.3、29.7、33.4
20	2.5、5、7.5、10、12.5、15、20、25	23.9、23.8、24.1、24.9、25.8、27.3、29.1、27.5
25	2.5、5、7.5、10、12.5、15、20、25	23.5、23.6、23.9、24.5、25.4、24.2、23.1、22.8
30	2.5、5、7.5、10、12.5、15、20、25	23.4、22.1、21.6、20.2、19.7、19.3、19.2、19.5
40	2.5、5、7.5、10、12.5、15、20、25	21.8、19.7、18.9、18.5、18.1、18、17.8、17.2

表7 管内径 $D=94$mm、壁厚 $\delta=14.52$mm 管道的安全注剂压力

槽边距 L(mm)	圆形缺陷半径 r(mm)	安全注剂压力 p(MPa)
10	2.5、5、7.5、10、12.5、15、20、25	30.3、31.4、33.7、34.1、35.6、36.4、38.8、40.5
15	2.5、5、7.5、10、12.5、15、20、25	29.1、29.6、30.9、31.7、33.5、34.8、37.4、38.3
20	2.5、5、7.5、10、12.5、15、20、25	27.8、29.1、29.9、30.5、31.6、33.4、36.3、36.7
25	2.5、5、7.5、10、12.5、15、20、25	26.3、26.7、27.5、28.4、30.9、32.6、31.8、30.6
30	2.5、5、7.5、10、12.5、15、20、25	25.2、25.8、26.4、27.1、28.3、30.1、28.9、28.5
40	2.5、5、7.5、10、12.5、15、20、25	24.1、25.4、25.2、25、24.9、24.1、23.8、23.3

3.3 多因素对结果的影响

均匀设计法是将实验点均匀地分布在实验数据范围内，使得每一个均匀设计的点都具有良好的代表性，以较少的数据来获取较多数据间关系的一种方法。本文中以壁厚 δ，胶槽距缺陷边缘的距离 L，缺陷大小 r 三个因素为分析自变量，安全注剂压力 p 为因变量，研究三个自变量对安全注剂压力的影响，可采用9水平的 $U_9^*(9^4)$ 表格进行均匀设计表格安排(表8)。

表8 $U_9^*(9^4)$ 使用表

S(因子数)	D(偏差)			
2	1	2		0.1547
3	2	3	4	0.198

首先需要确定3个因素的取值范围：胶槽距缺陷边缘的距离 L：L_1—L_9(10~40mm)，确定缺陷半径 r：r_1—r_9(2.5~24.9)，壁厚 δ：δ_1—δ_9(6.6~13.2mm)，3个因素各自取9个水平，排列见表9。方案见表10。

表9 水平取值表

列号	1	2	3	4	列号	1	2	3	4
1	1	3	7	9	6	6	8	4	2
2	2	6	4	8	7	7	1	9	3
3	3	9	1	7	8	8	4	6	2
4	4	2	8	6	9	9	7	3	1
5	5	5	5	5					

表10 方案表

序号	δ(6.6mm~13.2mm)	L(10mm~40mm)	r(2.5~24.9mm)
1	8.58	32.5	24.9
2	10.56	21.25	22.1

续表

序号	δ(6.6mm~13.2mm)	L(10mm~40mm)	r(2.5~24.9mm)
3	13.2	10	19.3
4	7.26	36.25	16.5
5	9.9	25	13.7
6	12.54	13.75	10.9
7	6.6	40	8.1
8	9.24	28.75	5.3
9	11.22	17.5	2.5

根据之前模拟方案以及模拟步骤按照方案表进行模拟得出均匀实验的结果见表11。

表11　结果表

序号	δ(mm)	L(mm)	r(mm)	模拟结果(MPa)	拟合结果(MPa)	误差(%)
1	8.58	32.5	24.9	8.1	7.4	8.6
2	10.56	21.25	22.1	18.3	19.1	4.4
3	13.2	10	19.3	34.2	34.6	1.2
4	7.26	36.25	16.5	6.1	5.5	9.8
5	9.9	25	13.7	15.7	15.4	1.9
6	12.54	13.75	10.9	25.8	27.3	5.8
7	6.6	40	8.1	5.9	5.2	11.9
8	9.24	28.75	5.3	13.1	13.8	5.3
9	11.22	17.5	2.5	21.6	21.1	2.3

通过结果发现：壁厚 δ，胶槽距缺陷边缘的距离 L 和缺陷大小 r 三个因素共同影响安全注剂压力 p，通过对模拟的数据进行拟合可以得到安全注剂压力 p 的计算方法：

$$p = 0.417805 + 2.094624\delta - 0.16222L - 11.358r + 5.670376\delta^{-2.314}L^{9.29553} + 9.237152\delta^{0.082653}r^{1.011466}$$

$$-0.00313L^{1.275006}r^{1.347422} + 4.78 \times 10^{-5}\delta^{-1.74987}L^{3.115319}r^{1.588667}$$

4　结论

（1）针对泄漏破损玻璃钢管道，研发不动火带压维抢修及安装技术，研发注胶槽带压密封工艺，以本质化安全为理念，实现不停输、不动火条件下对玻璃钢破损管道的堵漏密封修复。

（2）采用有限元分析软件 ANSYS 及其优化技术，并结合试验对比建立出符合实际的理论力学模型，对泄漏失效玻璃钢管道的材质、缺陷形式等进行系统的力学分析，模拟出不同施工工艺及施工参数与安全施工压力之间的关系。

（3）以均匀设计法为依据，将玻璃钢管道壁厚、胶槽距缺陷边缘的距离以及缺陷大小等多因素与安全施工压力进行拟合，得出不动火带压维抢修技术安全施工压力的计算方法，有效提高带压密封作业效率、应急抢修效率及施工作业成功率。

参 考 文 献

[1] 梁爱国，齐傲江，等. 钢骨架塑料复合管带压开孔的有限元模拟[J]. 油气储运，2020(1)：99-101.

[2] 梁爱国，蒋华义，等. 油气管道维抢修密封卡具的安全检测与应用[J]. 中国安全生产科学技术，2019(1)：129-132.

页岩气集输场站管线
弯头冲蚀研究及结构优化

薛 艳[1,2] 徐 军[1,2] 胡维首[3]

(1. 中国石油集团川庆钻探工程有限公司;
2. 低渗透油气田勘探开发国家工程实验室;
3. 中国石油长庆油田公司)

摘 要:页岩气集输管线中,固相颗粒冲蚀磨损易对管道内壁造成破坏,尤其是弯头、三通、变径管等关键构件,严重时甚至造成管线泄漏,引发安全环保事件。本文针对某集输场站内管线弯头失效案例,通过机理分析和流体力学仿真模拟,研究了站内管线弯头失效原因及冲蚀磨损规律,并对失效弯头进行结构优化。结果表明:弯头失效机理为高流速含砂气流造成的冲刷腐蚀,影响冲蚀的最大因素为砂粒流量(含砂量),其次为流体流速。优化后弯头的耐冲蚀磨损性能优于现场用弯头,可显著提高弯头的使用寿命,预防油气泄漏事件的发生。

关键词:集输场站管线;弯头;冲蚀磨损;流体力学仿真;结构优化

页岩气藏开采主要途径是靠加砂压裂形成人造裂缝从而打通油气通道,将页岩气从地层引流至井筒然后进入地面装置完成开采。由于排液生产阶段以及生产初期页岩气中砂量较大,在高速气流下很容易将管道弯头冲蚀磨损[1-6],尤其是弯头外侧更容易受到冲蚀作用[7-8]。因此,明确弯头在含砂气流中的冲蚀规律,降低弯头的冲蚀磨损程度,提高弯头的耐磨性,是页岩气采输管道安全运行的重要保障,对管线寿命预测、安全运行及检测具有重要指导意义。

1 弯头失效机理分析

1.1 弯头宏观形貌

图1为某页岩气集输场站管道弯头内壁腐蚀宏观形貌。管道材质为20#,管内运行温度60℃,压力12MPa,输送流体中含有CO_2:0.7%~1.6%,不含H_2S,含砂量20~200g/min,流体流速10~30m/s。由图1(a)可见,弯头腐蚀以条形片状、坑状特征为主,腐蚀严重区主要集中在弯头的外侧,且腐蚀痕迹有显著的方向性,即存在流体冲刷腐蚀痕迹。采用超声波测厚仪对剩余壁厚进行测量,可以看出弯头壁厚减薄严重位置在外侧,见图1(b)中,最小剩余壁厚为5.9mm,使用3个月后减薄量达到原始壁厚的52%。

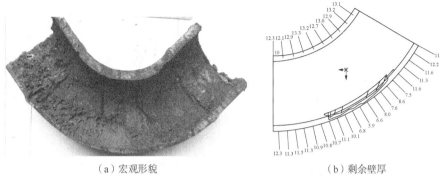

（a）宏观形貌 （b）剩余壁厚

图1 弯头宏观腐蚀形貌及剩余壁厚测量

1.2 弯头腐蚀机理分析

图2为弯头内腐蚀产物微观形貌。由图可见，管内表面腐蚀产物存在大量裂纹，对基体无保护作用。取管内壁腐蚀产物进行XRD分析（图3），分析结果表明腐蚀产物主要为$FeCO_3$和FeS。其中$FeCO_3$为CO_2腐蚀产物，CO_2来源于天然气组分；FeS为H_2S腐蚀产物，而天然气气质组分中基本不含H_2S，但管道内水样中含有较高含量的硫化物（171.52mg/L）和SRB（1300个/L），表明硫酸盐还原菌是硫化氢的主要来源。在无氧或极少氧情况下，SRB利用金

图2 弯头内表面腐蚀产物微观形貌

属表面的有机物作为碳源，并利用细菌生物膜内产生的氢，将硫酸盐还原成H_2S。所以弯头内壁腐蚀机理为CO_2和SRB协同腐蚀。

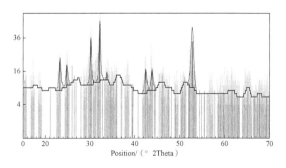
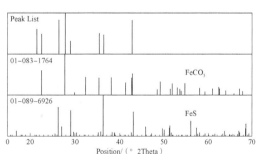

图3 弯头内表面腐蚀产物XRD分析图谱

1.3 弯头冲蚀磨损机理分析

为明确输送介质中的固相颗粒对管道的冲蚀磨损规律，采用喷射试验方法，使用气固冲蚀试验机对20#弯头耐冲蚀性能进行研究。选用多棱型刚玉作为磨粒（直径范围180~240μm，硬度为2000~2300HV）。根据弯头内壁冲蚀情况选定20°、30°、50°、70°、90°等5个冲击攻角，风速20m/s，含砂量100g/min，冲蚀时间5min。试验完成后用超声波清洗

后,称重并计算质量损失量,计算冲蚀率。冲蚀率是冲击到靶体表面的单位质量磨料(或冲蚀粒子)所磨蚀掉的靶体(即被冲蚀物)材料的质量(用 E 表示,单位为 mg/g)。用 HITA-CHIS-570 型扫描电子显微镜(SEM)对冲蚀后试样的表面形态和失效机理进行观察和分析。表 1 为不同冲蚀角度下的冲蚀速率计算结果。由表可见,随冲蚀角度增大,20#钢材料冲蚀速率降低,抗冲蚀性能增强,20°时冲蚀速率最大,90°时冲蚀速率最小。即 20#钢弯头在低角度范围内冲蚀磨损更为严重。这种变化规律与已有文献资料中介绍的典型塑性材料最大攻角出现在 15°~30°处一致[9-11]。

表 1 20#钢弯头不同冲蚀角度下冲蚀率计算结果

冲蚀角度(°)	20#钢冲蚀速率(mg/g)	冲蚀角度(°)	20#钢冲蚀速率(mg/g)
20	0.0436	70	0.0200
30	0.0405	90	0.0095
50	0.0385		

图 4 为 20#钢弯头不同冲蚀角度下的微观形貌。由图可见,低角度(20°和 30°)冲蚀时有明显的切削沟槽,主要为微切削机理。中角度(50°和 70°)冲蚀时试样表面出现凸起较高的挤出唇片,砂粒对试样表面的显微切削作用减小,冲击挤压作用增强。高角度(90°)冲蚀时试样表面出现明显冲蚀坑,砂粒对试样表面冲击以挤压锻打机理为主。

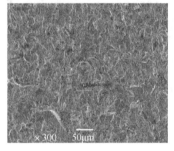 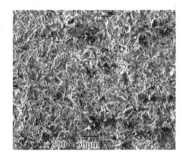 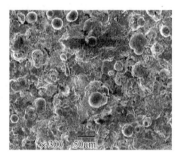

(a)—20°/30   (b)—50°/70   (c)—90°

图 4 20#钢材料在不同冲蚀角度下的微观形貌

通过分析上述冲蚀磨损试验结果,发现现场用弯头存在冲蚀磨损敏感区(低角度冲蚀范围),可通过流体动力学流场分析方法,预测弯头在不同工况条件下冲蚀磨损严重位置,进而设计出降低冲蚀磨损的结构,提高弯头的使用寿命。

2 弯头冲蚀磨损规律仿真模拟

弯头作为改变流体方向的运输管道,弯曲内部会引起流体介质内压力、速度的急剧变化,形成回流、旋涡等。当流体中带有固体颗粒时,则会对管道壁产生冲蚀磨损现象[12-14]。基于 CFD 计算,能够准确、直观的展示管道被侵蚀的部位,以及流场内各物性的变化情况。本文采用 Ansys Fluent 模拟软件对现场用弯头内固体颗粒冲蚀磨损规律进行仿真模拟。图 5 为现场用弯头四面体网格划分模型,箭头所指为流体进口方向。选择的湍

流模型为 k-ω(SST)模型，首先进行气体流场计算，再插入固体颗粒耦合。采用 DPM 方法进行冲蚀模拟，使用速度选项为进口，出口采用压力出口，湍流强度设为(5%)，黏度系数 0.001，壁面边界无滑移。

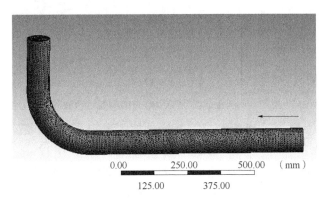

图 5　现场用弯头模型

图 6~图 8 分别为现场用弯头在不同流速下截面流场内部流速分布图、管壁压力云图和固体颗粒轨迹图。由图可见，随着流速的增大，速度分布越不均匀，流场内部速度变化较大；弯头外侧与内侧压力方向相反，但都表现出随着流速的增加，弯头管壁压力急剧增加；随流速增大颗粒在管道内停留时间减少，即颗粒速度也随之增大。

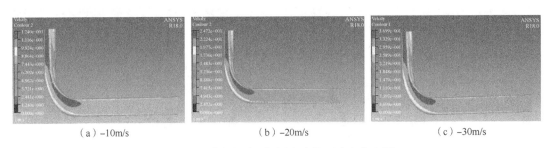

（a）-10m/s　　　　　（b）-20m/s　　　　　（c）-30m/s

图 6　不同流速时现场用弯头截面速度分布图

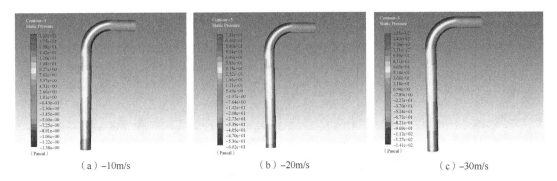

（a）-10m/s　　　　　（b）-20m/s　　　　　（c）-30m/s

图 7　不同流速时现场用弯头压力分布图

图 9 为当砂粒流量为 100g/min 时，弯头在不同流速(10m/s、20m/s、30m/s)下管壁冲蚀情况。由图可见，现场用弯头冲蚀敏感区在弯头的外侧，随着流速的增加，冲蚀范围

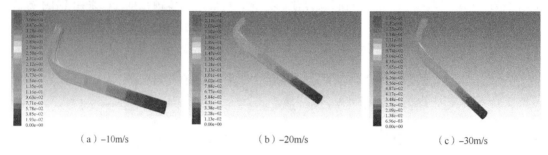

（a）-10m/s　　　　　　（b）-20m/s　　　　　　（c）-30m/s

图8　不同流速时现场用弯头内颗粒运行轨迹

增大，冲蚀速率有所增加。当流速从 10m/s 增大到 30m/s 时，最大冲蚀率从 $2.11 \times 10^{-9}[\,kg/(m^2 \cdot s)\,]$ 增加到 $2.37 \times 10^{-9}[\,kg/(m^2 \cdot s)\,]$，增加了 0.12 倍。图 10 为当流速为 10m/s 时，弯头在不同砂粒流量（28g/min、100g/min、200g/min）下管壁冲蚀情况。由图可见，随着砂粒流量的增加，冲蚀范围增大，冲蚀速率显著增加。当砂粒流量从 100g/min 增加到 200g/min 时，最大冲蚀率从 $2.11 \times 10^{-9}[\,kg/(m^2 \cdot s)\,]$ 增加到 $4.35 \times 10^{-9}[\,kg/(m^2 \cdot s)\,]$，增大了 1.06 倍。

通过对现场用弯头 CFD 计算发现：现场用弯头冲蚀敏感区在弯头的外侧，影响冲蚀的最大因素为砂粒流量，即含砂量，其次为流体流速。随砂粒流量和流速增大，弯头内冲蚀磨损速率增大。

（a）-10m/s　　　　　　（b）-20m/s　　　　　　（c）-30m/s

图9　不同流速时现场用弯头冲蚀速率分布

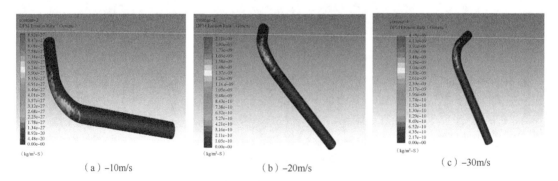

（a）-10m/s　　　　　　（b）-20m/s　　　　　　（c）-30m/s

图10　不同砂粒流量时现场用弯头冲蚀速率分布

3 弯头结构优化仿真模拟

弯头之所以受到较为严重的流体冲刷，主要是因为弯头内流体含固相颗粒，且流速相对较大，流体对弯头有着小攻角作用而造成的。因此，改善这种攻角的影响，对于减少流体的冲刷是很有作用的(参考 1.3 试验结果)。本文采用 Ansys Fluent 模拟软件对现场用弯头进行结构优化，通过改变攻角的方法来降低冲刷腐蚀的影响。对优化后的弯头所受到的压力、流速和颗粒轨迹等参数进行系统分析，通过对现场用弯头和优化结构后弯头的抗冲刷性能对比，分析其在气田生产中应用的可行性。图 11 为优化后弯头四面体网格划分模型，箭头所指为流体进口方向。

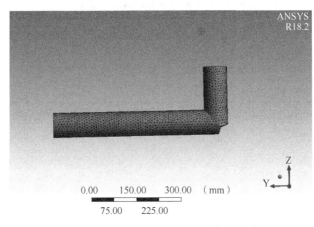

图 11　优化后弯头模型建立

图 12 为优化后弯头在流速 10m/s，砂粒流量 100g/min 条件下，截面流场内部流速分布图、管壁压力云图和固体颗粒轨迹图。由图可见，优化后弯头的冲蚀范围集中在弯头靠近出口的位置，与现场用弯头相比，管内最大流速增大，压力和颗粒停留时间减小。图 13 为砂粒流量 100g/min 时，不同流速下优化后弯头冲蚀速率分布图。表 2 为现场用弯头和优化后弯头冲蚀速率对比结果。由结果可知，随流速增大，最大冲蚀速率增大。在相同环境下(相同流速，相同砂粒流量)，优化后弯头的冲蚀速率都比现场用弯头的冲蚀速率低，优化后弯头有效减少了气体中砂粒对管壁的冲蚀，抗冲蚀性能提高 1 倍以上。

(a)流速分布　　　　　(b)压力分布　　　　　(c)颗粒运行轨迹

图 12　优化后弯头截面速度、压力、颗粒运行轨迹分布图

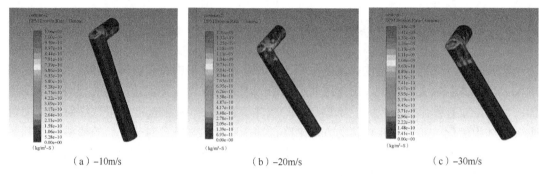

（a）–10m/s   （b）–20m/s   （c）–30m/s

图 13 不同流速时优化后弯头冲蚀速率分布

表 2 优化后弯头抗冲蚀能力分析

流速	最大冲蚀速率[$10^{-9}kg/(m^2 \cdot s)$]			抗冲蚀性能提高（倍）		
	10m/s	20m/s	30m/s	10m/s	20m/s	30m/s
现场用弯头	2.11	2.36	2.37	/	/	/
优化后弯头	1.06	1.39	1.48	1.0	0.7	0.6

4 结论

（1）通过对失效弯头的宏观形貌、尺寸、微观形貌及腐蚀产物等进行分析，明确了弯头失效机理为高流速含砂气流造成的冲刷腐蚀。其中腐蚀机理为 CO_2 和 SRB 协同腐蚀，冲蚀磨损机理为微切削机理和挤压锻打机理。

（2）采用喷射试验和流体动力学仿真模拟技术研究了现场失效弯头内冲蚀磨损规律，结果表明现场用弯头存在冲蚀磨损敏感区（弯头外侧，低角度冲蚀范围），影响冲蚀的最大因素为砂粒流量，其次为流体流速，随砂粒流量和流速增大，弯头内冲蚀磨损速率增大。

（3）通过改变攻角的方法对现场用弯头进行结构优化，相同条件下优化后弯头内壁最大冲蚀速率低于现场用弯头，有效降低了气体中砂粒对管壁的冲蚀磨损程度，可显著提高弯头的使用寿命，预防油气泄漏事件的发生。

参 考 文 献

[1] 刘勇峰，吴明，赵玲，等. 凝析气田集输管道弯管冲蚀腐蚀数值计算[J]. 腐蚀与防护，2012，33（2）：132-135.

[2] 郑云萍，王欢欢，易昊林，等. 天然气管道弯头冲蚀与防护仿真研究[J]. 计算机仿真，2015，32（8）：427-430.

[3] 郭永华，刘震，王玉凤，等. 天然气管道内粉尘物性分析方法探究[J]. 石油机械，2012，40（6）：101-105.

[4] 邱亚玲，邹凤彬，祝效华，等. 页岩气压裂双弯头弯管冲蚀规律研究[J]. 润滑与密封，2016，41（9）：97-101.

[5] 宋晓琴，刘玲，骆宋洋，等. 天然气集输管道90°弯头冲蚀磨损规律研究[J]. 润滑与密封，2018，

43(8)：62-68

[6] 闪从新，王勇，伍坤，等. 页岩气除砂器前管段双弯管冲蚀研究[J]. 当代化工研究，2019，16：27~29.

[7] 徐磊. 基于 ANSYS 的输油管道弯头冲蚀分析及优化[J]. 油田气田地面工程，2016(9)：6~9.

[8] 孙晓阳，曹学文，谢振强，等. 气固两相流中颗粒间碰撞对弯管冲蚀的影响[J]. 油田气田地面工程，2019，38(Z1)：61~65.

[9] 刘家俊. 材料磨损原理及耐磨性[M]. 北京：清华大学出版社，1993.

[10] 李诗卓，董祥林. 材料的冲蚀磨损与微动磨损[M]. 北京：机械工业出版社，1987.

[11] 魏秀鹏，陈家福. 20g 钢的冲蚀磨损性能研究[J]. 辽宁化工大学学报，2004，24(2)：82~84.

[12] 王博，康凯，邹楚婷，等. 低浓度多相流管道冲蚀默算数值模拟[J]. 北京化工大学学报(自然科学版)，2019，46(2)：24-32.

[13] Nan L, Arabnejad H, Shirazi S A, et al. Experimental study of particle size, shape and particle flow rate on erosion of stainless steel[J]. Powder Technology, 2018, 336：70-79.

[14] 林楠，黄辉，李仕力，等. 天然气集输场站管线弯头冲蚀磨损数值模拟研究[J]. 科学技术与工程，2020，20(21)：8543-8549.

油气集输管道腐蚀缺陷
复合材料修复技术研究

吴永春 刘成钢 钟 源

(中国石油集团川庆钻探工程有限公司)

摘 要: 油气集输管道在服役过程中因外防腐层破坏、输送介质腐蚀性等原因引起管道内外表面产生腐蚀缺陷,严重时甚至发生腐蚀穿孔,造成管道承压能力降低或失效,对于安全生产和环境保护造成不良影响。本文通过对在役油气管道缺陷修复技术的梳理,同时结合现场实际修复作业过程及效果,选择纤维增强复合材料对油气集输管道外腐蚀缺陷进行修复补强,主要包括玻璃纤维和碳纤维增强复合材料,具有作业过程便捷、修复成本相对较低、修复效果良好,并且无环境污染;管道腐蚀缺陷若未能及时发现则会进一步发展为穿孔泄漏,本文在充分考虑安全作业和封堵效果的基础上,开发了一种适合油气田地面管道的快速不动火堵漏技术,主要包括泄漏孔初堵和钢瓦黏接恢复承压能力两个技术要点,通过了实验室全尺寸试验验证,并在某气田成功实现了现场应用,降低因动火换管作业带来的经济损失和安全风险,实现油气集输管道的快速堵漏。

关键词: 集输管道;修复补强;复合材料;快速堵漏

油气集输管线以钢质管道为主,而钢质管道常因外防腐层损伤、管内输送介质的腐蚀性、杂散电流等原因产生腐蚀缺陷,而若不及时进行处置和修复,则会进一步发展成为穿孔,引起管道泄漏,既影响了油气田企业的安全生产,又会对生态环境带来不利后果,而且通常会造成巨大的经济损失[1-3]。目前,各油气田企业会定期开展管道检测工作,发现管道防腐层损伤及本体缺陷,及时采取可靠的修复补强技术,恢复管道承压能力。

通过对国内外油气管道修复标准的梳理和分析可知,管道缺陷修复技术主要可以分为动火修复和不动火修复,其中动火修复包括堆焊、补板、B型套筒、换管等,不动火修复包括复合材料、环氧钢套筒、机械夹具等。对于管体腐蚀缺陷,各油气田企业通常采用的修复技术包括B型套筒、复合材料、环氧钢套筒等,从多个方面综合考虑,选择一种操作便捷、成本相对较低、效果良好的修复补强技术,能够实现快速恢复油气田地面管道的承压能力,对油气田地面管道完整性管理具有重要意义。

我国油气集输管道规模庞大,截至2020年底,仅中国石油天然气集团公司所辖管道就达35.67万公里,其中运行10年以上的管道已达到占50%,运行10年以上的站场占44%,老旧集输管道的腐蚀穿孔失效泄漏事件不可避免,在重视油气管线的检测、修复及日常管理维护等预防失效技术研发的同时,也急需加强油气管道泄漏后的应急堵漏新技术研发，以保障油气集输管道的服役安全。

1 管道外腐蚀修复补强

在现行标准规范中，在外腐蚀深度<0.8t 时（t 为壁厚），可采用堆焊、补板、A 型套筒、B 型套筒、环氧钢套筒、复合材料、换管等修复中的任意一种技术来实现管道外腐蚀永久修复。但是，当外腐蚀深度≥0.8t 时，可选用的永久修复手段则明显减少，仅包括补板、B 型套筒和换管，其余技术仅可作为临时修复手段，或者在限定条件下可实现永久修复。

通过对集输管道修复补强现状进行分析可知，当腐蚀缺陷深度≥0.8t 时，通常会选择 B 型套筒或换管修复，而在腐蚀缺陷深度<0.8t 时，油气田企业从成本、效果、操作便捷性、对生产的影响等多个方面综合考虑，通常会选择复合材料来进行修复补强。

1.1 管道腐蚀缺陷评价

对于管道外腐蚀，根据实际情况，按照标准规范中均匀腐蚀和局部腐蚀的评价方法，开展合于使用评价，对于无法通过评价的腐蚀缺陷，则需计算复合材料最小修复厚度。

本文以 SY/T 6477—2017 标准中的均匀腐蚀评价为例：

步骤 1：计算最小要求壁厚 t_{min}：

$$t_{min} = \frac{p \times D}{2\sigma_y \times F \times \phi}$$

式中，p 为管道设计压力，MPa；D 为管道公称直径，mm；σ_y 为管道最小屈服强度，MPa；F 为焊缝系数，通常取 1.0；ϕ 为管道设计系数，按照地区等级取值。

步骤 2：根据壁厚测量结果，确定最小测量壁厚 t_{mm} 和平均壁厚 t_{am}。

步骤 3：确定壁厚的变异系数 COV%.

步骤 4：满足以下条件，均匀腐蚀缺陷可接受；否则进入二级评价.

（1）$t_{am} - FCA \geqslant t_{min}$；

（2）$t_{mm} - FCA > \max[0.5 \times t_{min}, t_{lim}]$，

$$t_{lim} = \max[0.2 \times t, 2.5mm]$$

无法通过一级评价，继续开展二级评价：

步骤 1~3 与一级评价相同，

步骤 4：满足以下条件，均匀腐蚀缺陷可接受，否则，进入下一步

（1）$t_{am} - FCA > RSFa \times t_{min}$；

（2）$t_{mm} - FCA > \max[0.5 \times t_{min}, t_{lim}]$

$$t_{lim} = \max[0.2 \times t, 2.5mm]$$

步骤 5：计算管道最大允许工作压力 $MAWP_r$。

$$MAWP_r = MAWP_r \left(\frac{t_{am} - FCA}{t_{min} \times RSF_a} \right)$$

1.2 复合材料最小修复厚度计算

对于无法通过合于使用评价的油气集输管道外腐蚀缺陷,若缺陷深度<0.8t,通常选择复合材料来进行修复补强,本文以 SY/T 6649—2018 标准为例,计算玻璃纤维增强复合材料修复管道外腐蚀缺陷的最小修复厚度(仅考虑管道内压)和修复层轴向长度。

最小修复厚度按如下公式计算:

$$t_{min} = \frac{D}{2\sigma_s} \cdot \frac{E_s}{E_c} \cdot (p-p_s)$$

式中,t_{min} 为最小修复厚度,mm;σ_y 为管道的规定最小屈服强度,MPa;E_s 为管道材料的拉伸模量,MPa;E_c 为复合材料的周向拉伸模量,MPa;p 为管道的设计压力,MPa;p_s 为管道的最大允许操作压力,MPa,即合于使用评价中步骤 5 中,根据缺陷尺寸计算的 $MAWP_r$。

修复层轴向长度按如下公式计算:

$$L = 2L_{over} + L_{defect} + L_{taper}$$

式中,L 为修复层的总轴向长度,mm;L_{over} 为修复层与管道重叠区长度,mm;L_{defect} 为管道缺陷长度,mm;L_{taper} 为修复末端的削边长度,mm;一般最小锥度为 5:1(水平垂直之比)。

L_{over} 按照下式计算:

$$L_{over} = 2\sqrt{Dt}$$

式中,t 为原管道壁厚,mm。

在不同的标准规范中,对于纤维增强复合材料的力学性能的规定存在一定的差异,因此建议开展复合材料修复补强工作时,要求提供纤维复合材料修复技术相关试验结果及报告,并且经过具有资质的第三方单位认证。

1.3 复合材料修复补强作业流程

复合材料修复补强作业主要包括缺陷评价、最小修复厚度和层数计算、缺陷处理、腐蚀坑填充、纤维增强复合材料补强、外防护层恢复等六个步骤,其中缺陷评价和最小修复厚度计算参考本文 1.2 节开展,修复层数计算根据所选择的复合材料类型,明确单层厚度,由最小厚度除以复合材料单层厚度得出,若计算结果为小数,则应向上圆整。其他各个步骤修复流程要求如下:

(1)缺陷处理:如图 1 所示,修复前应清除管道表面原防腐层,管道缺陷表面除锈等级应达到 Sa2.5(近白级)要求,锚纹深度为 50~75μm。

(2)腐蚀坑填充:如图 2 所示。缺陷处打磨清理完成并且检测合格后,应使用合适的填充材料填补凹坑区域,填补要求为与管道外表面未腐蚀区域平齐;

(3)复合材料补强:如图 3 所示。根据承包商所采用的复合材料修复补强产品所要求的比例,配制环氧树脂,搅拌均匀后,开始纤维布的缠绕和环氧树脂涂覆,缠绕时应确保纤维布平整并且具有一定的张力,环氧树脂涂覆时,应确保均匀并且所有的纤维布均被浸润,修复过程应按照缠绕一层玻璃纤维布,涂覆一层环氧树脂,不得缠绕多层后一次性涂覆。

（4）外防护层恢复：如图 4 所示，待复合材料补强达到表干后，应选择合适的外防护层包覆复合材料补强区域，恢复管道外防腐能力，同时对复合材料起到保护作用，如选择黏弹体+冷缠带为外防护层时，在施工时应注意按照作业规程做好搭接和缠绕工作。

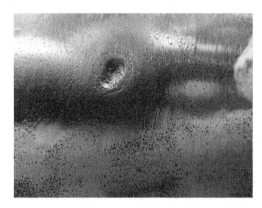

图 1　缺陷处理

图 2　填充材料填充

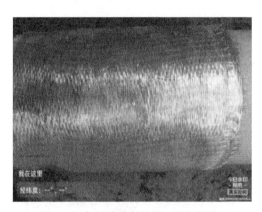

图 3　复合材料修复补强（玻璃纤维）

图 4　外防护层恢复（黏弹体+冷缠带）

2　腐蚀穿孔堵漏技术

油气集输管道腐蚀缺陷若未能及时发现并处置，则会进一步发展为腐蚀穿孔，从而引起失效泄漏。目前油气集输管道堵漏，现场一般采用钢带扎紧、快速捆扎带等临时修复手段，或者采用带压焊接封堵或者停输换管等手段进行永久修复[4-8]，但由于油气管道输送介质具有易燃易爆特殊属性，带压焊接具有一定的风险，而且对人员技术水平要求较高。因此，现有堵漏方法针对油气管道腐蚀穿孔失效，存在施工困难、成本较高、承压较低、安全性较差及作业耗时长等缺点，严重制约了油气管道腐蚀穿孔堵漏的效率，油气集输管道腐蚀穿孔的不及时不高效堵漏将影响油气正常生产工作，造成较大经济损失和环境污染，甚至还会导致安全事故的发生。因此，开展油气集输管道腐蚀穿孔泄漏的高效应急堵漏技术研究，形成针对油气集输管道腐蚀穿孔高效堵漏专项技术，对保障油气集输管道高效运行、降低油气集输管道泄漏风险，具有显著的工程价值和科学意义。

2.1 方法简介

综合考虑油气管道服役情况，主要通过堵漏胶、钢制瓦片等堵漏工具，对泄漏点处缺陷进行修补与加强，消除油气的泄漏，整个过程不需采用氮气置换。

2.2 操作步骤

主要操作流程如图 5 所示。

（1）漏点规则化及清洁处理：为保障堵漏胶与管体黏接效果，应用铜刷清理孔洞处的腐蚀产物等杂质，并对泄漏点用无水乙醇或丙酮进行清洗。

（2）初步封堵堵漏胶配制：在对泄漏点规则化处理及清洁作业即将结束时，配制快速固化堵漏胶并充分混合，待对孔洞初步封堵作业时使用。

（3）孔洞初步封堵：待孔洞清洁处理完成与表面充分干燥后，采用化学性质比管体金属更为活泼的软金属片配合快速固化堵漏胶对孔洞进行封堵并保持按压，待快速固化堵漏胶初步固化，即可完成穿孔部位初步封堵。初步封堵流程示意图如图 6 所示。

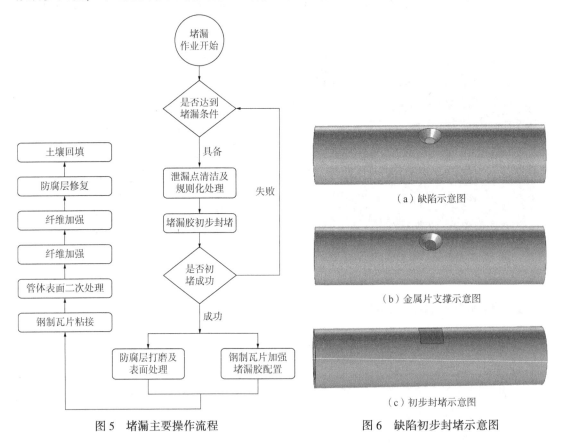

图 5　堵漏主要操作流程　　　　　　图 6　缺陷初步封堵示意图

（4）防腐层清除：待孔洞初步封堵完成并且经过泄漏检测后，对孔洞周围管体表面防腐层进行整圈打磨处理，以穿孔部位为中心，左右两侧轴向长度大于 1 倍管道直径（>1.0D），环向长度大于 1/4 管道周长（>0.25L），可采用防爆电动工具配合手工工具清除。

（5）管体表面一次处理：防腐层打磨完成后，对管体表面进行除锈作业，表面的除锈等级宜达到 GB/T 8923.1 中规定的 Sa2.5 级或 St3 级，经过表面处理的管壁应无灰尘残留。

（6）钢制补板加强：管体表面处理完成后，应立即对已初步封堵的孔洞泄漏点进行钢制补板加强。钢制补板中心位于泄漏点中心部位，补板轴向长度不小于 1.0 倍管道直径（$1.0D$），环向弧长为 1/4 管道周长（$0.25L$），曲率半径（R）大于管道外径 3mm，与管壁贴合后间隙小于 2mm。钢制补板使用高强度堵漏胶与钢管黏接，高强度堵漏胶充满补板与管壁之间，并且补板四周使用高强度堵漏胶密封。可根据现场环境温度和堵漏胶最佳固化温度和时间进行加热固化，根据堵漏胶固化性能固化 90~120min，完成钢制补板加强，如图 7 所示。

图 7　钢制补板加强示意图

（7）管体表面二次处理：钢制补板加强完成后，对管体表面进行再次除锈作业，表面的除锈等级宜达到 GB/T 8923.1 中规定的 Sa2.5 级或 St3 级，表面无灰尘残留。

（8）纤维加强：完成钢制补板加强后，同时进行逐级加压通气作业检查封堵效果，逐级加压试验完成后，对整个漏点修补位置进行整体纤维补强，按照本文 1.3 节完成复合材料补强。

（9）外防护层恢复：完成纤维加强并且确认穿孔泄漏部位正常服役后，按照本文 1.3 节继续完成外防护层恢复工作。

（10）现场清理：待堵漏作业全部完成后，整理工具，清理回收现场杂物，按要求撤离现场。

2.3　全尺寸堵漏试验

为评价该堵漏方法的堵漏效果，按照堵漏工艺流程制作全尺寸堵漏试样。试样规格为 $\phi219\times6mm$，长 2.5m，缺陷为孔状，几何尺寸约为 15mm。全尺寸堵漏过程如图 8 所示，堵漏试样如图 9 所示。完成全尺寸堵漏试样制作后，对试样开展静水压试验及严密性测试。

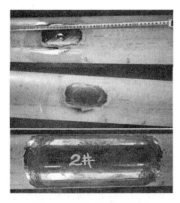 

图 8　全尺寸堵漏过程　　　　　图 9　全尺寸堵漏试样情况

根据 GB 50251 中的试压规定，试件强度试验压力为设计压力 1.25 倍且保压 4h 以上，试件严密性试验压力为设计压力且保压 24h 以上不出现泄漏。某气田集输管道设计压力为

6.4MPa，因此，对经过压力循环试验的全尺寸堵漏试样分别进行6.4MPa(管道设计压力)和8.0MPa(管道设计压力的1.25倍)的静水压试验，试验结果如图10和图11所示。由图10和图11可知，堵漏试件强度试验8.0MPa下保压6h后，试件压力未出现降低；严密性试验6.4MPa下保压25小时，试件压力未出现降低，说明试件未发生泄漏，采用该堵漏技术的全尺寸堵漏试件的强度指标和严密性指标均满足GB 50251规定。

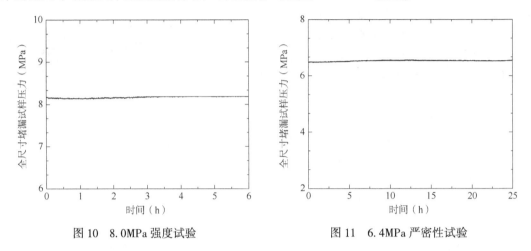

图10　8.0MPa强度试验　　　　　　　　图11　6.4MPa严密性试验

3　腐蚀缺陷快速修复

3.1　纤维增强复合材料对外腐蚀缺陷的修复补强

复合材料修复补强技术属于一项比较成熟的技术，目前已经在各油气田企业地面钢制管道缺陷修复领域取得大量应用，具有很好的应用效果。以国内某气田集输管线为例，2020年完成修复127处，2021年完成修复40处，统计结果列于表1和表2中修复钢管的规格包括$\phi219\times6.3mm$和$\phi273\times7.1mm$两种，管道材质L245N/20#钢，管道设计压力6.4MPa，日常运行压力2.0~4.0MPa。

表1　2020年国内某气田复合材料修复补强统计(部分)

序号	集输管线		修复补强数量	小计
1	A区块	3#集气站-1#集气站	58	87
2		2#集气站-1#集气站	29	
3	B区块	6#集气站-1#集气站	2	2
4	C区块	5#集气站-2#集气站	3	38
5		2#集气站-1#集气站	3	
6		1#清管站-1#集气站	19	
7		3#集气站-1#清管站	2	
8		4#集气站-1#清管站	11	
9	合计		—	127

表 2 2021 年国内某气田复合材料修复补强统计（部分）

序号	集输管线		修复补强数量	小计
1	D 区块	单井管线	8	8
2	E 区块	单井、集输管线	32	32
3	合计	—	40	

通过对表 1 中 2020 年复合材料修复补强工作量进行统计分析：

（1）A 区块 3#集气站-1#集气站管线总检测里程 10.46km，修复补强 58 处；2#集气站-1#集气站管线总检测里程 18.00km，修复补强 29 处，A 区块修复补强工作量占全年工作量的 68.50%。

（2）B 区块总检测里程 14.40km，仅发现 2 处需要修复补强的腐蚀缺陷。

（3）C 区块共开展了 5 条管线检测，总检测里程 50.00km，修复补强工作量为 38 处。

由此可知，不同区块管线具有不同的腐蚀特征，采用复合材料修复补强，能够对管道各类外腐蚀缺陷进行修复，如图 12 至图 14 所示，保障了油气集输管道的安全平稳运行。

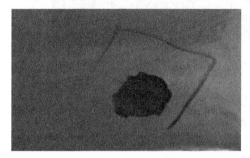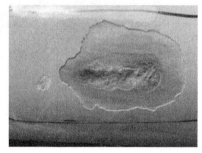

图 12 管道单个腐蚀坑

图 13 管道连续腐蚀坑

图 14 管道局部防腐层失效引起的较长腐蚀缺陷

3.2 快速不动火堵漏技术对腐蚀穿孔的修复

本文所研究的快速堵漏技术已经在现场取得了良好的应用效果。2020 年，在某气田在役集输管道发生穿孔，设计压力为 6.4MPa，运行压力为 3.0MPa，管道规格为 φ159×6mm，采用快速堵漏技术进行现场封堵，将管线上下游阀门关闭，无需对管道内介质进行置换，按照本文 2.2 节堵漏作业流程安全完成堵漏，总耗时约 3.0h，截至目前，该处泄漏部位未再发生穿孔泄漏，现场堵漏情况如图 12 所示。

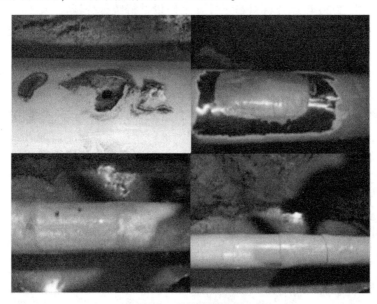

图 15　现场堵漏情况

此后，针对该气田企业其他在役地面管道的腐蚀穿孔失效，又开展了 10 余处堵漏抢险作业，未发生安全事故，截至目前堵漏部位均未发生再次穿孔泄漏失效。

该技术对于集输管道腐蚀穿孔的修复无需动火焊接，并且无需对管道内输送介质进行置换，极大地避免了油气田企业因动火作业而带来的安全风险，同时避免了因管道内输送介质置换所造成的经济损失，极大地解决了油气集输管道腐蚀穿孔堵漏难题。

4　结论

油气集输管道腐蚀缺陷不可避免，本文通过梳理目前修复手段的应用情况，同时结合油气集输管道特征，明确了复合材料修复补强技术对于管道外腐蚀缺陷的修复效果，并且进一步开展实验研究，开发了一种针对管道腐蚀穿孔的不动火、不置换快速修复技术，保障了油气集输管道的服役安全，主要结论如下：

（1）在现场实际应用中，复合材料修复补强具有操作便捷、成本相对较低、修复稳定性高等特征，对于深度<0.8t 的管道外腐蚀缺陷具有良好的应用效果，能够为油气集输管道外腐蚀缺陷治理提供重要的技术支撑。

（2）采用快速固化堵漏胶配合钢瓦黏接加强快速堵漏技术，无需进行动火焊接，也无需对管道内输送介质进行置换，对于设计压力为 6.4MPa 的管线，经过全尺寸试验验证，符合 GB 0251 中对强度和严密性的要求。

（3）本研究中的堵漏技术实现了在役管道不动火、不置换堵漏，能够快速恢复管道承压能力，整个作业过程中无需动火焊接，极大提升了油气集输管道腐蚀穿孔堵漏的安全性和工作效率，保障油气集输管道的安全运行，并且极大地降低了因停输、停产而造成的经济损失。

参 考 文 献

[1] 赵敏，郭兴建，王江云. 某气田地面工艺管线的腐蚀失效原因[J]. 腐蚀与防护，2021，42(4)：83-87.

[2] 青松铸，张晓琳，文崭，等. 长宁页岩气集气管道内腐蚀穿孔原因探究[J]. 材料保护，2021，54(6)：166-170.

[3] 金作良. 某成品油管道腐蚀穿孔失效分析[J]. 石油管材与仪器，2015，001(003)：54-58.

[4] 田宝恩，马佳杰，秦建合，等. 油库管道快速堵漏实用技术[J]. 油气储运，2013，32(9)：971-975.

[5] 赵良. 带压堵漏技术实例[M]. 郑州：河南科学技术出版社，2007：124-133.

[6] 王玉梅，刘艳双，张延萍，等. 国外油气管道修复技术[J]. 油气储运，2005，24(12)：13-16.

[7] Kou J, Yang W. Application progress of oil and gas pipeline rehabilitation technology[M]//ICPTT 2011：Sustainable Solutions For Water, Sewer, Gas, And Oil Pipelines. 2011：1285-1292.

[8] Sing L K, Azraai S N A, Yahaya N, et al. Strength development of epoxy grouts for pipeline rehabilitation [J]. Jurnal Teknologi, 2017, 79(1)：9-14.

油气田注水设备腐蚀现状与新材质的应用

魏永辉　申　亮　詹海勇

（中国石油新疆油田公司）

摘　要：油气田回注地层的采出水，采出水水质情况复杂，具有较高的矿化度和腐蚀性，因此导致柱塞式注水泵在日常运行过程中，阀组、柱塞等部件腐蚀较为严重、更换频次高，导致注水泵故障率频发、运行时率显著下降，日常的运行维护成本增大，经济效益低下。以石西油田作业区石南31站柱塞式注水泵为研究，通过分析阀组、柱塞腐蚀的原因，探寻采用耐腐蚀性材质，并在现场取得良好的应用效果。

关键词：柱塞泵；腐蚀原因；耐腐蚀材质

目前油气田地层注水的设备多数采用往复式柱塞式注水泵，因而柱塞泵在日常的运行管理方面的重要性日益凸显。特别是在油田开采的中后期，含水率升高，采出水量骤增，采出水回注面临着较大压力，且采出水水质情况复杂，柱塞泵各部件的材质性能和耐腐蚀性等方面难以满足日常需求，导致故障率频发、运行时率显著下降，日常的运行维护成本增大，经济效益低下。

新疆油田公司石西油田作业区石南31站区均采用的是高压往复式柱塞泵，由于采出水对注水泵部件的腐蚀，导致注水泵故障率和维修频次逐年攀升，部件损坏导致更换频繁。在注水泵日常运行过程中，尤其是柱塞、吸排液阀组经常出现腐蚀损坏，故障率频发，是造成材料损耗高、维修频次高、生产运行成本高的主要原因。

因此对现场使用的注水泵部件腐蚀的现状了统计分析，总结了注水泵部件的腐蚀现状和具体失效形式，对部件腐蚀原因进行了探究，找出了部件腐蚀问题的根本原因，并通过对现有部件材质的耐腐蚀性进行分析，结合现状，探索出了新型的耐腐蚀性材质，并在现场进行实践和应用，取得了良好的应用效果，结果表明，新型耐腐蚀材质的应用，极大减缓了柱塞泵部件腐蚀的速率，有效延长了其使用寿命，降低了注水泵故障率、维修频次和运行成本，取得了很好的经济效益。

1　注水泵工作原理

柱塞泵运行过程中，依靠电机带动泵体内的曲轴，通过曲轴将旋转运动转换为柱塞的往复式运动，使密封工作空腔的容积发生改变，实现进液和排液。当柱塞向曲轴箱方向运动时，吸液阀板和阀体密封面打开，排液阀板和阀体密封面封闭，液体进入空腔，完成吸液过程；当柱塞向泵头端运动时，吸液阀板和阀体密封面封闭，排液阀板和阀体密封面打开，液体排出，完成排液过程。

2 注水泵常见故障及原因分析

2.1 吸排液阀组常见故障

2.1.1 吸液阀组故障

注水泵吸液阀组主要包括吸液弹簧和吸液阀板，在日常运行和检维修过程中，特别是对吸液阀板和弹簧进行检查时，发现吸液弹簧腐蚀、断裂情况较为突出，（图1），吸液阀板磨损、腐蚀较为严重(图2)，导致注水泵在运行时异响，泵效降低。

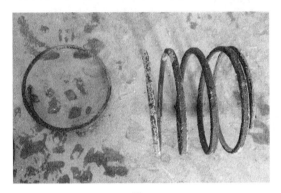
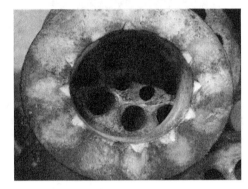

图1　　　　　　　　　　　　　图2

2.1.2 排液阀组故障

注水泵排液阀组主要包括阀体、排液阀弹簧、排液阀板和排液弹簧座等部件，在日常检维修过程中，不定期发现整个排液阀组腐蚀情况严重(图3)，主要表现在阀体密封面存在腐蚀、凹坑(图4)；排液阀板腐蚀、破损(图5)；排液弹簧断裂(图6)等情况较为严重，导致注水泵在运行时异响，泵效降低。

图3　　　　　　　　　　　　　图4

图 5   图 6

2.2 柱塞故障

常见的柱塞故障如图 7 所示，主要表现为柱塞表面镀层脱落，划痕、表面拉伤、坑蚀，严重影响了柱塞使用寿命，增加了维修频次，导致生产运行成本增加。

图 7

2.3 注水泵部件腐蚀原因分析

2.3.1 工艺水质原因

因采出水的水质成份比较复杂，通过现场取样并对水质的分析(表 1)，得出采出水水质偏硬，具有高矿化度、高腐蚀性的特点。

表 1 采出水水质分析结果

样品名称	数值	样品名称	数值
pH 值	6.82~7.1	钙离子(mg/L)	1007.3
氯离子(mg/L)	11835	矿化度(mg/L)	21305.3
钾离子、钠离子(mg/L)	7116.9		

采用 TESCAN VEGA II 扫描电子显微镜对柱塞主体和阀体表面的腐蚀产物进行形貌观察和成份分析，如图 8 所示。

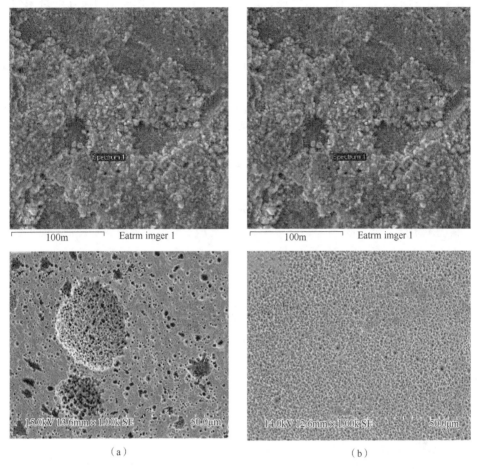

图 8

通过对腐蚀材料的化验分析，腐蚀材料的主要为点蚀，最终确定腐蚀主要为氯离子。

氯离子对金属腐蚀的影响表现在两个方面：一是降低材质表面钝化膜形成的可能或加速钝化膜的破坏，进而向金属晶体里面渗透，引起金属间的结构形式发生变化从而由点到面的腐蚀；另一方面使得二氧化碳在水溶液中的溶解度降低，从而缓解材质的腐蚀。

因为氯离子半径小、穿透能力强，并且能够被金属表面较强吸附的特点。氯离子浓度越高，水溶液的导电性就越强，电解质的电阻就越低，氯离子就越容易到达金属表面，加快局部腐蚀的进程。

因此采出水水质原因是导致柱塞泵零件腐蚀严重，零件使用寿命周期缩短的重要原因。

2.3.2 部件材质原因

石南 31 站注水泵吸排水阀体和弹簧均采用的为奥氏体不锈钢（钢中含 Cr 约 18%、Ni 8%～10%、C 约 0.1%），奥氏体不锈钢无磁性而且具有高韧性和塑性，但强度较低，耐氧化性酸介质腐蚀。

吸排水阀板采用的为聚四氟乙烯材质，是四氟乙烯经聚合而成的高分子化合物，具有优良的化学稳定性、耐腐蚀性、密封性、高润滑不黏性、电绝缘性和良好的抗老化耐力，但是其抗磨性和抗冲击强度较低。

柱塞表面采用涂层为铬，此材质为油田开发初期地层注入清水时采用的涂层材料，铬虽然也具有较高的耐磨和耐腐蚀性，但在酸碱性采出水水质中镀层极易脱落，不能满足采出水回注对材质的使用要求。

在石南 31 站转注采出水之后，注水泵直接与采出水接触部件的材质未进行重新选材，未能做到与注入介质进行适配，采用原有的奥氏体不锈钢材质对采出水的抗腐蚀性已无法满足使用要求，并且柱塞表面镀层也不满足防腐蚀要求，故导致在注入介质发生改变时，由于材质的问题，造成吸排水阀组、柱塞等部件腐蚀极为严重，故障率高，配件更换频繁，运行成本居高不下。

综合以上问题进行分析，水质的高腐蚀性和材质的耐腐蚀性较弱，是导致注水设备故障率高的主要原因。

3 耐腐蚀性材质的选型及应用

经过对注水泵故障率高的原因分析，在配件材质上主要是由于配件材质选型问题不满足现有采出水水质耐腐蚀性要求，导致损坏率、更换率高，因此从源头入手，针对现有腐蚀主要是由于采出水水质中含有的氯离子腐蚀，需选择耐氯离子腐蚀的材质，可有效缓解腐蚀问题。

对于常规不锈钢材，大多数适用于低浓度氯离子环境(如图 9 所示，为不锈钢及钛材质所适用的氯离子环境)，针对氯离子含量较高的油气田采出水水质而言，常规不锈钢难以应用到注水设备上。

最高温度(℃) / 氯离子含量(mg/L)	25	50	60	75	80	100	120	130
10	304	304	304	304	304	304	304	316
25	304	304	304	304	304	316	316	316
40	304	304	304	304	316	316	316	904L
50	304	304	304	316	316	316	316	904L
75	304	304	316	316	316	316	316	904L
80	304	316	316	316	316	316	316	904L
100	304	316	316	316	316	316	904L	254
120	316	316	316	316	316	904L	904L	254
130	316	316	316	316	316	904L	254	254
150	316	316	316	316	316	254	254	254
180	316	316	316	316	904L	254	254	TA1
250	316	316	316	904L	254	254	254	TA1
300	316	316	904L	254	254	254	254	TA1
400	316	904L	254	254	254	254	TA1	TA1
500	904L	904L	254	254	254	TA1	TA1	TA1
750	904L	254	254	254	TA1	TA1	TA1	TA1
1000	904L	254	254	TA1	TA1	TA1	TA1	TA1
1800	254	254	TA1	TA1	TA1	TA1	TA1	TA1
5000	254	TA1	TA1	TA1	TA1	TA1	TA1	TA1
7300	TA1	TA1	TA1	TA1	TA1	TA1	TA1	TA1

图 9 不锈钢及钛材质所适用的氯离子环境

由于常规不锈钢不能作为注水设备部件材质的选择，可考虑采用双相不锈钢。根据不锈钢 PRE 耐腐蚀当量值（图 10，耐点腐蚀指数 PRE（Pitting Resistance Equivalent）数值反映的是材料的耐氯离子点腐蚀倾向），可以看出双相钢的耐腐蚀倾向均大于普通不锈钢，具有良好的耐氯离子点腐蚀特性。

钢号	PRE
4307	18
4404	24
LD×2101®	26
2304	26
904L	34
2205	35
254 SMO®	43
2507	43

图 10　不锈钢 PRE 耐腐蚀当量值

同时，参考奥托昆普不锈钢耐氯离子腐蚀图示（图 11），可以看出双相钢耐点腐蚀和耐缝隙腐蚀的性能也远远大于普通不锈钢。

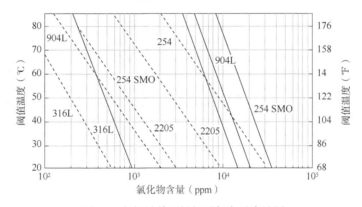

图 11　奥托昆普不锈钢耐氯离子腐蚀图

所以针对氯离子含量较高的环境，可优先选用双相不锈钢材质，作为设备主体部件的材质。但是，双相钢的强度相较常规不锈钢材而言具有较高的强度，不容易成型和加工，若作为柱塞式注水泵的常规易损部件选材，在其加工过程中，人工和耗材费用会增加，不利于运行成本的控制。

为达到现场注水泵部件的实际耐腐蚀性能使用需求，同时考虑控制成本，可考虑另一种性能较为平衡的不锈钢种类，即沉淀硬化不锈钢，此种材质可通过热处理进行强化，具有高强度、足够的韧性和适宜的耐腐蚀性等良好的综合力学性能。根据石南 31 站现场实际情况，通过反复试验，探索出了其热处理的温度、时间、冷却速度等相关控制参数，在现场实际应用后，达到了理想的性能。

此外，为了更加强化部件的耐腐蚀性能，探寻更好的部件的表面处理工艺，更满足于现场对部件耐蚀性能的需求，对配件的材质表面的处置工艺做如下三组试验，寻求满足现场耐腐蚀性的材质处理工艺。

试验一：合金基体表面镀铬

通过合金基体表面镀铬（图 12），洛氏硬度 64，在使用 20 天左右的柱塞表面明显存在划痕和点蚀，短时间内形成点蚀的主要原因是：因为镀铬为通过电

图 12　表面镀铬

极使铬附着于钢铁表面，表面结构不致密导致短时间的点蚀。

试验二：合金基体整体表面氮化处理

合金基体表面整体氮化(图13)，表面洛氏硬度63，在现场使用20天左右，但因其氯离子对表面氮化层的破坏，表面有轻微划痕，表面轻微点蚀。

试验三：合金基体表面焊接碳化钨合金块

合金基体表面焊接碳化钨合金块(图14)，表面洛氏硬度65，通过现场20天的试用，解决了表面磨损的问题，但因为焊接碳化钨合金块，焊缝间存严重的腐蚀情况。

图13　合金基体表面氮化　　　　　　图14　焊接碳化钨合金块

通过目前以上三种表面工艺的对比来看，合金基体表面氮化处理在耐磨和耐腐方面优于其余二种工艺，因此综合分析后，可考虑采用在合金基体表面进行热处理后进行氮化处理工艺。

经过对比分析及试验后，针对注水泵的阀组和柱塞可优先采用沉淀硬化不锈钢作为材质基体，同时选用优化后的表面处理工艺，使其材料自身达到最佳的使用状态。

根据石南31站注水泵现场的实际情况，分别对阀组的弹簧、阀体、阀板、柱塞选用了三种耐腐蚀性的材质和表面处理工艺，并在现场试验并应用后取得了良好效果。

3.1　注水泵阀体材质选择

结合在日常维修过程中，阀体密封面经常出现腐蚀、凹坑的情况，结合试验结果，优先选用了沉淀硬化不锈钢，并根据注水泵现场实际需求情况，经过热处理使其金属结构综合性能提高，同时为提高表面硬度，对阀体进行氮化处理(氮层0.17mm)。经过热处理和整体氮化处理后，使阀体具有较高的强度和耐腐蚀性。

3.2　阀组弹簧材质选择

结合吸排水阀弹簧经常出现腐蚀断裂的情况，经过筛选，选用了316L不锈钢(022Cr17Ni12Mo2)，此类材质具有优秀的耐腐蚀性，耐高温、抗蠕变性能，同时对其表面进行热处理和氮化处理，增强其强度和耐腐蚀性。

3.3　阀组吸排水阀板材质选择

原来使用的阀板经常出现密封面磨损、破损，此次选用了peek材质(主要成分为聚醚醚酮，其中为强化其材料性能，添加了其他微量元素)，具有高强度、高硬度、耐腐蚀、耐磨等优点，完全契合了吸排水阀板对材料的需求。同时排水阀板由于和排水阀弹簧无相对固定点，经常造成排水阀板和弹簧接触面磨损（图 15），针对此问题点，也是创新性的改变了排水阀板的结构，在排水阀板上设计弹簧座（图 16），排水阀板在工作过程中与弹簧相对静止，消除弹簧与排水阀板碰撞磨损，从而延长了阀板的使用寿命。

图 15 图 16

选型成功后，优先在石南 31 站进行现场应用，在泵体上安装了耐腐蚀性材质阀组，已在现场连续使用了 8000h 以上，而旧材质的阀组寿命仅为 700h，极为有效地延长了使用寿命。对使用效果进行验证，发现表面无腐蚀、凹坑，整体光洁度完好（图 17 和图 18），对比同期内使用一个月的旧阀组（图 19 和图 20），效果明显。截至到目前现场使用效果良好，无腐蚀、损坏问题产生。

图 17 图 18

3.4 柱塞材质选择

针对以往柱塞材质及其表面的镀铬层难以符合目前的采出水水质防腐蚀要求，对柱塞的防腐涂层进行探讨研究，选择以沉淀硬化不锈钢为基体，同时采用镍 60 合金对柱塞表面进行涂层处理，能有效提高柱塞的耐腐蚀性。

耐腐蚀性镀层柱塞在现场投入使用之后，将柱塞由原来的 1100h 使用寿命，延长至 9000h 以上，有效的节约了生产运行费用，极大的减少了维修人员的劳动强度。

图 19   图 20

4 结论

通过对新疆油田公司石西油田作业区石南 31 站注水泵部件腐蚀现状进行总结分析，找出了腐蚀的原因，并通过相关试验找出了新型耐腐蚀材质及其表面处理方式，在现场实际应用后取得了良好的效果，将阀组的使用寿命由原有的 700h 延长至 8000h 以上，将柱塞的使用寿命由 1100h 延长至 9000h 左右，有效地延长了注水泵的运行时率，减少了注水泵的故障频次和维修工作量，取得了较大的经济效益和良好的推广应用价值。

同时，此次新型耐腐蚀材质的探索及在现场的成功应用，也为油气田企业在注水设备防腐方面提供了一定的参考性，对于采出水注水设备腐蚀原因主要有以下两点：

（1）造成柱塞泵部件腐蚀的原因是采出水水质的、高矿化度、高腐蚀性造成的；

（2）注水泵部件材质的不耐腐蚀性以及未能结合采出水水质进行材质的选型也是造成注水泵腐蚀严重、故障率高、部件更换频次高的主要原因。

对于采出水回注的油气田企业，可根据本次耐腐蚀材质的成功应用实践，针对注水及水处理等处于高浓度氯离子环境的相关设备，可优先选用双相不锈钢作为首选材质；而对于往复式柱塞泵的柱塞、阀体等直接与采出水介质接触的易损部件，综合材质的防腐蚀、成本等因素考虑，可采用沉淀硬化不锈钢，同时对材料进行热处理及表面氮化处理，并且依据现场腐蚀物与腐蚀程度的不同，可在表面喷涂对应的抗腐材料；针对吸排水阀板腐蚀损坏的问题，可优先选用具有高硬度、耐腐蚀、耐磨等优点的聚醚醚酮材质，可显著延其的使用寿命。

西部某油田进站汇管法兰螺栓断裂失效分析

王 鹏 岳良武 常泽亮

(中国石油塔里木油田公司)

摘 要： 西部某油田2座集气站进生产汇管法兰发生螺栓断裂事件，通过宏观形貌观察，几何尺寸测量，无损检测，理化性能检测，扫描电镜及能谱分析等对其失效原因进行了分析。结果表明：螺栓断裂属于应力腐蚀开裂，裂纹起源于下法兰螺母受力面位置螺纹根部应力集中处。螺栓的硬度大、冲击韧性低增大了螺栓发生应力腐蚀开裂的敏感性，螺栓与下法兰盘孔之间缝隙存在积水为应力腐蚀开裂提供了介质条件。

关键词： 法兰螺栓，应力腐蚀开裂，应力集中，开裂敏感性，缝隙腐蚀

西部某油田2座集气站均发生螺栓断裂事件，2021年5月1#集气站站内进生产汇管法兰2颗螺栓断裂，2022年4月2#集气站检修时发现站内生产汇管法兰有3颗螺栓断裂，随即该生产单位将同批次共计112根螺栓进行了更换。前期调研显示断裂螺栓于2007年建设安装，与配套法兰均被包裹在保温棉加石膏板保温壳内，螺母材质30CrMo、螺柱材质35CrMo，规格为M33×210mm，制造标准为GB/T 9125.2—2020《钢制管法兰连接用紧固件 第2部分：Class系列》。

1 失效原因分析

1.1 宏观形貌

取螺栓样品6根，分别标记为1#~6#样品，如图1(a)所示。其中1#、2#螺栓为断裂的进站生产汇管法兰螺栓，其余4根螺栓为未发断裂的同批次螺栓。螺栓垂直安装，表面均呈锈黄色，6根螺栓下部(下法兰盘孔内)外表面均腐蚀严重，表面出现开裂、锈层脱落的情况[图1(b)]。1号螺栓断口锈蚀、磨损严重，断口已严重损伤[图1(c)]，2号螺栓断口较平齐，整体呈脆性断裂特征，断面垂直于螺栓轴向，断口未见明显颈缩，裂纹起源于螺柱外壁，呈多源起裂特征[图1(d)]。

选取样品6根，分别标记为1#~6#样品，如图3(a)所示。其中1#、2#螺栓为断裂的YT1-9井及YT101井进生产汇管法兰螺栓，其余4根螺栓为未发断裂的同批次螺栓。螺栓垂直安装，表面均呈锈黄色，6根螺栓下部(下法兰盘孔内)外表面均腐蚀严重，表面出现开裂、锈层脱落的情况[图3(b)]。1号螺栓断口锈蚀、磨损严重，断口已严重损伤[图3(c)]，2号螺栓断口较平齐，整体呈脆性断裂特征，断面垂直于螺栓轴向，断口未见明显颈缩，裂纹起源于螺柱外壁，呈多源起裂特征[图3(d)]。

图 1　样品宏观照片

(a)整体宏观(b)表面腐蚀形貌(c)1#螺栓断口(d)2#螺栓断口

1.2　几何尺寸测量

表 1 为送检螺栓几何尺寸测量结果，由表 1 可知，螺栓的尺寸符合 GB/T 9125.2—2020 标准的要求。

表 1　送检螺栓尺寸测量结果(mm)　　　　　　单位：mm

试样编号	螺柱		螺母		
	规格	外径	对边宽度	对角宽度	厚度
1#	M33	32.86	49.30	56.53	27.88
2#	M33	32.56	49.56	56.60	27.69
3#	M33	32.77	49.84	56.70	27.70
4#	M33	32.87	49.61	56.74	27.70
5#	M33	32.75	49.35	56.54	27.66
6#	M33	32.97	49.24	56.42	27.80
GB/T 9125.2—2020 要求	M33	32.00~33.00	49.00~50.00	≥55.37	27.40~28.70

1.3　无损检测

为进一步确定失效螺栓是否存在其他表面裂纹，依据 NB/T 47013.4—2015《承压设备无损检测　第 4 部分：磁粉检测》标准，利用荧光磁粉分别对 1#~6# 螺栓外壁进行无损检测，如图 2 所示。结果表明，1#~6# 螺栓均未见其他缺陷。

图 2　磁粉检测照片

1.4　理化性能

为明确螺栓材料性能，分别在断裂的 1#、2#螺栓及未断裂的 3#~6#螺栓取样进行性能测试，并将结果与标准 GB/T 9125.2—2020《钢制管法兰连接用紧固件　第 2 部分：Class系列》要求进行对比分析。考虑螺栓及试样尺寸要求，分别在 1#、2#及 3#螺栓取化学成分、硬度、拉伸性能及金相分析试样，在 4#、5#、6#螺栓取冲击试样进行性能测试分析。

1.4.1　化学成分分析

分别在 1#~3#螺柱及螺母上取化学成分分析试样，依据 GB/T 4336—2016 标准，采用ARL4460 直读光谱仪进行试验，结果见表 2。从表 2 可知，1#~3#螺柱材质为 35CrMo，2#、3#螺母材质为 30CrMo，化学成分符合 GB/T 3077—2015《合金结构钢》标准要求；1#螺母材质为 45 号钢，化学成分满足 GB/T 699—2015《优质碳素结构钢》标准要求。

表 2　化学成分分析结果(Wt. ×10-2)

编号 元素	1#螺柱	2#螺柱	3#螺柱	1#螺母	2#螺母	3#螺母	GB/T 3077—2015 要求	GB/T 699—2015 要求
碳（C）	0.34	0.33	0.33	0.44	0.32	0.34	0.32~0.40	0.42~0.50
硅（Si）	0.21	0.21	0.21	0.26	0.22	0.22	0.17~0.37	0.17~0.37
锰（Mn）	0.52	0.51	0.52	0.69	0.56	0.56	0.40~0.70	0.50~0.80
磷（P）	0.011	0.011	0.011	0.015	0.012	0.013	≤0.02	≤0.035
硫（S）	0.0073	0.0079	0.0071	0.016	0.013	0.014	≤0.02	≤0.035
铬（Cr）	0.91	0.93	0.92	0.029	0.92	0.99	0.80~1.10	≤0.25
钼（Mo）	0.16	0.15	0.16	0.0011	0.18	0.18	0.15~0.25	—
镍（Ni）	0.0090	0.0087	0.0088	0.012	0.0089	0.0092	≤0.30	≤0.30
铌（Nb）	<0.0008	<0.0008	<0.0008	<0.0008	<0.0008	<0.0008	—	—
钒（V）	0.0030	0.0029	0.0030	0.0024	0.0036	0.0033	—	—
钛（Ti）	0.0022	0.0021	0.0021	0.0038	0.0021	0.0021	—	—
铜（Cu）	0.010	0.0097	0.0099	0.025	0.0086	0.0083	≤0.25	≤0.25
硼（B）	<0.0001	0.0001	0.0001	0.0002	0.0002	0.0003	—	—
铝（Al）	<0.001	<0.001	<0.001	0.011	<0.001	<0.001	—	—

1.4.2　力学性能试验

1）拉伸性能试验

分别从 1#~3#螺柱取纵向拉伸试样，依据 GB/T 228.1—2010 标准进行室温拉伸试验，试验结果见表 3。由表 3 可知，3 件螺柱拉伸强度、屈服强度满足 GB/T 9125.2—2020 对 35CrMoA 钢的要求，2#、3#螺柱断后伸长率不满足 GB/T 9125.2—2020 的要求。

表 3　室温拉伸试验结果

试 样		抗拉强度（MPa）	屈服强度（0.2%offset）（MPa）	断后伸长率（%）
编 号	直径×标距（mm×mm）			
1#	6.238×25	1373	1173	15.0
2#	6.234×25	1372	1183	13.0
3#	12.423×50	1214	1100	13.0
GB/T 9125.2—2020 要求		≥805	≥685	≥14

2）冲击性能试验

分别从 4#~6#螺柱取纵向冲击试样（10mm×10mm×55mm），依据 GB/T 229—2020 标准，应用 PIT752D-2（300J）型冲击试验机对试样进行夏比冲击试验，试验结果见表 4。由表 4 可知，6#螺柱冲击性能满足 GB/T 3077—2015 标准要求，4#、5#螺柱冲击性能低于 GB/T 3077—2015 标准要求。

表 4　冲击试验结果

编号 \ 项目	试样规格（mm）	缺口形状	温度（℃）	冲击吸收能量（J）
4#纵向	10×10×55	V 型	20	16
5#纵向	10×10×55	V 型	20	29
6#纵向	10×10×55	V 型	20	79
GB/T 3077—2015 要求	10×10×55	V 型	20	≥63

3）硬度试验

分别在 1#~3#螺柱及螺母上取硬度试样，依据 GB/T 231.1—2018《金属材料　布氏硬度试验　第 1 部分：试验方法》标准，采用 BH3000 布氏硬度计进行布氏硬度（HBW2.5）测试，测量结果见表 5。从表 5 可见，1#~3#螺柱、2#、3#螺母的硬度均不符合标准 GB/T 9125.2—2020 的规定。

表 5　布氏硬度测试结果　　　　　　　单位：HBW

试验位置	1#螺柱	2#螺柱	3#螺柱	1#螺母	2#螺母	3#螺母
位置 1	438	438	363	254	336	345
位置 2	438	463	372	249	328	328
位置 3	438	450	372	254	328	336
GB/T 9125.2—2020 规定	234~285			234~321		

1.4.4 金相分析

1) 螺柱金相分析

分别从 1#~3#螺柱上取金相分析试样，依据 GB/T 13298—2015《金属显微组织检验方法》、GB/T 6394—2002《金属平均晶粒度测定方法》和 GB/T 10561—2005《钢中非金属夹杂物含量的测定方法》，采用 OLS4100 激光共聚焦显微镜对试样的显微组织、晶粒度和非金属夹杂物等进行检测分析，结果见表6。从表6可知，1#、2#螺柱金相组织为 S 回(回火索氏体)+F(铁素体)，3#螺柱为 S 回(回火索氏体)，1#螺柱晶粒度 8.5 级，2#、3#螺柱晶粒度 8.0 级，3 件螺柱非金属夹杂物均为 A1.0，B0.5，D0.5。

表6　金相检验结果

试样编号	非金属夹杂物	组织	晶粒度
1#	A1.0，B0.5，D0.5	S回+F(图3、图4)	8.5
2#	A1.0，B0.5，D0.5	S回+少量 F(图5、图6)	8.0
3#	A1.0，B0.5，D0.5	S回(图7、图8)	8.0

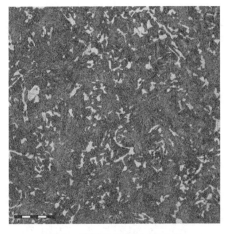

图 3　1#螺柱边部金相组织

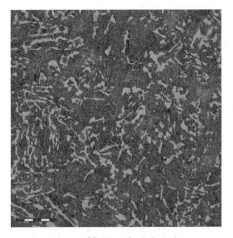

图 4　1#螺柱芯部金相组织

图 5　2#螺柱边部金相组织

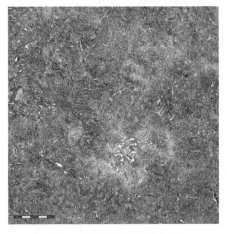

图 6　2#螺柱芯部金相组织

图 7　3#螺柱边部金相组织　　　　　图 8　3#螺柱芯部金相组织

2）断口金相分析

在 1# 和 2# 螺栓断口处取纵向金相试样，依据 GB/T 13298—2015《金属显微组织检验方法》、GB/T 6394—2002《金属平均晶粒度测定方法》和 GB/T 10561—2005《钢中非金属夹杂物含量的测定方法》，采用 OLS4100 激光共聚焦显微镜对试样的显微组织、晶粒度、非金属夹杂物和裂纹等进行检测分析，结果见表 7。从表 7 可知，1# 和 2# 螺栓断口附近金相组织、非金属夹杂物、晶粒度与螺柱其他位置基本一致。1# 螺栓断口未发现裂纹，2# 螺栓断口第一根螺纹底部存在裂纹，呈沿晶开裂状，裂纹尖端可见分支特征，周围组织未见异常，裂纹内存在大量灰色物质。

表 7　金相检验结果

试样编号	非金属夹杂物	组织	晶粒度	裂纹分析
1#断口	A1.0，B1.0，D0.5	$S_回$+F(图 9)	7.5	未发现明显裂纹
2#断口	A1.0，B0.5，D0.5	S 回(图 10)	8.0	沿晶裂纹，裂纹内部存在大量灰色物质(图 11)

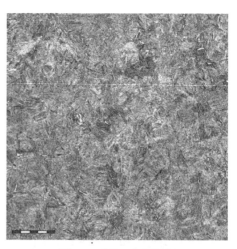

图 9　1#断口金相组织　　　　　　　图 10　2#断口金相组织

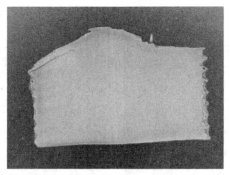

（a）宏观

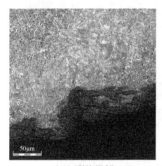

（b）裂纹根部

（c）裂纹中部

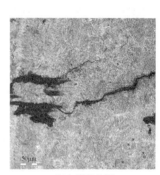

（d）裂纹尖端

图 11　2#断口裂纹金相

1.5　扫描电镜及能谱分析

取 1#、2#螺栓断口试样，利用扫描电子显微镜（SEM）及 X 射线能谱分析仪（EDS）对断口形貌及微区成分进行分析。高倍观察发现，断口微观形貌呈团簇、鳞片状，未见明显韧窝形貌，如图 12 所示。EDS 成分分析（图 13）结果（表 8）显示，断口表面成分主要含 Fe、O 元素及少量 C、Cl、Si 等元素。

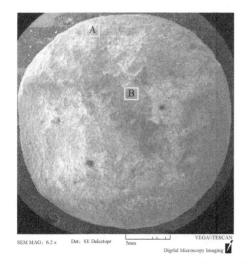

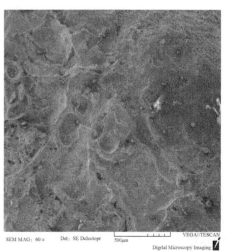

图 12　断口不同区域的 SEM 照片

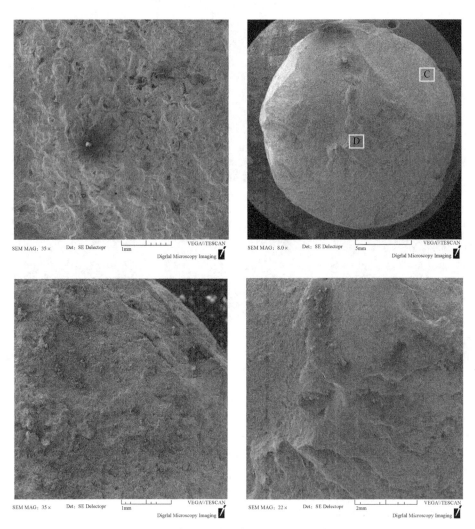

图 12　断口不同区域的 SEM 照片(续)

表 8　EDS 图谱分析结果　　　　　　　　单位:%(质量分数)

元素 ＼ 编号	A 区域	B 区域	C 区域	D 区域
碳(C)	—	2.50	5.93	12.18
氧(O)	37.06	35.21	36.51	29.06
铁(Fe)	53.67	57.76	55.60	48.80
氯(Cl)	1.88	0.93	0.56	—
钠(Na)	1.02	1.28	—	—
硅(Si)	3.10	1.51	0.82	2.18
钙(Ca)	1.37	—	—	1.25
铬(Cr)	—	0.80	0.58	—

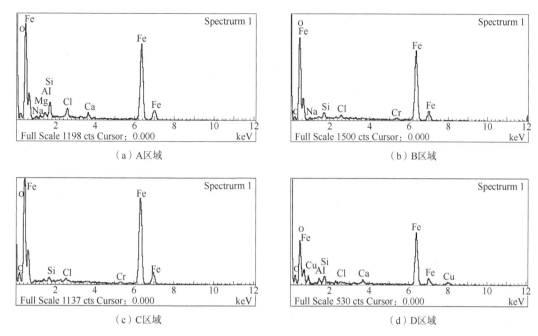

图 13　不同区域断口 EDS 分析图谱

1.6　综合分析

螺栓断口宏观形貌表明，失效螺栓断裂点位于螺柱与螺母连接的受力面。断口较为平整，未见明显颈缩，呈脆性断裂特征，裂纹金相结果表明，裂纹起源于螺栓螺纹牙底，主要为沿晶裂纹，裂纹尖端可见明显分叉，螺栓断裂属典型脆性断裂[1]。以下从螺栓的材料性能、安装受力、运行工况三方面分析螺栓发生断裂的原因。

首先，从螺栓材料性能方面进行分析。螺栓理化性能分析结果表明，1#~3#螺柱、2#、3#螺母材质均为 35CrMoA，1#螺母材质为 45 号钢，化学成分符合 GB/T 3077—2015 及 GB/T 699—2015 标准要求[2]。螺柱抗拉强度、屈服强度符合 GB/T 9125.2—2020 对 35CrMoA 钢的要求，1#、2#螺柱金相组织为回火索氏体+铁素体，3#螺柱金相组织为回火索氏体，晶粒度均在 8.0 级以上，非金属夹杂物均为 A1.0，B0.5，D0.5。根据 GB/T 9125.2—2020《钢制管法兰连接用紧固件　第 2 部分：Class 系列》标准，35CrMoA 材料的螺栓应采用调质热处理工艺，金相组织应为分布均匀的回火索氏体，发生断裂的 1#、2#螺柱金相组织中含有铁素体，有关资料表明，材料基体组织铁素体的出现，会显著降低材料的强度[3]。此外，2#、3#螺柱的断后伸长率、1#~3#螺柱的布氏硬度、4#~5#螺柱的冲击性能均不符合 GB/T 9125.2—2020 要求，尤其是 1#、2#螺柱的硬度远大于标准要求，导致材料的冲击韧性较差，抗裂纹扩展性能低。

其次，从螺栓的安装受力方面进行分析。该批螺栓自 2007 年投产安装后从未拆卸过，因时间较长无法获取当初的紧固方式。根据 GB/T 17186.1—2015《管法兰连接计算方法　第 1 部分：基于强度和刚度的计算方法》，操作状态下所需的最小螺栓载荷的计算公式见式(1)：

$$W_{m1} = H + H_p = 0.785G^2p + (2b \times 3.14GmP) \qquad (1)$$

式中，H 为操作状态下，以垫片反力作用直径为界的面积上的最大许用工作压力所产生的端部静压力，N；H_p 为垫片或连接表面上维持足以保持紧密连接的压缩载荷，N；G 为垫片压紧力作用位置处的直径，mm；p 为操作内压力，MPa；b 为垫片有效密封宽度或连接接触面密封宽度，mm；m 为垫片系数；

该型号法兰垫片为环形钢垫片，外径 161.93mm，宽度 11.11mm，根据 GB/T 17186.1—2015 标准，垫片有效密封宽度 b 为 5.55mm，垫片压紧力作用位置处的直径 G 为 161.93mm，垫片系数 m 为 5.5，现场最大操作压力为 12.5MPa，代入式（1）计算得到操作压力下螺栓最小载荷为 645665N。

该螺栓型号 M33×240mm，螺柱截面积为 855mm²，考虑螺栓连接处螺柱外表面已经严重腐蚀，厚度按 3mm 计算，则螺柱有效承载面积为 572mm²，单个法兰螺栓共计 8 根，计算得到单根螺柱的承载力约为 141MPa，远低于螺柱的抗拉强度。

力学计算表明，操作压力不是造成螺柱断裂失效的主要原因[4]。

最后，从螺栓的运行工况方面进行分析。通过现场调研可知，该汇管附近无振动源，进气流量较平稳，只是在每年停产检修需要进行流程切换时，可能会造成法兰处的晃动，可初步排除因振动疲劳导致的螺栓断裂。另外，从螺栓的现场安装位置来看，螺栓垂直安装，断裂处均位于螺栓下部腐蚀最严重处，受力状态相似的螺栓上部连接螺母处未发生断裂，因此判断螺栓的断裂与其外表面发生腐蚀有直接关系[5-6]。螺柱外表面腐蚀严重处位于下法兰盘孔内，法兰外表面为硅酸盐棉+铝皮保温，由于螺柱与下法兰孔之间存在空隙且未采取密封措施，导致雨水等腐蚀性介质进入后在此处聚集，另外，大气中的盐分、固体颗粒等杂质也易在此处沉积，增加了介质的腐蚀性[7-9]。根据现场资料，汇管处运行温度 30-50℃，另外保温层内采用电加热方式，因此保温层内螺栓孔处相对高温湿润的环境进一步加剧了腐蚀的发生。断口表面能谱分析表明，腐蚀产物主要含 Fe、O 元素及少量 C、Cl、Si 等元素，也表明该处有杂质的沉积。研究表明，低合金高强度钢在雨水、氯化物水溶液等环境中有较强的应力腐蚀开裂敏感性。发生断裂的螺栓强度较高，硬度明显偏大，冲击性能明显偏低，抗应力腐蚀开裂性能较差，在轴向拉应力及法兰盘孔缝隙内腐蚀介质的作用下，螺柱发生应力腐蚀开裂导致断裂[10-11]。

综合以上分析可知，螺柱与下法兰盘孔存在间隙且未采取密封措施，导致孔内积水，大气中杂质在此沉积，腐蚀性增强，受垂向拉应力的作用，螺柱在下法兰螺母受力面位置萌生应力腐蚀裂纹。加之螺栓材质硬度高，冲击韧性差，抗裂纹扩展能力低，萌生后的应力腐蚀裂纹后期发生扩展，导致螺栓断裂。

2　结论

（1）1# ~ 3# 螺柱材质为 35CrMo，2#、3# 螺母材质为 30CrMo，化学成分符合 GB/T 3077—2015 标准要求；1# 螺母材质为 45 号钢，与设计要求的 30CrMo 螺母材质不符。

（2）1#、2# 螺柱金相组织为回火索氏体+铁素体，1# 螺柱晶粒度 8.5 级，2# 螺柱晶粒度 8.0 级，3# 螺柱金相组织为回火索氏体，晶粒度 8.0 级，非金属夹杂物均为 A1.0，B0.5，

D0.5；2#、3#螺柱的断后伸长率偏小，1#~3#螺柱的布氏硬度偏大，4#、5#螺柱的冲击性能偏低，均不符合 GB/T 9125.2—2020 要求。

（3）螺栓断裂属于应力腐蚀开裂，裂纹起源于下法兰螺母受力面位置螺纹根部应力集中处。螺栓的硬度大、冲击韧性低增大了螺栓发生应力腐蚀开裂的敏感性，螺栓与下法兰盘孔之间缝隙存在积水为应力腐蚀开裂提供了介质条件。

参 考 文 献

[1] 杨金艳，凌晨，吴澎，等. 高强度螺栓断裂原因分析[J]. 热加工工艺，2019，48(20)：173-176.

[2] 刘建平. 35CrMo 高强螺栓脆性断裂原因分析[J]. 金属世界，2022(6)：49-53.

[3] 杨春林，何俊，宫彦双，等. 35CrMoV 钢螺栓断裂原因分析[J]. 化工装备技术，2023，44(3)：33-36.

[4] 朱姣，钟振前，于学亮，等. 螺栓断裂原因分析[J]. 物理测试，2022，40(2)：57-63.

[5] 李静. 法兰连接螺栓断裂失效分析及对策[J]. 化工设备与管道，2023，60(1)：6-9.

[6] 贾璐菲，曾祥建，毛泽宁. 螺栓断裂失效分析[J]. 金属加工(热加工)，2019(10)：12-14.

[7] 薛义. 某压缩机螺栓连接断裂失效分析[D]. 上海：华东理工大学，2015.

[8] 刘志就. 往复式压缩机连杆螺栓断裂原因分析[J]. 设备管理与维修，2017(4)：95-97.

[9] 李维平. 压缩机缸体支撑螺栓失效分析[J]. 炼油与化工，2008(1)：39-41+61.

[10] 张渊. 在役螺栓球网架结构 M39 高强度螺栓的疲劳分析与试验验证[D]. 太原：太原理工大学，2015.

[11] 杨林. 活塞压缩机缸体连接螺栓断裂故障处理[J]. 压缩机技术，2018(4)：50-53.

聚集诱导发光缓蚀剂的合成及
不同阴离子对缓蚀作用的影响

孙 飞 赵 玥 安一鸣

(中国石化石油化工科学研究院有限公司)

摘 要：结合四苯乙烯具有聚集诱导发光效应、富电子、疏水性和空间位阻大等特点，设计合成了含有不同阴离子的多种阳离子型四苯乙烯(TPE)化合物，研究其聚集诱导发光特性，并以腐蚀失重试验验证它们对黄铜和碳钢的缓蚀性。结果表明，6 种具有不同阴离子的四苯乙烯化合物均具有聚集诱导发光的特性，而具有 SCN⁻阴离子的化合物(TPE-2NH$_3$·2SCN)具有显著的缓蚀性，其对黄铜缓蚀率最高超过 99%，对碳钢缓蚀率最高超过 98%，均为强作用的化学吸附。黄铜表面形成的吸附膜，在 365nm 紫外光照下可发射明显荧光，为金属缓蚀提供了荧光可视化的新方法。

关键词：四苯乙烯；聚集诱导荧光；阴离子；碳钢；黄铜；缓蚀

在石化生产过程中，许多大中型装置、管道及循环水冷却器经常会发生锈蚀现象，导致设备损坏，造成经济损失。腐蚀带来的化学品泄漏，也会对环境及人体健康造成危害[1-4]。添加缓蚀剂是一种常用的防腐蚀方法，具有工艺简单、成本低廉、实用性强等特点，可以大幅降低金属腐蚀速率，延长设备使用寿命，节约能源和材料。缓蚀剂吸附在金属表面可形成保护膜，隔离腐蚀因子。目前有 FTIR、SEM、XPS、AFM、SERS 等多种方法研究缓蚀剂在金属表面的吸附膜，然而这些方法耗时且并不直观[5-6]。

缓蚀剂分子中引入具有聚集诱导发光效应的基团，如四苯乙烯(Tetraphenylethylene，TPE)，可能将吸附膜可视化。当四苯乙烯浓度很低或处于单分子状态时，四个苯环可以自由旋转或振动，和双键不在同一平面内，因而不发射荧光或荧光很弱。但当四苯乙烯浓度较高而处于聚集状态时，分子内旋转或振动受到限制，荧光显著增强，称为聚集诱导发光效应(Aggregation-induced emission，AIE)[7-9]。当连有 AIE 基团的缓蚀剂分子吸附到金属表面时，AIE 基团中的分子内旋转将受到限制，荧光将会增强，通过荧光分析法即可探究缓蚀剂分子在金属表面是否发生吸附，以及是否发生完整吸附。

本研究设计合成了系列阳离子型四苯乙烯化合物，并通过探究不同阴离子对缓蚀性能的影响，得到了一种兼具 AIE 发光特性以及缓蚀性能的缓蚀剂分子，提供缓蚀剂吸附的可视化新方法。

1 试验部分

1.1 试验方法

腐蚀失重试验方法，参考标准：SY/T 5405—2019《酸化用缓蚀剂性能试验方法及评价指标》。

核磁共振氢谱（^{1}H NMR）和核磁共振碳谱（^{13}C NMR）由 Bruker Avance 400MHz 型核磁共振谱仪测定。

高分辨质谱（HR-ESI）由 Bruker Solarix-FT-ICR MS 型质谱仪测定。

荧光光谱（FL）由 Hitachi F-7100 型荧光光度计测定。

1.2 试验材料

石油醚、二氯甲烷、甲醇、乙醇、乌洛托品、四苯乙烯、雷尼镍、水合肼、硫氰酸钠、浓硫酸、浓盐酸、浓硝酸、氢溴酸、氨基磺酸等化学试剂，分别购自国药集团化学试剂有限公司、北京试剂厂、阿尔法埃莎、伊诺凯化学试剂公司等，均为分析纯。

H62 黄铜Ⅲ型试片，规格为 40mm×13mm×2mm，表面积 12.6cm^2。

20$^\#$碳钢Ⅲ型试片，规格为 40mm×13mm×2mm，表面积 12.6cm^2。

2 结果与讨论

2.1 不同对阴离子的双取代阳离子型四苯乙烯化合物的合成与表征

6 种不同对阴离子的双取代阳离子型四苯乙烯化合物，分别为 TPE-2NH$_3$·SO$_4$、TPE-2NH$_3$·2SCN、TPE-2NH$_3$·2Cl、TPE-2NH$_3$·2Br、TPE-2NH$_3$·2NO$_3$ 和 TPE-2NH$_3$·2NH$_2$SO$_3$。合成方法如下：

TPE-2NH$_3$·SO$_4$：四苯乙烯（TPE）通过硝酸硝化得到双硝基四苯乙烯（TPE-2NO$_2$），再由雷尼镍和水合肼还原得到双胺基四苯乙烯（TPE-2NH$_2$），然后与硫酸反应得到（TPE-2NH$_3$·SO$_4$）；

TPE-2NH$_3$·2SCN：合成 TPE-2NH$_3$·SO$_4$ 后通过阴离子交换反应得到 TPE-2NH$_3$·2SCN。

TPE-2NH$_3$·2Cl、TPE-2NH$_3$·2Br、TPE-2NH$_3$·2NO$_3$ 和 TPE-2NH$_3$·2NH$_2$SO$_3$：分别将 TPE-2NH$_2$ 与盐酸、氢溴酸、硝酸、氨基磺酸反应，得到 TPE-2NH$_3$·2Cl、TPE-2NH$_3$·2Br、TPE-2NH$_3$·2NO$_3$、TPE-2NH$_3$·2NH$_2$SO$_3$。合成路线如图 1 所示。

TPE-2NH$_3$·SO$_4$ 的表征数据：

^{1}H NMR（400MHz，DMSO-d$_6$）：δ 7.17-7.08（6H，m），7.05-6.83（12H，m）.

^{13}C NMR（100MHz，DMSO-d$_6$）：δ146.96，144.95，141.78，135.32，131.81，131.07，130.84，127.59，125.43.

HR-ESI（positive）：C$_{26}$H$_{23}$N$_2$［M-H$^+$］（m/z）理论值：363.18558；分析值：363.18566.

TPE-2NH$_3$·2SCN 的表征数据：

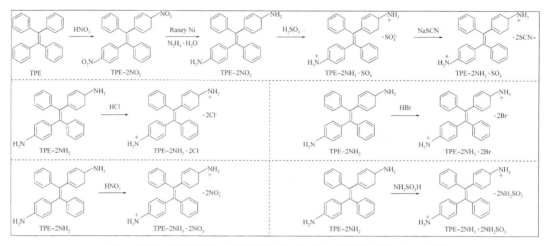

图1 不同对阴离子的双取代阳离子型四苯乙烯化合物的合成路线

^{1}H NMR(400MHz, DMSO-d$_6$)：δ7.20-7.11(6H, m)，7.10-7.03(8H, m)，7.01-6.95(4H, d).

^{13}C NMR (100MHz, DMSO-d$_6$)：δ142.76, 141.76, 138.45, 131.99, 131.55, 130.58, 129.78, 128.07, 126.88, 122.00.

HR-ESI(positive)：C$_{26}$H$_{23}$N$_2$[M-H$^+$](m/z)理论值：363.18558；分析值：363.18574；C$_{26}$H$_{22}$N$_2$Na[M-2H$^+$+Na$^+$](m/z)理论值：385.16752；分析值：385.16772.

TPE-2NH$_3$·2Cl的表征数据：

^{1}H NMR(400MHz, DMSO-d$_6$)：δ7.18-7.11(6H, m)，7.09-7.01(8H, m)，7.00-6.95(4H, d).

^{13}C NMR(100MHz, DMSO-d$_6$)：δ142.75, 141.09, 138.59, 131.73, 130.38, 127.80, 126.54, 120.96.

HR-ESI(positive)：C$_{26}$H$_{23}$N$_2$[M-H$^+$](m/z)理论值：363.18558；分析值：363.18576.

TPE-2NH$_3$·2Br的表征数据：

^{1}H NMR(400MHz, DMSO-d$_6$)：δ7.20-7.11(6H, m)，7.10-7.03(8H, m)，7.01-6.95(4H, d).

^{13}C NMR (100MHz, DMSO-d$_6$)：δ142.71, 141.62, 138.43, 131.89, 130.50, 127.97, 126.77, 121.78.

HR-ESI(positive)：C$_{26}$H$_{23}$N$_2$[M-H$^+$](m/z)理论值：363.18558；分析值：363.18558.

TPE-2NH$_3$·2NO$_3$的表征数据：

^{1}H NMR(400MHz, DMSO-d$_6$)：δ7.20-7.10(6H, m)，7.05-6.98(8H, m)，6.98-6.94(4H, d).

^{13}C NMR(100MHz, DMSO-d$_6$)：δ142.84, 141.31, 138.60, 131.90, 130.52, 127.96, 126.71, 121.28.

HR-ESI(positive)：C$_{26}$H$_{23}$N$_2$[M-H$^+$](m/z)理论值：363.18558；分析值：363.18536.

TPE-2NH$_3$·2NH$_2$SO$_3$的表征数据：

^{1}H NMR(400MHz，DMSO-d$_6$)：δ7.20-7.14(4 H，m)，7.14-7.08(3 H，m)，7.03-6.93(11 H，m).

^{13}C NMR(100MHz，DMSO-d$_6$)：δ146.31，144.87，141.65，135.61，131.83，131.57，130.85，127.64，125.52.

HR-ESI(positive)：C$_{26}$H$_{23}$N$_2$[M-H$^+$](m/z)理论值：363.18558；分析值：363.18548.

2.2 不同对阴离子的双取代阳离子型四苯乙烯化合物的 AIE 特性

为了验证以上 6 种化合物的 AIE 性质，将它们分别溶于"乙醇/水"的混合溶剂中，逐渐增大水的比例($f_水$)，超声至均匀后，置于 365nm 紫外光照下。以 TPE-2NH$_3$·2SCN 为例，拍摄的图片如图 2 所示，并测定了荧光光谱，如图 3 所示。各化合物在乙醇、水中的溶解度各不相同，但总体上在乙醇中溶解度更高，在水中溶解度更低，因而随着 $f_水$ 的增大，尤其是增大至 99%时，溶液荧光显著增强，表明这些化合物均具有典型的 AIE 性质。

图 2　TPE-2NH$_3$·2SCN 在不同比例混合溶剂($f_水$)中 365nm 紫外光照的照片

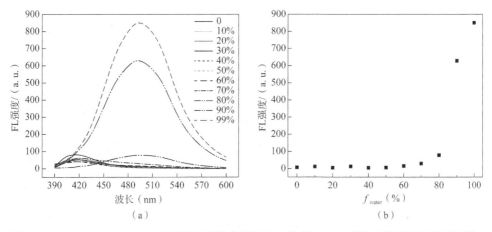

图 3　(a)TPE-2NH$_3$·2SCN 在不同比例混合溶剂($f_水$)中的 365nm 紫外光激发下的荧光光谱；
(b)493nm 处荧光强度随 $f_水$ 的变化

2.3 对 20$^#$碳钢的缓蚀性能

为了验证这些化合物对 20$^#$碳钢的缓蚀性能，以腐蚀失重试验测试了其在 0.5M H$_2$SO$_4$ 中对 20$^#$碳钢的缓蚀效果，试验温度为 60℃，试验时长为 4h，试验结果如图 4 所示。当不添加这些化合物时，即空白试验，试片发生了严重的腐蚀，腐蚀速率高达 156.58mm/a。而添加 TPE-2NH$_3$·2SCN 且浓度不断增大时，腐蚀速率急剧下降，缓蚀率急剧上升，表明试片得到了良好的保护。当其质量浓度为 40mg/L 时，缓蚀率超过 95%；质量浓度为

200mg/L 时，缓蚀率达到 97.82%。然而，其他化合物虽然有一定程度的保护效果，但远逊于 TPE-2NH$_3$·2SCN，它们在任何浓度下缓蚀率均低于 45%。

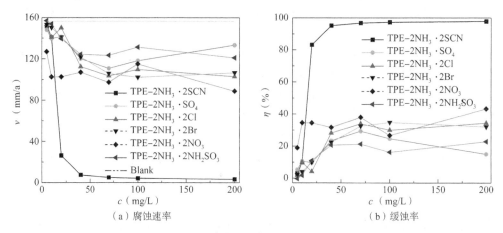

（a）腐蚀速率　　　　　　　　（b）缓蚀率

图 4　对 20$^\#$碳钢的腐蚀失重试验结果

腐蚀失重试验结束后，将试片进行拍照，如图 5 所示。可见，仅有添加高质量浓度 TPE-2NH$_3$·2SCN 的试片，呈现光洁的外观，类似于新试片，反映了 TPE-2NH$_3$·2SCN 对碳钢具有良好的缓蚀性能。而其他化合物的试片，呈现暗淡无光且粗糙的外观，类似于空白试片，反映了它们对碳钢的缓蚀性能较差。在 20$^\#$碳钢表面，未发现较明显的 AIE 效应。

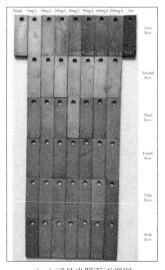

（a）可见光照下正视图　　　　（b）可见光照下侧视图　　　　（c）365nm紫外光照下正视图

图 5　腐蚀失重试验后碳钢试片的照片

第一行：从左至右分别为空白试片，5、10、20、40、70、100 和 200mg/L TPE-2NH$_3$·2SCN 的试片，新试片；第二至第六行：从左至右分别为 5mg/L、10mg/L、20mg/L、40mg/L、70mg/L、100mg/L 和 200mg/L 的 TPE-2NH$_3$·SO$_4$，TPE-2NH$_3$·2Cl，TPE-2NH$_3$·2Br，TPE-2NH$_3$·2NO$_3$，TPE-2NH$_3$·2NH$_2$SO$_3$的试片。

2.4 对H62黄铜的缓蚀性能

为了验证这些化合物对H62黄铜的缓蚀性能，以腐蚀失重试验测试了其在0.5 M H_2SO_4中对H62黄铜的缓蚀效果，试验温度为60℃，试验时长为72h，试验结果见图6。当不添加这些化合物时，即空白试验，试片发生了严重的腐蚀。而添加TPE-$2NH_3$·2SCN且浓度不断增大时，腐蚀速率急剧下降，缓蚀率急剧上升，表明试片得到了良好的保护。当其质量浓度为40mg/L时，缓蚀率超过96%；质量浓度为100mg/L时，缓蚀率超过99%。然而，其他化合物虽然有一定程度的保护效果，但远逊于TPE-$2NH_3$·2SCN，它们在任何浓度下缓蚀率均低于70%。

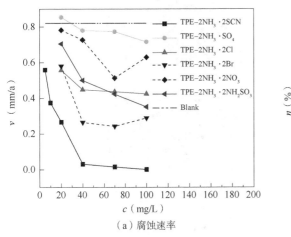

（a）腐蚀速率

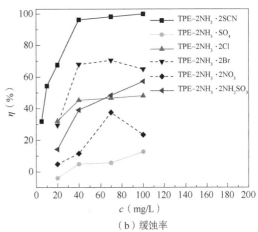

（b）缓蚀率

图6　对H62黄铜的腐蚀失重试验结果

腐蚀失重试验结束后，将试片进行拍照，如图7（a）所示。可见，空白试片腐蚀严重，由新试片的黄色变为紫红色，应为脱锌腐蚀所致。添加TPE-$2NH_3$·2SCN的黄铜试片，表面仍为黄色，但不够"光亮"，应为表面吸附有该化合物所致。而其他化合物的试片，腐蚀严重者呈现为紫红色，类似于空白试片，腐蚀稍轻微者呈现为黄色，与各自化合物的缓蚀率相关。

由图7（b）可知，在365nm紫外光照下，吸附有TPE-$2NH_3$·2SCN的黄铜试片发射了明显的荧光，即吸附在黄铜表面时仍保留了AIE效应。当2的质量浓度高于10mg/L时即能产生肉眼可见的荧光，当质量浓度高于70mg/L时，黄铜表面发射了强烈且均匀的荧光，与缓蚀性能相对应。而与其他缓蚀性能较差的化合物反应的黄铜试片，则不发射荧光，表明它们未在黄铜表面发生稳定吸附。

2.5 吸附等温式

通过计算，TPE-$2NH_3$·2SCN在20#碳钢和H62黄铜表面的吸附，均符合Langmuir吸附等温式，如图8所示。根据吸附等温式计算得到K_{ads}和ΔG^o_{ads}，见表1。可见，TPE-$2NH_3$·2SCN在20#碳钢和H62黄铜表面的吸附，均为强作用的化学吸附，也表明对20#碳钢和H62黄铜均具有高效缓蚀性能。

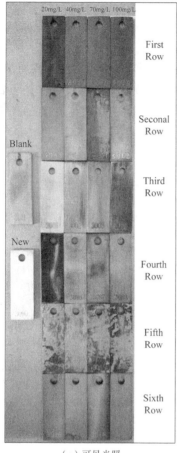

（a）可见光照　　　　　　　　　（b）365nm紫外光照

图 7　腐蚀失重试验后黄铜试片的照片

左侧两个试片从上至下分别为空白试片和新试片。第一行至第六行：从左至右分别为 20、40、70 和 100mg/L TPE-2NH₃·2SCN，TPE-2NH₃·SO₄，TPE-2NH₃·2Cl，TPE-2NH₃·2Br，TPE-2NH₃·2NO₃，TPE-2NH₃·2NH₂SO₃的试片。

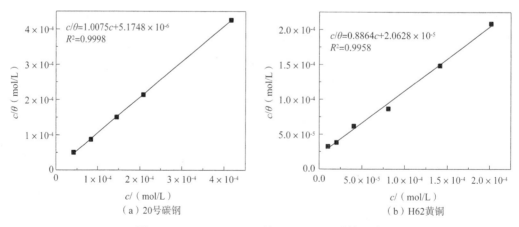

（a）20号碳钢　　　　　　　　　　（b）H62黄铜

图 8　TPE-2NH₃·2SCN 的 Langmuir 吸附等温式

表 1　Langmuir 吸附等温式及相关参数

金属	Langmuir 吸附等温式	K_{ads}（L/mol）	ΔG^{o}_{ads}（kJ/mol）
20#碳钢	$c/\theta = 1.0075c + 5.1748 \times 10^{-6}$	1.9324×10^{5}	−44.84
H62 黄铜	$c/\theta = 0.8864c + 2.0628 \times 10^{-5}$	4.8478×10^{4}	−41.01

3　结论

（1）TPE-2NH₃·SO₄、TPE-2NH₃·2SCN、TPE-2NH₃·2Cl、TPE-2NH₃·2Br、TPE-2NH₃·2NO₃和 TPE-2NH₃·2NH₂SO₃六种化合物均具有显著的聚集诱导发光特性。

（2）TPE-2NH₃·2SCN 具有显著的缓蚀性，其对黄铜缓蚀率最高超过 99%，对碳钢缓蚀率最高超过 98%；而其他化合物对黄铜缓蚀率低于 70%，对碳钢缓蚀率低于 45%。

（3）在紫外光激发下，TPE-2NH₃·2SCN 在黄铜表面保留了聚集诱导发光效特性，在为腐蚀监测防护提供了一种新的可视化思路。

（4）TPE-2NH₃·2SCN 在 20#碳钢和 H62 黄铜表面的吸附，均为强作用的化学吸附，因此对 20#碳钢和 H62 黄铜均具有高效缓蚀性能。

参 考 文 献

［1］赵国辉. 石油化工设备防腐蚀的措施和方法研究［J］. 中国设备工程，2023，15，152-154.

［2］马宏生，金誉. 石油化工设备常见的腐蚀原因及防腐策略［J］. 化工管理，2023，14，106-109.

［3］郑明光，侯艳宏. 炼油厂循环水系统常见腐蚀问题分析及防护措施［J］. 石油化工腐蚀与防护，2023，40，21-24.

［4］Yumeng Chen, Yiming An, Jing Ma, et al. Corrosion protection properties of tetraphenylethylene-based inhibitors toward carbon steel in acidic medium［J］. Rsc. Adv. 2023, 12, 8317-8326.

［5］Aliaksandr V. Yakutovich, Johannes Hoja, Daniele Passerone, et al. Hidden Beneath the Surface：Origin of the Observed Enantioselective Adsorption on PdGa（111）［J］. J. Am. Chem. Soc. 2018, 140, 1401-1408.

［6］Taiwo W. Quadri, Lukman O. Olasunkanmi, et al. Quantitative structure activity relationship and artificial neural network as vital tools in predicting coordination capabilities of organic compounds with metal surface：A review［J］. Coordin. Chem. Rev. 2021, 446, 214101.

［7］Ju Mei, Nelson L C Leung, Ryan T K Kwok, et al. Aggregation-Induced Emission：Together We Shine, United We Soar!［J］. Chem. Rev. 2015, 115, 11718-11940.

［8］Meng Gao, Ben Zhong Tang, Fluorescent Sensors Based on Aggregation-Induced Emission：Recent Advances and Perspectives［J］. ACS Sens. 2017, 2, 1382-1399.

［9］Qun Chen, Deqing Zhang, Guanxin Zhang. Multicolor Tunable Emission from Organogels Containing Tetraphenylethene, Perylenediimide, and Spiropyran Derivatives［J］. Adv. Funct. Mater. 2010, 20, 3244-3251.

高压直流接地极对山区管道的干扰规律探究

侯　浩　王爱玲　梁　栋　何　黎

（国家管网集团西南管道有限责任公司）

摘　要：为研究山区管道的高压直流干扰规律，本文使用 BEASY 软件建立了三维山区管道高压直流干扰模型，分别探究了不同山坡坡度、山坡个数、管道敷设位置与土壤电阻率条件下管道电位及地电位的分布情况，获得了山区地形、环境及管道敷设方式对高压直流干扰的影响规律，并基于高压直流干扰下西南山区管道测试桩的实测电位数据验证了模拟结果的有效性。

关键词：高压直流干扰；山区管道；管道电位；三维土壤模型

我国主要的能源产地位于西北部地区，而主要的能源需求地处于中部地区与东部地区[1]，能源供需的不平衡促使我国油气管道输送及电力输送行业的迅速发展。石油能源与电力能源供应地及需求地几乎相同，导致电力部门的输电接地极与石油企业的输油气管道路难以避让[2]。尤其在接地极及管道密度较大的地区，管道受到了接地极放电的严重干扰，管道安全运行面临着巨大的威胁[3]。

高压直流杂散电流对于管道安全运行以及人员安全带来的危害如下[4]。首先接地极单极放电向大地注入过大的电流，该电流成为管道的干扰源，使得管道在防腐层破损点处有干扰电流流入及流出[5]，管道面临腐蚀穿孔与防腐层阴极剥离的风险。除此之外，过大的干扰电流使得管道附属设备失效，如阴极保护系统的恒电位仪发生烧毁[6,7]，绝缘卡套烧损[8]，更危险的是，当干扰电流在管道形成大的压差后，会给操作人员的生命安全带来威胁[4]。

在我国输油输电系统十分密集西南地区[9]，其复杂的山区地形给管道杂散电流干扰带来了不可忽视的问题。首先，山区地势起伏较大，给大地中杂散电流流动的连续性以及分布的均匀性带来差异。其次，山区土壤、岩石分布复杂[10]，土壤电阻率变化较大[11]，给杂散电流的流动造成影响[12]。

因此，研究复杂山区地形下高压直流接地极对管道的干扰，得到复杂山区环境下杂散电流流向及分布，对管道安全运行有重要意义。为此，本文采用边界元软件建立了山坡管道模型，计算了不同接地极放电参数及地形条件下管道的干扰程度，得到了接地极位置，输出电流大小，放电极性以及山坡坡度、山坡土壤电阻率、山坡个数、管道敷设位置对管道高压直流干扰的影响规律。计算了不同参数下山坡管道受干扰最严重点电位，建立了三维地形下高压直流干扰电位计算模型。根据实际管道地形特点，建立了符合现场山区三维地形的高压直流干扰模型，并根据现场管道干扰测试结果对三维干扰模型进行校了正和修订，分析了接地极不同放电电流下管道干扰程度，研究结果可以为管道和电力专业人员设计线路路由及采取安全防护措施提供参考。

1 模型构建与参数设置

基于山坡的形状特征，本模型将山区地形山坡简化为圆锥体与立方体的组合。其中，圆锥体土壤结构及沿山坡敷设段管道为区域1，该土壤结构与上层空间之间不存在电流的流入及流出，坡下土壤结构及所含水平段管道为区域2，分别设置各区域的土壤电阻率。接地极需设置阳极恒流边界条件，管道采用西南某管道的实测极化曲线设置阴极边界条件。

该模型的示意图如图1(a)所示，定义山坡范围为D，山脚坡度为θ，接地极与山坡管道的投影之间的距离为L。基于该基础模型，在后续研究中还探究了山坡个数以及管道敷设位置对高压直流干扰的影响规律。此外，本研究还构建了图1(b)所示的观测面，以研究高压直流干扰下三维土壤结构模型的地电位分布情况，该观测面长2300m、深1500m。数值模拟具体参数设置见表1。

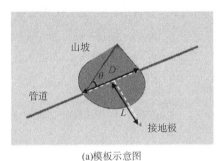 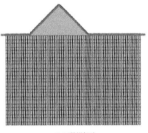

(a)模板示意图 (b)观测面

图1 计算模型

表1 模拟参数设置

参数	取值	参数	取值
管道直径(m)	0.6	山坡坡度θ(°)	15、30、45、60、75
坡下水平管道管长(km)	4	土壤电阻率$\rho(\Omega \cdot m)$	50、100、200、500、1000
接地极距离L(m)	550、1050、2050、3050	山坡个数	1、2
山坡范围D(m)	1000、2000、3000		

2 山坡坡度对山坡管道HVDC干扰的影响

2.1 山坡范围D为1000m

当山坡范围D为1000m、接地极与管道投影距离L为550m且高压直流接地极放电1200A时，分别构建不同山坡坡度θ的三维地形高压直流干扰计算模型。

当山坡坡度为15°时，管道受干扰最严重位置处电位为-16202mV，与相同干扰条件下的水平管道相比受干扰程度增加了1462mV；当山坡坡度为30°时，受干扰最严重位置处管道电位为-16200mV，与水平管道相比受干扰程度增加了1460mV；当山坡坡度为45°时，受干扰最严重位置处管道电位为-15208mV，与水平管道相比受干扰程度减轻了468mV；当山坡坡度为60°时，受干扰最严重位置处管道电位为-12604mV，与水平管道相比受干扰程度减轻了2136mV。

对比不同坡度下管道电位分布（图2），可知当山坡范围为1000m，接地极与管道投影距离为550m时，沿15°山坡敷设时管道受干扰最严重，与水平管道相比，当管道沿山坡坡度小于30°山坡敷设时，管道干扰有增大风险，当管道沿山坡坡度大于45°山坡敷设时，管道干扰有所缓解。

当接地极与管道之间距离为1050m时，不同坡度下的管道电位分布如图3所示。当山坡坡度为15°时，受干扰最严重位置处管道电位为-5553mV，与水平管道相比受干扰程度增加了94mV；当山坡坡度为30°时，受干扰最严重位置处管道电位为-5411mV，与水平管道相比受干扰程度减弱了48mV；当山坡坡度为45°时，受干扰最严重位置处管道电位为-5074mV，与水平管道相比受干扰程度减轻了385mV；当山坡坡度为60°时，受干扰最严重位置处管道电位为-4452mV，与水平管道相比受干扰程度减轻了1007mV；当山坡坡度为75°时，受干扰最严重位置处管道电位为-3368mV，与水平管道相比受干扰程度减轻了2091mV。

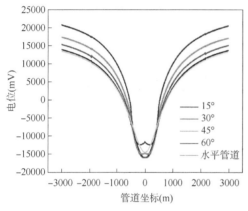

图2　不同山坡坡度下山坡管道电位分布曲线图

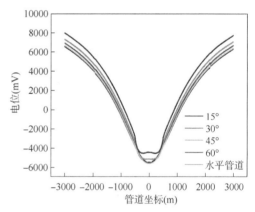

图3　不同山坡坡度下山坡管道电位分布曲线图

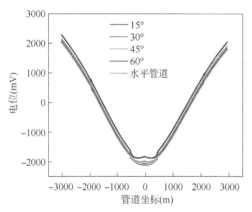

图4　不同山坡坡度下山坡管道
电位分布曲线图

对比不同坡度下的管道电位分布可知，当山坡范围为1000m，山坡与管道之间距离为1050m时，相比水平管道沿15°山坡敷设管道受干扰更加严重，继续增加山坡坡度则管道受干扰程度减轻。

当接地极与管道投距离L为2050m时，不同坡度下的管道电位分布如图4所示。当山坡坡度为15°时，受干扰最严重位置处管道电位为-2128mV，相比水平管道受干扰程度增加了10mV；当山坡坡度为30°时，受干扰最严重位置处管道电位为-2087mV，相比水平管道受干扰程度减弱了31mV；当山坡坡度为45°

时，受干扰最严重位置处管道电位为−2014mV，相比水平管道受干扰程度减轻了104mV；当山坡坡度为60°时，受干扰最严重位置处管道电位为−4452mV，相比水平管道受干扰程度减轻了1007mV；当山坡坡度为75°时，受干扰最严重位置处管道电位为−1882mV，相比水平管道受干扰程度减轻了236mV。

对比不同坡度下的管道电位分布可知，当山坡范围为1000m，接地极与管道投影距离为2050m时，沿15°山坡敷设时干扰最大，沿60°山坡敷设管道受干扰程度最轻。

2.2 山坡范围为2000m

当接地极与管道投影间距离L为1050m时，不同坡度下管道电位分布如图5所示。当山坡坡度为15°时，受干扰最严重位置处管道电位为−7006mV，相比水平管道受干扰程度增加了592mV；当山坡坡度为30°时，受干扰最严重位置处管道电位为−6987mV，相比水平管道受干扰程度增加了573mV；当山坡坡度为45°时，受干扰最严重位置处管道电位为−5937mV，相比水平管道受干扰程度减轻了477mV；当山坡坡度为60°时，受干扰最严重位置处管道电位为−4065mV，相比水平管道受干扰程度减轻了1396mV；当山坡坡度为75°时，受干扰最严重位置处管道电位为−1771mV，相比水平管道受干扰程度减轻了3689mV。

对比不同坡度下的管道电位分布可知，当山坡范围为2000m，接地极与山坡距离为1050m时，管道沿15°山坡敷设时受干扰程度最大，管道沿75°山坡敷设时，受干扰程度最小。与无山坡相比，管道沿45°以下山坡敷设时，管道有干扰程度增大危险，管道沿60°以上山坡敷设时管道受干扰程度减轻。

当接地极与管道投影距离为2050m时，不同坡度下管道电位分布如图6所示。当山坡坡度为15°时，受干扰最严重位置处管道电位为−2162mV，相比水平管道受干扰程度增加了43mV；当山坡坡度为30°时，受干扰最严重位置处管道电位为−2167mV，相比水平管道受干扰程度增加了48mV；当山坡坡度为45°时，受干扰最严重位置处管道电位为−1956mV，相比水平管道受干扰程度减轻了163mV；当山坡坡度为60°时，受干扰最严重位置处管道电位为−1716mV，相比水平管道受干扰程度减轻了403mV。

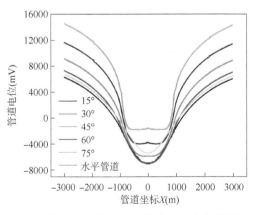

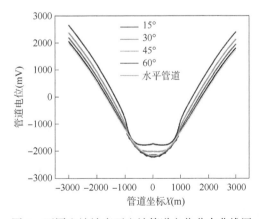

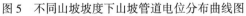

图5　不同山坡坡度下山坡管道电位分布曲线图　　图6　不同山坡坡度下山坡管道电位分布曲线图

对比不同坡度下管道电位分布可知，当山坡范围为2000m，接地极与管道之间距离为2050m时，15°山坡敷设管道受干扰最严重，60°山坡敷设管道受干扰最轻。相比水平管

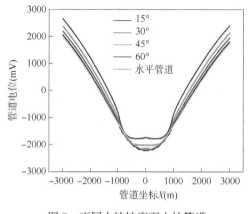

图 7 不同山坡坡度下山坡管道
电位分布曲线图

道，沿 15°山坡敷设管道受干扰加重，当坡度大于 30°时干扰程度减轻。

当研究接地极与管道投影距离 L 为 3050m 时，不同坡度下管道电位分布如图 7 所示。当山坡坡度为 15°时，受干扰最严重位置处管道电位为−1452mV，相比水平管道受干扰程度增加了 5mV；当山坡坡度为 30°时，受干扰最严重位置处管道电位为−1440mV，相比水平管道受干扰程度减弱了 7mV；当山坡坡度为 45°时，受干扰最严重位置处管道电位为−1389mV，相比水平管道受干扰程度减轻了 58mV；当山坡坡度为 60°时，受干扰最严重位置处管道电位

为−1312mV，相比水平管道受干扰程度减轻了 135mV；当山坡坡度为 75°时，受干扰最严重位置处管道电位为−605mV，相比水平管道受干扰程度减轻了 844mV。

对比不同坡度下管道电位分布可知，当山坡范围为 2000m，接地极与管道投影距离为 3050m 时管道沿 15°山坡敷设时受干扰最严重，沿 60°山坡敷设时，受干扰最轻。与无山坡相比，小于 15°山坡敷设时干扰增大，大于 30°山坡敷设时，干扰减轻。

2.3 山坡范围 D 为 3000m

当接地极与管道投影距离 L 为 1050m 时，不同坡度下的管道电位分布如图 8 所示。当山坡坡度为 5°时，受干扰最严重位置处管道电位为−5460mV；当山坡坡度为 10°时，受干扰最严重位置处管道电位为−5896mV，相比水平管道受干扰程度增加了 437mV；当山坡坡度为 15°时，受干扰最严重位置处管道电位为−6487mV，相比水平管道受干扰程度减轻了 1027mV；当山坡坡度为 30°时，受干扰最严重位置处管道电位为6362mV，相比水平管道受干扰程度减轻了 902mV；当山坡坡度为 45°时，受干扰最严重位置处管道电位为−5716mV，相比水平管道受干

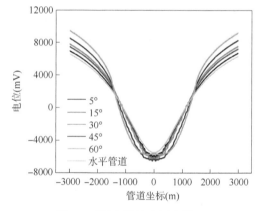

图 8 不同山坡坡度下山坡
管道电位分布曲线图

扰程度增加了 256mV；当山坡坡度为 60°时，受干扰最严重位置处管道电位为−5182mV，相比水平管道受干扰程度增加了 278mV。

对比不同坡度下管道电位分布可知，当山坡坡度为 15°时管道电位受干扰最严重，与水平管道相比管道沿坡度小于 45°山坡敷设时受干扰程度增大，沿坡度大于 60°山坡敷设时管道受干扰程度减轻。

当接地极与管道投影距离 L 为 2050m 时，不同坡度下管道电位分布如图 9 所示。当山坡坡度为 15°时，受干扰最严重位置处管道电位为−2367mV，相比水平管道受干扰程度增加了 248mV；当山坡坡度为 30°时，受干扰最严重位置处管道电位为−2224mV，相比水平

管道受干扰程度增加了 105mV；当山坡坡度为 45°时，受干扰最严重位置处管道电位为 -1928mV，相比水平管道受干扰程度减轻了 191mV；当山坡坡度为 60°时，受干扰最严重位置处管道电位为 1617mV，相比水平管道受干扰程度减轻了 502mV。

对比不同坡度下管道电位分布可知，当接地极与管道之间距离为 2050m，管道沿 15° 山坡敷设时，管道受干扰程度最严重，管道沿 60°山坡敷设时，管道受干扰程度最轻。与无山坡相比，管道沿坡度小于 30°山坡敷设时受干扰程度加重，沿坡度大于 45°山坡敷设时管道受干扰程度减轻。

当接地极与管道投影间距离 L 为 3050m 时，不同坡度下的管道电位分布如图 10 所示。当山坡坡度为 15°时，受干扰最严重位置处管道电位为 -1504mV，相比水平管道受干扰程度增加了 56mV；当山坡坡度为 30°时，受干扰最严重位置处管道电位为 -1451mV，相比水平管道受干扰程度增加了 3mV；当山坡坡度为 45°时，受干扰最严重位置处管道电位为 -1371mV，相比水平管道受干扰程度减轻了 77mV；当山坡坡度为 60°时，受干扰最严重位置处管道电位为 -1281mV，相比水平管道受干扰程度减轻了 167mV。

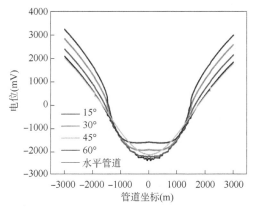 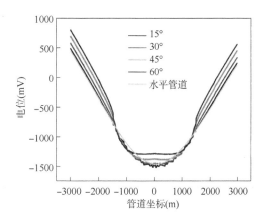

图 9　不同山坡坡度下山坡管道电位分布曲线图　　图 10　不同山坡坡度下山坡管道电位分布曲线图

对比不同坡度下的地电位分布可知，当接地极与管道投影距离为 3050m 时，管道沿 15°山坡敷设时，受干扰程度最严重，与水平管道相比管道沿小于 30°山坡敷设时受干扰程度加重，管道沿大于 45°山坡敷设时管道受干扰程度减轻。

本节模拟结果表明，在管道与接地极距离和山坡形状对电流分布的共同影响下，管道沿 15°山坡敷设时，管道受干扰最严重。与水平管道相比，当管道沿坡度小于 30°山坡敷设时，由于电流在山坡段难以流散，干扰加重；当管道沿坡度大于 45°山坡敷设时，由于管道与接地极间距离增大，干扰减轻。

3　山坡个数对山坡管道 HVDC 干扰的影响

山区山坡连绵不断，管道往往会连续穿越多个山坡，因此研究不同山坡个数下，山坡对管道电位分布的影响。研究接地极位于山顶管道投影的正前方 200m，两山坡相距 800m

时管道干扰电位分布情况如图11（a）所示，在接地极阳极放电1200A时距离接地极较近的山坡电位负移更严重，距离接地极较远的山坡电位正移更严重。将两山坡之间的距离为400m时山坡管道电位分布图如图11（b）所示，由于山坡与接地极距离减小，山坡对于管道电位影响更显著。此外，还建立了接地极位于两个山坡之间且与山坡距离相同，山坡坡度分别为15°及45°的计算模型，其管道电位分布情况如图11（c）所示，当管道附近有接地极存在时，应关注靠近接地极侧山坡管道受干扰情况，且山坡坡度较大时对管道电位影响更大。

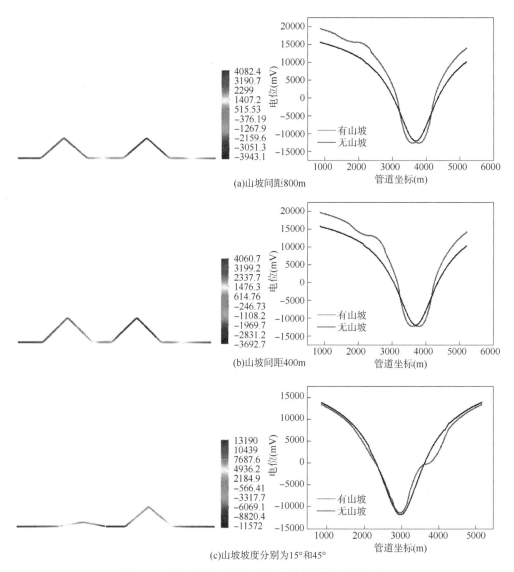

图11　两处山坡管道电位分布云图与管道电位曲线图

综上，当管道连续穿越多个山坡时，山坡距离接地极越近，对管道电位影响越大。且当管道附近有接地极存在时，应关注靠近接地极侧山坡管道干扰情况。

4 管道敷设位置对山坡管道 HVDC 干扰的影响

为探究管道敷设位置对高压直流干扰的影响，分别建立了沿山顶敷设、沿靠近接地极侧山腰敷设、沿远离接地极侧山腰敷设管道的计算模型，其管道电位分布如图 12 所示。

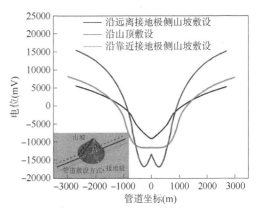

图 12　不同敷设位置下山坡
管道电位分布曲线图

当管道沿山顶敷设时，山坡上管道受干扰最严重位置处管道电位为−2253mV。山坡上管道由干扰电流流入电位负移，坡下管道有干扰电流流出电位正移。当管道沿靠近接地极侧山腰敷设时，山坡上管道受干扰最严重位置处管道电位为−2253mV，山坡段管道干扰电流流入电位负移，水平段管道干扰电流流出电位正移。当管道沿远离接地极侧山腰敷设时，山坡上管道干扰最严重位置处管道电位为−796mV，山坡上管道电位变化幅度较大。对比不同敷设位置下的管道电位可知，当管道沿远离接地极一侧敷设时，管道干扰较小，当接地极沿靠近接地一侧山坡敷设时，管道干扰最严重。

5 山坡土壤电阻率对山坡管道 HVDC 干扰的影响

土壤电阻率对于管道 HVDC 干扰程度有影响。接地极极址土壤电阻率对于干扰电流的分布具有明显影响，管道沿线土壤电阻率则对流入管道的杂散电流有较大的影响[13]。

对于接地极单极放电向大地注入大电流来说，当土壤均匀且没有埋地金属构件时情况下，电流会从接地极沿与接地极表面相垂直的方向向外流动，此时在距离接地极相同距离的大地干扰电流密度相同[14-16]。然而，在实际环境中不同地区以及不同深度存在着较为明显的土壤电阻率差异。学者也开展研究并认识到接地极工作时附近大地中的电场分布与地质结构有关，但目前的研究多采用分层或分区的土壤模型[17-19]，缺乏对于山坡特征以及起伏管道的描述，故本节将建立三维土壤模型及起伏管道探究土壤电阻率对山区管道高压直流干扰的影响规律。

5.1 土壤电阻率对干扰下管地电位的影响

（1）同时改变山坡与平地土壤电阻率。

当土壤电阻率为 50Ω·m 时，山坡顶端管道受干扰最严重为−4623mV，沿山坡敷设管道受干扰比无山坡时严重，最大差距为 1369mV；土壤电阻率为 100Ω·m 时，山坡顶端管道受干扰最严重为−6984mV，当山坡土壤电阻率为 100Ω·m 时，管道电位受干扰比无山坡时严重，最大差距为 1549mV；山坡土壤电阻率为 200Ω·m 时，顶部干扰最严重位置处管道电位为−11490mV；当山坡土壤电阻率为 200Ω·m 时，管道电位受干扰比无山坡时严重，最大差距为 1841mV；山坡土壤电阻率为 500Ω·m 时，山坡顶端管道干扰最严重为−

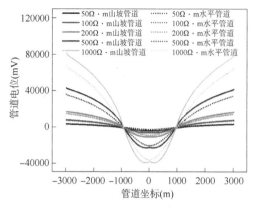

图 13 管道电位分布云图电位分布对比图

23170mV，当山坡土壤电阻率为500Ω·m时，管道电位受干扰比无山坡时严重，最大差距为2032mV。山坡土壤电阻率为1000Ω·m时，半山腰处管道电位干扰最严重，干扰电位达 −40164mV，管道电位受干扰比无山坡时严重，最大差距为3204mV。故随着土壤电阻率增加，管道受干扰程度增加，与无山坡相比，管道电位差距增加，即山坡地形的影响随土壤电阻率的增加而增大(图13)。

（2）保持平地土壤电阻率为100Ω·m，仅改变山坡土壤电阻率。

保持平地土壤电阻率为100Ω·m，当山坡土壤电阻率为50Ω·m时，山坡顶端管道受干扰最严重为 −7868mV，当山坡土壤电阻率为50Ω·m时，管道受干扰比无山坡时严重，最大差距为2433mV；当山坡土壤电阻率为100Ω·m时，山坡顶端管道受干扰最严重为 −6984mV，当山坡土壤电阻率为100Ω·m时，管道受干扰比无山坡时严重，最大差距为1549mV；当山坡土壤电阻率为200Ω·m时，最大干扰电位为 −6283mV；管道在山坡段干扰加重，最大差距为827mV；山坡土壤电阻率为500Ω·m时，山坡顶端管道干扰最严重为 −5531mV，当山坡土壤电阻率为500Ω·m时，管道电位受干扰比无山坡时严重，最大差距为72mV。

山坡土壤电阻率为1000Ω·m时，山坡顶端管道干扰比山底管道严重，干扰电位达 −4992mV，当山坡土壤电阻率为1000Ω·m时，管道电位受干扰比无山坡时减轻，最大差距为458mV。

改变山坡土壤电阻率时，管道电位分布如图14所示，可知随着山坡土壤电阻率的增加，干扰电流越不易流入山坡，山坡管道受干扰程度减轻。山坡土壤电阻率越小，干扰电流越易流入山坡，山坡管道电受干扰越大。与无山坡相比，山坡土壤电阻率小于500Ω·m时干扰加重，山坡土壤电阻率大于1000Ω·m时干扰减轻。

综上所述，当山坡与平地土壤电阻率相同时，土壤电阻率越大，电流越不易向外扩散，管道受干扰越严重，山坡的影响越大。当改变山坡土壤电阻率时，山坡土壤电阻率越大，干

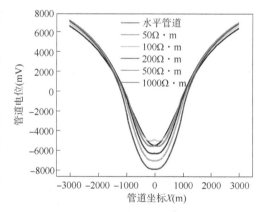

图 14 不同土壤电阻率下
管道电位分布曲线图

扰电流越不易流入山坡，山坡段管道受干扰程度越小。由不同土质下的土壤电阻率参考值可知，土壤为泥土时土壤电阻率较小，通常为10~600Ω·m，而当土壤为岩石时，土壤电阻率较大，通常为1000~6000Ω·m，结合上述土壤电阻率参考值提出当平地土壤为岩石时，管道受干扰较严重，当山坡土壤为泥土时，管道受干扰较严重。

5.2 土壤电阻率对地电位分布的影响

为了研究山坡土壤电阻率变化对山坡地电位分布的影响,保持平地土壤电阻率为 $100\Omega \cdot m$,接地极放电 30A,建立地电场观测面,分别研究土壤电阻率为 $5\Omega \cdot m$、$50\Omega \cdot m$、$100\Omega \cdot m$、$500\Omega \cdot m$、$1000\Omega \cdot m$ 时的地电场及管道电位分布情况(图 15)。

当山坡土壤电阻率为 $5\Omega \cdot m$ 时,土壤电阻率较小时,山坡上地电位相差不大,山坡上管道电位变化也较小;当山坡土壤电阻率为 $50\Omega \cdot m$ 时地电位变化较大,相应的管道电位变化率更大;当山坡土壤电阻率为 $100\Omega \cdot m$ 时,山坡土壤电阻率与山底相同时,干扰电流较均匀的从干扰源向外扩散;当山坡土壤电阻率为 $500\Omega \cdot m$ 时,地电位最负达 $-1099mV$,故当山坡土壤电阻率高于山底土壤电阻率时,干扰电流不易流入山坡;进一步升高山坡土壤电阻率至 $1000\Omega \cdot m$,地电场分布与管道的电位分布与山坡土壤电阻率为 $500\Omega \cdot m$ 工况差别不大。

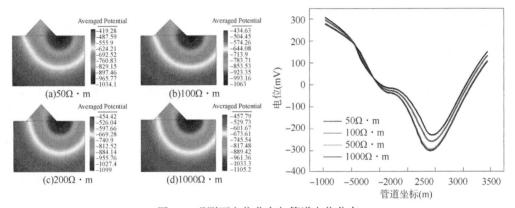

图 15 观测面电位分布与管道电位分布

综上,山坡土壤电阻率较小时,山坡上干扰电流更集中,管道电位变化较小。山坡土壤电阻率较大时,山坡上干扰电流分布较少,且集中分布在山坡下部。

6 现场验证

西南某接地极附近管道段及智能桩的位置和高程如图 16 所示,智能测试桩监测到接地极放电时的电位数据见表 2。

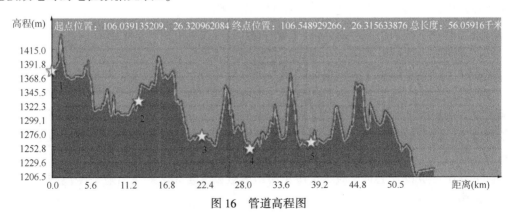

图 16 管道高程图

表 2　智能桩监测电位

智能桩号		1100A	1100A	600A	3400A	1100A	1200A	1150A
1	未受干扰	—	—	—	—	—	—	—
	受干扰							
2	未受干扰	—	—	−0.88V	—	—	—	—
	受干扰			−1.156V				
3	未受干扰	−1.12V	−1.08V	—				−1.105V
	受干扰	−0.74V	−0.77V					−1.314V
4	未受干扰	−1.19V	−1.117V	—			−1.0V	−1.19V
	受干扰	1.016V	2.156V				−2.9V	−2.23V
5	未受干扰	—	—	−1.08V	−1.08V	−1.2V	—	—
	受干扰			−1.28V	−0.459V	−1.02V		

接地极放电 1150A 时，4 号测试桩处管道电位干扰前后电位变化 1.04V，5 号测试桩受 1100A 干扰前后电位变化 0.18V，且 4 号与 5 号测试桩处土壤电阻率分别为 500Ω·m 和 200Ω·m，由此验证了山坡土壤电阻率较大时山坡管道受干扰较大结论。

接地极放电 600A 时，2 号测试桩处管道电位干扰前后变化 0.276V，5 号测试桩处管道电位变化 0.2V，2 号测试桩高程为 1312m，所在山坡坡度为 10°，5 号测试桩高程为 1264m，所在山坡坡度为 4°，2 号测试桩受干扰较 5 号测试桩更为严重，由此可得坡度为 10°时管道受干扰更大，验证了沿坡度为 15°以下山坡敷设管道相比水平管道干扰加重的结论。

7　结论

本文构建了三维土壤结构下起伏管道的 HVDC 干扰模型，研究了地形参数对、管道敷设位置及土壤电阻率对山坡管道高压直流干扰的影响规律，得出以下结论：

（1）当接地极靠近小于 45°山坡的山顶时，沿山坡敷设管道受干扰较平地敷设管道严重。其中沿 15°山坡敷设管道受高压直流接地极干扰最严重，此时接地极与管道投影距离大于山坡范围后，山坡对管道电位分布影响可以忽略。

（2）当接地极放出阳极电流时，靠近接地极管道电位负移，远离接地极管道电位正移。当接地极放出阴极电流时，靠近接地极管道电位正移，远离接地极管道电位负移。相同放电大小下，靠近接地极侧管道在接地极阳极放电时，受干扰更严重。

（3）当山坡与平地土壤电阻率相同时，土壤电阻率越大，管道受干扰越严重，山坡的影响越大。当山坡上土壤电阻率与山坡下土壤电阻率不同时，山坡土壤电阻率越大，管道受干扰降低，山坡影响减小。结合不同土壤性质下土壤电阻率大小得出，当山坡下土壤为岩石时，管道受干扰较严重。山坡上土壤为泥土时，管道受干扰较严重。

（4）在山区敷设管道时，应尽量避免沿山坡敷设。若无法避免，应沿距离附近接地极较远一侧山坡敷设。

参 考 文 献

[1] 吴钟瑚，陈书通. 我国中长期能源需求预测及政策建议[J]. 中国能源，1995(10)：10-14.

[2] 廖永力，曹方圆，孟晓波，等. 抑制直流接地极对管道影响的接地排流措施[J]. 南方电网技术，2017，11(9)：8-15.

[3] 左斐. 浅析长输管道受高压直流接地极干扰时的安全影响及防护[C]. 天然气管道技术研讨会，2014.

[4] 曹国飞，顾清林，姜永涛，等. 高压直流接地极对埋地管道的电流干扰及人身安全距离[J]. 天然气工业，2019，39(3)：125-132.

[5] 吕德东. 油田埋地管道防腐层破损点检测及影响因素[J]. 管道技术与设备，2007(3)：39-40.

[6] 迟善武. 阴极保护恒电位仪的技术现状与展望[J]. 油气储运，2006(08)：53-56+61+16.

[7] 高志贤，李振国，丁继峰，等. 某长输管道强制电流阴极保护系统故障分析及排除措施[J]. 腐蚀与防护，2011，32(9)：739-741.

[8] 楚金伟，韦晓星，刘青松. 直流接地极附近引压管绝缘卡套放电原因分析[J]. 油气田地面工程，2015，34(10)：73-74.

[9] 胡绍磊，王啟和，何峥艳，等. 西南山地油气管道交流干扰的检测及防护[J]. 天然气与石油，2020，38(2)：85-90.

[10] 范莉，蔡国学，刘洪斌. 基于遥感的山区土地覆盖分类研究——以重庆市西阳县为例[J]. 西南农业大学学报(自然科学版)，2005(5)：172-175+183.

[11] 封琼，张亚萍，余豪，等. 土壤电阻率对埋地管道杂散电流腐蚀影响的研究进展[J]. 应用物理，2015(10)：123-130.

[12] 严俊. 高压直流接地极对埋地管道干扰规律的研究[J]. 上海煤气，2019(6)：1-4+9.

[13] 谭春波，许罡，许明忠，等. 接地极单极大地回路电流运行对天然气管道的影响[J]. 油气储运，2018，37(6)：670-675.

[14] 李丹丹. 高压直流输电线路对某埋地金属管道的干扰规律研究[D]. 西南石油大学，2014.

[15] 曹方圆，白锋. 直流接地极电流干扰下埋地金属管道防护距离影响因素研究[J]. 高压电器，2019，55(5)：136-143.

[16] 吴江伟. 高压直流入地电流对埋地管道干扰的研究[D]. 青岛：青岛大学，2018.

[17] 周毅，姜子涛，马学民，等. 陆上油气管道受高压直流接地极干扰的腐蚀与防护实例分析[J]. 中国安全生产科学技术，2019，15(7)：156-160.

[18] 马俊杰. 考虑大地构造的直流输电接地极电位分布[D]. 北京：华北电力大学，2012.

[19] 王明新，张强. 直流输电系统接地极电流对交流电网的影响分析[J]. 电网技术，2005(3)：9-14.

米桑油田脱硫塔腐蚀问题分析
及流程改造实践

吴锦亮　宗俊斌　柯文超

（中海石油伊拉克公司）

摘　要：为解决米桑油田脱硫塔腐蚀问题，运用 Aspen HYSYS 软件对气提塔脱气流程进行模拟，分析脱硫塔压力、硫化氢含量、pH 值与流程管段腐蚀速率的关系，探索其中的规律后采取前端注酸、后端注碱的方式调节调节 pH 到合理值。现场应用表明：将前馈、串级及比例控制回路应用于并联气提塔的进料端、合理设置注酸碱混合点，可以将进出塔水 pH 值调节在 6~7，解决了脱硫塔流程腐蚀问题，其工艺流程的升级改造为类似油田水质处理提供了参考。

关键词：腐蚀；模拟核算；腐蚀规律；pH 值

随着油田开发的深入，中东区域米桑油田地层存在一定的亏空，为保持可持续发展，注好水、注够水成为该油田上产、增产的关键因素。流程中生产水处理量的不断增加，导致生产水流程中腐蚀现象逐渐加剧，生产水处理工艺流程中存在不同程度都腐蚀结垢，其中脱硫塔流程腐蚀程度相比其他设备较为突出。传统学者研究认为，生产水流程腐蚀结垢一般与生产水中离子有关，其中设备操作压力，pH 值对腐蚀结垢都有影响，常见观点有硫酸钙结垢，氯离子腐蚀，铁离子腐蚀，二氧化碳腐蚀、硫化氢腐蚀，硫酸根离子腐蚀等。有统计表明生产水腐蚀结垢对油田安全生产产生了很多不利影响，经常有油田因为腐蚀问题导致停产检修。各个油田为了避免腐蚀加剧，除了开展常规压力容器年检，流程加药，腐蚀检测外，还进行生产水离子组分分析以及腐蚀规律的研究，通过对脱硫塔腐蚀成因分析，主要有以下几个因素，如图 1 所示。

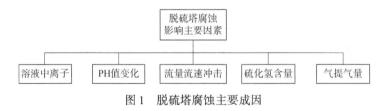

图 1　脱硫塔腐蚀主要成因

1　模拟建立生产水处理工艺流程

米桑油田由若干区块组成，化验水质显示偏酸性。目前日产水量为约 $2 \times 10^4 \, \mathrm{m^3/d}$。各区块含油污水进入分离器处理后（油<2000mg/L，固体悬浮颗粒<200mg/L 和 H_2S<200mg/L，

温度<90℃)再进入两个调储罐进行下一步处理，此时污水中含油<500mg/L，固体悬浮颗粒<150mg/L，H_2S<200mg/L，含油污水经过进生产水泵增压后，进入四台聚结除油器脱除污水中含油；除油后进入斜板除油器进行絮凝聚凝反应，用以脱去水中污泥，此时油<30mg/L，固体悬浮颗粒<20mg/L，H_2S<200mg/L，最后进入四个气提塔脱去硫化氢。脱硫后由气提塔泵增压进入九个核桃壳过滤器进一步去除水中细小油颗粒以及悬浮物。米桑油田采出水含有较高的 HCO_3^-、SO_4^{2-}、Ca^{2+}、Mg^{2+} 等成垢离子，常规研究认为，富含正负离子的生产水容易出现配伍反应，实现最后电化学平衡：

$$2HCO_3^- \longrightarrow CO_2 \uparrow + H_2O + CO_3^{2-} \tag{1}$$

$$Ca^{2+} + CO_3^{2-} \longrightarrow CaCO_3 \downarrow \tag{2}$$

为了摸索生产水系统腐蚀规律，降低腐蚀对现场工艺流程的影响。采用 Aspen HYSYS 工艺流程软件模拟提脱硫塔工艺，米桑油田现有生产水处理流程：上游分离器生产水进入调储罐、聚结除油器、斜板除油器处理完后到脱硫塔，气提气为天然气，由生产水处理流程以及脱硫塔实际工况，根据相关资料选用 Peng-Robinson 模型开始模拟。

2 脱硫塔腐蚀规律研究

根据现场水处理流程，结合脱硫塔腐蚀主要成因，对脱硫塔中各项工艺参数：脱硫塔压力，硫化氢含量，气提气量，生产水量以及 pH 值进行参数设置，模拟这几个参数与气提塔腐蚀速率之间的关系。首先用软件模拟腐蚀速率与塔压、硫化氢含量关系，如图 2 所示。

2.1 腐蚀速率、脱硫塔的压力以及硫化氢含量关系

图 2 为腐蚀速率与塔压以及硫化氢含量关系曲线。

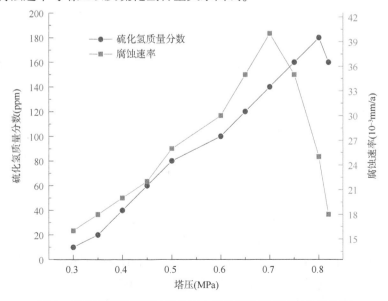

图 2 脱硫塔腐蚀速率与塔的压力以及硫化氢之间的关系曲线

从图 2 可知，脱硫塔的压力增高，生产水中硫化氢含量也在逐渐升高，塔压在 0.7MPa 时，硫化氢质量分数最高，分析原因可能为，如果进入塔中的液量不变，随着塔分压不断增高，生产水中溶于的硫化氢未达到饱和状态，导致更多硫化氢溶于水，使硫化氢含量不断增加。塔压在 0.3~0.7MPa 区间时，随着硫化氢含量不断增加，亚铁离子与硫元素之间电化学反应加剧，从而导致腐蚀速率增大，压力超过 0.7MPa 时，腐蚀速率减慢，判断为硫元素与铁元素发生化学反应产生的硫铁络合物附着于容器壁，阻碍了后续硫化氢中硫元素与铁元素的进一步反应，使腐蚀速率减慢，因此，脱硫塔的压力在 0.7~0.8MPa 时，腐蚀速率逐渐降低。

2.2 腐蚀速率与 pH 值以及气提气关系

图 3 为腐蚀速率与 pH 值以及气提气的关系。

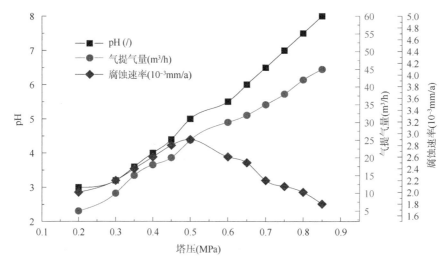

图 3 腐蚀速率与 pH 值以及气提气量的关系

模拟腐蚀速率与 pH 值以及覆盖气的关系如图 3 所示，随着气提气含量不断提高，介质中 pH 值含量也逐渐增高，腐蚀速率首先呈现出不断上涨趋势，在脱硫塔的压力超过 0.7MPa 时候腐蚀速率逐渐减缓，pH 值与腐蚀速率关系为当 pH 值超过 5.5 时，腐蚀速率随着 pH 值不断升高而逐渐减缓。溶液中硫化氢电解出 H^+ 与 HCO_3^- 结合中容易呈现出酸性，随着气提气将硫化氢进一步吹扫，生产水中酸性气体含量减少，溶液中 H^+ 之间距离变短以及与 HCO_3^- 结合反应完毕，促使化学反应减缓，没有更多的 HCO_3^- 参与腐蚀结垢反应，腐蚀结垢速率出现减缓，pH 值在 3~4 时候，溶液中金属离子与 H^+ 快速反应，腐蚀速率最快，同时 H^+ 与 SO_4^{2-} 结合生产硫酸，也导致腐蚀速率最快，当 pH 值在 5.5 左右时，覆盖气含量超过 35m^3/h 时，腐蚀速率最低降到 0.0243mm/a。

2.3 腐蚀速率与 pH 值以及硫化氢含量之间的关系

图 4 为腐蚀速率与 pH 值以及硫化氢含量多少关系。

从图 4 可知，随着溶液中硫化氢含量不断升高，pH 值缓慢下降，生产水量在 700m^3/h，腐蚀速率最大。生产水量在 900m^3/h，腐蚀速率最慢，腐蚀速率表现为先快后减慢，腐蚀因素主要为离子腐蚀。pH 值在 4~4.5 时候，材质腐蚀速率最快，在 5.5~6 时候，腐蚀速率最慢。判断为硫化氢腐蚀为主因，也存在电离子如氯腐蚀等，在一定压力下，硫化氢含量高通常认为硫化氢对大部分材质腐蚀表现为先期加快，后期减慢，主要原因硫化物覆盖膜对材质有一定保护作用。

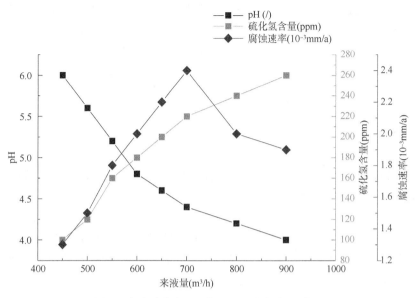

图 4   腐蚀速率与 pH 值以及硫化氢含量关系

2.4   不同流速下管段长度与腐蚀速率的关系

保持输送温度在 63℃，输送压力在 0.8MPa，利用软件分别核算管道距离在 3m、5m、8m、10m 时不同流速下的腐蚀速率规律如图 5 所示。

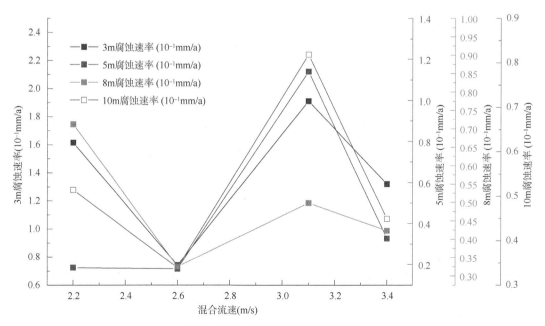

图 5   流速与管段腐蚀速率的关系

从图 5 可知，不同管段下腐蚀速率随着混合流速的增加，腐蚀速率均表现出先减慢后增加，达到最快后又逐步减慢的特征。流速在 2.2~2.6m/s 时，管段腐蚀速率表现为逐渐下降，从最高 0.18mm/a 下降到 0.065mm/a。流速在 2.6~3.4m/s 区间时，随着混合流速的不断增加，当流速达到 3.1m/s 时，各个管段下腐蚀速率都达到了最大，从 3.1~3.4m/s 时，腐蚀速率逐渐下降，其中 10m 管段腐蚀速率达到了最快为 0.085mm/a。可理解为流速不断增大，流体中离子来不及与金属离子充分接触导致腐蚀减慢，过大流速可以冲刷管壁，可以认为沉积垢被冲刷走，导致腐蚀加剧。在一定流速下，路径越短，腐蚀介质在单位位移中密度增大，管道出现腐蚀加剧。

3 结论

（1）随着脱硫塔的压力不断升高，硫化氢含量出现先不断增加后减少的趋势，脱硫塔腐蚀速率也出现先增加后减小的趋势。

（2）米桑油田脱硫塔的压力在 0~0.5MPa 时，随着气提气量的不断增加，腐蚀速率也逐步增加，塔压在 0.5~0.8MPa 时，随着气提气量的增加，腐蚀速率逐渐减慢。

（3）压力一定时，随着生产水量的不断增加，硫化氢含量也不断增加，脱硫塔内 pH 值逐渐减少到 4.2；当水处理量在 700m³/h 以及 pH 值为 4.4 左右时，腐蚀速率最快。

（4）在不同流速下，不同管段长度腐蚀速率均表现不同。同一流速下，10m 管道处腐蚀速率大于其他长度的管段腐蚀速率。建议在脱硫塔前后 5m 处增加注酸、注碱点，以中和溶液中由于 H_2S 产生的酸碱不平衡。

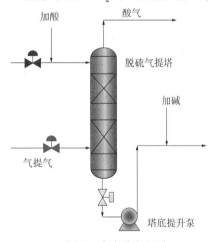

图 6 改造后流程图

4 现场应用

根据对米桑油田脱硫塔流程腐蚀规律的模拟，为确保污水中硫化氢脱除后，减小因污水中 pH 值不合理，硫化氢影响，流速不合理而导致流程出现腐蚀问题，气提塔的前端注酸、后端注碱，并采用前馈、串级及比例控制回路控制水量以及压力，改造如图 6 所示。现场应用表明，通过在前后管段处增加注入点，调节进出生产水 pH，解决了脱硫塔结垢问题及酸性水腐蚀问题，提高了脱硫效率，含硫污水硫化氢指标≤20mg/L。

参 考 文 献

[1] 张志庆，罗春林，贺亮等. 米桑油田采出水处理工艺设计与运行[J]. 工业水处理，2019，39(11)：94-96.

[2] 周西臣，曲虎，刘静，等. 气提法去除油田污水 H_2S 的实验研究[J]. 工业水处理，2012，32(1)：66.

［3］谭先红，徐文江，姜维东. 注入水腐蚀评价在油田开发水源选择中的应用［J］. 工业水处理，2016，36（12）：97-100.

［4］王亮. 长庆油田 A 区块注水管线腐蚀速率预测研究［D］. 西安：西安石油大学，2014：33-38.

［5］田楠，刘晖，杨秘，等. CFD 油田注水管线腐蚀分析及缓蚀剂评价［J］. 全面腐蚀控制，2014（3）：84-87.

［6］郭广智. 石油化工动态模拟软件 HYSYS［J］. 石油化工设计，1997，14（3）：30-33.

［7］刘承杰. 海洋油气设备腐蚀与防护［J］. 石油工业出版社，2014，25（3）：31-45.

气田异径管刺漏失效分析研究

方 艳 岳良武 林 竹 常泽亮 柯庆军

（中国石油塔里木油田公司）

摘 要： 针对某西部气田生产井液位调节阀入口管线异径管处发生刺漏失效现象，基于管道材料标准、运行服役工况条件和失效特征，系统开展了失效管材宏观及微观形貌观测、无损检测、化学成分、金相组织、力学性能以及腐蚀产物成分分析等系列实验，明确了刺漏失效的原因。测试结果显示，该管段的化学成分、力学性能和金相组织均符合标准要求，主要的刺漏失效原因是 H_2S 环境下的应力腐蚀开裂。

关键词： 异径管；刺漏；硫化氢；应力腐蚀开裂

近年来随着国民经济的不断发展，国家对能源，尤其对天然气的需求日益增加。为了保证能够安全、平稳、优质、足量地给管线供气，必须使气井安全平稳运行[1]。我国西部地区的长庆、新疆、四川等油气主产区的油气井数量逐年上升，由于井口温度、压力高，介质腐蚀性强，井口管线失效刺漏的情况时有发生，将导致单井关井，降低设备使用寿命，造成一系列失效事故，影响气井安全平稳运行，给气田的安全生产带来严重隐患。因此，防止气田集气站管线刺漏对气田的安全平稳运行、稳产增产及地面测试系统的正常运行至关重要[2]。针对常见的油气管道运行管理工作而言，应该及时排除可能存在的刺漏情况，进而加以系统分析，制定出合理的处理措施，以便达到相关的安全、稳定性要求。鉴于此，深入探究与分析输气管线的刺漏处理有效措施显得尤为必要，具有重要的研究意义和实践价值[3-4]。

因此，本文基于该变径管道的材料标准、运行服役工况条件和失效特征等，开展了宏观及微观形貌观测、无损检测、化学成分、金相组织、力学性能及能谱、X 射线衍射物相分析等系列实验，对刺漏失效原因进行综合分析，表明开裂刺漏的主要原因是 H_2S 环境下的应力腐蚀开裂。最后，提出了相应的预防建议措施以确保管网安全稳定运行。

1 失效案例分析

某西部气田生产井于 2014 年 1 月投产，2022 年 1 月，巡检发现计量橇内液位调节阀入口管线处发生刺漏，刺漏点位于计量橇液位调节阀入口管线异径管部位，近 1 点钟方向，呈针孔状，刺漏点现场位置如图 1 所示。

该生产井日产气 $40.66 \times 10^4 m^3$，产液 56.24t，管线运行温度 45～47℃，运行压力 8.5MPa，气相中 H_2S 分压为 0.03～0.04MPa，CO_2 分压为 0.30～0.58MPa，总矿化度

115000mg/L，原位 pH 值最高为 5.2，变径管材质为 L245N。

图 1　现场刺漏点位置

失效管段长度约 50cm，宏观形貌如图 2 所示。管段外壁涂覆铁红色涂层，管段有三个环向焊缝，焊缝宽约 11mm，管体缩颈部位外壁涂层局部区域有脱落但无明显腐蚀痕迹，未发现刺漏点位置。

图 2　失效管段宏观形貌

2　气田异径管刺漏分析实验方法

2.1　无损检测

采用超声波探伤、X 射线探伤等方法，参照 GB/T 11345—2013《焊缝无损检测 超声检测 技术、检测等级和评定》及 GB/T 3323.1—2019《焊缝无损检测 射线检测 第 1 部分：X 和伽玛射线的胶片技术》，检测缩颈部位及焊接部位，查找确定缩颈部位的刺漏位置以及其他可能存在的金属缺陷，如裂纹、未焊透、气孔、夹杂等，评定管节及焊缝质量[5-6]。

2.2　金相检测

参照 GB/T 13298—2015《金属显微组织检验方法》，选取母材区和焊缝区分别截取金相分析试样，用水砂纸逐级打磨到 2000# 进行抛光，采用 4% 硝酸酒精溶液进行刻蚀，用去离子水清洗干净后用酒精吹干，采用激光共聚焦显微镜观察分析金相组织[7]。

2.3　腐蚀产物

用丙酮清洁刺漏区附近管材内壁腐蚀产物，干燥后研磨得到粉末样品，采用 X 射线衍射分析仪进行 X 射线衍射(XRD)图谱分析，根据衍射峰的强弱确定腐蚀产物的组成[8-9]。

2.4 材质力学性能

参照 GB/T 4340.1—2009《金属材料维氏硬度试验第 1 部分：试验方法》，采用显微硬度计分别测试刺漏区、母材区、焊缝热影响区和熔合区的洛氏硬度，采用电子式万能试验机测试母材的拉伸性能[10]。

3 气田异径管刺漏分析结果

3.1 刺漏部位无损检测

采用超声波检测对焊缝单面双侧进行 100%扫查，发现焊缝部位只有 1 处缺陷，检测结果见表 1，缺陷位置如图 3 所示。

表 1　焊缝超声波检测结果

缺陷序号	缺陷深度(mm)	缺陷长度(mm)	缺陷当量(dB)
1	4.5	3	12

图 3　焊缝超声波检测缺陷位置

对刺漏部位进行 100%X 射线检测发现，缩颈部位存在长约 18.6mm 轴向阴影线，初步判断内部裂纹的可能性较大，缺陷位置及检测结果如图 4 所示。

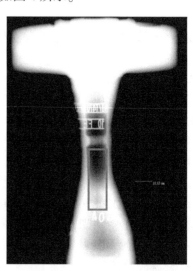

图 4　刺漏部位 X 射线检测结果及刺漏位置

3.2 金相检测分析结果

3.2.1 材质分析

从失效管段完好部位和刺漏部位分别取样，采用等离子体发射光谱仪和碳硫分析仪，对管材成分进行分析，测试结果见表 2。管段母材区和刺漏区的基材元素成分均符合 GB/T 9711—2017《石油天然气工业 管线输送系统用钢管》中对 L245N 的要求。

表 2 管材成分分析结果

元素名称	C	Si	S	P	Mn	Nb	Ti	V
标准要求值	≤0.24	≤0.40	≤0.015	≤0.025	≤1.20	≤0.01	≤0.04	≤0.05
母材区实测值	0.20	0.27	<0.01	<0.01	0.58	<0.01	<0.01	<0.01
刺漏区实测值	0.21	0.28	<0.01	<0.01	0.58	<0.01	<0.01	<0.01

母材区和焊缝区的金相显微组织如图 5 和图 6 所示，基材显微组织为铁素体+珠光体组织结构，其中白色为铁素体组织，黑色为珠光体组织；焊缝热影响区和熔合区均出现粗大的针状魏氏组织铁素体。

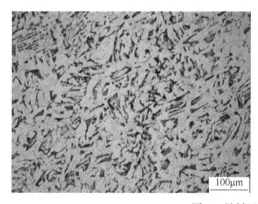 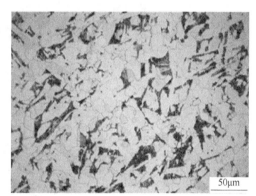

图 5 母材区金相显微组织

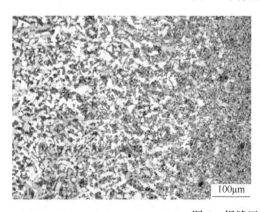 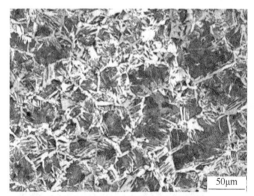

图 6 焊缝区金相显微组织

3.2.2 金相检测结果

用金相体式显微镜测试试样 2 和试样 6 截面的裂纹贯穿深度，测试结果如图 7 所示，两端裂纹贯穿深度分别为 7.3mm 和 13.59mm。

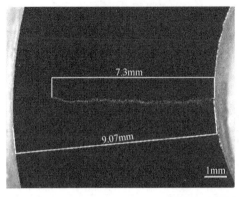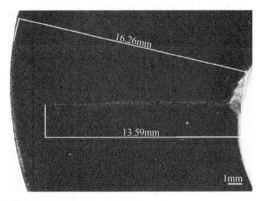

图 7　裂纹两端贯穿基体深度

金相刻蚀后的裂纹形貌如图 8 所示，裂纹穿过晶界，裂纹扩展类型为穿晶断裂，裂纹内部两边壁吻合，无明显腐蚀迹象，表明为脆性断裂。

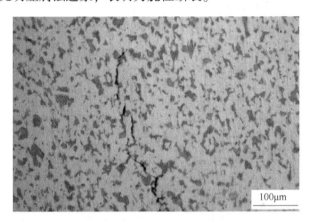

图 8　金相刻蚀后裂纹形貌

3.3　管段内壁腐蚀产物分析

3.3.1　刺漏部位腐蚀形貌及特征分析

将刺漏区切割开进行观察，如图 9 所示，内壁可见厚约 1~2mm 灰褐色腐蚀产物层，腐蚀产物质地较疏松。由于管材外表面涂覆有防腐涂层，内壁表面有腐蚀产物覆盖，均未发现明显刺漏位置。

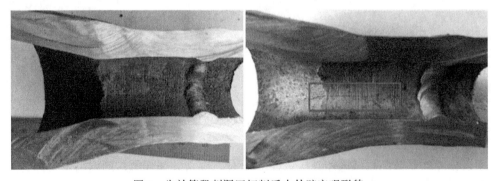

图 9　失效管段刺漏区切割后内外壁宏观形貌

对刺漏区域内壁进行除锈处理，有一条轴向裂纹，裂纹长约29mm，裂纹从管径35mm处一直延伸到缩颈部位管径52mm处，其中35mm均匀管径端裂纹长度约19mm，变径端裂纹长度约10mm。裂纹区域周边没有其他刺漏点，裂纹区域均匀腐蚀相对轻微，存在若干小点蚀坑。

根据内壁裂纹位置，对该区域进行环向切割，切割后各试样形貌如图10所示。切割后试样4从裂纹处断开，说明在此处裂纹贯穿管体内外壁。

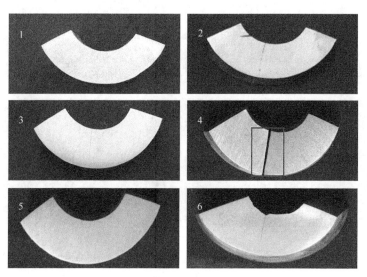

图10　刺漏部位切割后宏观形貌

3.3.2　内壁腐蚀产物分析

管内壁腐蚀产物XRD谱图如图11所示，管段内壁主要附着物为FeS、Fe_2O_3、FeO和FeO(OH)，分别是H_2S、CO_2和氧的腐蚀产物，由附着物Fe_2O_3可推断是刺漏后断口暴露在空气中所致。

取刺漏区断口处基体，使用扫描电子显微镜(SEM)和X射线能谱仪(EDS)进行外观特征、微观形态、化学元素组成和化合物构成等理化特征分析，SEM形貌和EDS谱图如图12所示，刺漏区断口处为明显的局部腐蚀形貌，腐蚀坑连成片

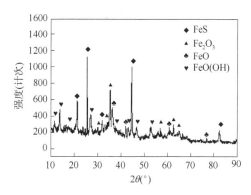

图11　管材内壁腐蚀产物XRD谱图

状；微观形貌可见台阶和河流花样，河流花样短而弯曲，支流少，解理面小，且周围有撕裂棱准解理形貌，同时韧窝少，所以，该处断裂形态介于解理断裂和韧窝断裂之间，表现典型的准解理断裂形貌。

另外，除Fe、C、S、O外，腐蚀产物中还检测出Cl、Al、P和Ca等元素，即腐蚀产物主要为基体的腐蚀产物以及少量砂垢，与XRD检测结果一致。

3.4　材料力学性能分析

从失效管段的母材完好部位、刺漏部位和焊缝部位分别取样，测试其维氏硬度，结果

见表3，表明刺漏区和母材区硬度差别不大。焊缝熔合区硬度最高、其次是热影响区，母材硬度最低。焊缝区硬度高是由于在焊接时环境温度低，焊口冷却太快，即淬火处理导致硬度提高；另一方面热应力和组织应力的存在也会产生这种现象[11-12]。

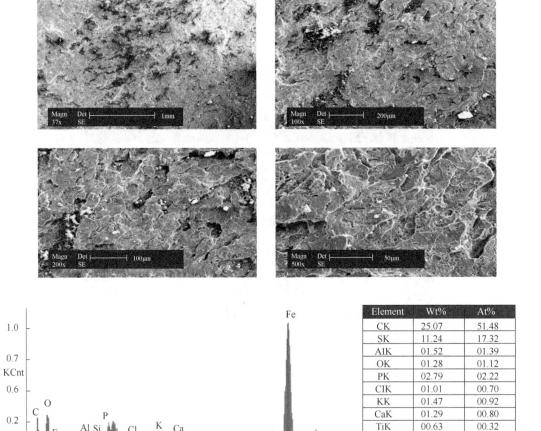

图 12　刺漏区断口处 SEM 形貌和 EDS 谱图

Element	Wt%	At%
CK	25.07	51.48
SK	11.24	17.32
AIK	01.52	01.39
OK	01.28	01.12
PK	02.79	02.22
CIK	01.01	00.70
KK	01.47	00.92
CaK	01.29	00.80
TiK	00.63	00.32
MnK	00.95	00.43
FeK	52.75	23.29

表 3　失效管段管材、焊缝及母材维氏硬度测试结果

取样部位	测试结果（HV5）				平均值（取整）	洛氏硬度（HRB）
母材区	126	129	132	124	128	73.6
刺漏区	134	132	134	136	134	76
焊缝熔合区	162	168	161	160	163	84.8
焊缝热影响区	155	153	151	153	153	82.2

　　管段基材的慢应变速率拉伸曲线如图13所示，慢应变速率拉伸测试结果见表4。因此，管段基材的屈服强度、抗拉强度和延伸率等力学性能指均符合标准要求。

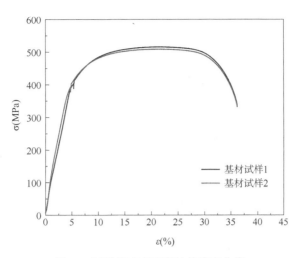

图 13　试样慢应变速率拉伸应变曲线

表 4　管材慢应变速率拉伸测试结果

性能指标		屈服强度（MPa）	抗拉强度（MPa）	延伸率（%）
标准要求		245~440	≥415	≥22
实测值	管段基材-1	371	495	35.0
	管段基材-2	365	496	35.0

　　慢应变速率拉伸试验试样断口的扫描电镜微观形貌如图 14 所示，试样断口微观形态呈蜂窝状，断裂面有大量韧窝，表现出典型的韧性断裂特征，拉伸试验断口均为韧性断裂。

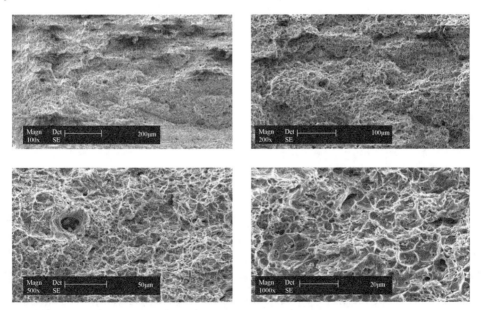

图 14　基材慢拉伸断口 SEM 形貌

4 失效机理分析

从送检样品的宏观分析和无损检测结果可知，该异径管母材有一条长约 29cm 的纵向裂纹，裂纹区域均匀腐蚀相对轻微，周边没有其他超标缺陷，内壁有少量黑色沉积物，整体壁厚未见显著减薄。裂纹打开后宏观检查发现，刺漏区断口处为明显的局部腐蚀形貌，腐蚀坑连成片状；断面微观形貌和裂纹金相均表明以穿晶断裂为主，断裂形态介于解理断裂和韧窝断裂之间，表现典型的准解理形貌，且腐蚀产物成分主要为 Fe、C、S 和 O，具有应力腐蚀开裂的特征。

H_2S 环境下的应力腐蚀开裂是在水和 H_2S 共存的情况下，与局部腐蚀的阳极过程、残留的或施加的拉应力相关的一种金属开裂，产生应力腐蚀开裂一般需同时具备三个条件，即特定的腐蚀介质、合金成分以及足够大的拉应力[13-17]。该变径管输送气相介质中 H_2S 分压为 0.03~0.04MPa，CO_2 分压为 0.30~0.58MPa，采出水的原位 pH 值最高为 5.2，处于硫化物应力开裂 SSC2 区，属于高含 H_2S 和 CO_2 的腐蚀环境；其次，该变径管材质为低合金钢，其化学成分和力学性能均符合 GB/T 9711—2017 的规定，金相组织未见异常，按照 GB/T 20972.2—2008《石油天然气工业 油气开采中用于含硫化氢环境的材料 第 2 部分：抗开裂碳钢、低合金和铸铁》的规定，其可在 SSC3 区及以下环境使用而无需考虑 SSC 和氢致开裂（HIC），但在高含 H_2S 和 CO_2 的腐蚀环境中将发生严重腐蚀，由于 CO_2 和 H_2S 的分压比小于 20，所以腐蚀主要受 H_2S 控制，与腐蚀产物的 EDS 和 XRD 分析结果一致，其中涉及到的反应式包括式（1）~式（4）[18-19]。

阳极反应：

$$Fe \longrightarrow Fe^{2+} + 2e^- \tag{1}$$

H_2S 溶于水后发生水解，即

$$H_2S \longrightarrow HS^- + H^+ \tag{2}$$

$$HS^- \longrightarrow S^{2-} + H^+ \tag{3}$$

最终获得的腐蚀产物的反应为

$$Fe^{2+} + S^{2-} \longrightarrow FeS \tag{4}$$

虽然应力腐蚀开裂不是低合金钢在 H_2S 环境中的主要开裂机理，但在发生局部腐蚀和高应力的综合作用下仍可能发生。该变径管的受力主要包括两方面：一是管内输送压力引起的服役应力；二是管道连接可能引起的附加载荷。由于变径管形状突变，存在应力集中，而开裂发生的 1 点钟位置，正好是管道连接引起附加拉伸载荷的最大值附近，满足应力腐蚀开裂的条件。

除上述三个条件外，从服役时间也可间接判断开裂原因。通常发生 SSC 的时间较短，此类低合金钢如果材质不合适，几个月内必然失效，但该变径管服役 8 年才出现刺漏，因此间接证明开裂刺漏主要是 H_2S 环境下的应力腐蚀开裂所致。

5 结论及建议

(1) 异径管母材的化学成分和力学性能均符合 GB/T 9711—2017 的规定，金相组织未见明显异常。

(2) 异径管内壁腐蚀产物主要为 FeS、Fe_2O_3、FeO 和 FeO(OH)，分别是 H_2S、CO_2 和氧的腐蚀产物。

(3) 开裂刺漏的主要原因是 H_2S 环境下的应力腐蚀开裂。

(4) 建议定期对此类管件进行检测，尤其是对于输送高腐蚀性介质且存在应力集中的部位加强检测，且检测手段应可发现裂纹型缺陷。

参 考 文 献

[1] 尹志鹏，单华，王海男，等. 气田集气站管线刺漏原因分析及改进方法[J]. 管道技术与设备，2015，(06)：31-33.

[2] 徐军，李世勇，陈世波. 川南页岩气地面流程测试管线刺漏原因及机理分析[J]. 钻采工艺，2021，44(06)：83-87.

[3] Ren Chengqiang, Liu Daoxin, Bai Zhenquan, et al. Corrosion behavior of oil tube steel in stimulant solution with hydrogen sulfide and carbon dioxide[J]. Mater Chem Phys, 2005, 93(10): 305.

[4] 黄金营，吴伟平，柳伟，等. 碳钢在 H_2S/CO_2 体系中的应力腐蚀开裂机理[J]. 材料保护，2011，44(8)：32-33.

[5] 康荣鑫. 硫化氢介质下抗应力腐蚀的缓蚀剂探讨[J]. 化学工程与装备，2020，42(6)：11-13.

[6] 焦玉瑞，陈鹏，路思. 碳钢空冷器硫化过程预防应力腐蚀开裂措施[J]. 中国石油和化工标准与质量，2019，57(16)：92-93.

[7] 李明，李秉军，何永志，等. 某埋地碳钢管道腐蚀失效分析[J]. 焊管，2021，44(8)：30-35.

[8] 霍蛟飞，范峥，刘钊. 某油气管道刺漏着火原因分析[J]. 材料保护，2018，51(6)：134-137.

[9] 王绍霞. 氨合成塔底部副线管道异径管失效原因分析[J]. 价值工程，2015，28(4)：131-132.

[10] 胡永碧，谷坛. 高含硫气田腐蚀特征及腐蚀控制技术[J]. 天然气工业，2012，32(12)：92-96.

[11] 刘丽，吴辉，任呈强，等. L360 钢在含 H_2S/CO_2 溶液中的腐蚀失效形式研究[J]. 材料导报，2014，28(23)：386-388.

[12] 宋成立，付安庆，林冠发，等. 某油田地面管线腐蚀穿孔分析与治理[J]. 焊管，2016，39(2)：56-58.

[13] 刘文广. H_2S 应力腐蚀开裂和氢致开裂的评定[J]. 石油与天然气化工，2011，40(5)：468-469.

[14] 鲜宁，姜放，施岱艳，等. H_2S 环境下碳钢连续油管的 SSC 行为研究[J]. 腐蚀与防护，2012，33(s2)：142-146.

[15] 丁同银. 炼厂湿硫化氢环境碳钢和低合金钢设备的腐蚀和防护[J]. 广东化工，2013，43(13)：103.

[16] 姜万军. 加氢处理装置湿硫化氢环境管道选材探讨[J]. 山东化工，2019，48(4)：118-119，135.

[17] 唐雁. 石油化工设备的腐蚀与质量防护[J]. 化工设计通讯，2019，45(2)：107.

[18] 董志强，夏勇，张建勋. 某在役天然气湿气输送管道腐蚀穿孔失效原因分析[J]. 石油管材与仪器，2019，5(6)：75-78.

[19] 徐学旭，刘智勇，李建宽，等. 20 钢和 16Mn 钢天然气管道失效分析[J] 腐蚀科学与防护技术，2018，30(2)：195-201.

温度对原油储罐罐底微生物腐蚀
影响规律的研究

马凯军[1]　王萌萌[1]　史振龙[1]　陈长凤[2]　贾小兰[2]

[1. 国家管网集团东部原油储运有限公司；
2. 中国石油大学(北京)新能源与材料学院]

摘　要：为探究温度对原油储罐罐底微生物腐蚀(均匀腐蚀和局部腐蚀)的影响规律与机理，采用16SrRNA基因测序分析微生物种群的特征，利用扫描电镜、激光共聚焦显微镜观察微生物膜的形态和点蚀坑特征。结果表明，罐底水微生物含有嗜温和嗜热的硫酸盐还原菌(SRB)和腐生菌(TGB)，均匀腐蚀速率在65℃达到峰值，整体属于轻微腐蚀；点蚀速率在35℃达到峰值，达到0.8mm/a，温度低于25℃及超过85℃后点蚀速率明显降低。温度对罐底板钢微生物腐蚀的影响与微生物种类耐温性有关，30~70℃间是点蚀敏感温度区间，点蚀坑与菌落的团簇生长有关，微生物首先在金属表面形成团簇状的菌落，然后代谢过程中菌落下的金属发生了快速腐蚀。

关键词：底板腐蚀；微生物腐蚀；点蚀坑；硫酸盐还原菌；腐生菌；耐温性

大型原油储罐是石油石化工业的重要装备，然而腐蚀问题一直是威胁储罐安全运行的关键因素。尽管原油含水率一般都小于0.5%，但是原油在存储过程中存在"水沉油浮"现象，最终罐底被沉积水浸没，为储罐底板的腐蚀创造了电解质环境。沉积水中的Cl^-浓度高、同时存在微生物、含有少量的溶解O_2和H_2S/CO_2，因此腐蚀性较强，最快甚至不到1a就导致储罐底板腐蚀失效。研究表明，微生物腐蚀是储罐底板腐蚀的主要原因，通常表现为严重的局部点蚀穿孔，而点蚀坑周围材料的腐蚀往往很轻微[1]。

微生物腐蚀(MIC)是指因微生物的生命活动导致材料发生或加速腐蚀的现象[2-3]。金属材料在发生MIC时主要以局部腐蚀，尤其以点蚀为主。目前在油气生产领域中，研究MIC主要以硫酸盐还原菌(SRB)[4-6]、腐生菌(TGB)[7-8]和铁细菌(FB)[9-10]为主，其中尤以SRB为甚。迄今，国内外研究者对于SRB导致金属材料发生腐蚀的机理解释主要有阴极去极化理论[11-13]、阳极加速理论[14-15]和直接电子传递理论[16-18]。阴极去极化理论认为由于微生物活动形成的生物膜使得金属材料表面产生阳极区，当环境中含有SRB时，SRB不仅会降低金属材料表面阴极反应中H结合生成H_2的活化能，而且还可以利用金属阴极区产生的氢还原硫酸盐，由此加速阴极反应速度，进而加速金属的腐蚀。阳极加速理论在阴极去极化理论的基础上还考虑了SRB对阳极反应的影响，SRB

还原硫酸盐会产生大量的 H_2S 和其他有机酸，这些代谢产物附着在金属表面会与 Fe^{2+} 相结合，加速 Fe^{2+} 离开金属基体表面，从而加速金属腐蚀。直接电子传递理论认为在一系列酶促反应作用下，附着在金属表面的 SRB 可以通过跨膜电子传递直接从金属中获得电子从而加速金属的阳极溶解。

原油储罐受自然环境影响明显，导致储罐内部的温度会存在一定波动，在这种工况条件下微生物的腐蚀变化规律对于评估储罐底板的腐蚀程度具有重要的参考价值。本文采用储罐底部沉积水，测试了不同温度下罐底板钢的微生物腐蚀导致的均匀速率和点蚀速率变化规律，结合沉积水中的微生物种属分析，探讨了温度对微生物腐蚀影响机制。

1 实验方法

实验水样为白沙湾储油库罐底水，水溶液中含（mg/L）：Cl^- 42637，HCO_3^- 2.43，SO_4^{2-} 55，Na^+ 15600，Ca^{2+} 1021，K^+ 326，Mg^{2+} 730，细菌浓度 104~105 个/mL。

采用 16SrRNA 基因测序分析微生物的丰度。高通量测序文库的构建和基于 Illumina MiSeq 平台的测序由 GENEWIZ 公司完成。使用 Qubit 2.0 Flu-orometer 检测 DNA 样品的浓度，使用 MetaVx™ 文库构建试剂盒构建测序文库。

以 30~50ngDNA 为模板，使用 PCR 引物扩增原核生物 16SrDNA 上包括 V3 及 V4 的 2 个高度可变区。采用包含 "CCTACGGRRBGCASCAG-KVRVGAAT" 序列的上游引物和包含 "GGACTAC-NVGGGTWTCTAATCC" 序列的下游引物扩增 V3 和 V4 区。另外，通过 PCR 向 16SrDNA 的 PCR 产物末端加上带有 Index 的接头，以便进行 NGS 测序。

使用 Agilent 2100 生物分析仪检测文库质量，并且通过 Qubit2.0 Fluorometer 检测文库浓度。DNA 文库混合后，按 Illumina MiSeq 仪器使用说明书进行 PE250/300 双端测序，由 MiSeq 自带的 MiSeq Con-trol Software（MCS）读取序列信息。

试样为罐底板用钢 Q235A，其化学成分（质量分数，%）为：C0.15，Si0.25，Mn0.50，S0.015，P0.01，Cr0.25，Ni0.15，余量为 Fe。将板材加工成 100mm×30mm×10mm 的试片，并用砂纸将试片逐级打磨至 800 目，并用酒精和丙酮进行清洗后备用。

实验前在无菌箱内采用紫外线对试样和容器灭菌1h，然后将试片水平放在底部固定有两根玻璃棒的 500mL 广口瓶内，试片不与瓶底部接触。随后注入罐底水，再用橡胶塞密封广口瓶。考虑到实际工况下罐底微生物菌落会形成局部厌氧环境，采用高纯氮气通过橡胶塞上的玻璃导管通入广口瓶内除氧2h，然后密封玻璃导管。所有缝隙处涂抹 704 胶密封。操作均在无菌箱内操作。最后将广口瓶放入烘箱内，分别在 25℃、35℃、45℃、55℃、65℃ 和 85℃ 下腐蚀 7d。

腐蚀结束后，取出试片，利用 KYKY-6900 扫描电镜（SEM）观察腐蚀产物形貌，利用 OXFORD-Ul-tim Max 能谱仪（EDS）分析元素组成。去除腐蚀产物后，测量腐蚀失重，计算均匀腐蚀速率。通过 Olympus OLS5000-SAF 激光共聚焦显微镜（CLSM）测量试样表面点蚀坑深度，计算均匀腐蚀速率。

2 结果与讨论

2.1 罐底板腐蚀特征

通过清罐检查罐底板腐蚀状况可见，原油储罐底板主要是以局部腐蚀为主，有部分焊缝发生了明显的沟槽腐蚀，周围分布着较多的圆形点蚀坑[图1(a)]；在罐底板中部局部腐蚀坑并不多，但出现一个直径大约为80mm的蚀坑，深度几乎快贯穿板厚[图1(b)]。在未发生局部腐蚀的区域，均匀腐蚀非常轻微，材料表面光滑平整，说明金属腐蚀损失很少。

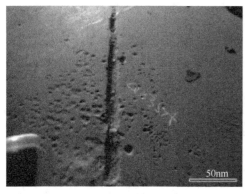 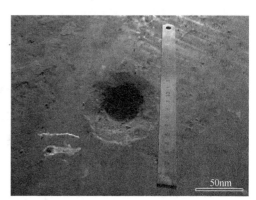

(a)河槽腐蚀   (b)腐蚀坑

图1 罐底板微生物腐蚀形貌

观察罐底板点蚀坑形貌可以发现，点蚀坑都具有口大底小的特征。通常闭塞电池机制可以解释点蚀坑快速发展的原因，即，由于腐蚀产物在点蚀坑的开口处堆积，最终导致点蚀坑内出现自催化酸化和浓差腐蚀电偶，结果点蚀坑内发生快速溶解，通常会形成口小底大的形貌特征，这也是含氧环境下点蚀坑的普遍特征。而罐底板的微生物菌落会团簇状生长，其代谢的酸性产物会导致生物膜下的基底金属快速腐蚀，因此罐底板的口大底小的点蚀形貌与微生物腐蚀的特征相吻合。

2.2 罐底水中微生物分析

罐底水微生物的丰度16SrRNA基因测序分析结果显示出水样中微生物种群分属4个门，即Ther-motogae(热袍菌门)、Proteobacteria(变形菌门)、Bac-teroidetes(拟杆菌门)以及Firmicutes(厚壁菌门)，具体含有20个属。

分析检测结果可见Proteobacteria中的Desulfo-vibrio(脱硫弧菌属)和Desulfobacter(脱硫杆菌属)属于SRB，总含量接近于4%。这类菌属于嗜温菌，其最适宜的生长温度在30~40℃。Thermotogae中的Mesotoga菌属虽然是异养细菌，在厌氧环境中也能氧化硫酸盐，而且是嗜热菌，最适宜生长温度60~70℃[19]。Firmicutes中的Tepidimicrobium菌属也能利用硫化物进行生理活动，也属于嗜热菌[20]。

细菌种群中属于Bacteroidetes和Firmicutes的细菌种类和含量最多，均是异养微生物，代谢产物产生酸，通常会将这类菌属归类为腐生菌(TGB)。其中除了Bacillus(芽孢杆菌属）是好氧细菌外，其余均为厌氧菌。另外，腐生菌中的 Clostridium（梭菌属）属于嗜热菌[21]，含量达到 16.18%，在罐底水中也是优势菌群。

微生物种群特性表明罐底水中不仅含有的丰富的 SRB、TGB，而且在室温和高温下均有适合生长的微生物菌种。另外，罐底水中的菌群绝大多数是厌氧菌，说明罐底沉积物中的微生物是在厌氧环境下生存，而且 SRB 和 TGB 形成了共生体系。通常，SRB 可以利用 TGB 代谢形成的有机酸作为电子供体进行生理代谢[22]，因此，这种共生模式有助于微生物菌群增殖，最终对金属材料造成更严重的腐蚀。

2.3 温度对罐底水微生物腐蚀影响

不同温度的沉积水浸泡后，罐底板的均匀腐蚀速率和最大点蚀坑深度变化规律如图2所示。在 25~85℃ 温度范围内，均匀腐蚀速率呈现先升后降的变化规律，其中在 65℃ 达到最大值，温度超过 85℃ 以后均匀腐蚀速率迅速降低，但均匀腐蚀速率整体并不高，属于轻微腐蚀范围[图2(a)]。与均匀腐蚀速率类似，局部腐蚀速率也呈现先增大后减小的变化规律，峰值出现在 30~40℃ 之间，点蚀坑深度接近 15μm，点蚀速率达到 0.8mm/a；在 50~70℃ 之间也有 10μm 左右，点蚀速率仍然超过 0.5mm/a，同样当温度超过 85℃ 以后，点蚀速率也迅速降低。整体来说，从图2(b)可以看出 30~70℃ 是点蚀快速发生的温度区间。

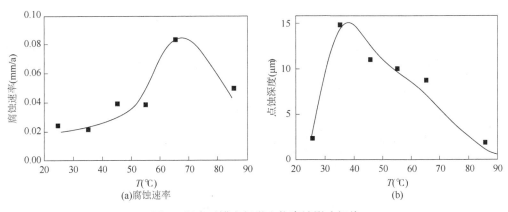

图2　温度对罐底板微生物腐蚀影响规律

观察不同温度下罐底板微生物腐蚀后的形貌可见，25℃ 下微生物膜均匀覆盖在试样表面，局部有团簇状菌落生长[图3(a)]；35℃ 时的生物膜最显著，试样表面布满杆状的细菌，而且也形成了较大的菌落团簇[图3(c)]；当温度升高到 65℃ 以后，试样表面的均匀腐蚀程度明显加重，能显现出晶界的特征，而生物菌落则相对减少[图3(e)]；当温度进一步升高到 85℃ 以后，试样表面的微生物菌落团簇相对减少。

去除生物膜以后观察试样表面的点蚀坑特征可见，25℃ 时点蚀坑深度虽然较小，但密度较高[图3(b)]，温度升高以后，点蚀坑的密度逐步降低[图3(d)和(f)]。观察点蚀坑内部特征可见，腐蚀过程都是沿着固定的晶粒向内进行，相邻的晶粒的晶界清晰可见，能观察到相邻晶粒比较平整的晶面(图4)。

进一步利用激光共聚焦显微镜测量点蚀坑轮廓特征。可见，25℃ 条件下腐蚀生成的点蚀坑虽然深度较浅，但点蚀坑的直径比较大，呈浅碟状，计算直径与深度的比值为 5.1

[图5(a)]；35℃时的比值为1.6，65℃时为1.9[图5(b)和(c)]。

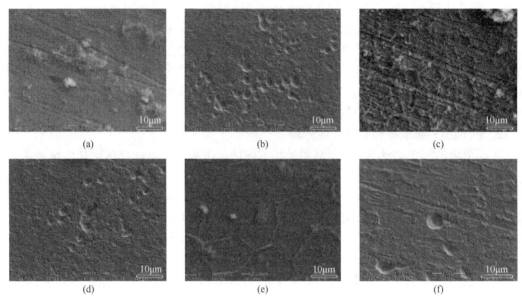

(a)　　　　　　　　(b)　　　　　　　　(c)

(d)　　　　　　　　(e)　　　　　　　　(f)

图3　罐底板微生物腐蚀后的表面形貌

点蚀通常由直径非常微小的蚀坑发展起来，然后才逐渐扩大，一般尺寸小于1μm的点蚀坑看成是亚稳态蚀坑。从图5点蚀坑的发展过程来看，反映出初期时的点蚀坑直径可能就比较大，这应该与微生物菌落团簇生长有关，先是微生物形成一定尺度的菌落，然后是菌落下逐步发生局部腐蚀，因此点蚀的萌生主要还是由于团簇状的菌落导致的。

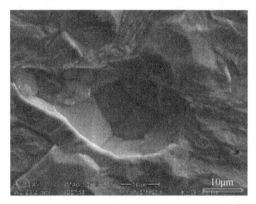

图4　35℃下腐蚀以后点蚀坑内部形貌

温度直接影响硫酸盐还原菌的代谢活性和生长速度。根据SRB适宜生长温度的不同，可将其分为嗜温型，嗜热型及嗜冷型SRB。嗜冷型SRB的适宜生长温度范围为10~18℃[23-24]。嗜中温型SRB的最适宜生长温度为37±1℃[25]，高于45℃停止生长。嗜热SRB的生长温度范围在50~70℃，最佳生长温度为65℃，在80℃或更高温度下仍可以生存。附着在钢铁表面的SRB可以耐受更高温度[26-28]。Liu等[29]研究从渤海油田分离得到的嗜热SRB菌株在不同温度下对碳钢腐蚀的影响，可见60℃碳钢的腐蚀速率是37℃时的2.2倍，表明嗜热硫酸盐还原菌的代谢活性对适宜生长温度的依赖性。温度太低太高均会抑制SRB的生长代谢活动。

罐底板的微生物主要是嗜温和嗜热菌，因此，从无论是均匀腐蚀速率还是点蚀速率在25℃时都不高，说明25℃以下罐底水中的微生物不活跃。均匀腐蚀速率在65℃达到峰值说明微生物在这一温度也有较高的代谢活性，微生物代谢出来的酸性产物在高温下与金属基体会有较快的反应速率，当温度升高到85℃以后，微生物活性大大降低，此时虽然温度有利于腐蚀速率加快，但由于代谢产物较少，因此均匀腐蚀速率也降低。

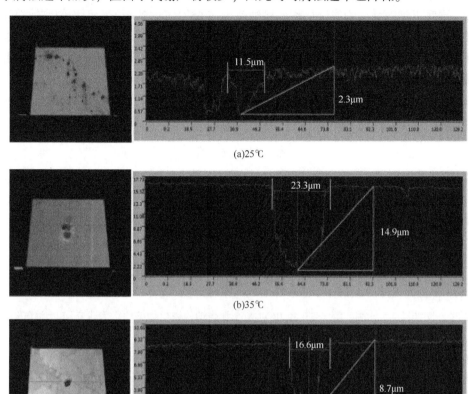

(a)25℃

(b)35℃

(c)65℃

图5　不同温度腐蚀后最大点蚀坑轮廓形貌

从点蚀坑的特征情况来看，可以推测点蚀坑的发展主要与菌落的生长有关。相比较而言，嗜温的硫酸盐还原菌和腐生菌的数量最多，因此，35℃就是嗜温菌的最有利生长温度，因此在这个温度下菌落最发达，代谢产物在生物膜下产生的的局部酸性对局部金属造成快速腐蚀。其次，按照生物催化阴极硫酸盐还原机理[30,31]，由于 SRB 可直接从金属获取电子作为能量来源，因此在菌落下的金属基体为上部的菌群提供电子，因此，菌落下方的金属会发生快速腐蚀。

由于点蚀的发展与菌落的相关性更大，因此，温度升高到 65℃时，主要是嗜温菌生长，但其数量要小于嗜温菌，因此在试样表面的菌落不够发达，这从试样表面的扫描电镜也能看出来(图 4e)，因此点蚀坑深度和密度都降低。当超过 85℃以后，绝大部分的微生物的活动受到抑制，因此点蚀也迅速减小。

3　结论

(1) 大型原油储罐的罐底水中微生物种群含有嗜温和嗜热的 SRB 和 TGB，它们在室温到 60~70℃ 范围内均能生长。

（2）罐底板钢的微生物腐蚀的均匀腐蚀速率在 65℃ 时达到峰值，但均匀腐蚀总体属于轻微腐蚀。而点蚀速率在 35℃ 时达到峰值，为 0.8mm/a，属于严重腐蚀；65℃ 时也有较高的点蚀速率，温度超过 65℃ 以后点蚀速率迅速降低。30~70℃ 是点蚀快速发生的温度区间，温度对罐底板钢微生物腐蚀的影响与微生物种类耐温性有关。

（3）罐底板微生物腐蚀形成的点蚀坑与菌落的团簇生长有关，微生物先是在金属表面形成团簇状的菌落，然后代谢过程中使得菌落下的金属发生快速点蚀。

参 考 文 献

［1］刘栓，王娟，程红红，等．大型原油储罐内壁底板腐蚀机理及防护措施［J］．表面技术，2017，46（11）：47.

［2］Javaherdashti R. Microbiologically influenced corrosion（MIC）［A］. Microbiologically Influenced Corrosion：An Engineering Insight［M］. Cham：Springer，2017：31.

［3］史显波，杨春光，严伟，等．管线钢的微生物腐蚀［J］．中国腐蚀与防护学报，2019，39：9.

［4］张斐，王海涛，何勇君，等．成品油输送管道微生物腐蚀案例分析［J］．中国腐蚀与防护学报，2021，41：795.

［5］史晶莹，陶桂凤，卢永强，等．SRB 和 IB 对 X65 管线钢的微生物腐蚀行为研究［J］．油气田地面工程，2021，40（8）：12.

［6］马刚，顾艳红，赵杰．硫酸盐还原菌对钢材腐蚀行为的研究进展［J］．中国腐蚀与防护学报，2021，41：289.

［7］张仁勇，赵国安，施岱艳，等．天然气集输管道的微生物腐蚀试验研究［J］．材料保护，2019，52（11）：38.

［8］蒋秀，范举忠，屈定荣，等．某集气站埋地管道腐蚀失效原因分析［J］．腐蚀科学与防护技术，2019，31：320.

［9］王坤泰，陈馥，李环，等．铁细菌对 L245 钢腐蚀行为的影响研究［J］．中国腐蚀与防护学报，2021，41：248.

［10］陈晓宇，赵启宏，郭朴．关于气田腐蚀原因及防腐措施探究［J］．全面腐蚀控制，2020，34（9）：95.

［11］Xu D，Li Y，Gu T. A synergistic D-tyrosine and tetrakis hydroxy-methyl phosphonium sulfate biocide com-bination for the mitiga-tion of an SRB biofilm［J］. World J. Microbiol. Biotechnol.，2012，28：3067.

［12］Cord-Ruwisch R，Widdel F. Corroding iron as a hydrogen source for sulphate reduction in growing cultures of sulphate-reducing bacteria［J］. Appl. Microbiol. Biotechnol.，1986，25：169.

［13］Matias P M，Pereira I A C，Soares C M，et al. Sulphate respiration from hydrogen in Desulfovibrio bacteria：a structural biology over-view［J］. Prog. Biophys. Mol. Biol.，2005，89：292.

［14］Antony P J，Raman R K S，Mohanram R，et al. Influence of ther-mal aging on sulfate-reducing bacteria（SRB）-influenced corrosion behaviour of 2205 duplex stainless steel［J］. Corros. Sci.，2008，50：1858.

［15］Hardy J A，Bown J L. The corrosion of mild steel by biogenic sul-fide films exposed to air［J］. Corrosion，1984，40：650.

［16］Duan J Z，Wu S R，Zhang X J，et al. Corrosion of carbon steel in-fluenced by anaerobic biofilm in natural seawater［J］. Electrochim. Acta，2008，54：22.

［17］Li H B，Xu D K，Li Y C，et al. Extracellular electron transfer is a bottleneck in the microbiologically influenced corrosion of C1018 carbon steel by the biofilm of sulfate-reducing bacterium Desulfo-vibrio vulgaris [J]. PLoS One, 2015, 10(8): e0136183.

[18] Sherar B WA, Power I M, Keech P G, et al. Characterizing the ef-fect of carbon steel exposure in sulfide containing solutions to mi-crobially induced corrosion [J]. Corros. Sci., 2011, 53: 955.

[19] Fadhlaoui K, Ben Hania W, Armougom F, et al. Obligate sugar oxi-dation in Mesotoga spp., phylum Thermotogae, in the presence of either elemental sulfur or hydrogenotrophic sulfate-reducers as electron acceptor [J]. Environ. Microbiol., 2018, 20: 281.

[20] Whitman W B. Bergey's Manual of Systematics of Archaea and Bacteria [M]. Hoboken, New Jersey: Wiley, 2015: 1.

[21] Du C, Webb C. Cellular systems [A]. Murray M Y. Comprehensive Biotechnology[M]. 2nd ed. Burlington, VT: Academic Press, 2011: 11.

[22] Muyzer G, Stams A J M. The ecology and biotechnology of sulphate-reducing bacteria [J]. Nat. Rev. Microbiol., 2008, 6: 441.

[23] Isaksen M F, Jorgensen B B. Adaptation of psychrophilic and psy-chrotrophic sulfate-reducing bacteria to permanently cold marine environments [J]. Appl. Environ. Microbiol., 1996, 62: 408.

[24] Knoblauch C, Jørgensen B B, Harder J. Community size and meta-bolicrates of psychrophilic sulfate-reducing bacteria in arctic ma-rine sediments [J]. Appl. Environ. Microbiol., 1999, 65: 4230.

[25] 李俊叶, 黄伟波, 王筱兰, 等. 硫酸盐还原菌的筛选及生理特性研究 [J]. 安徽农业科学, 2010, 38: 16092.

[26] Henry E A, Devereux R, Maki J S, et al. Characterization of a new thermophilic sulfate-reducing bacterium[J]. Arch. Microbiol., 1994, 161: 62.

[27] 陈鸣渊. 嗜热硫酸盐还原菌在不同温度下的生长及其硫代谢 [J]. 广东化工, 2016, 43(3): 31.

[28] 刘宏芳, 刘涛. 嗜热硫酸盐还原菌生长特征及其对碳钢腐蚀的影响 [J]. 中国腐蚀与防护学报, 2009, 29(2): 93.

[29] Liu T, Liu H, Hu Y, et al. Growth characteristics of thermophile sulfate-reducing bacteria and its effect on carbon steel [J]. Mater. Corros., 2009, 60: 218.

[30] 林建, 朱国文, 孙成, 等. 金属的微生物腐蚀 [J]. 腐蚀科学与防护技术, 2001, 13(5): 279.

[31] Gu T Y, Zhao K L, Nesic S. A new mechanistic model for mic based on a biocatalytic cathodic sulfate re-duction theory [A]. Cor-rosion 2009 [C]. Atlanta, Georgia, 2009.

地下管道无泄漏长寿命安全运营管理新技术展望

袁厚明　　周元杰

（襄阳震柏地下管线检测有限公司）

摘　要：本文分析了管道运输的重要性，介绍了我国地下管道运营状况与安全形势，对管道无泄漏管理技术设计，管道长寿命技术管理设计，管道快速流超输量技术管理设计，快速度低检测评估成本管理技术设计进行了详细分析探讨，最后对管道新技术使用给管道行业带来的综合经济效益进行了列表分析。

关键词：地下管道；无泄漏；管道寿命；超输量；检测评估；综合效益

1　我国地下管道运行状况与安全形势

作为国民经济五大运输部门之一的管道运输，近年来迅速发展，随着西气东输二线、俄气南供、陕京复线、忠武线、兰成渝成品油管线、西南成品油管线、甬沪宁成品油管线、冀鲁宁管线、仪长管线等重大工程的实施，我国油气管道干线联网的雏形已经形成。管道运输在国民经济运输中的比重，是衡量一个国家文明发达程度的重要标志。

管道运输是一种大规模的石油和天然气的输送方式；管道运输的特点是经济、安全和不间断。图1简示了几种不同石油输送方式的经济性比较。

早期兴建的东北输油管线、鲁宁线、环川天然气管线、以及各油田内部的集输管线、各城市的供水、供气、供热、排水、排污管线，已经到了运行寿命的中后期，不少管线因为腐蚀发生穿孔泄漏，随着汽车增加，油气价格上升，部分不法分子盗油、盗气的现象时有发生；随着非开挖定向穿越管道施工方法的普及，开挖破坏管道与定向穿越顶管破坏管道的事故屡见不鲜。我国油气管道发生事故的概率远大于欧美发达国家。其概率比例如图2所示。

油气管道发生泄漏事故的原因除了管道选材、管道腐蚀、管道被第三方施工破坏、管道误操作等原因以外，生产关系中的行政干预，条块分割，行业垄断，也是其事故频发的原因之一。为了减少泄漏事故的发生，以下就管道无泄漏管理技术、管道长寿命技术管理、管道超输量管理

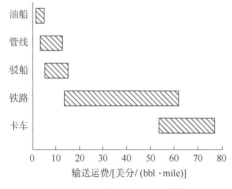

图1　石油不同输送方式的经济性比较

技术、管道快速度低检测评估成本管理技术四个问题展开讨论。

图2　我国油气管道事故率与美国、欧洲比较图

2　管道无泄漏管理技术设计

管道无漏设计包括两个内容，一是在管道使用寿命的中后期，可能存在微量泄漏或者渗漏，其总泄漏量会小于计量器的测量精度，管理者无法判断是真正泄漏还是计量器具的精度误差；二是在泄漏的前后期能够方便地对泄漏点预警与找到泄漏点及时开挖修补阻漏。

2.1　长输管道无泄漏三层复合结构管理技术

三层复合管道结构：三层材料的复合管道在同一点处发生故障的可能性是极小的。高压次高压管道以及部分中压管道都是选用钢质管道进行介质流体的输送，钢质管道规范标准都要求有防腐层加阴极保护，在管道预制时进行工厂规模化生产，通过超声波测厚与高压电火花在线捡漏、涂层测厚等手段，管道壁厚与管道外壁防腐层质量是有保证的，管道内壁防腐层可以采用内喷涂内翻衬或者管道滚动内涂料浸润的方法进行内涂层施工。

管道安装施工时，管道钢体采用焊接连接后探伤的方法确保焊接质量，管道接口处的外防腐层采用热缩套或者特加强级胶带包裹的方法也能够保证接口处的外防腐层质量；接口处的内防腐层采用焊接一节管道，防腐一节管道接口的方法逐节推进向前施工，因为每节管道的长度一般只有 10~12m，用电缆控制喷涂机器人进入管道内接口处进行内喷涂与检测是很容易做到的。

这样就组成了两层防腐层与中间一层钢体的三层复合结构管道，外防腐层现在已经具备在地表100%全线检测的技术，管道本体通过阴极保护，可以控制腐蚀，大大延长管道使用寿命，管道内壁防腐层可以通过管道内检测发现具体位置，但是内壁修复比较困难。我们可以用RTK对管道内壁腐蚀点进行精确定位，精度可以达到厘米级。三层复合管道只要其中一层是好的。管道就不会发生泄漏。

2.2　金属管道防腐层加阴极保护设计阻止管道泄漏

金属管道阴极保护阻止泄漏的效果如图3所示。

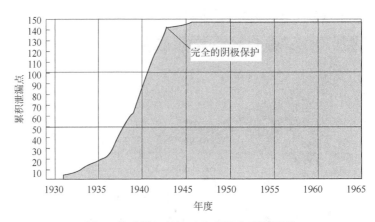

图 3　管道阴极保护阻止泄漏发展效果图

管道阴极保护管理的主要检测项目是管地电位检测与防腐层完整性检测，防腐层完整性检测又包括防腐层绝缘性能与防腐层破损点检测，一般认为发射机周围盲区无法检测，河流、鱼塘、藕塘、水稻田、特种养殖场地、塑料大棚、房屋围墙等障碍物占压位置检测困难，平行与交叉管道、三通、拐点等管道位置、检测信号受到磁场干扰，形成检测的信号显示位置与管道真实位置平面偏离，深度偏离，地表标志偏离。管道破坏事故因此发生。

利用电磁操控、波动信号相长干涉叠加、电位梯度随距离叠加、接地探针与人体电容法叠加、传导电流与位移电流叠加增强原理，对障碍物内的管道破损点故障进行远程遥测，对管道上故障点进行定性、定量、定点。

理论上电磁场传播距离可以无限远，实践上利用管道传输，如果故障周围 200 米辐射半径，在外围解决 400 米直径的障碍物内管道检测问题，优、良、中、差四个等级的管道都满足检测要求。对于水面就无需用船检测，围墙内管道也无需开门进入内部检测，这就大大提高了检测速度，节省了租借检测船的费用。达到防腐层破损缺陷的 100% 无死角全线检测。

2.3　小口径庭院管网无泄漏管理用 PE 管道跟换金属管道

PE 材质的小口径管道可以蜷曲成盘，接头很少，不腐蚀，质量很轻，便于安装，泄漏很少，在中低压管道中大有代替其他管道的可能。其发展趋势如图 4 所示。

PE 管道发生泄漏事故的概率是很小的，PE 管道与其他材质的管道泄漏数据比较效果如图 5 所示。

2.4　电磁示踪三级寻址法预探测泄漏点

量子理论告诉我们：电子是微观世界比原子体积还小 10 万倍的基本粒子，电子质量是质子 1836 分之一，是中子质量的 1839 分之一。电子在人为操控下让它运动起来，能够形成看不见的电磁场，具有穿透水，泥土等物质的隧道效应。电子传导路径状况，会形成不同的场分布，为我们在地表检测分析地下管道状况提供了依据。地下管道周围环境处在不同的介电常数之中，水与空气介电常数相差特别大，空气介电常数为 1，充水饱和的土壤介电常数为 25，河水海水介电常数为 80～81，在含水土壤中都是可以导电的，我们可以在地表用接地探针接收土壤中的传导电流或者用人体电容法接收位移电流，管道在水压试验时通过以上两种方法很容易检测到电流异常点，从而找到漏水点。也可以通过测量管道周围环境的介电常数异常的数值确定漏水点位置。

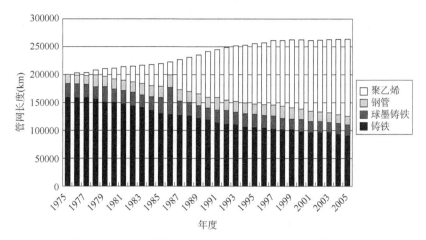

图 4　输配管网管材的变迁（1975—2005 英国国家管网署）

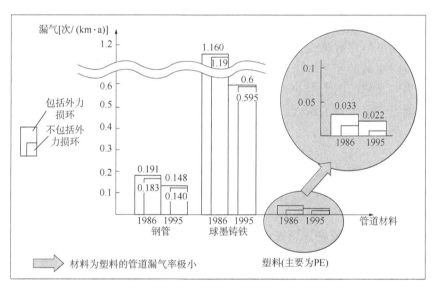

图 5　德国统计的几种管道泄漏数据比较示意图

2.4.1　电法测漏原理

有防腐层的金属管道如果发生泄漏，外防腐层一定存在缺陷，可以通过检测防腐层缺陷点的方法把泄漏点找出来。非金属管道安装内置裸示踪线同样可以用电法测漏方法进行检测。

2.4.2　电磁法测漏的优势

（1）检测深度大：接一次信号点可以检测 5km，10m 以上管道均能检到，最深处可达 30m。

（2）测试速度快：随时施加信号随时检测，每天可达 5~10km/台组。

（3）限制条件少：只要有三个条件：即连续导电性、外绝缘、有水就可检测。

(4) 检测参数多：可检测电流、电压、电阻、电容、磁场、介电常数等电磁分布参数。

(5) 调节范围广：小到 mV 为单位，大到近 100V 的电压均可人为调节。

(6) 全天候工作：检测人员可按正常白天上班时间即可完成，也可晚上完成。

(7) 检测精度高：电磁信号具有传播无限远的矢量特征，检测出大小、方向与管位一致点即为泄漏点。以大地湿度、电位梯度中心、声振中心三位一体，三取两胜最终确认。

(8) 可实现遥测及自动化控制：在长距离主干线上，只要对测段长度、安装方式进行归一化，可利用导线或者无线传输的方法对采集参数进行时空对比，即可在某一时点，确定泄漏段及大致范围，从而令控制阀门自动关闭，使检测人员随即进入现场确定漏点，进行开挖修补。

2.4.3 电法测漏施测技术分三步进行

水压试验时定位漏水点是通过以下三个步骤来实现的，首先通过探管仪探测，将管道漏点的范围由面缩小为线(管线位置)，其次通过检漏仪将管线上漏电点找出，范围由线缩小为点(漏电点)，再次通过听音仪听音，将范围由多个漏电点缩小为漏水点。

2.4.4 应用实例

新疆塔里木油田轮库输油管线建成后急待投产，但有一段管道试压时，压力稳不住，施工单位用了好多方法也未找到漏点。因为该管线地处沙漠边缘，又是干旱地区，进行水压试验时渗漏的水很快渗入地下，在地面观察不到，采用普通巡逻检查方法难以发现漏点。当时某质监组织专业人员到现场，使用刚从国外进口的声纳探漏仪，协助施工单位寻找漏点，但工作了两天，漏点还是没有找到，后来用国产防腐层检测仪器，进行电法测漏，经过半天就找到了漏点，施工单位很快进行了修补，使轮库线按时通油投产。

3 管道长寿命技术管理设计

3.1 防腐层加阴极保护是延长钢质管道寿命的最有效方法。

管道阴极保护通常采用外加电流法与牺牲阳极方法，外加电流可以采用两台恒电位仪进行冗余设计保护，恒电位仪电子元件老化失效以后，更换原来仪器进行保护。

牺牲阳极材料大多采用美块阳极对管道进行保护，镁阳极电位在 $-1.6V$ 左右，管道上需要的保护电位只需要 $-1.20 \sim -0.85V$，刚安装的阳极能够释放大量的保护电流，刚安装的管道，3PE 防腐层，防腐层绝缘电阻达到 $10^8 \Omega \cdot m$，只需要很小的电流就可以对管道进行完全保护。

随着时间的推移，防腐层渐渐老化，管道需要的保护电流渐渐增加，与阳极能够提供的保护电流绘制形成的两条曲线成剪刀状态，如图 6 所示。根据计算，阳极初期提供了相当于锌阳极 5 倍以上的保护电流，极大浪费了自然资源。缩短了镁阳极的使用寿命。

通过集中成组埋设阳极分批搭接投入法或者阳极与管道电缆之间在检测桩接线板上串接电子元件(每支二极管可以降低电压 0.2V)，可以成倍沿长镁阳极的使用寿命。

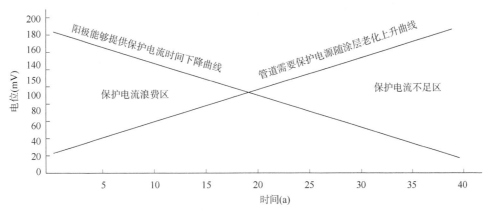

图 6　牺牲阳极提供电流与管道需要电流随时间变化曲线图

3.2　老龄管道纳米材料内翻衬克隆修复技术

管道老化失效以后，可以在管道原位进行内翻衬修复，原管道经过多年运行，管道周围土壤环境比较密实，环境与管道的共同作用，内翻衬修复的材料在管道内介质周向压力的作用下紧紧贴着老管道，内部压力越大，与管道贴的越紧，强度越高。只要管道内部空间足够大，还可以继续进行多次内翻衬修复。内翻衬修复一次，寿命延长 50 年，翻衬多次，管道寿命可以达到几百年。

4　管道超输量技术管理设计

4.1　管道内降阻力超流技术

原子间具有相互作用力，当原子间的距离大于 1nm 时，二者间的作用力以吸引为主，对该吸引力有贡献的有范德瓦尔斯力、表面张力、价健力、万有引力等；当二者间距小于 1nm 时作用力表现为排斥力，对排斥力有贡献的有磁力、静电力等。

自然界中有一些植物，如荷花叶子、芋头叶子表面，雨水滴到其表面立即滚落，基本毫无阻力，人们经过量子力学理论研究，发现在微观世界存在分子、原子尺度的电子引力与斥力，荷花叶子、芋头叶子表面与雨水是在纳米尺度的相互排斥力材料。壁虎爬墙是由于壁虎脚上长有无数根与墙体相吸引的细毛，细毛与墙壁具有吸引力。人们可以利用管道内壁防腐层材料管体材料的特性，人为设计与管道内输送介质的相互排斥，设计成近乎超流的输送方式，减少管道内壁输送介质的阻力。图 7 是科研人员试验时悬浮在空中的小水滴。

4.2　管道变径串联增流速技术

在长输管道工艺设计中，站区内压缩机泵附近为常规输送管道，通过变径处的管道内通量面积渐渐过度变小的方法，设计成 2∶1 或者 3∶1 的通量面积的管道，这样野外小口径管道流体速度增加为站区管道的 2~3 倍，保持了大口径管道的输量不变，根据流体力学原理，由于流体速度增加，降低了管道周向压力，减少了管道压力过高引起爆管事故的可能性。试验表明，当管道内介质运动向前冲量能量大于周向压力能量时，管道上人为设计成小孔也没有泄漏。因为两者能量都是遵循平方比例规律的，见图 8 文丘里流量计的工作原理。可以看出不同管径处压力的变化。

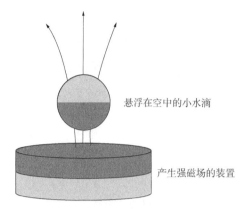

悬浮在空中的小水滴

产生强磁场的装置

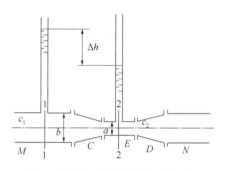

图 7　科研人员试验时悬浮在空中的小水滴　　　　图 8　文丘里管流量计的工作原理

4.3　管道并联增速流技术

同样口径的管道，在站区可以将站区内压缩机泵附近管道设计成 2~3 个泵的并联形式，这样野外同口径管道流体速度增加为站区管道的 2~3 倍，保持了站区多管道的输量不变，由于野外管道流速增加，降低了管道周向压力，减少了管道压力过高引起爆管事故的可能性。典型的并联增压泵结构如图 9 所示。

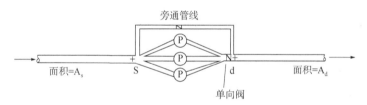

旁通管线

面积=A$_s$　　　　S　　　　　　　N　　　　面积=A$_d$
d

单向阀

图 9　典型的并联增加泵结构

变径法与并联法通量面积不同比例，改变野外管道的流速度，重点监测站区内高压部分管道，范围小给管道管理者带来了方便。

5　管道快速度低检测评估成本技术管理设计

考核一个企业是否有检测资格，一是考核理论知识如发表论文、出版书籍的理论水平，二是考核实践时间与检测管道长度，三是考核检测管道设备是否齐全并熟练使用，四是考核学历本子资格、但不能够只考核最后一项。检测人员就是管道医生，实践能力是第一位的。

近年来，石油石化行业一些管线企业纷纷组建自己的检测公司，学习国家质量监督检疫系统，通过诸多行政系统画地为牢，将一些真正有实力、肯花气力研究解决问题的民营企业拒之门外。结果收费不少，问题却发现不了，使得我国管道泄漏事故居高不下。

按照 CJJ 95—2003《城市燃气埋地钢质管道腐蚀控制技术规程》第 8.1.1 条中的要求在役管道防腐层应定期检测，检测周期如下：

（1）正常情况下高压、次高压管道每 3 年进行 1 次，中压管道每 5 年进行 1 次，低压管道每 8 年进行 1 次。

（2）上述管道运行 10 年以后，检测周期分别为 2 年、3 年、5 年；

按照这样标准规定的检测周期，管道企业检测成本占有运营成本中很大比重。企业负担过重。

国家发展计划委员会、建设部在 2002 年版《工程勘察设计收费标准》表 7.1-1 中防腐层完整性检测价格均为 3600 元/km。由于科技的发展，劳动效率的提高，目前市场竞标价长输管道检测评估包括探测、测漏、测腐、测绘、绘图等 20 个以上项目报价 2000 元/km 以下。庭院管网 3000 元/km 以下。可见 20 多年来人工费用上涨了几倍，检测评估的费用不升反降。一般只有一半单价。对于行业垄断、条块分割的部门检测价格翻倍。大大增加了管道企业的运营成本。并不能够保证管道的安全运营。发生事故、当事者只受到降职或者行政处分，基本没有人员与单位赔偿发生管道事故的损失。损失由国家纳税人买单。

综上所述，管道采用 4 项新技术，保守估计，每年将为全国管道企业带来效益 113 亿元，如按照 100 年管道运营寿命效益计算，创造效益 1.1300 万亿元；列表详细分析见表 1。

表 1　管道采用 4 项新技术创经济效益明细表

序号	方法内容	创经济效益费用名称	全国创综合经济效益	创经济效益说明
1	管道无泄漏设计	节约介质泄漏损耗费用	每年 80000（万元）	人员与财产损失费
2	管道长寿命设计	阳极、管材与管道安装费	每年 500000（万元）	管道寿命翻一倍计算
3	管道高速流设计	增加介质输量效益	每年 500000（万元）	介质输量翻一倍计算
4	检测引入市场机制	节约检测费用效益	每年 50000（万元）	检测单价按照一半

参 考 文 献

[1] 袁厚明.地下管线检测技术(第二版)[M].中国石化出版社，2012.

[2] 袁厚明.三级寻址法快速定位地下管道泄漏点[J].防腐保温技术，2015(3)：28.

[3] 袁厚明.PE 管道示踪线安装设计与检测评估[J].地下管线管理，2014(2)：58.

[4] 袁厚明.地下管道外防腐层缺陷 100% 全线检测[J].防腐保温技术，2012(2)：39.

[5] 袁厚明.延长老龄管道使用寿命方法技术[C].中国燃气管线运行安全研讨会论文集，2012(9)：117.

埋地管道腐蚀机理及防治对策研究

张奎鹏

（大庆油田有限责任公司）

摘　要：随着管道投产年限增加，油田开发形势由水驱向聚驱转变，腐蚀防护工作面临的形式愈发严峻。通过对全厂埋地管道建设情况进行统计、综合分析失效原因等方面入手，采取预制管材质量抽检、新建管道质量监督、严格堵漏修复规范、开展腐蚀机理研究、试验推广技防手段等措施，有效降低了管道综合失效率，为第五采油厂"十四五"管道完整性管理工作奠定良好基础。

关键词：埋地管道建设现状；埋地管道失效情况；腐蚀防护治理措施；防腐技术应用情况

"十三五"期间，第五采油厂腐蚀防护工作形式严峻，由于聚驱规模不断扩大、油田开发区域土壤腐蚀性强等因素，导致管道失效率在 2017 年大幅度增加，至 2018 年达到峰值 1.18($km^{-1} \cdot a^{-1}$)。通过对全厂埋地管道进行整理分析，近年管理上通过采取加大更新改造力度、加强新建管道质量监督、规范维修堵漏流程，技术上通过深化腐蚀机理研究、推广成熟阴保技术、探索检测修复技术等措施，逐步降低了腐蚀穿孔带来的安全环保隐患。

1　建设现状及失效情况

目前第五采油厂共建各类埋地管道 8918km，按输送介质、压力等级和管径分类，Ⅰ类管道 57.4km，全部为净化油管道。Ⅱ类管道 958.7km，主要为油、气站间管道和注入干线。Ⅲ类管道 7901.9km 主要为单井集输、注入和部分输气、污水管道，投产 15 年以上管道有 3069.3 公里，占比 34.4%，比例较大。油田经过五十于年的开发历程，埋地管道老化问题日益凸显，腐蚀穿孔隐患日趋严重（表1）。

表1　埋地管道建设情况

管道类型	合计		Ⅰ类管道		Ⅱ类管道				Ⅲ类管道			
			金属管道		金属管道		非金属管道		金属管道		非金属管道	
	长度（km）	数量（条）	长度（km）	数量（条）	长度（km）	数量（条）	长度（km）	数量（条）	长度（km）	数量（条）	长度（km）	数量（条）
油集输管道	5462.2	11340	0	0	157.1	45	0	0	5157.4	10916	147.7	379
气集输管道	159.2	48	0	0	110.7	20	0	0	48.5	28	0	0
净化油管道	57.4	8	57.4	8	0	0	0	0	0	0	0	0

管道类型	合计		I类管道		II类管道				III类管道			
			金属管道		金属管道		非金属管道		金属管道		非金属管道	
	长度(km)	数量(条)	长度(km)	数量(条)	长度(km)	数量(条)	长度(km)	数量(条)	长度(km)	数量(条)	长度(km)	数量(条)
输气管道	164.3	54	0	0	113.5	21	0	0	50.8	33	0	0
注入管道	2831.8	4712	0	0	535.5	473	35.6	98	1407.7	2572	853	1569
污水管道	137.3	40	0	0	4.9	1	0	0	35.7	14	96.7	25
供排水管道	105.8	96	0	0	1.4	3	0	0	57.9	63	46.5	30
合计	8918	16298	57.4	8	923.1	563	35.6	98	6758	13626	1143.9	2003

投产15年、20年和25年以上管道长度及占比	长度(km)	占比(%)
投产15年以上	3069.3	34.4
投产20年以上	1959	22
投产25年以上	1034.6	11.6

至9月末，全厂各类埋地管道失效5060次，综合失效率0.757$(km^{-1} \cdot a^{-1})$，较去年同期下降0.14$(km^{-1} \cdot a^{-1})$。从管道类别看，失效主要集中在III类管道的注入和油集输系统，失效率分别为1.478$(km^{-1} \cdot a^{-1})$和0.587$(km^{-1} \cdot a^{-1})$，远超油田公司0.39$(km^{-1} \cdot a^{-1})$的平均水平。III类管道的防护治理工作，是解决我厂管道失效率高的根本任务(表2)。

表2 埋地管道失效情况

管道类型	合计		I类管道		II类管道		III类管道	
	次数(次)	失效率($km^{-1} \cdot a^{-1}$)	次数(次)	失效率($km^{-1} \cdot a^{-1}$)	次数(次)	失效率($km^{-1} \cdot a^{-1}$)	次数(次)	失效率($km^{-1} \cdot a^{-1}$)
油集输管道	2350	0.574	0	0.000	13	0.110	2337	0.587
气集输管道	12	0.101	0	0.000	8	0.096	4	0.110
输油管道	2	0.046	2	0.046	0	0.000	0	0.000
输气管道	11	0.089	0	0.000	8	0.094	3	0.079
注入管道	2634	1.240	0	0.000	128	0.299	2506	1.478
污水管道	12	0.117	0	0.000	0	0.000	12	0.121
供排水管道	39	0.491	0	0.000	0	0.000	39	0.498
合计	5060	0.757	2	0.046	157	0.218	4901	0.827

油田公司管道失效平均水平($km^{-1} \cdot a^{-1}$)	0.390
股份公司I类管道失效指标($km^{-1} \cdot a^{-1}$)	0.002
股份公司II类管道失效指标($km^{-1} \cdot a^{-1}$)	0.010
股份公司III类管道失效指标($km^{-1} \cdot a^{-1}$)	0.050

2 存在问题及原因分析

2.1 腐蚀管道总量大，使用年限短

"十三五"期间全厂共有 3465km 管道失效 39493 次，腐蚀因素导致的管道失效有 35164 次，占 89%。其中内腐蚀占 49.9%，外腐蚀占 39.1%。腐蚀因素是导致我厂管道失效严重的首要原因。

内腐蚀原因分析：

（1）输送介质腐蚀性强。2016 年，对杏四联系统采样，进行矿化度分析，平均矿化度为 $5.54×10^3$ mg/L，其中氯化物平均含量 $1.24×10^3$ mg/L，氯离子具有强烈的穿晶作用，破坏金属晶格，导致碳钢产生应力腐蚀开裂，加剧腐蚀（表 3）。

表 3 杏四联系统主要生产节点矿化度

节点名称	pH 值	氯化物 （mg/L）	重碳酸盐 （mg/L）	硫酸盐 （mg/L）	钙 （mg/L）	镁 （mg/L）	钠+钾 （mg/L）	总矿化度 （mg/L）
X8-2-B47 掺水	7.61	$1.21×10^3$	$2.24×10^3$	6.58	37.0	7.41	$1.57×10^3$	$5.07×10^3$
X8-2-B47 集油	7.50	$1.21×10^3$	$2.60×10^3$	6.79	29.3	10.3	$1.71×10^3$	$5.57×10^3$
杏南二十转油站外输油	7.94	$1.44×10^3$	$2.51×10^3$	9.06	35.5	9.68	$1.83×10^3$	$5.84×10^3$
杏四联合站集油汇管	7.63	$1.25×10^3$	$2.58×10^3$	7.62	35.1	10.0	$1.73×10^3$	$5.62×10^3$
杏四联合站 2000m³ 沉降罐	7.61	$1.25×10^3$	$2.61×10^3$	10.1	30.5	11.4	$1.74×10^3$	$5.65×10^3$
杏四联合站去注水罐流量计	7.83	$1.17×10^3$	$2.64×10^3$	13.8	35.5	9.68	$1.65×10^3$	$5.52×10^3$
杏南五注水站注水罐	7.76	$1.16×10^3$	$2.61×10^3$	13.8	35.4	9.66	$1.69×10^3$	$5.52×10^3$

根据行业标准《油田水结垢趋势预测》（SY/T 0600—2009），采用 Ryznar 稳定指数法（SAI 法）计算不同温度下各节点 SAI 值，结果显示，在常温下介质具有严重结垢趋势，易导致垢下腐蚀严重（表 4）。

表 4 各节点 SAI 值与温度对应关系

节点名称	SAI(30℃)	SAI(40℃)	SAI(50℃)	SAI(60℃)	SAI(70℃)
X8-2-B47 掺水	5.3	4.9	4.5	4.1	3.8
X8-2-B47 集油	5.5	—	—	—	—
杏南二十转油站外输油	4.9	—	—	—	—
杏四联合站集油汇管	5.2	—	—	—	—
杏四联合站 2000m³ 沉降罐	5.4	—	—	—	—
杏四联合站去注水罐流量计	5.0	—	—	—	—
杏南五注水站注水罐	5.1	—	—	—	—
SAI≥6 无结垢趋势					
SAI<6 有结垢趋势					
SAI≤5 结垢严重					

采用耦合多电极法对36口油水井介质进行腐蚀速率测量，结果显示集输系统平均腐蚀速率为105.4μm/a，注入系统为149.7μm/a。根据行业标准《埋地钢制管道及储罐防腐工程设计规范》(SY 0007—1999)，管道及储罐内介质腐蚀性分级标准，集输系统介质腐蚀性为中级，绝大部分注入系统腐蚀性为高级，注入系统腐蚀情况要重于集输系统(表5)。

表5 不同介质腐蚀速率

矿别	类别	数量(口)	平均腐蚀速率(μm/a)	腐蚀强度分级
第一油矿	油井	4	98.9	中
	水井	4	154.5	高
第二油矿	油井	4	112.8	中
	水井	4	169.4	高
第三油矿	油井	4	100.7	中
	水井	4	163.9	高
太北作业区	油井	2	106.3	中
	水井	2	150.7	高
第五油矿	油井	2	110.2	中
	水井	2	117.9	中
试验大队	油井	2	103.2	中
	水井	2	141.9	高
油井平均腐蚀速率			105.4	中
水井平均腐蚀速率			149.7	高

(2)聚驱细菌腐蚀严重。2018年针对杏十二区聚驱腐蚀严重问题开展了腐蚀机理研究，除矿化度和氯离子含量较高外，还发现聚驱介质中细菌含量普遍较高(表6)。

表6 杏十二区聚驱矿化度分析

序号	井号(站)	pH	Cl^- (mg/L)	CO_3^{2-} (mg/L)	HCO_3^- (mg/L)	OH^- (mg/L)	Ca^{2+} (mg/L)	Mg^{2+} (mg/L)	SO_4^{2-} (mg/L)	总矿化度 (mg/L)	IBC (个/mL)	SRB (个/mL)
1	X12-2-SP3733	7.9	723	507	2527	0	50.8	20.1	15.5	5369	≥2.5*10^4	1.1*10^4
2	X13-D5-P338	8.3	129	569	2558	0	45.1	12.5	11.6	4521	≥2.5*10^4	2.5*10^0
3	X12-4-P3343	7.9	745	358	1823	0	53.6	34.2	18.4	4221	≥2.5*10^4	4.5*10^2
4	X12-3-P2921	7.9	710	284	1873	0	53	18.7	14.4	4138	≥2.5*10^4	9.5*10^2
5	十二区1#注入站	7.47	557	0	2357	0	49.5	15.4	9.37	5623	2.5*10^2	4.5*10^2
6	十二区2#注入站	7.6	571	0	2281	0	50.1	11.5	9.18	4076	2.5*10^2	0.4*10^2
7	十二区3#注入站	7.8	573	0	2395	0	50.7	12.4	9.76	4236	2.5*10^1	0.4*10^1
8	十二区4#注入站	7.6	561	0	2351	0	49.1	12.6	8.6	4154	1.5*10^3	0.4*10^2
9	十二区5#注入站	8.2	550	878	1772	0	46.7	13.7	6.87	4887	≥2.5*10^4	4.5*10^2

通过微观结构、X射线和能谱分析测定得出，细菌是注入管道腐蚀的主要因素，氧是

集输管道腐蚀的主要因素(表7)。

表7 杏十二区聚驱腐蚀产物含量测定

系统	井号	氧化产物占(%)	细菌腐蚀产物占比(%)	结垢占比(%)	主控因素
采出	X12-5-P3314	42	21	37	氧化腐蚀
	X12-5-P3611	16	0	84	垢下腐蚀
	X12-2-P3633	93	2	5	氧化腐蚀
	X12-2-SP3733	71	15	14	氧化腐蚀
	X13-5-PB335	85	1	14	氧化腐蚀
	X13-D5-P338	51	12	37	氧化腐蚀
注入	X12-4-P3343	28	41	31	细菌腐蚀
	X12-3-P2921	0	59	41	细菌腐蚀
	X12-4-P3042	25	10	65	垢下腐蚀
氧化腐蚀产物		FeO、Fe_3O_4、Fe_2O_3 等			
细菌腐蚀产物		FeS、$FeCO_3$ 等			
垢下腐蚀产物		Ca、Mg、SiO_2 等			

聚合物为高分子化合物,在氢键的作用,其分子链很难舒展开,因此对介质中的微小颗粒能够起到包裹、絮凝和沉降作用,加速结垢形成,造成垢下腐蚀。而垢层为细菌提供了稳定的生长条件,细菌通过分泌酰胺霉将聚合物的酰氨基降解,生成羧基并释放出 NH_3,而 NH_3 为微生物提供了氮源。NH_3 通过与水中游离的 H^+ 变成 NH_4^+,再通过氨的同化变成谷氨酸或氨甲酰磷酸,最终通过转氨基作用合成氨基酸,因此聚合物间接为细菌生长和繁殖提供了养分,造成细菌大量繁殖,加速了聚驱系统腐蚀。

外腐蚀原因分析:

(1)土壤腐蚀性强。油田开发区域汇水面积 $673km^2$,多处于沼泽低洼地带,海拔高度在 $131\sim145m$ 之间,大部分区块地下水位在 $0.5\sim1.0m$ 之间。相较于其他采油厂,我厂地势条件更易导致地下水汇集。为掌握全厂各区块土壤腐蚀性,2015 年,油田设计院对全厂 474 处土壤电阻率和腐蚀性等理化指标进行化验分析。结果显示,全厂90%以上区域土壤腐蚀性属于强、中等级,外腐蚀控制难度大。

对全厂 31 处点位进行土壤腐蚀速率测量,数据显示,高台子油田土壤腐蚀性较轻,杏南、太北部分地区土壤为强腐蚀等级,对碳钢平均腐蚀速率为 $0.09mm/a$(表8)。

表8 金属腐蚀程度评价及土壤腐蚀性数据统计

测 试 地 点	土壤类型	平均腐蚀率($g/dm^2 \cdot a$)	平均速率(mm/a)	腐蚀等级
高三号转,高 1# 转,太北 3 号站,太北 3-2 注	砂土	$1.17\sim2.97$	$0.01\sim0.04$	较弱
太北 5#2 阀,高 2#-3 配,高 3#-3 配,高一联,高 4#3 配,杏南 19 转,杏V-1 联,杏南 151 计,杏南 122 计,太北 1#-2 计,杏南一转,高四号站,太 4#-2 计,太一联合站,杏南六转,杏南八 18 计	黏土壤土	$1.56\sim4.78$	$0.02\sim0.06$	中

测 试 地 点	土壤类型	平均腐蚀率（g/dm²·a）	平均速率（mm/a）	腐蚀等级
太北1-1计，杏南115计，杏南八转，太北5号站，杏10-5-丙463井，杏南2转，太北5#1阀，	黏土	3.72~6.87	0.05~0.09	较强
杏5注，杏南7转，杏南17-2计，太5#3计	黏土	7.11~9.65	0.09~0.12	强

（2）防腐保温层不连续。2017 年，对 23 条 102km 站间及以上管道进行外防腐保温层检测，共发现破损点 284 处，现场开挖验证 64 处。调查发现，其中 52 处是由于早期施工质量不达标造成的防腐保温层破损。由于防护层和保温层进水后，水分很难排出，管体长期浸泡在水中加速了管道的外腐蚀速率（表 9）。

表 9　防腐保温层破损情况统计

单位	检测数量（条）	检测长度（km）	破损点总量（个）	验证点数（个）	验证点位防腐层破损（个）
第一、第六作业区	6	28.08	113	15	12
第二作业区	7	36.936	94	24	21
第三作业区	6	17.007	46	14	9
第四作业区	2	10.192	16	5	4
第五作业区	2	10.198	15	6	6
合计	23	102.413	284	64	52

综合来看，以壁厚 3.5mm 管道为例，按内、外腐蚀进程同时发展计算，均匀腐蚀条件下，管道平均寿命约为 16 年，但点蚀发生的速率往往更快，进一步降低了管道使用年限。

2.2　阴极保护覆盖范围小，保护效果不均衡

全厂阴极保护主要采用强制电流和牺牲阳极两种方式，其中强制电流阴极保护管道 1456.7km，牺牲阳极保护管道 1673.4km。目前全厂实施阴极保护管道占钢质管道总量 40.5%，覆盖率还比较低，仅油气集输系统还有约 3270.8km 仅依靠外防腐层保护。对有无阴极保护管道失效情况进行统计，结果显示实施保护管道的年均失效率普遍低于 0.5(km⁻¹·a⁻¹)，其中强制电流保护效果最好。由于保护范围的不均衡，导致无保护管道成为了失效主体（表 10）。

表 10　有无阴极保护管道失效情况统计

系统分类	强制电流（km）	牺牲阳极（km）	金属无保护（km）	金属合计（km）	非金属（km）
油集输管道	1263.9	779.8	3270.8	5314.5	147.7
气集输管道	0	159.2	0	159.2	0
输油管道	0	57.4	0	57.4	0
输气管道	0	164.3	0	164.3	0
注入管道	189	475.8	1278.4	1943.2	888.6
污水管道	2	28.7	9.9	40.6	96.7

续表

系统分类	强制电流(km)	牺牲阳极(km)	金属无保护(km)	金属合计(km)	非金属(km)
供排水管道	1.8	8.2	49.3	59.3	46.5
合计	1456.7	1673.4	4608.4	7738.5	1179.5
近五年失效总量	3021	4173	26220	33414	6079
年均失效率(次/公里·年)	0.415	0.499	1.138	0.864	1.031

2.3 非金属管道管理难度大，维修困难

非金属管道有玻璃钢、钢骨架塑料复合管、连续增强塑料复合管和塑料合金复合管四种材质，建设总长 1179.5km。其中玻璃钢和连续增强塑料复合管占比最大，有 1003.3km。经统计，非金属管道失效中钢转换部位腐蚀和机械损伤占比最大，为 98.2%。少量为管体变性导致的强度下降所致。非金属管道在应用中存在冻堵后无法电解堵、钢转换部位易重复穿孔等问题，我厂目前尚无专业队伍和技术处理非金属管道失效，因此只能外委维修(表 11)。

表 11　非金属管道分材质情况

管道材质	长度(km)	数量(条)	总失效次数(次)	机械损伤(次)	钢转换腐蚀(次)	管体变性(次)
玻璃钢	607.1	1302	958	445	496	17
钢骨架塑料复合管	161.6	91	13	1	12	0
连续增强塑料复合管	396.2	672	160	74	83	3
塑料合金复合管	14.6	36	8	0	8	0
合计	1179.5	2101	1139	520	599	20

失效原因分析：

（1）钢转换部位重复维修，腐蚀速率加快。钢转换部位失效占 52.6%。该部位腐蚀原因与金属管道相同，但经重复穿孔、堵漏后，焊点或局部更换管段与原管段会形成电位差异，加速电化学腐蚀；

（2）管道走向不清，施工作业中误将管道挖断。由于管道建设情况复杂，种类繁多，密度较大，施工人员对管道走向掌握不清。同时非金属管道强度较金属管道低，在堵漏维修等施工作业中很容易被挖断；

（3）部分管道发生管体变性，强度下降。如太一联污水处理站至太二联注水站污水管道，该管道投产于 2001 年，玻璃钢材质，全长 9km，管道规格 DN300。2021 年累计失效 7 次。对失效部位维修时发现，局部管体出现变黑，强度下降的情况。

3　解决对策及实施效果

"十三五"以来，第五采油厂以"股份公司油田管道和站场完整性管理规定"为指导，明确了以油田管理部为厂级管道主管部门，工艺研究所为技术管理中心等 7 个主要部门职责。在油田公司相关部门的支持下，近年通过开展五项治理工程，强化三项管理举措，逐步降低管道腐蚀穿孔带来的安全环保隐患。

3.1 五项治理工程

（1）腐蚀管道更新改造工程。根据投产年限、穿孔次数、检测报告符合更换等条件，按照轻重缓急，逐年对腐蚀老化管道安排更换。"十三五"期间累计投资 3.9 亿元，更换严重影响油水井正常生产管道 903km。2021 年，又投资 3091 万元，更换管道 76km。目前失效率已由最高时的 $1.18(km^{-1} \cdot a^{-1})$ 下降至 $0.76(km^{-1} \cdot a^{-1})$；

（2）防腐层检测修复工程。按埋地管道类别和风险等级排序，采取"边检边修"方式，累计投资 1927 万元，检测各类管道 1167km，发现并修复破损点 6995 处。2021 年继续对无检测报告的"双高"及Ⅰ、Ⅱ类管道余量进行梳理，又投资 450 万元，安排检测 444km。检修完毕后，我厂Ⅰ、Ⅱ类及"双高"管道检修覆盖率将达到 100%；

（3）阴极保护完善工程。在杏南 316# 等 5 座计量间 71km 管道试验了废弃表外套管阴极保护技术，以杏南 316# 计量间为例，该计量间受保护管道有 24 条 7.9km。实施阴保前，年均失效率 $1.52(km^{-1} \cdot a^{-1})$。实施后，年均失效率降至 $0.41(km^{-1} \cdot a^{-1})$，保护效果良好。为继续扩大阴保应用规模，"十三五"期间结合老区改造和产能项目，又新增阴极保护站 47 座，安装牺牲阳极 510 套，有效保护单井及站间以上管道 746km；

（4）跨渠管道检测修复工程。为实现管道精准维护，采用超声导波检测技术检测杏十三 -1、杏Ⅴ-Ⅱ联合站等 7 座站场站内架空管道 16km，发现管体损伤 63 处，缺陷位置验证符合率 92.8%，效果良好。2021 年，投资 153 万元对全厂 651 条 52km 跨渠管段管体进行损伤评价，根据检测结果采取补强或局部更换等措施，彻底消除跨渠管段泄露风险隐患；

（5）埋地管道不开挖修复工程。为避免管道泄漏造成环境污染和土地纠纷等问题，采用内翻返和内穿插技术修复环境敏感、无更换路由单井管道 26 条 12.4km。其中利用翻返法修复技术修复的 21 条管道中，仅杏 8-丁 4-347 还在运行，其他管道均出现了内衬脱落、堵塞管道的情况，目前各单位已对这 20 条管道进行了更换，可见翻返法不开挖修复技术使用效果较差。2020 年又采用内衬硬质纤维管的内穿插技术修复 5 口单井，避免了软管破损脱落堵塞管道情况的发生，投产 1 年来未发生管道堵塞、穿孔和运行压力升高的情况，总体看，内穿插修复技术优于翻返法修复技术。

3.2 三项管理举措

（1）强化新建管道监督。2019 年，公司为第五采油厂配备管材质检设备 7 台，通过开展专业技术培训，明确属地监管职责，目前已抽查新建管道 609km，发现防护层破损、焊道未做防腐等问题 2407 处，内涂层厚度不达标 46km，均已得到有效整改，实现了抽检覆盖率 100%；

（2）严格执行堵漏操作规范。2015 年，第五采油厂率先在油田推广实施了腐蚀穿孔管道防腐维护管理办法，形成了"三个统一"和"一个规范"的维护管理原则，杜绝了堵漏后不做防腐的现象。2018 年起，又利用生产成本，对全部失效的站间及以上管道堵漏后加装牺牲阳极 520 套，有效降低了重复穿孔的发生；

（3）开展隐患专项调查。通过明确高后果区管道失效影响范围，对敏感区域管道开展隐患专项调查，采取管道更换与技防措施相结合的方式，逐步降低泄露风险隐患。目前拟定"十四五"期间共更换管道 864km，待全部更换完毕，腐蚀管道余量将降至 1622km，预

计综合失效率降至 $0.27(km^{-1} \cdot a^{-1})$ 以下，大幅接近股份公司控制管道失效控制指标。

4 下一步工作安排

（1）深化优化"十四五"管道隐患治理方案。通过现场实际调查，深入剖析各高后果区详图，摸清搞准区域范围所辖管道数量及具体走向，进一步优化管道更新改造设计及技防措施分布，充分利用投资，提高高后果区保护效果。

（2）开展转油站系统完整性评价研究。在杏南十五转油站集输系统 22km 金属管道和 10km 非金属管道开展腐蚀失效治理和非金属管道检测修复研究。最终形成集输系统管道腐蚀控制技术和非金属管道检测维修规范。

（3）自主开发完善数据统计分析平台。鉴于 A5 数据库数据统计分析功能相对薄弱，在 2018 年自主开发的管道完整性管理平台基础上，从腐蚀防护工作实际需求出发，进一步完善平台数据统计分析功能，提高数据管理水平。

（4）开展硫化氢腐蚀机理及对策研究。2019 年，我厂在天然气系统中首次发现硫化氢气体，相关研究显示，湿硫化氢引起碳钢开裂的上限浓度为 50mg/L。全厂 47 座站场气集输系统中，硫化氢浓度大于 50mg/L 的有 35 座，最高浓度达 296mg/L。下步将开展硫化氢在不同介质中的含量测定及对碳钢腐蚀速率测量等相关机理研究，并采取相应措施控制硫化氢含量，提前做好硫裂腐蚀的预防工作。

参 考 文 献

[1] SY/T 0600—2009，油田水结垢趋势预测[S].

[2] 杨列太．用于含 H_2S 的油水及天然气系统的带有固体电解质涂覆层的指状电极的腐蚀监测探头[P]. 2016.

[3] SY 0007—1999，埋地钢制管道及储罐防腐工程设计规范[S].

[4] GB/T 21447—2018，钢质管道外腐蚀控制规范[S].

[5] 孙齐磊，王志刚，蔡元兴，等．材料腐蚀与防护[M]. 1 版．北京：化学工业出版社，2015.

[6] 林玉珍，杨德钧，等．腐蚀和腐蚀控制原理[M]. 2 版．北京：中国石化出版社，2014.

[7] 曹楚南．腐蚀电化学原理[M]. 3 版．北京：化学工业出版社，2008.

[8] 丁海燕，丁雪，张国发，等．聚丙烯酰胺生物降解研究综述[J]. 应用昆虫学报，2021.

浅析降低山区管道阴保征地影响的技术措施

李薇薇

(大庆油田有限责任公司)

　　摘　要： 阴极保护作为控制管道外腐蚀，延长管道使用寿命的重要技术手段，已经在管道腐蚀控制工程中广泛应用。常用的方法包括强制电流法和牺牲阳极法。强制电流阴极保护系统主要设施包括电源设备、辅助阳极、电缆、测试系统等，其中辅助阳极地床需要临时征地。牺牲阳极保护系统主要包括电位较负的金属、连接电缆、测试系统等。近年来，随着国家对建设用地控制力度的不断加大，征地难度和费用也在不断上升，特别是山区耕地、林地区域，本文主要针对如何降低管道阴极保护系统的建设用地的问题，阐述了阴极保护原理、设计参数要求，以典型的山区耕地、林地环境下管道的阴极保护设计工程为典型案例，提出了降低管道阴极保护征地的相关技术措施，为后续类似工程的设计提供了技术支持。

　　关键词： 阴极保护；阳极地床；征地

　　阴极保护技术是一种电化学保护技术，它是通过将被腐蚀金属变为电化学反应的阴极，从而抑制金属腐蚀发生的电子迁移，避免或减弱腐蚀发生的技术措施。常用的方法包括强制电流法和牺牲阳极法。目前，对于管道阴极保护技术的研究主要集中在二个方面，一是新建管道阴极保护系统的设计方面[1-4]，主要针对不同管道工程及特殊的区域，以提高保护效果为目标，探讨阴极保护设计方法及相关参数的选择。二是在役管道阴极保护系统的运行管理方面[5]，主要通过开展造成阴极保护失效的问题研究，从系统和运行单元故障的检测与维修维护入手，探索提高阴极保护效果的管理措施。但没有考虑管道阴极保护系统的建设用地的问题。本文主要针对山区耕地、林地区域管道工程征地难度大、费用高的问题，以典型的管道的阴极保护设计工程为例，从阴极保护原理、设计参数要求等方面，系统阐述了工程设计方案，提出了降低管道阴极保护征地的相关技术措施，为后续类似工程的设计提供了技术支持。

1　阴极保护原理

　　强制电流法是通过外部直流电源向被保护的埋地金属管道施加阴极电流使之阴极极化，进而实现金属管道腐蚀保护的一种方法。强制电流阴极保护系统主要由阴保站、阴极保护电源设备、辅助阳极、参比电极、连接电缆、测试系统、被保护的埋地管道等构成，包括工作输出回路和反馈控制回路：工作输出回路用于提供直流电流，反馈控制回路是使用参比电极、零位电缆测量阴极接线点电位。其工作原理如图1所示。

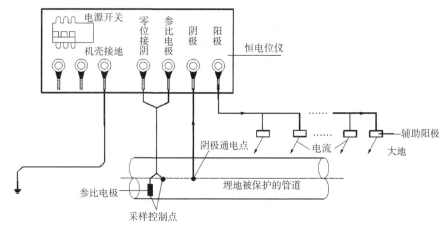

图1 强制电流阴极保护系统原理图

牺牲阳极法是利用电位较负的金属因较活泼而优先溶解、消耗，向被保护的埋地金属管道提供阴极电流使之阴极极化，进而实现金属管道腐蚀保护的一种方法。牺牲阳极阴极保护系统主要包括电位较负的金属、被保护的埋地管道、连接电缆、测试系统等构成。其工作原理如图2所示。

两种方法均是通过提供阴极电流到被保护金属，使之阴极极化达到被保护的目的。区别在于：强制电流阴极保护的电流传递不是自发的，是通过外部电源电动势提供的电能来实现；牺牲阳极保护的电流传递是自发的，是利用电位较负的金属优先溶解产生的电流传到被保护的金属表面上。

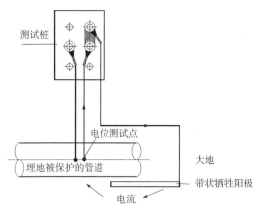

图2 牺牲阳极阴极保护系统原理图

2 山区耕地、林地环境管道阴极保护设计

2.1 工程概况

某重点工程拟建两条长输管道(拟建管道1、拟建管道2，以下简称管道1、管道2)，建设地点位于北方某平原和山区，管道长度分别为L_1km、L_2km，管径分别为DN250mm、DN200mm。管道全线新设1座站场(库区)、1座阀室、1座泵站，沿线局部地段经过山区耕地或林地。两条管道分别位于一条已建长输管道两侧，其中一条管道与已建长输管道平行敷设约10km至阀室，管道走向如图3所示。

管道1沿线勘探点3~60m深度范围内土壤电阻率为40~680Ω·m，管道2沿线勘探点3~60m深度范围内土壤电阻率为100~1700Ω·m。管道沿线大部分属低山地形，局部为林地、耕地，该地区地表水系发育，主要分布在山间沟谷，山坡及山间洼地。结合地表水分布及山区段管道的施工作业较困难，容易造成管道防腐层破损、产生漏点等因素，本工程山区段采用了阴极保护作为管道外防腐绝缘层的补充防护措施。

强制电流阴极保护系统中的电源设备（如恒电位仪）有可变的输出电压，驱动电压高，保护距离长，所以埋地长输管道一般以强制电流阴极保护为主。辅助阳极多采用半溶或难溶的材料组成的浅埋式阳极地床或深阳极地床。

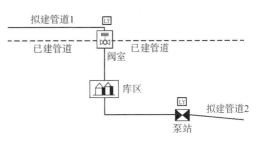

图3　管道走向示意及阴保分布图

由于本文重点讨论的是降低山区管道阴极保护征地的技术措施，所以重点研究与征地相关的辅助阳极相关内容。

2.2　影响征地的主要因素分析

2.2.1　临时占地以耕地、林地为主，征地难度大

长输管道阴保系统辅助阳极一般选用与被保护体保持一定距离的浅埋式阳极地床或深阳极地床。辅助阳极地床以临时征地为主，局部为永久征地（地面测试桩）。根据《中华人民共和国土地管理法实施条例》保护基本农田的要求，临时用地原则上不占用基本农田，国家能源、交通……等重点项目建设，确需临时占用基本农田的，也应少占，并在工程完工后及时复垦。本工程3座站场周边主要为耕地、林地，局部为草地、荒地，辅助阳极地床位于上述区域，征地难度较大。

2.2.2　补偿费用低于预期

征地补偿费是指国家建设征用土地时，按照被征用土地的原用途给予被征地单位的补偿各项费用。土地补偿费、安置补助费标准由省、自治区、直辖市通过制定公布区片综合地价确定。

对于耕地部分的征地，由于与农民的自身利益密切相关，当其所期望的征地补偿款与实际存在较大差异时，征地方与被征方又无法达成一致，就容易产生冲突，甚至出现暴力化倾向。

2.2.3　阴保系统的征地与项目主体的临时征地不同步

当阴保系统辅助阳极的临时征地超出红线内的土地，需要由县级以上人民政府自然资源主管部门批准。土地使用者需根据土地权属，与相关部门或所有者签订临时使用土地合同，并按照合同的约定支付临时使用土地补偿费。当阴保部分的征地滞后于项目主体的临时征地时，建设单位/施工企业需要重走审批流程，抵触情绪较大。

2.3　降低征地影响的主要技术措施

2.3.1　辅助阳极地床安装位置的选择

由于两条管道分别位于已建长输管道两侧，其中管道1与已建长输管道平行敷设约10km至阀室。为了防止管道1、管道2所需的阴极保护电流被平行敷设的已建管道屏蔽，故将辅助阳极地床分别设在已建并行管道两侧。其中管道1的线路阴保站设在阀室，辅助阳极地床位于图示阀室北侧（LY）。管道2的线路阴保站可设在库区或泵站。库区勘探点处3~60m深范围内的土壤电阻率为（1000~1700Ω·m），泵站勘探点处3~60m深范围内的土

壤电阻率为(110~880Ω·m)。为了减少辅助阳极用量及征地，降低阀室、库区辅助阳极地床之间的相互干扰，故将用于保护管道2的线路阴保站和辅助阳极地床设在泵站(表1)。

表1　拟建管道位于站场、泵站勘探点处土壤视电阻率测试成果表

序号	管道名称	勘探点位置	电阻率(Ω·m)
1	拟建管道1	T接阀室	140~680
2	拟建管道2	库区	1000~1700
		泵站	110~880

2.3.2　辅助阳极地床形式的选择

(1)长输管道强制电流阴保系统的辅助阳极常采用浅埋式阳极地床和深阳极地床两种形式。

浅埋式阳极地床占地面积大，容易施工，回填料易于压实，不易产生气阻，阳极损耗小，便于检查，维修。

深阳极地床安装在表层土壤电阻率比较高且随深度加深土壤电阻率减小的地方，占地面积小，施工难度较大，电流分布均匀，对临近金属构筑物干扰小。

阀室和泵站处于山区，周边地貌为丘陵缓坡，地形稍有起伏，多为乱掘地、林地或耕地。地层由上至下可分为粉质黏土、碎石、强风化花岗岩。勘探深度范围内的土壤电阻率随着深度加深呈现先增加后减小的趋势，测试数据中除1点外，其余深度测试点的土壤电阻率均大于对应区域地表的土壤电阻率。

由于深层岩石区的地床施工难度大，即使完成作业，岩石也会屏蔽地床内阴极保护电流的发射。综合该区域土壤电阻率测试结果、岩土地质特征等因素，管道位于山区段采用浅埋式阳极地床作为辅助阳极。

(2)浅埋式辅助阳极地床分为立式浅埋阳极地床和水平连续式浅埋阳极地床。在相同的土壤电阻率及阳极支数的情况下，水平连续敷设阳极地床比立式浅埋阳极地床有更低的接地电阻，且施工更方便。结合本工程土层厚度，如采用立式阳极，可能导致部分阳极体位于土壤电阻率更高的区域，影响阴保电流的发射和分布，降低阴极保护的有效性。结合该区域地质情况及管道埋深，阀室和泵站处的辅助阳极采用水平连续式浅埋阳极地床。

(3)阀室和泵站各设1座线路阴保站，每座阴保站设1座浅埋阳极地床。为了降低辅助阳极地床的接地电阻，原设计在每座地床分别采用50支、30支预包装高硅铸铁阳极组成，水平卧式埋设。结合阀室、泵站辅助阳极地床埋设深度的土壤电阻率，每座地床中相邻阳极的间距分别设为3m和2m，埋深低于管底埋深。参照管道在山区丘陵地带的施工作业带宽度及埋深的要求，阀室和泵站的浅埋阳极地床施工需临时征地2500m² 和1200m²，2座地床需临时征地约3700m²。

2.3.3　调整浅埋阳极地床阳极数量和间距

业主与当地林业局就辅助阳极地床的征地问题进行了沟通、协商，但对于耕地部分，与其权属者始终无法就补偿费达成一致。结合以往征地过程中出现的问题，经多方权衡，业主决定放弃对本工程中耕地部分进行征地，同时大幅度缩减了可作为辅助阳极地床的林地占地范围。

由于长输管道强制电流阴保系统的回路电阻主要取决于辅助阳极地床的接地电阻，在调整阳极地床占地面积的同时需控制地床的接地电阻，原则如下：

（1）根据 GB/T 21448—2017《埋地钢质管道阴极保护技术规范》的规定，在最大的预期保护电流需要量时，地床接地电阻上的电压降应小于额定输出电压的 70%。

（2）根据国家管网集团 DEC 文件的规定，辅助阳极地床接地电阻应与恒电位仪的输出电流、电压相匹配，宜为 $1\sim3\Omega$；

若阳极地床处于干旱、荒漠地区等电阻率较高地区，在提高恒电位仪输出电压的基础上，可适当放宽辅助阳极地床接地电阻的要求。

（3）水平式辅助阳极接地电阻的计算：

$$R_{\mathrm{h}}=\frac{\rho}{4\pi L_a}\left[2\ln\frac{2L_a}{D_a}+\ln\frac{\sqrt{(4t)^2+L_a^2}+L_a}{\sqrt{(4t)^2+L_a^2}-L_a}\right]\quad(D_a<<4t)(D_a<<L_a)\tag{1}$$

$$R_z=F\frac{R_h}{n}\tag{2}$$

$$F\approx1+\frac{\rho}{\pi sR_a}\ln(0.66n)\tag{3}$$

式中，ρ 为土壤电阻率，$\Omega\cdot\mathrm{m}$；t 为辅助阳极埋深（阳极体中间位置距地表面），m；L_a 为辅助阳极长度（含填料），m；D_a 为辅助阳极直径（含填料），mR_h 为单支水平式辅助阳极接地电阻，Ω；n 为阳极支数，m；s 为辅助阳极间距，m；R_z 为辅助阳极组接地电阻，Ω。

通过对浅埋阳极地床中阳极的数量和间距进行调整（表 2 和表 3），阀室和泵站浅埋阳极地床占地面积变化如下：

（1）阀室：把 50 支浅埋高硅铸铁阳极从 3m 均布调整为 20 支按 4m 间隔均布，地床的接地电阻理论值由 2.93Ω 上升至 5.25Ω，辅助阳极地床长度由 250m 降至 120m。

（2）泵站：把 30 支预包装浅埋高硅铸铁阳极从 2m 均布调整为 15 支按 2m 间隔均布，地床的接地电阻理论值由 3.10Ω 上升至 5.21Ω，辅助阳极地床长度由 120m 降至 60m。

表 2　阀室浅埋阳极地床接地电阻计算

序号	参数名称	原设计	调整设计
1	土壤电阻率 $\rho(\Omega\cdot\mathrm{m})$	250	250
2	辅助阳极长度 L_a（含填料）(m)	2	2
3	辅助阳极直径 D_a（含填料）(m)	0.3	0.3
4	阳极支数 n(m)	50	20
5	辅助阳极间距 s(m)	3	4
6	辅助阳极组接地电阻 $R_z(\Omega)$	2.93	5.25
7	阳极地床长度(m)	250	120

注：土壤电阻率按苛刻环境考虑，后同。

表 3　泵站浅埋阳极地床接地电阻计算

序号	参数名称	原设计	调整设计
1	土壤电阻率 $\rho(\Omega\cdot m)$	135	135
2	L_a 辅助阳极长度(含填料)(m)	2	2
3	辅助阳极直径 D_a(含填料)(m)	0.3	0.3
4	阳极支数 n(m)	30	15
5	辅助阳极间距 s(m)	2	2
6	辅助阳极组接地电阻 $R_z(\Omega)$	3.10	5.21
7	阳极地床长度(m)	120	60

经计算，辅助阳极地床的占地面积分别降低了 50%～52%，但仍然超出业主圈定的征地范围。虽然 GB/T 21448 要求地床接地电阻上的电压降小于额定输出电压的 70% 即可，但因水平连续式浅埋阳极地床的占地范围缩小，系统回路电阻过高时，其阴保电流的传播会受到影响，且耗电增加，不宜于进行阴极保护。综合各种因素，将线路部分强制电流阴极保护改为带状牺牲阳极保护。

2.3.4　采用带状牺牲阳极结构

牺牲阳极法是通过电极电位相对较负金属的溶解，为被保护的埋地管道提供保护电流使之阴极极化实现保护的一种方法。

由于管道沿线土壤电阻率高，所以采用开路电位较高的预包装带状镁合金阳极，并采用棉布袋或麻布袋在阳极周围包覆牺牲阳极专用填包料，用于改善阳极周围的敷设环境和土壤电阻率。

根据沿线测试系统的设置情况，按每公里设置一处带状镁阳极进行计算。带状镁阳极通过测试桩与管道连接。

牺牲阳极阴极保护计算(表4)：

(1) 每公里管道需要保护电流：

$$I = 1000\pi D J_s \tag{4}$$

式中，J_s 为保护电流密度，A/m^2；D 为管道外径，m；I 为每公里管道需要保护电流，A。

(2) 带状阳极接地电阻：

$$R = \frac{\rho}{\pi l}\ln\frac{2l}{d} \tag{5}$$

式中，ρ 为土壤电阻率，Ωm；l 为阳极长度，m；d 为阳极等效直径，m；R 为带状阳极接地电阻。

(3) 带状阳极输出电流：

$$I_1' = \frac{\Delta E}{R_总} \tag{6}$$

式中，ΔE 为阳极有效电位差，V；$R_{总}$ 为回路总电阻，Ω；I'_1 为带状镁阳极输出电流，A。

表4　牺牲阳极阴极保护计算

序号	项目名称	拟建管道1	拟建管道2
1	保护电流密度 J_S（μA/m²）	10	10
2	管道外径 D（m）	0.273	0.219
3	每公里管道需要保护电流 I（A）	0.00858	0.0069
4	土壤电阻率 ρ（Ω·m）	110～350	110～560
5	阳极长度 l（m）	100～200	100～300
6	回路总电阻 $R_{总}$（Ω）	9.13～11.44	10.81～13.55
7	带状镁阳极输出电流 I_1（A）	0..070～0..088	0.059～0.074
8	I_1 与 I 的关系	$I_1 > I$	$I_1 > I$

3 结论

（1）山区耕地、林地电解质环境中的管道采用浅埋式辅助阳极或牺牲阳极进行阴极保护。阴极保护的效果取决于保护电流在土壤中的分布状况。

（2）当征地难度大时，可以通过调整辅助阳极地床中阳极的数量和间距来减小辅助阳极的占地面积；也可以根据管道埋深、岩土地质特征、土壤电阻率随深度的变化规律等因素决定是否可以采用立式浅埋阳极，进一步缩减占地空间。当征地区域无法满足设计要求时，可采用带状镁合金/锌合金阳极随管道同沟敷设，进行牺牲阳极保护，也可根据管道埋深、管沟底部的宽度决定是否可以采用棒状镁合金/锌合金阳极进行保护。

（3）由于牺牲阳极保护的理论设计寿命低于强制电流，当阳极消耗完以后需要根据实际情况重新开挖，补充阳极，对后期的管理和运行带来一定的困难。

（4）埋地管道所处环境中腐蚀介质导电性差时，阴极保护可能无效、部分无效或低效。

参　考　文　献

[1] 冯洪臣. 管道阴极保护：设计、安装和运营[M]. 北京：化学工业出版社，2015.

[2] 胡士信. 阴极保护工程手册[M]. 北京：化学工业出版社，1999.

[3] 胡海文. 山区特殊地段长输管道的阴极保护设计[J]. 油气储运，2005(5)：37-40.

[4] 刘文祥. 长输天然气管道阴极保护技术及应用[J]. 中国石油石化，2017(11)：26-27.

[5] 孙志新，贺虎彪. 油气长输管道阴极保护系统维护及提升[J]. 云南化工，2018，45(3)：1.

油田站场区域性阴极保护系统
数值模拟优化实践

符中欣　伊春涛

(大庆油田有限责任公司)

摘　要：大庆油田实施区域性阴极保护的各类站场数量庞大，阴极保护系统在抑制站场金属结构外腐蚀方面起到了作用，但是，因油田生产需要，这些站场经历多次改建扩建，目前的站场区域性阴极保护效果并不理想，存在大量欠保护区。针对这一问题，本文以杏十二联合站和喇I-1联合站为试验站场，采用数值模拟技术，对试验站场的区域性阴极保护系统进行的数值模拟调整和方案比选，实现对阳极类型、数量、位置的优化，给出优化的调整方案，并以优化调整方案实施改造，使两试验站场的阴极保护率均达标。

关键词：油田站场；区域性阴极保护；数值模拟；BEASY；优化调整

1　概述

区域性阴极保护是将某一区域内的所有预保护对象作为一个整体进行阴极保护，依靠辅助阳极的合理布局、保护电流的自由分配以及与相邻设备的电绝缘措施，使被保护对象处于规定的保护电位范围之内。由于站场阴极保护对象的复杂性和多样性，存在保护对象繁多、电流需求高、保护回路复杂、安全要求高等诸多问题，给区域性阴极保护技术的有效实施带来一定的困难。计算机技术的发展给区域性阴极保护的优化带来便利。随着数值模拟技术的发展，利用数值计算进行阴极保护电场计算发展成为阴极保护数值模拟技术，该技术可实现阴极保护优化设计和评估，是当前阴极保护技术发展的趋势。该技术可获取被保护体表面的电位和电流分布状况，可以在阴极保护方案制定中确定阳极种类、形状、数量、位置等参数，计算保护电位和电流密度的分布，评价保护效果，直接用于实际工程。

目前，由于大庆油田很多站场内的管网、储罐等设施设备等几经改扩建，阴极保护对象的规模也越来越大，结构也变得越来越复杂，加之埋地结构的防腐层老化和失效等，区域性阴极保护系统的保护电流需求增大，保护电流被屏蔽的位置增多，致使保护效果并不理想。站场已建阴极保护系统存在阴保电流分配不合理，保护电位分布不均匀，部分保护对象处于欠保护状态的问题。为改善其阴极保护效果，获取有效的调整方案，本文以杏十二联合站和喇I-1联合站为研究对象(以下称"试验站场")，采用BEASY软件数值模拟技术，优选出该站场阴极保护系统调整改造方案，并根据优选出的方案，对该站场的区域性阴极保护系统实施优化改造。

2 试验站场区域性阴极保护系统状况

杏十二联合站由脱水站和污水站组成，中东部为脱水站，西部为污水站。站内分布有大量的安全及防雷接地极，其材质为镀锌扁钢，设施设备与接地极连接方式为直连。因埋地时间较长，接地扁钢的镀锌层基本消耗殆尽。试验站场原有恒电位仪3台，分别连接3座深井阳极，3座深井阳极分布于站场东部。经多次调整恒电位仪的输出，该站西部埋地钢结构的电位未达到阴极保护准则的要求(图1)。

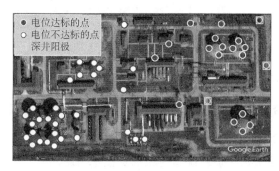

图1 优化调整前杏十二联合站阴极保护电位分布图

喇 I-1 联合站由脱水站、污水站和深度污水站组成，中东部为脱水站和污水站，西部为深度污水站。同杏十二联合站相似，喇 I-1 联合站内也分布有大量的安全及防雷接地极，其材质为镀锌扁钢，设施设备与接地极连接方式为直连，因埋地时间较长，接地扁钢的镀锌层基本消耗殆尽。试验站场原有恒电位仪3台，分别连接3座深井阳极，另有一座闲置深井阳极可以利用。经多次调整恒电位仪的输出，该站西部和中东部南侧大部分埋地钢结构的电位未达到阴极保护准则的要求(图2)。

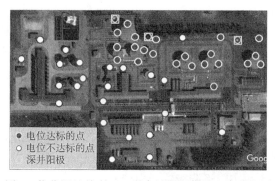

图2 优化调整前喇 I-1 联合站阴极保护电位分布图

初步判定，导致试验站场出现大量欠保护区的原因主要是：(1)区域性阴极保护系统的阳极数量不足，且集中分布，致使阴极保电流集中流向阳极附近的金属结构；(2)站场内埋地钢结构复杂，特别是与保护对象直连的扁钢接地极在站内分布较广，吸收了大量的阴极保护电流，对阴极保护电流产生屏蔽作用，形成欠保护区。

3 试验站场区域性阴极保护系统数值模拟优化调整

3.1 站场区域性阴极保护系统建模

根据试验站场埋地钢结构分布情况，以及站内土壤电阻率、碳钢在站内土壤中的极化曲线、馈电试验等数据，本文对试验站场区域性阴极保护系统进行了建模，如图 3 和图 4 所示。

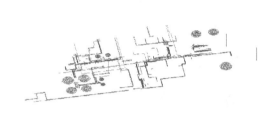

图 3　杏十二联合站数值计算模型　　　　　图 4　喇 I-1 联合站数值计算模型

3.2 站场区域性阴极保护系统调整方案的数值模拟优化

3.2.1 站场区域性阴极保护系统调整原则及技术措施

根据判定的试验站场区域性阴极保护系统存在欠保护区的原因，考虑现场的可实施性和经济性，制定该站场区域性阴极保护系统的优化调整原则如下：

（1）在原有阳极的基础上，根据优化需要，丰富阳极类型，调整阳极数量，改变阳极分布。

（2）根据油田站场结构紧凑的特点，辅助阳极应以占地较少的深井阳极为主，浅埋阳极为辅。

（3）数值模拟优化过程中，每次算例的阳极数量增减、位置变化等幅度不宜太大，应循序渐进，逐次少量调整。

（4）对于储罐等大型金属构筑物电位不达标的情况，如果金属构筑物附近已有深井阳极，为使其保护电位达标，首先，应考虑增大附近深井阳极的输出电流，其次，考虑在附近增设分布式浅埋阳极；如果模拟结果证明增设浅埋阳极不足以使该金属构筑物的电位达标，或者，该金属构筑物远离已建深井阳极，则考虑在其附近增设深井阳极。

（5）对于站内埋地管网等小型金属构筑物电位不达标的情况，为使其保护电位达标，首先，应考虑增大附近阳极的输出电流，其次，考虑在附近增设分布式浅埋阳极。

（6）对于出现过保护的区域，为使保护电位回归正常区间，首先，要考虑逐步减少阳极数量，其次，考虑逐步减小附近阳极输出电流。

3.2.2 站场区域性阴极保护系统数值模拟优化调整

根据本文 3.2.1 的调整原则，对杏十二联合站和喇 I-1 联合站的区域性阴极保护系统实施数值模拟优化。综合考虑保护率、投资、保护电流等三个方面，在杏十二联合站实施了 21 个调整方案的数值模拟计算和比选（表 1），在喇 I-1 联合站实施了 16 个调整方案的

数值模拟计算和比选(表2)。分别得出两个站场的优化调整方案:

(1) 杏十二联合站区域性阴极保护系统优化调整方案。

优化调整后的区域性阴极保护系统利用在役的3座深井阳极,新建2座深井阳极和76支浅埋阳极,阳极分布如图5所示。西侧2座(4#和5#)深井阳极,每座输出电流56A,东侧3座(1#、2#和3#)深井阳极,每座输出30A,每支浅埋阳极输出电流1A,总输出电流278A。此时电位分布云图如图6所示,保护率达到100%,模拟保护效果良好。经测算,该方案使阴极保护系统优化改造工程投资和后期运行费用最经济,故可作为最终优化方案。

(2) 喇I-1联合站区域性阴极保护系统优化调整方案。

优化调整后的喇I-1联合站区域性阴极保护系统利用在役的3座深井阳极,利旧1座深井阳极,新建2座深井阳极和76支浅埋阳极,阳极分布如图7所示。每座深井阳极输出电流40A,每支浅埋阳极输出电流1A,总输出电流269A。此时电位分布云图如图8所示,保护率达到100%,模拟保护效果良好。经测算,该方案使阴极保护系统优化改造工程投资和后期运行费用最经济,故可作为最终优化方案。

表1 杏十二联合站区域性阴极保护系统数值模拟方案对比表

模拟调整方案编号	深井阳极数量(座)		新建浅埋阳极数量(支)	阳极输出电流总需求(A)	保护率(%)	是最终否优化方案
	在役	新建				
1	3	0	0	90	24.49	否
2	3	2	0	120	48.98	否
3	3	2	0	140	61.22	否
4	3	2	23	188	61.22	否
5	3	2	23	212	61.22	否
6	3	2	36	238	77.55	否
7	3	2	37	260	81.63	否
8	3	2	37	260	81.63	否
9	3	2	63	284	83.67	否
10	3	2	63	288	85.71	否
11	3	2	63	288	85.71	否
12	3	2	86	271	91.84	否
13	3	2	86	323	91.84	否
14	3	2	74	289	91.84	否
15	3	2	77	313	91.84	否
16	3	2	77	269	91.84	否
17	3	2	77	327	91.84	否
18	3	2	90	340	97.96	否
19	3	2	90	340	100.00	否
20	3	2	72	262	91.84	否
21	3	2	76	278	100.00	是

表2 喇I-1联合站区域性阴极保护系统数值模拟方案对比表

模拟调整 方案编号	深井阳极数量（座）			新建浅埋阳极 数量（支）	阳极输出电流 总需求（A）	保护率（%）	是否最终 优化方案
	在役	新建	利旧				
1	3	0	0	0	90	35.56%	否
2	3	1	0	0	120	42.22%	否
3	3	1	0	0	140	42.22%	否
4	3	1	0	24	188	51.11%	否
5	3	1	0	24	212	53.33%	否
6	3	1	0	49	238	55.56%	否
7	3	1	0	60	260	75.56%	否
8	3	1	0	60	260	91.11%	否
9	3	1	0	72	284	91.11%	否
10	3	1	0	74	288	91.11%	否
11	3	1	0	74	288	93.33%	否
12	3	1	0	74	271	95.56%	否
13	3	1	1	74	323	100.00%	否
14	3	1	1	57	289	88.89%	否
15	3	1	1	69	313	100.00%	否
16	3	1	1	69	269	100.00%	是

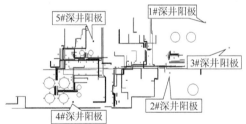

图5 杏十二联合站模拟优化
调整方案阳极分布图

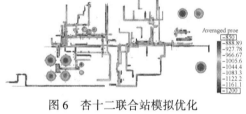

图6 杏十二联合站模拟优化
调整方案电位分布云图

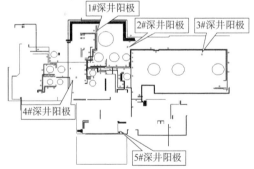

图7 喇I-1联合站模拟优化
调整方案阳极分布图

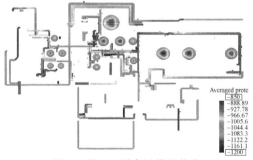

图8 喇I-1联合站模拟优化
调整方案电位分布云图

4 试验站场区域性阴极保护系统优化调整实施及保护效果

根据本文"3. 试验站场区域性阴极保护系统数值模拟优化调整"中通过数值模拟及综合对比给出的优化方案，本文对杏十二联合站和喇I-1联合站区域性阴极保护系统实施了优化调整。其中，杏十二联合站新增深井阳极2座、浅埋阳极76支、辅助阴极保护电源装置1套(4路输出，每路最大输出50V/50A)；喇I-1联合站利旧深井阳极1座、新增深井阳极1座、新增浅埋阳极69支、新增辅助阴极保护电源装置1套(4路输出，每路最大输出50V/50A)。优化调整后，进行了多次优化调试和保护效果检测，最终得到比较优化的保护效果，保护率达到100%，见表3、表4和图9、图10。

表3 优化调整调试后杏十二联合站各电位测量点保护电位数据

测量点编号	保护电位/mV$_{CSE}$	测量点编号	保护电位/mV$_{CSE}$	测量点编号	保护电位/mV$_{CSE}$
1#	−1034	18#	−1041	35#	−1002
2#	−1072	19#	−1121	36#	−1002
3#	−1083	20#	−1107	37#	−1002
4#	−998	21#	−915	38#	−1015
5#	−998	22#	−915	39#	−1067
6#	−1085	23#	−1110	40#	−1065
7#	−1085	24#	−922	41#	−1092
8#	−1084	25#	−1094	42#	−1085
9#	−1084	26#	−915	43#	−1108
10#	−1084	27#	−865	44#	−1090
11#	−1041	28#	−961	45#	−1004
12#	−1006	29#	−1072	46#	−1053
13#	−1054	30#	−1000	47#	−1075
14#	−1048	31#	−907	48#	−1062
15#	−1048	32#	−909	49#	−1084
16#	−1009	33#	−1072	—	—
17#	−1092	34#	−1056	—	—

表4 优化调整调试后喇I-1联合站各电位测量点保护电位数据

测量点编号	保护电位/mV$_{CSE}$	测量点编号	保护电位/mV$_{CSE}$	测量点编号	保护电位/mV$_{CSE}$
1#	−1088	5#	−1007	9#	−1015
2#	−1054	6#	−914	10#	−1048
3#	−1073	7#	−944	11#	−1014
4#	−1039	8#	−994	12#	−1033

测量点编号	保护电位/mV$_{CSE}$	测量点编号	保护电位/mV$_{CSE}$	测量点编号	保护电位/mV$_{CSE}$
13#	−1043	24#	−1095	35#	−952
14#	−1039	25#	−1095	36#	−911
15#	−1017	26#	−1051	37#	−945
16#	−1071	27#	−1015	38#	−863
17#	−1026	28#	−941	39#	−931
18#	−993	29#	−1088	40#	−964
19#	−1053	30#	−1050	41#	−990
20#	−1020	31#	−1051	42#	−983
21#	−1069	32#	−1106	43#	−1000
22#	−1058	33#	−1015	44#	−1076
23#	−1040	34#	−1071	45#	−1060

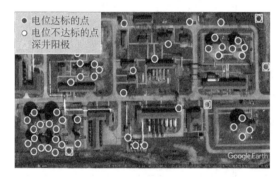

图 9　优化调整后杏十二联合站阴极保护电位分布图

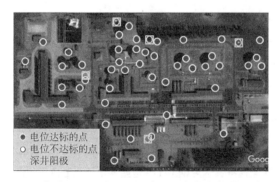

图 10　优化调整后喇I-1联合站阴极保护电位分布图

5　数值模拟技术在阴极保护系统优化设计中的作用

数值模拟技术将阴极保护系统优化工作由原来费时费力、效率低下的现场反复"试凑法"模式，转变为计算机模拟模式。整个优化调整方案制定过程，仅需要在现场测试少量基础数据和验证数据，其他工作都可以在计算机软件平台上完成。大大减小了工作强度，提高了工作效率和精度。

6 结论

(1) 油田站场区域阴极保护系统存在欠保护区的原因主要是因为，辅助阳极数量、分布与站场规模、结构不匹配，且阴极保护对象直连的扁钢接地极在站内分布较广，对阴极保护电流产生屏蔽作用。

(2) 在油田站场区域阴极保护系统中，应首先考虑使用深井阳极地床作为辅助阳极，并根据现场保护电流需求，使之均布于保护区域内，对于局部欠保护区，可选择安装浅埋阳极补充。

(3) 在油田站场已建区域性阴极保护系统优化改造时，采用数值模拟技术对改造方案进行效果验证和优化比较，可减小工作强度，提高工作效率和精度。

参 考 文 献

[1] 张奇志，权勃，李琳. 埋地管道阴极保护系统辅助阳极参数优化研究[J]. 材料保护，2022，55 (03)：67-72+165.

[2] 董亮，蒲晨，陈金泽，等. 数值模拟和智能算法辅助阴极保护优化设计与管理[A]. 中国腐蚀与防护学会. 第十一届全国腐蚀与防护大会论文摘要集[C]. 中国腐蚀与防护学会：中国腐蚀与防护学会，2021：620-622.

[3] 权勃. 长输管道阴极保护电位分布的数值模拟与优化研究[D]. 西安：西安石油大学，2021.

[4] 李辉，陈亚林，贺海龙，等. 辅助阳极的分布对导管架阴极保护电位的影响研究[J]. 全面腐蚀控制，2021，35(03)：63-70.

[5] GB/T 21246—2020，埋地钢质管道阴极保护参数测量方法[S].

[6] 张奇志，雷佳，李琳. 基于改进遗传算法的管道阴极保护系统辅助阳极位置优化[J]. 材料保护，2020，53(1)：84-90+105.

[7] GB/T 35508—2017，场站内区域性阴极保护[S].

[8] 陈振华，柳寅，王德吉，等. 不同阳极形式在区域阴极保护中的应用效果[J]. 油气储运，2016，35 (6)：629-633.

[9] 崔淦，李自力，卫续，等. 基于边界元法的站场区域阴极保护设计[J]. 中国石油大学学报(自然科学版)，2014，38(6)：161-166.

[10] 马含悦，杜磊，杨阳，等. 区域阴极保护技术概况及其发展[J]. 腐蚀与防护，2014，35(5)：425-429.

[11] 杜艳霞，张国忠. 输油泵站区域性阴极保护实施中的问题[J]. 腐蚀与防护，2006，(8)：417-421.

[12] GB/T 21448—2017，埋地钢制管道阴极保护技术规范[S].

[13] Q/SY 05029—2018，区域性阴极保护技术规范[S].

喇嘛甸油田失效管道样品库建设与实践

（大庆油田有限责任公司）

摘　要：针对喇嘛甸油田地势低洼，土壤电阻率低、采出液成分复杂，细菌、氧等多种因素，造成管道电化学腐蚀，导致管道内、外腐蚀严重。为了全面直观掌握管道现状及深入进行腐蚀机理分析，我厂在全油田率先建立失效管道样品库，分系统建立腐蚀管段样品库，收集了集输、注入系统腐蚀管段样品436件，对腐蚀机理及防治措施进行了深入的试验研究，为我厂管道失效治理提供保障；通过利用电镜、X射线衍射分析、室内模拟试验技术手段，对喇嘛甸油田埋地管道腐蚀机理进行了分析研究，初步确定内外腐蚀主要因素，提出了金属管道内腐蚀主要是三种细菌作用下的电化学腐蚀；细菌腐蚀是主要影响因素，占比75%。由于内防腐涂层失效，导致细菌进入形成菌瘤，不溶于水的络合物下三种细菌(SRB、FB、TGB)共同作用形成腐蚀隧道，加快腐蚀速率，导致管道穿孔。外腐蚀主要是喇嘛甸油田土壤电阻率低；土壤腐蚀性强，由于施工、外力破坏、外补口等质量因素，造成外防腐层破损，导致管体土壤中形成电化学腐蚀。在防治对策上，继续加强管道完整性管理，在内腐蚀控制上，推广应用新型涂及内补口配套技术、在外腐蚀控制上，继续推广站场区域阴极保护技术；有效控制埋地管道失效率，提高埋地管道运行维护管理水平。

关键词：管道失效样品库；腐蚀机理；防治对策研究

1　失效管道管道样品库建设背景

1.1　基本现状

大庆某采油厂已建各类埋地管道18900条9740.60km。按照管道类型统计：I类管道24.81km占比0.25%；II类管道554.45km占比5.69%；III类管道9015.43km占比94.06%。按照管道年限统计：运行21~25年的管道623.57km占比6.40%；运行26~30年的管道923.81km占比9.48%；运行30年以上的管道1163.26km占比11.94%，管道运行年限较长(表1和表2)。

表1　管道运行年限统计表

管道类型	合计	0~5年	6~10年	11~15年	16~20年	21~25年	26~30年	30年以上
	长度(km)							
油集输	5401.68	1084.53	1545.13	653.6	613.25	326.59	454.54	724.04
气集输	99.51	10.75	9.89	16.51	9.77	15.15	5.28	32.17

续表

管道类型	合计	0~5年	6~10年	11~15年	16~20年	21~25年	26~30年	30年以上
	长度(km)							
输油	24.81	6.97	0	0	11	2.86	2.6	1.37
输气	143.91	14.1	10.8	41.71	10.62	57.53	3.55	5.6
注入	3843.19	585.82	895.1	1013.33	397.74	193.11	433.17	324.91
污水	185.54	12.66	43.28	15.07	7.99	21.64	16.71	68.2
供排水	41.97	6.16	5.46	3.71	5.02	6.7	7.96	6.97
合计	9740.6	1721	2509.65	1743.92	1055.39	623.57	923.81	1163.26

表 2 管道分类统计表

管道类型	合计		Ⅰ类		Ⅱ类		Ⅲ类	
	长度(km)	数量(条)	长度(km)	数量(条)	长度(km)	数量(条)	长度(km)	数量(条)
油集输	5401.68	13216	0	0	112.18	107	5289.5	13109
气集输	99.51	56	0	0	26.88	8	72.63	48
输油	24.81	7	24.81	7	0	0	0	0
输气	143.91	92	0	0	42.07	20	101.84	72
注入	3843.19	5372	0	0	373.31	379	3469.88	4993
污水	185.54	116	0	0	0	0	185.54	116
供排水	41.97	41	0	0	0	0	41.97	41
合计	9740.6	18900	24.81	7	554.45	514	9161.35	18379

1.2 管道失效情况

1.2.1 管道总体失效情况

2022 年，全厂管道失效 6907 次，失效率为 0.709 次/(km·a)。其中，金属管道失效 6127 次，失效率为 0.704 次/(km·a)，非金属管道失效 780 次，失效率为 0.756 次/(km·a)。发生失效的管道 3353 条，长度为 1898.34km，占总条数 17.74%，占总长度 19.49%，其中，油系统失效 2032 条，长度为 876.48km，注入系统失效 1273 条，长度为 929.29km，油系统和注入系统失效管道总占比 98.6%，是失效管道重点治理目标(表 3)。

表 3 2022 年管道失效情况统计表

管道类型	金属管道			非金属管道			全厂合计		
	管道长度(km)	失效次数(次)	失效率[次/(km·a)]	管道长度(km)	失效次数(次)	失效率[次/(km·a)]	管道长度(km)	失效次数(次)	失效率[次/(km·a)]
油集输	5396.86	3906	0.721	4.82	8	1.654	5401.68	3914	0.722
气集输	99.51	13	0.13	0	0	0	99.51	13	0.13
输油	24.81	0	0	0	0	0	24.81	0	0
输气	140.01	5	0.035	3.9	0	0	143.91	5	0.034
注入	2862.54	2132	0.742	980.65	769	0.782	3843.19	2901	0.752

管道类型	金属管道			非金属管道			全厂合计		
	管道长度（km）	失效次数（次）	失效率[次/（km·a）]	管道长度（km）	失效次数（次）	失效率[次/（km·a）]	管道长度（km）	失效次数（次）	失效率[次/（km·a）]
污水	147.07	55	0.373	38.47	2	0.051	185.54	57	0.306
供排水	37.56	16	0.424	4.41	1	0.226	41.97	17	0.403
合计	8708.35	6127	0.704	1032.25	780	0.756	9740.6	6907	0.709

1.2.2 金属管道失效情况

运行 6~10 年，管道失效率 0.947 次/（km·a）；运行 11~15 年，管道失效率 0.948 次/（km·a），运行 16~20 年，管道失效率 0.584 次/（km·a），运行 21~25 年，管道失效率 0.755 次/（km·a），运行 26~30 年，失效率 0.803 次/（km·a），运行 30 年以上，失效率 0.817 次/（km·a），各运行年限的管道都存在失效的问题，说明管道失效主导因素与管道运行年限关系不大。

表4　2022年管道分年限失效情况统计表

管道类型	0~5年		6~10年		11~15年		16~20年		21~25年		26~30年		30年以上	
	失效（次）	失效率[次/（km·a）]	失效（次）	失效率[次/（km·a）]	失效（次）	失效率[次/（km·a）]	失效（次）	失效率[次/（km·a）]	失效（次）	失效率[次/（km·a）]	失效（次）	失效率[次/（km·a）]	失效（次）	失效率[次/（km·a）]
油集输	78	0.072	1349	0.873	915	1.402	352	0.575	299	0.916	379	0.834	534	0.738
气集输	1	0.093	0	0	3	0.182	1	0.102	3	0.198	1	0.189	4	0.124
输油	0	0	0	0	0	0	0	0	0	0	0	0	0	0
输气	0	0	0	0	1	0.026	1	0.094	3	0.052	0	0	0	0
注入	38	0.075	909	1.147	221	0.45	116	0.721	125	0.8	346	0.809	377	1.163
污水	0	0	7	0.223	3	0.4	0	0	9	0.416	9	0.61	27	0.411
供排水	0	0	4	0.732	1	0.627	3	0.598	2	0.455	1	0.126	5	0.718
合计	117	0.071	2269	0.947	1144	0.948	473	0.584	441	0.755	736	0.803	947	0.817

金属管道失效以内腐蚀为主，占比 88.80%。其中，油系统、注入系统管道内腐蚀最严重，分别占比 91.07% 和 85.32%。油系统管道没有内防腐设计，导致管道内腐蚀失效，注入管道有内防腐设计，但是内防腐涂层存在薄弱点，导致腐蚀失效（表5和图1）。

表5　金属管道内外腐蚀失效统计表

系统名称	内腐蚀（次）	占比（%）	外腐蚀（次）	占比（%）	机械损伤（次）	占比（%）
油集输	3557	91.07	342	8.76	7	0.17
气集输	8	61.54	5	38.46	0	0
输油	0	0	0	0	0	0
输气	2	40	3	60	0	0
注入	1819	85.32	303	14.21	10	0.47

续表

系统名称	内腐蚀(次)	占比(%)	外腐蚀(次)	占比(%)	机械损伤(次)	占比(%)
污水	45	81.82	7	12.73	3	5.45
供排水	10	62.5	5	31.25	1	6.25
合计	5441	88.8	665	10.85	21	0.35

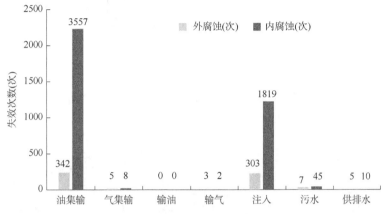

图 1 地面系统金属管道内外腐蚀失效统计图

油集输系统内腐蚀占比 91.07%，外腐蚀占比 8.76%；注入系统内腐蚀占比 85.32%，外腐蚀占比 14.21%；污水系统内腐蚀占比 81.82%，外腐蚀占比 12.73%。

经过我厂近几年采取多种措施，持续治理失效管道，管道失效率由 2018 年最高时的 1.576 次/(km·a)下降到 2022 年 0.709 次/(km·a)，失效率呈逐年下降趋势(图 2)。

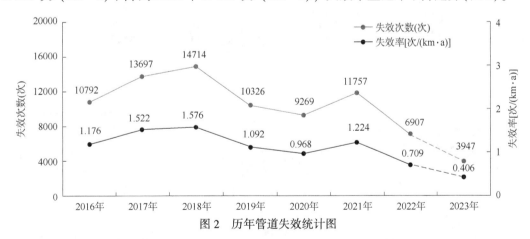

图 2 历年管道失效统计图

2 失效管道样品库建设情况

喇嘛甸油田地势低洼，土壤电阻率低、采出液成分复杂，细菌、氧等多种因素，造成管道电化学腐蚀，导致管道内、外腐蚀严重。为了全面直观掌握管道现状及深入进行腐蚀机理分析，我厂在全油田率先建立失效管道样品库，分系统建立腐蚀管段样品库，收集了集输、注入系统腐蚀管段样品 436 件，对腐蚀机理及防治措施进行了深入的试验研究，为我厂管道失效治理提供保障(图 3)。

图 3　管道工作室概况

失效管道样品库四个功能展区主要展示失效管段：

第一个展区主要展示管道内涂层检测设备和我厂对注入管道熔结环氧粉末涂层检测情况，包括合格和不合格管段的展示(图 4 和图 5)。

 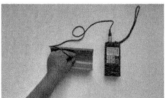 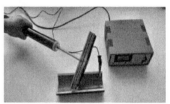

外观检测
(平整、光滑、无缩孔)　　涂层测厚仪
厚度检测(≥300μm)　　电火花检测仪
漏点检测(无漏点)

恒温75℃
附着力检测(1~2级)　　落锤试验机
抗8j冲击检测

图 4　检测仪器图

指标全部合格　　外观不合格　　厚度不合格

附着力不合格　　漏点不合格　　抗8j冲击不合格

图 5　检测结果图

第二个展区：主要是展示集输、注入管段内腐蚀情况（图6）。

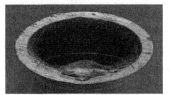

内涂层脱落　　　　　　　　菌瘤腐蚀　　　　　　　　结垢腐蚀

焊口腐蚀　　　集输管段连续内腐蚀　　连续增强纤维塑料复合管　　玻璃钢管道
　　　　　　　　　　　　　　　　　　　应力开裂　　　　　金属接头腐蚀

图6　管段内腐蚀情况

内腐蚀失效分析：通过对注入管道13424个腐蚀穿孔点数据、480组腐蚀管段剖切、1291组污水样的细菌、硫化物、溶解氧含量及腐蚀产物微观分析，初步明确主要原因是在三种细菌（硫酸盐还原菌、铁细菌、腐生菌）及其他离子共同作用发生电化学腐蚀。对输送介质与金属管道进行物理隔绝是治理的主要手段（图7）。

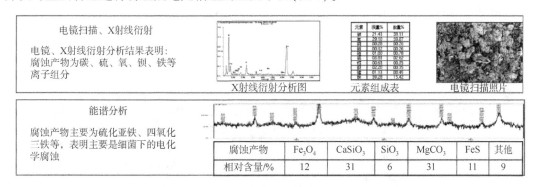

图7　内腐蚀失效分析

第三个展区：主要展示金属管道外部腐蚀的样品：腐蚀主要原因：我厂地势低洼，地下水位高，土壤电阻率低、腐蚀性强。通过埋设60组腐蚀挂片监测，平均质量腐蚀速率7.02g/（dm² · a），点蚀速率为0.76mm/a，最大点蚀速率为1.36mm/a，全厂重腐蚀区域占60%，中腐蚀区占37%。主要是管道外防腐层老化、外力破损或者修补质量差导致水分浸入产生电化学腐蚀（表6、图8、图9和图10）。

表6　SY/T 0087《钢质管道及储罐腐蚀评价标准》中土壤腐蚀性分级表

腐蚀性	中	重	严重
平均腐蚀速率[g/（dm² · a）]	5~7	大于7	—
最大点蚀速度（mm/a）	0.305~0.611	0.611~2.438	≥2.438

图 8　集输管段外部连续均匀腐蚀

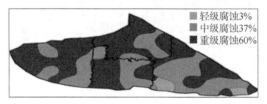

图 9　腐蚀分级图

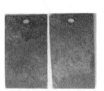

测量氧化还原电位　　　埋设挂片　　　喇Ⅲ-1联合站区域挂片　　　喇140转油站区域挂片

图 10　挂片

第四个展区；主要展示从其他油田收集的管道新技术样品。

内堆焊补口接头　　　机械压接接头　　　螺纹连接接头

钢骨架连续增强塑料复合管　　　高分子热熔覆内衬管　　　芳纶纤维增强连续复合管

蜡磁带防腐技术　　　冷镀铝防腐涂料　　　钛石墨烯纳米高分子涂层　　　高强度环氧树脂涂层

图 11　管道新技术样品

3 形成的埋地管道腐蚀系列配套技术

喇嘛甸油田地势低洼，土壤电阻率低(8~10Ω)，土壤腐蚀性强，管道外防腐层破损，水分浸入产生电化学腐蚀，导致管道外腐蚀。同时我厂含水 97.38%，含聚浓度 150mg/L，采出液成分复杂，细菌、氧和垢质等多种因素综合造成电化学腐蚀，导致管道内腐蚀。为此，积极开展技术攻关，获得省部级科研项目 3 项、形成了以管道失效治理为中心的阴极保护技术、管道修复技术、基础配套等 3 个技术系列 38 余项技术，在 EI 发布论文 3 篇、在大庆师范学院学报发表论文 2 篇、在核心期刊发表论文 26 篇，有效地控制了管道失效率上升的势头(图 12)。

阴极保护技术(7项)	管道修复技术(7项)	基础及配套技术(7项)
2004《喇二联站场明极保护技术研究》	2009《喇嘛甸油田非金属管道应用及评价技术研究》	2010《储罐腐蚀检测评价技术推广》
2007《大区域阴极保护技术研究》公司级	2009《喇嘛甸油田地面系统管线防腐及修补技术研究》	2010《降低IR降测试技术推广》
2007《废弃油井替代辅助深井阳极保护技术研究》(公司级)	2010《康旧油管修复地面应用技术研究》	2014《喇嘛甸油田土壤腐蚀性评价研究》
2008《基于数值模拟阴极保护技术研究》(公司级)	2011《喇嘛甸油田埋地管线更换、维修界限技术研究》	2017《埋地管道外腐蚀原因及防护对策研究》
2018《喇嘛甸油田阴极保护网建设及调控技术应用研究》	2012《管道补强技术推广》	2018《注聚金属管道内腐蚀机理及防治对策研究》
2019《康旧油管辅助阳极现场试验》	2014《喇嘛甸油田容器及管道维护管理研究》	2019《喇嘛甸油田地埋管网技术管理平台研究》
2021《区域阴极保护电位参数优化研究》	2020《金属管道熔结环氧粉末内涂层检测方法优化研究》	2020《埋地金属管道运行与维护研究》

图 12 技术成果

3.1 在阴极保护方面，重点研究了三项技术：

3.1.1 自主研发了大区域阴极保护技术

为了降低埋地管道外腐蚀速率，2003 年，我们率先在大庆油田自主研发大区域阴极保护应用技术，开展了计量间为单元的大区域阴极保护技术，建立中转站—计量间—单井管道保护体系(图 13)。

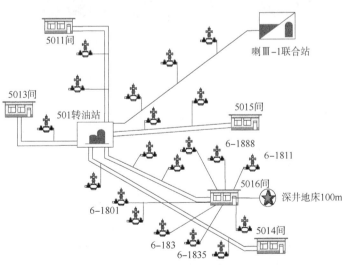

图 13 喇 501 大区域阴极保护示意图

关键技术：通过应用直流分配技术、极化探头 IR 降测试技术、阴极保护自动调控技术、提高了阴极保护装置运行率，实现地上地下一体防护；

应用效果：目前已建设投产大区域阴极保护站 6 座，保护埋地管道管道 996km，失效率由 0.605 次/（km·a），下降至 0.06 次/（km·a），有效控制该区域外腐速率（图 14）。

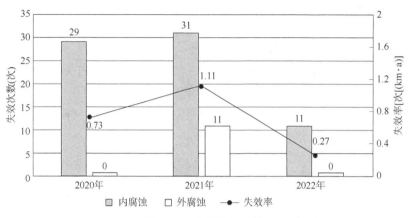

图 14　内外腐蚀对比图

3.1.2　自主开展了废旧油管辅助阳极技术现场试验

为了降低阴极保护站维护及建设投资，2018 年在喇 5014# 计量间阴极保护站，采用打桩施工方式，利用废旧油管作为辅助阳极，埋深 5m（图 15）。

图 15　废旧油管辅助阳极施工及开挖现场图

关键技术：通电点应用碳纤维防腐、辅助阳极并联等技术，2020 年 6 月进行现场开挖检验，阳极接线处未发生脱落及腐蚀现象，阳极运行良好。

应用效果：已在喇 700、喇 800、喇 551、喇 661 等大区域阴极保护站建设中推广应用 10 口废旧油管辅助阳极井，保护电位达标，节省工程投资 160 万元（表 7）。

表 7　废旧油管阳极地床与钛合金阳极地床费用对比

序号	名称及规格、型号	单位	数量	单价指标（万元）
1	闭孔式钛合金深井阳极地床（60m）	座	1	17.7
2	废旧油管辅助阳极装置安装（19m）	套	1	1.97

3.1.3　研究应用了阴极保护自动调控技术

阴极保护系统受季节、土壤电阻率的变化和杂散电流的影响大，需要及时对人工调节恒电位仪参数，在喇 700 转油站，研究开发了阴极保护自动调控技术（图 16）。

关键技术：通过电位自动采集、自动调控、自动诊断等功能开发应用，实现了阴极保护数智化管理。

应用效果：目前该项技术已在喇560等6座站推广应用，减少了员工手动录数、调控工作量，提高了阴极保护运行率及运行效果。

 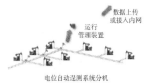

图16 自动调控技术

3.1.4 开展基于数值模拟阴极保护技术研究

将科学建模和计算机数值模拟技术与区域性阴极保护设计相结合，通过计算阴极保护电位和电流密度的分布，来评价保护效果，优选保护方案，提高了区域阴极保护设计水平，达到了国内领先(图17)。

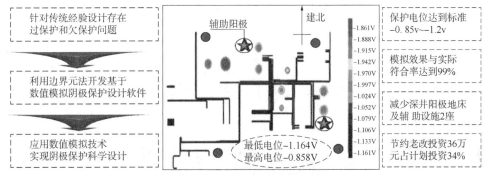

图17 喇291阴极保护站模拟效果

3.2 在管道修复方面，重点研究了两项技术

3.2.1 研究应用了碳纤维补强失效管道技术

针对重要站库的管道失效不能停产及大管径管道更换费用高的问题，研究应用了碳纤维补强技术，保证了管道的强度，降低了产液量的损失(图18)。

关键技术：修复后，碳纤维材料与原管体形成整体，最高可承压16MPa以上，埋地管道施工，可在固化剂固化后，在碳纤维保护层外面进行保温、防水施工。

应用效果：在喇I-1联合站游离水脱除器进口 $\phi219 \times 7mm$、脱水泵汇管 $\phi273 \times 7mm$ 管道试验，管道正常运行。

3.2.2 开展废旧油管修复转地面应用试验

我厂库存废旧油管腐蚀并不明显，可分为整体减薄和局部减薄，如果把这些废旧油管修复后重新利用，将会盘活了库存资产，降低了生产成本，降低了更换管线的费用.

关键技术：一是确定了剩余壁厚：$\phi73mm \times 5.5mm$，最小剩余壁厚为 2.79mm；$\phi89mm \times 6.5mm$，最小剩余壁厚为3.09mm。二是确定了连接方式：油管之间采用黏结剂螺纹连接；油管与20#碳钢之间采用 THJ506 焊条焊。

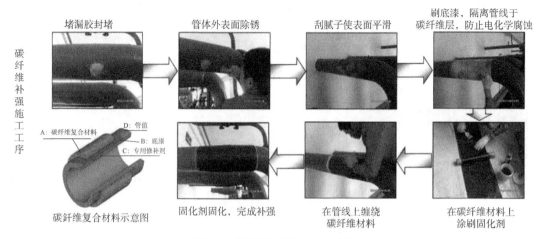

图 18　碳纤维补强施工工序图

应用效果：2010 年，选择内腐蚀严重的喇 8-191 井和喇 9-1902 井，对集油、掺水管道更换为废旧油管，共计 0.78km。目前，喇 8-191 井的集油管道穿孔 2 次，掺水管道穿孔 7 次；喇 9-1902 井的集油和掺水管道各穿孔 2 次，废旧油管比普通碳钢防腐性能好（图 19）。

图 19　施工现场图

4　技术攻关方向

开展化学驱单井管道新型防腐管材现场试验：针对我厂金属管道内腐蚀严重问题，开展金属、金属+内涂层、金属+内衬、非金属管道四类新型管材室内测试评价，依据评价结果，进行现场试验，优选确定新型防腐管材。

试验内容：一是深入管道失效原因分析；二是开展新型防腐管材调研；三是新型防腐管材适用性室内评价；四是开展现场试验；五是管材措施评价试验（图 20）。

试验地点：对喇嘛甸油田共 4 个区块（北北块、北东块、北西块、南中块）进行新型管材现场试验。每个区块选取 4 口采油井（回油、掺水热洗）、4 口注水井、4 口注聚井，整个试验项目共计涉及 64 条管道更换。

目标：研究应用新型管材防腐性能衰减评价技术，优选应用新型管材进行现场试验、开展规模推广应用，有效控制管道失效率。

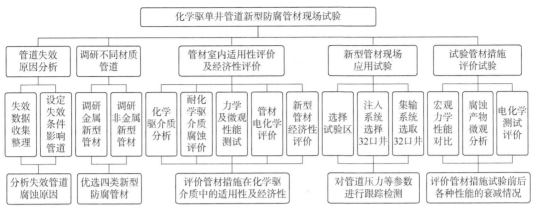

图 20　试验流程图

5　结语

通过建设喇嘛甸油田失效管道样品库，为研究内外腐蚀机理，提供了详实的基础资料，研究确定了埋地管道内、外腐蚀机理及防治措施，形成来了腐蚀防护护系列配套技术，为有效控制埋地管道腐蚀速率，提供了技术支撑．

参 考 文 献

[1] GB/T 21246—2007 埋地钢制管道阴极保护参数测量方法[S].

[2] 杜艳霞. 输油泵站区域阴极性阴极保护实施中的问题[J]. 腐蚀与防护技术, 2006, 27(8): 417-421.

[3] 马含悦, 杜磊. 区域阴极保护技术概况及其发展[J]. 腐蚀与防护技术, 2014, 35(5): 425-429.

[4] 邵守斌. 数值模拟技术在区域阴极保护设计中的应用[J]. 油气田地面工程, 2016.03: 108-110.

[5] GB/T 33378—2016 阴极保护技术条件[S].

[6] GB/T 35508—2017 站场区域阴极保护[S].

[7] GB/T 21448—2017 埋地钢质管道阴极保护技术规范[S].

[8] Q/SY 05029—2018 区域性阴极保护技术规范[S].

[9] 于敏, 邵守斌. 埋地金属管道腐蚀防护技术[J]. 油气田地面工程, 2014(11): 104.

[10] 邵守斌. 数值模拟技术在罐底阴极保护设计中的应用[C]//全国石油和化学工业腐蚀与防护技术论坛. 2009.256-230.

渔光互补光伏发电项目对原油管道杂散电流干扰的评估

孟繁兴

(国家管网集团东部原油储运有限公司)

摘 要： 新建渔光互补光伏发电站可能对埋地管道造成杂散电流干扰，为探明其影响程度，制定管控措施，确定评价准则，建立模型，通过现场测试与数值模拟计算方式，分别从直流杂散电流干扰和交流杂散电流干扰方面进行评估，给出了杂散电流干扰对管道的影响程度。

关键词： 光伏发电；埋地管道；杂散电流干扰；数值模拟；干扰评估

1 背景

随着我国经济的大力发展，电力输送、电气化铁路系统及油气输送管线建设发展迅速，出现了大量高压/特高压输电线路、电气化铁路、光伏发电场等基础设施与埋地油气管道共用路由的情况，导致埋地管道受交直流杂散电流干扰越来越普遍[1-3]。现代埋地管道普遍采用绝缘性良好的 3PE 等防腐层，进入管道的杂散电流在长距离传输后，从防腐层破损、剥落等缺陷处流出，局部腐蚀速率极大。

太阳能是可再生的绿色能源，在我国长期的能源战略中具有重要地位。光伏发电是利用半导体界面的光生伏特效应而将光能转变为电能的一种技术，这种技术的关键元件是太阳能电池，太阳能电池经过串联后进行封装保护可形成大面积的太阳能电池组件，配合上功率控制器等部件可形成大面积的太阳电池组件。

随着光伏发电产业的发展，光伏发电对管道的影响日益凸显。光伏发电厂占地面积较大，影响管段长。目前国内业界尚无光伏发电系统杂散电流对管道干扰影响的评价标准，国外有个别标准针对光伏发电的杂散电流干扰影响提出了检测和防范措施要求[4]。

由于地理空间限制，某渔光互补光伏发电项目选址与仪征—长岭原油输送管道赤壁—洪湖支线(后续简称"赤洪支线")重叠，光伏项目北区 15#、17#、18#光伏方阵穿越赤洪支线，如图 1 所示。北区 3#集电线路与赤洪支线存在 1 处交叉，交叉点在赤洪支线 14#测试桩附近，交叉角度 84°，如图 2 所示。

由于光伏发电项目 3#集电线路与管道存在交叉情况，15#、17#、18#光伏方阵与管道存在穿越情况，管道存在交流、直流杂散电流干扰风险，为了保障管线安全，保证新建光伏电站项目顺利启动，采用数值模拟技术对光伏系统对赤洪支线的交流、直流干扰进行预测评估，并根据相关标准进行可行性防护方案的讨论，确保社会安全稳定发展。

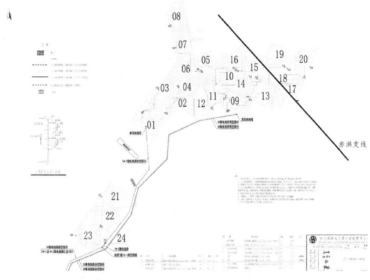

图 1　光伏项目与管道位置示意图

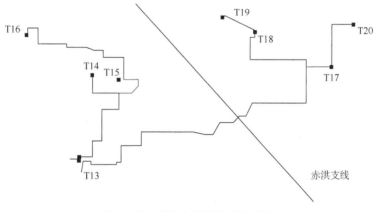

图 2　集电线路与管道位置示意图

2　光伏发电的干扰机理

根据光伏发电的交直流输电原理：光伏发电发出的是直流电，但是在光伏发电厂内经过逆变器逆变后会转化为交流电。因此，若逆变器处有接地，在光伏发电厂出现故障时可能会对周围管道产生直流干扰，同时输出的交流电还会对管道产生一定的交流干扰。

并网光伏发电系统包括太阳能电池阵列、DC/AC 逆变器、交流负载、变压器等部件。光伏发电系统的光伏组件将光能转换成直流电，直流电在逆变器的作用下转变成交流电，最终实现用电、上网功能。并网光伏发电系统可以将太阳能电池阵列输出的直流电转化为与电网电压同幅、同频、同相的交流电，并实现与电网连接并向电网输送电能。

光伏发电系统中所有导体和元件都应与地面绝缘，总的接地泄漏电流由系统所有组件（如光伏组件、直流电缆、逆变器）叠加。在一定电压水平下，泄漏电流大小取决于有效绝缘电阻 R_{ISO}。

光伏系统直流泄漏产生的杂散电流可能会导致邻近金属结构或地下金属设施加速腐蚀，在接地和浮地光伏系统中均存在持续但可能无法检测到的直流接地/泄漏电流。杂散电流最可能从绝缘损坏的 PV 模块框架或埋地线缆进入大地。泄露的杂散电流一部分会流入附近金属管道等低电阻路径(特别是当管道防腐层有破损或绝缘不良时)，传播一定的距离后流回土壤，返回干扰源。电流离开管道进入土壤的位置就会发生杂散电流干扰腐蚀[4]。

3 管道阴极保护现状测试

3.1 阴极保护系统测试评价

赤洪支线设置有外加电流阴极保护系统 2 套，其中交叉穿越位置上游 15km 的赤壁站阴保系统采用恒位模式运行，控制电位为−1200mV(相对于 CSE，以下皆同)，辅助阳极地床为浅埋高硅铸铁阳极，阳极地床接地电阻为 4Ω，运行状态为自动，自检及恒位恒流切换正常，接线情况正确。便携式参比电极与长效参比电极差值为 57mV；采用万用表测试的通电点电位为−1190mV。

交叉穿越区域下游 22km 的洪湖站阴保系统采用恒位模式运行，控制电位为−1300mV，辅助阳极地床为浅埋高硅铸铁阳极，阳极地床接地电阻为 1.4Ω，运行状态为自动，自检及恒位恒流切换正常，接线情况正确。便携式参比电极与长效参比电极差值为 10mV；采用万用表测试的通电点电位为−1305mV。

根据以上数据证明，赤壁站和洪湖站阴极保护系统运行正常。

采用数据记录仪和便携式 CSE 参比电极对赤壁站出站绝缘接头和洪湖站进站绝缘接头进行检测。图 3 所示为赤壁站绝缘接头数据。根据数据分析：

(1) 赤壁站出站绝缘接头绝缘性能良好；

(2) 洪湖站进站绝缘接头在站外管道恒电位仪开启工况下，站内和站外直流电位差值小于 100mV；站外管道恒电位仪关机工况下，站内和站外直流电位基本一致，证明该绝缘接头绝缘性能较差，疑似导通。

采用密间隔电位法采集该管道沿线的断电电位，参考测试桩处土壤电阻率数值，对受检管道进行阴极保护有效性的评价，测试数据如图 4 所示。

根据上述数据分析可得，在 9# ～ 10# 桩、13# ～ 14# 桩之间，存在单点的电位不达标现象。全线共检测 402 个断电电位，有 3 处断电电位不达标，达标率为 99.25%，在调整阴极保护输出后该 3 处位置的断电电位达标。

3.2 直流杂散电流测试评价

采用数据记录仪、便携式 CSE 参比电极和 6.5cm² 试片对赤洪支线 09# ～ 19# 共计 11 个测试桩进行了直流杂散电流检测评价。通过长时间测试数据分析，该段管道受到直流杂散电流干扰较弱，通电电位波动幅度较小(图5)。

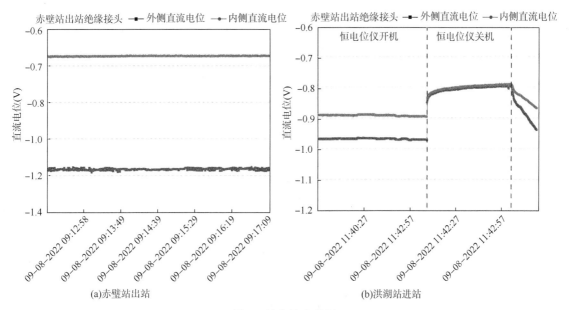

(a)赤壁站出站　　　　　　　　　　　　　(b)洪湖站进站

图3　绝缘接头数据

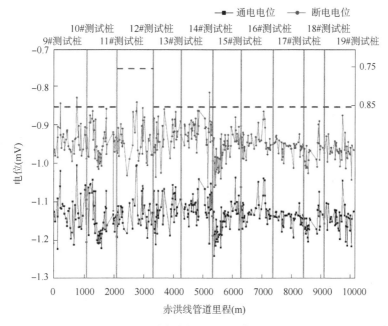

图4　赤洪支线管道 CIPS 检测数据

通过测试桩处通电电位和断电电位数据分析，见表1，该段管道通电电位在-1.477~
-0.827V之间波动，断电电位在-1.103~-0.866V之间波动。根据 GB/T 21448—2017 标
准[5]要求，受检管道测试桩处最正保护电位均负于-0.85V，处于有效保护状态。

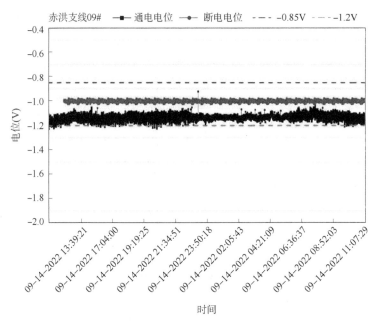

图 5   赤洪支线 09# 桩通电电位/断电电位数据

表 1   测试桩处通电电位和断电电位数据

测试桩号	通电电位（V）			断电电位（V）		
	最正	平均	最负	最正	平均	最负
09#	-0.922	-1.136	-1.227	-0.978	-0.999	-1.026
10#	-0.920	-1.138	-1.271	-0.953	-0.995	-1.024
11#	-0.732	-1.176	-1.453	-0.910	-0.977	-1.013
12#	-0.902	-1.101	-1.345	-0.947	-0.998	-1.071
13#	-0.913	-1.136	-1.250	-0.866	-0.939	-0.972
14#	-0.846	-1.124	-1.311	-1.015	-1.066	-1.114
15#	-0.986	-1.127	-1.269	-1.012	-1.053	-1.080
16#	-0.853	-1.138	-1.477	-0.932	-1.061	-1.088
17#	-0.845	-1.139	-1.411	-1.010	-1.057	-1.103
18#	-0.827	-1.127	-1.415	-0.921	-0.956	-1.016
19#	-0.834	-1.129	-1.475	-1.011	-1.054	-1.096

3.3   交流杂散电流测试评价

通过测试桩处交流电压分析，该段管道交流电压最大值均<15V。通过测试桩处交流电流密度分析，受检管道 09#~19# 桩交流电流密度平均值均<30A/m²，根据 GB/T 50698—2011 标准[6]评价，交流干扰程度判定为"弱"。

表2 测试桩处交流电压和交流电流密度数据

测试桩号	交流电压(V)			交流电流密度(A/m²)		
	最大	平均	最小	最大	平均	最小
09#	3.515	1.157	0.184	1.825	0.509	0.000
10#	0.949	0.410	0.000	2.346	0.850	0.000
11#	0.553	0.264	0.069	0.947	0.381	0.000
12#	0.680	0.259	0.048	3.419	1.265	0.156
13#	0.714	0.382	0.082	2.198	0.687	0.000
14#	0.770	0.444	0.000	0.000	0.000	0.000
15#	1.038	0.553	0.107	3.804	1.137	0.197
16#	0.978	0.517	0.147	7.806	0.390	0.000
17#	0.846	0.416	0.127	0.000	0.000	0.000
18#	0.991	0.504	0.191	0.000	0.000	0.000

4 干扰数值模拟评价准则与模型建立

4.1 光伏系统交流干扰评价指标

光伏系统稳态运行时对管线造成的交流危害主要有两种，一种是管道对地电压升高，附近有施工、检测或维修人员触碰到管线裸露位置发生触电，给人员生命安全带来威胁。

目前针对常态运行时人身安全电压相关标准要求见表3。从表中可以看出，长时间作用下的人体接触电压限值一般分为15V、33V和60V左右三级。GB 3805—2008中规定的33V(均方根值)限值，考虑的是干燥环境下人体长时间能够承受的安全电压，并且该标准指出此限值没有人群针对性。GB 6830—1886《电信线路遭受强电线路危险影响的容许值》规定，强电线路在正常运行状态下，通信导线上的纵电动势容许值为60V。该标准考虑的是电信工作人员在接触通信线时，加载到人体上的安全电压限值。

考虑到管线工作人员日常会在测试桩处对管道杂散电流进行测试，防腐层修复时工作人员也会频繁触碰管道金属本体；另外生活在管道附近的人们也有可能触碰到测试桩内的管道连接线。为了保证人身安全，选择15V电压作为本次项目的评价限值。

表3 常态运行人身安全电压评价标准

标准		电压限值(V)	备注
国标和IEC标准	GB 3850—2008	33	无行业针对性人员
	GB 50054—2011	50	
	IEC 61201	33	
石油部门	美国 NACE 0177—2014	15	针对职业人员
	德国 Afk 第3号	65	
国标	GB 6830—1986	60	
国际电信联盟电信标准化部	ITU-T	60	

另一种是由于电磁耦合造成管道对地产生交流电压，管道内部产生交流杂散电流，管道沿线存在或大或小的破损点，电流由破损点流入附近土壤时将发生腐蚀。

ISO 18086—2019[7]指出为有效控制交流腐蚀，最重要的指标要求是：在 $1cm^2$ 试片或探针上测量得到的有代表性时间段内的交流电流密度低于 $30A/m^2$。因此本项目针对管线腐蚀安全的评价限值选择交流电流密度 $30A/m^2$。

关于管道防腐层耐受安全电压武汉大学高压实验室在《输电线路接地系统对地下金属管道的影响研究》[8]中提供的数据：熔结环氧粉末（FBE）防腐层金属管道在工频情况下其耐压为 14~15kV，雷电冲击耐压为 28kV；三层聚乙烯（3PE）防腐层金属管道的工频耐压为 57kV，雷电冲击耐压为 109kV。Dawalibi 通过研究认为当管道涂层的绝缘强度较低且故障电流的频率较高时，2500V 的干扰电压足以破坏管道涂层。Southey 则认为沥青涂层、PE 和 FBE 涂层的安全耐受电压范围分别为 1000~2000V、3000~5000V，与 NACE SP 0177 第 4.13.2 标准中的规定一致。

4.2 光伏系统直流干扰评价指标

光伏电站直流干扰情况为部分直流电流可能通过光伏板接地系统进入大地，对周围的管道产生干扰，因此造成的主要危害为影响管道阴极保护效果，导致管道阴极保护电位无法满足要求。

GB 50991—2014《埋地钢质管道直流干扰防护技术标准》中规定的直流干扰评价指标如下：已投运阴极保护的管道，当干扰导致管道不满足最小保护电位要求时，应及时采取干扰防护措施。

本项目所涉及的管道为已施加阴极保护管道，根据标准当存在直流电流入地时，管道极化电位应不正于最小保护电位，不超过最大保护电位。对于管线钢保护电位的区间为 -1.2 ~ $-0.85V$。

综上所述，管道直流安全评价指标如下：管道保护电位在 -1.2 ~ $-0.85V$。

4.3 建模参数确定及模型绘制

由于管道防腐层绝缘性能良好、钢质管道导电性良好，因此管道建模研究范围选赤壁站至洪湖站。

赤洪支线管径 406mm，壁厚 6.4/10.3mm，材质为 L415，防腐层类型为双层熔结环氧粉末，交叉区间无交流排流地床、无牺牲阳极。赤洪支线阴极保护方式为外加电流，上游阴保系统设置在赤壁站，下游阴保系统设置在洪湖站，运行参数见表 4。

表 4　阴保系统运行参数

阴保系统位置	测试输出电压（V）		测试输出电流（A）		参比电位（mV）
	最大值	最小值	最大值	最小值	
赤壁站	5.6	4.5	1.2	1.08	-1200
洪湖站	21.1	18.4	9.55	9.17	-1300

光伏场站分为北区、中区、南区三部分，涉及赤洪支线穿越段仅在北区。光伏电池板采用固定倾角安装，采用单晶硅双玻双面带边框抗 PID 光伏组件，峰值功率为 540Wp/545Wp，每个光伏串列由 28 块组件串联组成，以光伏串为最小单位进行安装。根据现场

场地布置，固定打桩式采用 2×14 块组件纵向布置，组件与组件之间留有 0.02m 空隙以减少方阵面上的风压。平单轴采用 2 组或 3 组 14×2 块组件横向布置，组件与组件之间留有 13m 空隙以减少方阵面上的风压，其阵列平面尺寸如图 6 所示。

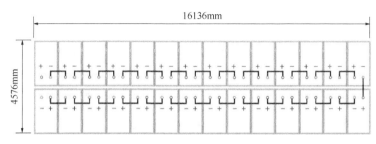

图 6 固定打桩式光伏串列布置示意图

本工程总装机容量为 143.38646MWp，整个项目包含 9422 个阵列，其中固定式光伏阵列 7097 个，平单轴式光伏阵列 2325 个。根据光伏阵列的布置规律和分布特点，整个工程以箱变为中心共分为 35 个发电单元。光伏电场太阳能电池组件电路相互串联组成串联支路。串联接线用于提升直流电压至逆变器电压输入范围，应保证太阳能电池组件在各种太阳辐射照度和各种环境温度工况下都不超出逆变器电压输入范围。经计算校核，确定串联支路太阳电池数量确定为 28。平单轴支架采用转动轴南北向布置，按 28×2 或 42×2 块组件进行布置；固定打桩方式光伏方阵组串数取 N=28，单个光伏方阵由 28 块光伏组件构成，共计 (7097+2325)×28=263816 块光伏组件，光伏组件开路电压 49.6~49.7V。短路电流 13.73~13.82A，每个对地泄露直流电流为 0~5 微安，合计最大泄露直流电流为 1.319A。标准 IEC 61646—2008 关于光伏组件绝缘性能指标规定：对于面积大于 0.1m² 的模块，其绝缘电阻乘以模块面积不应小于 40MΩ·m²。本项目中组件面积为 2.58m²，为此，组件对地有效绝缘电阻 R_{ISO} 为 15.50MΩ。初设中组件数量共计 9422 个组串，为此，光伏正常运行情况下组件对地泄漏总电流为 $I_{leak}=9422 \times \sum_1^{28} \frac{V_{OC}}{R_{ISO}}=14.04A$，本次涉及北区共涉及 20 个箱变，占总箱变比例 57%，直流泄露电流取 8.02A。

光伏电站沿道路铺设光伏场接地网，所有电器设备采用就近接地使全场光伏组件电气接地。本工程由于光伏场区土壤具有微腐蚀性，全场区主接地网水平接地体采用 60×6 覆铜扁钢，垂直接地极采用 2.5m 长的 ϕ60 钢管水平接地体和垂直接地极顶部埋设于水塘周围田埂 1m 以下。

升压站与管道最小间距 3.16km，距离较远，本次评价中将不予考虑升压站对管道干扰影响。

基于以上基础数据绘制模拟计算模型如图 7 所示。

5 干扰预测及评价

光伏系统对管线的干扰分为两种情况，一种为长时间稳态干扰，一种为瞬时间故障干扰，本节将针对稳态及故障运行时管道沿线干扰进行预测评价。

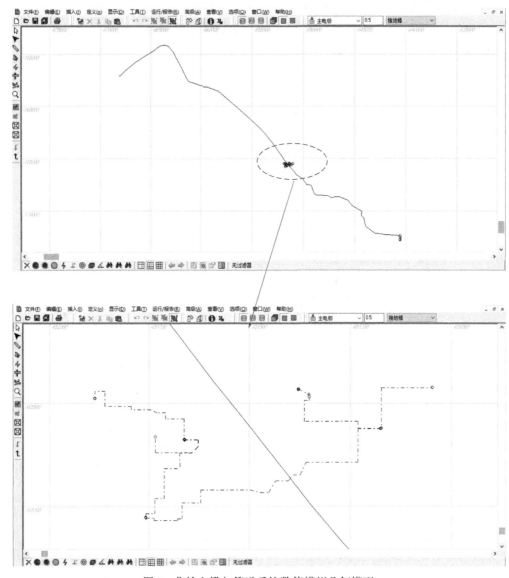

图 7　集输电缆与管道系统数值模拟几何模型

5.1　集电线路稳态运行交流干扰评估

交流输电线路正常运行时，由于电压波动导致三相电流不平衡，GB/T 15543—2008《电能质量三相电压不平衡》规定"电网正常运行时，长时电压不平衡度不超过 2%，短时不得超过 4%"。在日常运行中电网调度单位将该值控制在 2% 以内。不平衡度的变化将直接影响输电线路对埋地金属管线的电磁感应大小。由于目前该数据缺失，因此将计算不同不平衡度下管道干扰情况进行全面评价。

计算三相不平衡度为 0%~2% 时管道沿线干扰电压情况见表 5。随着不平衡相、不平衡度发生变化管道沿线干扰电压分布趋势基本不变，但均表现为不平衡度逐渐增大，干扰逐渐增大。当 A 相不平衡度 2% 时干扰出现最大值，最大交流电压为 106mV，最大交流电流密度为 1.46A/m²(图 8)。

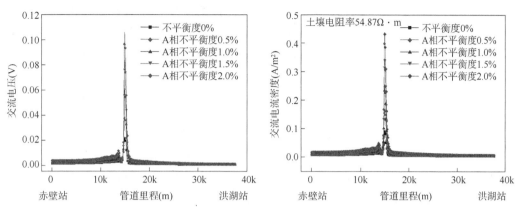

图 8　不同不平衡度干扰电压和电流密度计算结果示意图(依次为 A 相、B 相、C 相)

输电线路稳态运行时集电线路对管道造成的交流杂散电流干扰未超出限值要求，可不采取防护措施。

表 5　不同不平衡度干扰计算结果

不平衡相	管线	不平衡度	最大干扰电压(mV)	最大交流电流密度(A/m²)	
				土壤电阻率(54.87Ω·m)	土壤电阻率(16.32Ω·m)
A 相		无不平衡	22	0.09	0.31
		0.5%	40	0.16	0.55
		1.0%	61	0.25	0.84
		1.5%	83	0.34	1.15
		2.0%	106	0.43	1.46
B 相		0.5%	37	0.15	0.51
		1.0%	57	0.23	0.78
		1.5%	78	0.32	1.08
		2.0%	101	0.41	1.39
C 相		0.5%	7	0.03	0.10
		1.0%	26	0.11	0.36
		1.5%	49	0.20	0.68
		2.0%	72	0.30	1.00

5.2　光伏电站稳态运行直流干扰评估

光伏电站沿道路铺设光伏场接地网，使全场光伏组件电气接地，根据设计资料及相关标准光伏正常运行情况下组件对地泄漏总电流设置为 8.02A。

根据设计图纸测得光伏发电板与赤洪支线最小间距为 5m。考虑最保守的评估条件：直流泄露电流均从最近光伏板流入、流出大地，因此选择距离管道最近的光伏板位置作为直流电流入、流出地点进行分析，此时管道通电电位设置为−1.2V。

当直流电流从距离管道最近光伏板接地泄露流入大地时，管道电位分布如 9 所示，此时靠近该光伏板位置电流从大地流入管道，管道电位负向偏移，远离该光伏板位置电流从管道流入大地，管道电位正向偏移，此时直流干扰类型称为阳极干扰。通电电位在-1.413~-1.186V，电位最正偏移量为14mV，最负偏移量为213mV。参考现场监测数据（通电电位在-1.477~-0.732V，断电电位在-1.114~-0.866V），判断该直流干扰状态下管道阴极保护电位均能满足保准准则要求。

当直流电流从远离管道位置流入大地，从距离管道最近光伏板接地回流时，管道电位分布如图10所示，此时靠近最近光伏板位置电流从管道流入大地，管道电位正向偏移，远离该光伏板位置电流从大地流入管道，管道电位负向偏移，此时直流干扰类型称为阴极干扰。通电电位在-1.213~-0.986V，电位最正偏移量为214mV，最负偏移量为13mV。参考现场监测数据（通电电位在-1.477~-0.732V，断电电位在-1.114~-0.866V），判断该直流干扰状态下管道阴极保护电位均能满足保准准则要求。

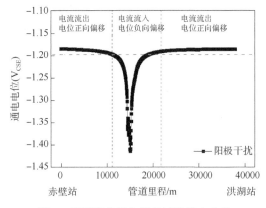

图9 最近光伏板电流从接地流入大地

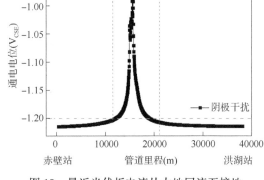

图10 最近光伏板电流从大地回流至接地

光伏电站稳态运行时对管道造成的直流杂散电流干扰未超出限值要求，可不采取防护措施。

6、结论与建议

赤洪支线管道目前受到直流杂散电流干扰较弱，受检管道测试桩处最小保护电位均负于-0.85V，处于有效保护状态。根据相关标准评价，管道交流干扰程度判定为"弱"。

当光伏发电项目投运后，光伏集电线路稳态运行时：当A相不平衡度2%时干扰出现最大值，最大交流电压为106mV，最大交流电流密度为1.46A/m²。集电线路对管道造成的交流杂散电流干扰未超出限值要求，可不采取防护措施。

光伏发电项目投运后光伏直流干扰预测计算结果为：阳极干扰时通电电位在-1.413~-1.186V，阴极干扰时通电电位在-1.213~-0.986V。直流杂散电流干扰未超出限值要求，可不采取防护措施。

光伏发电工程在我国目前处于蓬勃发展的阶段，其对埋地油气管道的影响将逐渐显现。有必要在项目建设期就对潜在的干扰问题进行评估并采取适当的干扰防护措施。光伏发电工程投产后，应及时开展管道交流干扰和直流干扰的复测核实，在管道潜在受干扰点位安装电位自动采集、传送装置。光伏设备运行方在设备投产后应定期检测系统对地绝缘电阻以及直流电流的泄漏量，避免对外部管道造成干扰影响。

参 考 文 献

[1] 李晓龙，王政骁，罗艳龙，等. 埋地钢质管道交流杂散电流干扰研究现状[J]. 材料保护，2022，55 (08)：158-165.

[2] 郭勇，王港. 埋地管道交流杂散电流干扰的防护[J]. 石油和化工设备，2016，19(11)：81-83.

[3] 李晓龙，杨绪运，李长春，等. 埋地钢质管道直流杂散电流干扰研究综述[J]. 中国特种设备安全，2023，39(02)：4-11.

[4] ISO 21857—2021 Petroleum, petrochemical and natural gas industries — Prevention of corrosion on pipeline systems influenced by stray currents[S].

[5] GB/T 21448—2017，埋地钢质管道阴极保护技术规范[S].

[6] GB/T 50698—2011，埋地钢质管道交流干扰防护技术标准[S].

[7] ISO 18086—2019 Corrosion of metals and alloys-Determination of AC corrosion-Protection criteria[S].

[8] 武汉大学高压实验室. 输电线路接地系统对地下金属管道的影响研究. 武汉：武汉大学，2006.

试片面积对破损涂层下埋地管道直流干扰程度评价结果的影响

王萌萌[1]　彭云超[1]　刘大伟[2]　闫茂成[3]　高博文[3]　范卫华[3]

(1. 国家管网东部原油储运有限公司；2. 华东管道设计研究院有限公司；
3. 中国科学院金属研究所)

摘　要：针对埋地油气管道杂散电流干扰影响，基于现场调研，研究了试片面积对评价破损涂层下埋地管道直流干扰程度的影响，探讨了直流干扰电压与试片面积、电流密度及腐蚀速率的关系。结果表明：试片的电流密度与干扰电压呈正相关，与试片面积呈负相关；在相同干扰电压下，试片的电流密度和腐蚀速率均随试片面积的减小而增大，$1cm^2$ 试片的腐蚀速率是 $6.5cm^2$ 试片的 4.70 倍；当试片面积相同时，其腐蚀速率随干扰电压的升高而增大；在评估管道局部腐蚀风险时，对于受到明显直流干扰的管段，推荐使用 $1 \sim 6.5cm^2$ 试片进行腐蚀程度评估，使用 $1cm^2$ 试片进行点蚀评价，使用 $6.5cm^2$ 试片进行均匀腐蚀评价。

关键词：杂散电流；直流干扰；试片；腐蚀速率；管道

近年来，我国经济高速发展，大量的城际高速铁路、城市轨道交通、特高压电力枢纽、风电和光伏发电场等基础设施建成并投入运行，这些基础设施常与埋地油气管道交叉、平行敷设，油气管道杂散电流干扰问题越来越普遍，由此引发的管体腐蚀及运行安全问题日益突出[1-2]。进入管道的杂散电流从防腐蚀层破损点处流出，管体局部腐蚀速率极大，数月即会发生穿孔，杂散电流干扰已成为管道腐蚀泄漏事故的主要原因，对管道运行安全构成严重威胁[3-4]。

埋设试片方法是评估管道杂散电流干扰程度和阴极保护有效性的最直接、最有效的方法[5]，但在实际应用中发现试片面积对测试结果有很大影响[6]。一般认为，试片应模拟管道上有代表性的防腐蚀层破损点。试片面积过小，其与土壤接触电阻过大，无法表示涂层破损点的实际状况；试片面积过大，则可导致结果失真，无法反映管道实际的阴极保护状态[7]。试片的阴极保护电位只表示小于试片面积的防腐蚀层破损点满足保护要求，不能说明大于试片面积的防腐蚀层破损点的保护是否充分[8-9]。

对试片面积的选取和影响，学者们做了一些研究。国际管道研究协会(PRCI)的研究结果表明，当试片面积为 $9 \sim 50cm^2$ 时，其对断电电位影响不大。GB/T 21246—2020《埋地钢制管道阴极保护参数测量方法》标准中要求采用探头或者试片对干扰程度进行评价，推荐试片面积为 $1 \sim 100cm^2$。还有研究指出，与涂层质量较好的管道相比，对于涂层质量欠佳或裸钢管道，应考虑使用较大面积的试片。

综上所述，试片面积对测试结果影响很大，有必要针对试片面积的影响开展研究。笔者采用试片模拟管道防腐蚀层破损点，针对面积较小的防腐蚀层破损点开展试验，研究了直流杂散电流干扰下不同面积试片的极化规律和腐蚀行为，分析了试片面积与腐蚀电流密度、腐蚀速率之间的关系，以期为采用试片评价管道杂散电流干扰程度提供理论依据和工程参考。

1 直流干扰管道现场调查

2019 年下半年至 2020 年，储运公司管道杂散电流普查结果显示，鲁宁线、甬沪宁线、东黄复线、曹津线等多条管线存在直流干扰。以某受干扰管线为例，在线内检测（ILI）结果显示管道壁厚损失，对部分腐蚀点位置进行现场开挖验证，发现管道外侧腐蚀缺陷在 5 ~ 7 点位置，清除表面附着物后，发现大部分腐蚀缺陷接近圆形，直径一般为 1 ~ 10mm，图 1 所示的腐蚀缺陷面积分别约为 0.07，0.2，1.76cm^2。多个直流干扰管段开挖结果表明，大部分深度超过管壁厚度 50% 的腐蚀缺陷面积均小于 1.5cm^2，且呈面积越小、腐蚀坑越深的趋势。

图 1 某管线受杂散电流影响的腐蚀形貌

为进一步研究杂散电流干扰情况，对该管道进行全面普查，发现管道受直流杂散电流干扰明显。其中约 120km 管道疑似受到高压直流干扰，40km 管道疑似受到地铁直流干扰。根据 GB 50991—2014《埋地钢质管道直流干扰防护技术标准》，针对地铁干扰段，选取腐蚀缺陷较多、周围环境较为复杂的管段进行 24h 电位测试，结果如图 2 所示，该管段白天的断电电位明显正于 -0.8V，处于欠保护状态，夜间则恢复正常，属于典型的地铁直流干扰[10]。腐蚀点位置现场开挖结果显示，部分管段腐蚀深度超过其壁厚的 50%，如图 3 所示，严重影响了管道的安全运行。

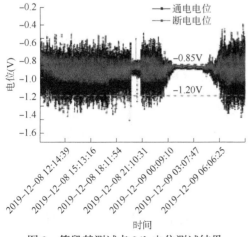

图 2 管段某测试点 24h 电位测试结果

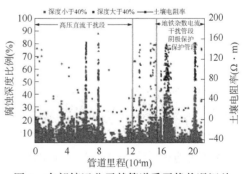

图 3 东部储运公司某管道受干扰状况汇总

2 试验方法

选用不同面积的 X65 管材圆形试片模拟管道不同面积防腐蚀层破损点。将试片放入专用模具中封装，其正面为裸露的钢材，背面采用环氧树脂将导线与模具连接。模拟防腐蚀层破损点面积分别为 $0.03cm^2$、$0.3cm^2$、$1.0cm^2$、$6.5cm^2$。根据 ISO 9223—2012 Corrosion-ofMetalsAndAlloys–Corrosivityof Atmospheres–Classification，Determination AndEstimation，试验前采用砂纸将试片工作面逐级打磨至 1000 号，分别使用去离子水和无水乙醇清洗、冷风吹干后，置于干燥器中备用。

试验介质采用开挖现场取回的土壤，自然风干，经过机械研磨后过 1mm 分析筛，用去离子水调节含水量为 20% 后备用，实验室测试该土壤的平均电阻率为 23Ω·m。将水和土壤充分混合后，放入实验箱中，实验箱尺寸为 150mm×150mm。封装完成的试片、硫酸铜参比电极、铂电极构成三电极体系（其中试片、铂电极构成电流回路，硫酸铜电极作为参比电极），将其埋入土壤静置 2h。

试验 1：直流干扰电压范围为 -0.5~15V，直流干扰电压通过电化学工作站施加，记录不同条件下试片的阳极电流密度。

试验 2：改变试片面积模拟防腐蚀层破损点，分别对试片施加 -0.2V、1.0V、15V 干扰电压，进行 96h 直流干扰测试，采用 uDL2 型数据记录仪采集试片受干扰下的阳极电流密度。试验结束后，观察试片表面的腐蚀形貌；使用除锈液（由 500mL HCl、500mL 去离子水和 20g 六次甲基四胺配制而成）对试片进行除锈，并依次用去离子水和无水乙醇清洗后吹干，观察基体的腐蚀形貌；根据 GB/T 24513.3—2012《金属和合金的腐蚀室内大气低腐蚀性分类　第 3 部分：影响室内大气腐蚀性的环境参数测定》，使用失重法通过公式（1）计算腐蚀速率。

$$V = \frac{1000\Delta W_0}{\rho St} \tag{1}$$

式中，V 为试片的腐蚀速率，mm/a；ΔW_0 为试片腐蚀前后的质量损失，g；S 为试片面积，m^2；ρ 为材料密度，$g\cdot cm^{-3}$；t 为腐蚀时间，a。

3 结果与讨论

3.1 不同面积试片直流干扰下的极化规律

由图 4 可见，随着干扰电压的升高，阳极电流密度逐渐增大，且各面积试片的阳极电流密度均呈现相同的规律。例如，当试片面积为 $0.3cm^2$ 时，在 -0.5V、1.0V、15V 干扰电压下试片的阳极电流密度分别为 $0.3A\cdot m^{-2}$、$4.7A\cdot m^{-2}$、$48.1A\cdot m^{-2}$。

由图 5 可见，阳极电流密度随干扰电压的增大而显著增加；当干扰电压低于 2V 时，试片电流密度呈指数型增大；当干扰电压高于 2V 时，电流密度增速减缓。在相同干扰电压下，试片的电流密度随试片面积的增大而明显减小。以干扰电压 5V 时为例，面积为 $0.03cm^2$、

0.3cm²、1.0cm²、6.5cm² 的试片，其阳极电流密度分别为 115A·m⁻²、18A·m⁻²、9A·m⁻²、3A·m⁻²。面积最小的试片，其阳极电流密度最大，0.03cm² 试片的电流密度是 6.5cm² 试片的 38 倍。

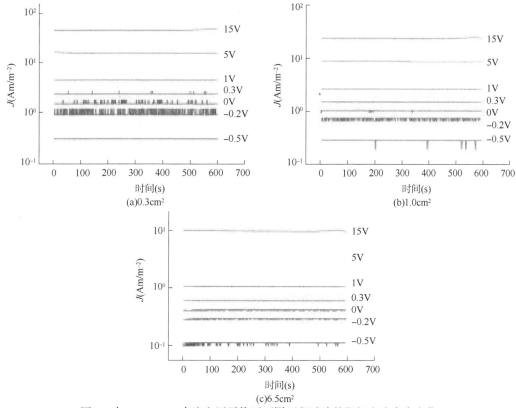

图4　在-0.5~15V 直流电压干扰下不同面积试片的阳极电流密度变化

由图6可见，阳极电流密度与干扰电压呈正相关，与试片面积呈负相关。对于相同面积试片，干扰电压越大，阳极电流密度越大；同一干扰电压下，试片面积越小，阳极电流密度(腐蚀速率)越大。

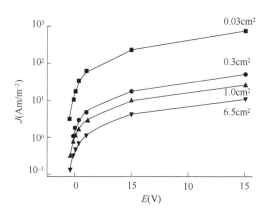

图5　施加干扰电压与阳极电流密度关系

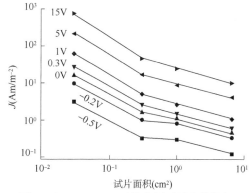

图6　在-0.5~15V 干扰电压下试片的阳极电流密度与试片面积的关系

3.2　不同面积试片的直流干扰腐蚀行为

3.2.1　阳极电流密度

由图7(a)可见，在-0.2V干扰电压下，试片的阳极电流密度与试片面积呈负相关，即试片面积越大，阳极电流密度越小，0.3cm² 试片的腐蚀电流密度最大；随时间的延长，阳极电流密度逐渐增加，其中0.3cm² 试片的腐蚀电流密度增速较快，6.5cm² 试片的电流密度增速较为缓慢。

由图7(b)可见，在1.0V干扰电压下，试验前期试片的电流密度与试片面积呈负相关，即试片面积越小，阳极电流密度越大，其中0.3cm² 试片的腐蚀电流密度最大；在约30h后，0.3cm² 试片的电流密度出现波动并降低。该情况可能是两种因素导致的[11-12]：(1)较高的电流密度在土壤中出现热效应，加快水分蒸发，导致土壤含水率降低，从而使周围土壤电阻率升高，电流密度急速下降；(2)0.3cm² 试片表面更易于覆盖较为严密的腐蚀产物，阻止表面电流的正常流出。

由图7(c)可见，在15V干扰电压下，0.3cm² 试片的电流密度仍最大；0.3cm² 和1cm² 试片的电流密度的波动趋势一致；6.5cm² 试片的阳极电流密度较稳定，没有较大波动。0.3cm² 和1cm² 试片的电流密度波动可能是试验过程中试片周围土壤环境变化引起的。试验过程中土壤温度升高，试片表面土壤出现干燥结块现象，土壤含水率急剧降低，电阻率急剧增大[13]。此外，试片表面腐蚀产物膜的形成与破裂也可能是电流密度剧烈波动的原因之一。图7再次表明，在不同干扰电压下，试片面积越小，电流密度越大[14]。

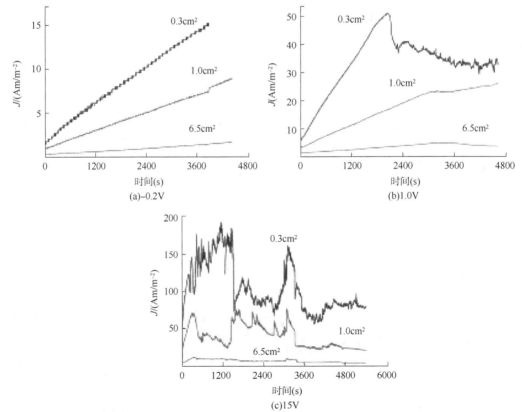

图7　在-0.2，1.0，15V直流干扰电压下试片的阳极电流密度随时间的变化

3.2.2　腐蚀形貌

在-0.2V直流干扰电压下，试片表面有少量的腐蚀产物，去除产物后表面有轻微腐蚀痕迹。由表1可见：在1V直流干扰电压下，试片表面腐蚀产物都较为明显，腐蚀产物呈红褐色，主要为Fe_3O_4、Fe_2O_3[15]；去除腐蚀产物后，$0.3cm^2$试片表面出现麻点状局部腐蚀形貌，这与文献报道的结果一致[16-17]；而$6.5cm^2$试片表面腐蚀程度较轻。由表2可见，在15V干扰电压下，试片表面红褐色腐蚀产物明显增多；去除腐蚀产物后，$0.3cm^2$试片表面出现圆形腐蚀坑，$1cm^2$试片表面的腐蚀坑较为明显，$6.5cm^2$试片表面较为平整。

综上所述可知，直流干扰电压越大，腐蚀产物越多，试片腐蚀越严重。当干扰电压较大时，腐蚀产物呈红褐色，多孔，质地较为疏松。在不同干扰电压下，$6.5cm^2$试片均呈均匀腐蚀形貌，$0.3cm^2$和$1cm^2$试片表面出现了局部腐蚀形貌，尤其是在15V直流干扰下，试片出现圆形腐蚀坑。

表1　在1.0V电压下经96h直流干扰测试后试片的腐蚀形貌

试片面积（cm^2）	腐蚀产物+土壤	腐蚀产物	除锈后
0.3	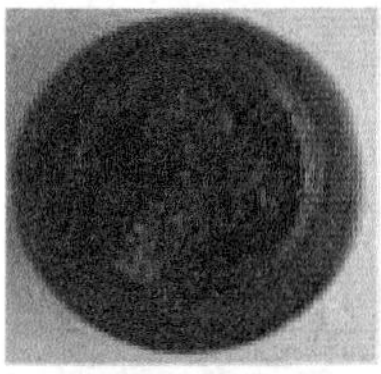	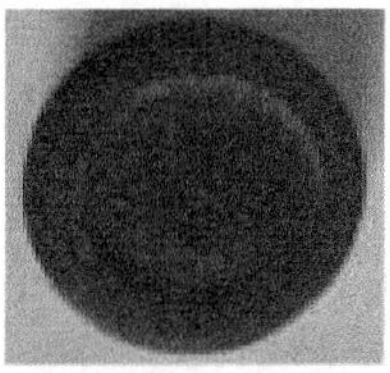	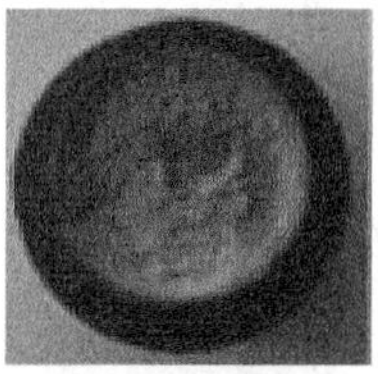
1	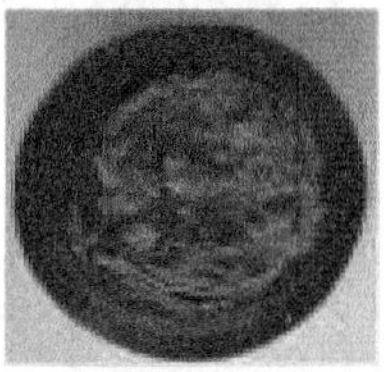		
6.5	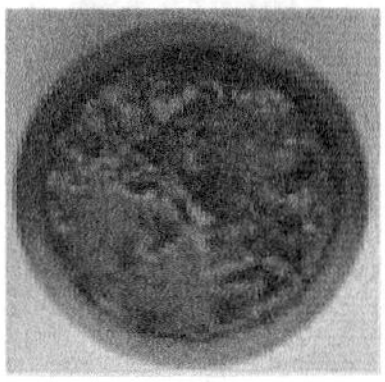	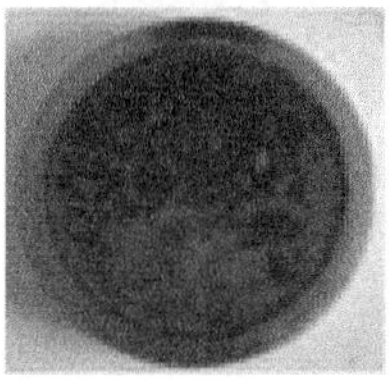	

表2　在15V电压下经96h直流干扰测试后试片的腐蚀形貌

试片面积（cm^2）	腐蚀产物+土壤	腐蚀产物	除锈后
0.3			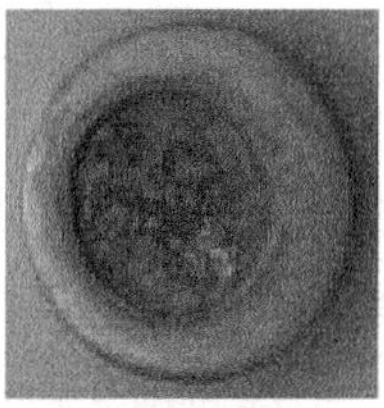

续表

试片面积（cm²）	腐蚀产物+土壤	腐蚀产物	除锈后
1			
6.5			

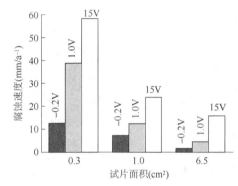

图 8　在不同电压下经 96h 直流干扰测试后不同面积试片的腐蚀速率比较

3.2.3　腐蚀速率

由图 8 可见，试片的腐蚀速率受试片面积影响显著；在相同干扰电压下，试片的腐蚀速率随试片面积的增加而减小；当试片面积相同时，腐蚀速率随干扰电压的增大而增大。总体而言，直流干扰电压与腐蚀速率呈正相关，试片面积与腐蚀速率呈负相关，这与文献报道的结果相吻合[18]。

当干扰电压为−0.2V 时，1cm² 试片的腐蚀速率（7.132mm/a）是 6.5cm² 试片的（1.517mm/a）4.70 倍；当干扰电压为 1V 时，1cm² 试片的腐蚀速率（12.22mm/a）是 6.5cm² 试片的（4.742mm/a）2.58 倍；当干扰电压为 15V 时，1cm² 和 6.5cm² 试片的腐蚀速率分别为 23.86mm/a 和 15.91mm/a，两者相差 1.50 倍。

4　结论

（1）阳极电流密度与干扰电压呈正相关，与试片面积呈负相关。在相同干扰电压平下，试片的电流密度和腐蚀速率均随破损面积的减小而增大，1cm² 试片的腐蚀速率是 6.5cm² 试片的 4.70 倍。当试片面积相同时，其腐蚀速率随干扰电压的升高而增大。

（2）在评估管道局部腐蚀速率风险时，对于受到明显直流杂散电流干扰的管段，推荐使用 1~6.5cm² 试片进行腐蚀速率评估，可使用 1cm² 试片进行点蚀评价，使用 6.5cm² 试片进行均匀腐蚀评价。为严格控制腐蚀风险，准确预测局部腐蚀速率，根据现场开挖情况，推荐使用面积较小且接近实际涂层破损点面积的试片进行腐蚀程度评估。

（3）为了及时发现杂散电流腐蚀风险，宜根据现场破损点面积定制腐蚀速率监测设备，用于实时监测管道的腐蚀速率。

参 考 文 献

［1］HUANG W H, ZHENG H L, LIM F. Development history and prospect of oil & gas storage and transportation industryin China［J］. OilGas Storage Transp. , 2019, 38(1)：1-11.

［2］OGUNSOLA A, MARISCOTTIA, SANDROLINIL. Estimation of stray current from a DC-electrified railway and impressed potential on a buried pipe［J］. IEEE Transactions on Power Delivery, 2012, 27（4）：2238-2246.

［3］秦润之，杜艳霞，姜子涛，等. 高压直流输电系统对埋地金属管道的干扰研究现状［J］. 腐蚀科学与防护技术，2016, 28(3)：263-268.

［4］CUIG, LIZ L, YANG C, et al. The influence of DC stray current on pipeline corrosion［J］. Petroleum Science, 2016, 13(1)：135-145.

［5］JUNKER A, HEINRICH C, NIELSEN L V, et al. Laboratory and field investigation ofthe effect of the chemical environment on AC corrosion ［C］// Proceedings of the NACE International Corrosion Conference. ［S. l. ］：NACE International：2018.

［6］NIELSEN L V, PETERSEN M, BORTELSL, et al. Effectof coating defect size, coating defectgeometry, and cathodic polarization on spread resistance：Consequences in relation to AC corrosion monitoring ［J］. CeoCor, Bruges, 2010：1-14.

［7］AHN S H, LEE J H, KIM J G, et al. Localized corrosion mechanisms of the multilayered coatings related to growth defects［J］. Surface and Coatings Technology, 2004, 177/178：638-644.

［8］DONG C F, FU A Q, LIX G, et al. Localized EIS characterization of corrosion of steel at coating defect under cathodic protection［J］. Electrochimica Acta, 2008, 54(2)：628-633.

［9］KUANG D, CHENG YF. AC corrosion atcoatingdefect onpipelines［J］. Corrosion, 2015, 71(3)：267-276.

［10］秦峰，朱祥连，奚杰，等. 城市轨道交通设施杂散电流的防护［J］. 机电工程，2013, 30(1)：102-107.

［11］秦润之，杜艳霞，路民旭，等. 高压直流干扰下 X80 钢在广东土壤中的干扰参数变化规律及腐蚀行为研究［J］. 金属学报，2018, 54(6)：886-894.

［12］于利宝，徐兆东，孙海星，等. 剥离 PE 防腐层破损点下钢质管线的阴极保护［J］. 全面腐蚀控制，2016, 30(11)：41-44.

［13］杨霜，唐囡，闫茂成，等. 温度对 X80 管线钢酸性红壤腐蚀行为的影响［J］. 中国腐蚀与防护学报，2015, 35(3)：227-232.

［14］QIAN S, FRANK CHENG Y. Corrosion ofpipelines under dynamic direct current interference ［J］. ConstructionandBuildingMaterials, 2020, 261：120550.

［15］宋轶黎，胡喜艳，席发臣，等. 一种新型锈蚀转化剂的作用机理研究［J］. 腐蚀科学与防护技术，2015, 27(1)：13-18.

［16］王晓霖，闫茂成，舒韵，等. 破损涂层下管线钢的交流电干扰腐蚀行为［J］. 中国腐蚀与防护学报，2017, 37(4)：341-346.

［17］赵君，闫茂成，吴长访，等. 干湿交替土壤环境中剥离涂层管线钢阴极保护有效性［J］. 腐蚀科学与防护技术，2018, 30(5)：508-512.

［18］WENC A, LIJ B, WANG SL, et al. Experimental study on stray current corrosion of coated pipeline steel ［J］. Journal of Natural Gas Science and Engineering, 2015, 27：1555-1561.

无检修通道的油气管道悬索跨越主索病害养护方案研究

沈飞军　　修林冉

（国家管网集团西气东输公司）

　　摘　要：平行钢丝主索是悬索跨越结构主要的承重结构，本文以鄂西某悬索跨越结构为研究背景，针对其平行钢丝主索存在PE护套破损、防腐油脂渗漏病害现象，在无检修通道的情况下，通过架设猫道作为检修平台，对该跨越结构主索进行了抵近外观检查、磁致伸缩导波仪进行锈蚀断丝、锈蚀开窗验证、PE材料性能、油脂防腐性能及索力测试；根据缆索结构的病害状况及功能退化情况，评估主索结构的可靠性和耐久性；在此基础上，通过主要利用热熔PE粒料、热风塑焊枪及定制加热套管对主索进行了PE护套修补，并及时处理了钢丝锈蚀，避免了由主索病害引发的其他危及构和养护人员安全的风险。该主索病害养护方案可供类似工程参考。

　　关键词：悬索跨越；猫道；主索病害；护套修复；有限元

1　悬索跨越概况

　　本跨越结构采用3跨间断式主索，跨越桁架主跨195m，两侧锚跨分别为70m和50m；两岸塔架分别高12m和20m，底部采用铰接。传力索系主要由主索、吊索、风索、共轭索组成，主索采用外敷塑料半平行钢丝索配冷铸锚，型号为PESC5-163（JT/T 6-94），中心间距在1.2~1.4m之间，垂度14m（图1）。

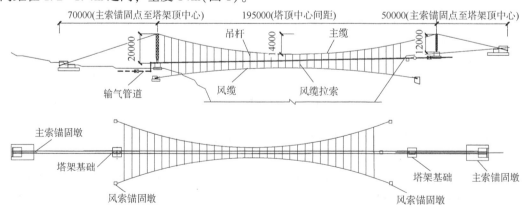

图1　悬索跨越结构立面和平面布置图

2 猫道设计及架设

2.1 设计

猫道总体设计以确保安全稳定性为设计原则，对应于主缆下方各设一幅猫道，边跨猫道距主缆中心线铅垂方向控制距离 1.1m，主跨猫道距主缆中心线控制距离 1.1m，设计宽度 2.6m。猫道主要由承重索、扶手索、猫道面层、主锚固系统及抗风索等组成，猫道横断面如图 2 所示。

1）承重索

采用三跨分离的布置形式，设 12 根 ϕ28 钢丝绳，经计算，安全系数大于 3.0。

2）扶手索

采用 12 根 ϕ20mm 的钢丝绳作为扶手绳。

3）面层

面层采用粗细两种钢丝网，其中粗钢丝网材料为 ϕ5mm - 50×70，细钢丝网为 ϕ2mm-25×25；猫道侧面采用 ϕ5mm-100×70 的钢丝网；横梁采用槽 12.6，长度 2.6m，扶手立柱采用角钢 L75mm×6mm×1360mm；在底层和面层两层钢丝网上每隔 0.5m 绑扎固定规格为 60mm × 30mm × 2600mm 的防滑木（图 2）。

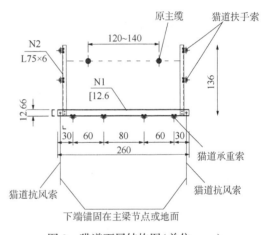

图 2 猫道面层结构图（单位：cm）

4）锚固系统

锚固装置主要由 16mm 厚锚固耳板及 ϕ70 钢棒组成，锚碇前端还有 20mm 厚锚固底板。

（1）锚碇前端。在 C25 钢筋混凝土锚碇前端，分别设置 4 根承重索及 4 根扶手索锚固装置，单个锚固装置利用 18 根直径 20mm 的植筋固定。

（2）塔顶。在塔顶既有工字形钢梁上焊接锚固耳板，主跨分别和两侧锚跨对称布置，扶手立柱焊接在耳板上。

5）抗风索

设置 22 根抗风索，一端与猫道承重索相连，另一端与地面牢固位置处或桁架顶面相连。

2.2 架设

1）锚固装置制安

锚碇前端锚固装置采用工厂焊接成整体，现场人工托举对孔，拧紧化学锚栓；塔顶锚固装置采用将钢构件吊装至塔顶后，焊接成整体。

2）钢丝绳下料及固定端挂绳

承重索和锚跨扶手索下料长度确定时，考虑了便于将固定端提升至塔顶，收放绳端绕过锚固钢棒，而其余部分平铺于桁架上，以减小提升荷载；主跨扶手索下料长度确定时，考虑其在锚碇前端进行收放绳；长、短副绳下料长度确定时，考虑其与承重索或扶手索连接位置及与手拉葫芦位置。采用人工拽拉，将锚固端套环吊至塔顶，通过拆装锚固钢棒进行安装。

3）承重索及扶手索收绳

（1）在锚碇前端用2根短副绳连接承重索钢棒2侧，进行收绳。

（2）在主跨收放绳端塔底制安收放绳工装；将长副绳与承重索在桁架顶面连接，进行收绳；当长副绳达到一定高度，不便于拆装后，再通过在长副绳上不断拆装短副绳，进行收绳。

（3）采用与锚跨承重索一样的方法，进行锚跨扶手索收绳。

（4）主跨扶手索收绳时，先将扶手索绳头拉向收放绳端锚跨地面；长副绳与扶手索在地面连接，进行第一次收绳；后续收绳，采用在长副绳上不断安拆2根短副绳，并采用2个手拉葫芦，进行循环收绳。

（5）承重索线形调整时，当高于设计标高时，松开但不解除绳夹，利用自重，让承重索在手拉葫芦的控制下，进行下降；当低于设计标高时，则需重新进行收绳。

4）猫道面及抗风索安装

（1）安装猫道面层时，从锚碇或跨中(低处)向塔顶(高处)，依次将猫道面各组成结构人工麻绳拽拉提升至承重索上，并及时安装每根钢横梁处扶手立柱，布置扶手网。

（2）抗风索一端用套环与猫道横梁端部相连；另一端，锚跨和主跨分别用套环锚固在地面牢固位置处和桁架顶面。

主索检测及维修养护

5）回收材料处理

当主索修复完成，通过验收后，逆序拆除猫道，并对回收的材料妥善处理。

2.3 施工过程监控

猫道承重索架设和拆除时，要对塔偏进行监测，不超过设计允许值，否则通过调整收放绳次序，以确保悬索跨越结构安全。

3 主索专项测试

3.1 全桥主索外观

养护工作人员对全桥6根主索进行了全面检查，确定PE护套破损类型、破损位置、破损长度及破损程度，做好病害检查记录。经检查，主要存在护套轻微划伤、开裂、破损及平行钢丝锈蚀等病害(图3)。

3.2 磁致伸缩检测结果及开窗验证

主索均不存在断丝情况，1处异常波形，振幅约为4%，长度为1.35m，判断该区域钢丝表面局部镀锌层耗尽，基质锈蚀导致黄色斑点出现，锈蚀等级为Ⅲ级(图4)。

3.3 PE 材料性能

主缆 PE 护套 5 个试样拉伸强度为 18.3~19.6MPa，断裂伸长率为 66%~78%，均不满足（JT/T—1994）第 4.5.2 条表 1"聚乙烯护套材料拉伸强度不小于 20MPa，断裂伸长率不小于 600%"的规范要求。

图 3　PE 护套典型病害

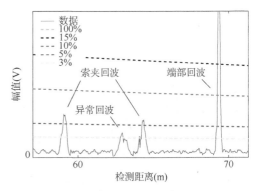

图 4　磁致伸缩信号波形图

3.4 油脂防腐性能

由试验结果可知：涂覆黄油试样的试片 240h 湿热试验中评定板未发现锈点，试片锈蚀度为 0%，锈蚀级别为 A，表明黄油防锈性能质量好。

3.5 索力测试

（1）本次吊索实测索力与历史索力测试结果相比，索力偏差率为-8.6%~7.3%。考虑测试仪器精度、现场测试环境等影响，可认为在经过多年运营和维护的条件下，吊索索力总体上保持稳定。

（2）左、右侧吊索索力受力不均匀，索力差值在-17.4~20.0kN 之间，多数差值在±10kN 以内。

4　主索修复

4.1 HDPE 局部缺陷修补

1）清理开裂处

（1）擦干净裂缝位置溢出的防腐油脂以及裂缝里的防腐油脂，并将索体表面的污渍及灰尘清理干净；（2）将裂缝两侧 HDPE 护套端口修平，将未开裂的裂缝在破损处作一切口，切口平整；（3）进一步清理钢丝束表面，并清除杂质和油质；（4）采用大功率吹风机将钢丝束表面吹干。

2）HDPE 焊补

（1）在损坏处用 HDPE 条或 HDPE 刨花进行填充，并使用焊枪对接缝处热熔焊接，HDPE 必须采用与原 HDPE 一致的材料；（2）在 HDPE 层外缠绕高温纤维布，然后用专用修索夹具夹住，拧紧螺栓；（3）在夹具四周安装上电加热片进行加温，加温过程中密切关注温度变化，并随时调紧夹模两边的螺栓，直至夹模两边完全贴合；（4）采用温度计或温控仪对加热过程进行控制，温度范围在 200℃左右；（5）夹具边出现 HDPE 熔出说明内部 HDPE 已经融化，此时停止加热，继续保持夹具加紧的状态，使 HDPE 自然冷却，如果环境温度过低可以采用耐高温保温棉保温，使冷却速度减缓；（6）冷却过程结束后拆除电加热片、拆除修索夹模、卸下高温布；（7）用棉绒抛光片对修复处表面进行表面打磨处理，达到圆整光滑；（8）修补后采用自黏带对修补位置缠包防护（图5）。

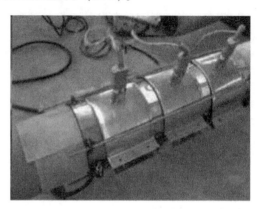

图 5　填充 HDPE 条加热片加温

4.2　HDPE 局部更换

1）清理开裂处

（1）剥除风索开裂段的 HDPE；（2）检查并清理钢丝，保证钢丝束整体截面形状完好；（3）进一步清理钢丝表面，并清除杂质和油质，对钢丝表面进行清理；（4）采用大功率吹风机将钢丝表面吹干；（5）采用与索体同一种高强度聚氨酯复合绕包带，人工方式对修复面进行缠包，缠包方式为 2 层。

图 6　缠绕包带

2）HDPE 焊补

（1）采用由工厂定制的 HDPE 哈夫管固定在钢丝束表面，HDPE 哈夫管必须采用与原 HDPE 一致的材料，临时使用软钢丝固定；（2）HDPE 管和原 HDPE 层的横向缝隙内，采用 HDPE 条或 HDPE 刨花进行填充，HDPE 必须采用与原 HDPE 一致的材料，并使用热风焊枪对接缝处热熔焊接；（3）加热熔接及打磨步骤同 4.1 节；（4）修补后采用自黏带对修补位置缠包防护(图7)。

图7 哈夫 HDPE 管安装及固定

5 结论

(1) 本悬索跨越结构可采用架设猫道作为检修平台,猫道架设拆除及主索修复养护过程中,塔偏实测值在设计允许范围内,保证了悬索跨越结构及施工人员安全。

(2) 主索存在护套老化破损、平行钢丝锈蚀病害,防腐油脂性能良好,吊索索力总体上保持稳定,左、右侧吊索索力受力不均匀。

(3) 修复后技术状况评定结果与修复前评定结果相比,跨越结构整体完好状态等级提升一级,上部结构完好状态等级提升一级,主要原因是缆索病害进行了修复。

(4) 综上,主索病害养护方案具有显著的应用效果,可供类似工程参考。

参 考 文 献

[1] 栾昌花,沈斌.南京长江第四大桥猫道结构设计与施工[J].中国工程科学,2013,15(8):48-53.

[2] 张宇,方小林,刘晓升,王汉章.伍家岗长江大桥猫道设计与施工[J].世界桥梁,2020,48(6):16-20.

[3] 李鸥,侍刚,王波,等.运营期桥梁斜拉索的技术状况检测[J].世界桥梁,2017(4):79-83.

[4] 刘山洪.斜拉索 HDPE 防护套的损伤机理及预防对策研究[J].重庆交通大学学报(自然科学版),2013,32(增刊1):888-893.

[5] 郭志越,鞠鹏飞,徐江,王景武.磁致伸缩导波检测技术在桥梁缆索检测中的应用[J].公路工程,2021,46(5):63-68,96.

[6] JT/T6—1994,斜拉桥热挤聚乙烯拉索技术条件[S].

[7] GB/T 18365—2018,斜拉桥用热挤聚乙烯高强钢丝拉索[S].

[8] GB/T 1040.1—2006,塑料拉伸性能的测定 第1部分:总则[S].

[9] GB/T 1040.2—2006,塑料拉伸性能的测定 第2部分:模塑和挤塑塑料的试验条件[S].

[10] SHT 0217—1998,防锈油脂试验试片锈蚀度[S].

基于 InSAR 技术的长输油气管道地质灾害早期识别与监测技术研究

沈飞军　熊　伟　王　凯　黄志强

(国家管网集团西气东输公司)

摘　要：近年来，随着长输油气管道不断延伸，它们穿越或接近地质灾害地区，引发安全隐患备受关注。本研究以忠县-宜昌山区的忠武管道为例，通过分析地质灾害特征和关联因素，采用 SBAS-InSAR 技术监测地表形变，进而提取管道地质灾害易发区域。研究发现地质灾害与地形、地层、构造、水文气象、道路、植被等因素密切相关，其中地形、地层、构造是主要控制因素，而水文气象、人类活动是诱发因素。InSAR 技术被证明可在油气管道地质灾害早期识别和监测中应用，通过 Sentinel-1A SAR 数据实现了高密度相干性的形变监测，形变速率范围为-92.53～68.73mm/a。多源数据结合用于管道地质灾害隐患点识别，圈定了忠武管道崔家坝镇和野三关镇研究区的形变区域，实地验证并确认了 7 处隐患点，有助于精确定位潜在风险。总之，本研究强调了 InSAR 技术在管道地质灾害监测中的可行性与重要性，为安全管理提供了有益信息。

关键词：遥感；合成孔径雷达干涉测量技术；忠武管道；地质灾害

长输油气管道由于分布范围非常广阔，沿途区域自然地理和地质环境复杂多样，不可避免地会受到各种地质灾害的威胁和侵害[1]。统计近 10 年来我国油气管网发生的安全事件，共发生管道泄漏事故 370 余起，特大事故 4 起，造成人员死亡共计 75 人，直接造成经济损失共超过 100 亿元，造成重大环境污染 10 次，相当一部分事故是由地质灾害引起的[2]。油气管道的安全运行近年来成为人们日益关注的话题，而作为影响管道安全运行的主要安全隐患地质灾害也成为对管道安全管理和评价内容中的一个重要组成部分。

常规的油气管道沿线地质灾害监测调查，主要是在人工巡查的基础上对重点区域建立GPS、大地精密测量、深部位移监测等地面监测[3]。但这些方法都有各自的局限性，新型遥感对地观测技术的出现，为实现地质灾害的防治规划目标提供了重要的技术支持，其中合成孔径雷达干涉测量(Interferometric Synthetic Aperture Radar，InSAR)作为项新型的空间对地观测技术，具有全天候、全天时获取大面积地面精确形变信息的能力，近些年来已广泛应用于中国三峡库区、西南山区以及西北地区潜在滑坡的识别、监测以及机理研究中[4]。

本研究以忠县—宜昌山区的忠武管道为例，通过分析地质灾害特征和关联因素，采用SBAS-InSAR(Satellite-Based Augmentation System，SBAS)技术监测地表形变，进而确定管道地质灾害隐患区域。

1 研究区概况

1.1 研究区概况

忠县—武汉输气管道工程是国家"西气东输"系统工程的重要组成部分，是连接川渝盆地和湖北、湖南两省的一条能源大动脉。工程包括忠县—武汉干线和枝江—襄樊、潜江—湘潭及武汉—黄石 3 条支线，管线总长 1375km，其中干线长 720km，支线长 655km。忠县-武汉输气管道工程于 2003 年 8 月 28 日正式开工，至 2004 年 12 月 25 日主体工程竣工。

本研究主要研究忠武线忠县—宜昌 400 公里山区管道，西起重庆市忠县，东至湖北省宜昌市，沿途经重庆市忠县、石柱和湖北省利川、恩施、建始、巴东、长阳、宜都等 8 个市、县所属地域。

1.2 数据来源

2014 年 4 月和 2016 年 4 月，Sentinel-1A 和 Sentinel-1B 卫星分别成功发射。重访周期短，可以为大范围的地质、环境灾害监测提供丰富的数据资源。根据 InSAR 技术的原理，在一个卫星重访周期内能监测到地表在雷达视线方向的形变量为波长的四分之一，Sentinel-1 采用 C 波段，中心波长为 5.6cm，以重返周期为 12 天为例，Sentinel 卫星一年能监测到的最大形变量约为 42.6cm。结合区域特征和存档数据情况选取在 2020 年 4 月 6 日至 2021 年 7 月 6 日，共 19 景 Sentinel-1A 升轨数据，数据成像模式为 IW（干涉宽幅），幅宽为 250km，地面分辨率为 5m×20m，沿管线区域进行裁剪。

2 基于 SBAS 的地表变形速率获取

2.1 PS InSAR 地面控制点提取

1999 年，Ferretti[5] 首次提出永久散射体干涉测量技术（Permanent Scatterer InSAR，PS InSAR）。PS InSAR 地面控制点的提取首先将振幅离差法和相干性法相结合，然后通过设置合适的形变速率阈值，提取所需的候选点幅度差分离差法的原理基于时间序列 SAR 图像中相同像元强度值的离散特性来实现点目标识别，其计算公式如下：

$$D_{\Delta A} = \frac{\sigma_{\Delta A}}{\mu_A} \tag{1}$$

式中，$\sigma_{\Delta A}$ 与 μ_A 为表示干涉幅度的标准差和均值。

不同 SAR 影像间的相干性可用相干性可用相干系数 γ 表示，其计算公式为

$$\gamma = \frac{|\sum_{i=1}^{m}\sum_{j=1}^{n}M(i, j)S^*(i, j)|}{\sqrt{\sum_{i=1}^{m}\sum_{j=1}^{n}|M(i, j)|^2 \sum_{i=1}^{m}\sum_{j=1}^{n}|S^*(i, j)|^2}} \tag{2}$$

式中，M、S 为表示组成干涉像对的 SAR 影像；$*$ 为复共扼；m、n 为窗口的大小；i、j 为像元的坐标。

为了将相干性高、稳定性好的点目标提取出来，首先确定振幅离差阈值进行初次筛

选，然后设置相干性阈值进行再次筛选，通过滤波减小干涉相位中的大气延迟相位误差，获取更加可靠的 PS 点形变信息，然后将形变速率阈值设为±1mm/a，对这些 PS 点进行筛选，最终获得所需的候选点。将得到的候选点进行地理编码，变换为斜距坐标形式，以此为参照选择 SBAS 的地面控制点。

2.2 SBAS InSAR 时序地表变形提取

2002 年，Berandino 和 lanari[6]等人首次提出小基线集 SBAS 技术，能有效减小时空失相干和大气延迟效应的影响，提高形变点密度，获取长时序的地表缓慢形变信息及演化规律，其精度达到毫米级[7]。

首先将覆盖研究区的 $N+1$ 幅 SAR 影像按照时间顺序排列，并将所有影像进行配准，为保证效果配准精度应不低于 1/8 个像元，设定空间基线和时间基线的阈值，可以获取满足条件的 M 幅差分干涉图，并且 M 满足条件：

$$\frac{N}{2} \leqslant M \leqslant \frac{N(N-1)}{2} \tag{3}$$

假设第 i 幅差分干涉图是由主从影像分别在 t_A、t_B 时刻的两幅 SAR 影像共扼相乘得到的，则像元的干涉相位可以表示为

$$\delta\phi_i(x, r) = \phi_A(x, r) - \phi_B(x, r) \approx \delta\phi^i_{disp}(x, r) + \delta\phi^i_{topo}(x, r) + \delta\phi^i_{atm}(x, r) + \delta\phi^i_{noise}(x, r)$$

$$\tag{4}$$

式中，x 和 r 分别表示为方位向和距离向坐标，$i \in (1, \cdots, M)$。即像元的干涉相位包括形变相位 $[\delta\phi^i_{disp}(x, r)]$、干涉图中残余的地形相位 $[\delta\phi^i_{topo}(x, r)]$、大气延迟相位 $[\delta\phi^i_{atm}(x, r)]$ 和去相干噪声引起的误差 $[\delta\phi^i_{noise}(x, r)]$。

假设不同干涉图之间的形变速率为 $v_{k, k+1}$，k 为 SAR 影像的序号，则 $t_A \sim t_B$ 时刻间的累计形变可表示为各时段形变速率在主、从影像时间间隔上的积分。矩阵形式为 $Av = \delta\phi$，A 是一个 $M \times N$ 的矩阵。由于小基线集的差分干涉图由多个主从影像对构成，通过矩阵奇异值分解(SVD)方法获得矩阵 A 的广义逆矩阵，由此得到速度矢量的最小范数解，然后对每个时间段的速度进行积分，最终得到各时间段的形变量。

SBAS 处理结果显示该区域沿 LOS 方向形变速率范围在-92.53mm/a 至 68.73mm/a 之间，主要集中在-70~50mm/a，平均值为 2.81mm/a。形变速率绝对值的大小决定了形变量的大小。结果显示，忠武管道石柱—长阳段整体较为稳定，石柱土家族自治县、利川市、建始县和长阳土家族自治县形变较小，恩施市和巴东县部分区域形变较大。

3 基于多源数据的地质灾害识别

3.1 孕灾背景分析

地质灾害的发生，与灾害区域的地形地貌、水文气象条件、地质构造、人类工程活动等因素密切相关。在识别和监测管道地质灾害之前，需要通过搜集相关资料和数据，对管道周边区域的孕灾背景进行分析，包括高程、坡度、坡向、地形曲率、坡体结构、降雨、

河流、岩性、公路九个孕灾因子。

通过对研究区域的地形地貌、基础地质中的地层岩性、地质构造以及水文气象，区域中的道路、水系、植被覆盖度、人类工程活动等因素与研究区域地质灾害概况进行分析，可知地质灾害的发育与各种因素密切相关，其中地形地貌、地层岩性、地质构造对地质灾害都起到了控制作用，是主要的控制因素，而水文气象、道路、水系、植被覆盖度以及人类工程活动则诱发了地质灾害的发生，属于诱发因素，且同种因素或者不同种因素之间对地质灾害发育的影响程度不相同。

3.2　地表变形阈值确定

滑坡是斜坡在重力作用下，失去稳定性，沿某个斜面向前向下滑动的地貌过程，一般情况下可以认为 InSAR 获取的视线向形变数据，正值表示坡面下沉，负值表示坡面抬升。因此，基于形变量的潜在滑坡识别主要关注负值形变区域。同时，对于 C 波段的 Sentinel 1A 数据而言，Cigna[8]认为 ±5mm/a 是变形阈值，张毅[9]将 ±14mm/a 定为白龙江中游斜坡向变形不稳定阈值，赵宝强[10]将 ±14mm/a 确认为变形阈值，王尚晓[11]选定 -4.9mm/a~15mm/a 为巫山县斜坡 LOS 向变形稳定区间。但这些阈值都受到区域地质背景、孕灾因子、形变结果质量等因素影响。

结合研究区背景条件和 InSAR 形变结果，最终将 Sentinel 1A SBAS-InSAR 的视线向形变不稳定阈值定为 ±14mm/a，将 Sentinel 1A 平均形变速率位于 -14-14mm/a 的干涉点剔除。

3.3　基于多源数据的形变区圈定

结合现有研究以及区域地表季节性运动特征，研究选定形变量在 ±14mm/a 之间的点作为稳定点，阈值内的年均变形速率为 InSAR 技术的误差和地表季节性运动等引起的，不考虑为地表的形变。形变速率小于等于 -14mm/a 或大于等于 14mm/a 的点，作为候选点，对候选点进行核密度分析，密度高的地区代表此区域地表活动异常，可能由于滑坡等因素引起，将高密度点聚集区提取出来。

核密度分析用于计算每个输出网格像素周围点元素的密度。在概念上，每个点都被一个平滑的曲面覆盖。曲面值是点所在位置的最高值。随着离点距离的增加，曲面值逐渐减小。在距点的距离等于搜索半径的位置，曲面值为零。每个输出数据像素的密度是叠加在网格像素中心上的所有核心曲面的值之和，搜索半径 R 定义为：

$$R=0.9\times\min\left(SD, \sqrt{\frac{1}{\ln(2)}\times D_m}\right)*n^{-0.2} \tag{5}$$

式中，SD 为标准距离；D_m 为标准距离的中值；n 为要素总数。

$$SD=\sqrt{\frac{\sum_{i=1}^{n}(x_i-\overline{X})^2}{n}+\frac{\sum_{i=1}^{n}(y_i-\overline{Y})^2}{n}} \tag{6}$$

式中，x_i 和 y_i 为表示要素的坐标；$\overline{X}$ 和 $\overline{Y}$ 为表示要素的平均中心。

根据上述公式分别进行计算，得到研究区地表形变速率核密度结果。结合管道孕灾背景、光学影像、InSAR 累计形变量和地表形变速率核密度结果，进行重点研究区形变区圈定。崔家坝镇研究区圈定 18 处形变区，实地验证 9 处，确定隐患点 4 处。野三关镇研究区圈定形变区 20 处，实地验证其中 5 处，共发现 3 处隐患点，见图 1 和表 1 所示。

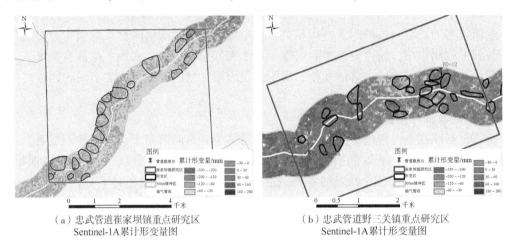

（a）忠武管道崔家坝镇重点研究区　　　　　（b）忠武管道野三关镇重点研究区
　　Sentinel-1A 累计形变量图　　　　　　　　　Sentinel-1A 累计形变量图

图 1　崔家坝重点研究区和野三关镇重点研究区形变区和隐患点结果

表 1　崔家坝重点研究区和野三关镇重点研究区 7 个管道地质灾害隐患点信息表

研究区	隐患点编号	隐患点类型	卫星影像	InSAR 累计形变图	描　述
崔家坝镇重点研究区	YJ2-1	地面塌陷			在 YJ2-1 形变区共发现 6 处变形迹象，分别为房屋裂缝和 5 处地面塌陷。房屋距管线 100m，切坡建房，距高速公路 10m，屋后斜坡无基岩裸露，房屋外墙裂缝长 1m，宽约 7mm，内墙出现 2 条裂缝，一条长 1m，宽 3mm，另一条长 0.5m，宽 2mm。5 处地面塌陷距管线均约 100m
	YJ2-3	滑坡			屋后斜坡设有防滑沙袋（十年前设置），2021 年 6 月连续三天暴雨冲坏防治沙袋，沙袋倒塌。管线紧靠山体，山体基岩裸露，管线位于防治沙袋上方，屋后斜坡受大气降雨影响，距离管线较近
	YJ2-6	不稳定斜坡			经实地考察，管线紧靠斜坡，斜坡基岩裸露，植被发育，有落石存在。管线下方为耕地。变形点为斜坡，且有落石存在
	YJ2-8	人类工程活动			管线 50m 处坡体正在开展大型施工挖掘活动，坡体高度 8m。管线位于屋后耕地中。变形点为人类工程活动，距离管道较近

研究区	隐患点编号	隐患点类型	卫星影像	InSAR 累计形变图	描　述
野三关镇研究区	猴子包滑坡	滑坡			滑坡前缘约 8m，后缘约 12m，坡面裸露高度约 5m，坡体上方植被覆盖茂盛，坡体下方碎石块堆积，杂草茂盛。滑坡体距离管线约 20m，管线位于公路下方。房屋切坡建房，坡高 6m，屋后坡体稳定。变形点为滑坡体，无明显变形迹象，但距管线和公路较近，对公路和管线均存在威胁
	BD-7（柳家山村滑坡）	滑坡			BD-7 滑坡体和道路形变明显。据滑坡体边上居民反映，下雨后滑坡体依旧会发生滑动。滑坡体抗滑桩由于暴雨险些倒塌，后通过岩土堆积对抗滑桩进行加固。房屋内出现裂缝，裂缝从屋顶延续到地面，长约 4m，宽约 2mm。2021 年 8 月，大暴雨导致公路旁斜坡田地发生滑坡，植被有明显滑动迹象，8 月至 10 月期间，该植被下滑约 3m。2021 年 9 月初，公路出现地裂缝且发生地面塌陷，地裂缝长约 50m，最宽处 0.5m，地裂缝逐渐下沉。在地裂缝最宽处发生地面塌陷。变形点为滑坡体，管道斜交滑坡穿越道路而下，滑坡已有明显滑动迹象，需尽快治理，保证输气管道的安全运行
	BD-12	滑坡			位于山间，发现一处未知滑坡，滑坡前缘宽约 20m，后缘宽约 10m，滑坡体长约 30m，有明显滑动迹象。滑坡位于山间土质道路旁。道路边坡岩层小部分临空，管线位于道路边坡上部。变形点为滑坡体，有明显滑动迹象

4　结论

本文选取忠武管道忠县—宜昌山区段作为研究对象，首先分析了管道地质灾害特征分析和地质灾害关联因素分析，然后基于哨兵一号数据进行 SBAS-InSAR 技术的管道地质灾害地表形变监测，最后结合多源数据提取出管道地质灾害易发区域，经过野外验证共确定7 处隐患点。研究的主要结论如下：

（1）通过孕灾背景分析可知，忠武管道灾害发育受水系和地层岩性影响较大。通过对研究区域的地形地貌、基础地质中的地层岩性、地质构造以及水文气象，区域中的道路、水系、植被覆盖度、人类工程活动等因素与研究区域地质灾害概况进行分析，可知地质灾害的发育与各种因素密切相关，其中地形地貌、地层岩性、地质构造对地质灾害都起到了控制作用，是主要的控制因素，而水文气象、道路、水系、植被覆盖度以及人类工程活动则诱发了地质灾害的发生，属于诱发因素，且同种因素或者不同种因素之间对地质灾害发育的影响程度不相同。

（2）InSAR 技术在油气管道地质灾害早期识别与形变监测研究中具有可行性。对于 19 景 Sentinel-1A SAR 数据采用一种联合永久性散射体的小基线集干涉技术，实现了研究区高密度相干性较好的形变点生成，获取了研究区内地表的长时间序列的形变速率，证明了该 InSAR 技术在油气管道地质灾害早期识别与形变监测的可行性。其中形变速率范围在-92.53~68.73mm/a 之间，主要集中在-70~50mm/a，平均值为 2.81mm/a。其中速率的绝对值代表形变速率的大小，正负号分别表示靠近和远离卫星飞行的方向。

（3）基于多源数据进行隐患点识别，大大缩小了野外调查的范围，避免盲目性。结合管道孕灾背景、光学影像、InSAR 累计形变量和地表形变速率核密度结果，进行重点研究区形变区圈定。其中，崔家坝镇研究区圈定 18 处形变区，实地验证 9 处，确定隐患点 4 处（1 处地面塌陷点、1 处滑坡点、1 处不稳定斜坡点和 1 处人类工程活动点）。野三关镇研究区圈定形变区 20 处，实地验证其中 5 处，共发现 3 处隐患点（3 个滑坡点）。

<h2 style="text-align:center">参 考 文 献</h2>

［1］帅健，王晓霖，左尚志 . 地质灾害作用下管道的破坏行为与防护对策［J］. 焊管，2008(05)：9-15+93.

［2］郑洪龙，黄维和 . 油气管道及储运设施安全保障技术发展现状及展望［J］. 油气储运，2017，36(01)：1-7.

［3］张磊 . 油气管道沿线地质灾害识别与评价方法研究［D］. 成都：四川师范大学，2020.

［4］赵超英，刘晓杰，张勤，等 . 甘肃黑方台黄土滑坡 InSAR 识别、监测与失稳模式研究［J］. 武汉大学学报(信息科学版)，2019，44(07)：996-1007.

［5］Ferretti A，Prati C，Rocca F. Nonlinear subsidence rate estimation using permanent scatters in differential SAR interferometry［J］. IEEE Transactions on Geoscience and Remote Sensing，2000，38(5)：2202-2212.

［6］Berardino P，Fornaro G，Lanari R，et al. A new algorithm for surface deformation monitoring based on small baseline differential SAR interferograms［J］. IEEE Transactions on Geoscience and Remote Sensing. 2002，40(11)：2375-2383.

［7］赵洵，杨鸣峰，魏新年，等 . 联合 InSAR 和 LiDAR 的油气管道沿线地质灾害隐患早期识别［J］. 测绘通报，2023(07)：131-135.

［8］Cigna，F.，Bateson，L. B，Jordan，C. J.，et al. Simulating SAR geometric distortions and predicting Persistent Scatterer densities for ERS-1/2 and ENVISAT C-band SAR and In SAR applications：Nationwide feasibility assessment to monitor the landmass of Great Britain with SAR imagery［J］. Remote Sensing of Environment. 2014，152：441-466.

［9］张毅 . 基于 InSAR 技术的地表变形监测与滑坡早期识别研究［M］. 兰州：兰州大学 . 2018.

［10］赵宝强 . 基于 InSAR 技术的白龙江流域地表变形特征与潜在滑坡早期识别研究［D］. 兰州：兰州大学，2019.

［11］王尚晓，牛瑞卿，徐帅，等 . 基于 SBAS 技术的巫山县滑坡提取研究［J］. 人民长江，2020，51(08)：130-134+146.

某站库管线与储罐底板阴极保护评价和优化设计

孙佳妮

(中国石油化工有限公司西北油田分公司)

摘　要：区域阴极保护系统是指将站场内埋地管线、储罐等设施进行联合保护的阴极保护系统。为了解决某站库区域阴极保护系统中出现管线和储罐底板欠保护的问题，有必要弄清欠保护的原因，解决相关问题，提升阴极保护效果。通过开展阴极保护现场测试和馈电实验，数值模拟软件计算分析等工作，查找出有部分管线因辅助阳极不足导致欠保护，接地附近管线存在屏蔽，罐底阳极布置不合理等一系列问题，提出了在罐区增设 23 支浅埋阳极、将接地材料由铜包钢更换为锌包钢等优化措施，并计算分析不同辅助阳极形式对储罐底板阴极保护系统的影响。研究表明，通过采取新增和优化罐区浅埋阳极、更换接地材料、将辅助阳极布置于储罐基础中等措施，可有效提升区域阴极保护的保护水平。

关键词：区域阴极保护；储罐；接地；数值模拟

金属储罐底板外壁的阴极保护可有效保护外壁免受腐蚀影响，成倍延长储罐的服役寿命，防止储罐泄漏造成的经济损失和环境污染，具有可观的经济效益和社会效益[1]。

底板外壁的阴极保护电位分布是衡量阴极保护效果的一项重要指标，罐底板圆形区域的电流分布是不均匀的，非均匀的电流分布破坏了保护电流向储罐底板中心的传输，造成罐底中心欠保护的问题[2]。Smyrl 和 Newman 提出了在远阳极保护下、无过保护时确定可保护储罐最大尺寸的标准[3]和最大保护半径公式[4]。梁宏等[5]也利用电场叠加理论，计算出了储罐底板电位不均匀性的最大值，并推导了计算公式，指出阴极电场是影响储罐底板电位不均匀的主要因素。

站场内管道、通信、电气等系统联合接地作为一种经济有效的接地防护措施已在国内外得到了广泛使用[6]。针对复杂油气站场的区域性阴极保护，其保护对象数量繁多，不同接地材料的电化学性能[7-8]与埋地管道、储罐等存在差异，对阴极保护系统产生重大影响。美国、中国和巴基斯坦等国家相继报道由接地系统导致阴极保护系统异常及诱发埋地设施腐蚀的案例[9-1]。

近年来，使用数值模拟计算方法研究阴极保护体系的电位和电流分布成为阴极保护技术发展的新方向，有限元法[13-14]、有限差分法[15]、边界元法[16-17]等多种方法已成功应用于阴极保护问题的数值模拟计算中，具有预知保护效果、理论依据强、预测并消除干扰和屏蔽问题等优势。

本文针对某站库内管线和储罐底板欠保护状况展开研究，评估现有阴极保护系统问题，优化阴极保护系统，计算分析不同阳极形式对储罐底板阴极保护系统的影响，给出合理化建议。

1 现场测试及模拟条件确定

1.1 阴极保护系统现场测试

某站库现有 6 座大型储罐，其中 1#~4# 每个储罐由围绕在周边的 20 支浅埋阳极提供保护；5#~6# 储罐由底板正下方的 MMO 网状阳极提供保护。另有线性阳极和浅埋阳极若干，保护站内埋地管线，站内接地采用铜接地。

站内现有 8 套阴极保护系统，系统详情见表 1。

表 1 某站库阴极保护系统简介

编号	额定输出	输出电压（V）	输出电流（A）	控制电位（V_{CSE}）	阳极形式	保护对象	运行模式
1#	50V/50A	8.5	9.8	-1.02	浅埋阳极	1#储罐	恒流
2#	50V/50A	13.5	30	-1.15	浅埋阳极	2#储罐	恒流
3#	50V/50A	11.8	30	-1.09	浅埋阳极	3#储罐	恒流
4#	50V/50A	15.2	30	-1.20	浅埋阳极	4#储罐	恒流
5#	50V/50A	5.9	8.1	-1.60	网状阳极	5#储罐	恒位
6#	50V/50A	6.2	7.4	-1.61	网状阳极	6#储罐	恒位
7#	50V/50A	4.9	30	-1.03	浅埋阳极	工艺区管线	恒流
8#	50V/50A	3.9	11.6	-1.049	线性阳极	消防、泡沫管线	恒位

测试各阴极保护系统的阳极接地电阻、长效参比电极、绝缘接头等，性能均良好。在站内典型位置测试极化量，典型位置如图 1 所示，数据见表 2。

表 2 某站库阴极保护电位测试数据

编 号	位 置	极化量（mV_{CSE}）	评 价
1#	H7 计量间	212	达标
2#	J1 污油池	343	达标
3#	加热炉	391	达标
4#	2#罐区-J5	305	达标
5#	1#罐区-J4	184	达标
6#	1#罐区-J7	122	达标

续表

编　号	位　置	极化量（mV$_{CSE}$）	评　价
7#	2#罐区-J6	193	达标
8#	4#罐区-J9	204	达标
9#	3#罐区-J10	368	达标
10#	3#罐区-J12	171	达标
11#	4#罐区-J15	170	达标
12#	6#罐区-1	90	不达标
13#	6#罐区-2	94	不达标
14#	5#罐区-1	72	不达标
15#	5#罐区-2	139	达标
16#	消防、泡沫管线	24	不达标

由测试结果可知，16 处测试位置中电位达标的有 12 处，其中 1#~4#罐区及工艺区域管线阴极保护效果较好，可满足标准[18]要求，5#~6#罐区及消防泡沫管线阴极保护水平较差。

1.2　三维模型建立和网格划分

根据某站库管线、接地安装图纸和储罐设计资料，结合现场勘探结果，利用 BEASY[19]软件 GID 模块进行三维模型绘制，并对模型进行网格划分，得到某站库各区域模型及总模型，如图 2、图 3 所示。

1.3　边界条件确定

采用现场馈电实验确定边界条件。针对网状阳极及浅埋阳极系统分别进行现场馈电实验，过程如下：

（1）选取 1#罐、4#罐、5#罐、6#罐、工艺区管网等 5 处位置进行测试；

（2）针对一个区域进行馈电实验时，仅开启该区域的恒电位仪，以恒电流模式运行，关闭其他恒电位仪；

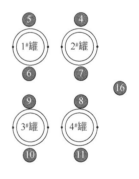

（3）开始实验，调整恒电位仪以不同电流输出，对被保护对象进行极化，极化时间至少 2h；

（4）等比例调整增大恒电位仪输出电流，至保护对象电位达到保护准则要求或者恒电位仪输出达到额定输出的 70%；

图 1　某站库阴极
保护电位测试位置

（5）待被保护对象极化稳定后，利用瞬间断电法测试不同位置的通、断电电位并记录。

将不同结构物馈电实验结果带入模型计算，对比计算结果与现场测试的断电电位，结果如图4所示，误差均小于3%。表明可以采用馈电实验结果作为后续模拟计算的边界条件。

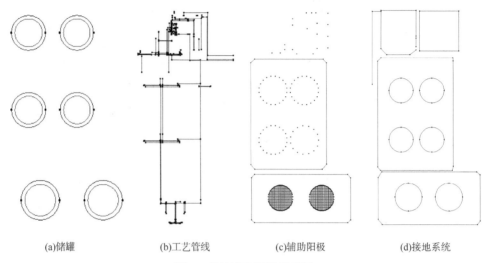

(a)储罐　　　　　　(b)工艺管线　　　　　(c)辅助阳极　　　　　(d)接地系统

图2　某站库各区域模型图

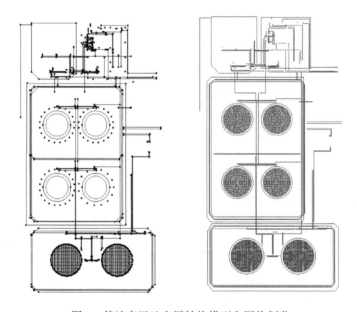

图3　某站库埋地金属结构模型和网格划分

2　阴极保护系统现状评估

2.1　现有阴极保护效果评估

利用已经确定的三维几何模型和边界条件，采用 BEASY 软件进行计算求解，不同区

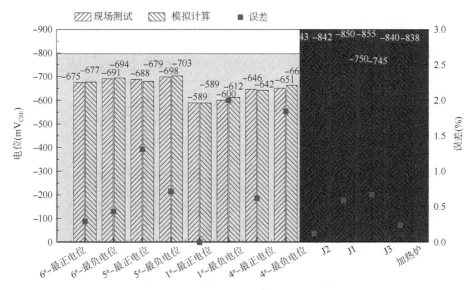

图4 计算结果与现场测试结果比对

域管线和储罐的电位分布如图5所示。

由图可知，管线整体阴极保护水平明显优于储罐底板，但罐右侧的消防、泡沫管线由于受到铜接地的影响，阴极保护水平也相对较差。5#~6#罐区及消防、泡沫管线阴极保护系统输出电流仍有较大提升空间，可通过增大输出电流提升阴极保护水平。

因此，铜接地和恒电位仪输出电流较小为消防、泡沫管线及5#~6#罐区极化电位测试中，电位较低的原因。

2.2 初步调整后保护效果评估

调整现有阴极保护系统输出：将罐区及消防、泡沫管线阴极保护系统均调至恒流输出，输出电流均设置为额定输出的70%；工艺区管线阴极保护系统输出保持不变，总输出电流为315A。各系统输出电流见表3。

表3 70%额定输出电流下电流分配

阴极保护系统	1#罐区	2#罐区	3#罐区	4#罐区	5#罐区	6#罐区	工艺区	消防泡沫
输出电流/A	35	35	35	35	35	35	70	35

模拟计算结果如图6所示。由图可知，当站内阴极保护系统输出达到额定输出的70%时，仍有部分管线以及大部分储罐底板不满足保护准则要求。

2.3 存在问题

根据现场测试和模拟计算结果，总结出某站库阴极保护系统主要存在以下3个问题：

（1）有部分管线因辅助阳极不足导致欠保护；

（2）接地附近的管线存在屏蔽问题；

（3）罐底阳极布置不合理导致输出电流较大，储罐底板欠保护。

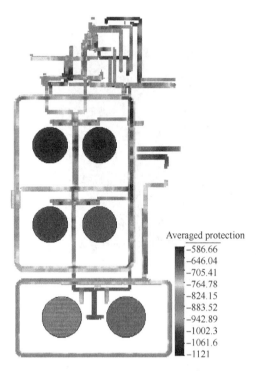

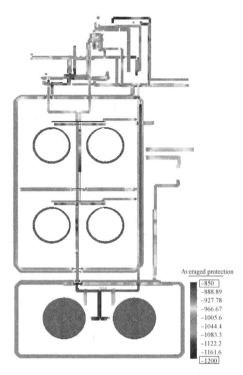

Averaged protection
-586.66
-646.04
-705.41
-764.78
-824.15
-883.52
-942.89
-1002.3
-1061.6
-1121

Averaged protection
-850
-888.89
-927.78
-966.67
-1005.6
-1044.4
-1083.3
-1122.2
-1161.6
-1200

图 5   现有阴极保护效果评估   图 6   初步调整后保护效果评估

3   阴极保护系统优化设计

3.1   在欠保护位置增设浅埋阳极

针对因辅助阳极不足导致部分管线欠保护的问题，需在部分区域增设浅埋阳极。此时不考虑储罐，仅考虑管线和接地。通过调整恒电位仪的输出电流、增加和优化浅埋阳极数量及位置，经多次模拟计算，最终的优化方案为在罐区新增浅埋阳极 23 支，将工艺区浅埋阳极优化至 19 支，位置及数量如图 7 所示。

此时阴极保护系统总输出电流为 82A，各系统输出电流见表 4。

表 4   增设浅埋阳极后的输出电流

区域划分	阳极形式	阳极数量	电流（A）
罐区（南区）	线性	550m	10
罐区（北区）	线性	690m	30
罐区（新增）	浅埋	23 支	30
工艺区	浅埋	19 支	12

由图 7 中的电位分布可知，优化后管线整体保护效果良好。

3.2   接地绝缘或采用负电性接地材料

由于站场内现有接地材料为铜包钢，电位较正，吸收大量阴极保护电流，对附近管线造成屏蔽。为解决这一问题，需对接地材料进行处理或更换为其他电位较负的材料。

搭建试验场，开展不同接地材料对阴极保护系统的影响试验，材料包括锌包钢、铜包钢及 SWL-M 低电阻模块，如图 8 所示。

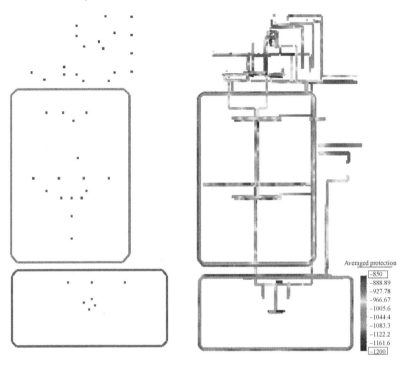

图 7　增设浅埋阳极后的电位分布

(a)锌包钢

(b)铜包钢

(c)SWL-M低电阻模块

图 8　不同接地材料埋设情况

将恒电位仪输出设定为恒电流模式，更换不同的接地材料，记录管道阴极保护系统保护电位的变化情况(图 9)。由图 9 可知，当接地材料为锌包钢时，电源输出较小的电流就可使管道保护电位达到 $-1.0V_{CSE}$ 左右，而 SWL-M 低电阻模块、铜包钢接地材料会降低管道的保护电位。

由试验结果可知，锌包钢接地材料对阴极保护系统产生有益影响，而铜包钢、SWL-M 低电阻模块接地材料对阴极保护系统产生不利影响。

分别对铜接地、接地绝缘、锌接地 3 种方式进行模拟计算，得出不同接地方式下的电流分配及电位分布情况(表 5、图 10)。

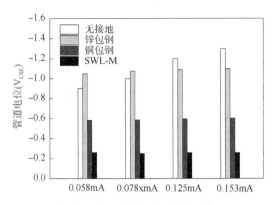

图9 不同接地材料试验结果

表5 不同接地方式下电流分配比较

接地类型	总输出电流（A）	流入1#~4#罐底板电流（A）	流入5#~6#罐底板电流（A）	流入管线电流（A）	流入接地电流（A）
铜接地	299	47	49.7	136.3	66
接地绝缘	262	79	50	133	0
锌接地	257	79	49.1	134.5	−5.6

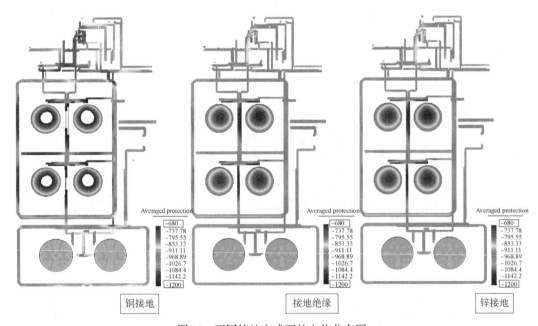

图10 不同接地方式下的电位分布图

由模拟计算结果可知，针对1#~4#储罐阴极保护系统，若采用原有的铜接地方式，只有 15.72% 的电流流入储罐底板，造成储罐欠保护；若将接地绝缘处理，流入储罐底板的电流增大到 30.15%，虽然储罐底板保护依然欠佳，但满足 100mV 极化准则；若采用锌接地方式，总输出电流降低的同时可满足 100mV 极化准则，此时流入储罐底板的电流增大到 30.74%，无电流流入接地系统，储罐得到的电流量与接地绝缘时接近。

3.3 储罐底板采用其他阳极形式保护

由前面模拟计算结果可知，针对 1#～4# 储罐阴极保护系统，由于辅助阳极布置不合理，储罐周边的管线、接地和底板外缘均会屏蔽浅埋阳极的电流，造成底板中心得到的电流很少，保护效果不佳。下面分别采用网状阳极、浅埋阳极、深井阳极这三种形式保护储罐底板，比较电流分配情况(表6)，得到优化方案。

表 6 储罐不同阳极形式下的电流分配

1#～4#储罐阳极形式	1#～4#储罐阳极输出电流(A)	1#～4#储罐得到的电流(A)
网状阳极	160A	156A
浅埋阳极	160A	62A
深井阳极	160A	29.6A

由表6可知，采用网状阳极，电流基本没有流失，都用于保护储罐底板；采用浅埋阳极，39%左右的电流流入储罐底板，其他电流则流入周边的管线，导致底板中心欠保护；采用深井阳极，只有18.5%的电流流入底板，底板基本得不到保护。具体电位分布云图如图11所示，仅网状阳极保护下电位符合标准要求。

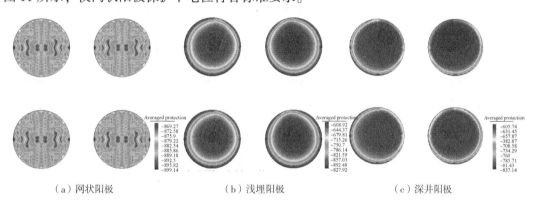

(a) 网状阳极　　　　　　　(b) 浅埋阳极　　　　　　　(c) 深井阳极

图 11 不同阳极形式下储罐底板的电位分布图

4 结论

(1) 在罐区新增 23 支浅埋阳极，将工艺区浅埋阳极优化至 19 支并调整局部位置，可解决部分管线欠保护问题，提升管线整体保护水平。

(2) 将接地材料由铜包钢更换为锌包钢，可降低站库区域阴极保护系统总体电流需求量，同时可使储罐底板阴极保护系统满足 100mV 极化准则要求。

(3) 罐底板采用 MMO 网状阳极，保护底板的电流几乎无流失，保护效果最好，且站库区域阴极保护系统整体电流需求量最小。所以，对于新建储罐，应尽量将阳极布置在储罐基础中，位于储罐底板下方[20]。

参 考 文 献

[1] 郭超，王璠，俞龙，等．储罐底板下表面阴极保护系统设计的常见问题[J]．油气储运，2012，31 (11)：833.

[2] Douglas P. R, Mark E. O. A Mathematical Model for the Cathodic Protection of Tank Bottoms[J]. Corrosion science, 2005, 47：849-868.

[3] W. H. Smyrl, J. Newman. Detection of Nonuniform Current Distribution on A Disk Electrode[J]. Journal of the Electrochemical Society, 119(1972)：208-212.

[4] J. S. Newman. Electrochemical Engineering, 2nd ed. [M]. Prentice-Hall, Englewood Cliffs, NJ, 1991.

[5] 梁宏，刘书梅，肖容鸽．储罐底板阴极保护电位分布不均匀性分析[J]．油气储运，2004，23(4)：39-42.

[6] Kirkpatrick E L. Electrical Grounding and Cathodic Protection Issues in Large Generating Stations[J]. Materials Performance, 2001, 40(11)：17-19.

[7] 闫爱军，陈沂，冯拉俊．几种接地网材料在土壤中的腐蚀特性研究[J]．腐蚀科学与防护技术，2010，22(3)：197-199.

[8] 聂新辉，郑敏聪，李建华．铜质接地网材料电化学腐蚀行为[J]．腐蚀与防护，2012，33(9)：817-819.

[9] Kirkpatrick E L. Electrical Grounding Case Histories[A]. Corrosion, 2003. Houston, Texas：NACE, 2003, 701.

[10] 葛艾天，刘权，陈国桥．铜接地系统对输油气站场埋地管道影响[J]．天然气与石油，2010，28(2)：15-17.

[11] 杜艳霞，路民旭，孙健民．油气输送厂站阴极保护相关问题及解决方案[J]．煤气与热力，2011，31(11)：1-7.

[12] 杜艳霞，张国忠．输油泵站区域性阴极保护实施中的问题[J]．腐蚀与防护，2006，27(8)：417-421.

[13] 邱枫，徐乃欣．钢质贮罐底板外侧阴极保护时的电位分布[J]．中国腐蚀与防护学报，1996，16(1)：29-36.

[14] Chin D T, Sabde G M. Current Distribution and Electrochemical Environment in A Cathodically Protected Crevice [J]. Corrosion, 2000, 56(3)：229-237.

[15] Kranc S C, Sagues A A. Detailed Modeling of Corrosion Macro Cells on Steel Reinforcing in Concrete [J]. Corros. Sci., 2001, 43：1355-1372.

[16] DeGiorgi V G, Wimmer S A. Geometric Details and Modeling Accuracy Requirements for Shipboard Impressed Current Cathodic Protection System Modeling [J]. Engineering Analysis with Boundary Elements, 2005, 29：15-28.

[17] Riemer D P, Orazem M E. A Mathematical Model for the Cathodic Protection of Tank Bottoms[J]. Corros. Sci., 2005, 47：849-868.

[18] 黄留群．埋地钢质管道阴极保护技术规范：GB/T 21448—2017[S]．北京：中国标准出版社，2017.

[19] 袁铃岚．大型储罐底板的阴极保护电位分布特征研究[D]．成都，西南石油大学，2018，12.

[20] 冯骅，马健，李常雄，等．储罐防雷接地对阴极保护效果的影响[J]．油气储运，2007，26(1)：52.

塔河某集油干线内涂层局部失效机理分析

范永佳

（中国石油化工股份有限公司西北油田分公司）

摘　要：针对塔河油田某内涂层集油干线发生的局部腐蚀穿孔，采用红外光谱、扫描电子显微镜及能谱分析对涂层官能团、宏/微观形貌及不同位置的腐蚀产物进行了测试分析。结果表明，在长期浸泡过程中，沉积在管道底部的高矿化度的产出水及其中溶解的 CO_2 及 H_2S 等腐蚀介质通过孔洞缺陷渗入至涂层/金属界面，腐蚀产物垢下沉积钙盐又进一步为 SRB 细菌的生长提供了闭塞环境。在 SRB 细菌代谢作用及 Cl^- 离子催化作用下，缺陷区域的金属管道加速腐蚀，形成点蚀坑，并最终导致管道腐蚀穿孔。

关键词：塔河油田；内涂层；集油干线；SRB 细菌；腐蚀穿孔

国外涂层防护技术研究从传统的基础涂装技术转向多功能型的低表面涂层技术，多功能型低表面涂层技术不仅仅可以在生锈金属材质上直接使用，还可以在带水或者带油的表面直接使用。新日铁化学株式会社开发的聚氨酯涂料以液态芳香族低聚物（如二甲苯甲醛树脂）作为渗透剂，并加入片状颜料以防止溶剂挥发，制得的涂料具有一定的渗透能力和防锈效果。三菱造船工程株式会社所用酮的亚胺作固化剂，增强了涂料的渗透能力和渗入锈蚀层的深度。美国 Witco 公司研制开发、Watson 公司生产的磺酸钙/醇酸渗透型封闭底漆 Amershield 8200 Penetrating Sealer 和 Amershield 8100 Red Pirmer 涂料，CPC 公司生产的 Chemotex 81 醇酸/磺酸钙涂料，Devoe 涂料公司的 Pre-Premie167 Rust Penetrating Sealer 涂料。

国内涂层防护技术整体由油性涂料转向水性涂料发展与探索，但是水性涂料（以水为稀释剂）的水与树脂和颜填料的弥散相容性仍作为复配难点，导致漆膜饱和度、附着力、渗透性、耐蚀性存在应用局限性。同时国内部分科研院所对多功能型的低表面涂层技术开展研究公关，如常州涂料化工研究院采用三元稳锈剂研制了 HL52-1 稳定型环氧煤沥青防腐蚀涂料，该涂料对铁锈有一定的稳定和转化效果，对表面无锈的钢也有一定的钝化作用。国内也相继开展了功能性涂料的应用，如上海延安路高架钢箱大修使用了 Jotamastic 87，上海外白渡桥大修使用了 Amerlock 400，杭州湾大桥的钢管桩维修使用了阿克苏诺贝尔（苏州）公司生产的低表面处理涂料—改性环氧树脂漆 INTERZONE 954。

塔河油田针对金属管道腐蚀问题，内涂层防腐技术的应用经历过溶剂性涂料向无溶剂性涂料的转变，成膜仍然是环氧型涂料或环氧改性型涂料系列，以环氧树脂为基料，填料主要有玻璃鳞片、陶瓷粉、纳米颗粒等，与目前国外油气田普遍采用防腐蚀的内涂层为环氧型、改进环氧型、环氧酚醛型等系列的涂层应用技术水平相同。2010 年 4 月第一次在

TP-1至10-2站原油管道（φ273×7.1×14.5km 20#）应用了无溶剂型涂料，设计内涂层采用双组份液体环氧涂料，特加强级内防腐结构，喷涂1道，干膜总厚度≥450μm，这种涂料在腐蚀介质中具有良好的化学稳定性，附着力强，柔韧性好，抗失压起泡，机械性能好等优点，起到了减缓金属腐蚀，延长使用寿命，塔河油田2011年起扩大推广了无溶剂环氧涂料内涂层防腐技术应用，截至到目前内涂层管道（新建防护和旧管道修复）共计228条/966.7km，占金属管道总长6.1%，内涂层防护管道主要集中在10区、12区、TP区、YJ区新建设的管道。

1　工况背景

塔河油田某集油干线全长6.9km，2011年10月12日投产使用，材质为螺旋焊缝钢，材质为20#钢，外径219mm，壁厚7mm，输液量200吨/天，含水率82%。外防腐措施为环氧富锌底漆+聚氨酯泡沫保温层+黄夹克，内防腐措施为99.5%固体双组份无溶剂环氧树脂涂料。输送介质为油气水混合物，含水较高（67%），矿化度及Cl^-含量均较高，伴生气含有一定量的CO_2和H_2S，pH值低，腐蚀环境强，具体的腐蚀工况参量见表1。2018年6月30日，发现距离阀组1km处刺漏，刺漏部位位于管道本体底部，距离焊缝20mm，宏观形貌如图1(c)所示。由图1(a)可知，管道内壁沉积有土黄色垢物与黑色油污，完好涂层呈黑色。如图1(b)所示，靠近焊缝位置穿孔，穿孔附近剥离涂层后观察，发现金属基体表面形成一层腐蚀产物。

表1　内涂层管服役工况参量

参数	运行压力/MPa	运行温度/℃	H_2S含量/mg/m³）	CO_2含量/%	Cl^-/（mg/L）
内涂层管	1.2	35	133.73	2.35	116106.55

(a)内壁涂层失效形貌　　　　　　　　　　(b)焊缝附近腐蚀穿孔形貌

图1　内涂层管内壁涂层鼓泡、剥落

综上可知，随着管道服役时间的延长腐蚀介质通过空隙的渗透导致内防护涂层失效，进而引发管道腐蚀刺漏，是导致该管道腐蚀穿孔的主要原因[1-3]。因此，本文利用涂层测厚仪、电火花测漏仪、红外光谱仪、扫描电子显微镜及能谱仪等测试手段对该管道内涂层的物化性能及宏/微观腐蚀形貌及腐蚀产物成分进行了测试分析，明确了内防腐涂层失效的原因，为后续改善涂层防护效果，保障油气管道安全运行提供理论支撑。

2 实验方法及标准

利用涂层测厚仪等对失效的内涂层管段进行厚度测试，利用电火花测漏仪对完好涂层管段进行漏点测试。参照标准 GB/T 6040—2019《红外光谱分析方法通则》，采用 Nicolet AVATAR360 型傅里叶变换红外光谱仪（FTIR）检测服役前后涂层试样的分子结构、官能团的差异变化。同时，采用 VEGA Ⅱ XMU 扫描电子显微镜（SEM）与配套的 INCA–Sight IE350 型能谱仪对内防腐涂层及涂层剥离后的管壁腐蚀产物进行测试分析。热稳定性是对涂层的重要的性能指标之一，主要采用差热分析和热失重分析两种方法。差热曲线的数据可通过 Freeman 法或 Ozawa 法进行动力学计算，从而求得反应活化能、反应级数等。玻璃化转变温度 T_g 的测定遵从标准 ASTM D3418。热失重法主要通过程序控温，测量物质质量随温度的变化关系，通过热失重曲线可以得出被测物质在何种温度下发生分解，可以得到涂层在某一温度下的热稳定性，并判定温度对涂层结构和性质的影响。若涂层在较高温度条件下，还未发生分解或氧化等其他反应，即质量改变，则涂层的热稳定性较好。根据 SYT 0315—2013《钢质管道熔结环氧粉末涂层技术规范》标准要求采用差示扫描量热仪测试涂层的热力学性能，测试过程如下：

（1）以 20℃/min 的速率对试样加热，从 25℃±5℃ 加热到 110℃±5℃，在 110℃时保持 1.5min，然后将试样急冷到 25℃±5℃；

（2）以 20℃/min 的速率对同一试样加热，从 25℃±5℃ 加热到 285℃±10℃，然后将试样急冷到 25℃±5℃；

（3）以 20℃/min 的速率对试样加热，从 25℃±5℃ 加热到 150℃±10℃。

由此测试的涂层热力学曲线可以得到涂层的玻璃化转变温度。

收集管道腐蚀穿孔区域内壁的污垢，在蒸馏水中搅拌均匀，静置 4h 后，取上清液进行 SRB 细菌接种。将接种后的 SRB 测试瓶置于 35℃下培养 7 天，而后观察 SRB 测试瓶颜色变化。利用电化学工作站在 3.5% NaCl 水溶液（常压，40℃）中采用三电极体系分别对试样开展电化学腐蚀测试。其中 SRB 作为工作电极，铂电极为对电极，Ag/AgCl（3.5MKCl）为参比电极。开路电位（OCP）测试为时长为 3600s 的连续监测。线性极化（LPR）测试范围为 OCP±10mV，扫描速度为 0.1mV/S。动电位极化曲线扫描范围为 OCP±250mV，扫描速度为 0.5mV/S，自阴极扫向阳极。同时测得不同 SRB 腐蚀时下的电化学极化曲线表征判断腐蚀程度。

3 试验结果与分析

3.1 涂层基础性能测试分析

内壁涂层厚度测试结果显示：涂层厚度在 500μm 以上，且涂覆均匀，满足设计涂层要求不小于 400μm。如图 2（a）所示，从宏观形貌可以看出涂层表面存在直径约为 1mm 的孔洞缺陷。如图 2（b）所示，从孔洞微观形貌可以看出，孔洞较深，其底部接近金属基体，这是导致涂层失效，进而引发管道刺漏穿孔的主要原因。

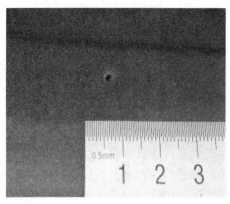

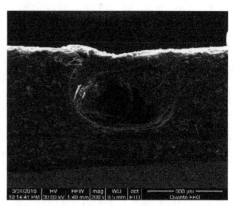

(a)内涂层表面缺陷形貌   (b)内涂层截面缺陷形貌

图2 内涂层缺陷的宏观形貌

3.2 涂层热力学稳定性分析

当涂料达到玻璃化温度以后，涂料就会熔化成新材料，冷却后涂料会产生变色、龟裂或脱落，涂料会严重损毁。所以一般涂料使用温度都必须控制在玻璃化温度以下，甚至距玻璃化温度低很多，否则涂料会被严重破坏。从图3可以看出，涂层的玻璃化转变温度 T_g 大于100℃，降幅较小，可仍满足使用指标要求。

3.3 涂层成分及官能团分析

3.3.1 红外谱图分析

图4为涂层完好处与起泡处取得的涂层样品的红外测试结果。由图4可知，起泡处与完好处的涂层样品红外测试结果基本一致，官能团类型无明显变化，说明涂层鼓泡与脱落与腐蚀介质的渗入及腐蚀产物的形成等有关[4]。

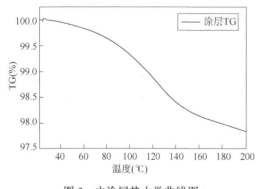
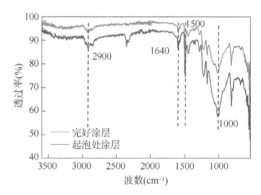

图3 内涂层热力学曲线图   图4 涂层红外测试谱图

3.3.2 涂层微观形貌观察

利用扫描电子显微镜对完好处以及起泡处的涂层进行观察，如图5所示。由图5可知，放大100倍时完好处涂层与起泡处涂层的宏观形貌并无明显差别，放大500倍时起泡处涂层表面不再平整，出现大量微小的鼓泡，局部区域有孔洞状的缺陷，致密性较完好处涂层差。将鼓泡区域的涂层剥离后，利用扫描电子显微镜对涂层底部的金属基体的腐蚀产物进行观察，并进行化学元素分析，结果如图 6 所示。由图 6 可知，破损涂层底部金属基体腐蚀产物分布不均匀，其主要组成元素为 Fe、O、Cl，推测其成分为铁的氧化物及氯化物。由此可知，腐蚀性介质的渗入及腐蚀产物的形成导致涂层与金属基体的附着力降低，形成鼓泡。

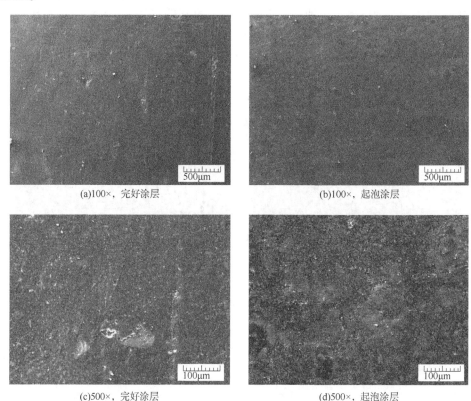

(a)100×，完好涂层　　(b)100×，起泡涂层

(c)500×，完好涂层　　(d)500×，起泡涂层

图 5　不同放大倍数下涂层的腐蚀形貌

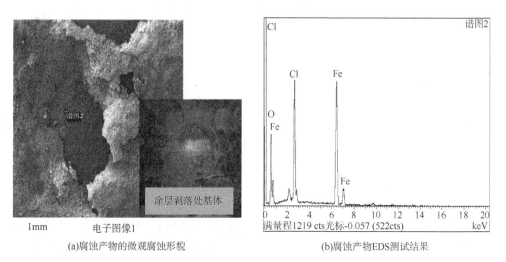

(a)腐蚀产物的微观腐蚀形貌　　(b)腐蚀产物EDS测试结果

图 6　涂层与金属基体界面腐蚀产物的微观腐蚀形貌与化学成分分析结果

3.4 局部腐蚀区域腐蚀产物分析

图 7 为破损涂层底部局部腐蚀坑的微观形貌，腐蚀坑坑内 A 区域以及坑外 B 区域腐蚀产物的元素分析结果见表 2。由图 7 与表 2 可知，涂层管内壁的腐蚀形貌与典型的细菌腐蚀形态类似，呈杯锥状，且腐蚀产物中均含有较多的 Fe、C、O，说明腐蚀产物主要成分为 $FeCO_3$。相比于点蚀坑外，点蚀坑内腐蚀产物中含有较多的 S 元素与 Ca 元素，说明点蚀坑的形成与发展与硫酸盐还原菌（SRB）的代谢作用及钙盐的沉积有关。钙盐的沉积为 SRB 细菌的生长与繁殖提供了厌氧环境，SRB 细菌将硫酸盐转化为 S^{2-}，进而形成 H_2S。H_2S 既具有阳极去极化作用，又具有阴极去极化作用，吸附在金属材料表面，加速金属材料的腐蚀，导致局部区域形成腐蚀坑[5]。由金属基体到点蚀坑表层腐蚀产物的线扫结果，可知内层腐蚀产物主要元素为 Fe、Cl 及少量的 O，外层腐蚀产物主要组成元素为 Fe、Cl、C、O 及少量的 S 元素，说明 Cl^- 离子的催化作用促进了点蚀的生长与发展[6~7]。

(a)点蚀坑微观形貌　　　　　　　(b)点蚀坑截面腐蚀形貌及元素线扫结果

图 7　管道内壁腐蚀坑腐蚀形貌

表 2　腐蚀坑内、外区域 EDS 能谱分析结果　　mass%

测试位置	C	O	S	Cl	Ca	Fe
A	40.71	11.18	12.9	3.25	2.06	29.9
B	49	20.29	0.71	19.12	0.53	10.35

图 8 为腐蚀穿孔区域油污 SRB 细菌培养照片。由图 8(a)接种前硫化氢的培养皿经过细菌培养后培养皿呈图 8(b)可知，油污中含有 SRB 细菌，其可通过代谢作用将硫酸盐转化为 H_2S，造成局部酸化，诱发点蚀。一旦形成点蚀，因蚀孔内外金属活性不同构成小阳极—大阴极的活化—钝化电池，使蚀孔加速发展，最终导致腐蚀穿孔。

图 9 为 450 个/mL 的 SRB 在硫化氢分压 0.01MPa、二氧化碳分压 0.25MPa，50℃的工况环境下，分别在 1h、24h 后，在 185.72g/L 的 NaCl 溶液中的极化曲线表征。由结果可知，SRB 塔河工况环境下，SRB 能够存活，加剧腐蚀并导致点腐蚀发生，对比空白样，24h 后的腐蚀后的自腐蚀电位（E_{corr}）低于 1h 后的，24h 后的腐自腐蚀电流密度（I_{corr}）高于 1h 后的。图 10 所示，随着 SRB 腐蚀时间延长，点蚀坑的尺寸和深度持续增加。

(a)接种前　　　　　　　　　　　　　　　(b)接种培养后

图 8　管道内壁油污细菌培养结果

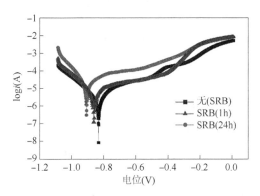

图 9　不同 SRB 腐蚀时下的电化学极化曲线

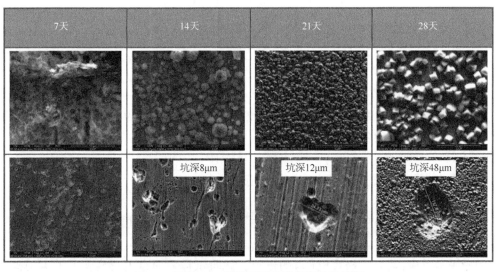

图 10　不同 SRB 腐蚀时下的微观腐蚀形貌图

3.5 内涂层管道腐蚀穿孔原因分析

内涂层作为管道防护的重要技术手段，不但可以将腐蚀介质与金属管道隔离开，阻止腐蚀，而且可以降低管道内壁粗糙度，减小摩阻，增加输送量。但在实际应用过程中，仍发现管道内涂层失效，进而引发的管道腐蚀穿孔事件。研究表明，内涂层的失效与内涂层的涂覆工艺、涂覆材料和内涂层的服役环境等因素有关。对于在役的输油管道来说，导致内涂层失效的原因往往是施工过程中引入的涂层缺陷和运行过程中环境因素共同作用的结果[8]。在高温高压下，有机涂层固化度不足，小分子助剂溶出，产生不可见的微孔，增加腐蚀性介质的渗透，透过涂层腐蚀基体，使涂层起泡，进一步导致涂层开裂和剥落。同时涂层会因为自身老化而产生脆化。高压、高温和高矿化度水等对涂层内部化学键造成破坏，或产生自由基导致链断裂，极大地改变涂层的物理、化学及机械性能，使涂层韧性变差，耐磨性及硬度下降。

由现场服役工况可知，该干线送介质为高含水率的油水混合物，输液量200t/d，相应的流速约为0.1m/s，流速较低，水相易于在管道底部沉积。随着运行时间的延长，涂层在高矿化度的产出水中长期浸泡，CO_2与H_2S等腐蚀腐蚀介质可发生不同程度的渗透，内涂层管道在涂覆过程中或可能产生缩孔等局部缺陷或油气介质夹杂对局部涂层产生冲击造成局部缺陷。上述缺陷作为介质通道，可将腐蚀性介质引入涂层/金属界面，引起局部区域金属腐蚀[9]。腐蚀介质中含有CO_2与H_2S，其分压比为26619，腐蚀进程受CO_2控制，主要的腐蚀产物为$FeCO_3$。

当碳钢在CO_2与H_2S共存且高矿化度油水环境中，腐蚀介质离子和水渗透涂层后，金属表面会存在因凝结作用而析出的自由水薄膜[10]。环境中的CO_2与这些自由水相结合形成碳酸，对金属基体表面造成腐蚀。又因为在CO_2对水的溶解度极小，这些存积在金属表面上的水膜处于过饱和状态[11]。为电化学反应。其反应原理为：

首先，CO_2与H_2O相溶，形成碳酸：

$$H_2O(l)+CO_2(g)\Longleftrightarrow H_2CO_3(aq) \tag{1}$$

然后，碳酸会发在水中会发生电离反应，释放出H^+、HCO_3^-、CO_3^{2-}：

$$H_2CO_3(aq)\Longleftrightarrow HCO_3^-+H^+ \tag{2}$$

$$HCO_3^-\Longleftrightarrow CO_3^{2-}+H^+ \tag{3}$$

因为超临界CO_2(含饱和水)环境的pH较低3，其阴极反应为碳酸二级电离所产生的H^+作还原剂，发生直接的析氢反应[12]：

$$2H^++e^-\Longleftrightarrow H^2 \tag{4}$$

阳极反应为碳钢在酸性溶液中的溶解反应：

$$Fe\Longleftrightarrow Fe^{2+}+2e^- \tag{5}$$

所以，碳钢在超临界CO_2(含饱和水)环境中的总腐蚀反应方程式为：

$$Fe+H_2CO_3\Longleftrightarrow Fe^{2+}+CO_3^{2-}+H_2 \tag{6}$$

随着阴极反应(4)与阳极反应(5)的进行，此时试样表面自由液滴下方的碳钢被腐蚀生成更多的Fe^{2+}，液滴中的H^+不断被消耗。H^+的消耗将导致碳酸的电离反应(2)与(3)持续向右进行，生成更多的 H^+ 以供给反应(5)(6)。此时，试样表面自由液滴中的[Fe^{2+}]和[CO_3^{2-}]将持续增大。当[Fe^{2+}]×[CO_3^{2-}]超过 $FeCO_3$ 在此环境中的溶度积常数 K_{sp} 时，达到过饱和态，此时将有 $FeCO_3$ 在试样表面析出。

在 CO_2 主控因素的腐蚀过程中，金属表面会有凝结水析出，但是极不均匀的。这些凝结水首先会以极小的液滴吸附在金属表面引发电化学腐蚀，此时液滴处金属作阴极，周围距离较近的金属作阳极，反应生成的 $FeCO_3$ 吸附于反应位置周围。这些 $FeCO_3$ 晶粒，将为后续反应生成的 $FeCO_3$ 提供形核位置，后续腐蚀生成的 $FeCO_3$ 会沿此位置沉淀生长。但是这些 $FeCO_3$ 晶粒之间存在较大的孔洞与缝隙，腐蚀环境中的电解液会沿着此孔隙进入达到金属表面。此时，阳极面积极小仅为孔隙内的金属基体，远远小于阴极面积，导致腐蚀速率急剧增大的情况，从而引发严重的局部腐蚀。

同时形成的腐蚀产物及钙的沉积物在缺陷区域堆垛，形成了闭塞环境，为SRB细菌的生长与繁殖提供了场所。受微生物的代谢作用的影响，腐蚀产物及钙沉积物堆垛下的局部区域酸化，腐蚀速率增加。由于 H_2S 或 S^{2-} 的存在，反应所形成的氢原子吸附在金属基体表面，降低了内涂层的附着力[13]。腐蚀性介质会逐渐渗透至附近完好的涂层与金属界面，并与闭塞环境下的金属界面构成氧浓差电池[14]。在 Cl^- 离子的催化作用下，进一步促进点蚀坑的生长与发展，最终导致内涂层管道腐蚀穿孔[15]。

4 结论

(1) 集油干线内壁环氧涂层涂覆均匀，厚度大于 $500\mu m$，完好区域涂层附着力大于设计要求，但存在直径约为 1mm 的孔洞缺陷。

(2) 内涂层管失效的主要原因是涂覆过程中形成的溶剂挥发残留孔洞缺陷在服役过程中会成为腐蚀介质的通道，高矿化度的产出水及 CO_2、H_2S 等腐蚀介质会由此进入涂层/金属界面，引起金属管道腐蚀。在SRB细菌代谢作用及 Cl^- 离子催化作用下，缺陷区域腐蚀加速，发展形成点蚀坑，并最终导致管道穿孔。

参 考 文 献

[1] 林安邦，彭博，姚鹏程，等. 某凝析气井涂层管道腐蚀穿孔原因分析[J]. 全面腐蚀控制，2017，31(09)：45-49+86.

[2] 何森，张鑫柱，刘伟，等. 天然气井管道有机涂层的失效分析[J]. 表面技术，2016，45(02)：17-21+27.

[3] 周斌葛，何毅，王雅诗，等. 管道用酚醛环氧树脂内涂层失效分析[J]. 广东化工，2012，39(7)：7-8.

[4] 游革新，汪家琪. 环氧树脂防腐蚀涂层失效的红外分析[J]. 材料保护，2018，51(6)：128-130.

[5] 刘黎. X52输油管道硫酸盐还原菌腐蚀行为研究[D]. 成都：西南石油大学，2016.

[6] 张登庆，胡宏萍. 集输管线垢下腐蚀的闭塞效应研究[J]. 油气田地面工程，2002(05)：15-16.

[7] 朱元良. 碳钢垢下腐蚀行为与缓蚀机理研究[D]. 武汉：华中科技大学，2008：1-3.

[8] 马卫锋，罗金恒，杨锋平，等. 管道内涂层失效影响因素概述[J]等. 石油管材与仪器，2016，2(02)：1-3+9.

［9］臧国军，崔斌. 油气集输管道内涂层金属腐蚀失效机理研究［J］. 石油化工设计，2005(04)：54-56+10.

［10］Choi Y S，Nesic S. Determining the corrosive potential of CO_2 transport pipeline in high pCO_2-water environment［J］. International Journal of Greenhouse Gas Control，2011 5(4)：788-797.

［11］L Wei，X L Pang，K W Gao. Corrosion Mechanism discussion of X65 steel in NaCl solution saturated with Supercritical CO_2［J］. Acta Metall Sin，2015(6)：701-702.

［12］Nesic S. Effects of Multiphase Flow on Internal CO_2 Corrosion of Mild Steel Pipelines［J］. Energy & Fuels，2012，26(7)：4098-4111.

［13］吴贵阳，张强，刘志德. 内涂层管道在酸性环境的耐腐蚀性能研究［J］. 涂料工业，2018，48(09)：19-24.

［14］贾恒磊，赵春平，汪浩，等. 管线的氧浓差电池现象［J］. 管道技术与设备，2012(03)：51-52.

［15］田嘉治，吕庆钢，羊东明，等. 集输管内腐蚀失效原因分析［J］. 理化检验(物理分册)，2013，49(12)：843-847.

储罐内壁非金属防护技术研究与应用评价

刘青山　葛鹏莉　曾文广　肖雯雯　许艳艳　高多龙

(中国石油化工股份有限公司西北油田分公司)

摘　要：油田容器设备所用低碳钢材材质防腐效果不佳，容器设备内防措施存在一定局限性，常规环氧内涂层技术在短期内易出现不适应性。借鉴非金属材质内衬修复/防护技术思路，优化防腐材料，形成玻璃钢内胆、光固化复合材料内衬防腐技术，并经现场应用评价，认为在服役温度不超过80℃的条件下，玻璃钢内胆及光固化复合材料适用于油田工况环境。

关键词：玻璃钢内胆；光固化复合材料；内防技术

油气田各类容器设备腐蚀穿孔失效问题不仅给油气生产造成较大的影响，而且给安全运行带来极大的风险。目前主要采取的防腐措施为内涂层与牺牲阳极保护技术，对控制容器内壁腐蚀取得了一定成效，但需要定期检修，运行成本高。储罐非金属防护技术利用非金属材质耐蚀的优点，防腐效果优异，又具有罐体增强的作用。

1　储罐内壁非金属防护技术

1.1　玻璃钢内胆工艺技术

玻璃钢内胆是采用真空灌注成型工艺，将纤维增强材料直接铺放在处理过的金属罐壁上，在纤维增强材料上铺设脱模布，导流网，导流管和真空袋膜。抽真空，树脂通过进胶管进入整个体系，通过导流管引导树脂流动的主方向，导流网使树脂分布到铺层的每个角落，固化后剥离脱模布，得到高强复合材料内胆。玻璃钢内胆具有产品性能优良、抗疲劳性能高、产品质量稳定、施工环境污染少、沾黏性能优良的技术特点。玻璃钢内胆技术原理如图1所示。

玻璃纤维增强内胆是以无捻粗纱布和多轴向织物为增强材料，以树脂为基体材料，采用真空灌注成型工艺在金属罐内壁制作而成的高强复合材料防腐制品。

成型工艺有：(1)接触成型是以玻璃纤维及其织物为增强材料，以树脂为基体，在涂有脱模剂的模具上用手工铺放的方式使二者黏接在一起，制造玻璃钢制品的一种工艺方法。(2)真空灌注成型是指将纤维或其制

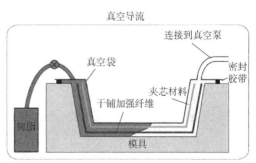

图1　玻璃钢内胆技术原理图

品预先放入模具中，真空导入树脂胶液，经固化成型复合材料制品的方法。

1.2 光固化复合材料

光固化纤维增强复合片材属于特种玻璃钢片材，是由多种特殊耐腐防渗材料制作而成的多功能纤维增强复合光固化材料。产品外观为软膜胶带状，颜色一般为淡黄色如图2所示，可在阳光或紫外光照射下快速固化，从而形成一种超高强度、高附着力、无缝密封的防腐防火绝缘保护套层，大幅度缩短施工时间，施工简单，成本低，可用于石油、天然气、有机溶剂等保温保冷管道，储罐、储槽、反应罐等的重防腐、绝缘保护、修复及在线修补，可替代传统手糊玻璃钢等涂布工艺。

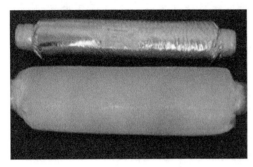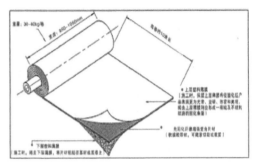

图 2　光固化纤维增强复合片材

光固化复合材料通常是在工厂制作成预浸卷材，与传统的预浸料不同，不需要冷藏。密封在铝箔袋中，避光常温下可长期保存。在紫外光源下，预浸材料固化时间很快。当预固化料层厚为1mm时，固化时间仅需3min。施工简便，质量易控。

2　油田环境相容性评价

2.1　暴露实验条件

试验方法参考标准 SY/T 7369—2017《纤维增强塑料管在油田环境中相容性试验方法》，使用高温高压釜模拟油田服役工况，将试样置于模拟工况环境中进行一定时间的暴露试验，通过对比试样经过暴露试验前后的性能变化，研究材料对选定工况的适用性。

依据顺北和塔河区块具有代表性的工况条件见表1，确定暴露试验的介质组成和试验条件见表2、表3。到达规定的暴露时间后，将试样由高温高压釜内取出，使用纸巾擦拭表面以去除残留的溶液介质，随后尽快进行各项测试。

表 1　顺北和塔河区块现场地层水物性

区块	地层水平均密度（g/cm³）	Cl⁻（mg/L）	HCO₃⁻（mg/L）	SO₄²⁻（mg/L）	矿化度（mg/L）	pH 值	水型
顺北	1.0876	77589.42	1258	100	127217.36	6.3	CaCl₂
塔河	1.144	128063.13	78.14	100	208578.79	6.6	CaCl₂

表2　模拟顺北工况暴露试验条件

液相	模拟地层水（50V%）：$CaCl_2$（120.99g/L），$Ca(HCO_3)_2$（16.69g/L），$CaSO_4$（0.18g/L）
	烃类（50V%）：$0^{\#}$柴油
气相	总压4.0MPa：H_2S分压0.08MPa，CO_2分压0.2MPa，其余为N2
温度	70℃
周期	7天（168h）

表3　模拟塔河工况暴露试验条件

液相	模拟地层水（50V%）：$CaCl_2$（203.13g/L），$Ca(HCO_3)_2$（0.11g/L），$CaSO_4$（0.18g/L）
	烃类（50V%）：$0^{\#}$柴油
气相	总压4.0MPa：H_2S分压0.21MPa，CO_2分压0.2MPa，其余为N_2
温度	80℃
周期	7天（168h）

2.2 宏观形貌观察

2.2.1 玻璃钢内胆材料

FRP试样在模拟顺北工况环境中暴露168h后，试样的颜色变深，试样上下部有颜色分界线，分析为试样在油水介质中的变色程度不同所致，试样下部的黑色斑块，分析可能是由于H_2S生成的单质S附着在试样表面所致；但外观形貌无肉眼可见的裂纹、脱层及玻纤外露等新增缺陷。试样在模拟塔河工况环境中暴露168h后，试样的颜色变深；但外观形貌无肉眼可见的裂纹、脱层及玻纤外露等新增缺陷。宏观形貌如图3所示。

(a)顺北　　　　　　　　　　　　　　　　(b)塔河

图3　FRP内胆材料暴露试验后宏观形貌

2.2.2 光固化符合材料

光固化复合材料试样在模拟顺北工况和模拟塔河工况环境中暴露168h后，试样的颜色变深；但外观形貌无肉眼可见的裂纹、鼓泡等新增缺陷，宏观形貌如图4所示。

2.3 微观形貌观察

2.3.1 玻璃钢内胆材料

使用超景深光学数码显微镜观察FRP试样的微观形貌（50×）。如图5所示，试样在模拟顺北工况与塔河工况环境中暴露168h后，表面光滑，有织物状纹路，未对光线形成强反射；试样表面及横截面无裂纹、脱层及玻纤外露等情况。

(a)顺北   (b)塔河

图 4　光固化复合材料试样暴露试验后宏观形貌）

(a)顺北   (b)塔河

图 5　FRP 内胆材料微观形貌）

2.3.2　光固化符合材料

　　光固化复合材料试样在模拟顺北工况和模拟塔河工况环境中暴露 168h 后，表面微观形貌特征同空白试样一致，即表面不光滑，有不规则突起，对光线未形成强反射。如图 6 所示。

(a)顺北   (b)塔河

图 6　光固化复合材料试样微观形貌

2.4 厚度和质量变化

2.4.1 玻璃钢内胆材料

使用标准 GB/T 1447—2005《纤维增强塑料拉伸性能试验方法》中规定的 I 型拉伸试样测试材料厚度和质量的变化。由表 4 可知，FRP 试样在模拟顺北工况和模拟塔河工况环境中暴露 168h 后，试样均发生了增厚和增重的现象，但程度很小，其中经过模拟塔河工况环境暴露的试样的增厚率相对较大。分析这是由于在暴露期间，试验介质对试样产生了溶胀效应所致；由于模拟塔河工况环境的试验温度较高，试样的增厚率较大。

表 4 FRP 内胆试样厚度和质量变化率

模拟工况类型	厚度变化率(%)	质量变化率(%)
顺北	+1.1	+0.3
塔河	+2.2	+0.3

2.4.2 光固化符合材料

使用标准中规定的 II 型拉伸试样，测试材料厚度和质量的变化。使用薄型试样进行模拟顺北工况环境条件的暴露试验，使用厚型试样进行模拟塔河工况环境条件的暴露试验。

测试结果见表 5，薄型拉伸试样试样在模拟顺北工况环境中暴露 168h 后，试样发生了增厚和增重的现象，但程度很小。厚型拉伸试样试样在模拟塔河工况环境中暴露 168h 后，试样均发生了增厚和增重的现象，但程度很小。试样发生增厚和增重现象，分析这是由于在暴露期间，试验介质对试样产生了溶胀效应所致。薄型试样增厚和增重的程度比厚型试样的大，这是由于尽管薄型试样所处的模拟顺北工况环境的试验温度和 H_2S 含量较低，溶胀效应相对较弱，但是试样的初始厚度较薄、初始质量较小，因此较小的实际变化量就产生了较大的变化率。

表 5 光固化复合材料拉伸试样厚度和质量变化率

模拟工况类型	试样类型	厚度变化率(%)	质量变化率(%)
顺北	薄型拉伸试样	+1.3	+1.4
塔河	厚型拉伸试样	+0.8	+1.2

2.5 巴氏硬度变化

2.5.1 玻璃钢内胆材料

依照标准 GB/T 3854—2017《增强塑料巴柯尔硬度试验方法》测试经过暴露试验后的 FRP 内胆材料的巴氏硬度。使用 GY2J-934-1 型巴柯尔硬度计进行测试。由表 6 可知，相对于未经暴露试验的空白试样而言，FRP 试样在模拟顺北工况和模拟塔河工况环境中暴露 168h 后，巴氏硬度均发生了下降，但程度较小，其中经过模拟塔河工况环境暴露的试样的硬度下降相对较大。分析这是由于在暴露期间，导致试样表层硬度发生下降；由于模拟塔河工况环境的试验温度较高，试样的硬度下降较大。

表 6　FRP 内胆试样巴氏硬度变化

模拟工况类型	巴氏硬度平均值
空白	75
顺北	72
塔河	70

2.5.2　光固化符合材料

由表 7 可知，相对于未经暴露试验的空白试样而言，光固化复合材料试样在模拟顺北工况和模拟塔河工况环境中暴露 168h 后，巴氏硬度几乎没有变化，仍满足技术指标要求。

表 7　光固化复合材料试样巴氏硬度变化

模拟工况类型	巴氏硬度
空白	69
顺北	67
塔河	66

2.6　拉伸性能变化

2.6.1　玻璃钢内胆材料

依照标准 GB/T 1447—2005《纤维增强塑料拉伸性能试验方法》中的规定，使用I型试样；

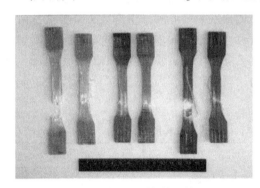

图 7　FRP 内胆试样拉伸失效形貌
（左：空白；中：顺北；右：塔河）

测试在室温下进行，拉伸速率 10mm/min。使用 CMT5105 型电子万能试验机，测试经过暴露试验后试样的拉伸性能变化。如图 7 所示，FRP 试样经过模拟顺北工况和模拟塔河工况环境的暴露试验后，试样的拉伸失效特征与同空白试样的一致，即分层、断裂，断口无法拼合复原，没有发生肉眼可见的伸长或颈缩；

如图 8 所示，FRP 试样经过模拟顺北工况和模拟塔河工环境的暴露试验后，试验曲线的特征与同空白试样的一致，即没有明显的屈服阶段，且试样断裂时的拉伸位移很小（约 5mm），试样的断裂伸长率很小；

由表 8 可知，FRP 试样经过模拟顺北工况和模拟塔河工况环境的暴露试验后，拉伸强度较空白试样分别下降了 0.9% 和 10.0%，但数值仍满足性能指标的要求。

表 8　光固化复合材料"厚型"试样拉伸性能变化

模拟工况类型	σ_M/MPa	$\Delta\sigma_M$/%
空白	341	—
顺北	338	−0.9
塔河	307	−10.0

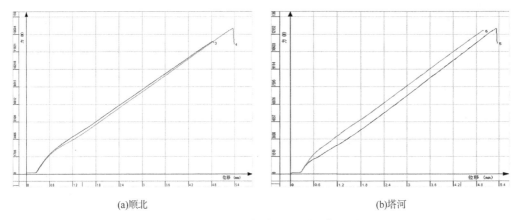

(a)顺北   (b)塔河

图8　FRP内胆试样拉伸试验"力-位移"曲线

2.6.2　光固化符合材料

依照标准制作了Ⅱ型试样；测试在室温下进行，拉伸速率5mm/min，标距为100mm。使用薄型试样进行模拟顺北工况环境条件的暴露试验，使用厚型试样进行模拟塔河工况环境条件的暴露试验。

光固化复合材料薄型试样在模拟顺北工况环境中暴露168h后，拉伸测试结果如下：

(1)暴露试样的拉伸失效形貌特征与空白试样一致，即拉伸至失效后，光固化复合材料试样断裂，但并未完全分离，裂纹方向与拉伸载荷方向垂直，试样没有发生肉眼可见的伸长或颈缩；

(2)如图9所示，暴露试样的拉伸曲线特征与空白试样一致，即试验曲线没有明显的屈服阶段，且试样断裂时的拉伸位移很小(小于3mm)，试样的断裂伸长率很小；

(3)如表9所示，相对于空白试样的数值，暴露试样的拉伸强度为下降了15%，断裂伸长率增加了12%，但数值仍满足性能指标的要求。

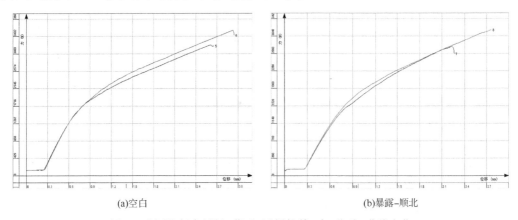

(a)空白   (b)暴露-顺北

图9　光固化复合材料"薄型"试样拉伸"力-位移"曲线变化

复合材料厚型试样在模拟塔河工况环境中暴露168h后，拉伸测试结果如下：

(1)暴露试样的拉伸失效形貌特征与空白试样一致，即拉伸至失效后，光固化复合材料试样断裂，但并未完全分离，裂纹方向与拉伸载荷方向垂直，试样没有发生肉眼可见的伸长或颈缩；

（2）如图10所示，暴露试样的拉伸曲线特征与空白试样一致，即试验曲线没有明显的屈服阶段，且试样断裂时的拉伸位移很小（小于4.5mm），试样的断裂伸长率很小；

（3）如表10所示，相对于空白试样的数值，暴露试样的拉伸强度为下降了11.8%，断裂伸长率下降了11.1%，但数值仍满足性能指标的要求。

表9　光固化复合材料"薄型"试样拉伸性能变化

模拟环境	试样	σ_M/MPa	$\Delta\sigma_M$/%	ε_b/%	$\Delta\varepsilon_b$/%
顺北	空白	60	—	2.5	—
	暴露	51	−15.0	2.8	+12.0

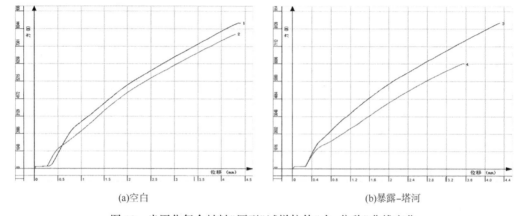

(a)空白　　　　　　　　　　　　　　　(b)暴露-塔河

图10　光固化复合材料"厚型"试样拉伸"力-位移"曲线变化

表10　光固化复合材料"厚型"试样拉伸性能变化

模拟环境	试样	σ_M/MPa	$\Delta\sigma_M$/%	ε_b/%	$\Delta\varepsilon_b$/%
塔河	空白	76	—	4.5	—
	暴露	67	−11.8	4.0	−11.1

基于上述拉伸性能测试结果，考虑到试样质量（表面不平整、边缘尺寸不精确）和应变测量方式（人工画标距线，手工测量伸长量）对测试结果造成的不确定性，认为光固化复合材料试样在模拟顺北工况和模拟塔河工况环境中暴露168h后，拉伸性能未发生明显变化。

2.7　DSC升温曲线变化

2.7.1　玻璃钢内胆材料

使用AQ200型差示扫描量热仪，测试FRP内胆材料试样的升温曲线。试验条件为以20℃/min的速率由40℃升温至200℃。试样从经过暴露试验的FRP内胆材料样品上直接切取。如图11所示，FRP试样经过模拟顺北工况和模拟塔河工况环境的暴露试验后，DSC升温曲线上的特征位置是120℃附近的玻璃化转变台阶，这与同空白试样的特征一致；如表11所示，相对于空白试样，FRP试样经过模拟顺北工况环境的暴露试验后 T_g 没有变化，而经过模拟塔河工况环境的暴露试验后 T_g 升高了5℃。参考SY/T 6770.1—2010《非金属管材质量验收规范　第1部分：高压玻璃纤维管线管》中 T_g 的允许浮动范围为±5℃，认为 FRP 内胆材料的耐热性能没有发生变化。

表 11　FRP 内胆试样 Tg 变化

模拟工况类型	T_g/℃	ΔT_g/℃
空白	117	—
顺北	117	0
塔河	122	+5

2.7.2　光固化符合材料

测试结果如图 12 所示，光固化复合材料试样经过模拟顺北工况和模拟塔河工况环境的暴露试验后，DSC 升温曲线上的特征与同空白试样的特征一致，认为光固化复合材料的耐热性能没有发生变化。

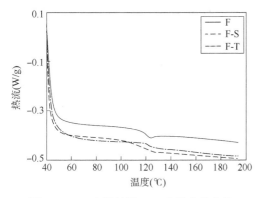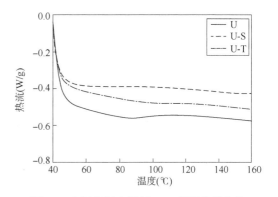

图 11　FRP 内胆材料 DSC 升温曲线变化
（空白：黑色；顺北：绿色；塔河：红色）

图 12　光固化复合材料 DSC 升温曲线变化
（空白：黑色；顺北：绿色；塔河：红色）

2.8　化学成分变化

2.8.1　玻璃钢内胆材料

使用 NICOLET iS50 FT-IR 型红外光谱仪分析试样暴露前后的化学成分。试验采用 ATR 法，以空气为背景，扫描范围 4000cm^{-1}~400cm^{-1}，以吸光度的型式表示，见图 13。

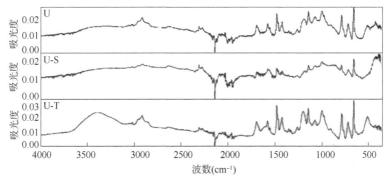

图 13　FRP 内胆试样的 IR 分析图谱变化
（空白：蓝色；顺北：紫色；塔河：红色）

同未经过暴露试验的空白试样的图谱相比，FRP 试样经过模拟顺北工况和模拟塔河工况环境的暴露试验后，红外图谱没有发生明显的变化。可见，经过暴露试验后，FRP 内胆材料的主要成分没有发生化学变化。

2.8.2　光固化符合材料

试验采用 ATR 法，以空气为背景，扫描范围 $4000cm^{-1} \sim 400cm^{-1}$，以吸光度的型式表示，见图 14。

同未经过暴露试验的空白试样的图谱相比，光固化复合材料试样经过模拟顺北工况和模拟塔河工况环境的暴露试验后，红外图谱没有发生明显的变化。可见，经过暴露试验后，光固化复合材料试样的主要成分没有发生化学变化。

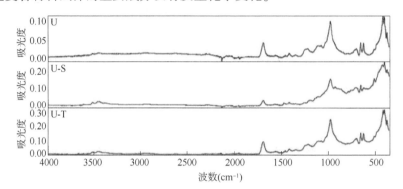

图 14　光固化复合材料试样的 IR 分析图谱变化
（空白：蓝色；顺北：紫色；塔河：红色）

2.9　性能指标评价

2.9.1　玻璃钢内胆材料

由表 12 可知，通过油田环境相容性研究发现：

（1）通过模拟顺北工况环境相容性研究发现，在 70℃ 的含有 H_2S 的烃类/水介质中，经过 168h 的暴露试验后，FRP 内胆试样的各项关键性能未发生明显变化，符合性能指标的要求；

（2）通过模拟塔河工况环境相容性研究发现，在 80℃ 的含有 H_2S 的烃类/水介质中，经过 168h 的暴露试验后，FRP 内胆试样的各项关键性能未发生明显变化，符合性能指标的要求；

（3）经过暴露试验后，FRP 内胆试样的各项性能均发生轻微变化。

综合相容性试验结果，认为 FRP 内胆可以用于顺北和塔河工况环境。

表 12　FRP 内胆材料关键性能变化

序号	检测项目	性能指标	测试结果	
			顺北工况（70℃）	塔河工况（80℃）
1	外观质量	无裂纹、脱层、发白及玻璃纤维外露	变色，无裂纹、脱层、发白及玻璃纤维外露	变色，无裂纹、脱层、发白及玻璃纤维外露
2	厚度变化率	—	+1.1%	+2.2%
3	质量变化率	—	+0.3%	+0.3%
4	巴氏硬度	≥40	72	70

序号	检测项目	性能指标	测试结果	
			顺北工况(70℃)	塔河工况(80℃)
5	拉伸强度	≥300MPa	338MPa	307MPa
6	Tg(ΔTg)	—	117℃(0℃)	122℃(+5℃)
7	IR 分析	—	化学成分无变化	化学成分无变化

2.9.2 光固化符合材料

由表 13 可知，通过油田环境相容性研究发现：

通过模拟顺北工况环境相容性研究发现，在 70℃的含有 H_2S 的烃类/水介质中，经过 168h 的暴露试验后，光固化复合材料试样的各项关键性能未发生明显变化，符合性能指标的要求；

通过模拟塔河工况环境相容性研究发现，在 80℃的含有 H_2S 的烃类/水介质中，经过 168h 的暴露试验后，光固化复合材料试样的各项关键性能未发生明显变化，符合性能指标的要求；

综合相容性试验结果，认为光固化复合材料可用于顺北和塔河工况环境。

表 13 光固化复合材料关键性能变化

序号	检测项目	性能指标	测试结果	
			顺北工况(70℃)	塔河工况(80℃)
1	外观质量	平整、无气泡、无裂纹	变色，平整、无气泡、无裂纹	变色，平整、无气泡、无裂纹
2	厚度变化率	—	+1.3%	+0.8%
3	质量变化率	—	+1.4%	+1.2%
4	拉伸强度	≥50MPa	51MPa	67MPa
5	断裂伸长率	≥1.0%	2.8%	4.0%
6	介电强度	≥25.0kV	—	—
7	表面电阻率	≥1×1014Ω	2.3×1014Ω	2.3×1014Ω
8	巴氏硬度	≥30	67	66
9	附着力	≥5MPa	12	12
10	DSC 升温曲线	—	曲线特征无变化	曲线特征无变化
11	IR 分析	—	化学成分无变化	化学成分无变化

3 现场试验应用评价

3.1 玻璃钢内胆现场试验

3.1.1 现场服役情况

制作了 FRP 内胆挂片试样，悬挂于 7-1 和 12-4 站原油缓冲罐进行现场试验，试验时间共 12 个月取出检测评价。另在一号联 3000m³ 水处理罐应用 1 座，服役 2 年效果良好。

3.1.2 挂片服役后性能测试

试样取出后进行性能测试，测试内容和方法同上节。测试结果见表 14。

表 14 FRP 内胆材料服役后性能变化

序号	检测项目	性能指标	测试结果
1	外观质量	无裂纹、脱层、发白及玻璃纤维外露	变色，无裂纹、脱层、发白及玻璃纤维外露
2	厚度变化率	—	+1.2%
3	质量变化率	—	+0.2%
4	巴氏硬度	≥40	73
5	表面电阻率	储油罐：≤1×10^{8}Ω	<1×10^{6}Ω
6	拉伸强度	≥300MPa	330MPa
7	Tg(ΔTg)	—	115℃（−2℃）
8	IR 分析	—	化学成分无变化

3.2 光固化符合材料现场试验评价

3.2.1 现场试验应用评价

制作了光固化复合材料挂片试样，悬挂于轻烃站分离器进行现场试验，试验时间为 12 个月。

3.2.2 性能测试

试样取出后进行性能测试，测试内容和方法同上节。测试结果表 15 所示。

表 15 光固化复合材料服役后性能变化

序号	检测项目	性能指标	测试结果
1	外观质量	平整、无气泡、无裂纹	变色，平整、无气泡、无裂纹
2	厚度变化率	—	+0.6%
3	质量变化率	—	+1.1%
4	拉伸强度	≥50MPa	70MPa
5	断裂伸长率	≥1.0%	3.8%
6	介电强度	≥25.0kV	35kV
7	表面电阻率	≥1×10^{14}Ω	2.2×10^{14}Ω
8	巴氏硬度	≥30	66
9	附着力	≥5MPa	12
10	DSC 升温曲线	—	曲线特征无变化
11	IR 分析	—	化学成分无变化

4 结论

（1）通过顺北工况现场应用评价发现，认为在服役温度不超过80℃的条件下，FRP 内胆具备在含 H_2S 的油/水介质中服役的能力。

（2）在服役温度不超过80℃的条件下，光固化复合材料具有良好的耐油/水介质性能，可在顺北及塔河工况应用。

G油田埋地钢质管道腐蚀穿孔
成因及对策分析

张田田　王可佳　赵启昌　路淼淼　李自远　姚佳杉

（中国石油华北油田公司）

摘　要：针对G油田埋地钢质管道腐蚀穿孔严重问题，开展了失效现状、腐蚀因素、腐蚀机理分析，探讨了CO_2、S^{2-}、细菌等腐蚀介质，含水、温度、流速等外部影响因素，以及管道材质、焊接质量对管道内腐蚀的影响，针对性提出了化学防腐治理措施。通过现场两口油井井筒加药，实现了对应的两条集油管线腐蚀穿孔次数由1~3次/月降至0~1次/月，且加药期间油井未因腐蚀、结垢问题进行检泵作业。

关键词：埋地管道；腐蚀穿孔；成因分析；防治对策

G油田位于冀中坳陷饶阳凹陷，属多层系立体开发油田，腐蚀性强（0.35~3.5mm/a）、地层水矿化度较高（8000~12000mg/L），为华北油田中等腐蚀程度的典型代表。随着油田开发时间延长，原油综合含水不断上升，为稳定产量，采取的CO_2吞吐等增产措施加剧了采出液组分发生变化，腐蚀介质日趋复杂，地面管线发生腐蚀泄漏的风险逐渐加大[1-2]，且随着新《环境保护法》《安全生产法》的实施，对管道隐患治理提出了更高要求。因此开展管道腐蚀防护技术研究与应用对油田持续稳产，实现提质增效具有重大意义。

1　腐蚀现状分析

为掌握G油田管道腐蚀情况，对2019年1月至2022年12月期间管道失效次数进行了统计分析。数据表明该统计期间G油田埋地钢质管道共失效290次，其中管道腐蚀穿孔次数为288次，占比在98%，是管道失效的主要原因。按管线类别，集输管线失效次数为239次（占比82.5%），注水管线失效次数为51次（占比17.5%）。按腐蚀方位，98%穿孔腐蚀主要集中在管体底部（6点钟方向），2%为其他部位（如焊缝连接处、管线弯头等）；按腐蚀形貌，以孔蚀、坑蚀、垢下腐蚀为主；按失效管线所处地理位置，G油田失效率管线主要集中于集油线首端（G44-2计、G44-3计、G30-5计集油汇管）于末端的G站，已导致G29站-G站的集油线呈现出穿孔率升高的趋势，仅2022年该管线已腐蚀穿孔5次。

2 失效原因分析

2.1 介质影响

为进一步明确管线内腐蚀主要影响因素，参照 SY/T 5523—2016《油气田水分析方法》，采用标准溶液滴定法对油井采出液进行水质全分析，结果见表1。数据显示，G油田采出水矿化度高（8000～12000mg/L），含有腐蚀性介质 CO_2（≤459.4mg/L）、S^{2-}（≤24.9mg/L）及少量 SRB（≤250 个/mL）、TGB（≤600 个/mL）等细菌，对碳钢腐蚀速率有影响。

表1　G油田部分油井采出水水质分析结果

取样点	矿化度 （mg/L）	CO_2 （mg/L）	总铁 （mg/L）	Fe^{2+} （mg/L）	S^{2-} （mg/L）	水型	pH	SRB （个/mL）	TGB （个/mL）	IB （个/mL）
G30-5 计	11669.83	8.33	0.5	0.2	0.1	碳酸氢钠	7	6	2.5	0
G44-38 线	8230.72	2.10	2.29	2	0.15	氯化钙	6.5	0	0.6	0
G 阳站	10676.00	5.21	1.15	0.75	0.6	碳酸氢钠	7.0	6.0	60	0
G44-21 线	11019.84	17.02	9.26	6.95	0	碳酸氢钠	6	0	0	0
G44-21 井	12473.98	17.34	19.3	14.6	0	碳酸氢钠	6	0	0	0
G44-20 线	11121.28	0	1.31	0.95	0.05	碳酸氢钠	6.5	6	600	0
G28-1	11751.50	8.05	1.31	1.1	0	碳酸氢钠	5.5	0	0.6	0
G44-47X	11113.90	8.74	7.62	6.8	0	碳酸氢钠	6	0	0	0
G44-47X（2020.3）	11156.00	459.4	—	9.66	11	碳酸氢钠	6.5	0	0	6
G44 线（2020.3）	9131	129.3	—	7.48	24.9	碳酸氢钠	6.5	250	0	250
G29 线（2020.3）	8818	138.3	—	3.9	14.8	碳酸氢钠	7	6	0	0

2.1.1 CO_2 腐蚀

当管道中存在游离水时，CO_2 溶入水生成 H_2CO_3，发生电化学腐蚀。H_2CO_3 常常造成坑点腐蚀、片状腐蚀等局部腐蚀，在相同 pH 值下，对低碳钢的腐蚀速率可达 3～6mm/a[3-4]。其腐蚀产物碳酸盐（$FeCO_3$、$CaCO_3$）结垢产物膜在钢铁金属表面不同区域的覆盖程度不同，这种差异形成了自催化作用很强的腐蚀电偶，极易造成 H_2CO_3 局部腐蚀。G油田采出液中除 G44-20 线 CO_2 含量为零外，其他采出液中 CO_2 含量范围在 2.10～459.4mg/L。2020 年3 月的检测数据显示，G44-47X 井与 G44 集油线、G29 集油线采出液中 CO_2 含量 G 达 129.3～459.4mg/L，且存在一定含量的 S^{2-}。结合 G44-47X 油井串联集油管线失效时间（图1）、失效位置与该井进行 CO_2 吞吐的时间，可判定，该集油管线腐蚀主控因素为 CO_2 腐蚀。与该集油管线情况相似的是 G44-21 串联集油管线，两口油井均采取了 CO_2 吞吐措施，不同之处在于 G44-21 串联集油管线为自 2018 年6 月投产后不足一年时间便出现了腐蚀穿孔。通过现场调研，与该管线同时投产的另两条管线也出现了相同的问题由此推断，该管线失效与管道材质相关。

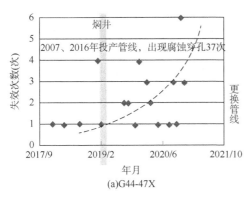

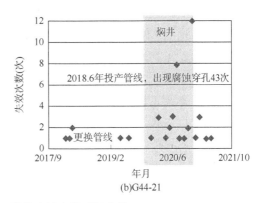

图 1　G44-47X、G44-21 管线失效次数时间曲线

2.1.2　水介质电化学腐蚀

油井采出液水型结果表明，G44-38X 串联集油管线内采出水为氯化钙水型，其他取样点（G30-5 计、G 阳站、G44 站、G29 站集输线等）水样均为碳酸氢钠水型。

依据前期研究成果[5]及专利碳酸氢钠水型油井腐蚀的快速判断及一种缓蚀剂（ZL 200910237125.5），当 Ca^{2+}/HCO_3^- 的摩尔比在 0~1 之间，若 Ca^{2+}/HCO_3^- 的摩尔比小于 0.6，集输管线内腐蚀与结垢并存，并且局部腐蚀严重，随着 Ca^{2+}/HCO_3^- 的摩尔比的增加，管线内结垢越来越轻；而 G30-5 计、G 阳站、G44 站、G29 站管线内水样的 Ca^{2+}/HCO_3^- 的摩尔比分别为 0.05、0.08、0.09 和 0.09，说明上述管线内腐蚀、结垢并存。

针对 G44-38X 串联集油管线水样为氯化钙水型，依据前期研究成果[5]，当 Cl^-/HCO_3^- 摩尔比大于 10 时，Cl^- 引起的穿孔腐蚀占主要因素，腐蚀速率呈指数式快速升高，而 G44-38X 串联集油管线水样中 Cl^-/HCO_3^- 摩尔比为 88.3（>10），说明存在较严重的腐蚀。

碳酸氢钠和氯化钙等不同水型水样混合输运，容易引起碳酸钙结垢，溶液中因腐蚀产生总铁，亚铁离子与碳酸根在一定条件下形成碳酸亚铁垢物，引发垢下腐蚀。

2.1.3　结垢腐蚀

根据水质分析数据，利用 Oil ScaleChem 软件得到结垢趋势预测结果，以 G44-21 串线集油线水样为例，如图 2 所示。

由图可知，当温度达到 20℃时，管线内开始出现 $FeCO_3$ 结垢，且随着温度升高至 60℃，$FeCO_3$ 结垢量急剧增加；温度在 60~80℃ 范围内时，$FeCO_3$ 结垢趋势逐渐变缓，但体系中出现 $CaCO_3$ 垢，并随着温度的升高，$CaCO_3$ 结垢量急剧增加；温度由 80 升至 100℃ 时，$FeCO_3$ 结垢量由 200mg/L 升至 240mg/L，$CaCO_3$ 结垢量最 G 达 250mg/L。由此可推断，G44-21 井井筒内存在 $FeCO_3$ 和 $CaCO_3$ 结垢。结合该管线运行温度在 45℃ 左右，可判定，

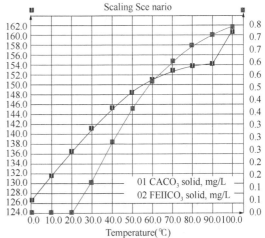

图 2　G44-21 串线采出液结垢趋势预测结果

G44-21 串线集输管线内存在 $FeCO_3$ 垢物，是由于管线腐蚀导致系统内存在大量总铁、Fe^{2+} 离子，与 HCO_3^- 作用形成 $FeCO_3$，可判定为腐蚀引起结垢，腐蚀结垢现象并存。

通过上述结垢趋势分析可知，附着在集输管线、井筒杆、管等金属表面的结垢物主要成分为 $FeCO_3$ 和 $CaCO_3$，正是因为 $FeCO_3$ 和 $CaCO_3$ 不易溶解于水会产生沉积物。由于 $FeCO_3$ 和 $CaCO_3$ 析出的同时新增了一定数量的氢离子，致使油水井金属的腐蚀情况更加严重。当金属上产生腐蚀物后，腐蚀点是正极，它的四周是负极，这种小阳极大阴极的结构特点造成了浓差电池，进一步增加了腐蚀的深度。由于腐蚀释放出的 Fe^{2+} 很容易扩散到外部，与水中的其他离子发生反应形成新的产物，此过程不断循环发生，腐蚀产物日积月累生成鼓包。金属在鼓包下面的腐蚀情况不断加深而产生蚀坑，最后造成局部腐蚀穿孔。

2.1.4 细菌腐蚀

水样中含有厌氧微生物硫酸盐还原菌(SRB)、腐生菌(TGB)等细菌，且部分水样中硫酸根离子含量较高。由于 SRB 是以 SO_4^{2-} 为最终电子受体的细菌，其代谢过程中将会产生腐蚀性极强的 H_2S，H_2S 在水中释放出来的 H^+ 是强去极化剂，易在阴极夺取电子，间接加剧阳极的溶解，使金属管线遭受腐蚀。SRB 在 30~50℃ 温度范围内、$4 < pH < 8$ 条件下生长良好。管线底部的碳酸盐沉积物会为硫酸盐还原菌营造出适宜生长的贫氧环境，加快其生成。SRB 除了自身的腐蚀破坏性，常常诱发管道的应力腐蚀开裂(SCC)、缝隙腐蚀、疲劳裂纹尖端脆化和垢下腐蚀，造成管道堵塞和泄漏事故。

2.2 环境因素

2.1.1 含水影响

根据文献调研结果[6]，管道腐蚀速率与介质含水率成正相关，含水率越大，腐蚀速率越大。低含水原油未破乳之前在管道内以 W/O(油包水)乳状液形式存在，原油与管道金属表面直接接触，对管线腐蚀微弱；而原油含水率超过 40% 之后乳化液形态发生转变，随着含水升高，逐步转化为 O/W(水包油)乳状液，大量游离水与金属表面直接接触，电导率增大，对管线内壁电化学腐蚀加剧。现场发现，腐蚀穿孔主要体现在含水率为 80% 以上的管线，所占比例达到 85%，含水率越高，腐蚀倾向越明显。

2.2.2 温度影响

温度一方面影响材料的热膨胀，原油集输温度一般在 20~50℃ 之间，常温施工的防腐涂层与金属管道的热膨胀系数有差异，两者对温度的响应不同，可造成涂层脱落，在涂层脱落处形成局部腐蚀环境，进而导致管道内壁腐蚀穿孔；此外，受季节交替，冻土层热胀冷缩，对埋地管道挤压或释放，产生应力腐蚀，破坏管道机械强度。另一方面温度影响腐蚀速率，室内实验发现，碳钢腐蚀速率与介质温度成正相关，温度越高，腐蚀速率越大，所考察温度范围 25~45℃ 正处于管道腐蚀敏感区(图3)。G 油田集油管线运行温度一般在 30~50℃ 之间(现场部分管线加注冷输剂)，该区块内原油凝固点在 34~35℃，即存在部分集油管线运行温度较原油凝点高 10℃ 以上，进而加剧管线腐蚀穿孔。

一般来讲，出站处附近管段发生腐蚀穿孔机会较大，靠近管道末端破漏次数相对较少，位于中间管段破漏次数在首末站之间。这主要因为出站处附近管道温度处。

2.2.3 流速影响

管道原油流速对腐蚀影响主要表现为积液腐蚀、冲刷腐蚀以及流态变化引起的应力腐蚀。室内实验发现，管道腐蚀速率与介质流速成正相关，流速越大，腐蚀速率越大(图4)。

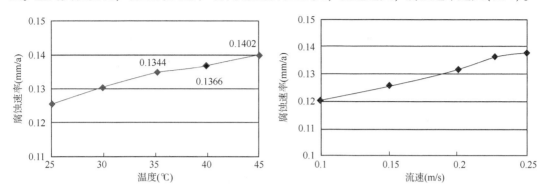

图 3 20#腐蚀速率随温度的变化曲线   图 4 20#钢腐蚀速率随流速变化曲线
   (0.23m/s，1MPa，11277.4mg/L)   (40℃，1MPa，11277.4mg/L)

具体表现为：在 0.1~0.225m/s 的流速范围内，20#钢的腐蚀速率随流速的增而呈现快速上升的趋势。当流速升至 0.25m/s 时，腐蚀速率上升幅度变小。在考察的流速范围内，腐蚀速率随流速增大急速逐渐上升。

腐蚀速率随流速增大的原因是：流速在 0.1~0.25m/s 范围内时，在金属表面所形成的腐蚀产物膜非常地疏松，在流体的作用下容易脱落，使金属基体重新暴露在腐蚀介质中，流速的增大必然会影响到金属表面腐蚀产物膜的生成。同时，随之流体流速的增大，将会加速离子传质，HCO_3^-、H^+等去极化剂将会更加快速的扩散到金属表面，使阴极去极化增强。与此同时，腐蚀过程中产生的 Fe^{2+} 离子会迅速离开金属表面，也是腐蚀速率增大的原因之一。

2.3　管道材质影响

2.3.1　微量元素含量

金属管道中的 Cr、Ni、Cu 等微量元素有利于防腐，其含量与管材的抗蚀能力成正比，含量越高，管道抗蚀能力越强[7-9]。针对 G44-21 集油管线投产不到 1 年时间就出现腐蚀穿孔的情况，结合管线采购质量把控，推断可能是由于管线材质中含有的有利防腐的微量元素虽能够满足质量要求(达到采购标准)，但低于甚至远低于上限所致。

2.3.2　焊接质量

G 油田管线失效位置有两处发生在焊缝处，分析认为焊接时，焊口焊缝金属与热影响区金属由于高温熔化造成焊缝切面上金属成分和显微结构变化[10-12]，引起焊缝与热影响区金属产生电位差，形成电化学腐蚀，在管壁上产生微裂纹及残余应力，降低了管道强度、塑性及耐蚀性能。当焊丝熔化不完全，多孔和夹渣等缺陷更容易引起该部位的点蚀及腐蚀开裂。

3　治理对策及应用

针对 G 油田集油管线频繁发生内腐蚀穿孔的情况，结合腐蚀因素分析及腐蚀程度评价结果，建议在集油线端点处(G44、G30 区块)结合油井动态生产、检泵作业及集输线腐蚀穿孔情况，选取重点油井针对性实施井筒加药防腐，从源头起到延缓集输系统腐蚀的目的。

结合现场实际情况，优选进行过 CO_2 吞吐的 G44-47X、G44-21 两口油井，腐蚀穿孔率急剧上升的集油管线开展化学加药防腐。现场应用后，两条集油管线腐蚀穿孔率由 1~3 次/月降至 0~1 次/月，油井未因腐蚀、结垢进行检泵作业，说明化学防腐技术在 G 油田具有的应用效果，建议进一步扩大应用规模，进一步降低管线失效率。

4 结论

（1）管线底部、焊缝连接处、弯头是 G 油田管线发生腐蚀穿孔的部位，其中集油管线底部为腐蚀穿孔最为频发位置；

（2）管道腐蚀是多因素共同作用的结果，水中各项敏感离子（S^{2-} 等）、细菌、碳酸盐垢，以及 CO_2 等腐蚀介质是造成腐蚀的主要因素，温度、流态、管道材质等外部因素起到加剧腐蚀的作用；

（3）针对性采取油井化学加药防腐的方式能够从源头延缓腐蚀现象的发生，在避免油井杆、管发生腐蚀的同时，能够起到延缓集输系统腐蚀穿孔的作用。

参 考 文 献

[1] 胡建国，罗慧娟，张志浩，等．长庆油田某输油管道腐蚀失效分析[J]．腐蚀与防护，2018，39（12）：962-965，970．

[2] 赵元寿，罗晓莉，方雷，等．绥靖油田地面集输管道腐蚀检测技术研究与应用[J]．油气田地面工程，2018，37（9）：82-86．

[3] 路民旭，白真权，赵新伟，等．油气采集储运中的腐蚀现状及典型案例[J]．腐蚀与防护，2002，22（3）：105-116．

[4] 川江，蒋宏，张丽，等．某油田低压集输管线腐蚀穿孔失效分析[J]．腐蚀与防护，2014，35（1）：99-106．

[5] 杜清珍，杨梅红，裴玉昌，等．油井产出液 $NaHCO_3$ 型水质腐蚀结垢方法快速定性判定及治理技术应用[J]．腐蚀与防护，2012，33（7）：255-257．

[6] 袁军涛，朱丽娟，宋恩鹏，等．西部油田地面集输管线腐蚀穿孔及防治措施[J]．油气田地面工程，2016，35（1）：86-88．

[7] 丁一刚，王慧龙，郭兴蓬，等．金属在液固两相流中的冲刷腐蚀[J]．材料保护，2001，34（11）：6-8．

[8] 罗检，张勇，钟庆东，等．晶粒度对一些常用金属耐腐蚀性能的影响[J]．腐蚀与防护，2012，33（4）：349-351．

[9] 张江江，张志宏，羊东明，等．油气田地面集输碳钢管线内腐蚀检测技术应用[J]．材料导报，2012，26（20）：118-123．

[10] 宋成立，张凯旋，王鹏，等．油田碳钢管道材质耐蚀性分析及腐蚀防治[J]．材料保护，2019，52（1）：118-122．

[11] 蒲前梅，王志华．原油长输管道安全防护技术浅析[J]．油气田地面工程，2009，28（11）：63-65．

[12] 李世柳．石油化工常用钢材性能[J]．石油化工设计，1997，14（3）：58-66．

天然气外输管道黑粉形成原因及防治对策研究

郭玉洁[1,2] 张江江[1,2] 孙海礁[1,2] 李 芳[1,2] 陈 浩[1,2] 柴弘伟[1,2]

(1. 中国石油化工股份有限公司西北油田分公司；
2. 中国石化缝洞型油藏提高采收率重点实验室)

摘 要：本文结合外输管线的清管作业情况，分析了管道不同部位的黑粉组成、分布和形态，同时对管输天然气历年气质情况进行了分析，确定了黑粉组成及其在管线中的分布规律，分析了黑粉形成原因。结果表明，黑粉偏向在距气源较近、地势低洼处的管道中聚集；其主要组成为 $FeCO_3$，还含有一定量的 Fe_3S_4、S、SiO_2、Fe_2O_3 等。其中 $FeCO_3$、Fe_3S_4、FeS 主要由天然气生产设备或管道发生 CO_2 和 H_2S 腐蚀所形成，而 S、SiO_2、Fe_2O_3 则由上游气源携入，或来自管线施工残留物。

关键词：天然气；外输管道；黑粉；腐蚀；防治；清管

黑粉是天然气外输管道中经常遇到的污染物，黑粉的出现会造成管道管输量下降、堵塞仪表和阀门、降低压缩机压缩效率等一系列问题[1]，严重影响天然气的正常输送和下游用户的正常生产。通过对黑粉成分分析，一般认为黑粉由铁硫化物、碳酸铁、氧化铁、硫磺、沙粒等[2]。黑粉问题最早出现在天然气管道建设较早的国家，如美国、加拿大、沙特等国[3]。近年来随着我国输气管线的大规模建设和相继投入运营，黑粉也逐渐出现在输气管网中。

西北油田分公司天然气外输管网主要由塔轮管线、塔雅管线和西气东输管线组成，它与油田内部天然气处理站场的外输管线互连互通，构成了完整的分公司天然气外输管网系统。近年来，随着天然气外输管线运行时间的延长、气源广泛、处理工艺不同等因素，在输气管线内形成黑色粉末等杂质，并不断聚集增加，导致下游分离设备频发堵塞、燃气使用设备故障增多等问题。其中塔轮线自 2003 年投产后，未进行过彻底清管，管内黑粉积聚，导致目前管输气量只有设计输气量的 70%，严重影响了分公司天然气外售和下游用户的正常生产。因此上半年分公司组织对塔轮管线进行了两轮清管作业，彻底清除了管内积聚的黑粉。

本文结合塔轮管线清管情况，对塔轮管线内黑粉的分布规律、主要成分和变化规律进行了分析，对清管作业情况进行了总结，为类似老旧天然气输送管线清管作业提供参考。

1 试验方法

现场取回的黑粉在进一步测试前密封保存。黑粉微观观察采用 Quanta 200F 场发射电子扫描显微镜，并借助 EDAX Genesis 2000 X-射线能谱仪(EDS)测定元素组成。采用

XRD-6000 型 X 射线衍射仪对黑粉的物相组成进行测试，利用 Malvern Mastersizer 3000 对黑粉粒径进行测试，测试前用研磨钵将黑粉研磨成细粉。

2 结果与讨论

2.1 管线简况

目前，西北油田分公司的天然气生产基地主要在塔河油田。气源为油田生产伴生气，经计转站、集气站脱硫、脱水后，由输气首站增压后经塔轮、塔雅管线输送至下游用户。塔轮管线材质为 20# 钢，规格为 $\phi219\times6.4mm$，全长 60km，设计压力 4.0MPa，设计天然气输送量 $45\times10^4Nm^3/d$，高程差，管道埋深不小于 1.3m。管线自 2003 年投入使用，自投用后曾进行过两次清管作业，但均发生清管器卡堵现象。

2.2 黑粉性状及分布规律

塔轮管线的清管过程分两轮进行，第一轮使用泡沫球清管器，从集气首站发出后，在距首站约 3.6km 处发生卡堵，采用断管的方式进行解卡。断管后发现管段内积聚大量黑粉，并结成硬块[图 2(a)、图 3(a)和(b)所示]，造成通球卡堵，图 2(b)为清管器前端堆积的黑粉。

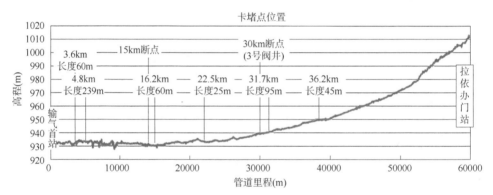

图 1 塔轮线高程图

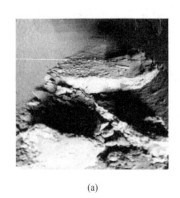  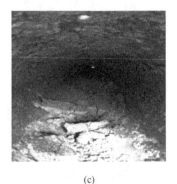

(a)   (b)   (c)

图 2 塔轮线距首站不同距离管道内黑粉情况

(a)、(b)为 3.6km；(c)为 31km

图3　塔轮线管道内清出黑粉性状

(a)、(b)为3.6km；(c)为31km

第二轮清管则改用水力驱动射流清管器，并在管道中间选取两个点断管，从首站、末站分别向中间断点清管(图1)。清管过程中也发生多处卡堵的现象，如图1所示，卡堵处发现结成硬块的黑粉，如图2(c)及图3(c)(d)。从图1(a)可以看出，卡堵点基本位于管程前半段，尤其在前5km，管内黑粉被清管器推动堆积长度达240m，将该管段全部置换后才解堵。而后半程卡堵较少，从末站反向清管至距首站36.2km处才发生卡堵，卡堵长度也只有45m。管道前半程高程差较小，从管线中点道首站的高程差只有约

10m，处于整个管道的地势低洼处。而后半程高程差较大，末站到管线中点的高程差达70m。因此，从两次清管情况看，管道内黑粉积聚严重，并且黑粉容易在距气源近、地势低洼处聚集。

2.3　黑粉成分分析及分布规律

将距首站3.6km处的块状黑粉用SEM观察(图4)，可以发现黑粉颗粒黏接在一起，但并不致密，存在较多孔隙，EDS结果显示，黑粉主要由C、O、S、Fe等元素组成。同时有少量规则形状的颗粒，EDS结果显示其S含量较高，见表1。

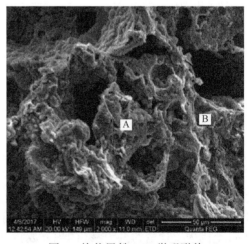

图4　块状黑粉SEM微观形貌

表1 黑粉 EDS 数据

Element	A 点		B 点	
	%(质量分数)	%(原子分数)	%(质量分数)	%(原子分数)
CK	09.45	23.20	11.37	24.28
OK	14.70	27.12	09.63	15.45
SK	24.53	22.57	70.38	56.31
FeK	51.32	27.11	08.62	03.96

用 XRD 对黑粉的物相组成进行了分析,结果如图5所示,黑粉主要由 $FeCO_3$、Fe_3S_4、Fe_2O_3、S、SiO_2 等组成。不同里程黑粉的物相组成及含量见表2,可以看出不同里程的黑粉物相组成中,$FeCO_3$ 的含量都是最高的,因而 $FeCO_3$ 是黑粉的主要组成,并且其含量随距首站距离增加而升高。而铁硫化物在管道前端(前5km)主要以 Fe_3S_4 形式存在,之后则主要是 FeS。S、SiO_2、Fe_2O_3 则主要集中在管道前5km,之后则含量很少。

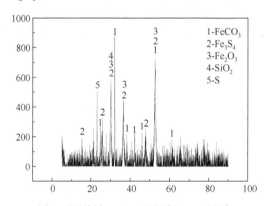

图5 距首站3.6km处黑粉 XRD 图谱

表2 黑粉成分随管道里程的变化情况

距首站距离(km)	成分[%(质量分数)]					
	$FeCO_3$	Fe_3S_4	FeS	S	SiO_2	Fe_3O_4
3.60	44	13	×	36	2	5
3.62	32	16	×	17	29	7
4.8	34	12	×	26	16	11
15	88	×	8	×	4	×
30	86	×	6	4	5	×
60	90	×	10	×	×	×

借助激光粒度仪对黑粉的粒径进行了分析,如图6所示,可见距首站距离较近时[图6(a)]黑粉粒径分布范围较大,粒径分布在 $1\mu m \sim 200\mu m$ 范围内,中位径 $d(0.5)$ 为 $44.445\mu m$。而在末站[图6(b)],黑粉粒径分布在两个范围,较细的颗粒分布在 $0.2\sim20nm$ 范围内,含量约占75%(体积分数);较粗的则分布在 $100\sim300nm$ 范围内,含量约占22%(体积分数)。相比于3.6km处,60km处的黑粉中位径 $d(0.5)$ 明显减小,仅为

2.021μm，说明黑粉在运移过程中，因为颗粒间的高速碰撞导致颗粒破碎细化。SY/T 992中规定，管输天然气中固体颗粒直径应小于5μm，显然塔轮线中的黑粉颗粒的粒径要明显大于5μm。

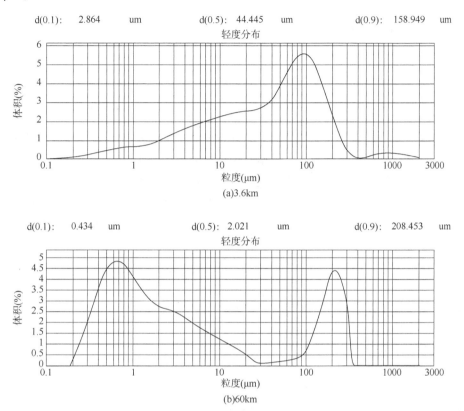

图6　距首站不同距离处黑粉粒径分析

2.4　黑粉成因分析

通过以上对黑粉组成的分析结果可以看出，黑粉主要以$FeCO_3$为主，同时含有少量的Fe_3S_4、FeS、Fe_2O_3、SiO_2和S等。其中$FeCO_3$、Fe_3S_4、FeS显然是由天然气输送过程中管道的H_2S和CO_2腐蚀造成的，属再生型黑粉。$FeCO_3$通过以下反应生成：

$$H_2O+CO_2 \longrightarrow H_2CO_3 \tag{1}$$

$$H_2CO_3+Fe \longrightarrow FeCO_3+H_2 \tag{2}$$

Fe_3S_4及FeS通过以下反应生成[4]：

$$H_2O+H_2S \longrightarrow H_3O^++HS^- \tag{3}$$

$$HS^-+Fe \longrightarrow FeS+H_2 \tag{4}$$

$$3FeS+HS^- \longrightarrow Fe_3S_4+H^++2e^- \tag{5}$$

通过观察和测量发现现场管道腐蚀减薄并不严重，而管道中黑粉积聚量却较多，并且集中在距首站较近的地方，因此推测黑粉中的$FeCO_3$、Fe_3S_4、FeS主要由上游管道、装置腐蚀形成，由于过滤装置处理能力不够而随天然气运移到管道中，其中粒径较大颗粒在距气源近、地势低洼处沉积在管壁中，而小颗粒则随天然气继续飘移至下游。同时因管道内不具备 Fe_2O_3、SiO_2 和 S 的生成环境，这些物质来自上游气源携入，或是管道施工时遗留在管道内。

3.5 天然气管道黑粉清除措施

从塔轮管线清管情况来看，第一轮清管由于不清楚管道内情况，而按照经验选用了泡沫球清管器，实际清管过程中由于管道内黑粉结块严重，导致清管器仅行走约 3.6km 就发生卡堵，同时清管器未安装定位装置，导致清管器定位困难，解卡过程耗费了大量时间和人力物力。但是通过第一轮清管也了解了管道内黑粉情况，第二轮清管则采用水力驱动射流清管器清管，并且设置多个断点，采用多段清管的方式清管。但是由于管道内黑粉量多，且结块严重，造成清管器损坏、卡堵。因此针对此类老旧输气管线，清管前应根据管道实际情况，有选择的在管道靠近气源处、管道中段、末端断管，大致摸清管道内沉积物情况，然后选择适当的清管器，并采取多段清管的方式清除管道内沉积物。同时对老旧管线应定期进行清管作业，防止管道内黑粉积聚过多，给天然气生产和运输带来安全隐患。

3 结论

（1）塔轮管线中黑粉偏向在距气源近、地势低洼处聚集。

（2）黑粉主要组成为 $FeCO_3$、Fe_3S_4、FeS，还含有少量 S、SiO_2、Fe_3O_4 等，远离输气首站，Fe 的硫化物减少。

（3）管输环境中具备生成 $FeCO_3$、Fe_3S_4、FeS 所需的 H_2S、CO^2 以及水环境，因此 $FeCO_3$、Fe_3S_4、FeS 可能来自管道自身腐蚀或是上游管道、设备的腐蚀；而 S、SiO_2、Fe_3O_4 则可能来自上游生产流程或管道施工时的遗留物。

（4）对老旧管线的清管作业，应事先根据管道实际情况，有选择的在适当位置断管，摸清管道内黑粉情况，然后选择适当的清管器，并采取多段清管的方式清除管道内黑粉。

参 考 文 献

［1］Richard Baldwin，刘丹．天然气管线内黑色粉末的特性及处理方法［J］．国外油田工程，2002，18（2）：45-49．

［2］张鹏，韩钟琴，朱琳．天然气长输管道内黑色粉末问题及抑制措施［J］．石油天然气学报（江汉石油学院学报），2013，35（4）：333-336．

［3］白港生．长输天然气管道内黑色粉末清管工艺［J］．化工设备与管道，2010，47（6）：67-68．

［4］Al-Shamari A R，Jarragh A，Al-Sulaiman S，et al.，Importance of Quality Control and Positive Metal Identification（PMI）in the Oil and Gas Industry at the Component Fabrication or Repair Stage［C］// 2011. DOI：10. 1007/BF00885553.

丛式井场管道区域性阴极保护
技术研究与应用

闫刘斌

（中国石油大港油田公司）

摘 要：本文主要探讨阴极保护技术在港西油田丛式井场油井管道保护的应用。介绍了阴极保护技术原理，并针对井丛场管道特点做了阴极保护技术实施方案改进。应用改进阴极保护技术方案，不仅解决了常规阴极保护方案施工费用高，保护电位不平衡等问题，更是利用数智化技术实现现场运行的自动化管理，满足了生产现场实际需求，实践效果良好，为井丛场管道保护提供了一个可靠技术思路。

关键词：井丛场；阴极保护；数智化

港西油气地处盐碱地带，土壤腐蚀性高，埋地管道使用寿命周期短，因腐蚀泄漏事故发生频率高，有效降低管道腐蚀速率一直是生产管理的重要工作。目前管道腐蚀控制技术中，以阴极保护技术最为可靠，应用范围较广。阴极保护技术在港西地区主要应用油气外输干线，针对井场集输干线、单井管道和单井井筒的阴极保护技术较少，而且实施过程存在建设成高、保护范围小、后期保护效果不稳定等缺点。

为响应国家号召，践行"创新、协调、绿色、开放、共享"发展理念，井丛场逐渐成为油田未来开发的主要方式。井丛场建设模式具有井场油水井密度大，井数多，管道数量多、交错多等特点。按照常规阴极保护方案，单井管道需要逐一实施物理电绝缘，工作量大，经济效益低下，无法实现持久有效阴极保护覆盖。针对此类井场管道和井筒的腐蚀控制需求改进阴极保护技术方案。

1 井丛式阴极保护系统

1.1 外加电流阴极保护

外加电流阴极保护是通过外部电源来改变周围环境的电位，使得需要保护的设备的电位一直处在低于周围环境的状态下。外加电流的阴极保护系统是由整流电源、阳极地床、参比电极、连接电缆组成的，主要用在大型设备的阴极保护或者土壤电阻率比较高的环境中的设备的阴极保护。

1.2 井丛式阴极保护

在外加电流阴极保护技术基础上，充分利用阴极保护系统电流在经过无防腐或防腐较差的金属构筑时，会产生电流屏蔽的现象，在阴极保护区与非保护区之间人为布设特制电流屏蔽装置，以达到限制阴极保护电流外延和平衡电位分布的目的。

井丛式阴极保护系统由整流电源、深井地床、参比电极、定向排流装置、智能调控系统、分流控制器和连接电缆等组成(图1)。

(1) 智能调控系统：主要包括数据采集模块、边缘计算模块、测试桩和监控软件。根据现场不同点保护电位，综合计算并调整恒电位仪合理输出电流。

(2) 分流控制器：由控制模块、可调电阻、霍尔电流感应器和继电器等组成。

(3) 定向排流装置：在特定区域设置1至2组定向排流器。排流器由极性二极管和锌合金阳极组构成。

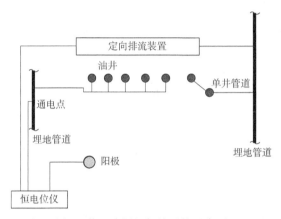

图1 井丛式阴极保护系统示意图

2 井丛式阴极保护系统的应用

2.1 现场资料获取

选取某区三组管理站点约 $0.41km^2$ 范围，涉及油井 27 口，水井 10 口，各类管道共计 8.6km(图2)。

图2 实施范围

现场对 36 个点位开展自然电位统计，自然电位保持在 -0.66~-0.79V，见表1。

2.2 阴极保护现场设计

现场建设内容主要包含阴极保护站的设备升级，阳极地床位置的布设、通电点位置、定向排流点的设计等。

(1) 阴护间设备升级建设。

阴极保护站选择某管理组原有阴极保护间，恒电位仪升级采用整合式逆变式恒电位仪 1 台，配套边缘计算单元 1 台，安装电流分流装置 1 套。

（2）定向排流装置及阴极回路设置。

表1　自然电位测试

井号	自然电位(-V)	井号	自然电位(-V)	井号	自然电位(-V)	井号	自然电位(-V)
测试点1	0.78	测试点10	0.74	测试点19	0.76	测试点28	0.76
测试点2	0.77	测试点11	0.75	测试点20	0.77	测试点29	0.79
测试点3	0.78	测试点12	0.74	测试点21	0.79	测试点30	0.7
测试点4	0.74	测试点13	0.78	测试点22	0.68	测试点31	0.66
测试点5	0.79	测试点14	0.79	测试点23	0.69	测试点32	0.68
测试点6	0.74	测试点15	0.79	测试点24	0.7	测试点33	0.69
测试点7	0.77	测试点16	0.7	测试点25	0.71	测试点34	0.7
测试点8	0.75	测试点17	0.76	测试点26	0.75	测试点35	0.79
测试点9	0.74	测试点18	0.76	测试点27	0.78	测试点36	0.7

在保护区南侧末端和东侧加装电流屏蔽装置，设置电流馈电点2处，并调整阴极回路2处，充分利用阴极保护站已建线路和深井阳极井，节约了项目成本。

（3）为方便监控设备运行状况，加强现场自动化管理水平，设计应用智能化阴极保护调节系统。智能测试桩将现场保护数据通过无线网络传输至边缘计算终端，由边缘计算终端进行数据分析处理，并触发恒电位仪数据自动调整，实现设备输出与现场保护需求的动态联动。

2.3 应用效果

2.3.1 阴极保护电位覆盖情况

现场电位测试表明，设计保护区内井筒、管道电位在-1.02~-0.85V之间，达到阴极保护要求。保护点电位压降均达到100mv以上标准。非保护区电位保持在-0.75V左右，阴极保护系统电位外溢控制达到设计要求，如图3所示。

图3　现场测试电位

2.3.2 电流分布情况

37口油水井中，24口保护电位在-1.02~-0.90V，保护效果良好。13口保护电位在-0.90~-0.85V，达到阴极保护要求。恒电位仪输出电流控制在60A至65A之间，通电电位-1.15V，设备运行平稳(图4)。

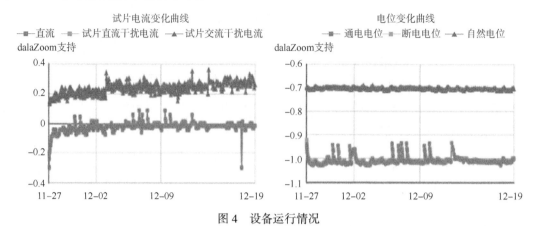

图4 设备运行情况

2.3.3 现场电位自动监测

以保护站为中心，分不同地段设置自动监测点8处，对保护效果实施监测。并埋设现场腐蚀挂片监测保护效果。腐蚀挂片测定保护段腐蚀速率平均0.023mm/a，如图5所示。

图5 自动监测点分布

表2 自动监测点位点位

井号	自然电位(-V)	断电电位(-V)	电位压降(mV)	保护电位(-V)
1913	0.71	0.93	220	0.98
1914	0.67	0.87	200	0.96
1915	0.69	0.89	200	1.05
1916	0.7	0.91	210	1.08
1917	0.72	1.02	300	1.15
1918	0.68	0.97	290	1.05
1919	0.71	0.88	170	0.95
1920	0.75	0.92	170	0.98

3 结论

(1) 井丛式阴极保护系统技术方案能够解决井丛场开发管道绝缘困难，阴极保护投资高以及有效阴极保护范围小的生产问题。为今后解决井筒、单井管道整体保护阴极保护设计提供了可参考依据。

（2）合理设计利用定向排流装置、电流分流和智能阴极保护数字化技术，能够实现阴极保护电位均匀分布，提升现场管理水平。

参 考 文 献

［1］刘天魏．区域阴极保护在输油站场的应用［J］．自动化应用，2023.64（6）：10-12.

［2］李海坤，谢涛，王颖，等．区域阴极保护实践与分析［J］．腐蚀与防护，2013，31（2）：73-75+1.

［3］闫锦霞．阴极保护技术在埋地钢质管道中的应用［J］．化工设计，2020，30（3）：27-29+1.

［4］熊妍．区域阴极保护的防腐及维护［J］．全面腐蚀控制，2021，35（10）：79-80+93.

针刺覆膜法钠基膨润土防水毯对其包裹埋地管道阴极保护影响

李振军

（国家管网集团西部管道有限责任公司）

摘　要： 针刺覆膜法钠基膨润土防水毯具有永久性的防水防水毯效果，可减少油气泄漏对环境造成的污染，常应用于穿越环境保护区的管道，但其对所包裹管道的阴极保护影响尚不明确。本文开展不同包裹形式下防水毯对管道阴极保护影响模拟实验，并优选最优包裹方式进行实际应用与效果检测，根据检测结果，分析了防水毯对其包裹管道阴极保护屏蔽的关键影响因素，得出了开口尺寸推荐公式，证明了公式的现场应用有效性。研究结果可为防水毯包裹埋地管道阴极保护提供参考。

关键词： 钠基膨润土防水毯；埋地管道；阴极保护

钠基膨润土防水毯是一种新型的土工合成材料，简称 GCL，主要分为针刺法钠基膨润土防水毯、针刺覆膜法钠基膨润土防水毯和胶黏法钠基膨润土防水毯[1-2]。适用于地铁、隧道、人工湖、垃圾填埋场、机场、水利、路桥、建筑等领域的防水[3-4]。其中，针刺法钠基膨润土防水毯，是由两层土工布包裹钠基膨润土颗粒针刺而成的毯状材料，如图1(a)所示，用 GCL-NP 表示；针刺覆膜法钠基膨润土防水毯，是在针刺法钠基膨润土防水毯的非织造土工布外表面上复合一层高密度聚乙烯薄膜，如图1(b)所示，用 GCL-OF 表示；胶黏法钠基膨润土防水毯，是用胶黏剂把膨润土颗粒黏结到高密度聚乙烯板上，压缩生产的一种钠基膨润土防水毯，如图1(c)所示，用 GCL-AH 表示[5,6]。

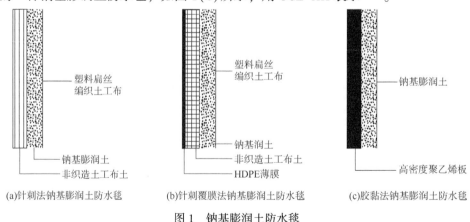

(a)针刺法钠基膨润土防水毯　　(b)针刺覆膜法钠基膨润土防水毯　　(c)胶黏法钠基膨润土防水毯

图1　钠基膨润土防水毯

针刺覆膜法钠基膨润土防水毯，主要由天然矿物质蒙脱土和少量特殊无机添加剂混合后，通过特殊的生产工艺，在工厂控制条件下生产成的"毯"式防水毯衬产品，其使用寿命长，具有永久性的防水防水毯效果，可减少油气泄漏对环境造成的污染，常应用于穿越环境保护区的管道，但其对所包裹管道的阴极保护影响尚不明确[7,8]。

为了明确针刺覆膜法钠基膨润土防水毯对其包裹埋地管道阴极保护影响，本文开展不同包裹形式下防水毯对管道阴极保护影响模拟实验，并优选最优包裹方式进行实际应用与效果检测，根据检测结果，分析了防水毯对其包裹管道阴极保护屏蔽的关键影响因素，得出了开口尺寸推荐公式，证明了公式的现场应用有效性，为防水毯包裹埋地管道阴极保护提供参考。

1 检测方法

1.1 防水毯面电阻率检测

面电阻率检测实验装置如图 2 所示，该装置由两根内径 9cm 塑料管、防水毯、土壤模拟液、聚乙烯冷缠带、两根钢管及直流电源组成。两根塑料管进行对接，其对接处采用防水毯隔断并用聚乙烯冷缠带黏接密封，两根塑料管内部灌注土壤模拟液，液面高度 8cm，土壤模拟液中浸泡面积约为 60.8cm² 。采用两根钢管分别插入两根塑料管内部土壤模拟液内，利用直流电源输出电压，并测量回路电流。实验期间对输出电压进行调节，分别为5V、15V、30V、45V 与 60V。

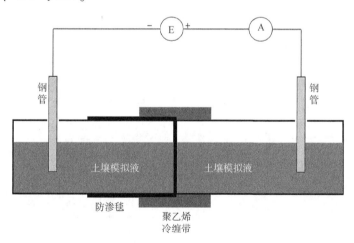

图 2 防水毯毯面电阻率测试装置

1.2 防水毯屏蔽效果实验室检测

1.2.1 密封防水毯屏蔽效果实验室检测

为评估密封防水毯屏蔽效果，设计模拟实验进行相关测试分析。模拟实验装置由两部分组成，一部分为带有防水毯的阴极保护电路，另一部分为无防水毯阴极保护电路，两部分共用阴极保护直流电源与阳极，采用万用表分别记录两种电路下钢管通断电电位，并采用电流表记录两回路电流。三组模拟实验尺寸分别为：（1）两钢管直径 10mm，防水毯毯

筒 $\Phi 260 \times 500mm$，输出电压 1V；（2）两钢管直径 50mm，防水毯毯筒 $\Phi 500 \times 500mm$，输出电压 4V；（3）两钢管直径 50mm，两钢管直径 75mm，防水毯毯箱 1000mm × 500mm × 500mm，输出电压 3V。

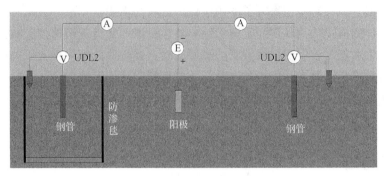

图 3 防水毯毯屏蔽效果测试

1.2.2 开口防水毯屏蔽效果实验室检测

为评估开口防水毯屏蔽效果，设计模拟实验进行相关测试分析。模拟实验装置与 1.2.1 节（3）实验相似，实验室制作上方开口防水毯毯包裹结构，该结构尺寸 1000mm × 500mm × 500mm，内部由木架固定，两端部由木板及聚乙烯冷缠带绝缘密封，三侧面为针刺覆膜法钠基膨润土防水毯毯，如图 4 所示。钢管直径分别为 55mm 和 75mm，长度 900mm，两头黏弹体冷缠带封堵 50mm，实际裸露长度 800mm，两根钢管搭接，钢管轴心距防水毯箱底部 200mm。实验通过调整防水毯箱顶部覆土厚度模拟现场防水毯毯与混凝土盖板间隙变化，覆土厚度分别为 0mm、50mm、100mm、200mm、300mm 与 400mm，此外对无防水毯也进行实验，输出电压保持 3V 不变。

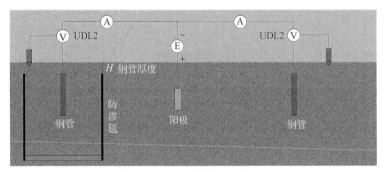

图 4 防水毯毯屏蔽效果测试

1.3 防水毯屏蔽效果现场检测

开启线路阴极保护并调整输出，分别进行两种状态下防水毯段（6.7km）及其上下游各 2km 管道密间隔电位测试，密间隔间距约 10m，对比保护效果变化，分析 46# 阀室阴极保护站对防水毯段管道保护作用。两种状态分别为：（1）46# 阀室阴保站恒位 -1900mV$_{cse}$ 运行；（2）46# 阀室阴保站恒位 -1400mV$_{cse}$ 运行。

2 钠基膨润土防水毯面电阻率

基于1.1节实验方法与装置获得不同输出电压下回路电流测试数据，表1为防水毯面电阻率测试装置不同输出电压下回路电流测试数据，图5为不同输出电压下回路电流散点图，由图表可见，回路电流与输出电压呈线性关系，表明回路电阻稳定，回路电阻约为$(1.5\sim1.7)\times10^8\Omega$，回路电阻主要由防水毯毯面电阻决定，计算得防水毯毯面电阻率为$9.1\times10^5\Omega\cdot m^2$，其面电阻率很高，这可能与其外部HDPE薄膜有关(图6)，HDPE薄膜是高密度聚乙烯薄膜的英文简称，其电绝缘性高[9]。

表1 防水毯面电阻率测试装置不同输出电压下回路电流测试数据

输出电压(V)	5	15	30	45	60
回路电流(μA)	0.3	1.0	1.9	2.8	4.0
回路电阻(Ω)	1.7×10^8	1.5×10^8	1.6×10^8	1.6×10^8	1.5×10^8

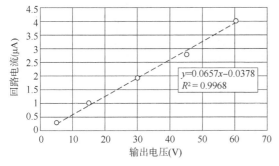

图5 防水毯面电阻率测试装置
不同输出电压下回路电流散点图

图6 防水毯实物照片

3 钠基膨润土防水毯对其包裹埋地管道阴极保护屏蔽影响规律

3.1 密封防水毯对其包裹管道阴极保护屏蔽规律

为评估密封防水毯屏蔽效果，设计模拟实验进行相关测试分析。三组模拟实验数据见表2，图7为三组实验无防水毯包裹与有防水毯密封包裹下钢管通电电位与断电电位，图8为三组实验无防水毯包裹与有防水毯密封包裹下钢管IR降，由图表可见，无防水毯包裹钢管的通电电位明显负于断电电位，其具有明显的IR降，IR降为$472\sim974mV$；有防水毯密封包裹钢管的通电电位与断电电位相等，IR降为$0mV$，这表明不存在阴极保护电流流入钢管，阴极保护电流被完全屏蔽。图9为三组实验无防水毯包裹与有防水毯密封包裹下回路电流，结果显示三组实验中有防水毯密封包裹下钢管的实验回路电流均为$0A$，这与前述分析结果一致。分析认为这是由于防水毯面电阻率过大，前述2节可知防水毯毯面电阻率为$9.1\times10^5\Omega\cdot m^2$。

表2　密封防水毯对其包裹管道阴极保护屏蔽模拟实验数据

模拟实验	状态	通电电位(-mVcse)	断电电位(-mVcse)	回路电流(mA)
I-两钢管直径10mm，防水毯毯筒Φ260×500mm，输出电压1V	无防水毯包裹	1366	867	2.8
	有防水毯密封包裹	648	648	0
Ⅱ-两钢管直径50mm，防水毯毯筒Φ500×500mm，输出电压4V	无防水毯包裹	1836	862	21.8
	有防水毯密封包裹	532	532	0
Ⅲ-两钢管直径75mm，防水毯毯箱1000×500×500mm，输出电压3V	无防水毯包裹	1443	971	57.2
	有防水毯密封包裹	742	742	0

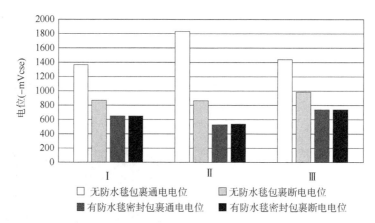

图7　三组实验无防水毯包裹与有防水毯密封包裹下钢管通电电位与断电电位

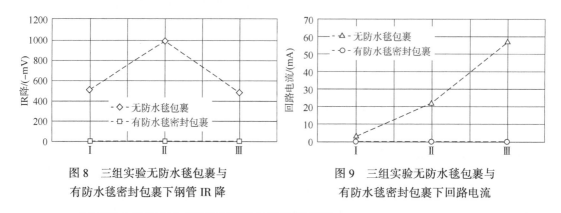

图8　三组实验无防水毯包裹与
有防水毯密封包裹下钢管IR降

图9　三组实验无防水毯包裹与
有防水毯密封包裹下回路电流

3.2　开口防水毯对其包裹管道阴极保护屏蔽规律

为评估开口防水毯屏蔽效果，设计模拟实验进行相关测试分析。七组模拟实验数据见表3，图10为无防水毯及开口防水毯不同覆土厚度下钢管通电电位与断电电位，图11为无防水毯及开口防水毯不同覆土厚度下钢管IR降及回路电流，由图表可见，开口防水毯无覆土相当于防水毯密封，因而通电电位与断电电位相等，IR降为0mV，回路电阻为0mA，这也检验了开口防水毯其他部位的密封性良好；开口防水毯覆土厚度模拟防水毯不同尺寸的开口程度，随着覆土厚度增加，钢管通电电位与断电电位逐渐负向偏移，IR降绝对值逐渐增大，回路电流逐渐增长，表明防水毯开口尺寸越大其对阴极保护的屏蔽效果越小，变化幅度显示屏蔽效果的减弱随尺寸增大的变化率越来越小。

表3 开口防水毯对其包裹管道阴极保护屏蔽模拟实验数据

状态	通电电位（-mVcse）	断电电位（-mVcse）	回路电流（mA）
无防水毯	1443	971	57.2
开口防水毯无覆土	742	742	0
开口防水毯覆土50mm	1262	824	30.1
开口防水毯覆土100mm	1561	834	37
开口防水毯覆土200mm	1653	839	38.9
开口防水毯覆土300mm	1739	842	39.8
开口防水毯覆土400mm	1827	847	40.2

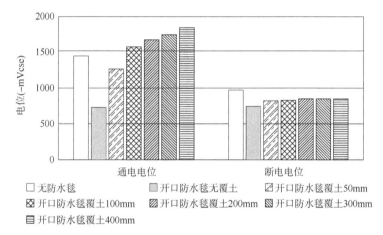

图10 无防水毯及开口防水毯不同覆土厚度下钢管通电电位与断电电位

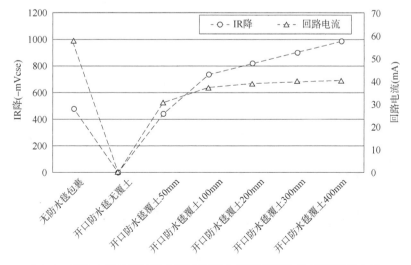

图11 无防水毯及开口防水毯不同覆土厚度下钢管IR降及回路电流

开口防水毯对其包裹管道阴极保护屏蔽主要表现为其开口部位土壤介质电阻对回路电阻的影响。基于输出电压与回路电流可得回路电阻，基于防水毯内 IR 降(参比电极位于防水毯内)与回路电流可得钢管与防水毯内土壤的接地电阻，无防水毯状态下的两者之差为线路电阻与参比外围 IR 降接地电阻两者之和 M，有防水毯状态下的两者之差为线路电阻、参比外围 IR 降接地电阻及开口部位土壤电阻三者之和 N，N 与 M 之差即为防水毯开口部位土壤电阻 R_0，由此得到不同覆土厚度下防水毯开口部位土壤电阻如表4所示。

表4 开口防水毯对其包裹管道阴极保护屏蔽模拟实验数据

状态	回路电阻（Ω）	试片接地电阻（防水毯内 IR 降/I）（Ω）	电阻 M（Ω）	电阻 N（Ω）	防水毯及其上方间隙土壤综合电阻[$N-M$(Ω)]
无防水毯	52	8.3	44.2	—	—
开口防水毯无覆土	100	14.6	—	85.1	40.9
开口防水毯覆土 50mm	81	19.6	—	61.4	17.2
开口防水毯覆土 100mm	77	20.9	—	56.2	12.0
开口防水毯覆土 200mm	75	22.5	—	52.8	8.6
开口防水毯覆土 300mm	75	24.4	—	50.2	6.1
开口防水毯覆土 400mm	75	24.4	—	50.2	6.1

基于土壤电阻计算原理，推导了防水毯开口部位土壤电阻公式：

$$R_{开口} = \rho_{开口} \cdot \frac{t}{H \cdot L} \tag{1}$$

$$L = 2(a+b) \tag{2}$$

式中，$R_{开口}$ 为防水毯开口部位土壤电阻，Ω；$\rho_{开口}$ 为防水毯开口部位土壤电阻率，Ω·m；t 为防水毯开口部位土壤厚度，m；H 为防水毯开口部位土壤宽度，m；L 为防水毯开口部位土壤周长，m；a 为防水毯横跨宽度，m；b 为防水毯线路长度，m。

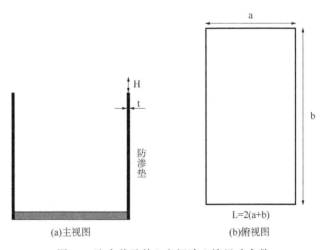

(a)主视图　　　　(b)俯视图

图12 防水毯及其上方间隙土壤尺寸参数

经测量，2米深平均土壤电阻率为79Ω·m，间隙土壤厚度以防水毯厚度50mm代替，防水毯周长2000mm，间隙土壤厚度分别为50mm/100mm/200mm/300mm/400mm，间隙土壤电阻随间隙变化延伸曲线结果如图13所示。由图13可见，此时间隙土壤计算电阻与间隙土壤实测电阻一致，公式具有可靠性。

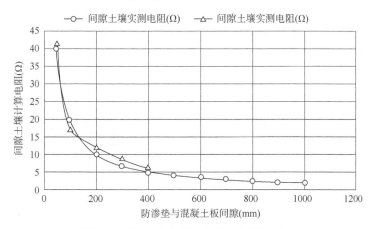

图13　间隙土壤电阻计算值与实测值对比

基于经可靠性证明的式1，结合阴极保护系统设计经验，建议按防水毯开口部位土壤电阻小于防腐层电阻1%设计，可将开口防水毯对阴极保护电流分布影响降低到1%，即：

$$\frac{R_{开口}}{R_{防腐层}}<1\% \tag{3}$$

$$R_{防腐层}=\frac{\rho_{防腐层}}{\pi Db} \tag{4}$$

由式（3）与式（4）可得：

$$\frac{t}{H}<\frac{2\%}{\pi D}\cdot\frac{\rho_{防腐层}}{\rho_{开口}} \tag{5}$$

式中，$R_{防腐层}$为防水毯内管道防腐层电阻，Ω；$\rho_{防腐层}$为防水毯内管道防腐层电阻率，Ω·m²；D为防水毯内管道直径，m；b为防水毯线路长度，m。

由式（5）可得到防水毯开口部位尺寸要求，指导开口式防水毯施工。

4　开口防水毯现场应用及其对埋地管道阴极保护影响

现场管道，防水毯内管道管径为508mm与711mm，均采用3PE防腐层，防腐层电阻率取100000Ω·m²，土壤电阻率根据现场测试结果取平均土壤电阻率为81Ω·m，基于式5计算得到，t/H应小于6.45。现场设计防水毯开口部位土壤厚度t为0.25m，土壤宽度为1.5m，得t/H为0.17，满足式（5）要求。

4.1　46#阀室阴保站恒位-1900mV$_{cse}$运行

46#阀室阴保站恒位-1900mV$_{cse}$运行时，防水毯段及其上下游各2km管道密间隔电位测试结果如图 14 所示，由图可见，防水毯段管道（增 1-增 8 段）通电电位介于 -1690 ～ -1036mV$_{cse}$，通电电位平均值为 -1488.8mV$_{cse}$，断电电位介于 -1230 ～ -793mV$_{cse}$，断电电位平均值为 -1005.1mV$_{cse}$。非防水毯段通电电位介于 -1735 ～ -941mV$_{cse}$，通电电位平均值为 -1504.9mV$_{cse}$，断电电位介于 -1294 ～ -642mV$_{cse}$，断电电位平均值为 -1022.9mV$_{cse}$。防水毯段与非防水毯段管道的通电电位平均值、断电电位平均值相近，无明显差异。

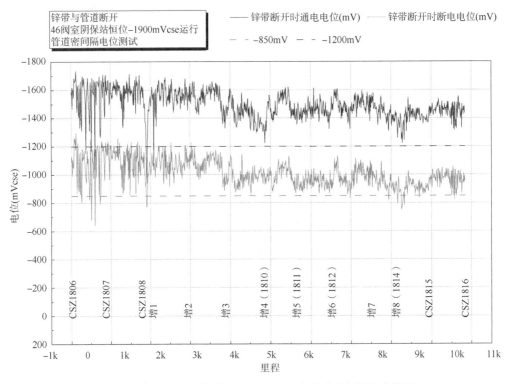

图 14 46#阀室阴保站恒位 -1900mV$_{cse}$ 运行管道密间隔电位测试

4.2 46#阀室阴保站恒位 -1400mV$_{cse}$ 运行

46#阀室阴保站恒位 -1400mV$_{cse}$ 运行时，防水毯段及其上下游各 2km 管道密间隔电位测试结果如图 15 所示，由图可见，防水毯段管道（增 1-增 8 段）通电电位介于 -1541 ～ -1071mV$_{cse}$，通电电位平均值为 -1369mV$_{cse}$，断电电位介于 -1195 ～ -743mV$_{cse}$，断电电位平均值为 -976mV$_{cse}$。非防水毯段通电电位介于 -1333 ～ -1168mV$_{cse}$，通电电位平均值为 -1245mV$_{cse}$，断电电位介于 -1103 ～ -766mV$_{cse}$，断电电位平均值为 -949mV$_{cse}$。防水毯段与非防水毯段管道的通电电位平均值、断电电位平均值相近，无明显差异。

图 16 为阴保站恒位 -1900mV$_{cse}$ 与 -1400mV$_{cse}$ 状态管道密间隔电位对比，表 5 为密间隔电位结果统计对比，由图表发现，增大线路阴极保护输出使得改迁段管道通电电位和断电电位平均值均负向偏移，可见 46#阀室线路阴保对改迁防水毯段可提供阴极保护。同时可以看到，47#阀室部位通电电位与断电电位明显偏正，经查 47#阀室存在漏电，47#阀室附近管道电位偏正与 47#阀室漏电有关，经查 47#阀室因加装监测装置期间存在漏电，阴极保护电流流失。

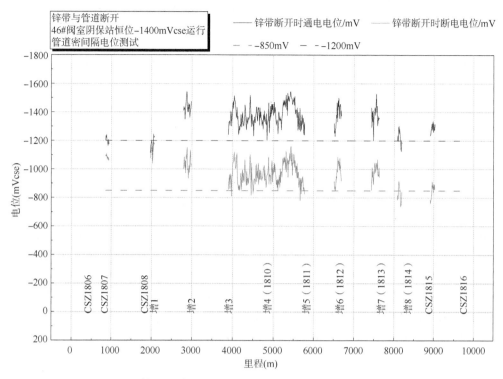

图 15　46#阀室阴保站恒位−1400mV$_{cse}$运行管道密间隔电位测试

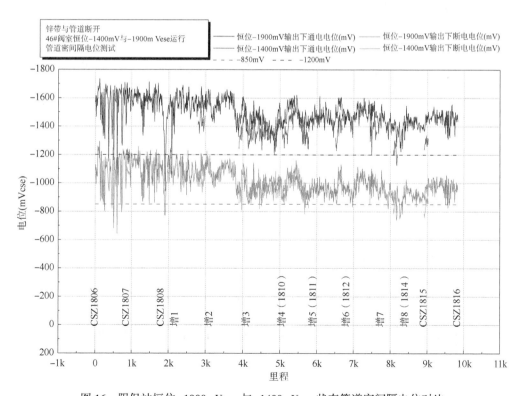

图 16　阴保站恒位−1900mVcse 与−1400mVcse 状态管道密间隔电位对比

表5 46#阀室恒位−1400mV 和−1900mV 密间隔电位测试统计

阴保输出	恒位−1400mV		恒位−1900mV	
电位	通电电位（mV）	断电电位（mV）	通电电位（mV）	断电电位（mV）
最大值	−1075.00	−743.00	−941.00	−642.00
最小值	−1541.00	−1195.00	−1735.00	−1294.00
平均值	−1360.26	−973.67	−1493.95	−1010.77

5 结论

现场管道，防水毯内管道管径为508mm 与711mm，均采用 3PE 防腐层，防腐层电阻率取 $100000\Omega\cdot m^2$，土壤电阻率根据现场测试结果取平均土壤电阻率为 $81\Omega\cdot m$，基于式 5 计算得到，t/H 应小于 6.45。现场设计防水毯开口部位土壤厚度 t 为 0.25m，土壤宽度为 1.5m，得 t/H 为 0.17，满足式（5）要求。

本文开展不同包裹形式下防水毯对管道阴极保护影响模拟实验，并优选最优包裹方式进行实际应用与效果检测，根据检测结果，分析得到以下结论：

（1）防水毯面电阻率为 $9.1\times10^5\Omega\cdot m^2$，其面电阻率很高，绝缘性强；

（2）防渗垫开口结构尺寸应按式（5）设计，现场防渗垫段管道实际防渗垫开口部位满足该公式，实际检测不存在阴极保护屏蔽，证明了公式的现场应用有效性，可为防水毯包裹埋地管道阴极保护提供参考。

参 考 文 献

[1] 刘学贵，林青垚，刘长风，等．改性膨润土防渗材料吸附性能的研究[J]．化学世界，2013，54（9）：528-532.

[2] 张明轩，白杰，陈昕，等．一种新型防水材料：钠基膨润土防水毯[C]天津建材．2008，1（2）：33-34.

[3] 李志斌．土工织物膨润土防渗垫有效性研究及相关机理分析[D]上海：同济大学，2007.

[4] 张永利．钠基膨润土防水毯（GCL）在水利防渗工程中的应用及探究[J]．山西水利科技，2014（2）：39-40+43.

[5] 龚佳林．一种透气防渗天然钠基膨润土防水毯，CN112814043A[P]．2021.15-17.

[6] 刘玉芹．预水化型膨润土防渗材料制备工艺及性能评价指标探讨[J]．中国非金属矿工业导刊，2020（4）：15-17.

[7] 夏剑锋．论中缅油气管道与中国石油安全[J]．云南民族大学学报（哲学社会科学版），2012，29（2）：110-114.

[8] 曹洪凯．天然钠基膨润土防水毯在渠道防渗工程上的应用研究[J]．东北水利水电，2013.31（3）：21-24+72.

[9] 刘祖斌，孙淑萍，周云芬，等．一种针刺覆膜法钠基膨润土防水毯，CN203185765U[P]．2013.

腐蚀监测技术在大港南部油田的应用探讨

王　菁　赵　维　魏海生　潘景亚

(中国石油大港油田公司)

摘　要： 油田生产开发过程中，从地层产出的污水经过地面流程管线输送到联合站，经过处理后再进行回注(包括回注到地层)。沿程管线受污水中的 SRB、CO_2 和垢下腐蚀等的共同侵蚀造成了严重的腐蚀损害，腐蚀穿孔、结垢等现象经常出现，造成井下管柱使用寿命缩短，增加了作业次数，不但带来了巨大的经济损失，还严重影响了油田的正常生产。

关键词： 油田；腐蚀；监测；在线腐蚀监测；沿程管线

输注管网腐蚀结垢会造成油井作业频繁，严重影响了油田系统的正常运转，原油生产成本逐年上升，因此，油气田生产过程中腐蚀结垢一直是困扰石油、天然气工业整个经济水平的提高和发展急需解决的重要技术问题之一。大港南部油田采出水具有矿化度高、温度高和腐蚀性气体含量高的特点，造成地面管网、输注设备及注水井筒腐蚀结垢现象严重，给油田开发和生产带来了巨大危害。为了更好地掌握南部油田采出水系统的腐蚀情况，实现由"感性认识"到"定量评价"的转变，需要开展腐蚀监测工作。

1　油田腐蚀监测技术

油田常用腐蚀监测技术主要分为以下四类。

1.1　挂片失重法

失重法是工业上最常用，最经典的腐蚀监测技术。其基本测量原理就是失重，在一定的暴露时间内发生的重量损失就是腐蚀速率。把已知重量的金属试片放入腐蚀介质中，经过已知的时间周期取出清洗后称重，根据试样质量变化测量出平均腐蚀速率。监测装置如图 1 所示，其优点是：

(1) 可用于所有环境，气体，液体，固体/颗粒流体；

(2) 试片取出后可以观察试片表面形状，分析表面腐蚀产物，从而确定腐蚀的类型。

缺点是：

(1) 测量周期长；

(2) 通过挂片法得到的数据反映的是腐蚀发生的

图 1　腐蚀监测装置

结果，不能反映腐蚀过程中金属腐蚀速率的变化趋势；

（3）无法反映工艺参数的快速变化对腐蚀速率的影响

1.2 电阻探针法

电阻探针法是基于材料随腐蚀发生变化的原理进行测量的。电阻探针法 ER 被称为是"电子腐蚀挂片"，跟失重法一样，ER 探针测量的是金属损失。由于电阻探针的工作长度较直径大很多倍（长 102mm，直径 8mm），电阻发生变化即认为材料被腐蚀，电阻的变化换算成探针的失重从而计算得出腐蚀速率。具有以下特点：

（1）可直接获得腐蚀速率；

（2）在其使用寿命内，探针可一直置于管线内；

（3）对于腐蚀变化响应迅速，可用于报警。

探针监测装置如图 2 所示。

1.3 极化曲线测量技术

电化学测试方法称为线性极化电阻法，其基本原理是施加极化电位使电极极化而产生极化电流，通过测量得到极化电阻，进而计算出腐蚀电流，腐蚀电流与腐蚀速率成正比，通过公式计算求得腐蚀速率线。线性极化法对腐蚀情况变化响应快，能获得瞬间腐蚀速率，比较灵敏，可以及时地反映腐蚀过程中金属腐蚀速率的变化，也可反映设备操作条件变化对腐蚀过程的影响，是一种非常适用于监测的方法。但不适于在导电性差的介质中应用，这就是由于当设备表面有一层致密的氧化膜和钝化膜，甚至堆积有腐蚀产物时，将产生假电容而引起很大的误差，甚至无法测量。

1.4 电感阻抗法

电感阻抗法是电阻法转化的一项技术，在传感器中埋设一个线圈，通过其感抗的变化来测定敏感元件厚度的减少，敏感元件厚度的变化将影响线圈的感抗。其优点是可广泛应用于各种系统，响应时间大大缩短，也可实时获得数据，其缺点是电极需经常更换，价格较高。

图 2　电阻探针装置　　　　　　　　　　图 3　电阻探针

2　腐蚀监测技术应用

腐蚀监测技术各有特点，综合比较其优缺点和使用条件，挂片失重法在目前应用最为广泛，它不但能直观的反应系统的腐蚀情况，而且还可以获取腐蚀产物及结垢率，特别是快速评价缓蚀剂和测点蚀速度是其他监测方法所不能替代的。

2.1 挂片失重法应用

为了实现腐蚀结垢情况由"感性认识"到"定量评价"的转变，南部油田技术人员通过腐蚀结垢监测技术研究，根据监测部位管径及压力等级，优选了四种监测装置，如图4至图8所示。

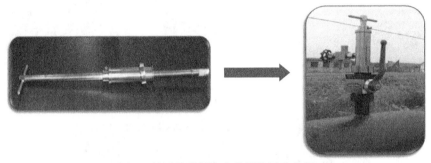

图4 低压管道提拉式监测装置示意图

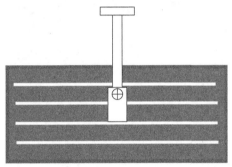

图5 腐蚀监测示意图

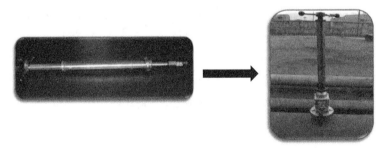

图6 中压管道螺杆式监测装置示意图

应用以上四种监测装置，在大港南部油田建立了"联合站→注水泵站→注水井口→注水井筒"的四级监测网络，共建监测点191处。腐蚀结垢监测网络的建立，有助于全面了解南部油田腐蚀结垢现状，也为腐蚀结垢治理效果评价提供了数据支持，成为治理工作的"眼睛"和"哨兵"（图9）。

挂片失重监测法在使用初期或在采出水处理系统稳定运行的情况下应用效果良好（图10），随着储罐运行年限延长，因得不到及时检修，底部泥砂进入地面管线，管线投运时间越长，挂片失重法在监测过程中也随之出现一些问题：

图 7 高压注水井口螺杆式监测装置示意图

图 8 高压注水井筒监测装置示意图

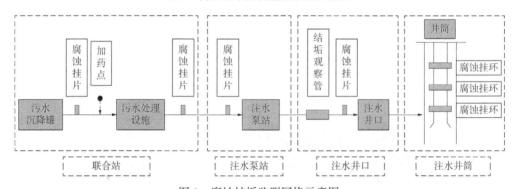

图 9 腐蚀结垢监测网络示意图

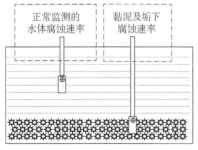

图 10 监测挂片对比示意图

（1）遇有采出水中的黏状物护裹挂片后，挂片生成垢下腐蚀，监测的腐蚀速率比正常水体腐蚀速率高出数 10 倍；

（2）监测装置获得数据时间较长，需要人工定时更换，不能获得时实监测数据；

（3）监测装置长期置于室外，提拉杆卡扣处拆卸次数频繁，易损耗，需要整体更换。

2.2 在线腐蚀监测技术应用

利用腐蚀减薄检测原理，在现场研发应用了新型无线电感探针腐蚀监测装置(图 11)。特点：

（1）利用腐蚀减薄检测原理，用电信号的变化，检测金属腐蚀减薄量 H，进而计算金属试片腐蚀速率 V。

（2）监测装置内嵌自主研发的无线通讯模块，利用 4G 通讯网络实现腐蚀监测数据无线传输。

（3）与挂片相比，可以实时、动态跟踪介质变化情况，并自动采集、记录管道腐蚀速率数据。

（4）2~5h 即可评价药剂使用效果，效率较高。

（5）供电电池组可更换，若采样速率为次/2h，更换一次供电电池组最低可维持 4 个月。

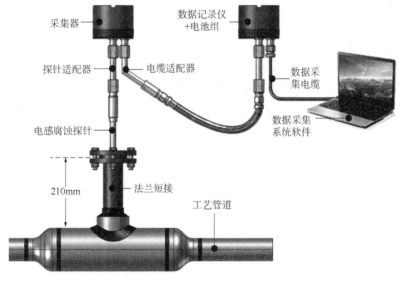

图 11　在线腐蚀监测示意图

现场监测腐蚀速率(mm/a)数据跟踪见表 1。

表 1　在线监测与挂片监测数据对比表

加药前(沉降罐出口)		官 6 注喂水泵进口 与加药点管距 2.2km		官 6 注官 6-16 与加药点管距 4.7km	
挂片速率	探针速率	挂片速率	探针速率	挂片速率	探针速率
0.3252	0.5225	0.07	0.0815	0.0696	0.1103
		0.1289	0.1159	0.0654	0.0867
0.4478	0.4585	0.0494	0.0626	0.0334	0.0153

图 12　便携式腐蚀监测仪

通过数据对比说明，探针监测数据能够满足药剂性能评价需要，同时解决了传统挂片评价法腐蚀敏感性低、获取数据滞后、录取工作量大的技术难题。

2.3　极化曲线测量技术

便携式 CST800E 多通道快速腐蚀测试仪采用交流阻抗测量模式，准确地测量工作电极与参比电极间的介质电阻 R_5，并自动从极化电阻 R_p 中减掉介质电阻 R_5，从而获得准确的腐蚀速率。仪器具有易于携带，操作简便，测量迅速等特点，可以对采出水系统的瞬时腐蚀速率进行连续监测，还可以应用于土壤、大气及混凝土等环境下的腐蚀监测。

通过现场对土壤以及采出水连续监测或是静态监测数据统计分析，可以看到移动式腐蚀监测技术所测腐蚀速率和挂片失重法计算的腐蚀速率相比，加药前与加药后下降趋势接近，可以用于采出水系统及土壤体系的腐蚀速率测定。

监测土壤腐蚀率
0.096~0.104mm/a

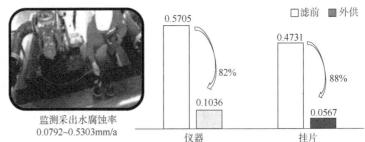

监测采出水腐蚀率
0.0792~0.5303mm/a

图 13　便携式腐蚀监测仪监测情况

3　结论

油田采出水系统腐蚀影响因素研究，腐蚀状况的实时跟踪监测是做好油田腐蚀防治工作的重要基础。从现场应用情况看，三种监测技术都能满足采出水腐蚀速率的测定需求（表 2）。结合南部油田腐蚀监测点多面广，低成本开发实际，选择监测结果准确、成本低的挂片失重法和便携式快速腐蚀测试仪，两种监测技术互为补充。

表 2　监测技术适用性分析表

监测方式	优　　点	费　　用
挂片失重法	测量平均腐蚀速率，可用于所有环境	监测装置 15000 元/套，更换一组挂片费用 28 元/次
电感在线探针监测	实时录取数据，根据曲线随时解读腐蚀变化	主机系统+探针装置 45000 元/套，更换探针费用 4000 元/次
极化曲线测量技术	实现了不同点位实时监测，显示结果直观，可用于含油污水、土壤等所有环境	腐蚀测试仪 50000 元/台，更换电极费用 80 元/次

　　油田腐蚀监测技术的发展是各种监测技术优势互补，共同推进腐蚀防护研究快速发展。在油田开发过程中，腐蚀监测能够及时提供大量的基础数据，通过腐蚀监测，全方位实时掌握管线内部腐蚀状况，认识和了解各区块生产系统腐蚀现状和规律，针对性的提出相应的防腐措施，使防腐工作有计划、有目的的开展，对于油田安全、经济、高效平稳运行有着重大意义。

参 考 文 献

[1] 刘德绪，李学富，黄巍. 油田污水处理工程[M]. 石油工业出版社，2001.

[2] 纪云岭，张敬武，张丽. 油田腐蚀与防护技术[M]. 石油工业出版社，2006.

石油储罐用水性环氧导静电涂料制备及性能研究

石家烽　康绍炜　王　磊　韩忠智　崔灿灿　郭晓军

(中国石油集团海洋工程有限公司)

摘　要： 针对石油储罐内壁防腐涂层性能的要求，开展了水性环氧导静电涂料技术研究。复配高分子量和中等分子量的水性环氧树脂乳液，搭配聚胺加合物改性环氧固化剂作为成膜物，采用导电硫酸钡以及石墨烯作为导电填料，制备出了防腐性能和导电性能优异的浅色导静电涂料。该涂料生产工艺简单、绿色安全环保并且有很好的施工适应性，可以广泛应用于石油储罐防腐。

关键词： 储罐内壁；水性环氧；导电硫酸钡；石墨烯；浅色导静电涂料

成品油在输送和存储过程中容易产生静电荷，这些静电荷如果得不到及时有效地释放，将会在油品表面聚积，产生电火花，造成爆炸事故[1]。因此，油罐防腐不仅需要较好的耐腐蚀性能，还要有优良的导静电性能[2]。发展环境友好型涂料是我国涂料行业实现产品转型升级、保持可持续发展的必然选择。传统溶剂型防腐蚀涂料施工过程中会挥发大量的有机溶剂，造成环境污染和资源浪费。在储罐内部等受限空间中施工溶剂型涂料，如果通风不及时，会造成有机溶剂浓度的上升而引发爆炸[3]。水性涂料节约资源，环境友好，可有效减少有机挥发物的排放，对于个人防护和安全生产起到了无可估量的作用，但在石油、化工工业防腐蚀工程方面的应用较少。随着环保要求的不断严格和安全生产的需要，涂料的水性化是必然趋势。

制备导静电涂料的方式通常有三种：(1)对树脂本身进行化学接枝改性，引入极性基团或者离子；(2)添加抗静电助剂；(3)添加导电填料。其中添加导电填料的方式最为经济有效[4]。常用的导电填料有：导电云母粉、导电硫酸钡、炭黑、碳纤维、石墨、碳纳米管等。碳系导静电填料容易被油品从涂层中抽提出来，污染油品，同时涂层颜色深不利于检修，因此目前很少用于储罐内防腐[5]。导电云母粉、导电硫酸钡等可以制备成浅色导静电涂料，目前在储罐内防腐应用较为广泛。但是此类导电材料价格较高，添加量大(一般添加量>20%涂层才能获得良好的导电性)，添加量过大会导致涂层的防腐蚀性能降低。因此本研究采用石墨烯代替部分导电硫酸钡填料，制备出防腐性能和导电性能优异的浅色导静电涂料。

1　试验部分

1.1　主要原材料

高分子量水性环氧乳液 KW104(凯米克化工有限公司)，中等分子量水性环氧乳液

YG-EP204(阳光汇德有限公司)，聚胺加合物改性环氧固化剂(迈图化工有限公司)，助剂(BYK)，导电硫酸钡(天创精细化工有限公司)，湿法绢云母(滁州格锐)，三聚磷酸铝(诺诚化学)，石墨烯(苏州格瑞丰)，去离子水(自制)等。

1.2 涂料的制备

按照表1配方，首先将配方中1-7组分分散均匀后，边搅拌边加入湿法绢云母粉、三聚磷酸铝，随后进行研磨，获得水浆。最后将树脂加入到水浆中，分散均匀后，边搅拌边加入导电硫酸钡、石墨烯以及增稠剂，用200目滤网过滤后最终获得水性环氧导静电涂料A组分。将固化剂与乙二醇丁醚搅拌均匀，获得水性环氧导静电涂料B组分。

表1 水性环氧导静电涂料配方

序号	原材料	质量百分比(%)	序号	原材料	质量百分比(%)
	A组分		9	湿法绢云母粉	10~20
1	去离子水	20~25	10	导电硫酸钡	15~20
2	分散剂	0.5~1.0	11	石墨烯	0.3~1
3	润湿剂	0.1~0.5	12	三聚磷酸铝	1~5
4	消泡剂	0.1~0.5	13	KW104	5~10
5	流平剂	0.1~0.5	14	YG-EP204	20~30
6	防闪锈剂	0.3~0.5		B组分	
7	杀菌剂	0.3~0.5		水性环氧固化剂	60~80
8	增稠剂	0.3~0.5		乙二醇丁醚	20~40

1.3 样板的制备

按照标准要求，准备马口铁片、喷砂钢板和试棒。将制备得到的A、B组分按照一定比例混合均匀后，进行施工作业。用于测试力学性能的涂膜厚度为25μm，用于测试耐腐蚀性能的涂膜厚度为200μm以上(3~4道)。将样板放置在室温情况下养护7d，随后进行性能测试。

2 试验结果与分析

2.1 树脂与固化剂体系的确定

水性环氧乳液KW104相对分子质量较大、同时在链段中含有大量极性基团和甲基，能赋予涂层良好的附着力和柔韧性，但是其耐腐蚀性能差[6]。水性环氧乳液YG-EP204相对分子质量适中，具有良好的耐腐蚀性能以及快干的特点，但是其柔韧性差。本研究采用复配上述两种环氧乳液，搭配聚胺加合物改性环氧固化剂进行研究。通过对比不同树脂乳液混拼比例以及环氧基与活泼氢的当量比，测试清漆的综合性能，试验结果见表2。

表2 清漆的综合性能

测试项目	n-环氧基:n-活泼氢											
	0.8:1			1:1			1.1:1			1.2:1		
质量比(KW104:YG-EP204)	5:95	10:90	15:85	5:95	10:90	15:85	5:95	10:90	15:85	5:95	10:90	15:85

续表

测试项目	n-环氧基：n-活泼氢											
	0.8：1			1：1			1.1：1			1.2：1		
耐冲击性(cm)	30	50	50	40	50	50	40	50	50	50	50	50
弯曲性能(mm)	2	1	1	2	1	1	2	1	1	1	1	1
附着力(MPa)	8.1	10.4	12.8	9.9	13.8	15.2	9.5	13.1	14.8	8.9	10.7	13.5
5%NaCl(常温，168h)	无变化	无变化	无变化	无变化	无变化	无变化	无变化	无变化	无变化	无变化	无变化	无变化
5%H$_2$SO$_4$(常温，168h)	起泡	起泡	起泡	无变化	无变化	起泡	无变化	无变化	起泡	起泡	起泡	起泡
5% NaOH(常温，168h)	无变化	无变化	起泡	无变化	无变化	无变化	无变化	无变化	无变化	无变化	无变化	起泡
耐盐雾(300h)	无变化	起泡	起泡	无变化	无变化	起泡	无变化	无变化	起泡	无变化	起泡	起泡

根据表 2 结果可以看出，n-环氧基：n-活泼氢当量相同的情况下，随着 KW104 含量的增加，涂层整体的柔韧性、耐冲击性能以及附着力在不断提高，但是耐化学介质性能以及耐盐雾性能有所下降。树脂混拼比例相同的情况下，n-环氧基：n-活泼氢当量为 0.8：1 时，漆膜的耐介质性能不理想。这是因为固化剂过量，氨基含量过剩，从而导致耐介质性能下降，同时，固化剂过量也会影响涂膜的机械性能[7]。n-环氧基：n-活泼氢=1.2：1 时，环氧基团过量的较多，降低了漆膜的交联密度从而影响涂膜的防腐性能[8]。研究发现，在树脂混拼比例为 10：90 时，n-环氧基：n-活泼氢=(1~1.1)：1 时，涂层的各项性能最佳。

2.2 成膜助剂体系的确定

涂料成膜助剂可以降低树脂的最低成膜温度从而有利于固化剂分子扩散，帮助最优化漆膜的性能。同时成膜助剂的存在可以提高漆膜的开放时间，有利于防止痱子、针孔等问题，因此选择合适的成膜助剂对于水性涂料来说至关重要[9]。本文从实验效果和环保两方面考虑，选择丙二醇甲醚、丙二醇苯醚、乙二醇丁醚按照 3wt% 添加量进行性能测试，实验结果见表 3。从表 3 可以看出，丙二醇甲醚挥发速度快，漆膜表干快，涂料施工适应期短，容易导致漆膜表观粗糙、附着力下降等问题，同时表干过快使得涂层内部的水分以及溶剂来不及挥发出去，降低了涂层的防腐性能。丙二醇苯醚沸点高，挥发慢，导致漆膜表干时间过长，会影响现场施工进度。添加乙二醇丁醚的漆膜表干时间适中，漆膜表观平滑且不影响涂层的附着力，因此本文选择乙二醇丁醚作为成膜助剂。

表 3 成膜助剂对涂层性能的影响

成膜助剂类型	沸点(℃)	表干时间(min)	施工适应期	漆膜外观	附着力(MPa)	耐盐雾(300h)
丙二醇甲醚	120	10	≤2h	粗糙	8.8	起泡
丙二醇苯醚	243	100	≥5h	平滑	13.1	无变化
乙二醇丁醚	151	40	≥5h	平滑	13.6	无变化

2.3 颜填料体系的确定

水性环氧防腐涂料体系应该选用吸油量低的、化学稳定性好的、耐水性好的颜填料体系[10]。湿法绢云母粉硬度和机械强度大，可以提高涂层的耐磨性。同时其片状结构可以提高涂层的耐水、防腐蚀、抗渗透性等。导电硫酸钡吸油量较低、填充性、流平性好，可以提高涂层的耐磨性和硬度，并且易于与其他颜填料混合分散，在导静电涂料中应用较为广泛。石墨烯有导电性好、耐化学介质、导热性好、热稳定性好等优点，将石墨烯加入到涂料中可以提高涂料的导电性、抗冲击性能以及耐磨性[11]。同时，片状的石墨烯在涂料干燥过程中会定向排列，相互交叠覆盖，有效屏蔽 H_2O、CO_2、Cl^{-1}等，使其不能直接透过鳞片，被迫迂回渗透，减慢了离子的渗透速度，起到"迷宫效应"，并截断了涂层中的毛细管微观通道，降低透过率，提高涂层的防腐蚀能力[12]。三聚磷酸铝具有"双重防锈"机理，解聚后得到的三聚磷酸根离子（$P_3O_{10}^{5-}$）对 Fe^{3+} 离子具有很强的螯合力，在基材表面形成防腐蚀性能优异的钝化膜，阻止金属基材的进一步腐蚀[13]。按照原材料厂家推荐以及资料调研，本文选择添加三聚磷酸铝的量为3%（质量分数），控制涂层表面电阻率在 10^8-10^{10}之间，用石墨烯代替部分导电硫酸钡，替代的导电硫酸钡质量用湿法绢云母粉补充，保证颜基比一致进行对比试验。采用的方案如表4。对表4中5种不同配方的涂料进行性能测试，试验结果见表5。

表4　颜填料的添加方案

编号	三聚磷酸铝	湿法绢云母	石墨烯	导电硫酸钡
1	3	10	0	25
2	3	15	0.1	20
3	3	20	0.3	15
4	3	25	0.5	10
5	3	30	1.0	5

表5　颜填料对涂层防腐性能影响

测 试 项 目	1	2	3	4	5
耐冲击性（cm）	50	50	50	40	40
弯曲性能（mm）	1	1	1	1	2
附着力（MPa）	13.1	13.9	13.4	12.7	9.6
5%NaCl（常温，30d）	无变化	无变化	无变化	无变化	起泡
5%H_2SO_4（常温，30d）	起泡	无变化	无变化	无变化	起泡
5% NaOH（常温，30d）	无变化	无变化	无变化	无变化	起泡
耐热水性（90~100℃，48h）	无变化	无变化	无变化	无变化	无变化
耐汽油性（60±2℃，30d）	无变化	无变化	无变化	无变化	无变化
耐盐雾（1000h）	起泡	无变化	无变化	无变化	起泡

从表5的试验结果可以看出，适量添加石墨烯来代替导电硫酸钡可以提高涂层的耐化学介质性能以及耐盐雾性能。但是当石墨烯添加量达到或超过0.5%（质量分数）时，涂层的耐化学介质性能、耐盐雾性能、机械性能以及附着力会有所下降。这是因为添加量过高时，石墨烯在涂层中无法均匀分散，产生团聚，形成缺陷，从而造成了性能的下降[14]。

3　结论

本研究通过将高分子量的水性环氧树脂乳液与中等分子量的水性环氧树脂乳液按照质量比 10∶90 进行混拼，搭配聚胺加合物改性环氧固化剂，采用导电硫酸钡以及石墨烯作为导电填料，制备出了防腐性能和导电性能优异的浅色导静电涂料。研究发现，当环氧基与活泼氢的当量比为 1.1∶1 时，涂层具有较好的机械性能、附着力以及防腐蚀性能。石墨烯添加量小于 0.5%（质量分数）时，用石墨烯替代一部分导电硫酸钡不但可以降低成本，并且随着石墨烯含量的增加，涂层的防腐蚀性能也有所提高。但是当石墨烯添加量过大，会在涂层中发生团聚，形成缺陷，造成涂层机械性能以及防腐性能的下降。

随着人们对安全环保的重视，水性涂料在石油炼化行业中的应用，尤其是在储罐内部等受限空间中的应用将越来越广泛。

参 考 文 献

[1] 李炳，李艳红. 漆膜导静电性能的影响因素研究[J]. 表面技术，2011，40(2)：26-28.

[2] 杜建伟，张丽萍，张喃，等. 无溶剂环氧导静电涂料的研制[J]. 电镀与涂饰，2009(9)：61-64.

[3] 余存烨. 涂层钢腐蚀破坏的原因与防护[J]. 全面腐蚀控制，2014(1)：32-40.

[4] 宋广成. 储罐内壁防静电防腐蚀涂料应用原理[J]. 石油商技，2000，18(5)：28-31.

[5] 王德锋，李建忠. 浅色油罐防静电防腐涂料的研制[J]. 现代涂料与涂装，2003(1)：14-15.

[6] 石家烽，崔灿灿，郭晓军，等. 双组分水性环氧涂料制备及性能研究[J]. 现代涂料与涂装，2019，22(6)：12-15.

[7] 高菲菲，金芸，陈中华，等. 集装箱用水性环氧内面漆的研制[J]. 电镀与涂饰，2011，30(8)：61-65.

[8] 徐俊，刘保磊，丁瑞东. 双组分水性环氧灰防锈底漆的制备[J]. 中国涂料，2014，29(11)：42-45.

[9] 施雪珍，陈铤. 厚涂型水性环氧地坪涂料[C]//中国化工学会. 中国化工学会，2009.

[10] 刘成楼. 高性能水性环氧防腐底漆的研制[J]. 上海涂料，2014，52(2)：20-23.

[11] 蔡文曦，盛鑫鑫，张心亚，等. 石墨烯在功能涂料中的应用概述[J]. 涂料工业，2014，44(10)：74-79.

[12] 夏兰廷，韦华. 有机涂层的海水腐蚀性能研究[J]. 铸造设备与工艺，2002(6)：19-22.

[13] 黄尚顺，黄科林，李克贤，等. 磷酸盐防锈颜料的研究进展[J]. 企业科技与发展，2009(22)：24-26.

[14] 戴亮. 石墨烯和氧化石墨烯对有机树脂复合涂层性能的影响[D]. 武汉：武汉理工大学，2019.

阴极保护联排系统在兴隆台采油厂的应用

马 驰

（中国石油辽河油田公司）

摘 要：兴隆台采油厂作为开发 50 余年的的老油田来说，地处城区，管网错综复杂，与市政管网、电缆交错并行，土壤电阻率与杂散电流加速管道本体的腐蚀速率，且城区管网多并行敷设，输油输气、注水污水等多管道并排同沟敷，由于防腐层、土壤电阻率之间的差异，造成同沟管道之间存在相互干扰问题，本次对于同沟管道采用了跨接线+共用阳极等方法，实验效果显著，为兴采厂乃至辽河油田城区管道阴极保护联排系统填补空白。

关键词：阴极保护联排；跨接线+共用阳极；同沟管网；城区管道；辽河油田

1 实施背景

为深入贯彻习近平总书记关于安全生产的重要指示精神，全面抓好隐患整改和风险管控等各项工作，兴隆台采油厂持续推进管道和站场完整性管理工作，重点推进无泄漏示范区建设、治理"双高"管道等工作，管道失效率持续下降，有效提升了人口密集区管道和站场的安全运行水平，产生了良好的示范引领效应，完整性管理成效更加凸显。

兴采厂开发 50 年，共有各类管道 1967 条、长度 1713 千米，在用管道 1391 条、长度 1238 公里（城区管道占比 27%），管道运行超过 20 年占比 33%、2011—2020 年占比 30%（油管道 664 条 497km、气管道 407 条 390km、污水管道 5 条 58km、注水管道 315 条 293km）。各类管道遍布城市中心区与市政管网并行交叉，穿跨河流干渠与稻田苇田，泄漏风险高、泄漏后果重、管理难度大。

随着管道运行时间逐年增加，管道防腐保温层出现不同程度老化；通过对管道沿线杂散电流进行普查，测试发现变压器入地点、穿/跨越铁路与重要公路附近有明显干扰，土壤为碱性黏土，平均土壤电阻率不足 10Ω·m，为强腐蚀性环境，加剧管道外腐蚀。

兴采厂目前共有阴极保护管道 9 条 53.5km，均采用牺牲阳极法对埋地管道进行保护，共有阴极保护桩 91 个，其中电位测试桩 46 个，城区无泄漏示范区内共有阴极保护管道 5 条 18.3km（表 1），均采用牺牲阳极法对埋地管道进行保护，共有阴极保护桩 26 个，其中电位测试桩 20 个，由于示范区内管道建设时间早，多采用沥青防腐，大多数管道未采取阴极保护等腐蚀防控措施，阴极保护长度不足 1%，未能实现与防腐层联合保护，防腐效果较差。

表 1　城区无泄漏示范区内 5 条阴极保护管道情况

序号	管道名称	介质	长度（km）	管径（mm）	壁厚（mm）	防腐保温	管道材质	阴极保护方式	管道类别
1	兴 3 联至油气处站间输气管道	气	3.8	508	10	3PE	钢	牺牲阳极	Ⅱ类管道
2	兴 60 站至兴 14 站供气管道	气	1.4	159/76	7	沥青	钢	牺牲阳极	Ⅱ类管道
3	兴 58 站至兴 3 联输气管道	气	5.2	159	7	黄夹克	钢	牺牲阳极	Ⅱ类管道
4	大力阀室至古潜山注气站输气管道	气	1.9	323.9	10	沥青	钢	牺牲阳极	Ⅱ类管道
5	兴 1 联至渤海装车站输油管道	油	5.8	159	7	黄夹克	钢	牺牲阳极	Ⅱ类管道

由于兴采厂城区管道投产年限时间久，防腐层类型众多，主要包括黄夹克、环氧粉末、沥青和 3PE 等，同时城区油气水管道多为并排同沟敷设，从现场调研情况来看，同沟敷设管道最多可达 10 余条，此时中间管道受到两侧管道的屏蔽作用，难以得到阴极保护，而单独采用牺牲阳极的阴极保护，若想要达到理想的保护效果，所需的阳极数量很多，在城区有限的空间内不现实。且目前油田内部没有针对城区同沟管道阴极保护联排的相关研究，因此，在城区内，需要对同沟铺设管道研究阴极联排系统来达到降低管道腐蚀速率，降低管道失效率，有效防治管道腐蚀老化带来的泄漏风险。

2　主要研究内容及取得的成果

2.1　阴极保护联排系统

根据电化学保护机理，使被保护金属表面得到足够的电子，这样金属原子不容易失去电子而抑制了金属的腐蚀(表 2)。

表 2　阴极保护技术对比表

方式	适用范围	优点	缺点
强制电流	主要用在长输管道、大型设备的阴极保护或者比较高的环境中的管道、设备的阴极保护	输出电流，电压连续可调；保护范围大；不受土壤电阻率的限制；工程量越大越经济；保护装置寿命长	必须要有外部电流；对临近金属构筑物有干扰；管道、维护工作量大
牺牲阳极	敷设在电阻率较低的土壤、水、沼泽或湿地环境中的小口径管道或距离较短并带有优质防腐层的管道	不需要外部电源；对临近金属构筑物无干扰或较小；管理工作量小；工程小时，经济性好；保护电流均匀且自动调节，利用率高	高电阻率环境不经济；覆盖层差时不适用；输出电流有限

考虑阴保效果和日常管理，对牺牲阳极和外加电流阴保技术进行比选，确定使用牺牲阳极阴极保护方案。

2.2　牺牲阳极保护原理

在腐蚀电池中，阳极腐蚀，阴极不腐蚀。根据这一原理(图 1)，把电极电位比较负的金属材料与电极电位比较正的管道相连接，依靠电位比较负的金属不断腐蚀溶解所产生的电流来保护管道，使管道成为腐蚀电池中的阴极而实现保护的方法。

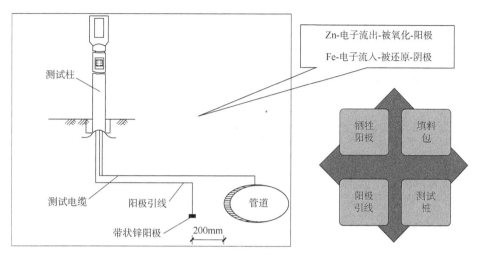

图 1　牺牲阳极保护原理示意图

2.3　现场实验选择

根据管道检测结果与城区土壤电阻率、杂散电流分析，选取兴三联至兴 58 站油、气、水管道作为阴极保护联排系统的实验对象，该三条管道投产于 2004 年，全长 4.5km，有 2km 位于六零河沿岸 2 米内（同沟铺设），三条管道共有 15 处破损点，存在较大安全环保隐患，符合实验要求。

依据标准 GB/T 21448—2017《埋地钢质管道阴极保护技术规范》对其进行设计计算。

1）保护面积

阴极保护对象主要为埋地管道，保护面积见表 3、表 4。

表 3　兴隆台采油厂需增建阴极保护设施的站间管道面积明细表

序号	管道名称	长度（km）	管径（mm）	面积（m²）
1	采三兴 58 站至兴 3 联站间集油管道	4.401	159	2197.24
2	采三兴 58 站至兴 3 联站间输气管道	5.065	159	2528.7
3	采三兴 58 站至兴 3 联站间供水管道	4.831	168	2548.4
合计				7274.34

表 4　兴隆台采油厂需增建阴极保护设施的站间管道保护电流明细表

序号	保护面积（m²）	保护电流密度（mA/m²）	保护电流（A）
1	7.27434	1	2.5484

2）腐蚀环境检测

通过对管道跨越处（29 号点）的土壤进行腐蚀电流密度测试、杂散电流普查测试及接地电阻，确定该地区土壤具有强腐蚀性。

3）土壤理化分析结果

利用参比电极、硫酸铜电极、温度计等对管道周围的土壤进行土壤酸碱度、Cl^- 离子分析，判定土壤对管道的腐蚀影响，分析结果见表 5、表 6。

表 5　兴隆台采油厂土壤电阻率检测结果

检测项目	检测位置（GPS 点号）	腐蚀性级别
	2	气
土壤电阻率(Ω·m)	0.99	强
氧化还原电位(mV)	1397	轻
管地电位(mV)	-4.98	弱
直流电位梯度(Mv/m)	0.79	中
直流相位(°)	43.90	中
接地电阻(Ω)	0.2	合格

表 6　兴隆台采油厂土壤理化分析结果

检 测 项 目	检测位置（GPS 点号）
	29
土壤状况	黏土
pH 值	7.29
土壤孔隙度(%)	45.59
Cl⁻ 含量(%)	10.2
含盐量(%)	0.04
土壤容重(g/m³)	1.54
含水率(%)	9.24
Ca²⁻(%)	0.50

$\quad$选用阳极规格：在生产实际中，现在能作为牺牲阳极材料的只有 Al、Mg、Zn 及其合金。镁合金牺牲阳极主要应用于高电阻的土壤环境中。铝合金和锌合金主要用于水环境介质中。因此阳极选用镁合金牺牲阳极，符合 GB 17731—2015、GB/T 21448—2017

$$I_{MG}（镁牺牲阳极的输出电流）= 150000\frac{FY}{P} \tag{1}$$

$\quad$式中，F 为重量修正系数；Y 为电位修正系数；p 为土壤电阻率，$Ω·m$。

$\quad$计算可得 $IMG = 77mA$，具体化学成分见表 7。

表 7　AKMG-I 型镁合金牺牲阳极的化学成分

合金元素	Al	Zn	Mn	Mg	Fe	Ni	Cu	Si
化学成分[%（质量分数）]	5.3~6.7	2.5~3.5	0.15~0.60	余量	<0.005	<0.003	<0.02	<0.1

2.4　现场实际应用

$\quad$传统牺牲阳极的阴极保护方式均采用一条管道单一配备牺牲阳极的方式，本次实验中我们分析了三条同沟管道的防腐层类型、管壁厚度、输送介质等因素，最后通过跨接线串联的方式，使三条管道共用一处阳极合金(图 2)。

2.5　风险分析结果

$\quad$在正常运行状态下管道的保护电位不是一成不变的，其表现为在一定范围内发生振

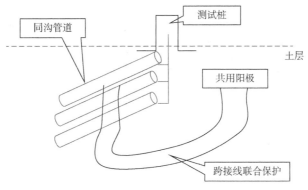

图 2 实验现场图

荡。而由于管道钢的不均匀性、涂层/金属局部界面的差异可能会引起电位升降而形成局部的腐蚀微电池，导致管道的局部腐蚀穿孔。因此，在常规的-0.85 保护电位区间内，划分多个保护电位区间，确定不同保护振荡程度下的管道局部腐蚀情况以及腐蚀机理对确定不同环境下最佳保护电位区间是非常有必要的。

阳极埋入地下 12h 后进行保护电位测试，测试时用万用表的直流 20V 档进行测量，一支表笔搭测试线的端子，另一表笔搭参比电极的引出线连接的端子。测量保护电位(万用表读数)为-0.57V、-0.58V 左右，均在规的-0.85V 以下，说明管道处于保护状态。检测结果整理归档，作永久性纪录。测试方法采用 GB/T 21246—2016《埋地钢质阴极保护参数》

2.6 系统参数波动

由于区域性阴极保护的对象和电流漏失点大多为地表接地，因此阴极保护系统运行受地表湿度影响较大，而且地表含水量直接影响到设施接地电阻，导致各极化回路电阻随之变化，造成了系统参数的波动，特别是降水季节，这种波动尤为频繁。接地设施越多，波动幅度越大。

2.7 实施效果分析评价

增建普通阴极保护，需要对每条管道增加牺牲阳极块，所需要的阳极数量很多，在城区有限的空间内无法实现。平均增建管道阴极保护费用 2 万元/km，三条管道 14.3km，综合费用 28.6 万元；本次阴极保护联排系统，对三条管道通过串联的方式，统一增加阴极保护，综合费用 23 万元，平均费用 1.6 万元/km。本次城区安装 47 条、55.3km 管道的阴极联排系统，节省费用 22.1 万元。

随着增建阴极保护联排系统的应用，在城区复杂环境内对同沟管道的牺牲阳极保护，大大节省管道附属设施的空间及费用，同时减缓管道腐蚀速率，从而保证管道安全平稳运行。

3 结论与建议

辽河油田及兴隆台采油厂开发 50 余年的老油田来说，城区管网错中复杂，与市政管网、电缆交错并行，土壤电阻率与杂散电流加速管道本体的腐蚀速率，且城区管网多并行敷设，输油输气、注水注汽等多管道并排同沟敷，由于防腐层、土壤电阻率之间的差异，造成同沟管道之间存在相互干扰问题，而同沟管道阴极保护系统之间也存在相互干扰问题，本次阴极保护联排很好的解决了此类问题；通过计算同沟管道的管径与横截面积，考虑其输送介质，防腐层材质等，将牺牲阳极镁块把管道进行串联的，通过联合保护和跨接线+共用阳极的方法，构建阴极保护联排系统，节省阳极块安装成本，降低安装难度，提高完整性管理水平。

参 考 文 献

［1］王春兰，谢燕婷，王兴灿，等．管道阴极保护与外涂层相互影响的研究进展［J］．电镀与精饰，2021，48（8）：59-62.

［2］刘玲莉，陈洪源，刘明辉，等．输油气站场区域性阴极保护技术［J］．油气储运，2005，24（7）：28-32.

［3］马舍悦，杜磊，杨阳，等．区域阴极保护技术概况及其发展［J］．腐蚀与防护，2014，35（5）：425-429.

［4］王林强，安超，张琪，等．油气厂站区域性阴极保护体系构建与探讨［J］．腐蚀与防护，2015，36（10）：986-988.

复合材料管道技术的发展及在油气田的应用

陶佳栋　金立群　卢明昌　袁　伟　王　建　刘英华

（胜利新大新材料股份有限公司）

摘　要：复合材料管道在我国油气田地面工程中的应用已有 30 多年历史，现已成为油气田管道工程延寿增效的重要举措。分析介绍了复合材料管道中应用规模最大的两种管道，热固性玻纤增强复合材料管道和热塑性复合柔性管的关键技术发展以及在油气田油、气、水、含 H_2S 介质输送工程、LNG 接收站海水换热和消防管道工程中的应用。最新技术进展和应用表明，复合材料管道的性能在不断完善和提高，应用范围不断扩大，成为根本解决油气田管道工程腐蚀难题的一项可靠技术。

关键词：复合材料；玻璃钢管；柔性管；油田；工程

油气田采出液（气）为油气水混合物，且含水率高，其矿化度大多在 10000mg/L 以上，有的油田高达 200000mg/L，并含有溶解 O_2、CO_2、H_2S、SRB（硫酸盐还原菌）等成分。钢制管道普遍存在严重的腐蚀问题。为此采用了各类钢管防腐技术，包括内涂层防护、镀层防护、不锈钢衬里等。但由于介质复杂性，以及连接部位防腐困难，导致难以达到理想的效果。

我国油气资源中，含有 H_2S 及 CO_2 的酸性天然气田约占探明储量的 25%，气井气中常含有高矿化度水及 H_2S、CO_2 等成分，对金属管材具有很强的腐蚀性。目前集输气管道主要采用抗硫钢管加缓蚀剂等防腐措施，不仅生产成本高，管理难度大，且存在一定腐蚀风险。在 LNG 储运工程中，接收站海水换热管线和消防管线输送介质均为海水，含有大量氯离子，采用钢制管道将导致严重的点蚀损坏和消防安全风险。

为解决钢管腐蚀难题，早在 1984 年，国内油田就开始采用玻璃钢管道作为污水管道。从 20 世纪 90 年代起，玻璃钢管陆续在大庆油田、胜利油田、长庆油田、新疆油田等地区得到了应用。随后，其他复合材料管道，诸如：钢骨架复合管、塑料合金复合管、柔性复合管等，也在油气集输工程中得到了一定规模的应用。发展至今，中国各油气田已应用的非金属管道长度超过 100000km；近年来以每年 5000km 的速度递增，占油气田新建管道的 10% 以上。

据中国复合材料工业协会统计，玻璃钢管在国内油气田累计用量已达到 50000km 以上，柔性复合管在国内累计应用已达到 30000km 以上，二者是目前应用范围较广、应用规模较大的复合材料管道。各类复合材料管道为油气田管道工程的腐蚀治理，延寿增效发挥了重要作用。

1 玻璃钢管道关键技术及在油气田的应用

1.1 玻璃钢管道关键技术的发展

玻璃钢管一般指热固性树脂与玻璃纤维以缠绕工艺制作而成的非金属管道。

该类管道在国内经过 30 多年的发展，已经具备了完善的设计规范，如 GB/T 29165—2022，SY/T 6267—2018 等标准均已与国际标准 ISO 14692，API 15HR 等完全接轨。国内专业检测研究机构及技术实力较强的制造厂商对玻璃钢管的各项性能也开展了系统的评定。形成了基于 ASTM D2992 方法 10000h 静水压试验的设计体系(图1)。开展了诸如 ISO 14692 1000h 存活试验如图 1(2)所示，ASTM C581 耐化学腐蚀性能等高温高压釜试验(图2，图3)。NACE 0298 介质相容性评价等玻璃钢管长期性能试验。并经过大量的实际工程应用验证，长期性能数据可信度高。研究和应用证明，玻璃钢管道防腐性能优越，轻质高强，施工及维修费用低，管壁粗糙度小，防垢、蜡沉积，节约输送能耗，使用寿命可达到 30 年以上。

(a) (b)

图 1　玻璃钢管长期性能评价(10000h)

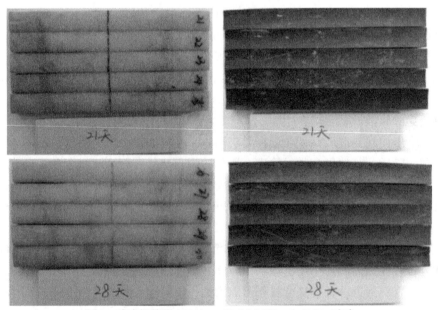

图 2　玻璃钢管耐 20000ppmH$_2$S@93℃，8.6MPa 试验

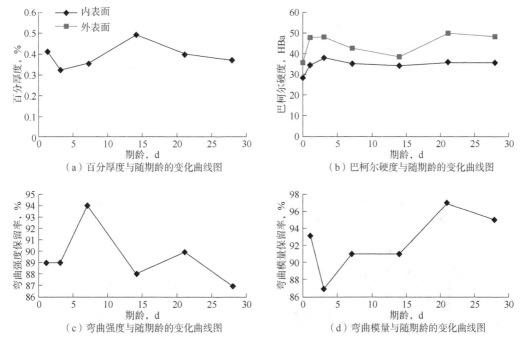

图 3　玻璃钢管耐 H₂S 试验变化曲线图（1~28d）

　　玻璃钢管的材料使用方面，由早先的几种聚酯树脂玻璃钢管（GRP），发展到现在的环氧树脂玻璃钢管（GRE），乙烯基酯树脂玻璃钢管（GRV），以及数百种改性树脂可选类型。材料科技的发展，为复合材料管道工程技术进步提供了巨大的发展空间，不断满足油气田对各种复杂恶劣工况条件下的管道工程需求。据标准规定的保守数据，已能满足温度 −35~110℃，口径 DN25~4000mm，最高压力等级 34.5MPa 条件下的应用要求。

　　玻璃钢管的连接形式，由早先的手糊对接连接，发展到现在的螺纹连接，承插黏接，承插锁紧连接等多种形。每种连接方式形成了成熟可靠的安装技术，维修技术。

　　当前主要的玻璃钢管维修技术类型有：承插黏接修复技术，现场螺纹修复技术，由任类活节修复技术，承压带缠绕修复技术，以及传统的手糊修复，卡箍及金属件配合焊接修复技术等。

1.2　玻璃钢管在油气田的应用

　　玻璃钢管目前已广泛应用于油田的单井采油，油气集输支干线，站内管网，污水外输，注水支干线、单井注水的循环系统。且包括污水、油气水混输、天然气、净化原油、聚合物、高含 CO₂、高含 H₂S 等各类腐蚀性介质的输送。

　　其中近 10 年来，已发展应用于输气、输油、高含 H₂S 和 LNG 接收站海水系统、消防管线等苛刻的工况条件。典型工程案例如下：

　　案例 1：胜利油田永安 101-16 原油集输管线工程，原管线为钢管。投产 3 个月出现多处腐蚀渗漏，使用到 6 个月该段管线腐蚀达到 60 处左右，严重影响了原油产量。于 2013 年 10 月更换了规格为 DN80~5.5MPa 的芳胺类环氧树脂玻璃钢管（GRE），测试介质为原油 80℃，投产至今运行近 10 年，一直正常运行，免维护，为工程创造了大量经济效益并为保障原油产量稳定作出了贡献，如图4所示。

案例2：塔河油田顺北区块1-3管线工程，于2019年8月投产。输送介质为油气水混输，其中输气量500000m³/d，输油量2000t/d，H₂S含量16000mg/m³；气油比250∶1，介质温度70℃。该工程采用DN200mm，7MPa芳胺类环氧树脂玻璃钢管（GRE），见图5。在此工程中，玻璃钢管应用了碳纤维内衬技术，抗H₂S特殊黏结剂材料，微观分析及高温高压测试评价技术。解决了气体输送的摩擦磨损及防静电问题，耐H₂S及安全措施等诸多难题。为油田复杂工况条件下的管道防腐延寿提供了有力的技术支撑。

图4 永101-16集输工程　　　　　　　图5 顺北1-3玻璃钢管道工程

案例3：青岛LNG接收站一期建设工程中，海水换热工程采用了DN2200mm，0.35MPa的聚酯管道（GRP），外输消防管线采用了DN500mm，1.6MPa的环氧管道（GRE）。工程于2014年6月投产，持续输送海水介质，正常运行如图6、图7所示。

图6 青岛LNG接收站消防管线　　　　图7 海水换热管线

案例4：中原油田明一联合站—柳屯原油库净化原油管线。应用环氧玻璃钢输油管道DN150×4.0mm，10km，设计压力1.6MPa，起点温度80℃，输油流量35m³/h，含水率0.39%，输送介质为油田联合站未稳定原油。于2020年3月建成投产，运行正常，见图8。该输油管道主要特点为：

（1）采用聚氨酯泡沫夹克保温层，螺纹连接。

（2）成功实现6处深穿，最大穿深8米，最大深穿跨度80m。

（3）首次采用了玻璃钢管道寻管措施，即玻璃钢管道下面铺设检测导线，并设置测试桩。

图 8　中原油田明一联外输原油管道

2　柔性管关键技术及在油气田的应用

2.1　柔性管关键技术的发展

柔性管一般指热塑性塑料与增强材料组成的多层结构管道，通常分为内衬层、增强层和外包覆层。根据增强层的不同，又出现了钢丝/钢带增强柔性管，涤纶丝增强柔性管，芳纶/碳纤维等先进复合材料增强柔性管，以及更可靠的玻璃纤维带增强黏结型柔性管等技术类型。

该类管道在国内的发展应用有近 20 年历史，出现在 2000 年以后，2005 年左右开始应用，于 2010 年后发展迅猛。如今已形成 SY/T 6794—2018 和 SY/T 6662.2—2020 等行业标准。但因其发展时间相对较短，与国际 API、壳牌等标准仍略有差距。目前基本形成以长期试验基准设计的行业认识，但现阶段尚不掌握全面完整的长期性能数据，特别是管道制品在各类工程应用上的研究积累。目前仍以短期试验性能数据为基准，长期性能试验数据为参考，开展产品设计。国内标准短期性能基准设计公式（基于爆破压力）及国际标准长期性能基准设计公式（基于 ASTM D 2992 方法 10000h 得到 LCL 值）如下：

$$P_{\mathrm{B}} = \frac{n \cdot N_{\mathrm{i}} \cdot K_{\mathrm{B}} \cdot C_3 \cdot C_4}{D^2 \cdot (1+\varepsilon)^2 \cdot N_{\mathrm{i}}}$$

$$\mathrm{MPR} = \mathrm{LCL}_{\mathrm{RCRT}} \times F_{\mathrm{d}}$$

柔性管具有可盘卷，施工效率高，柔韧性好，对施工队伍要求低等显著特点。因此，虽然价格相对较高，但在其适用领域，性价比仍较为突出。经过十几年的发展，目前直径 DN25~150mm 的盘卷管已推广应用。使用温度 −35~70℃；压力等级 32MPa 的常规成本管道成熟应用。并经过改性和创新，部分领域可满足最高温度 120℃，压力 40MPa 的应用条件。

柔性管采用扣压连接或热熔焊接两种接头形式（图 9）。其中扣压连接是一种广泛应用的成熟方式，可匹配上述产品范围的高压力需求。但成本较高，且金属接头仍未彻底解决腐蚀问题，易成为管路系统中的薄弱环节。热熔焊接虽然是成熟可靠的塑料连接方式，但其可承受压力较低，通常只适用于 1.6MPa 以内。采取增强热熔管件的方式可以相对提高压力，但成型复杂投入高，不便于推广和维修。因此，经济可靠的接头技术是限制柔性管产品广泛普及的一大技术难题。

图9　金属扣压接头(左)和热熔管件焊接(右)

柔性管的安装效率与盘卷长度直接相关。一般施工速度相比钢管、玻璃钢管可提升至5倍以上。维修技术普遍采取现场替换管形式，由金属扣压方式连接，需要专业维修队伍且配备特定尺寸的金属接头，还需要一台小型化的现场扣压专业设备。因此维修作业相对钢管和玻璃钢管难度大。

柔性管在山区丘陵、沙漠戈壁、沼泽村庄等特殊复杂地形环境，更能突出优势和性价比。

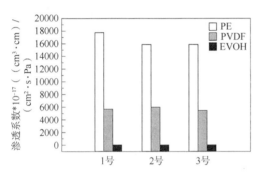

图10　不同类型非金属材料渗透性测试

2.2　柔性管在油气田的应用

柔性管目前已广泛应用在油气田单井注水，注聚，输油，天然气输送等典型领域。且包括污水、甲醇、油气水混输、气体、聚合物、高含 CO_2 等各类腐蚀性介质的输送。

在应对高危气体渗透方面，柔性管同样开展了较多研究。其中 EVOH 和 PVDF 应用于柔性管生产工艺均可实现对气体较好的阻隔性。

典型案例：新疆塔克拉玛干沙漠塔中油田脱硫项目中应用了外径 102mm，工作压力9.2MPa 的柔性管。介质为油气水混输，温度 58℃。见图11。

中石油长庆采油三厂是国内柔性管应用最早，规模最大的油田单位之一，从 2003 年开始探索柔性管在油田的应用。其主要应用领域为注水管线及注醇管线，见图12。其主要应用 DN25～DN80mm；压力 16～32MPa 规格的管道；截止目前已应用 5000km 以上。

图11　塔中脱硫项目柔性管　　　　　图12　长庆注水注醇柔性管

3 结论与展望

（1）以玻璃钢管和柔性管为代表的复合材料管道技术发展迅速，工程应用广泛，在油气田油气混输、输水、输油、输气以及高含 H_2S、CO_2 介质输送，LNG 接收站海水及消防等工程中，均可适用。其产品各具特性，根据工程优选设计后，可不断满足越来越多的各种工程需求。根本解决腐蚀难题，达到管道工程延寿增效的目的。

（2）展望未来，复合材料管道技术研究将面向更高耐温（如 120～150℃）、耐压的材料，更多工况条件下的产品性能数据评定，更规范的工程设计方法，更多的使用功能（如防结垢、防结蜡、热洗、管道信息自动采集传输等）、更好的连接方式等方面不断发展进步，这将是一定时期的重要发展方向。基于复合材料科技和产业发展仍在快速上升期，可以预期，复合材料管道将会在油气田、炼油化工等领域的工程建设中发挥越来越重要的作用。

参 考 文 献

[1] 张涛，杨梅. 中原油田生产系统的腐蚀与防护[J]. 化学清洗，1999，15(3)：21-22.

[2] Petroleum & natural gas industries-Glass-reinforced plastics(GRP)piping：ISO 14692：2017[S].

[3] 石油天然气工业用非金属复合管 第2部分：柔性复合高压输送管. SY/T 6662.2—2012[S].

[4] API Spec 15S Spoolable reinforced plastic line pipe.

[5] 齐国权，刘正东，戚东涛，等. 气体在增强热塑性塑料管道中渗透行为控制研究，2017，4.

CCUS 地面集输系统腐蚀与防护工艺探究

吴滨华　齐建伟　宋建成

（中国石化胜利油田分公司）

摘　要：CCUS 是二氧化碳捕集、利用与封存技术，可以实现增加石油产量和减少 CO_2 排放的双赢，二氧化碳驱油技术驱油效果好、经济环保、技术成熟，能够显著提高原油采收率，但是也造成地层采出液腐蚀性增强，油田集输管道腐蚀加剧。因此，加强二氧化碳驱集输管道腐蚀机理及防腐蚀对策研究具有重要意义。

关键词：CCUS；二氧化碳；驱油；采收率；腐蚀

1　研究背景

习近平总书记在第七十五届联合国大会一般性辩论上发表讲话首次提出："3060"双碳战略目标。它指我国力争在 2030 年前碳排放达到峰值，2060 年前实现碳中和，简称"3060"双碳战略目标。二氧化碳因具有室温效应，被普遍认为是导致全球气候变暖的重要原因之一。因此如何减少二氧化碳排放，降低大气中二氧化碳浓度，是人类面临的共同难题。而胜利油田自主研发的 CCUS 技术，可以实现增加石油产量和减少 CO_2 排放的双赢！Carbon Capture Utilization and Storage(CCUS)即二氧化碳捕集、利用与封存技术。是石化能源实现大规模低碳利用的关键技术，是实现"碳达峰、碳中和"的重要途径。未来将有 10 亿多吨碳排放量依靠 CCUS 技术来实现中和[1]。

胜利油田高 89-樊 142 地区 CO_2 驱油与封存示范工程是将齐鲁石化煤制气装置在生产过程中产生的大量高含 CO_2 工业尾气捕集提纯运输至胜利油区正理庄油田滩坝砂油藏进行驱油与封存，覆盖地质储量 2562 万吨，设计注气井 73 口，油井 166 口，年注气能力 70 万吨。建成后，将成为我国最大的 CCUS 全链条示范基地。

2004 年 2 月，高 89 沙四上投入开发，2008 年 1 月开始 CO_2 注气试验，至今已有 13 年的开发历史。矿场实践表明，CO_2 具有较好的注入能力，可有效补充地层能量。高 89-17 井在未压裂的条件下，射孔投产后直接注 CO_2，注入压力在 20MPa 左右，注入速度可到 30t/d。实施后，区块 14 口油井中 13 口油井见效，增油效果明显。见效初期平均单井日产油 6.0t/d，初期平均单井日产量提高 3.2t/d。

根据高 89-樊 142 块开发实践，取得以下几点认识：

（1）滩坝砂油藏物性差，水驱开发效果差，大井距注采困难，小井距易水窜；

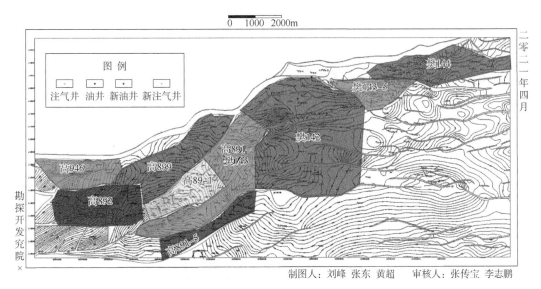

二零二一年四月

勘探开发究院×

制图人：刘峰 张东 黄超　审核人：张传宝 李志鹏

图 1　正理庄油田高 89-樊 142 块 CO_2 驱试验选区分布图

（2）高压混相驱可以大幅提高采收率，降低气油比，提升开发效果；

（3）高 89-1 块矿场实践表明，CO_2 气水交替驱是可行的；

（4）滩坝砂油藏在注气压力 30~40MPa 左右，注入能力能够达到 40~60t/d；

（5）油井见效后，日能能力稳定在 5~6t/d，换油率 0.2 以上，提高采收率 10% 以上。

可见，二氧化碳驱油技术驱油效果好、经济环保、技术成熟，能够显著提高原油采收率。但是也造成地层采出液腐蚀性增强，油田集输管道腐蚀加剧。因此，加强二氧化碳驱集输管道腐蚀机理及防腐蚀对策研究具有重要意义。

2　CO_2 腐蚀机理分析

2.1　CO_2 腐蚀原理

油气田生产中，当地层流体含有一定量的二氧化碳时，会对仪器设备产生腐蚀。腐蚀是金属在其环境中由于化学作用而遭受到破坏的现象。对二氧化碳来说，干二氧化碳不侵蚀钢，但在湿的环境中，普通碳钢和低合金钢会受到明显侵蚀。腐蚀形式分为均匀腐蚀和局部腐蚀两大类。二氧化碳腐蚀破坏行为在阴极和阳极处表现不同，在阳极处铁不断溶解导致了均匀腐蚀或局部腐蚀，表现为金属设备壁厚因腐蚀逐渐变薄或点蚀穿孔局部腐蚀破坏；在阴极处二氧化碳溶解于水中形成碳酸，释放出氢离子，氢离子是强去极化剂，极易夺取电子还原，促进阳极铁溶解而导致腐蚀，同时氢原子进入钢中，导致金属构件的开裂。

腐蚀过程可用如下反应式表示：

阳极反应：$Fe \longrightarrow Fe^{2+} + 2e^-$

阴极反应：$CO_2 + H_2O \longrightarrow H_2CO_3$、$H_2CO_3 \longrightarrow H_2CO_3^- + H^+$、$2H^+ + 2e^- \longrightarrow H_2$

阳极反应产物：$Fe^{2+} + CO_3^{2-} = FeCO_3$

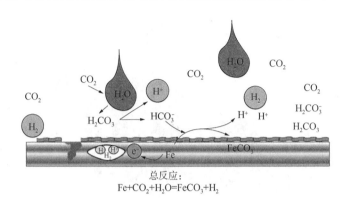

总反应：
Fe+CO₂+H₂O=FeCO₃+H₂

图 2　CO₂ 腐蚀反应原理示意图

2.2　温度、压力对 CO₂ 腐蚀速率的影响

表 1　不同分压温度下 N80 钢的腐蚀速率

分压（MPa）	温度（℃）				
	25	50	70	90	110
0.5	2.472	4.206	5.819	4.625	4.463
0.75	2.602	4.413	8.656	7.399	8.601
1	2.804	5.467	9.577	3.875	2.948
1.25	2.895	7.132	9.732	8.133	7.900
1.5	3.130	10.95	10.95	3.794	2.948

在 T<70℃时 N80 钢的腐蚀速率随温度的升高而增加；在 T=70℃时达到极大值；当 T>70℃时 N80 钢的腐蚀速率随温度的升高反而减小；在 90℃附近又出现了腐蚀极小值，当温度再升高时，腐蚀速率也随着加快；当温度小于 60℃时，随着 CO₂ 分压的增加，N80 钢片的腐蚀速率出现了线性增大的趋势。

2.3　pH 对 CO₂ 腐蚀速率的影响

表 2　不同 pH 值下 N80 钢的腐蚀速率

pH 值	1	2	3	4	5
腐蚀率（mm/a）	19.97	17.46	10.01	8.24	10.95
pH 值	7	8	9	10	11
腐蚀率（mm/a）	8.51	9.98	8.35	4.13	3.7

经有关试验表明，二氧化碳对金属的腐蚀在很大程度上决定于 pH 值。地层水的 pH 值约为 5 至 7。当水分散在二氧化碳气中，钢表面吸附凝析水时，二氧化碳具有较强的腐蚀性。此外，在低 pH 值条件下，针对二氧化碳流速的紊流特性，生成的 FeCO₃ 保护膜易被冲刷掉，使得金属表面的传质交换加快，加速腐蚀。当 pH 值小于 4 时，N80 钢在饱和 CO₂ 的 3%NaCL 水溶液中的腐蚀速率随着 pH 值增大而减小；当 pH 值为 4~9 时，腐蚀速率为一常数值；在碱性条件下，腐蚀速率随着 pH 值增大而减小[2]。

2.4 原油含水率对 CO_2 腐蚀速率的影响

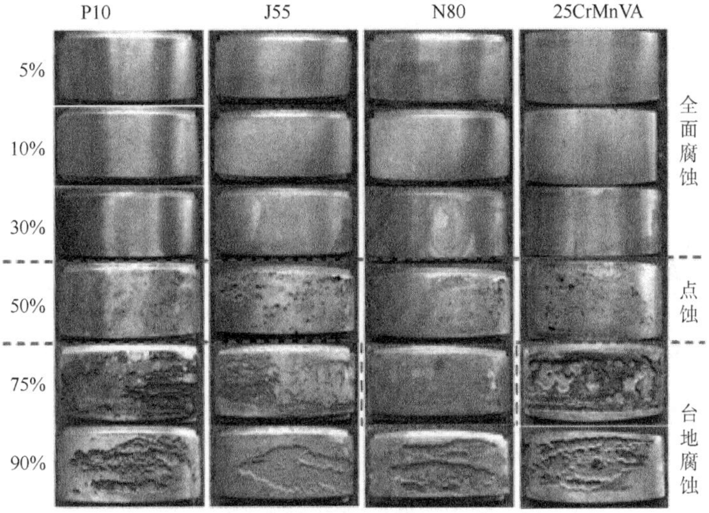

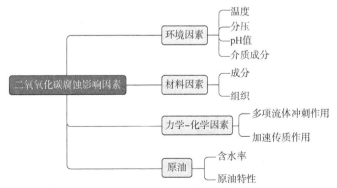

图 3 不同原油含水率腐蚀形貌图片

经过验证，当油井含水率高于30%以后，腐蚀呈逐渐加剧趋势。当含水在0~30%时，形成油包水型乳状液，腐蚀轻微；当含水在30%~75%形成油包水和水包油乳状液共存，造成局部腐蚀；当含水大于75%时形成水包油乳状液，造成严重的台地腐蚀[3]。

2.5 结论

油田开采过程中，腐蚀主要原因是 CO_2 溶于采出液与水结合生成的碳酸，影响采出井 CO_2 腐蚀的主要因素包括温度、CO_2 分压及原油含水率等。温度主要影响 CO_2 的溶解度和腐蚀产物膜的致密性；CO_2 分压主要影响腐蚀产物膜的构成和溶液的 PH 值；高的含水率会形成水包油乳状液可能引起严重的局部腐蚀或台地腐蚀。一般的采出液也会受这些因素影响。不同的是：CO_2 驱气量大、流速快，对内管壁冲刷严重。腐蚀在静态状态下会形成保护膜，减缓腐蚀，而 CO_2 驱腐蚀产物会被立即带走，不能形成化学性质稳定的保护膜，所以腐蚀更加严重[4]。同时，CO_2 遇水形成碳酸，环境的 pH 低，也会加快腐蚀。CO_2 腐蚀本质上是化学腐蚀和电化学腐蚀。

图 4 CO_2 腐蚀速率影响因素思维导图

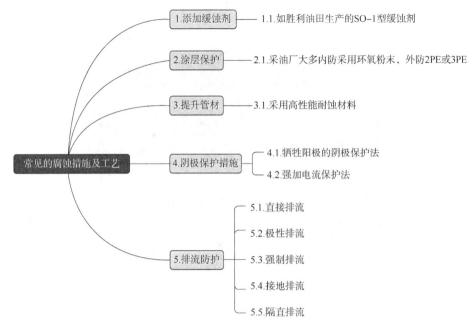

图 5   常用防腐措施及工艺思维导图

3   防腐措施及工艺

3.1   油气水处理工艺设计

CO$_2$ 驱区块来液(40℃)进入集中处理站，加破乳剂后进加热炉加热至 60℃，然后进段塞流捕集兼三相分离器，分气后的低含水原油进微正压密闭脱碳器沉降 160min，气出口设计有抽气压缩机，可以有效去除混合液中二氧化碳含量。净化原油(含水<1%)经外输泵增压后，通过新建外输干线插入至已建系统。一级三相分离器和二级三相分离器分离出的采出水经多重聚结装置处理后进入采出水气提塔，经氮气气提后，采出水中二氧化碳含量低于 50mg/L，进入过滤器撬块进行进一步处理。

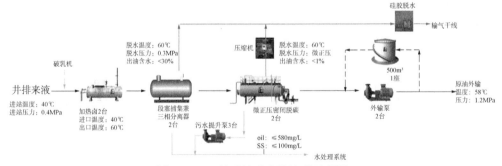

图 6   CCUS 处理站采出液流程示意图

本工程采出水处理工艺全部采用撬装化装置进行处理，保证处理后水质达到回注要求 I 级指标。针对含 CO$_2$ 采出水腐蚀性强的特点，一体化处理装置为新工艺多重聚结装置和

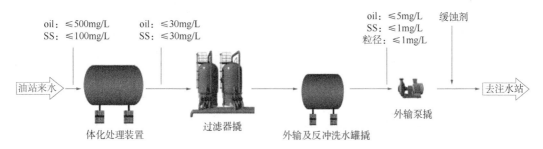

图 7　CCUS 处理站采出水流程示意图

气提塔，利用制氮撬生成氮气，通过氮气对分离出的采出水进行气提，将水中的 CO_2 降低至 50mg/L，采出水处理后输往各注水站进行回注。

气提塔的采出水气提塔撬的来水来自多重聚结装置，其主要作用是利用氮气（站内制氮撬提供）有效脱出采出水中游离 CO_2 含量，改变采出水的弱酸性水质。其额定处理量为 1100m³/d，最大处理量 50m³/h；经采出水气提塔撬处理后的采出水中游离 CO_2 含量 ≤50mg/L。采出水气提塔撬由采出水气提塔 1 座、采出水提升泵 2 台（1 用 1 备）、配套管道阀门、撬座及护栏爬梯平台等组成。采出水气提主要通过采出水与汽提气逆向接触将采出水中的游离 CO_2 分离；采用特制填料层，增加汽提气与采出水的有效接触面积和接触时间，确保汽提效果。采出水气提塔按功能分为三段，塔底段为液相区，经氮气气提后的游离 CO_2 含量 ≤50mg/L 的采出水去采出水提升泵增压后进入后续流程；塔中段为气液逆向气提区，通过气液两相逆流接触，将来水中的游离 CO_2 分离；塔顶段为气相区，气提携气从塔顶经抽气压缩机去后续流程。

本工程分离的含碳伴生气及气提气经干燥增压后输送到下游注入油藏进一步用于油田开发增能驱油。

3.2　设备设施防腐设计

3.2.1　管线

站内内管道及设备采用地上设置与埋地敷设相结合的方式。除输送介质内腐蚀外，地上管线设备主要受大气腐蚀及紫外线照射，埋地管道受土壤、水的腐蚀，周边土壤电阻率较低，地下水位较高，属于强腐蚀环境，对管道的腐蚀性高，腐蚀风险大。因此为了延长管道使用寿命，保证管道的安全稳定运行，应针对管线、设备面临的腐蚀环境，采取相应的腐蚀控制措施，对新建管线、设备采用防腐层防护。

站内埋地管线采用玻璃钢管，地面管线采用不锈钢 316L。站外埋地集油管线采用玻璃钢管，净化油外输管线和干燥伴生气输送管线采用碳钢管材加内涂层防腐。

3.2.2　线补口技术

管线内涂施工要求高，补口是关键，管线接口部分的表面处理及涂覆困难，如果处理不好，反而会加大管线的腐蚀，因此需选择适宜的补口形式。本工程在樊 128 到高 89 的集气管线直管段通过使用机器人补口来对现场的油气集输管道内部进行涂层情况的检测与结果的反馈；其他外输管线管径较小，难以采用补口小车进行补口，气管线的弯头、死口部位用以及其他钢管线采用管端内壁耐蚀合金预制补口防腐形式。

表3 新建管线管材优选对比表

项 目		内外防腐钢管 +30mm泡沫保温	玻璃钢增强复合管 +30mm泡沫保温	钢骨架聚乙烯 塑料复合管	柔性复合 高压输送管	不锈钢管 (316L)
1km不同管材的价格对比表（万元）	规格	单价（万元）	单价（万元）	单价（万元）	单价（万元）	单价（万元）
	DN200	58.54	38.87	35.0	36.2	164
	DN250	77.66	52.28	定制，暂无价格	定制，暂无价格	无
优点		材质机械强度高；有韧性、耐压，耐热性好，不存在脆化、老化问题；施工方便；示踪性好；管道解堵容易，安装方便，成本低	耐腐蚀性能更好，使用寿命更长，水力学性能优良，内壁光滑，摩阻阻低，流体输送能力小，重量轻安装方便，运输方便；电绝缘性能好；耐磨损性好	耐腐蚀、耐磨损，使用寿命长，内壁光滑，不结垢，不结蜡；管道柔性，连续环刚度高，连接可靠，抗土壤沉降能力强，质量轻，施工简便捷；具有可示踪性	耐腐蚀性好，使用寿命长；内壁光滑，不结垢，不结蜡；管道柔性，安装方便，连续无接头，安装施工便捷；可电加热解堵；有可探测性能	材质机械强度高；有韧性、耐压，耐腐蚀性及耐热性好，不存在脆化、老化问题；施工方便；示踪性好；管道解堵容易；安装方便，成本低，符合国家标准性的要求
缺点		耐腐蚀性一般，摩阻较大，易结蜡、结垢；使用寿命短；导热系数高；运行维护成本高；管道需要做防腐、阴极保护设计	管材材质较脆，不耐撞击，在运输、施工、运行过程中容易造成破坏，对防护要求较高；管线韧性差，对使用地点环境要求高	管材施工质量要求较高，施工需要专业施工队伍或需要专业技术人员现场指导，施工人员需要提前培训	管材在热熔接口上的施工需要质量要求较高，施工技术人员现场指导，施工人员需要提前培训	焊接工艺不易掌握
主要性能指标		使用老化寿命：30年；内表面粗糙度：0.1~0.5mm；导热系数46~50W/(m·℃)	使用老化寿命：30年；内表面粗糙度：0.1~0.5mm；导热系数46~50W/(m·℃)	工称压力：≤4.00MPa；使用温度-20~70℃；使用寿命：30年；20℃热导热系数0.43W/(m·℃)	工作压力：≤400MPa；使用温度-40~90℃；使用寿命：30年；20℃热导系数：0.031W/(m·℃)	使用老化寿命：25年；内表面粗糙度：0.1~0.3mm；导热系数46~50W/(m·℃)

表4 补口技术对比表

焊口保护技术	管径	内防材料	价格(元/处)	施工要求	备　注
机器人补口	≥DN150	玻璃鳞片、赛克54、环氧粉末	150~350	坡度<15	个别厂家可做DN100
扩口连接	≥DN50	玻璃鳞片、赛克54、环氧粉末、玻璃釉	300~600	水平对正	将管道两端进行扩口，焊接时内部增加一芯管，两端利用4道密封环将输送介质进行隔离，保护焊口
耐蚀合金预制补口	DN60~DN200	耐蚀合金层	800~1000	适用小口径	

3.2.3　管线内防对比

应用于管线内壁的防腐层种类较多，如环氧玻璃鳞片、环氧粉末、塞克-54涂料等，各有特点。相对于其他防腐涂料，环氧粉末具有无挥发性有机物成分、与钢材黏结力极佳、耐腐蚀能力强、耐温性能较高等优点。质量较为可靠，防腐性能优异，因此内防涂层选用单层一次成膜加强级熔结环氧粉末，厚度≥500μm。

表5 内防工艺技术指标

材料项目	西美克(赛克-54)	玻璃釉	环氧粉末涂料	玻璃鳞片	H87	EXPE内补	HDPE内补
耐腐蚀	优	优	优	优	优	优	优
抗磨蚀	优	优	良	良	中	优	优
附着力	优	优	优	良	一般	—	—
加工温度(℃)	常温	740~790	≤220	常温	常温	—	—
耐温(℃)	≤150(80)	≤120(300)	≤80	≤80	≤80	-20~130	-20~80
自身耐压(MPa)	—	—	—	—	—	0.2~0.4	0.2~0.4
抗震性能	优	良	优	优	优	优	优
DN250综合造价(万元/km)	19.13	25.10	6.48	9.48	4.68	30.50	29.84

3.2.4　设备

CCUS处理站内油气设备主要有：段塞流捕集兼三相分离器、微正压密闭脱碳器、500m³拱顶油罐、埋地污油罐、放空分液罐、天然气分离器、聚结过滤器、干燥塔等。拱顶油罐内壁采用玻璃钢内胆，天然气分离器、聚结过滤器、干燥塔等均采用S316不锈钢制作，其他设备采用不锈钢内衬。

表6 非标设备及管线涂层结构

防腐结构名称		防腐涂料	涂刷道数	漆膜厚度(μm)
500m³拱顶油罐（玻璃钢内胆）	外表面	底漆：环氧富锌底漆	2	80~100
		中间漆：环氧云铁中间漆	2	≥120
		面漆：丙烯酸聚氨酯面漆	2	80~100
	罐底板边缘板	矿脂带密封系统		
	罐底板外表面	无溶剂液体环氧涂料	1~2	600

防腐结构名称		防腐涂料	涂刷道数	漆膜厚度（μm）
三相分离器、污油罐、放空分液罐、放空立管、天然气分水器	外表面	底漆：环氧富锌底漆	2	80~100
		中间漆：环氧云铁中间漆	2	≥120
		面漆：丙烯酸聚氨酯面漆	2	80~100

水处理设备：多重聚结装置、核桃壳过滤器、金刚砂过滤器、金属膜过滤器、气提塔均采用 S316 不锈钢制作，采出水常压储罐、地下罐均采用玻璃钢罐。

泵类设备、压缩机等设备过流部件材料均采用 S316 不锈钢。

4　结论与认识

防腐蚀工程技术主要有：选择正确的耐腐蚀材料、合理的防腐设计、电化学保护、化学药剂防护、表面涂敷保护等五类。为提高 CO_2 的回收率、减少温室气体排放，在采用 CO_2 驱油技术时，针对 CO_2 的腐蚀防护，通常采用材质、药剂或二者结合形成的经济合理的方案，根据不同的介质、CO_2 含量、压力等级等，选用不同的设备或管线材质，重点考虑现场应用的经济性，在做好工艺防腐措施的前提下，有效开展 CO_2 驱油技术的应用。

CCUS 作为最有希望实现化石能源大规模利用、发展绿色低碳的关键技术，对我国未来约束 CO_2 排放、实现双碳目标和实现经济可持续发展具有重大的战略意义[5]。持续深入开展 CO_2 驱油提采工艺中的关键技术攻关，重点解决 CO_2 管道输送、CO_2 注入井管柱及工具、生产井采出井管柱及工具、地面集输系统等石油管材的服役安全问题，不仅能够完善、丰富与发展特低渗透油藏 CO_2 埋存与驱油技术、提升国内油田提高采收率技术创新能力，而且随着国家示范项目范围的不断扩大，有望建成低成本、低能耗、安全可靠的 CCUS 技术体系和产业集群，为化石能源低碳利用、绿色环保的发展提供规范的管理体系，为应对气候变化提供有效的技术保障[6]，同时对国家节能减排和树立大国形象意义深远。

参 考 文 献

［1］王献红. 二氧化碳捕集和利用［M］. 北京：化学工业出版社，2016.

［2］中国石油大学(华东). 气溶性表面活性剂用于二氧化碳驱油流度控制中的方法：CN 201410131646.3［P］. 2014-04-02.

［3］刘建新，田启忠，张瑞霞，等. 耐 CO_2 腐蚀油井管材的选用［J］. 腐蚀科学与防护技术，2012，24(1)：77-78.

［4］焦艳红. 浅谈油田 CO_2 驱油气井防腐工艺优化［J］. 化工管理，2015(14)：177.

［5］柳智青. 探索全球碳减排新路径［N］. 中国石油报，2019-11-05(06).

［6］赵金兰，闫浩春，刘韬，等. 论水泥企业碳中和的路径［J］. 新世纪水泥导报，2021，27(2)：1-6.

含硫气田腐蚀监控与评价专家系统研究

摘 要：含硫气田腐蚀情况复杂，CO_2 和 H_2S 并存，集输管线水含量高，使得内部腐蚀环境非常复杂。针对含硫气田的特殊腐蚀工况，结合现有腐蚀评估手段，引入基于腐蚀机制的综合腐蚀风险评估方法，自主开发了含硫气田腐蚀监控与评价专家系统。本文选择高峰站场的设施和管段为对象，使用含硫气田腐蚀监控与评价专家系统进行评估，并将该系统的评估结果与 RBI 评价结果进行对比，对比结果显示评价结果基本吻合。可广泛应用于含硫气田地面集输系统内的管线和场站，提升地面集输系统的完整性管理水平，为腐蚀防护提供决策依据和数据支持。

关键词：含硫气田；腐蚀风险；完整性管理

含硫气田腐蚀情况复杂，CO_2 和 H_2S 并存，且含有 Cl^-，集输管线水含量高，使得管线内部腐蚀环境非常复杂。针对含硫气田的特殊腐蚀工况，结合现有腐蚀评估手段，引入基于腐蚀机制的综合腐蚀风险评估方法，自主开发了含硫气田腐蚀状况监控与评价专家系统，用于气田的腐蚀状况监控与评估。本文选择高峰站场的设施或管段为对象，使用含硫气田腐蚀监控状况与评价专家系统进行评估，并将该系统的评估结果与 RBI 评价结果进行对比。

1 专家系统风险评价

1.1 含硫气田腐蚀状况监控与评价专家系统

我国目前应用最多的仍是肯特风险指数评价模型。1995 年潘家华教授首先在油气管道的风险分析中应用了此方法[1]。将该方法应用于输气站场的风险管理中具有容易掌握、便于推广、系统全面的优点。同时可由工程技术人员、管理人员、操作人员共同参与评分，集中多方面的意见[2]。

含硫气田设施或管段的腐蚀评估采用 Kent 打分方法和风险矩阵方法相结合的方式进行风险评价，分为三个步骤进行评价：

（1）通过 Kent 打分方法对站场中每个子单元的腐蚀风险影响因素进行评分，影响因素的评分总和被认为是该子单元的相对风险值。

（2）通过计算特定时间内设施或管段的检测或监测数据，获得设施或管段的最大壁厚损失率，使用 Kent 打分方法对最大壁厚损失率进行专家评分；

（3）通过风险矩阵的方法，将子单元的相对风险值归一化，该值作为纵轴，壁厚损失率的评分结果作为横轴，使用横轴和纵轴的交叉点作为该设施的风险等级。

1.2 腐蚀单元划分

腐蚀单元是指腐蚀环境相似、工作材料相同、腐蚀行为相近的管线和设备的总称[3]。腐蚀单元是设置腐蚀监测点的重要依据[4]。

1.2.1 单井站腐蚀单元划分

井口——加热炉；加热炉——节流阀（包括加热炉）；节流阀——分离器；分离器设备主体；分离器——出站口；分离器排污管线。

1.2.2 集气站腐蚀单元划分

井口——加热炉；加热炉——节流阀（包括加热炉）；节流降压阀——分离器；分离器设备主体；分离器——汇管；汇管——集气站出口；分离器排污管线。

1.2.3 集气总站腐蚀单元划分

进站口——分离器；分离器设备（全部）；排污管线；分离器——汇管；汇管——出站。

1.2.4 站间管线腐蚀单元划分

将站与站间管线看做一个腐蚀单元。

1.3 数据采集

本次选择高峰站场的设施或管段为对象，选取了以下9条管道进行评估。9条管线的数据见表1。

表1　高峰站9条管线的基础数据

子单元名称	类型	管径（mm）	壁厚（mm）	投产日期	平均温度（℃）	平均压力（MPa）	最大减薄量（mm）	CO_2含量（g/m³）	H_2S含量（g/m³）
NG-0001-150-S1B	管线	168.3	8	1999年	20	5.5	2.3	26.335	31.99
NG-0008-100-S1B	管线	108	5	1999年	20	5.5	0.7	26.335	31.99
NG-0012-150-S1B	管线	168.3	11	1999年	20	5.5	0.5	26.335	31.99
NG-0031-150-S1B	管线	159	6	1999年	20	5.5	0.9	26.335	31.99
NG-0033-150-S1B	管线	159	7	1999年	20	5.5	1.8	26.335	31.99
NG-0037-100-S1B	管线	159	7	1999年	20	5.5	0.5	26.335	31.99
NG-0040-150-S1B	管线	168.3	7	1999年	20	5.5	1.5	26.335	31.99
NG-0045-150-S1B	管线	168.3	10	1999年	20	5.5	0.9	26.335	31.99
NG-0048-150-S1B	管线	168.3	11	1999年	20	5.5	2.2	26.335	31.99

1.4 腐蚀评估

1.4.1 腐蚀概率

通过肯特打分方法，获得腐蚀因子指标（各腐蚀因子总分值8分，注：此处由于收集的信息不完整，因此仅对提供的数据进行了专家评分），通过计算该评价单元的腐蚀因子指标、泄漏系数、介质危害性、扩散系数等，计算公式如下：

$$相对风险值 = \frac{\sum 腐蚀因子指标(0 \sim 100 分)}{\sum 泄漏系数}$$

$$泄漏系数 = \frac{介质危害性(0 \sim 20 分)}{扩散系数(0 \sim 10 分)}$$

获得评价单元的相对风险值 8 分，那么在风险矩阵中体现时需要将 8 分归一化为 5 分制。

1.4.2 腐蚀后果

站场设施和管线失效后果等级数据选择材质的腐蚀速率，一般情况下为设施的监检测数据[5]。本次评估数据选择壁厚检测结果，计算各管线壁厚损失率。腐蚀后果的归一化逻辑依据 NACE 管道完整性管理教程，按照壁厚损失率 δ 评价腐蚀严重程度得到个条管线风险矩阵横轴的值。

表 2 各管线风险矩阵横轴

子单元名称	类型	壁厚损失率(%)	风险矩阵中横轴分值
NG-0001-150-S1B	管线	0.28	1分
NG-0008-100-S1B	管线	0.14	1分
NG-0012-150-S1B	管线	0.04	1分
NG-0031-150-S1B	管线	0.15	1分
NG-0033-150-S1B	管线	0.25	1分
NG-0037-100-S1B	管线	0.07	1分
NG-0040-150-S1B	管线	0.21	1分
NG-0045-150-S1B	管线	0.09	1分
NG-0048-150-S1B	管线	0.2	1分

1.5 风险等级

按照站场设施的分类，每个子单元结合腐蚀概率和腐蚀后果的计算方法，分别将腐蚀概率作为纵轴，腐蚀后果作为横轴，二者在坐标中的交点即为风险等级。风险等级分为三个区域，红色代表高风险，黄色代表中风险，蓝色代表低风险。9 条管线的横轴分值为 1，纵轴分值为 2.9，均处于低风险区域(图 1、表 3)。

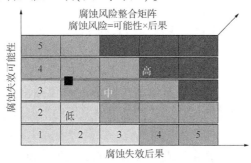

图 1 腐蚀风险矩阵

表3 管线风险等级

子单元名称	类型	概率等级	后果等级	风险等级
NG-0001-150-S1B	管线	2.9	1	低风险
NG-0008-100-S1B	管线	2.9	1	低风险
NG-0012-150-S1B	管线	2.9	1	低风险
NG-0031-150-S1B	管线	2.9	1	低风险
NG-0033-150-S1B	管线	2.9	1	低风险
NG-0037-100-S1B	管线	2.9	1	低风险
NG-0040-150-S1B	管线	2.9	1	低风险
NG-0045-150-S1B	管线	2.9	1	低风险
NG-0048-150-S1B	管线	2.9	1	低风险

2 RBI 风险评估

RBI 评价的技术流程包括数据收集与整理、预评估、超声波测厚、RBI 评价、完整性管理方案编制等 5 个步骤。

数据收集与整理：采集完整性评价设备的数据，包括设计数据、工艺数据、检验数据、维护和改造、设备失效等数据。

预评估：对所收集的数据的准确性和全面性进行分析，列出不能确认或缺失的数据；可同时采用定性的风险评价方法，筛选出场站的高风险设备，为超声波测厚提供指导。

超声波测厚：为保证风险评价所采用数据的准确性和有效性，应结合场站以往的检测数据及专家值，对于不能确认或缺失的关键数据采用必要的检测手段进行现场检测。主要针对工艺管线及部件采用超声波测厚、方法进行检测。

RBI 评价：站内工艺管线与所有承压静设备，通过划分物流回路和腐蚀回路，确定损伤机理和损伤速率，采用 RBI 技术进行风险计算，建立检验计划，预防风险的发生。

2.1 根据材料损伤机理计算失效可能性

根据高峰站气质分析报告，高峰站原料气硫化氢含量为 $31.99g/m^3$，CO_2 含量为 $26.335g/m^3$。根据高峰站资料分析，结合对天然气输气站装置工艺与腐蚀情况的了解、参考同类装置的失效分析资料并听取材料与腐蚀专家的意见，经综合分析后确定高峰站可能的主要损伤类型包括：(1)内部腐蚀减薄：均匀腐蚀和局部腐蚀；(2)外部损伤：大气腐蚀和埋地管道外腐蚀；(3)应力腐蚀开裂：硫化物应力腐蚀开裂。

2.2 失效后果的计算

总经济后果类型是以财务后果为基础的。财务后果包括潜在的业务中断、安全风险(个人风险)和与设备损伤相关的风险。它们是根据采用的财务数字进行计算的，因此，财务后果也在一定程度上反映了对该装置的价值，以及对业务中断的影响。设备与管道总的后果大小根据发生孔蚀泄漏、中等孔或大孔的失效、或发生破裂等情况的后果加权计算。失效后果按照泄出流体物料的性质与量进行计算，物料泄出量与泄出速率的主要影响因素有失效孔的大小、流体黏度与密度以及操作压力。设备与管道常见的失效机理易导致在每一设备与管道中发生孔蚀泄漏，中等孔或大孔的失效、或发生破裂，要分别对每一种失效形式计算其失效后果，然后按这些不同失效形式所造成的后果的加权影响计算总的后果大小。

2.3 风险计算

风险是失效可能性与失效后果的组合，每个设备项/管线的风险按下式计算。

$$风险 = 失效可能性 \times 失效后果$$

为了方便对设备的风险排序，采用了5×5矩阵图的方法，矩阵图中纵向失效可能性按失效可能性系数划分1，2，3，4，5五个等级，横向失效后果按失效后财产损失或影响面积划分为A，B，C，D，E五个等级

2.4 评价结果

2.4.1 可能性

高峰站设备的可能性评价结果为：6项设备处于第1类(低)的失效可能性，3项设备处于第2类(较低)的失效可能性，104项设备处于第3类(中)的失效可能性，1项设备处于第4类(较高)的失效可能性。

2.4.2 失效后果

高峰站设备的失效后果评价结果为：49项设备处于A(低)类失效后果，65项设备处于B(较低)类失效后果。

2.4.3 风险等级

根据高峰站的设计、检测、维修数据，对高峰站的各设备项进行评价后，总的风险分布见5×5矩阵图(图2)。通过风险评价结果可知，低风险的设备有113项，占99%，中风险设备项有1项，占1%。

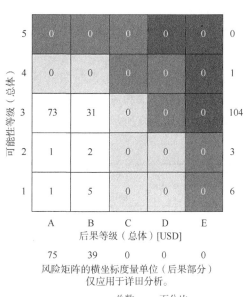

图2 高峰站静设备风险评价结果

所有设备项的风险评价结果按风险等级和风险总成本的高低顺序排序后见表4。

表4 风险评价结果

序号	设备号	设备类型	可能性等级	后果等级	风险等级
1	NG-0001-150-S1B	管道-6	3	B	1. 低风险
2	NG-0031-150-S1B	管道-6	3	B	1. 低风险
3	NG-0040-150-S1B	管道-6	3	A	1. 低风险
4	NG-0033-150-S1B	管道-6	3	A	1. 低风险

续表

序号	设备号	设备类型	可能性等级	后果等级	风险等级
5	NG-0012-150-S1B	管道-6	3	A	1. 低风险
6	NG-0008-100-S1B	管道-4	3	A	1. 低风险
7	NG-0045-150-S1B	管道-6	3	A	1. 低风险
8	NG-0048-150-S1B	管道-6	2	B	1. 低风险
9	NG-0037-100-S1B	管道-4	3	A	1. 低风险

3 风险评估结果对比

3.1 专家系统评估结果与 RBI 评估结果对比

使用肯特打分法和风险矩阵相结合的方法，对高峰站的 9 个子单元进行腐蚀风险评估，评估结果如下表所示，与 RBI 评估结果基本吻合(表 5)。

表 5 专家系统评估结果与 RBI 评估结果对比

序号	子单元名称	RBI 评估结果	专家系统评估结果
1	NG-0001-150-S1B	低风险	低风险
2	NG-0008-100-S1B	低风险	低风险
3	NG-0012-150-S1B	低风险	低风险
4	NG-0031-150-S1B	低风险	低风险
5	NG-0033-150-S1B	低风险	低风险
6	NG-0037-100-S1B	低风险	低风险
7	NG-0040-150-S1B	低风险	低风险
8	NG-0045-150-S1B	低风险	低风险
9	NG-0048-150-S1B	低风险	低风险

3.2 肯特法优缺点

3.2.1 肯特打分法优点

(1) 评价指标体系完整、系统。

肯特模型的专业性和针对性很强，是专门针对油气管道风险评价问题而构建的。该模型对于管道风险因素的评价指标涵盖了可能造成管道失效和产生危险事件的全部内、外部因素，指标权重的划分均是依据国内外标准、现场经验值或实验室内获得的经验值，数据来源均为对管道运行情况的长期监测和大量管道事故统计数据的分析，具有极强的实际意义。

(2) 综合考虑了风险事件发生的概率和导致的后果两个方面，很好地体现了风险的本质。

3.2.2 肯特打分法缺点

肯特风险评价模型使用的原始数据为专家评分，且将其进行加总或平均等简单化处理。专家打分依赖于大量的基础数据、运行数据和维护以及防护措施的数据，数据越全，评估结果的精度越高。

3.3 RBI 评估方法优缺点

3.3.1 RBI 技术的优点

该技术是基于风险分析的检测计划的制定，与传统检测计划的制定有较大差别。因此，只要寻找出这 20% 的可能潜在的高风险设备，就可以掌握整个站场的 80% 的风险分布情况。RBI 技术能有效地结合检测方法与检测频率，分析每种可用的检测方法和它对降低失效概率的相对有效性，同时根据设备部件的失效模型和概率、失效的后果以及风险等级决定检测的方法、检测的范围和检测时间，给出每一步检测的信息和费用，制定出最佳的检测方案。

3.3.2 RBI 技术的缺点

该技术源于 API 581 标准，该标准在应用于我国容器和管道时，存在以下缺陷：①数据来源有限，行业针对性强；②近几年在应用 RBI 时发现某些装置的风险分布情况不满足"20%高~80%低"现象，而中高风险以上的设备占到 40% 以上，使得许多设备由于历史原因、设计和制造时留下的许多超出标准的缺陷，失效数量较其他国家多；③数据缺乏更新；④忽视容器体积的差异。这四点说明 RBI 对压力容器及管道的风险评估会存在一定偏差。

4 总结

在高峰站的腐蚀评估对比中可以看到，对于低风险的管线或设施，两种风险评价方法的对比结果相似度高于 75%，鉴于肯特打分方法的普遍适用性，认为在数据相对较全面的条件下，专家系统可以作为评价方法选择之一。含硫气田腐蚀监控与评价专家系统研究可广泛应用于含硫气田地面集输系统内的管线和场站，提升地面集输系统的完整性管理水平，为腐蚀防护提供决策依据和数据支持。

参 考 文 献

[1] 潘家华. 油气管道的风险分析[J]. 油气储运，1995，14(3)：3-5.

[2] 赵永涛. 油气管道风险评价现状与对策研究，石油化工安全环保技术[J]. 2007，23(1)：3~5.

[3] 张强，袁曦，张东岳，等. 川渝含硫气田腐蚀控制方法[J]. 石油和天然气工业，2015，44(5)：60-65.

[4] 杨茂，周景伟，刘兵，等. 酸性气田一体化腐蚀监测数据管理系统[J]. 建设管理，2016，35(45)：76-79.

[5] NACE SP 0110-2010, Wet Gas Internal Corrosion Direct Assessment Methodology for Pipelines[S]. America：NACE International，2010.

X80 管线钢环焊缝氢扩散多场耦合模拟研究

徐涛龙[1] 过思翰1 郭 磊[2] 韩浩宇[1] 李又绿[1]

(1. 西南石油大学石油与天然气工程学院;
2. 国家石油天然气管网集团有限公司西气东输分公司)

摘 要：利用现有的 X80 现役管道掺氢是最经济的氢气输送方式,但管道环焊缝区间氢渗透扩散导致氢脆失效是当前规模化掺氢输送的主要障碍。基于此,研究通过建立 X80 管线钢环焊缝区域三维模型,考虑组织不均匀性的影响,利用多场顺序耦合模拟技术分析氢在残余应力场、氢浓度场共同作用下扩散过程。为进一步明确环焊缝区多场耦合诱导下氢原子的空间分布规律,利用多道焊接过程的温度场模拟获得焊缝区的残余应力场,并以此作为载荷诱导,再结合氢扩散控制方程与化学位梯度氢扩散本构方程,得到氢在环焊缝多区模型中的分布状态。

关键词：环焊缝区;残余应力;多场顺序耦合;氢扩散;X80 管线钢

氢气已成为最具发展前景的新能源之一[1-4],利用现有的 X80 管道掺氢是最经济的氢气输送方式,但管道环焊缝区间氢渗透扩散导致氢脆失效是当前规模化掺氢输送的主要障碍[5-6]。截止目前,氢气诱导开裂的精确机制仍未统一,并且不同氢致开裂理论的模型都有各自的实验结果支持[7-11]。目前可以达成共识的是,氢气诱导裂纹产生与几个关键因素有关,应力诱导下氢原子的聚集就是其中之一。管道环焊缝区域存在焊接残余应力,氢原子容易在残余应力的诱导下发生富集,当局部浓度达到阈值时易于引发氢致裂纹的出现[7],从而引发安全事故。因此,对于管线钢环焊缝区中的氢浓度扩散分布进行模拟计算具有重要的理论意义和工程价值。

目前,金属中扩散氢含量的现场测试方法主要包括水银法[12]和气相色谱法[13-14]。水银法测量装置须严格密封,且会对实验人员和环境造成一定的危害,气相色谱法检测速度快且准确度高,但需要持续加热至一定温度提取氢气。因此氢气在焊缝内的扩散无法通过实验方法在现场进行测量,有限元分析可能是预测氢气浓度演变的唯一有效手段。针对环焊缝区氢脆失效行为的耦合分析模型的建立,Mochizuki[15]与蒋文春[16]从低维度着手,提出了轴对称焊接模型模拟残余应力,并耦合氢浓度扩散场进行了模拟研究,但在计算过程中没有考虑焊缝区域的组织不均匀性。在此基础上,张体明[17]开始在三维应力—浓度模型中引入了组织不均匀性的影响,结合焊接残余应力对焊接区域的氢扩散过程进行了模拟研究。Gobbi 等[18]基于前人工作,分三步实现弱耦合,模拟了氢在钢中的扩散行为、氢在

资助项目：国家自然科学基金项目 No. 52374068& 西南石油大学石油管材服役安全青年科技创新团队项目 No. 2018CXTD01。

裂纹尖端富集规律以及导致断裂扩展区内聚力降低而引发氢脆断裂的现象。

在以上研究的基础上,本工作选用 X80 钢环焊缝焊管为研究对象,基于多道焊接过程的温度场模拟获得焊缝区的残余应力场,并以此作为载荷诱导,同时结合环焊缝区域组织不均匀性特征,得到氢在环焊缝多区模型中的分布状态,为临氢焊接管线的安全评定奠定基础。

1 管线钢材料属性及残余应力测定

试验材料为 X80 在役管线钢,通过透射电镜进行微观组织形貌及 EBSD 分析后,获得其化学成分见表 1,图 1 所示为焊缝中心(WM)、热影响区(HAZ)、母材(BM)的显微组织形貌。由图 1 可知,X80 管线钢环焊缝区域主要由晶粒细小的铁素体和粒状贝氏体组成,同时在焊缝区域以及热影响区能见到明显的缺陷部分或夹杂物,容易形成氢陷阱并进一步导致氢致开裂。

表 1 X80 管线钢环焊缝区域化学组分 （质量分数,%）

C	O	F	Ne	Al	Si	P	S	Mn	Fe
23.61	2.65	9.1	1.24	0.44	0.87	0.5	0.67	1.94	50.21

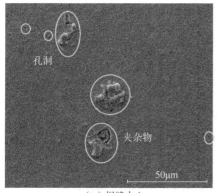

（a）焊缝中心

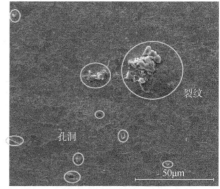

（b）热影响区

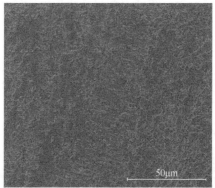

（c）母材

图 1 X80 管线钢组织金相

在焊接过程中，X80 管线钢焊接热物性参数如图 2 所示[19]。BM（母材）、HAZ（热影响区）和 WM（焊缝中心）的氢扩散系数与溶解度参考张体明[17]等通过电化学渗透技术测量得到的数据，见表 3。

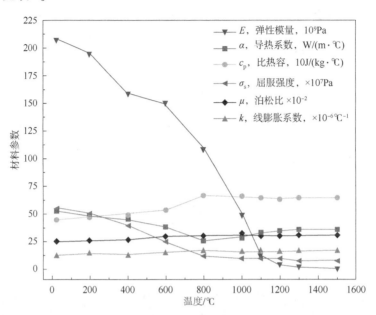

图 2　材料性能参数

表 3　X80 钢环焊缝区域氢扩散系数

区域	扩散系数 D(10^{-8} mm^2/s)	吸附氢浓度 C_0(10^{-6})	溶解度 S(10^{-4} mm/$N^{1/2}$)
母材	3.302	0.02350	4.797
热影响区	4.990	0.01752	3.576
焊缝中心	5.315	0.01665	3.399

选取 X80 在役管道使用盲孔法进行残余应力检测实验，实验装置如图 3 所示，使用实验获取的 X80 钢管道环焊缝区域实际残余应力分布情况来验证残余应力模拟结果。如图 4 所示，分别在距焊缝中心 0mm，15mm，30mm，60mm 处布置 4 个测点，从焊缝中心向母材方向编号依次为 B1、B2、B3、B4，获取 X80 钢在役管道环焊缝残余应力测试数据。

图 3　盲孔法实验设备

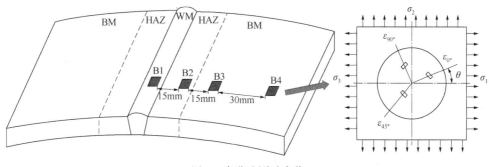

图 4　盲孔法测试点位

2　氢扩散数值模拟

2.1　氢扩散基本理论

根据扩散阶段质量守恒原理，氢扩散控制方程的积分形式为[20]：

$$\int_v \frac{\mathrm{d}c}{\mathrm{d}t}\mathrm{d}V + \int_s n \cdot J\mathrm{d}S = 0 \tag{1}$$

其微分方程形式为：

$$\frac{\mathrm{d}c}{\mathrm{d}t} + \nabla \cdot J = 0 \tag{2}$$

在大多数情况下，扩散过程受到外部环境的影响，例如：化学势梯度、温度梯度、机械载荷等。因此，扩散的驱动力可能是单个或多个因素共同作用的结果。而如果同时考虑这些驱动力，问题将变得复杂且难以求解。因此可以将所有的驱动力都考虑为化学势梯度，以简化问题的求解[21]。

根据传质理论，在非均匀介质中，由化学位梯度引起的氢扩散的本构方程为[20]：

$$J = -SD \cdot \left[\frac{\partial \phi}{\partial x} + k_s \frac{\partial}{\partial x}\left[\ln(\theta - \theta_z)\right] + k_\sigma \frac{\partial \sigma}{\partial x}\right] \tag{3}$$

式中：J 为扩散通量，$kg/(m^2 \cdot s)$；D 为扩散系数，m^2/s；c 为浓度，kg/m^3；ϕ 为氢活度，$\phi = c/s$；S 为溶解度，kg/m^3；k_s 为"Score"效应系数；θ 为温度，$\theta = 293.15K$；θ_z 为绝对零度；k_σ 为等效应力梯度系数，m^2/N；σ 为等价压应力，$\sigma = -(\sigma_{xx} + \sigma_{yy} + \sigma_{zz})/3$。

当不存在温度梯度时[22]，公式（3）简化得到：

$$J = -SD \cdot \left(\frac{\partial \phi}{\partial x} + k_\sigma \frac{\partial \sigma}{\partial x}\right) \tag{4}$$

其中，应力梯度系数的表达式为：

$$k_\sigma = \frac{c}{S} \cdot \frac{V_H}{R(\theta - \theta_z)} \tag{5}$$

2.2 有限元模型

针对多场耦合作用下的氢扩散分析的数值计算过程可分为4步：

第1步，建立管道多道环向对接焊的三维实体模型。选取外径为114mm、壁厚12mm的管道进行分析计算，焊缝开V形坡口，焊缝坡口角度设置为60°，其几何形状如图5所示。进行温度场与浓度场分析时网格类型选用三维八节点单元DC3D8，进行残余应力场分析时网格类型选用三维八节点单元C3D8R。同时，为了模拟焊接的真实情况，采取生死单元方法对焊接区域进行删除和再激活。

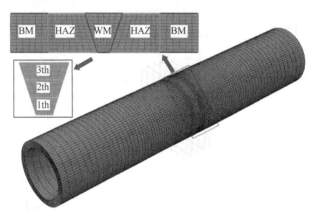

图5　有限元模型

第2步，对焊接温度场进行计算，焊接热源采用半椭球模型，编写DFLUX子程序施加移动热源模拟焊接过程，实现热源在管道环面逐层加载的过程。

第3步，实现温度场与焊接应力场的耦合计算。采用间接式的顺序耦合技术实现温度场与应力场耦合，即先利用热传递单元得到温度场，再导入温度场开展三维应力分析。

第4步，实现残余应力场中氢扩散的耦合计算。提取焊接残余应力场的静水应力结果，结合氢扩散本构方程，实现残余应力诱导下环焊缝区域氢的渗透过程的模拟。

3　有限元结果分析

3.1　焊接残余应力场

管道的等效残余应力云图如图6所示。管道焊接完毕后在焊缝及热影响区产生应力集中现象，其最大等效应力值为607MPa。

将获得的等效残余应力结果与X80在役管道盲孔法残余应力检测实验结果进行对比，以验证残余应力模拟结果。与检测实验方法相同，分别在距焊缝中心0mm，15mm，30mm，60mm处取残余应力结果进行对比，结果如图7所示。

将数值分析所得到的焊接残余应力与盲孔法实验所测定的等效应力残余应力进行比较，观察图7可知，模拟与盲孔法测定的焊接残余应力分布趋势基本吻合。实验值相较于模拟值整体偏高，其原因可能是当使用盲孔法测量残余应力时，在前期打磨管道对测点产生了一定的机械外力，但相同的分布趋势说明这里采用的数值模拟方法能较准确地反映焊接残余应力分布规律。

图6 残余应力模拟云图

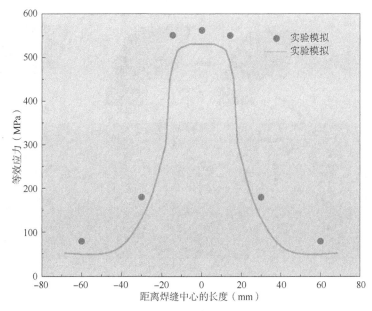

图7 残余应力结果对比

3.2 氢浓度扩散场

将获取的残余应力场作为氢扩散的预定义场进行应力场与浓度场的耦合计算，由此获得的环焊缝区域晶间氢浓度 C_L 分布情况如图8所示。

当不考虑残余应力时，观察图8(a)中管道轴截面氢浓度可得，晶间氢浓度值 C_L 沿管道内表面至外表面逐渐减小。晶间氢浓度沿管道轴向方向呈均匀分布状态，管道母材区的晶间氢浓度高于焊缝中心与热影响区，热影响区晶间氢浓度略高于焊缝中心，这主要是因为扩散氢在不同区域的溶解度存在差异，即母材的氢溶解度最高，其次为热影响区，焊缝中心的氢溶解度最低；当考虑残余应力的诱导作用以后[图8(b)]，晶间氢在焊缝中间部位即静水应力最大的区域发生富集。由于在设定温度环境下氢化物的析出或溶解速度远远大于其扩散速度，模拟时没有考虑固溶氢与氢化物的相变，这里提到的氢浓度就是晶格间隙内氢的总含量。

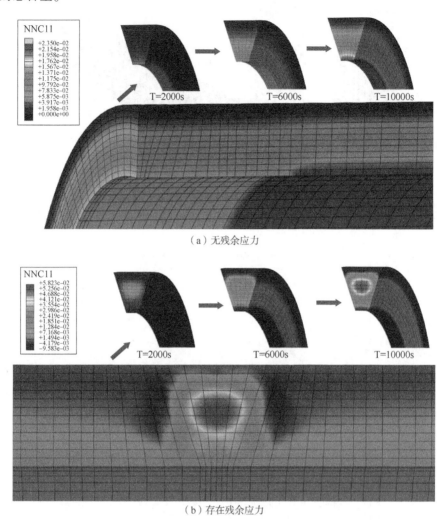

（a）无残余应力

（b）存在残余应力

图 8　晶间氢浓度分布云图

　　为了精确分析不均匀应力场对氢浓度分布的诱导作用，选取距焊接起点 90°位置焊缝中心的径向路径作为考察区域，读取了体系达到平衡浓度时各有限元分析点的晶间氢浓度，结果如图 9 所示。对于焊缝中心区域，在无应力作用时，氢原子稳定沿浓度梯度从内表面向外表面扩散，氢浓度最高值为管线钢内表面的吸附氢浓度 0.01665‰。在应力诱导氢扩散模拟过程中发现，位于应力集中区域的晶间氢原子浓度远高于应力较低处的晶间氢浓度，氢的最高浓度可达 0.058‰，相比于原始状态增加了 3.5 倍，出现明显的氢聚集现象。

　　在焊缝中心考察路径上沿厚度方向选取 2cm、4cm、6cm、8cm、10cm 点，按时间历程读取各点氢浓度变化情况，如图 10 所示。从图中可以看出，焊接残余应力较为集中的第一道焊缝与第二道焊缝处容易引起氢的聚集，氢浓度增长速度明显高于残余应力较低处。结合晶间氢浓度及静水应力沿径向路径变化可以推测，残余应力促进了氢在管道钢中的聚集，其诱导氢原子向应力集中区域扩散，且残余应力梯度对氢扩散的影响大于浓度梯度对氢扩散的影响，此模拟结果也符合应力诱导氢扩散的相关理论[24]。

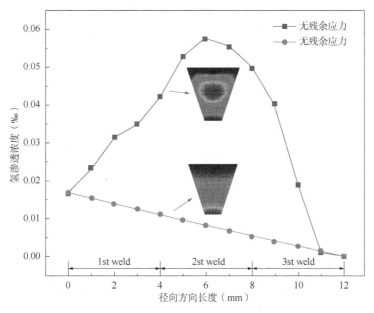

图 9 有无残余应力诱导下晶间氢浓度对比

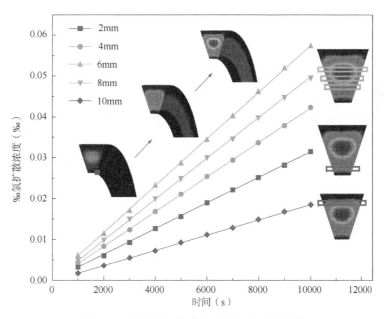

图 10 不同时刻下管道径向晶间氢浓度分布

为了考察环焊缝不同区域组织不均匀性与残余应力场对氢扩散的协同作用，在距焊接起点 90°径向位置读取了环焊缝各区域的晶间氢浓度分布情况。图 11 为环焊缝不同区域应力诱导下径向路径晶间氢浓度分布最大值。在仅考虑环焊缝不同区域组织不均匀性时，各区域的最高晶间氢浓度即为管线钢内表面的吸附氢浓度；加入残余应力的诱导作用之后，除母材外环焊缝各区的最高晶间氢浓度均出现不同程度的增加。在不考虑焊接残余应力的情况下，焊缝中心的晶间氢浓度最低；在加入残余应力场的诱导后，环焊缝区域的最高晶间氢浓度出现在焊缝中心区域。由此可以推测，X80 钢环焊缝区域的组织不均匀性和残余应力均在氢扩散过程中起着重要作用，其中，对于晶体间隙处的氢扩散来说，残余应力的影响大于组织不均匀性的影响。

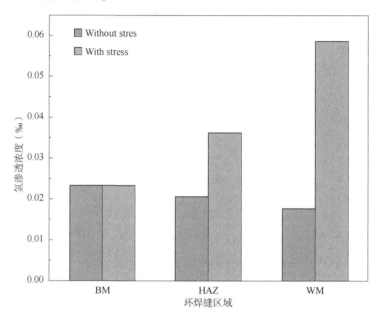

图 11　环焊缝不同区域最高晶间氢浓度

3.3　管线钢材料性能劣化情况

对于管道环焊缝区域而言，氢致失效裂纹极易萌生于氢富集区域，因此，在通过数值模拟确定环焊缝区域氢富集情况之后，在此基础上进行裂纹扩展相关参数的研究，可以从侧面考察氢富集对材料劣化的影响[17]。

氢对裂纹扩展的影响使用氢覆盖率 θ 表示，氢覆盖率与氢浓度关系如下[25]：

$$\theta_H = \frac{C}{C + \exp(-\Delta G_b^0/RT)} \tag{6}$$

式中，G_b^0 为吉布斯自由能差，30kJ/mol；R 为理想气体常数，8.314Pa·m³·mol⁻¹·K⁻¹；C 为氢浓度质量分数,‰；T 为实际温度。

同时，对于高强度管线钢，Serebrinsky 等通过对表面能的计算发现，氢覆盖率和临界氢依赖内聚应力之间存在以下关系[26]：

$$\frac{\Phi_c(\theta_H)}{\Phi_c(0)} = 1 - 1.0467\theta_H + 0.1687\theta_H^2 \tag{7}$$

式中，$\Phi_c(0)$ 表示无氢影响的断裂能；$\Phi_c(\theta_H)$ 表示受氢覆盖率影响的断裂能。结合上节中多场耦合下环焊缝不同区域最高晶间氢浓度的模拟结果，可计算 X80 管线钢环焊缝区域氢覆盖率及内聚力强度降低因子，见表 4。

表4   X80 管线钢环焊缝区域内聚力强度降低情况

位　　置	晶间氢浓度分布最大值(‰)	氢覆盖率	内聚力强度降低因子
BM	0.0235	0.004255	0.99555
HAZ	0.03635	0.006566	0.993135
WM	0.05877	0.010572	0.988953

由表4可知，环焊缝区域的最高氢覆盖率为0.010572，主要分布在焊缝中心区域；从内聚力强度降低情况来看，环焊缝各区域的降幅均在1%左右，降幅最大值出现在焊缝区域，相较于氢扩散之前降低了约1.11%。

4 结论

(1) 不均匀应力场对环焊缝区域的晶体间隙中的氢浓度分布存在显著影响，且残余应力梯度对氢扩散的影响大于浓度梯度对氢扩散的影响。存在不均匀应力场情况下，晶间氢浓度分布与静水应力分布趋势一致，氢的最高浓度相比于原始状态增加了3.5倍，在应力集中处出现明显的氢聚集现象。

(2) 对于晶体间隙处的氢扩散过程来说，残余应力的影响大于组织不均匀性的影响；在不考虑焊接残余应力的情况下，焊缝中心的晶间氢浓度最低，在加入残余应力场的诱导后，环焊缝区域的最高晶间氢浓度出现在焊缝中心区域。

(3) 从管线钢力学性能劣化程度来看，考虑残余应力场与组织不均匀性的影响后，环焊缝各区域的内聚力强度降幅均在1%左右，降幅最大值出现在焊缝区域，相较于氢扩散之前降低了约1.11%。

参 考 文 献

[1] GHOSH T K, PRELAS M A. Energy resources and systems: renewable resources (volume 2)[M]. Columbia: Springer, 2011.

[2] 秦朝葵, 谢依桐. 氢能: 城市燃气行业的挑战与机遇 第一部分: 氢能发展大观: 制氢技术、氢能输送、氢能应用[J]. 城市燃气, 2020(10): 2-8.

[3] 马建新, 刘绍军, 周伟, 等. 加氢站氢气运输方案比选[J]. 同济大学学报(自然科学版), 2008(5): 615-619.

[4] MAZLOOMI K, GOMES C. Hydrogen as an energy carrier: prospects and challenges[J]. Renewable & Sustainable Energy Reviews, 2012, 16(5): 3024-3033.

[5] 李守英, 胡瑞松, 赵卫民, 等. 氢在钢铁表面吸附以及扩散的研究现状[J]. 表面技术, 2020, 49(8): 15-21.

[6] DENG Q, ZHAO W, JIANG W, et al. Hydrogen embrittlement susceptibility and safety control of reheated CGHAZ in X80 welded pipeline[J]. Journal of Materials Engineering and Performance, 2018, 27(4): 1654-1663.

[7] Lynch, S. Hydrogen embrittlement phenomena and mechanisms[J]. Corros. Rev. 2012, 30, 105-123.

[8] Beachem C D. A new model for hydrogen assisted cracking(hydrogen embrittlement). Metall[J]. Mater. Trans. B 1972, 3, 441-455.

［9］ Kirchheim, R., Somerday, B., Sofronis, P. Chemomechanical effects on the separation of interfaces occurring during fracture with emphasis on the hydrogen-iron and hydrogen-nickel system. Acta Mater. 2015, 99, 87-98.

［10］ Xie D, Li S, Li M, et al.. Hydrogenated vacancies lock dislocations in aluminium［J］. Nat. Commun. 2016, 7, 13341.

［11］ Zheng W J, Liu Y, Gao Z L, et al.. Just-in-time semi-supervised soft sensor for quality prediction in industrial rubber mixers［J］. Chemom. Intell. Lab. Syst. 2018, 180, 36-41.

［12］ Saini N, Pandey C, Mahapatra M M. Effect of diffusible hydrogen content on embrittlement of P92 steel ［J］. Int. J. Hydrogen Energy 2017, 42, 17328-17338.

［13］ Chakraborty G, Rejeesh R, Albert S K. Study on hydrogen assisted cracking susceptibility of HSLA steel by implant test［J］. Def. Technol. 2016, 12, 490-495.

［14］ Abe M, Nakatani M, Namatame N, et al.. Influence of dehydrogenation heat treatment on hydrogen distribution in multi-layer welds of Cr-Mo-V steel［J］. Weld. World 2012, 56, 114-123.

［15］ Mochizuki Masahito, Hayashi Makoto, Hattori Toshio. Numerical Analysis of Welding Residual Stress and Its Verification Using Neutron Diffraction Measurement［J］. Journal of Engineering Materials and Technology, 2000, 122(1): 98-103.

［16］ 蒋文春, 巩建鸣, 唐建群, 等. 焊接残余应力下氢扩散的数值模拟［J］. 焊接学报, 2006(11): 57-60, 64, 115-116.

［17］ 张体明, 赵卫民, 蒋伟, 等. X80钢焊接残余应力耦合接头组织不均匀下氢扩散的数值模拟［J］. 金属学报, 2019, 55(02): 258-266.

［18］ Gobbi G, Colombo C, Miccoli S, et al. A weakly coupled implementation of hydrogen embrittlement in FE analysis［J］. Finite Elements in Analysis and Design, 2018, 141: 17-25.

［19］ 郭杨柳, 马廷霞, 刘维洋, 等. 基于ABAQUS的X80管线钢焊接残余应力数值模拟［J］. 金属热处理, 2018, 43(9): 218-222.

［20］ CRANK J. The Mathematics of Diffusion［M］. Oxford: Clarendon Press, 1956.

［21］ Gorban A N, Sargsyan H P, Wahab H A. Quasichemical models of multicomponent nonlinear diffusion ［J］. Mathematical Modelling of Natural Phenomena, 2011, 6(5): 184-262.

［22］ 张显, 国凤林. 氢扩散与裂纹尖端应力场耦合效应的有限元分析［J］. 表面技术, 2018, 47(06): 240-245. DOI: 10.16490/j.cnki.issn.1001-3660.2018.06.034.

［23］ 褚武扬, 乔利杰, 李金许, 等. 氢脆和应力腐蚀——基础部分［M］. 北京: 科学出版社, 2013: 37

［24］ Toribio J, Kharin K, Lorenzo M, et al. Role of drawing-induced residual stresses and strains in the hydrogen embrittlement susceptibility of prestressing steels［J］. Corros. Sci., 2011, 53:

［25］ 张兰. X80管线钢氢致应力腐蚀开裂行为研究［D］. 西南石油大学, 2019.

［26］ Serebrinsky S, Carter E A, Ortiz M. A quantum-mechanically informed continuum model of hydrogen embrittlement［J］. Journal of the Mechanics & Physics of Solids, 2004, 52(10): 2403-2430.

临氢环境下 X80 管道环焊缝氢致开裂相场法模拟

徐涛龙[1]　韩浩宇[1]　冯　伟[2]　毛　建[2]　过思翰[1]　李又绿[1]

(1. 西南石油大学石油与天然气工程学院；2. 国家石油天然气管网集团有限公司西气东输分公司)

摘　要：将氢气以一定比例掺入天然气中，利用现有的天然气管网输送被认为是一种十分经济有效的氢气输送方式。然而，由氢脆导致管道失效是掺氢输送的一大障碍，而管道环焊缝又是管道中的薄弱点。因此，以 X80 管道环焊缝为研究对象，建立 CT 模型，使用相场法研究了 X80 管道环焊缝在不同氢浓度下的韧性退化规律，得到了 X80 管道环焊缝由韧性断裂转变为脆性断裂的关键氢浓度。基于此，建立了含裂纹的 1/4 管道模型，耦合相场法以及氢扩散模型，研究不同因素对 X80 管道环焊缝氢致开裂的影响。在相同内压及氢浓度情况下，焊缝中心处损伤程度最高。随着内压上升，在静水应力的作用下，热影响区的氢聚集最为明显。

关键词：相场法；氢脆；X80 管线钢；多场耦合；氢致弱键理论

近年来，随着全球各国碳计划的实施，氢气作为一种清洁、可再生的能源受到广泛关注[1]，利用旧有的天然气管道输送天然气具有较高的经济效益[2]。然而，管道输氢过程中，氢原子易扩散至管材内部，使得管材的塑性下降、形成鼓泡、甚至直接开裂，该现象被称为氢脆现象。目前而言，氢脆失效理论并没有统一的定论，被人们广泛接受的理论有三类：第一类为氢压理论[3]（HPT），该理论认为氢原子会在金属微孔隙中聚集形成氢分子，造成微孔隙氢原子浓度降低，由于化学势梯度的影响，氢原子会源源不断的扩散至微孔隙当中，而氢压与氢浓度的关系成正比，使得微孔隙周围发生塑性应变甚至开裂；第二类为氢致弱键理论[4]（HEDE），该理论认为裂纹形核是通过原子键的断裂实现的，而氢使得金属原子之间的键合力下降，导致金属断裂韧性下降；第三类为氢致局部塑性变形理论[5]（HELP），该理论认为氢原子的屏蔽作用降低了位错运动的阻力，促进了位错运动从而使得金属断裂韧性下降。

目前，对于金属氢致开裂现象的研究，国内外的研究人员从试验及数值模拟两方面开展了多项工作。Xue[6]等采取充氢、电化学氢渗透和表面表征等手段分析了 X80 管线钢氢致开裂对微观结构的敏感性，结果表明，在不存在外载荷是时，钢也会氢致开裂现象，主要原因在于钢中的夹杂物。李玉星等[7]利用高压气相氢环境下的原位拉伸实验对 X52、X80 管线钢钢掺氢工况下的力学行为进行研究，认为氢分压增大会使管线钢的塑性逐渐下降，氢脆程度加剧。在数值模拟方面，Olden[8]采用内聚力法模拟了 X70 管线钢焊缝区域的断裂力学性能，结果表明，热影响区具有更高的氢脆敏感性。Jiang[9]等人通过密度泛函理论（DFT）计算得出了铁基材料的氢损伤系数。Emilio Martínez-Pañeda[10]等人建立了一个氢辅助开裂的相场模型，该模型耦合了裂纹的扩展及氢的扩散，与试验吻合度高。

本研究基于上述研究以及 Gergely Molnár[11]所提供的相场法模型，针对 X80 管线钢的环焊缝区域，研究了 X80 管线钢环焊缝的不同区域由韧性断裂转变脆性断裂的关键氢浓度以及影响 X80 管线钢氢致开裂的各种因素。

1 方法论概述

1.1 相场法模拟断裂

相场法通过引入一个标量场 d 来描述裂纹扩展情况，考虑一根无限长的沿 x 轴的一维杆，其横截面积为 Γ，如图 1 所示。在 $x=0$ 处存在一条贯穿裂纹，使用相场量 $d=1$ 来表示杆完全断裂，$d=0$ 表示杆完好无损。引入一个长度参数（l_c），由此将尖锐的裂纹转换为弥散裂纹。图 1 展示了这种转换。

$$d(x)=\begin{cases}1 & if x=0\\0 & if x\neq 0\end{cases} \tag{1}$$

不光滑裂纹相场（1）可以通过指数函数来近似：

$$d(x)=e^{-\frac{x}{l}} \tag{2}$$

式（2）表示弥散裂纹拓扑，如图 1（b）所示，长度参数 l 控制裂纹区域的弥散程度，即裂纹的"宽度"。当 $l_c\to 0$ 时，式（2）等同于式（1），表征了尖锐裂纹的扩展情况。

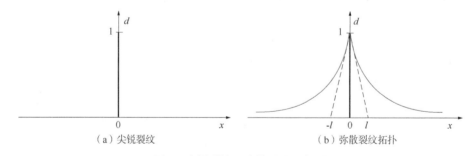

（a）尖锐裂纹　　　　　（b）弥散裂纹拓扑

图 1 尖锐裂纹和弥散裂纹拓扑图

式（2）为下式（3）齐次微分方程的解：

$$d(x)-l^2 d''(x)=0 \tag{3}$$

该微分方程满足 Dirichlet 边界条件（1），该微分方程就是变分形式的欧拉方程：

$$d=\mathrm{Arg}\{\inf_{d\in W}I(d)\} \tag{4}$$

$$I(d)=\frac{1}{2}\int_{-\infty}^{+\infty}\{d^2+l^2 d'^2\}\,\mathrm{d}x \tag{5}$$

式(5)为一维时的情况，在三维空间中，式(5)应转化为下式(6)：

$$I(d) = \frac{1}{2} \int_{\Omega} \{ d^2 + l^2 \nabla d^2 \} \mathrm{d}V \tag{6}$$

由于 $\mathrm{d}V = \varGamma \mathrm{d}x$，得出式(7)：

$$I(d(x) = \mathrm{e}^{-\frac{x}{l}}) = l\varGamma \tag{7}$$

联立式(6)及式(7)，得：

$$\varGamma(d) = \frac{1}{2l} \int_{\Omega} \{ d^2 + l^2 (\nabla d)^2 \} \mathrm{d}V \tag{8}$$

根据 Griffith 理论，由于形成裂纹所需的断裂能为：

$$\int_{\varGamma} g_c \mathrm{d}\varGamma \approx \int_{\Omega} g_c \gamma(d, \nabla d) \mathrm{d}\Omega = \int_{\Omega} \frac{g_c}{2l} (d^2 + l^2 (\nabla d)^2) \mathrm{d}\Omega \tag{9}$$

式中，γ 为断裂能密度；g_c 为临界能量释放率，$\mathrm{N/m}^2$。

由于材料损伤导致材料力学性能退化的函数如式(10)所示：

$$g(d) = (1-d)^2 + k \tag{10}$$

式中，k 为一个极小的正数以避免出现奇异性。

在忽略惯性力的情况下，材料内部总势能为：

$$\Pi = \int_{\Omega} \frac{g_c}{2l} (d^2 + l^2 (\nabla d)^2) \mathrm{d}\Omega + \int_{\Omega} [(1-d)^2 + k] \psi_e \mathrm{d}\Omega \tag{11}$$

式中，ψ_e 为没有损伤时系统中的应变能密度，$\mathrm{J/m}^3$。

式(11)的变分形式为：

$$\int_{\Omega} \frac{g_c}{l} (d\delta d + l^2 \nabla d \nabla \delta d) \mathrm{d}\Omega + \int_{\Omega} -2(1-d)\delta d \psi_e \mathrm{d}\Omega = 0 \tag{12}$$

导出相场的控制方程为：

$$-2(1-d)\psi_e + \frac{g_c}{l}(d - l^2 \Delta d) = 0 \tag{13}$$

1.2 金属材料临界能量释放率与氢浓度的关系

第一性计算表明，金属临界能量释放率与氢覆盖率之间存在线性关系[12]：

$$\frac{g_c(\theta)}{g_c(0)} = 1 - \chi\theta \tag{14}$$

式中，$g_c(0)$ 为氢覆盖率为零时金属材料的临界能量释放率；χ 为氢损伤系数，Jiang[9]等人通过 DFT 计算得出铁基材料的氢损伤系数为 0.89。

氢覆盖率 θ 如下所示：

$$\theta = \frac{C}{C + \exp\left(\dfrac{-\Delta g_b^0}{RT}\right)} \tag{15}$$

式中，C 为氢浓度，ppm；T 为温度，K；Δg_b^0 为吉布斯自由能，kJ/mol；R 为气体常数。

1.3 氢扩散

材料中氢的扩散依靠化学梯度势 $\nabla \mu$ 的驱动，氢的质量通量满足线性的 Onsager 关系：

$$\boldsymbol{J} = -\frac{DC}{RT}\nabla \mu \tag{16}$$

由于外载荷影响的化学梯度式为[13]：

$$\mu = \mu^0 + RT\ln\frac{\theta_L}{1-\theta_L} - \overline{V}_H \sigma_H \tag{17}$$

式中，μ^0 为标准状态下的化学梯度势；θ_L 为晶格位点的占有率；$\overline{V}_H$ 为氢的偏莫尔体积；σ_H 为静水应力，MPa。

联立式(16)及(17)，得到在外载荷下的氢通量表达式为：

$$\boldsymbol{J} = -\frac{DC}{(1-\theta_L)}\left(\frac{\nabla C}{C} - \frac{\nabla N}{N}\right) + \frac{D}{RT}C\overline{V}_H \sigma_H \tag{18}$$

由于通常而言金属中晶格位点的占有率低（$\theta_L \ll 1$），式(18)可简化为：

$$\boldsymbol{J} = -D\,\nabla C + \frac{D}{RT}C\overline{V}_H \sigma_H \tag{19}$$

根据质量守恒定律，氢在材料中的扩散满足下式：

$$\int_\Omega \frac{\mathrm{d}C}{\mathrm{d}t}\mathrm{d}V + \int_{\partial\Omega} \boldsymbol{J} \cdot \boldsymbol{n}\,\mathrm{d}S = 0 \tag{20}$$

利用散度定理得出对于任意体的强形式为：

$$\frac{\mathrm{d}C}{\mathrm{d}t} + \nabla \cdot \boldsymbol{J} = 0 \tag{21}$$

对于任意体而言，连续的氢浓度标量场 δC 的变分形式为：

$$\int_\Omega \delta C\left(\frac{\mathrm{d}C}{\mathrm{d}t} + \nabla \cdot \boldsymbol{J}\right)\mathrm{d}V = 0 \tag{22}$$

使用散度定理，得到其弱形式为：

$$\int_\Omega \left[\delta C\left(\frac{\mathrm{d}C}{\mathrm{d}t} - J \cdot \nabla\delta C\right)\right]\mathrm{d}V + \int_{\partial\Omega_q} \delta Cq\,\mathrm{d}S = 0 \tag{23}$$

$$q = \boldsymbol{J} \cdot \boldsymbol{n} \tag{24}$$

2 有限元模型

2.1 X80 管线钢环焊缝 CT 试样氢致开裂模拟

基于所建立的相场法模型以及氢覆盖率与金属临界断裂能释放率与氢覆盖率的关系，对 X80 管线钢环焊缝的 CT 试样进行了氢致断裂的模拟。在 ABAQUS 中建立了 CT 试样的半模型，CT 试样尺寸如图 2 所示，试样宽度 W 为 40mm、侧槽净厚度 B0 为 15.5mm、预制裂纹长度 a 为 2mm。建立模型如图 3 所示。网格采用了自定义的 UEL 网格，将单元分为了位移单元、相场单元以及用于可视化的 UMAT 单元，单元总数为 35842 个。为了使得应力应变分析足够精确，在裂纹扩展区域的网格进行了加密处理。裂纹区域单元长度为 0.05mm，长度参数设置为单元长度的 10 倍，为 0.5mm。通过赋予材料不同的材料属性模拟 X80 管线钢环焊缝不同区域(母材、焊缝中心、热影响区)的氢致开裂情况。X80 管线钢环焊缝区域材料参数根据参考文献[14]进行设置，见表 1。

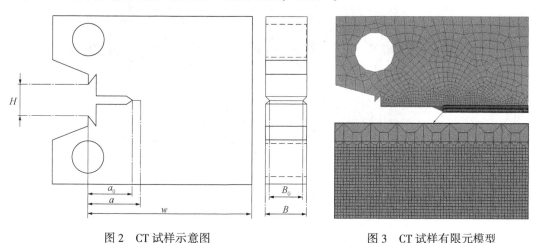

图 2　CT 试样示意图　　　　　　　　图 3　CT 试样有限元模型

表 1　X80 管线钢环焊缝区域材料属性

环焊缝区域	弹性模量(GPa)	屈服应力(MPa)	极限强度(MPa)	泊松比	断裂韧性(N/mm)
焊缝中心	180.30	668.52	714.62		288.9
母材	190.48	570.19	637.05	0.3	438.2
热影响区	202.01	598.72	669.30		330.1

计算模型使用了氢致弱键理论(HEDE)，即氢使得金属的临界能量释放率 G_c 降低，计算时未直接耦合入模型，而是编译 Python 脚本计算 X80 管线钢环焊缝区域不同氢浓度时的临界能量释放率，作为模型的初始参数直接输入。图 4 为计算 X80 管线钢母材不同氢浓度时 CT 模型加载到 5mm 时的相场云图。

由图 4 可以看出，在相同加载点加载位移时，在氢浓度为 1ppm 时，CT 试样的裂纹扩展明显加长。由图 5 可以看出，未充氢时的模拟数据与试验数据[15]吻合度较好，最大误差不超过 10%。由图 5~图 7 可以看出，X80 管线钢环焊缝充氢 1ppm 时可以看到明显的韧性退化，材料由韧性断裂转脆性断裂。环焊缝不同区域由韧性断裂转变为脆性断裂所需氢浓度不相同，热影响区及焊缝中心由于较低的断裂韧性在氢浓度为 0.5ppm 时就发生了较为明显的韧性退化，在氢浓度为 1ppm 时完全表现为脆性断裂，而母材则在氢浓度 1ppm 时才表现为脆性断裂。

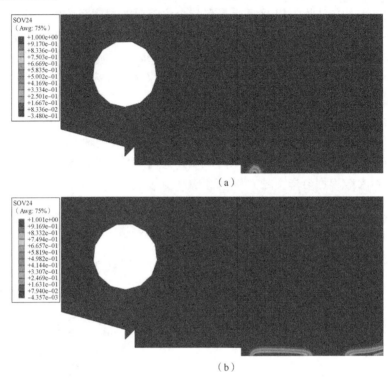

图 4　X80 管线钢母材(a)未充氢及(b)充氢 1ppm 时加载点位移达到 5mm 时的相场值

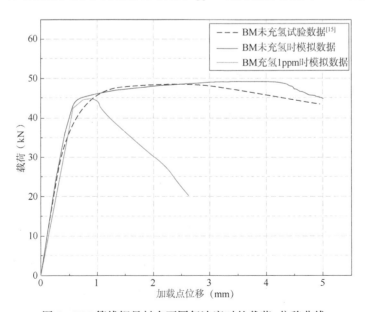

图 5　X80 管线钢母材在不同氢浓度时的载荷-位移曲线

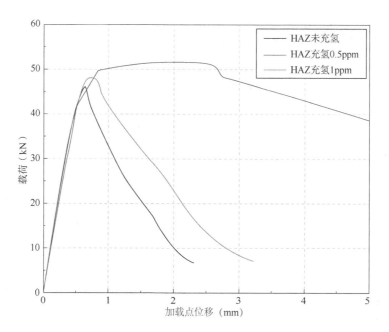

图 6　X80 管线钢热影响区在不同氢浓度时的位移–载荷曲线

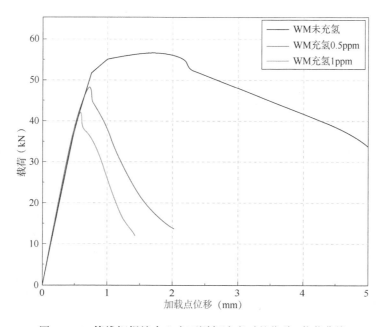

图 7　X80 管线钢焊缝中心在不同氢浓度时的位移–载荷曲线

2.2　含裂纹的 1/4 管道模型氢致开裂相场法模拟

根据现场 X80 输气管道的尺寸(外径 D = 1219mm，壁厚 t = 18.4mm)，建立了含裂纹 X80 管道的 1/4 模型，如图 8 所示。根据 3.1 节的模拟模拟结果，X80 管道环焊缝区域的力学性能在氢的影响下出现了明显下降，且在氢浓度 1ppm 时，X80 管道环焊缝各区域由韧性断裂转变为脆性断裂。因此，氢浓度采用 1ppm 作为起始值。模拟所采用的参数如表

1 所示，网格使用自定义的 UEL 网格，分析步采用 Coupled Temperature-displacement 分析步。此外，在研究时采用了相场-氢扩散耦合的方法，所采用的 X80 管道环焊缝区域的氢扩散系数参考文献[16]中通过电化学氢渗透法所测量得到的数据，见表 2。

表 2　X80 管道环焊缝区域氢扩散系数

位置	D(10^{-6} cm^2/s)	位置	D(10^{-6} cm^2/s)
母材	3.302	焊缝中心	5.315
热影响区	4.990		

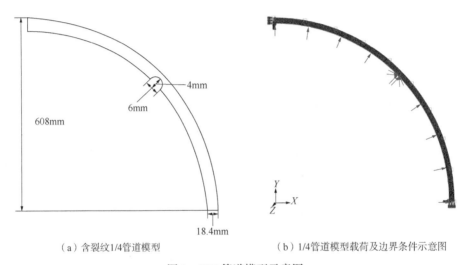

（a）含裂纹1/4管道模型　　　　（b）1/4管道模型载荷及边界条件示意图

图 8　X80 管道模型示意图

3.2.1　氢浓度的影响

为了研究氢浓度对于 X80 管道环焊缝区域氢致开裂的影响，保持其他条件不变，将内压设置为 8MPa，模拟了 X80 管线钢环焊缝不同区域在氢浓度为 1ppm、1.5ppm、2ppm 时的破坏情况。

图 9～图 11 显示了 X80 管线钢环焊缝区域在不同氢浓度时的破坏情况，总体而言，随着氢浓度的上升，裂纹处的损伤程度上升。相比较而言，在相同氢浓度的情况下，焊缝中心裂纹处损伤程度最高，热影响区裂纹处次之，母材裂纹处损伤程度最小。一方面这是由于母材的断裂韧性最高而焊缝中心的断裂韧性最低，另一方面则是由于焊缝中心氢扩散系数相比母材及热影响区更高，氢在焊缝中心处更容易聚集。可以看到，在 2ppm 氢浓度的情况下，焊缝区域受静水应力影响而聚集的最高氢浓度为 2.207ppm，而母材最高氢浓度为 2.159ppm。

3.2.2　管道内压的影响

为了研究管道内压对于 X80 管道环焊缝区域氢致开裂的影响，保持其他条件不变，将内压分别设置为 6MPa，8MPa，10MPa。模拟了 X80 管线钢环焊缝不同区域在不同内压时的氢浓度分布情况。

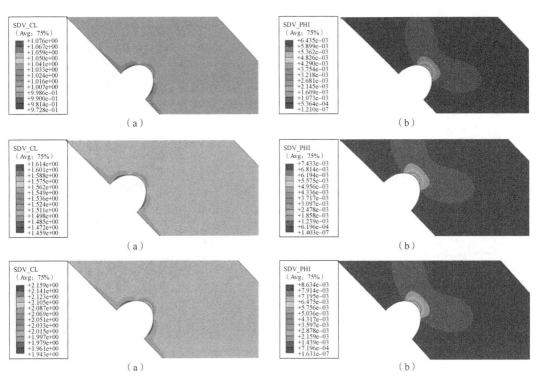

图 9　母材在 8MPa 内压下裂纹处的(a)氢浓度分布及(b)相场值

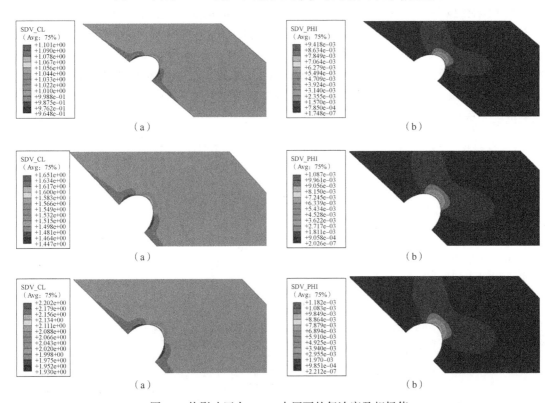

图 10　热影响区在 8MPa 内压下的氢浓度及相场值

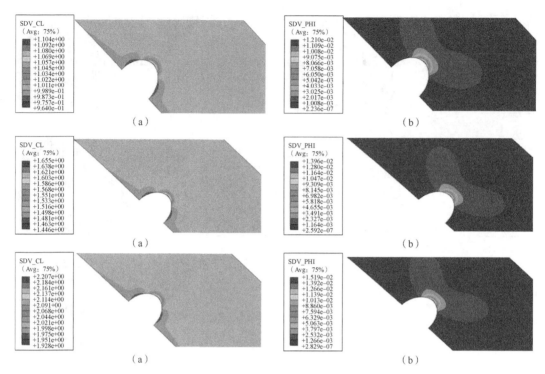

图 11　焊缝中心在 8MPa 内压下的氢浓度及相场值

图 12~图 14 展示了 X80 管线钢环焊缝区域在不同内压时裂纹处的氢浓度分布情况。由于内压升高静水应力上升，X80 管线钢环焊缝区域 10MPa 的内压时裂纹最高氢浓度相较于 6MPa 内压时裂纹最高氢浓度平均高出 4.94%。而从环焊缝不同区域分别来看，母材 10MPa 时最高氢浓度相较于 6MPa 时高出 4.08%，热影响区 10MPa 时最高氢浓度相较于 6MPa 时高出 6.44%，焊缝中心 10MPa 时最高氢浓度相较于 6MPa 时高出 4.31%。热影响区氢浓度分布受内压变化最为明显。

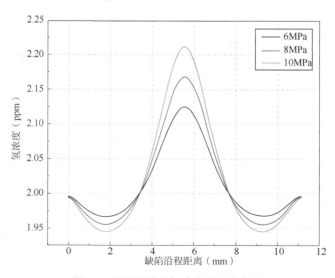

图 12　母材裂纹处氢浓度沿程分布图

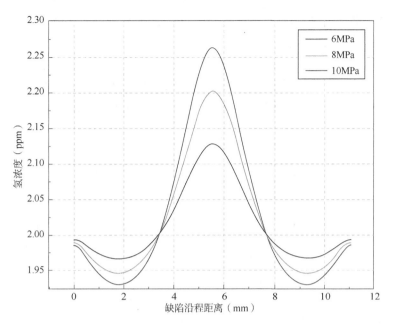

图 13　热影响区裂纹处氢浓度沿程分布图

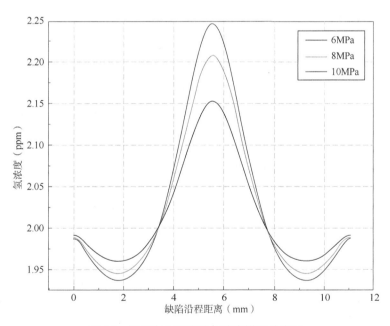

图 14　焊缝中心裂纹处氢浓度沿程分布图

3　结论

1）X80 管线钢环焊缝不同区域由韧性断裂转变为脆性断裂所需的关键氢浓度不同，在氢浓度为 0.5ppm 时，焊缝中心的韧性退化就十分明显，材料表现为脆性断裂，而母材则在 1ppm 时表现为脆性断裂。

2）X80 管线钢环焊缝不同区域的临界能量释放率不同，加之静水应力使得氢聚集，焊缝中心处在相同工况时损伤程度最高。

3）管道内压对于管道环焊缝不同区域氢浓度分布的影响程度不同，内压的上升使得管道环焊缝不同区域的最大氢浓度都有不同程度的上升。其中，内压上升对热影响区氢浓度分布影响最大，热影响区 10MPa 时最高氢浓度相较于 6MPa 时高出 6.44%。

参 考 文 献

[1] 程玉峰. 高压氢气管道氢脆问题明晰[J]. 油气储运，2023，第 42 卷（1）：1-8.

[2] 尚娟，鲁仰辉，郑津洋，等. 掺氢天然气管道输送研究进展和挑战[J]. 化工进展，2021，第 40 卷（10）：5499-5505.

[3] Zapffe, CA; Sims, CE. Hydrogen embrittlement, internal stress and defects in steel[J]. TRANSACTIONS OF THE AMERICAN INSTITUTE OF MINING AND METALLURGICAL ENGINEERS, 1941, Vol. 145：225-261.

[4] Oriani R A, Josephic P H. View Correspondence（jump link）. Equilibrium aspects of hydrogen-induced cracking of steels[J]. Acta Metallurgica, 1974, Vol. 22（9）：1065-1074.

[5] C D Beachem. A new model for hydrogen-assisted cracking（hydrogen "embrittlement"）[J]. Metallurgical Transactions, 1972, Vol. 3（2）：441-455.

[6] Xue H B; Cheng Y F. Hydrogen permeation and electrochemical corrosion behavior of the X80 pipeline steel weld（Article）[J]. Journal of Materials Engineering and Performance, 2013, Vol. 22（1）：170-175.

[7] 李玉星，张睿，刘翠伟，等. 掺氢天然气管道典型管线钢氢脆行为[J]. 油气储运，2022，第 41 卷（6）：732-742.

[8] Vigdis Olden, Antonio Alvaro, Odd M. Akselsen. Hydrogen diffusion and hydrogen influenced critical stress intensity in an API X70 pipeline steel weldedjoint - Experiments and FE simulations[J]. International Journal of Hydrogen Energy, 2012, Vol. 37（15）：11474-11486.

[9] D E Jiang, Emily A Carter. Diffusion of interstitial hydrogen into and through bcc Fe from first principles[J]. Physical Review. B, 2004, Vol. 70（6）：064102.

[10] Martínez-Pañeda Emilio, Golahmar, Alireza, Niordson Christian F. A phase field formulation for hydrogen assisted cracking.[J]. Computer Methods in Applied Mechanics & Engineering, 2018, Vol. 342：742-761.

[11] Moln aacute, R Gergely, Gravouil Anthony et al.. An open-source Abaqus implementation of the phase-field method to study the effect of plasticity on the instantaneous fracture toughness in dynamic crack propagation.[J]. Computer Methods in Applied Mechanics & Engineering, 2020, Vol. 365：113004.

[12] A Valverde-González, E Martínez-Pañeda, A. Quintanas-Corominas, et al.. Computational modelling of hydrogen assisted fracture in polycrystalline materials[J]. International Journal of Hydrogen Energy, 2022, Vol. 47（75）：32235-32251.

[13] Díaz A Alegre J M, Cuesta I I. Coupled hydrogen diffusion simulation using a heat transfer analogy[J]. International Journal of Mechanical Sciences, 2016, Vol. 115：360-369.

[14] Yang Y H, Shi L, Xu Z, et al.. Fracture toughness of the materials in welded joint of X80 pipeline steel（Article）[J]. Engineering Fracture Mechanics, 2015, Vol. 148：337-349.

[15] 王炜. 基于内聚力模型的高钢级管线钢裂纹扩展多尺度研究[D]. 西南石油大学，2019.

[16] Mcnabb A, Foster PK. A New Analysis of Diffusion of Hydrogen in Iron and Ferritic Steels[J]. Transactions of The Metallurgical Society of Aime, 1963, Vol. 227（3）：618.

安岳气田集输系统腐蚀监检
一体化数据模型研究

朱 祯 郭 昕 罗彦力

(中国石油西南油气田公司)

摘 要：依据《西南油气田公司气田内部集输管道和站场腐蚀防护管理规定》、《西南油气田地面集输内腐蚀监测技术规范》等文件业务要求，实现数据信息自动采集和转换，信息自动推送，应用共享发布，实现腐蚀数据全周期管理，推进智能油气田建设是开展腐蚀监测与评价工作的总体业务目标。本文拟通过新建腐蚀监测与管理平台，整合汇聚腐蚀监测与检测数据以及相关的设备、材料、井站、集输管线的生产运行数据，整合汇聚腐蚀评价工作相关的业务数据及评价结果等数据，通过打造一体化支撑体系，完成对于腐蚀监测及腐蚀评价工作的全面支撑，同时将工作成果及数据进行共享应用，有力的促进西南油气田公司内各生产单位对腐蚀监测及评价数据需求的支撑工作，提升公司数字化气田建设水平。

关键词：天然气；腐蚀监检一体化；完整管理；数字化转型；地面集输

针对整个气田的腐蚀监检测技术方面，目前国内外尚无成熟经验可供借鉴，虽然能做到管道内腐蚀程度在线监测、数据远传、实时显示，但无法做到腐蚀大数据收集、整理，依次进行腐蚀趋势预判，使得以预防为主的完整性管理无法提前对腐蚀严重的管道、设备进行针对性腐蚀控制[1-6]。

1 基于腐蚀探针监测技术的管道内腐蚀评价及预测

安岳气田采用多相流输送工艺，在水汽饱和条件下直接输送湿法天然气，无需脱水处理，与脱水输送过程相比，可以节省投资。但除了水，产生的气体还含有 CO_2、H_2S 等酸性气体，管道中的腐蚀问题严重。一旦发生高压高硫管道泄漏事故，极易造成群死群伤。

内腐蚀直接评价技术（ICDA）是一种评估湿性天然气管道腐蚀风险的方法，它通过使用公式预测腐蚀速率，并确定管道中最可能发生腐蚀的位置进行检测。ICDA 的目的是通过对选定的评价位置进行直接检测，来推断其他管道部分的使用状况和安全性，是一种主动识别和减少内部腐蚀对管道完整性影响的结构化过程。

因此本文主要通过 ICDA 进行腐蚀评价，借助腐蚀预测速率模型开展输气管道的腐蚀预测。主要为管理评价过程及评价结果，对接专业软件数据，获得腐蚀速率及相关参数。

1.1 在线监测数据来源

1.1.1 腐蚀监测方法

目前，酸性油气田生产系统应用较广泛、并且数据相对容易进行解释的在线内腐蚀监测方法主要有：失重挂片法、电阻法、线性极化电阻法、氢渗透法和设置测试短节等方法。这些监测技术应与常规的无损检测、目视检测等结合起来使用来确定生产系统的腐蚀状况。

单一的在线腐蚀监测方法只能提供有限的信息，尽可能采用两种或两种以上的方法来监测腐蚀。根据监测方法的特点和实际工况，安岳气田采用以下腐蚀监测方法：

失重腐蚀挂片：腐蚀挂片需要暴露在介质中一段时间后才能取出进行评价，适合于监测整个暴露周期内的平均和局部腐蚀。

电阻探针：这种监测方法都是实时监测，可以用于评价缓蚀剂的保护效果。电阻探针测量的是累积的金属损失，用于计算平均腐蚀速率，可以用于导电的、非导电的液体和气体中。

1.1.2 腐蚀监测点

安岳气田腐蚀监测采用腐蚀监测电阻探针和腐蚀失重挂片联合监测的方式，每个腐蚀监测点设置腐蚀监测电阻探针系统和腐蚀失重挂片各 1 套，腐蚀监测点设置在单井分离器后液相管道。其中，腐蚀监测探针电阻探针数据在现场机柜经采用远传方式，其信号在现场经转换模块转换为 TC/PIC 协议协议信号，经光纤传输至单独服务器(图 1~图 5)。

K230459FS00000010	1	PIUserIncompatible	蜀南安岳作业区高石集气总站－北6腐蚀率
K230459FS00000011	1	PIUserIncompatible	蜀南安岳高石集气总站－高石001-X39腐蚀率
K230459FS00000012	1	PIUserIncompatible	蜀南安岳高石集气总站－高石001-X40腐蚀率
K230459FS00000013	1	PIUserIncompatible	蜀南安岳高石集气总站－高石001-X43腐蚀率
K230459FS00000014	1	PIUserIncompatible	蜀南安岳高石集气总站－高石110腐蚀率
K230459FS00000015	1	PIUserIncompatible	蜀南安岳高石集气总站－高石001-X38腐蚀率
K230459FS00000016	1	PIUserIncompatible	蜀南安岳高石集气总站－高石1腐蚀率
K230459FS00000017	1	PIUserIncompatible	蜀南安岳高石集气总站－高石6腐蚀率
K230459FS00000018	1	PIUserIncompatible	蜀南安岳高石集气总站－高石7腐蚀率
K230459FS00000019	1	PIUserIncompatible	蜀南安岳高石集气总站－高石102腐蚀率
K230459FS00000020	1	PIUserIncompatible	蜀南安岳作业区高石集气总站－高石1腐蚀率
K230459FS00000021	1	PIUserIncompatible	蜀南安岳高石集气总站－高石001-H2腐蚀率
K230459FS00000022	1	PIUserIncompatible	蜀南安岳高石集气总站－高石001-X3腐蚀率
K230459FS00000023	1	PIUserIncompatible	蜀南安岳高石集气总站－高石8腐蚀率
K230459FS00000024	1	PIUserIncompatible	蜀南安岳高石集气总站－高石10腐蚀率
K230459FS00000030	1	PIUserIncompatible	蜀南安岳作业区高石集气总站－南1腐蚀率
K230459FS00000040	1	PIUserIncompatible	蜀南安岳作业区高石集气总站－H26腐蚀率
K230459FS00000050	1	PIUserIncompatible	蜀南安岳作业区高石集气总站－污水管腐蚀率

图 1　腐蚀监测数据远传信息

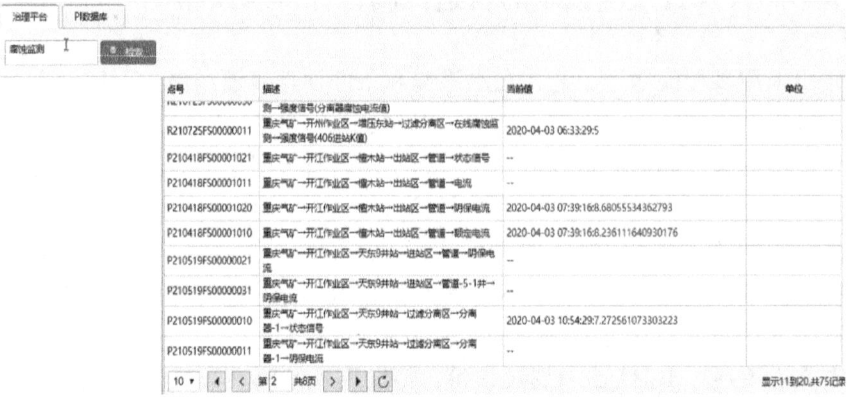

图 2　腐蚀监测实时数据检索

数据项	工艺类型	辅代码	优先级	规则	pi点检	时间	当前值	计算值	单位	计算公式
平均油压			1	PI函数	I210610PI00014010	2020-04-03 10:58:58	1.6054799556732	--	Mpa	piavg
件日总累计		zrzjj	1	PI函数			--	--	--	
最高油压			1	PI函数	I210610PI00014010	2020-04-03 10:58:58	1.6054799556732	--	Mpa	pimax
油压			1	PI函数	I210610PI00014010	2020-04-03 10:58:58	1.6054799556732	--	Mpa	pisnapshot
最低套压		zdty	1	PI函数	I210610PI00014020	2020-04-03 10:47:18	2.1331200599670	--	Mpa	pimin
最高套压			1	PI函数	I210610PI00014020	2020-04-03 10:47:18	2.1331200599670	--	Mpa	pimax
平均套压		pjty	1	PI函数	I210610PI00014020	2020-04-03 10:47:18	2.1331200599670	--	Mpa	piavg
套压			1	PI函数	I210610PI00014010	2020-04-03 10:47:18	2.1331200599670	--	Mpa	pisnapshot
计量温度			1	PI函数	I210610TI00005010	2020-04-03 11:00:46	17.024002075195	--	℃	piavg
计量点21		lijl1	1	PI函数	i210610FIQ005010	2020-04-03 07:47:10	1.8267999887456	--	万m³	pisnapshot
总累计产量-性日		zljcl_zr	1	PI函数			--	--	--	
输日计量点1		syjl1	1	PI函数	I210610PI00005010	2020-04-03 10:31:14	1.2937750816349	--	--	piavg
计量点22		lijl2	1	PI函数			--	--	--	
井口温度		jkwd	1	PI函数			--	--	--	
计量点位3		lijl3	1	PI函数			--	--	--	
今日总累计		jrzjj	1	PI函数			--	--	--	
总累计产量-今日		zljcl_jr	1	PI函数			--	--	--	
最低指压			1	PI函数	I210610PI00014010	2020-04-03 10:58:58	1.6054799556732	--	Mpa	pimin

图 3 监测点数据

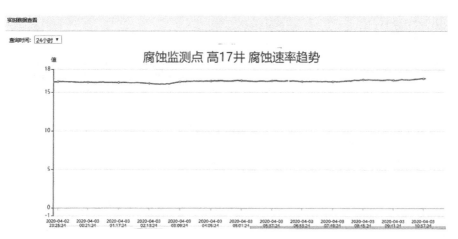

图 4 监测数据变化趋势分析

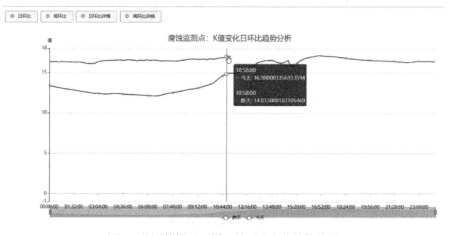

图 5 监测数据日、周、月环比变化趋势分析

1.2 内腐蚀预测

1.2.1 模型建立方法

腐蚀预测大数据模型的数据集包括工况数据，以及采集自腐蚀监测台账记录，结合多种数据可视化方法，对原始维度，尝试构建特征维（升维），再结合业务专家评审意见，做降维处理（图6）；尝试多种建模方法，迭代多次后得到最适合腐蚀预测业务的大数据模型（图7）。

数据来源：

（1）腐蚀速率预测对象工况参数历史数据，来源于生产数据管理平台，根据预设的时间参数，抓取对应的所有点号历史数据；

（2）二次计算数据，以外部导入方式存入系统，每次导入产生一个数据集版本号；

（3）静态参数，以自定义数据项方式填写，或导入。

1	ID液体流型（1分层流 2环状流 3段塞流 4泡状流）
2	QLT[m3/d]总液体体积流量
3	TAUWG[bar]气-壁剪切应力
4	TAUWWT[bar]水-壁剪切应力
5	UG[m/s]气相流速
6	UL[m/s]液相流速
7	USG[m/s]表观气体流速
8	USL[m/s]表观液体流速
9	PSID[kg/m3-s]沉积速率
10	QG[m3/d]气体体积流量
11	ANGLE管道倾角
12	HOL持液率
13	PCO2[bar]CO2分压
14	PH1模型1 NORSOK M-506PH值
15	PH2模型2 TOP OF LINE PH值
16	PH3模型3 DE WARRD PH值
17	PT总压力
18	ROG气体密度
19	ROL液体密度
20	SIG[N/m1]表面张力
21	TCONG[W/m-C]气体体积热容
22	TM[C]介质温度
23	VISG[CP]有效气体黏度
24	VISL[CP]有效液体黏度
25	PH2S[bar]硫化氢分压

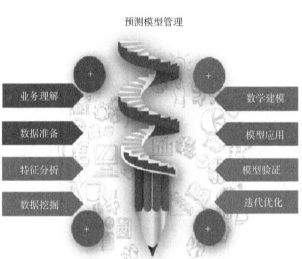

预测模型管理

图6 大数据模型主要业务数据维度

图7 大数据模型主要分析数据

1.2.2 腐蚀速率预测模型

在各种评价方法中给出了16个有代表性的腐蚀预测公式，如 De-Warrd & Milliams、

Norsok 模型等。

腐蚀速率预测模型是保证间接评价结果准确性和可靠性的基础。钢材腐蚀速率受以下因素影响：

钢材材质：碳含量、合金元素含量、钢材成分的均匀性。

介质影响：如介质温度、压力、流速、pH 值、CO_2/H_2S 分压等。

流体形态：段塞流和柱流等不同的流型直接影响腐蚀速率和液体的位置。

管道方向：管道方向、标高差、方向等影响管道的持液面和持液能力，从而直接影响管道腐蚀速率。

腐蚀预测模型的准确性建立在腐蚀机理和腐蚀知识的深入研究以及大量的腐蚀试验数据基础之上，严谨的腐蚀速率模型是保证基于内腐蚀直接评价法结果可靠性的基础。

1.2.3 关键参数预处理

1）方差计算

判断腐蚀工况、关键参数如压力和温度是否满足趋势分析的前提条件，即是否为稳定状态。方差(Variance)也称变异数、均方。作为统计量，常用符号 S2 表示。它是每个数据与该组数据平均数之差乘方后的均值，即离均差平方后的平均数。方差，在数理统计中又常称之为二阶中心矩或二级动差。它是衡量数据分散程度的一个非常重要的统计特征数。

2）均值计算

计算腐蚀工况、关键参数如流速、气质成分、密度、液体黏度、压力、流量等数据均值，进行数据正常特征范围准备。Kmeans 是一种无监督学习的聚类算法，通过多次的迭代使各个样本点到其所属族的距离最小。这个算法主要用于在数据分析前期对数据进行分类处理(图 8)。

西眉清管站至龙王庙集气总站	2018/8/9 16:40:00	2018/8/9 18:00:00	样本数据 2960条	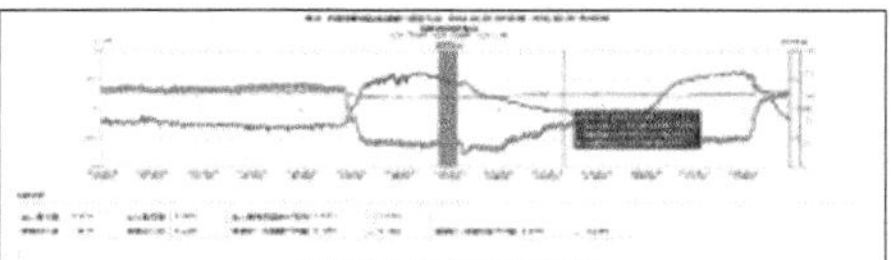
西眉清管站至龙王庙集气总站	2018/11/5 12:40:00	2018/11/5 14:00:00	样本数据 2960条	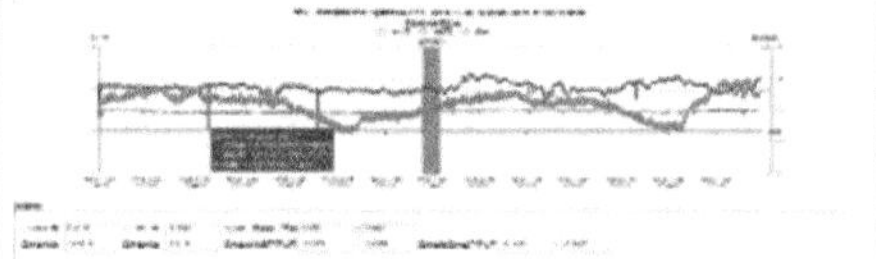
西眉清管站至龙王庙集气总站	2019/2/15 11:40:00	2019/2/15 14:00:00	样本数据 3020条	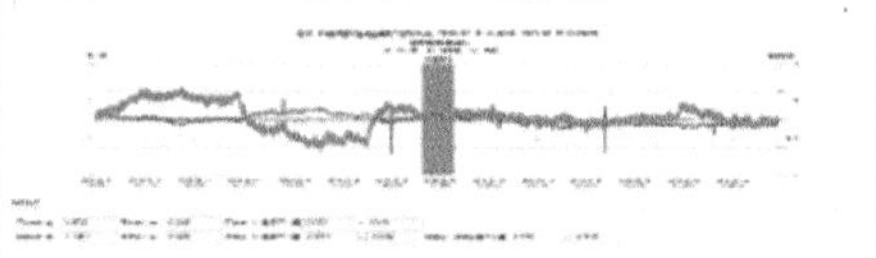
西眉清管站至龙王庙集气总站	2019/5/7 11:10:00	2019/5/7 12:27:00	样本数据 2957条	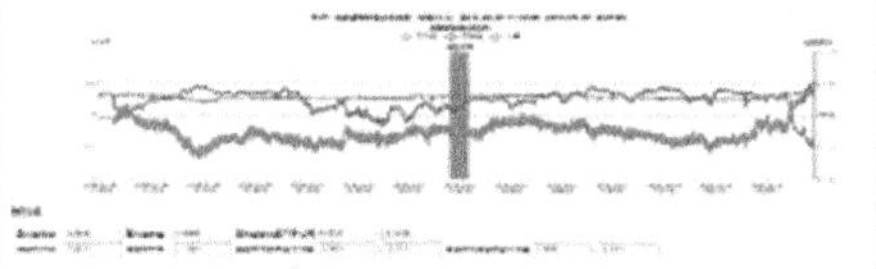

图 8　大数据模型训练数据

Kmeans 的计算流程如下：

(1) 随机选取 k 个样本点做为聚类中心；

（2）计算其他样本点到聚类中心的距离，并将其划分到最近的中心点一族；

（3）重新计算每个类的中心点；

（4）反复迭代（2）和（3）两步直到中心点稳定不再变化［时间复杂度为 $0(n)$］。

3）最小二乘法

拟合腐蚀工况与关键参数如流速、气质成分、密度、液体黏度、压力、流量等数据的变化趋势。

4）导数计算

判断腐蚀工况、关键参数如流速、气质成分、密度、液体黏度、压力、流量等特征模型是否满足腐蚀速率预测要求。

1.2.4 数据预测算法

自回归模型（Autoregressive model，简称 AR 模型）是统计处理时间序列模型的基本方法之一。AR 模型：它每次都接收一个长度为 30 的输入观测序列，并输出长度为 10 的预测序列。整个训练集是一个长度为 1000 的序列，前 30 个数首先被当作"初始观测序列"输入到模型中，由此就可以计算出下面 10 步的预测值。然后将取 30 个数字进行预测，其中10 个是上一步的预测值，新获得的预测值将成为下一步的输入，依此类推。最后得到 970个预测值（970＝1000－30，因为前 30 个数字无法预测）。这 970 个预测值就被记录在 evaluation［'mean'］中。evaluation 还有其他几个键值，如 evaluation［'loss'］表示总的损失，e-valuation［'times'］表示 evaluation［'mean'］对应的时间点等等。评估［'start_tuple'］将用于后续预测，该预测等效于最后 30 步的输出值以及相应的时间点。以此为起点，我们可以预测步骤 1000 之后的值（图 9）。

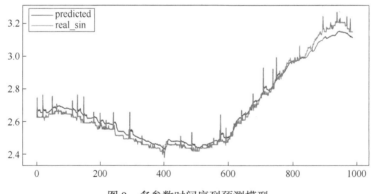

图 9　多参数时间序列预测模型

1.2.5 动态数据分析

1）数据特征分析

权重确定的方法主要可分为 2 类：专家经验法和数据统计法，专家经验法主要是通过向若干经验人士调研意见来确定权重，优点是易于实现，缺点是主观性较强。数据统计法主要是根据该系统实际运行中各子系统的故障统计信息，确定各特征参数之间的权重。优点是客观，缺点是需要大量历史故障统计数据。本文主要采用后者，特征参数之间的权值通过特征参数的变化速率体现。为此，分别求取特征参数的变化速率，再基于变化速率计算各状态参数权重（图 10）。

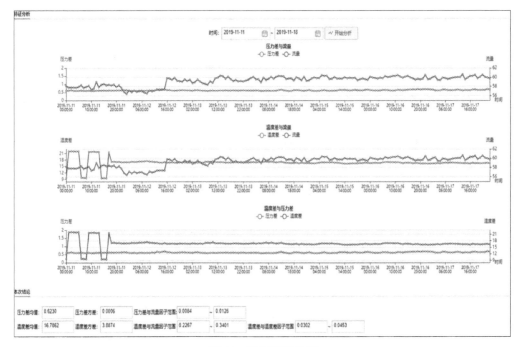

图 10 数据特征分析

参数 A 权重计算公式：

$$\varepsilon_A = \frac{v_A}{v_A + v_B} \tag{1}$$

参数 B 权重计算公式：

$$\varepsilon_B = \frac{v_B}{v_A + v_B} \tag{2}$$

特征参数权重之和为 1：

$$\varepsilon_A + \varepsilon_B = 1 \tag{3}$$

2）置信度分析

为了跟踪每一个异常相应的规则，根据实时的参数数据，利用相应的模糊量隶属函数来计算出事实参数对于规则前提的隶属度，求出规则前提的置信度，再根据异常所有规则的置信度及故障规则前提的置信度通过模糊或、与等算子进行推理计算；最后给出相应异常存在的置信度。本文采用变化后的加权综合运算来求得异常存在的置信度。具体推理过程如图 11 所示。

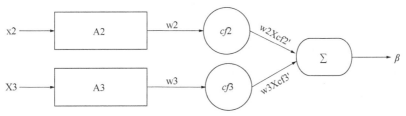

图 11 置信度推理过程

异常的置信度为：

$$\beta = w1 \times cf1' + w2 \times cf2' \tag{4}$$

$$cf1' = \frac{cf1}{cf1 + cf2} \tag{5}$$

$$cf2' = \frac{cf2}{cf1 + cf2} \tag{6}$$

最后用[0，1]的值来表示异常存在的置信度，并且定义区间为：区间[0，0.35]为安全区；区间[0.35，0.65]为警告区；区间[0.65，1]为危险区(图12)。

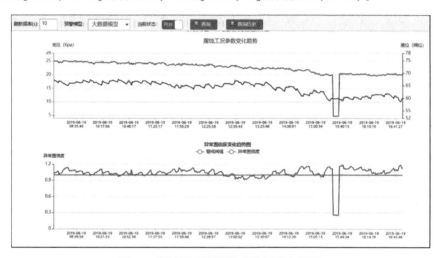

图12 腐蚀风险预测模型数据动态展示

1.2.6 模型验证

分为两个方面进行模型验证以及模型优化：

线下模型：采用全局搜索方法找寻算法中所有参数的最优值，形成对历史数据学习最好的模型。

线上模型：上线一定时间后，通过这段时间的数据积累和新工况原因的积累，将新数据放入模型重新训练模型，在进行全局搜索得到适应新老数据的最优模型(图13)。

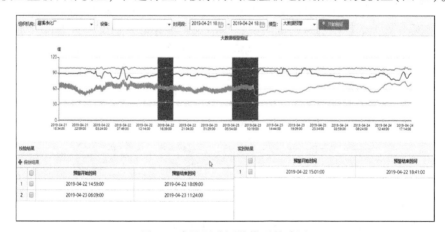

图13 腐蚀风险评价模型的验证

1.3 实例应用

本文以安岳气田龙王庙组气藏西眉清管站至磨溪联合站集气管线为例，对腐蚀预测模型进行实际应用。

1.3.1 管线现状调研

西眉清管站至磨溪联合站管线于 2013 年 10 月 31 日投运，管线规格为 D406×10-11.1km，采用 L360QS 材质无缝钢管，外腐蚀控制采用 3PE 外防腐层加强制电流阴极保护，内腐蚀控制采用 CT2-19C 型缓蚀剂进行连续加注，设计输量设计压力 7.5MPa，目前该管线输气量约 $350×10^4 m^3/d$，运行压力 6.2MPa 左右，管输效率较好。

1.3.2 边界参数计算

根据西眉清管站至磨溪联合站集气管线全线的里程、高程及坐标均，同时根据管线日常运行参数及气质参数，通过 Pipesim 模拟软件对管道全线的压力、温度、流速等关键参数进行模拟(表 1 和图 14)。

表 1　西眉清管站至磨溪联合站集气管线气质参数表

物　质	含　量	物　质	含　量
$H_2S g/m^3$	22.57	异丙硫醇 g/m^3	/
$CO_2 g/m^3$	80.855	噻吩 g/m^3	/
$COS g/m^3$	17.58	二甲基二硫醚 g/m^3	/
甲硫醇 g/m^3	4.22	正丁硫醇 g/m^3	/
乙硫醇 g/m^3	/	异丁硫醇 g/m^3	/
甲硫醚 g/m^3	/	有机硫 g/m^3	21.8
乙硫醚 g/m^3	/		

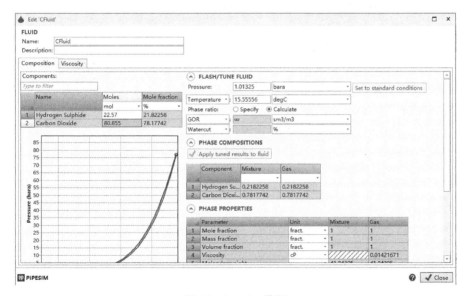

图 14　Pipesim 模拟

1.3.3 腐蚀趋势预测

将 Pipesim 模拟的相关参数结果导入，运用已经完成训练的 BP 神经网络模型，进行该条管线的腐蚀趋势预测，根据预测结果，该条管线将长期处于轻度腐蚀状态，整体腐蚀速率在 0.003~0.007mm/a 之间。

1.3.4 风险点预测

根据腐蚀速率预测结果，我们还可以方便的筛选出将会发生严重腐蚀的风险点位，以便完整性管理人员提前介入，采取相应的腐蚀控制措施。根据模型预测的风险点，开展了 2 处的开挖验证，均出现了管线积液(表2)。

表 2 风险点列表

序号	高程(m)	里程(m)	是否开挖	1个月累计壁厚损失(mm)	开挖次数	算法名称
1	75.62822601853344	3861.033258692961	是	0.04	1	NORSORK_M506 预测模型
2	64.63724163683449	3753.6304818248136	否	0.04	0	NORSORK_M506 预测模型
3	64.51234408704245	3753.6400541751987	否	0.04	0	NORSORK_M506 预测模型
4	61.140110242657535	3745.701107664755	否	0.04	0	NORSORK_M506 预测模型
5	61.0152126928655	3745.582409420266	否	0.04	0	NORSORK_M506 预测模型
6	60.39072494390533	3745.0880281997647	否	0.04	0	NORSORK_M506 预测模型
7	60.515622493697364	3745.1813425047167	否	0.04	0	NORSORK_M506 预测模型
8	60.765417593281434	3745.3717223866765	否	0.04	0	NORSORK_M506 预测模型
9	59.891134744737194	3744.673706125694	是	0.04	1	NORSORK_M506 预测模型
10	60.14092984432126	3744.8936711770248	否	0.04	0	NORSORK_M506 预测模型

2 基于壁厚检测的压力容器腐蚀预测

2.1 压力容器数据及测厚点管理

基于壁厚度检测的设备腐蚀预测模块主要管理对象为重点站库内的关键压力容器，涉及的管理内容主要包括压力容器信息管理、腐蚀检测结果管理、腐蚀检测结果趋势预警、腐蚀预警信息推送等(图15)。

图 15　设备及测厚点管理

设备数据可以查看压力容器等设备的位号及名称列表、检测部位、压力容器厚度临界值、压力容器检测周期等信息。

2.2 检测数据管理

通过压力容器的设备名称或者位号可以查询到所有的检测信息，包含检测时间、测量仪器、检测人员、检测结论、检测报告等信息，并且可以查看此次检测的所有详细信息（图16和图17）。

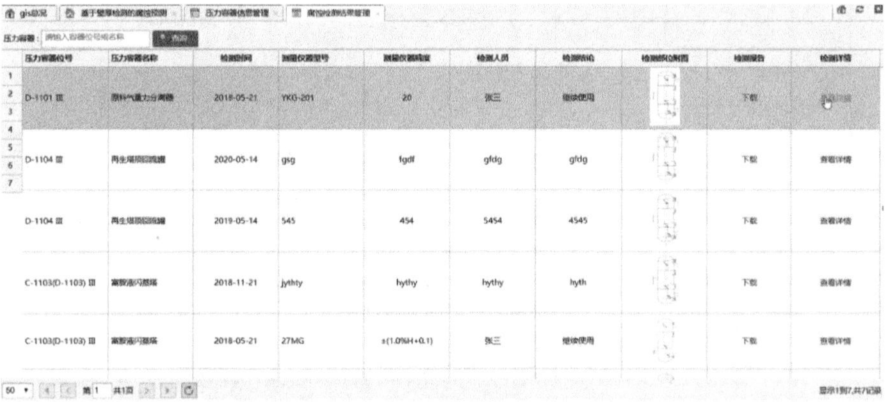

图16 检测数据管理

图17 检测数据详情

2.3 腐蚀趋势预测

本文主要采用二次指数平滑法与曲线回归预测设备厚度变化趋势，总体预测流程如图18所示。

2.3.1 收集历史设备厚度检测数据

这一步是预测基础，收集的数据主要为设备的壁厚检测数据，包括检测日期、检测点位置、检测点厚度，通过这些数据来分析设备厚度的变化规律。

2.3.2 腐蚀数据处理

根据现场的实际调研结果，目前容器的测厚主要采用的是手持超声波测厚仪，误差范围为1%容器厚度+0.1mm，再加上测厚过程中的人为影响因素，测量结果可能与设备的实

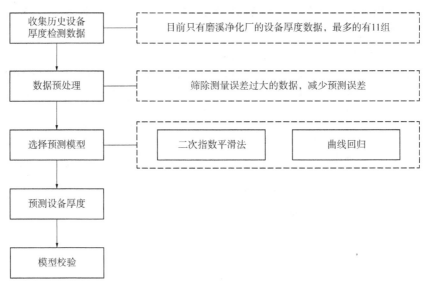

图 18　厚度预测流程

际厚度存在差异，在这种数据基础上进行厚度预测会出现较大误差，因此需要首先制定设备的厚度数据筛选规则。

通过对现场收集到的厚度检测数据进行分析处理，对于厚度数据的筛选主要依照如下步骤进行。

第一步，计算该组厚度数据的平均值与方差，删除波动过大的数据。

第二步，比较最近的两组检测数据 $h(n)$ 与 $h(n-1)$，如果 $h(n-1)<h(n)$，那么删除 $h(n)$，以 $h(n-1)$ 为最终的计算数据；如果 $h(n-1)>h(n)$，则 $h(n)$ 作为最终的计算数据保留。

第三步，保留最后一次的检测数据，以进行模型的验证工作。

2.3.3　选择预测模型

在数据收集分析和预测模型验证的基础上构建腐蚀预测逻辑。不同的预警模型适应不同的条件，应根据壁厚数据的实际情况进行选择。如果得到的检测数据时间间隔相等，则指数平滑和曲线拟合适用；如果是非等距数据，则除非数据变形，否则只能使用曲线拟合。常用的曲线拟合方法有指数法、对数法、多项式法等，在进行模型选择时需要使用决定系数 R 侧最大的模型。

2.3.4　预测设备厚度

采用两种以上的预测模型，对设备的厚度进行预测，根据选定的预测模型，得出设备的厚度预测方程，预测未来设备厚度。如果采用二次指数平滑法，则可以根据模型的原理直接推导出预测值。如果是采用曲线拟合的方法，例如直线拟合，为了保证不出现预测厚度变大的情况，应该将最后一次厚度检测值带入筛选后数据的拟合直线斜率，计算下一次厚度的预测值。

2.3.5　模型校验

将不同模型得到的预测厚度值与实际检测值进行对比，选择误差最小的预测模型来预测设备的厚度。

通过现有的压力容器的基本信息和动态检测信息，通过计算得到压力容器的腐蚀预测数据(图19)。完整性管理技术干部可以参考计算出的预测结果，对设备采取相应的措施或下一步的工作安排。

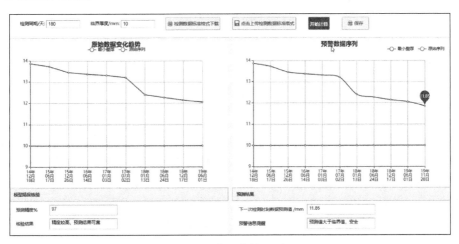

图19　腐蚀趋势预测

本文的主要算法是指数平滑法和曲线拟合，算法的具体原理如下：

1）二次指数平滑法

指数平滑法是生产预测中常用的一种方法。它也用于中短期趋势预测，指数平滑法是所有预测方法中使用最多的。简单的全期平均法是对时间数列的过去数据一个不漏地全部加以同等利用；移动平均法则不考虑较长期的数据，在加权移动平均法中对近期数据赋予更多的权重；而指数平滑法则与全期平均和移动平均是相容的，并没有舍弃过去的数据，只是给出了一个逐渐减小的影响程度，即赋予一个权重，随着数据的远离，该权重逐渐收敛到零。

指数平滑法是在移动平均法的基础上发展起来的一种时间序列分析预测方法，是通过计算指数平滑值并结合一定的时间序列预测模型来预测现象的未来。其原理是任意一期的指数平滑值是本期实际观察值与上期的指数平滑值的加权平均值。

指数平滑法的基本公式是：

$$S_t = ay_t + (1-a)S_{t-1} \tag{7}$$

式中，S_t 为时间 t 的平滑值，y_t 为时间 t 的实际值，S_{t-1} 为时间 $t-1$ 的平滑值，a 为平滑常数，其取值范围为 $[0, 1]$；其中 S_t 是 y_t 和 S_{t-1} 的加权算数平均数，随着 a 取值的大小变化，决定 y_t 和 S_{t-1} 对 S_t 的影响程度，当 a 取 1 时，$S_t = y_t$；当 a 取 0 时，$S_t = S_{t-1}$。

二次指数平滑法是一种对第一次指数平滑法的数值进行再一次指数平滑的方法。不能单独预测，必须结合指数平滑法建立预测的数学模型，然后用数学模型确定预测值。

设 X_1，X_2，… X_N 为原始序列数据，则一次平滑值 $S_t^{(1)}$，二次平滑值 $S_t^{(2)}$ 的计算公式为：

$$S_t^{(1)} = a\,X_t + (1-a)\,S_{t-1}^{(1)} \tag{8}$$

$$S_t^{(2)} = aS_t^{(1)} + (1-a)\,S_{t-1}^{(2)} \tag{9}$$

其中，a 为平滑参数，由此可以推导出预测公式：

$$y'_{t+T} = a_t + b_t T \tag{10}$$

其中，t 为当前时期数；T 为由当前时期数 t 到预测期的时期数；y'_{t+T} 为 $t+T$ 的预测值；a_t 为截距；b_t 为斜率；

$$a_t = 2S_t^{(1)} - S_t^{(2)} \tag{11}$$

2）曲线拟合

曲线拟合又称作函数逼近，是求近似函数。它不要求近似函数在每个节点处与函数值相同，只要求其尽可能的反映给定数据点的基本趋势以及某种意义上的无限"逼近"。当我们需要对一组数据进行处理和筛选时，往往会选择合理的数值方法，曲线拟合在实际应用中也很流行。采用曲线拟合处理数据时，一般会考虑到误差的影响，于是我们往往基于残差的平方和最小的准则选取拟合曲线的方法，这便是经常所说的曲线拟合的最小二乘法。

3）腐蚀趋势预警

本文的预警指标为设备下一次检测时的厚度值和腐蚀速率。厚度值根据是否小于最小允许厚度分为安全和危险两个等级；根据腐蚀速率大小分为一级、二级和三级，其中三级腐蚀最为严重，具体数值需结合设计时的平均腐蚀速率确定。

3　安岳气田场站腐蚀监检一体化数据模型效果分析

3.1　现场监测点统计

安岳气田现有监测点 34 个，见表 3。

表 3　安岳气田腐蚀监测设备概况表

序号	分类	安装	在运	故障
1	挂片	34	29	5
2	电阻探针	34	29	5

监测点均采用挂片和探针组合监测方式。监测设施安装情况，如图 20 所示。

图 20　现场腐蚀探针

安岳气田的探针系统采用的腐蚀监测仪,均为英国 COMMMO 有限公司生产,采用数据远程传输进入服务器,该服务器未联入生产网,其数据网络传输结构图,如图21所示。

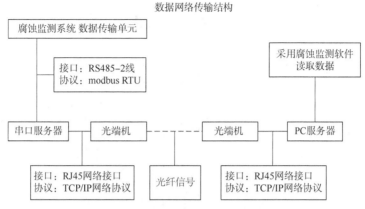

图 21　安岳气田探针数据网络传输结构图

安岳气田腐蚀监测点涉及 5 座集气站和 14 座单井站共 34 套,分布在集气站、单井及进气管线端。其中液相(气田水)腐蚀监测点主要分布在单井站(分离器排污管线上),共计 20 套,其中 6 处设置在集气站分离器排污管线上,腐蚀环境特征为酸水冲刷部位;剩余 14 套安装于单井及集气站原料气工艺管线,腐蚀环境特征为酸气、酸水气液混输条件。在运 34 个监测点均均有代表性,有必要继续运行。

3.2　监测点运行情况

(1)挂片监测点:在 34 个挂片监测点中,目前正常运行 29 个,其中有 5 个监测点未取得数据,原因是截止阀内漏无法放空,且不具备带压操作条件。

(2)探针监测点:在 34 个探针监测点中,目前正常运行 29 个;有 5 个探针系统未接入网络,无法取得数据。

(3)腐蚀监测情况:根据安岳气田腐蚀监测系统历年跟踪监测结果,安岳气田地面系统腐蚀速率总体小于 0.076mm/a,腐蚀监测数据显示未出现严重腐蚀及腐蚀速率明显增加的情况。其中高石 12 井分离器排污监测点平均腐蚀速率 0.0768mm/a,处于中度腐蚀范围,其他监测点平均腐蚀速率均处于轻度腐蚀范围(NACE RP 0775),试片表面呈均匀腐蚀形态。

3.3　模型适应性分析

本文建立的安岳气田场站腐蚀监检一体化数据模型,能够在整合腐蚀数据信息的基础上,增强腐蚀数据开发与利用,提高腐蚀监测与评价业务的管理水平,帮助安岳气田实现高效率、数字化的完整性管理。

(1)腐蚀监检一体化数据模型为各级管理人员和管道、材料设备等防腐监测人员提供一个以数据集中监控及分析和数据集中共享为核心特征的数字化腐蚀监测环境,使各级管理人员更及时地做出响应和决策,有效提升安岳气田腐蚀监测及评价工作的工作效率和质量。

(2)腐蚀监检一体化数据模型有效整合了各类腐蚀检测、评价报告及标准方法数据、分析数据、专用数据和管理数据,形成一个面向腐蚀监测及评价全过程的权威性、全面性和一致化的业务数据环境，能够让各级管理人员做出更加精准的判断和决策。

（3）腐蚀监检一体化数据模型通过业务管理过程和平台应用功能有效衔接腐蚀监测与管理各个层级，使腐蚀监测、生产运行、完整性管理三个层级间的业务工作无缝协同，可极大地缩短业务数据采集、数据计算、数据分析、数据共享等业务场景的时间周期，有效的提高腐蚀监测及评价业务的管理和检测效率(图22)。

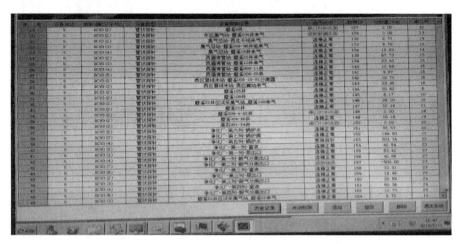

图22　安岳气田探针系统监测软件界面

4　结论与建议

4.1　结论

通过建立管道及场站的腐蚀监检一体化模型，所有的监测点被评估认为具有代表性，有必要持续监测。通过在线监测系统连续监测及预测，安岳气田集输系统的总腐蚀速率小于0.076mm/a，达到了完整性管理要求。

4.2　建议

建议建立配套的管理制度，这些制度的建立可以有效保障安岳气田数字化转型下的管理水平，提高管道、站场完整性管理工作的可持续性和高效性，并为生产运营提供准确、实时、可视化的数据支持，有助于安岳气田的安全、环保、生产等方面的协同运营，实现高效安全的运营管理目标。

参 考 文 献

[1] 范强强，华丽. 在线腐蚀监测技术应用概述[J]. 全面腐蚀控制，2013(7)：5.

[2] Yacov Y. Haims，Total Risk Management[J]. Risk Analysis，1991，11(2)：169-171.

[3] Jim. Whiting. The Risk Managemen Process[J]. Ergonomics Society of Australia，1992，21(3)：16-19.

[4] 章博. 高含硫天然气集输管道腐蚀与泄漏定量风险研究[D]. 青岛：中国石油大学(华东)，2010.

[5] 范强强，华丽. 在线腐蚀监测技术应用概述[J]. 全面腐蚀控制，2013(7)：5.

[6] 雷玉兰. 新型无损检测技术在压力管道在线检测中的应用研究[J]. 科技资讯，2012，12(23)：1-3.

多元热流体环境中 H₂S 含量对 3Cr 钢腐蚀影响研究

韩　雪[1]　曾德智[1]　罗建成[1]　陈雪珂[1]　孙江河[2]　苏日古[2]

(1. 西南石油大学油气藏地质及开发工程国家重点实验室;
2. 中国石油新疆油田公司工程技术研究院)

摘　要：针对多元热流体环境中 3Cr 钢的腐蚀问题，利用高温高压釜开展温度 90℃，0.38MPa CO₂，0.045MPa O₂、0～10000ppm H₂S 条件下 3Cr 钢腐蚀实验，辅以 SEM、EDS 和 XPS 分析微观腐蚀形貌及腐蚀产物成分，探究 H₂S 含量变化对 3Cr 钢腐蚀影响。结果表明：随着 H₂S 含量增高，3Cr 钢腐蚀速率先减小后增大，低浓度 H₂S 抑制腐蚀，高浓度 H₂S 导致 H^+ 增多，抑制 $FeCO_3$ 和 $Cr(OH)_3$ 沉积，产物膜保护性变差，腐蚀加剧，其中 $Cr(OH)_3$ 和 Cr_2O_3 可对产物膜起到修复作用，研究成果为多元热流体环境管柱的腐蚀防护提供了技术支撑。

关键词：多元热流体；3Cr 钢；H₂S 含量变化；腐蚀影响；$Cr(OH)_3$

注多元热流体驱替技术是一种高效的稠油热采技术，为了响应"碳达峰、碳中和"战略目标[1,2]，实现化石能源低碳利用，该技术在稠油、特稠油油藏开发中得到了大规模应用[3]。其中多元热流体主要由高温高压水、氮气、二氧化碳、少量氧和水蒸气等组成，介质成分多样[4]。对于某油气田而言，在多元热流体注入管柱的工况下，油藏中原有的 H₂S，未燃烧完全的 O₂ 和注入的 CO₂ 会使得油井管柱及设备处于腐蚀性极强的环境中，其中 CO₂ 溶于水后会产生弱酸(HCO_3^-、CO_3^{2-})，H₂S 溶于水也呈酸性，发生氢去极化反应，O₂ 作为强氧化剂，发生氧去极化反应，介质腐蚀性变强，腐蚀反应过程较复杂[5]，对油气田开采设备造成严重腐蚀，加大了油气田的开采难度，同时会导致管柱及设备的实际使用寿命大大降低，进而引发安全隐患和生产损失。

目前学者对碳钢在 CO₂/O₂/H₂S 体系中的腐蚀问题进行了大量研究，钟显康和廖柯熹等研究了注烟道气环境中 O₂ 和 H₂S 对碳钢腐蚀的耦合作用。结果表明：与气相和液相无关，O₂ 和 H₂S 之间存在耦合作用，可以进一步加速钢材的腐蚀，钢材在 O₂/H₂S 共存环境中的腐蚀速率要远高于含 O₂ 和 H₂S 的腐蚀速率之和[6,7]。孙建波和孙冲等研究了 O₂ 和 H₂S 对 X65 钢在超临界 CO₂ 体系中腐蚀行为的影响。结果表明：H₂S 对 X65 钢的腐蚀影响程度大于 O₂，低浓度的 H₂S 或 O₂ 就可以显著改变 CO₂ 腐蚀机制[8,9]。黄强等研究了地面集输管道在 CO₂/H₂S/O₂ 体系下的腐蚀行为研究。结果表明：在 CO₂/H₂S/O₂ 共存体系中，L245NS 钢的腐蚀速率随 H₂S 含量的升高呈先减小后增大的趋势，腐蚀产物呈针状、菱状、颗粒状多种形态[10]。现有文献大多研究 CO₂/O₂/H₂S 体系中气质含量变化对地面管线钢的腐蚀影响，而针对井下环境中的管柱腐蚀情况尚不明确，其中 3Cr 钢，而 H_2S 含量如何影响 3Cr 钢腐蚀行为仍有待进一步研究。

所以为了更好的解决上述问题，文章以多元热流体环境中某油田管柱的实际注入工况为基础，温度 90℃，0.38MPa CO_2，0~10000ppm H_2S，0.045MPa O_2，研究硫化氢含量变化对 3Cr 钢的腐蚀影响规律，并探究其腐蚀机理，研究成果多元热流体环境中管柱的安全服役提供了参考依据。

1 实验

1.1 实验材料与仪器

选取 3Cr 钢为实验材质，其化学成分见表 1。将材质加工成挂片失重测试试样：30mm×15mm×3mm 尺寸的长方体试样，取 5 个试样用于腐蚀失重测试；其中 3 个平行试样用于测量腐蚀失重速率；其余 2 个实验试样用于腐蚀产物膜、腐蚀产物成分分析和局部腐蚀深度测试。

实验采用模拟地层水为腐蚀介质溶液，其成分见表 2。用高压釜中的 pH 计测量腐蚀介质溶液的 pH 值为 7.2。

表 1　3Cr 钢样品化学成分(wt%)

钢	C	Si	Mn	S	P	Cr	Mo	Ni	Nb	Ti	Fe
3Cr	0.026	0.13	0.38	0.003	0.009	3.15	—	0.25	0.022	0.014	Bal.

表 2　地层水化学成分

化学物	$MgCl_2 \cdot 6H_2O$	$CaCl_2$	$NaHCO_3$	Na_2SO_4	NaCl
含量(mg/L)	321.4	136.0	3831.0	485.2	16478.9

研究采用自主研发的容量为 3L 的 C276 高温高压釜模拟腐蚀工况开展实验，如图 1 所示。在温度 90℃，总压 1.5MPa，CO_2 含量 0.38MPa，不同 H_2S 含量下进行 3Cr 钢腐蚀行为测试。

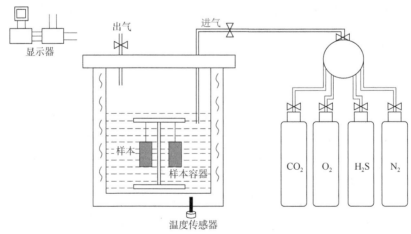

图 1　高温高压高压釜示意图

1.2 实验方案与步骤

表 3　实验方案

组	总压力（MPa）	浸泡时间（h）	温度（℃）	CO₂分压（MPa）	O₂含量（MPa）	H₂S 含量（ppm）
1	1.5	120	90	0.38	0.045	0
2	1.5	120	90	0.38	0.045	1000
3	1.5	120	90	0.38	0.045	5000
4	1.5	120	90	0.38	0.045	10000

首先，试片先用滤纸擦净，然后先后放入石油醚与无水乙醇中，进行脱油和脱水。取出试片放在滤纸上，用冷风吹干后再用滤纸将试片包好，贮于干燥器中，放置 1h 后再测量尺寸和称量，精确至 0.1mg，将试片放入高温高压釜中，其中试片由专用夹具固定，试片间距在 1cm 以上，试片上端距液面应在 3cm 以上，倒入配制好的模拟地层水，用氮气驱氧 40min，先后导入实验所需的气体硫化氢、氧气和二氧化碳，设置实验气体为所需值，并用氮气补充至实验总压 1.5Mpa，设定温度 90℃，实验周期 120h。

实验结束后，将试片取出，观察、记录表面腐蚀状态及腐蚀产物黏附情况后，立即用清水冲洗掉实验介质，并用滤纸擦干，将试片先后放入石油醚与无水乙醇中进行进一步去污和脱水。然后放入配制的 0.1L HCL+0.9L 去离子水+3.5g 六亚甲基四胺的去膜液中浸泡，清除试片表面的腐蚀产物。从清洗液中取出试片，用自来水冲去表面残酸后，立即将试片浸入 NaOH 溶液（60g/L）中，30s 后再用自来水冲洗，然后放入无水乙醇中浸泡清洗脱水。取出试片放在滤纸上，用冷风吹干，然后用滤纸将试片包好，贮于干燥器中，放置 1h 后称量，精确至 0.1mg，并计算试片的均匀腐蚀速率值 v[11]：

$$v = 87600 \frac{\Delta m}{\rho A \Delta t} \tag{1}$$

式中，v 均匀腐蚀速率，mm/a；Δm 试片实验前后的质量差，g；A 试片暴露表面积，cm²；ρ 试片材料的密度，g/cm³；Δt 暴露时间，h。

通过 3D 光学显微镜（ContourGT-K，USA）获得去除腐蚀产物后钢材试样的腐蚀坑形貌和最大深度。通过试片的质量损失 Δm，结合试片尺寸计算平均腐蚀深度 d：

$$d = \frac{\Delta m}{\rho ab} \tag{2}$$

根据局部腐蚀深度测试结果，计算试片局部腐蚀速率 V_c 如式（3），然而仅仅依靠局部腐蚀速率，还不能判定局部腐蚀的程度，还需要计算孔蚀系数 R，用以表征金属材料是否发生了明显的局部腐蚀。孔蚀系数的计算方法为最大腐蚀深度与平均腐蚀深度之比[12]：

$$V_c = 0.365 \frac{h}{t_c} \tag{3}$$

$$R = \frac{P}{d} \tag{4}$$

式中，d 平均腐蚀深度，mm；a 试片长度，mm；b 试片宽度，mm；V_c 局部腐蚀速率值，mm/a；h 最大点蚀深度，μm；t_c 腐蚀时间，d；R 孔蚀系数；P 最大腐蚀深度，mm。

孔蚀系数越接近 1，说明腐蚀形态越接近均匀腐蚀，当孔蚀系数小于 3，说明以均匀腐蚀为主，无明显局部腐蚀，当孔蚀系数大于 5 时，说明发生了严重的局部腐蚀。

最后，通过美国 FEI Quanta 250 型电子扫描电镜观察试样腐蚀微观形貌及截面形貌，并通过附带的电子能谱仪分析腐蚀产物元素组成。利用英国 Kratos Axis Ultra DLD 型 X 射线光电子能谱仪分析腐蚀产物成分。

2 实验结果分析

2.1 失重腐蚀速率分析

图 2 是温度 90℃、总压 1.5MPa、CO_2 含量 0.38MPa 条件，H_2S 含量变化(0~10000ppm) 3Cr 钢失重腐蚀速率。当体系中没有硫化氢时，3Cr 钢的腐蚀速率值 0.286mm/y，大于 0.254mm/y(NACE standard RP0775—2005)，发生严重腐蚀，当硫化氢参与到反应中时，均匀腐蚀速率明显减小为 0.116mm/y，降低了 0.59 倍，但随着 H_2S 含量继续提高，腐蚀反应被促进，腐蚀速率均逐渐增大(图 2)，最大值为 0.309mm/a。可见在 $CO_2/H_2S/O_2$ 体系中，低浓度 H_2S1000ppm 抑制腐蚀，高浓度 H_2S 促进腐蚀。

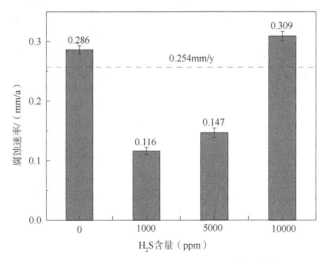

图 2　3Cr 钢在 $CO_2/O_2/H_2S$(0~10000ppm)体系中腐蚀速率

2.2 局部腐蚀速率分析

图 3 是温度 90℃、总压 1.5MPa、CO_2 含量 0.38MPa 条件下，硫化氢变化 0-10000ppm 3Cr 钢去膜后的 3D 形貌，其局部腐蚀速率和孔蚀系数结果如图 4 所示。当体系中没有 H_2S 时，3Cr 钢基体表面出现直径较大且深度较深的凹坑[图 3(a)]，局部腐蚀速率 3.017mm/y，孔蚀系数 13.297[图 4(b)]，发生严重局部腐蚀(R>5)，当体系中含有 1000ppm H_2S，钢材表面变平整，局部腐蚀现象得到缓解，3Cr 钢基体表面几乎平整[图 3(b)]，局部腐蚀速率降低至 0.196mm/y[图 4(a)]，相比无硫化氢条件下局部腐蚀速率降低 0.94 倍，孔蚀

系数 1.834，以均匀腐蚀为主，可见微量 H_2S(1000ppm) 具有抑制局部腐蚀作用[13]，随着 H_2S 含量 5000ppm 增加，钢材最大局部腐蚀坑深度(图 3)、局部腐蚀速率和局部腐蚀程度均缓慢增大(图 4)，可见高浓度 H_2S 会加剧 3Cr 钢局部腐蚀。

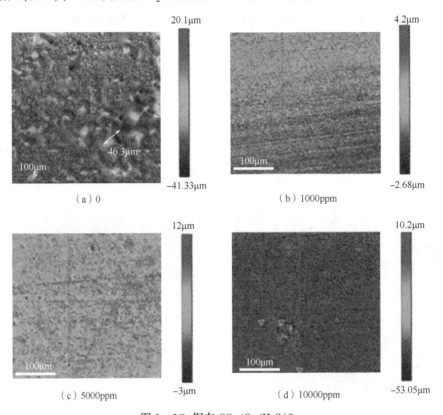

图 3　3Cr 钢在 $CO_2/O_2/H_2S$(0~

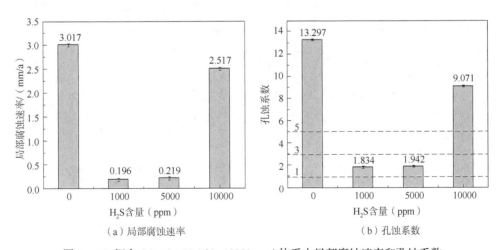

（a）局部腐蚀速率　　　　　　　　（b）孔蚀系数

图 4　3Cr 钢在 $CO_2/O_2/H_2S$(0-10000ppm)体系中局部腐蚀速率和孔蚀系数

2.3 腐蚀微观形貌分析

图 5 为 3Cr 钢在 $CO_2/O_2/H_2S$(0~10000ppm)共存体系中的腐蚀微观形貌。其截面形貌及元素分布如图 6 所示。当体系中没有 H_2S 时,3Cr 钢产物膜出现孔洞,可以明显看到团絮状氧化物[图 5(a)],产物膜厚度 15.3μm[图 6(a)]。当 1000ppm H_2S 参与到反应中时,3Cr 钢基体表面堆积的腐蚀产物很少,外表面堆积着少许 NaCl 晶体(地层水含有 Na^+、Cl^-)[图 5(b)],发生轻微腐蚀,产物膜变薄至 9.8μm,S 元素和 Cr 元素富集现象明显且连续成膜[图 6(b)]。随着 H_2S 含量增加,3Cr 钢外层开始出现呈细小颗粒,聚集成团的堆积物,数量增多且体积增大,它们应该是铁的氧化物,腐蚀产物膜表层有少许的毛细孔[图 5(c)],为物质交换提供了通道,当 H_2S 含量达到 10000ppm 时,甚至出现裂纹[图 5(d)],加速腐蚀[14],由截面形貌可以看出 H_2S 含量增加会破坏富 Cr 层的连续性,且导致富 S 层产物膜疏松变厚,最大厚度增加至 15.6μm,产物膜厚度增至 20.2μm,腐蚀现象加重(图 6)。

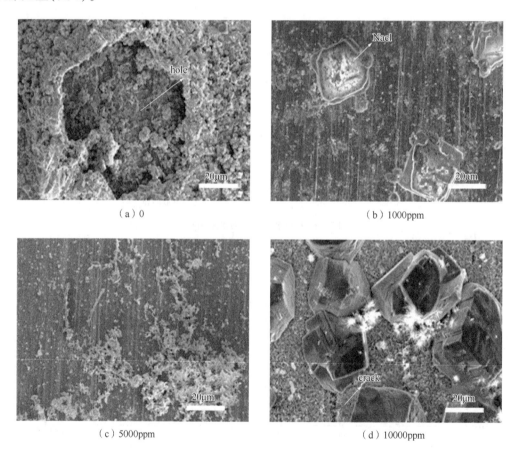

(a) 0

(b) 1000ppm

(c) 5000ppm

(d) 10000ppm

图 5　3Cr 钢在 $CO_2/O_2/H_2S$(0~10000ppm)体系中腐蚀微观形貌

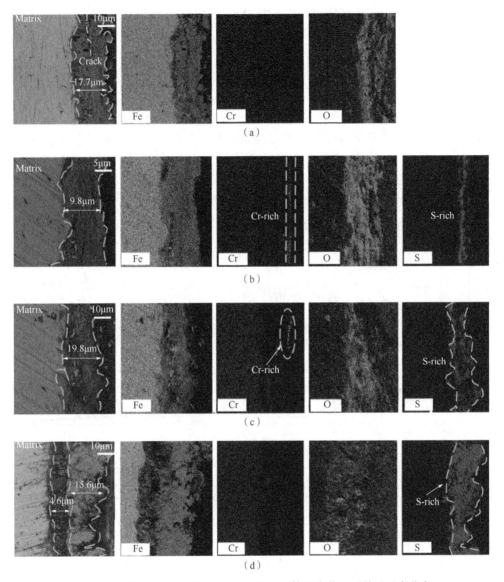

图 6　3Cr 钢在 $CO_2/O_2/H_2S$(0~10000ppm)体系中截面形貌及元素分布

2.4　腐蚀产物成分分析

图 7 为 3Cr 在 $CO_2/O_2/H_2S$(0~10000ppm)共存体系中的 XPS 拟合结果及物质含量。当体系中没有 H_2S 时，由于环境中含有 O_2，钢材溶解的 Fe^{2+} 易被氧化生成 $Fe(OH)_3$ [式(11)~式(13)]，进一步脱水可生成 FeOOH 和 Fe_2O_3[式(14)(15)]，最终腐蚀产物由 $FeCO_3$、FeOOH、$Fe(OH)_3$、Fe_3O_4 和 Fe_2O_3 组成(图 7)[15]，还会生成少许 Cr_2O_3 和 $Cr(OH)_3$[图 7(d1)][16]，修复产物膜孔洞和缝隙，提高产物膜稳定性：

$$O_2+2H_2O+4e^- \longrightarrow 4OH^- \tag{11}$$

$$Fe^{2+}+2OH^- \longrightarrow Fe(OH)_2 \tag{12}$$

$$Fe(OH)_2+O_2+2H_2O \longrightarrow 2Fe(OH)_3 \qquad (13)$$

$$2Fe(OH)_3 \longrightarrow Fe_2O_3+3H_2O \qquad (14)$$

$$Fe(OH)_3 \longrightarrow FeOOH+H_2O \qquad (15)$$

当 1000ppm H_2S 参与到反应中时，3Cr 钢均明显出现分层现象[图6(b)]，3Cr 钢内层膜主要由 FeS 和 Fe_2S 组成，外层主要由单质 S、$FeCO_3$、Fe_2O_3、Fe_3O_4、$Fe(OH)_3$ 和 FeOOH 构成，同时还掺有覆盖保护性教好的富铬层，抑制腐蚀的进一步发生。随着更多的 H_2S 参与到反应中，会生成更多的单质 S[图7(c2)]，PH 值降低，抑制 $FeCO_3$ 形成[图7(a2)]，生成的 $Cr(OH)_3$ 减少[图7(d2)]，富铬层会被破坏，腐蚀加剧。在 H_2S-CO_2-O_2 体系中，钢材的腐蚀产物组成成分基本相同，主要为 FeS、Fe_2S、FeOOH、$Fe(OH)_3$ 和 Fe_2O_3、Fe_3O_4 以及少量的单质 S 和 Cr 化物(图7)[17]。

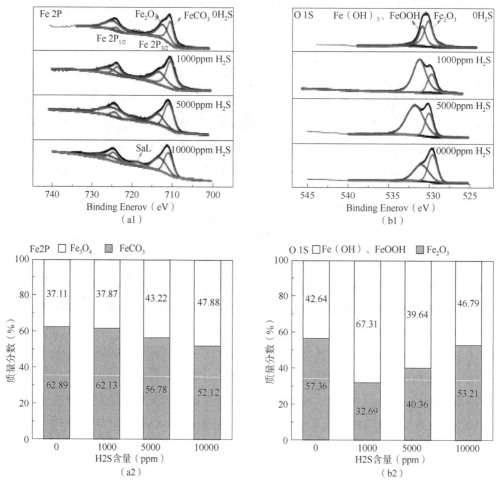

图7　3Cr 在 $CO_2/O_2/H_2S$(0~10000ppm)体系中 XPS 拟合结果及物质含量

(Fe 2p: a1, a2; O 1s: b1, b2; S 2P: c1, c2)

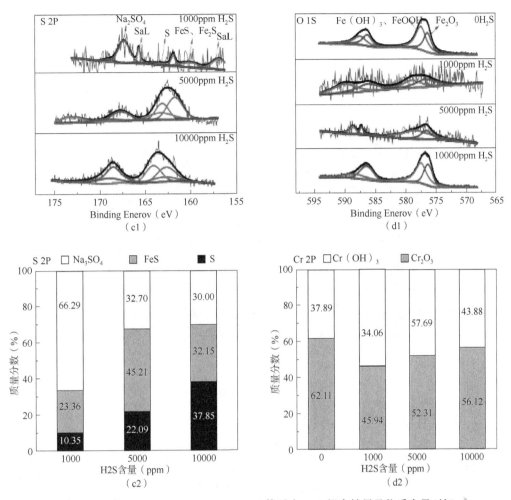

图7 3Cr 在 $CO_2/O_2/H_2S$(0~10000ppm)体系中 XPS 拟合结果及物质含量(续)

(Fe 2p：a1，a2；O 1s：b1，b2；S 2P：c1，c2)

3 腐蚀机理讨论

3.1 3Cr 钢在 CO_2/O_2 体系中腐蚀机理

图8 为 3Cr 钢在 CO_2/O_2 体系中腐蚀机理。当体系中没有 H_2S 时，脱水生成的 FeOOH [式(15)]会与存在的 Fe^{2+} 反应生成少量的 Fe_3O_4[式(16)][18]，$FeCO_3$ 会与 Fe 的氧化物形成混合腐蚀产物膜，堆积物结构较疏松、保护性较差[图5(a)]，且堆积物的底层发生了严重的局部腐蚀[图3(a)]，腐蚀产物膜结构的不均匀性为局部腐蚀提供了条件，随着反应的进行，O_2 和 OH^- 仍不断透过含有孔隙缺陷的腐蚀产物膜向内迁移(图8)，进入膜基界面与基体 Fe 不断反应生成 Fe_2O_3、FeOOH 和 Fe_3O_4[式(13)~(16)][35]，产物膜不断增厚，变得结构疏松、且保护性变差[图6(a)]。同时，生成的 $Cr(OH)_3$ 和 Cr_2O_3 也掺杂在腐蚀产物膜中[式(17)(18)]，起到修复腐蚀产物膜的作用。

$$Fe^{2+}+8FeOOH+2e^- \longrightarrow 3Fe_3O_4+4H_2O \tag{16}$$

$$Cr^{3+}+3H_2O \longrightarrow Cr(OH)_3+3H^+ \tag{17}$$

$$2Cr(OH)_3 \longrightarrow Cr_2O_3+3H_2O \tag{18}$$

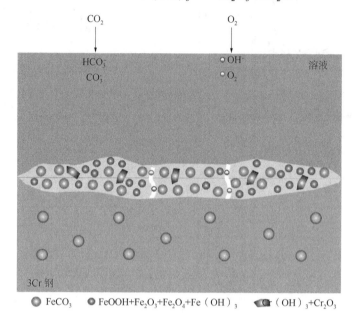

图 8　3Cr 钢在 CO_2/O_2 体系中腐蚀机理

3.2　3Cr 钢在 $CO_2/O_2/H_2S$ 体系中腐蚀机理

图 9 为 3Cr 钢在 $CO_2/O_2/H_2S$ 体系中腐蚀机理。当体系中含有 H_2S 时，它进入到溶液环境中迅速电离生成 HS^-、S^{2-}、H^+，优先参与反应生成 FeS 和 Fe_2S[式(19)(20)]，由于 1000ppm H_2S 含量较低，硫铁化合物和 Cr 化物会较为均匀的沉积在 3Cr 钢产物膜，形成致密内层腐蚀产物膜[图 6(b)]，对腐蚀介质和金属离子交换起到了良好阻碍作用，腐蚀程度减弱，导致腐蚀速率降低(图 2)，产物膜厚度也相对较薄[图 6(b)]。

$$Fe^{2+}+S^{2-} \longrightarrow FeS+2e^+ \tag{19}$$

$$FeS+S^{2-} \longrightarrow FeS_2+2e^- \tag{20}$$

随着 H_2S 含量继续增大，更多 H_2S 参与化学反应，溶液 pH 降低，可能会增大 $FeCO_3$ 的溶解度，抑制 $FeCO_3$ 的沉积析出[图 7(a2)]，降低产物膜保护性能[19]。同时较高浓度的 H_2S 可能会影响 FeS 和 $Cr(OH)_3$ 竞相沉积过程，这里的竞相沉积是指 FeS 会先于沉抑 $Cr(OH)_3$ 靠近钢材基体沉积，而 $Cr(OH)_3$ 会沉积在外层膜，由于 H_2S 电解的 H^+ 和生成的 H^+式(21)增多，会进一步抑制 $Cr(OH)_3$ 沉积，进而破坏富 Cr 层的连续性和完整性[图 6(b)~(d)]，产物膜整体保护性能下降，均匀腐蚀速率增大(图 2)。

$$FeS+HS^{2-} \longrightarrow FeS+H^++2e^- \tag{21}$$

在局部腐蚀方面，随着 H_2S 含量的提高，一方面，H_2S 与 O_2 的交互作用增强，生成更多的单质 S 式(22)，单质 S 的局部水解、酸化促进局部腐蚀坑的形成式(23)；另一方面，H_2S 含量升高导致腐蚀产物间的不均匀性增强，加剧局部腐蚀，局部腐蚀速率呈上升趋势

[图4(a)][20]。

$$2H_2S+O_2 \longrightarrow 2S+H_2O \tag{22}$$

$$4S+4H_2O \longrightarrow 3H_2S+H_2SO_4 \tag{23}$$

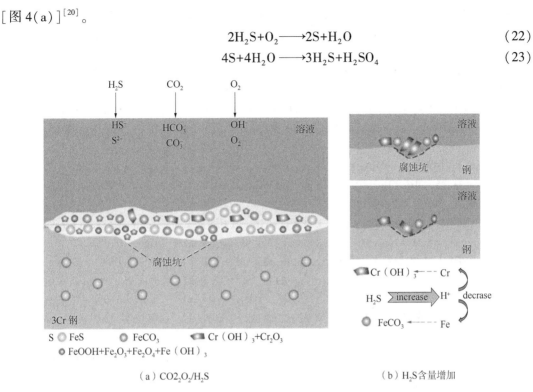

（a）CO2，O₂/H₂S　　　　　　（b）H₂S含量增加

图9　3Cr 钢在 $CO_2/O_2/H_2S$ 体系中腐蚀机理

4　结论

（1）模拟多元热流体注入工况，温度 90℃，CO_2 含量 0.38MPa，O_2 含量 0.045MPa，随着 H₂S 含量(0~10000ppm)增高，3Cr 钢失重腐蚀速率和局部腐蚀速率均先减小后增大，低浓度 H₂S 具有抑制腐蚀作用，高浓度 H₂S 加剧腐蚀。

（2）当体系中无 H₂S 时，3Cr 钢生成的 $FeCO_3$ 会与 Fe 氧化物形成混合腐蚀产物膜，疏松多孔保护性较差，但非晶态 $Cr(OH)_3$ 和 Cr_2O_3 会掺杂在产物膜中，可起到修复作用。

（3）低浓度 H₂S 促使硫铁化合物和 Cr 化物较为均匀地沉积在 3Cr 钢的产物膜中，抑制腐蚀过程；随着 H₂S 含量提高，溶液 PH 降低，可能会增大 $FeCO_3$ 溶解度，抑制 $FeCO_3$ 析出，产物膜保护性能变差，同时，高浓度 H₂S 环境中 H^+ 增多，抑制 $Cr(OH)_3$ 沉积，破坏富 Cr 层一致性，产物膜保护性能下降，促进腐蚀。

参　考　文　献

[1] 穆中华，张平，白剑锋，等. 油田伴生气中 CO_2 捕集与液化技术研究[J]. 油气田地面工程，2023，42：1-5.

[2] 黄维和，李玉星，陈朋超. 碳中和愿景下中国二氧化碳管道发展战略[J]. 天然气工业，2023，43（07）：1-9.

[3] 彭会君. 碳中和目标下 CCUS 技术在油田的应用前景[J]. 油气田地面工程, 2022, 41(09): 15-19.

[4] 张风义, 刘小鸿, 廖辉等. 海上油田多元热流体吞吐气窜调剖实验研究及应用[J]. 石油与天然气化工, 2023, 52(03): 87-91+102.

[5] 程嘉瑞, 王瑞, 梁向进, 等. 含 Cl⁻多元流动热流体中油井管材的腐蚀特性[J]. 腐蚀与防护, 2021, 42(12): 18-24.

[6] ZHONG X K, WANGY R, LIANG J J, et al.. The coupling effect of O_2 and H_2S on the corrosion of G20 steel in a simulating environment of flue gas injection in the xinjiang oil field[J]. Materials, 2018, 11(9): 605-615.

[7] LIAO K X, ZHOU F L, SONG X Q, et al.. Synergistic Effect of O_2 and H_2S on the Corrosion Behavior of N80 Steel in a Simulated High-Pressure Flue Gas Injection System. [J]. Journal of Materials Engineering & Performance, 2020, 29(1): 155-166.

[8] SUN J B, SUN C, ZHANG G A, et al.. Effect of O_2 and H_2S impurities on the corrosion behavior of X65 steel in water-saturated supercritical CO_2 system[J]. Corrosion Science, 2016, 107: 31-40.

[9] SUN C, SUN J B, WANG Y, et al.. Synergistic effect of O_2, H_2S and SO_2 impurities on the corrosion behavior of X65 steel in water-saturated supercritical CO_2 system[J]. Corrosion Science, 2016, 107: 193-203.

[10] 黄强. 地面集输管道在 CO_2/H_2S/O_2体系下的腐蚀行为研究[J]. 表面技术, 2021, 50(04): 351-360. DOI: 10.16490/j. cnki. issn. 1001-3660. 2021. 04. 037.

[11] ZENG D Z, HUANG Z Y, YU Z M et al.. Effects of CO_2 gassy-supercritical phase transition on corrosion behaviors of carbon steels in saturated vapor environment[J]. Journal of Central South University, 2021, 28(2): 325-337.

[12] LIAO K X, LENG J H, CHENG Frank, et al.. Effect of H_2S concentrations on corrosion failure of L245NS steel in CO_2-O_2-H_2S system[J]. Process Safety and Environmental Protection, 2022, 168. 224-238.

[13] 曾德智, 邓文良, 田刚, 等. 温度对 T95 钢在 H_2S/CO_2 环境中腐蚀行为的影响[J]. 机械工程材料, 2016, 40(06): 28-32+73.

[14] ZENG D Z, DONG B J, ZENG F, et al. Analysis of corrosion failure and materials selection for CO_2-H_2S-gas well[J]. Journal of Natural Gas Science and Engineering, 2021, 86: 103734.

[15] 李臻, 邱婕, 周晓义, 等. 高温高压 CO_2/O_2共存流体中 N80 钢腐蚀特性分析[J]. 西安石油大学学报(自然科学版), 2022, 37(02): 118-124.

[16] 曾德智, 董宝军, 石善志, 等. 高温蒸汽环境中 CO_2 分压对 3Cr 钢腐蚀的影响[J]. 钢铁研究学报, 2018, 30(07): 548-554.

[17] 刘金璐, 李军, 李丽, 等. 多元热流体注采用 N80 钢管柱的腐蚀行为[J]. 机械工程材料, 2023, 47(05): 20-25.

[18] 朱春明, 刘刚芝, 李效波, 等. 模拟多元热流体采油温度循环、CO_2/O_2环境中 3Cr 钢的腐蚀行为[J]. 机械工程材料, 2019, 43(12): 62-66.

[19] 赵宗和. 微 H_2S/CO_2环境埋地集气管道腐蚀机理与防控[J]. 油气田地面工程, 2021, 40(09): 73-76.

[20] 宋晓琴, 王喜悦, 王彦然. O_2-H_2S-CO_2条件下 O_2分压对 316L 钢腐蚀行为的影响规律[J]. 材料保护, 2019, 52(08): 61-68.

长宁页岩气场站腐蚀失效分析及对策

罗彦力　杨建英　文　靳

(四川长宁天然气开发有限责任公司)

摘　要： 针对页岩气田场站面临的严重腐蚀问题，采用系统分析及模拟评价手段进行腐蚀失效分析，明确腐蚀原因、采取应对措施、保障生产安全。方法采用失重模拟实验、扫描电镜、能谱、XPS 等手段研究了失效原因及控制措施。场站工艺管线失效的原因包括二氧化碳腐蚀、SRB 腐蚀以及冲蚀等，焊缝质量是失效薄弱环节；加注杀菌缓蚀剂可有效控制 SRB+CO_2 腐蚀，提高焊缝质量可有效提高焊缝耐开裂性能，抗菌钢、非金属复合管具有较好的应用前景。

关键词： 页岩气；场站；工艺管线；腐蚀；控制措施

腐蚀是一种普遍现象，各行各业比如能源、交通、化工、核工业等都面临腐蚀问题，对国民经济和人身安全带来巨大影响[1,2]。2006 年美国阿拉斯加普拉德霍湾发生原油泄漏事件，BP 被迫关闭其在阿拉斯加的生产，造成全球石油价格的动荡。其原因即为微生物腐蚀和垢下腐蚀造成的管道穿孔[3]。2013 年中国青岛发生输油管爆炸，造成 63 人遇难和 156 人受伤、直接经济损失超 7 亿元的特大事故，其原因为原油管道因腐蚀减薄造成原油泄漏、现场操作人员施工不当引发爆炸。据 NACEIMPACT 统计，2013 年全球腐蚀损失一年约 2.5 万亿美元，或 GDP 的 3.4%[4]。鉴于腐蚀的巨大危害和腐蚀基础数据对国民经济建设的重要性，国家先后组织多部门多学科对工业和自然环境腐蚀进行调查，中国一年的腐蚀损失约为 5000 亿元(2003 年统计，约 GDP 的 3.6%)[1]和 2.1 万亿元(2016 年统计，约 GDP 的 3.34%)[2]。腐蚀虽然无法完全避免，然而通过腐蚀知识的深入理解、新材料的应用和相应腐蚀控制措施的实施可降低腐蚀损失的 15%~35%[1,4]。

为保障国家的能源战略和双碳战略目标的实现，近年来，页岩气等非常规气的开发得到国家的大力支持。2022 年中国的页岩气产量为 240×10^8 m^3，占中国天然气年产量的 11% 左右[5]。到 2035 年，页岩气的产量预计占中国天然气总产量的 23.2%[6]。页岩气开采普遍采用体积压裂技术，单井水平井压裂液用量介于 4×10^4 ~ 5×10^4 m^3、支撑剂(石英砂和陶粒)用量介于 2.5×10^3 ~ 3.0×10^3 t，在压裂施工结束后的页岩气排采和生产过程中，压裂返排液及支撑剂对集输系统带来了不同程度的腐蚀。研究[7-8]表明其腐蚀的主要因素为二氧化碳、以硫酸盐还原菌(SRB)为主的微生物、氧等以及砂粒带来的冲刷腐蚀。据统计某页岩气场站一年失效泄漏 170 余次，其中焊缝处失效占比高达 67%。某平台出站管线考克泄漏，造成关停 5 个平台、2 台压缩机，影响产量 21×10^4 m^3。由于返排液的重复使用和集输管线使用年限的增加，控制场站管线失效已成页岩气开发的一道难题。因此，通过对场站管线的失效分析和采取相应的控制措施及对策，对实现页岩气安全生产、保障页岩气的产能任务具有重要意义。

1 页岩气场站腐蚀失效分析

1.1 场站腐蚀失效统计

长宁页岩气站场 2021—2022 年腐蚀失效统计见表 1。其中，采气管线失效集中在除砂器至分离器中间段，占比 78%；排污系统失效集中在分离器排污法兰至排污调节阀后端，占比 78%；焊缝处失效 114 次占比 67%；可见场站的失效位置较为集中，焊缝处的失效严重影响着场站安全生产。

表 1　某页岩气场站失效类型统计表

序号	井区	撬内排污管线				采气管线			其他	埋地排污管线	小计
		焊缝	弯头	大小头/三通	阀门	焊缝	弯头/三通	阀门			
1	1#井区	11	1	1	4	3	2	1	0	3	26
2	2#井区	70	0	7	0	21	9	3	6	12	128
3	3#井区	9	0	1	1	0	4	2	0	0	17
小计		90	1	9	5	24	15	6	6	15	171
合计		105				45			6	15	

1.2 场站工艺管线材质设计

1.2.1 母体材质设计

场站工艺管线材料为 L360N，其化学成分见表 2。

表 2　L360N 化学成分

元素	C	Si	Mn	P	S	V	Nb	Ti
含量（%）	0.07	0.15	1.24	0.012	0.003	0.010	0.04	0.014

1.2.2 焊接工艺设计

页岩气环焊缝普遍采用钨极氩弧焊和焊条电弧焊组合，焊后带焊缝材料拉伸试验、弯曲试验、冲击试验均符合标准要求，且无损探伤合格。焊条焊丝化学成分见表 3 和 4。

表 3　焊条化学成分

元素	C	Si	Mn	P	S	V	Cu	Mo	Cr	Ni
含量（%）	0.1	0.51	0.91	0.019	0.0077	0.0073	0.023	0.0057	0.040	0.018

表 4　焊丝化学成分

元素	C	Si	Mn	P	S	V	Cu	Mo	Ni	Cr
含量（%）	0.087	0.86	1.5	0.014	0.011	0.003	0.116	0.006	0.017	0.015

1.3 腐蚀环境

由页岩气气质分析可知，甲烷普遍大于98%，二氧化碳含量普遍在0.2%~1.1%，部分气井含量可达3%，基本不含硫化氢，采用碘量法测得天然气中硫化氢为0.62~0.89mg/m³。返排液pH为6.49~7.20，氯离子普遍在10000~30000mg/L，矿化度10000~50000mg/L，返排液中普遍存在三种细菌(硫酸盐还原菌、铁细菌、腐生菌)，检测的平台中SRB含量最高达110×10⁴个/mL。

从出砂情况将页岩气开发分为三个阶段，一是排液生产期(0~45d)，一是相对稳产期(46d~1年)，一是递减期及低压稳产期(约1年后)。采用声波式非侵入式砂监测仪测得排液生产期出砂量64~86g/s；进入相对稳产期半年以内阶段井口至除砂器出砂量逐步降低至0.01~0.14g/s，除砂器至分离器逐步降低至0.01~0.02g/s；进入相对稳产期半年以后以及递减期及低压稳产期阶段各个区域基本检测不出砂；总体呈前期出砂量大后期出砂量小。根据生产运行现场经验来看，相对稳产期间生产制度的改变会对出砂量产生较大影响。

页岩气平台外输压力处在2.62~6.1MPa，低于设计压力8.5MPa，输送温度处在20~35℃，平台井初期采气量普遍在(10~20)×10⁴m³/d，3~4个月后稳定在(3~5)×10⁴m³/d，日产水量初期普遍在100~1000m³/d，4~5个月后日产水量降为10~20m³/d，12个月后稳定在2~10方/天，平台采用管径25~80mm，计算气体流速大致分布在1.48~19.64m/s，投产初期估算20×10⁴m³/d单井采气管线流速达8~12m/s，超过岩气田标准化设计技术规定的采气管线流速宜为3~8m/s。投产初期出砂量较大、介质流速较高，以及较高含量的二氧化碳(大于0.0216MPa分压)[12]和细菌导致平台同时存在冲刷腐蚀和积液电化学腐蚀(二氧化碳和细菌腐蚀)的风险。

1.4 失效原因分析

1.4.1 失效样宏观形貌分析

1) 冲蚀

长宁页岩气2#井区某平台井排液采气期结束后投用正式流程3天出现一级针阀无法控压、除砂器滤筒堵塞，打开检查发现阀芯处严重砂砾冲蚀现象，其腐蚀形貌如图1所示，主要为砂的犁削腐蚀。该针阀失效为典型的生产初期砂砾冲蚀现象[9]。

2) 二氧化碳和细菌腐蚀

长宁页岩气2#井区某已投产16个月平台撬装采气工艺管线通过射线检测发现存在严重腐蚀(图2)，打开检查弯头处以分散状腐蚀坑为主，腐蚀坑呈现台地状，而且焊缝处的腐蚀较母材严重，未见明显的砂砾冲蚀痕迹，其腐蚀宏观形貌见图2所示，符合电化学腐蚀的主要特征，这也与学者普遍认为是CO₂和SRB细菌共同作用的结果相似[9-11]。另外发现少量平台出现焊缝开裂，如图3所示。

图1 某页岩气场站采气工艺管线
阀门砂砾冲刷腐蚀形貌

图 2　某页岩气场站采气工艺管线弯头焊缝腐蚀形貌

图 3　某页岩气场站采气工艺管线弯头焊缝开裂射线照片

1.4.2　焊缝组织分析

使用 INSPECTF50 型场发射扫面电子显微镜对试样开裂失效焊缝进行微观组织分析，分析结果如图 4 所示，母材金相组织为铁素体和珠光体，热影响区裂纹周围及尖端金相组织为贝氏体、魏氏体和铁素体，焊缝根部及根部裂纹周围金相组织为铁素体和珠光体，说明页岩气工艺管线焊接处存在组织差异性。

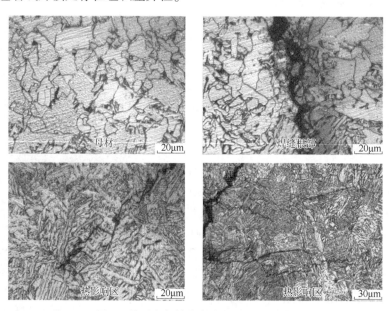

图 4　某页岩气管线弯头焊缝组织照片

2.4.3 焊缝微观分析

对焊缝开裂的样品采用扫描电镜结合能谱进行微观分析，结果如图5所示，由结果可知，焊缝处及焊缝裂纹处氧含量高达34.8%，同时含有一定量的碳、铁、硫元素，推测裂纹处可能存在二氧化碳腐蚀产物与细菌腐蚀产物。

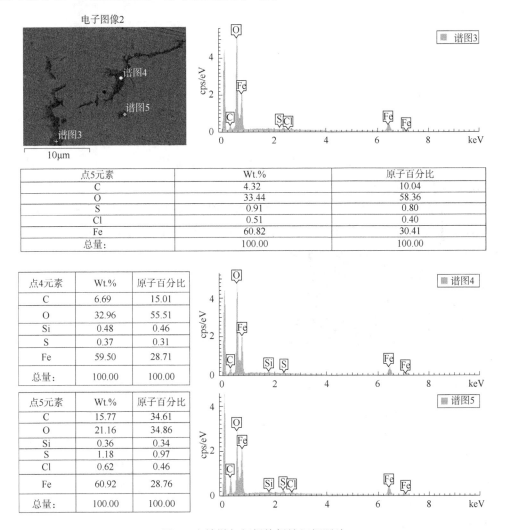

点5元素	Wt.%	原子百分比
C	4.32	10.04
O	33.44	58.36
S	0.91	0.80
Cl	0.51	0.40
Fe	60.82	30.41
总量：	100.00	100.00

点4元素	Wt.%	原子百分比
C	6.69	15.01
O	32.96	55.51
Si	0.48	0.46
S	0.37	0.31
Fe	59.50	28.71
总量：	100.00	100.00

点5元素	Wt.%	原子百分比
C	15.77	34.61
O	21.16	34.86
Si	0.36	0.34
S	1.18	0.97
Cl	0.62	0.46
Fe	60.92	28.76
总量：	100.00	100.00

图 5 失效样与新焊接焊缝组织照片

1.4.4 残余应力分析

再者采用应力集中磁检测仪对失效样品焊缝进行检测，检测结果见图6和表5，失效焊缝样品残余应力高达7.9MPa。

表 5 失效样品焊缝处检测数据记录单

部位	$H(\max)$	$H(\min)$	$T(\max)$	残余应力计算值（MPa）
焊缝	111	−82	106	7.9

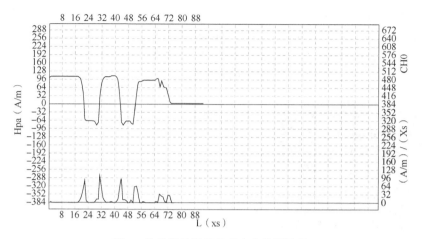

图 6 失效样品焊缝处磁应力检测结果

1.4.5 腐蚀产物分析

对页岩气场站工艺管线弯头焊缝处腐蚀产物开展 SEM+EDS 及 XPS 分析,分析结果如图 7 所示。可知弯头腐蚀产物主要为 FeS 和 Fe_2O_3,说明 SRB 参与了腐蚀。

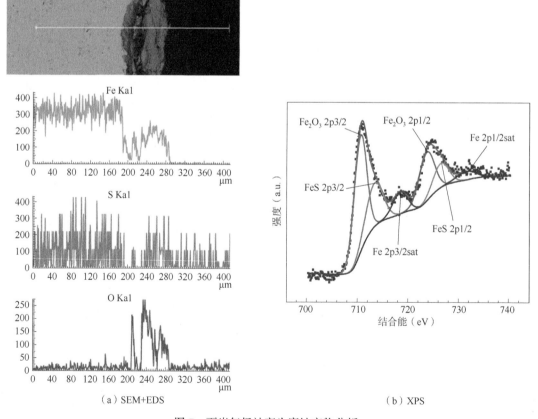

（a）SEM+EDS

（b）XPS

图 7 页岩气场站弯头腐蚀产物分析

2 控制对策研究

综合第 1 章的失效原因分析，长宁页岩气站场管线失效的主要原因为砂粒带来的冲蚀，微生物腐蚀，二氧化碳腐蚀以及焊接质量问题。因此，我们提出针对性的解决措施以保障管线的安全和完整性。

2.1 加注杀菌缓蚀剂

针对页岩气场站存在 SRB+CO_2+砂共存下的腐蚀，本文开展了杀菌缓蚀剂模拟评价实验，腐蚀溶液采用现场返排液充 CO_2 饱和，转速 250 转/min，常压 35℃条件下，腐蚀周期 21 天，试片采用 L360N 材质，不同条件下腐蚀模拟评价结果见表 6。

表 6 带焊缝样品在长宁页岩气场站腐蚀环境下的腐蚀评价结果

SRB(个/mL)	FB(个/mL)	砂量(g)	CT 杀菌缓蚀剂	腐蚀速率(mm/a)	腐蚀程度
$1.1×10^4$	$1.1×10^3$	3	0	2.2030	极严重腐蚀，焊缝处有很深的蚀槽
$1.1×10^4$	$1.1×10^3$	0	0	1.3196	极严重腐蚀，焊缝处有很深的蚀槽
0	0	3	0	0.9992	严重腐蚀，焊缝处有较深的蚀槽
$1.1×10^4$	$1.1×10^3$	3	1000ppm	0.1314	中度腐蚀
实验条件：35℃、常压、250r/min、21 天、CO_2 饱和、现场返排液					

由表可知，焊缝是二氧化碳与 SRB 细菌共存下腐蚀薄弱环节，不管在有无砂条件下，只要有 SRB 存在下，焊缝处均出现比无 SRB 时更深的腐蚀凹槽，加入 CT 杀菌缓蚀剂后腐蚀得到有效抑制，缓蚀率最高可达 94%。

2.2 提高焊缝质量

从失效原因分析结果可知，焊缝焊接质量对焊缝开裂的影响起到关键性因素，因此对重新焊接试样进行残余应力分析，结果见图 8 和表 7 所示，可知重新焊接试样的残余应力明显较失效焊缝残余应力低。

根据 GB/T 15970《金属和合金的腐蚀应力腐蚀试验》标准中实验方法，在室温条件下进行为期 30 天的应力开裂实验，SCC 模拟实验条件见表 8。实验结果（表 9）表明不同工况条件下带焊缝的试样并未见开裂，说明焊接质量提高有助于提高焊缝抗开裂能力。

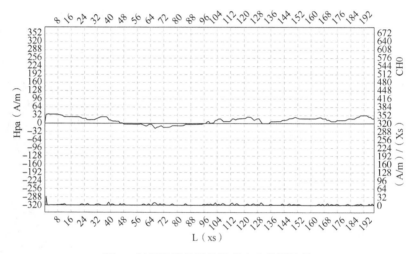

图 8　新焊接样品焊缝处磁应力检测结果

表 7　新焊接样品焊缝处检测数据记录单

部位	$H(\max)$	$H(\min)$	$T(\max)$	残余应力计算值（MPa）
焊缝	40	−22	34	2.5

表 8　SCC 模拟实验条件

序号	材质	应力（最小屈服强度的百分数）	介质
1	L360N（带焊缝）	100%	宁 209H34 平台返排液
2		85%	
3	L360N（带焊缝）	100%	宁 209H34 平台返排液+培养基
4		85%	
5	L360N（带焊缝）	100%	宁 209H34 平台返排液+杀菌缓蚀剂
6		85%	
7	L360N（带焊缝）	100%	宁 209H34 平台返排液+培养基（培养 14 天后加杀菌剂）
8		85%	

表9 SCC模拟实验结果

序号	结果	试后照片
1	未见裂纹	
2	未见裂纹	
3	未见裂纹	
4	未见裂纹	
5	未见裂纹	
6	未见裂纹	
7	未见裂纹	
8	未见裂纹	

2.3 优选材料

目前采取的腐蚀控制措施有，一是材料控制方面，在生产阶段合理考虑冲蚀裕量，弯头迎冲面加厚及采用方弯头等措施，对除砂器排液管线弯头、分离器排液管线弯头及除砂器下游天然气管线弯头等易出现冲蚀穿孔部位，可选用内衬陶瓷材料制成的内衬陶瓷弯头、内衬陶瓷三通等耐冲蚀部件，目前页岩气常用的陶瓷弯头材料为氧化锆陶瓷，其氧化锆含量高于94.2%，相比硬质合金，其更具有较好的耐冲蚀性能。

此外，钢骨架聚乙烯复合管的增强结构形式有四种，包括钢骨架（焊接）、钢带、钢丝缠绕、钢孔板，而不同结构类型的复合管，习惯上都称为钢骨架聚乙烯复合管。钢丝缠绕焊接成型的网状钢骨架复合管、钢带及钢板网骨架增强聚乙烯复合管都是定长产品，使用电熔套筒焊接的方式连接，承压等级较低，用于集气时的许用压力只有2.5MPa，不适宜用于页岩气气田的中低压集气。钢骨架增强热塑性塑料连续管通过连续成型，柔性好，抗冲击性能优良，在用于集气时，压力可达到5MPa以上。但此种管道的承压能力与采用的内衬层塑料、增强钢丝的材质、数量和直径有关，使用前需要进行试验验证。柔性高压复合管，主要指有机纤维增强热塑性塑料复合管，是以内管（热塑性塑料管）为基体，通过正反交错缠绕芳纶纤维增强带增强，再挤出覆盖热塑性塑料外保护层复合而成。用于集气时DN65的管道承压可达到9.6MPa以上，而DN100则可达到6MPa以上。连续管的管径范围从DN65~DN150，每要管道的长度最长可达500m，安装方便快捷。但因使用的是高性能的有机纤维，价格也相对较高。从应用情况来看，国外已经进行了集气试验，运行压力超过 9.6MPa。

从增强热塑性塑料复合管的性能上分析，该种管道是最为适合进行中低压集气的非金属管道，目前针对细菌腐蚀，柔性复合管、钢骨架复合管已在页岩气场站也有一定的应用，表现出较好的应用效果。

3 结论

（1）页岩气田场站失效原因分两个阶段，一是前期出砂严重，以砂蚀为主；后期出砂量少、流速低，以积液下的电化学腐蚀为主。

（2）加注 CT 杀菌缓蚀剂可有效控制场站因二氧化碳和 SRB 存在条件下的腐蚀。

（3）提高焊缝焊接质量及耐蚀性能，以及应用非金属材料可提高站场管线的抗腐蚀风险。

（4）页岩气场站应根据其主要腐蚀因素采取针对性措施实行腐蚀控制，保障管道安全，对管道完整性管理具有深远的意义。

参 考 文 献

[1] 柯伟. 中国工业与自然环境腐蚀调查的进展[J]. 腐蚀与防护, 2004, 25(1)：1-8.

[2] Hou, Baorong. The cost of corrosion in China[J]. NPJ MATERIALS DEGRADATION, 2017, 1(1).

[3] G Jacobson. Corrosion at Prudhoe Bay – A lesson on the line[J]. Materials performance, 2007, 46(8)：26-34.

[4] G Koch, J Varney, N Thompson, O Moghissi, et al. International Measures of Prevention, Application, and Economics of Corrosion Technologies Study. NACE International (2016).

[5] 国家能源局. 2022 年全国油气勘探开发十大标志性成果[OL]. (2023-1-20)[2023-7-5]. http://www.nea.gov.cn/2023-01/20/c_1310692197.htm.

[6] 谢明, 唐永帆, 宋彬等. 页岩气集输系统的腐蚀评价与控制——以长宁-威远国家级页岩气示范区为例[J]. 天然气工业, 2020, 40(11)：127-134.

[7] 吴贵阳, 谢明, 胡红祥. 页岩气采气管线材料 L360N 钢的含砂冲蚀行为研究[J]. 石油与天然气化工, 2020, 49(05)：63-69.

[8] 郝贠洪, 刘永利, 邢永明, 等. 钢结构镀锌涂层冲蚀磨损表面形貌及粗糙度[J]. 中国表面工程, 2017, 30(1)：56~62.

[9] 朱丽霞, 罗金恒, 李丽锋等. 页岩气输送用转角弯头内腐蚀减薄原因分析[J]. 表面技术, 2020, 49(08)：224-230.

[10] T Gu, K Zhao, S Nesic. A new mechanistic model for MIC based on a biocatalytic cathodic sulfate reduction theory[J]. NACE International corrosion conference, 2009.

[11] 岳明, 汪运储. 页岩气井下油管和地面集输管道腐蚀原因及防护措施[J]. 钻采工艺, 2018, 41(05)：125-127.

[12] NACE SP0106-2018, Control of Internal Corrosion in Steel Pipelines and Piping Systems [S].

高含硫气田集输系统腐蚀与防护技术应用

李 宏[1] 谭 浩[1] 贾长青[1] 谈 彬[1] 张亮亮[2]

(1. 中国石油西南油气田公司;2. 贝克休斯(中国)油田技术服务有限公司)

摘 要:良好的高含硫气田集输系统腐蚀控制,是实现安全开发的基础。为了充分认识高含硫气田集输系统的腐蚀控制现状,以罗家寨高含硫气田、普光气田、铁山坡高含硫气田为研究对象,分析了不同腐蚀与防护技术在高含硫气田集输系统的差异化应用。研究结果表明:不同的腐蚀与防护技术在国内高含硫气田集输系统的搭配应用,起到了很好的腐蚀控制效果。结论认为:(1)能有效抗SSC、HIC且增加微量元素含量要求的高品质碳钢,优选的水基缓蚀剂,以及根据超声波测厚、腐蚀挂片、在线腐蚀监测系统数据,调整缓蚀剂加注比例,能有效将站场内部集输系统的腐蚀速率控制在较低水平。(2)根据基线检测和漏磁检测数据对比,认为长距离管线干气输送工艺,能大幅度减缓 H_2S、CO_2 对管线的腐蚀。(3)气液混输管线,采用油基缓蚀剂预膜,能有效隔绝高酸性输送介质与碳钢管道的接触,减缓内腐蚀速率。(4)采用 3 层 PE 加强级外防腐+强制电流阴极保护工艺,是隔绝埋地管道与土壤接触、减缓外腐蚀的有效措施。(5)镍基合金钢能有效抵御高含硫、高含 CO_2 的酸性气体腐蚀。

关键词:腐蚀控制;高含硫;集输;内腐蚀;外腐蚀

高含硫气田开采天然气通常含有 H_2S、CO_2 及成分复杂的气田水,与常规气田相比,腐蚀与防护是气田开发管理的难点、重点。加拿大阿尔贝塔省 EUB 统计资料显示,管线因各种原因引起泄漏的比率占 85%,排序为:内腐蚀(54%)>外腐蚀(14%)>第三方破坏(8%)>构筑物破坏>焊缝失效>管线失效(3%),因其他原因发生管线破裂的比率占15%[1]。内腐蚀是管线设备的内部腐蚀物质造成管线、设备损害,外腐蚀则是指管线设备外部受各种因素的影响从而产生腐蚀。内腐蚀主要类型有氢诱发裂纹(HIC)、硫化物应力腐蚀破裂(SSC)以及 CO_2 电化学腐蚀三大类[2]。氢诱发裂纹是由于 H_2S 在水中产生 H^+,得到电子变成氢原子进入金属内部,造成钢材的延伸性、端面收缩率、强度等发生变化。同时 H^+ 在钢材内部结合成氢分子,产生巨大的应力,从而产生裂纹,材料变脆。低强度钢可产生鼓泡现象,高强度钢则在内部发生阶梯式开裂。另外 CO_2、Cl^- 的存在,可以增大HIC 的敏感性。硫化物应力腐蚀破裂,其形成主要原因与氢脆一致,同时还存在拉伸应力、制造残余应力等[3]。CO_2 电化学腐蚀主要是 CO_2 溶于水生成碳酸从而引起电化学腐蚀[4]。外腐蚀主要是由于管道外部受大气、土壤、地下水、杂散电流等因素,造成管道腐蚀。本文着重分析高含硫气田主要防腐技术及效果,对高含硫气田安全平稳开发具有重要意义。

1 主要材质

1.1 碳钢

碳钢是含碳量在 0.0218% ~ 2.11% 的铁碳合金，在高含硫集输系统中，主要使用普通碳钢和抗硫碳钢，例如 20#、45# 等普通碳钢管材，L360QS、L245NS、A333gr6 等抗硫管材[5]。普通碳钢一般应用于燃料气管线、新鲜水供给管线、新鲜 TEG 管线等，而抗硫碳钢则主要应用于与硫化氢接触的原料气管线、放空管线等（表1）。

表 1　高含硫气田常用管材表

管道名称	原料气管线	放空管线	药剂加注管线	含硫污水管线	新鲜水、新鲜 TEG 管线
输送介质	原料气	原料气	缓蚀剂、水合物抑制剂	含硫污水	新鲜水、新鲜 TEG
管道材质	L360QS、L245NS、N08825	L360QS、L245NS、316L、A333gr6	316L	L245NS	20#碳钢

一些普通不抗硫碳钢在某些特殊环境下，也可在含硫环境中使用，例如卧龙河高含硫气田，嘉陵江气藏硫化氢含量大于4%，原料气管线使用 20# 碳钢，由于气井伴随产凝析油，凝析油在集输管线内壁产生一层保护膜，起到很好的保护作用，管线的腐蚀速率反而很低，使得个别管道可以在此种工况下服役超三十年。高含硫气田碳钢材料选择遵循 NACE MR0175/ISO 15156《石油天然气工业－石油和天然气生产中含 H_2S 环境使用的材料》标准，且增加微量元素含量要求（表2）。

表 2　高含硫接触材料标准外附加技术指标表

元素名称	硫（S）	磷（P）	锰（Mn）	镍（Ni）	铌（Nb）	钒（V）	（铌+钒）
含量要求	≤0.003%	≤0.018%	≤1.40%	≤1.0%	≤0.02%	≤0.05%	≤0.06%

在实际应用中，管线在弯头、盲端等地方腐蚀速率较快。罗家寨气田 C 井场测试分离器燃料气置换管线曾出现腐蚀穿孔（图1），该段管线上游安装有盲板，下游连接原料气管线，材质为 L245NS 抗硫管线，设计压力 9.9MPa。腐蚀穿孔主要原因为该段管线为盲管段，长期接触高含硫气体，且长期积液。罗家寨气田 B 集气站 TEG 回流罐 A333gr6 放空管线也曾发生过腐蚀穿孔，穿孔位置位于安全阀上游，主要原因为该段管线长期接触含硫气体，且属于盲管段。

不同工况下管线的腐蚀速率不完全相同。以罗家寨气田和普光气田为例，两者使用 20# 碳钢的燃料气管线发生腐蚀穿孔的概率均较小。普光气田使用 A333gr6 低温碳钢的放空管线腐蚀穿孔概率比罗家寨气田高，主要由于普光气田井场频繁进行正吹、反吹解堵作业以及井筒清洗作业，放空频率较高，放空管线接触含硫介质以及井筒解堵溶液的时间较长，造成放空管线腐蚀加剧。

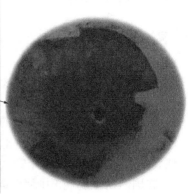

图 1　罗家寨气田 C 井场燃料气管线腐蚀穿孔图

1.2　合金钢

合金钢是在普通碳素钢基础上添加适量的合金元素而构成的铁碳合金，根据添加元素的不同，可获得高韧性、高强度、耐腐蚀、耐高温、耐低温等特殊性能。近年来高含硫气田集输系统使用合金钢管材越来越多，主要使用 NO8825、NO0625、316L 等合金钢[6]，用于原料气管线、药剂加注管线、阀门等(表3)。普光气田气井井口到加热炉二级节流阀之间管线使用 NO8825 镍基管线，罗家寨气田井口缓蚀剂、防冻剂加注管线使用 316L 不锈钢，部分关键阀门密封面使用 NO0625 堆焊，防腐效果均较好。

表 3　镍基合金化学成分表

元素 合金	镍(%)	铬(%)	碳(%)	锰(%)	硅(%)	铜(%)	钼(%)	铝(%)	钛(%)	磷(%)	硫(%)
NO8825	38-46	19.5-23.5	≤0.05	≤1.0	≤0.5	1.5-3.0	2.5-3.5	≤0.2	0.6-1.2	≤0.02	≤0.03
NO0625	≥58	20-23	≤0.1	≤0.5	≤0.5	≤0.5	8-10	≤0.4	≤0.4	≤0.015	≤0.015

1.3　双金属复合管

双金属复合管是由耐蚀合金层与基体管两部分组成。耐蚀层是依据使用介质环境、使用寿命等进行选择设计，以满足耐腐蚀性能的要求；基体管是根据输送介质压力确定，以保证能满足输送压力和强度的需求。因此双金属复合管的整体性能是集基体管的机械性能与耐蚀合金层的耐蚀性能于一体，充分发挥两种材料性能的特点，具有很高的性价比。对于国内高含硫气田，目前运用的最多的是镍基复合管、镀锌管，例如普光气田分水岭区块、铁山坡气田从井口一直到外输管道均使用镍基复合管。集输管道使用镍基复合管，因其抗腐蚀性能强，因此一般不再连续加注缓蚀剂以及进行管道预膜作业。普光气田分水岭区块由于气井出水较多，集输管线携液能力弱，需频繁进行清管，但集输管线一直正常运行，说明镍基复合管抗磨性能较好。镍基复合管工艺的难点在于焊接，对于焊接的对口要求较高，国内对于焊口的质量检测标准，也需要进一步完善[7]。

2 站场内腐蚀控制

2.1 腐蚀因子

2.1.1 常规因子

金属腐蚀是指在周围介质的化学或电化学作用下,并且经常是在和物理、机械或生物学因素的共同作用下金属产生的破坏。通过对国内外气田气井的研究资料来看,影响气井井管腐蚀的因素多种,对于酸气管线的腐蚀,常与以下因素相关:CO_2分压、H_2S分压、气田水组成、烃的组成、油水比率、金属材质、流速、固体悬浮物、微生物、氧气、有机酸[8]。这些腐蚀因子中,对于罗家寨气田来说,产气中硫化氢和二氧化碳的浓度分别为10%和7%,在国内的含硫气田中属于高含硫水平,并且存在硫化氢与二氧化碳浓度双高,硫化氢和二氧化碳是影响系数很大的两种因子,H_2S的破坏力主要是点蚀,使其部分管壁厚度减小变薄、坑蚀或穿孔,H_2S与钢材发生反应形成氢鼓泡;CO_2腐蚀管道主要表现为孔腐蚀和轮藓状腐蚀,并且腐蚀穿孔的效率非常高,这对现场集输管线腐蚀保护是一个严峻的考验。

2.1.2 硫沉积

研究表明,硫沉积的存在会提高硫沉积对腐蚀速率的影响是复杂的,并取决于多种因素,包括沉积物的性质、金属表面状态以及环境条件。在一些情况下,硫沉积可以减少腐蚀速率。例如,在某些含硫化氢的环境中,硫沉积在金属表面可以形成保护性硫化铁膜,该膜可以阻止腐蚀介质与金属接触,从而降低腐蚀速率。然而,在其他情况下,硫沉积可能会增加腐蚀速率。例如,当沉积的硫含量过高时,可能会破坏已经形成的保护性硫化铁膜,从而加速腐蚀过程。此外,如果在金属表面形成不均匀的硫沉积,可能会形成大阴极和小阳极的腐蚀原电池,进一步加剧局部腐蚀。总的来说,硫沉积对金属的腐蚀起到负面的作用,会起到加速腐蚀的情况。即使是在硫元素可以生成保护性硫化铁膜的情况下,这一层膜也很难达到均质性的覆盖在金属表面,如此会造成电化学腐蚀的进一步发展(图2)。因此,对硫沉积的清除与预防也是在完整性管理流程中的重要部分。

硫沉积对腐蚀速率的影响取决于许多因素,包括硫的类型、浓度、环境条件以及金属表面的状态等。因此,在实际应用中,需要针对具体环境条件和设备材料进行细致的腐蚀行为研究,以确定硫沉积对腐蚀速率的具体影响。硫沉积不但会减少分离器等设备的有效容积,而且还会在沉积处造成严重的腐蚀甚至穿孔,影响气田正常安全生产,造成巨大的安全隐患。

对于元素硫的析出和沉积加速管材的腐蚀,研究认为加速腐蚀过程的可能反应如下:

图 2 罗家寨气田 LJ-11 井下游
腐蚀挂片上硫沉积

$$H_2S+S_x\!=\!\!=\!\!=H_2S_{x+1}$$

$$2Fe\!=\!\!=\!\!=xFe^{2+}+2xe^-$$

$$H_2S_{x+1}+2xe^-\!=\!\!=\!\!=H_2S+xS^{2-}$$

$$xFe^{2+}+xS^{2-}\!=\!\!=\!\!=xFeS$$

吸附在材料表面的元素硫还可能发生如下反应促使局部腐蚀的发生。

$$S+2H^++2e^-\!=\!\!=\!\!=H_2S$$

此处元素硫作为有效的阴极去极化剂为材料的孔蚀和应力腐蚀开裂过程提供有效的阴极反应，促使孔蚀和列尖阳极溶解过程的进行[9]。

2.2 缓蚀剂选型

针对高湿含硫天然气生产场景，研发设计连续加注气液相缓蚀剂是很有必要的，实现酸性气体管线腐蚀方面的有效抑制，缓蚀剂要兼顾存在单质硫沉积时，也能非常有效地抑制管线的局部腐蚀。高含硫湿气适用的缓蚀剂通过在水和金属之间形成疏水屏障或通过与金属表面作用形成一层薄薄的保护膜或钝化膜，从而隔离腐蚀因子与金属的接触使金属得到保护。薄膜由抑制剂与金属表面的化学结合而形成，紧紧地附着在金属上。尽管薄膜可能被水流破坏或撕裂，由于在水相和气相中含有高剂量的抑制剂残留物，当发生任何方式的损坏时，保护膜会迅速修复。

2.3 缓蚀剂用量

根据实验室测试数据和在类似系统的应用经验，罗家寨气田单井缓蚀剂加注剂量，按照高含硫湿气计算为 $3.6L/10^5m^3$，并使用雾化器将产品加注到井口气体管线中，以便在气流中进行充分混合。

作业初期现场按照每口井按基准量 20L/d 进行加注，各井的腐蚀速率均低于腐蚀率控制指标。由于停井时间及系统内单质硫的沉积情况逐步加重，井口缓蚀率出现较大的波动。根据各井运行情况，挂片腐蚀率数据及各管线内硫磺沉积的情况，后期将缓蚀剂逐渐调整到现有加注速率（表4）。

表4 井场各井 2022 年日产气量及缓蚀剂加注速率表

井 号	单井日均产气量（e^3m^3）	加注速率（L/d）
LJ11	827	45
LJ12	1258	40
LJ13	1376	60
LJ14	1140	35
LJ15	1357	35
LJ20	1140	35

根据历年的现场腐蚀挂片数据显示，目前罗家寨气田各井腐蚀速率均在控制指标以内（表5）。

表5　2022年大修期间腐蚀挂片数据表

井　　号	单井日均产水量（m³）	最新腐蚀速率（mm/a）
LJ11	2.59	0.0057
LJ12	3.88	0.0099
LJ13	3.98	0.0064
LJ14	3.70	0.0067
LJ15	4.07	0.0076
LJ20	3.92	0.0093

数据显示，在合理的缓蚀剂用量保护下，场站内各井的腐蚀控制良好，均在0.01mm/a以下。

2.4　缓蚀剂加注

场站内通过连续加注缓蚀剂对管线进行保护，加注方式为加注缓蚀剂至每口井的井口位置（图3），缓蚀剂通过喷雾方式进入气流中，与气液混流相混合，与管壁接触，形成保护性薄膜。

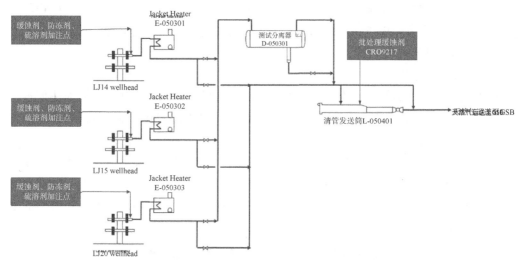

图3　罗家寨气田C井场化学药剂加注点示意图

3　管道内腐蚀控制

3.1　缓蚀剂选型

由于管线中的液体成分很少，并且管道的所有表面都没有与液体接触，因此需要一种替代连续注入产品的应用方法。通常的方法是在气流中引入一段液体（在合适的溶剂中的缓蚀剂），该液体沿整个长度与管线的整个圆周接触。抑制剂应具有良好的薄膜持久性，可分散在柴油、冷凝液或其他可用溶剂中。

管道的内腐蚀控制，需要在内壁建立一层隔膜，一次性加注一定量的缓蚀剂在管线中，利用清管器将缓蚀剂均匀涂抹在管道内壁，由此产生疏水薄膜预防腐蚀方面非常有效。从生产实践看，高含硫湿酸气管道采用油基批处理缓蚀剂效果较好。湿气管道或可能因异常条件而偶尔进水的管道，更能需要使用缓蚀剂以确保达到设计预期寿命。

3.2　缓蚀剂用量

缓蚀剂预涂膜主要使管壁与缓蚀剂接触，在管道的内壁形成一层疏水性的保护膜，有效地阻止酸性气体对管道的腐蚀。罗家寨气田各集输管道预膜缓蚀剂加注量推荐值见表6。

表6　罗家寨气田各集输管道预膜缓蚀剂加注量推荐表

管线	通径(mm)	输送介质	推荐加量(L)	周期
A井场-B集气站	300	含硫湿气	370	一季度
C井场-B集气站	300	含硫湿气	300	一季度
B集气站-净化厂集气末站	500	含硫干气	3000	半年

3.3　缓蚀剂加注

在每次批处理开始之前，对管线进行清管通球作业，清洁管道内壁及管道内低洼处的积水。管道缓蚀剂批处理采取一个清管球推动缓蚀剂段塞的方法进行，利用酸性天然气推动段塞，批处理过程中控制成膜时间在10s，形成厚度约为3mils的保护膜，以达到涂膜保护管道的目的。

3.4　管道干气输送工艺

天然气中H_S、CO_2以及成分复杂的气田水对集输管道、设备具有很强的腐蚀性，特别是气田水，除自身能够腐蚀管道、设备，还能强化H_2S、CO_2的腐蚀性，因此去除天然气中的水，采用干气输送工艺是高含硫气田的常用做法。天然气脱水工艺主要有溶液吸收法、分子筛吸附法、冷凝法。

3.4.1　溶液吸收法

溶液吸附法是利用吸水性较强的化学溶剂与天然气接触后，吸收天然气中的水分。因三甘醇对水有极强的亲合力，而对甲烷有较低的溶解度，可再生，所需设备简单，脱水效果较好，因此被广泛应用于油气田开发。三甘醇脱水原理是利用天然气与浓三甘醇(贫液)溶液充分接触，天然气中的水能充分溶于三甘醇(富液)，从而脱出天然气所含水分。同时将富液进行再生处理后，可重复使用。

表7　三甘醇理化性质表

熔点(℃)	闭口闪点(℃)	开口闪点(℃)	分解温度(℃)	沸点(℃)	燃点(℃)
-7	165	196	206	285	371

罗家寨气田B集气站建有三列三甘醇脱水装置，每列装置原料气处理量为310万方/天，原料气经脱水后，水露点能达到-30℃以下，再生后的三甘醇溶液三甘醇含量能达到99%，效果较好，但也存在以下缺点：一是由于原料气含有H_2S、CO_2等，随着使用时间延长，三甘醇溶液会由碱性变为酸性，需根据溶液PH值加注PH调节剂；二是一旦上游过滤装置出现问题，对原料气中的颗粒杂质过滤效果不好，会造成三甘醇溶液发泡，但该种情况极少出现；三是三甘醇溶液再生过程的能耗较大，重沸器燃料气消耗量约26方/小时。

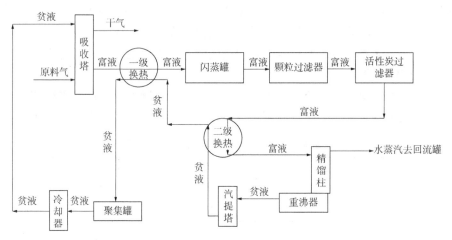

图 4　罗家寨气田三甘醇脱水工艺流程示意图

3.4.2 分子筛吸附法

1）分子筛结构

分子筛吸附法是一种深度脱水的方法，它的露点降可达-120℃以上。分子筛是一种人工合成的晶体型硅铝酸盐，其骨架最基本的结构是硅氧(SiO_4)和铝氧(AlO_4)四面体，它们按一定的方式通过公用顶点氧联结在一起，形成首尾相接的环状，具有许多排列整齐的晶穴、晶孔和孔道。分子直径小于分子筛晶体孔穴直径的物质可以进入分子筛晶体，可以被吸附，否则被排斥。分子筛可根据不同物质的极性或可极化性进行优先吸附，天然气中的水、含硫化合物、CO_2属于极性分子一类，因此，分子筛对它们具有较强的吸附力。分子筛对原料气各组分的吸附强度顺序如下：$H_2O > H_2S > CO_2 > CH_4$。分子筛能经受住 600-700℃的短暂高温，不熔于水，具有均一的孔径和极高的比表面积、吸附性能强、热稳定性好、强度高等特点，广泛应用于天然气脱水工业。分子筛的化学式可表示为：

$$Me_{x/n}\left[(AlO_2)_x(SiO)_y\right]\cdot mH2O$$

式中，Me 为金属阳离子，主要是 Na^+、K^+、Ca^{2+}等。

2）分子筛吸附脱水工艺

分子筛吸附脱水至少要有两座吸附塔，一座进行脱水，一座进行填料再生，可根据运行效果进行切换。原料气首先进入过滤分离器，去除其中的油、颗粒等杂质，而后进入其中一座分子筛吸附塔脱水，其出口安装有过滤器，可去除粉尘等杂质。脱水后的干气一部分外输，一部分经加热后，进入另一座吸附塔，对填料进行再生。再生气经冷却器冷却后，进入在再生气分离器，分离出水后再次进入脱水系统。分子筛脱水工艺脱水效果好，但其因成本较高、再生过程能耗较大等缺点，主要运用于低温冷凝（NGL）回收及生产液化天然气（LNG）中的脱水工序，高含硫气田开发则运用较少。

3.4.3 冷凝法

冷凝法一是保持压力不变，通过降低温度，凝析出天然气水分，该方法适用于含水量较大的天然气。二是根据天然气中各组分的液化温度不同，通过加压和降温，冷凝析出天然气中的水分。对于井口压力较高的气井，可直接进行节流降压。节流后的天然气温度会

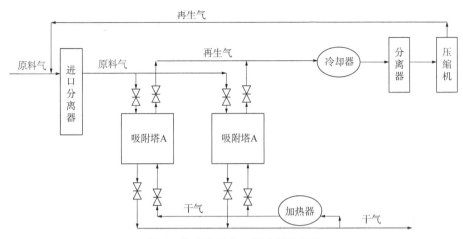

图 5　分子筛脱水工艺流程示意图

降低,若温度低于露点,则会冷凝析出天然气中的水分。对于井口压力较低的气井,可先压缩天然气,提升天然气压力和温度,然后再经节流冷却后,让温度低于露点,从而达到脱水目的。

4　管道外腐蚀控制工艺

管道出现外腐蚀一般是外部环境介质作用的结果。大部分金属如直接暴露在自然环境,容易发生氧化反应,从而出现腐蚀。因此对管道进行外防腐,不让管道与自然环境直接接触,同时增加一些防护措施,能有效降低管道腐蚀速率。

4.1　外防腐涂层

在管道设计阶段,需要根据管道具体使用环境,综合考虑埋地深度、土壤酸碱性、土壤含水量、防腐涂层施工难度等因素,选择合适的防腐涂层。目前高含硫气田长输管道外防腐涂层主要使用聚乙烯二层及三层结构涂层(3PE)。罗家寨气田、普光气田外输长管道均采用 3 层 PE 加强级外防腐工艺。

定期开展防腐层质量评价,对管线进行防腐层技术等级评价(表 8)至关重要。罗家寨气田 B 集气站至净化厂管线利用 ACVG 测试发现外防腐层缺陷点 50 处,其中 7 处 dB 值大于 40(图 6),DCVG 测试结果显示 50 处缺陷点中有 7 处测试结果为阴极/阳极(C/A)级别,43 处为阴极/阴极(C/C)级别,与 ACVG 测试结果吻合。抽取 5 处缺陷分级为中等的缺陷点进行开挖验证。

表 8　B 站至净化厂管线防腐层技术等级分类统计表

防腐层技术等级	1	2	3	4
电流衰减率 Y[dB/m)]	$Y \geq 0.0011$	$0.0011 < Y \leq 0.0015$	$0.0015 < Y \leq 0.0023$	$0.0023 < Y$
管段长度(km)	26.85	2.15	0	0
占总管线比例	92.4%	7.6%	0	0

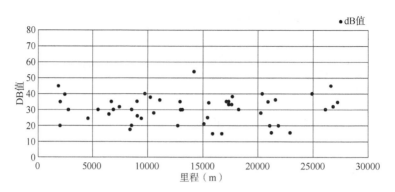

图6　B集气站至净化厂绝缘层破损点分布图

4.2　阴极保护

阴极保护法包括强制电流、牺牲阳极两种方法，其中强制电流是国内长距离输送管道的主要方法。强制电流法是向金属构件输入直流电，当金属构件的电位低于某个电位时，产生阴极极化现象，从而抑制被保护金属构件发生电子迁移，减缓管道腐蚀速率。罗家寨气田、普光气田外输长管道均采用强制电流阴极保护（图7），能有效减缓管道腐蚀速率。

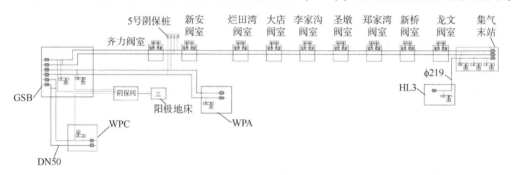

图7　罗家寨气田内部集输管道阴极保护示意图

5　结论

（1）能有效抗 SSC、HIC 且增加微量元素含量要求的高品质碳钢，优选的水基缓蚀剂，以及根据超声波测厚、腐蚀挂片、在线腐蚀监测系统数据，调整缓蚀剂加注比例，能有效将站场内部集输系统的腐蚀速率控制在较低水平。

（2）根据基线检测和漏磁检测数据对比，认为长距离管线干气输送工艺，能大幅度减缓 H2S、CO2 对管线的腐蚀。

（3）气液混输管线，采用油基缓蚀剂预膜，能有效隔绝高酸性输送介质与碳钢管道的接触，减缓内腐蚀速率。

（4）采用3层 PE 加强级外防腐+强制电流阴极保护工艺，是隔绝埋地管道与土壤接触、减缓外腐蚀的有效措施。

（5）镍基合金钢能有限抵御高含硫、高含 CO_2 的酸性气体腐蚀。

参 考 文 献

［1］刘墨山. 川渝地区含硫天然气管道泄漏事故后果模拟研究［D］. 北京：中国地质大学（北京），2010.

［2］张江江，张志宏，羊东明，等. 油气田地面集输碳钢管线内腐蚀检测技术应用［C］. 2013 中国油气田腐蚀与防护技术科技创新大会论文集. 2013：431-436.

［3］吴伟，韩进山，李效华. 集输管材应力导向氢致开裂实验评价［J］. 油气田地面程，2012，31（10）：45-47.

［4］刘烈炜，张振飞，徐东林. 抗硫碳钢在高温高压 CO_2/H_2S 条件下腐蚀速率的研究［J］. 材料保护，2008，41（1）：15-16，50.

［5］中华人民共和国国家质量监督检验检疫总局. 石油天然气工业 油气开采中用于含硫化氢环境的材料 第 2 部分：抗开裂碳钢、低合金钢和铸铁：GB/T 20972.2-2008［S］. 2008.

［6］石油和天然气工业—石油和天然气生产中的含 H_2S 环境中使用的材料—第 3 部分：耐开裂的 CRA（耐腐蚀合金）和其他合金-第四版：ISO 15156-3-2020［S］. 2020.

［7］张西雷，马庆乐. 双金属复合管焊接工艺研究［J］. 焊管，2016，39（1）：45-48.

［8］孙玉，张薇，唐成瑞，等. 油气管道腐蚀因素与防腐措施进展［J］. 全面腐蚀控制，2023，37（3）：115-118.

［9］范舟，李洪川，刘建仪，等. 高含硫气田元素硫沉积及其腐蚀［J］. 天然气工业，2013，33（9）：102-109.

［10］葛枫，贾长青，高贵友，等. 高含硫气田集输管道完整性管理实践［J］. 天然气技术与经济，2023，17（1），60-66.

长庆油田地面管道腐蚀监测网建设

姜　毅[1,2]　李成龙[1,2]　王卫军[1,2]　于淑珍[1,2]　黄天虎[1,2]

(1. 中国石油长庆油田公司油气工艺技术研究院；2. 低渗透油气田勘探开发国家工程实验室)

摘　要：长庆油田生产区域位于黄河流域生态环境敏感区内，防控油气管道泄漏是重要的政治责任。随着油田开发时间延长，原油含水率不断上升，采出液腐蚀性日趋复杂，地面系统腐蚀泄漏频繁，不仅产生严重的经济损失，而且造成巨大的环保和社会影响。油田公司决策建立地面管道腐蚀监测网，将管道防腐纳入智能化管理，为管道防腐设计、日常管理与防治提供技术支撑。本文简要介绍了腐蚀监测网建设中监测技术、安装方式、监测点设置及腐蚀监测平台开发等内容。

关键词：长庆油田；集输管道；腐蚀监测；电阻探针；超声波测厚

长庆油田地处黄河流域生态环境保护重点区域。区内自然环境复杂，地质灾害频发，生态环境脆弱，敏感区众多。建有各类管道 $11.73×10^4km$，整体呈现基数大、规格多、分布散、输送介质复杂等特点。随着油田开发周期的延长，高含水、高矿化度、含硫输送介质导致管道腐蚀老化严重，维护更换频繁。根据现场实际情况分析，油田集输管道泄漏失效主要原因包括：腐蚀穿孔、材料缺陷、施工质量、运营维护、第三方破坏六个方面，因腐蚀穿孔占 89.6% 以上。腐蚀特征以内腐蚀为主，主要发生在管体中下部，部分管道发生在焊缝或焊缝附近。面对严重的安全环保压力，油田公司推动建立地面管道腐蚀监测网，组织力量开展管输介质腐蚀因素测试、失效管道分析、防腐效果评价、腐蚀监测技术应用等工作。

1　腐蚀监测技术

腐蚀监测是测量各种工艺流体状态腐蚀性的一种测试工作。对于油气田的腐蚀监测就是测量油、气、水及混输状态下介质的腐蚀性测试工作。在油气田防腐的主要作用：(1)测试介质的腐蚀性，提供金属的腐蚀速度；(2)评价过程参数的相关变化对系统腐蚀性的影响，对可能导致腐蚀失效的各种破坏性工况报警；(3)诊断特殊的腐蚀问题，识别它们的起因和控制腐蚀速度的种种参数，如 pH 值、流速、含水、结垢等等；(4)评估腐蚀控制和防腐技术的有效性，如缓蚀剂，并且找出这些技术的最佳应用条件。

长庆油田应用较多的监测技术主要有：失重挂片法、电阻法、超声波测厚及少量的电指纹法。

1.1 失重挂片法

将已知重量、尺寸且与管道同材质的金属挂片放入腐蚀系统中，经过一定时间曝露期后取出，根据试片质量变化计算平均腐蚀速率。优点：(1)成本低、结果准确性高；(2)可获得产物及微生物、局部腐蚀等信息；(3)安装简单。缺点：(1)监测周期长；(2)无法测得连续腐蚀数据。

1.2 电阻法

基于试样腐蚀减薄后，试样电阻增大，测量其前后微电阻变化，得出其后厚度变化，进而得出腐蚀速率。优点：可连续监测；实时性好；分辨率高；缺点：低含水油、气相无法应用；探针寿命一般小于2年；难以反映局部腐蚀。

1.3 超声波测厚

超声波在管体内传播，利用首次回波与第二次回波之间的时间差，计算声波传输最低承压壁厚并进行预警。优点：(1)管外无损监测；(2)使用寿命长，安全性高；(3)可实现在线连续监测；缺点：管外涂层对测试数据的精度有一定影响。

1.4 电指纹法(FSM)腐蚀监测系统

管外布置多阵列电位探头，在待检测区域通入电流形成电场，然后测量区域内矩阵方式排列的电极两端电压的微小变化(用测得的电压值与初始设定的测量值进行比较)来检测由于腐蚀引起的金属损失、脆裂和凹坑，得到全面和局部腐蚀信息。优点：(1)精度高，可达壁厚的1/1000；(2)实现360全周向测试。缺点：(1)数据解析复杂；(2)设备价格昂贵。

2 长庆油田腐蚀监测网建设

2.1 监测技术

综合各项监测技术应用条件、测试精度、技术成本，借鉴塔里木、西南油气田技术应用效果，结合长庆油气田集输运行模式，长庆油气田采用失重挂片+电阻探针探针为主，重点部位在线测厚为辅的腐蚀监测技术(表1)。

表1 长庆油田集输系统主要腐蚀监测技术应用情况

监测技术	特点	不足	长庆应用成熟度
失重挂片	适用广泛、不受介质影响，能真实反映管道腐蚀和结垢情况	监测本体内腐蚀环境、周期长，监测结果受人为处理影响	技术成熟，应用210套
电阻探针	应用领域广泛、简单可靠、实际应用经验丰富	需对管道本体进行改造、高腐蚀环境下探针寿命1-2年	应用32处，精度误差<1.2%
在线超声波测厚	非插入式无损监测，安全性高，不受介质影响	多探头布放，成本差异大	应用60套，测试精度可达0.01mm
FSM电指纹法	非插入式无损监测，可获得全面腐蚀和局部腐蚀的信息。	数据解析复杂，价格昂贵，温度波动和导电性腐蚀产物会影响测量精度	长北气田应用2套

2.2 安装方式

(1)失重挂片和电阻探针采用流程短节或旁通监测阀组设计安装(图1)。

(2)专业设计部门根据管线流程和承压设计安装方式。

(3)旁通阀组和流程短节由专业公司设计加工安装,根据管道的输送压力配套对应的耐压等级,中、高压管道施工后需焊缝探伤合格,确保安装后密封良好。

(4)超声波在线测厚为非介入式,直接在管道外部安装固定(图2)。

图 1　腐蚀在线监测旁通阀组　　　图 2　非嵌入式超声波在线测厚

2.3　腐蚀监测点设置

安装部位的水力条件与管线内介质流动性相似,在生产装置流程中介质腐蚀发生具有重现性,代表性的部位;考虑系统性,在整个生产流程设置腐蚀监测(表2和表3),掌握介质腐蚀性变化趋势。

腐蚀可能突变的部位,在油气田上主要包括:(1)油气井出口处;(2)含水管线的低注处;(3)流态发生改变的部位,由于管径,流量的变化导致介质腐蚀性的变化;(4)采出水水罐前后;"双高区"易泄漏管段、腐蚀检测高腐蚀管段;监测设备安装后数据易采集。

表 2　油田管道全流程腐蚀监测点设置

节点名称	井组	增压站	接转站	联合站	采出水处理站	回注井
安装位置	井组管线投球器前	外输流量计前后流程短节	外输流量计前后流程短节	加热炉进口	净化水罐出口	配水间阀组
监测技术	挂片	挂片+电阻探针	挂片+电阻探针	挂片+电阻探针	挂片+电阻探针	超声波在线测厚

表 3　气田管道全流程腐蚀监测点设置

节点名称	集气干管	集气支线	集气干线	回注水管线
安装位置	进站总机关前	站内外输区计量后	沿程腐蚀风险点或严重点	站内注水泵出口
监测技术	挂片+电阻探针	超声波在线测厚	超声波在线测厚	挂片+电阻探针

2.4　建设工作量

在全油气田13个采油厂、6个采气厂应用425处(失重挂片192处,电阻探针153处,超声波在线测厚80处),覆盖了全油气田35个重点区块共41套开发层系294条5046公里管道(油田为224条2096km,气田为70条2950km),实现了对油气田重点区块、层系管道的腐蚀情况实时监测和分析预警。

2.5 腐蚀监测平台开发

同步进行长庆油田腐蚀监测平台建设，将各采油气厂的腐蚀监测点纳入管理；

为提升监测数据的数字化分析管理水平，采用 B/S 架构与 oracle 数据库开发腐蚀监测平台，重点搭建地面监测模块，包括腐蚀监测、分析预警、设备管理、数据管理等 7 大功能。考虑平台扩展性，预留了井筒监测、应力监测和腐蚀防护三个模块(图 3)。

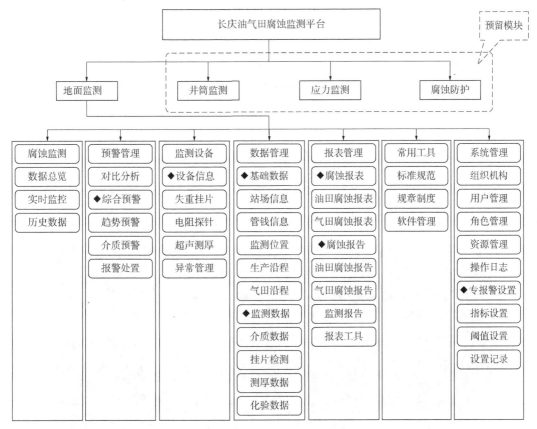

图 3　腐蚀监测平台功能模块

3　建设进展

腐蚀监测网建设分三期进行，已经完成一期示范单位 74 处腐蚀监测设备的安装调试和腐蚀监测平台的开发，全部监测数据纳入平台管理，二期完成 173 处监测设备的安装和调试，三期完成 178 处安装位置的现场踏勘，计划 2023 年底全部建成。

采气一厂应用效果：

(1) 现场安装后，经过验漏测试，未渗漏，对生产、清管等无影响。

(2) 同位置探针腐蚀速率低于失重挂片。分析一是气田管道腐蚀速率本身相对较小，二是挂片投运时间较短导致腐蚀速率偏大。

(3) 在线超声波测厚与现场手持超声波测厚仪壁厚读数基本一致(表 4、表 5、图 4)。

表4 采气一厂电阻探针监测效果

位置	失重挂片				电阻探针
	腐蚀前质量（g）	腐蚀后质量（g）	腐蚀速率（mm/a）	平均腐蚀速率（mm/a）	腐蚀速率（mm/a）
中××集气站来气	19.7349	19.7155	0.0048	0.0049	0.00001
	20.1623	20.1421	0.0050		
南××集气站来气	20.5196	20.4303	0.0235	0.0240	0.00003
	20.3311	20.2380	0.0246		

表5 采气一厂超声波在线测厚监测效果

位置	类别	壁厚数据（mm）			
		3点	6点	9点	12点
西×站	在线测厚	9.05	9.36	8.57	7.77
	人工测厚	9.15	9.19	8.88	7.98
2#清管站	在线测厚	16.38	16.25	17.8	15.23
	人工测厚	16.41	16.54	17.69	15.48

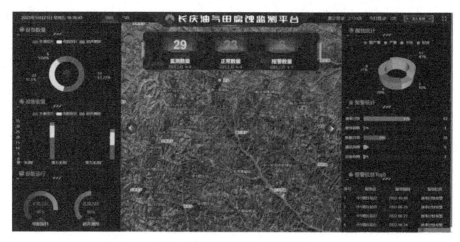

图4 腐蚀监测平台大屏展示

4 下一步工作

（1）将全部监测数据纳入腐蚀监测平台管理；

（2）腐蚀监测点管输工艺基础数据采集、水质及腐蚀因素测试；

（3）监测数据的智能化管理和分析，构建长庆油气田地面管道腐蚀预测模型，完善预警机制，为管道防腐设计、防腐措施应用提供数据支持。

含氢环境下管线钢的慢应变速率拉伸试验影响研究

赵　茜[1]　黄啸虎[1]　杨芝乐[1]　邢云颖[1]　王修云[2]　杨志文[2]　张　雷[1]

[1. 北京科技大学新材料技术研究院；2. 安科工程技术研究院(北京)有限公司]

摘　要： 金属材料在含氢介质中长期使用时，材料会由于吸氢或渗氢而造成机械性能严重退化，例如延展性和脆性增加，同时还会导致材料的断裂模式发生变化。影响钢材氢脆敏感性的因素颇多，包括钢的强度、微观组织以及氢陷阱等。慢应变速率拉伸(SSRT)实验是目前国际上用于表征材料的氢脆敏感性主要采用的方法。本文调研了氢气环境中管线钢材料慢应变速率拉伸的影响因素，研究了含氢气环境下氢压、加载速率、取样形式、缺口拉伸应力集中系数对氢脆敏感性的影响规律，提出适于管线钢氢环境的关键力学性能指标，以便科学评估管线钢材料的氢脆敏感性。

关键词： 含氢环境；管线钢；慢应变速率拉伸；氢脆敏感性

化石能源燃烧释放大量温室气体，导致全球气候异常变化，极端天气频发，严重威胁人类生存。寻找环保和更可持续的新能源，逐步取代现有的化石燃料，是发展的重中之重。氢能灵活、高效、清洁、碳排放低、应用广泛。作为一种无碳的二次绿色能源，它作为缓解能源短缺的手段逐渐受到关注。可再生能源的蓬勃发展为绿色制氢提供了支撑，可以解决可再生能源使用中消风弃电的问题[1-2]。迄今为止，许多国家正在颁布不同级别的氢使用政策，以推动氢能产业的发展[3]。美国制定了氢能计划计划，为到2030年氢能发展设定了技术和经济指标。德国燃气与水工业协会(DVDW)2020—2021年完成了输配管网对氢气耐受度的研究、钢铁对氢气耐受度的研究等，并拟于2023年完成掺氢比例达到20%的研究。

利用可再生能源(水电、风力发电、光伏发电等)生产氢气是解决传统制氢中碳排放量高的有效途径。目前，我国在可再生能源方面排名第一，可再生能源产量占世界产量的24.4%[4]。氢能储运作为氢能应用链条的关键环节备受关注，将氢气掺入天然气管道，利用现有长输管道和城市燃气管网体系进行远距离输送、末梢供给或动态存储，是解决氢能分布式发展和低成本储运的重要技术途径。但管道在含氢介质中长期使用时，管道表面会由于吸氢或渗氢而造成机械性能严重退化，例如延展性和脆性增加，同时还会导致材料的断裂模式发生变化[5]。因此，管道运输面临的最重要的挑战是含氢环境下管线钢的氢脆敏感性影响规律。在掺氢天然气工况下，通常氢分压越高，材料表面分解的氢原子越有可能

基金项目： 内蒙古自治区科技重大专项资助(2021ZD0038)；力-电耦合影响与近表面环境-组织协同作用下的X80钢氢损伤机制(51871027)

渗入材料内部，促使材料发生氢脆，且钢级越高，氢脆敏感性越强。为此，本文调研总结了管线钢（X42～X80）在掺氢天然气工况下的拉伸性能，分析了氢气环境下氢压、加载速率、取样形式、缺口拉伸应力集中系数对氢脆敏感性的影响规律，提出适于管线钢氢环境的关键力学性能指标，以便科学评估管线钢材料的氢脆敏感性。

1 氢压的影响

高压氢环境下的慢应变速率拉伸试验主要通过测试材料在高压氢环境和惰性环境下的相对指标来评价材料的氢脆敏感性[6]。指标的比值越小，表示强度或塑性指标在含氢环境下的损失约严重，力学性能劣化程度越显著[7]。

慢应变速率拉伸（SSRT）[8]测试是用于表征氢脆的最广泛使用的测试方法之一；它也被认为是最好的方法。关于高压氢混合环境下的拉伸实验，已经进行了大量研究。法国国家研究机构资助的 CATHY-GDF 项目[9]探索了工业级 X80 管线钢输送加压氢气的能力，该项目进行了氢气压力 0.1～30MPa 的试验，氢气压力为 0.1～5.0MPa 时，钢拉伸性能随氢气压力增大而显著降低；氢气压力为 5～10MPa 时，钢拉伸性能变化趋于平稳；氢气压力为 10～30MPa 时，氢气压力变化不会导致钢拉伸性能的显著变化。Wang Cailin[10]等为确定临界安全配氢比，在总压 10MPa（0～20%，体积分数）氢气的模拟混氢天然气环境中，对 X80 管线钢进行了现场高压气体氢气渗透试验和慢应变速率拉伸试验。系统分析了其渗透率特征、力学性能和裂缝形态，探讨了其脆化机理。不同掺氢比下 X80 钢的应力应变曲线如图 1 所示。可以看出，不同条件下的曲线在弹性阶段有重叠，说明氢掺比在弹性区域对 X80 钢的力学性能没有影响。此外，由图 2 可以发现，在 20% 氢掺比范围内，氢含量对 X80 钢的抗拉强度影响不大。微小的差异可归因于钢材的不均匀性或实验设备[11]。但随着掺氢比的增大，从颈缩到破坏的应变明显减小，表明钢的延性降低。这一结果与前人的研究一致，前人的研究发现氢的加入对 X80 管线钢的抗拉强度没有显著影响，而伸长率则随着氢的增加而降低[12-14]。

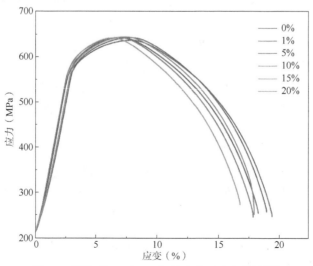

图 1 不同氢掺比下 X80 钢的应力—应变曲线[10]

进一步分析氢掺比对 X80 钢 HE 敏感性的影响, 不同掺氢比例下 X80 钢力学性能的变化如图 2 所示。可以看出, 断面收缩率(RA)随着掺氢比的增大而减小, 氢脆指数(F_H)呈明显的增大趋势, 说明高氢气压力下的 X80 管线钢更容易受到 HE 的影响。掺氢比例为 20%时的 F_H 是掺氢比例为 1%时的 17 倍, 掺氢比例为 5%时的 6.5 倍, 掺氢比例为 10%时的 3 倍。特别是当掺氢比从 10%增加到 15%时, F_H 的增幅明显增大, 表明 HE 敏感性急剧增加。结合气体氢气渗透率、SSRT 结果和断裂分析, 确定 10%混氢比例为 X80 混氢天然气管道安全运行的保守临界值。

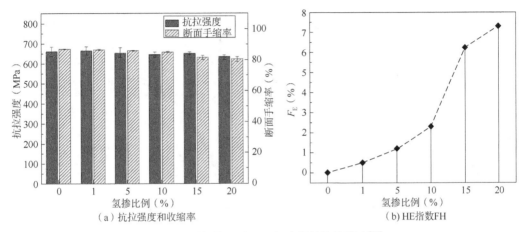

（a）抗拉强度和收缩率　　　　　　（b) HE 指数FH

图 2　不同氢掺比对 X80 钢力学性能的影响[10]

2　加载速率的影响

常温下, 试验机的拉伸速度对结果有一定的影响。拉伸速度太大, 所测屈服强度或规定比例延伸强度将有不同程度的提高。GB/T 228—2021[15] 在关于金属材料室温拉伸试验方法的规定中:"在弹性范围和直至上屈服强度, 试验机夹头的分离速率应尽可能保持恒定, 并在规定的应力速率范围内(材料弹性模量 $E<150000\text{N/mm}^2$, 应力速率在(2~20)N/($\text{mm}^2 \cdot \text{s}$)范围内, 弹性模量 $E \geqslant 150000\text{N/mm}^2$, 应力速率在(6~60)N/($\text{mm}^2 \cdot \text{s}$)范围内)。若仅测定下屈服强度, 在试样平行长度的屈服期间应变速率应在 0.00025~0.0025s^{-1} 之间, 平行长度内的应变速率应尽可能保持恒定。在塑性范围和直至规定强度应变速率不应超过 0.0025s^{-1}"。GB/T 34542.3—2018[16] 在关于含氢环境下的光滑圆棒拉伸光滑圆棒试样标距段的应变速率应不超过 $2\times10^{-5}\text{s}^{-1}$; 对于带缺口圆棒试样, 以缺口为中心长度为 25.4mm 试样段的应变速率应不超过 $2\times10^{-6}\text{s}^{-1}$。

Momotani Y[17] 等对低碳马氏体钢充氢和不充氢试样进行了不同应变速率下的拉伸试验, 研究了应变速率对氢脆行为的影响。结果表明, 室温单轴拉伸试验中, 随应变速率的降低, 含氢试样的总伸长率显著降低。在充氢试样中观察到三种类型的特征断面, 即光滑断面的晶间断面、锯齿状断面和典型的韧性断面(韧窝图案)。随着应变速率的降低, 宏观晶间断口(包括光滑表面和锯齿状断口)的比例增加。

Wada K[18] 研究了空气和 100MPa H_2 环境下合金钢在不同拉伸速率下($5\times10^{-3}\text{s}^{-1}$、

$5 \times 10^{-4} \text{s}^{-1}$、$5 \times 10^{-5} \text{s}^{-1}$)的氢脆行为。如图 3 所示,为不同应变率下的应力-位移曲线。在空气中测试的试样无论应变速率如何,结果显示出几乎相同的发展趋势。此外,在氢环境中,当拉伸速率从 $5 \times 10^{-5} \text{s}^{-1}$ 变化到 $5 \times 10^{-3} \text{s}^{-1}$ 时,检测到的差异很小。相反,在氢气中测试的试样在所有拉伸速率下都表现出轻微颈缩的过早破坏。图 4 总结了断面收缩率(RA)和相对 RA(RRA)的值,相对 RA(RRA)是指氢气中 RA 与空气中的 RA 的比值。在空气条件下,RA 值与应变速率的关系较弱,但在氢气条件下,RA 值随着应变速率的降低而下降,说明应变速率的降低促进了氢诱导降解。通过比较 RRA 值也可以证实同样的趋势。

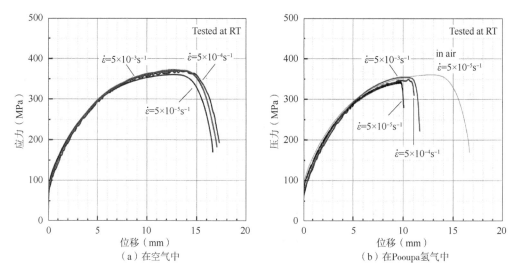

图 3 在空气中及 100MPa 氢气条件下,应变速率为 $5 \times 10^{-5} \text{s}^{-1}$、
$5 \times 10^{-4} \text{s}^{-1}$ 和 $5 \times 10^{-3} \text{s}^{-1}$ 的应力—位移曲线[18]

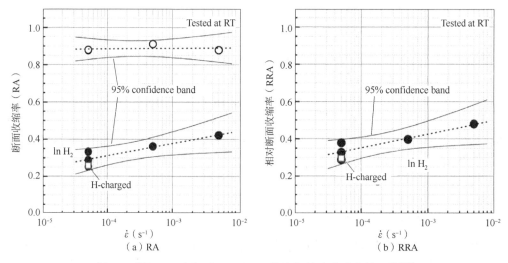

图 4 面积(RA)和相对 RA(RRA)作为初始应变速率的函数[18]

3 取样方式的影响

如图 5 所示为基于文献数据梳理的材质为 X42~X80 的光滑棒状拉伸试样在含氢气相环境下进行慢应变速率拉伸试验后获得的屈服强度(YS)、抗拉强度(UTS)、断后延伸率(EL)和断面收缩率(RA)数据。

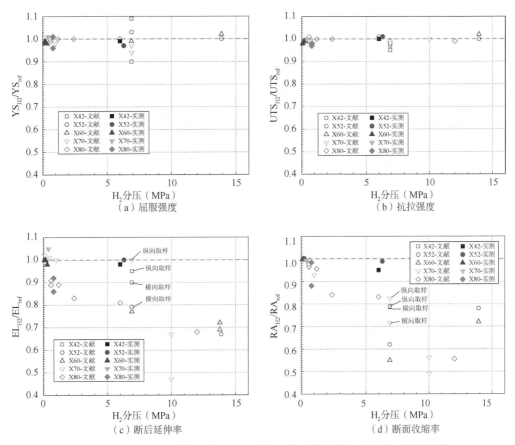

图 5　氢分压对不同管线钢材料光滑拉伸试样力学性能指标的影响[7,12,19-25]

对比不同指标随氢分压变化的敏感性可发现，不论对于何种管线钢材料，气相氢环境下材料的屈服强度和抗拉强度相对于空气(或 N_2 等惰性气氛)条件均不会发生明显变化，表明管线钢的强度指标对气相氢环境不敏感，不适用于管线钢材料的氢相容性评价；相较而言，其断后延伸率和断面收缩率等塑性指标对气相氢环境的响应显然更为敏感。由图 5(c)和5(d)可知，断后延伸率和断面收缩率比值随氢分压增加，均呈现明显的下降趋势。总体而言，高钢级管线钢材料塑性指标对气相氢环境的敏感性高于低钢级材料，这也与其较高的强度导致的更高的氢脆敏感性有关。此外，相关试验数据还发现，对于同一管段取得的样品，当取样方向不同时，获得的试验结果也会有较大差异，这与制管过程引入的管材各向异性有关，可能导致了管道在某一方向上的氢脆敏感性更高，说明在进行管道氢相容性评估时应注意取样方向对评估结果的影响。

综上所述，对于采用光滑棒状试样（或不带缺口的其他形状截面的拉伸试样）的慢应变速率拉伸试验，其获得的强度指标对气相氢环境不敏感，不适用于材料-氢适应性评价；塑性指标对气相氢环境则较为敏感，且随氢分压变化呈现一定的规律性变化，并能在一定程度上体现不同材料在气相氢环境下的性能差异，可作为管线钢材料于纯氢/掺氢介质相容性评价的关键评价指标之一。

除此之外，拉伸试样的取样方向的不同也会对含氢气体环境下的力学性能测试结果产生较大影响，如图5（c）和5（d）所示，在相同的试验条件下，沿管道环向取样进行氢环境下的慢应变速率拉伸试验获得的材料氢脆敏感性明显高于沿管道轴向取样结果。由此，对在役管道进行输氢适应性评价、确定管道允许的掺氢比上限时，沿管道环向取样进行氢环境下的力学性能测试，能获得较为保守的评价结果[7]。

图6所示X42~X80的缺口棒状拉伸试样在含氢气相环境下进行慢应变速率拉伸试验。相较于采用光滑拉伸试样的慢应变速率拉伸试验，采用带缺口的拉伸试样获得的强度指标（缺口拉伸强度）对气相氢环境的敏感性更强，由图6a可知，在氢分压大于5MPa时，部分管线钢样品的缺口拉伸强度比值可达0.8。分析其塑性指标变化规律同样可发现，缺口拉伸试样获得的塑性指标随气相含氢环境中氢分压变化的变化幅度更大。总体而言，同等氢分压下，塑性指标比值随钢级升高而逐渐下降，而对于同钢级材料，塑性指标比值则随氢分压升高逐渐降低，与采用光滑拉伸试样获得的性能变化规律基本一致。

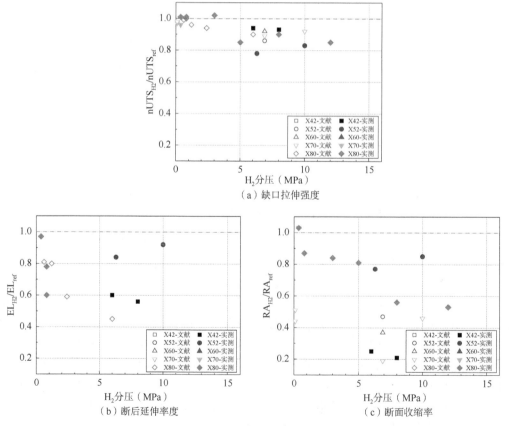

图6　氢分压对不同管线钢材料缺口拉伸试样力学性能指标的影响[7,12,19-25]

如图7所示，对比分析了X42～X80光滑试样和缺口试样在不同氢气压力下的力学性能指标。结果表明，随着氢压增加，断后延伸率比值和断面收缩率比值都明显降低，可以作为检验氢脆敏感性的指标之一；图7(a)可以看出，光滑拉伸的断后延伸率比值大多在0.8以上，相对于缺口试样的断后延伸率较高；图8b结果显示，无论是光滑试样还是缺口试样，断面收缩率的比值都相对于断后延伸率更为敏感，且根据相同氢环境下的数据可以看出也呈现出缺口拉伸试样的氢脆敏感性高于光滑拉伸试样。相对于断后延伸率的比值，X42～X80钢断面收缩率(RA)氢脆敏感性更为明显。

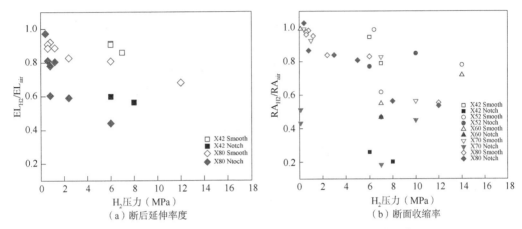

图7　光滑拉伸与缺口拉伸氢环境下的力学性能对比[18-25]

综上所述，对于慢应变速率拉伸试验，由于试样缺口引发的应力集中效应改变了氢在材料中的局部富集行为，在气相氢环境中，采用带缺口的拉伸试样能获得比不带缺口的光滑拉伸试样获得更为敏感的试验结果(即同等条件下更高的氢脆敏感性)。因此，纯氢/掺氢输送管道建设阶段，在对不同管材进行比选时，采用带缺口的拉伸试样进行慢应变速率拉伸试验可获得更具有区分性的试验结果，且试样取样方向建议采取环向取样。

4　缺口拉伸应力集中系数的影响

氢环境脆化(Hydrogen environment embrittlement，HEE)是指材料与含氢环境相互作用而产生机械损伤的一种环境辅助失。由于HEE损伤是时间依赖性的，因此在较低应变速率下，HEE敏感性变得更加明显。减少氢损伤的两种主要方法是控制材料的环境条件和冶金性能，以降低氢敏感性。此外，HEE往往发生在应力集中的区域。

应力集中影响氢气在管道钢中的输送和分布，从而影响管道钢在含氢环境中的力学性能[8,26,27]。在设计结构时必须考虑到这一点，缺口试样是产生高静水拉应力的有效工具，它可以放大氢对材料力学性能的影响[28]。很少有研究者尝试研究应力集中因素对拉性能的影响[29]。研究应力集中系数的影响，可以有效提高管线钢在于氢环境服役时的安全性。

Nguyen Thanh Tuan[30]将基于X70管道母的应力集中系数(K_t)变化的缺口拉伸试样的力学性能，研究应力集中系数对氢环境脆(HEE)的影响的定量评价。为突出应力集中的作用，试验在10MPa的混合气体条件下进行，氢气分压较低。如图8所示，为不同应力集中系数的缺口拉伸试样示意图。

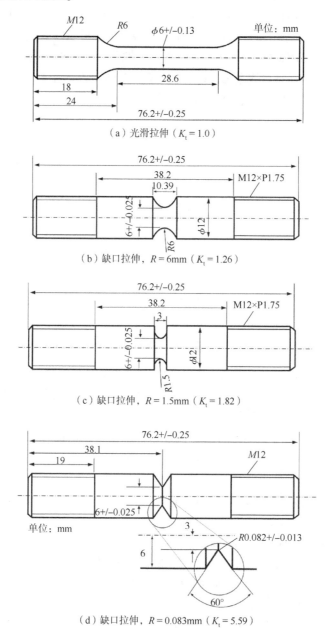

（a）光滑拉伸（$K_t = 1.0$）

（b）缺口拉伸，$R = 6mm$（$K_t = 1.26$）

（c）缺口拉伸，$R = 1.5mm$（$K_t = 1.82$）

（d）缺口拉伸，$R = 0.083mm$（$K_t = 5.59$）

图8　试样详细尺寸[30]

图9可以看出，在所有环境条件下，所有四种试样类型从测试开始到最大应力点的曲线基本一致。初始变形曲线之间的差异也很小。然而，在变形曲线的后期（超过最大应力点）中，明显观察到四种试样类型之间的明显差异，特别是在高K_t值。缺口试样的最大强度在所有K_t值上几乎一致。随着K_t值的增大，母材的HEE敏感性增大。

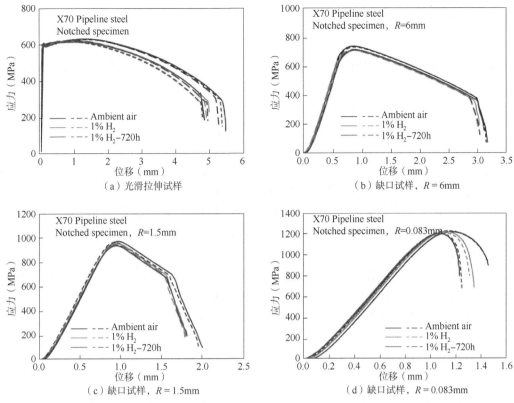

图9 对比X70管道在环境空气中、1% H₂ 和1% H₂-720h 条件下的应力—位移曲线[30]

An Teng[8]等也研究了氢与应力集中对管线钢的协同影响。采用X80圆棒缺口拉伸试。分别研究了缺口根半径为0.1mm、0.25mm、0.8mm、2.5 和8mm 的试件，计算出的应力集中系数分别为4.9、3.3、2.1、1.5 和1.2。结果见表1，在氢气下测试的X80钢中，与光滑试样相比，缺口试样的 RA 值显著降低。随着应力集中系数的增加，断面收缩率逐渐减小；在高 RRA 值(如33.11%)表明氢脆敏感性处于最高水平。

表1 缺口拉伸试样的拉伸数据

K_t	N₂		H₂(0.6MPa)		
	σ_N(MPa)	RA(%)	σ_N(MPa)	RA(%)	RRA(%)
2.1	1146.3	55.55	1142.9	48.64	12.44
3.3	1170.3	53.85	1133.9	36.02	33.11
4.9	1153	45.03	1147.6	33.03	26.64

Zhang Shuai[31]等采用双缺口拉伸试验探究了应力集中系数对高强度钢的力学性能影响。结果表明：断裂发生在应力集中因子(K_t)较低的缺口处，这是受拉伸过程中应力集中和塑性变形引起的应变硬化共同决定的；氢气加速了裂纹的萌生和扩展，但不影响应力集中和应变硬化的竞争机制。

5 结论

本文基于国内外文献调研，详细介绍和总结了气相氢环境对管材氢脆敏感性影响因素，发现：

（1）尽管目前国内外学者的研究都表明氢气分压越高，钢材的氢脆敏感性就越高，但是对于影响管道钢安全运行的临界氢气分压，仍需进一步研究确定管材发生氢脆的临界压力阈值；

（2）在空气条件下，断面收缩率与应变速率的关系较弱，但在氢气条件下，断面收缩率随着应变速率的降低而下降，应变速率的降低促进了氢诱导降解；

（3）对于采用光滑棒状试样的慢应变速率拉伸试验，其获得的强度指标对气相氢环境不敏感，不适用于材料—氢适应性评价，塑性指标对气相氢环境则较为敏感，且环向取样相较于轴向取样更为敏感；

（4）相同氢环境下的数据可以看出，缺口拉伸试样的氢脆敏感性高于光滑拉伸试样。相对于断后延伸率的比值，断面收缩率（RA）氢脆敏感性更为明显。

（5）随着应力集中系数 K_t 的增大，母材的氢脆敏感性增大。

参 考 文 献

［1］ Saedi, Isam, Sleiman Mhanna, et al.. Integrated electricity and gas system modelling with hydrogen injections and gas composition tracking［J］. Applied Energy, 2021. 303: p. 117598.

［2］ Boulahlib Msba, Medaerts F, Boukhalfa M A. Experimental study of a domestic boiler using hydrogen methane blend and fuel-rich staged combustion［J］. International Journal Hydrogen Energy, 2021, 46 (75): 37628-37640.

［3］ Capurso T, Stefanizzi M, Torresi M, et al.. Perspective of the role of hydrogen in the 21st century energy transition［J］. Energy Convers Manag, 2021, 251, 114898.

［4］ Zhang P, Hu L, Zhang J, et al. Considerations on blending hydrogen into natural gas pipeline networks in western China［J］. International Petroleum Economics, 2021, 29(9): 73-78.

［5］ 褚武扬, 乔立杰, 李金许, 等. 氢脆和应力腐蚀. 北京：科学出版社, 2013.

［6］ 周池楼, 何默涵, 郭晋, 等. 高压氢环境奥氏体不锈钢焊件氢脆研究进展［J］. 化工进展, 2022, 41 (2): 519-536.

［7］ 王修云, 吴进贤, 王德强, 等. 含氢气体环境中管线钢材料氢相容性评价的力学性能关键指标研究［J］. 力学与实践, 2023, 45(02): 286-295.

［8］ An Teng, Zheng Shuqi, Peng Huangtao, et al. Synergistic action of hydrogen and stress concentration on the fatigue properties of X80 pipeline steel［J］. Materials Science and Engineering, 2017, 700: 321-330.

［9］ Briottet, L, Moro I, Lemoine P. Quantifying the hydrogen embrittlement of pipeline steels for safety considerations［J］. International Journal of Hydrogen Energy, 2012, 37(22): 17616-17623.

［10］ Wang, Cailin, Zhang Jiaxuan, Liu Cuiwei, et al.. Study on hydrogen embrittlement susceptibility of X80 steel through in-situ gaseous hydrogen permeation and slow strain rate tensile tests［J］. International Journal of Hydrogen Energy, 2023. 48(1): 243-256.

［11］ Michler T, Yukhimchuk A A, Naumann J. Hydrogen environment embrittlement testing at low temperatures and high pressures[J]. Corrosion Science, 2008(50): 3519-3526.

[12] Meng Bo, Gu Chaohua, Zhang Lin, et al.. Hydrogen effects on X80 pipeline steel in high-pressure natural gas/hydrogen mixtures[J]. International Journal of Hydrogen Energy, 2017, 42 (11): 7401-7412.

[13] Moro I, Briottet L, Lemoine P, et al.. Hydrogen embrittlement susceptibility of a high strength steel X80 [J]. Mater Sci Eng, A, 2010(527): 7252-7260.

[14] Zhou Dengji, Li Taotao, Huang Dawei, et al.. The experiment study to assess the impact of hydrogen blended natural gas on the tensile properties and damage mechanism of X80 pipeline steel[J]. Int J Hydrogen Energy, 2021(46): 7402-7414.

[15] GB/T 228.1, 金属材料拉伸试验 第 1 部分：室温试验方法[S].

[16] GB/T 34542.2, 氢气储存输送系统 第 2 部分：金属材料与氢环境相容性试验方法[S].

[17] Momotani, Yuji, Shibata Akinoba, Terda Daisuke, et al.. Effect of strain rate on hydrogen embrittlement in low-carbon martensitic steel[J]. International Journal of Hydrogen Energy, 2017. 42(5): 3371-3379.

[18] Wada K, Shibata C, Enoki H, et al.. Hydrogen-induced intergranular cracking of pure nickel under various strain rates and temperatures in gaseous hydrogen environment [J]. Materials Science and Engineering: A, 2023. 873: 145040.

[19] Nguyen TT, Park J, Kim WS, et al.. Effect of low partial hydrogen in a mixture with methane on the mechanical properties of X70 pipeline steel[J]. International Journal of Hydrogen Energy, 2020. 45(3): 2368-2381.

[20] Xing Yunying, Yang Zhile, Yao Xingcheng, et al.. Comparative study on hydrogen induced cracking sensitivity of two commercial API 5L X80 steels [J]. International Journal of Pressure Vessels and Piping, 2022. 196: 104620.

[21] Lam PS. Gaseous hydrogen effects on the mechanical properties of carbon and low alloy steels[J]. Washington Savannah River Company Savannah River Site Aiken, SC 29808, 2006.

[22] Lam P S, Sindelar R L, Adams TM. Literature survey of gaseous hydrogen effects on the mechanical properties of carbon and low alloy steels[J]. American Society of Mechanical Engineers, Pressure Vessels and Piping Division, PVP, 2008. 6: 501-517.

[23] Lee D, Nishikawa HA, Oda Y, et al.. Effects of gaseous hydrogen on fatigue crack growth in pipeline steel [J]. American Society of Mechanical Engineers, Pressure Vessels and Piping Division, PVP, 2010, 3: 499-507.

[24] Somerday B P, San C. Technical reference on hydrogen compatibility of materials plain carbon ferritic steels: C-Mn Alloys (code 1100).

[25] Nguyen T T, Tak N, Park J, et al.. Hydrogen embrittlement susceptibility of X70 pipeline steel weld under a low partial hydrogen environment [J]. International Journal of Hydrogen Energy, 2020. 45 (43): 23739-23753.

[26] Capelle J, Gilgert J, Dmytrakh I, et al.. The effect of hydrogen concentration on fracture of pipeline steels in presence of a notch[J]. Eng. Fract. Mech., 2011. (7), 364-373.

[27] Djukic M B, Zeravcic V S, Bakic G M, et al.. Hydrogen damage of steels: A case study and hydrogen embrittlement model[J]. Eng. Fail. Anal., 2015. (58): 485-498.

[28] Wang Maoqiu, Akiyama Eiji, Tsuzaki Kaneak. Effect of hydrogen and stress concentration on the notch tensile strength of AISI 4135 steel[J]. Mater. Sci. Eng. A, 2005. (39): 37-46.

[29] Zhang Yongjian, Z. Xu Zhibao, Zhao Xiaoli, et al.. Hydrogen embrittlement behavior of high strength bainitic rail steel: Effect of tempering treatment[J]. Eng. Fail. Anal., 2018. (93): 100-110.

［30］Nguyen Thanh Tuan, Heo Hyeong Min, Park Jaeyeong, et al. . Stress concentration affecting hydrogen-assisted crack in API X70 pipeline base and weld steel under hydrogen/natural gas mixture［J］. Engineering Failure Analysis, 2021. 122：105242.

［31］Zhang Shuai, An Teng, Zheng shuqi, et al. . The effects of double notches on the mechanical properties of a high-strength pipeline steel under hydrogen atmosphere［J］. International Journal of Hydrogen Energy, 2020. 45(43)：23134-23141.

东海某长输天然气海底管道清管作业优化实践

李晨泓　韩国进　仲　华　张　超

[中海石油(中国)有限公司上海分公司]

摘　要：东海某长输天然气海底管道自投产以来尚未进行过机械球清管作业，随着输气量逐年增加，从管道运行情况看有必要对其进行机械球清管作业，清除管壁结垢，检测管道状况，提高输送效率，保障管道本质安全。本文通过东海某长输天然气海底管道内腐蚀情况分析，验证了该海管清管作业的必要性。同时，针对该海管存在大尺寸球型法兰特殊结构影响机械球通过性的难题，研究了球法兰调节角度10°条件下机械球清管作业的可行性，确定了适用于该海管的机械清管器，并根据模拟结果完成了投产后首次在线机械球清管作业实践。

关键词：长输天然气海底管道；球法兰；内腐蚀；清管作业；机械清管器

天然气海底管道与陆地管道所处环境不同，天然气海底管道失效后难于抢修，恢复时间长、社会影响大。造成天然气管道失效的原因很多，而内腐蚀是天然气管道失效的重要因素之一，同时内腐蚀引起的事故往往具有突发性和隐蔽性，后果一般比较严重[1]。

天然气管道在运行时，管道内壁与输送的介质会产生直接性接触，所输送的介质中不光是天然气，还有一些 CO_2、H_2S 和水合物等，这些杂质的存在，随着输送压力、温度和流速的变化，会严重腐蚀长输天然气管道内壁。其原因主要分为以下三点：(1)长输天然气管道具有输量大和输送距离长等特征，在输送的过程中往往处在高温高压的环境中，而在高温高压的环境下会增加酸性气体的活动能力，从而使天然气管道的内壁被快速腐蚀；(2)在天然气管道进行输送介质时会有自由液相出现，一般情况下，管内会出现气、液、固这三种状态共存，那么，这三种混流物在冲刷的作用下腐蚀长输管道内壁，特别是管道的弯头位置处会变的比较薄，极易出现天然气泄露；(3)在一定条件下，管道就会和天然气杂质发生化学腐蚀和电化学腐蚀，这些杂质主要包括 CO_2、H_2S 和水等[2]。随着各气田逐渐进入开发的中后期，天然气中水、CO_2、H_2S 等腐蚀性介质的含量在逐渐增加，这也加速了天然气输送管道的内腐蚀。长输天然气管道清管作业作为清除管道内杂质、积液、积污，提高输送效率，降低管道内壁腐蚀的一种有效方式，已经成为当代长输天然气管道长周期运行的重要保障之一。

1 目标海管基本信息

1.1 海管结构参数及运行参数

东海某长输天然气海底管道建造于 2003 年，长约 346km，属于单层配重管。管道上有一对旋转法兰和球法兰短节，球法兰最大调节角度 10°，短节长度约 31m，具体结构如图 1 所示。

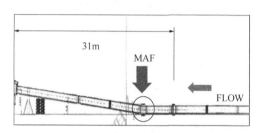

图 1 东海某长输天然气海底管道法兰短节示意图

该海管的生产运行参数见表 1。

表 1 东海某长输天然气海底管道运行情况

项目	设计温度	设计压力	入口温度	入口压力	出口温度	出口压力
运行海管	40℃	9.4MPa	30℃	7.8MPa	15℃	5.0MPa

1.2 海管路由高程数据

东海某长输天然气海底管道的路由高程数据如图 2 所示。

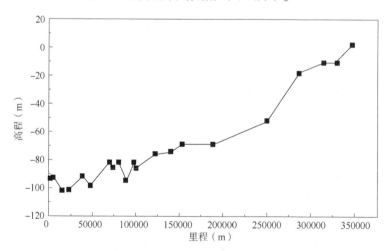

图 2 东海某长输天然气海底管道高程—里程

该海底管道全程共有 21 处低点。通过 ICDA 对不同时间区域进行建模，采用流动模拟结果预测最可能发生内腐蚀的位置，当实际坡度大于临界角时，即可能发生水的积聚引发腐蚀；再利用最大临界角的评估结果，确定每个敏感位置倾角超过临界角的年份，合计后假定为评估时间段内最长可能积液时间。具体评估结果如图 3 所示。

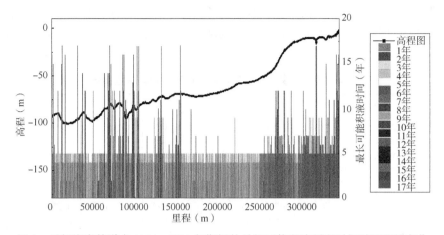

图3 目标海底管道在2006—2022年期间的最长可能积液累积时间随里程的变化

从图3可看出，东海某长输天然气海底管道在正常输送量的情况下，存在一定的积水风险，ICDA评估海管存在11个内腐蚀高风险点(累积积液时间>15年)。

1.3 海管内流体腐蚀组分数据

东海某长输天然气海底管道入口的气体腐蚀关键组分含量见表2，水质全组分分析结果见表3[3]。

表2 东海某长输天然气海底管道二氧化碳和硫化氢检测结果

项目	2014 年	2020 年	2022 年	2023 年
CO_2含量(%)	3.5	3.05	3.05	3.11
H_2S含量(ppm)	2.6	2.5	3.0	4.2

表3 东海某长输天然气海底管道入口水质分析结果

项目	2023 年水质全分析	项目	2023 年水质全分析
pH 值	5.7	$\rho(Na^+)$(mg/L)	5315.1
ρ矿化度(mg/L)	16301.285	$\rho(Mg^{2+})$(mg/L)	8.9
$\rho(Ca^{2+})$(mg/L)	404.66	$\rho(Cl^-)$(mg/L)	9533.36
$\rho(Fe^{2+})$(mg/L)	0.304	$\rho(SO_4^{2-})$(mg/L)	21.52
$\rho(Ba^{2+})$(mg/L)	14.615	$\rho(CO_3^{2-})$(mg/L)	0
$\rho(K^+)$(mg/L)	92.05	$\rho(HCO_3^-)$(mg/L)	925.69

由表3可知，水型为碳酸氢钠型，结垢预测垢样主要为$FeCO_3$，海管运行过程中需采取必要的清管措施。

2 目标海管清管作业现状

2.1 海管历年清管作业

东海某长输天然气海底管道于2014年10月开始在线清管作业。由于该海底管道管线长、管线路由情形复杂，且存在法兰短节，通球过程中存在卡球风险；为了降低管道通球风险，一直采用中密度聚氨酯泡沫球，并采用渐进式清管，逐步地增大所采用清管器的过盈量。历年清管作业情况见表4。

表4 东海某长输天然气海底管道历年清管作业统计

项 目	2014年	2017年	2019年	2021年	2022年8月	2022年11月	2023年1月	2023年4月
日输气量($10^4 m^3$/d)	200	300	250	450	423	643	770	824
清管球类型	泡沫球	泡沫球	泡沫球	泡沫球	泡沫球	泡沫球	泡沫球	泡沫球
清管球过盈量(%)	3	4	5	5	5	7	7	7
清管频次	1次/1年	1次/1年	1次/1年	1次/1年	2次/1年	2次/1年	4次/1年	4次/1年
清管积液量(m^3)	425	5	4.2	8	10	1	23	20
清管油泥量(g)	0	0	0	0	0	含黑色黏稠物、颗粒状铁屑少许	黑色泥沙状物约2L	黑色黏稠液体

从表4可看出，(1)该海管输气量呈现逐年增加趋势；(2)2014年该海管首次通球后清出大量积液，后续清管作业清出积液量维持稳定，并随着海管输气量增加呈现增长趋势；(3)2022年开始该海管清管频次增加，随着清管频次增加，清出积液量呈现减少趋势；(4)2022年随着清管器过盈量和输送气量的增加，清管产物出现油泥垢样等固状物。

2.2 海管清管垢样采集分析

结合清管球通球产物情况，进行了3次现场油泥垢样采集工作，即：在每次清管球通球后进行垢样采集、分析。采集样品如图4所示，样品分析结果见表5、图5、图6和图7。

表5 东海某长输天然气海底管道清管油泥垢样组分分析

项 目	质量含量(%)		
	1#油泥垢样	2#油泥垢样	3#油泥垢样
铁氧化物	5.1	0.37	4.1
硫酸盐	/	0.26	/
氯化物	0.28	0.25	0.14
有机含硫化合物	6.1	6.8	6.5
醇类物质	26.0	39.3	17.5
咪唑啉类物质	0.15	0.2	0.02
柠檬酸	3.8	5.0	3.6
原油	41.17	30.12	57.64
水	17.4	17.7	10.5

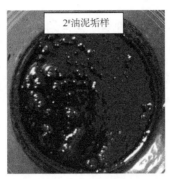

图 4 东海某长输天然气海底管道清管作业采集油泥垢样

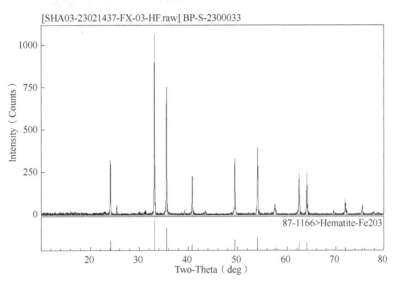

图 5 1#垢样定性分析谱图

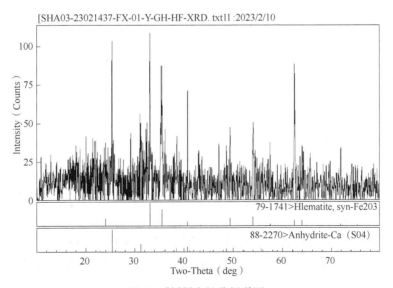

图 6 2#垢样定性分析谱图

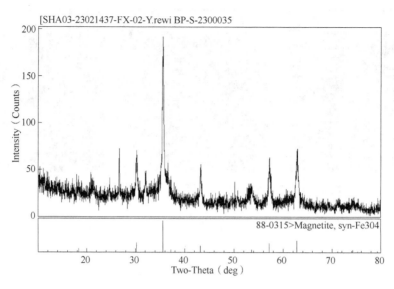

图 7 3#垢样定性分析谱图

根据表 5 垢样组分分析和 X 衍射谱图图 5、图 6、图 7 可知，该海管清管无机垢样主体为铁氧化物，铁氧化物是 CO_2 腐蚀主要产物 $FeCO_3$ 加热反应后的产物，表明清管无机垢样主要为海管的腐蚀产物，该海管腐蚀存在 CO_2 腐蚀。

2.3 海管清管产物细菌检测

分别取清管产物中水样和固体沉积物，开展 SRB、TGB、FB 细菌培养实验[4-5]，结果见表 6。

表 6 东海某长输天然气海底管道清管产物细菌检测结果

项　　目	细菌含量		
	SRB	TGB	FB
2023 年 1 月清管水样(个/mL)	0.9	0	0
2023 年 1 月清管固相沉积物样(个/g)	20	90	0
2023 年 4 月清管水样(个/mL)	0.6	0	0
2023 年 4 月清管固相沉积物样(个/g)	13	90	0

由表 6 可知，该海管存在微生物腐蚀(MIC)风险，通过强化清管，SRB 呈现下降的趋势，证明清管作业能有效破坏 SRB 的生长环境，抑制 SRB 的繁殖。同时泡沫球虽然有较好的通过能力，能够清除管道内污液，但针对贴壁繁殖的微生物、无机垢等清污效果较机械球差[6]。

因此，结合清管作业以及清管产物分析，东海某长输天然气海底管道存在沉积水、微生物腐蚀(MIC)和"垢下"腐蚀风险，需采用清污能力更强的机械球清管，控制海管的腐蚀。

3　目标海管清管作业优化实践

3.1　清管设备的选择

本着循序渐进、安全稳健的原则，在首次机械球清管作业中采用泡沫球、泡沫测径球（分瓣式测径盘）、机械测径球、机械钢刷球等4种不同性能和通过能力的清管器，按照清管能力由弱到强、通过能力由强到弱的次序，分批次将管道内杂质清除。选用清管器类型如图8所示。

图8　清管优化作业选用清管器

由于球型法兰偏转时会形成局部空腔，使清管球支撑盘脱离壁面，提高了清管球卡堵风险；为保证清管作业安全性，针对机械测径球的支撑盘和测径盘位置做出调整和改进；将机械钢刷球一端钢刷位置与密封盘位置做调整；将密封盘一端隔垫厚度设置做调整。具体如图9和图10所示。

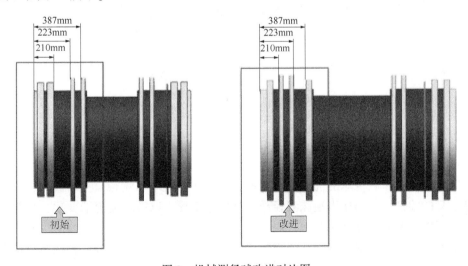

图9　机械测径球改进对比图

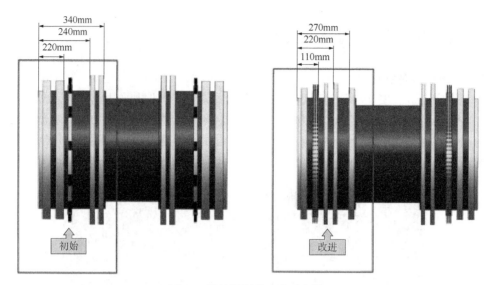

图 10　机械钢刷球改进对比图

3.2　清管设备通过性分析

对于泡沫测径球、机械测径球（改进）、机械钢刷球（改进）等 3 种清管球，建立三维模型，选取每种清管器在通过球型法兰时的所有关键节点，对其进行通过性模拟分析。

3.2.1　泡沫测径球通过性分析

按照球型法兰安装方向定义两种情况，正向为球型法兰现场安装施工记录图方向，球型法兰反装即为反向。具体如图 11 所示。

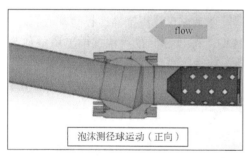
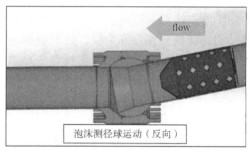

图 11　泡沫测径球运行方向示意图

模拟泡沫测径球正向运行，从球型法兰的扩口进入，从窄口离开。特殊节点截图如图 12 所示。

根据图 12 所示的模拟可知，在泡沫测径球通过球型法兰过程中，泡沫测径球的前端首先触碰球型法兰的扩口位置前，由于泡沫测径球的大部分仍处于管道当中，不会存在由于重力影响导致泡沫测径球的前端下沉现象，在泡沫测径球前端触碰扩口面时，由于泡沫测径球自身的柔韧性，会使得泡沫测径球整体发生变形，以适应流道的变化，最终前端向上弯曲，可以正常通过球型法兰。

模拟泡沫测径球反向运行，从球型法兰的窄口进入，从扩口离开。特殊节点截图如图 13 所示。

东海某长输天然气海底管道清管作业优化实践

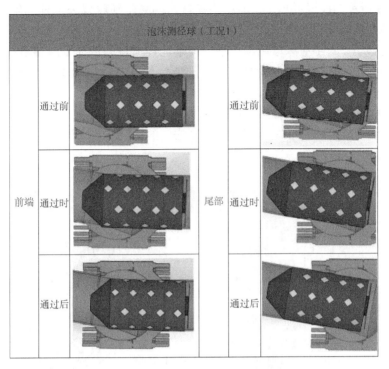

图 12　泡沫测径球正向运行模拟示意图

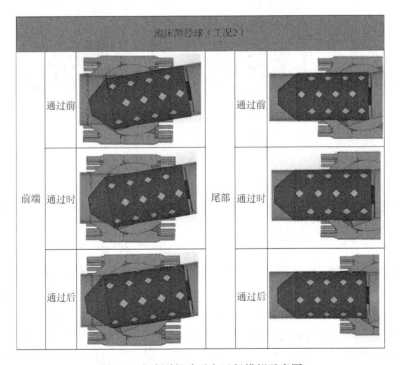

图 13　泡沫测径球反向运行模拟示意图

根据图 13 所示的模拟可知，在泡沫测径球前端触碰到球型法兰时，会因为泡沫测径球自身的柔韧性和前端的圆台形状导致泡沫测径球变形，泡沫球两侧始终保持密封状态，使其继续向前移动；对于泡沫球尾部运动，前端已经通过的情况下后端不可能发生堵塞，不会存在尾部卡塞的可能。唯一需要注意的是测径盘是否会与球型法兰接触，由图 13 可见，即使距离较近，但泡沫测径球始终未与球型法兰接触。

3.2.2 机械测径球(改进)通过性分析

模拟机械测径球(改进)正向运行，从球型法兰的扩口进入，从窄口离开。特殊节点截图如图 14 所示。

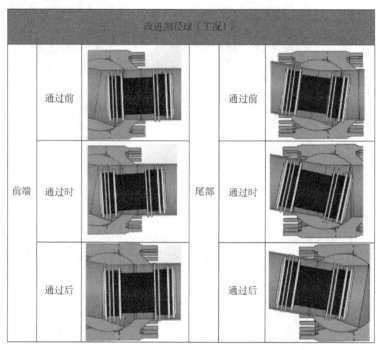

图 14 机械测径球(改进)正向运行模拟示意图

根据图 14 所示的模拟可知，改进测径球在接触球型法兰扩口之前同样会受到重力作用使其朝向略微向下偏转，与未改进测径球不同的是，改进的测径球前端的支撑盘可以为测径球提供更早和更好的支撑作用，使得改进测径球的最前端支撑盘与扩口面的接触角变小，相较未改进测径球来说减少了前进所需的推力，并且从改进后的测径球通过球型法兰的全过程来看，前端或后端的密封盘始终总有一者保持密封作用，测径球始终存在足够的推力。

模拟机械测径球(改进)反向运行，从球型法兰的窄口进入，从扩口离开。特殊节点截图如图 15 所示。

根据图 15 所示的模拟可知，在改进测径球通过球型法兰时，其前后密封盘总有一个与管道内壁形成密封，仍与未改进测径球一样始终保持密封性。改进测径球反向运行的运动情况同测径球相比，不同点在于在改进测径球前端通过球型法兰扩口时，改进测径求的前端支撑盘对球型法兰扩口表面有更早和更好的支撑作用，使得测径球的前端略微上扬，改善了测径球前端因受重力作用下沉造成的下沉现象，提供了更好地通过性。

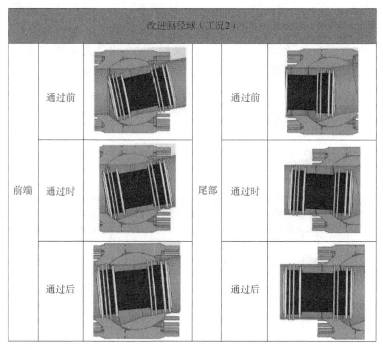

图 15　机械测径球(改进)反向运行模拟示意图

3.2.3　机械钢刷球(改进)通过性分析

模拟机械测径球(改进)正向运行,从球型法兰的扩口进入,从窄口离开。特殊节点截图如图 16 所示。

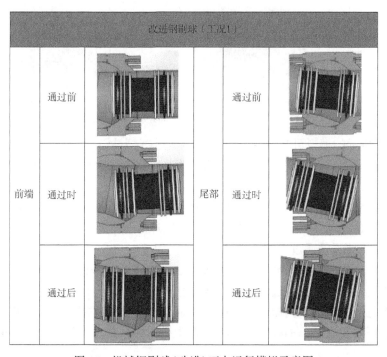

图 16　机械钢刷球(改进)正向运行模拟示意图

根据图 16 所示的模拟可知，改进钢刷球在接触球型法兰扩口之前会受到重力作用使其朝向略微向下偏转，若此时钢刷球没有保持良好的密封性，在此位置将会发生卡堵现象。由图 16 可见，在前端接触球型法兰扩口面时，钢刷球受到的阻碍作用最强，此时后端的密封盘仍处于管道内，与管道壁面形成密封面，为钢刷球提供推力，理论上只需足够的压力便可以让钢刷球平稳通过。当尾部即将进入扩口时，前端的密封盘已运行至管道内，尾部密封盘失效不再提供密封作用，但前端的密封盘开始提供密封作用，会持续为钢刷球提供推力。

模拟机械测径球(改进)反向运行，从球型法兰的窄口进入，从扩口离开。特殊节点截图如图 17 所示。

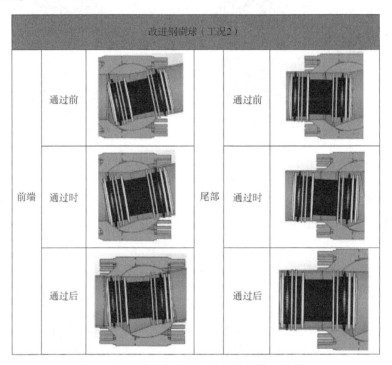

图 17　机械钢刷球(改进)反向运行模拟示意图

根据图 17 所示的模拟可知，在改进钢刷球通过球型法兰时，其前后密封盘总有一个与管道内壁形成密封，不同点在于在钢刷球前端通过球型法兰扩口时，球型法兰内部结构和支撑板相接触，此时球型法兰对钢刷球的反作用力方向与球型法兰的中轴线夹角缩小，意味着若此处发生卡球，则要施加更大的推力帮助钢刷球通过球型法兰，若球型法兰因扩口使得向下偏转角度过大，则可能会使得此处钢刷球发生卡堵。

3.3　机械清管设备通过性试验

准备一节 9m 长的 28 吋海管，制作一球型法兰，调整管段进行 10°角调节，模拟球法兰最大安装角度开展机械球通过性试验。试验管道如图 18 所示。

根据陆地通过性试验，机械球在匀速运动通过球型法兰时并未发生停顿现象，顺利通过球型法兰；同时通过 10°角最大角度测试结果，机械球在小于等于 10°角度球法兰中仍然具备通过性。

图 18　机械清管设备通过性试验管道图

3.4　海管机械清管作业实践

现场首次机械球清管作业过程中第一次投入的泡沫清管器收球后的情况如图 19 所示，由图 19 可知泡沫清管器存在破损现象，因此后续又投入了泡沫测径球、机械测径球进行清管，机械测径球收球后的情况如图 20 所示，由图 20 可知机械测径球存在 5 片铝合金片发生变形，变形弧度 150°（30°×5），有 3 片变形程度较大，集中在变形部分中部（②、③、④片）；靠近边缘 2 片变形程度较小（①、⑤片）。根据机械测径球通球结果的判断，最后投入了机械钢刷球进行清管，清管作业顺利，未发生卡堵，清出了 3kg 的油泥。

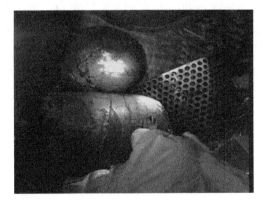

图 19　泡沫球清管收球情况

图 20　机械测径球清管收球情况

取清管产物，开展油泥垢样组分分析以及 SRB、TGB、FB 细菌培养，结果见表 7 和表 8。

表 7　东海某长输天然气海底管道清管产物细菌检测结果

项　　目	清管产物（固相）	细菌含量（个/mL）		
		SRB	TGB	FB
泡沫球清管产物油泥水样	0	0	0	0
泡沫测径球清管产物油泥水样	少许	0.6	0	0

项　目	清管产物(固相)	细菌含量(个/mL)		
		SRB	TGB	FB
机械测径球清管产物油泥水样	8KG	25	2.5	0
机械钢刷球清管产物油泥水样	3KG	6	0	0

表8　东海某长输天然气海底管道清管油泥垢样组分分析

项　目	质量含量(%)	
	泡沫测径球清管垢样	机械测径球清管垢样
铁氧化物	37.57	61.7
镁氧化物	/	0.29
锰氧化物	/	0.75
硫磺	/	1.15
硫酸盐	0.78	0.63
二氧化硅	0.39	/
混苯溶剂	7.22	4.45
醇类物质	10.78	20.74
羟乙基硫化物	0.34	/
原油	5.44	7.26
水	37.48	3.03

从表7和表8可看出，(1)采用机械清管清出较多的机械杂质和原油沉积在管壁上的杂质，对于管壁上杂质清除能力优于泡沫球；(2)从泡沫球、泡沫测径球、机械测径球到机械钢刷球，清管产物中SRB经历了先上升后下降的趋势，证明了机械球清管作业更能有效破坏SRB的生长环境，抑制SRB的繁殖；(3)清管产物中的无机垢样主体为铁氧化物，主要为海管CO_2腐蚀产物，同样证明了机械清管器对无机垢等的清管效果更优。

4　结论

(1)东海某长输天然气海底管道成功实现投产后首次在线机械球清管作业，为后续该海管实施智能球内检测打下良好基础。

(2)根据海管运行情况以及清管产物分析，沉积水、微生物腐蚀(MIC)和"垢下"腐蚀"是该海管腐蚀控制的重点，通过垢样分析可知该海管主要腐蚀产物为铁氧化物，说明海管存在CO_2腐蚀风险。

(3)清管工作有效地清除了腐蚀产物，破坏了SRB的生长环境；针对管壁上的杂质，机械球清管效果更优。

(4)考虑到该海底管道存在法兰短节，为降低管道通球卡堵风险，后续将实施"泡沫球+机械球"相结合通球方式。

(5)在海管出入口长期开展总铁含量、清管产物油泥水样中SRB含量、清管产物分析等监检测，持续监测海管腐蚀情况，及时制定针对性管控措施。

参 考 文 献

[1] 罗鹏，张一玲，蔡陪陪，等. 长输天然气管道内腐蚀事故调查分析与对策[J]. 石油与天然气，2010，24(6)：16-21.

[2] 牟泓金，徐艺侨，袁野，等. 天然气长输管道内腐蚀原因分析及控制措施[J]. 油气储运，2021，03：17-18.

[3] SY/T 5523. 油田水分析方法[s].

[4] SY/T 0546. 腐蚀产物的采集与鉴定[s].

[5] SY/T 0532. 油田注入水细菌分析方法绝迹稀释法[s].

[6] 陈传胜，等. 天然气长输管道在线内检测前的清管技术[J]. 油气储运，2013，2013，31(5)：1-4.

基于壁厚在线监测的集输管道腐蚀风险智能评价研究

田发国[1,2] 刘广胜[1,2] 刘天宇[1,2] 李永长[1,2] 李曙华[3] 黄天虎[1,2]

(1. 中国石油长庆油田公司；2. 低渗透油气田勘探开发国家工程实验室)

摘 要：本文开展了基于壁厚在线监测数据的集输管道腐蚀风险智能评价研究，该系统融合了多通道超声测厚技术、无线传感器网络技术，实现了集输管道的360°全覆盖壁厚自动监测。结合某气田处理厂集气站工业管道壁厚在线监测数据，通过计算数据的统计分布规律，对数据的可靠性、准确性进行验证。将90组实测数据进行分析，计算设备的腐蚀速率，可以计算出管道的腐蚀速率为0.03~0.04mm/a，与现场多年的腐蚀速率吻合，并且分析管道腐蚀规律。最后，通过计算表明其剩余寿命，结合腐蚀评价标准，开展了设备的腐蚀风险评价。

关键词：壁厚；在线监测；腐蚀速率；剩余寿命

油气田集输站场是指在油田内，将油井采出的原油和天然气汇集、储存、初步加工和处理、输送的站场，是油田油气集输的枢纽，是高风险存在和集中的场所，是油田重大危险源或重点要害部位。油气集输已经进入高压、大输量时代，既有油气田点多、线长、面广的特点，又具有化工炼制企业高温高压、易燃易爆、工艺复杂、压力容器集中、生产连续性强、灾害危险性大的生产特点。因此，保障集输站场管道的服役安全成为关系到油气田生产安全的重中之重[1-3]。

目前国内处理和输送天然气主要面临两个方面的问题：一方面是天然气中含有不同含量的 CO_2、H_2S，另一方面是高压、高速、腐蚀介质的工作环境，导致站场关键设备面临着不同程度的腐蚀风险。由于腐蚀导致的设备壁厚减薄，使得站场内的设备强度降低，在变化、复杂、恶劣的服役工况下，这些设备时刻面临着较大的安全风险。因此，建立完善的现场腐蚀监测平台成为保障集输站场内关键管道服役安全的重要手段[4-5]。

传统的管道腐蚀监测方法从原理上可分为物理测试、电化学测试、化学分析，需要根据不同的应用领域选择合适的方法，例如腐蚀试片法应用简单，但是要长期测量进行统计分析，必要时还需要改造管道，不仅结果不具实时性，而且对管道运行安全带来了隐患；例如电阻法、电感法以及其他电化学方法，需要对管道进行改造进行检查，而且需要介质具有电导性，适用面有一定限制；超声波检测等无损检测方法，无需对管道进行改造，对管道输送介质没有要求，适用范围广，测量结果直接，具有较好的实时性。因此，开展在

基金项目：国家重大科技专项《鄂尔多斯盆地大型低渗透岩性地层油气藏开发示范工程》，项目编号：2016ZX05050

线超声测厚以及实时监测研究，对于保障集输管网的服役安全具有重要的意义。

然而，传统的超声波测厚仪测量壁厚主要存在以下几个问题：（1）每次测量壁厚必须校准，否则测量数据会存在较大偏差；（2）每次测量要求打磨管道或者设备的表面，去除漆层后打磨金属表面，否则测量结果也会出现较大偏差；（3）人工测量带来了一定的工作强度，尤其是一些不好测量的关键设备监测点，操作难度较大。随着超声无损检测技术的快速发展，无需校准、自动测量、多通道测量、无线传感器网络等技术的结合使得在线超声多通道测厚技术在逐步在工业现场得到了应用。另外，根据中国石油天然气股份有限公司企业标准《管道完整性管理规范》以及《输气管道完整性管理文件体系》的要求，在数据的收集和整合、数据表结构、风险评价导则等几个方面都明确要求必须定期、定点测量入口、出口、球筒等关键设备的壁厚，并给出了通过壁厚数据开展设备腐蚀风险评价的方法导则[6-7]。

因此，本论文开展了基于壁厚在线监测数据的集输管道腐蚀风险评价研究，自主研发了基于无线多通道超声测厚装置及其系统，结合某气田处理厂、集气站工业管道壁厚在线监测数据，通过分析数据的可靠性、准确性，计算设备的腐蚀速率，开展设备的腐蚀风险评价。

1 数据获取与分析

1.1 数据获取

本项目自主研发的无线多通道超声测厚装置及其系统，融合了多通道超声测厚技术、无线传感器网络技术，实现了场站管道关键设备关键部位的360°全覆盖壁厚自动监测，具体测量装置及其监测系统架构如图1和图2所示。

图1　壁厚测量现场实施图

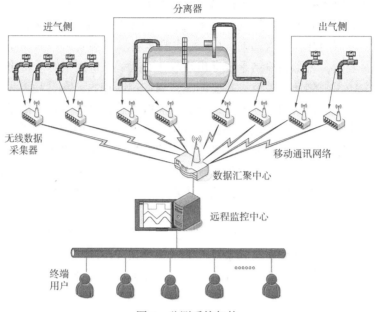

进气侧　　分离器　　出气侧

无线数据
采集器

移动通讯网络

数据汇聚中心

远程监控中心

终端
用户　　　　　　　　　......

图 2　监测系统架构

无线多通道超测厚装置采用模块化设计，每个监测装置上带有(4)n($n=1$，2，…)个壁厚测量传感器，采用锂电池供电，其中每4个壁厚测量传感器构成一组测量单元，沿着管道圆周方向安装传感器，形成管道关键位置的全方位监测。无线多通道超声测厚监测装置通过多通道选择和轮询模块，来控制每个测点每个通道的壁厚测量，可以对每个壁厚传感器轮询顺序和测量间隔进行调节。具体的指标如下：壁厚测量范围 3~100mm；壁厚测量重复性可达 0.1mm；壁厚测量精度 0.01mm；温度范围为-30~70℃；采样周期可根据用户需求设置；通讯协议为 IEEE 802.15.4 或者 GPRS；自动校准、内置标识芯片、内置温度传感器。

在某气田天然气处理厂和集气站内各选择一个测点的壁厚测量数据，管道直径均在 400mm 左右，系统在每个测点采用四个通道同时测量壁厚，可以通过多点平均来衡量数据的可靠性和准确性。测点沿着管道圆周方向部署，通常情况下每隔 90° 安装一个测点，对管道的上下左右同时进行壁厚监测，同时也可根据现场腐蚀情况，调整测点位置。壁厚的测量过程中按设定周期采集壁数据，超声波传感器与多通道的无线数据采集器连接，超声波传感器在无线多通道壁厚测量装置的控制下串行测量壁厚，然后将壁厚数据通过 GPRS 网络将数据发送到汇聚中心，通过与汇聚中心相连的远程监控中心向外发布数据。

1.2　数据分析

在本论文所使用的数据是一年来某气田处理厂和集气站有代表性的壁厚测量点的数据，总计 90 组壁厚测量数据。对处理厂和集气站内测量的监测数据进行统计分析，从直方图和正态分布曲线可以看出，所有的数据落在±3δ，符合质量控制原则，表面监测系统测量数据稳定、可靠。处理厂的数据分析如图3所示。集气站内的数据分析如图4所示。

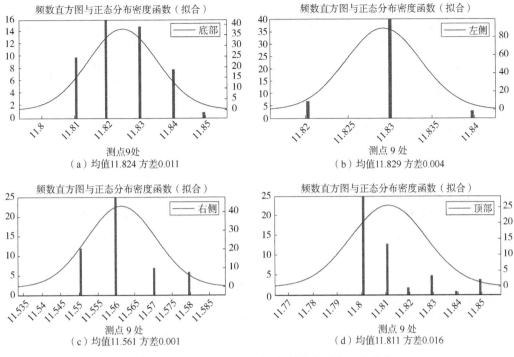

图 3　天然气处理厂内的测点频数直方图与正态分布

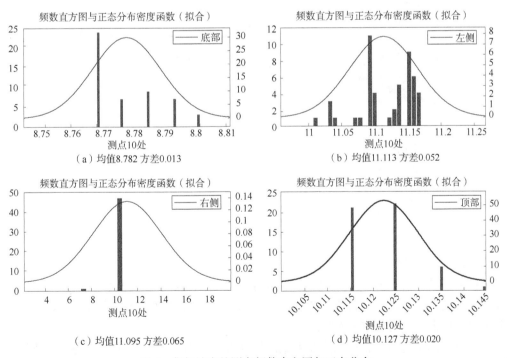

图 4　集气站内的测点频数直方图与正态分布

3δ 原则的含义是：如果测量数据符合正态分布，那么测量值在 $(\mu+3\sigma，\mu-3\sigma)$ 中取值的概率是 99.74%，也就是说测量值在 $(\mu+3\sigma，\mu-3\sigma)$ 以外的取值概率不到 0.3%，几乎不可能发生，是小概率事件。从图3可以看出，本项目在天然气处理厂内采集的数据点都位于 $(\mu+3\sigma，\mu-3\sigma)$ 区间内，说明该位置的测量数据符合 3δ 原则，数据之间的差异主要是由测量环境和测量仪器等因素引起的随机误差造成的，测量中不存在粗大误差。

同样的，从图4可以看出，本项目在集气站内采集的数据点都位于 $(\mu+3\sigma，\mu-3\sigma)$ 区间内，说明该位置的测量数据符合 3δ 原则，数据之间的差异主要是由随机误差引起的，测量中不存在粗大误差。

通过上述数据分析结果可以看出：本项目在采集在线监测数据时选择的位置是科学合理的，本文中的测量数据具有统计学意义，可以利用该数据开展后续的剩余寿命预测和风险评估工作。而且通过与以往现场点检测量的壁厚值进行比较，本系统的测量值与管道实际值接近，而且没有出现数据的较大幅度波动。数据分析表明本系统的测量数据可靠、准确。

1.3 腐蚀趋势智能分析

1.3.1 腐蚀数据流程化处里

为提升监测数据的智能分析管理水平，采用 B/S 架构与 oracle 数据库开发腐蚀监测平台，包括腐蚀监测、分析预警、数据管理等7大功能。同时利用表格化、图形化进行腐蚀速率、管线壁厚等数据展示。可以实现任意时间段，以曲线形式展示腐蚀速度和壁厚变化情况。任意时刻，同一生产流程不同监测点腐蚀速率和壁厚变化情况(图5)。

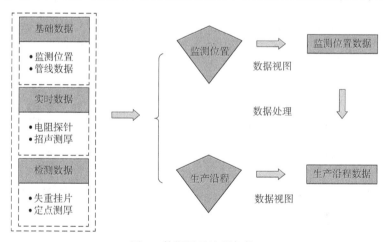

图5　数据展示流程架构

1.3.2 腐蚀趋势预警

平台搭建了综合预警功能，内容包括趋势预警和介质预警；趋势预警基于超声测厚监测方式所得的数据，结合腐蚀影响参数及设定的阈值，实现管道壁厚预警，辅助油气单位超前优化、提前谋划防腐措施(图6)。

通过数据的实施展示，可以直观看到腐蚀情况，同时数据分析应用也为集输管道和站场关键设备选材提供了依据。

图 6　腐蚀预警分析流程

2　腐蚀速率与寿命预测

腐蚀速率按公式(1)计算：

$$腐蚀速率(mm/a) = \frac{\sum_{m=1}^{m} 相邻两次所测得的常温厚度差(mm)}{\sum_{n=1}^{m} 对应两次测厚的间隔时间(a)} \tag{1}$$

由于现场壁厚检测采样周期根据现场需求有所变化，在前期监测装置安装初期采样频率由每天一次变化为每个星期两次，后期稳定后，采样周期变为每个星期一次。因此将 90 组数据分为月腐蚀速率、季度腐蚀速率和年腐蚀速率分算，结果如下：

（1）月腐蚀速率：从 90 组数据中依据采样时间，分别计算了三类月腐蚀速率，分别是一个月 18 条数据、一个月 8 条数据和一个月 4 条数据，腐蚀速率的计算公式按公式 1 计算，结果分别为接近 0。由于壁厚减薄是一个缓慢的过程，说明每个月的变化并不显著。

（2）季度腐蚀速率：从 90 组数据中依据采样时间，分别计算了两类季度腐蚀速率，分别是季度壁厚数据 30 条数据、季度壁厚数据 12 条，腐蚀速率的计算公式按公式 1 计算，结果分别为 0.01 和 0。由此可见，管道的腐蚀速率整体较低，季度壁厚减薄依然较小。

（3）带入 90 组数据计算可得集气站和处理厂的腐蚀速率为 0.034(mm/a)。考虑到现场多年实际腐蚀速率为 0.02 ~ 0.03mm/a，与本项目比值进行对比可知，利用本项目研制的无线多通道超声腐蚀测厚装置所测得的腐蚀速率比较吻合。

（2）剩余寿命估算方法。

用所测得的剩余壁厚减去按照 GB 150—1998 和 SH 3059—2001 所确定的最小壁厚[8-10]，所得差值除以平均腐蚀速率即为设备及管道的剩余寿命。标准中提供了设备、管道壁厚的计算方式

$$S_0 = \frac{pD_0}{2[\delta]'\varphi + 2pY}$$

式中，S_0 为管道的计算壁厚；p 为设计压力；D_0 为管道外径；$[\delta]'$ 为设计温度下管道材料的许用应力；φ 为焊缝系数，无缝钢管取 1；Y 为温度对计算管道壁厚公式的修正系数，具体可以查表。考虑到实际应用的过程中集输系统的设计参数获取难度大，因此，在本论文中采用标准中提供的管道最小壁厚参考值来衡量其安全风险，管道最小壁厚参考值见表 1。

表 1 管道最小壁厚

材 料	公称直径(mm)			
	≤100	150~200	250~300	≥350
碳素钢、低合金钢	2.4	3.2	4.0	4.8
高合金钢、奥氏体不锈钢	1.5	2.3		

考虑到集气站和处理厂监测的管道直径均大于 350mm，而且材料为 20 号碳钢，因此以最小壁厚为 4.8mm 计算。目前监测管道的壁厚值在 8~11mm 左右，远大于标准要求的 4.8mm 壁厚的要求，因此处理厂、集气站所监测管道的剩余寿命完全可以满足现场需求。

3 结论

(1) 经过现场验证与分析，壁厚在线监测系统的测量数据可靠、准确，可以实现集输道的腐蚀速率估算以及剩余寿命计算。

(2) 集腐蚀监测、预警、分析评价为一体的腐蚀监测平台，并工业化应用，具有实时数据采集、监测、分析评价、管理和指标统计等功能，改变了传统腐蚀监测管理模式。

(3) 将 90 组实测数据进行分析，可以计算出管道的腐蚀速率为 0.03~0.04(mm/a)，与现场近三年来的平均腐蚀速率 0.02~0.03(mm/a) 基本相符，而且通过计算可知其剩余寿命均满足企业实际需求。

参 考 文 献

[1] 翁永基. 腐蚀管道安全管理体系[J]. 油气储运，2003，23(6)：1-12.

[2] 张占奎. 油气管道腐蚀失效预测及安全可靠性评估研究[D]. 天津：天津大学，2006.

[3] 翁永基，卢绮敏. 腐蚀管道最小壁厚测量和安全评价方法[J]. 油气储运，2003，22(12)：40-43.

[4] 刘刚，董绍华，付立武. Microcor 内腐蚀监测在陕京输气管道中的应用[J]. 油气储运，2008，27(1)：41-43.

[5] 刘忠友，杨本立. 在线监测与超声波测厚技术综合应用分析[J]. 石油化工腐蚀与防护，2011，28(5)：48-50.

[6] 杜裕平. 超声波测厚仪精确测量钢板厚度的方法[J]. 中国高新技术企业，2013，13：52-55.

[7] 石鑫，羊东明，张岚. 含硫天然气集输管网的腐蚀控制[J]. 油气储运，2012，31(1)：27-30.

[8] Q/SY 1180—2009，管道完整性管理规范[S].

[9] SH 3059—2001，石油化工管道设计器材选用通则[S].

[10] GB 150—1998，钢制压力容器[S].

集油管道流向在线识别及回流控制方法研究

李晓虎　杨兵谦　王重阳　鲁芙蓉

（中国石油长庆油田公司）

摘　要： 管道失效泄漏和总机关压力突变易导致集油管线介质流向发生突变，不仅严重影响管线集油效率，甚至还可能导致总机关原油流入回流管线，进而引发更为严重的生产安全和环境污染事故。本文通过巧妙设计，提出了基于回流阀前后压差信号的流向在线监测报警及回流控制方法，成功研制一体化温度、压力、流向在线监测报警及回流自动控制工程样机，通过试验测试，该方法不仅实现集油管线流向的准确可靠在线监测报警及回流自动控制，而且不影响清管作业、不产生显著压降，可有效解决集油管线流向在线监测报警及回流自动控制方法与装置缺乏的工程问题，保障集油管线的服役安全。

关键词： 集油管道；管道流向；在线识别；回流控制

　　油田开采原油由集油管线输送至集油站总机关再输送至下游处理站的集油工艺，是油气田原油集输最常见的输送方式之一。该种集油工艺将多条集油管线在总机关处相互联通，导致某条集油管线压力的突变均会影响与其相连的其他管线的流动状态。当总机关压力高于与其连接的集油管线压力时，将会诱发该集油管线原油介质发生回流，显著降低集油效率。此外，油田集油管线输送原油介质成分复杂、管线服役环境恶劣及第三方破坏事件频发等还易导致集油管线发生失效泄漏，可能导致泄漏集油管线压力降低至总机关压力以下，也会导致集油管线原油介质发生回流。因管线泄漏引起压力降低的管线介质回流不仅显著降低管线的集油效率，甚至会因介质流动状态改变发现与控制不及时而导致出现较大的经济损失和严重的生态环境污染事故。因此，因此，急需开展集油管线异常反向流动状态监测及控制技术研究，形成集油管线异常反向流动状态在线监测报警及控制装置，实现对集油管线反向流动的准确自动在线监测报警与可靠控制，提升油气田集油管道的完整性管理水平，保障集油管线的安全高效服役。

　　针对管线泄漏监测的研究成果较多，主要有流量输差法[1]、负压波法[2-4]、音波法[5]及光纤法[6-7]。流量输差法的误差较大且影响管线清管作业；负压波法的信号易获取，但一般要求被监测管线首末端压力大于 0.5MPa，且对信号分析处理技术要求较高[8]；音波法灵敏度差、误报率高的缺陷；光纤法发展较快，但用于老旧管线其成本较高。对于管线回流的控制，主要有自动调节阀和回流阀两种方式，自动调节阀功能实现需依靠输入信号的准确信，根据输入信号自动调节阀门开度，其技术相对复杂且成本较高；回流阀法一般采用机械系统而具有较高的可靠性，主要有升降式、旋启式和蝶式三种止回阀，旋启式止回阀因其压降小而被广泛应用。目前，对集油管道介质流向在线监测报警研究相对有限，为解决工程实际需求，保障集油管线的服役安全，本文提出基于回流阀前后压差信号的流向在线监测报警及回流控制方法，并开展了系统功能验证试验，实现了对集油管线的原油介质流向的在线监测报警及回流自动控制。

1 流向在线识别及回流控制系统设计

本文以实际工程中 $\phi76 \times 5mm$ 集油管线为对象（其设计压力 4.0MPa，运行压力 0.6MPa，介质温度 40~60℃），开展了管线原油介质流向在线监测预警及回流控制系统的设计。为适应现场集油管线服役条件的实际需求，该流向在线识别及回流控制系统需主要满足以下因素：

(1) 准确性与可靠性高，易于现场安装；

(2) 不影响管线清关作业，不产生明显节流效应；

(3) 成本低，便于大规模应用。

通过综合考虑集油管线输送介质特性、管线服役情况与流向在线识别及回流控制系统需满足的基本要求，系统分析超声测量信号用于流向在线识别与压差信号用于流向在线识别的适用性可知，基于超声测量信号的流向在线识别方法仅适用于单相满管流情况，要求介质中不含气泡及颗等物质，导致该方法不适用作为集油管线原油流向的在线识别方法；集油管线压差信号不仅具有现场易获取、对介质情况要求低的优点，而且其测量结果可靠、成本较低，便于大规模现场推广应用。因此，本文明确了采用基于压差信号的集油管线介质流向在线识别思路。

考虑实际应用便利性，压差传感器两取压端应距离短，而短距离管线介质流动摩擦压降小，噪声显著影响信号准确度，管线内介质流向改变前后的两端压差无显著变化。因此，通过简单加装压差传感器获得的压差信号来准确识别集油管线介质流向无法实现。为解决上述技术难题，本文通过巧妙组合，同时布置旋起式止回阀与安装止回阀前后的压差

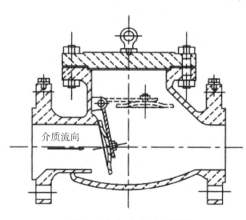

图 1 旋起式止回阀结构

传感器，既能满足对介质回流的自动控制，还能实现对流向的在线监测报警。旋启式止回阀结构见图 1 所示。当管输介质正向流动，阀瓣将在流体作用下自动开启，介质正常流动，阀门上游端介质总压力高于下游介质总压力，压差大于 0 ($\Delta p > 0$)；当管输介质反向流动，阀瓣将在自重与流体作用下自动关闭，介质无法回流，实现对介质回流的阻止，阀门上游端介质总压力低于下游介质总压力，压差小于 0 ($\Delta p < 0$)。因此，根据旋启式止回阀自动开闭前后阀门两端压差的变化情况可实现对集油管线介质流向的准确识别。

温度和压力参数是集油管线介质的关键流动参数。因此，本系统也将温度、压力与流向监测、回流控制进行集成设计开发，形成一体化温度、压力、流向在线监测报警及回流

自动控制工程样机。图2为一体化温度、压力、流向在线监测报警及回流自动控制装置的结构图。其主要参数见表1。

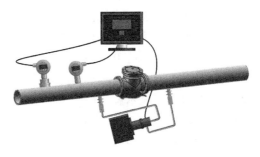

图2 旋起式止回阀结构

表1 装置主要参数

游管段规格	阀门规格	下游管段规格	主要功能
$\phi76mm\times5mm\times400mm$	$DN65mm\times290mm$	$\phi76mm\times5mm\times200mm$	温度、压力监测；流向监测报警；回流自动控制

2 流向在线识别及回流控制系统试验

根据一体化温度、压力、流向在线监测报警及回流自动控制工程样机结构图，选用满足目标监测集油管线服役条件的温度传感器($-50\sim100℃$)、压力传感器($0\sim6.0MPa$)、压差开关($0\sim100kPa$)旋启式止回阀(耐压$4.0MPa$)及监测显示等相关模块，进行了工程样机的研制，实物如图3所示。该装置功能可采用水平与竖直两种安装方式对集油管线介质的温度、压力、流向进行在线监测报警及回流的自动控制，并采用水作为试验介质，对水平与竖直两种安装方式的功能进行了验证试验。功能验证试验工况分布见表2。

图3 一体化温度、压力、流向在线监测报警及回流自动控制工程样机

表2 功能验证试验工况情况

序号	装置布置方向	流动方向	试验数量(组)	压力(MPa)
1	水平放置	正向流动	5	0.1~0.6
		反向流动	2	
2	竖直放置	正向流动	5	0.1~0.6
		反向流动	2	

2.1 水平安装方式

分别在 0.1~0.6MPa 条件下，测试了样机水平安装方式的温度、压力、流向监测报警及回流阀门的开闭功能情况。管道水平安装方式的正向流动和反向流动试验情况分别如图 4 和图 5 所示。正向流动条件，样机可实时显示介质温度（19.7℃、19.8℃、17.8℃、17.6℃、17.7℃）、压力（0.2MPa、0.25MPa、0.3MPa、0.42MPa、0.58MPa），流向监测报警指示灯关闭，止回阀开启且未发生回流，与实际情况一致，表明正向流动监测各项指标功能正常；反向流动条件，样机可实时显示温度（19.5℃、18.9℃）、压力（0MPa，实际为0MPa），流向监测报警指示灯 10s 内亮起，止回阀自动关闭，阻止介质回流，反向流动监测报警及回流控制各项指标功能正常。

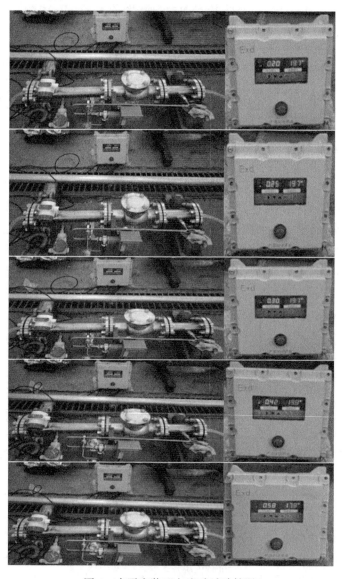

图 4 水平安装正向流动试验情况

图5 水平安装反向流动试验情况

2.2 竖直安装方式

分别在0.1~0.6MPa条件下，测试了样机竖直安装方式的温度、压力、流向监测报警及回流阀门的开闭功能情况。管道竖直安装方式的正向流动和反向流动试验情况分别如图6和图7所示。正向流动条件，样机可实时显示介质温度（18.1℃、17.9℃、17.7℃、）、压力（0.1MPa、0.25MPa、0.3MPa、0.4MPa、0.57MPa），流向监测报警指示灯关闭，止回阀开启且未发生回流，与实际情况一致，表明正向流动监测各项指标功能正常；反向流动条件，样机可实时显示温度（17.8℃、18.2℃）、压力（0MPa，实际为0MPa），流向监测报警指示灯10s内亮起，止回阀自动关闭，阻止介质回流，反向流动监测报警及回流控制各项指标功能正常。

图6 竖直安装正向流动试验情况

图 7　竖直安装反向流动试验情况

3　结论

本文提出集温度、压力、介质流向在线监测报警及回流自动控制功能于一体的在线监测控制方法，成功研制出一体化在线监测控制工程样机。通过试验验证本方法及样机在水平安装和竖直安装两种条件下均能准确可靠对集油管道介质流向进行在线监测报警与回流自动控制，报警时间小于10s。该方法具有灵敏度高、可靠性好、成本低及安装灵活的优点，有效解决现场缺乏一体化温度、压力、介质流向在线监测报警及回流自动控制技术与相应装置的工程问题，为油气田集油管线的高效安全服役提供了技术支撑。

参 考 文 献

[1] 张弢甲，富宽，刘胜楠，等．基于流量平衡法的泄漏识别改进算法[J]．管道技术与设备，2017（4）：5.

[2] 刘恩斌，彭善碧等．输油管道泄漏监测系统研究，石油工程建设，2004，30(6).

[3] YUAN F, ZENG Y, LUO R, et al. Numerical and experimental study on the generation and propagation of negative wave in high-pressure gas pipeline leakage[J]. Journal of Loss Prevention in the Process Industries, 2020, 65: 104129.

[4] 张欣．基于负压波法的输卤管道泄漏检测技术研究[D]．武汉：武汉理工大学，2018.

[5] Davoodi S, Mostafapour A. Gas leak locating in steel pipe using wavelet transform and cross-correlation method [J]. International Journal of Advanced Manufacturing Technology, 2014, 70 (5): 1125-1135.

[6] 纪健，李玉星，纪杰，等．基于光纤传感的管道泄漏检测技术对比[J]．油气储运，2018，37(4)：368-377.

[7] 李大鹏．分布式光纤温度传感技术及其在热力管道泄漏 监测中的应用研究[D]．南京：东南大学，2019.

[8] 胡炜杰，熊碧波，韦君婷，等．油气管道泄漏在线监测技术研究[J]．管道技术与设备，2022（5）：5.

电阻探针在油田站场生产设施腐蚀平台中的应用研究

渠 蒲 陈永浩 尹琦岭 王树涛 王清岭

(中国石油化工股份有限公司中原油田分公司)

摘 要：本文针对某油田站场生产设施，优选在线腐蚀监测技术，并进行适应性及经济性评价，实时监测、远程传输管道腐蚀速率变化情况，预测管道腐蚀趋势，实现油气设备腐蚀状态的动态量化评估、腐蚀监控预警、腐蚀数据集中管理和综合分析，提高腐蚀评估的准确性，保障长周期安全生产运行。

关键词：腐蚀；在线监测；适应性评价

随着油气田开发年限的延长，地面系统骨架工程已进入更新、维修期，改造投资逐年增大。主要表现在：设备陈旧老化、能耗高、效率低；管道腐蚀严重，危害安全生产。特别是腐蚀问题所导致的安全风险是企业的生命线，不但制约着开发效益的提高，而且关系到企业的生存及发展[1]。中原油田东濮老区自1975年发现发现濮参一井以来，已连续开采近50年，目前综合含水率已高达97%，站场生产设施因腐蚀发生泄漏、穿孔事件频繁，站场内数字化、信息化、智能化应用程度又偏低，事故隐患排查治理、事前预防能力严重不足。

因此，中原油田开展了油气站场生产设施腐蚀平台示范应用研究，选择在濮二联进行系统部署及运行，对于平台中关键的腐蚀数据录取，油田目前使用的是常规的失重挂片法[2]，其滞后的腐蚀数据，严重影响腐蚀评估的准确性，不能满足腐蚀平台要求，本文结合现场工况实际和经济性考虑，进行了在线电阻探针技术的研究和应用，通过开展室内对比实验、优化算法、探针形状等进一步提升了数据精度，以及在现场进行的监测点布局优化、安装应用试验，最终确定了适用于中原油田的腐蚀数据采集的方式，为下步油田油气站场实时管控腐蚀风险因素分析的准确性奠定了基础。

1 油气站场腐蚀现状

濮二联合站位于濮阳市范县，主要工艺流程为油藏经营管理区来液以及经三相分离处理后油、气、水，设计处理能力12000m³/d，设计处理油量700t/d，目前实际处理液量9227m³/d，进站含水率约98%，进站温度40℃，进站压力0.24MPa，外输含水率1.6%，外输温度85℃，外输压力0.5MPa。

濮二联合站主要腐蚀问题包括：罐体腐蚀穿孔、罐壁及罐顶锈蚀、外防腐层脱落；三相分离器减薄,管线、阀门、泵等腐蚀泄漏等。腐蚀每月均有发生,平均值高于 4.7,发生泄漏最多的为管线,其次是泵。近两年漏点情况统计如图 1 所示。

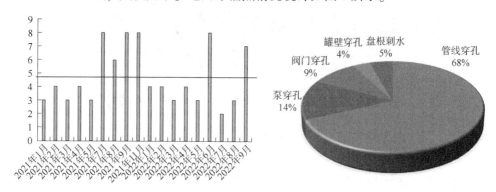

图 1　近两年的漏点情况统计图

2　在线监测技术优选

2.1　必要性

中原油田东濮老区腐蚀监测采用挂片失重法,其基本原理是通过将试件挂在管线内一定高度的位置,然后在一定时间内进行监测,通过分析挂片失重的质量来计算腐蚀速率。目前中原油田腐蚀监测周期为 3 个月,即每个监测部位每年只能获取 4 次腐蚀数据,传统的监测技术,只能得到累积的腐蚀速率,时效性差,难以实现实时监测,滞后的数据会对腐蚀评估平台造成误判,导致风险识别判断精准度下降,不能满足腐蚀评估平台要求。因此,需要选择在线腐蚀监测技术[3],实现实时监测,得到的瞬时腐蚀速率数据,有助于腐蚀评估平台随时根据因工况的改变,导致腐蚀速率变化,进行风险分析调整,实现实时预警机制。

2.2　优选电阻探针作为在线监测方式

在线腐蚀监测技术已经广泛应用于炼油、油气采输等多种工业领域[4],在线监测技术按照不同的适用范围、精度要求、成本费用等用于不同的工业现场。根据中原普光现场监检测应用技术经验[5],目前常用的在线监测技术为线性极化探针、电阻探针、电感探针、电指纹、氢探针等,由于现场工况为油气水介质,通过对适用范围、经济费用等综合因素分析,选用在线电阻探针监测技术,各类监测技术对比情况见表 1。

表 1　腐蚀监测技术对比分析

方法	监测原理	特点	检出信息	适用对象	结果解释
电阻探针法	根据腐蚀造成电阻探针的电阻变化测量腐蚀速率	较快速、应用灵活,适用于任何介质	连续监测、平均腐蚀速率	任意介质	容易
电感探针法	感抗的变化测定敏感元件厚度的减少测试	响应时间快,费用较电阻法略高	连续监测、平均腐蚀速率	任意介质	容易
线性极化电阻法	根据腐蚀过程中极化探针表面极化电阻变化测量腐蚀速率	快速、应用灵活	连续的腐蚀速率	电解质	较易,存在干扰

方法	监测原理	特点	检出信息	适用对象	结果解释
氢渗透法	通过测量渗透到氢探针中的氢分子量计算氢渗透率	需时较长	氢渗透速率	任意介质	较易
FSM法	根据特制的测试管段上多点电位变化测量腐蚀速率	费用昂贵	腐蚀速度 管线缺陷	任意介质	较复杂

3 "蚊香"型电阻探针优化设计

3.1 现有探针存在的不足

电阻探针工作原理是在电阻探针丝长度不变的前提下，截面积与电阻的线形关系得出的腐蚀速率。根据其原理，逐步试验优化应用后，均取得了较好的应用效果[6]。但结合中原油田后期开采高含水、低 pH、高 Cl^- 易发生点蚀的特点，目前市面上常用的棒式电阻探针在出现点蚀或断裂长度变化后，将会存在严重数据误差，同时，对于电阻探针运行中，会产生随机误差和系统误差等原因，使得每次测定的腐蚀深度值不一致，导致测量结果波动较大。

3.2 电阻探针结构优化设计

结合中原油田高矿化度、高氯离子的特性，失重挂片表面易形成深 V 形严重点蚀及腐蚀产物附着后造成垢下腐蚀。电阻探针常用的棒状结构，与失重挂片情况类似，长时间使用后将可能存在断裂、腐蚀产物附着导致数据失真，同时探针垂直插入管线内部，与介质流向垂直，流速的改变可能出现冲蚀现象，为消除此影响，将探针形状设计成平面"蚊香"形状，这样探针与介质流向一致，可防止探针收到正面冲刷，同时探针垂直向下表面与介质流向一致后，在其表面形成的垢可被清除，进而真实的反应管线内介质的腐蚀速率。

3.3 电阻探针数据优化处理

探针形状改变后，为保证"蚊香"形探针精度，将试棒进行了最大程度的加粗，提高其有效长度，再通过与失重挂片的室内对比实验，对得到的数据进行对齐、清洗、分析，筛除无效数据，获取蚊香型探针的腐蚀损坏规律[7]，随后，结合现场加有缓蚀剂的实际情况，再次试验了缓蚀剂加注后蚊香型探针与失重挂片的数据对比，进一步剔除离群值，将所有数据平滑处理后，确定出一元线性拟合方程式，确保现场应用达到满意效果。

根据试验结果：电阻探针测试的腐蚀速率数据与挂片数据能够得到很好的拟合，挂片数据基本处于探针数据的 95% 置信区间。通过进一步试验可以看出，电阻探针累计腐蚀速率与挂片腐蚀速率一致，瞬时腐蚀速率低于累计腐蚀速率平稳波动。

4 现场应用

由于濮二联站场内部分阀组管线使用柔性复合管、来水管线采用了玻璃钢材质，不适宜在这类部位安装在线电阻探针，需选择金属管线部位，同时配合在线测厚装置，对管线腐蚀进行实时监测，最终确定在具有代表性的濮二联东五线来油阀组、滤后水、濮三联原油外输部位，进行监测布局，获取整个系统的腐蚀数据。监测布局图如图 2 所示，挂片数据对比见表 2。

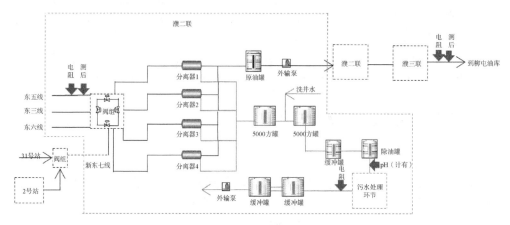

图 2　监测布局

表 2　挂片数据对比　　　　　　　　　　　　（单位：mm/a）

部位	监测方式	瞬时速率	累计速率
濮二联东五线来油阀组	失重挂片	0.0158	
	电阻探针	0.0045	0.0162
濮二联滤后水	失重挂片	0.0410	
	电阻探针	0.0104	0.0473
濮三联原油外输	失重挂片	0.0031	
	电阻探针	0.0012	0.0047

5　结论

（1）通过改变电阻探针形状，可以更好的贴合现场实际，提高电阻探针的可靠性，消除点蚀断裂、冲刷、结垢等不利因素，使得电阻探针能够更好的满足测量需求。

（2）对电阻探针因形状改变后造成的误差，通过室内对比实验，将改进后的电阻探针测试的腐蚀速率数据在实验室与挂片数据进行拟合，最终得到电阻探针累计腐蚀速率与挂片腐蚀速率一致的结果，同时瞬时腐蚀速率数据可作为工况变化后引起腐蚀变化的动态评价指标，为及时采取腐蚀措施提供指导。

参　考　文　献

[1] 罗沿予．石油化工设备的腐蚀与质量防护[J]石油石化物资采购，2019(7)：9-11.

[2] 汤天遴，高亚楠，石伟，等．腐蚀监测技术在中原油田的应用[J]腐蚀科学与防护技术，2003(25)：1-2.

[3] 盛长松，李选亭，晁君瑞，等．在线腐蚀监检测器的研究与应用[J]石油化工腐蚀与防护，2011.28(3)：8-11.

［4］杨晓惠，饶雯阳，王燕楠．在线腐蚀监测技术在石化行业中的应用［J］石油化工腐蚀与防护，2011.28（3）：40-43.

［5］李海凤．普光气田腐蚀监检测技术应用现状及效果分析［J］石油化工腐蚀与防护，2018，35（4）：6-9.

［6］王志彬，万泽贵，王新凯，等．提高电阻探针腐蚀在线监测精度的措施．［J］.石油化工腐蚀与防护，2008，25（5）：48-51.

［7］郑丽群．电阻探针实时监测数据的误差分析与处理［J］.石油化工腐蚀与防护，2010，27（2）：31-35.

地铁杂散电流对埋地管道腐蚀电位和
管中电流分布的影响规律

唐德志[1]　张维智[2,3]　张文艳[4]　谷　坛[1]

(1. 中国石油规划总院；2. 中国科学技术大学材料科学与工程学院；
3. 中国石油天然气股份有限公司油气和新能源分公司；
4. 中国石油西南油气田分公司)

摘　要：本文以某遭受地铁杂散电流干扰的输气管道为研究对象，利用现场实验和理论分析相结合的方法进行了动态直流杂散电流对临近油气管道沿线腐蚀电位和管中电流的影响规律研究。结果表明，地铁对管道的影响范围可达几十公里，且其干扰强度随着管道与干扰源距离的减小而逐渐增强，随着管道防腐层性能的加强而增大。此外，管道和地铁的相对位置对管道沿线电流和腐蚀电位的分布有着非常重要影响：当管道一端与地铁靠近但不相交时，在同一时刻，存在一个分界点，在该分界点上下游管道电流流向相反，管道电位波动方向相反，同时最靠近干扰源端管道电流、电位会达到极值，此时管道沿线腐蚀电位分布呈现出"S"形或者反"S"形；当管道与地铁交叉时，在同一时刻，交叉处管道电流流向相同，交叉处往管道上下游方向各存在一个分界点，该分界面上下游管道电流流向相反，此时管道沿线电位分布呈现出"草帽状"或"漏斗状"。

关键词：地铁杂散电流；油气管道；干扰范围；电流和电位分布规律

随着我国城市建设的不断推进，对城市轨道交通和能源的需求越来越大，城市地铁和油气管道得到了大规模发展。截至 2017 年 2 月，全国已开通地铁的城市达 30 个，累积里程高达 4152.8km；油气管道总长度已超过 $12×10^4$km。到"十三五"末，预计全国开通地铁的城市将超过 50 个，累积里程超过 6000km，全国油气长输管道将超 $16×10^4$km。由于地理位置的限制，地铁不可避免地与油气管道邻近铺设。管道遭受的地铁杂散电流干扰越来越严重。目前相继在北京、天津、上海、深圳、广州等报道了油气管道遭受地铁杂散电流干扰的情况[1-3]。地铁杂散电流干扰不但会导致管道阴极保护电位发生高频波动，在电流流出点加速管道的腐蚀，在电流流入点可能导致管道防腐涂层的剥离，还会影响恒电位仪的正常运行，加速管道牺牲阳极的消耗速率[2,4-5]。

目前围绕地铁杂散电流干扰开展了部分研究，但主要集中的地铁杂散电流干扰的防护措施上。常用的杂散电流干扰缓解措施包括强制排流、牺牲阳极直接排流、极性排流以及接地排流等[1,6-7]。围绕这些措施，学者们开展了它们在地铁杂散电流干扰缓解中的适用性研究。马晓华[3]利用极性排流和阴极保护联合使用的方法对上海虹桥机场航煤油管道进行了防护，取得了一定的效果，提出以"排流为主，阴极保护为辅"的综合防护措施。张维[7]通过对上海燃气管道地铁杂散电流干扰的防护设计，提出了牺牲阳极保护方法，但其有效性需要进一步的研究。颜达峰[8]等人针对地铁维修基地杂散电流对上海燃气管道的干扰缓解措施进行了研究，提出了加强地铁绝缘性管理、变电站接地极的测试与管理以及管道排流等综合防护措施。然而，值得注意的是，目前地铁杂散电流对附近管道干扰规律的研究较少。孟庆思[2]等人针对深圳地铁杂散电流对附近埋地管道的影响，结果表明管道与地铁距离越近，管道受干扰程度越强，在相同距离下，管道与地铁交叉时的干扰程度比并行时的干扰程度更严重。同时作者指出，管道与地铁距离较近的点是检测和排流的重点区域。值得注意的是，除了地铁与管道距离较近的点是后期监检测和排流的重点区域，是否存在其他风险较高区域，相关的研究未能清楚解决该问题，使得地铁杂散电流干扰缓解措施的设计存在一定的盲目性。

为了给地铁杂散电流干扰的排流设计提供数据参考，本文以某段遭受地铁杂散电流干扰的输气管道为研究对象，开展了地铁杂散电流对埋地管道电位分布的影响规律研究。如图1所示，该段输气管道在00#测试桩位置与地铁A号线交叉，在交叉点上游位置有一个绝缘接头（S09绝缘接头），在绝缘接头外侧有地铁B号线。该段输气管线与地铁B号线靠近但并未交叉，两者最近间距约为1.5km，管道同时遭受这两条地铁的干扰。为了弄清该段管道的地铁杂散电流干扰风险，进行了现场测试和理论分析，其研究结果可为后期相关研究提供借鉴。

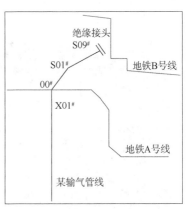

图1 某输气管线与地铁
相对位置关系图

1 试验过程及方法

1.1 阴极保护检查片的制备

本文采用的阴极保护检查片是从一根正在服役的Q235钢管道中截取而来，其化学组成为[%（质量分数）]：Mn 0.42，C 0.16，Si 0.1，S 0.039，P 0.024，其余为Fe。将其加工成直径分别为7.98mm、11.3mm、28.8mm、35.7mm、50.5mm，高度为10mm的圆柱形试样，在试样其中一个底面中间钻一个螺纹孔，用钢制螺钉与其电连接，同时用铜导线与钢制螺钉焊接，并用环氧树脂将其密封，留出另一个底面（面积分别为0.5cm²、1cm²、6.5cm²、10cm²以及20cm²）作为工作面。密封过程需要谨慎，以免形成气孔或裂纹。分别用360#、600#以及800#的SiC砂纸将阴极保护检查片的工作面逐渐打磨光滑，去离子水冲洗干净后于丙酮中超声波水浴清洗10min，然后用无水乙醇清洗，吹干，备用。

1.2 管道沿线腐蚀电位测试

为了弄清地铁杂散电流对该输气管道沿线腐蚀电位的影响规律，利用 UDL1 数据记录仪进行了无阴极保护下管道沿线腐蚀电位的 24h 测试。测试前，先将管线的阴极保护系统关闭，待管线充分去极化后（24h 以上）在管道沿线布置 UDL1 数据记录仪。为了尽量降低 IR 降，将硫酸铜参比电极通过参比管尽量靠近管道。管道腐蚀电位的测试时间为 24h，采样频率为 1Hz。

1.3 阴极保护检查片极化测试

为了弄清管道防腐涂层对其地铁杂散电流干扰的影响，在受干扰管线 00# 测试桩处（即管道与地铁交叉位置）与管道同深位置埋设了面积大小不同的 5 种阴极保护检查片（面积分别为 0.5cm²、1cm²、6.5cm²、10cm² 以及 20cm²），如图 2 所示。为了降低测量误差，在每个试片附近预埋设了一根 PVC 参比管，但参比管的位置不应妨碍电流的流动，如图 3 所示。待试片埋设完毕后，将其与管道进行电连接，充分极化 48h 后，用 GPS 试片断路器和 UDL1 数据记录仪联合取数的方法进行 5 个试片通断电电位的同步记录。

图 2 阴极保护检查片现场埋设情况

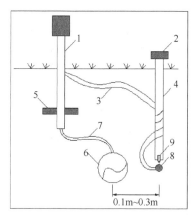

图 3 带参比管的检查片
1—测试桩；2—端帽；3—检查片电缆；
4—PVC 参比管；5—基墩；6—测试电缆；
7—管道；8—阴极保护检查片；9—参比电极

2 试验结果与讨论

2.1 无阴极保护下管道沿线腐蚀电位测试结果

图 4 显示了无阴极保护下管道沿线腐蚀电位 24h 测试结果。可以看出，白天 5：30—23：30 管道腐蚀电位发生了明显的正向和负向波动，且波动频率很高，波动幅度较大，呈现出典型的动态直流干扰特征；晚上 0：00—5：00 管道腐蚀电位较为稳定，部分时间段出现了小幅度的波动，这可能是由于夜间地铁的检修与列车入库引起的[8]。

为了更好地弄清地铁杂散电流干扰下管道沿线电位的波动情况，对管道电位的最大值、最小值以及平均值进行了统计，统计结果如图 5 所示。可以看出，越靠近地铁段，管道电位波动幅值越大(如 S07#~X07#测试桩),管道腐蚀电位正向波动最大值达+2V$_{CSE}$,负向波动最大值超过-4V$_{CSE}$,波动最大位置为 00#测试桩处(即管道与地铁交叉点位置)。随着管道距离地铁越来越远,管道腐蚀电位波动幅值逐渐降低,当管道距离地铁 15km(如X15#测试桩)时,管道电位正向、负向波动幅值显著降低,但仍然较达,管道腐蚀电位基本在-1.5~0V$_{CSE}$之间波动;当管道距离地铁 27km 时(如 X27#测试桩),管道电位波动幅值进一步减小,在-1.1~-0.6V$_{CSE}$之间波动。该段管道遭受地铁干扰的影响范围表明,地铁干扰的影响范围至少可达到 27km。为了对地铁动态直流干扰的特征进行进一步的分析,将无阴极保护下管道 8 个测试桩处管道电位随时间的波动进行了统一化处理,结果如图 6 所示。可以看出,管线沿线腐蚀电位的波动非常同步,主要在白天 5:30—23:30 之间波动,晚上也有部分波动。

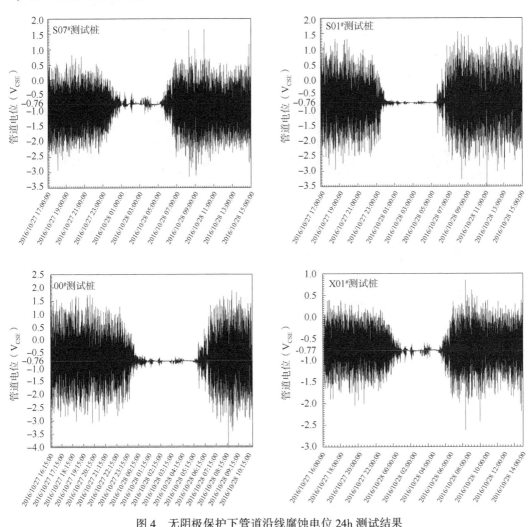

图 4　无阴极保护下管道沿线腐蚀电位 24h 测试结果

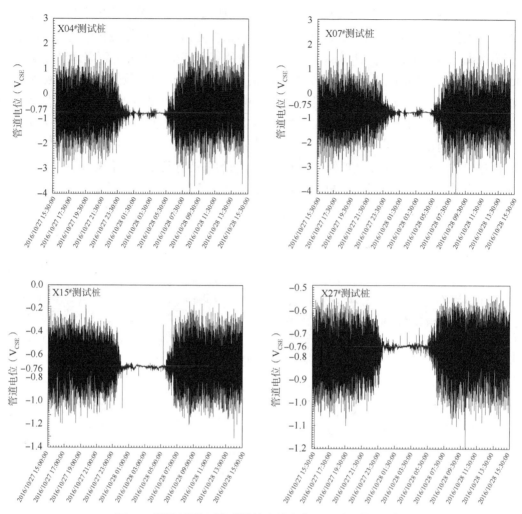

图 4   无阴极保护下管道沿线腐蚀电位 24h 测试结果(续)

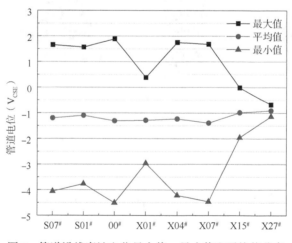

图 5   管道沿线腐蚀电位最大值、最小值和平均值分布

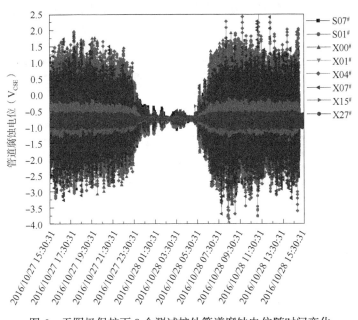

图 6　无阴极保护下 8 个测试桩处管道腐蚀电位随时间变化

　　图 7 显示了无阴极保护下晚上 17：10：20—17：10：30 期间管道沿线测得的腐蚀电位图。可以看出在 17：10：20—17：10：30 期间，从距离地铁 B 号线最近的 S07# 测试桩开始，一直到 X07# 测试桩，管道腐蚀电位相对于自腐蚀电位($-0.75\text{V}_{\text{CSE}}$左右)均发生负向偏移，表明在该段时间内有电流流入管道，同时随着管道与地铁 B 号线距离的增大，管道腐蚀电位偏移量逐渐减小，表明流入管道的直流电流随着管道与地铁 B 号线距离的增大而逐渐减小。流入电流最大位置为 S07# 测试桩位置，而该位置距离地铁 B 号线最近，从前面的分析结果可知，距离地铁最近位置，管道受干扰程度最大。换句话说，此时的干扰是由地铁 B 号线引起的，否则受干扰最大位置不应为 S07# 测试桩，而是 00# 测试桩。此外，从 X15# 测试桩开始一直到 X27# 测试桩处，管道腐蚀电位相对于自腐蚀电位发生正向偏移，表明在该段时间内有直流电流流出管道。基于以上的分析，得出了在 17：10：20—17：10：30 实际段内，管道沿线直流杂散电流流向图，如图 7 所示。当管道一端与地铁(干扰源)靠近而不交叉时，最靠近地铁处管道的受干扰程度最大，且从该位置开始的一段管道(从 S07# ~ X07# 测试桩)，电流流向相同，均为流入管道，随着管道与地铁距离的增大，流入管道的杂散电流逐渐减小；当管道与地铁距离增大到一定距离时，杂散电流从管道流出。

　　图 8 显示了晚上 18：32：30—18：32：40 时间段内无阴极保护下管道沿线腐蚀电位测试结果。可以看出，S07# 测试桩处管道腐蚀电位相对于自腐蚀电位发生负向偏移，表明此时有直流电流从 S07# 测试桩处流入管道，而从 S01# 测试桩开始一直到 X15# 测试桩处，管道腐蚀电位相对于自腐蚀电位均发生正向偏移，表明在该段时间内，杂散电流从 S01# ~ X15# 测试桩之间管道流出，同时管道自腐蚀电位偏移量最大位置为管道与地铁 A 号线的交叉处(即 00# 测试桩)，故此时管道主要受地铁 A 号线的干扰。此外，随着管道逐渐远离交叉点(00# 测试桩)位置，管道腐蚀电位的偏移量逐渐减小。当管道与地铁 A 号线的距离达到约

27km 时（即 X27# 测试桩），管道腐蚀电位突然负向偏移，表明有直流杂散电流从 X27# 号测试桩处流出。

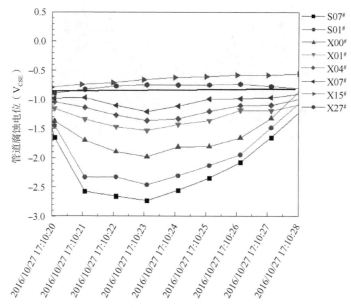

图7　无阴极保护下8个测试桩处管道腐蚀电位随时间变化放大图（17：10：20—17：10：30）

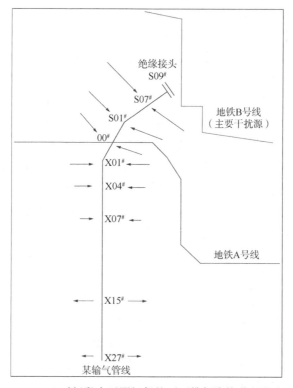

图8　17：30：20—17：30：30 时间段内无阴极保护下两佛复线管道电流流入流出情况示意图

　　根据前面的分析，得到了如图9所示的管道沿线电流流向图。可以看出，当管道与地铁交叉时，在交流点处管道流出(或者流入)电流最大，且交叉点附近上下游管道沿线电流流向相同，均为流出管道(或者均为流入管道)，且随着管道与交叉点距离的增大，流出(或者流入)的电流逐渐减小。同时在远离地铁的管道两端(如S07#测试桩和X27#测试桩处)，管内杂散电流的流向相同且与交叉点附近电流流向相反。

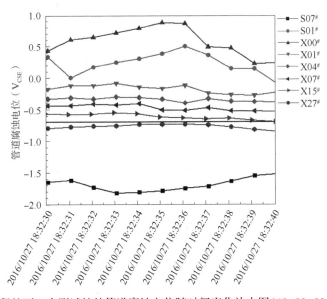

图9　无阴极保护下8个测试桩处管道腐蚀电位随时间变化放大图(18∶32∶30—18∶32∶40)

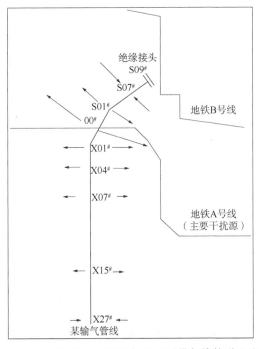

图10　18∶32∶30—18∶32∶40时间段内无阴极保护下两佛复线管道电流流入流出情况示意图

　　按照前面的分析方法，将其他部分时刻管道沿线电流的流向进行了统计，统计结果见表 1。根据表 1 的结果，给出了每一时刻管道主要干扰源与管道流入流出电流分布的相对关系图，如图 11 所示。从图 11 可知，当地铁与处于管道一端，但并未与管道交叉时（如地铁 B 号线），在靠近地铁端管道电流的方向与远离地铁端管道电流方向相反，同时在靠近地铁端管道存在一个分界点，分界点前后位置管道电流流向相反。当管道遭受地铁 B 号线干扰时，该分界点处于 S07#~S01# 测试桩之间，流入、流出最大电流出现在 S07#测试桩和 X04#测试桩位置。

表 1　无阴极保护下不同时间段内管道沿线电流分布统计表

时间段	S07#	S01#	00#	X01#	X04#	X07#	X15#	X27#	流出最大位置	流入最大位置	主要干扰源
17：10：20—17：10：30	流入	流入	流入	流入	流入	流入	流出	流出	S07#	X04#	地铁 B 号线
17：30：30—17：30：40	流入	流出	流出	流出	流出	流出	流出	流出	X04#	S07#	地铁 B 号线
17：52：30—17：52：40	流出	流入	流入	流入	流入	流入	流入		S07#	X07#	地铁 B 号线
09：04：30—09：04：40	流入	流出	流出	流出	流出	流出	流出	流出	X04#	S07#	地铁 B 号线
09：39：40—09：39：50	流入	流入	流出	流出	流出	流出	流出	流出	X04#	S07#	地铁 B 号线
17：40：35—17：40：45	流出	流入	流入	流入	流入	流入	流入	流入	X07#	00#	地铁 A 号线
18：32：30—18：32：40	流入	流入	流出	流入	流入	流入	流入	流入	00#	S07#	地铁 A 号线
19：35：20—19：35：30	流入	流入	流出	流出	流入	流入	流入	流入	00#	X15#	地铁 A 号线
09：09：20—09：09：30	流入	流出	流出	流出	流出	流出	流出	流出	00#	S07#	地铁 A 号线
09：19：20—09：19：30	流入	流出	流出	流出	流出	流出	流出	流出	00#	S07#	地铁 A 号线
10：10：30—10：10：40	流入	流出	流出	流出	流入	流入	流出	流入	00#	S07#	地铁 A 号线

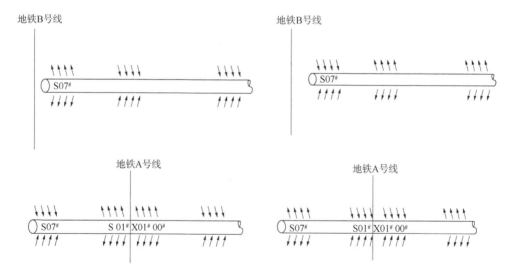

图 11　地铁与管道相对位置对管道沿线电流分布的影响

当地铁与管道交叉时(如地铁 A 号线),在管道和地铁交叉位置上下游管道电流流向相同,且远离地铁管道两端位置电流流向也相同,但其电流流向与交叉处管道电流流向相反。同时管道与地铁交叉位置管中电流流入(或者流出)最大的位置之一。

图 12 显示了不同时刻内管道沿线腐蚀电位的分布情况。其中图 12(a)显示了晚上 17:10:20—17:10:28 时间段内的管道沿线腐蚀电位分布情况。从图 7 和图 8 的分析结果可知,在该段时间内管道主要遭受地铁 B 号线的干扰,即管道与地铁靠近而未交叉。从图 12(a)中管道沿线电位分布规律可知,无论在哪一个时刻,最靠近地铁位置管道腐蚀电位相对自腐蚀电位波动最大,且随着管道逐渐远离地铁,管道腐蚀电位波动逐渐减小,当管道与地铁距离达到一定值时,管道腐蚀电位波动方向突然发生变化,由负向波动突然变为正向波动。当管道与地铁交叉时,即图 12(b)中显示的情况,在交叉点位置管道腐蚀电位波动最大,该位置上下游管道腐蚀电位波动方向相同,均为正向波动,且随着管道与地铁距离的逐渐增大,管道腐蚀电位波动逐渐降低,当达到一定距离后,上下游管道各存在一个腐蚀电位波动分界点,在该分界点上下游管道腐蚀电位波动方向相反。

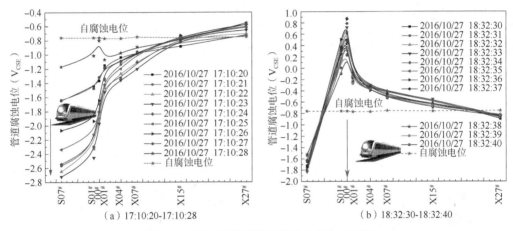

图 12　不同时刻管道沿线腐蚀电位分布情况

基于图 12 的分析,同时结合图 11 的结果可知:当地铁处于管道一端但未与管道交叉时,在靠近地铁端(如 S07$^#$测试桩)和另外一个电流流入(或者流出)最大位置(如 X04$^#$测试桩)管道电位波动均会达到极值,但两者的波动方向相反,当管道远离地铁一定距离后,管道电位波动逐渐减小,最终至无波动,此时管道沿线腐蚀电位分布如图 13 左图所示;当地铁与管道交叉时(如地铁 A 号线),管道与地铁交叉点位置管道腐蚀电位波动幅值最大,且交叉点上下游管道电位波动方向相同,随后上下游管道腐蚀电位波动逐渐各出现一个分界点,分界点前后管道电位波动方向相反,管道沿线电位出现一个"草帽状"或者"漏斗状",如图 13 所示。

2.2　阴极保护检查片极化测试结果

图 14 显示了 5 种极化试片断电电位的分布情况。可以看出,5 种试片断电电位均随着时间发生明显的波动,但随着试片面积的逐渐减小,试片断电电位逐渐发生正向偏移。换句话说,试片的干扰风险随着其面积的减小而逐渐增大。同时,值得注意的是,0.5cm2 试片断电电位最正值(-0.6V CSE),明显比其他几试片更正。为了弄清 5 种试片的腐蚀

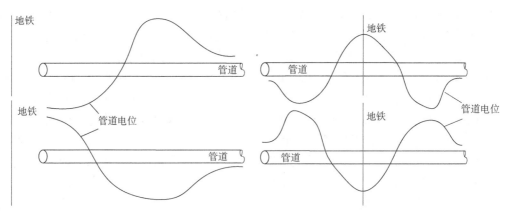

图 13　管道与地铁相对位置对管道沿线电位分布的影响

风险，根据国标 GB/T 21448—2008 进行了腐蚀风险评价，评价结果如图 15 所示。根据国标 GB/T 21448—2008 的要求：电位正于保护准则的时间不应超过测试时间的 5%；电位正于保护准则+50mV（对钢铁构筑物电位为−800mV）的时间不应超过测试时间的 2%；电位应正于保护准则+100mV（对钢铁构筑物电位为−750mV）的时间不应超过测时间的 1%，如图中的黑色柱状图所示。相比之下，5 种极化试片的腐蚀风险远远高于国标的要求。同时随着试片面积的增大，其腐蚀风险逐渐降低。

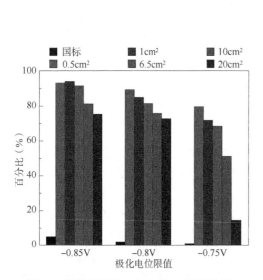

图 14　不同面积检查片极化电位测试结果

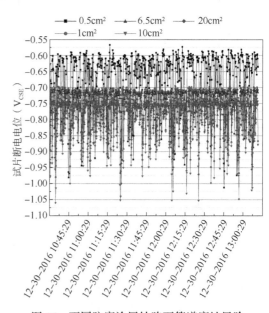

图 15　不同防腐涂层缺陷下管道腐蚀风险

　　从前面的分析可以看出，在相同条件下，好涂层（缺陷少且小）管道的地铁杂散电流干扰风险要比差涂层（缺陷多且大）要高，且随着管道防腐涂层性能的逐渐加强，其地铁杂散电流干扰风险逐渐增大。

3 结论

本文通过现场试验和测试开展了地铁杂散电流对埋地管道沿线腐蚀电位和管中电流分布的影响规律研究，结果发现：

（1）地铁杂散电流对附近埋地管道的干扰范围可超过 34km，且其干扰程度随着管道防腐涂层绝缘性能的增强而增大。

（2）在地铁杂散电流干扰下，埋地管道腐蚀电位发生高频正向和负向波动，管道腐蚀电位正向波动最大可波动至 $+2V_{CSE}$，负向波动最负可波动至 $-4.5V_{CSE}$。

（3）管道与地铁相对位置对管道沿线腐蚀电位的分布有较大影响：当管道一端与管道靠近而不交叉时，最靠近地铁端管道腐蚀电位波动幅值最大，随着管道与地铁距离的逐渐增大，管道腐蚀电位波动逐渐减小，达到一定距离后，管道腐蚀电位波动方向突然反向，而后逐渐达到反向极值，当管道与地铁距离超出其干扰范围后，管道腐蚀电位逐渐恢复正常，此时管道沿线腐蚀电位分布呈现出"S"形或者反"S"形；当管道与地铁交叉时，在交叉点位置管道腐蚀电位波动幅值最大，交叉点上下游管道腐蚀电位波动方向相同，且随着管道逐渐远离地铁，管道腐蚀电位波动幅值逐渐减小，达到一定距离后，上下游管道腐蚀电位波动均出现一个分界点，在该分界点上下游管道腐蚀电位波动方向相反，此时管道沿线电位分布呈"草帽状"或者"漏斗状"。

（4）管道与地铁相对位置对管道沿线电流分布有较大影响：当管道一端与地铁靠近而不交叉时，靠近地铁端和远离地铁端管道电流流向相反，此时管道沿线有 2 个位置流入（或者流出）电流达到极值，分别是最靠近地铁端的位置和远离地铁端的某个位置；当管道与地铁交叉时，交叉点位置上下游管道电流流向相同，且上下游管道各存在一个电流流向分界点，在该分界点上下游管道电流流向相反，此时管道沿线有 3 个位置流入（或者流出）电流达到极值，分别是交叉点位置和交叉点位置上下游管道各存在一个位置。

参 考 文 献

[1] 张春苗，王昌吉. 地铁杂散电流腐蚀及其防护措施[J]. 西部探矿工程，2006，125（9）：247-250.

[2] 孟庆思，杜艳霞，董亮，等. 埋地管道地铁杂散电流干扰的测试技术[J]. 腐蚀与防护，2016，37（5）：355-359.

[3] 马晓华. 上海虹桥机场航运油输送管道受地铁杂散电流干扰的检测与防护[J]. 腐蚀与防护，2016，37（5）：364-367.

[4] 颜达峰，刘乃勇，袁鹏斌，等. 地铁维修基地杂散电流对埋地钢制管道的腐蚀及防护措施[J]. 腐蚀与防护，2013，34（8）：739-742.

[5] 董亮，姜子涛，杜艳霞，等. 地铁杂散电流对管道牺牲阳极的影响及防护[J]. 石油学报，2016，37（1）：117-124.

[6] 程善胜，张力君，杨安辉. 地铁直流杂散电流对埋地金属管道的腐蚀[J]. 煤气与热力，2003，23（7）：435-437.

[7] 张维. 轨道交通杂散电流对埋地燃气钢制管道的干扰[J]. 公共事业，2012，26（3）：44-48.

川南某页岩气田外输管线缺陷点分析和防腐措施研究

杨 娜

（中国石化西南油气分公司）

摘 要：针对川南某页岩气田外输管线存在缺陷点的问题，通过开展多相流模拟得到管线内部流动状态，利用腐蚀预测模型预测管线腐蚀速率并计算出剩余寿命，最后提出防腐措施。研究结果表明，此页岩气田外输管线94.44%的缺陷点均位于液体流速低持液率高的低洼爬坡段，预测管线腐蚀最严重处腐蚀速率为1.1602mm/a，剩余寿命为2.5年，最后提出"冲蚀防控+杀菌缓蚀剂+管道修复+定期清管+腐蚀监测"的腐蚀防护措施，降低管道腐蚀穿孔频次，保障气田安全高效运行。

关键词：缺陷点；内部流动状态；腐蚀速率；剩余寿命；防腐措施

页岩气是存在于以有机页岩为主的储层岩系中的非常规天然气，与常规天然气相比，页岩气开采的条件和技术更为严格[1]。水平井压裂、水力压裂、超临界CO_2压裂技术提高了页岩气的产量，然而，在使用过程中，由于页岩气管线所处的环境复杂、恶劣，往往会发生严重的腐蚀，影响管线的安全运行和气田生产。

1 概述

川南某页岩气田具有"三高一长"的生产特征，"三高"即高产液、高温、高递减，"一长"即低压低产阶段生产时间长。规模上产1~2年后地面集输流程开始出现腐蚀穿孔，外输管线中也出现较多腐蚀缺陷点(图1)，同时长期未对缺陷点的内部流动状态进行深入研究，现场的腐蚀防控措施也有待优化，随着管线运行时间的延长，腐蚀穿孔风险逐渐增大。

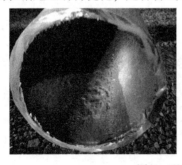

图1 现场管线腐蚀坑

目前国内外已有很多学者对页岩气管线的腐蚀原因进行了深入研究。文崶等人[2]分析了川渝某页岩气失效管段理化性能和腐蚀产物，认为输送介质中的 CO_2 和返排液中高含量的硫酸盐还原菌（SRB）是造成管道腐蚀穿孔的重要原因；Liao Kexi 等人[3]通过现场数据和实验对页岩气集输管道腐蚀机理进行了研究，研究表明页岩气管道腐蚀是由于 CO_2、O_2 和 SRB 等多种腐蚀介质在 Cl^- 和低液体流速的促进下引起的。王腾等人[4]开展了威荣气田管线材质检测和腐蚀产物分析，研究表明威荣页岩气田管线频繁发生穿孔泄漏是由于冲刷腐蚀、CO_2 腐蚀和细菌腐蚀共同作用引起的；青松铸等人[5]通过对长宁页岩气田穿孔管道及输送介质取样分析，得出造成长宁页岩气管线腐蚀的主要原因是 SRB 细菌、CO_2 和 Cl^- 的协同作用；Wu Guiyang 等人[6]通过对川南页岩气田的腐蚀产物和腐蚀环境进行分析，得出 SRB 是页岩气管道腐蚀穿孔的主要原因之一，CO_2 促进细菌膜的形成，加速腐蚀；Liao Wenzhi 等人[7]通过模拟页岩气生产环境，研究了砂层和硫酸盐还原菌对 X65 管线钢的协同作用。结果表明：砂沉积与硫酸盐还原菌（SRB）共存，使均匀腐蚀速率降低 63%，局部腐蚀速率提高 183%；王雷[8]等人分析了威远区块页岩气田管线失效部位的腐蚀形貌、腐蚀产物、穿孔位置等因素，得出硫酸盐还原菌（SRB）、焊缝、砂粒是导致管线腐蚀穿孔的主要原因。

目前国内外针对页岩气管线的腐蚀原因和防腐措施进行了大量的研究，但是对页岩气管线的内部流动状态规律、腐蚀速率与测和剩余寿命计算等方面研究较少。因此通过研究，分析川南某页岩气管线缺陷点内部流动状态，预测管线腐蚀速率和剩余寿命，提出腐蚀防护措施，降低管线腐蚀穿孔频次，有利于提高页岩气田地面生产系统的技术水平、安全水平及经济效益。

2 管线缺陷点基本信息

根据内检测数据，共对川南某页岩气田外输管线缺陷深度超过 28% 的 18 个缺陷点进行了开挖补强，对这些缺陷点的位置分布和时钟方向进行统计分析。

2.1 缺陷点开挖信息

外输管线 18 个缺陷点的开挖信息见表 1。

表 1 外输管线缺陷点基本信息

序号	距起点距离（m）	损失深度（mm）	剩余壁厚（mm）	时钟方向	开挖时间
1	216.37	3.77	3.23	5：40	2022 年 7 月
2	300.92	1.79	5.21	6：00	2022 年 7 月
3	301.04	1.71	5.29	6：10	2022 年 7 月
4	2087.89	2.90	4.10	4：10	2022 年 7 月
5	3193.04	2.00	5.00	6：20	2022 年 7 月
6	3581.06	2.12	4.88	5：20	2022 年 7 月
7	3581.35	3.63	3.37	5：30	2022 年 7 月
8	3581.35	2.12	4.88	6：30	2022 年 7 月
9	3609.34	4.60	2.40	5：45	2022 年 7 月
10	3611.58	4.10	2.90	5：50	2022 年 7 月

续表

序号	距起点距离（m）	损失深度（mm）	剩余壁厚（mm）	时钟方向	开挖时间
11	4115.35	2.10	4.90	7：10	2022年7月
12	4135.42	3.10	3.90	5：50	2022年7月
13	4385.14	2.60	4.40	6：10	2022年7月
14	4439.33	3.20	3.80	6：10	2022年7月
15	4510.88	2.10	4.90	5：50	2022年7月
16	4514.84	2.40	4.60	7：30	2022年7月
17	4582.83	4.25	2.75	6：10	2022年7月
18	4620	7.00	0.00	6：30	2022年9月

根据此外输管线的高程里程信息做出管线高程图，缺陷点位置如图2所示。管线最低海拔309.10m，最高海拔359.64m，最大高程差50.54m。集气管道高低起伏，输送天然气流速低于临界携液能力时，低洼处容易积液。管线开挖时间为2022年7月和9月，18个缺陷点中有17个点均位于管线上坡段（红点），只有1个点位于管线下坡段（黄点），缺陷点时钟方位均位于4~8点钟方向。

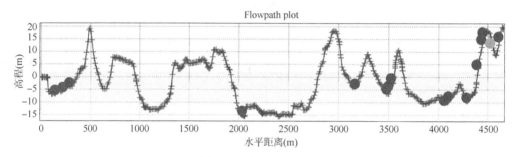

图2　缺陷点位置分布

2.2　基本信息统计分析

外输管线18个缺陷点的缺陷类型均属于内部金属损失，从缺陷点的位置分布和时钟方向分布的统计分析可以看出，94.44%的缺陷点均位于管线上坡段，44.44%的缺陷点时钟方向位于5~6点钟方向，38.89%的缺陷点时钟方向位于6~7点钟方向，占比最多的时钟方向为5~7点钟，因此大部分缺陷点位于5~7点钟方向的上坡管段。

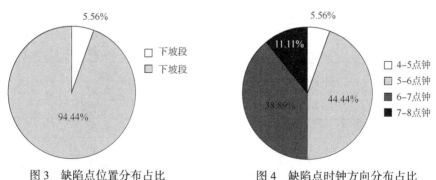

图3　缺陷点位置分布占比　　　　图4　缺陷点时钟方向分布占比

3　管线内部流动状态模拟

从第 2 节中对缺陷点的统计分析可以看出,大部分缺陷点位于管线低洼爬坡段,为了进一步探究低洼爬坡管段处内部流动参数变化情况,基于管线的基础信息,利用计算流体力学方法,根据流体流动规律,结合 NACE SP0116—2016 MP-ICDA 评价标准(标准中规定计算腐蚀速率的最大节点长度≤50m)管道节点按照≤30m 为划分依据(低洼处、爬坡段≤20m),采用多相流瞬态专业软件 OLGA 建立流动计算模型[9],开展外输管线的气液两相流动计算,确定了沿线各节点的气体流速、液体流速、温度、压力、持液率的变化情况[10]。

3.1　管线基本参数

3.1.1　设计数据

外输管线的管长、管道规格、壁厚、管道材质、设计压力、投产时间等设计参数见表 2。

表 2　管线设计参数

管线名称	管长(m)	管道规格	壁厚(mm)	管道材质	设计压力(MPa)	投产时间
外输管线	4690	DN250	7	L360M	6.3	2019.12.30

3.1.2　气体组分数据

外输管线的气体组分数据见表 3。

表 3　管线气体组分

管线名称	甲烷	乙烷	丁烷	二氧化碳	氧	氢	氮
外输管线	97.533%	0.519%	0.002%	1.410%	0.021%	0.011%	0.504%

3.1.3　生产运行数据

外输管线 2023 年 7 月 20 日的运行工况参数见表 4,选择此日运行数据建立多相流动模型。

表 4　管线运行工况参数

管线名称	时间	质量流量(kg/s)	入口压力(MPa)	出口压力(MPa)	入口温度(℃)	出口温度(℃)
外输管线	2023-7-20	3.3218	2.45	1.80	35.63	29.87

3.2　管线建模及参数变化规律

根据管线基础数据,运用 OLGA 软件建模,对外输管线的管道倾角、压力、温度、气液体流速、持液率这些参数进行计算,管线建模如图 5 所示,管道沿线各参数模拟计算结果如图 6~图 9 所示。

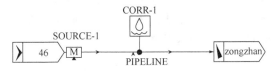

图 5　外输管线模型

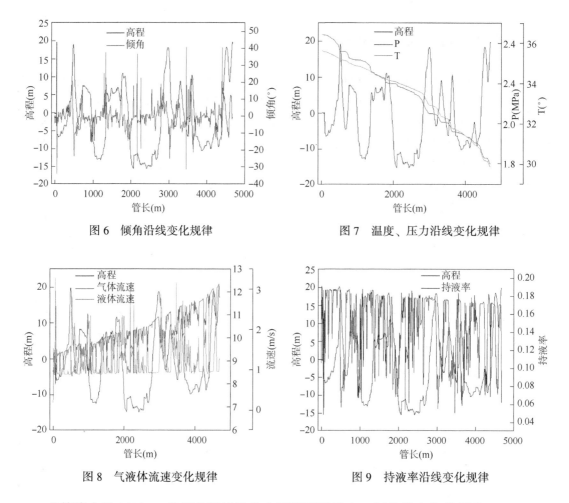

图 6　倾角沿线变化规律　　　　　　　　　图 7　温度、压力沿线变化规律

图 8　气液体流速变化规律　　　　　　　　图 9　持液率沿线变化规律

此管线全长 4690m，从倾角沿线的分布情况可以看出，倾角的变化范围为 0°~43.9°，管道沿线地势起伏较大，存在多处高程差较大的位置，这些位置往往带来管道内介质流体参数显著变化。管线入口温度 35.63℃，出口温度为 29.87℃，沿程温降 5.76℃，这是由于管线输送过程中沿线温度会受周围环境温度及传热系数等的影响而产生波动。同时由于管道起伏较大，沿程压力在摩擦阻力的作用下逐渐下降，进口压力为 2.45MPa，出口压力为 1.80MPa，沿程压降为 0.65MPa。

由于管道起伏较大，气液流速波动较大，但气体流速普遍高于液体流速。气体流速最高 12.29m/s，最低 7.91m/s。液体流速和持液率随管线高程变化而起伏，当流体处于管线低洼处时，液态水在管线低洼处聚集，因此持液率迅速升高；在管线爬坡段，持液率基本保持不变；在管线下坡段，持液率迅速降低，液体流速最高 3.24m/s，最低 0.13m/s，沿线持液率的变化范围为 0.05~0.20，其中在低洼处持液率最高。

根据缺陷点分布位置可以看出，缺陷点主要分布在低洼爬坡段，低洼爬坡段液体流速较低和持液率较高，管线运行过程中容易产生积液。

4 管线剩余寿命预测

4.1 ECE 腐蚀速率预测模型

1995 年，壳牌公司在多年的研究基础上提出了 ECE 腐蚀速率预测模型[11-12]，该模型综合考虑了 CO_2 溶于水的传递过程以及电化学动力反应速率对腐蚀的影响，该模型的数学表达式为：

$$\lg V_{corr} = 4.84 - \frac{1119}{t+273} + 0.58\lg(f_{CO_2}) - 0.34(pH_{act} - pH_{CO_2}) \tag{5.1}$$

$$v_m = 2.8 \frac{v_1^{0.8}}{d^{0.2}} K_{CO_2} \tag{5.2}$$

$$\lg(K_{CO_2}) = \lg(p_{CO_2}) + \left(0.0031 - \frac{1.4}{t+273}\right) \times p \tag{5.3}$$

式中，v_{corr} 为腐蚀速率，mm/a；t 为介质温度，K；pH_{act} 为实际 pH 值；pH_{CO_2} 为 CO_2 饱和溶剂的 pH 值；K_{CO_2} 为 CO_2 的逸度系数；v_1 为液体的流速，m/s；d 为管线直径，m；p_{CO_2} 为系统 CO_2 分压，MPa；p 为系统的总压力，MPa。

该模型适用于温度<80℃的情况，优点是考虑了钢结构、腐蚀产物膜，提出电阻率模型，建立 ECE 腐蚀预测模型需要的数据为介质温度、CO_2 分压、实际 pH 值、CO_2 饱和溶剂的 pH 值、介质的液相流动速度和管道直径。

NACE-RP0775—2005 标准中规定了腐蚀速率严重程度分类，采用点蚀速率分类标准对腐蚀速率进行轻度腐蚀、中度腐蚀、严重腐蚀和极严重腐蚀分类，

表 5 石油生产系统碳钢腐蚀速率的定性分类

—	平均腐蚀速率（mm/a）	点蚀速率（mm/a）
轻度腐蚀	<0.025	<0.13
中度腐蚀	0.025~0.12	0.13~0.20
严重腐蚀	0.13~0.25	0.21~0.38
极严重腐蚀	>0.25	>0.38

4.2 剩余寿命计算

采用 OLGA 软件中的 ECE 腐蚀预测模型，对此页岩气田外输管线的腐蚀速率进行预测，由 SH/T 3059—2012《石油化工管道设计器材选用规范》标准可确定不同管径的最小安全壁厚，见表 6。

表 6 管道最小安全壁厚

材　　料	不同公称直径管子的最小壁厚（mm）			
	≤DN100	DN150~DN200	DN250~DN300	≥DN350
碳素钢、低合金钢	2.4	3.2	4.0	4.8
高合金高、奥氏体不锈钢	1.5	2.3		

根据此外输管线具体采用的管材及管径，确定不同管线的最小壁厚，以此作为安全壁厚，则剩余寿命计算年限为壁厚腐蚀减薄到安全壁厚的年限，利用腐蚀速率再通过以下公式对管线剩余寿命进行计算[13]：

$$Y_c = \frac{\delta - \delta_{min}}{V_{corr}} - Y \tag{5.4}$$

式中，Y_c 为管线剩余寿命，a；δ 为管道设计壁厚，mm；δ_{min} 为管道安全壁厚，mm；V_{corr} 为腐蚀速率，mm/a；Y 为管线已投用年限，a。

4.3 管线腐蚀速率和剩余寿命预测

外输管线腐蚀速率预测结果如图10所示，计算出的管线剩余寿命如图11所示，同时对腐蚀速率占比情况和管线剩余寿命占比情况进行统计，如图12和图13所示。

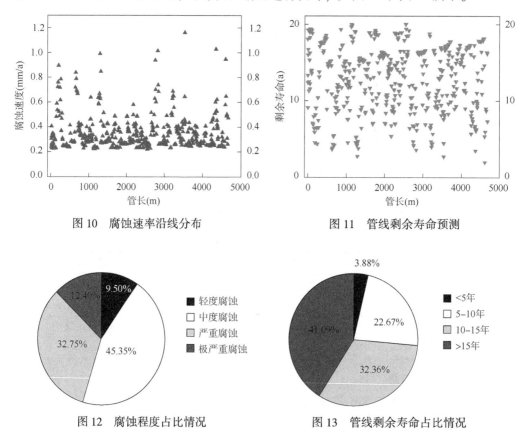

图10　腐蚀速率沿线分布　　　　　　图11　管线剩余寿命预测

图12　腐蚀程度占比情况　　　　　　图13　管线剩余寿命占比情况

从腐蚀速率沿线分布情况和腐蚀程度统计结果可以看出，管线腐蚀速率最高为1.1602mm/a，位于3546m处低洼爬坡段（图14），最低为0.2135mm/a；管线轻度腐蚀占比9.50%，中度腐蚀占比45.35%，严重腐蚀占比32.75%，极严重腐蚀占比12.40%，中度腐蚀和严重腐蚀占比最多，轻度腐蚀和极严重腐蚀占比最少。

从剩余寿命预测结果和占比情况可以看出，管线剩余寿命最高为19.9年，腐蚀最严重管段处剩余寿命为2.5年，位于3546m处（图14），剩余寿命小于5年的占比3.88%，这一部分管线要增加检测力度，剩余寿命为 5～10 年的占比 22.67%，剩余寿命为 10～15 年的占比 32.36%，剩余寿命大于 15 年的占比 41.09%。

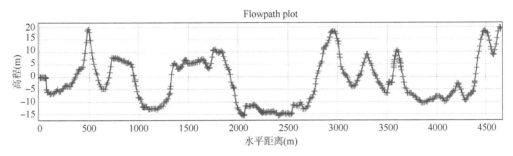

图 14　预测腐蚀速率最高点位置

5　腐蚀防控措施

5.1　冲刷腐蚀防控

5.1.1　冲刷腐蚀分析

页岩气井压裂过程中普遍使用石英砂和陶粒按一定比例配置作为支撑剂，在生产过程中，早期气井产量较高，井筒中的沉砂以及地层裂缝中的压裂砂随气流被带出，砂粒在较高流速下，易对管线上坡段造成冲蚀损伤[14]。

通过对此页岩气田集输系统运行状况跟踪发现，页岩气井在早期生产阶段普遍存在出砂现象，大量砂粒被气流带至采气平台集输管线甚至是气田集输管道中，如图 15 所示。

图 15　集输系统内部沉砂情况

5.1.2　冲蚀防控措施

1）测试阶段排砂

采取及早钻塞，提黏提量液体携砂，增长返排时间等措施，提高井筒清洁性，强化井筒沉砂尽可能在测试流程阶段排出，减少气井出砂对正式生产流程的影响。具体措施见表 7。

表 7　不同目数砂粒需要的排液量

序号	措施		指标
1	连油钻塞压力		30MPa 提升到 40MPa
2	携砂	排液油嘴	6mm 增加到 8mm
3		液体黏度	
4	返排	8mm 油嘴排砂	8 小时以上

2）生产环节防砂

在出砂较严重的井设置井口高压除砂器，除砂器能有效拦截气井的返出砂，保护后端流程。

5.2　杀菌缓蚀一体化技术

根据实验测试分析，此页岩气田细菌含量较高，最高达 7.0×10^4 个/mL，同时含有 TGB 和 FB，研究表明，地面管线等位置的腐蚀产物主要为 $FeCO_3$，此外，不同相的衍射峰强度显示，$FeCO_3$ 含量最高，一般来说 $FeCO_3$ 腐蚀产物是 CO_2 腐蚀的典型腐蚀产物，由此可以推断，地面管线的腐蚀与 CO_2 有关。

由于细菌和 CO_2 是导致此页岩气田产生腐蚀的主要原因，因此实现对硫酸盐还原菌、腐生菌、铁细菌等微生物（细菌）的杀灭，控制硫酸盐还原菌、腐生菌、铁细菌等微生物（细菌）的繁殖和 CO_2 的腐蚀对页岩气管线的腐蚀控制具有重要的作用，大量实验研究证明，加注杀菌剂和缓蚀剂是最有效的腐蚀防控措施[15]。

页岩气集输系统的防腐对象包括井下管柱、地面工艺管道和集输管道，针对页岩气管线不同流程采用不同的加注工艺对各流程管线进行杀菌缓蚀防护。

1）井下管柱加注工艺

泵注设备：井下管柱加注采用移动式大排量泵对单井油套环空进行加注，一次性加注。

加注方式：采用移动式大排量加注泵以间歇式加注方式进行，药剂从油套环空加入，保护套管内壁和油管外壁，再从油管返回地面工艺管道，从而达到井下管柱防腐保护的目的。

加注频次：加注频次根据其他区块实际经验 10~15 天加注一次，具体加注频次根据水样检测结果而定。

2）站场工艺管道药剂加注工艺

泵注设备：站场工艺管道加注采用固定式电动泵连续加注的方式进行。

加注方式：采用固定式小排量加注泵以连续加注的方式进行，药剂从井口最近压力表拷克加入，药剂随着气流进入分离器，保护站场工艺管道。

3）地面管线药剂加注工艺

地面管线药剂加注工艺与站场管线加注工艺一致，加注点为站场管线分离器后最近的压力表拷克，加注设备和加注频次均与站场管线一致。

5.3　管道修复

根据 SY/T 6649—2018《油气管道管体缺陷修复技术规范》管体缺陷类型与修复技术对

应表,采用 ASME B31G-2012 对内部金属损失缺陷进行评价,经评价电磁涡流内检测没有超标的内部金属损失缺陷,所有缺陷失效压力均大于最大操作压力,依据检测数据全部缺陷目前可接受。为了确保管线的安全运行,降低泄漏带来的安全隐患,对金属损失深度超过28%的腐蚀点采用以下方法进行修复[16]。

1)单点缺陷修复

根据内检测数据列表,对金属损失深度超过28%的点进行开挖复测,根据复测结果对金属损失深度超过28%的点进行钢质环氧套筒修复,同时根据不同管径与套筒标准长度,在一定范围内的相邻缺陷可合并为一个套筒进行修复(图16)。

2)连续缺陷修复

根据内检测数据列表,计划对管道内检测金属损失深度在 2.5m 长度内存在多个超过28%的点且每个缺陷之间间距在 0~300mm 之间的连续长缺陷管段进行换管修复,在不能进行立即停产换管的情况下,先采用纤维复合材料修复技术进行修复,再根据生产情况在合适的时间进行停产修复(图17)。

图16 钢质环氧套筒

图17 纤维复合材料

3)腐蚀严重管段

从内检测数据后开挖复测结果来看,外输管线从4115m以后到进站大部分管体都存在不同程度的金属内损失,为满足管道的安全运行、彻底消除缺陷等要求,建议对上述管线进行更换或者新修复线。在原管沟附近重新开挖新的管沟,提前安装线路,最后进行与原管线的搭头作业。

5.4 定期清管+涂膜

按照积液严重管线30天/次、积液轻度管线45天/次的制度开展清管作业,通过清管,清除管线内部积水、轻质油、水合物、氧化铁、碳化物粉尘等腐蚀性物质,降低腐蚀性物质对管道内壁的腐蚀损伤,避免集输管道中长期积液形成有利腐蚀环境[17]。

清管+涂膜工作主要分为2个步骤:

(1)发清管器进行清管,清除掉管道中的游离水。

(2)用2个清管器夹住杀菌剂和缓蚀剂(水溶性)段塞,进行杀菌和涂膜工作。

5.5 腐蚀监测

根据多相流模拟结果,管段在正常运行条件下,在低洼处和上坡段容易积水,持液率较高。而此页岩气田管道缺陷点位置往往也发生在低洼处或上坡段,与OLGA多相流计算得到的积液段一致，因此将积液段认为是腐蚀敏感区域，也就是管道高风险区。同时管线出现较多的局部腐蚀，因此有必要安装局部腐蚀监测设备[18]。

（1）集输干、支线采用"挂片法+电阻探针+智能检测"组合监测。通过定期开展挂片监测及电阻探针监测掌握管道介质腐蚀特性，及时调整缓蚀剂加注方案，保证管道腐蚀受控；通过定期开展智能检测发现严重腐蚀缺陷，采取必要措施，确保管道安全运行。

（2）管道弯头、变径、高风险区域采用超声波"定点测厚"检测技术。通过定期检测掌握检测部位腐蚀工况，确保管道安全运行。

（3）集输干线末端采用"定点测厚+介质检测"组合监测方法。通过定期开展智能检测及定点测厚及时掌握管道腐蚀情况，为气田整体腐蚀变化提供数据支撑。

6 结论

（1）对川南某页岩气田外输管线的缺陷点进行统计分析，缺陷类型均属于内部金属损失，94.44%的缺陷点均位于管线上坡段，83.33%的缺陷点时钟方向位于5~7点钟方向。

（2）利用OLGA软件模拟得到了外输管线气体流速、液体流速、温度、压力、持液率的沿线分布规律，发现缺陷点多分布在低洼处与爬坡管段，与实际管道缺陷位置一致。

（3）对外输管线的腐蚀速率和剩余寿命进行了预测，此条管线腐蚀最严重处腐蚀速率为1.1602mm/a，剩余寿命为2.5年。

（4）对此页岩气田提出了"冲蚀防控+杀菌缓蚀剂+管道修复+定期清管+腐蚀监测"的腐蚀防护措施。

参 考 文 献

[1] Haixian Liu, Zhengyu Jin, Hongfang Liu, Guozhe Meng, Hongwei Liu. Microbiological corrosion acceleration of N80 steel in shale gas field produced water containing Citrobacter amalonaticus at 60℃[J]. Bioelectrochemistry, 2022, 148：108253.

[2] 文崝，杨建英，王彦然，等. 川渝页岩气集气管线失效原因分析[J]. 石油与天然气化工，2021，50（04）：109-113.

[3] Kexi Liao, Min Qin, Guoxi He, Na Yang, Shijian Zhang. Study on corrosion mechanism and the risk of the shale gas gathering pipelines[J]. Engineering Failure Analysis, 2021, 128：105622.

[4] 王腾，严小勇，张伟，等. 威荣页岩气田腐蚀机理与管控对策研究[J]. 石化技术，2022，29（12）：123-125.

[5] 青松铸，张晓琳，文崝，等. 长宁页岩气集气管道内腐蚀穿孔原因探究[J]. 材料保护，2021，54（06）：166-169+174.

[6] Wu G, Zhao W, Wang Y, et al. Analysis on corrosion-induced failure of shale gas gathering pipelines in the southern Sichuan Basin of China[J]. Engineering Failure Analysis, 2021, 130：105796.

[7] Liao W, Yuan J, Wang X, et al. Under-deposit microbial corrosion of X65 pipeline steel in the simulated shale gas production environment[J]. International Journal of Electrochemical Science, 2023, 18（3）：100069.

[8] 王雷，谢奎，刘卓旻. 威远区块页岩气试采分离器工艺管线腐蚀原因及防治对策[J]. 天然气技术与经济，2021，15（04）：35-40.

［9］孙乐园．地形起伏湿气管道积液与清管数值模拟［D］．西安：西安石油大学，2021．

［10］陈宏举，王靖怡，康琦，等．多相管流模拟软件 MPF 与 OLGA 和 LedaFlow 预测能力对比［J］．中国海上油气，2022，34（06）：168-176．

［11］管恩东．基于 IGSA-RFR 的多相流集输管道内腐蚀速率预测模型［J］．油气储运，2022，41（12）：1448-1454．

［12］Liu M，Li W．Prediction and Analysis of Corrosion Rate of 3C Steel Using Interpretable Machine Learning Methods［J］．Materials Today Communications，2023：106408．

［13］戴立越．油气长输管线腐蚀剩余寿命预测研究［D］．抚顺：辽宁石油化工大学，2019．

［14］吕童，曾莉，胡道麟．CO_2 环境中管线钢高压冲刷腐蚀研究进展［J］．材料保护，2023，56（06）：164-172．

［15］Anandkumar B，Krishna N G，Solomon R V，et al．Synergistic enhancement of corrosion protection of carbon steels using corrosion inhibitors and biocides：Molecular adsorption studies，DFT calculations and long-term corrosion performance evaluation［J］．Journal of Environmental Chemical Engineering，2023，11（3）：109842．

［16］王鹏．天然气长输管道缺陷修复技术综述以及典型实例应用［J］．中国石油和化工标准与质量，2020，40（07）：160-167．

［17］符帆顺，李无为，李配，等．天然气集输管线清管及清管临界值研究［J］．中国石油和化工标准与质量，2023，43（05）：135-137．

［18］万辰咏，滕阳，秦志伟．集输管线腐蚀监测技术研究及应用［J］．中国设备工程，2021（S1）：54-55．

玻璃钢管道失效及寿命预测技术研究

孔繁宇　马晓红　袁金芳

（中国石油吉林油田公司）

摘　要：随着以玻璃钢管道为主的非金属管道应用于油田运输服役年限的增加，评估预测玻璃钢管道剩余使用寿命成为确保其安全运行的关键技术。本文通过归纳梳理玻璃钢管道管材主要失效原因和机理，分析总结了油田玻璃钢管道相关寿命预测方法及加速寿命预测方案。通常采用回归分析的方式预测玻璃钢管道使用寿命，选择合适的加速寿命试验方法能够有效缩短研究管道剩余寿命的周期，同时达到误差可接受范围内同等效果。

关键词：非金属管道；玻璃钢管道；失效；寿命预测

随着国内大多数油田陆续开发到中后期，采油逐步进入高含水或特高含水阶段，油田采出液提取液强度高、集输温度高、水矿化度高，常规金属管道失效问题日益严重，以玻璃钢管道为主的非金属管道以耐腐蚀、寿命长等优点逐渐大量应用于油田集输、注水、污水系统。玻璃钢管道是以环氧树脂和固化剂为基体材料，玻璃纤维为增强材料按照一定角度经连续缠绕、固化而成，与金属管道相比其失效类型、形式与机理有很大区别[1-4]。玻璃钢管道的宏观失效主要表现形式为接头或管体处的渗漏与泄漏，通常由力学损伤或化学腐蚀老化引起，力学失效主要包括恒定载荷作用下的长时蠕变破坏、交变载荷作用下的循环疲劳破坏及外载作用下的损伤断裂破坏。微观力学角度看，这几类破坏主要表现为玻璃钢管内部的基体开裂，界面脱黏、层间开裂及纤维断裂等四类损伤的不同组合形式[5]。本文基于玻璃钢管道的主要失效原因和机理分析，对影响其使用寿命的主要失效因素进行梳理，归纳总结玻璃钢管道寿命预测相关技术，及加速寿命试验相关研究，为油田玻璃钢管道寿命评估及预测提供技术参考。

1　非金属管道失效原因

1.1 非金属管道分类

油田用非金属管道主要分为热塑性塑料管道、增强热固性塑料管道、增强热塑性塑料管道及各种内衬增强管道，其中应用较多使用范围较广泛的为以玻璃钢管道为主要代表的增强热固性塑料管道，也是我国应用于油田最早的非金属管道类型[6]。玻璃钢管道按照设计压力不同主要分为高压管道、中压管道及低压管道；按照生产制造工艺不同主要分为纤维缠绕型和离心浇筑型；按照管材树脂基体不同主要分为环氧树脂基体型、不饱和聚酯树脂基体型和其他复合型。目前油田中应用较多的高压玻璃钢管道主要以无碱增强纤维为增强材料，环氧树脂和固化剂为基质，按照一定角度经过连续缠绕成型、固化而成。属于增强热固性树脂基体管道，根据生产中所采用的树脂基体不同，主要分为酸酐环氧固化型玻璃钢管道和芳胺环氧固化型玻璃钢管道两种[7]。

1.2 腐蚀影响

作为一种耐腐蚀的输送管道，玻璃钢管道的腐蚀行为研究和腐蚀机理的研究还不够深入透彻，比较缺乏系统的实验数据，而采油流体中含有多种腐蚀性物质，其中一些腐蚀性物质对玻璃钢管道的强腐蚀会导致玻璃钢管道失效[8]。玻璃钢管道的腐蚀影响按照腐蚀发生的主要位置分为树脂基体腐蚀、玻璃纤维腐蚀和界面腐蚀。

树脂基体是玻璃钢管道的主要组成部分。高分子材料有很多种，但玻璃钢复合材料中一般使用的是环氧树脂，这是一种合成树脂。温度是影响聚合物树脂腐蚀老化的主要因素之一，水分的存在会加剧环氧树脂老化，高温高湿条件会加速降解过程[9]。

增强材料是复合材料的另一个主要组成部分。一般来说，增强材料在复合材料中的作用是提高材料的性能，主要表现为增加强度和模量。玻璃纤维具有高弹性模量和高强度的特点，可显著提高材料的强度和模量，但其耐腐蚀性能一般[10]，如果纤维在使用过程中发生腐蚀导致纤维本身强度降低，会对材料本身的强度产生重大影响。

在玻璃钢材料中，界面的承担的作用也很重要，界面是环氧树脂基体和玻璃纤维增强体之间纽带，如果没有良好的黏附性，玻璃钢就无法实现其设计性能。玻璃钢材料的界面不是一个纯粹的几何表面，而是一个具有多层结构的过度区域。复合材料界面性能破坏通常归因于剪切损伤腐蚀，而剪切损伤是介质渗透扩散的主要原因。在介质渗透扩散到内部材料的过程中，由于溶胀效应不可避免地会产生膨胀应力，从而在界面处形成恒定的拉应力[11]。随着膨胀应力的增大，附加拉应力也随之增大，直至超过界面的黏合强度，导致分层和界面失效。

1.3 力学破坏

从力学破坏角度研究玻璃钢管道的失效对玻璃钢的寿命预测十分重要。在力导致的破坏失效方面，有恒定载荷下的蠕变破坏、循环载荷下的疲劳破坏和外部冲击载荷下的断裂失效破坏。

恒定载荷下的蠕变破坏是影响和预测玻璃钢管道使用寿命的主要因素[12]。复合材料的蠕变变形发生在长期施加恒定载荷的情况下。蠕变是指固体材料在恒定应力作用下随时间发生的缓慢塑性变形，这是黏弹性材料的蠕变特性，不同材料的蠕变特性因条件而异。复合材料的蠕变特性主要受应力、温度、湿度、各组分材料的蠕变特性、以及成型工艺的影响。就玻璃钢复合材料而言，由于树脂基体具有非常大的黏弹性，玻璃钢也具有黏弹性，玻璃纤维蠕变很小，纤维增强材料对整体蠕变的影响可以忽略，这是玻璃钢在常温下蠕变的根本原因。由于使用介质不尽相同，玻璃钢料建立一个较为准确合理的蠕变模型来描述其蠕变规律较为困难。

玻璃钢管道的原材料不同，管道的抗疲劳性能也不同。玻璃钢管道的基材主要是环氧树脂，环氧值是决定环氧树脂性能的最重要指标，只要环氧值符合规范要求，环氧树脂的性能就不会受到明显影响，树脂对玻璃钢管道的抗疲劳性能影响不大。但增强材料玻璃纤维对管道的抗疲劳性能起着重要作用，增强材料玻璃纤维直接决定了管道的抗疲劳性能[13]。

2 非金属管道寿命预测技术

2.1 寿命预测方法研究

玻璃钢管道管材是一种复合材料，以聚合物为基体。随着时间的推移，由于黏弹性的变化，弹性模量和蠕变断裂强度也会趋于降低。玻璃钢管道在使用中的寿命预测主要基于长期蠕变特性的检验，但这种检验很困难，也没有准确的寿命预测模型。此外，由于玻璃钢制造工艺的性质，玻璃钢性能的离散性相对较大，通常需要大量试样进行测试[14]。对于油田用玻璃钢管，通常采用回归分析的方法来预测其使用寿命。

目前国内外的学者利用回归分析，对玻璃钢管的寿命预测做了一些的工作。主要采取的方式有两种：一种是依据玻璃钢管道的使用环境配置符合的腐蚀溶液，一般为硫化氢溶液环境或者 CO_2 溶液环境，然后在腐蚀溶液中进行玻璃钢管在受应力负荷状态下的全浸试验，再利用回归分析，通过最初应力水平与时间的对应关系推导出一定年限的衰减线，来预测管材在腐蚀溶液环境中的长期应力水平[15]，可以根据玻璃钢管道承压值，从拟合曲线外推，得到该承压值下失效时间也即使用寿命的数值；一种是通过研究各种腐蚀环境对于玻璃钢受力长期蠕变行为的影响规律，提出用弹性模量和失效时间之间的关系方程对弹性模量和失效时间进行回归分析，然后外推至使用寿命[16]。此外，也有学者认为玻璃纤维的腐蚀破坏是导致玻璃钢失效的重要因素。玻璃纤维在腐蚀环境中常会出现应力腐蚀，采用回归分析可以推断玻璃纤维在特定腐蚀介质中的使用寿命。一般是通过绘制玻璃纤维拉伸强度和失效时间之间的拟合曲线，来推断其使用寿命。

现有的寿命预测模型并不完全适用于玻璃钢管道在油田中的使用情况，目前关于蠕变行为的研究集中与弯曲和受压的情况，而玻璃钢管在油田环境中所受外部载荷不大，受压弯曲模型的使用并不完全准确[14]。此外，当外部应力相对较低时，玻璃钢基体相比与玻璃纤维，玻璃钢基体的耐腐蚀性能主要决定了玻璃钢管道的长期力学性能。在油田环境中，管道内部高温高湿高压环境下的腐蚀介质对玻璃钢长期蠕变行为的影响应是预测使用寿命的主要考虑因素。

预测油田应用中玻璃钢的使用寿命，首先要确定从长期水压试验中获得的数据是否可用于回归分析。如果合理，可通过将 HDB 或 PDB 的对数与失效时间的对数进行线性拟合，并推断出与特定 HDB 或 PDB 相对应的失效时间，从而得出玻璃钢管道的使用寿命。鉴于玻璃钢失效的离散性相对较高，为确保回归分析的准确性，有必要扩大玻璃钢管道失效时间的跨度和失效样本量。

2.2 加速寿命预测研究

玻璃钢的寿命预测一般以长期性能测试为基础，并采用双对数线性回归分析来获得使用寿命下的长期性能数据。这种测试和分析方法将高应力下的短期性能推断为低应力下的长期性能。加速寿命试验基于等效原理，即利用材料在高温和高应力水平下的短期力学特性来推导材料的长期力学特性。目前应用于玻璃钢管道的加速寿命试验一般有三种：其中一种是利用影响玻璃钢管道寿命的时间、温度、湿度、应力等因素，基于 WLF 方程及等效理论的基础，引入移位因子，建立长期性能的短期预测公式[17]；一种基于是回归优化理论，利用 1000h 少失效样本试验代替 10000h 多失效样本的长期性能预测实验[18]；也有一种是利用加速寿命经验公式，通过实验进行经验公式中的参数值的确定，套用公式实现玻璃钢管道的寿命预测[15]。

基于国内外已有的 GFRP 长期性能预测的研究成果：开展蠕变性能试验，考虑温度、湿度以及应力水平的影响，通过引入移位因子的方式，建立长期性能预测公式。道过初始性能试验和长期性能试验分析确定长期性能预测公式中的相关参数值。

玻璃纤维增强塑料管道规范标准要求试样失效时间达到 10000h 以上且至少 18 个数据量才能用于预测期望寿命 50 年的力学性能值[18]。国内外有学者采用回归优化理论和试验对比的方法，提出可以采用 1000h 试验代替 10000h 进行长期性能预测的方法。基于回归优化理论的长期性能预测试验方案，可以缩短管道力学长期性能的预测时间，还能减少要求的样本数量，实现加速寿命预测。

常见的物理加速模型有阿伦尼斯模型、艾林模型、逆幂律模型、温湿度模型、Peck 模型、指数加速模型[15]，进行长期寿命预测需要根据材料性质选择合适的加速模型，设计实验对加速模型参数进行数学估计。

3 结语

现阶段，以玻璃钢管道为主的非金属管道在油田应用中占比逐年增大，适用范围更加广泛，与常规钢制管道相比优势十分明显，但其失效类型及形式机理与钢制管道相比有很大区别，针对玻璃钢管道的失效机理及寿命预测研究还有待深入，通过对影响油田玻璃钢管道使用寿命的主要失效因素和失效机理进行分析，可以对玻璃钢寿命预测提供支撑。

针对玻璃钢管道失效的腐蚀原因和力学原因，对油田玻璃钢进行寿命预测时，目前国内外通常采用回归分析的方式预测玻璃钢的使用寿命。由于玻璃钢材质失效的离散性，回归分析方法耗时长且需要的样本数量多，因此可以选择合适的加速寿命试验方法可以缩短寿命预测时间，达到误差可接受范围内同等的效果。

参 考 文 献

[1] 盛丽媛. 非金属管道在油田地面工程中的应用[J]. 广州化工，2017，45(17)：15-17，28.

[2] 王浩，王宁. 高压玻璃钢管道的性能特点及应用[J]. 石油和化工设备，2021，24(04)：82-84.

[3] 夏蓉. 非金属管道在大庆油田应用的适应性及运维措施[J]. 油气田地面工程，2019，38(11)：12-14，32.

[4] 何冯清，吴燕，刘炜，等. 非金属管道在新疆油田的应用[J]. 油气田地面工程，2016，35(01)：94-96.

[5] 董志恒，罗军，李学强等. 玻璃钢管失效分析及试验方法综述[J]. 广东化工，2013，40(14)：107-108.

[6] 王勇，周立国，李明. 非金属油气管道无损检测与适用性评价技术现状[J]. 塑料工业，2022，50(S1)：1-4.

[7] 商永滨，李言，李刚，等. 非金属管道在油气田中的应用[J]. 内蒙古石油化工，2020，46(02)：14-18.

［8］刘兆松.GFRP 管材在酸性介质中的腐蚀行为及性能研究［D］.哈尔滨：哈尔滨工业大学，2016.

［9］丁著明，吴良义，范华等.环氧树脂的稳定化（Ⅰ）环氧树脂的老化研究进展［J］.热固性树脂，2001（05）：34-36+41.

［10］徐言超，刘洪刚，李永艳等.玻璃纤维及复合材料耐酸性能研究［J］.玻璃纤维，2010（05）：25-28.

［11］马来增，张辛，徐兴平.玻璃钢油管失效分析及对策［J］.石油矿场机械，2011，40(11)：61-64.

［12］张秉乾，张正棠.油气集输玻璃钢管道力学性能实验研究［J］.辽宁化工，2021，50(06)：766-771.

［13］张伟福，杨建中，魏亚秋等.影响高压玻璃钢管道耐疲劳性能的原因［J］.化学工程与装备，2022（04）：164-165.

［14］孟瑶，许立宁，路民旭.油田用玻璃钢管道的使用和评价现状［J］.腐蚀与防护，2012，33(08)：664-667.

［15］田洁.CO_2腐蚀玻璃钢的数值模拟及寿命预测［D］.哈尔滨：哈尔滨工业大学，2012.

［16］朱雯娟.基于移位因子法的 GFRP 长期性能试验及其应用研究［D］.武汉：武汉理工大学，2013.

［17］刘旭，陈跃良，张玎等.时间-温度-湿度对聚合物基复合材料性能影响研究［J］.装备环境工程，2011，8(02)：20-24.

［18］梁娜，朱四荣，陈建中.GFRP 管道力学长期性能短时预测方法研究［J］.玻璃钢/复合材料，2017（07）：5-9.

荆荆管道补口带失效与管体
缺陷的关联度分析

李 菲 祝 颖 孙 伟 杜 毅

（国家石油天然气管网集团有限公司华中分公司）

摘 要：补口带作为油气管道焊缝补口区域的重要防护屏障，其失效后造成的管体缺陷问题在业内备受关注。针对补口带失效的管道腐蚀问题，本文以荆荆管道为研究对象，对比开挖验证数据与漏磁检测信号，可将补口带管体缺陷分为四个类型，通过两轮漏磁检测信号的专项数据对比，综合分析补口带失效与带下管体腐蚀状态及各类缺陷间的关联度。研究分析表明：荆荆补口带管体缺陷可分为补口带失效腐蚀、非内壁金属损失–制造缺陷、弯头处金属损失与不属于以上三种的其他类型。其中，第一类缺陷为发育型缺陷，要给予重点关注，后三者均为非发育类缺陷，以上四类缺陷5年内腐蚀程度均不会超过40%。结合开挖验证结果，9处补口带全部失效，均有水汽进入补口带内，有7处外表面未发生减薄，2处腐蚀深度低于5%wt。可见，尽管补口带失去黏结力，但仍然具有良好的腐蚀控制效果。研究可为长期服役的油气管道腐蚀检测及修复工作提供经验。

关键词：管道；补口带失效；腐蚀；内检测

近年来，随着国内长输油气管道的加速建设，管道里程持续增加[1-2]，一旦长输油埋地管道泄漏，会给周围经济和环境造成无法挽回的损失[3-4]，管道防腐问题也日益受到业界的重视[5-6]。补口带作为油气管道焊缝补口区域的重要防护屏障，对管道完整性管理具有重要作用。随着时间的推移，补口带老化问题成为管道安全管理的一大难点，开展管道补口带失效与管体缺陷的关联度分析十分必要。

1　工程基本情况

荆荆管道焊缝处采用双组份环氧底漆和热熔胶型聚乙烯热收缩带补口，2003年7月投用，全长96km，2018年11月注水封存。为配套中石化柳林州油库搬迁，进行末端该线，2022年1月14日重新投产。目前荆荆管道包括85km老管道和45km新建管道，总长130km。

2021年9月，内检测服务商对老管道开展了漏磁检测，发现191处管道外壁金属损失位于热收缩带焊缝补口区域，其中53处位于11km废弃管段、138处位于重新投产管段。该轮检测定期检验报告到期时间为2026年7月。

2021 年 10 月至 2022 年 12 月，开展了分公司级开挖验证和修复工作，共开挖补口带区域缺陷点 37 处。2023 年 1 月至 2 月，开展了公司级开挖验证和修复工作，笔者全程参加了现场测量对比工作，共开挖 13 处，其中 9 处为补口区域缺陷，1 处为无缺陷抽样检查，3 处为已开挖点复核。

2023 年 4 月，内检测服务商对新建 45km 管道开展了漏磁检测。期间，漏磁检测器也采集了 85km 老管道漏磁信号。

2 两轮内检测数据对比

按照 2021 年检测结论，共进行了 50 处的开挖验证，含 3 处二次开挖和 1 处无缺陷点随机验证。对比开挖验证的测量数据与检测信号，可以将原来 138 处补口处外部金属损失的类别细分为四类，分别为：补口带失效腐蚀、非内壁金属损失—制造缺陷、弯头处金属损失与不属于以上三种的其他类型。

2.1 补口带失效腐蚀

补口带失效腐蚀失效为发育型缺陷，所测 23 处数据见表 1，表中序号 1 和 2 的缺陷于 2023 年 2 月已开进行挖验证，实测值（图 1）分别为 22%（质量分数）、23%（质量分数），与两次检测值（图 2）偏差在 1.4% 以内。23 处一类缺陷腐蚀深度的两次检测结果整体一致，其中 5 处因套袖修复导致一二轮数据失去对比价值，其余 18 处中，与 2021 年检测数据相比，2023 年检测数据 7 处偏小，10 处偏大，1 处无变化。偏差在 1% 以内的有 13 处，占 72.2%；偏差在 1%~4% 以内的有 5 处，占 27.8%。

图 1　开挖验证数据

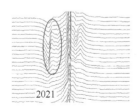
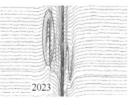
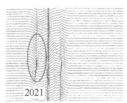
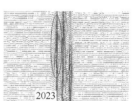

（a）1 号点漏磁检测图　　　　　　　（b）2 号点漏磁检测图

图 2　两轮内检测补口处缺陷数据

表1 一类缺陷的两轮内检测数据

序号	特征名称	里程(m)	2021 程度 [%(质量分数)]	2023 程度 [%(质量分数)]	两次检测数据差值
1	金属损失	1279.7	22.2	21.9	-0.3
2	金属损失	4420.9	24	24.4	0.4
3	金属损失	25213.1	20.2	21.1	0.9
4	金属损失	66905.1	20.1	20.3	0.2
5	金属损失	66905.3	21	19	-2
6	金属损失	68919.8	20.3	19.8	-0.5
7	金属损失	70951.5	20.1	20.3	0.2
8	金属损失	71049.7	21.7	21	-0.7
9	金属损失	859.3	16.5	17.1	0.6
10	金属损失	859.4	15.4	16	0.6
11	金属损失	20729.3	16.4	18.5	2.1
12	金属损失	940.5	16.6	16.4	-0.2
13	金属损失	1215	14.1	17.9	3.8
14	金属损失	1682.4	27.3	25.3	-2
15	金属损失	2985.2	13	16.4	3.4
16	金属损失	3329.7	9.8	10.1	0.3
17	金属损失	4421.1	20.9	20.9	0
18	金属损失	4904.8	11.7	11.5	-0.2
19	金属损失	4372.6	27	已修复	/
20	金属损失	530.4	54.5	已修复	/
21	金属损失	530.4	17.9	已修复	/
22	金属损失	28613.5	33.8	已修复	/
23	金属损失	28613.5	16.2	已修复	/

2.2 非内壁金属损失—制造缺陷

该类缺陷共有 87 处,与 2021 年检测数据相比,2023 年检测数据整体偏小,75 处偏小,10 处偏大,2 处无变化。偏差在 1%(含 1%)以内的有 42 处,占 48.3%;偏差在 1%~2%(含 2%)以内的有 24 处,占 27.6%;偏差在 2%~5% 以内的有 21 处,占 24.1%。由于篇幅所限,此处未列出 87 处缺陷数据。

2.3 弯头处金属损失

如表2所示,该类缺陷共 14 处,本次检测数据整体偏小,12 处偏小,2 处偏大。偏差在 1% 以内的有 5 处,占 35.7%;偏差在 1%~2% 以内的有 6 处,占 42.9%;偏差在 2%~4% 以内的有 3 处,占 21.4%。已开挖 8 处弯头处金属损失(3~6、8~9、12、14 号)的实测值均偏小,在 5.8%~13.2%(质量分数)之间。

表2 三类缺陷的两轮内检测数据

序号	特征名称	里程(m)	2021程度[%(质量分数)]	2023程度[%(质量分数)]	两次检测数据差值
1	金属损失	70805.2	19.5	15.7	-3.8
2	金属损失	70825.1	18.9	16.6	-2.3
3	金属损失	6490.9	19.7	18.9	-0.8
4	金属损失	21942.8	19.8	20.4	0.6
5	金属损失	2689.4	24.3	23.5	-0.8
6	金属损失	70797	23.7	21.9	-1.8
7	金属损失	4640.4	21.7	18.8	-2.9
8	金属损失	14815.2	21.6	20.4	-1.2
9	金属损失	15821.7	21.9	21.2	-0.7
10	金属损失	15881.2	23.3	22	-1.3
11	金属损失	68580.8	20	18.8	-1.2
12	金属损失	70821.8	20.6	18.9	-1.7
13	金属损失	76619.6	20.3	20.4	0.1
14	金属损失	63411.9	24	22.4	-1.6

2.4 其他类型缺陷

如表3所示，该该类缺陷共14处，其中2处因套袖修复导致一二轮数据失去对比价值，1处(里程39964.6m)缺陷本次判定为轻度环焊缝异常，其他11处两次检测数据基本一致，3处偏小，8处偏大。偏差在1%以内的有8处，占72.7%；偏差在1%~2%以内的有3处，占27.3%。已开挖5处其他类型缺陷(10~14号)，实测值均偏小，在0~14%(质量分数)之间。

表3 四类缺陷的两轮内检测数据

序号	特征名称	里程(m)	2021程度[%(质量分数)]	2023程度[%(质量分数)]	两次检测数据差值
1	金属损失	31012.5	10.5	10.1	-0.4
2	金属损失	39964.6	12.8	环焊缝异常	/
3	金属损失	46388.4	15.3	15.6	0.3
4	金属损失	49162.1	16.1	17.5	1.4
5	金属损失	52246.4	9.6	9.6	0
6	金属损失	60271.3	11.3	12.8	1.5
7	金属损失	70989.2	11.3	11.9	0.6
8	金属损失	71542	17.2	19.1	1.9
9	金属损失	71626.8	11	12	1
10	金属损失	25335	13.5	13.1	-0.4

续表

序号	特征名称	里程(m)	2021 程度 [%(质量分数)]	2023 程度 [%(质量分数)]	两次检测数据差值
11	金属损失	42658.1	10.4	10.1	−0.3
12	金属损失	54906	24.8	25.6	0.8
13	金属损失	506.6	20.6	已修复	/
14	金属损失	506.5	15.9	已修复	/

结合开挖验证结论(除去未开展相控阵检测的制造缺陷开挖点),通过数据比对可知,两次检测间隔 1 年 7 个月,检测结果基本一致,证明管道腐蚀控制状况良好。

3 开挖验证点数据对比

2023 年 2 月,进行荆荆管道补口带抽样测试,共开挖 13 处缺陷,因一处改线段补口状况良好,未进行测量直接回填。开挖测量 12 处缺陷,实测值均小于检测值。12 处开挖点按缺陷类别分四类如下:

补口带失效腐蚀有 2 处,其中 1 处 2021 年检测值为 22.2%(质量分数),2023 年检测值为 21.9%(质量分数),实测值为 22%(质量分数)。另一处 2021 年检测值为 24%(质量分数),2023 年检测值为 24.4%(质量分数),实测值为 23%(质量分数)。

制造缺陷有 5 处,2021 年检测值在 18.3～24.1%(质量分数)之间,2023 年检测值在 18～23.3%(质量分数)之间,有 1 处外观无明显腐蚀减薄,经测厚仪测量,有 3.1%(质量分数)壁厚减薄;另外 4 处外观检查无明显腐蚀减薄,仅有一层薄薄的浮锈,测厚仪检测无腐蚀减薄。

弯头处金属损失有 2 处,其中 1 处 2021 年检测值为 24.3%(质量分数),2023 年检测值为 24.5%(质量分数),未找到明显缺陷,附近有实测值为 4.8%(质量分数)的针孔缺陷;另一处 2021 年检测值为 19.8%(质量分数),2023 年检测值为 20.4%(质量分数),无明显腐蚀减薄,仅有一层薄薄的浮锈。

其他类型缺陷有 2 处,其中 1 处的 2021 年检测值为 13.5%(质量分数),2023 年检测值为 13.1%(质量分数),发现实测值为 4.7%(质量分数)的针孔缺陷。另一处 2021 年检测值为 10.4%(质量分数),2023 年检测值为 10.1%(质量分数),实测无明显腐蚀减薄。

另有 1 处,为随机抽样点,该点两轮检测均显示无缺陷。现场开挖结果表明,补口带完全失效,外观无明显腐蚀减薄,经测厚仪测量,发现多处腐蚀减薄,最大 3.8%(质量分数)。

由表 4 可知,第一类缺陷检测值与实测值非常接近。所以对于该类缺陷,超过 20% 的,需重点关注。其余类别缺陷因为其实测值远低于检测值,大多数的缺陷检测值为 20%(质量分数)左右,而实测却无缺陷,仅个别有缺陷,其值也仅为 5%(质量分数)左右,属于不纳入完整性评价的缺陷,可降低关注等级。从公司级开挖验证结果来看,尽管 9 处补口带全部失效,有 7 处外表面没有腐蚀减薄发生,2 处腐蚀深度在 5%(质量分数)以下,无大于5%(质量分数)的腐蚀发生。

除了公司级开挖验证的12处外，分公司级开挖修复了37处。由表5可知，在有可溯源记录的20处缺陷中，19处实测值偏小，1处实测值偏大[1.4%(质量分数)]。

表4 公司级开挖验证点测量数据信号对比分类

序号	内检测数值							结论	数据信号分类
	特征名称	金属损失类型	里程(m)	2021年金属损失程度[%(质量分数)]	2023年金属损失程度[%(质量分数)]	两次内检测差值	实测		
1	金属损失-腐蚀	轴向凹沟	21942.8	19.8	20.4	0.6	无明显缺陷	实测偏小	3.弯头处金属损失
2	金属损失-腐蚀	一般金属损失	29279.6	20	20.1	0.1	无明显缺陷	实测偏小	2.制造缺陷
3	金属损失-腐蚀	一般金属损失	30388.4	20.6	20.7	0.1	无明显缺陷	实测偏小	2.制造缺陷
4	金属损失-腐蚀	环向凹沟	25335	13.5	13.1	-0.4	4.7针孔	实测偏小	4.其他
5	金属损失-腐蚀	一般金属损失	42658.1	10.4	10.1	-0.3	无明显缺陷	实测偏小	4.其他
6	金属损失-腐蚀	坑状金属损失	49837.3	20.4	19.3	-1.1	无明显缺陷	实测偏小	2.制造缺陷
7	金属损失-腐蚀	坑状金属损失	68568.8	18.3	18	-0.3	3.1壁厚减薄	实测偏小	2.制造缺陷
8	无缺陷		68557	/	/	0	3.8的壁厚减薄	6:00多处壁厚减薄	无缺陷信号
9	金属损失-腐蚀	坑状金属损失	2689.4	24.3	23.5	-0.8	4.8针孔	实测偏小	3.弯头处金属损失
10	金属损失-腐蚀	环向凹沟	1279.7	22.2	21.9	-0.3	22	实测偏小	1.补口带失效腐蚀
11	金属损失-腐蚀	一般金属损失	4420.9	24	24.4	0.4	23	实测偏小	1.补口带失效腐蚀
12	金属损失-腐蚀	坑状金属损失	35914	24.1	23.3	-0.8	无明显缺陷	实测偏小	2.制造缺陷

图3 12处公司级开挖验证点缺陷现场照片

表5 分公司级开挖验证点测量数据信号对比分类

序号	特征名称	里程（m）	内检测数值			金属损失程度[%（质量分数）]	差值	结论	数据信号分类
			2021年金属损失程度[%（质量分数）]	2023年金属损失程度[%（质量分数）]	两次内检测差值				
1	金属损失	344.2	20.7	19.4	-1.3	/	/	/	2. 非内壁缺陷-制造缺陷
2	金属损失	506.5	15.9	复合材料6层修复	/	14.6	-1.3	实测偏小	4. 其他类型
3	金属损失	506.6	20.6	复合材料6层修复	/	14.6	-6	实测偏小	4. 其他类型
4	金属损失	530.4	54.5	B型套筒修复	/	35.6	-18.9	实测偏小	1. 补口带失效腐蚀
5	金属损失	530.4	17.9	B型套筒修复	/	13	-4.9	实测偏小	1. 补口带失效腐蚀
6	金属损失	940.5	16.6	16.4	-0.2	/	/	/	1. 补口带失效腐蚀
7	金属损失	1059.6	20.2	20.4	0.2	/	/	/	2. 制造缺陷
8	金属损失	1059.6	21.2	20.8	-0.4	/	/	/	2. 制造缺陷
9	金属损失	1215	14.1	17.9	3.8	/	/	/	1. 补口带失效腐蚀
10	金属损失	1279.7	22.2	21.9	-0.3	21.9	-0.3	实测偏小	1. 补口带失效腐蚀
11	金属损失	2689.4	24.3	23.5	-0.8	5.8	-18.5	实测偏小	3. 弯头处金属损失
12	金属损失	2985.2	13	16.4	3.4	/	/	/	1. 补口带失效腐蚀
13	金属损失	3329.7	9.8	10.1	0.3	/	/	/	1. 补口带失效腐蚀
14	金属损失	4372.6	27	4372.6	4345.6	22	-5	实测偏小	1. 补口带失效腐蚀
15	金属损失	4420.9	24	24.4	0.4	/	/	/	1. 补口带失效腐蚀
16	金属损失	4421.1	20.9	20.9	0	/	/	/	1. 补口带失效腐蚀
17	金属损失	4904.8	11.7	11.5	-0.2	/	/	/	1. 补口带失效腐蚀
18	金属损失	6490.9	19.7	18.9	-0.8	10.8	-8.9	实测偏小	3. 弯头处金属损失
19	金属损失	14815.2	21.6	20.4	-1.2	/	/	/	3. 弯头处金属损失
20	金属损失	15821.7	21.9	21.2	-0.7	/	/	/	3. 弯头处金属损失
21	金属损失	25212.9	20	20.7	0.7	0	-20	实测偏小	2. 制造缺陷
22	金属损失	25213.1	20.2	21.1	0.9	10.9	-9.3	实测偏小	1. 补口带失效腐蚀
23	金属损失	28613.5	16.2	已修复	/	15	-1.2	实测偏小	1. 补口带失效腐蚀
24	金属损失	28613.5	33.8	已修复	/	35.2	1.4	实测偏大	1. 补口带失效腐蚀
25	金属损失	54906	24.8	25.6	0.8	14	-10.8	实测偏小	4. 其他类型
26	金属损失	63411.9	24	22.4	-1.6	0	-24	实测偏小	3. 弯头处金属损失
27	金属损失	66905.1	20.1	20.3	0.2	12.8	-7.3	实测偏小	1. 补口带失效腐蚀
28	金属损失	66905.3	21	19	-2	11.1	-9.9	实测偏小	1. 补口带失效腐蚀
29	金属损失	68919.6	20.6	19.8	-0.8	/	/	/	2. 制造缺陷

续表

序号	内检测数值						结论	数据信号分类
	特征名称	里程（m）	2021年金属损失程度[%（质量分数）]	2023年金属损失程度[%（质量分数）]	两次内检测差值	金属损失程度[%（质量分数）]	差值		
30	金属损失	68919.8	20.3	19.8	-0.5	15.5	-4.8	实测偏小	1. 补口带失效腐蚀
31	金属损失	70797	23.7	21.9	-1.8	13.2	-10.5	实测偏小	3. 弯头处金属损失
32	金属损失	70821.8	20.6	18.9	-1.7	/	/	/	3. 弯头处金属损失
33	金属损失	70951.3	21.6	20.2	-1.4	4.3	-17.3	实测偏小	2. 制造缺陷
34	金属损失	71049.7	21.7	21	-0.7	12.4	-9.3	实测偏小	1. 补口带失效腐蚀
35	金属损失	75536.2	23	20.8	-2.2	/	/	/	2. 制造缺陷
36	金属损失	75536.2	26.9	24.7	-2.2	/	/	/	2. 制造缺陷
37	金属损失	75536.2	26.1	24.2	-1.9	/	/	/	2. 制造缺陷

4 结论

分析两轮内检测数据及开挖调查结果，可以得出结论：荆荆管道2003年投产管段的补口带全部失效，但按照目前的腐蚀速率分析，补口带下管道本体腐蚀风险可控。这是因为按保守值细化分析全部4类缺陷，五年内均不会产生腐蚀穿孔风险。其中，第1类补口带下腐蚀缺陷实测值与检测值偏差较小，检测数据真实可信，是发育型缺陷，5年内腐蚀程度不会超过40%，要给予重点关注。第2类制造缺陷是非发育类缺陷，五年内不会发生变化。第3类弯头处缺陷共有14处，实测值远小于检测值，五年内缺陷不会超过40%。第4类其他缺陷共有14处，实测值远小于检测值，五年内缺陷不会超过40%，40%是企标规定需要开展计划修复的起始值。

从理论上分析，补口带失效会造成管道补口区域失去腐蚀防护（不考虑补口区域的底漆）。目前，油气长输管道普遍采用防腐层和阴极保护电流双重保护的方式。补口带（套）失效后，由于其屏蔽作用，阴极保护系统对该区域没有保护。另一方面，由于补口带局部或全部失去黏结力，导致补口带对该区域的保护无法达到设计阶段的要求。

从实际应用角度研判，补口带失效后，依然对补口区域有不同程度的保护作用。尽管补口带失去黏结力，但依然有一定程度的密封性，从而可以在一定意义上限制水汽和空气在该区域的自由进出。进入补口带内的水汽，在开始阶段发生电化学反应，消耗完有限的氧气，造成轻微的腐蚀后，缺氧的水汽将会停滞电化学反应，这样能够大大减缓腐蚀速度。

5 下一步完整性管理计划

针对补口带失效带来的腐蚀泄漏风险，拟定的下一步完整性管理核心措施为：

（1）做实抽检工作。补口带缺陷未开挖修复的共计92处，其中第1类缺陷5个，第2类缺陷72个，第3类缺陷6个，第4类缺陷9个。2024年共计抽检7处，其中第1类2个，第2类2个，第3类缺陷1个，第4类缺陷2个。2025年抽检7处，其中第1类2个，第2类2个，第3类缺陷1个，第4类缺陷2个。资产完整性管理部安排专人全程督办，及时开展专项分析，撰写专题抽检报告，落实风险管控措施。

（2）以保守的心态准备好风险扩大的应对措施。若抽检发现补口带老化情况恶化，或管道本体腐蚀速率加剧，则扩大开挖数量，进行专项研判，必要时提前启动内检测。

（3）做好下一轮内检测各项工作。若开挖情况和预期一致，2025年下半年启动定期检验，2026年3月完成内外检测，5月完成较大缺陷修复，7月完成定期检验。

参 考 文 献

[1] 祝悫智，段沛夏，王红菊，等．全球油气管道建设现状及发展趋势[J]．油气储运，2015，34(12)：1262-1266.

[2] 严琳，赵云峰，孙鹏，等．全球油气管道分布现状及发展趋势[J]．油气储运，2017，36(5)：481-486.

[3] 吴明，谢飞，陈旭，王丹，孙东旭．埋地油气管道腐蚀失效研究进展及思考[J]．油气储运，2022，41(06)：712-722.

[4] Wang, Y., Han, P., Sun, F. et al. Regression Model of Factors Influencing the Corrosion Rate of X80 Steel in Silt Based on an Orthogonal Test[J]. J. of Materi Eng and Perform 32, 5211-5220, 2023.

[5] 范琦．油气管机械损伤缺陷及其腐蚀原因分析[J]．中国石油和化工标准与质量，2022，42(05)：26-28.

[6] Gao, J., Liu, X., Zhang, L. et al. Failure Analysis of Pipeline Corrosion Perforation in a Gas Mine[J]. J Fail. Anal. and Preven. 2023.

电磁超声导波管道缺陷检测系统与方法

馬曉紅　王　聰　魏海濤

摘　要： 本文研制了多功能电磁超声导波系统。设计大功率正弦脉冲发射电路，频率 10~300kHz 可调，激励磁致伸缩扭转导波对管道进行长距离检测；设计大功率方波脉冲发射电路，频率 0.5~6MHz 可调，激励 500kHz 磁致伸缩扭转导波、400kHz 周向 SH 导波和 2MHz 表面波，针对不同类型缺陷进行全面检测。设计可控增益接收采集电路，采样频率 40MHz，增益范围 25~90dB；设计基于 LabWindows 的上位机软件，实现参数设置和信号存储等功能。结果表明，本系统可激励多种类型超声导波，实现管道全面检测。

关键词： 磁致伸缩；导波；缺陷检测

管道、储罐、板材等在工业生产中应用广泛。但是，由于恶劣的工作环境以及长期在线工作，容易出现裂纹、腐蚀等缺陷，造成安全隐患[1]。通过检测缺陷，并采取相应措施，可以避免事故发生，提高经济效益。因此，对工业管道、储罐和板材等大型工业结构定期进行无损检测与长期在线监测具有重要意义[2]。

在无损检测技术中，无需耦合剂、非接触式的电磁超声检测技术相比传统的超声检测技术，在高、低温和高速移动等场合具有独特的优势。然而，采用电磁场耦合超声波，换能效率低，仅能对试件进行局部检测，对于大型工业结构难以实现全面检测。基于磁致伸缩效应的超声导波技术只需要单点激励便可实现长距离检测，但是精度不高，疑似缺陷位置需要使用其他设备复检[3-7]。

针对上述不足，本文提出的基于电磁超声导波的多功能管道缺陷检测系统，能够进行高低频切换，激励多种频率和类型的电磁超声导波，可以实现不同类型缺陷的全面检测。

1　电磁超声导波检测系统工作原理

基于电磁超声导波的多功能管道缺陷检测系统可通过开关切换低频大功率正弦脉冲发射电路和高频大功率方波脉冲发射电路，连接不同类型的电磁超声换能器，激励不同频率、类型的超声导波。采用反射法或透射法对试件进行缺陷检测。反射回波信号或透射信号经过接收换能器时转化为电信号，经采集装置处理后在上位机显示。通过分析检测数据，能够得到试件中的缺陷信息。其中，低频磁致伸缩扭转导波、500kHz 磁致伸缩扭转导波、2MHz 表面波，采用反射法对试件进行缺陷检测，超声波反射法原理如图 1 所示，当超声波遇到由声阻抗不同的介质构成的界面时，将会发生反射现象；400kHz 周向 SH 导波，采用透射法对试件进行缺陷检测，超声波透射法原理如图 2 所示，通过实测声波在试件中传播的声时、频率和波幅衰减等声学参数的相对变化，对试件进行检测的方法[8]。

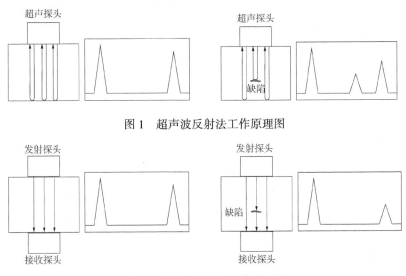

图 1　超声波反射法工作原理图

图 2　超声波透射法工作原理图

2　系统方案设计

电磁超声高低频检测系统整体结构框图如图 3 所示。当主机切换为低频工作状态时，上位机通过 USB 接口电路将发射频率、重复频率等控制参数传输至低频导波发射控制电

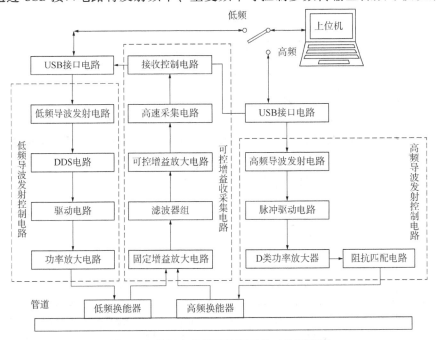

图 3　电磁超声高低频检测系统工作原理图

路。低频导波发射控制电路控制低频导波发射电路产生大功率正弦脉冲信号，驱动低频换能器激发超声波。当主机切换为高频工作状态时，上位机通过 USB 接口电路将发射频率、重复频率等控制参数传输至高频导波发射控制电路。高频导波发射控制电路控制高频导波发射电路产生大功率方波脉冲信号，驱动高频换能器激发超声波。超声波遇缺陷发生反射或透射，反射回波信号或透射信号被接收换能器接收，转化为电信号。信号经过可控增益接收采集电路处理后，通过 USB 接口电路传输至上位机进行显示。利用上位机软件观察反射回波信号或透射信号即可判断缺陷情况。

3 硬件电路设计

3.1 低频导波发射控制电路设计

为有效激发低频磁致伸缩扭转导波换能器，本文设计了低频导波发射控制电路，其原理框图如图 4 所示。FPGA 控制 DDS 电路产生频率、周波数、重复频率可调的正弦脉冲信号。该信号通过驱动电路驱动推挽式 A 类功率放大电路进行功率放大，驱动磁致伸缩扭转导波换能器产生超声波。由充电电路和储能电容组成的高压发生电路为功率放大电路提供稳定的高压电源。此外，由于功率放大电路工作在 A 类状态，发热严重，故设计了温度保护电路保障发射电路安全稳定工作。

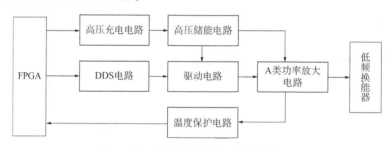

图 4 低频导波发射控制电路结构框图

3.2 高频导波发射控制电路设计

由于高频电磁超声换能器换能效率很低，需要大功率的驱动以激发足够强的超声波。高频导波发射控制电路原理如图 5 所示。高压发生电路包括充电电路和储能电容，为模块的工作提供稳定的高压电源；脉冲驱动电路产生驱动脉冲，FPGA 作为控制芯片，产生频率、周波数、重复频率可调的脉冲信号；D 类功率放大电路产生高频大功率驱动信号，通过阻抗匹配电路产生交变信号，作用于高频换能器探头，激发超声波。

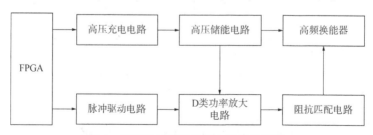

图 5 高频导波发射控制电路结构框图

3.3 可控增益接收采集电路设计

根据电磁超声高低频检测系统需求，设计可控增益接收采集电路。可控增益接收采集电路原理如图 6 所示。增益调整范围 25 ~ 90dB，设计 ADC 的采样频率为 40MHz；高频换能器或低频换能器接收到的回波信号经固定增益放大电路放大后，经叠滤波器滤波后送入可控增益放大电路。FPGA 控制高速采集电路进行数据采集与缓存，其后利用 USB 接口电路将缓存数据传输至上位机。

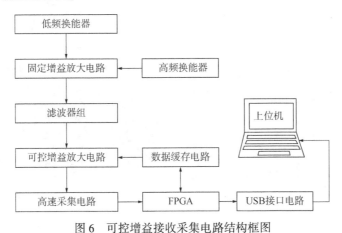

图 6　可控增益接收采集电路结构框图

4　多功能电磁超声导波实验系统

本文完成了基于电磁超声导波的多功能管道缺陷检测系统，其实物图如图 7 所示。

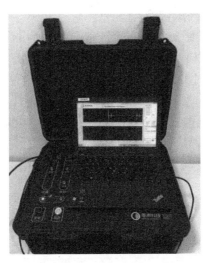

图 7　电磁超声高低频探伤装置实物图

基于电磁超声导波的多功能管道缺陷检测系统能够激励多种类型的超声导波换能器，包括低频扭转导波长距离检测换能器、中频磁致伸缩导波扫查换能器、高频表面波换能器和周向 Lamb 波换能器。换能器的实物图如图 8 所示。

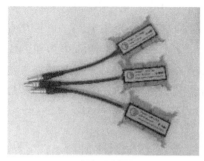
(a)低频导波换能器

(b)500kHz磁致伸缩中频换能器

(c)2MHz高频表面波换能器

(d)400kHz周向导波换能器

图8　高低频换能器装置实物图

5　实验验证

5.1　低频导波管道缺陷检测实验

使用低频进行管道缺陷长距离检测实验研究。实验所用管道为长 3m、外直径 114mm、壁厚 4mm 的钢管。将收发一体结构的换能器安装在管道表面，距离换能器 0.5m 处为管道近端面。管道外表面加工不同类型的缺陷，缺陷及换能器位置如图 9 所示。距离换能器 0.75m 处为直径 2mm 的通孔，模拟孔状漏点；距离换能器 1.10m 处为截面损失率 3 的槽缺陷，模拟管道裂纹；距离换能器 1.70m 为截面损失率 1% 的锥形孔，模拟点腐蚀。通过数值解法求解管道中导波的特征方程可知，管道中 $T(0, 1)$ 导波具有非频散特性，波速为 3260m/s。开关切换为低频，采用低频采集软件，激励信号为 128kHz，接收电路增益为 25dB。

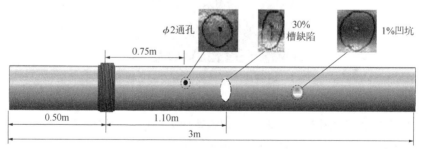

图9　缺陷及换能器位置示意图

管道缺陷检测结果如图 10 所示，接收换能器接收到近端面回波距离为 0.50m，远端面回波距离为 2.50m。测得缺陷 1、缺陷 2 和缺陷 3 与换能器的间距分别为 0.74m、1.14m、1.72m。缺陷位置与实际管道情况基本一致，验证了低频导波检测系统的检测能力。此外，系统激发的导波能够在管道的两个端面间进行多次反射，衰减速度较慢，具备长距离检测的能力。

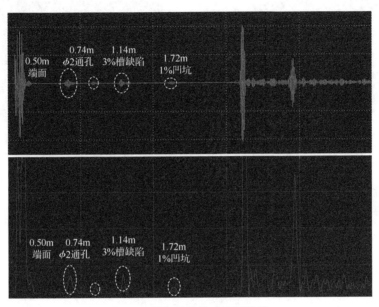

图 10   低频管道缺陷检测结果

5.2   磁致伸缩中频导波焊缝扫查实验

管道在服役过程中常出现焊缝本体腐蚀缺陷。如图 11 所示，在厚度为 4mm 的钢制管道上加工环形焊缝，并将焊缝局部余高打磨，打磨焊缝长度为 10mm，模拟焊缝本体腐蚀缺陷。将磁致伸缩带平行于焊缝黏贴在管道表面，距离焊缝 150mm。图 8(b)所示的中频磁致伸缩导波换能器沿磁致伸缩贴片移动。磁致伸缩超声导波垂直于焊缝传播，遇到焊缝时形成反射信号，通过接收焊缝回波信号分析焊缝腐蚀情况。超声导波频率越高，检测精度越高，但传播距离越短。由于焊缝本身将产生明显的回波信号，焊缝本体缺陷检测难度显著提升。频率低于 300kHz 的磁致伸缩扭转导波常用于直管段的长距离缺陷检测和整体评估。因此，本文为了对焊缝本体缺陷进行检测，一方面提高换能器工作频率，采用 500kHz 的扭转导波提高检测灵敏度；另一方面，通过焊缝反射信号表征焊缝缺陷，并在换能器中增加编码器，绘制超声导波管道扫查二维云图，实现数据可视化。

中频导波扫查实验结果如图 12 所示。导

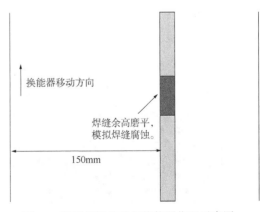

图 11   管道焊缝缺陷与换能器位置示意图

波检测系统的激励和接收参数保持一致，无缺陷焊缝的回波信号幅值明显大于余高磨平焊缝的回波信号幅值。在传感器一侧安装编码器，记录传感器的运动轨迹与位置，通过成像算法绘制二维云图，能够对焊缝腐蚀状况进行更加直观的描述。如图12(c)所示，焊缝在余高磨平处颜色明显较暗。

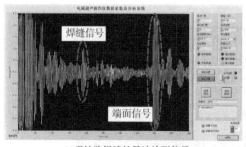

(a)无缺陷焊缝的导波检测信号

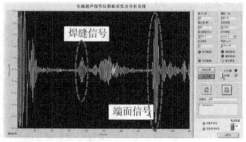

(b)余高磨平焊缝的导波检测信号

(c)中频导波扫查二维云图

图12　中频导波扫查实验结果

5.3　高频表面波微裂纹检测实验

使用频率为2MHz的高频导波进行了板材缺陷检测的实验研究。实验所用板材为长0.5m、宽0.4m、厚4mm的铝板，将收发一体结构的换能器在板材上，距离换能器右侧0.14m处有一长4mm、宽0.1mm、深0.4mm的微裂纹。缺陷及换能器位置如图13所示。开关切换至高频，使用高频采集软件。激励信号为2MHz的正弦波，接收电路增益为80dB。2MHz高频表面波缺陷检测结果如图14所示，通过接收换能器接收到缺陷回波时间为90ms，缺陷与换能器的距离为0.135m。缺陷位置与实际管道情况基本一致，验证了高频检测系统的检测能力。

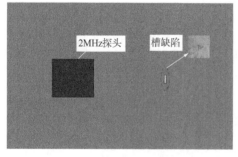

图13　2MHz高频缺陷检测示意图

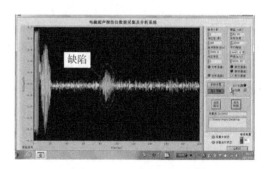

图14　2MHz高频缺陷检测结果

5.4 周向 SH 导波管道裂纹检测与成像实验

由于前节采用的电磁超声换能器激励和接收的超声导波沿管道轴向传播，因此难以检测沿管道轴向裂纹。本节采用周向 SH 导波换能器和透射法，对管道中的轴向裂纹进行检测和成像。换能器包括发射换能器和接收换能器，分别用 T 和 R 表示。两个换能器之间相距 10cm，试件为外径 150mm 的管道。导波在管道中的传播路径包括 3 条，如图 15 所示。

激励信号的频率为 400kHz，在管道中激励和接收周向导波信号，结果如图 16 所示。回波信号 1 表示由发射换能器沿着管道右侧传播对应图中路径 1；回波信号 2 表示由发射换能器沿管道左侧传播对应图中路径 2；回波信号 3 表示沿着路径 1 的方向传播沿管道一周对应图中路径 3。

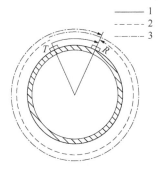

图 15　周向 SH 导波换能器分布
与导波传播路径

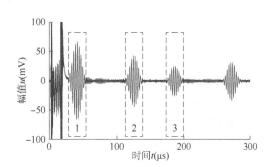

图 16　周向 SH 导波实验结果

在路径 2 上加工周向裂纹缺陷，采用本文设计的周向 SH 导波换能器进行检测，实验结果如图 17 所示。其中，图 17(a) 是无损管道的检测信号，图 17(b) 是路径 2 存在轴向裂纹的检测信号。结果表明，在回波信号 1 与回波信号 2 之间存在裂纹的回波信号 3。此外，根据透射法检测缺陷的原理可知，当导波传播路径中存在缺陷时，接收信号的幅值将明显减小。因此，接收信号 2 的幅值明显减小。

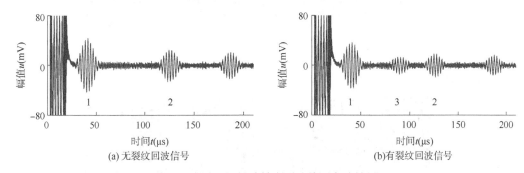

(a) 无裂纹回波信号　　　　　　　　　　(b) 有裂纹回波信号

图 17　周向 SH 导波轴向裂纹检测实验结果

在管道上分别加工长度为 10mm、20mm、30mm、40mm、60mm 和 80mm 的六个轴向裂纹，裂纹深度为 2mm，裂纹宽度为 1mm。裂纹分布在管道上的位置如图 18 所示。为防止管道端面对反射回波产生的影响，换能器开始检测位置距离管道端面 50mm，固定发射换能器和接收换能器的相对位置，每隔 5mm 进行一次检测。

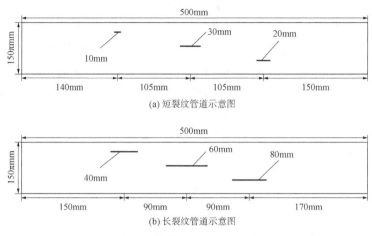

(a) 短裂纹管道示意图

(b) 长裂纹管道示意图

图 18　管道裂纹位置示意图

根据希尔伯特变化对幅值进行时域变换获取周向导波回波信号的包络，并且根据换能器扫查的结果对管道的轴向进行成像如图 19 所示，由成像结果可以看出当裂纹存在时所对应位置的周向回波信号被截断，并且裂纹的长度越长，现象越明显。根据成像结果观察裂纹之间的相对位置可以发现，能够与实际裂纹的位置相对应，因此本文所设计的周向 SH 导波换能器能够对管道进行轴向裂纹扫查。根据扫查结果对管道裂纹缺陷进行成像，能够快速的定位裂纹的具体位置，直观反映缺陷的轴向长度。

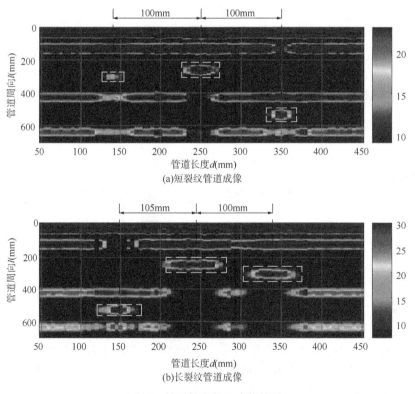

(a)短裂纹管道成像

(b)长裂纹管道成像

图 19　管道轴向裂纹成像结果

6 结束语

本文设计了基于电磁超声高低频探伤技术的管道缺陷检测系统，包括低频大功率正弦脉冲发射电路、高频大功率发射模块电路与上位机软件。高频大功率发射模块电路能够实现单/双通道切换，激发尖脉冲和单脉冲序列信号。接收采集电路可实现25dB～90dB增益调整范围，分辨率为0.1dB。采用该系统对管道中不同类型缺陷进行检测，实验结果表明：低频扭转导波探伤技术能够对管道进行长距离检测，文中加工的裂纹、点腐蚀和孔状漏点均能够被检测，且准确定位缺陷与换能器的距离；中频扭转导波扫查技术能够对管道焊缝腐蚀缺陷进行检测与成像；高频表面波探伤技术能够大幅提高系统检测表面缺陷的灵敏度，检测管道表面的微裂纹缺陷；周向导波探伤技术能够检测管道中的轴向裂纹，并通过扫查对管道裂纹进行成像，直观反映轴向裂纹的位置与轴向长度。实验结果证明本系统能够进行高低频切换，激励多种频率的超声导波，可以实现不同类型、不同大小的管道缺陷全面检测。

参 考 文 献

[1] 屈正扬，王淑娟，汪开灿，等．便携式电磁超声探伤仪[R]．2017远东无损检测新技术论坛，2017．
[2] 杨金旭，李策，夏胜，等．基于磁致伸缩导波的管道缺陷检测系统[J]．仪表技术与换能器．2016(6)：2-4．
[3] 申晗，耿浩，黄平，等．电磁超声高压脉冲激励电源设计[J]．仪表技术与换能器，2016(8)：24-26+31．
[4] Xing Chen，Hanbing Wei，Tao Deng et al..Investigation of electromechanical coupling torsional vibration and stability in a high-speed permanent magnet synchronous motor driven system[J].Applied Mathematical Modelling.2018，64：235-248．
[5] Jun Liu，Feihang Zhou，Chencong Zhao et al.Mechanism analysis and suppression strategy research on permanent magnet synchronous generator wind turbine torsional vibration[J].ISA Transactions.2019，92：118-133．
[6] I sla Julio，Cegla Frederic.Optimization of the bias magnetic field of shear wave EMATs[J].IEEETransactions on Ultrasonics，Ferroelectrics，and Frequency Control.2016，63(8)：1148-1160．
[7] 宫嘉鹏，许霁，邱玉，等．基于电磁超声导波的铝合金板材缺陷自动检测装置[J]．仪表技术与换能器．2011(5)：78-81．
[8] 冯红亮，杨志红，扈晓斌．磁致伸缩效应原理及在工业测量中的应用[J]．仪表技术与换能器．2009(B11)：344-346．

威荣气田管道腐蚀机理及防腐措施研究综述

向 伟 王 腾 严 曦 张 伟 严小勇

卜 淘 阴丽诗 王 坤 王林坪 张 云

（中国石化西南油气分公司）

摘 要：针对威荣气田管道腐蚀问题，分析了管道泄漏发生时段、泄漏撬块、泄漏位置、泄漏方向、腐蚀环境、宏观微观腐蚀产物等关键因素，总结出威荣气田管道腐蚀的主要因素。针对威荣气田管道冲蚀、细菌腐蚀、CO2 腐蚀制定出相应的防控方法，最后归纳出威荣气田管道保护、腐蚀检测、管道修复方法，进一步为威荣气田腐蚀管控提供科学依据和技术支持。

关键词：威荣气田；腐蚀机理；防腐对策

截至 2020 年 4 月，威荣气田已探明储量超千亿方，全面建成后年产能达到 $30 \times 10^8 \mathrm{m}^3$，满足 1600 万家庭年用气，具有重大发展潜力。随着开采深入，威荣气田集输系统腐蚀穿孔事件频频发生，对正常生产造成严重影响。本文旨在深入研究威荣气田管道腐蚀机理及防腐措施，为解决相关问题提供科学依据和技术支持。

1 威荣气田腐蚀现状

1.1 腐蚀泄漏发生时段

威荣气田管道腐蚀泄漏主要发生在气井高压高产阶段，此阶段产量高流速快，气井出砂明显；进入生产后期，腐蚀泄漏发生的频率随着平台产量（$\leqslant 25 \times 10^4 \mathrm{m}^3 / \mathrm{d}$）和气井压力（$\leqslant 8 \mathrm{MPa}$）的降低而显著降低，如图 1 所示。

1.2 腐蚀泄漏撬块

威荣气田采气平台集输工艺流程撬块主要有节流阀组撬、轮换计量撬、两相流计量撬、分离器撬和外输阀组撬等。根据 209 次撬块泄漏统计，如图 2 所示，节流阀组撬泄漏次数最多（43 次），分离器撬块泄漏次数第 2（41 次），轮换计量撬泄漏次数第 3（29 次），节流阀组撬、分离器撬块、轮换计量撬是泄漏发生的主要撬块。

1.3 腐蚀泄漏位置

根据 209 次泄漏位置统计，如图 3 所示，弯头泄漏次数最多（71 次），焊缝泄漏次数第 2（44 次），直管线泄漏次数第 3（36 次），三通泄漏次数第 4（30 次），弯头、焊缝、直管线、三通是管道泄漏发生的主要位置，腐蚀泄漏位置主要集中在中低压区域，弯头、焊缝、直管线、三通泄漏如图 4 所示。

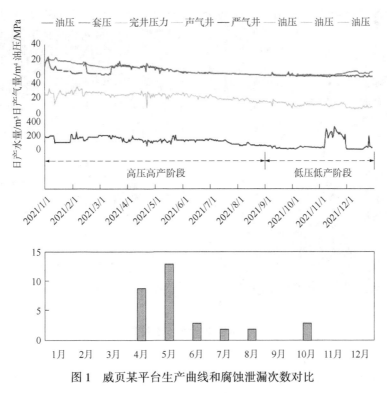

图1 威页某平台生产曲线和腐蚀泄漏次数对比

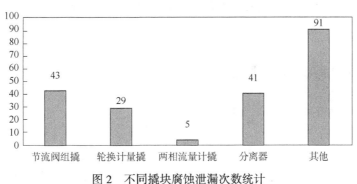

图2 不同撬块腐蚀泄漏次数统计

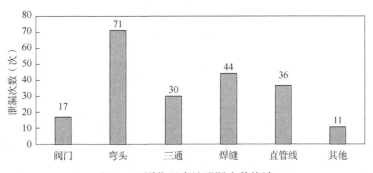

图3 不同位置腐蚀泄漏次数统计

（a）弯头泄漏　　　　　　　　　　　　　　　　（b）焊缝泄漏

（c）直管线泄漏　　　　　　　　　　　　　　　　（d）三通泄漏

图 4　不同位置腐蚀泄漏图像

1.4　管道腐蚀泄漏方向

威荣气田集输管道早期的泄漏部位主要集中在正对气流方向，如弯头和三通这些气体流向发生明显改变的地方；随着投产时间的延长，集输管道后期泄漏的部位主要集中在管线的 3~9 点钟方向，即气水交界面处。

2　威荣气田腐蚀原因分析

2.1　腐蚀环境分析

2.1.1　气质组分分析

对威荣气田不同采气平台的天然气取样分析，检测结果如表 1 所示，甲烷含量普遍在97%以上，CO_2 含量平均为 1.5%左右，未检测出 H_2S，表明集输系统可能存在 CO_2 腐蚀。

表 1　威荣气田不同平台气质组分

序号	气质组分［%（摩尔分数）］							
	甲烷	乙烷	丙烷	二氧化碳	氧	氮	氦	氢
1	97.5	0.47	0.03	1.47	0.02	0.49	0.02	0
2	97.54	0.43	0.01	1.56	0.01	0.43	0.02	0
3	97.62	0.48	0.01	1.44	0	0.43	0.02	0
4	97.43	0.38	0	1.69	0	0.45	0.03	0.02
5	97.56	0.47	0.02	1.53	0	0.4	0.02	0
6	97.56	0.51	0.03	1.36	0.06	0.46	0.02	0
7	97.69	0.55	0.03	1.28	0.01	0.42	0.02	0

2.1.2　返排液离子含量分析

对威荣气田某采气平台的采出水进行取样分析，如表2所示。

表2　威荣气田某采气平台水样检测结果

分析项目		含量
pH 值		6.73
总矿化度(mg/L)		28142.8
阳离子(mg/L)	K^+	184.8
	Na^+	10620.6
	Ca^{2+}	350.2
	Mg^{2+}	31.4
	Ba^{2+}	253
	Sr^{2+}	118.3
	$Fe^{2+}+Fe^{3+}$	15.8
阴离子(mg/L)	Cl^-	15679.9
	SO_4^{2-}	96.5
	HCO_3^-	792.3
微生物含量(个/mL)	硫酸盐还原菌(SRB)	$1.3×10^5$
	腐生菌(TGB)	$2×10^5$
	铁细菌(FB)	$1.3×10^5$

总矿化度：总矿化度是衡量水中溶解性无机盐总含量的指标，气田水总矿化度的合理范围是1000~3000mg/L，28142.8mg/L的总矿化度远超过了合理范围，表明水中溶解性无机盐的含量非常高，会对管道和设备产生严重的腐蚀作用。

$Fe^{2+}+Fe^{3+}$：铁离子是导致水体产生腐蚀的重要因素之一，气田水 $Fe^{2+}+Fe^{3+}$ 的合理范围是0.1~0.3mg/L，15.8mg/L的铁离子含量远超过合理范围，表明水中存在大量的铁离子，加剧管道和设备的腐蚀风险。

Cl^-：Cl^-是导致水体腐蚀的常见因素之一，气田水 Cl^- 含量的合理范围通常在100~500mg/L之间，15679.9mg/L的 Cl^- 含量远超过了合理范围，表明水中存在大量的 Cl^-，加速管道和设备的腐蚀。

硫酸盐还原菌(SRB)：能利用有机物质作为电子供体，将硫酸盐还原为硫化物，硫化物具有较高的电导率和腐蚀性，能够加速金属管道的腐蚀过程。

腐生菌(TGB)：能够分解有机物质，生成一系列的代谢产物，其中包括一些酸性物质导致水体pH值降低，增加管道和设备的腐蚀风险。

铁细菌(FB)：可以将溶解态的铁离子还原为沉淀态的铁氢氧化物，形成铁锈或铁菌胞的沉积物，铁锈沉淀物在管道内会形成黏附层，增加管道内壁的粗糙度，促进电化学反应和腐蚀的发生，加速管道腐蚀。

对于菌群含量的合理范围没有具体的定量标准，但一般来说，菌群数量台高会增加管道腐蚀的风险。

2.1.3 气井出砂分析

威荣页岩气井采用"密切割、强加砂"的储层改造工艺，具有入地砂量、液量大的特点，单井的入地砂量达到 2000 方左右。在气井投产前主要必须采用连续油管通井排砂环节，才能输气投产。但是气井通井后进入生产环节，仍然有大量的沉沙沉积在水平段中，在生产过程中不断返出。

威页某平台在通井过程中，通过对排出的砂进行取样送检，检测结果表明 40/70 目砂粒含量最多，达到 63.2%。威页某平台彻底通井后，仍存在较严重的出砂现象，通过检测分析，40/70 目砂粒含量最多，达到 60.98%，检测结果表明气井返砂基本来自井筒压裂余砂和缝口砂，如图 5 所示。

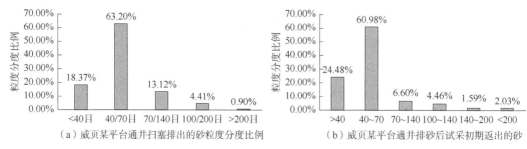

(a) 威页某平台通井扫塞排出的砂粒度分度比例　　（b）威页某平台通井排砂后试采初期返出的砂

图 5　返排砂大小

2.2　腐蚀泄漏宏观形貌分析

将更换下的管件解剖后发现，管线内部腐蚀呈现出多种形貌。早期的腐蚀形貌主要为蜂窝状，后期的腐蚀形貌包括单点腐蚀坑、片状腐蚀坑、腐蚀沟槽状等。管线内部腐蚀形貌如图 6 所示。

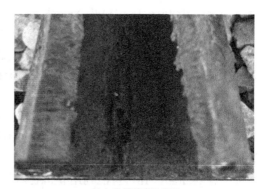

(a)蜂窝状腐蚀形貌　　　　　　　　　　（b）沟槽状腐蚀形貌

图 6　管道内部腐蚀形貌

蜂窝状的腐蚀形貌是管道内部出现像蜂窝一样的小孔，这些小孔通常呈圆形或多边形排列。

沟槽状的腐蚀形貌是管道内部出现深度较大、长度较长的凹槽或沟槽，有时呈现不规则的形状。

管道部内呈现蜂窝状和沟槽状腐蚀形貌的原因可能涉及以下方面：（1）冲蚀：天然气中可能含有固体颗粒等，这些颗粒在流动过程中与管道内壁表面发生摩擦和碰撞，导致管道内壁损伤。（2）细菌腐蚀：天然气中可能存在一些细菌，如硫酸盐还原菌和腐生菌等，这些细菌可以利用管道中的有机物和电化学反应产生的物质作为能源，并释放出酸性物质或产生腐蚀性代谢物，最终形成蜂窝状和沟槽状的腐蚀形貌。

2.3 腐蚀泄漏微观形貌分析

2.3.1 扫描电镜及能谱分析

扫描电镜（SEM）可以对天然气管道上的腐蚀产物进行详细观察和分析，通过 SEM 分析，可以获取高分辨率的表面形貌图像和显微结构信息，进而对腐蚀产物的形态、分布、厚度等进行定量分析。

能谱分析（EDX）是一种常用于 SEM 的元素分析技术，对天然气管道腐蚀产物进行能谱分析时，通过接收并分析样品表面产生的 X 射线，可以确定腐蚀产物中的元素种类和相对丰度。

采用扫描电镜及能谱分析对天然气管道腐蚀产物进行分析具有以下优点：（1）高分辨率成像：SEM 能够提供高分辨率的图像，可以清晰地观察到腐蚀产物的细微结构和形貌特征，有助于了解腐蚀的机制、形成过程以及腐蚀介质与金属表面的交互作用；（2）表面化学成分分析：结合 SEM，EDX 可以对腐蚀产物的化学成分进行定性和定量分析，揭示腐蚀产物中各种元素的分布情况和可能的来源；（3）形态特征识别：通过 SEM 观察和 EDX，可以识别出腐蚀产物的不同形态特征，可以提供关于腐蚀发生机理、速率和影响因素的重要线索；（4）快速分析和定量能力：SEM 及 EDX 技术具有快速、准确的特点，可以在短时间内对大量样品进行分析；（5）非破坏性分析：SEM 及 EDX 是一种非破坏性的表面分析技术，可以在不破坏样品的情况下获取有关腐蚀产物的信息；地面管线失效样品腐蚀形貌及能谱图如图 7 所示。

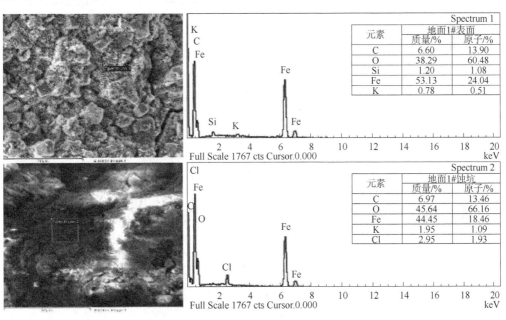

元素	地面1#表面	
	质量/%	原子/%
C	6.60	13.90
O	38.29	60.48
Si	1.20	1.08
Fe	53.13	24.04
K	0.78	0.51

元素	地面1#蚀坑	
	质量/%	原子/%
C	6.97	13.46
O	45.64	66.16
Fe	44.45	18.46
K	1.95	1.09
Cl	2.95	1.93

图 7　地面管线失效样品腐蚀形貌及能谱图

失效样品表面与腐蚀坑位置腐蚀产物的能谱分析结果表明：地面与井下失效样品表面、腐蚀坑位置的腐蚀产物成分主要为 Fe、C、O 和 S 元素，以及少量的 Si、K、Na、Ca、Mn 等元素，推测可能的腐蚀产物为 $FeCO_3$、铁的氧化物以及铁的硫化物。从而推断管道内壁可能存在二氧化碳腐蚀、氧腐蚀和 H2S 腐蚀，并且穿孔的形成可能与 S 元素的存在一定关系。

2.3.2 XRD 物相分析

XRD(X 射线衍射)物相分析是一种常用的材料表征技术，测量样品对入射 X 射线的散射角度和散射强度，获得样品中晶体的结构信息，用于确定样品中晶体结构和组成，可以提供有关腐蚀产物和沉积物的信息，帮助了解腐蚀机理，并指导采取适当的防护措施。在地面失效样品腐蚀坑位置(包括腐蚀坑、连续腐蚀坑、穿孔、沟槽等)和非腐蚀坑位置(表面)分别取腐蚀产物粉末样，研磨均匀后，采用 X 射线衍射仪对腐蚀产物结构进行分析，结果如图 8 所示。

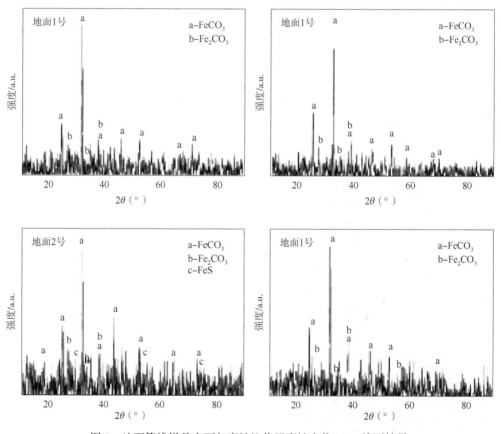

图 8　地面管线样品表面与腐蚀坑位置腐蚀产物 XRD 检测结果

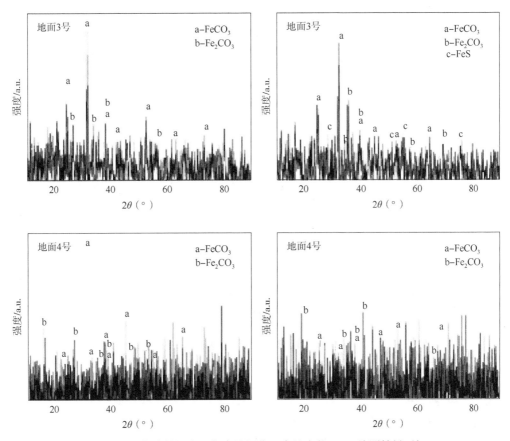

图 8　地面管线样品表面与腐蚀坑位置腐蚀产物 XRD 检测结果(续)

地面失效样品表面与腐蚀坑(包括穿孔、焊缝、连续腐蚀坑、沟槽)等位置的腐蚀产物主要为 $FeCO_3$,同时含有少量的 Fe_2O_3、FeS、$CaCO_3$、SiO_2 等产物。此外,不同相的衍射峰强度显示,FeCO3 含量最高。Fe_2O_3、FeS 含量较低,$FeCO_3$ 腐蚀产物是 CO_2 腐蚀的典型腐蚀产物,Fe_2O_3 是氧腐蚀的典型腐蚀产物,而 FeS 相的形成与 H_2S 有关,而页岩气中不含 H_2S。由此可以推断,地面失效样品的腐蚀可能与 CO_2、SRB 细菌等物质有关。

2.5　威荣气田腐蚀机理总结

综上所述,威荣气田在早期阶段主要受到气井出砂引起的冲蚀腐蚀影响:砂砾等颗粒物质随着流体通过管道,造成管壁表面的冲刷和磨损,加速集输管道的腐蚀过程。在中后期阶段,细菌腐蚀和 CO_2 腐蚀成为主要因素:气田水中的 SRB、TGB 和 FB 等微生物通过产生硫化物、酸性物质和沉淀物等方式对管道进行腐蚀;同时,CO_2 与水中的酸性物质反应生成碳酸,加速管道的电化学腐蚀,增加了管道的腐蚀风险。三种腐蚀类型在威荣气田集输管道中相互协同作用,促进了腐蚀的发生和发展(图 9)。

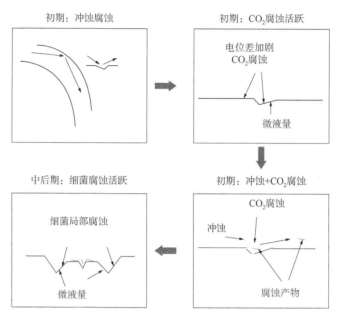

图 9　威荣气田管道腐蚀流程

3　腐蚀管控对策

3.1　冲蚀防护

3.1.1　除砂器、高压旋流除砂排液撬

威荣气田采气平台井口一级节流后的集输集输管线一般采用额定工作压力 35MPa、天然气处理量 $(3.5\sim10)\times10^4/d$、滤芯 0.1mm 的除砂器解决气井出砂问题，如图 10(a) 所示。威荣气田部分采气平台井口一级节流后的集输集输管线采用额定工作压力 32MPa、天然气处理量 $60\times10^4m^3/d$、液体杂质处理量 $1200m^3/d$、固体杂质处理精度 0.05mm 的高压旋流除砂排液撬解决气井出砂、出水问题，如图 10(b) 所示。安装除砂器、高压旋流除砂排液撬可以有效地过滤井口出砂，防止其进入管线，减少对管道的冲蚀。

（a）除砂器　　　　　　　　　　　　　　（b）高压旋流除砂排液撬

图 10　除砂器和高压旋流出砂排液撬

3.1.2 涂层弯头、加厚方弯头、盲三通

涂层弯头是在弯头部位提供一层防护层，例如聚合物涂层（如聚乙烯、环氧树脂等）或陶瓷涂层，以减少介质流动对管道内壁的冲蚀作用；相对于普通弯头，加厚方弯头在角部的弯曲处进行了加厚处理，减少冲蚀的风险，有效提升抗腐蚀能力；盲三通相对于普通弯头，抗冲蚀能力大幅提升。威荣气田部分采气平台采用涂层弯头、加厚方弯头、盲三通代替原有弯头，如图 11 所示，可以有效预防冲蚀影响，确保管道的完整性和安全性。

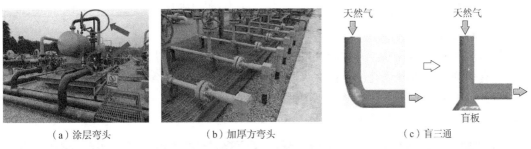

(a)涂层弯头　　　　　　　(b)加厚方弯头　　　　　　　(c)盲三通

图 11　涂层弯头、加厚方弯头和盲三通

3.2　细菌腐蚀、CO_2腐蚀防护

3.2.1　药剂加注

细菌腐蚀和 CO_2 腐蚀是生产中后期导致集输系统腐蚀的主要原因，加注杀菌剂和缓蚀剂（除 CO_2）是最有效的腐蚀防控措施（杀菌剂和缓蚀剂的加注浓度需要根据实际情况及时调整）。威荣气田集输系统的防腐对象包括井下管柱、地面工艺管道和集输管道，针对页岩气管线不同流程采用不用的加注工艺对各流程管线进行杀菌缓蚀防腐保护，具体加注工艺如表 3 和图 12 所示。

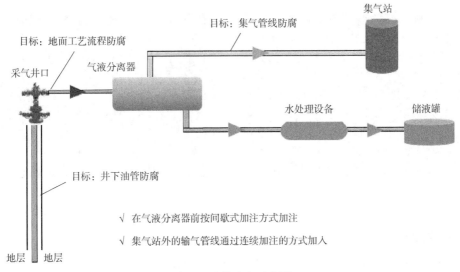

图 12　杀菌防腐示意图

表3　加注工艺设计

保护对象	加注方式	加注周期	加注位置
井下管柱	针对非涂层油管生产井采用移动式加注泵间歇加注	2次/月	油套环空
站内地面管道	套管生产井或涂层油管生产井采用固定泵注设备小排量连续加注	连续加注	井口压力表拷克或节流阀组撬拷克
集输管道	固定泵注设备小排量连续加注	连续加注	分离器后集气管线压力表拷克
	清管时一次性大排量加注	每次清管时进行	分离器后集气管线压力表拷克

3.2.2　抗菌管材的应用

通过添加 Cu 元素研发出含铜抗菌新管材，可以有效的抑制 SRB 菌落在金属材质表面附着，有效的抑制 SRB 引起的点蚀，大幅度提高管材寿命，随含铜量的升高，菌落附着逐渐减少，点蚀速率下降，不同含铜量管材细菌腐蚀扫描图如图 13 所示，通过使用抗菌管材能大幅降低细菌对管道腐蚀的影响。

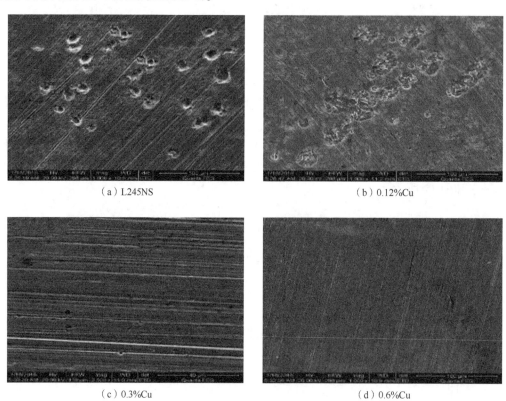

（a）L245NS　　　　　　　　　　（b）0.12%Cu

（c）0.3%Cu　　　　　　　　　　（d）0.6%Cu

图 13　不同含铜量管材细菌腐蚀扫描图

3.3　管道保护

3.3.1　阴极保护

阴极保护是一种常用的腐蚀管控方法，主要通过在金属结构表面提供一个电流源来减缓或阻止金属管道腐蚀的过程，它的优点包括有效性高、成本低、应用广泛，阴极保护原理如图 14 所示。

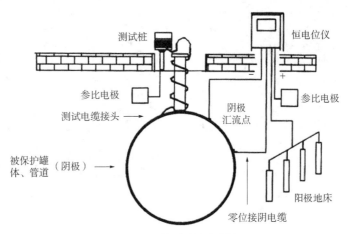

图 14　阴极保护原理图

采气四厂威荣气田集输管道均采用阴极保护方法进行腐蚀预防，阴极保护主要查看管理电位、断电电位测量值，正常值范围（V）：−1.2~−0.85，如电位过高，报警状态则是过保护：原因可能是前期临时保护的牺牲阳极可能没有撤走或周围有异常电流导致，长时间过保护易导致管道变脆。如电位过低，报警状态则是欠保护：原因可能是恒电位仪未启用未供电；阴极保护系统需要定期的监测和及时的维护。

3.3.2　清管和预膜

清管是指通过对集输管道进行清洗、除垢、除油和去除其他污染物的过程，通过清管作业，清除管线内部积水、轻质油、水合物、氧化铁、碳化物粉尘等腐蚀性物质，降低腐蚀性物质对管道内壁的腐蚀损伤，避免集输管道中长期积液形成有利腐蚀环境。

预膜是一种施加在集输管道内表面的保护膜，它能够提供额外的腐蚀防护，延长管道的使用寿命。

威荣气田集输管道按照每 30~45 天/次的制度开展清管、预膜作业，有效改善了集输管道中的积液环境，清管、预膜工作图、清管结束如图 15、图 16 所示。

图 15　清管、预膜工作图

3.4　管道腐蚀监测方法

3.4.1　壁厚检测

壁厚检测是一种成本低、准确率高、检测效率高、非破坏性的检测方法。威荣气田采气平台值班人员使用超声波壁厚检测仪对管道进行壁厚检测，对弯头、三通等易腐蚀的位置每 7 天检测 1 次，如果某检测位置壁厚减薄量大于 30%，则将该部位列入重点关注位置（重点关注位置每 2 天检测 1 次），等待停产检维修时更换，壁厚检测示例如图 17 所示。

<table>
<tr><td>图 16　清管结束</td><td>图 17　壁厚检测示例图</td></tr>
</table>

3.4.2　水样检测

水样检测是评估管道内部水质状况、腐蚀程度和腐蚀原因的常用方法。威荣气田采气平台值班人员在分离器液位计取水样进行检测(7~30d/次，气井投产初期 7d/次，根据实际情况调整)，水质分析包括 pH 值、悬浮物、阳离子(Na^+、Ca^{2+}、Mg^{2+}、Ba^{2+}、Sr^{2+}、K^+ 与 $Fe^{2+}+Fe^{3+}$ 等)、阴离子(Cl^-、SO_4^{2-}、CO_3^{2-}、HCO_3^{3-}、OH^-)、油含量、油相物组成(GC-MS 分析)、总矿化度、结垢趋势等测试内容。

采气四厂水样检测主要控制指标为：SRB 硫酸盐还原菌：10 个/mL、TGB 腐生菌：25 个/mL、FB 铁细菌：25 个/mL；通过定期水样检测能提前发现潜在的腐蚀问题，及时采取相应的措施进行处理。

3.4.3　压返液细菌检测

压返液细菌检测是通过采集和分析从井口返回的液体样品，通过适当的样品处理和采用培养法、分子生物学方法、流式细胞术等多种检测方法，可以获得细菌的存在与数量信息，并为管道腐蚀管控提供重要指导。

3.4.4　电阻探针腐蚀速率监测

电阻探针腐蚀速率测定是一种常用的方法，用于评估金属管道的腐蚀速率。采气四厂威荣气田有 2 个采气平台和 1 个集气总站投共用 6 根电阻探针监测集输管道的腐蚀速率(腐蚀速率低于 0.0062mm/月合格)，采气四厂电阻探针示例图如图 18 所示。

<table>
<tr><td>(a)电阻探针外观</td><td>(b)损坏的探针</td><td>(c)全新的探针</td></tr>
</table>

图 18　电阻探针

3.4.5 腐蚀挂片腐蚀速率监测

腐蚀挂片是一种常用的腐蚀监测方法，用于评估管道的腐蚀情况。采气四厂威荣气田采气平台在分离器入口管道和分离器排污管道均配有1套腐蚀挂片装置，腐蚀挂片每3~6个月取下挂片分析评估(气井投产初期3月/次、后期6月/次)，采气四厂腐蚀挂片示例如图19所示。

（a）腐蚀挂片装置外观　　　　（b）腐蚀挂片装置内部结构　　　　（c）全新的挂片

图 19　腐蚀挂片

3.4.6 管道漏磁检测

漏磁检测是一种常用的无损检测方法，用于检测管道表面或近表面的腐蚀、裂纹等缺陷。将被测铁磁材料磁化后，若材料内部材质连续、均匀，材料中的磁感应线会被约束在材料中，磁通平行于材料表面，被检材料表面几乎没有磁场；如果被磁化材料有缺陷，其磁导率很小、磁阻很大，使磁路中的磁通发生畸变，其感应线会发生变化，部分磁通直接通过缺陷或从材料内部绕过缺陷，还有部分磁通会泄露到材料表面的空间中，从而在材料表面缺陷处形成漏磁场，漏磁检测基本原理如图20所示。

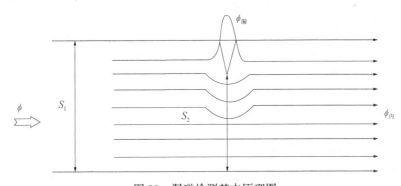

图 20　漏磁检测基本原理图

通过漏磁检测结果，可以判断管道腐蚀的严重程度，并据此预测腐蚀的发展速率，为腐蚀管控提供重要参考依据。

3.4.7 电磁涡流检测

电磁涡流检测是一种常用的非破坏性检测方法，电磁涡流检测利用了法拉第电磁感应原理，当交变电流通过导线时，会在导线周围产生一个交变磁场。如果在磁场中存在导电物体，如集输管道，它会引起感应电流，并在管道内部形成涡流。这些涡流会改变自身的磁场，进而影响感应电磁场，通过分析感应电磁场的变化，可以确定管道内部的腐蚀情况和缺陷位置，电磁涡流检测原理如图21所示。

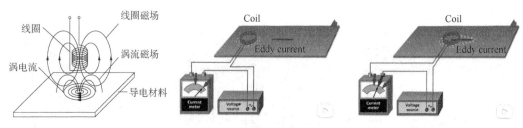

图21　电磁涡流检测原理图

3.5　管道修复方法

3.5.1　钢质环氧套筒修复技术

钢质环氧套筒是一种常用的管道修复方法，适用于管道轻度腐蚀和损坏情况，适合金属损失深度超过28%的点进行单点修复。钢质环氧套筒修复技术主要步骤是：

（1）清理和打磨：首先需要对腐蚀部位进行彻底清理和打磨，去除腐蚀表面和松散的涂层。

（2）准备套筒：根据管道的尺寸和需求，选择合适的钢质环氧套筒。套筒通常是一个由两个半圆形套筒组成的结构，通过螺栓连接在管道上。

（3）包裹套筒：将套筒的两个半圆形部分围绕在腐蚀部位上，并通过螺栓牢固地固定在管道上。

（4）封口防腐：使用环氧树脂或其他适当的密封材料，将套筒的接缝和管道的端部进行密封，以防止腐蚀介质进入，钢质环氧套筒修复原理如图22所示。

图22　钢质环氧套筒修复原理图

3.5.2　纤维复合材料修复技术

纤维复合材料修复技术适用于集输管道中等程度腐蚀和损坏的修复，纤维复合材料修复技术主要步骤是：

（1）清理和准备：首先需要彻底清理和打磨腐蚀区域，确保表面干净且光滑，以便纤维复合材料能够牢固黏附。

（2）应用黏合剂：将适当的黏合剂涂覆在腐蚀区域上，然后将纤维复合材料片层层贴合在黏合剂上。

（3）包裹复合材料使用多层纤维复合材料将腐蚀区域牢固包裹。每一层的方向应交错以提供更好的强度和稳定性。

（4）固化和表面处理：根据黏合剂和复合材料的要求，进行固化处理，通常是通过热固化或环境固化。完成后，对表面进行必要的处理，以使其平滑且与原管道表面相匹配。

3.5.3 开挖换管修复技术

开挖换管修复技术是一种常用的管道修复方法，适用于严重腐蚀、损坏或老化的油气田站场管道。开挖换管修复技术主要步骤是：

（1）评估和规划：在进行开挖换管修复之前，需要对受损的管道进行全面评估。评估包括确定受损部分的长度、直径、材料、腐蚀程度以及相关的安全因素。根据评估结果，制定详细的修复方案，包括工艺步骤、材料选择、工期等。

（2）安全措施：在进行开挖换管修复前，必须采取必要的安全措施，确保工作区域的安全。这包括标记清楚工作区域、设置警示牌、使用合适的个人防护装备等。

（3）开挖：使用适当的机械设备，在受损部分附近挖掘出足够的空间用于取出受损的管道段。开挖的深度和宽度应根据评估结果确定，以确保能够完整取出受损部分。

（4）取出受损管道：使用合适的工具和设备，取出受损的管道段。这可能涉及切割、拆卸连接件等操作。确保操作安全，并防止对周围管道和设备造成额外损坏。

（5）安装新管道：将新的管道段准确地安装到已经开挖好的区域内。确保新管道的长度、直径和材料与原管道相匹配，并使用适当的连接件进行连接，以确保安全和密封性。根据需要进行焊接或其他连接方式。

（6）测试和验收：在完成换管后，进行必要的测试，例如水压试验，以确保新管道的可用性和安全性。根据相关的标准和规范进行验收，并记录所有的修复工作和测试结果。

4 结论

针对威荣气田管道腐蚀问题，分析了管道泄漏发生时段、泄漏撬块、泄漏位置、泄漏方向、腐蚀环境、宏观微观腐蚀产物等关键因素，总结出威荣气田管道腐蚀的主要因素。针对威荣气田管道冲蚀、细菌腐蚀、CO_2腐蚀制定出相应的防控方法，最后归纳出威荣气田管道保护、腐蚀检测、管道修复方法，进一步为威荣气田腐蚀管控提供科学依据和技术支持。

计算机视觉技术在威荣气田采气站场
地面管道泄露检测中的应用

严小勇　向　伟　卜　淘　王　腾　张　伟
阴丽诗　王　坤　王林坪　张　云　严　曦

(中国石化西南油气分公司)

摘　要：随着威荣气田的不断开采，地面集输管道泄露事件频繁发生，对正常生产造成严重影响。目前威荣气田采气站场采用人工定期巡检和固定式可燃气体探测仪监测管道泄露，但人工巡检泄露管道发现不及时、固定式可燃气体探测仪灵敏度易受站场环境影响预警能力低。为此，提出一种基于计算机视觉技术的威荣气田采气站场地面管道泄露检测方法。在分析现有管道泄露检测方法和计算机视觉技术上，以能应用在采气站场视频监控上实时检测为目标，建立了基于计算机视觉 Tiny-yolo v4 目标检测模型的威荣气田采气站场地面管道泄露检测模型，通过增加 Tiny-yolo v4 模型特征提取网络层数和调整特征提取层卷积核数量，增强 Tiny-yolo v4 目标检测模型对管道泄露图像的检测能力。结果表明：采用迁移学习训练的改进后 Tiny-yolo v4 目标检测模型能最大限度地避免站场复杂环境对模型检测结果的影响，对站场地面天然气管道泄露、污水管道泄露的检测精度均值达到 95.86%，模型实时检测速度达到 49.7fps，模型训练时间缩短 86.3%。结论认为：改进后的 Tiny-yolo v4 目标检测模型有更好的管道泄露图像检测能力，结合站场视频监控将采气站场地面管道重点部位提供更好的泄露检测预警能力。

关键词：天然气管道泄露；污水管道泄露；泄露检测；无人值守；深度学习；目标检测

截至 2020 年 4 月，威荣气田已探明储量超千亿方，全面建成后年产能达到 $30×10^8 m^3$，满足 1600 万家庭年用气，具有重大发展潜力。由于威荣气田地层存在 SRB（硫酸盐还原菌）、气井压裂液重复使用、气井投产初期出砂严重等问题，随着开采深入，地面集输管道腐蚀穿孔事件频频发生，对正常生产造成严重影响。目前威荣气田采气守站场管道泄露的发现主要依靠人工定期巡检，人工巡检存在以下问题：（1）有人值守采气站场白天 1 小时巡 1 次、夜晚 2 小时巡 1 次，值班员工工作量大；（2）无人值守采气井站每 6 小时巡检 1 次，无人值守单井站每 3 天巡检 1 次，管道泄露发现周期较长；（3）夜晚和雨雪天气下人工巡检工作强度大、管道泄露发现难度大。所以，威荣气田采气站场管道泄露检测的高效性、及时性、准确性是一个值得注意的问题[1]。

1 采气站场可燃气体检测和管道损伤检测技术

1.1 固定式可燃气体探测仪

目前威荣气田采用固定式可燃气体探测仪监测气体泄露，流程区可燃气体探测仪如图1所示，6井式无人值守站场至少安装有6个固定式可燃气体探测仪，井口4个、流程区2个。

固定式可燃气体探测仪在使用过程中主要存在以下问题：

（1）由于位置固定，可燃气体泄漏并不能覆盖整个场站。

（2）灵敏度不高，只对高浓度气体泄漏才能起到作用，对轻微的渗漏无反应；更由于场站处于空旷地带，场站气体泄漏时无法聚集，气体泄漏时探测器也无响应，管道泄露检测灵敏度普遍不高。

（3）气体泄漏时无法精确的判断泄漏位置，只能人工查看检测泄漏点。

（4）目前使用探头维护保养成本高，探头两年需更换一次。

（5）泄露检测信号是通过电缆传输到值班房机柜，无法远传到值班人员手机或者总站中控室。

图1 流程区可燃气体探测仪

1.2 防爆云台甲烷检测摄像机

防爆云台甲烷检测摄像机使用可调谐半导体激光吸收光谱技术检测甲烷浓度，具有远距离，高灵敏度，响应快，覆盖广，抗干扰能力强等优点，防爆云台甲烷检测摄像机及实时监控画面如图2和图3所示。

图2 防爆云台甲烷检测摄像机

气体浓度：400ppm.m

图3 防爆云台甲烷检测摄像机管道泄露实时监控画面

无人值守单井站只需配备 1 台防爆云台甲烷检测摄像机对井口和流程区实行轮番巡检,建设价格约 20 万;6~8 井式无人值守站场需要配备 2~3 台防爆云台甲烷检测摄像机对井口和流程区实行轮番巡检,建设价格约 40~60 万元,价格昂贵,无人值守站场实际应用起来难度较大。

1.3 管道泄露漏测技术

在天然气生产井站、天然气集气总站管道检测领域,常用超声波检测、涡流检测、负压力波检测、光纤传感检测等检测方法,但此类方法受到管道类型限制。近年来,Bin Liu[2]等人通过弱磁法对油气管道损伤进行检测,Chen Wang[3]等人通过 IA-SVM 模型对海底油气管道的腐蚀情况进行预测,孙宝财[4]等人运用改进的 GA-BP 算法对油气管道腐蚀剩余强度进行预测,黄玉龙[5]运用基于边缘检测的数学形态学分割算法对石油管道缺陷进行检测,刘晓[6]等人采用扫描电镜—能谱(SEM-EDS)、X 射线衍射(XRD)和红外光谱(IR)等射线检测技术对油气田管道破损情况进行检测,何健安[7]等人利用 BP 神经网络和 SVM 分类器对集油气站管道泄漏区域进行检测,但机器学习和图像处理的管道缺陷检测方法,缺陷检测准确率不高,易受到现场复杂环境的影响,运用弱磁法仅对平行状态的管道有一定的检测效果,在现场实际环境下对管道进行检测不适用。

1.4 基于深度学习的管道表面缺陷检测技术

随着深度学习的发展,深度卷积神经网络模型具有强大的特征提取能力,在目标检测和损伤检测上有较好的效果,王立中[8]、蔡超鹏[9]、汤踊[10]等人利用基于候选框的 Faster R-CNN[11-13]目标检测模型分别对带钢表面缺陷、金属轴表面缺陷、输电线路部件缺陷进行检测,毛欣翔[14]等人利用基于回归的 YOLO V3(You Only Look Once V3)[15]目标检测模型对连铸板坯表面缺陷进行检测,Faster R-CNN 和 YOLO V3 目标检测模型有较高的检测准确率,但 Faster R-CNN 和 YOLO V3 目标检测模型模型体积较大,实时性检测所需硬件条件高,无法应用在站场摄像头上进行实时检测。

YOLO V4[16](You Only Look Once)是 2020 年提出的一种基于回归的深度学习目标检测模型,Tiny-yolo v4 模型源于 YOLO V4,是 YOLO V4 的简化版本,Tiny-yolo v4 模型结构如图 4 所示。

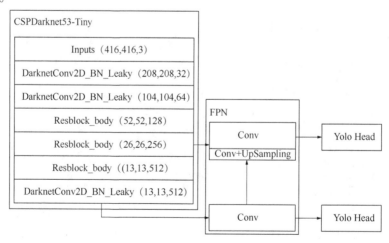

图 4　Tiny-yolo v4 模型结构图

Tiny-yolo v4 目标检测模型主要有 2 部分创新点：

（1）Tiny-yolo v4 目标检测模型采用 CSPDarknet53-Tiny 作为特征提取网络，如图 4 所示，网络首先输入 416×416 大小图像特征，接着网络进行第一层卷积操作，然后进行 BN 批量归一化操作，为了加快模型检测速度，并没有采用 YOLO V4 所采用的 Mish 函数进行激活，而是采用 LeakyReLU 函数进行激活并输出，第二层卷积操作和第一层卷积操作相同。第三、四、五层网络均采用具有残差结构连接 Resblock_ body 模块进行特征提取，第六层网络卷积操作同第一层相同。Tiny-yolo v4 网络结构仅有 600 万参数，比 YOLO V4 减少约 10 倍参数量，大幅降低 Tiny-yolo v4 模型大小，并且使 Tiny-yolo v4 模型的检测速度大幅提升。

（2）Tiny-yolo v4 模型在目标检测部分增加了 FPN 结构，将深层 13×13 大小特征通过上采样后向 26×26 大小特征传递，增加网络特征的多样性，提升网络目标检测效果。

Tiny-yolov4 模型与典型目标检测模型对 COCO 数据集检测结果对比如表 1 所示。

表 1　Tiny-yolo v4 模型与典型目标检测模型性能比较

模型	mAP（%）	检测速度（fps）
Tiny-yolo v4	40.2	11
YOLO V4	57.3	3.5
Tiny-yolo v3	29	14
SSD	43.1	4.2

Tiny-yolo v4、YOLO V4、Tiny-yolo v3、SSD 等 4 种典型目标检测模型对公开 COCO 数据检测结果表明：

YOLO V4 模型的检测效果最好，目标检测精度均值达到 57.3%，但其检测速度仅为 3.5fps，检测速度较慢；SSD 模型目标检测精度均值达到 43.1%，有较好的检测效果，但其检测速度仅为 4.2fps，检测速度较慢；Tiny-yolo v4 模型目标检测精度均值达到 40.2%，检测速度达到 11fps，有较好的检测效果和较快的检测速度；Tiny-yolo v3 模型目标检测精度均值为 29%，检测速度达到 14fps，有较快的检测速度，但检测效果一般。

从 Tiny-yolo v4 与 3 种典型目标检测模型对比结果可知，Tiny-yolo v4 目标检测模型对公开 COCO 数据集的检测性能和检测速度均比较突出，现将 Tiny-yolo v4 目标检测模型在对站场地面天然气管道泄露图像和污水管道泄露图像进行检测实验。

2　实验过程和结果分析

2.1　地面管道泄露位置和泄露部件分析

2021 年威荣气田共发生各类泄漏事件 128 起，从泄露位置分布来看，井口高压管线占比 27%、井口节流阀组撬占比 26%、轮换计量撬占比 17%、分离器占比 11%、两相流量计占比 3%、其他泄露占比 16%，如图 5 所示，井口高压管线、井口节流阀组撬、轮换计量撬、分离器是巡检人员和泄露检测装置重点关注的位置。从泄露部件分布来看，弯头占比 34%、焊缝占比 24%、三通占比 17%、阀门占比 11%、直管线占比 10%、其他泄露占比 3%，如图 6 所示。因此，无人值守站场地面流程中的弯头、焊缝、三通、阀门、直管线是巡检人员和泄露检测装置重点关注的部件。

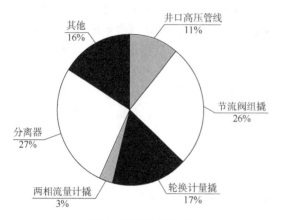
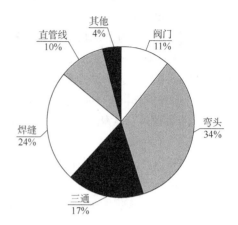

图 5　泄露位置分布　　　　　　　　　图 6　泄露部件分布

2.2　管道泄露图像数据集收集和制作

本文收集到的管道泄露图像覆盖了春、夏、秋、冬、白天、黑夜、晴天、雨天，收集到天然气管道泄露图像和污水管道泄露图像共 384 张，如图 7 和图 8 所示。将收集到的管道泄露图像采用图像处理算法进行数据增强，将管道泄露图像进行不同程度的亮度变化和 90°、180°、270°的旋转角度变化处理，将 1 张问题图像增强为 8 张亮度不同、旋转角度不同的问题图像，增强巡检问题图像数据集的数量和多样性，提高模型的泛化性能和检测精度，数据增强后的天然气管道泄露图像和污水管道泄露图像共 3100 张。

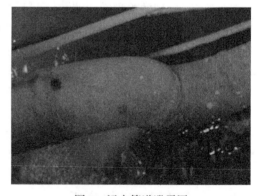

图 7　天然气管道泄露图　　　　　　　　图 8　污水管道泄露图

为了提高模型对远距离、目标小的管道泄露图像检测能力，将人工近距离拍摄的大目标图像增强为远距离拍摄的小目标图像。为了提高模型对不同背景下管道泄露图像的检测能力，将管道泄露图像缩小后放在不同背景里进行组合，收集到组合天然气管道泄露图像和污水管道泄露图像共 500 张，如图 9 所示。

对收集到天然气管道泄露图像和污水管道泄露图像进行图像增强和图像组合，最终得到不同背景、不同大小、不同距离、不同位置下的管道泄露图像 3600 张。

（a）背景图　　　　　　　（b）天然气管道泄露图　　　　（c）组合后天然气管道泄露图

图9　组合后的天然气管道泄露图

2.3　模型训练

Tiny-yolo v4 模型在显卡为 1660Ti 显卡电脑上进行实验，采用 tensorflow 框架在 python3.7 环境下进行训练，随机选用 3300 张作为训练集，剩余 300 张作为测试集，基础学习率 0.001，动量大小为 0.9，训练批次大小为 8，权重衰减系数为 0.0005，第一次采用正常训练，训练 20000 次得到权重文件。由于模型训练图像数据集较少，第二次采用迁移学习训练方法对模型进行训练，通过迁移学习训练提升模型检测效果。

采用平均精度均值 mAP(mean Average Precision) 和交并比 IOU(Intersection Over Union) 作为评价准则，模型的 mAP 值越高，代表模型的检测效果越好。将 IOU 阈值设为 0.5，2 次模型训练的检测精度均值 mAP、实时检测速度、训练完成时间见表2，模型迁移学习训练后的检测精度均值 mAP 如图10所示。

表2　Tiny-yolo v4 模型训练结果

Tiny-yolo v4 模型训练	mAP(%)	检测速度(fps)	训练完成时间
第一次训练，正常训练	87.62	52.4	18h
第二次训练，迁移学习训练	89.98	52.4	2.5h

第一次正常训练，Tiny-yolo v4 模型对天然气管道泄露图像和污水管道泄露图像检测的平均精度均值为 87.62%，模型管道泄露检测效果一般；实时检测速度为 52.4fps，模型实时检测速度较快；模型训练完成需要 18h，模型训练速度较慢。

第二次采用迁移学习方法训练，迁移学习训练后的 Tiny-yolo v4 模型对天然气管道泄露图像和污水管道泄露图像检测的平均精度均值为 89.98%，模型检测平均精度均值较模型正常训练提高 2.36%，模型管道泄露检测效果一般；实时检测速度为 52.4fps，模型实

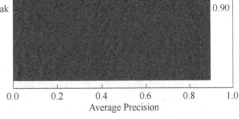

图10　Tiny-yolo v4 模型迁移学习训练结果图

时检测速度较快；模型训练完成仅需要 2.5h，迁移学习训练模型所需时间较模型正常训练所需时间缩短 86.1%，模型训练速度较快。

3 模型改进

为了提升 Tiny-yolo v4 模型管线泄露图像的检测能力，本文对 Tiny-yolo v4 模型特征提取网络进行改进，在 Tiny-yolo v4 模型特征提取网络的第 6 层残差结构连接层后增加了 1 层残差结构连接层，并将该层的卷积核数量调整为 1024，如图 11 所示。

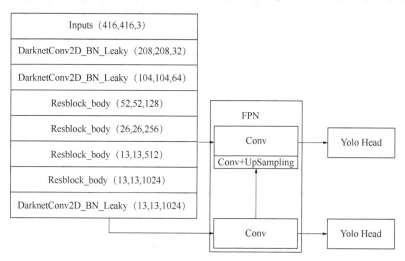

图 11　改进后的 Tiny-yolo v4 模型网络结构

通过对 Tiny-yolo v4 模型特征提取网络增加 1 层特征层，来提升特征提取网络的特征提取能力，从而提升模型检测能力；接着将特征提取层的卷积核个数调整到 1024，提升模型的学习能力和信息处理能力。

改进后的 Tiny-yolo v4 模型正常训练 1 次、迁移学习训练 1 次，得到模型的平均检测精度均值 mAP、实时检测速度、训练完成时间如表 3 所示，模型改进后迁移学习训练的检测精度均值 mAP 如图 12 所示。

表 3　改进后的 Tiny-yolo v4 模型训练结果

Tiny-yolo v4 模型训练	mAP（%）	检测速度（fps）	训练完成时间
第一次训练，正常训练	87.62	52.4	18h
第二次训练，迁移学习训练	89.98	52.4	2.5h
第三次训练，模型改进后正常训练	94.24	49.7	18.3
第四次训练，模型改进后迁移学习训练	95.86	49.7	2.5

第三次训练是改进后的模型正常训练，改进后的 Tiny-yolo v4 模型对天然气管道泄露图像和污水管道泄露图像检测的平均精度均值为 94.24%，模型的管道泄露检测效果较好；实时检测速度为 49.7fps，模型实时检测速度较快；模型训练完成需要 18.3h，模型训练速度较慢。

第四次训练是改进后的模型采用迁移学习方法训练，迁移学习训练的改进后的 Tiny-yolo v4 模型对天然气管道泄露图像和污水管道泄露图像检测的平均精度均值为 95.86%，模型检测平均精度均值较模型正常训练提高 1.62%，模型的管道泄露检测效果较好；实时检测速度为 49.7fps，模型实时检测速度较快；模型训练完成仅需要 2.5h，迁移学习模型训练所需时间较模型正常训练所需时间缩短 86.3%，模型训练速度较快。

迁移学习训练的改进后 Tiny-yolo v4 模型对管道泄露图像进行测试，测试结果如图 13、图 14 所示。

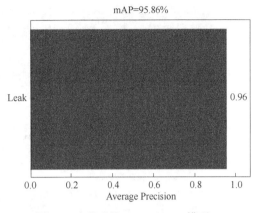

图 12　改进后的 Tiny-yolo v4 模型迁移学习训练结果图

（a）弯头刺漏检测图

（b）法兰刺漏检测图

（c）节流后直管刺漏检测图

（d）节流后直管刺漏检测图

（e）节流后直管刺漏检测图

（f）管汇台法兰刺漏检测图

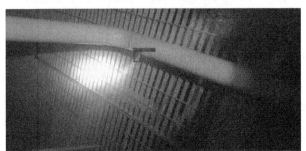

（g）弯头后直管段刺漏检测图

图 13　天然气管道泄露检测图

（a）直管段刺漏检测图　　　　　　　　　　　（b）弯头刺漏检测图

（c）直管段刺漏检测图　　　　　　　　　　　（d）弯头刺漏检测图

（e）直管段刺漏检测图　　　　　　　　　　　（f）直管段刺漏检测图

图 14　污水管道泄露检测图

迁移学习训练的改进后 Tiny-yolo v4 模型能准确检测出天然气管道泄露位置和污水管道泄露位置，对天然气管道弯头、直管段、法兰泄露等图像的检测得分值为 1.0、1.0、1.0、0.97、0.86、0.97、1.0，检测得分值较高，模型检测框选位置准确，对天然气管道泄露位置具有较好的检测效果。对污水管道弯头、直管段图像的检测得分值为 1.0、1.0、1.0、1.0、1.0、1.0、1.0，检测得分值均为 1，模型检测框选位置准确，对污水管道泄露位置具有更好的检测效果。

4　结论

针对威荣气田采气站场地面管道人工巡检工作量大、泄露管道发现不及时、固定式可燃气体探测仪灵敏度易受站场环境影响预警能力低。本文采用 Tiny-yolo v4 模型对管道泄露图像进行检测，对天然气管道泄露图像和污水管道泄露图像的检测精度均值达到 89.89%。

为了提升 Tiny-yolo v4 模型对天然气管道泄露图像和污水管道泄露图像的检测能力，增加 Tiny-yolo v4 模型的特征提取层数，并调整了特征提取层数的卷积核数量，采用迁移学习训练的改进后 Tiny-yolo v4 模型对天然气管道泄露图像和污水管道泄露图像的检测精度均值达到 95.86%，模型检测速度为 49.7fps，有较好的管道泄露位置的检测能力，配合站场视频监控将对威荣气田采气站场地面管道重点部位提供更好的泄露检测预警能力。

参 考 文 献

[1] 王璞，等. 油气管道安全与环境风险监控预警法规研究[J]. 西南石油大学学报（社会科学版），2018，20(1)：19-28.

[2] Bin Liu, Luyao He, Zeyu Ma, et al. Study on internal stress damage detection in long-distance oil and gas pipelines viaweak magnetic method[J]. ISA Transactions, 2019, 89.

[3] Chen Wang, Gang Ma, Junfei Li, Zheng Dai, Jinyuan Liu. Prediction of Corrosion Rate of Submarine Oil and Gas Pipelines Based on IA-SVM Model[J]. IOP Conference Series：Earth and Environmental Science, 2019, 242(2).

[4] 孙宝财，武建文，李雷，等. 改进 GA-BP 算法的油气管道蚀剩余强度预测[J]. 西南石油大学学报（自然科学版），2013，35(3)：160-167.

[5] 黄玉龙. 基于视频图像的管道裂纹缺陷检测方法研究[D]. 西安：西安理工大学，2018.

[6] 刘晓，陈艳华，钟卉元，等. 油田埋地碳钢管道外腐蚀行为研究[J]. 西南石油大学学报（自然科学版），2018，40(4)：169-176.

[7] 何健安. 井场—集油气站管道泄漏检测方法研究[D]. 西安：西安石油大学，2019.

[8] 王立中. 基于深度学习的带钢表面缺陷检测[D]. 西安：西安工程大学，2018.

[9] 蔡超鹏. 基于深度学习的金属轴表面缺陷检测与分类研究[D]. 杭州：浙江工业大学，2019.

[10] 汤踊，韩军，魏文力，等. 深度学习在输电线路中部件识别与缺陷检测的研究[J]. 电子测量技术，2018，41(06)：60-65.

[11] Girshick R , Donahue J , Darrelland T , et al. Rich feature hierarchies for object detection and semantic segmentation[C]. 2014 IEEE Conference on Computer Vision and Pattern Recognition. IEEE, 2014.

[12] Ren S, He K, Girshick R, et al. Faster R-CNN：Towards Real-Time Object Detection with Region Proposal Networks [J]. IEEE Transactions on Pattern Analysis & Machine Intelligence, 2015, 39 (6)：1137-1149.

[13] Girshick R. Fast R-CNN[C]. Proc of IEEE International Conference on Computer Vision. 2015：1440-1448.

[14] 毛欣翔，刘志，任静茹，等. 基于深度学习的连铸板坯表面缺陷检测系统[J]. 工业控制计算机，2019，32(3)，66-68.

[15] Redmon J, Farhadi A. YOLO V3：An Incremental Improvement[J]. arXiv preprint arXiv：1804. 02767, 2018.

[16] HAN H D, XU Y R, SUN B. Using active thermography for defect detection of aerospace electronic solder joint base on the improved Tiny-YOLOv3 network[J]. Chinese Journal of Scientific Instrument, 2020, 41 (11)：42-49.

高庙气田须家河组气藏气井地面流程腐蚀机理分析

张兴堂　刘尧波　潘超华　段善宁　李　欢　张书华　张　健

（中国石化西南油气分公司）

摘　要： 高庙气田近年来获多口须家河组气藏高产气井，但地面流程腐蚀引发的管线穿孔泄漏事件严重威胁了现场生产安全。针对上述问题，在梳理、归纳气井生产概况与地面流程概况的基础上，开展典型气井地面流程穿孔事件腐蚀机理分析与多井壁厚检测情况对比，结果表明：CO_2 和 Cl^- 是引起地面流程腐蚀的主要原因；流体冲蚀与腐蚀存在协同作用；弯头部位焊缝或是腐蚀薄弱部位；地面流程高压管线是腐蚀薄弱环节。为控制腐蚀行为，根据当前地面流程进行防腐工艺实践和探索，可为同类气田开发腐蚀防治提供参考。

关键词： 地面流程；腐蚀；须家河组气藏；机理分析；高庙气田

中国石化西南油气分公司所辖川西坳陷须家河组气藏自 20 世纪 80 年代至今，历经"勘探发现—勘探开发一体化评价—滚动评价及工艺试验—评价建产"四个阶段[1]。2019 年以来，部署钻井 36 口，单井平均配产 $8.5 \times 10^4 \mathrm{m}^3/\mathrm{d}$，取得了良好生产效益，成为了重要上产阵地。其中，在合兴场—高庙地区高庙气田获多口高产井，XS201 井绝对无阻流量 $246 \times 10^4 \mathrm{m}^3/\mathrm{d}$，XS202 井绝对无阻流量 $127 \times 10^4 \mathrm{m}^3/\mathrm{d}$，XS101-2 井绝对无阻流量 $75 \times 10^4 \mathrm{m}^3/\mathrm{d}$ 等均显示了合兴场—高庙地区须家河组气井开发的巨大潜力。但地面流程工艺设计仍沿用川西中浅层气田开发思路，管线普遍采用 Q345E 和 $20^\#$ 常规钢级，出现多起地面流程腐蚀穿孔问题，严重威胁了现场安全生产。

当前，学界对于川西须家河组气藏气井的腐蚀机理已经有了一定认识，将 CO_2 腐蚀作为了主要腐蚀因素[2-4]，但这针对的是已开发多年的新场地区须家河组气藏气井，但对于气质、水质、生产工况存在差异的合兴场—高庙地区高庙气田须家河组气藏气井，其腐蚀机理如何，还有待进一步探究。同时，对于地面流程防腐工艺的实践与优化，也有待进一步探索。

为此，通过梳理、归纳高庙气田须家河组气藏气井生产概况与地面流程概况，结合典型气井地面流程穿孔事件腐蚀机理分析与多井壁厚检测情况对比，提出相关腐蚀机理认识；并根据当前地面流程防腐工艺实践和探索，提出下一步工艺优化展望。研究可为同类气田开发腐蚀防治提供一些参考。

高庙气田须家河组气藏气井地面流程腐蚀机理分析

1 气井概况

1.1 生产概况

2019 年以来，高庙气田须家河组气藏投产新井 12 口，合计日产气约 $183×10^4 m^3/d$，平均单井日产气 $15.25×10^4 m^3/d$；合计日产水 $151 m^3/d$，平均单井日产气 $12.58×10^4 m^3/d$。从生产规律来看，处于高产、稳产阶段的气井往往呈现产水量较小（小于平均值），且氯根稳定的状态；而处于产量递减阶段的气井则呈现产水量大幅上升，氯根阶段性上涨的状态。

以 XS201 井为例，该井自 2022 年 7 月投产至今仍处于高产、稳产阶段，日产气量约 $36×10^4 m^3/d$，日产水量约 $3 m^3/d$，氯根 3033mg/L。与之形成对比的是 XS101-2 井，该井自 2022 年 10 月投产以来，仅维持了约 6 个月的稳产阶段，日产气量约 $35×10^4 m^3/d$，日产水量约 $10 m^3/d$；自 2023 年 4 月起，出现明显的产气量下降、产水量上升和氯根上升现象，至今日产气量约 $10×10^4 m^3/d$，日产水量约 $80 m^3/d$，氯根 43675mg/L。

1.2 地面流程概况

高庙气田须家河组气藏气井地面流程建设具有相似性，一般生产流程为：井口来气→节流阀组撬（高压气井设置）→水套加热炉→气液分离器→计量→外输，如图 1 所示，为 FG110 井地面工艺流程。其中，井口至水套加热炉节流前高压管线通常采用 $\phi76mm×18mm$ 无缝钢管，钢级 Q345E；水套加热炉节流后低压管线则根据后续流程需要，选用 DN80mm，DN150mm，DN200mm 等规格，材质通常选用 $20^\#$ 钢。

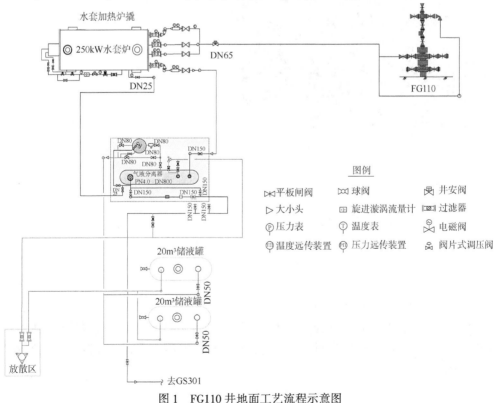

图 1　FG110 井地面工艺流程示意图

— 757 —

2 腐蚀机理分析

2.1 基于 XS101-2 井腐蚀穿孔事件的腐蚀机理分析

XS101-2 井口至节流阀组撬高压管线于 2023 年 6 月发生穿孔泄漏事件，现场及时进行泄漏处置，当日便恢复生产流程。为分析事件发生情况，将相关腐蚀产物和样品送检，基于此次事件，进行地面流程腐蚀机理分析。

2.1.1 泄漏情况描述及分析取样

XS101-2 井口至节流阀组撬高压管线发生泄漏后，现场及时处置并进行站内放空，通过排查，发现泄漏点位于进入节流阀组撬前的埋地管段，距节流阀租撬入口法兰约 4m，处于弯头后端。通过对泄漏点两侧管道进行切割和拆卸前后法兰查验发现，XS101-2 井口至节流阀组撬高压管线整体存在不同程度腐蚀，如图 2 所示；而水套炉加热炉节流后流程管线根据宏观观测和超声波壁厚检测结果显示，其腐蚀情况较弱。考虑到直接泄漏点位受施工切割损坏较重，选择临近管道未受破坏的部位进行取样分析，共取样 3 件，分别位于埋地直管至立管弯头处、立管至裸露直管弯头处以及裸露直管段，取样位置示意如图 3 所示，管道材质为无缝钢管 Q345E，16Mn；规格为外径 76mm、壁厚 18mm。

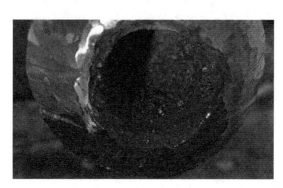

图 2 埋地高压管线直管段宏观腐蚀形貌

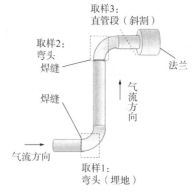

图 3 取样位置示意图

2.1.2 取样件分析

1）宏观腐蚀形貌分析

各取样件的宏观腐蚀形貌如图 4 至图 6 所示。由图 4 可见，取样件 1 整体严重腐蚀，呈蜂窝状，腐蚀产物膜较厚；弯头外侧较内侧腐蚀严重，外侧呈蜂窝状腐蚀密集区；焊缝处呈整体腐蚀凹陷。由图 5 可见，取样件 2 弯头内部散步大量腐蚀坑，腐蚀坑具有明显方向性，方向与气流相同且焊缝位置整体凹陷。由图 6 可见，取样件 3 内壁腐蚀产物呈红褐色，整体严重腐蚀，呈蜂窝状。局部有较深腐蚀坑。

综上所述，XS101-2 井高压管线整体严重腐蚀，普遍呈蜂窝状，且焊缝处形成整体腐蚀凹陷。此外，可见腐蚀有较为明显的方向特征，弯头及附近直管段外侧正对气流方向腐蚀明显更为严重。

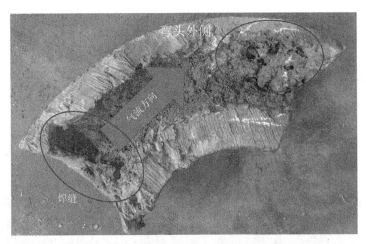

图 4　取样件 1 宏观腐蚀形貌

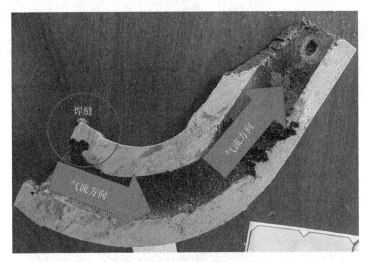

图 5　取样件 2 宏观腐蚀形貌

图 6　取样件 3 宏观腐蚀形貌

2）微观腐蚀形貌分析

采用体视显微镜对腐蚀位置进行微观观察，可见微观下腐蚀坑内呈有棱、角的坑、沟形貌；在腐蚀坑内、腐蚀孔边缘，发现留存有少量的球状支撑剂（砂粒），如图7所示。另外，在体视显微镜、电镜扫描下，微观上还存在大量的针孔孔眼，符合高 Cl⁻ 下腐蚀形貌特征，如图8所示。

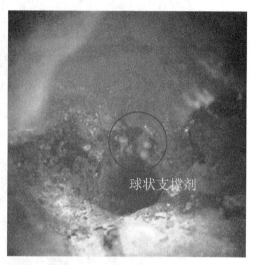

图7　体视显微镜下微观形貌

图8　电镜扫描下微观形貌

3）能谱分析

采用能谱仪测定取样件3不同位置腐蚀产物的元素种类和含量，见表1。可见取样件表面主要为 O、Fe、C 等元素，且 C 元素含量远超钢材含 C 量一般水平。

表 1　能谱分析结果表

元素种类	位置点 1		位置点 2	
	%（质量分数）	%（原子分数）	%（质量分数）	%（原子分数）
C	7.65	18.5	7.91	19.65
O	25.85	46.92	23.23	43.3
Fe	66.5	34.59	59.13	31.58
Ni			7.86	3.99
Ga			1.02	0.43
Mg			0.85	1.05

2.1.3　综合分析

1）CO_2 和 Cl^- 是引起腐蚀的主要原因

如表 2 所示，由 XS101-2 井气质组分可见，CO_2 占气体摩尔百分数的 1.35%，并基于瞬时生产数据计算井口 CO_2 分压为 0.38~0.48MPa，参考相关文献报道参数，该条件下，管道处于严重腐蚀水平[5-6]。由能谱分析结果可见，腐蚀产物 C 元素含量远超钢材含 C 量一般水平，也印证 CO_2 作为主要因素参与腐蚀的推断。

如表 3 所示，由 XS101-2 井水样检测结果可见，XS101-2 井采出水 Cl^- 含量高，且根据动态氯根监测结果，截至 2023 年 8 月，XS101-2 井采出水 Cl^- 含量已上升至 43675mg/L，参考相关文献报道参数，该条件下，Cl^- 将导致管道严重腐蚀[7-8]。同时，由于气井产水量快速上升由 2023 年 3 月的日产水量 $10m^3/d$ 上升至当前的 $80m^3/d$，使得 CO_2 酸性气体腐蚀和 Cl^- 腐蚀更为凸显。

因此，分析判断 CO_2 和 Cl^- 是引起 XS101-2 井高压管线腐蚀的主要原因。

表 2　XS101-2 井气质组分

烃类、常规组分含量（×10^{-2}mol/mol）													
CH_4	C_2	C_3	iC_4	nC_4	iC_5	nC_5	C_{6+}	CO_2	O_2	N_2	He	H_2	组分总和
97.35	0.93	0.08	0.01	0.01	0.00	0.00	0.04	1.35	0.01	0.20	0.01	0.01	100.00

表 3　XS101-2 井水样检测结果（仅展示检出离子）

检测时间	离子浓度（mg/L）					pH	总矿化度	水型
	Na^+	K^+	Ca^{2+}	Mg^{2+}	Cl^-			
2023/3	12000	439	1130	163	22300	7.33	36067.78	$CaCl_2$

2）关于存在冲蚀与腐蚀协同作用的推论

鉴于取样件 1、2、3 表面腐蚀坑均具有明显方向性，且在腐蚀坑内发现球状支撑剂，故判断存在冲蚀行为。此外，通过排查站内计量装置孔板发现，其正对气流 A 面，存在大量的小型坑、孔，且孔板表面光洁，无明显腐蚀产物，也印证了 XS101-2 井采出流体对地面流程管线、设备存在冲蚀行为的推测。结合对取样件 1、2、3 宏观形貌中弯头及附近直管段外侧正对气流方向腐蚀更为严重的现象，推断流体携支撑剂冲蚀剥离了冲刷部位疏

图 9 孔板表面损伤痕迹

松的腐蚀产物，而腐蚀产物剥离后又加剧管道内壁腐蚀，冲蚀与腐蚀存在协同作用，加快了壁厚减薄速率（图 9）。

3）焊缝是腐蚀薄弱部位的猜想

由取样件 1、取样件 2 宏观形貌可见，焊缝处均形成整体腐蚀凹陷，表明存在焊缝部位的局部腐蚀增强。通过文献调研发现，焊缝更易产生电化学腐蚀[9]，且焊缝余高导致管径缩小，使得焊缝后流速高、冲蚀严重[10]，故猜想在较强腐蚀环境下，焊缝是腐蚀穿孔薄弱部位。

2.2 多井地面流程管线壁厚检测情况对比

鉴于高庙气田须家河组气藏气井地面流程具有相似性，且由 XS101-2 井腐蚀穿孔事件可知，地面流程管线高压端腐蚀情况较低压段严重，弯头及焊缝部位腐蚀较直管段严重。因此，选择多口高庙气田须家河组气藏气井节流阀组撬前第一个弯头壁厚减薄速率与水套加热炉出口第一个弯头壁厚减薄速率 2023 年记录数据平均值进行对比，如表 4 所示。

受限于超声波壁厚检测仪精度，壁厚变化在 0.05mm 内无法精确测量，故以 <0.05mm 表征其壁厚变化微小。

由表 4 可见，各气井地面流程高压端壁厚减薄速率均大于低压端，该结论具有普遍适用性，地面流程高压管线是腐蚀薄弱环节，也是腐蚀控制的重点。此外可以看出，通过弯头壁厚减薄速率判断管线腐蚀情况，进而作为预警提示是有参考价值的，XS101-2 井地面流程壁厚检测数据已表明其腐蚀速率显著大于其他气井地面流程。

表 4 壁厚减薄速率对比

井号	节流阀组撬前 第一个弯头壁厚减薄速率（mm/月）	水套加热炉出口 第一个弯头壁厚减薄速率（mm/月）
XS201	0.08	<0.05
XS101-2	0.59	<0.05
XS205	0.19	<0.05
XS204	0.35	<0.05
XS202	0.24	<0.05

3 腐蚀防治技术探索

根据高庙气田须家河组气藏气井地面流程腐蚀机理，现场采取了多种地面工艺优化措施以控制腐蚀行为。

3.1 高压设备优化

（1）为增强高庙气田须家河气藏气井地面流程高压段的抗腐蚀能力，对高压设备节流阀组撬进行技术升级。设备撬块所采用的的闸阀、角式节流阀、固定式节流阀等阀门本体及配套材料级别由 BB 级升级为 FF 级，阀门本体、盖、端部及出口材料采用整体模锻，材质为 ASTM A182 F6a，其他承压件或空压件（包括阀杆、闸板、阀座等）均采用材料 ASTM A182 F6a，表面硬化处理。

（2）撬块内所有曲率半径 $R = 1.5D$ 弯头调整为 16MnⅢ 直角锻件弯头，水套炉的进、出口承受较大气流冲击弯头调整为三通+盲板的形式，通过降低弯头承受的冲蚀后果来延缓相应部件被腐蚀的程度。

（3）在高压段流程的弯头内部涂刷以厚膜型环氧粉末涂料，通过涂层的附着力、耐磨性和耐化学性等特点，有效隔离含 Cl^-、CO_2 的气、液对弯头本体及焊缝的腐蚀，同时还能使管件内壁表面光滑度提高从而提高流体效率。目前该方法还在试验中，涂层抗冲刷能力以及抗腐蚀能力还有待进一步验证。

3.2 地面流程"N+1"模式

目前须家河气藏气井一旦发生腐蚀穿孔，必须停气关井处理，这会对气井压力及产量产生显著影响。为保障须家河气井不停气安全生产，后期地面流程将采用"N+1"模式，如图 10 所示，增加一套备用流程后，通过采油树另外一侧油压以及节流阀组撬实现不停输切换加热流程、分离流程、储液流程，实现了全系统不停输即可完成抗腐蚀检维修，及腐蚀穿孔应急处置，有效缓解了憋压、憋水对储层构造的影响、降低了井口压力递减率，提高了气井采收率。

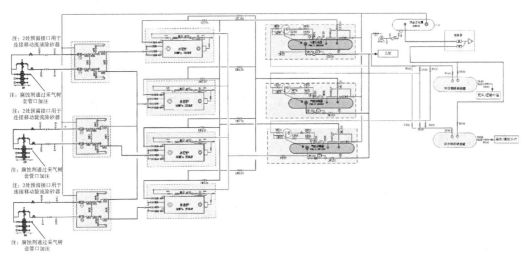

图 10　须家河气藏气井地面流程"N+1"模式

3.3 设置缓蚀剂加注配套设施

为减缓须家河组气藏气井地面集气流程及外输管线的腐蚀情况，设置缓蚀剂加注撬定期进行缓蚀剂加注工作，加注口设置在采气树套管处及外输管线出站处，缓蚀剂选用 GH-GH-02 型。目前 XS201 井站已使用利用空压机作为动力源的气动加药泵，XS202 井站已使进一步改进的利用天然气作为动力源的气动加药泵，相比较以前使用 380V 电源的电动腐蚀剂加注系统，改进后的气动泵有效地降低了整改站场的用电负荷等级，使缓蚀剂加注系统的普适性得到了显著提高。

4 总结

（1）由腐蚀产物分析结果结合气井生产规律与气、水样分析结果判断，CO_2和Cl^-是引起高庙气田须家河组气藏气井地面流程腐蚀的主要原因。

（2）根据宏观、微观观测结果推断，流体冲蚀与腐蚀存在协同作用，加快了壁厚减薄速率。

（3）基于宏观现象和文献报道猜想，在较强腐蚀环境下，焊缝是腐蚀穿孔薄弱部位。

（4）采取多种地面工艺优化措施是对于地面流程腐蚀控制的积极探索，其应用效果还需后续持续监测。

参 考 文 献

[1] 郑和荣，刘忠群，徐士林，等．四川盆地中国石化探区须家河组致密砂岩气勘探开发进展与攻关方向[J]．石油与天然气地质，2021，42（04）：765-783．

[2] 王雨生，张云善，郑凤，等．川西须家河组气藏气井的腐蚀规律[J]．腐蚀与防护，2014，35（04）：325-330+339．

[3] 唐林华．川西须家河组气藏气井 CO_2 腐蚀机理分析[J]．天然气工业，2011，31（04）：66-71+128-129．

[4] 王承陆，赵德军，赵华，等．川西须家河组气藏含 CO_2 气体气井配产工艺技术分析[J]．中国石油和化工标准与质量，2013，33（23）：145-147．

[5] 王承陆，于川，廖继敏，等．川西须家河组气藏气井油管腐蚀机理及对策[J]．科研，2016，（7）：145-148．

[6] 安洋．油气田开发中的 CO_2 腐蚀及防护技术[J]．中国石油和化工标准与质量，2022，42（06）：186-188．

[7] 郭奕成，刘伟旭，张艺佳．天然气地面集输管道腐蚀原因分析及防治措施[J]．化学与生物工程，2022，39（09）：52-55．

[8] 吴付洋．天然气装置的腐蚀机理与防腐工艺分析[J]．中国石油和化工标准与质量，2014，34（04）：82+86．

[9] 徐军，李世勇，陈世波．川南页岩气地面流程测试管线刺漏原因及机理分析[J]．钻采工艺，2021，44（06）：83-87．

[10] 周铁柱，郁炎，郑从芳，等．基于FLUENT的B10管路弯头内部流场数值模拟分析[J]．材料开发与应用，2022，37（03）：61-68．

吉林油田地面集输管网全生命周期
风险防控技术研究

邹胤卓　马晓红　孔繁宇

(中国石油吉林油田公司)

摘　要：本文对吉林油田地面集输管道完整性管理中取得的阶段性成果进行总结，期望能更好的促进行业内油田管道完整性管理工作。

关键词：油田集输管网；风险防控

油田地面集输管网是油田生产区域内进行有效生产、运输的重要管道，与净化油(气)输送管道相比数量更多，规格属性及服役环境也更为复杂，如果实际生产中不能切实有效的开展管道管理工作，就有可能导致因缺少有效的防控措施使管道面临更大的安全风险。所以吉林油田在集输管网完整性管理过程中，逐步摸索出一套适合老油气田地面管理特点的经济型完整性管理策略，将有助于完善对现阶段油田内部地面技术管网的管理运用。

1　油田集输管网风险防控内涵

风险防控的整体思路是，根据油田地面集输管网的生产及管理特点，开展全面精准的风险识别与评价，采取全方位的风险消减和减缓措施，强化技术创新和管理创新，实现泄漏风险全面受控。应对油田地面管网的复杂性，应在生产一线开展具体工作，提出有利于风险防控的工作流程、技术成果和管理成果。

2　地面集输管网的特征

油田集输管网系统的建设是一个复杂、漫长的过程，它包括了计量站、井口、外输首站、联合站等，自身的特点是相当的显著的，主要有：(1)包含多个系统要素：在整个技术管网系统中，地面、管道、管径、各式阀门、阀组、仪器及焊接点等，均是其构成要素。(2)面积大：油田井区的面积均较大，要在整个油区遍布这集输管网，所以其面积也是很大的。(3)不易管理：油田集输系统的管理与运行对多个工种及专业都有所涉及，且作业时间较多。然而，管道不仅站点多，呈网状铺设。(4)失效识别难度大：根据现场腐蚀形貌对腐蚀失效类型进行判断，腐蚀表观特征不明显，因其复杂腐蚀情况需要进一步结合实验室等微观方法进行二次分析，增加了风险防控工作管理的难度。所以，建立一种有效的油田集输管网完整性管理体系就变得非常必要。

3 地面集输管网风险识别及评价

油田地面集输管网失效识别的根据的《中国石油天然气股份有限公司油气田管道失效识别与统计方法》，吉林油田全部管道的历史失效数据进行恢复与整理，并持续开展金属、非金属管道失效识别与统计工作。

3.1 金属管道风险识别

通过对历史数据进行分析、失效情况进行识别，地面金属管道主要风险包括如下几个方面：

3.1.1 内腐蚀损伤

管道内防腐缺失或损伤，在水、酸性氧化物等物质的作用下会造成电化学腐蚀及化学腐蚀。由于管道结垢导致的细菌+垢下腐蚀，都可造成管壁减薄，严重时会使管道穿孔及裂缝，导致失效。

3.1.2 外腐蚀损伤

管道在维修过程中未按标准对管道外防腐层进行修复，导致的土壤腐蚀；防水层破损保温层下进水导致的保温层下腐蚀，以及管道补口腐蚀都是导致管道外腐蚀的损伤的直接原因。

3.1.3 制造与施工缺陷

管道在制作过程中有缺陷，管道本体存在砂眼，局部承压能力不足；管道未按照标准化维修导致的二次漏失；冬季施工热处理不充分、管道施工时标准不高，暴力施工、焊接缺陷等导致运行过程中失效；管道防腐时，涂料质量不良，防腐效果不好，致使管壁锈蚀，形成裂缝，导致失效。

3.1.4 误操作

管道运行操作人员不严格执行操作规程使管道长时间超温运行，加快管道腐蚀发生，导致失效。

3.2 非金属管道风险识别

3.2.1 误操作

管道运行操作人员不严格执行操作规程使管道长时间超温运行，加快管道老化，导致失效。

3.2.2 制造与施工缺陷

玻璃钢管道在制作过程中存在问题，导致玻璃钢管道本体缺陷，运行期间玻璃钢管道内部脱丝泄漏。玻璃钢管道在施工过程中未按照施工，导致运行过程中玻璃钢管道的失效。

3.3 风险评价结果

管道风险评价方面：辖区内Ⅱ、Ⅲ类管道依据《KT-OIM-ZY-0403 油田管道半定量风险评价作业规程》，分失效可能性和失效后果两方面对油气管道开展了半定量风险评价。经过打分评价处于低风险(分值 0~19440)的管道数量占总数量的53%；处于中风险(分值19441~30780)的管道数量占总数量的36%；由于管道失效可能性较高，导致评分处于高风险(分值大于30780)的管道数量占总数量的11%。

4 油田集输管网风险防控措施

为了进一步降低高风险管道数量，并控制或消减中、低风险管道现有的风险等级，还需要在加强日常管理的基础上开展检测评价、修复等方面工作，持续保持风险受控。具体工作方案如下。

4.1 检测评价方案

在检测评价上，针对油田管道受管径和建设条件的限制无法实现内检测的问题，选择开展以超声导波深度应用为补充的外腐蚀直接检测、焊口抽样检测代替应力腐蚀检测、内防腐层抽样检测代替内腐蚀检测为组合的直接检测评价技术，并开展全流程、全区域的油田地面管道压力试验筛查直接评价遗留的管道薄弱点。建立检测技术的组合机制，通过分步骤、分阶段、分重点的有序开展各种检测工作，充分发挥直接检测评价和压力试验的各自的技术优势，达到优势互补，确保将管道缺陷降到最低，失效影响控制到最小。

第一阶段做好外腐蚀直接评价工作，外腐蚀直接评价覆盖全部238km的金属管道，专项检测完成后修复防腐层破损点，以及腐蚀减薄的管体，并对金属管道分年限开展焊口和内防腐层抽检。

第二阶段做好玻璃钢管道本体状况筛查。将原有易发生腐蚀的钢制转换接头更换为非金属连接管件，同时结合玻璃钢管道完整性管理技术研究课题，针对不同年限的玻璃钢管道管体进行取样抽样检测，通过检验数据更深入的了解玻璃钢管道本体情况，形成玻璃钢管道失效识别图册，尽最大可能削减管道缺陷点数量后，开展下一阶段工作。

第三阶段工作全面开展压力不停产压力试验，压力试验范围覆盖全部481.23km的生产管道，根据管道类型、输送介质选择不同的压力试验方式，油气集输管道288.66km采用泵罐提压完成试压，注水、污水管道192.57km，采用系统提压完成试压。通过上述检测评价策略分步骤、分材质、分类型有计划的实现地面管网的检测全覆盖。

4.2 维修维护方案

依托高风险管道维修维护基础上，还要开展不停产修复的探索，实现在管道失效前的预防性维修维护。主要包含以下四项工作，分别为高风险管道维修维护、低压管道快速维修管件修复技术及应用、低压管道补强胶带式预防性维修技术、高压管道注剂式密封修复技术。上述技术可针对示范区管道检测结果，对发现的管道薄弱点进行修复及局部补强，提高系统运行期的可靠水平。

4.2.1 高风险管道维修维护

依托安全隐患专项费用支持，从整体优化和提高管网效率入手，通过新木采油厂2022年环境敏感区管道治理工程，落实对新木采油厂第二作业区23.5km高风险管道进行维护或更新。

4.2.2 低压管道快速维修管件修复

低压管道维修一般采用堆焊修复，通过沉积焊接金属来修复管道，用于修复包括内外腐蚀、点腐蚀等导致的管体缺陷，管道修复后一般不进行磁粉或无损检测。玻璃钢管道以前修复采用现场螺纹+钢制转换接头的修复方式。近几年采用内部自行研发的金属、非金属维修管件修复小口径低压管道。

4.2.3 低压管道补强胶带式预防性维修技术

以管道检测评价结果为依据，针对服役寿命小于 5 年的管道采用不停运缠绕固化封堵技术。维修加固后提高管线结构的耐腐蚀性及耐久性，提高承载能力，增加延性，抗拉强度高，是同等截面钢材的 7~10 倍。碳纤维材料耐久性好，可有效阻抗化学腐蚀和恶劣环境、气候变化的破坏。施工工期短，工作面预处理好后一般 0.5~1h 就能够完成为后续生产提供了良好的生产环境。

4.2.4 高压管道注剂式密封修复技术

针对腐蚀减薄的高压管道采用注剂式密封，可以成果实现带压修复高压管道，为运行中的小口径管道泄漏治理提供经济高效的解决手段。

综上，吉林油田致力于管道修复方法、技术、质量控制等工作标准化，整合相关成果，完成了《吉林油田管道修复技术手册》的编制工作，手册涉及金属管道修复方法 21 种，非金属管道修复方法 21 种和防腐保温层修复方法 22 种。

4.3 风险减缓方案

吉林油田将风险减缓作为完整性管理的一项重要管理工作，其是保证管道完整性，防止失效的重要措施。风险减缓工作基本分为两个部分：一是失效预防性措施，其目的是降低失效事故的可能性；二是失效控制措施，限制事故影响范围和持续时间。在预防性措施方面包括：注水系统杀菌剂筛选，减缓管壁细菌的发生，集输系统加缓蚀阻垢剂、流改剂，控制管道腐蚀，降低介质压力。失效控制措施方面包括油田集输管网紧急切断和远程控制技术。

4.4 风险预警和预测方案

在风险预警和预测方面，进一步完善集输管道腐蚀监测和泄漏预警功能，建立完备的监测预警机制；站场方面，依托物联建设实现监测和预警。具体将在管道腐蚀监测、无人机巡检及管道泄漏预警探索三方面开展工作。

4.4.1 管道腐蚀监测技术及应用

吉林油田已经在全区域开展了内、外腐蚀挂片监测工作，通过土壤腐蚀挂片和工艺流程不同位置的腐蚀挂片，初步掌握了管道的内外腐蚀速率，为了实现基于监测数据和失效数据对管道失效风险进行预判、预测风险趋势、进行风险预警，本次示范区建设设计在能够反映腐蚀影响的区域设立管道壁厚、腐蚀情况监测点，并设立新、旧管段对比样，用于内外腐蚀的监测和腐蚀因素的分析。在每个监测点设计安装一套监控装置，装置的超声导波监测设备探头传感器与数据采集器分离，将监控探头传感器预埋在监控点，管理人员定期手持数据采集器至监控点收集相关信息。以检测数据为依据实现风险的实施预警和预测。

4.4.2 物联网模式下泄漏预警感知技术

在油田管道泄漏预警方面，已经成功应用负压波和次声波技术对净化油气管道开展泄漏监控，但对于小口径的集输管网，暂时还没有实现泄漏监控。随着吉林油田物联网建设的不断开展和深度应用，开展物联网模式下泄漏预警感知技术的归纳和总结成为可能。在目前物联网建设的基础上，开展物联网模式下泄漏预警感知技术研究和探索。通过温度、压力曲线变化及综合分析，建立泄漏预警的判断依据，形成规范的管理流程和方法。

4.4.3　无人机巡检及管道泄漏预警技术及应用

吉林油田针对管道的状况的检查仍然以人工巡检为主。虽然通过物联网的监测和曲线变化能够发现部分管道漏失，但是失效的具体确认还是需要依靠人工完成。随着人力资源优化和生产经营模式改革，作业区人力资源不足的问题凸显，结合作业区稻田地和沟渠交织的地理环境，人工巡检的效率和及时性都不能满足生产的需要。为了解决上述问题，需要在示范区增设无人机自动巡检及预警系统，摸索利用无人机探查管道油气微渗漏的预警方法。依托物联网试点工程自行开展相关研究，同时积极与相关科研单位开展管道无人机巡检及油气渗漏遥感检测技术研究

4.5　日常管理方案

为保障示范区建设有序进行，实现示范区长周期无泄漏，本次示范区在运行管理方面建立配套的管理和技术体系。日常管理措施以管道腐蚀防控和预防性防控为核心，强化项目管理和科研攻关过程，突出技术攻关和创新，并合理配置机构与人员，强化人员培训，通过管理持续提升风险防控水平。

4.5.1　日常管理措施

借助井、间及站内安装的现场仪表及已建物联网通讯网络对管道运行介质参数进行记录，严格控制地面管道运行温度及压力，规范管道解堵措施，避免超压损伤管道本体，完善修订《吉林油田新木采油厂完整性管理细则》，并定期根据监测数据分析管道风险，减少员工误操作导致管道失效。

4.5.2　制定管道巡检及安全防护措施

根据风险评价结果，制定管道巡护方案，将人工巡检与物联网监控泄漏监控预警相结合，摸索无人机巡检工作流程，指定专人负责双高管道巡检工作，严格落实制度要求。发现的异常与变化及时上报并跟踪处理，实现闭环管理。对于高风险、高后果区管道，增加管道标桩、标牌以及视频监控等措施。

4.5.3　重点部位管道泄漏检查

对管道重点部位及周边自然情况进行检查，本次示范区试验开展《石油管线油气微渗漏调查方法研究》，根据岩土、土壤、植被和水的光谱特性差异，研究快速提取油气微渗漏的多光谱的方法，为定制研发油气微渗漏无人机航空多光谱遥感探测装备提供依据，并定期开展事故演练，强化应急管理工作。

4.5.4　第三方破坏预防管理

新木第二作业区内地质灾害风险因素不突出，但是针对于周边农业生产活动频繁，开展以防止第三方破坏为主的预防性工作，编制《安全月管道保护专项方案》，对周边百姓、工厂以及政府人员进行《管道保护法》普法宣贯。在厂区醒目位置设管道完整性宣传条幅，提高管理人员的完整性意识。

4.5.5　腐蚀数据采集及管理

数据作为新一代生产要素与实物资产要素一样重要，需要进一步规范管理办法以确保数据质量。通过建设管道历史资料库在全生命周期内认识失效发展趋势，掌握失效规律，

积极利用数字化手段，提高数据分析的科学性。并结合管道失效影像资料、运行和介质数据，深度开展二三级失效识别及分析工作。

4.5.6 管道及设备内腐蚀防控

按照油田公司完整性管理统一部署，针对油田管道及站场内腐蚀防控，落实管道清管、缓蚀剂加注、内涂层、检测评价、定点测厚等常规工作以外，分系统定期下内腐蚀挂片，设计院、采油院提供技术支持，定期对采出液物性进行分析。根据物性检测结果分系统、分区域形成腐蚀因素与腐蚀速率的关系曲线。

4.5.7 管道外腐蚀防控措施

按照《吉林油田土壤腐蚀试验通则》规定，开展土壤腐蚀性监测。此外利用电位检测法、目视检查法、模拟实验等方法，评价防腐层状况情况。示范区内配合管道更新及维修工程开展防腐层维修及土壤腐蚀性检测工作，并与管道同沟埋设外腐蚀测试挂片，分区域定量分析辖区内土壤腐蚀程度。

4.5.8 地面系统常规运行管理

油田集输管网不但管径小、服役环境苛刻，而且是嵌入到油田开发的整体工作当中。为确保示范区各项风险消减、减缓措施的效果，根据管道风险识别结果，将地面运行常规工作与完整性需求有效结合，站在地面管理"一体化"的角度做好失效治理和风险减缓工作，预计依靠做好地面常规工作可减少漏失 27%。

4.5.9 建设期完整性管理

与运行期完整性管理相比较，厂级完整性管理工作在建设期投入人力、物力等各项资源相对较少，本次示范区建设各级完整性管理人员将深度参与到建设期施工当中，真正做好全生命周期内的完整性管理。

4.5.10 示范区专项功能方案

为有效推进示范建设，充分发挥示范区的引领示范作用，增设技能专家工作室和完整性管理陈列室，配套建成管道历史资料库、自主检测班组、管道典型缺陷展示区、物联网数据中心等 6 个样板示范区。

5 结束语

油气田地面集输管网的风险防控措施需要根据地面集输管网的需要来进行，是一项复杂、繁重的系统工程。油田管道完整性是制度变革下促成的全员参与的技术创新，失效率指标管理为现阶段主要任务，管道在全生命周期内的失效控制工作，深度嵌入在地面日常管理的各项工作当中，高度依赖在实际生产中摸索风险防控策略。油田高失效率是以往多方面不规范管理积累出来的，是叠加起来的结果，吉林油田完整性管理人员在失效率最高的作业区、采油队开展管道工作、到问题最多的管道漏失现场，梳理管理以及技术漏洞，到实践的第一线开展完整性管理。通过完整性理论引领重塑一个采油队的地面管理模式，进而完成吉林油田地面完整性管理改革。

油气玻璃钢管道失效机理及吉林油田应用实践

王　聪　马晓红　孔繁宇

（中国石油吉林油田公司）

摘　要：随着油田开发逐渐进入高含水阶段，常规金属管道腐蚀失效情况日益严重，以玻璃钢管道为主的非金属管道凭借耐腐蚀、寿命长等优点逐渐大量应用于油田埋地管道运输。玻璃钢管道管材属于正交各向异性复合材料，当应用于油田复杂工况下时，其失效类型与金属管道有较大区别。基于吉林油田近五年非金属管道失效情况统计，梳理总结了油田玻璃钢管道主要失效类型，包括管体断裂、纤维脱丝、内部堵塞、连接处失效、管体分层及其他失效，针对失效情况分析提出了玻璃钢管道应用于油田的相应建议和措施，为油田玻璃钢管道安全运行提供参考。

关键词：非金属管道；玻璃钢管道；失效；应用建议

随着国内大多数油田陆续开发到中后期，采油逐步进入高含水或特高含水阶段，油田采出液提取液强度高、集输温度高、水矿化度高，常规金属管道失效问题日益严重，以玻璃钢管道为主的非金属管道以耐腐蚀、寿命长等优点逐渐大量应用于油田集输、注水、污水系统。玻璃钢管道是以环氧树脂和固化剂为基体材料，玻璃纤维为增强材料按照一定角度经连续缠绕、固化而成，与金属管道相比其失效类型、形式与机理有很大区别[1-4]。基于吉林油田近五年非金属管道失效情况统计，归纳整理分析油田在役玻璃钢管道主要失效类型，主要包括管体断裂、纤维脱丝、内部堵塞、连接处失效、管体分层及其他失效形式，针对失效形式及因素分析对提高油田玻璃钢管道运行安全性提出建议和相应措施。

1　非金属管道应用现状

1.1　非金属管道分类

油田用非金属管道主要分为热塑性塑料管道、增强热固性塑料管道、增强热塑性塑料管道及各种内衬增强管道，其中应用较多使用范围较广泛的为以玻璃钢管道为主要代表的增强热固性塑料管道，也是我国应用于油田最早的非金属管道类型[5]。玻璃钢管道按照设计压力不同主要分为高压管道、中压管道及低压管道；按照生产制造工艺不同主要分为纤维缠绕型和离心浇筑型；按照管材树脂基体不同主要分为环氧树脂基体型、不饱和聚酯树脂基体型和其他复合型。目前油田中应用较多的高压玻璃钢管道主要以无碱增强纤维为增强材料，环氧树脂和固化剂为基质，按照一定角度经过连续缠绕成型、固化而成。属于增强热固性树脂基体管道，根据生产中所采用的树脂基体不同，主要分为酸酐环氧固化型玻璃钢管道和芳胺环氧固化型玻璃钢管道两种[6]。纤维缠绕酸酐环氧固化型玻璃钢管道管段整体及内部纤维缠绕如图1所示。

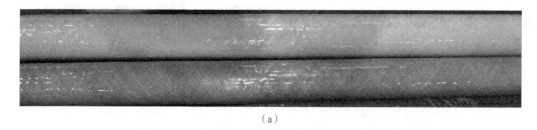

（a）

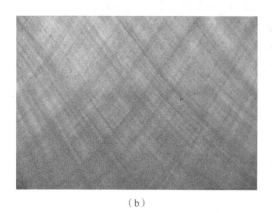 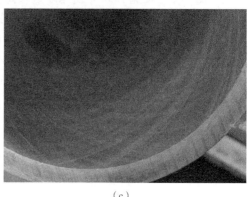

（b）　　　　　　　　　　　　　　　　（c）

图1　玻璃钢管道(a)、增强纤维缠绕(b)和管段截面(c)

1.2　玻璃钢管道应用情况

自上世纪五十年代美国首先将玻璃钢管道应用于石油集输管线后，玻璃钢管道逐渐开始大量应用于油田不同区域管线。我国玻璃钢管道应用于石油领域起步较晚，20世纪80年代初，胜利油田首次尝试性将玻璃钢管道应用于污水处理，随后国内其他各大油田开始相继使用玻璃钢管道来代替金属管道来解决管道的腐蚀问题[7]。

近五年吉林油田非金属管道应用占比逐年上升，截至2022年非金属管道占管道总长度的50.8%，主要包括玻璃钢管道、柔性复合管道及钢骨架复合管道，其中玻璃钢管道占比92.4%，总长度达7907km，管型主要有酸酐环氧固化型及芳胺环氧固化型，两种管型均主要应用于油田含水驱集输及注水系统，其中输送介质含CO_2及H_2S区域主要应用芳胺环氧固化型高压玻璃钢管道，管径范围DN40mm~DN200mm，设计压力最高为20MPa，设计温度0~80℃，表1对吉林油田两种管型玻璃钢管道应用范围进行了统计。

表1　玻璃钢管道应用范围情况统计

管型	应用区域	应用管线	管径(mm)	设计压力(MPa)	设计温度(℃)
酸酐环氧固化高压玻璃钢管	水驱	单井掺输、集油干线支干线、单井注水管线	DN40~DM200	5.5、7.0、20	45、65
芳胺环氧固化高压玻璃钢管	水驱、CO_2驱、介质含H_2S	接转站外输管线、单井掺输、集油干线支干线、集气支干线	DN40~DM200	5.5、7.0	80

2 玻璃钢管道失效现状分析

统计分析近五年吉林油田非金属管道历史失效原因，主要包括钢转接头失效、金属段失效、本体老化失效、施工缺陷、制造缺陷、误操作、工况变化、第三方破坏、地质灾害。失效管型以玻璃钢管道为主，占非金属管道历史失效总数量的97%，失效位置集中于非金属管道本体部位，其中以2022年上半年失效情况统计为例，玻璃钢管道失效次数136次，接头部分失效177次，与之相连接的金属管段管体位置失效108次。总结玻璃钢管道管体部分失效形式主要包括：管道管体断裂、管道内部纤维脱丝、堵塞、螺纹连接处失效、管道管体分层、管体机械划伤等外部第三方导致失效。

2.1 管体断裂

玻璃钢管道相对于常规钢制管道，其材质轻便、强度更高、更耐腐蚀，但也存在韧性不足、管体脆性较大等缺点，在油田复杂的运行环境中，往往会因老化、外部受力、酸化等环境的影响出现管道管体断裂现象。油田在役芳胺环氧固化型玻璃钢管道断裂失效如图2所示。

图2 芳胺环氧固化型玻璃钢管道管体断裂失效

管体断裂的主导因素主要包括管道老化、外部荷载作用等，随服役年限增长，管道内部树脂材料强度下降，进而引起增强纤维出现脱丝、缠绕等现象，基体内部增强纤维失效后，如未采取任何措施，会进一步引起管体外部塑性保护层断裂。具体失效表现为管道内部存在明显脱丝现象，纤维呈断裂缠绕混杂状态或纤维断裂较为整齐，管道周向呈局部断裂状态，表面的塑性外层脆性断裂，整体失效较为明显。以管道受外部荷载作用为主导因素的折断形式，管道使用一定年限后，在老化与腐蚀的作用下，管体强度有所下降，局部外力荷载集中作用致使管体折断，整体断裂现象明显，无法进行运输作业。管体局部断裂明显，呈折断状态，断裂口整齐，纤维脱丝不明显，管体失效严重，管体局部缺失，除断裂外还有可能存在管体扭曲现象，失效表征明显。此外管体断裂存在外部表征不明显，但内部纤维出现局部断裂现象，通过强光手电等方式能够直观观察到局部增强纤维失效。通常以管道外部受力为主要因素，管道运行年限处于安全年限范围内，基体和纤维未出现脱离但纤维存在断裂现象，腐蚀与老化影响作用较小，管道外部受弯曲载荷作用导致纤维局部断裂、微观纤维裂纹，管体外部无明显失效形貌，管道能够正常运行，但管体内部纤维存在局部断裂，微观形貌纤维存在裂纹，基体无明显失效，纤维与基体胶合状态无明显失效。

2.2 纤维脱丝、堵塞

玻璃钢管道管体采用无碱增强纤维为增强材料，环氧树脂和固化剂为基质，经过连续缠绕、定长缠绕或离心浇铸等成型工艺生产加工、固化而成。由于生产工艺、施工安装、运行环境条件等多种因素影响，缠绕于管体内部的玻璃纤维会出现脱丝、与基体脱离等现象，进而引起管道堵塞、强度下降、断裂等直观失效形式。油田玻璃钢管道内部增强纤维脱丝导致堵塞失效如图3所示。

图3　管道内部纤维脱丝(a)、堵塞失效(b)

管体内部纤维脱丝通常以管道老化与高温、高压运行为主导因素,随服役年限增长,管道内部增强纤维强度减小,纤维与基体胶合不稳定,当运行压力过大时会使纤维与基体分离脱落,基体内部增强纤维失效后如未采取任何措施则会进一步引起管体断裂,造成更严重管道事故。通常失效形式为内部纤维与基体分离脱落并缠绕堵塞于管道内部,管体外部保护层相对较完整,但整体管段内部往往会因脱丝堵塞无法正常运输作业,内部增强纤维脱丝后也会引起管段整体强度下降,也是致使管段断裂的重要原因。

2.3　连接处失效

玻璃钢管道在埋设条件下通常会采用双O形圈承插连接、套筒连接、螺纹连接、锥面黏接、平口对接、法兰连接、胶黏剂连接、转换头连接等连接方式,其中油田应用较多的主要为螺纹连接[8-10]。根据失效位置统计,玻璃钢管道系统出现问题较多的地方往往位于连接处,包括相同玻璃钢管段及玻璃钢管段与金属管段钢转连接处。连接处失效主要表现形式为渗漏、断裂等,其中玻璃钢管接头处渗漏和玻璃钢管与钢管的连接处渗漏主要出现在管线穿越公路工况,该部分管段两侧极易出现渗漏现象[11]。油田在役玻璃钢管道钢转位置泄漏如图4(a),连接处断裂失效如图4(b)[10]所示。

(a)　　　　　　　　　　　　(b)

图4　连接处维修组件泄露(a)、连接处断裂失效(b)

小口径高压管道连接处往往是失效高发区，内部运行介质与运行压力影响连接处密封性，连接处管体相较于其他管道部位强度较低，因螺纹分布其力学性能相对较差，当运行压力达到临界点时极易发生泄漏。螺纹连接失效因素主要包括运行压力、密封质量、螺纹强度、环境温度等，接头需要具有足够的强度和刚度承受内压引起的纵向载荷以及内压拉伸轴向载荷。玻璃钢管接头的断裂、产生的环向裂纹及分层应是受到较大的弯曲应力或弯曲应力为主导的复合载荷所致。连接处底部往往为裂纹源且裂纹扩展更为明显，通常管道连接处底部受到的应力更大，在土壤下沉处管道受到附加弯曲应力，在此应力作用下，因玻璃钢管接头外螺纹根部为应力集中处，应力集相比于其他位置更严重。此外管道老化与腐蚀及环境温度也是连接处失效的另一因素，随服役年限增长，管道连接处螺纹内部强度减小，由于运输介质腐蚀等原因，连接处局部会产生螺纹强度降低致使发生泄漏渗漏、甚至折断等失效。

2.4 管体分层

玻璃钢管道管体为典型各向异性多层复合材料，通过纤维缠绕固化成型，管体呈现层状结构，在实际运行中，玻璃钢管道会因多种因素出现分层失效现象。导致玻璃钢管道管体出现分层的原因主要包括：生产工艺、运行介质、外部受力、环境温度等，实际应用过程中往往会因多种因素耦合作用导致树脂基体与玻璃纤维不同层间的胶合度下降进而引起管体分层现象，管体局部轻微分层现象并不会直接影响管道运输，但若不及时处理会进而引发管道断裂、泄漏等更严重失效事故。受外部冲击作用管体内部分层"白斑"现象及失效位置 SEM 图如图 5 所示。

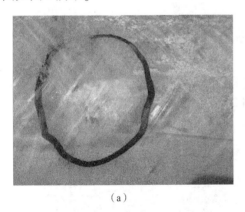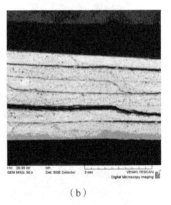

（a）　　　　　　　　　　　　（b）

图 5　管体内部分层"白斑"失效（a）及分层失效位置 SEM 图（b）

通常管体分层失效主要形式有最外层分层及内部层间分层，表征为局部"白斑"现象。一般外部受力为主导因素，运行内压与外部局部受力共同作用下，管道不同层胶合强度下降致使管体局部分层。管道"白斑"部位形貌分析，在不同缠绕角度的层间位置，出现局部分层和层内开裂现象，通常为机械磕碰等外力撞击所致，管体内部不同层间树脂胶合失效，多层分层。通常"白斑"位置管体纤维断裂相较于树脂胶合失效更明显，在老化与腐蚀共同作用下管道强度下降更快。此外管道运输过程中磕碰、安装过程不规范安装也会导致管体出现分层现象，但局部轻微脱落对管道安全运行威胁较小，一般不会直接影响管道日常运行。

2.5 其他失效类型

玻璃钢管道日常运行中其他失效类型主要包括机械划伤、树脂不均、局部腐蚀、过度弯曲、外磨损、渗漏等，主要影响因素往往是由多种因素共同作用导致。

管道运输安装过程中易受到机械划伤现象，通常管体无明显纤维断裂现象、管体分层现象，管体表面存在局部划痕，以轴向划痕居多，对管道安全运行影响较小，但会在一定程度上降低管道结构强度，由于划伤部位一般为管道最外保护层，因此受划伤管道对外部环境作用更敏感，受外力、温度作用后相对于完整管道更易发生其他严重型失效。树脂不均现象主要因素为生产过程中工艺原因，生产过程中树脂与纤维缠绕分不均匀会导致管道受力不均进而引起局部应力集中，发生管体脱丝、断裂等失效情况，此外局部腐蚀严重也会导致管体树脂分布不均现象，通过强光手电等方式可以较为直观的发现管体内部树脂分布不均。当树脂不均管段长时间运输介质后，树脂不均区域会演变成老化腐蚀集中严重区，表征为局部黑褐色，此时运行介质已渗透至管道管体内部。管体外部机械划痕如图6(a)，管体树脂不均如图6(b)所示。

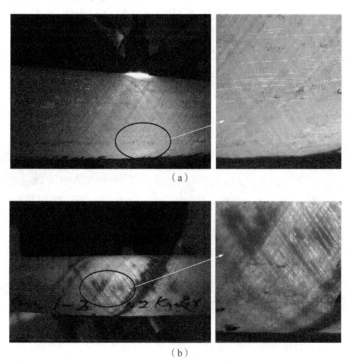

（a）

（b）

图6　管体外部机械划痕(a)及管体内部树脂不均(b)

管道装箱运输过程中若管道保护措施未达标，会致使管体箱体产生磨损，减低管道外部保护层强度，通常管体无明显纤维断裂现象、管体分层现象，管体表面存在局部磨损区，对管道安全运行影响较小，但会在一定程度上降低管道外层强度。管体过渡弯曲通常表征为出现明显环向裂纹，最外层有管体轻微脱落，沿纤维缠绕方向有脱胶、内部纤维断裂现象。裂纹靠近外壁处开口较宽，裂纹扩展方向为外壁向内壁方向，造成管材出现环向裂纹的主要原因为弯曲应力或以弯曲应力为主导的复合载荷。由于加厚端过渡区存在壁厚尺寸不连续以及材质不均匀的情况，弯曲应力或以弯曲应力为主导的复合外载作用下该部位应力集中明显，比管体更易发生损伤开裂。管道受弯曲作用内部纤维断裂如图7(a)，管道外部磨损如图7(b)所示。

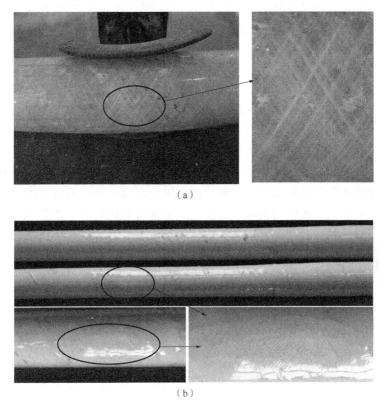

(a)

(b)

图7　受弯曲作用内部纤维断裂(a)及管道外部磨损(b)

3　认识与建议

(1) 及时更换管段，对于在役管道服役年限较长管段应适当替换新管或减小管段运行压力，防止出现内部增强纤维脱丝引起管体断裂，如已产生纤维脱丝现象应及时更换管段，避免进一步引起管体断裂。当管道管体出现局部分层应及时对分层部位做维修处理，管体分层并不会直接影响管道运行，但若不及时做处理会引起渗漏甚至断裂等更严重失效形式，因此对于分层部位应采取维修组件安装或更换管段、减小运行压力等处理措施。

(2) 做好巡检工作，管道埋地区间日常运行中做好定期巡检等工作，环境局部外力集中区域应加强巡视，避免外力直接作用于管体，防止管道外部受恒载作用或局部严重变载作用，运行过程中如发现运行压力急剧下降应立即做相应处理，如区间停输或不停输组件维修等相应应急处理。同时巡检过程中应避免地表集中占压现象，埋管施工过程中应避免管道基底存在异物致使基底不平整现象，外部载荷作用于管道管体通常以管道弯曲为主要表征，玻璃钢管道相较于钢制管道韧性较差，管道长时间处于弯曲状态极易产生内部纤维断裂现象，如发现管体出现纤维断裂现象应及时更换管段或调整运行压力、整改埋管外部环境。管道连接处应作为日常巡检的重点区域，管道运行过程中运行压力应处于合理区间内，当发生泄漏现象时应及时做维修组件现场应急维修工作。建议在有地层沉降或道路穿越的区域，对该类玻璃钢管线采取增加保护套管等措施，以避免管线受到较大外力作用而失效。

（3）合理设置运输介质，运输作业过程中尽量避免出现高温高压运输工况，对于高温运输作业应选用设计运行温度更高的管道；如出现管体树脂局部失效现象应及时更换管段，避免引发纤维断裂。吉林油田在役玻璃钢管道运输介质主要为含水油、未净化污水及含 H_2S 介质，对于不同输送介质应合理选择不同管材类型管道，做到针对性选型，提高管材介质适应性，延长管道运行寿命。

（4）生产、安装施工及运输防护，严格把控管道输入来源，做好生产厂家筛选工作，控制现场使用的玻璃钢管道源头质量，玻璃钢管属于刚性材料，不耐冲击，进一步规范施工过程，避免机械损伤，控制安装和敷设半径大于管材规定的最小弯曲半径。管道运行环境应避免出现磕碰、机械撞击等外部第三方破坏源，玻璃钢管道与金属管道不同，脆性更大，管体受外力撞击极易发生分层和层间开裂失效，严重影响管材内承压性能，如不及时处理进而会产生管体渗漏、断裂等严重失效事故。同时吉林油田现场运行环境工况下温度为影响管道寿命的主要因素之一，应做好保温层防护措施。

4 结语

现阶段，以玻璃钢管道为主的非金属管道在油田应用中占比逐年增大，适用范围更加广泛，与常规钢制管道相比优势十分明显，但其失效类型及形式机理与钢制管道相比有很大区别，在油田复杂环境运行工况下，玻璃钢管道失效类型主要包括管体断裂、纤维脱丝、内部堵塞、连接处失效、管体分层等，提高玻璃钢管道运行安全性应做好管道生产厂家源头质量把控；管道安装施工过程规范化；合理规划不同区域不同介质适用管型；做好日常第三方巡检工作；及时更换失效和年限管段，为油田玻璃钢管道安全运行提供保障。

参 考 文 献

[1] 盛丽媛. 非金属管道在油田地面工程中的应用[J]. 广州化工, 2017, 45(17): 15-17, 28.

[2] 王浩, 王宁. 高压玻璃钢管道的性能特点及应用[J]. 石油和化工设备, 2021, 24(4): 82-84.

[3] 夏蓉. 非金属管道在大庆油田应用的适应性及运维措施[J]. 油气田地面工程, 2019, 38(11): 12-14, 32.

[4] 何冯清, 吴燕, 刘炜, 等. 非金属管道在新疆油田的应用[J]. 油气田地面工程, 2016, 35(1): 94-96.

[5] 王勇, 周立国, 李明. 非金属油气管道无损检测与适用性评价技术现状[J]. 塑料工业, 2022, 50 (S1): 1-4.

[6] 商永滨, 李言, 李刚, 等. 非金属管道在油气田中的应用[J]. 内蒙古石油化工, 2020, 46(2): 14-18.

［7］刘兆松．GFRP 管材在酸性介质中的腐蚀行为及性能研究［D］．哈尔滨：哈尔滨工业大学，2015.

［8］茹瑞英．玻璃钢管道在某油田注水系统中的应用［J］．工业用水与废水，2022，53(4)：51-54.

［9］宿腾飞，金立群，袁伟，等．玻璃钢管道常用连接方式及堵漏维修方法［J］．中国石油和化工标准与质量，2021，41(14)：135-136，139.

［10］陈庆国，李磊，燕自峰，等．玻璃钢集油管道泄漏原因［J］．理化检验-物理分册，2021，57(12)：75-79.

［11］齐丽薇．非金属管道在油田中的应用现状与对策［J］．化学工程与装备，2021，(3)：132-133.

H₂S 存在条件下 CCUS 集输系统中腐蚀行为影响研究

范冬艳

（中国石油吉林油田公司）

摘　要：当前吉林油田开展 CCUS 工业化推广应用，集输系统腐蚀问题突出，严重制约了油田的安全生产。通过对 CCUS 区块集输系统 CO_2 和 H_2S 共同作用下的腐蚀机理进行分析，发现 pH 值增加，腐蚀速率呈现下降的趋势，其原因在于 CO_2 腐蚀由阴极 H_2CO_3 和 HCO_3^- 的还原过程控制，pH 值增加二者的还原过程阻力增加，造成整体腐蚀速率呈现下降的趋势。为保障矿场安全针对性加注缓蚀杀菌一体化药剂，并开展药剂评价同时建立了一体化药剂残余浓度检测方法。

关键词：CCUS；腐蚀速率；硫化氢；缓蚀剂；药剂残余浓度检测

CCUS 技术在吉林油田开展了工业化应用，原油产量及采收率均获得了大幅提升。但是随着 CCUS 的推广实施，油田现场不仅面临严重的二氧化碳腐蚀，同时还出现了少量浓度的硫化氢气体以及硫酸盐还原菌（SRB），在 CO_2、H_2S 及 SRB 共同作用下，集输腐蚀控制尤为困难。吉林油田处于腐蚀、细菌、结垢多因素共同作用，而这些因素又相互影响、相互促进，在一定程度上增加了 CCUS 实施的难度。根据吉林油田 CO_2 驱油与埋存工况条件，认识 CO_2、H_2S 共同作用下的腐蚀机理，针对性加注缓蚀杀菌一体化药剂，建立一体化药剂残余浓度检测方法是亟待解决的关键问题。

1　CO_2 和 H_2S 共同作用下不同 pH 值腐蚀环境下的腐蚀机理研究

图 1 给出了不同 pH 值对碳钢在饱含 CO_2 和 H_2S 气体的吉林油田集输系统中测得的 Tafel 曲线的影响，可以看出，随着 pH 值的升高，自腐蚀电位正移，利用 powersuite 软件对测得的 Tafel 曲线进行拟合得到 pH = 4、pH = 6、pH = 8 和 pH = 10 条件下的腐蚀电流（i_{corr}）分别为 $2.256×10^{-4} A/cm^2$、$1.155×10^{-4} A/cm^2$、$7.652×10^{-5} A/cm^2$、$3.205×10^{-5} A/cm^2$。很明显，腐蚀电流随 pH 值升高而减小，表明 pH 值升高可以抑制碳钢在饱含 CO_2 和 H_2S 气体的吉林油田集输系统中腐蚀行为，这可能与不同 pH 值下碳钢表面所成腐蚀膜对基体的保护作用不同有关[1]。

本文主要研究碳钢在饱含 CO_2 和 H_2S 气体的吉林油田集输系统中的腐蚀行为，由于含有少量的 H_2S，可以用二者的分压比来判定腐蚀是因 H_2S 造成的酸性腐蚀还是 CO_2 造成的甜腐蚀（Sweet Corrosion）。当 $p_{CO_2}/p_{H_2S} > 500$ 时，以 CO_2 腐蚀为主，当 $p_{CO_2}/p_{H_2S} < 500$ 时，以 H_2S 腐蚀为主[2-3]。由于吉林油田集输系统中含有少量的 H_2S，因此碳钢的腐蚀仍以 CO_2 腐蚀为主，因此，pH 值对腐蚀过程影响所选的 CO_2 和 H_2S 的分压比为 1000。对于碳钢 CO_2 腐蚀过程，其整体腐蚀速率受阴极腐蚀过程控制[2-6]，其原因在于阴极过程中的碳酸、碳酸氢根以及氢离子等很容易在基体上发生还原反应，因此，CO_2 腐蚀对碳钢材料所造成的危害程度往往比同 pH 值的强酸还要严重。碳钢的 CO_2 腐蚀阳极过程如下[4-8]：

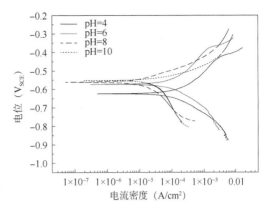

图 1 碳钢在饱含 CO_2 和 H_2S 气体的
吉林油田集输系统中 15℃、不同 pH 值、
常压下测得的 Tafel 曲线

$$Fe \longrightarrow Fe^{2+} + e \qquad (1)$$

$$Fe + CO_3^{2-} \longrightarrow FeCO_3 + 2e \qquad (2)$$

$$Fe + HCO_3^- \longrightarrow FeCO_3 + H^+ + 2e \qquad (3)$$

当反应 $Fe \longrightarrow Fe^{2+} + e$ 的速率较大时，腐蚀膜对试样表面的覆盖度较小，感抗弧会比较明显，说明随着 pH 值增加，腐蚀过程中试样表面的空白区域减小，腐蚀膜对基体的保护作用增强。由式（3）可知，溶液 pH 值增加，反应平衡右移，即 pH 值增加有利于腐蚀膜 $FeCO_3$ 的形成，即腐蚀膜对基体的覆盖程度随 pH 值增加而增加，最终造成膜对基体腐蚀保护作用呈现增强趋势。

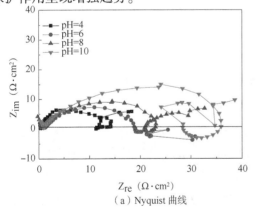

（a）Nyquist 曲线

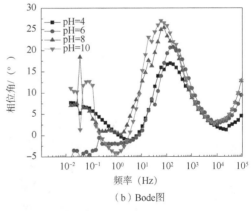

（b）Bode图

图 2 碳钢在饱含 CO_2 和 H_2S 气体的吉林油田集输系统中、不同 pH 值、20MPa、15℃条件下腐蚀
8 天腐蚀膜覆盖条件下在饱含 CO_2 和 H_2S 气体的吉林油田集输系统中常温常压下测得的
阳极电化学阻抗谱

如前所述，碳钢 CO_2 腐蚀过程的控制性步骤是其阴极过程，因此，阴极过程腐蚀速率的快慢直接决定着整个二氧化碳腐蚀过程的快慢，很有必要研究不同 pH 值条件下的阴极腐蚀过程。碳钢 CO_2 腐蚀阴极过程可能存在如下反应[4-8]：

$$2H^+ + 2e \longrightarrow H_2 \tag{4}$$

$$2H_2O + 2e \xrightarrow{2} H_2 + 2OH^- \tag{5}$$

$$2H_2CO_3 + 2e \longrightarrow 2HCO_3^- + H_2 \tag{6}$$

$$2HCO_3^- + 2e \longrightarrow CO_3^{2-} + H_2 \tag{7}$$

在酸性的 CO_2 环境下，H_2O 还原的交换电流密度要远小于 H^+ 或 H_2CO_3 的还原电流密度，而 H^+ 与 H_2CO_3 则比较相近，而 H^+ 还原过程具有明显的扩散特征，而图 3 所示的阻抗谱主要呈现容抗特征。因此，本实验介质中 H_2CO_3 和 HCO_3^- 的还原是主要的阴极还原反应，H^+ 的还原相对而言占从属地位，即阴极腐蚀过程以式(6)和(7)为主。在高 pH 值条件下，式(6)和(7)的反应平衡左向移动，同时考虑到 H_2CO_3 的解离系数并不是很大，即式(6)和(7)的反应速率随 pH 值升高而增大，又由于阴极过程决定着整个腐蚀过程，因此可以得出 pH 值升高碳钢在饱含 CO_2 和 H_2S 气体的吉林油田集输系统中的腐蚀速率减小。由图 4 可以看出，同一腐蚀环境下，pH 值增加，腐蚀呈现减轻的状态[9-10]。

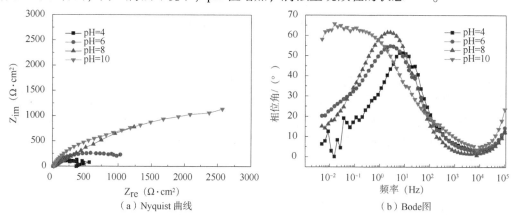

（a）Nyquist 曲线 　　　　　　　　（b）Bode图

图 3　碳钢在饱含 CO_2 和 H_2S 气体的吉林油田集输系统中、不同 pH 值、20MPa、15℃条件下腐蚀
8 天腐蚀膜覆盖条件下在饱含 CO_2 和 H_2S 气体的吉林油田集输系统中
常温常压下测得的阴极电化学阻抗谱

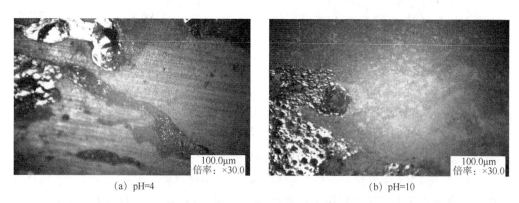

（a）pH=4　　　　　　　　　　　　（b）pH=10

图 4　不同 pH 值环境下碳钢在 15℃下、CO_2/H_2S 分压比为 1000 的
地层水中腐蚀 8 天后所得腐蚀膜的 SEM 照片

2　针对性药剂性能评价方法

CCUS 腐蚀防护药剂需要进行室内试验评价，应选用缓蚀性能好，与杀菌剂配伍性好、杀菌性能优异的缓蚀杀菌一体化药剂[11-16]。

2.1　动态失重法

结合 CO_2/H_2S 共同作用下的腐蚀机理，针对腐蚀主控因素开展以 N80 作为典型试样，在模拟工况参数条件下进行动态腐蚀挂片试验(参考标准 ASTM G111-1997(2013)《高温或高压环境中或高温高压环境中的腐蚀试验》)。利用动态失重法，选取 72h 作为腐蚀试验时间，利用高温高压反应釜模拟吉林油田大情字区块工况条件，在 $T=80℃$、$p_{CO_2}=5MPa$、$p_{H_2S}=0.1MPa$ 条件下探究各复配体系对 N80 碳钢的缓蚀能力。根据公式(3-2)可计算缓蚀率 η：

$$\eta = \frac{v_0 - v}{v_0} \tag{3-2}$$

式中，η 为缓蚀率，%；v_0 为空白样中 N80 钢片的腐蚀速率，mm/a；v 为介质中加有缓蚀剂时的 N80 钢片的腐蚀速率，mm/a。

2.2　表面分析

利用 Sigma HV04-03 场发射扫描电镜结合能谱对动态腐蚀后的 N80 钢片进行微观形貌表征及腐蚀产物分析，观察经高温高压反应釜缓蚀杀菌一体化药剂评价实验后的试片表面是否有点蚀。

2.3　绝迹稀释法

杀菌剂性能评价，进行 SRB 室内静态试验，把经注入一定浓度杀菌剂的测试瓶放在 35℃ 的恒温培养箱中培养，评价药剂杀菌能力。在细菌含量 10^3 个/ml 条件下，评价复配体系的杀菌性，SRB 测试瓶中的液体变黑、有黑色沉淀或铁钉变黑，均表示有 SRB 生长 (参考标准 SY/T 0532—2012《油田注入水细菌分析方法——绝迹稀释法》)。

3　药剂残余浓度检测方法研究

以缓蚀杀菌一体化药剂 MZ-1 为样品开展药剂残余浓度检测方法研究。

3.1　紫外分光光度法

采用紫外-分光光度测试方法进行药剂主剂及残余浓度测定，建立药剂浓度与反馈信号的线性工作曲线，利用该线性关系以实现药剂主剂及残余浓度的检测，从而建立一种一体化药剂残余浓度检测方法。

利用一束具有连续波长的紫外光扫描具有浓度梯度差(10mg/L、20mg/L、30mg/L、40mg/L、50mg/L、60mg/L、70mg/L)的 MZ-1 标准溶液，分别测量不同波长下样品溶液的吸光度，然后以波长为横坐标，吸光度为纵坐标，绘制波长—吸光度曲线，即得到该化合物的紫外吸收光谱曲线(图 5)。根据紫外吸收光谱在不同浓度下的最高吸收峰确定吸光度，然后以浓度为横坐标，吸光度为纵坐标，绘制标准曲线(图6)。

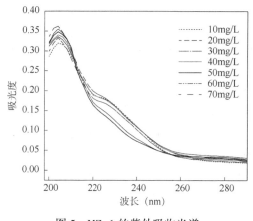

图5　MZ-1的紫外吸收光谱

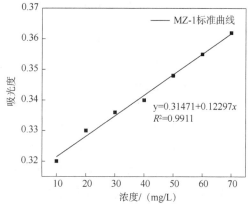

图6　MZ-1的标准曲线

如图5所示，在波长为204nm处有非常明显的紫外吸收峰，因此可将204nm作为检测MZ-1的波长。从图6可知，经过拟合得到曲线的相关系数为0.9911，表明浓度与吸光度之间线性关系良好，可实现MZ-1药剂及残余浓度的检测。

3.2　高效液相色谱法

采用高效液相色谱法进行药剂主剂及残余浓度测定，建立药剂浓度与反馈信号的线性工作曲线，利用该线性关系以实现药剂主剂及残余浓度的检测，从而建立一种一体化药剂残余浓度检测方法。

0.03%H_3PO_4-乙腈作为缓冲溶液流动相，梯度程序洗脱，柱温为30℃，紫外检测波长245nm，流速1.0mL/min，对MZ-1样品进行线性研究。将配制好的10mg/L、20mg/L、30mg/L、40mg/L、50mg/L浓度的MZ-1参考样品进样分析，工作站自动记录峰面积，得到浓度与峰面积之间的标准曲线(图7和图8)。

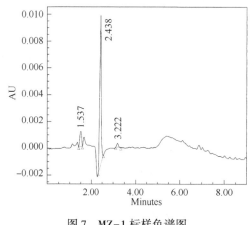

图7　MZ-1标样色谱图

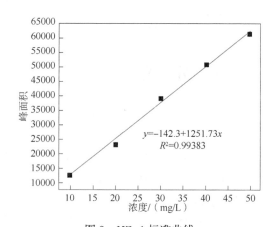

图8　MZ-1标准曲线

由图7可知，MZ-1在两分钟左右即出现特征明显的色谱峰，说明该波长下信号响应值高，灵敏性好且出峰时间短。由图8可知，线性方程为$y = 1251.73x + 142.3$，相关系数为 0.99383，符合 IEC 60666—2012 中相关系数>0.99 的要求，表明 MZ-1 浓度与峰面积之间线性关系良好，可实现 MZ-1 药剂及残余浓度的检测。

3.3 荧光光谱法

荧光光谱分析法是利用某些物质分子受光照射时所发生的荧光的特性和强度，进行物质的定性或定量分析，根据物质荧光光谱的形状和荧光峰对应的波长可以对物质进行定性分析，根据物质所发射荧光的强度与浓度之间的关系可以对物质进行定量分析。对于被激发可直接产生荧光的物质，一般只需做前处理或者干扰物质的消除就可以直接定量分析。

采用荧光光谱法进行药剂主剂及残余浓度测定，根据物质所发射荧光强度与浓度之间的关系对物质进行定量分析，从而建立药剂浓度与反馈信号的线性工作曲线，利用该线性关系以实现药剂主剂及残余浓度的检测，建立一种一体化药剂残余浓度检测方法。

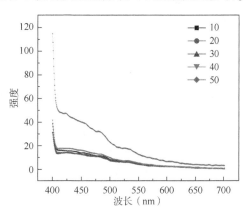

分别以 310nm、350nm、380nm 的波长对 MZ-1 水溶液进行激发，均未出现明显的荧光峰，图 9 是 10～50mg/L MZ-1 范围内 445nm 处荧光强度与 MZ-1 浓度之间的关系曲线。

图 9　MZ-1 荧光吸收光谱

由图 9 可知，MZ-1 药剂浓度与荧光强度之间不存在线性关系，不适用于 MZ-1 药剂及残余浓度的检测。

4　结论

（1）在饱含 CO₂和 H₂S 的集输系统中，随着 pH 值增加，碳钢的腐蚀呈现减轻的趋势，这主要是由于 pH 值增加不利于 CO₂阴极腐蚀过程的进行，在允许的条件下可以尽量提高腐蚀环境的 pH 值；

（2）细菌的存在会加重 CCUS 集输系统的腐蚀，SRB 代谢所产生的 H₂S 使得管线存在应力腐蚀开裂的风险；此外细菌腐蚀的最大特点是点蚀，主要是由硫酸盐还原菌（SRB）诱发点蚀，而腐生菌（TGB）和铁细菌（FB）起到促进作用。

（3）吉林油田 CCUS 腐蚀防护药剂应选用水溶性好、油水分配性好、经室内试验评价性能优异的缓蚀杀菌一体化药剂。药剂应用前应在实验室内对缓蚀性能和杀菌性能及配伍性进行评价，推荐加注浓度。

（4）药剂残余浓度检测方法可采用紫外分光光度法、高效液相色谱法或荧光光谱法。目前吉林油田 CCUS 在用药剂利用紫外分光光度计进行主剂残余浓度测定，主剂相关系数 R^2 皆大于 0.99，因此紫外分光光度法更适用于各主剂残余浓度的检测。

参　考　文　献

[1] 艾志久，范钰玮，赵乾坤. H₂S 对油气管材的腐蚀及防护研究综述[J]. 表面技术，2015，44（9）：

108-15.

[2] 耿春雷，顾军，徐永模，等. 油气田中 CO_2/H_2S 腐蚀与防护技术的研究进展[J]. 材料导报，2011，25(1)：119-22.

[3] 陈长风，郑树启，姜瑞景，等. P110SS 钢在 H_2S 和 CO_2 环境中的腐蚀特征[J]. 材料热处理学报，2009，30(5)：162-6.

[4] Waard C D, Milliams D E, Carbonic axid corrosion of steel, Corrosion, 31(1975)131.

[5] Ogundele G I, White W E, Some observation on corrosion of carbon steel in aqueous environment containing carbon dioxide, Corrosion, 42(1986)71.

[6] Nesic S, Thevenot N, Crolet J L, Drazic D, Electrochemical properities of iron dissolution in the presence of CO_2-basics revisited, Corrosion/1996, Houston：NACE, 1996.

[7] Linter B R, Burstein G T, Reaction of pipeline steels in carbon dioxide solutions, Corrosion Science, 42(1999)117.

[8] Videm K, Predicting CO_2 corrosion in the oil and gas industry, working party report, The Institute of Materials, London UK, 1994：144.

[9] Schmitt G, Fundamental aspects of CO_2 corrosion of steel, Corrosion/1983, Houston：NACE, 1983.

[10] 叶帆，葛鹏莉，许艳艳，等. H_2S/CO_2 环境中 pH 值对腐蚀产物膜以及腐蚀速率的影响 [J]. 材料保护，2020，53(7)：55-60.

[11] 黄本生，卢曦，刘清友. 石油钻杆 H_2S 腐蚀研究进展及其综合防腐[J]. 腐蚀科学与防护技术，2011，23 (3)：205-208.

[12] 万正军，廖俊必，王裕康，等. 基于电位列阵的金属管道坑蚀监测研究[J]. 仪器仪表学报，2011，32(1)：19-25.

[13] 李勇. 含 H_2S 和 CO_2 天然气管道防腐技术[J]. 油气田地面工程，2009，28(7)：67-68.

[14] 王亚昆. 潜油电泵机组防硫化氢腐蚀方案探讨[J]. 油气田地面工程，2009，28 (10)：75-76.

[15] 张林霞，袁宗明，王勇. 抑制 CO_2 腐蚀的缓蚀剂室内筛选[J]. 石油化工腐蚀与防护，2006，23(6)：3-6.

[16] 马向辉，顾礼军，郑学利. 埕岛油田加药降黏输送技术[J]. 油气田地面工程，2011，30(12)：51-52.

CO$_2$驱集输系统腐蚀防护技术路线经济性评价

于　洋　马晓红　张　磊

(中国石油吉林油田公司)

摘　要：随着CO$_2$驱工业化推广应用，集输系统呈现出以CO$_2$腐蚀为主的多因素腐蚀现象，严重制约了集输系统管道完整性。针对安全生产与降低系统维护费用的需求，研究了缓蚀剂防腐与材质防腐的应用效果与经济性对比。缓蚀剂防腐技术路线是建立室内主控因素评价方法，针对不同腐蚀主控因素优选药剂，精准针对主控因素控制腐蚀速率；材质防腐技术路线是应用耐CO$_2$腐蚀的防腐材质作为集输系统管道材质，大幅度减少集输系统后续的腐蚀影响。通过对比上述两种不同防腐工艺技术路线，明确集输系统再不同情况下防腐技术路线的选择原则，保障矿场安全平稳运行以及油井维护的降本增效。

关键词：CO$_2$腐蚀；管道完整性；主控因素；经济性

1　研究目的

随着CO$_2$驱采油技术工业化推广，集输系统内部环境日趋复杂，采取有效治理措施缓解腐蚀矛盾成为降本稳产的重要课题。通过分析集输系统内流体的腐蚀主控因素，不断强化丰富相关治理技术，经过五年多的强化治理，形成了缓蚀剂防腐与材质防腐两种工艺路线，系统完整性得到有效保障。

集输系统腐蚀治理技术是管道完整性领域中的重要部分，对集输系统平稳运行、降低维护费用至关重要，对于油田降本增效有着重要意义。

2　研究思路与内容

缓蚀剂防腐：依托实验平台深入细化腐蚀主控因素研究，以经济性防腐为目标，不断优化药剂体系、加药工艺，合理控制防腐成本，同时结合集输系统腐蚀监测探针数据进行分析，针对性调整加药浓度，从而确保集输系统管道完整性。

材质防腐：集输系统采用抗CO$_2$防腐材质可长期保障集输系统各个节点的正常运行，有较好的防CO$_2$腐蚀效果，材质防腐一次性投入费用较高，需要开展经济可行性分析。

针对集输系统腐蚀防护技术的需求和存在问题，拟开展两项研究内容：针对复杂环境中的腐蚀因素问题，开展多重腐垢因素分析，开展一体化药剂体系建立及质量评价方法；针对集输系统材质防腐一次性投入较高的问题，根据应用效果，对比缓蚀剂防腐技术路线的投入情况，开展经济性对比分析，明确集输系统防腐技术路线的选择原则。

3 研究进展与结果

通过对集输系统内流体组分、垢样组分和细菌含量进行室内实验分析，得出集输系统腐蚀的主控因素，结合主控因素针对性优选药剂体系，依据取样分析结果与腐蚀监测探针数据，不断优化加药浓度，形成了低成本缓蚀剂防腐技术路线。与一次性投入的材质防腐集输路线，从系统参数、防腐效果、保障时间等多角度进行了经济可行性分析，明确了两种技术路线的应用场景。

3.1 明确主控因素，优选药剂体系

大情字油田主力开采层位为青一层、青二层与青三层，通过采集地层水样与集输系统水样进行实验分析，分析结果见表1。

表1 大情字主要开采层位地层水质分析结果

层段	青一段	青二段	青三段	集输系统
矿化度(mg/L)	10069.45	19333.87	26955.64	18421.52
Mg^{2+}(mg/L)	18.32	25.63	34.14	26.23
Ca^{2+}(mg/L)	46.99	144.53	156.41	97.51
Cl^-(mg/L)	4377.35	8973.33	11100	7528.30
HCO_3^-(mg/L)	1918.76	1344.03	1101.81	1901.52
SRB菌(个/mL)	4400	3100	8800	4400

数据结果表明青一段腐蚀较轻，青二段水质物性稍差，青三段水质物性最差、腐蚀情况突出，集输系统水样矿化度情况组分介于青一段与青二段之间。随着油田开采到中后期，集输系统中杂物成分日趋复杂，发现大量的固体不溶物，通过XRD衍射仪，对系统内的不溶物进行了组分分析(表2)。

表2 集输系统垢样成分分析表

序号	接转站	井组	碳酸钙(%)	硫化压铁(%)	碳酸亚铁(%)
1	黑46	3#	6.88	15.88	24.45
2	黑46	11#	5.16	34.5	55.25
3	黑46	1#	4.05	29.42	25.88
4	黑46	5#	5.39	19.39	25.21
5	黑79	情6#	17.51	10.91	63.29
6	黑79	22#	0.87	44.01	47.3
7	黑79	17#	12.42	12.28	58.36
8	黑79	9#	3.44	19.54	66.08

通过对水质、结垢产物以及细菌情况进行实验分析后，基本明确了集输系统的腐蚀主控因素，水质腐蚀以CO_3^{2-}、S^{2-}、SRB细菌腐蚀为主(表3)。

表3 集输系统细菌培养实验统计表

序号	接转站	节点	SRB(个/mL)	TB(个/mL)	TGB(个/mL)
1	黑46	3#	700	6	7000
2	黑46	11#	700	2.5	2.5
3	黑46	1#	1100	25	1300
4	黑46	5#	130	6	60
5	黑79	情6#	250	25	70
6	黑79	22#	130	60	250
7	黑79	17#	70	0.6	2.5
8	黑79	9#	600	60	250

鉴于实验分析存在 CO_2、水质、SRB 多因素腐蚀规律，且腐蚀性较强，需要开展针对性药剂体系筛选，当多因素共同存在时腐蚀加剧，所以需要开展复合型药剂评价，以 CO_2 缓蚀剂为主、脱硫剂为辅进行实验评价(表4)。

表4 采出液加注三种不同药剂体系对 N80 材质腐蚀评价试验(40℃，2MPa，100r/min)

药剂(浓度)	腐蚀速率(mm/a)	平均腐蚀速率(mm/a)
杀菌剂(150ppm)	0.0924	0.1098
	0.1271	
CO_2 缓蚀杀菌剂(150ppm)	0.0723	0.0665
	0.0607	
CO_2 缓蚀杀菌剂(100ppm)+脱硫剂(50ppm)	0.0241	0.0336
	0.0430	

实验表明 CO_2 缓蚀剂+脱硫剂复合体系相对于单独使用杀菌剂或者 CO_2 缓蚀剂能起到更好的腐蚀防护效果。

综合模拟集输系统条件的室内实验数据与集输系统腐蚀监测设备监测结果，共同形成了药剂应用体系有效性的综合评价方法，评价表明现用药剂体系质量达标，可有效将腐蚀速率控制在 0.076mm/a 之内(表5)。

表5 集输系统腐蚀监测设备监测数据统计

序号	接转站	加药浓度(ppm)	监测频次(次/d)	监测周期(d)	腐蚀速率(mm/a)
1	黑46	100	2	30	0.0174
2	黑79	100	2	30	0.0062
3	黑46	70	4	30	0.0257
4	黑79	70	4	30	0.0112
5	黑46	50	4	30	0.0453
6	黑79	50	4	30	0.0578

3.2 对比技术路线费用投入，明确防腐工艺选择原则

按照站内加药制度以接转站日液量 50ppm 加注缓蚀剂，预计使用缓蚀剂 83.2t/a，每吨单价 2.2 万元，预计费用约为 183 万元/年。为提高站外管网缓蚀剂保护效果，应在站内按以不低于接转站日液量 50ppm 加注缓蚀剂。

2014 年投产的防腐材质联箱未出现漏失，防腐材质至少可服役 8 年以上不出现漏失影响；除 10 年以上旧联箱，近年出现计量间联箱漏失均为碳钢材质，近三年投产联箱也出现频繁漏失的情况，总体来看集输系统各计量间节点的漏失较为严重，缓蚀剂防腐对于远端保护效果较弱。防腐材质更换单个计量间全套管汇需要费用约 25 万元，以黑 46 站和黑 79 站全部 36 个计量间管汇更换不锈钢材质需要费用约为 737.5 万元，两站内管汇全部更换预计需要费用 220 万元，总计需要 957.5 万元(表 6)。

表 6　集输系统两种防腐工艺路线费用投入预计分析

序号	技术路线	首年费用预计	5 年总费用预计	8 年总费用预计
1	缓蚀剂防腐技术	183 万元	915 万元	1464 万元
2	材质防腐技术	957.5 万元	957.5 万元	957.5 万元

从不同防腐工艺路线投入来看，在 5 年以内采用缓蚀剂防腐成本投入较低，但防腐材质服役年限超过 5 年后，材质防腐技术路线随着服役时间延长，表现出越来越高的经济效益。

4　研究结论与认识

集输系统缓蚀剂防腐与材质防腐两种技术路线均有着显著的治理效果。缓蚀剂防腐是从流体腐蚀矛盾着手，分析水质及垢样组分，明确主控因素，筛选有效药剂体系，通过室内实验评价结合监测设备反馈的监测数据优化加药方案，一次性投入较低。材质防腐是通过一次性投入，显著的提升了集输系统管道完整性，实现了集输系统长期的安全平稳生产，对于腐蚀主控因素复杂、产液量高、无有效药剂体系的系统，具有长期治理的经济性。

威荣气田集气干线腐蚀原因分析及管控措施研究

严 曦 王 腾 向 伟 严小勇 卜 洵

阴丽诗 王 坤 王林坪 张 云

（中国石化西南油气分公司）

摘 要： 威荣气田早期未采取相应的腐蚀防护措施，开始大面积出现腐蚀泄漏，其中影响较大的便是集输管道腐蚀泄漏。为了弄清集输管道腐蚀失效原因，采用硬度测试、SEM+EDS、XRD等测试手段对失效管道的宏观形貌、理化性能及腐蚀产物进行了分析。引发集输管道腐蚀穿孔是由于冲刷腐蚀、细菌腐蚀及 CO_2 腐蚀多种因素综合作用的结果，针对冲刷防控、细菌腐蚀及 CO_2 腐蚀采取了定期相应管控措施，发生泄漏次数明显下降。

关键词： 集输管道；腐蚀穿孔；冲刷腐蚀；细菌腐蚀；CO_2 腐蚀

威荣页岩气田普遍采用"密切割、强加砂"的体积压裂技术，单井入井压裂液量平均 $(2\sim5)\times10^4m^3$，入地砂量（石英砂和陶粒）平均 $4\times10^4m^3$ 左右，气井排采阶段具有高温、高压、高砂量、高产液的特征。集输管材材质选用 L360M 螺旋缝埋弧焊钢管，管网运行压力 $2.22\sim2.18MPa$，输气量为 $41\times10^4m^3/d$。天然气 CH_4 含量约97%、CO_2 含量平均1.5%左右，采出水的总矿化度较高（18669.35mg/L），水型为 $CaCl_2$ 型，水样中含有大量 K^+、Ca^{2+}、Na^+、Mg^{2+}、Cl^-、HCO_3^-[1-2]。

威荣气田返排液进行重复回用，且压裂液入井前未进行充分杀菌，导致气井生产后细菌随返排液进入集输系统中。集输系统存在的砂粒，积液等为细菌生长提供了适宜的生长环境，其中影响较大的便是2022年集输管线发生穿孔泄漏。根据水样检测结果，返排液中含有大量的SRB等细菌，因此以硫酸盐还原菌为主的微生物腐蚀是页岩气生产开发过程中最严重的腐蚀问题之一[3-5]。

1 失效特征及机理分析

1.1 宏观形貌分析

通过对泄漏管段宏观形貌分析如图1所示，可以看到底部存在明显的气液分界面，约占管道截面25%左右。内壁6点钟位置且焊缝附近存在明显的椭圆型腐蚀坑，腐蚀坑紧邻螺旋焊缝，有泥砂沉积，内壁穿孔处及附近分布有一定数量的点蚀坑。

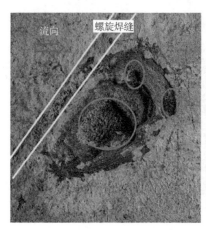

图 1　泄漏管段宏观形貌

1.2　理化性能分析

1.2.1　化学成分及金相组织分析

针对刺漏管段的母材和焊缝处取样进行化学成分检测，其管体的母材和焊缝处的化学成分均符合标准要求（参考 GB/T 9711—2017《石油天然气工业管线输送系统用钢管》）标准[6]对 L360M 输气管线材质要求，见表 1。

表 1　化学成分检测结果　　　　　　　单位：（质量分数）

检测位置	C	Si	Mn	P	S	Cr	Ni	Cu	Mo	B	Al	V	Nb	Ti	碳当量
母材	0.085	0.209	1.450	0.013	0.004	0.022	0.027	0.055	0.005	0.0001	0.037	0.006	0.031	0.024	0.169
焊缝	0.076	0.278	1.389	0.030	0.006	0.019	0.024	0.044	0.014	<0.002	0.016	0.003	0.012	0.010	0.168
GB/T 9711 规定	≤0.22	≤0.45	≤1.40	≤0.025	≤0.015	≤0.3	≤0.3	≤0.5	≤0.15	≤0.001	/		Nb+V+Ti≤0.15	≤0.43	

一般的 L360M 金相组织，铁素体+珠光体。如图 2 所示对失效管材金相分析可知，缺陷处附近组织与管体母材处组织均为铁素体+珠光体，分布较为均匀，热影响区为铁素体+珠光体+贝氏体组织；焊缝区为铁素体+珠光体+贝氏体组织，存在较为粗大的枝晶，组织不均匀。

（a）母材　　　　　　　　　　　　　（b）焊缝

图 2　失效管材金相组织形貌

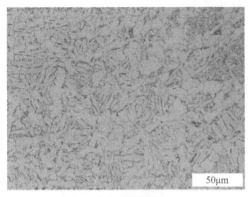

（c）热影响区　　　　　　　　　　　　　　　　（d）腐蚀坑附近

图 2　失效管材金相组织形貌(续图)

1.2.3　力学性能检验

1）拉伸试验

根据 GB/T 228.1—2010《金属材料拉伸试验第一部分：室温试验方法》标准[7]，分别对管体的母材和焊缝处取样进行板状拉伸，拉伸结果如表 2 所示，根据 GB/T 9711—2017《石油天然气工业管线输送系统用钢管》，拉伸试验结果符合标准要求。

表 2　拉伸性能试验结果

试样编号	宽度×标距（mm×mm）	R_m（MPa）	$R_{t0.5}$（MPa）	(A)（%）	断裂位置
母材	38×50	554	434	36	
		549	429	35	
焊缝	38	662	/	/	母材
		632			
GB/T 9711 规定	/	460~760	360~530	≥24	

2）硬度测试

在管材母材、焊缝及热影响区分别取样进行硬度测试试验，测试位置如图 3 所示，硬度测试结果见表 3。按照 GB/T 9711—2017《石油天然气工业管线输送系统用钢管》标准要求，管体的母材、焊缝及热影响区最大允许硬度值为 250HV10。由检测可知，硬度测试结果满足要求。

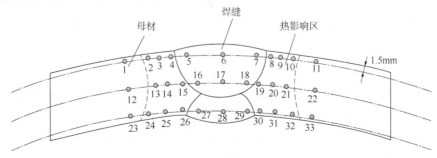

图 3　管体壁厚测量位置示意图

表3　维氏硬度试验结果

试验位置	1	2	3	4	5	6	7	8	9	10	11
硬度值(HV_{10})	196	177	179	170	206	198	182	183	188	172	181
试验位置	12	13	14	15	16	17	18	19	20	21	22
硬度值(HV_{10})	200	179	178	171	204	199	184	176	173	183	196
试验位置	23	24	25	26	27	28	29	30	31	32	33
硬度值(HV_{10})	189	201	193	179	206	202	181	185	186	186	192

1.3　腐蚀产物分析

通过对腐蚀部位进行 SEM 分析，从图4(b)可以看到表面覆盖了较为疏松的腐蚀产物膜，且存在孔洞，表面凹凸不平；图4(c)位于焊缝附近，从图4(d)可以观察到形成的腐蚀产物膜比泄漏部位更为致密，但腐蚀产物膜层出现了明显的龟裂。

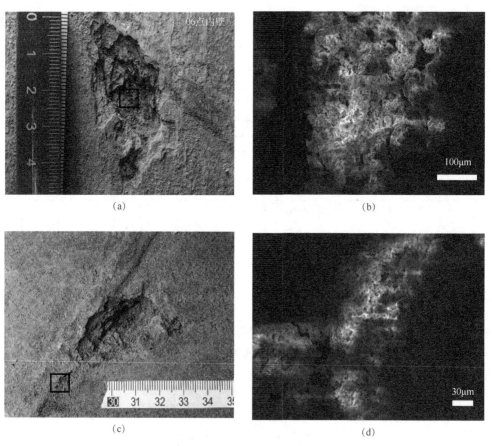

(a)　(b)　(c)　(d)

图4　穿孔腐蚀坑表面形貌

结合图5、图6失效管段 XRD 图谱及 EDS 分析结果可知，腐蚀产物主要元素包含 C、O、Fe、P、S 等元素，管线的腐蚀产物物相为 SiO_2、$FeCO_3$、$CaCO_3$，腐蚀产物中包含 C 元素，说明 CO_2 参与了腐蚀过程；另外 EDS 结果中含有 S 元素，S 元素一方面来源于 SO_4^{2-}，另一方面是 SRB 腐蚀后由 FeS 氧化而来。

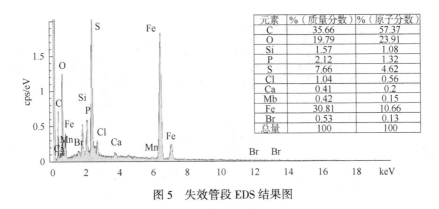

元素	%（质量分数)	%（原子分数)
C	35.66	57.37
O	19.79	23.91
Si	1.57	1.08
P	2.12	1.32
S	7.66	4.62
Cl	1.04	0.56
Ca	0.41	0.2
Mb	0.42	0.15
Fe	30.81	10.66
Br	0.53	0.13
总量	100	100

图 5　失效管段 EDS 结果图

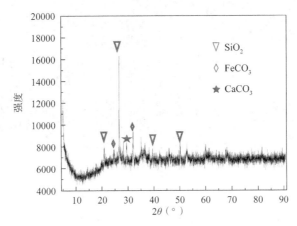

图 6　失效管段 XRD 图谱分析

2　原因与讨论

2.1　冲刷腐蚀

页岩气井在压裂过程中普遍使用石英砂和陶粒按一定比例配置作为支撑剂，因此在生产过程中，早期气井产量较高，井筒中的沉砂以及地层裂缝中的压裂砂随气流被带出，砂粒在较高流速下易对管道内部造成严重冲蚀。通过对威荣气田集输系统运行状况跟踪发现，页岩气井在早期生产阶段普遍存在出砂现象，大量砂粒被气流带至采气平台集输管线甚至是气田集输管道中(图 7)。

2.2　细菌腐蚀

从表 4 早期平台水样检测数据来看，压返液中细菌，其中 SRB 无论是在微生物的数量还是腐蚀的严重程度上，SRB 皆高于其他微生物。目前威荣气田工况环境适宜 SRB 细菌生存，特别在厌氧条件下，SRB 会加速生长，另外代谢过程中，SRB 附着于金属表面产生黏液物质，其代谢产物(FeS)的存在，可以增加溶液的导电性，加速电子转移过程，促进腐蚀发生[8]。

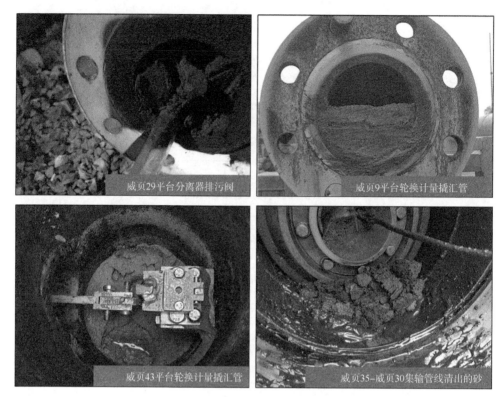

图 7　集输系统内部沉砂情况

表 4　早期部分平台水样检测数据

取样地点	TGB（个/mL）	FB（个/mL）	SRB（个/mL）
威页 23 平台暂存池	$1.1×10^5$	$1.4×10^6$	$7×10^4$
集气总站暂存池	$4.5×10^5$	$4.0×10^4$	$4.5×10^4$
集气总站暂存池	0	$1.3×10^5$	$6×10^4$
威页 9 平台暂存池	$2×10^5$	$2×10^5$	$2×10^5$
威页 46 平台分离器	$2×10^5$	$1.3×10^5$	$1.3×10^5$
威页 45 平台分离器	$2×10^5$	$2×10^5$	$2×10^5$
威页 32 平台分离器	0	0	$6×10^4$
威页 35 平台分离器	0	$6×10^3$	$6×10^3$
威页 23 平台暂存池	$4.5×10^4$	$1.4×10^6$	/

2.3　CO_2 腐蚀

根据威荣气田各平台的气样分析数据，威荣页岩气中 CO_2 的含量平均为 1.5% 左右。由此计算不同集输系统运行压力下对应的 CO_2 分压见表 5。在气井投产初期的高压高产阶段，井口高压管线的运行普遍在 20MPa 左右，对应 CO_2 分压在 0.3MPa，会对集输管线造成严重的 CO_2 腐蚀。威荣气田集输管网运行压力在 3MPa 左右，因此整个生产期间都会伴随着存在 CO_2 腐蚀的情况，同时返排液中的 Cl^- 很容易穿透并破坏金属表面 $FeCO_3$ 等钝化膜的形成，引起强烈的局部腐蚀[9]。

表5　不同集输系统运行压力对应 CO_2 分压

集输系统压力（MPa）	CO_2分压（MPa）
20	0.3
15	0.225
10	0.15
5	0.075
3	0.045

综上所述：集输管线腐蚀穿孔的形成原因是多种因素协同腐蚀作用的结果，威荣气田早期以气井出砂造成冲蚀为主，中后期以细菌腐蚀和二氧化碳腐蚀为主，三种腐蚀类型协同作用，促进腐蚀的发生、发展。

3　腐蚀管控措施

3.1　出砂防控

采取及早钻塞，提黏提量液体携砂，增长返排时间等措施，提高井筒清洁性，强化井筒沉砂尽可能在测试流程阶段排出，减少气井出砂对正式生产流程的影响，另外在采气平台设置井口高压除砂器，除砂器能有效拦截气井的返出砂，保护后端流程。

表6　不同目数砂粒需要的排液量

序号	措施		指标
1	连油钻塞压力		30MPa 提升到 40MPa
2	携砂	排液油嘴	6mm 增加到 8mm
3		液体黏度	
4	返排	8mm 油嘴排砂	8 小时以上

3.2　定期清管+预膜

清管可以清扫集输管道内杂质、积液、积污，提高管道输送效率，减少管道内壁腐蚀，因此为了避免集输管道中长期积液，必须进行清管作业。目前根据生产情况，按照30-45天清管周期开展"清管+杀菌+涂膜"。同时针对集输线路 SRB 等细菌的附着特点，不断优化措施，完善清管制度(图8)。

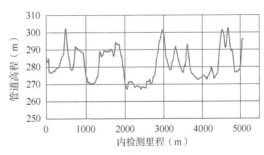

图8　集输管道高程

3.3　连续加注杀菌缓蚀剂

由于细菌腐蚀是生产中后期导致集输系统腐蚀的主要原因，因此需要采用措施实现对硫酸盐还原菌、腐生菌、铁细菌等微生物的杀灭，大量实验研究证明，加注杀菌剂和缓蚀剂是最有效的腐蚀防控措施。威荣气田在站场分离器下游出站管线处设置了杀菌缓蚀剂加注口，用于站外管线防腐药剂连续加注，自开展杀菌剂加注后各平台细菌含量得到有效控制，SRB 含量控制在 10 个/mL 内；TGB/FB 含量：均控制在 25 个/mL 范围内；总铁含量：存在波动，但总体可控，如图 9 所示。

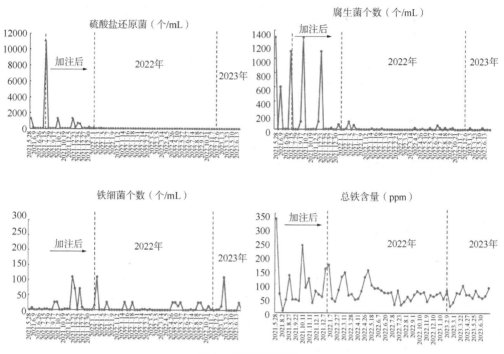

图 9　细菌检测情况

3.4　定期开展管道内检测

定期开展漏磁检测或电磁涡流检测管道内检测工作，通过数据对比性分析管道内部腐蚀变化，发现管线薄弱部位，及时进行修复。

通过一系列防控措施，如图 10 所示威荣气田 2021 年至 2023 年每月腐蚀泄漏次数变化可以看到 2022 年威荣气田发生泄漏次数较 2021 年相比明显下降，随着气井进入生产后期及扩大药剂覆盖面后发生腐蚀穿孔的频次显著降低，2023 年累计发生刺漏 7 次。

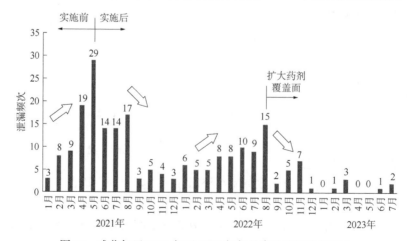

图 10　威荣气田 2021 年至 2023 年每月腐蚀泄漏次数变化

4 结论

(1)对威荣气田集输失效管道的宏观形貌、理化性能及腐蚀产物进行了失效特征及腐蚀机理分析。

(2)分析了威荣气田集输管线腐蚀穿孔原因，腐蚀是因为多种因素协同腐蚀作用的结果，早期以气井出砂造成冲蚀为主，中后期以细菌腐蚀和CO_2腐蚀为主，三种腐蚀类型协同作用。

(3)针对集输管道腐蚀制定了相应的管控措施。冲刷腐蚀，采用采取及早钻塞，提黏提量液体携砂，增长返排时间及使用除砂器等措施；细菌腐蚀+CO_2腐蚀，采取定期清管+预膜和站外管线连续加注杀菌剂缓蚀剂并通过定期漏磁/涡流检测监测管道内部腐蚀情况，保障集输管线安全平稳运行。

参 考 文 献

[1] 王腾，严小勇，张伟，等. 威荣页岩气田腐蚀机理与管控对策研究[J]. 石化技术，2022，29(12)：123-125.

[2] 肖茂，威荣. 永川页岩气集输管线细菌腐蚀风险研究[J]. 中外能源，2021，26(5)：5.

[3] 青松铸，张晓琳，文崇，等. 长宁页岩气集气管道内腐蚀穿孔原因探究[J]. 材料保护，2021，54(6)：5.

[4] 吴贵阳，王俊力，袁曦，等. 页岩气气田集输系统腐蚀控制技术研究与应用[J]. 石油与天然气化工，2022，51(2)：64-69.

[5] 钟显康，李浩男，扈俊颖. 页岩气开采与集输过程中腐蚀问题与现状分析[J]. 西南石油大学学报(自然科学版)，2022，44(6)：162-174.

[6] 陈雨松，岳明，张腾，等. 川南某页岩气区块油管腐蚀分析与防护技术优选[J]. 钻采工艺，2022.

[7] 刘华敏，王浩. 页岩气地面集输系统微生物腐蚀影响因素分析[J]. 油气田地面工程，2020，39(12)：6.

[8] GB/T 9711—2017，石油天然气工业管线输送系统用钢管[S].

[9] GB/T 228.1—2010，金属材料拉伸试验第一部分：室温试验方法[S].

[10] 迟丽颖. 地面集输系统CO_2腐蚀与防腐技术研究[D]. 大庆：东北石油大学，2017.

超声 C 扫描在胜利油田常压储罐检测应用实践分析

姬 杰 仇东泉 刘 超 赵 杰 李长治

(中国石化胜利油田特种设备检验所)

摘 要：超声 C 扫描检测技术具有缺陷成像直观、可实现定量分析、检测效率高等优点。目前胜利油田联合站共有储罐 980 台，运行 10 年以上的储罐占总数量的 59.69%，现已出现壁板腐蚀穿孔泄漏、顶板腐蚀穿孔等诸多问题。超声 C 扫描检大面积连续检测为壁板缺陷的检出提供了可能性，为储罐哪一层壁板哪些部位易发生腐蚀提供了技术支撑。本文针对超声 C 扫描检测与传统超声波测厚技术做了分析比较，凸显超声波 C-扫描技术优势，取得了较好的应用效果。

关键词：C 扫描；超声波检测；实践；数据分析；效益

超声波 C 扫描成像检测技术是一种将超声检测与微机控制和微机进行数据采集、存储、处理、图像显示集合在一起的技术[1]，能够给出图像化的检测结果，可直观显示被检测工件在某一深度范围内的缺陷信息，使缺陷的定量、定性、定位更加准确，减少了缺陷检测不准确、遗漏等情况的发生[2-3]，通过彩色图像反映被测材料或制件内部质量，对缺陷进行定性定量分析，从而提高检测的可靠性。

1 超声波 C-扫描技术优势及系统组成

1.1 超声波 C-扫描技术优势

(1) 将传统的点到点超声检测推广到面积检测，更适用于大面积的工件检测。

(2) 将传统的手动采集数据推广到自动、快速、大量的采集检测数据，采用电机驱动的自动爬行扫查桥，大大提高检测效率。

(3) 将传统的 A 扫描检测推广到 A/B/C 扫描并存的图像检测，直观的图像显示，对腐蚀区域或不同厚度区域的状况一目了然。

(4) 突破了传统的现场仪器难以与计算机相互交流的难题，实现了利用 USB 接口及闪存技术与计算机相互数据传输及数据共享。

(5) 突破了传统的文字检测报告的局限，实现了可将检测图像方便的写入 Word 文档提供图文并茂的检测报告，更具有说服力。

(6) 便于在高层空间及危险区域检测。

1.2 超声波 C-扫描系统组成

我所引进的是美国 PAC 公司的 MiniLSI 便携式超声 A/B/C/TOFD 主机控制的机器人自

动爬行超声 C-扫描探伤系统。主要由控制主机、爬壁机器人（扫查器）、电源控制箱、数据线等组成，Mini LSI 系统组成如图 1 所示。

图 1　Mini LSI 系统组成图

2　应用实践

近期，我所对临盘、孤东 2 家采油厂，共计 8 台储罐进行传统超声波测厚与超声 C-扫描检测。现场检测流程如图 2 所示。

2.1　现场检测说明

下面均以临盘采油厂盘四注 3# 一次除油罐为例进行分析。储罐底层壁板以扶梯所在板为第一块检测区域，逆时针进行编号，共 6 个检测区域，二层壁板共 5 个检测区域，三层壁板往上则是沿着扶梯进行检测，每个测量区长度在 20cm 左右，

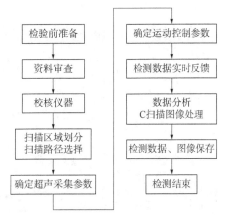

图 2　检测流程图

每个测量区取 9 个超声波测厚数据，传统超声波壁厚测量共检测 6 层壁板，检测区域共 11 处。超声 C-扫描检测 X 轴、Y 轴方向每隔 5mm 取 1 个超声波测厚数据，受现场环境影响，超声 C-扫描检测 3 层壁板，X 轴扫查距离为 250mm，Y 轴方向每层壁板扫查距离为 1800mm，盘四注 3# 储罐按每隔 90 度作为一个垂直方向数据采集带。

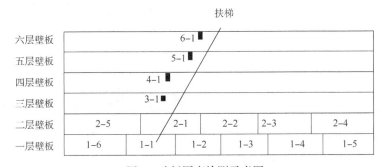

图 3　壁板厚度检测示意图

2.2 检测数据分析

超声波测厚与超声 C 扫描点数(个)对比见表 1。

表 1 超声波测厚与超声 C 扫描点数(个)对比见表

序号	储罐名称	超声波测厚点数(个)	超声 C 扫描点数(个)	倍数
1	盘四注 1#一次除油罐	171	136000	795
2	盘四注 3#一次除油罐	171	136000	795
3	临南联合站 4#污水罐(3000m³)	99	80000	808
4	东一联合站 1#污水罐(700m³)	216	80000	370
5	东一联合站 1#污水罐(3000m³)	216	88000	407
6	东一联合站 2#污水罐(3000m³)	216	148000	685
7	东一联合站 1#污水罐(5000m³)	279	80000	287
8	东一联合站 2#污水罐(5000m³)	279	80000	287

超声 C-扫描检测现场图、二维图、三维图、数据图分别如图 4 至图 7 所示。

图 4 盘四注 3#罐超声 C 扫描现场检测图

图 5 盘四注 3#罐超声 C 扫描二维图像

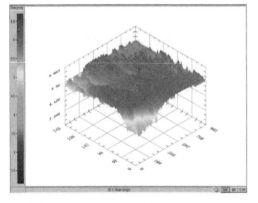

图 6 盘四注 3#罐超声 C 扫描三维图像

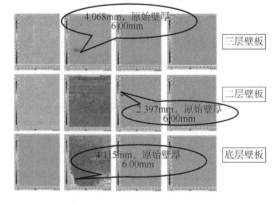

图 7 盘四注 3#罐超声波 C 扫描检测数据图像

从图 7C-扫描测厚数据点阵图中可以看出:

（1）盘四注 3# 超声波壁厚测量检测面积 0.2m/处×0.2m/处×11 处 = 0.44m²，超声 C 扫描扫查面积 0.25m×5.4m×4 = 5.4m²，是超声波壁厚测量检测面积的 12.3 倍，通过加大检测区域，能够发现局部严重腐蚀区域。如 3# 储罐底层、第二层、第三层壁板厚度有明显的腐蚀迹象；其壁厚值分别为 4.115mm、2.397mm、4.068mm。

（2）通过与传统超声波壁厚测量比较，超声 C 扫描检测壁厚值相当。

传统的超声波测厚需要将储罐表面防腐漆打磨干净，漏出金属本体，超声波 C-扫描检测不需要打磨，现场通过水作为耦合剂即可进行壁厚测量，这样既可以节约大量的打磨时间，又可以满足检测要求。现场超声波测厚与超声 C 扫描测厚实测数值对比见表 2。

表 2　超声波测厚与超声 C 扫描测厚数值对比见表

储罐名称	超声波测厚数据（mm）	超声 C 扫描数据（mm）	误差
盘四注 3# 一次沉降罐底层壁板	5.51	5.50	0.182%

（3）超生 C 扫描最大特点是能够在竖直壁面爬行运动作业，与传统超声波壁厚检测技术相比，具有检测过程自动化，将传统的点到点检测推广到面积检测，从而实现了罐体的连续检测，检测图像可以直观的看到缺陷的形状、位置、分布及取向和大小。因为是大面积连续检测，从而为壁板缺陷的检出提供了可能性，也为储罐哪一层壁板哪些部位易发生腐蚀提供了技术支撑，也为设计部门提供了参考依据。

3　经济效益和社会效益

目前胜利油田联合站共有储罐 980 台，其中原油储罐 388 台，污水罐 458 台，消防罐 134 台，详见表 3。运行 10 年以上的储罐 585 台，占储罐总数量的 59.69%，详见表 4。

表 3　联合站储罐现状统计表（台）

设备类别	0~5 年	6~10 年	11~15 年	16~20 年	21~25 年	26~30 年	大于 30 年	合计
一次沉降罐	21	23	19	30	36	22	17	168
二次沉降罐	8	11	16	7	15	21	3	81
净化油罐	30	31	18	11	21	21	7	139
污水罐	110	94	77	55	65	57	0	458
消防罐	25	42	7	11	27	21	1	134
合计	194	201	137	114	164	142	28	980

表 4　投产 10 年以上储罐统计表

设备类别	一次沉降罐	二次沉降罐	净化油罐	污水罐	消防罐	合计
运行时间大于 10 年	124	62	78	254	67	585
设备总数	168	81	139	458	134	980
比例	73.8%	76.5%	56.1%	55.2%	50.0%	59.7%

目前，超生 C 扫描检测技术已对临盘、孤东 2 家采油厂，共计 8 台储罐进行超声检

测，完成检测产值 160 万元，为单位创造了良好的生产效益。

此外，从检测储罐存在技术资料缺失、基础酥碎、边缘板悬空、防腐、保温层缺陷、附属进出口管道泄露穿孔、壁板腐蚀穿孔泄漏、顶板腐蚀穿孔等诸多问题。储罐一旦发生泄漏或爆炸造成的环境污染或人身伤亡及财产损失都极为严重。因此开展储罐检测工作，对提高储罐安全运行可靠性、避免财产损失和环境污染有着十分重要的意义。

参 考 文 献

[1] 周正干，孙广开. 先进超声检测技术的研究应用进展[J]. 机械工程学报，2017，53（22）：1-10.

[2] 陈振华，史耀武，赵海燕. 薄镀锌钢板点焊超声成像分析[J]. 机械工程学报，2009，45（12）：274-278.

[3] 宋日生，喻建胜，何莎，等. 超声 C 扫描技术在油气管道检测中的应用[J]. 无损检测，2018，40（22）：45-48.

油田集输管道内外腐蚀相互影响因素研究

陈丽娜[1]　韩　庆[1]　闫泰松[1]　刘延峰[2]　李长治[2]

（1. 中国石化胜利油田技术检测中心；

2. 中国石化胜利油田检测评价研究有限公司）

摘　要：本文立足胜利油田，针对集输管道腐蚀穿孔频繁的特点，利用有限元数值模拟的形式，对内外腐蚀缺陷的特征参数，以及内、外腐蚀缺陷相互作用规律进行分析，从而掌握了缺陷深度是影响内、外缺陷相互作用的最主要因素。随着内、外缺陷长度的增加，管道剩余强度会下降，但当缺陷长度大于 $2.5\sqrt{R_t}$ 时，剩余强度基本不变。且随着内、外腐蚀缺陷的极限影响距离不断增加，变化速率越来越小。随着内、外缺陷深度的增加，管道剩余强度会迅速下降，且下降的幅度越来越大。当内、外腐蚀缺陷的极限影响距离出现显著增加，变化速率越来越大。为后序开展多腐蚀缺陷相互作用下的剩余强度计算奠定了基础。

关键词：管道；腐蚀；有限元；特征参数；相互影响

集输管道是油田开发过程中的主要输送方式，随着服役年限的增加，运行过程中受介质物性、承载压力、环境温度、管体材质、第三方破坏等因素影响，腐蚀穿孔频繁，严重影响了油田的正常生产，同时造成环境污染，给油田的绿色生产带来了极大的环保压力[1-3]。胜利油田技术检测中心通过开展多腐蚀缺陷管道失效压力的有限元数值模拟研究，探索腐蚀缺陷间相互作用对管道失效压力影响规律，以及内外腐蚀共存时腐蚀缺陷间相互作用准则，进而为管道运行提供安全保障。

1　内外腐蚀有限元建模

选用的直管段几何尺寸为外径 $D = 168\text{mm}$，设计壁厚 $t = 13\text{mm}$，根据圣维南原理，设定直管段长度为 $L = 2\text{m}$，排除端部效应影响。材料参数依据 20# 钢直缝埋弧焊钢管特性，材料服从各向同性和小变形假设，建立含内、外腐蚀缺陷管段模型相关参数见表1。缺陷位置位于管段中部，几何模型如图1所示。

表1　管段几何模型参数

材料	屈服强度（MPa）	抗拉强度（MPa）	杨氏模量（GPa）	泊松比	长度（m）	直径（mm）	壁厚（mm）
20#钢	323	485	206	0.3	2	168	13

由于管道模型属于轴对称结构，选取 1/2 对称模型进行分析，在管道两端面施加轴向位移约束 $U_z = 0$，在管道纵向剖开截面施加对称约束，此约束对整个模型的应力应变状态

没有影响。管道的载荷及边界条件约束如图 2 所示。

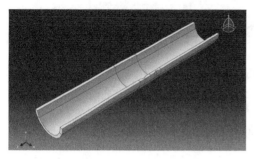

图 1　含内外腐蚀缺陷管道几何模型

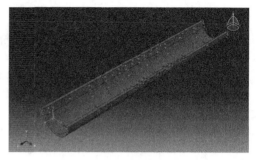

图 2　载荷和边界条件

重点研究区域为缺陷区域及其周边，因此在重点区域处进行网格细分，如图 3 所示。而在次要区域只需粗略划分网格。进行网格划分时，本模型选择八节点六面体减缩积分单元（C3D8R）划分网格，这种单元不易发生"剪切自锁"问题，并且在网格扭曲情况下还能保持较高的精度。图 4 为含缺陷管段网格划分示意图。

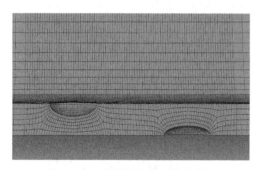

图 3　内、外腐蚀缺陷区域示意图

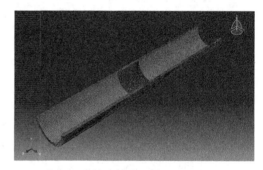

图 4　含缺陷管段网格划分示意图

含体积型缺陷管道是否发生失效，可以通过缺陷区域的 Von Mises 等效应力来判断。由于20#碳钢为低钢级钢，本文采用应力失效准则，当缺陷区域 Von Mises 应力达到一定的参考值，参考应力为 $\sigma_{ref} = \sigma_s$，即管道屈服强度时，管道判定为失效。

2　内外腐蚀缺陷特征参数分析

相关研究表明，腐蚀缺陷的深度和长度对管道剩余强度有较大影响，而腐蚀宽度由于影响较小可以忽略。因此后续在进行内、外缺陷的对比研究时忽略腐蚀宽度的影响。

2.1　内、外缺陷长度对失效压力影响分析

设置内、外腐蚀缺陷深度为 5.2mm，宽度为 10.55mm，内、外缺陷长厚度 d/t 都分别为 0.6、1.0、1.5、2.0、2.5，在 ABAQUS 中分别计算含内、外腐蚀缺陷管道在不同缺陷长度下的剩余强度。腐蚀缺陷区域的等效应力云图如图 5 所示。可以看出，内、外腐蚀缺陷管道腐蚀区域内应力关于缺陷长轴对称分布，整个管道上应力较大区域大致分布在缺陷的轴向中心位置，且等效应力最大点（最危险点）始终位于缺陷最深处及其周边区域。当缺

陷长度较小时，应力较大区域在缺陷范围内分布较广，且缺陷区域应力与缺陷周围区域应力数值相差较小。当缺陷长度增大时，缺陷部分沿长轴对称的区域整体应力将急剧增加，管道可靠性显著降低。并且对比内、外腐蚀缺陷区域应力分布可知，内腐蚀缺陷管道等效应力要大于外腐蚀缺陷管道，内腐蚀缺陷管道要更危险。

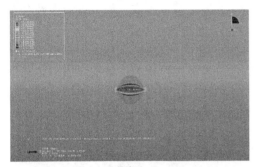
（a）外腐蚀a=0.6

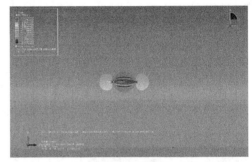
（b）内腐蚀a=0.6

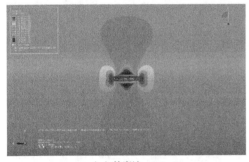
（c）外腐蚀a=1.5

（d）内腐蚀a=1.5

图5　内、外腐蚀缺陷管道不同缺陷长度下应力分布图

图6所示分别为含有内、外腐蚀缺陷管道在不同缺陷长度下的失效压力变化曲线。由图可见，无论是内腐蚀还是外腐蚀，随着腐蚀长度的增加，管道失效压力都呈现出下降的趋势，并且下降的幅度越来越小直至失效压力趋于定值在腐蚀长度较小时，相同腐蚀长度下，含内腐蚀缺陷的管道失效压力小于含外腐蚀缺陷管道的失效压力，说明内腐蚀缺陷对管道剩余强度的影响更大。同时可以看到，在腐蚀长度较小时，含内、外腐蚀缺陷管道的失效压力差距较大但随着腐蚀缺陷长度增大到一定程度后，内、外腐蚀缺陷对管道失效压力无明显影响差异。

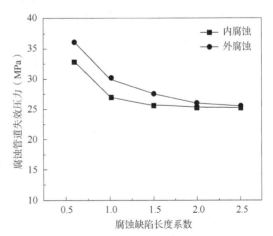

图6　内、外腐蚀缺陷管道不同
缺陷长度下失效压力曲线

2.2 内、外缺陷深度对失效压力影响分析

设置内、外腐蚀缺陷长度为28.04mm，宽度为10.55mm，内、外缺陷深度 d/t 都分别为0.1、0.2、0.3、0.4、0.5、0.6，在 ABAQUS 中分别计算含内、外腐蚀缺陷管道在不同缺陷深度下的剩余强度。腐蚀缺陷区域的等效应力云图如图7所示。可以看出，内、外腐蚀缺陷管道腐蚀区域内应力关于缺陷长轴对称分布，整个管道上应力较大区域大致分布在缺陷的轴向中心位置，且等效应力最大点(最危险点)始终位于缺陷最深处及其周边区域。当缺陷深度较小时，应力较大区域在缺陷范围内分布较广，且缺陷区域应力与缺陷周围区域应力数值相差较小。当缺陷深度增大时，缺陷部分沿长轴对称的区域整体应力将急剧增加，管道可靠性显著降低。并且对比内、外腐蚀缺陷区域应力分布可知，内腐蚀缺陷管道等效应力要大于外腐蚀缺陷管道，内腐蚀缺陷管道要更危险。

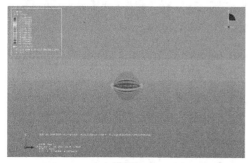

（a）外腐蚀c=0.1

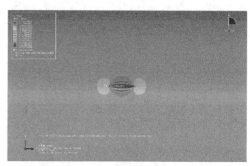

（b）内腐蚀c=0.1

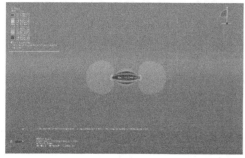

（c）外腐蚀c=0.2

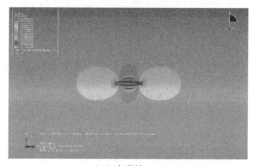

（d）内腐蚀c=0.2

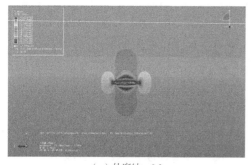

（e）外腐蚀c=0.3

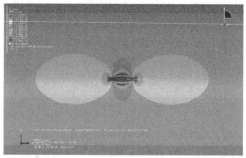

（f）内腐蚀c=0.3

图7 含外腐蚀缺陷管道不同缺陷深度下应力分布图

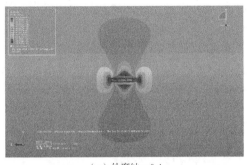 

（g）外腐蚀c=0.4　　　　　　　　　　（h）内腐蚀c=0.4

图7　含外腐蚀缺陷管道不同缺陷深度下应力分布图(续图)

图8所示分别为含有内、外腐蚀缺陷管道不同缺陷深度下的失效压力变化曲线。由图8可见，无论是内腐蚀还是外腐蚀，随着腐蚀深度的增加，管道失效压力都呈现出下降的趋势，并且下降的幅度越来越大。在内、外腐蚀深度相同的情况下，含内腐蚀缺陷的管道失效压力小于含外腐蚀缺陷管道的失效压力，说明内腐蚀缺陷对管道剩余强度的影响更大。同时可以看到，在腐蚀深度较小时，含内、外腐蚀缺陷管道的失效压力差距较大。

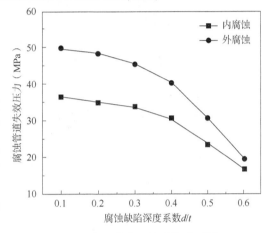

图8　内、外腐蚀缺陷管道不同
缺陷深度下失效压力曲线

3　内、外腐蚀缺陷相互作用分析

3.1　内外腐蚀缺陷相互作用表征方法

为了直观表达内外腐蚀缺陷间的相互作用对管道失效压力的影响，本文选用含内外缺陷管道失效压力p_i与含单缺陷管道失效压力p_0进行对比，采用5%判定准则[4-7]来判断是否产生相互作用，如式（1）所示。当相互作用系数ω小于5%时，在工程上可认为内外缺陷不存在相互影响，可以看作相互独立的单缺陷。

$$\omega=\frac{\Delta p}{p_i}\times100\%=\frac{|p_i-p_0|}{p_i}\times100\%\leqslant5\%\qquad(1)$$

式中，ω为相互作用系数；p_i为有限元计算含内外双缺陷管道失效压力，MPa；p_0为有限元计算含单缺陷管道失效压力，MPa。

3.2　基于内外腐蚀缺陷长度的相互作用分析

采用控制变量法，设置内、外缺陷深度5.2mm，宽度10.55mm，长度系数$L/\sqrt{D_t}$都分别为0.6、1.0、1.5、2.0，设置不同缺陷轴向间距S_L为0mm、10mm、20mm、30mm、40mm、50mm、70mm、100mm、150mm，此外考虑内外腐蚀缺陷位置相对的情况。基于以上轴向间距和判定标准，利用 ABAQUS 有限元软件计算得到不同缺陷长度下内外腐蚀缺陷管道失效压力，选取长度系数 $a = 0.6$，1.5 情况下管道失效压力分布云图，如图 9 所示。在对管道进行加压过程中，管道内部腐蚀缺陷区域等效应力大于外部缺陷，且内部腐蚀缺陷区域最先达到屈服。随着内外腐蚀缺陷轴向间距的增大，内外腐蚀缺陷间相互影响减小，直至没有相互作用。内外腐蚀缺陷位置相对时管道缺陷部位等效应力最大，是最危险点。

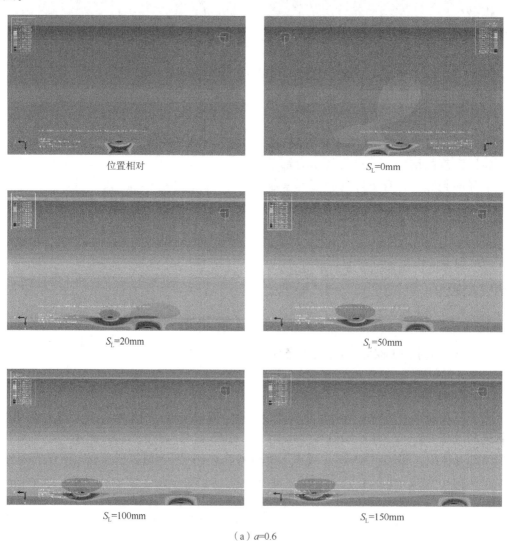

位置相对 　　$S_L=0mm$

$S_L=20mm$ 　　$S_L=50mm$

$S_L=100mm$ 　　$S_L=150mm$

（a）$a=0.6$

图 9　内、外腐蚀缺陷管道不同缺陷长度下压力分布图

腐蚀缺陷管道失效压力计算结果如图 10 所示。为方便作图比较分析，将内、外缺陷相对情况下的间距取为-20mm。可以看出，随着内外腐蚀缺陷间距的增大，腐蚀缺陷管道失效压力逐渐增大，最后趋于稳定。对于不同长度的腐蚀缺陷，腐蚀长度越大，内外缺陷存在相互作用的间距越大，对应图上表现出来的曲线增长趋势更缓。

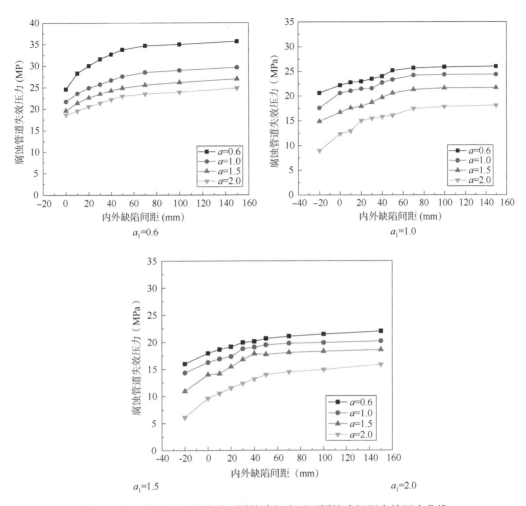

图 10 内、外腐蚀缺陷管道不同缺陷长度下不同缺陷间距失效压力曲线

为深入探究内外腐蚀缺陷间相互作用距离变化情况，将以上不同长度腐蚀缺陷在不同间距下的相互作用系数进行分析，绘出 S_L-ω 图，以工程上普遍采用的 5% 为标准求得极限作用距离 L_{lim}，以内外腐蚀缺陷长度系数 $a=0.1$ 为例，如图 11 所示，求得极限作用距离为 39.8mm。分别求得 $a=0.2$、0.3、0.4 时对应的极限作用距离为 65.7mm、98.2mm、117.6mm，说明随着双腐蚀缺陷长度的增加，内外腐蚀缺陷极限作用距离逐渐增加。

基于以上 5% 判定标准，计算得到不同缺陷长度下内外极限影响距离，见表 2。

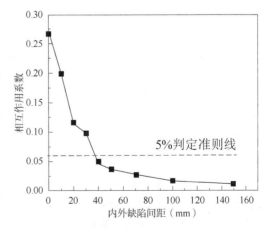

图 11 极限作用距离计算方法示例

表 2　不同缺陷长度下内外缺陷极限影响距离数据

序号	1	2	3	4	5	6	7	8
a_1	0.6	0.6	0.6	0.6	1.0	1.0	1.0	1.0
a_2	0.6	1.0	1.5	2.0	41	52.8	59	66.8
L_{lim}(mm)	32.6	44.69	55	64	41	52.8	59	66.8
序号	9	10	11	12	13	14	15	16
a_1	1.5	1.5	1.5	1.5	2.0	2.0	2.0	2.0
a_2	0.6	1.0	1.5	2.0	0.6	1.0	1.5	2.0
L_{lim}(mm)	47.97	57.36	65	70.6	53	64.33	70.91	75.37

如图 12 所示，缺陷长度 a_1、a_2 在 0.6~2.0 范围内变化，内、外腐蚀缺陷极限影响距离的变化范围在 32.6~75.37 范围内，且随着内、外缺陷长度 a_1、a_2 的增加，内、外腐蚀缺陷的极限影响距离不断增加，但变化速率越来越小。

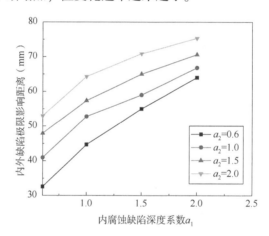

图 12　基于缺陷长度的内、外腐蚀缺陷极限影响距离关系图

3.3　基于内外腐蚀缺陷深度的相互作用分析

为便于研究，内外腐蚀缺陷取相同尺寸。采用控制变量法，设置内外缺陷长度 28.04mm，宽度 10.55mm，深度都分别为 0.1mm、0.2mm、0.3mm、0.4mm，设置不同缺陷轴向间距 S_L 为 0mm、10mm、20mm、30mm、40mm、50mm、70mm、100mm、150 mm，此外考虑内外腐蚀缺陷位置相对的情况。基于以上轴向间距和判定标准，利用 ABAQUS 有限元软件计算得到不同缺陷深度下内外腐蚀缺陷管道失效压力，选取深度系数 $d/t=0.2$，0.4 情况下管道失效压力分布云图如图 13 所示。在对管道进行加压过程中，管道内部腐蚀缺陷区域等效应力大于外部缺陷，且内部腐蚀缺陷区域最先达到屈服。随着内外腐蚀缺陷轴向间距的增大，内外腐蚀缺陷间相互影响减小，直至没有相互作用。内外腐蚀缺陷位置相对时管道缺陷部位等效应力最大，是最危险点。

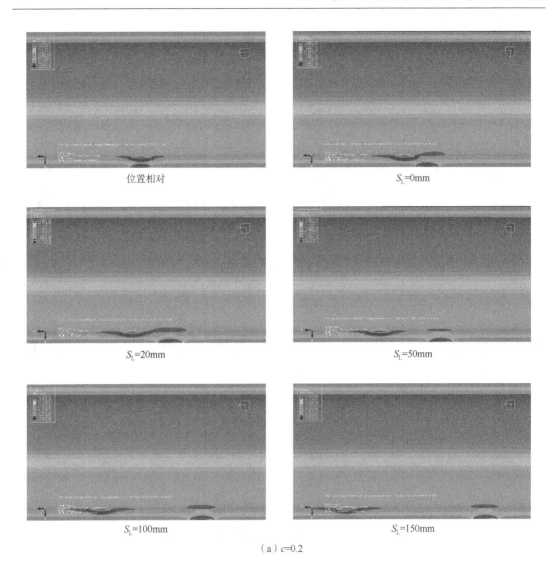

（a）c=0.2

图 13　内、外腐蚀缺陷管道不同缺陷深度下压力分布图

腐蚀缺陷管道失效压力计算结果如图 14 所示。可以看出，随着内外腐蚀缺陷间距的增大，腐蚀缺陷管道失效压力增大直至趋于定值。对于不同深度的腐蚀缺陷，深度越大，腐蚀管道整体失效压力越小，且内外缺陷存在相互作用的间距越大，对应图上表现出来的曲线增长趋势更缓。

基于 5% 判定标准，计算得到不同缺陷深度下内外极限影响距离，见表 3。

如图 15 所示，缺陷深度 d_1/t、d_2/t 在 0.1~0.4 范围内变化，内、外腐蚀缺陷极限影响距离的变化范围在 25.7~69 范围内，且随着内、外缺陷深度 d_1、d_2 的增加，内、外腐蚀缺陷的极限影响距离出现显著增加，变化速率越来越大。经过分析，给出基于腐蚀深度的内外腐蚀缺陷极限影响距离 $S_{\text{Lim}}=1.6\sqrt{Dt}$。若内外腐蚀缺陷距离大于 $S_{\text{Lim}}=1.6\sqrt{Dt}$，则内外腐蚀缺陷之间不存在相互作用，可按照单个缺陷来计算管道的失效压力，如果在这个距离范围之内，则需要考虑内外腐蚀缺陷之间的相互作用，进行耦合计算。

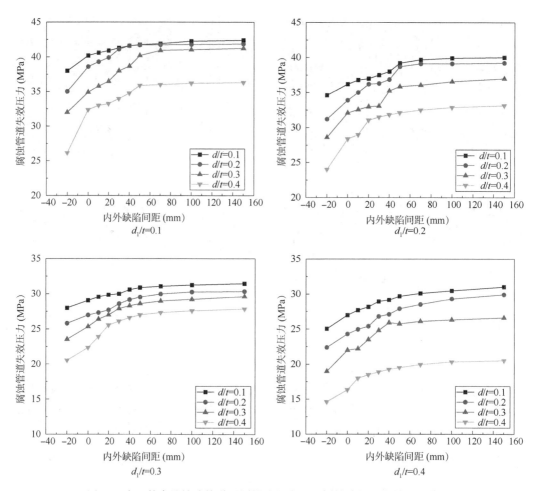

图 14 内、外腐蚀缺陷管道不同缺陷深度下不同缺陷间距失效压力曲线

表 3 不同缺陷深度下内外缺陷极限影响距离数据

序号	1	2	3	4	5	6	7	8
d_1/t	0.1	0.1	0.1	0.1	0.2	0.2	0.2	0.2
d_2/t	0.1	0.2	0.3	0.4	0.1	0.2	0.3	0.4
L_{lim}(mm)	25.7	32.23	37.97	47.09	28.9	36	43	56.33
序号	9	10	11	12	13	14	15	16
d_1/t	0.3	0.3	0.3	0.3	0.4	0.4	0.4	0.4
d_2/t	0.1	0.2	0.3	0.4	0.1	0.2	0.3	0.4
L_{lim}(mm)	31.9	43.9	51	64.91	35.6	51.54	60	69

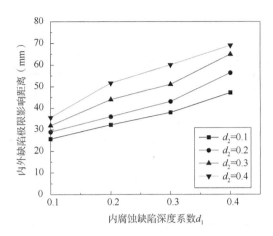

图 15　基于缺陷深度的内、外腐蚀缺陷极限影响距离关系图

4　结论

（1）通过对比分析，发现缺陷深度是影响内、外缺陷相互作用的最主要因素，缺项长度次之，工程上可忽略缺陷宽度的影响。在实际工程中应对缺陷深度和长度给予重点关注。

（2）随着内、外缺陷长度 a_1、a_2 的增加，管道剩余强度下降，但当缺陷长度大于 2.5 $\sqrt{R_t}$ 时，剩余强度基本不变。内、外腐蚀缺陷的极限影响距离不断增加，变化速率越来越小。

（3）随着内、外缺陷深度 d_1、d_2 的增加，管道剩余强度迅速下降，下降的幅度越来越大。内、外腐蚀缺陷的极限影响距离出现显著增加，变化速率越来越大。

参 考 文 献

[1] 张文毓. 国内外管道腐蚀与防护研究[J]. 全面腐蚀控制，2017，31(12)：1-6.

[2] 李淑艳，王学军. 谈油田集输管道腐蚀因素及防腐措施[J]. 工程技术，2019，(2)：355.

[3] 李刚. 油田地面建设集输管道施工技术与质量管理[J]. 工程管理前沿，2019，(24)：36-37.

[4] 邱昌盛. 超高压反应管的极限压力研究[D]. 广州：华南理工大学，2013.

[5] 帅健，张春娥，陈福来. 基于爆破试验数据对腐蚀管道剩余强度评定方法的验证[J]. 压力容器，2006，23(10)：5-8.

[6] 陈严飞. 海底管道破坏机理和极限承载力研究[D]. 大连：大连理工大学，2009.

油田管道智能一体化区域性阴极保护技术应用与优化调整

张博文　刘书孟　吴镇禹　尹升

（大庆油田有限责任公司）

摘　要： 随着油田开发的不断深入，管道运行工况及敷设环境日趋复杂，腐蚀失效问题日益突出。为有效改善站外管道腐蚀失效形势，萨南油田实施了"联合站—中转站—计量间—单井"一体化管网区域性阴极保护模式，并应用远传远控技术，实现了管道电位、系统运行参数的远程采集和调控，有效降低基层劳动强度，保障管道阴极保护效果。在此基础上，结合运行效果及现场管理经验，形成技术模式优化调整意见，为后续模式推广奠定基础。

关键词： 区域性阴极保护；远传远控；优化调整；数字化；腐蚀防控

目前，大庆油田第二采油厂（以下简称萨南油田）集输系统采出液输送主要依靠埋地管网来实现，管材一般为 20# 碳钢等[1]。由于油田生产管理辖区多存在地势低洼，沼泽地、苇塘及积水泡分布较多等情况，土壤及地下水腐蚀性较强，致使集输系统埋地管道腐蚀老化速度较高，加之管道超年限运行、管材质量、施工质量、后续维修补孔防腐质量难以保证等多种因素的影响，导致管道腐蚀失效问题日益突出。

"十三五"期间，萨南油田管道失效率最高达至 2018 年的达 0.87 次/(km·a)，后通过强化完整性管理，落实有效技术举措，使得管道失效率呈现逐年下降态势，2020 年下降至 0.57 次/(km·a)。进入"十四五"以来，萨南油田管道失效率延续逐年降低趋势，2022年管道失效率降至 0.275 次/(km·a)，但距离公司阶段性失效率管控目标仍存在较大差距[2]。其中，集输系统管道失效最为严重，失效占比达 52.64%。

针对萨南油田集输系统管网密集、跨越区域大、服役年份长、防腐层绝缘质量不高等特点，结合现有阴极保护技术应用情况，发现"联合站—中转站—计量间—单井"一体化区域性外加电流阴极保护技术更为适宜集输管道防腐实际[3-5]。同时，传统外加电流阴极保护系统，需要有稳定可靠不间断的电源和专人管理维护，需要定期对被保护管道电位进行现场测量，根据实际运行情况调整系统输出参数，给基层生产管理增添附加工作量及难度[6]。因此，需应用数字化技术，实现阴极保护系统自动调控等功能，加速区域性外加电流阴极保护技术无人值守演化进程。

2021 年以来，萨南油田在大力推进集输系统管道一体化区域性阴极保护模式建设的同时，探索应用了阴极保护远程自动监测调控系统，实现了阴极保护系工作参数远程监测、采集、分析、自动调控等功能，有效提升系统保护时率，降低岗位员工劳动强度。

1 智能一体化阴极保护技术原理及构成

1.1 一体化阴极保护技术模式构成

以站站、站间、井间管道为阴极保护对象，实施外加电流阴极保护；以计量间、中转站、联合站为控制点，设置恒电位仪、阳极地床等阴极保护系统关键设备，形成"联合站—中转站—计量间—单井"一体化管道阴极保护网络，打造大区域保护模式(图1和图2)。

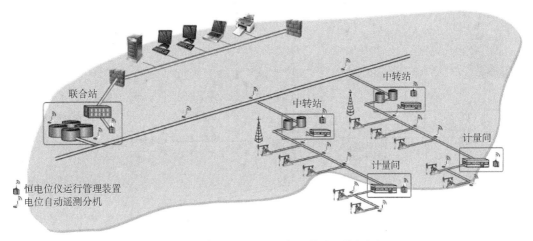

图1 一体化区域性阴极保护技术系统框图

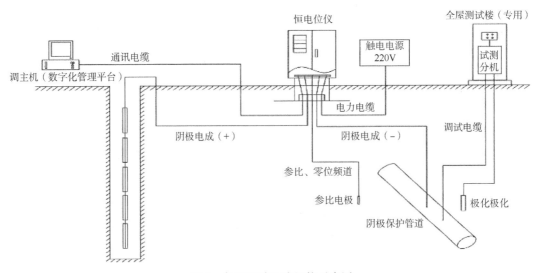

图2 保护回路组成机构示意图

1.2 智能化远传远控系统原理及构成

主要以中转站为中心，建立阴极保护智能化接入点，通过电位无线远传装置和遥测分机采集中转站下属各计量间恒电位仪以及单井管道和周边油井等数据，以 LoRa 短距离通信方式，将数据汇总至中转站内管理装置中，传入油田内部网络遥测系统主机器中，完成数据的整合实现恒电位仪运行状态的自动调整。

1.2.1 总体构架

主要由现场数据采集组块、站内接收与输出组块和远程调控中心组块 3 部分组成，各组块间信号传递流程如下：

（1）管道保护电位信号传输流程：电位测量探头→（电缆）→电位遥测分机→（无线跳转）→恒电位仪运行管理装置→（网线）→交换机→（局域网）→电位自动遥测系统主机→数字化管理平台(图3)。

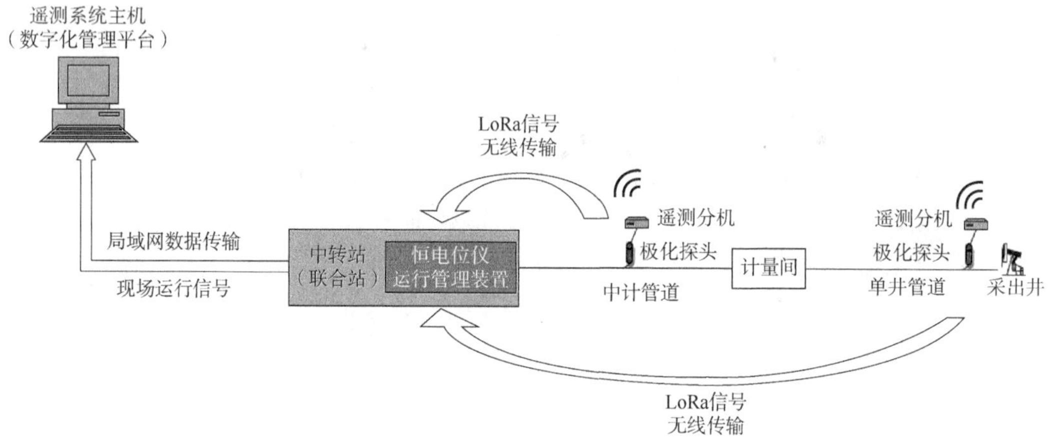

图3 管道保护电位信号传输流程示意图

（2）恒电位仪运行工况传输流程：恒电位仪→（RS485）→电位无线远传装置→（无线跳转）→恒电位仪运行管理装置→（网线）→交换机→（局域网）→电位自动遥测系统主机→数字化管理平台(图4)。

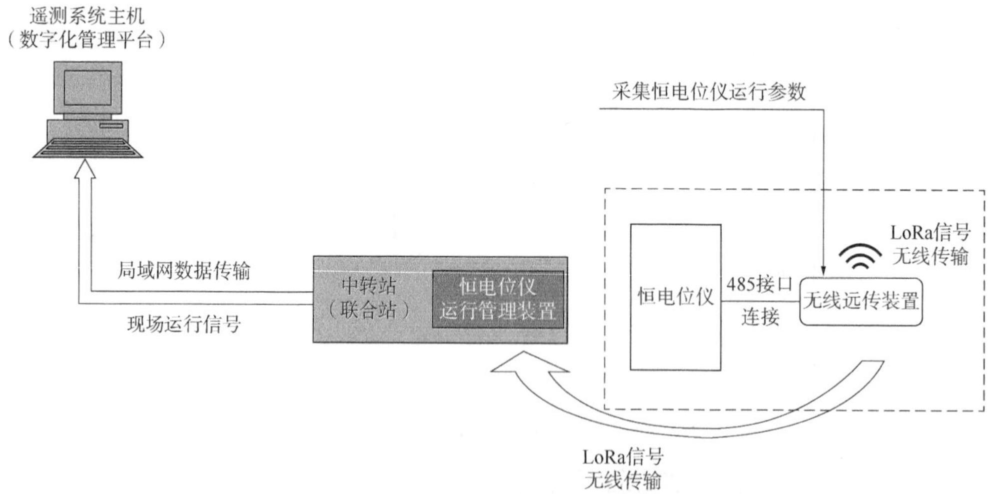

图4 恒电位仪运行工况数据传输流程示意图

（3）远程调控信号传输流程：数字化管理平台→电位自动遥测系统主机→交换机→（网线）→恒电位仪运行管理装置→（无线跳转）→电位无线远传装置→（RS485）→恒电位仪

（图5）。

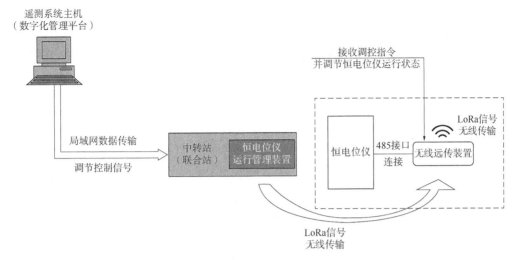

图5 管理平台远程调控信号传输流程示意图

1.2.2 现场数据采集组块

该组块为系统信息检测、采集与传输的前端模块，设置在阴极保护管道上方，主要由极化探头、遥测分机、无线远传装置、专用金属检测桩4部分组成，起到动态检测现场阴极保护管道保护电位，并将采集数据上传至运行管理装置的作用(图6)。

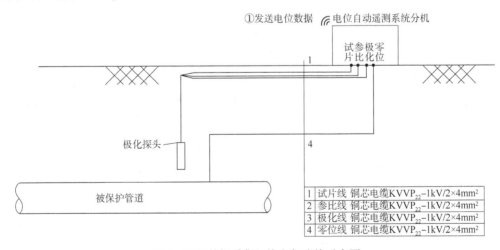

1	试片线 铜芯电缆KVVP$_{22}$-1kV/2×4mm²
2	参比线 铜芯电缆KVVP$_{22}$-1kV/2×4mm²
3	极化线 铜芯电缆KVVP$_{22}$-1kV/2×4mm²
4	零位线 铜芯电缆KVVP$_{22}$-1kV/2×4mm²

图6 现场数据采集组块电气连接示意图

1.2.3 站内接收与输出组块

该组块为系统信息传输与交换的中端模块，设置在阴极保护间内部。主要由多功能恒电位仪、远程控制终端(恒电位仪运行管理装置)、无线远传装置等组成。恒电位仪用于输出连续可调控的直流电压和电流，输出电压恒定，调控安全，运行效率高；运行管理装置用于将接收到的前端阴极保护管道的保护电位、参比电位，以及恒电位仪的工况数据信号通过油田内网传送到数字化管理平台，并将管理平台发出的调整指令回传至恒电位仪调节工作参数等，实现远程在线监控系统运行状况，达到阴极保护管道安全高效运行的目的

（图 7 和图 8）。

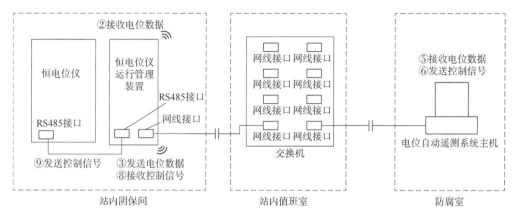

图 7　站内接收与输出组块电气连接示意图

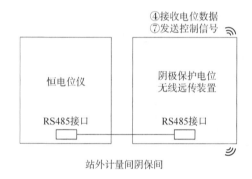

图 8　站外计量间接收与输出组块电气连接示意图

1.2.4　远程调控中心组块

远程调控中心为信息收集存储、分析处理、调控指令发出的终端模块，可设置在企业防腐技术管理部门。主要由主机和相应数字化管理平台（软件系统）组成，由计算机上的数字化管理平台提供人机交互界面，通过油田内网接收恒电位仪运行管理穿装置传送的电流、电压、电位等工况数据，并通过数字化管理平台直接显示阴极保护设备的运行状态，以及异常状态的分析和判断，并作出针对性反馈（图 9 和图 10）。

图 9　恒电位仪运行状态实时监测

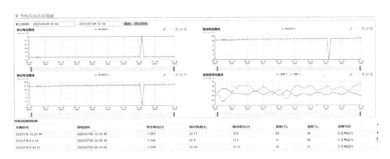

图 10　恒电位仪运行历史数据调用

2　模式应用效果评价

2.1　阴极保护系统运行有效性评价

2.1.1　管道通电电位

试验联合站全年管道平均通电电位-906mV，1 号试验中转站全年管道平均通电电位-1090mV，2 号试验中转站全年管道平均通电电位-1095mV，2 号试验中转站全年管道平均通电电位-1130mV，均处于-1200~850mV 保护区间，整体处于有效保护状态(图 11)。

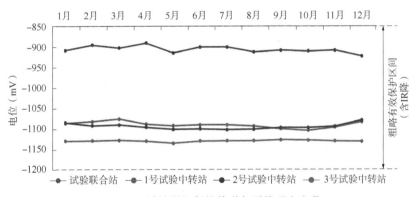

图 11　区域性阴极保护管道年平均通电电位

2.1.2　管道断电电位

试验联合站全年管道平均断电电位-885mV，1 号试验中转站全年管道平均断电电位-1025mV，2 号试验中转站全年管道平均断电电位-1060mV，3 号试验中转站全年管道平均断电电位-1068mV，均处于-1200-850mV 保护区间，整体处于有效保护状态(图 12)。

1.2.3　阳极地床电阻

试验联合站全年阳极地床平均电阻为 0.56Ω，1 号试验中转站全年平均电阻为 0.63Ω，2 号试验中转站全年平均电阻为 0.56Ω，3 号试验中转站全年平均电阻为 0.55Ω，均满足<1Ω要求，运行状况良好，但随环境温度下降，电阻呈现上升趋势。

以某月份区域性阴极保护系统运行状态为例，系统有效运行率达 100%，平均断电电位-1043mV，各系统阳极地床电阻均小于 1Ω，平均 0.53Ω，输出电压平均 11.6V，输出电流平均 20.5A，输出保护电位-1081mV(表 1)。

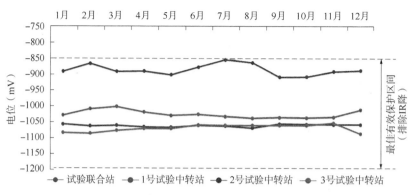

图 12　区域性阴极保护管道年平均断电电位

表 1　某月份区域性阴极保护系统运行状态统计表

序号	站库类别	计量间/站库	自然电位（mV）	通电电位（mV）	断电电位（mV）	阳极地床电阻(Ω)	运行模式	保护电位（mV）	输出电流（A）	输出电压（V）
1	联合站	联合站	−647	−895	−865	0.56	手动	−962	25.6	15.2
2		转油站	−750	−1150	−1108	0.56	手动	−645	40.1	25.7
3		1号计量间	−736	−1168	−1125	0.54	自动	−1202	11.6	5.6
4		2号计量间	−692	−1185	−1085	0.63	自动	−1205	7.6	4.5
5	3号中转站	3号计量间	−645	−1176	−1150	0.58	自动	−1202	9.1	5.3
6		4号计量间	−625	−1142	−1092	0.5	自动	−1089	21.5	10.6
7		5号计量间	−710	−1175	−1145	0.49	自动	−1201	25.7	13.3
8		6号计量间	−663	−1056	−968	0.52	自动	−1108	25.4	15.3
9		7号计量间	−720	−906	−900	0.48	自动	−1050	15.9	9.2
10		8号计量间	−706	−1203	−1197	0.5	自动	−1206	26.9	14.1

对比中转站下辖集输管道断电电位与相邻管辖区域内集输管道电位，发现阴极保护区域内管道全年平均电位相较于非阴极保护管道更负，平均电位差达−459mV，且全年平均保护电位达−1051mV满足阴极保护要求（−1200～−850mV），总体运行良好（表2）。

表 2　相邻区域非阴极保护管道与区域性阴极保护管道电位对比统计表

序号 \ 类型	非阴极保护管道	全年平均自然电位(mV)	阴极保护管道	全年平均断电电位(mV)	电位差(mV)
1	1号中转站	−581	1号中转站	−1025	−444
2	2号中转站	−603	2号中转站	−1060	−457
3	3号中转站	−592	3号中转站	−1068	−476
平均		−592		−1051	−459

2.2　站外埋地管道保护效果评价

在确定阴极保护系统整体有效运行基础上，通过持续跟踪站库系统所辖阴极保护管道的腐蚀失效频次的周期性变化情况，开展管道失效对比分析，同时采用腐蚀失重检查片法对比阴极保护试片和非阴极保护试片腐蚀速率，系统评价区域性阴极保护系统有效性。

2.2.1 失效频次对比分析

近3年，区域性阴极保护试验区块共发生失效672次，2020年发生362次，2021年发生207次，同比降低42.8%，2022年发生103次，同比降低50.2%，年均下降46.0%（表3）。

表3 区域性阴极保护管道失效情况统计表

站库	年份	1月	2月	3月	4月	5月	6月	7月	8月	9月	10月	11月	12月	合计(次)
1号中转站	2020	8	4	6	11	23	19	12	12	6	5	21	7	134
	2021	4	8	4	7	9	9	7	6	11	14	6	0	84
	2022	4	3	1	9	8	0	0	5	1	2	2	0	36
	差值1	-4	4	-2	-4	-15	-10	-5	-6	5	9	-15	-7	-50
	差值2	0	-5	-3	2	1	-9	-7	-1	-10	-12	-4	0	-48
	累计幅度(%)	-50.0	-25.0	-83.3	-18.2	-60.9	-100.0	-100.0	-58.3	-83.3	-60.0	-90.5	-100	-73.1
2号中转站	2020	7	1	8	8	15	10	6	9	10	32	26	21	153
	2021	9	2	5	8	9	5	5	6	10	8	4	0	71
	2022	3	2	5	1	7	7	6	12	2	7	1	0	53
	差值1	-1	1	-3	0	-6	-5	-1	-3	0	-24	-22	-21	-82
	差值2	-6	0	0	-7	-2	2	1	6	-8	-1	-3	0	-18
	累计幅度(%)	-57.1	100.0	-37.5	-87.5	-53.3	-30.0	0.0	33.3	-80.0	-78.1	-96.2	-100	-65.4
3号中转站	2020	2	4	10	2	7	4	5	3	8	5	18	7	75
	2021	4	0	3	1	6	2	1	9	4	20	2	0	52
	2022	1	0	3	0	0	0	0	1	2	0	0	0	14
	差值1	2	-4	-7	-1	-1	-2	-4	6	-4	15	-16	-7	-23
	差值2	-3	0	0	-1	-6	-2	-1	-8	-2	-20	-2	0	75
	累计幅度(%)	-50.0	-100.0	-70.0	-100.0	0.0	-100.0	-100.0	-66.7	-75.0	-100.0	-100.0	-100	-81.3
合计	2020	17	9	24	21	45	33	23	24	24	42	65	35	362
	2021	17	10	12	16	16	16	13	21	14	42	12	0	207
	2022	8	5	9	10	23	7	6	18	5	9	3	0	103
	差值1	-3	1	-12	-5	-22	-17	-10	-3	0	0	-53	-35	-155
	差值2	-9	-5	-3	-6	0	-9	-7	-3	-20	-33	-9	0	-104
	累计幅度(%)	-52.9	-44.4	-62.5	-52.4	-48.9	-78.8	-73.9	-25.0	-79.2	-78.6	-95.4	-100	-71.5

2.2.1 失重检查片腐蚀速率对比分析

为进一步排除管道材质、投运年限、日常维修作业规范性等方面带来的影响，在工程建设期各选取转联管道、中计管道、单井管道1条作为试验对象，埋设失重检查片（尺寸为100mm×50mm×20mm），共埋设24组，周期1年。

开挖酸洗后发现：一是阴极保护失重检查片整体腐蚀较轻，自然失重检查片腐蚀较为严重，部分检查片出现明显腐蚀坑；二是靠近通电点的阴极保护失重检查片仅出现轻微锈蚀，主体表面平整，无腐蚀坑，距离通电点较远的检查片表面锈蚀面积更大，但主体表面平整无明显腐蚀坑。

测量重量,对比阴极保护失重检查片、自然失重检查片与标准样片重量差,计算平均腐蚀速率,验证阴极保护有效性[7]。经称重计算发现,自然失重检查片腐蚀速率较高,对应所处土壤环境均为较强、强腐蚀区,这与该区域94.15%为中等以上腐蚀区的前期结果相一致;阴极保护检查片腐蚀速率较低,呈现较弱及弱腐蚀性环境,有效减缓了管道腐蚀速率。

表4 失重检查片腐蚀情况及腐蚀性判定(样片重量为104.5g)

序号	监测点	试片类型	试片平均重量（g）	损失重量（g）	平均腐蚀速率[g/(dm²·a)]	腐蚀等级
1	联检1	自然试片	101.8	2.7	5.45	较强
2		阴极保护试片	104.4	0.1	0.20	弱
3	联检2	自然试片	101.4	3.1	6.26	较强
4		阴极保护试片	104.2	0.3	0.61	弱
5	联检3	自然试片	101.2	3.3	6.66	较强
6		阴极保护试片	104.2	0.3	0.61	弱
7	联检4	自然试片	101.3	3.2	6.46	较强
8		阴极保护试片	104.1	0.4	0.81	弱
9	联检5	自然试片	101.1	3.4	6.86	较强
10		阴极保护试片	104.1	0.4	0.81	弱
11	计检1	自然试片	102.7	1.8	3.63	中
12		阴极保护试片	104.5	0	0.00	弱
13	计检2	自然试片	102.2	2.3	4.64	中
14		阴极保护试片	104.3	0.2	0.40	弱
15	计检3	自然试片	102.1	2.4	4.85	中
16		阴极保护试片	104.1	0.4	0.81	弱
17	计检4	自然试片	101.9	2.6	5.25	较强
18		阴极保护试片	103.9	0.6	1.21	较弱
19	井检1	自然试片	100.1	4.4	8.88	强
20		阴极保护试片	103.4	1.1	2.22	较弱
21	井检2	自然试片	100.3	4.2	8.48	强
22		阴极保护试片	103.2	1.3	2.62	较弱
23	井检3	自然试片	98.3	6.2	12.52	强
24		阴极保护试片	103.1	1.4	2.83	较弱

综上,阴极保护管道失效频次周期性变化情况及失踪检查片试验测定结果,可以判定该区域性阴极保护模式对于站外埋地金属管道具有较好的保护效果,可有效减缓腐蚀失效速率,年均降低区域内46.0%的失效频率。

2.3 阴极保护数字化管理平台应用效果评价

为提高区域性阴极保护试验区块数字化程度，实现管道电位远端监测、自动调节系统输出、诊断系统运行故障等功能，随工程建设同期安装管道电位自动遥测调控系统，并基于油田办公网络建立区域性阴极保护数字化管理平台，在实现区域内保护数据自动采集和调控基础上，实现保护电位数据的汇总、整理、分析，以及人工调整保护电位数值等功能。

2.3.1 系统数据采集准确性验证

在平台运行期内，采取"周录取、月模拟、全程跟踪"的方式，人工录取方式现场采集系统运行状态、保护参数等信息，并对比遥测远控系统自动采集的相应信息，验证准确性，开展自动调控系统动态数据收集与现场验证对比33组。

经对比，遥测系统自动采集电位与人工实测测试电位差处于-46~-9mA，平均误差为-30mA，误差适宜，符合设计标准-50~50mA；整体误差率处于-4.72%~-0.43%，平均为-2.91%，误差适宜，符合设计标准-5%~5%。整体误差呈现负值，即遥测系统测得电位相较于人共测量电位更负，主要是用于遥测系统极化探头埋于地下管道附近，比人工测量方式的参比电极距离管道更近，I_R降更小导致，符合自然规律，遥测系统准确性合格。具体情况如图13至图17所示。

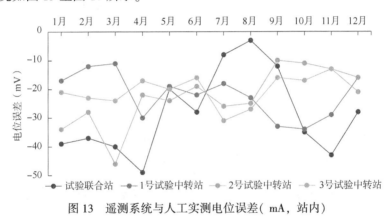

图13 遥测系统与人工实测电位误差（mA，站内）

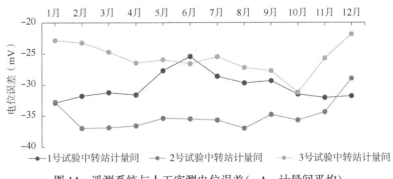

图14 遥测系统与人工实测电位误差(mA，计量间平均)

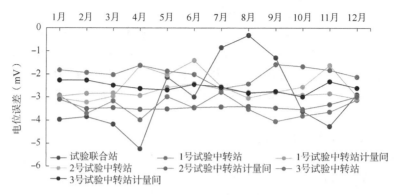

图 15　遥测系统与人工实测电位误差率(%)

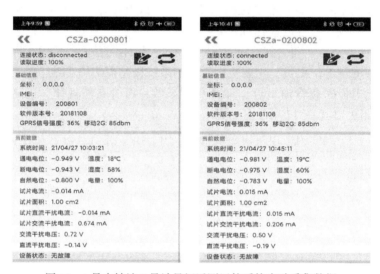

图 16　1 号中转站 6 号计量间遥测远控系统自动采集数据

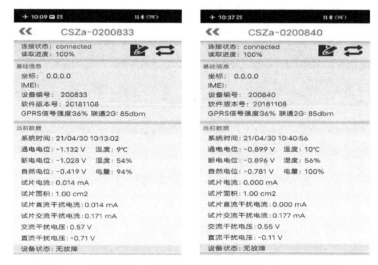

图 17　3 号中转站 5 号计量间遥测远控系统自动采集数据

2.3.2 系统指令响应及时性验证

采取管理平台远程调控保护系统输出参数，并现场安排专人验证系统接收信号延迟响应时间，验证系统反馈及时性，共开展阴极保护系统自动模拟调控与响应反馈对比24组。

经对比发现，中转站系统因采用网线与内网直接连通，仅需恒电位仪运行管理装置接收处理指令，延迟响应时间较短，联合站延迟响应时间为2.6s，1号中转站延迟响应时间为2.8s，2号中转站延迟响应时间为2.9s，3号中转站延迟响应时间为3.0s，其余系统延迟时间均处于7.5s~9.5s范围内。具体情况见表5(以电位相应时间为例)。

表5 远控调节系统电位响应延迟时间(样例)

| 序号 | 转油站(联合站) | 计量间/站 | 电位响应延迟时间(s) | | | | | | | | | | | | |
			1	2	3	4	5	6	7	8	9	10	11	12	平均
1	联合站	联合站	2	2	2	2	2	2	2	4	4	4	4	2	2.7
2		1号中转站	3	3	3	4	2	3	2	3	2	2	3	3	2.8
3		1号计量间	11	11	11	11	11	11	11	12	12	12	12	11	11.3
4		2号计量间	10	10	10	10	10	10	10	10	10	10	10	10	10.0
5		3号计量间	10	10	10	10	10	10	10	10	10	10	10	10	10.0
6		4号计量间	9	9	9	9	9	9	9	9	9	9	9	9	9.0
7	1号中转站	5号计量间	9	9	9	9	9	9	9	9	9	9	9	9	9.0
8		6号计量间	10	9	10	9	10	10	10	12	10	11	10	10	10.2
9		7号计量间	7	7	7	7	7	7	7	7	7	7	7	7	7.7
10		8号计量间	11	11	11	11	11	11	11	11	11	11	11	11	11.0
11		9号计量间	9	9	9	9	9	9	9	9	9	9	9	9	9.0
12		10号计量间	10	10	10	10	10	10	10	10	10	10	10	10	10.0
13		11号计量间	8	8	8	8	8	8	8	9	9	9	9	8	8.3

综上，基于LoRa信号传输技术建立的遥测远控系统在数据采集方面具备较高准确性，且从理论研究成果来看，相比于人工测量信度更高；在远控系统反馈方面，联合站及中转站通过局域网相连的系统延迟较低，平均为2.8s，计量间等采用无线传输的系统延迟相对较高，平均为8.3s，总体应用价值较高。

3 模式工艺优化调整策略

在前期各项分析、评价、研究结果基础上，从保护效果、管理难度、经济效益等方面，提出针对性工艺优化措施，调整系统各组成部分参数匹配，优化设计模式，并总结区域性阴极保护管理、维护经验，为后续技术推广提供指导。

3.1 保护效果主要影响因素

影响一体化区域性阴极保护效果的主要因素有阴极保护管道外绝缘防腐层性能、绝缘接头安装完整度、恒电位仪额定输出功率等因素。

3.1.1 管道外绝缘防腐层性能

根据前期管道保护电位对比数据分析可得，管道外绝缘防腐层绝缘性能越好，越能有效防止阴极保护电流向土壤散失，在同等输出功率前提下，管道阴极保护电位越负。特别是，受雨季土壤电阻率降低，导电性增强影响，外绝缘防腐层性能较差的管道保护电位衰减更多。

3.1.2 绝缘接头安装完整度

通过绝缘接头对比试验结果可知，对所有连通管道安装绝缘接头可有效阻断保护电流向井口采油树、井下管柱等其他金属构筑物的散失，提升保护效果，平均节电可达 35.47%。

3.1.3 恒电位仪额定输出功率

通过对比发现，联合站、中转站阴极保护系统整体阴极保护电位偏低，且输出功率已达推荐区间(60% 额定功率)。受额定功率限制，再上调输出参数，将会影响安全稳定运行。

3.2 优化调整措施

(1) 结合完整性管理要求，建议针对建设期管道，配套实施智能一体化区域性阴极保护模式，从源头降低管道腐蚀速率；针对运行期管道，先完成管道检测评价，依据报告实施专业化修复后，再实施一体化区域性阴极保护模式，防止电流散失，提升保护效果。

(2) 考虑到经济因素，建议取消安装单井管道绝缘接头，同时取消计量间通电点处极化探头和遥测分机，仅保留远端井处极化探头和遥测分机。

(3) 建议研制生产安全可靠的高额定功率恒电位仪，或在站库系统增设恒电位仪，满足大面积管道保护需求。

(4) 针对于部分计量间远端采油井由于自身管道长、周边官网复杂、电流沿线散失量大等造成的管道末端保护电位低的情况，采取末端增加牺牲阳极，作为补充保护。

4 结论

通过管道智能一体化区域性阴极保护技术应用及效果评价，在站外管道区域性阴极保护适应性、绝缘接头影响、电位自动遥测系统和数字化管理平台运行效果等方面取得了如下认识：

(1) 一体化区域性阴极保护模式对站外埋地金属管道具备良好保护效果，可有效降低管道腐蚀速率，年均失效频次降低 40.6%。

(2) 绝缘接头在管道阴极保护中可有效防止电流向相邻金属构筑物散失，降低系统能耗，平均节约用电 35.47%，但受投资限制，建议在油气长输管道区域性阴极保护中应用，阴极保护提升保护效果。

(3) 数字化远传远控技术及管理平台，在数据采集、远程调控，响应时效等方面具备较高准确性和及时性，能有效降低基层管理难度和人员工作量，具备较高应用价值。

(4) 针对建设期管道，配套实施一体化区域性阴极保护模式，能有效从运行初期降低管道腐蚀速率；针对运行期管道，需先开展管道检测评价和修复工作，以便保障阴极保护系统效果。

（5）极化探头及遥测分机可实现电位实时采集与传输，便于动态跟踪系统运行状态，调节系统输出，但造价较高，建议在系统保护末端设置。

（6）对于距离远、辐射环境复杂、搭接井多的管道，可在保护末端增加牺牲阳极保护，提升保护电位，保障保护效果。

参 考 文 献

[1] 冯继和．大庆油田埋地钢质管道腐蚀主要原因及对策分析[J]．腐蚀研究，2018，32(7)：79-81．

[2] 张博文，张永丰，刘书孟，等．基于腐蚀防控的油田管道完整性技术管理体系构建与应用[J]．油气田地面工程，2022，6：76-83．

[3] 宋晓琴，李佳佳，黄诗鬼，等．油气站场内埋地管道区域性阴极保护技术[J]．材料保护，2015，48(6)：52-54．

[4] 俞彦英．长输管道站场埋地管网区域阴极保护技术的应用[J]．管道技术与设备，2015，4：59-60．

[5] 高宝成．长输油气管道站场区域阴极保护技术应用[J]．科学技术创新，2018，26：56-57．

[6] 周兰，陶文亮，李龙江．埋地钢质管道强制电流阴极联合保护研究[J]．表面技术，2015，44(4)：118-122．

[7] 石仁委，卢明昌．油气管道腐蚀控制工程[M]．北京：中国石化出版社，2017．

榆树林油田 CO_2 驱集输系统防腐技术应用

李 影 丛 林

(1. 西安石油大学；2. 陕西省油气田环境污染
控制技术与储层保护重点实验室)

摘 要：将 CO_2 注入地下油层，能够实现碳埋存，同时可提高油气采收率。在 CO_2 驱采出液中含有 CO_2，与水结合后会对集输系统的碳钢管道、设备等造成一定的腐蚀，减少管道和设备的使用寿命。为了解决集输系统腐蚀问题，并降低建设投资，通过实验与现场监测分析，明确了 CO_2 驱集输系统各节点腐蚀特点，提出了材质、涂层、缓蚀剂等适用的防腐技术。2014 年开始在大庆榆树林油田树 16 区块进行了应用，防腐效果较好，同时大幅降低了建设投资，具有一定的推广应用价值。

关键词：CO_2 驱；集输系统；防腐；材质；涂层；缓蚀剂

CCUS 是 CO_2 捕集、利用与封存技术的简称。将 CO_2 注入地下油层，不仅是我国实现"碳达峰、碳中和"的重要举措，也是低渗透油田大幅度提高采收率的战略性接替技术[1]。但是在 CO_2 驱油过程中，采出液含有 CO_2，与采出水或者与北方寒冷地区主要采用的掺水集油工艺中的水结合，会对集输系统的碳钢管道、设备等造成一定的腐蚀。且随着开发时间的延长，CO_2 含量增加，腐蚀加剧，减少管道和设备的使用寿命。为解决集输系统腐蚀问题，可采用不锈钢或非金属材质，但不锈钢材质成本高、非金属管道材质在 CO_2 驱集输介质中的适应性有待验证。所以需要研究 CO_2 驱集输系统防腐技术，满足生产需求，降低建设投资。大庆榆树林油田树 16 区块 2014 年开始进行水驱转 CO_2 驱开发试验，对集输系统防腐技术进行了应用。

1 CO_2 腐蚀特点及影响因素

1.1 CO_2 腐蚀特点

纯净的 CO_2 无腐蚀性，但 CO_2 在水介质中能引起钢铁迅速的全面腐蚀和严重的局部腐蚀，CO_2 腐蚀典型的特征是呈现局部的点蚀、癣状腐蚀和台面状腐蚀，台面状腐蚀是最严重的一种情况[2]。总的腐蚀反应为：$CO_2 + H_2O + Fe \rightarrow FeCO_3 + H_2$。

1.2 CO_2 腐蚀影响因素

CO_2 的腐蚀过程是一种复杂的电化学过程，影响腐蚀速率的因素很多，主要是 CO_2 分压、温度、流速等。

（1）温度的影响。大量的研究结果表明，温度是影响 CO_2 腐蚀的重要因素。在一定的温度范围内,碳钢在二氧化碳水溶液中的腐蚀速度随温度的升高而增大;当碳钢表面形成致密的腐蚀产物膜 $FeCO_3$ 时,碳钢的腐蚀速率随温度的升高而降低,此时减缓腐蚀。地面集输系统中设备及管道属于中温环境,根据温度对腐蚀特性的影响,把集输系统中的 CO_2 腐蚀划分为两类:温度<60℃时,腐蚀产物膜软而无附着力,金属表面光滑,均匀腐蚀,此种情况多存在于集输管道中;60℃<温度<100℃时,温度越高腐蚀速率越大并将产生点蚀,腐蚀产物层为厚而松粗结晶的 $FeCO_3$,此种情况多存在于站内容器及加热炉中。

(2) CO_2 分压的影响。一般情况,钢的腐蚀速率随 CO_2 分压增加而增大。地面系统中 CO_2 腐蚀多在中温区,随着 CO_2 分压的增大,腐蚀速度将加快,因为此时虽然腐蚀产物膜形成,但膜疏而厚,无保护性。

(3) 流速的影响。流速越大,越加速材料腐蚀。高流速易破坏腐蚀产物膜或防碍腐蚀产物膜的形成[3],使钢材表面始终处于裸露的初始腐蚀状态下,腐蚀速率增高。

影响 CO_2 腐蚀的因素很多,影响过程也较为复杂,除以上谈到的影响因素外,PH 值、采出液成分、伴生气中 H_2S 及 O_2 含量等对 CO_2 腐蚀的影响也不容忽视。

2 集输系统各节点腐蚀程度分析

在北方寒冷地区,集油工艺主要是掺水集油,集输系统的主要工艺流程为:油井→集油管道→计量间→转油站(油、水、气分离)→联合站(脱水、污水处理)。采出液从井口进入集油管线,所携带的 CO_2 最多,腐蚀性最强;进入转油站进行气液分离以及油水初步分离后,液体中含有的 CO_2 减少,腐蚀性降低。以掺水集输工艺介质变化特点划分工艺段,以室内模拟和在线腐蚀监测为试验手段,研究了 CO_2 驱集输系统典型介质腐蚀变化规律。工艺段和腐蚀监测点如图 1 所示。

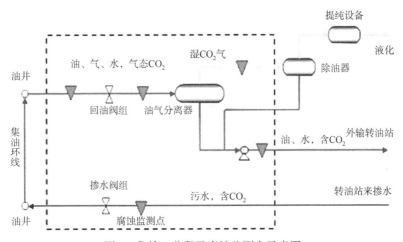

图 1　集输工艺段及腐蚀监测点示意图

通过室内模拟实验和现场腐蚀监测分析,掺水介质和集油介质为严重腐蚀等级(>0.254mm/a),油气分离后油水介质和伴生气介质为中度腐蚀等级(0.125~0.254mm/a),具体参数见表 1 和图 2。

表1   集输系统各工艺段腐蚀等级

工艺段名称	温度(℃)	CO₂分压(MPa)	腐蚀等级
掺水介质	70	≤0.2	严重
集油介质	40~55	0.2-1.5	严重
油气分离后油水介质	40~55	≤0.2	中等
油气分离后伴生气介质	40~55	≤0.5	中等

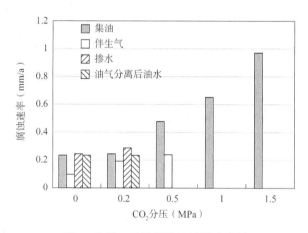

图2   集输工艺段腐蚀性差异示意图

另外，对"四合一"(加热、缓冲、沉降、分离设备简称)内部用20#钢进行挂片，检测容器内部存水区、存油区、存气区腐蚀情况。检测结果表明，存气区腐蚀速率大于存油区腐蚀速率，存水区腐蚀速率最小[4]。

3 CO_2驱地面防腐技术分析

CO_2驱地面防腐技术主要有应用防腐材质、加防腐内涂层、加缓蚀剂等。常用的防腐组合方式有不同成分的不锈钢、内衬不锈钢的双金属复合材质、非金属、碳钢加缓蚀剂、碳钢加内涂层等[5-7]。

防腐材质常见的有不锈钢、非金属等。不锈钢管道、设备成本高，但内衬不锈钢的双金属复合材质能有效降低成本。非金属管道防腐性能好，但对于CO_2环境应用不一定适合。通过对非金属管道材质的体积变化率、拉伸强度变化率、质量变化率、模量变化率进行测试，交联聚乙烯(PEX)、聚乙烯(PE)管道性能优于常规玻璃钢等。又对不同保护层的交联聚乙烯、聚乙烯管的密度、环刚度、弯曲强度等进行测试，发现具备PE/PEX介质传输层+钢丝/钢骨架增强层+PE外护层结构的钢骨架增强塑料复合管及复合连续管适用于CO_2驱集输系统工艺介质条件。

对于涂层防腐技术，由于CO_2的渗透作用，导致有些涂层易出现起泡、脱落等情况。以CO_2驱掺水集输系统处理设备工艺参数(温度、CO_2分压、流速)为依据，以加速模拟试验和电化学分析为研究手段，深入研究涂层防腐技术适用性，优选出适用于集输系统的环氧酚醛内防腐涂料，具有较好的防腐效果。

对于缓蚀剂，是解决腐蚀问题最为简单经济的有效途径。咪唑啉类缓蚀剂以其独特的分子结构、热稳定性好、低毒高效等优点，尤其可以针对含 CO_2/H_2S 的腐蚀环境，受到了国内外各大油田和研究者的高度关注[8-10]。咪唑啉类缓蚀剂一般都是以有机多元胺和有机酸为原料合成咪唑啉环，然后通过多种方式对其进行改性，最终得到所需要的缓蚀剂。

4 榆树林油田 CO_2 驱集输系统防腐技术

根据对集输系统各工艺节点腐蚀程度的分析，榆树林油田树 16 区块集输系统创新了集输工艺，优选了防腐技术。

4.1 集输工艺

榆树林油田的树 16 区块集输工艺，站外创新采用"羊角环"掺水集油工艺，即在常规掺水集油环基础上，将井口节流阀后 60~100m 范围内易发生冻堵的管道，从集油环管道独立出来，形成环状掺水集油工艺中的"羊角段"，此段增加电加热维温，可解决集油环内油井一堵全堵的问题[11]。转油站内采用"双气双液"油气处理工艺，设置"油气分离器+四合一"，加强气体缓冲能力，完成 2 次气相、液相高效分离，逐级减少系统内 CO_2 含量，降低 CO_2 分压及腐蚀强度，使下游工艺设备得到有效保护。转油站后端的脱水站为"游离水分离+电脱水"处理工艺，污水站为"曝气+气浮+流砂过滤+超滤"的特低渗透油田处理工艺，CO_2 驱产液进入水驱产液后混合处理。

4.2 防腐技术

总体上，树 16 集输系统防腐以采出液中 CO_2 分离前和分离后为节点，分离前加强防腐，分离后偏向常规防腐。

4.2.1 "羊角环"掺水集油管道防腐

集油管道输送井口产液，含 CO_2 高，容易腐蚀，且工艺上容易冻堵，对管道有电热解堵需求，所以"羊角段"采用比不锈钢成本低的内衬不锈钢双金属复合管，集油环采用钢丝增强交联聚乙烯塑料复合连续管，既能防腐，又可电解堵。

4.2.2 转油站内设备设施防腐

转油站接收站外未经分离的含 CO_2 产液，首先进入的油气分离器属于压力容器，材质选用不锈钢；之后进入的"四合一"壳体仍使用碳钢，内加防腐涂层；烟火管温度高，使用双相不锈钢。"四合一"后 CO_2 含量变少，去计量间的掺水、去脱水站的含水油输送管道，以及天然气除油器均为碳钢材质。在转油站内投加缓蚀剂，保护站内、站外整个集输系统。

4.2.3 站间管道防腐

站间管道包括计量间到转油站的集油管道和转油站到计量间的掺水管道。集油管道含有未分离的 CO_2，且所输送产液对产量影响大，所以使用内衬不锈钢双金属复合管，保证稳定生产。掺水管道输送的是分离 CO_2 后的含油水，使用了碳钢材质。

4.2.4 脱水站、污水站防腐

CO_2 驱产液目前与水驱产液混合处理，根据各节点腐蚀特点，以及对脱水站、污水站的腐蚀监测结果，脱水站和污水站内设备管道腐蚀性弱。未针对 CO_2 驱产液做特殊防腐处理，仍为水驱工艺，脱水站内根据实际情况投加缓蚀剂。

5 应用效果

目前树16区块集输系统已运行近9年，站内容器、站间线、"羊角段"未出现过腐蚀穿孔问题；钢丝增强交联聚乙烯塑料复合连续管集油环仅出现过机械损伤性穿孔，未出现过腐蚀穿孔；"四合一"内涂层无明显脱落、起泡现象，集输系统防腐技术满足生产需求。

与双金属复合材质相比，树16集输系统集油环管道、"四合一"、天然气除油器等共节约防腐工程投资1500万元，具有较高的经济效益，此技术在以后的CCUS建设中可推广应用。

6 取得的认识

一是CO_2驱集输系统的防腐技术需根据工艺各节点的特点来制定。二是CO_2腐蚀影响因素有温度、CO_2分压等。三是转油站"双气双液"集油工艺能较好地分离CO_2，对后续工艺设备起到腐蚀防护作用。四是树16区块集输系统中应用了"材质+涂层+缓蚀剂"的防腐技术，在近9年的运行中防腐效果较好，同时降低了建设投资。其中"羊角段"、站间集油管道采用了内衬不锈钢双金属复合管，集油环段采用钢丝增强交联聚乙烯塑料复合连续管，转油站的油气分离器材质选用不锈钢，"四合一"壳体使用碳钢加内涂层、烟火管使用双相不锈钢，天然气除油器、站间掺水管道使用碳钢，配合在转油站内投加缓蚀剂。

参 考 文 献

[1] 生态环境部环境规划院，中国科学院武汉岩土力学研究所，中国21世纪议程管理中心.中国二氧化碳捕集利用与封存（CCUS）年度报告（2021）：中国CCUS路径研究[R/OL].（2021-07-29）[2022-05-19].

[2] 张学元，邸超，雷良才.二氧化碳腐蚀与控制[M].北京：化学工业出版社，2000.

[3] 马锋，熊卫峰，张德平，等.CCUS全尺寸腐蚀模拟试验技术与应用[J].油气田地面工程，2023，42（3）：17-22.

[4] 丛林.CO_2气驱采出液对加热设备的腐蚀规律研究[J].中国石油和化工标准与质量.2014，11：81，106.

[5] 吴明菊.CO_2驱三次采油地面系统的腐蚀研究与治理[J].油气田地面工程，2004，23（1）：16-18.

[6] 王霞，马发明，陈玉祥，等.注CO_2提高采收率工程中的腐蚀机理及防护措施[J].钻采工艺，2006，29（6）：73-76.

[7] 申成俊，仲洁云，何春，等.南堡陆地油田二氧化碳腐蚀机理及防治措施[J].内蒙古石油化工，2016（11）.

[8] 孙冲，王勇，孙建波等.含杂质超临界CO_2输送管线腐蚀的研究进展[J].中国腐蚀与防护学，2015，35（5）：379.

[9] 辛爱渊，朱晓明，栾永幸.复配咪唑啉型缓蚀剂体系的缓蚀性能研究[J].腐蚀科学与防护技术，2006，18（5）：317.

[10] 赵景茂，赵雄，姜瑞景.在动态H_2S/CO_2体系中疏水链上的双键对咪唑啉衍生物缓蚀性能的影响[J].中国腐蚀与防护学报，2015，35（6）：505.

[11] 庞志庆.大庆油田CO_2驱集油工艺技术研究[J].石油规划设计，2016，27（1）：45-46.

第三篇

油气田地面集输和长输管道及装置腐蚀

加氢换热器用 321 不锈钢、镍基合金 825 氢脆敏感性研究

徐秀清[1] 王玮[2] 陈之腾[2] 李云[2] 胡海军[2]

(1. 中国石油集团工程材料研究院有限公；2. 西安交通大学)

摘 要：加氢换热器作为加氢装置的核心设备，其安全运行对我国石化行业发展有着重要意义。由于加氢换热器长期运行于高温、高压、临氢等恶劣工况条件下，频繁发生因氢脆等原因引起的泄露、开裂事故，造成非计划停工。因此本文选取加氢换热器常用材料镍基合金 825 和 321 不锈钢作为研究对象，采用电化学动态充氢慢应变速率拉伸试验(SSRT)，同时借助 SEM 对样品进行断口分析，借助 XRD 分析充氢前后样品物性变化，比较研究了两种材料在氢环境下力学性能的劣化趋势、断裂行为及抗氢性能。研究结果表明：(1)321 在氢的作用下会发生马氏体相变，而 825 则会生成氢化物。(2)氢会显著降低 321 和 825 两种材料的塑性，且随充氢电流密度增加，氢致塑性损失程度增大。(3)321 和 825 在空气中拉伸时均为韧窝型断裂，随充氢电流密度增大 321 转变为沿晶开裂和准解理型穿晶开裂共存的混合断裂模式，825 转变为准解理断裂。结论认为，321 不锈钢在应力/氢的交互作用下会使抗氢性能较好的奥氏体发生马氏体相变，因而 321 不锈钢抗氢性能较镍基合金 825 差。

关键词：加氢换热器；氢脆；奥氏体不锈钢；镍基合金；电化学动态充氢

随着全球能源局势的不断严峻及国家对环境保护的日益重视，我国对劣质、重质化原油开发量不断加大，轻质油需求量同时逐渐增加，使得加氢装置的安全运行对石化行业发展有重大意义[1]。加氢换热器作为加氢装置的核心设备，负责生产过程中的热量交换和传递，长期处于高温、高压(4~20 MPa)及临氢(H_2、H_2S)等恶劣工况条件下[2]，容易发生泄漏、开裂等事故，经调研发现氢脆是其失效的原因之一[2-4]。面对频繁的加氢换热器失效问题，石化企业多采用材质升级作为主要方法以控制事故发生，其制造材料由 15CrMo、321(0Cr18Ni10Ti)、347(0Cr18Ni11Nb)等逐步升级至镍基合金 Inconel625、Incoloy825[5]。

较高含量的 Ni 等元素可获得抗氢性能较好的室温奥氏体，但含有过量的 Ni、Ti 等则有可能形成氢化物，因此不能仅简单通过元素合金化程度高低判断材料抗氢性能优劣。Elkebir 和 Szummer[6]等人研究了 316L、20MOD 不锈钢和 G、C276 镍基合金以及纯 Ni 在退火、冷加工和时效条件下的氢脆敏感性，发现与高耐蚀镍基合金相比，冷加工和时效情况下的高合金不锈钢对氢致塑性衰减的抵抗力更高。Lu[7]等人研究了镍基合金 718 的氢脆敏感性，结果表明在氢的存在下位错滑移率较低的晶界更易开裂。Yang[8]等人通过电化学静

态预充氢($0\sim10$ mA/cm^2)之后慢应变速率拉伸试验研究了氢对 825 合金断裂行为的影响，发现氢会降低合金塑性，但总体仍为韧性断裂。由于试样静态预充氢之后再拉伸的实验方法所研究对象为材料内部氢，且氢向材料内部扩散由于没有应力/位错的参与而速率较低，同时在拉伸过程中氢会溢出，进而导致材料氢脆现象不明显。而动态充氢过程中由于位错携带氢一同运动，提高了氢的扩散速率，同时应力与氢耦合作用于材料也更贴近实际工况。然而目前对镍基合金 825 在较大电流($0\sim40$ mA/cm^2)动态同步充氢条件下力学性能劣化的研究尚无报道，且其在较大氢浓度条件下是否仍为韧窝断裂及与奥氏体不锈钢相比抗氢性能孰优有待进一步研究。

因此本文采用电化学动态充氢($0\sim40$ mA/cm^2)慢拉伸实验，借助扫描电子显微镜（SEM）、X 射线衍射仪（XRD）比较研究镍基合金 825 和 321 不锈钢的氢脆敏感性及断裂机理，阐述堆垛层错能和奥氏体稳定性对材料抗氢性能的影响。

1　实验材料及方法

本文采用的实验材料为加氢换热器用 321、825 钢板，由中石油石油管工程技术研究院提供，经过检验，其化学成分见表 1。

表 1　实验材料成分表（质量分数，%）

材料	C	Si	Mn	S	Ni
321	0.022	0.63	2.23	0.7	10.03
825	0.036	0.327	0.428	0.011	38.56
材料	Cr	Ti	Fe	Mo	Cu
321	18.05	0.28	Bal.	—	—
825	20.57	1.35	Bal.	2.73	2.05

采用电化学动态充氢慢拉伸实验研究 321、825 在不同充氢电流密度下的材料力学性能变化。参照标准 GB/T 228.1—2010《金属材料 拉伸试验》，拉伸试样几何形状和尺寸见图 1，其中试样厚度为 4.5 mm，试样拉伸前用 400$^{\#}$～1500$^{\#}$砂纸打磨，标距之外部分用硅橡胶密封，拉伸速率为 0.1 mm/min（5×10^{-5} s^{-1}）。采用恒电流极化方法在拉伸过程中同步充氢，如图 2 所示，试样为阴极，Pt 片为阳极，电解液为 0.5 mol/L H$_2$SO$_4$+1.85 mmol/L Na$_4$P$_2$O$_7$（Na$_4$P$_2$O$_7$为毒化剂，抑制 H 复合成 H$_2$），充氢电流为 0mA/cm^2（空气中拉伸）、5mA/cm^2、10mA/cm^2、20mA/cm^2、40mA/cm^2。拉伸试验结束后立即用酒精清洗试样，之后采用 SEM 扫描电镜（MAIA3 TESCAN）分析断口形貌。

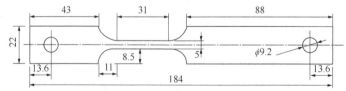

图 1　拉伸试样几何形状和尺寸

采用 X 射线衍射仪（XRD-6100）分析研究镍基合金 825 和 321 不锈钢两种材料在充氢前后的物相变化。所用射线为 Cu Kα 线（λ = 0.1548 nm），工作电压 40 kV，扫描速度为 3 °/min。用于 XRD 实验的样品尺寸为 10×10×2mm 方片，试样用 400#~2000# 砂纸打磨、SiO$_2$ 抛光膏抛光。依旧采用恒电流极化方式充氢，充氢时间为 3 h，充氢电流为 40 mA/cm^2。

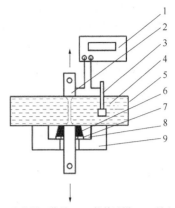

1—电化学工作站；2—拉伸试样；3—铂电极；
4—电解液；5—环境盒；6—橡皮塞；
7—垫圈；8—螺纹内套；9—螺纹外套

图 2　充氢方案示意图

2　实验结果分析

2.1　电化学充氢对物相影响

图 3、图 4 分别为充氢前后 321 不锈钢、镍基合金 825 的 XRD 测量结果。从图 3 中可以看出 321 样品的基体组织为 γ 奥氏体，充氢前存在少量的 α' 马氏体（对应体积分数少于 6%），这可能是由于样品表面在打磨过程中发生了马氏体相变所致；321 不锈钢样品充氢后出现了 ε 马氏体，其被认为是 γ→α' 相变的过渡相，而 γ 奥氏体的衍射峰强度降低，说明 321 不锈钢在氢的作用下发生了马氏体相变。从图 4 中可以看出镍基合金 825 基体组织为单一的奥氏体，充氢后在 γ 相小角度侧观察到由 β 相氢化物造成的衍射峰，说明 825 在充氢过程中有氢化物生成。

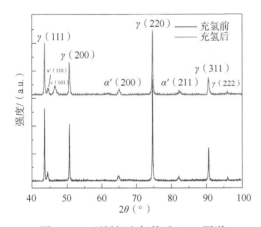

图 3　321 不锈钢充氢前后 XRD 图谱

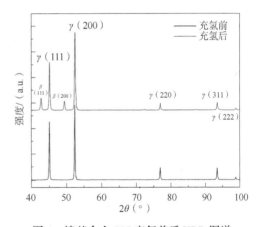

图 4　镍基合金 825 充氢前后 XRD 图谱

2.2　电化学动态充氢对力学性能影响

图 5 为不同充氢电流密度下 321 不锈钢、镍基合金 825 两种材料的应力—应变曲线，可以观察到两种材料断裂总伸长率都随充氢电流密度（氢浓度）增大而发生了显著下降，同时也注意到氢浓度对拉伸曲线的弹性阶段并没有产生明显的影响。图 6 表明随着电流密度由 0~40 mA/cm^2 逐渐增大 321 不锈钢的屈服强度（YS）和抗拉强度（UTS）呈现先增大后减小的趋势，且在电流密度为 10 mA/cm^2 时达到峰值，YS 最大增幅为 31.8%，UTS 最大增

幅为7.2%，镍基合金825的YS也呈现出同样的趋势并在5mA/cm²时达到峰值。上述变化趋势主要是由于氢对材料强度的影响包含以下两种对立竞争机制：（1）氢致硬化，即氢使材料强度升高，这是因为氢与材料内部缺陷相结合提高了位错启动的临界应力[9]，同时氢促进位错形核导致位错密度升高，进而造成了硬化[10]。（2）氢致软化，氢的屏蔽效应降低了位错、相界等弹性中心对位错运动的阻碍[11]。对某一材料发生氢致硬化还是软化取决于温度、应变速率、杂质含量、氢浓度等，一般认为氢浓度越高，软化作用越明显[12]，这与本文结果相吻合。注意到镍基合金825的UTS变化趋势与YS不同，随充氢电流密度增大而下降，这可能是由于镍基合金在氢环境下塑性变形过程中生成了脆性相氢化物，降低了材料的塑韧性所致。

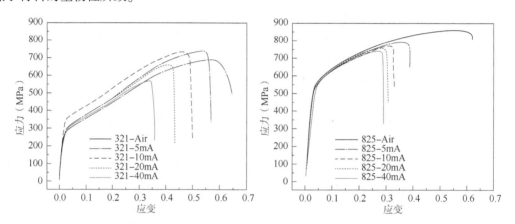

图5 不同充氢电流密度下321、825应力—应变曲线

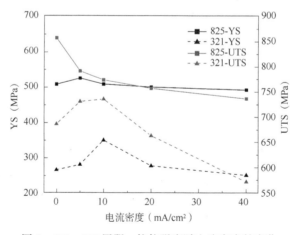

图6 321、825屈服、抗拉强度随电流密度的变化

321和825慢拉伸的断后伸长率（EL）和断面收缩率（RA）如图7所示，其随充氢电流密度增大先显著下降然后趋于平缓，说明氢显著降低了材料塑性。相比空白试样，在40mA/cm²时，321RA下降51.6%，825RA下降46%；而321EL下降38.5%，825EL下降40%。由于RA对氢尤为敏感，因此常用来表示氢脆的敏感程度，定义氢脆指数（HE index）为：

$$I_A = \frac{A_0 - A_H}{A_0} \times 100\% \qquad (1)$$

式中，I_A 为氢脆指数；A_0 为未充氢试样 RA；A_H 为充氢试样 RA。

如图 8 所示，氢脆指数随充氢电流密度增加而增大，说明氢浓度越高，材料塑性衰减程度越大。氢脆指数可以反映材料抗氢性能的优劣，825 的氢脆指数（46%）相比 321（52%）更小，因此 825 抗氢性能较 321 更好。

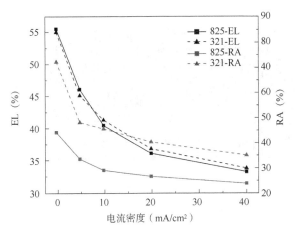

图 7　321、825 塑性指数随电流密度的变化　　　　图 8　321、825 氢脆指数随电流密度的变化

2.3　断口形貌分析

图 9、图 10 分别为 321 不锈钢和镍基合金 825 样品在空气及 20 mA/cm² 电流密度动态充氢条件下慢速率拉伸的断口形貌图。在空气中拉伸时，两种样品均为韧性断裂，呈现韧窝型断口，宏观断口形貌具有明显的纤维区（近椭圆形分布于试样中心粗糙区域）和剪切唇（试样边缘区域）特征，而放射区特征不明显。

充氢后 321 不锈钢样品其断口特征发生明显变化，宏观断口由两个区域组成：氢脆裂纹亚临界扩展区［图 9（d）左下部分，呈粗糙颗粒状］、瞬时断裂区［图 9（d）］右上部分，断口较为平整］。321 样品充氢后其心部断口转变为韧窝+准解理相结合的断裂形貌［图 9（e）］，而断口边缘则显示出沿晶断裂典型的冰糖状花样，并可观察到沿三叉晶界扩展的二次裂纹［图 9（f）］。同时注意到 321 样品部分沿晶断口并不光滑，还出现了准解理开裂所特有的撕裂脊形貌，说明 321 样品充氢后沿晶断裂并非简单的氢降低晶界处结合能[13]，同时还伴随着氢致塑性变形局部化，影响晶界附近位错运动，这表明 321 不锈钢氢脆受到氢致弱键理论（HEDE）和氢致局部塑性变形理论（HELP）两者协同作用。

825 样品充氢后呈现出明显起伏的宏观断口形貌，但依然能从中分辨出纤维区和剪切唇。825 充氢样品断口中心区域依然以韧窝断裂为主，但相比未充氢试样深度较浅、直径更大。充氢样品断口边缘区域发现了混合断口形貌，部分区域发生准解理断裂。

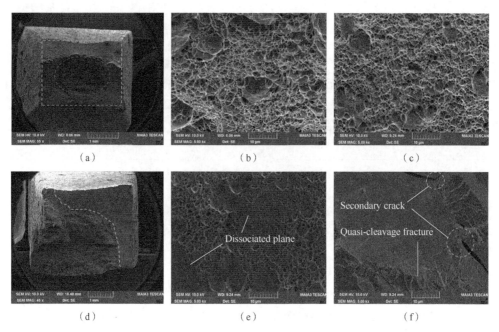

图 9　321 拉伸断口形貌图

(a)321 空气中拉伸宏观断口；(b)321 空气中拉伸断口心部；(c)321 空气中拉伸断口边缘；
(d)321 充氢 20 mA/cm² 拉伸宏观断口；(e)321 充氢 20 mA/cm² 拉伸断口心部；(f)321 充氢 20mA/cm² 拉伸断口边缘

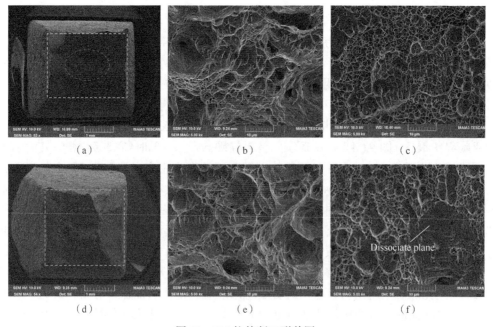

图 10　825 拉伸断口形貌图

(a)825 空气中拉伸宏观断口；(b)825 空气中拉伸断口心部；(c)825 空气中拉伸断口边缘；
(d)825 充氢 20mA/cm² 拉伸宏观断口；(e)825 充氢 20mA/cm² 拉伸断口心部；(f)825 充氢 20mA/cm² 拉伸断口边缘

3 分析及讨论

321 不锈钢和镍基合金 825 都属于奥氏体合金，其氢脆敏感性与堆垛层错能(SFE)和奥氏体稳定性有关[14]。

层错能影响奥氏体结构中的位错组态及变形形式，相关文献表明，Cr、Mn、Si、H 等元素可以降低奥氏体层错能，抑制位错交滑移促进平面滑移；Ni、Mo、Al、Cu 等元素可以提高层错能，使位错易交滑移[13]。一般认为易于发生交滑移而不易发生平面滑移的奥氏体有着更好的抗氢性能，即随层错能降低氢脆敏感性升高[12]。对奥氏体不锈钢，其室温下堆垛层错能可由(2)式近似计算[15]：

$$SFE(J/cm^2) = SFE0_\gamma + 1.59Ni - 1.34Mn + 0.06Mn^2 - 1.75Cr + 0.01Cr^2 + 15.21Mo -$$

$$5.59Si - 60.69\sqrt{(C+1.2N)} + 26.27(C+1.2N)\sqrt{Mn+Mo+Cr} + 0.61\sqrt{Ni\times(Mn+Cr)} \quad (2)$$

式中，SFE_γ^0 是虚拟的纯 γ-Fe 在室温时的理论层错能，取 38×10^{-7} J/cm^2；所有元素以质量分数计算。奥氏体不锈钢平面滑移和交滑移临界层错能约为 35×10^{-7} J/cm^2[12]，经计算 321 不锈钢层错能较低约为 21×10^{-7} J/cm^2，属于平面滑移型奥氏体，而 825 合金层错能相对较高约为 117×10^{-7} J/cm^2。较低的层错能同时也有利于促进 γ 奥氏体向 ε、α' 马氏体转变，反之则会抑制马氏体相变[16]。

奥氏体的热力学稳定性可定义为奥氏体与铁素体吉布斯自由能之差，如式(3)所示：

$$\Delta G_{\gamma/\alpha} = G_{bcc} - G_{fcc} \quad (3)$$

$\Delta G_{\gamma/\alpha}$ 值越负，马氏体相变驱动力越大，奥氏体稳定性越差[17]。奥氏体的稳定性程度和形成奥氏体的趋势可以通过镍当量(Ni_{eq})的经验公式来近似评估[18]：

$$Ni_{eq} = Ni + 0.65Cr + 0.98Mo + 1.05Mn + 0.35Si + 12.6 \quad (4)$$

式中所有元素均以质量分数计算，当 $Ni_{eq} < 29\%$ 时，易发生马氏体转变；当 $29 \leq Ni_{eq} < 45\%$ 奥氏体较为稳定；当 $Ni_{eq} \geq 45\%$ 时，易形成镍的氢化物[19]。

321 不锈钢 Ni_{eq} 介于 22.9~29.6 之间属于亚稳态奥氏体不锈钢，氢会降低奥氏体的堆垛层错能和稳定性，在应力/应变和氢的作用下将诱导形成马氏体[14][20]，有文献报道 321 不锈钢仅电化学充氢就会在试样表面形成深度为 6.2 μm 的 ε、α' 马氏体层[21]，这与本文实验中 321 不锈钢充氢前后的 XRD 图谱变化相吻合。马氏体抗氢性能较奥氏体差，由于氢在马氏体晶格中的扩散速率要比在奥氏体晶格中快 3~6 个数量级，且氢在奥氏体中的平衡溶解度更大，因此在亚稳态奥氏体中新形成的马氏体会成为氢快速运输的通道[22]，使材料内部氢浓度升高。同时当原奥氏体发生相变将氢遗留给新形成的马氏体时，氢会过饱和聚集，沿 α' 马氏体、α'-γ 界面、不满足 $[1\,1\,0]_\gamma // [2\,\bar{1}\,\bar{1}\,0]_\varepsilon$ 关系(即西山关系)的 ε-γ 界面发生开裂[23]，造成如图 9(f)所示的准解理型穿晶开裂，降低其氢脆抗性。

有意思的是，氢致马氏体相变会在一定程度上抑制氢致塑性变形局部化，其机理类似于 TRIP(相变诱导塑性)效应[12,23]，从而延迟了氢致软化现象，如图 6 所示 321 不锈钢 YS

氢致硬化的峰值较 825 合金出现更晚且增幅更大，并缓解了图 7 所示 321 充氢样品伸长率的下降趋势。在 Cr15Ni25 钢及含 3%Si 的 310 钢中也观察到了类似的现象[12]。

825 合金 Ni_{eq} 介于 53~66 之间，有文献提到 825 合金在小电流充氢时试样表面未产生裂纹，而在室温时效过程中逐渐形成微裂纹，其解释为氢化物在室温分解表面产生拉应力所致[8]，但缺少直接证据。根据本文 XRD 实验可证明 825 合金在充氢过程中会生成氢化物。氢化物为脆性相[12]，形成时由于体积膨胀会在表面引入压应力，易发生穿晶开裂，降低材料塑韧性，进而影响材料的抗氢性能。

4 结论

通过电化学动态充氢（0~40mA/cm²）慢拉伸实验，比较研究镍基合金 825 和 321 不锈钢的力学性能变化，借助扫描电子显微镜（SEM）观察试样断口，借助 X 射线衍射仪（XRD）分析试样充氢前后物相变化，得到以下结论：

（1）在电化学充氢过程中，321 不锈钢会发生马氏体相变，而镍基合金 825 会生成氢化物。

（2）动态充氢慢拉伸实验结果表明，氢会降低 321 和 825 两种材料的塑性，且随充氢电流密度增加，氢致塑性损失程度增大。

（3）断口分析表明，321 样品随充氢电流密度增加，由韧窝开裂逐渐转变为沿晶断裂和准解理型穿晶断裂共存的混合开裂模式。825 样品随充氢电流密度增大，由韧窝开裂转变为准解理开裂。

（4）由于 321 不锈钢层错能较低，在氢和应力交互作用下使抗氢性能较好的奥氏体发生马氏体相变，致使 321 不锈钢相比镍基合金 825 抗氢性能更差。

参 考 文 献

[1] 黎宇仲，黎荫棠. 石油化工行业加氢装置换热器故障诊断分析[J]. 化工机械，2020，47（01）：11-15.

[2] 张峥. Ω 环加氢换热器制造技术研究[D]. 青岛：中国石油大学，2010.

[3] 胡海军，李康，武玮，等. 电化学充氢下 2.25Cr1Mo0.25V 钢氢脆敏感性研究[J]. 西安交通大学学报，2016，50（7）：89-95.

[4] 吴松华. 加氢装置螺纹锁紧环换热器壳体焊缝开裂原因分析[J]. 化工设备与管道，2019，56（5）：39-42.

[5] 常培廷，陈文武，单广斌，等. 柴油加氢装置高压换热器管束断裂原因与防护[J]. 材料保护，2019，52（3）：127-133.

[6] ELKEBIR O A, SZUMMER A Comparison of hydrogen embrittlement of stainless steels and nickel-base alloys[J]. International Journal of Hydrogen Energy, 2002, 27（7）：793-800.

[7] LU X, WANG D, WAN D, et al. Effect of electrochemical charging on the hydrogen embrittlement susceptibility of alloy 718[J]. Acta Materialia, 2019, 179.

[8] YANG Y J, GAO K W, CHEN C F. Hydrogen-induced cracking behaviors of Incoloy alloy 825[J]. International Journal of Minerals Metallurgy and Materials, 2010, 17（01）：58-62.

［9］ XIE D G, LI S Z, LI M, et al. Hydrogenated vacancies lock dislocations in aluminium［J］. Nature Communications, 2016, 7: 13341.

［10］ KIRCHHEIM R. Revisiting hydrogen embrittlement models and hydrogen-induced homogeneous nucleation of dislocations［J］. Scripta Materialia, 2009, 62(2).

［11］ FERREIRA P J, ROBERTSON I M, BIMBAUM H K. Hydrogen effects on the interaction between dislocations［J］. Acta Materialia, 1998, 46(5).

［12］ 褚武扬. 氢脆和应力腐蚀［M］. 北京：科学出版社, 2013.

［13］ 范宇恒. 不锈钢微观组织结构对其氢脆性能的影响［D］. 北京：中国科学技术大学, 2019.

［14］ FAN Y H, ZHANG B, YI H L, HAO G S, et al. The role of reversed austenite in hydrogen embrittlement fracture of S41500 martensitic stainless steel［J］. Acta Materialia, 2017, 139.

［15］ 戴起勋, 程晓农, 王安东. 低温奥氏体钢中合金元素的综合作用［J］. 材料导报, 2002(4): 35-37.

［16］ WANG Yanfei, WANG Xiaowei, GONG Jianming, et al. Hydrogen embrittlement of cathodically hydrogen-precharged 304L austenitic stainless steel: Effect of plastic pre-strain［J］. International Journal of Hydrogen Energy, 2014, 39(25): 13909-13918.

［17］ MARTIN M, WEBER S, THEISEN W. A thermodynamic approach for the development of austenitic steels with a high resistance to hydrogen gas embrittlement［J］. International Journal of Hydrogen Energy, 2013, 38(34).

［18］ ZHANG L, WEN M, IMADE M, et al. Effect of nickel equivalent on hydrogen gas embrittlement of austenitic stainless steels based on type 316 at low temperatures［J］. Acta Materialia, 2008, 56(14).

［19］ 余存烨. 奥氏体不锈钢氢脆［J］. 全面腐蚀控制, 2015, 29(08): 11-15.

［20］ HAN G, HE J, FUKUYAMA S, et al. Effect of strain-induced martensite on hydrogen environment embrittlement of sensitized austenitic stainless steels at low temperatures［J］. Acta Materialia, 1998, 46(13).

［21］ ROZENAK P, BERGMAN R. X-ray phase analysis of martensitic transformations in austenitic stainless steels electrochemically charged with hydrogen［J］. Materials Science & Engineering A, 2006, 437(2): 366-378.

［22］ 李金许, 王伟, 周耀, 等. 汽车用先进高强钢的氢脆研究进展［J］. 金属学报, 2020, 56(4): 444-458.

［23］ FU H, WANG W, ZHAO H Y, et al. Study of hydrogen-induced delayed fracture in high-Mn TWIP/TRIP steels during in situ electrochemical hydrogen-charging: Role of microstructure and strain rate in crack initiation and propagation［J］. Corrosion Science, 2020, 162.

冷轧塑变 304 不锈钢在稀硫酸中的
腐蚀电化学行为

来维亚[1]　秦国民[2]　杜小英[3]　付安庆[1]　李发根[1]

(1. 中国石油集团工程材料研究院有限公司；2. 中国石油大庆石化公司；
3. 中国石油长庆石化公司)

摘　要：通过测试不同厚度冷轧塑变 304 不锈钢试样在 0.5 M H_2SO_4 溶液中的腐蚀电化学行为，研究腐蚀速率随位错密度、马氏体含量、残余压应力的变化规律。试样板材原始厚度为 5mm，制备的冷轧试样的厚度分别为 4.5mm、4.0mm、3mm、2.5mm、2.0mm、1.0mm。采用 X 射线衍射法测量不同厚度试样的残余奥氏体含量，再求差值得到马氏体体积分数；通过 X 射线应力测定仪测量不同厚度试样表面残余压应力；利用 IM6ex 电化学工作站测试不同厚度试样的极化曲线、阻抗谱和电化学噪声，电化学噪声采用不相关的三电极电解池体系。通过电化学测试对不同厚度冷轧塑变试样的腐蚀电化学行为进行系统研究。随着冷轧厚度的递减，马氏体含量和残余压应力增加，冷轧试样马氏体含量最大值在 45% 左右，残余压应力最大值接近 600MPa。经电化学测试，随着冷轧厚度递减，腐蚀速率先是增加随后又降低，腐蚀速率峰值为 $7.7 \times 10^{-4} A/cm^2$，最小值为 $3.2 \times 10^{-4} A/cm^2$。经对无塑变试样，冷轧厚度为 4.0mm、3.0mm、1.0mm 试样进行电化学噪声时域曲线、频域曲线测试分析，腐蚀速率变化趋势与极化曲线、阻抗谱测试结果是一致的。随着冷轧厚度递减，位错密度增大、马氏体含量增加，加速了冷轧塑变试样的腐蚀；冷轧厚度很薄时，较高残余压应力与晶体取向消弱了位错密度、马氏体含量对腐蚀的影响，从而降低了腐蚀速率。

关键词：冷轧；304 不锈钢；腐蚀；电化学

室温下冷轧奥氏体不锈钢随着冷轧压下率的增大，残余压应力、位错密度、塑变诱发的马氏体的体积分数也同时增高，在酸性环境中塑变后的奥氏体不锈钢耐蚀性降低[1-4]。有部分学者认为，在含氯离子的酸性介质中冷轧不锈钢的孔蚀电位随着压下率变化存在极值现象[5-6]。当然，孔蚀电位不能作为判断冷轧塑变 304 SS 腐蚀行为的唯一判据。研究表明，冷轧到一定的压下率反而会抑制局部腐蚀的发生，用马氏体含量的增加不能得到很好的解释，这说明腐蚀与位错的排列方向以及晶体的取向有关[7-10]。就位错来说，一方面位错的增值与堆积会引起局部应力产生的几率，会产生因塑变而引起的金属表面化学不均匀性，导致局部腐蚀的发生[11-14]；但另一方面，大的塑性变形后，位错会重新排列而形成均匀的栅格状反而降低局部腐蚀的发生[15]，。电化学噪声技术用于合金腐蚀研究的理论基础以及试验方法早有报道[16-19]，但用于奥氏体不锈钢酸性腐蚀研究较少。对冷轧塑变不锈钢腐蚀的电化学研究，学者们主要还是运用极化曲线法，本文的目的是运用极化曲线法、阻抗谱法以及电化学噪声技术三种方法系统研究 304 SS 冷轧后不同厚度试样的腐蚀电化学特性，通过测试曲线及数据对腐蚀电化学特性进行分析研究。

1　试验方法

1.1　试样制备

厚度为 5mm 的 304 SS 板条 400mm×100mm×5mm，经过 1050℃恒温，30min 固溶处理，并在水中快速冷却形成单一的奥氏体组织，再进行 350℃低温退火消除残余应力。板条冷轧面及冷轧方向是 L 长程面，如图 1 所示，不锈钢板条冷轧一次成型，压下率分别为 10%、20%、40%、50%、60%、80%。制备的试样的厚度分别为 4.5mm、4.0mm、3mm、2.5mm、2.0mm、1.0mm。从冷轧后板条切割下来的试样，经打磨后用高分子树脂密封，只留 1cm² 的试验面积。锡焊铜导线接头严格密封，铜导线绝缘层为塑料。

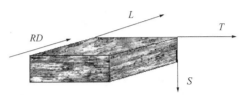

图 1　冷轧方向 RD

L 为长程方向；T 为横向；S 为短程方向

1.2　表面马氏体与残余应力测试

表面形变诱发马氏体含量测量采用残余奥氏体测量方法。利用 X-350A 型日本理光 X 射线衍射仪进行残奥测试，再求差值得到马氏体体积分数。辐射源为 Crkα，X 光管高压 27.0kV，X 光管电流 7.0mA，Φ 角(°) = Ψ 角(°) = 0.0。马氏体 2θ 扫描起始角 169.00°，2θ 扫描终止角 142.00°，2θ 扫描步距 0.20°，计数时间 0.50s。奥氏体 2θ 扫描起始角 134.00°，2θ 扫描终止角 123.00°，2θ 扫描步距 0.10°，计数时间 1.00s。

表面残余应力测试设备为 X-350A 型 X 射线应力测定仪。测量方法采用侧倾固定 Ψ 法；定峰方法为交相关法；辐射源为 Crkα；衍射晶面为(211)；Ψ 角(°)：0.0、24.2、35.3、45.0；应力常数为 -318 MPa/度；2θ 扫描起始角为 169.00°；2θ 扫描终止角 142.00°；2θ 扫描步距 0.20°；计数时间 0.50s；X 光管高压 27.0kV；X 光管电流 7.0mA。

1.3　电化学测试系统

试样的极化曲线、电化学阻抗谱、电化学噪声曲线利用德国 IM6ex 电化学工作站进行测试。电化学噪声测试方法：电化学工作站经 NProbe 测试盒和电极导线与电解池相连，测试采用不相关的三电极电解池体系，冷轧 304 SS 为工作电极，两个完全相同的工作电极分别与工作电极连接线和传感电极连接线相连，参比电极为饱和甘汞电极，与参比电极连接线相连。随着时间变化的电流和电位被同时记录，本测试的采样间隔为 0.05s，每组测试时间为 40min，测试温度为 25±1℃。

2 试验结果与分析讨论

2.1 马氏体含量与残余应力随冷轧厚度的变化

不同冷轧厚度试样表面所含马氏体体积分数如图 2 所示。从曲线的变化可看出，随着厚度的递减马氏体体积分数增加。研究表明，随着压下率的递增，304 SS 的抗拉强度、屈服强度以及硬度均呈上升趋势，只是不同阶段上升的程度不同，位错密度以及形变诱发的马氏体含量也呈上升趋势，冷轧过程是一个加工硬化过程。形变诱发马氏体会造成奥氏体不锈钢表面的电化学不均匀性，在酸性溶液中对腐蚀有促进作用。从图 2 可看到，厚度在 1mm 时表面形变诱发的马氏体体积分数已高达 45% 左右。

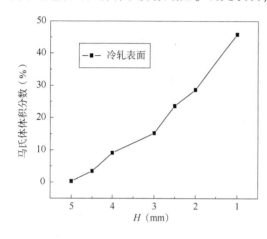

图 2 不同冷轧厚度表面马氏体体积分数

残余压应力随厚度变化的曲线如图 3 所示。从曲线图可看出，随着厚度的递减，L 方向残余压应力值与 T 方向残余压应力值均增大，冷轧塑变量愈大，残余压应力值愈高。

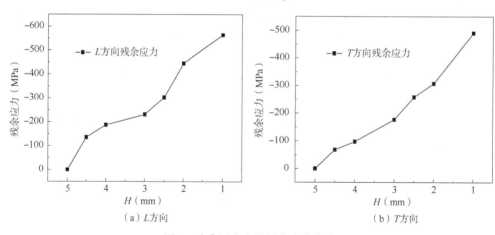

（a）L方向　　　　　　　　　（b）T方向

图 3 残余压应力随厚度变化曲线

2.2 极化曲线

室温下 304 SS 在稀硫酸溶液中不同厚度试样的极化曲线如图 4 所示。从图中曲线可知，开路电位（自腐蚀电位）大约在 -0.420V 到 -0.410V 之间。图 4 给出了厚度为 4.0mm、3mm、2.0mm、1.0mm 的阳极极化曲线，线性极化区计算得到的腐蚀速率 i_{corr-1} 列于表 1。从表 1 数据可看到，随着厚度递减，腐蚀速率先是增加随后又降低，看来腐蚀速率与冷轧塑性变形后的微观组织密切相关。

2.3 电化学阻抗谱

图 5 是不同厚度试样在稀硫酸溶液中暴露 36h 后测得的电化学阻抗谱 Nyquist 图。阻抗谱变现为两个容抗弧,第一个容抗弧代表双电层电子转移电阻和电容,第二个容抗弧代表已腐蚀和破坏的钝化膜再钝化后形成表面的电阻与电容。图 6 给出了电化学阻抗谱可得到的极化电阻 R_p 随厚度的变化曲线。R_p 值随着厚度的减小先是减小随后增大,这说明腐蚀电流先是增大随后减小,这与极化曲线得到的结论相似。Nyquist 图的等效电路如

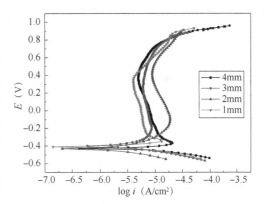

图 4　不同厚度试样的极化曲线

图 7 所示,图中说明了各等效元件的物理意义,其数学表达式见式 1。表 1 给出了等效电路的拟合数据以及阻抗谱得到的瞬时腐蚀电流密度 i_{corr-1}。

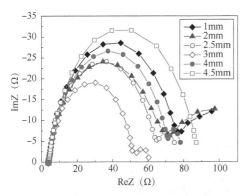

图 5　不同厚度下的阻抗谱

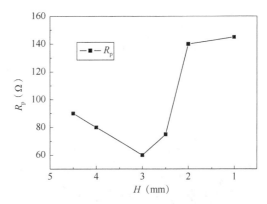

图 6　不同厚度下的极化电阻

高密度紧密排列的晶面族能够提高金属的耐化学浸蚀性,并能改善金属的钝化与再钝化能力。随着冷轧后厚度的递减,在大塑变量时,不管是奥氏体还是形变马氏体相,其晶体取向趋于一致。Istvan M[20] 在研究形变马氏体对奥氏体不锈钢材料力学性能的影响时认为,当冷轧压下率愈高其组织结构呈现高度纤维化,晶体取向沿冷轧方向趋于一致。再

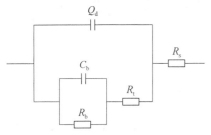

图 7　含两个容抗弧的阻抗谱等效电路
R_S 为溶液电阻,Q_d 为双电层电容,R_t 为双电层电阻,
C_b 为再钝化表面电容,R_b 为再钝化表面电阻

之,残余应力的存在形式是三维的,冷轧试样 S 方向的残余压应力随着变形量的递增也增大,该方向的残余压应力对减缓大变形量下试样的腐蚀有积极作用,其类似于表面喷丸产生的压应力。图 7 是不同厚度 304 SS 冷轧表面微观结构的 TEM 显微照片。图 8(a) 是厚度为 4mm 的透射照片,可看到滑移面与位错塞积群。图 8(b) 是厚度 1mm 的透射照片,能够看到大量的位错环分布在马氏体相中,照片中比较暗的部位是位错塞积群。

　　从极化曲线和阻抗谱测试结果,可以得到这样

的结论，随着厚度的递减，位错密度的增大和马氏体含量的增加，加速了冷轧试样的腐蚀；在厚度很薄时，晶体取向沿冷轧方向趋于一致以及较高残余压应力的作用消弱了位错密度、马氏体含量对腐蚀的影响，这两个因素对抑制腐蚀起到了主导作用，从而降低了腐蚀速率。当然，如图8所示，在较大的塑性变形后，位错重新排列而形成均匀的位错环栅格状结构对降低腐蚀速率也起到一定的作用。

$$Z(j\omega) = R_s + \cfrac{1}{(j\omega)^n Q_d + \cfrac{1}{R_t + \cfrac{1}{j\omega C_b + \cfrac{1}{R_b}}}} \tag{1}$$

表1 不同厚度下等效电路各元件的拟合数据

H (mm)	E_{corr} (mV)	C_b (μF)	R_b (Ω)	Q_d (μF)	R_t (Ω)	n	R_s (Ω)	R_p (Ω)	i_{corr-2} (A/cm^2)	i_{corr-1} (A/cm^2)
4.5	−417			150.20	87.50	0.810	0.390	87.50	5.9×10^{-4}	/
4.0	−418	98.3	10.40	220.30	71.60	0.811	0.380	82.00	6.2×10^{-4}	6.4×10^{-4}
3.0	−420	114.5	12.20	270.40	54.20	0.814	0.374	66.40	7.7×10^{-4}	7.6×10^{-4}
2.5	−415	90.4	14.22	235.10	71.60	0.813	0.380	85.90	6.0×10^{-4}	/
2.0	−410	81.6	72.50	224.50	82.10	0.812	0.380	154.60	3.3×10^{-4}	3.9×10^{-4}
1.0	−409	85.7	74.60	198.80	84.85	0.813	0.375	159.45	3.2×10^{-4}	3.5×10^{-4}

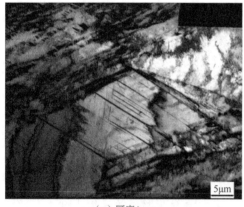

（a）厚度4mm　　　　　　　　　　（b）厚度1mm

图8　不同厚度304 SS表面微观结构的TEM显微照片

2.4　不同厚度下腐蚀电化学噪声

电化学噪声时域分析包含电位与电流的原始噪声以及噪声电阻R_n。电化学噪声时域数据的统计分析，能够很好的反映腐蚀现象及其机理。电化学噪声电阻R_n的定义为，电位噪声标准偏差(S_v)与电流噪声标准偏差(S_i)的比值[16]。其中，

$$S_v = \sqrt{\frac{1}{n=1} \sum_{i=1}^{n} (Ei - \overline{E})^2} \tag{2}$$

$$S_i = \sqrt{\frac{1}{n=1}\sum_{i=1}^{n}(Ii-\bar{I})^2} \tag{3}$$

将测量得到的信号扣除直流部分，即电位的平均值 $\bar{E}=0$，电流的平均值 $I=0$，由噪声电阻定义得：

$$Rn = \frac{Sv}{Si} = \frac{\sqrt{\frac{1}{n}\sum_{i=1}^{n}(Ei-\bar{E})^2}}{\sqrt{\frac{1}{n}\sum_{i=1}^{n}(Ii-\bar{I})^2}} = \sqrt{\frac{\frac{1}{n}\sum_{i=1}^{n}(Ei)^2}{\frac{1}{n}\sum_{i=1}^{n}(Ii)^2}} \tag{4}$$

式中，S_v 为电位噪声标准偏差，V；S_i 为电流噪声标准偏差，A；E_i 为电位噪声瞬时值，V；$\bar{E}$ 为电位噪声平均值，V；I_i 为电流噪声瞬时值，A；$\bar{I}$ 为电流噪声平均值，A；R_n 为噪声电阻，Ω。

2.4.1 电化学噪声的时域分析

304 SS 在室温 0.5 M H_2SO_4 溶液中不同厚度试样的电化学噪声时域图如图 9 所示。图 9(a) 是固溶处理并消除残余应力后无塑变试样在稀硫酸溶液中暴露 36h 开始计时得到的 1035 到 1040s 的电位与电流原始噪声。此时的腐蚀电位是 -410mV。从图 9(a) 中可看出，每一个电位的峰值都有与其相对应的电流峰值。从图 9(a) 可观察到电位的幅值大约为 0.033mV；电流的最大幅值大约为 0.18μA，该值不考虑直流漂移部分。从电位和电流噪声的幅值来看，其值很小，开路电位较稳定，虽然电流幅值较大，但其在 1035 到 1040s 的平均值较小，大约在 0.10μA。可粗略判定无塑变 304SS 表面处于均匀腐蚀阶段，钝化膜比较完整，其对应的阻抗谱应为第一象限内的一个大容抗弧。

图 9(b) 是厚度 4mm 的 304SS 稀硫酸中暴露 36h 开始计时得到的 1035 到 1040s 的电位与电流原始噪声。此时的腐蚀电位是 -418mV。从图 9(b) 中可看出，每一个电位的峰值都有与其相对应的电流峰值。从图 9(b) 可观察到电位的幅值大约为 18mV；电流的最大幅值大约为 0.14μA，该值不考虑直流漂移部分。从电位和电流噪声的幅值来看，厚度 4mm 试样其电位幅值较大。与无塑变试样比较，该试样表面电位波动较大，可判定厚度 4mm 试样表面可能出现微电池，处于非均匀腐蚀阶段，钝化膜可能存在破裂与修复的瞬态往复出现阶段，其对应的阻抗谱应为第一象限内的两个容抗弧。

图 9(c) 是厚度 3mm 试样在上述相同条件下，1035 到 1040s 的电位与电流原始噪声。每一个电位的峰值都有与其相对应的电流峰值，其噪声谱若去除直流部分，噪声谱与图 9(b) 很相似。其腐蚀电位是 -420mV；电位幅值大约为 19mV；电流幅值大约为 0.16μA。从电位和电流噪声的幅值来看，厚度 3mm 试样其电位幅值与厚度 4mm 试样电位幅值相近。可判定厚度 3mm 试样表面也会出现微电池，处于非均匀腐蚀阶段，其对应的阻抗谱应为第一象限内的两个容抗弧。

图 9(d) 是厚度 1mm 试样在上述相同条件下，1035 到 1040s 的电位与电流原始噪声。可观察到每一个电位的峰值都有与其相对应的电流峰值，其噪声谱若去除直流部分，噪声谱与图 9(a) 很相似。其腐蚀电位是 -410mV；电位幅值大约为 0.044mV；电流幅值大约为 0.07μA。从电位和电流噪声的幅值来看，厚度 1mm 试样其电位幅值与无塑变电位幅值相

近，电流幅值也相近。可判定厚度 1mm 试样表面处于均匀腐蚀阶段。与其对应的阻抗谱为第一象限内的两个容抗弧，但第二容抗弧直径较大。

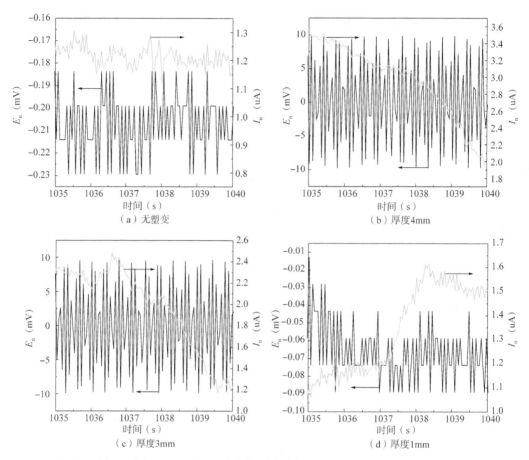

图 9　室温 0.5 M H$_2$SO$_4$ 溶液中不同厚度试样的电化学噪声时域图

304SS 在室温 0.5M H$_2$SO$_4$ 溶液中不同厚度的电化学噪声电阻时域图如图 10 所示。图 10（a）是固溶处理并消除残余应力后无塑变试样在稀硫酸溶液中暴露 36h 开始计时得到的 0 到 2500s 的噪声电阻 R_n，其波动区间为 2.4×10^8 到 $2.8 \times 10^8 \Omega$，其数量级是 $10^8 \Omega$；图 10（b）为厚度 4mm 试样对应的噪声电阻 R_n，波动区间为 2500 到 $3.5 \times 10^4 \Omega$，其数量级是 $10^4 \Omega$；图 10c 为厚度 3mm 试样对应的噪声电阻 R_n，波动区间为 2500 到 5.8×10^3 Ohm，其数量级是 $10^3 \Omega$；图 10（d）为厚度 1mm 试样对应的噪声电阻 R_n，波动区间为 3.5×10^4 到 $7.5 \times 10^4 \Omega$，其数量级是 $10^4 \Omega$；由上述分析及图 R_n 的波动范围，可确定无塑变试样基本处于钝态；厚度 1mm 试样发生了均匀腐蚀；厚度 4mm、厚度 3mm 试样可能发生了局部腐蚀，但肯定是非均匀腐蚀，是否发生了局部腐蚀，还要看功率谱密度（Power Spectral Density，PSD）曲线的高频段斜率的大小。厚度 1mm 时，R_p 值反而增大，而电化学噪声电阻 R_n 与线性极化电阻 R_p 的变化规律相同，所以噪声电阻 R_n 和极化电阻 R_p 一样，与腐蚀电流密度成反比。这些现象及其电化学参量的变化规律，看来和大减薄量试样的微观结构相关。

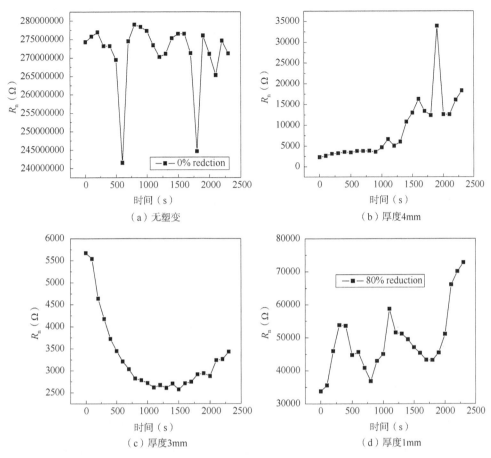

图 10　室温 0.5 M H_2SO_4 溶液中不同厚度试样的电化学噪声电阻时域图

2.4.2　电化学噪声的频域分析

304SS 在室温 0.5M H_2SO_4 溶液中不同厚度试样的电流噪声功率谱密度曲线如图 11 所示。图 11(a)所示，无塑变试样的高频段直线斜率为 -2.86，频率为零时的腐蚀电流密度为 $8.33×10^{-6}A/cm^2$；图 11(b)中厚度 4mm 试样高频段直线斜率为 -1.60，频率为零时的腐蚀电流密度为 $8.10×10^{-5}A/cm^2$；图 11(c)中厚度 3mm 试样高频段直线斜率为 -1.88，频率为零时的腐蚀电流密度为 $1.66×10^{-4}A/cm^2$；图 11(d)中厚度 1mm 试样高频段直线斜率为 -2.63，频率为零时的腐蚀电流密度为 $1.30×10^{-5}A/cm^2$。频率为零时腐蚀电流密度的变化是，从无塑变到厚度 3mm 电流密度增大，即腐蚀速率递增；在大塑变量下，如厚度 1mm 时电流密度反而减小，即腐蚀速率减小。电流噪声功率谱密度曲线高频段斜率的绝对值愈大，即曲线高频段直线很陡说明试样基本处于均匀腐蚀状态，腐蚀速率较低；高频段直线坡度比较平缓说明试样处于局部腐蚀阶段，腐蚀速率较高。

通过对冷轧试样的电化学噪声时域分析和频域分析，即原始电流、电位与电阻噪声的时域分析，电流噪声功率谱密度曲线的频域分析，结果表明，时域分析与频域分析是统一的，一致的。上述分析得出的腐蚀速率变化趋势与极化曲线、阻抗谱测试结果是一致的。

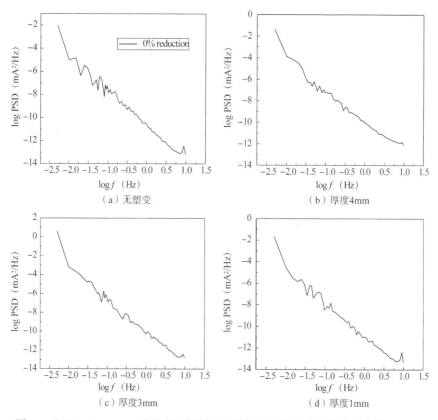

图 11　室温 0.5M H_2SO_4 溶液中不同厚度试样的电流噪声功率谱密度曲线（PSD）

图 12 是噪声测试后厚度为 4mm 和 1mm 试样在稀硫酸中腐蚀 36hr 后的扫描电镜照片，从图中可看出，试样表面的晶界已闭合，厚度 4mm 试样腐蚀后的滑移线是交错分布的，平行的滑移线应该属于一个晶粒。而厚度 1mm 试样已看不到明显的晶界，而且每个晶粒的滑移线趋于一个方向排列，形成纤维状组织，已无法分辨奥氏体组织与马氏体组织，这样的纤维状组织与较高的残余压应力均有减缓腐蚀的作用。

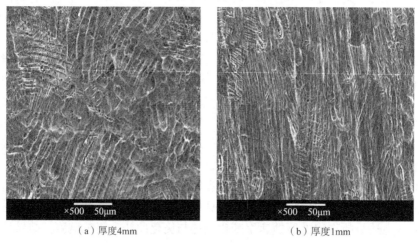

图 12　冷轧塑变后稀硫酸中腐蚀 24h 的扫描电镜照片

奥氏体不锈钢室温下冷轧诱发形变马氏体使塑变后试样的耐蚀性降低。在酸性环境中，冷轧塑变过程中位错密度增大对耐蚀性的减弱也不可忽视，往往在冷轧塑变过程中，冷轧压下率若不是很大，此时位错密度与马氏体含量对腐蚀加速起主要作用。冷轧压下率若较大，晶体取向的一致性与高残余压应力对腐蚀起到抑制作用。

3 结论

（1）极化曲线与阻抗谱研究表明，不同厚度冷轧塑变 304 不锈钢在室温 0.5 M H_2SO_4 溶液中腐蚀速率先是随着冷轧厚度减小而增大，而在大塑变量下反而减小。

（2）冷轧 304 不锈钢试样腐蚀电化学噪声时域分析与频域分析研究表明，腐蚀速率变化趋势与极化曲线、阻抗谱测试结果是一致的。

（3）随着冷轧厚度递减，位错密度增大、马氏体含量增加，加速了冷轧塑变试样的腐蚀；冷轧厚度很薄时，较高残余压应力与晶体取向消弱了位错密度、马氏体含量对腐蚀的影响，从而降低了腐蚀速率。

参 考 文 献

［1］VAC Haanappel, MF Stroosnijder. Influence of Mechanical Deformation on Corrosion Behavior of AISI 304 Stainless Steel Obtained from Cooking Utensils [J]. Corrosion, 2001, 57(6): 557–565.

［2］M Smaga, F Walther. Deformation–Induced Martensitic Transformation in Metastable Austenitic Steels [J]. Materials Science and Engineering A. 2007, 712: 367–371.

［3］BR Kumar, R Singh. Effect of Texture on Corrosion Behavior of AISI 304 Stainless Steel [J]. Materials Characterization, 2005, 54 (2): 141–147.

［4］ALAIN Robin, ASM Gustavo. Effect of cold–working process on corrosion behavior of copper. Materials & Design[J]. 2012, 34: 319–324.

［5］UK Mudali, P Shankar, S Ningshen, et al. On the Pitting Corrosion Resistance of Nitrogen Alloyed Cold Worked Austenitic Stainless Steels [J]. Corrosion Science, 2002, 44(10): 2183–2198.

［6］M Milad, N Zreiba, F Elhalouani, et al. The Effect of Cold Work on Structure and Properties of AISI 304 Stainless Steel [J]. Journal of Materials Processing Technology. 2008, 203(3): 80–85.

［7］UF Kocks, H Mecking. Physics and Phenomenology of Strain Hardening: The FCC Case [J]. Progress in Materials Science, 2003, 48(3): 171–273.

［8］WANG Jia–mei, LU Hui, ZHANG Le–fu, et al. Effects of Dissolved Gas and Cold Work on the Electrochemical Behaviors of 304 Stainless Steel in Simulated PWR Primary Water [J]. Corrosion, 2017, 73(3): 281–289.

［9］WANG Jia–mei, ZHANG Le–fu. Effects of cold deformation on electrochemical corrosion behaviors of 304 stainless steel [J]. Anti–Corrosion Methods and Materials, 2017, 64(2): 252.

［10］V Kain, K Chandra, KN Adhe, et al. Effect of Cold Work on Low–Temperature Sensitization Behaviour of Austenitic Stainless Steels [J]. Journal of Nuclear Materials, 2004, 334 (3): 115–132.

［11］GIRARDIN Pierre–Yves, ADRIEN Frigerio. Modification of the Corrosion Properties of a Model Fe–8Ni–18Cr Steel Resulting from Plastic Deformation and Evaluated by Impedance Spectroscopy [C]. ISRN Corrosion 2012, 1–6.

［12］SS Chouthai, K Elayaperumal. Texture Dependence of Corrosion of Mild Steel after Cold Rolling ［J］. British Corrosion Journal, 1996, 11(1): 40-43.

［13］EJ Jafari. Corrosion Behaviors of Two Types of Commercial Stainless Steel after Plastic Deformation ［J］. Material Science and Technology, 2010, 26(9): 833-838.

［14］S Tanhaei, KH Gheisari. Effect of cold rolling on the microstructural, magnetic, mechanical, and corrosion properties of AISI 316L austenitic stainless steel. International Journal of Minerals, Metallurgy, and Materials ［J］. 2018, 25(6): 630-640.

［15］L Peguet, B Malki, B. Baroux. Effect of austenite stability on the pitting corrosion resistance of cold worked stainless steels. Corrosion Science, 2009, 51(3): 493-498.

［16］YJ Tan, S Bailey, B Kinsella. The Monitoring of the Formation and Destruction of Corrosion Inhibitor Films Using Electrochemical Noise Analysis (ENA) ［J］. Corrosion Science, 1996, 38 (10): 1681-1695.

［17］U Bertocci, C Gabrielli, F Huet, et al. Noise Resistance Applied to Corrosion Measurements-I. Theoretical Analysis ［J］. Journal of the Electrochemical Society, 1997, 144 (1): 31 -37.

［18］U Bertocci, C Gabrielli, F Huet, et al. Noise Resistance Applied to Corrosion Measurements-II. Experimental Tests ［J］. Journal of the Electrochemical Society, 1997, 144 (1): 37-43.

［19］F Mansfeld, CC Lee. Discussion of "The Monitoring of the Formation and Destruction" ［J］. Corrosion Science. 1997, 39(6): 1141-1143.

［20］M Istvan, P Janos. Magnetic Investigation of the Effect of Martensite on the Properties of Austenitic Stainless Steel ［J］. Journal of Materials Processing Technology, 2005, 161(2): 162-168.

有机涂层防护性能电化学分析方法

王伟杰　王永才　徐　慧　汉继程　金　曦　狄志刚

(中海油常州涂料化工研究有限公司)

摘　要：电化学分析技术具有快速、便捷等优点，广泛用于有机涂层防护性能分析。本文介绍了几种电化学测量技术，简述了这些技术最新研究进展和取得成果，对有机涂层防护性能分析具有一定指导意义。

关键词：有机涂层；防护性能；开路电位；电化学阻抗谱；电化学噪声；AC/DC/AC 循环加速方法

有机涂层是金属结构物最常用的腐蚀防护手段，被广泛应用于海洋、管道和桥梁等工程领域[1]。然而有机涂层的固有性质和制备工艺决定了涂层降解是不可避免的，当有机涂层暴露在腐蚀环境中，防护性能逐渐丧失，往往不能及时察觉，导致涂层下金属基材发生不可控的腐蚀损伤，因此，开发涂层防护性能评价技术是当前迫切需求。

通常金属腐蚀过程属于电化学过程，即阳极反应，对于表面涂覆有机涂层的金属也会发生上述电化学腐蚀。首先水会沿着颜填料/树脂之间的缝隙和缺陷部位渗透到涂层中，随后氧气和其他水溶性腐蚀介质渗透到涂层中，由此电化学腐蚀环境条件在涂层/金属界面上形成，导致金属基体发生电化学腐蚀[2-4]。该电化学腐蚀过程速率由离子通过涂层的扩散过程控制，由于涂层和金属基体状态的差异，导致涂层/金属界面出现阴极和阳极区域(图1)[5]。综上所述，可以通过金属基体的腐蚀情况判断有机涂层的防护性能，这也是电化学分析有机涂层防护性能的原理。

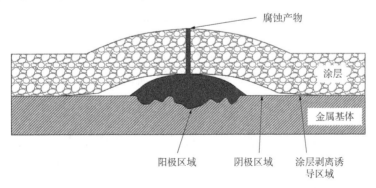

图1　涂层/金属电化学腐蚀过程示意图

与常规有机涂层防护性能分析方法(包括盐雾老化法、紫外老化法、浸泡法、人工气候加速试验法等)相比，电化学分析方法具有如下优点：(1)分析周期短，可快速检测；(2)可实现有机涂层防护性能的定量或半定量评价；(3)可实现在役涂层原位连续监测。

本文介绍了几种有机涂层防护性能电化学分析方法，包括开路电位（OCP）、电化学阻抗谱（EIS）、电化学噪声（EN）、AC/DC/AC 循环加速方法，分析了各自优缺点和近期研究进展。最后对有机涂层电化学分析未来发展进行了展望。

1 开路电位

开路电位是工作电极暴露在特定腐蚀环境中，无外界干扰相对参比电极的电位，是评价涂层/金属体系防腐性能最基础的电化学方法。业界普遍认为涂覆有机涂层的金属相比裸金属的 OCP 更正[6]。

史昆玉[7]等在 TC4 合金基体表面采用双阴极等离子溅射沉积技术制备了 Nb_2N 涂层，分析了裸金属和涂层/金属体系在 3.5%氯化钠溶液中 3600 s 内 OCP 变化，发现裸金属随时间延长 OCP 持续上升，而涂层/金属体系 OCP 则快速趋于稳定，分析 Nb_2N 涂层在腐蚀环境中可以快速钝化形成保护层，OCP 进入稳态反应从微观层面钝化膜的溶解速度和生成速度达到动态平衡，认为达到平衡历时越短说明涂层/金属体系耐蚀性越好。

郑鹏飞[8]在含 3.5%氯化钠的蒸压轻质混凝土模拟孔溶液中采用 OCP 表征涂层/金属发生锈蚀的可能性，判断依据见表 1。

表 1 钢筋 OCP 与锈蚀发生概率的关系[8]

开路电位（VS. SCE）	钢筋锈蚀概率
>-0.120V	<10%
-0.270～-0.120V	不确定
<-0.270V	>90%

Liu[9]等在 3.5%氯化钠溶液中持续监测涂有 2%（质量分数）聚苯胺环氧涂层的铝合金样品 80 天的 OCP 数据，发现在浸泡 6h 后，OCP 从-741mV（VS. SCE）快速下降至-992mV，随后从-992mV 缓慢上升至-685mV，并在后续阶段保持稳定。推测 OCP 的增加是由于在涂层下方铝材表面生成完整的氧化膜，涂层的保护机理由屏障抑制性型转变为离子阻抗型。

Meng[10]等在 3.5%氯化钠溶液交变静水压环境下监测了涂层/金属体系 OCP 曲线，发现 OCP 值与浸泡时间呈负相关，数据整体呈现 3 个阶段：（1）前 24h 出现较大波动，OCP 从 0.52V（VS. Ag/AgCl）快速降低至-0.41V，随后回升至 0.2V，在此阶段，电解质溶液充分渗透涂层，形成导电路径；（2）在 25～130h 范围，OCP 值波动较小，涂层开始劣化，涂层下的基材正在以较低的速率腐蚀；（3）130h 后，OCP 值显着下降，达到-0.53 V，这表明钢材遭受了严重腐蚀，涂层防护性能明显退化。对比目测结果，OCP 反应涂层老化程度早于涂层/金属表面可见腐蚀情况。

OCP 用于有机涂层防护性能分析时，通常会观察到 OCP 值在初期存在较大波动，可以归因于电极表面局部阳极面积与阴极面积比例的变化[11]。在浸泡初期阳极面积占比很小，形成"大阴极小阳极"结构，阳极区域腐蚀反应活性大，造成较大波动。随着浸泡过程中阳极区域面积上升，OCP 出现负移。综上，OCP 是一种有效的半定量有机涂层防护性分析方法，通常用于实验室长期监测涂层老化状态。

2 电化学阻抗谱

在工作电极表面施加特定频率的正弦波电压激励，使电极系统产生近似线性关系的响应，测量电极系统在很宽频率范围的阻抗谱，称为电化学阻抗谱。将 EIS 技术用于涂层防护性能评价可以追溯到 20 世纪 80 年代，是有机涂层防护性能电化学分析最可靠和最广泛的技术之一[12]。对于屏蔽型有机涂层，涂层的阻抗值可以用来描述涂层对离子在腐蚀原电池中阴阳极区域之间的定向移动的阻碍能力，Bacon 等[13]测量了 300 多种不同的涂层体系的电阻，并将阻抗值与长期服役性能进行关联，认为阻抗值稳定高于 $10^8\Omega\cdot cm^2$ 时涂层防护性能良好，涂层阻抗值低于 $10^6\Omega\cdot cm^2$ 时防护性能劣化。在多数情况下，上述分类方法是正确的，但是不应以涂层阻抗作为唯一指标评价涂层阻隔性能。高阻抗涂层不一定高性能，涂层防腐性能还涉及缺陷区域的腐蚀遏制能力和涂层与基材的黏结性能，三者对涂层性能的影响是互为补充的，很难单一通过涂层阻抗值来衡量。I. C. P. Margarit-Mattos[14]等研究发现当两种涂层阻抗相近时，较低的阻抗不能代表涂层阻隔性能差，因为涂层配方中的成分具有较高的介电常数时，也会对阻抗值产生一定影响。评估涂层长效保护性能，阻抗随时间的相对变化通常比其绝对值更有参考价值。

2.1 图谱与数据分析方法

EIS 数据通常绘制成 Bode 图或 Nyquist 图，图 2(a) 为典型的防护性能良好的有机涂层/金属体系 Bode 图，$\log|Z|$ 曲线斜率为 -1，相位角曲线在几乎所有频率下为 90°，表明有机涂层在电化学上为纯电容行为。图 2(b) 表明电解质已经通过涂层空隙渗入涂层达到金属表面，但涂层尚未分层，$\log|Z|$ 曲线仅存在一个平台区域，相位角曲线仅存在一个最大相位角值，即图谱中仅存在一个常相位角原件。图 2(c) 描述了涂层已与金属基体发生分层，$\log|Z|$ 曲线仅存在两个平台区域，相位角曲线仅存在两个最大相位角值，即图谱中仅存在两个常相位角原件，中低频最大相位角表征了涂层分层比例，高频最大相位角表征了残余涂层的防护性能。

Nyquist 图揭示了阻抗实部 Z' 和阻抗虚部 Z'' 之间的关系，图 3 给出了 4 种典型涂层/金属体系图谱，以及对应常用的等效电路(EEC)模型。图 3(a) 是一根垂直于 X 轴的直线，为没有电解质渗入涂层情况图谱，涂层相当于理想的电容器，EEC 模型中的电阻元器件代表了电解质溶液电阻的贡献。

一旦电解质渗入涂层，Nyquist 图变为一个凹陷的半圆[图 3(b)]，半圆圆心位于 X 轴下方，可以根据半圆直径大小快速判断不同涂层的防护性能，直径越大耐蚀性越强。涂层或金属在空间上的不均匀性导致的弥散效应造成半圆发生凹陷，通常使用常相位角原件(CPE)代替电容进行数据拟合，CPE 的阻抗表达式如式(1)所示。

$$Z_{CPE} = Y-1_0(jw)^{-n} \tag{1}$$

式中，Y_0 和 n 是调谐参数，根据 n 的取值不同，CPE 可以代表一个电感($n=-1$)，一个电阻($n=0$)，一个 Warburg 阻抗($n=1/2$)或一个电容($n=1$)。实际试验中，n 往往是小于 1 的，即 CPE 不代表一个理想的电容器。

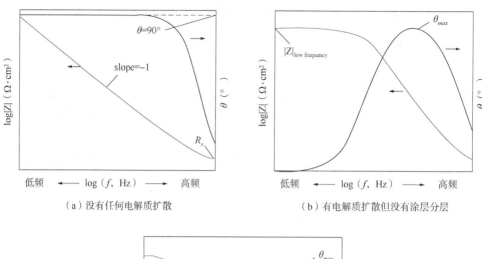

（a）没有任何电解质扩散　　　　　　　　（b）有电解质扩散但没有涂层分层

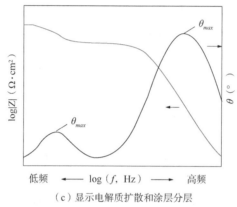

（c）显示电解质扩散和涂层分层

图 2　典型的涂层/金属体系 Bode 图[12]

Juttner[15]通过 EIS 验证表面不均匀性对腐蚀过程的影响，发现薄层环氧树脂涂层的 CPE 与电解质渗透涂层面积百分比呈现相关性，当涂层较厚时，其他因素也会影响 CPE 行为。Hirschorn[16]等探讨了将涂层电极表面的时间常数分布(2D)或法向分布(3D)与 CPE 参数关联模型的有效性条件，用于通过 CPE 参数确定有效电容和薄膜厚度，发现当局部电阻率没有显著变化时，针对正态分布获得的有效电容可以正确计算涂膜厚度。当局部电阻率在涂层法向变化很大时，实验频率范围可能无法观察到薄膜部分电容贡献，从阻抗测量中获得的有效电容计算薄膜厚度偏低。

当电解质渗透涂层并达到涂层-金属界面，Nyquist 图在低频区域会形成一个额外的半圆或与 X 轴呈 45°角的斜线[图 3(c)和图 3(d)]，其中高频区域半圆包含了涂层信息，而低频区的半圆或斜线描述了涂层—金属界面处的电化学反应。

2.2　涂层抗渗透性分析

涂层抗渗透性对涂层防护性能有很大影响：（1）通过涂层传输至金属表面的水会参与金属腐蚀和涂层剥离过程；（2）渗透至涂层的水会导致涂层电气和机械性能发生变化，进一步加速涂层/金属的腐蚀。因此涂层渗透性是涂层防护性能评价的关键指标。涂层的阻抗值会随着水分的渗透而降低，涂层厚度也随着水分渗透发生溶胀，引发涂层的附着力下降和起泡。水分渗入涂层内的机理有很多，在特定树脂中，水可以与树脂的极性基团发生

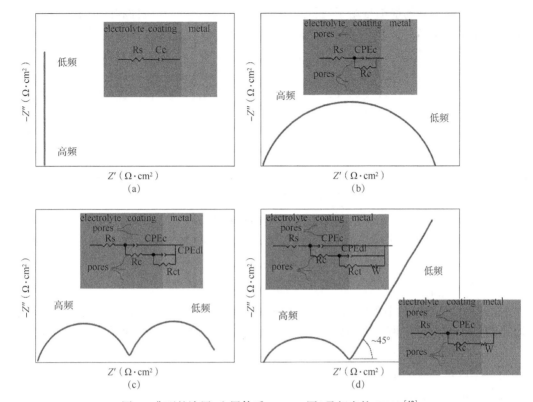

图 3　典型的涂层/金属体系 Nyquist 图（及相应的 EEC）[12]

反应形成或断开氢链，作为结合水渗入涂层中。此外，水还可在树脂缝隙、涂层/金属界面和填料/黏合剂界面形成游离水。因此，水的渗透取决于：树脂特性（密度、极性基团、空隙和毛细管），涂层中填料种类、尺寸、分布和界面状态，涂层与金属之间的黏合性能。

室温条件下，水的介电常数为80，一般有机涂层仅为4~8，当涂层/金属暴露在含水环境中，随着水分向涂层渗透，涂层电容也会随之增加，通过 EIS 检测有机涂层电容可以间接表征渗透性。平板涂层电容计算如式（2）所示。

$$C_C = \varepsilon \varepsilon_0 \frac{A}{d} \tag{2}$$

式中，C_c 为涂层电容；ε 为介质的介电常数；ε_0 为真空介电常数，8.86×10^{-14} F/cm；A 为涂层面积；d 为涂层厚度[17]。

在仅考虑涂层中树脂和水对电容的影响，忽略其他填料和基材金属对结果的影响前提下，涂层被水分充分渗透后的最大含水率可由式（3）计算。

$$x = \frac{log \left(\dfrac{C_t}{C_0} \right)}{log 80} \tag{3}$$

式中，x 为涂层被水分充分渗透后的最大含水率；C_t 为涂层被水分重复渗透后的电容；C_0 为涂层被水分渗透前电容，80 为水在室温下的介电常数。

然而，公式成立的前提是用于均质介质环境，涂层结构的异质性和渗透水与涂层组分之间相互作用会使结构偏离理想均质状态。涂层电容随水分渗透发生变化尽管与称重测量结果存在差异，但是也是涂层变化的一个重要指标，反映了涂层与水分相互作用[18]。

2.3 涂层抗剥离性分析

由于涂层的微观剥离程度与其防护性能之间存在着密切关系，因此检测有机涂层抗剥离性对于了解涂层防护性能具有重要意义。当涂层完好对基层金属具备良好保护性时，在Bode 图中只显示一个时间常数，即存在一个较宽的线性电容区域，斜率=−1，相位角接近90°。随着涂层的劣化，电解质通过渗透进入涂层/金属界面，使之发生剥离和腐蚀，阻抗谱显示为两个时间常数。在高频区域的第一个时间常数域涂层特性有关，而在低频区的第二个时间常数与涂层/金属剥离和腐蚀程度有关。

Haruyama[19]提出可以通过断点频率 f_b 表征涂层/金属的剥离程度，f_b 为 Bode 图中电容−电阻转换区域频率，即相位角 $\Phi = 45°$ 对应频率，如式（4）所示。

$$f_b = \frac{1}{2}\pi R_c C_c \tag{4}$$

该公式成立的前提同样较为理想，涂层介电常数 ε 随涂层吸附水分上升，涂层电阻率 ρ 随涂层中导电路径和缺陷的发展而下降，不适用于 R_c 过大和最小相位角大于 45°的情况。

Hack[20]建议在涂层失效发生在初期时，涂层/金属界面无明显水泡或分层区域，可采用最低频率区域 f_{lo} 来表征涂层/金属的分层程度。由于当涂层缺陷直径高于 $10\mu m$ 时，低频区相位角最大值<45°，使得 f_{lo} 表征的剥离程度无参考性，该模型普适性较差。

Mansfeld[21]等提出采用断点 f_b 表征涂层/金属剥离程度需要考虑涂层电阻率 ρ 和介电常数 ε 随时间的变化，建议使用相位角最小值 Φ_{min} 和相位角最小值对应频率 f_{min} 表征涂层剥离程度，其关系如式（5）和式（6）所示。

$$f_{min} = \frac{1}{\sqrt{4\pi^2 C_c Z_f R_c^2}} \tag{5}$$

$$tan\Phi_{min} = 2 \cdot \sqrt{\frac{C_c}{Z_f}} \tag{6}$$

f_b/f_{min} 比值和 Φ_{min} 与涂层电阻率 ρ 变化无关，Mansfeld 等将其用于分析各类涂层/金属的腐蚀行为。

涂层防护性能评价不仅取决于抗腐蚀性介质渗透能力稳定性，也必须量化涂层在腐蚀环境中附着力下降的敏感性，EIS 可以分别表征涂层金属腐蚀引发和传播的关键化学步骤。

综上，EIS 是分析有机涂层防护性能的强大电化学工具，可以提供丰富的涂层行为和劣化机理信息，并揭示了其他电化学分析方法无法确定的过程现场。缺点在于对数据处理有较高的要求，需要通过其他分析方法选择不同的 EEC 模型。

3 电化学噪声

当金属表面发生腐蚀过程时，会在微米尺度上产生不规则随机变化，这些变化体现为电信号波动，EN 通过分析电化学电位噪声（EPN）或电化学电流噪声（ECN）随机波动，获取腐蚀过程信息[22-25]。EN 分析过程无需施加外界激励信号，是一种真正意义上的灵敏无损分析技术。在有机涂层防护性能评价中，ECN 通常用于表征涂层完整性变化，而 EPN 用于表征涂层/金属界面的钝化或电解质在涂层中的渗透过程。图 4 所示电极体系是 EN 用于有机涂层防护性能分析最常用的电极体系示意图，使用零电阻安培计（ZRA）监测两个工作电极（WE）间的电流噪声和两个 WE 与参比电极（RE）之间的电位噪声。通过统计学数据处理方法解析噪声数据，对于有机涂层防护性能常用的定量分析方法是计算噪声电阻 R_n，如式（7）所示。

$$R_n = \frac{\sigma_V}{\sigma_i} \tag{7}$$

式中，σ_V 和 σ_i 分别是电位和电流噪声信号的标准差。

在部分研究中，发现有机涂层在腐蚀环境中降解造成 σ_V 下降和 σ_i 上升，而也有其他研究发现有机涂层降解造成 σ_V 和 σ_i 均上升[26-28]。因此 σ_V 和 σ_i 变化可能与涂层降解无直接关系，R_n 变化才是涂层状态的直接判据，可以衡量涂层耐受电解质渗透的能力。

Meng[29] 等采用 EN 监测环氧涂料/金属体系在模拟海洋交变静水压力（AHP）环境中失效行为，并采用模式识别方法进行数据分析，评价涂层体系的防腐性能，发现不同阶段涂层 EN 数据表现出不同的特征，并建立了 EN 统计数据处理模型，可以方便准确的识别涂层不同失效阶段。

张哲[30] 等使用 EN 分析不同 Al_2O_3 纳米粒子添加量对涂层防护性能的影响。采用 R_n 和功率谱密度 $R_{sn}(f)$ 作为表征参数，其中噪声功率谱密度（PSD）曲线由快速傅里叶变换对电化学噪声谱进行数据处理获得。功率谱密度曲线的斜率在 20dB/dec¹ 附近时，电极表面发生局部腐蚀；斜率小于 -20dB/dec¹ 时，电极表面处于均匀腐蚀胡钝化状态；斜率大于 -20dB/dec¹ 时，则电极发生孔蚀现象。

将电解池黏在涂层表面并填充电解质溶液的做法点现场应用中并不具备可操作性，Mills[31] 等为解决 EN 现场应用问题，开发了一种新型铜质电极，规格为 2cm×2cm，背面焊接有一根导线，铜电极工作面附有用于吸附电解质的滤纸，铜电极其他面由硅酮树脂封装，使用前将滤纸使用电解质溶液充分浸湿，在分析过程中，铜电极作为参比电极监测待测区域电位，在测量前需要确保有机涂层与电解质溶液有充足的时间进行接触。使用 3% 氯化钠溶液作为电解质溶液时，通常需要 30~45min 的接触时间。实验发现该方法在连续监测和长间隔检测中均具有良好的重复性。

Jamali[32] 等开发了一个数学模型来评估涂层阻抗对 EPN、ECN 和 R_n 的影响，发现 EPN 不受涂层阻抗的影响，而 ECN 则受涂层阻抗的影响，为验证数学模型，使用 U 形管电解池设计了物理模型来模拟完全剥离的涂层/金属体系。物理模型表明涂层阻抗主要造成 ECN 衰减，对 EPN 的影响不显著。

EN 技术优势在于可以在短时间进行电化学分析检测，且无需施加任何电流或电压激励信号，适用于需要非破坏式快速检测的应用场景。缺陷在于采集数据需要较为复杂的数据处理，并且对 EPN 和 ECN 数据的解释尚不能达到共识。

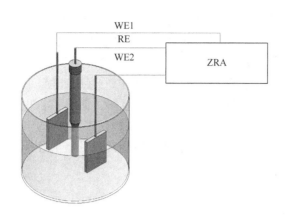

图 4　电化学噪声分析常用电极体系

4　AC/DC/AC 循环加速方法

AC/DC/AC 是一种加速循环测试方法，由电化学阻抗谱（EIS/AC）表征和阴极极化或阳极极化（DC）相结合而成，先对试样进行 EIS 表征，然后进行 DC 步骤，阴极极化加速涂层失效，对涂层/金属体系的影响体现在两方面：（1）在电场作用下，阳离子穿透涂层，导致涂层劣化并增加孔隙通道；（2）涂层/金属界面的水发生电解，产生氢气，导致涂层/金属界面产生氢鼓泡，促使涂层发生剥离。阳极极化加速涂层失效，对涂层/金属体系的影响体现在：阳极极化加速界面处腐蚀电化学反应，金属氧化产物在界面堆积，堵塞涂层缺陷孔隙，在氧浓差电池作用下，形成点蚀腐蚀环境，当腐蚀产物堆积产生的应力高于涂层内聚力，涂层发生破裂，腐蚀损伤进一步发展。目前有很多关于 AC/DC/AC 的相关研究寄希望于可以代替自然浸泡、中性盐雾等传统涂层防护性能评价方法，实现涂层的快速评价。

Lopes[33]等对涂覆商用水性底漆的冷轧钢板分别进行阴极极化 DC 和中性盐雾老化，定期使用 EIS 进行表征涂层老化状态。发现两种加速老化方法下，涂层均经历高电容行为阶段、电容性和电阻性组合阶段和基材腐蚀阶段，获得的涂层电阻和涂层电容演变历程非常相近，认为 AC/DC/AC 可以获取与中性盐雾老化相同的信息，但是测试时间仅需中性盐雾老化的 25%。

Song[34-35]等将 AC/DC/AC 方法中的直流阴极极化替换为阴极和阳极极化的组合，采用电化学阻抗谱、光学显微镜、扫描电子显微镜、激光显微镜、附着力测量和能量色散光谱来揭示涂层的降解过程，发现改进的阴极阳极交替 AC/DC/AC 方法比传统的 AC/DC/AC 可以更合理的加速涂层降解过程，而不会改变涂层的降解过程，并可靠的评估了丙烯酸清漆涂层的防护性能。

AC/DC/AC 循环加速方法是一种很接近中性盐雾老化的电化学分析方法，可以获取相比计较有参考价值的涂层防护性能信息，然而相比其他电化学分析技术，实验周期更长，实验过程更复杂。

5 总结与展望

本文介绍了 OCP、EIS、EN 和 AC/DC/AC 循环加速方法特点和近期研究进展，归纳总结了技术对比如下：

表 2 有机涂层防护性能电化学分析技术对比

技术	优点	缺点
OCP	(1)可和其他电化学测试共用样本，在其他电化学测试前开展； (2)无需施加外界激励扰动，属于无损分析技术； (3)可以提供时间维度信息	测量结果不明确，数据重现性差
EIS	(1)施加小幅电压扰动，对样本无破坏性 (2)提供电化学信息丰富，涵盖界面活动和涂层信息	数据处理复杂，选用错误的 EEC 模型会造成信息解读错误
EN	(1)无需施加外界激励扰动，属于无损分析技术； (2)可以在短时间内完成测试	(1)数据需要较为复杂的数据处理； (2)EPN 和 ECN 数据的解释尚不能达到共识
AC/DC/AC	所测数据与中性盐雾数据相近，可作为替代方法缩短涂层老化时间	相比其他电化学分析方式耗时长

电化学分析技术为涂层/金属界面的电化学现象提供了丰富的信息，对防腐涂料配方和涂层配套等优化发挥了至关重要的作用，不过电化学分析技术的应用目前主要集中在实验室分析平均，在役涂层原位评价应用很少。现场在役涂层勘验依赖目测，主观判断对结果有直接影响，因此发展在役涂层原位电化学分析评价技术，客观评估在役涂层状态，对涂层修复管理和控制安全风险具有重大意义。

参 考 文 献

[1] Akbarinezhad E , Bahremandi M , Faridi H R , et al. Another approach for ranking and evaluating organic paint coatings via electrochemical impedance spectroscopy[J]. Corrosion Science, 2009, 51(2)：356-363.

[2] Funke W . Problems and Progress in Organic Coatings Science and Technology[J]. Progress in Organic Coatings, 1997, 31(1)：5-9.

[3] 蔡光义，张德平，赵苇杭，等 . 有机涂层防护性能与失效评价研究进展[J]. 腐蚀与防护，2017(9)：657-664.

[4] Margarit-Mattos I . EIS and organic coatings performance：Revisiting some key points[J]. Electrochimica Acta, 2020, 354：136725.

[5] Meng F , Liu L . Electrochemical Evaluation Technologies of Organic Coatings[M]. 2019.

[6] Murray J N . Electrochemical test methods for evaluating organic coatings on metals：an update. Part II：single test parameter measurements[J]. Progress in Organic Coatings, 1997, 31(3)：255-264.

[7] 史昆玉，张进中，张毅，等 . Nb_2N 涂层制备及其耐腐蚀性能研究[J]. 中国腐蚀与防护学报，2019, 39(4)：313-318.

[8] 郑鹏飞 . 用于 ALC 板材钢筋防锈的机喷地聚物复合涂层的制备与性能[D]. 广州，华南理工大学，2021.

［9］Suyun L ，Li L ，Fandi M ，et al. Protective Performance of Polyaniline-Sulfosalicylic Acid/Epoxy Coating for 5083 Aluminum［J］. Materials，2018，11（2）：292.

［10］Meng F ，Liu L ，Tian W ，et al. The influence of the chemically bonded interface between fillers and binder on the failure behaviour of an epoxy coating under marine alternating hydrostatic pressure［J］. Corrosion Science，2015，101（DEC.）：139-154.

［11］Meng F ，Liu L . Electrochemical Evaluation Technologies of Organic Coatings［M］. 2019. 49-67.

［12］Caldona，Eugene B. Smith，Dennis W.，Jr. Wipf，David O. Surface electroanalytical approaches to organic polymeric coatings［J］. Polymer international，2021，70（7）.

［13］Bacon R C，Smith J J，Rugg F M . Electrolytic Resistance in Evaluating Protective Merit of Coatings on Metals［J］. Ind. eng. chem，1948，40（1）：161-167.

［14］Margarit-Mattos I C P，Agura F A R，Silva C G，et al. Electrochemical impedance aiding the selection of organic coatings for very aggressive conditions［J］. Progress in Organic Coatings，2014，77（12）：2012-2023.

［15］K Jüttner. Electrochemical impedance spectroscopy（EIS）of corrosion processes on inhomogeneous surfaces［J］. Electrochimica Acta，1991，35（10）：1501-1508.

［16］Hirschorn B，Orazem M E，Tribollet B ，et al. Determination of effective capacitance and film thickness from constant-phase-element parameters［J］. Electrochimica Acta，2010，55（21）：6218-6227.

［17］许志雄，周欢，芦树平，张聪，高超，许飞凡 . 基于交流阻抗技术的涂层性能评价方法［J］. 中国舰船研究，2020，015（004）：110-116.

［18］Nguyen A S，Causse N，Musiani M ，et al. Determination of water uptake in organic coatings deposited on 2024 aluminium alloy：Comparison between impedance measurements and gravimetry［J］. Progress in Organic Coatings，2017，112：93-100.

［19］Haruyama S，Asari M，Tsuru T. Impedance characteristics during degradation of coated steel［C］//Proceedings of the Symposium on Corrosion Protection by Organic Coatings，The Electrochemical Society，Pennington. 1987：197-207.

［20］H. P. Hack，J. R. Scully，J. Electrochem［M］. Soc. 138（1991）：33.

［21］Mansfeld F，Tsai C H，Shih H. Determination of coating delamination and corrosion damage with EIS［C］//Proceedings of Symposium on Advances in Corrosion Protection by Organic Coatings，Pennington. 1989：228-240.

［22］Xia D H ，Shi J ，Behnamian Y . Detection of corrosion degradation using electrochemical noise（EN）：review of signal processing methods for identifying corrosion forms［J］. British Corrosion Journal，2016，51（7）：527-544.

［23］Zhang Zh，Wu X Q，Tan J B. Review of Electrochemical Noise Technique for in situ Monitoring of Stress Corrosion Cracking. Journal of Chinese Society for Corrosion and Protection［J］，2020，40（3）：223-229.

［24］王伟杰，汉继程，毛阳，等 . 保温层下腐蚀监检测技术研究进展［J］. 中国腐蚀与防护学报，2023，43（1）：22-28.

［25］王伟杰 . 海底管道内腐蚀监测技术研究现状与发展［J］. 涂层与防护，2021，42（12）：37-42.

［26］Deyá，M. C，Del Amo B ，Spinelli E ，et al. The assessment of a smart anticorrosive coating by the electrochemical noise technique［J］. Progress in Organic Coatings，2013，76（4）：525-532.

［27］Mansfeld F ，Han L T ，Lee C C . Analysis of electrochemical impedance and noise data for polymer coated metals［J］. Corrosion ence，1997，39（2）：255-279.

［28］Conde A ，Damborenea J D . Monitoring of vitreous enamel degradation by electrochemical noise［J］. Surface

& Coatings Technology, 2002, 150(2): 212-217.

[29] A F M, A L L, A Y L, et al. Studies on electrochemical noise analysis of an epoxy coating/metal system under marine alternating hydrostatic pressure by pattern recognition method [J]. Progress in Organic Coatings, 2017, 105: 81-91.

[30] 张哲, 严刚, 倪福松, 等. Al2O3 纳米粒子环氧涂层对钢筋防护性能的电化学噪声分析[J]. 表面技术, 2014, 43(2): 18-23.

[31] Mills D, Picton P, Mularczyk L. Developments in the electrochemical noise method (ENM) to make it more practical for assessment of anti-corrosive coatings[J]. Electrochimica Acta, 2014, 124: 199-205.

[32] Jamali, Sina S, Cottis, et al. Analysis of electrochemical noise measurement on an organically coated metal [J]. Progress in Organic Coatings: An International Review Journal, 2016.

[33] da Silva Lopes, T. Lopes, T. Martins, D. Carneiro, C. Machado, J. Mendes, A. Accelerated aging of anticorrosive coatings: Two-stage approach to the AC/DC/AC electrochemical method[J]. Progress in Organic Coatings: An International Review Journal, 2020, 138(1): 105365.

[34] B D Z A, A Q G, A Y X, et al. Modified AC-DC-AC method for evaluation of corrosion damage of acrylic varnish paint coating/Q215 steel system - ScienceDirect[J]. Progress in Organic Coatings, 2021, 159: 106401.

[35] Xu Y, Song G L, Zheng D, et al. The corrosion damage of an organic coating accelerated by different AC-DC-AC tests[J]. Engineering Failure Analysis, 2021: 105461.

酸性水汽提装置塔顶空冷出口
管线腐蚀原因分析及预防措施

张宏锋　陶东来　雷　建　于　强　孟建明

（中国石油独山子石化公司）

摘　要：酸性水汽提装置的原料水中含有腐蚀性介质，该装置腐蚀泄漏的位置主要集中在工艺参数发生变化、介质出现相变、流态变化的管段。本文重点分析造成管线腐蚀穿孔的原因并提出针对性的解决措施，已保障装置的长周期运行。

关键词：酸性水汽提；空冷；出口管线；冲刷腐蚀

某石化公司Ⅲ套酸性水汽提装置由山东三维石化工程股份有限公司设计，处理规模为110t/h，操作弹性为60%~120%，采用单塔全抽出汽提工艺，于2019年9月建成投用。装置处理的酸性水主要来自焦化、蒸馏、重整、催化等装置，酸性水的主要成分有水、H_2S、NH_3、NH_{4+}、HS^-以及少量的油等。酸性水进入酸性水汽提塔由汽提塔塔底重沸器（E-202）加热，将H_2S和NH_3从酸性水中汽提出来。经过塔顶空冷（E-204）冷却至90℃后，进入塔顶回流罐（V-201）进行气、液分离。分离出的含NH_3酸性气送至硫磺回收装置处理。含有硫化氢、氨气等物质的酸性水作为汽提塔顶回流水回用。塔底的净化水，经换热回收余热后，作为其他装置的回用水。装置投用22个月后，空冷出口管线频繁出现泄漏，由于介质含有高浓度的硫化氢，已经严重影响装置安全平稳运行。

1　管线泄漏原因分析

管线泄漏的原因有很多因素造成，例如介质因素、管线安装因素、设计因素等，文章从上述三个方面展开分析。

1.1　管道信息及减薄位置

管线编号：300-SG-102251001、300-SG-102251002，该管线采用ANTI-H_2S（抗硫化氢）无缝钢管，规格为ϕ323mm×8.38mm，材质为20#，介质为酸性气、水蒸气，操作压力0.105MPa，操作温度90℃，2019年10月开工投用。管线腐蚀减薄位置如图1所示。

该管线在3Z和11Z两个直管段腐蚀减薄较为严重，将每个直管划分为四个区域A（南侧面）、B（西侧面）、C（北侧面）、D（东侧面），具体图及厚度分布详见图2、图3、表1和表2。按照原设计壁厚8.38mm计算，西侧空冷出口直管段（11Z）最小壁厚1.62mm，腐蚀速率为3.687mm/a，东侧空冷出口直管段（3Z）最小壁厚2.93mm，腐蚀速率为

2.973mm/a，冲刷腐蚀严重。

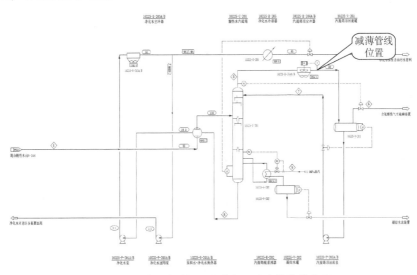

图 1 酸性水汽提装置原则流程及减薄管线位置

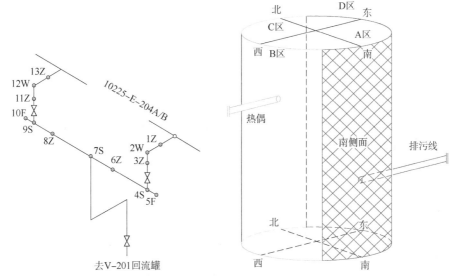

图 2 测厚点选点位置分布　　　　图 3 减薄区域直管段截取图

表 1　东西两边直管段南侧面厚度分布表

纵向位置	西侧直管 11Z-A 区（南面）测厚数据							东侧直管 3Z-A 区（南面）测厚数据						
1-1	9.7	8.51	6.74	2.66	2.56	7.08	8.94	9.98	9.31	8.14	6.77	6.96	9.16	9.53	9.51
1-2	9.07	8.11	4.7	3.04	2.09	2.15	9.46	9.86	9.12	7.53	6.33	6.5	8.6	9.75	8.88
1-3	8.87	7.79	3.65	2.36	2.03	4.41	9.29	9.44	9.12	7.08	5.37	5.63	6.96	8.88	8.68
1-4	8.78	7.72	4.37	1.62	2.27	2.14	4.48	8.58	7.77	6.05	4.4	5.08	7.43	8.53	8.52

续表

纵向位置	西侧直管11Z-A区(南面)测厚数据								东侧直管3Z-A区(南面)测厚数据						
1-5	8.85	6.02	2.67	2.53	4.83	5.23	9.47	9.35	7.43	5.35	3.4	4.28	5.5	8.49	8.61
1-6	8.78	5.58	3.06	2.21	2.2	2.71	5.57	9.72	7.2	4.63	3.26	3.42	6.06	7.68	7.52
1-7	8.58	5.52	2.71	3.16	2.2	5.13	8.53	9.14	7.03	4.31	2.93	3.87	4.53	7.83	7.23
1-8	8.77	5.45	1.94	2.66	2.95	6.03	8.64	9.61	6.77	3.82	2.96	3.51	5.42	7.93	8.01
1-9	8.79	6.35	3.13	2.61	3.04	3.02	3.9	8.82	6.63	3.5	3.11	3.38	4.39	8.38	8.26
1-10	8.94	7.12	3.58	3.03	3.54	5.13	7.02	9.09	7.01	3.42	3.03	3.29	5.88	8.28	8.36
1-11	9.17	6.99	4.39	3.21	3.92	2.61	2.66	8.53	7.04	4.96	3.65	3.56	5.47	8.47	8.54
1-12	9.05	7.03	3.66	4.01	4.3	5.06	2.62	8.65	6.65	5.77	3.21	3.37	3.52	6.6	6.5
1-13	8.26	8.63	5.84	3.8	4	3.9	6.26	7.86	7.26	6.25	4.6	4.8	4.32	6.58	6.58

表2 东西两侧直管段西侧、东侧测厚分布表

西边直管11Z-其他区测厚数据												
纵向部位	B				C				D			
1-1	9.22	9.54	9.99	9.7	9.53	10.12	9.6	9.27	9.28	9.62	9.75	9.36
1-2	9.73	9.18	9.2	9.21	9.9	9.71	9.2	9.21	9.31	9.95	9.91	9.51
1-3	9.32	9.2	9.28	10.05	8.5	9.4	9.94	9.5	9.16	9.25	9.22	8.88
1-4	9.67	9.33	9.03	9.45	9.65	9.67	9.92	8.46	9.18	9.53	9.29	8.97
1-5	9.49	9.11	9.08	9.62	9.3	10.05	9.34	7.94	9.37	9.55	9.23	8.94
1-6	9.9	9.38	9.42	9.17	9.51	10.04	9.77	9.01	/	/	/	/
1-7	9.44	9.22	9.03	9.11	9.42	9.53	9.93	8.54	9.27	9.51	9.42	9.2
东边直管3Z-其他区测厚数据												
纵向部位	B				C				D			
1-1	9.39	10.15	10.14	9.44	9.53	10.12	9.6	9.27	8.51	9.53	9.32	9.6
1-2	9.2	9.68	10.17	9.66	9.9	9.71	9.2	9.21	7.31	9.47	9.05	9.35
1-3	9.63	10.04	10.28	9.82	8.5	9.4	9.94	9.5	4.48	9.58	9.44	9.41
1-4	9.53	9.83	10.01	9.57	9.65	9.67	9.92	8.46	5.32	9.08	9.33	9.41
1-5	9.44	9.8	10.03	9.86	9.3	10.05	9.34	7.94	5.17	8.14	8.98	9.37
1-6	9.3	10.48	10.11	10.09	9.51	10.04	9.77	9.01	/	/	/	/
1-7	9.7	9.71	10.18	9.87	9.42	9.53	9.93	8.54	5.12	7.8	8.82	9.22

　　从管线的腐蚀部位和测厚数据可以看出,流体流动正对南侧面管壁腐蚀减薄严重。管线内部出现冲刷沟槽,沟槽及边缘形貌属于典型的流体冲刷腐蚀形貌,对冲位置45°弯头及直管下部阀门均可见明显的减薄情况,其他区域疑似覆盖黑红色硫化亚铁保护膜。

1.2 原因分析

1.2.1 介质因素

酸性气、水蒸气经过汽提塔顶空冷器 10225-E-204A/B 冷却至 90℃后，进入出口管线，其中含有 H_2S、NH_3 和 H_2O 等腐蚀性介质，在此温度下凝结出液滴，溶解少量的 H_2S、NH_3 可生成 NH_4HS 等铵盐，与此处的管线发生腐蚀。同时管线处于湿硫化氢腐蚀条件中，可发生 $Fe+H_2S \rightarrow FeS+H_2$ 的反应，生成疏松的 FeS 保护膜，其具有一定的防止继续腐蚀的作用，但随着介质流速增大，FeS 膜的保护性能下降，另外随着 NH_4HS 的浓度增加会形成氨离子络合物，剥离表面形成的 FeS 保护膜，加剧腐蚀。

在 API 571《炼油厂固定设备的损伤机理》的过程流程示意图中明确了酸性水汽提装置主要损伤机理及出现的位置，指出酸性水汽提塔顶空冷后至回流罐管线存在 NH4HS 与冲刷腐蚀的损伤机理，如图 4 所示。

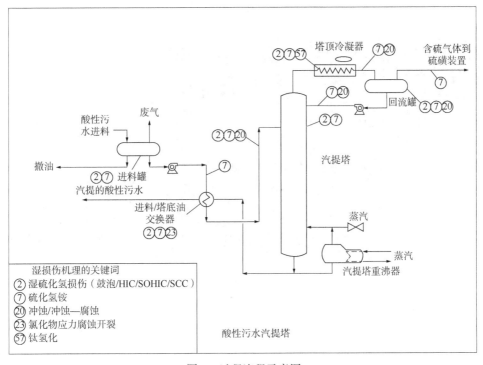

图 4　过程流程示意图

1.2.2 管线安装因素

酸性气、水蒸气经过空冷冷却后开始凝结形成含有液滴的流体进入管线，而后经过 45 度弯头变向进入下降的直管段，介质对弯头后的直管段产生冲刷撞击，引起冲刷腐蚀。流体流向正对面管壁腐蚀减薄严重，多区域存在 2-3mm 厚度分布，东、西、北面厚度分布正常。切开检查管线内部存在冲刷沟槽，沟槽及边缘形貌属于典型的流体冲刷腐蚀形貌，45°弯头、直管端及下部阀门均可见明显的减薄情况，其他区域覆盖黑红色硫化亚铁保护膜，具体如图 5 和图 6 所示。

 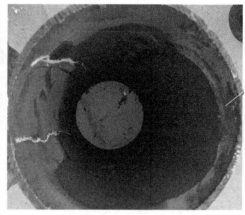 

图 5　减薄直管段内部检查情况

图 6　闸阀可视面内部情况

1.2.3　设计因素

设计方在设计阶段没有考虑该位置存在气液两相的工况，选用不耐冲刷腐蚀的碳钢材质。用户方在设计审图阶段仅针对Ⅰ、Ⅱ套酸性水汽提装置曾出现腐蚀减薄的位置开展针对性的材质防护，没有考虑现场管线安装结构变化后造成冲刷位置改变的因素。

2　管线泄漏解决措施

2.1　稳定生产负荷

流体冲刷程度与装置的生产负荷有很大的关联性，长期维持在高负荷及满负荷情况下势必造成流体冲刷严重的情况，对个别存在两相流的区域冲刷更严重。因此在生产过程中要保持正常的生产负荷，绝不能超设计负荷运行，否则将加剧管线的腐蚀速率。

2.2　定期开展测厚

使用脉冲涡流扫查技术对空冷出口管线的易腐蚀部位进行扫查，排查管线是否出现均匀减薄的情况。同时配合超声波测厚技术，空冷进出口位置布设腐蚀测厚点，确定监控频次，计算腐蚀速率及时为管道运行状况进行预警，并指导下一周期检维修计划的制定及实施。

2.3 管线材质升级

酸性水汽提装置塔顶空冷出口管线腐蚀机理是固有存在的，需要对空冷出口管线的材质进行升级改造，使用耐腐蚀的 316 或 316L 等材质的管线，减缓介质对管线腐蚀，保证装置安全运行。

3 结论

酸性水汽提装置处理的酸性水中含有硫化氢，经过汽提后气相在塔顶空冷出口部分冷凝，形成含高浓度硫化氢的介质。因此空冷出口管线的腐蚀泄漏问题要引起足够的重视。本文通过分析汽提塔顶空冷出口管线存在的腐蚀机理，加上行之有效的管控措施，可以保证酸性水汽提装置安稳长运行。

参 考 文 献

[1] 刘芳，陈明德. 酸性水汽提装置的节能[J]. 石油化工腐蚀与防护 2008，25(1)：59-61.

[2] 卢启敏. 石油工业中的腐蚀与防护[M]. 北京：化学工业出版社，2001.

[3] 于福洲. 腐蚀与防护手册—化工生产装置的腐蚀与防护[M]. 北京：化学工业出版社，1991.

INCOLOY825 材料在加氢裂化装置中高压空冷器上的应用

冯 勇

(中石化洛阳工程有限公司)

摘 要：加氢裂化装置中高压空冷器的腐蚀在介质环境苛刻时会很严重，一般应选用 Incoloy825 材料来防止腐蚀。本文对 Incoloy825 材料的焊接和抗腐蚀特点及应用在加氢裂化装置中高压空冷器上时应注意的问题进行了初步的探讨。

关键词：加氢裂化装置；高压空冷器；腐蚀；Incoloy 825 材料；焊接

在加氢裂化装置中，设备的腐蚀形式非常多，其中高压空冷器及其连接管道的腐蚀一直是一个比较引人关注的问题，经常能看到由于高压空冷的泄漏而造成整个装置停车的报道。在防止高压空冷器的腐蚀中，管束材料的选择是重要的一环。选用一般的碳钢材料，制造的费用较低，但要求介质条件必须缓和，否则使用寿命有限；若选用耐蚀的材料，从国外的使用经验来看，Incoloy 825 材料有较好的耐蚀性，但这样以来，对高压空冷器一次投入的成本又将大幅提高，且国内制造的经验也不多。因此，对 Incoloy 825 材料使用时应注意些什么问题，是我们设计人员要重点考虑的。

今年我公司设计了一套加氢装置，该装置的高压空冷器的管束材料为 Incoloy 825。笔者在查阅国内外相关资料的基础上，对这台空冷器的设计和制造方面应注意的问题进行了初步的探讨。

1 高压空冷器腐蚀机理及空冷器设计参数简介

1.1 高压空冷器腐蚀机理及影响因素简介

从国内外的研究成果表明，加氢裂化装置中，高压空冷器腐蚀的最原始的原因在于原料中高含硫且高含氮所致。进料中的硫和氮的化合物在反应器中转变为 H_2S 和 NH_3。在冷却时，这两种化合物即反应形成 NH_4HS。当没有液态水时，NH_4HS 直接从气相中冷凝形成结晶的固体，并将很快引起高压空冷器的堵塞。为了防止堵塞，便在空冷器前面注水。虽然冲洗水能有效的防止结垢，但却形成强腐蚀性的 NH_4HS 溶液。这样以来，问题又由堵塞变成了腐蚀。总的说来，高压空冷器的腐蚀主要是由于 NH_4HS 溶液所引起的一种冲-腐蚀现象。

影响高压空冷器腐蚀的因素主要有：[1]

(1) 流体腐蚀系数 K_p。流体腐蚀系数 K_p 的定义是空冷器介质中干性烃类物流中的

NH_3mol%与 H_2Smol%的乘积。干性物流包括在气相和液相的全部烃类，但不包括水。当 $K_p > 0.2$ 时，空冷器会发生严重腐蚀。

（2）流速。在 NH_4HS 存在的情况下，在碳钢表面会形成一层硫化铁保护膜。然而这层保护膜的附着力并不很强，一旦物流速度提高到中速或高速，这层膜会被不断的冲刷掉，然后就会出现快速的局部腐蚀。为了得到较长的管子寿命，我们必须降低物流速度。但速度太慢也不行，因为速度太慢会发生氨盐沉淀导致管束堵塞。

（3）管箱的布置。管箱的布置是指工艺安装对管箱的设计是否为对称布置设计。当管箱数量为 2^n 时（n 为任意整数）才有可能进行对称管箱布置。对称管箱布置可以使物流通过每一个空冷器管束的流路长度相等，使得管束之间油、水和气相的均匀分配，并使从一个管束到另一个管束的流速差异降到最小。如果采用非对称的管箱布置，尽管名义流速和 NH_4HS 的浓度看起来好像是可以接受的，但非对称设计会使物流的分配产生不利的偏差，从而在高压空冷器的一些地方造成过大的流速和 NH_4HS 的浓度集中，最终导致严重的局部腐蚀。

（4）管束材质。当介质条件较为缓和时，管束材质一般选碳钢，但管端应加衬一段 316L 的不锈钢衬管以抗冲蚀。当介质条件较为苛刻时，Incoloy800、S31803（双相钢）、321型不锈钢及 Monel400 都有不错的抗腐蚀性。Incoloy825 是更好的选择，它的性能超过 Incoloy800。但是在国内，直到近几年才开始研究制造 Incoloy825 的空冷器，所以制造经验十分有限。

1.2 空冷器的设计参数

这台高压空冷器共 16 片，符合对称管箱布置的要求。具体设计参数见表 1。

表 1 设计参数表

操作温度（℃）	139/47
操作压力（MPa）	14.64
设计温度（℃）	310
设计压力（MPa）	15.4
操作介质	热高分气，H_2(95.29%)，H_2S(0.87%)，NH_3(0.143%total)
介质流速（m/s）	6
空冷器参数	GP10.5×2.5-6-186-18S-23.4/G-Ⅲ

该空冷器管箱材质采用 14Cr1MoR，腐蚀裕量取 6mm；管束材质采用 Incoloy 825。由于国内对 Incoloy825 材料的设计制造经验还很有限，所以其中的难点就在于这种材料的性能、焊接，我们应该注意什么？

2 Incoloy 825 材料焊接及抗腐蚀性能分析

2.1 Incoloy 825 材料简介

Incoloy 材料是 Ni-Fe-Cr 型合金，也常被称为铁镍基合金，一般合金中 Ni≥30%，而 Ni+Fe≥65%。它除具有很高的机械性能外，还具有良好的耐蚀性。Incoloy 825 金相组织为单相奥氏体组织,其各元素成分见表 2[2]。

表 2　Incoloy 825 化学成分表

合金元素	Ni	C	Cr	Mo	Fe	Cu	Al	Ti	Mn	Si	S
含量(%)	42.0	0.03	21.5	3.0	30.4	2.2	0.1	0.9	0.5	0.2	<0.02

2.2　焊接性能分析

Incoloy825 材料在焊接时最容易出现的问题是焊缝金属的热裂纹,而热裂纹又可细分为结晶裂纹、多边化裂纹等。

2.2.1　结晶裂纹[2]

由于 Incoloy 825 的合金元素较多,而其组织又是单相奥氏体组织,对合金元素的溶解度有限。当这些合金元素和基体中的 Ni 或 Fe 作用,就会生成低溶点共晶体,偏析于晶界,在焊接应力的作用下而产生结晶裂纹。加上焊缝金属在凝固时形成方向性很强的单相奥氏体柱状晶体,当低熔点共晶体偏析于柱状晶体之间时,在焊接应力的作用下,极易产生晶间开裂。文献[2]对这方面进行了详细的研究,发现合金中的 S 可与 Ni 形成 Ni_3S_2、NiS 和 Ni_6S_5 等化合物,其中 $Ni-Ni_3S_2$ 的低熔点共晶体温度为 644℃;合金中的 P 与 Ni 能形成 Ni_3P,Ni_5P_2 和 Ni_2P 等化合物,其中 $Ni-Ni_3P$ 的低熔点共晶体温度为 880℃;合金中 Si 含量增加时,会引起合金固相线温度降低,结晶温度区间加大,当 Si 的低熔点合金偏析于晶界,会增加焊缝金属热裂纹倾向。综上所述,S、P、Si 是形成低熔点共晶体的主要元素。严格控制 Si≤0.25%,S、P≤0.02%,是防止结晶裂纹的一项有效措施。

2.2.2　多边化裂纹

多边化裂纹一般是微裂纹,在应力作用下,严重时也可扩展为宏观裂纹。其产生原因是:在晶格缺陷密度较大的部位,在位错移动过程中晶格缺陷形成超显微裂纹,在焊接应力的作用下发展为微裂纹并延伸到结晶前沿。由析集毛细现象的作用,从熔池液态金属中吸附 S、P 等这种表面活性物,渗入微裂纹表面,使裂纹扩展的表面能降低,于是裂纹随着晶体凝固生长而扩展,最终扩展成宏观裂纹。文献[2]认为,多边化所需要的激活能越高,裂纹形成的时间就越长,在焊缝金属中添加提高激活能的合金元素 Mo、W、Ti、Ta 等能有效阻止多边化裂纹的产生,而合金中的杂质则会起着相反的作用。焊接时的应力状态也是一个影响因素,焊接时的应力存在增加了原子的活动性,能加速多边化的形成,因此应尽可能降低焊接产生的应力。从以上分析可以看出,为有效控制多边化裂纹,应从以下方面入手:

(a) 焊条金属中添加有利的合金元素 Mo、W、Ti、Ta,并尽可能降低杂质;

(b) 采用适当措施控制降低熔池温度,减少过热,避免过大的焊接应力。例如焊接时的最大线能量控制不得超过 25kJ/cm,最大层间温差不得超过 100℃。当 Incoloy825 材料的温度低于 10℃时,焊前应将其预热到至少 10℃以上。

2.2.3　抗腐蚀性能分析

20 个世纪 60 年代国外就开始研究 Incoloy 系列材料的抗腐蚀性能,并不断发展丰富这一系列的牌号。自 Incoloy 825 被开发出来后,近些年又有人对其在各方面的抗腐蚀性能作了些相关的试验。

文献[3] 中作者将 Incoloy 系列材料与奥氏体不锈钢一同进行了抗连多硫酸腐蚀和抗 Cl⁻ 离子腐蚀试验，结果表明：Incoloy 系列材料与奥氏体不锈钢的抗腐蚀性比较类似：在正常的加氢操作温度下，Incoloy 材料有良好的抗硫化氢腐蚀性能。然而当材料温度升至敏化温度区间(482~816℃)内时，晶界会析出 $M_{23}C_6$ 碳化物，从而使材料被敏化，在连多硫酸的环境下或在 Cl⁻ 离子环境下，Incoloy 材料会出现应力腐蚀倾向。试验发现：其中 Incoloy 825 材料由于加入了稳定化元素 Ti，如果再施以适当温度的退火处理，可表现出较为良好的抗连多硫酸应力腐蚀和抗 Cl⁻ 离子应力腐蚀性能。

文献[4] 中作者将 Incoloy 825 材料的焊接试样与未焊接试样按 ASME A262−C "Huey Test" 试验方法进行晶间腐蚀试验。该试验进一步发现，虽然 Incoloy 825 材料在 482~816℃ 温度区间停留会导致晶间敏化，但未焊接的试样完全可以抵抗连多硫酸应力腐蚀，而焊接试样仅在 649℃ 下停留 50-100 小时以上才会出现轻微的连多硫酸应力腐蚀倾向。

综上所述，由于 Incoloy 825 的加入 Ti 元素，其稳定性已大大有所提高。尽管如此，为了保证 Incoloy 825 的安全可靠，应保证该材料的供货状态为 940℃ 退火处理并尽量避免在可能引起应力腐蚀的连多硫酸或含 Cl⁻ 环境下使用 Incoloy 825。

2.2.4 Incoloy 825 焊接材料的选择。

由于 Incoloy 825 材料焊接时易出现热裂纹，为了保证焊缝的机械性能和抗腐蚀性能，Incoloy 825 焊接材料的选择就成为一个非常重要问题。以往曾用 alloy 825 焊丝(ERNiFeCr−1)成功的对 Incoloy 825 材料进行过焊接，但近些年研究表明[4]，采用 Inconel 625 焊丝(ERNiCrMo−3)或 Inconel 112 焊条(ENiCrMo−3)对 Incoloy 825 材料焊接能更好的保证焊缝的性能。

ERNiCrMo−3 焊丝的各组成成分见表 3。

表 3 ERNiCrMo−3 焊丝的化学成分[5]

合金元素	Ni	C	Cr	Mo	Fe	Cu	Nb	Ti	Al	Mn	Si	S	P
含量(%)	≥58.0	≤0.10	22.0~23.0	8.0~10.0	≤5.0	≤0.50	3.15~4.15	≤0.40	≤0.40	≤0.50	≤0.50	≤0.015	≤0.02

文献[4] 研究认为使用这种焊接材料与 alloy 825 焊丝(ERNiFeCr−1)相比有很多优点：能提高焊缝的室温屈服强度 30%，能提高焊缝金属的抗点蚀和抗均匀腐蚀能力，能降低焊缝金属热裂纹的形成倾向，能更为方便的进行焊接施工及焊条储存。且文献[3] 研究认为采用这种焊接材料对 Incoloy 825 进行焊接后不必再进行热处理。

3 结论

了解到影响 Incoloy825 材料的防蚀性能及焊接性能的各种因素后，我们对这台高压空冷器的设计制造重点提出以下要求

(1) 为避免异种钢焊接的难题，管板采用 14Cr1MoR+Incoloy825 复合板。这样我们可以直接采用技术成熟的焊接材料对管束与管板进行焊接。管子与管板的连接为强度焊加贴胀。管束与管板焊接完毕后对管端不进行热处理。

(2) 要求 Incoloy 825 管束的供货状态必须为退火状态，且该管束与管板的 Incoloy 825

复合层均要求控制 S、P≤0.02%，Si≤0.25%；每批 Incoloy 825 管束须按照 ASTM A262-C（Huey Test）的要求取样进行抗腐蚀试验。

（3）对于气体保护焊（GTAW），焊丝采用 ERNiCrMo-3；对于手工电弧焊（SMAW），焊条采用 Inconel 112 焊条。

（4）Incoloy 825 材料焊接前，材料表面的油质杂物应被清理干净。当 Incoloy 825 材料的温度低于 10℃时，焊前应将其预热到至少 10℃以上。Incoloy 825 焊接时的最大线能量及焊接时的最大层间温差均应按焊评进行控制。

（5）水压试验和清洗用水的氯离子含量不得大于 15PPm。水压试验后应完全卸载后把水放尽，充分干燥后通入 0.05MPa 氮气，开口接管用盲板封闭。

参 考 文 献

[1] 顾钰熹. 特种工程材料的焊接[M]. 沈阳：辽宁科学技术出版社，1998.

[2] 李其福，等. 不锈钢及耐蚀耐热合金焊接 100 问[M]. 北京：化学工业出版社，2000.

常压塔顶油气线低温段腐蚀与防护

杨毅晟

(中国石化扬子石油化工有限公司)

　　摘　要：本文介绍了扬子石化 3#常减压联合装置常压塔顶挥发线低温段腐蚀泄漏的案例，结合生产工艺及超声测厚检测方法，分析了该管线腐蚀的原因，并制定了有针对性的检验方案及工艺防腐措施。
　　关键词：常顶挥发线；低温；泄漏；腐蚀；冲刷

　　常压塔是常减压装置的核心设备，而常压塔顶冷凝冷却系统及管线的腐蚀情况影响着装置的长周期安全运行。近年来，伴随着炼化企业原油劣质化程度的加深，常减压装置处理高酸高硫原油的比例不断加大，常压塔顶冷凝冷却系统及管线腐蚀失效事故发生频繁。

1　常压塔顶油气线低温段腐蚀失效案例

　　扬子石化 3#常减压蒸馏装置于 2014 年 12 月开工，处理能力为 800×10^4 t/a，装置设计加工原油为科威特原油、巴士拉原油、胜利原油、阿曼原油和沙特(重)原油的混合油，混合原油平均 API 为 29.13，硫含量为 2.31%(质量分数)，酸值为 0.39mgKOH/g。

　　2019 年 6 月，3#常减压装置外操人员在巡检过程中发现常顶油气板换出口管线有滴漏现象，车间紧急安排拆除保温检查，发现常顶板 E102B 换油气侧管线(具体参数见表 1)出口法兰第一道焊缝泄漏(图 1)，车间立即切出板换进行处理。

表 1　管道主要工艺参数

管道名称	管道号	管道规格（mm）	材质	设计条件		操作条件	
				压力（MPa）	温度（℃）	压力（MPa）	温度（℃）
常顶油气管线	P10111	φ356×11	20#	0.27	119	0.09	90

图 1　板换出口法兰焊缝腐蚀穿孔

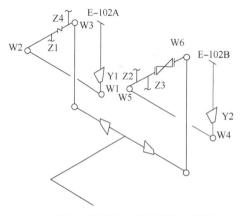

图 2　常顶油气线低温段空视图

2　检验检测

车间根据泄漏部位工艺运行情况，对常压塔顶挥发线至两台常顶板换 E102AB 油气侧入口和板换油气侧出口至空冷管线（图 2）进行了全面测厚。并同 2017 年该管线首次全面检验报告和 2018 年定点测厚报告的数据进行了比对，发现板换油气侧出口低温段管线存在严重腐蚀，具体数据见表 2。

表 2　常顶油气线低温段测厚数据

编号	部位	2017 年全面检验测厚数据（最厚/最薄）(mm)	2018 年定点测厚数据（最厚/最薄）(mm)	2019 年 6 月测厚数据（最厚/最薄）(mm)
Y1	E102A 板换出口大小头	11.9/11.4		10.6/6.2
Y2	E102B 板换出口大小头（泄漏部位）	11.8/11.5		9.6/6.2
W1	E102A 板换出口第一个弯头	12.8/11.3	11.3/10.0	5.7/4.6
W2	E102A 板换出口第二个弯头	13.0/10.4		8.5/5.9
W3	E102A 板换出口阀阀后第一个弯头			6.1/5.3
W4	E102B 板换出口第一个弯头	12.6/10.9		6.3/5.2
W5	E102B 板换出口第二个弯头	12.2/10.3		6.0/6.5
W6	E102B 板换出口阀阀后第一个弯头		10.8/10.6	9.5/8.4

通过对比 2017 年装置停车检修时全面检验情况，三常常顶板换 E102AB 出口弯头壁厚基本均在 10mm（原始壁厚 11mm）以上，在装置运行的前三年，装置腐蚀控制总体较好，在 2018 年 10 月 3#常减压装置定点测厚过程中常顶板换出口管线（管线号 P-10111）壁厚依然在 10.0mm 以上。说明直到 2018 年 10 月，常顶的腐蚀一直控制较好，无明显腐蚀减薄现象。

2019 年 6 月，在对 3#常减压装置内易腐蚀部位常压塔顶板换 E102AB 出口管线检测过程中，发现常顶板换 E102AB 出口法兰、弯头存在比较严重的腐蚀减薄现象，有多处弯头的外弯由 11mm 减薄至 6mm 左右，在扩侧过程中，又发现板换下方有两个弯头存在比较严重的腐蚀减薄现象，其中一个弯头最薄处只有 2.4mm，另一个弯头最薄点为 4.8mm，减薄点均集中在弯头的外弯，说明腐蚀主要集中在近期。

3　工艺分析

2019 年上半年，3#常减压装置原油性质及负荷波动较大，装置经历了历史最高负荷

（23500t/d）和最低负荷（14000t/h），原油性质变化较频繁。目前，装置长期在高负荷工况下运行，对装置的平稳运行和防腐蚀工作带来较大的挑战。

3.1 工艺防腐分析

API571中关于常减压常顶冷后腐蚀类型有三种：氯化铵腐蚀、HCL腐蚀、冲刷腐蚀共三种。通过对拆下来的法兰和短节进行检查，未发现氯化铵腐蚀迹象，判断可能的腐蚀原因主要集中在冲刷腐蚀和HCL腐蚀。车间对最近18个月3#常减压一脱三注情况（图3）进行了检查，通过观察常顶切水铁离子、脱后含盐数据可以发现，无论电脱盐合格率还是常顶切水合格率，总体控制情况均较好，常顶切水合格率为100%、电脱盐平均合格率都在95%以上，这两个指标是引起腐蚀的关键数据。而常顶切水的氯离子偏高的主要原因为三常的酸性水一直为闭路循环，外排较少，造成氯离子上升，通过观察常顶切水的铁离子含量，一直维持在2mg/L的较好水平，说明常顶的腐蚀不是由于氯离子的腐蚀所产生。

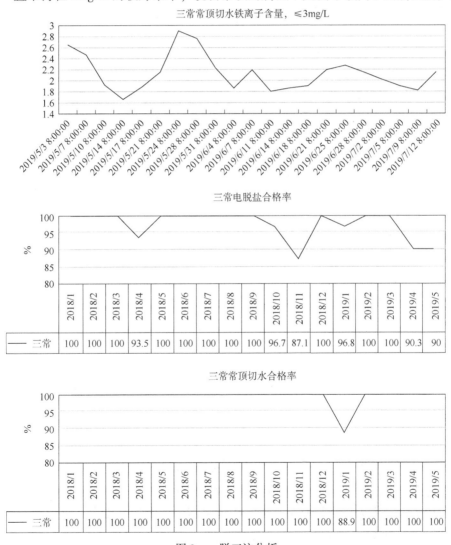

图3　一脱三注分析

3.2 加工油种分析

三常设计加工原料为科威特原油、巴士拉原油、沙特重质原油、胜利原油和阿曼原油的混合油，混合比例为 30∶25∶20∶11.25∶13.75，密度为 876kg/m³，API 为 29.1。

去除 4、5、6 月份生产沥青时的密度，实际原油密度基本在 0.86g/cm³ 以下(表 3)，且原油性质逐月变轻

表 3　装置 1-6 月实际原油加工在线监测密度(平均值)

月份	比重		
	最大	最小	平均
1	0.88	0.869	0.874
2	0.882	0.868	0.875
3	0.88	0.839	0.868
4	0.874	0.842	0.858
5	0.874	0.853	0.862
6	0.865	0.843	0.857

3.3 加工负荷分析

自 2019 年 1 月起装置常顶石脑油量明显增加，3 月 31 日开始，常顶回流油泵 P104AB 泵开始双泵运行，4-6 月常压塔顶长期在 110% 负荷以上运行(图 4)。

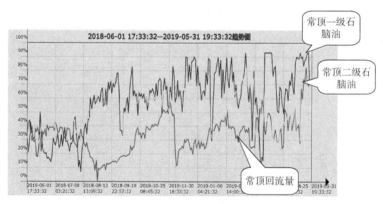

图 4　常顶负荷分析

4　原因分析

4.1　宏观分析

车间在检测发现常顶板换 E102AB 出口法兰减薄后安排板换切出，对腐蚀减薄严重的法兰进行更换，切割下来的法兰内壁无明显垢物(图 5)，但还是局部存在较明显的冲刷腐蚀痕迹，且两台板换腐蚀的形貌基本一致，法兰其余部位虽然也存在低温露点腐蚀的情况，但是余厚基本均在 9mm 以上。

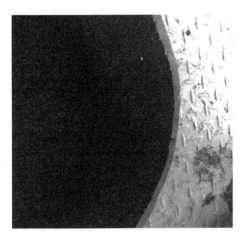

图 5　腐蚀减薄部位

4.2　失效分析

4.2.1　冲刷腐蚀

结合设备腐蚀形貌、2017 年和 2018 年 3# 常减压装置检验检测情况、腐蚀在线系统数据分析，3# 常减压装置常顶板换出口管线在工艺一脱三注总体控制较好的情况下，出口管线在短期内出现明显腐蚀减薄现象的主要原因为常顶负荷偏大，流速偏高造成的比较严重的冲刷腐蚀[1]。

由于常压塔顶超负荷，常顶板换油气侧出口管线中，油气从 135℃ 冷却至 90℃，冷凝液相大量增多，液体随着高速油气流动，对管壁形成明显的冲刷腐蚀，另外由于流体中还夹带 FeS 等金属颗粒[2]，冲刷腐蚀作用更加显著。

4.2.2　低温 H_2S-H_2O-HCL 腐蚀

根据塔顶低温 H_2S-H_2O-HCl 的腐蚀机理，在塔顶低温露点腐蚀部位，作用最强烈的是 HCl，HCl 的存在将破坏金属表面的 FeS 保护膜，因此，当塔顶冷凝液中 Cl^- 增多时，腐蚀明显加强。而 HCl 的生成量与原油中的盐含量（$MgCl_2$ 和 $CaCl_2$）成正比，因此电脱盐的好坏将直接决定塔顶腐蚀介质的浓度大小。

常压塔顶 H_2S-H_2O-HCl 腐蚀一般发生在常压塔顶冷凝冷却系统中温度低于 130℃ 位置。在这种腐蚀环境下，汽相部位腐蚀较轻，液相部位腐蚀较重，汽液相变的部位即露点部位腐蚀最严重，这是由于 H_2S 与 HCl 的沸点（分别为 -60.4℃ 及 -85.0℃）较低，在气相状态时，H_2S 与 HCl 都呈分子结构，化学活性较低，腐蚀性较轻，而在露点区域，伴随着水蒸气的凝结，油气中的 H_2S 与 HCl 随之进入液相，溶解于水从而使初凝的液相呈强酸性，发生强烈的腐蚀，之后伴随着油气的大量冷凝，其酸性得到稀释，腐蚀性也大大减弱。对于碳钢材质管道，H_2S-H_2O-HCl 腐蚀体现为均匀腐蚀，腐蚀可达速率为 2~14mm/a。根据其腐蚀机理可以发现，当发生 H_2S-H_2O-HCl 腐蚀时，处于汽液相变的管道应呈现均匀腐蚀的状态，而管道的中上部由于液相较少，更容易形成强酸性环境，而管道下部由于液相较多，酸性得到稀释，腐蚀应较轻。而根据 3# 常减压常顶板换出口管线的检测报告，本次腐蚀减薄的部位多集中在弯头外弧或管线底部液体流经的部位，因此，初步判断本次腐蚀减薄冲刷腐蚀的作用应当大于 H_2S-H_2O-HCl 腐蚀。

结合设备腐蚀形貌、2017 年和 2018 年 3#常减压装置检验检测情况、腐蚀在线系统数据分析，3#常减压装置常顶板换出口管线在工艺一脱三注总体控制较好的情况下，出口管线在短期内出现明显腐蚀减薄现象的主要原因为常顶负荷偏大，流速偏高造成的比较严重的冲刷腐蚀。

5 采取的措施

常压塔顶的腐蚀是一个系统性的问题，从中石化内部来看，在常顶部位使用奥氏体不锈钢基本均出现 Cl⁻开裂问题，因此在该系统禁用奥氏体不锈钢[1]。而铁素体、钛管、双相钢等虽具有良好的耐 Cl⁻开裂性能，但存在电偶腐蚀，材料化学成分、制造和焊接工艺要求高等问题。实际使用经验证明，在"一脱三注"工艺防腐达标的情况下，完全可以使用碳钢材质。因此，要全面解决常压塔顶的腐蚀问题，应当从工艺、检测等方面采取系统性的防护措施，才能取得最佳效果。

5.1 对减薄部位进行修复

对常顶板换出口减薄弯头进行金属修复，并从常顶板式换热器板换出口增加临时管线至空冷入口，目前腐蚀最严重部位一旦发生泄漏可切至临时管线维持装置稳定运行。

5.2 提高"一脱三注"技术

优化一脱三注操作，实现脱后含盐在 3 mg/L 以下，对低温部位的腐蚀进行有效的控制。调整挥发线系统注入氨水、缓蚀剂和水，合理控制冷凝水的 pH 值及铁离子的质量浓度。促进缓蚀剂的成膜。

优化常顶注水，加强塔顶切水 pH 值、氯离子、铁离子的监控，适当加大中和剂及缓蚀剂的注入量。

5.3 在线监测及定点测厚

利用装置停工大修机会，在常顶油气腐蚀最严重部位增设无线定点测厚检测仪进行检测；在装置初、常、减顶切水线增加 PH 探针，实现三顶切水的 PH 值在线监测。同时，对常顶挥发线重点部位进行每季度一次的定点测厚。通过在线监测及定点测厚的数据指导"一脱三注"的工作。在保证测厚点固定的同时，固定测厚人员及设备，以保证数据的可靠性和连续性[2]。同时，做好相关资料的信息化管理，使检测数据规范化和科学化。

增加装置易腐蚀部位检测频次，及时监测减薄情况并与腐蚀在线系统数据进行比对，同时，车间将做好两套装置装置内在线定点测厚仪器的维护，精准掌握设备真实腐蚀速率。

5.4 重视工艺生产过程，严禁超负荷

严格按照工艺指标和工艺卡片的要求进行操作，严禁常顶超负荷运行。三常装置高负荷运行情况下(设计负荷 22857t/d)减少轻质原油掺炼量，确保初顶、常顶及各侧线抽出流量、压力等不超设计负荷，严禁开双泵运行的情况。

为适应目前公司的原油结构，在目前负荷下逐步提高装置处理量，调整各常压中段回流，将部分石脑油压至常轻油抽出，在确保常顶不超 100%负荷情况下逐步提高凝析油掺炼量。

6 结论

本文针对 3# 常减压装置常顶油气线低温段出现的腐蚀现象，从所处腐蚀环境出发，结合检验检测结果及对工艺生产过程的分析，对常顶油气线低温段的腐蚀泄漏原因进行了分析，并提出了优化工艺防腐、增设腐蚀监测等措施，用以控制常压塔塔顶系统的腐蚀，具有一定的借鉴意义。

参 考 文 献

[1] 熊卫国. 高负荷运行的常压塔顶系统腐蚀原因分析[J]. 石油化工腐蚀与防护，2017，34(6)：19-22.

[2] 茅俊杰. 气液两相流管道冲刷腐蚀的研究[D]. 济南：山东大学，2012.

GE 水煤浆气化炉拱顶超温事故分析

王金辉

(中国石化齐鲁石化分公司)

摘　要：描述了 6.5MPa GE 水煤浆气化炉拱顶超温事故现象及处理过程，并对事故发生可能的原因进行逐一分析，最终确定炉口法兰泄漏是引起此次气化炉拱顶超温的直接原因并据此提出了解决措施及风险提醒。

关键词：6.5MPa；水煤浆气化炉拱顶；超温；故障分析

　　齐鲁煤制气装置采用美国 GE 公司水煤浆气化专利技术，三台直径 2800mm 气化炉，两开一备，设计压力为 6.5MPa，日投煤量 1700t/d，产有效气（CO+H$_2$）：10×10^{4}Nm^3/h，向丁辛醇装置提供羰基合成气，同时向炼油厂提供氢气。装置于 2006 年 9 月开工建设，2008 年 10 月 24 日投料开车。GE 水煤浆气化炉分为上下两部分，上半部分为燃烧室，下半部分为激冷室。燃烧室的操作温度为 1350℃，操作压力为 6.0MPa，为防止炉体外部超温，燃烧室内部内衬耐火衬里，燃烧室壳体材质为 SA387Cr11Cl2，壳体设计温度是 400℃，壳体表面设有表面热电偶，当壳体温度超过 300℃ 后会发出报警。2018 年首次遇到气化炉拱顶超温情况，抢修 105h，期间遇到烧嘴抽出困难，炉口法兰腐蚀在线修复，炉口螺栓无法拆卸，拱顶砖无法宏观检查，炉口砖破损等诸多问题，为今后的问题处理积累丰富的经验，也因此调整日后气化炉检修的检查项目和质量管控措施。

1　故障经过

　　2018 年 9 月 4 日 15：00 控制室汇报："F1201A 拱顶北侧温度超温，手持红外线温度计显示 300℃ 以上（拱顶温度正常情况下在 200℃ 以下）"，15：30 使用另外 3 只测温枪测量温度均高于 300℃。15：50 再次测量南侧拱顶温度最高 495℃，存在明显上涨趋势。16：00 停车处理。16：15 使用热成像仪测量拱顶温度如图 1、2 所示。DCS 趋势 12：45 温度点 TI12007A3 如图 3 中白线温度显著上涨，同时其余的温度点也有小幅的上涨。

　　9 月 4 日 18：00 泄压置换完成，18：30 开始拆卸工艺烧嘴。在抽出过程中发现烧嘴无法拔出。使用千斤顶和电动葫芦配合，用时 2.5h，至 21：00 将烧嘴拔出，在拔出过程中，不停的从炉口中取出较硬的结块。考虑到烧嘴冷却水盘管有断裂的风险，将烧嘴冷却水减至 6t/h，并随时准备切断烧嘴冷却水，以防管线断裂，烧嘴冷却水灌进炉内损毁炉砖。烧嘴抽出后冷却水盘管变形。因为在拔出过程左右晃动烧嘴造成炉口 1460 砖破损，炉口砖结构如图 4 所示。

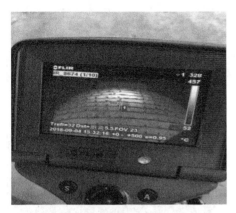

图 1　停车后南侧拱顶最高 457℃

图 2　停车后北侧拱顶最高 290℃

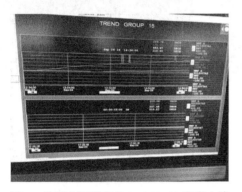

图 3　拱顶北侧温度点 TI12007A3 温度上涨

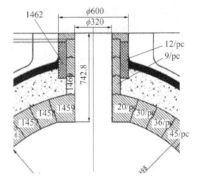

图 4　气化炉炉口内衬结构

9 月 5 日 12：40，炉口法兰拆开，经过检查密封面后发现炉体法兰密封面有多处缺陷。缺陷主要分布在密封面的西侧和北侧如图 5、图 6 所示。炉口上法兰有一处密封面贯穿缺陷。法兰运至设备制造厂家进行上下法兰的密封面修复。炉体法兰由设备制造厂现场进行堆焊修复，专业厂家使用在线车床进行炉本体法兰密封面修复。9 月 5 日下午，开始拆卸炉口螺栓。拆卸过程中因为两根螺栓无法卸出使用气焊工具割除螺栓上部，其余部分现场取断丝，并将 20 个螺纹孔进行修复。

图 5　炉体法兰密封面西侧缺陷

图 6　炉体法兰密封面北侧缺陷

9月7日，使用内窥镜检查气化炉内拱顶砖如图7所示。由于内窥镜镜头焦距近，镜头成像与以往炉内宏观检查的外观有较大差异无法判断拱顶砖损坏情况。9月8日下午，炉内进人检查，此时炉内燃烧室温度100℃，激冷室温度约30℃，搭设脚手架至激冷环处向上观察拱顶砖如图8所示，与以往的拱顶宏观检查没有区别，确认拱顶砖没有发生损坏。

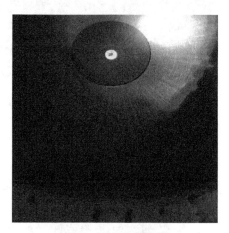

图7　内窥镜成像　　　　　　　　　　　　图8　炉内观察拱顶

9月8日，更换炉口1460砖及1462砖及涂抹部分压缩料。9月9日21：00，点火升温。9月12日21：18，A炉投料开车，23：00使用红外成像仪器测量外壁温度没有超温，气化炉恢复运行。

2　故障原因分析

造成 GE 水煤浆气化炉拱顶超温的原因很多，如烧嘴原因造成的壁温异常，拱顶耐火衬里损坏造成的壁温异常等多种情况[1]。下面针对这些可能的原因逐一进行分析判断。

2.1　烧嘴原因造成壁温度异常

烧嘴的基本工作原理是：水煤浆流经中间管与中心管形成的环隙首先与中心管管内的中心氧在烧嘴头部内腔中实现预混合，高黏度水煤浆被初步雾化；氧气、水、煤粉颗粒的混合湍流喷出中间喷头时，又受到了外环氧的冲击、剪切和摩擦等作用，已经被初步雾化的水煤浆又被外环隙来的氧气进一步冲散，从而氧气与水煤浆之间实现了充分混合，给进炉后煤的气化创造了良好条件[2]。若烧嘴内部通道存在堵塞情况，煤浆或者氧气在炉内喷射时发生偏流，偏喷区域炉砖磨损速度较其他区域加快，当炉砖减薄量较大后该区域炉壁会发生超温情况。另外烧嘴煤浆通道堵塞，氧气与煤浆配比失衡，炉内氧气过多，反应加剧，气化炉内温度大幅上升也会造成气化炉炉壁温度超温。本次事故抢修过程中烧嘴下线检查，烧嘴除因拆卸原因造成冷却盘管变形外其余各尺寸变化不大，烧嘴通道内无异物，运行期间烧嘴压差稳定，炉内反应温度稳定在1300℃。所以可以排除烧嘴原因造成此次气化炉拱顶超温故障。

2.2 拱顶耐火衬里损坏造成的壁温异常

GE 水煤浆气化炉拱顶耐火衬里由一层钢玉砖和一层隔热浇筑料构成，与筒体的三层砖结构差异较大，由于拱顶部分在炉内流场中属于回流区，不接触火焰也没有煤浆氧气的冲刷，在运行期间拱顶外壁温度一般在 200℃ 以下，越往上部靠近炉口处温度越低，炉口处约 150℃。造成拱顶耐火衬里损坏的原因可能是拱顶耐火衬里砌筑期间施工质量问题也有可能是操作不当造成拱顶耐火衬里脱落。

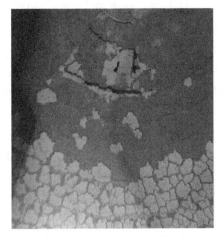

图 9　其他企业的超温拱顶

拱顶耐火衬里砌筑施工质量引起的问题较多且难以发现，主要施工质量问题发生在隔热浇筑料的砌筑上，隔热浇筑料是随着钢玉砖向上砌筑分 3 步进行浇筑[3]，每步浇筑后都需要进行振捣以确保浇筑料均匀填实。期间浇筑料交接面需进行粗糙处理以增加层与层之间结合的紧密性。若施工质量发生问题，会导致浇筑料空洞或者结合面不紧密，在运行期间空洞部分的刚玉砖不能得到有效支撑而向壳体侧塌陷，进而破坏整个拱顶稳定性。图 9 是某单位发生浇筑料施工问题导致拱顶砖塌陷。

操作不当造成耐火衬里脱落主要是气化炉开车阶段炉内气体置换不达标或者炉温较低，投料后煤浆没有第一时间燃烧，大量煤浆在炉内分解生成可燃气体再与氧气混合后发生爆燃，爆燃冲击波造成炉体振动，对拱顶砖形成冲击，造成拱顶钢玉砖的脱落，进而引起拱顶超温。但是操作不当引起的爆燃一般会伴随巨大的声响和振动，此次事故发生前各运行参数温度稳定且故障发生在白天，装置现场有多人施工作业均未听见爆炸声音，所以可以排除因操作不当造成的耐火衬里脱落的原因。

由于此次拱顶超温事故前的检修更换了拱顶砖，所以在事故初期也对拱顶施工质量存在怀疑，事故停车三天后在炉口使用内窥镜设备对拱顶进行外观检查，但是受到内窥镜镜头焦距和视野的限制无法有效判断拱顶是否存在塌陷，事故停车四天后进入激冷室向上观察拱顶钢玉砖没有发生塌陷情况，排除了拱顶砌筑质量问题。

2.3 炉口法兰泄漏造成的壁温异常

气化炉 A 在 2018 年 8 月 21 日投料开车，在投料当日发现炉口法兰有泄漏，施工单位紧固炉口法兰南侧泄漏有减小，但是因为环境所限正南、正北和西南方向无法使用液压扳手，约三分之一的螺栓无法有效紧固。现场使用便携式可燃气报警器测量泄漏量南侧约600ppm，北侧超过报警器量程的 1000ppm。投料开车当日使用低压氮气对北侧法兰密封面进行氮气稀释，同时使用测温枪检查拱顶温度不超 200℃，并对该区域拉设警戒线。自 8 月 21 日至 9 月 4 日的 14 天内每天测温检查均未发现有超温现象。

在 2008 年至 2018 年的 10 年期间发生多次投料后炉口法兰泄漏的情况，但是均未发生拱顶超温情况，所在 2018 年 8 月的炉口法兰泄漏处理仍然沿用以往的处理方式，使用低压氮气对泄漏点进行惰性气体保护，待运行到更换烧嘴或者检修期间再进行处理。期间几次法兰的泄漏均对炉体法兰进行检查未发现问题，炉口法兰泄漏也间断出现，一直将泄漏原因归结为螺栓紧固不均匀的原因。此次事故发生前泄漏的量较以往大，其中拱顶北侧的泄漏量超出了报警器的量程，其泄漏量可能远超 1000ppm。如此大的泄漏量可能造成了之前未曾发生的超温故障。

由于投料开车当天炉口法兰已经泄漏，但是运行 14 天后才发生拱顶超温故障。分析在 9 月 4 日前后有两条不同原料气泄漏路径。9 月 4 日前原料气从炉膛经过炉口 1460 砖的筒状空间后泄漏至大气，在经过 14 天高温气体的灼烧炉口 1460 砖的筒状空间内灰渣烧结成块，将此空间完全堵死，在抽出烧嘴时也发现该区域大量硬块，烧嘴无法拆卸。烧嘴头结焦导致抽拔烧嘴困难的情况在以往炉口法兰泄漏的情况下也有发生，但是当时炉口法兰泄漏量较小，直至更换烧嘴或者停车检修都未能将此空间完全烧结。9 月 4 日后高温原料气体改变泄漏路径从拱顶刚玉砖的砖缝穿过，经过浇筑料沿着拱顶壳体向上泄漏至大气，高温原料气泄漏路径上拱顶壳体发生超温，拱顶超温发生在南侧和北侧与炉口法兰泄漏的方位也是一致的。

结合投料开车时间与事故发生时间、烧嘴情况、拱顶砖情况、温升曲线等情况分析此次拱顶超温是因为炉口法兰泄漏造成的。造成炉口法兰泄漏的原因也存在多方面原因，较为可能的是施工紧固力不足和法兰密封面缺陷。9 月 5 日将炉口法兰拆开发现法兰密封面两处较大的缺陷，且密封面上存在贯穿缺陷，据此分析此次泄漏是因为炉口法兰密封面失效造成的。在投料开车前的检修过程中对该处密封进行了检查，主要使用抹布对密封面进行清洁并未发现密封面缺陷，且在事故停车后只发现一处缺陷，直至使用钢丝刷进行清理后才又陆续发现多处缺陷，缺陷处金属成粉状或者小颗粒状脱落。炉体法兰材质为 SA387Cr11Cl2 为 Cr-Mo 耐热钢材质，八角垫片材质为 316L，运行期间此位置温度较低，可能存在凝液，原料气介质中的 CO_2+H_2S 溶解其中形成酸性溶液，所以造成炉体法兰的电化学腐蚀[4]。最终导致炉口法兰密封面金属强度降低，在检修完的回装过程中重新施加的挤压力破坏了原来的密封结构，高温气体从密封面腐蚀失效处泄漏。

3 风险防范措施

（1）炉口法兰泄漏与拱顶超温有直接关系，炉口法兰和烧嘴法兰的施工过程管理要重视。推荐使用定力矩技术对炉口法兰进行紧固。受制于施工时间限制，烧嘴法兰可以使用顶推螺栓以节约施工时间。

（2）重视拱顶砖砌筑的施工质量，选择合格的浇筑料产品和经验丰富的施工单位，在施工前对浇注料进行质量验收，特别关注生产日期、保管情况以及合格证等质量证明文件，发现异常及时与供应商联系调换。明确拱顶砖砌筑为关键质量控制点，每步浇筑都需要完善的质量证明文件或者采取旁站等方式全程监控施工过程。在施工前向施工人员做好技术交底，确保每一名施工人员明确质量要求。

（3）气化炉拱顶砖砌筑后的首次投用应制定壁温检查计划，在投用后的 24 小时内每两小时使用测温仪器对拱顶表面 8 个方位进行现场测温检查，投用后 7 天内每天进行一次拱顶表面温度现场检查，若发现异常超温点或发现温度有上升趋势则立即停炉检查。

（4）气化炉检修期间应加强对炉口法兰密封面的检查，此次拱顶超温事故的前一个运行周期炉口法兰没有发生泄漏，因此在检修期间未对炉口法兰进行仔细检查，只进行了清理，错失了避免事故的机会。在检修期间对炉口法兰密封面清理时使用钢丝刷等工具进行全面检查，对发现的腐蚀缺陷部位及时进行修复可以有效避免拱顶超温的情况。对炉口螺栓进行日常性的保养，检查螺栓润换和损伤情况，对故障卡涩的螺栓及时更换。

（5）发生拱顶超温故障在第一时间停炉，分析可能的原因。烧嘴故障可在停车抽出烧嘴后进行检查，主要检查烧嘴头各装配尺寸以及管道内堵塞情况。烧嘴故障和拱顶砌筑质量引起的超温都要检查拱顶砖是否存在塌陷。在无法入炉检查时可以使用镜面反射观察拱顶砖。使用类似自拍杆设备，头部倾斜安装一块宽度小于炉口尺寸的镜面，炉内通强光照明，调节镜面角度使观察人员在炉口处能观察到拱顶砖状况，尽快根据拱顶砖的情况确定下一步的维修方案。

（6）目前采用的炉壁热电偶的测温模式存在缺陷，由于长期存在测点故障，导致操作人员对报警信号误判断。另外热电偶的测温模式测量温度偏低且不能覆盖气化炉外壳全部表面，对局部高温不敏感。红外成像检测系统能够弥补电偶式测温检测区域不全面，温度指示不准的缺陷。

（7）严格执行操作规程，操作不当引起的拱顶砖损坏一般是投料开车阶段炉内发生闪爆造成的。在正常投料开车阶段关注炉内预热温度，炉内气体分析合格后方可投料。气化炉连投操作具有较高的安全风险，GE 公司在操作规程中明确禁止连投操作。

（8）在装置运行期间要随时关注气化炉炉壁温度变化，结合氧煤比、运行时间等参数综合考虑，确定拱顶砖使用寿命，在安全的前提下合理统筹运行周期。故障发生后立即进行停炉处理，分析清楚原因，检查拱顶砖损坏情况后再进行后续的生产恢复。

4 结束语

GE 水煤浆气化炉拱顶发生超温是严重的设备故障，若处理不果断可能引发设备损坏或安全生产事故。炉口法兰的密封完好情况应引起重视，在日常的检维修过程中要关注法兰完整性管理。本次事故给我们敲响了警钟，煤气化装置高温、高压、易燃、易爆，我们只有不放过每一处异常，对每一处故障追根溯源，才能保障装置安全稳定运行。

参 考 文 献

[1] 杜永法. 德士古气化炉炉壁超温的对策[J]. 大氮肥, 2006, 27(4): 227-230.
[2] 周夏. 三流道内外混水煤浆气化工艺烧嘴浅析[J]. 化肥设计, 2008, 46(2): 27-30.
[3] 张永明. 水煤浆气化炉筑炉施工质量控制[J]. 石油化工设备技术 2021, 42(3): 51.
[4] 曹楚南. 腐蚀电化学原理[M]. 北京：化学工业出版社, 2004.

柴油加氢硫化氢汽提塔顶线腐蚀分析与对策

曹雪峰　高　崎

（中国石油化工股份有限公司齐鲁分公司）

摘　要：柴油加氢装置硫化氢汽提塔顶馏出线多次发生腐蚀泄漏，本文从原料、含硫污水及工艺操作等方面对腐蚀原因进行了分析，认为造成腐蚀的主要原因是汽提塔顶馏出系统 NH_3-H_2S-HCl-H_2O 的低温露点腐蚀环境，并提出了相应的管理对策。

关键词：硫化氢汽提塔；H_2S-HCL-H_2O；露点腐蚀；铵盐腐蚀；寿命管理

1　概述

某炼化企业柴油加氢装置 2006 年 3 月建成投产，公称建设规模 $260×10^4$t／a，2012 年 10 月扩能为 $340×10^4$t／a，装置原料为直馏柴油以及焦化、催化柴油的混合柴油。硫化氢汽提塔 C201 塔顶油气组分经塔顶空冷器 A-201AB、塔顶后冷器 E-201AB 冷却后进回流罐 D-201 进行分离，富含硫化氢的富气，送至酸性气脱硫塔 C-301 脱硫，D-201 内的部分轻烃返回塔 C-201 作为塔顶回流，部分出装置去三常装置回收液化气，C201 塔底油与精制柴油换热后进入分馏塔 C-202(图 1)。

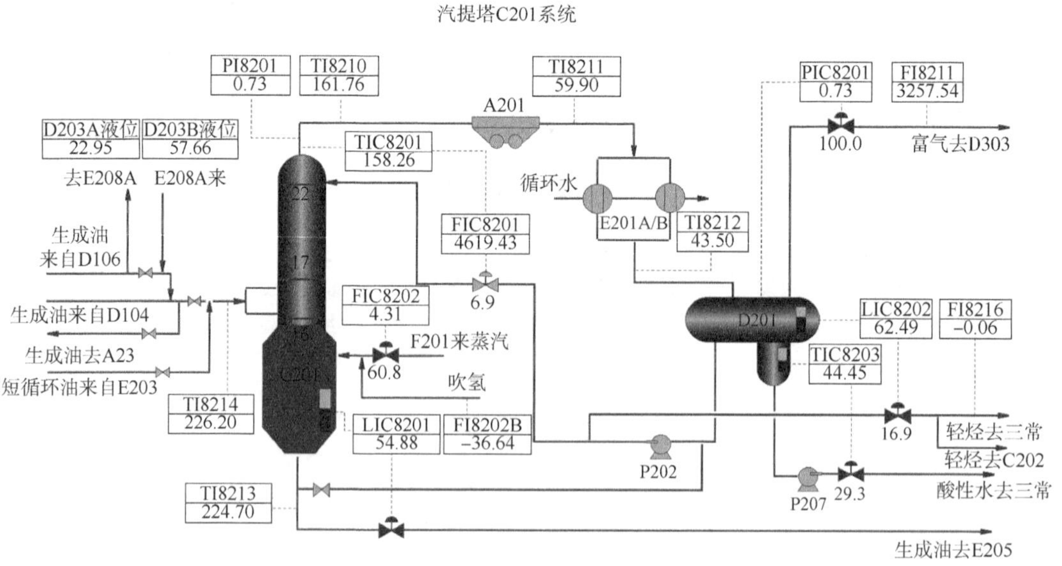

图 1　汽提塔系统流程图

塔顶馏出线设计材质 20#钢，公称直径 300mm、设计壁厚 8.5mm。2010 年 2 月发现塔顶馏出线腐蚀穿孔泄漏后，该条管线整体更换为厚壁管，材质 20#钢，壁厚 14mm。

2 腐蚀检测数据分析

2.1 腐蚀测厚检测

2022 年 9 月 23 日硫化氢汽提塔顶馏出线水平段弯头焊缝处出现泄漏，对泄漏部位进行带压堵漏，检测发现漏点附近管线严重减薄，壁厚数据在 3.41~4.04mm（图 2）。

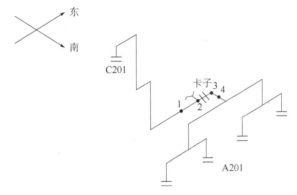

图 2   C201 至 A201 检测单线图

经对该条管线用脉冲涡流技术进行扩检并用超声波测厚复验，发现水平管段中上部减薄严重，上部测厚数据 4.33~8.85mm，底部测厚数据 13.71~14.40mm（图 3 至图 6）。

检测数据对比显示，塔顶水平管注剂后的弯头比注剂前的弯头腐蚀率略小，垂直管段腐蚀率最小，空冷入口水平管段上半部腐蚀率最大，对减薄部位进行了碳纤维补强。2023 年 2 月 20 日，碳纤维补强部位再次出现泄漏，3 月 15 日装置停工，对该条管线进行了整体更换。

图 3   现场泄漏形貌

图 4   碳纤维补强部位泄漏

图5 塔顶出口部位腐蚀形貌

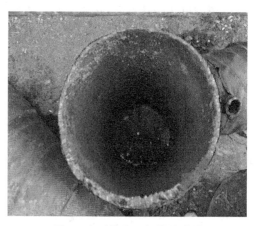

图6 水平管中上部腐蚀形貌

2.2 腐蚀垢样分析

取汽提塔顶不同部位垢样，分析结果见表1。三处垢样5%水溶液均呈酸性，都明显含有铁、负二价硫离子、铵根离子和氯离子，其中C201顶出口线垢样中检出了6.1%的氯离子，表明汽提塔顶馏出线的腐蚀与物料中所携带的硫、氯、铵等物质密切相关。

表1 汽提塔顶垢样分析情况

检测项目	C201顶出口线垢样	C201出口表面垢样	空冷E201A入口垢样
5%水溶液pH值	4.8~5.1	4.8~5.1	5.1~5.4
550℃灼烧失重(%)	13.59	19.89	27.13
总铁(以Fe2O3计)(%)	85.02	57.36	51.18
总硫(%)	9.95	28.97	32.29
硫代硫酸根(%)	无	无	2.35
负二价硫离子	有，定性	有，定性	有，定性
铵根离子(%)	0.0527	0.0728	0.0326
氯离子(%)	6.1315	0.0685	0.0307
酸不溶物(%)	无	无	无

3 工艺操作分析

3.1 原料性质

原料对氯含量设定了不大于2mg/kg的上限指标，对分析数据统计发现原料油中氯含量时有超标，最高2.45mg/kg；原料中的硫含量在0.37%~1.37%之间，平均0.90%。有资料表明，调查发现，如果原料中硫质量分数低于0.15%，腐蚀的概率大幅度降低[1]；该装置原料硫含量明显偏高，增加了腐蚀倾向；氮含量在267.61~2218.3mg/kg之间，平均1103.83mg/kg(表2、图5~图7)。

表2　加氢装置原料性质

	密度（kg/m³）	氯含量（mg/kg）	硫含量（%）	氮含量（mg/kg）	酸度（mgKOH/100mL）
控制指标	报告	≤2	报告	报告	报告
最大值	872.4	2.45	1.37	2218.3	1.30
最小值	842.2	<1	0.34	267.61	0.28
平均值	857.1	0.77	0.90	1103.83	0.85

图5　原料氯含量趋势图

图6　原料硫含量趋势图

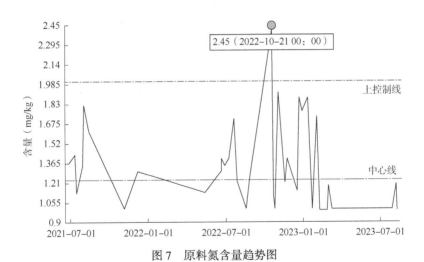

图7　原料氮含量趋势图

3.2　汽提塔顶含硫污水分析情况

硫化氢汽提塔顶主要介质是油气、轻烃、硫化氢气体、氯化氢、水蒸气，从塔顶含硫污水分析数据上看，铁离子在指标内。计算水平管顶部腐蚀率约为0.8mm/a。对于局部腐蚀，含硫污水铁含量分析数据不能有效反映腐蚀情况。

塔顶含硫污水中氯含量在2022年底至2023年初有明显异常，由原来的300mg/L骤升至最高7637mg/L，此期间对原料氯含量加样分析，检测值为12.6mg/L，远远超出了2mg/L的允许上限值，说明原料性质变化频繁，日常化验分析数据不能准确反应原料性质的变化(表3、图8、图9)。此外,汽提塔顶含硫污水中的硫氢化铵也存在超标现象,控制指标不大于4%,最高6.47%,合格率为86.1%,增加了塔顶馏出管系及相关设备冲刷腐蚀和垢下腐蚀倾向。

表3 汽提塔顶含硫污水分析情况

	铁含量(mg/L)	氯离子(mg/L)	pH 值	氨离子(mg/L)	硫化物(mg/L)	硫氢化铵[%(质量分数)]
执行指标	≤3	报告	报告	报告	报告	≤4
最大值	2.95	7637.09	10	21563.02	49165.55	6.47
最小值	0.08	36.36	9	4557.83	1434.77	0.22
平均值	1.11	676.56	9.8	10906.28	22509.13	3.04
合格率	100%	—	—	—	—	86.1%

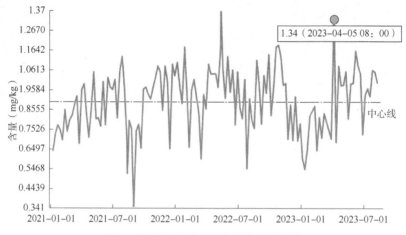

图8 塔顶含硫污水氯含量的变化趋势

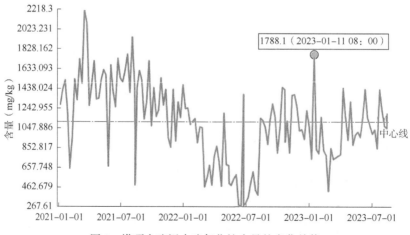

图9 塔顶含硫污水硫氢化铵含量的变化趋势

3.4 汽提塔顶工艺操作分析

依据装置 2022 年 7 月份的 DCS 操作数据、lims 化验分析数据及塔顶的酸性水分析数据进行工艺计算，计算结果显示塔顶露点温度为 144.1℃，铵盐结晶温度为 195.0℃。根据中石化工艺防腐管理细则的相关要求，塔顶操作温度应高于露点温度 14℃ 以上，按此计算塔顶温度应控制在 158.1℃ 以上。实际操作温度波动较大，在 142~170℃ 之间，因此该条管线管壁存在露点腐蚀风险，塔上部及塔顶馏出线存在氯化铵盐腐蚀风险。

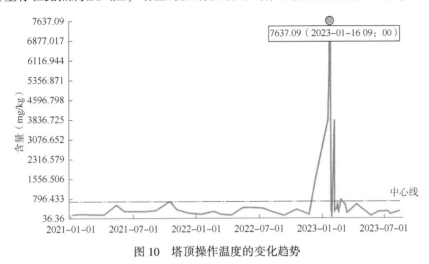

图 10 塔顶操作温度的变化趋势

4 腐蚀机理分析

根据工艺操作情况和垢样分析数据，结合现场腐蚀形貌判断该部位主要腐蚀环境属于 $NH_3-H_2S-HCL-H_2O$ 的低温露点腐蚀环境，同时存在湿 H_2S 损伤、氯化铵盐腐蚀。

塔顶温度在 145℃ 长时间运行，露点温度 144.1℃，露点腐蚀风险加大。

现场保温效果是影响散热损失的主要因素，水平管受雨水冲刷上部散热损失大，导致管壁上半部温度偏低，水汽在该部位露点腐蚀风险加大，底部液相部位腐蚀风险小。

焊缝热影响区附近是腐蚀的薄弱部位，该部位存在不连续性和残余焊接应力，易堆积垢物产生垢下腐蚀。

5 管理对策

5.1 工艺管理措施

(1) 严格控制原料性质，控制氯含量、硫含量、氮含量在设计指标内，以减小腐蚀倾向。

(2) 严格控制塔顶操作温度，确保操作温度高于露点温度 14℃，目前工况应控制塔顶温度不低于 160℃。露点温度及氯化铵结晶温度根据工艺操作调整情况定期进行计算。

(3) 注剂口根据 NACE 相关标准改用套管式专用喷嘴，同时考虑在塔顶馏出线增上注水设施，经计算，注水流量参照 1.3t/h 控制，运行期间根据腐蚀检测情况做适当调整。

5.2 设备管理措施

（1）对于碳纤维补强技术，须控制一定的适用范围：温度应低于150℃；所修复管道的剩余壁厚应大于原始壁厚的1/3；以外腐蚀的环境为主。当管道存在内腐蚀时，碳纤维补强技术应综合考虑管线腐蚀速率及剩余寿命；适用于局部腐蚀的部位，不适用于整体腐蚀减薄的环境；不适用于存在强酸腐蚀的环境。

（2）带压堵漏及加固技术仅是临时措施，应进行风险辨识、风险管控，尽快消除。

（3）加强保温管理，保证保温效果，减少散热损失。

（4）采用碳钢管线焊接时采取氩弧焊打底，保证内部平滑，焊后进行热处理，确保硬度不大于200HB。

（5）按照装置防腐蚀策略严格落实腐蚀检测计划，每年对该管线进行脉冲涡流扫查。

（6）根据管线规格和腐蚀率确定管线寿命管理周期，管线根据寿命周期定期进行更换。

（7）考虑材质升级。由于富含氯离子，升级材质优选2205或316L，其次321或304L[2]。

（8）空冷入口考虑增上在线腐蚀探针设施，塔顶管线增上在线测厚设施。

6 结语

针对柴油加氢装置硫化氢汽提塔顶馏出线的腐蚀情况，从腐蚀产生的原因和机理入手，通过控制原料中硫和氯的含量、优化塔顶操作温度、强化塔顶馏出线的保温质量管理、增设工艺注水设施、落实腐蚀检测计划和剩余寿命管理等一系列管理措施，能够有效改善硫化氢汽提塔顶馏出线的腐蚀问题。

参 考 文 献

[1] 陈崇刚，李立权，于凤昌，等．加氢装置脱硫化氢汽提塔系统腐蚀调查——腐蚀控制对策[J]．石油化工腐蚀与防护，2016，33（6）：9-13．

[2] 赵小燕，陈崇刚，于凤昌，等．加氢装置脱H_2S汽提塔塔顶 系统的腐蚀评价及选材[J]．腐蚀与防护，2018，39(1)：63．

减黏装置塔顶低温系统工艺防腐优化研究

刘艳峰　徐　剑　陈秋芬　江　伟

（中国石油辽河石化公司）

摘　要： 减黏装置塔顶低温系统 $HCl+H_2S+H_2O+$ 小分子有机酸的综合电化学体系的腐蚀十分严重，目前国内外针对这一腐蚀的主要对策均为"一脱三注"的工艺防腐措施。因此工艺防腐助剂的筛选及使用在减黏装置塔顶低温系统的腐蚀与防护方面起着极其重要的作用。针对这一情况，在实验室进行了上百种不同类型缓蚀剂的筛选评价，复配出了多种水溶性、成膜性及缓蚀性能等综合评价效果均较好的缓蚀剂，并在减黏装置进行了工业试验，摸索出了减黏装置塔顶低温系统的最佳工艺防腐操作参数，同时优化了减黏装置塔顶低温系统工艺防腐的注剂流程。探索出了适合塔顶低温系统的工艺防腐管理模式，解决了减黏装置塔顶低温系统日益严重的设备腐蚀问题，同时每年可节约大量的缓蚀剂费用。

关键词： 腐蚀；工艺防腐；缓蚀剂；复配

某石化公司 $100×10^8$ t/a 减黏裂化装置主要加工超稠油，超稠油密度大，酸值高。原油中其他的腐蚀性离子硫和氯的含量也很高。由于减黏装置没有电脱盐系统，盐类的高温水解和原料中有机氯化物的高温裂解产生的 HCl 气体、以及原料中硫化物和有机酸的裂解产生的硫化氢和低分子有机酸，会随着裂化油气一起汇聚在分馏塔顶并进入后续流程，形成 $HCl+H_2S+H_2O+$ 小分子有机酸的低温综合电化学腐蚀体系，因此减黏装置塔顶低温系统设备的腐蚀十分严重，在初凝区 316L 材质也表现出明显的不适应性。

针对减黏装置塔顶低温系统的腐蚀状况，主要采取的是以工艺防腐为主，材质升级为辅的防护措施。但由于减黏装置塔顶低温系统的腐蚀机理十分复杂，分馏塔顶和减压塔顶低温系统的腐蚀形态迥异，工艺防腐的形势依然十分严峻。

针对减黏装置塔顶低温系统的腐蚀，在实验室进行了上百种不同类型缓蚀剂的筛选评价，并选取效果较好的缓蚀剂进行复配，复配出了多种水溶性、成膜性及缓蚀性能等综合评价效果均很好的缓蚀剂。选取其中一种效果最好的缓蚀剂在减黏装置进行了工业试验，摸索出了减黏装置塔顶低温系统的最佳工艺防腐操作参数，解决目前减黏装置塔顶低温系统日益严重的设备腐蚀问题。

该缓蚀剂为烷基吡啶类化合物，实验室筛选评价缓蚀效果达到94%以上。使用该缓蚀剂与氨水配合使用，无需使用油溶性缓蚀剂，简化了减黏装置塔顶低温系统的注剂工艺流程，同时每年可节约大量的缓蚀剂的费用，有效抑制减黏装置塔顶低温系统设备的腐蚀，为装置的长周期、安全、平稳运行提供了可靠的技术保障。

1 缓蚀剂的实验室筛选评价及复配

缓蚀剂的实验室筛选评价,主要是对缓蚀剂中的氯离子、水溶性、乳化性、中和性能、成膜性和缓蚀性能进行检测,其核心是缓蚀剂的成膜性和缓蚀性能的评价。

1.1 实验条件

实验介质为实验室采用纯水、盐酸、硫化钠、氯化钠配制的水样,腐蚀介质中的各离子含量见表1。

表1 实验配制的水样中各离子含量

水样名称	pH 值	氯离子(mg/L)	硫化物(mg/L)
实验室配制水样	2.21	661	30

其中缓蚀剂浓度为100ppm,成膜性实验缓蚀剂浓度为1000ppm;实验温度为80℃;实验时间6h;挂片规格及材质:40mm×13mm×2mm,20#碳钢。

1.2 不同类型缓蚀剂的实验室筛选评价

炼油企业蒸馏及减黏装置常用的缓蚀剂主要有成膜胺、咪唑啉化合物、羧酸酰胺、烷基吡啶季铵盐等[1-3],通过选取大量的不同类型缓蚀剂的实验室筛选评价,评价出了以下效果较好的缓蚀剂。其类型有咪唑啉化合物、羧酸酰胺类、烷基吡啶季铵盐类。缓蚀剂的实验室筛选评价效果见表2。

从表2可以看出,通过实验室筛选评价出的不同类型的缓蚀剂,缓蚀效果最好的是烷基吡啶季铵盐类的5#缓蚀剂,缓蚀率高达94.08%。

表2 不同类型缓蚀剂的实验室筛选评价结果

缓蚀剂名称	腐蚀速率(mm/a)	缓蚀率(%)	缓蚀剂类型
空白	5.4590		
1#缓蚀剂	0.6239	88.57%	咪唑啉类
2#缓蚀剂	0.5537	89.86%	
3#缓蚀剂	0.8827	83.83%	
4#缓蚀剂	1.9221	64.79%	
5#缓蚀剂	0.3232	94.08%	烷基吡啶季铵盐类
6#缓蚀剂	0.6005	89.00%	
7#缓蚀剂(油溶)	0.5502	89.92%	羧酸酰胺类
8#缓蚀剂(油溶)	1.0809	80.20%	咪唑啉类

1.3 不同类型缓蚀剂的成膜性研究

蒸馏及减黏装置塔顶低温系统所用的缓蚀剂,其缓蚀作用主要是N原子上的孤对电子和金属离子的空轨道形成配位键而产生吸附作用[4,5],亲油性的长链烷基在金属表面作定向排列,形成一层疏水性的保护膜[6],隔断了腐蚀介质与金属的接触途径,阻止金属腐蚀的阴阳极共轭过程,从而达到减缓腐蚀的目的。因而蒸馏及减黏装置塔顶低温系统所用缓蚀剂的成膜性好坏，对缓蚀剂的效果起着重要的作用。因而我们选取了筛选评价出的缓蚀效果较好的几种缓蚀剂，对其成膜性进行了研究。

本组试验在同一个广口瓶或锥形瓶中悬挂两个 Q245R 平行试片，在 80℃ 恒温水浴下，每个缓蚀剂开展三组评价，分别预膜 2h、4h 和 6h。综合各组试验结果，5# 缓蚀剂的成膜性能最好。

1.4 实验室评价效果最好缓蚀剂的复配实验

1.4.1 不同浓度缓蚀剂的复配

选取实验室筛选评价效果最好的 5# 缓蚀剂，采用实验室配制的腐蚀介质，进行缓蚀剂不同浓度的配比，并进行实验室筛选评价，实验时间为 6h。实验结果见表 3。

表 3　5# 缓蚀剂的实验室筛选评价结果(6h)

实验介质	缓蚀剂种类	平均腐蚀速率(mm/a)	缓蚀率(%)
实验室配制水样	空白	7.9390	
	5# 缓蚀剂	0.4636	94.16%
	5# 缓蚀剂 50%	0.7019	91.16%
	5# 缓蚀剂 40%	0.7955	89.98%
	5# 缓蚀剂 30%	0.8890	88.80%
	5# 缓蚀剂 20%	1.0606	86.64%
	5# 缓蚀剂 10%	2.0198	74.56%

根据表 3 的实验结果可以看出，在实验室配制的含氯和含硫的酸性腐蚀介质中，5# 缓蚀剂进行不同浓度的配比后，各种不同浓度缓蚀剂的实验室筛选评价效果均较好。可以看出 5# 缓蚀剂的浓度降低 50%，缓蚀剂的缓蚀效果和原缓蚀剂的效果差别不大，缓蚀率分别为 94.16% 和 91.16%。

1.4.2 不同浓度缓蚀剂与氨水的复配

采用实验室配制的腐蚀介质，选用一种复配的成本较低、效果较好的缓蚀剂与减黏装置现场氨水进行不同浓度的配比，并进行实验室筛选评价，实验时间为 6h。实验结果见表 4。

表 4　5# 缓蚀剂与氨水复配的实验室筛选评价结果(6h)

实验介质	缓蚀剂种类	平均失重(g)	腐蚀率(mm/a)	平均腐蚀速率(mm/a)	缓蚀率(%)
实验室配制水样	空白	0.0558	8.7033	8.2431	
		0.0499	7.7830		
	5# 缓蚀剂 20%(A)	0.0089	1.3882	1.3882	83.16%
		0.0089	1.3882		
	现场氨水(B)	0.0434	6.7692	6.8316	17.12%
		0.0442	6.8940		
	2B:8A	0.0104	1.6221	1.7001	79.38%
		0.0114	1.7781		

续表

实验介质	缓蚀剂种类	平均失重（g）	腐蚀率（mm/a）	平均腐蚀速率（mm/a）	缓蚀率（%）
实验室配制水样	3B：7A	0.0093	1.4505	1.4037	82.97%
		0.0087	1.3570		
	4B：6A	0.0116	1.8093	1.8327	77.77%
		0.0119	1.8561		
	5B：5A	0.0118	1.8405	1.6533	79.94%
		0.0094	1.4661		
	6B：4A	0.0150	2.3396	2.2850	72.28%
		0.0143	2.2304		

根据表4的实验结果可以看出，在实验室配制的含氯和含硫的酸性腐蚀介质中，氨水和5#缓蚀剂进行不同浓度的配比后，各种不同浓度缓蚀剂的实验室筛选评价效果均较好。其中，氨水和5#缓蚀剂的配比为3：7效果最好。

2 工业试验

根据实验室筛选评价及复配结果，选用5#缓蚀剂在减黏装置进行现场工业试验，工业试验期间减黏装置加工超稠油。

2.1 减黏装置未注助剂期间塔顶低温系统腐蚀监测情况

在工业试验开始前，对未注剂状态下减黏装置的闪蒸、分馏、减压塔顶低温系统腐蚀进行了连续监测，监测情况见表5。

从表5可以看出，在未注剂状态下，减黏装置分馏塔顶和减压塔顶冷凝水的pH值下降至3左右，酸性增强，低温系统腐蚀环境极为恶劣。尤其是分馏塔顶冷凝水的pH值降至3以下，铁离子含量高达207mg/L，说明塔顶低温系统设备的腐蚀十分严重。

表5 减黏装置塔顶低温系统未注剂期间塔顶冷凝水监测结果

装置名称	监测部位	监测日期	监测结果				
			pH值	铁离子（mg/L）	氯离子（mg/L）	硫化物（mg/L）	氨氮（mg/L）
减黏	闪蒸塔顶	2022.6.14	4.51	6.18	40.06	19.2	
		2022.6.15	4.59	4.74			
		2022.6.16	4.92	3.81		48	
		2022.10.11	6.43	6.97	45.45	40	117.6
	分馏塔顶	2022.6.14	3.00	115.06	250.4	22.4	
		2022.6.15	3.02	207.2			
		2022.6.16	2.98	104.6	139.97	134.4	
		2022.10.11	3.30	36.07	136.24	100	1000
	减压塔顶	2022.6.14	4.87	104.6	120.4	32	
		2022.6.15	3.21	17.05			
		2022.6.16	4.07	168.25	244.38	40	
		2022.10.11	3.95	27.09	44.80	24	75.6
		2022.10.12	9.43	8.45	严重乳化，白色		

2.2 工业试验方案

减黏装置缓蚀剂工业试验采取氨水+5#缓蚀剂的方式，氨水和缓蚀剂混配在注剂罐中一同注入塔顶系统，氨水主要起中和作用，用于调节塔顶冷凝水的 pH 值，5#缓蚀剂主要是成膜和缓蚀作用。

本次工业试验主要考察 5#缓蚀剂的有效性和经济性，评价的内容包括缓蚀剂的缓蚀效果、注剂后对脱水带油的影响以及药剂用量。

工业试验分两个阶段进行：第一阶段为预膜期，时间约为 5~7 天，缓蚀剂的加剂量控制在 50ppm 左右（相对于装置处理量）。氨水的加注浓度暂定为 500ppm（相对于装置加工量），并根据现场情况进行适当调整，调节塔顶冷凝水的 pH 值在 6.5~8.5 之间；

第二阶段为正常加剂期，即系统成膜后进入缓蚀剂的正常投加阶段，时间约为 10~15 天，缓蚀剂的加剂量控制在 20ppm 左右及以下（相对于装置处理量），氨水的加注浓度暂定为 400ppm（相对于装置加工量），可根据现场情况可作适当调整，调节塔顶冷凝水的 pH 值在 6.5~8.5 之间。工业试验过程进行全程跟踪监测分析并提出工艺防腐操作调整的技术要求，保证工业试验的效果。

工业试验期间，不论是成膜期还是正常加剂期，尽量保证各注剂泵的行程和氨水的浓度不变。在正常加剂期，通过调整缓蚀剂的配比浓度调整缓蚀剂的不同加剂量，以摸索最佳的注剂量和最佳的缓蚀效果。

2.3 工业试验结果及讨论

根据工业试验期间现场监测情况，进入正常加剂期后，由于注剂量控制较好，缓蚀剂的效果十分明显。正常加剂期共试验了两种不同的配比方案，两种配比方案试验期间减黏装置闪蒸塔顶、分馏塔顶和减压塔顶冷凝水的监测结果（见表 6 至表 8）。

表 6 减黏装置闪蒸塔顶冷凝水的监测结果

监测部位	监测日期	方案 1 监测结果		监测日期	方案 2 监测结果	
		pH 值	铁离子（mg/L）		pH 值	铁离子（mg/L）
减黏闪蒸塔顶	2022.10.27	7.06	0.18	2022.11.10	6.81	0.15
	2022.10.28	7.03	0.07	2022.11.11	7.13	1.14（带油 30%）
	2022.10.29	6.95	0.01	2022.11.12	7.06	0.12
	2022.10.30	7.00	0.10	2022.11.13	7.00	0.10
	2022.10.31	7.22	0.08	2022.11.14	7.13	0.15
	2022.11.01	7.25	0.05	2022.11.15	7.01	0.01
	2022.11.02	7.35	0.16	2022.11.16	7.10	0.11
	2022.11.03	7.17	0.23	2022.11.17	6.23	0.37
	2022.11.04	7.18	0.35			
	2022.11.05	7.19	0.25			
	2022.11.06	6.87	0.05			
	2022.11.07	7.00	0.07			
	2022.11.08	7.08	0.06			
	2022.11.09	6.66	0.08			

表7 减黏装置分馏塔顶冷凝水的监测结果

监测部位	监测日期	方案1监测结果		监测日期	方案2监测结果	
		pH值	铁离子（mg/L）		pH值	铁离子（mg/L）
减黏 闪蒸塔顶	2022.10.27	7.70	0.96	2022.11.10	5.65	2.96
	2022.10.28	7.53	1.11	2022.11.11	7.51	0.58
	2022.10.29	7.95	0.54	2022.11.12	7.62	0.49
	2022.10.30	7.82	0.72	2022.11.13	7.74	1.85
	2022.10.31	7.58	0.77	2022.11.14	7.95	2.05
	2022.11.01	7.83	0.57	2022.11.15	7.90	0.58
	2022.11.02	8.04	0.60	2022.11.16	7.86	0.96
	2022.11.03	7.68	0.90	2022.11.17	7.84	0.69
	2022.11.04	7.58	0.72			
	2022.11.05	7.59	0.72			
	2022.11.06	7.34	0.84			
	2022.11.07	7.03	1.64			
	2022.11.08	6.86	1.81			
	2022.11.09	6.60	1.21			

表8 减黏装置减压塔顶冷凝水的监测结果

监测部位	监测日期	方案1监测结果		监测日期	方案2监测结果	
		pH值	铁离子（mg/L）		pH值	铁离子（mg/L）
减黏 闪蒸塔顶	2022.10.27	7.95	0.69	2022.11.10	6.03	0.82
	2022.10.28		全部为油	2022.11.11	6.47	1.41
	2022.10.29	8.03	2.88	2022.11.12	6.50	1.26
	2022.10.30	6.88	2.08	2022.11.13	5.87	2.98
	2022.10.31	7.44	1.76	2022.11.14	6.58	2.59
	2022.11.01	8.33	2.81	2022.11.15	6.90	2.33
	2022.11.02	8.43	1.64	2022.11.16	5.87	2.89
	2022.11.03	7.41	2.43	2022.11.17	7.78	1.64
	2022.11.04	7.06	2.84			
	2022.11.05	7.58	1.24			
	2022.11.06	6.91	0.75			
	2022.11.07	7.51	2.19			
	2022.11.08	6.78	0.87			
	2022.11.09	6.62	0.75			

2.3.1 工业试验助剂的缓蚀效果评定

从表6、表7和表8可以看出，减黏装置塔顶低温系统注入5#缓蚀剂后，在保持各注剂泵的行程和注剂量不变的情况下，无论是方案 1 还是方案 2，减黏装置闪蒸塔顶、分馏塔顶和减压塔顶冷凝水中的铁离子含量均在合格的范围内。在正常操作的情况下，闪蒸塔顶冷凝水中的铁离子含量基本在 0.5mg/L 以下，分馏塔顶冷凝水中的铁离子含量基本在 1.0mg/L 以下，远低于≤3mg/L 控制指标。减压塔顶由于装置工艺操作波动较频繁，塔顶冷凝水中的铁离子含量波动较大，但均能维持在合格的范围内。尤其是分馏塔顶，在未注剂状态下，塔顶冷凝水中的铁离子含量高达 200mg/L 左右，注入该缓蚀剂后，塔顶冷凝水中的铁离子含量降至 1.0mg/L 以下，且无论是装置工艺操作波动还是注剂系统的波动，甚至塔顶冷凝水中的 pH 值降至 5.6 左右，铁离子含量仍在合格的范围内。说明该缓蚀剂在减黏装置塔顶低温系统应用时的成膜性和缓蚀效果非常好，能够抑制塔顶低温系统设备的严重腐蚀。

2.3.2　工业试验药剂的最佳应用操作参数及用量

减黏装置工业试验期间，采用两种不同的配比方案进行工业试验，用氨水调节闪蒸、分馏和减压三个塔顶冷凝水的 pH 值在合适的范围内。根据工业试验期间的监测结果，无论装置工艺操作和注剂系统如何波动，这两种配比方案均能保持三个塔顶冷凝水中的铁离子含量在合格的范围内，且第二种方案是在第一种方案的基础上进行优化。经核算，第一种方案氨水的用量约为 393t/a，5#缓蚀剂的用量约为 16.5t/a。第二种方案氨水的用量约为 299t/a，5#缓蚀剂的用量约为 12t/sa。第一种方案三塔顶每年氨水的注入量约为 393ppm（相对处理量 100×10⁴t/a），缓蚀剂的注入量约为 16.5ppm。第二种方案三个塔顶每年氨水的注入量约为 299ppm（相对处理量 100×10⁴t/a），缓蚀剂的注入量约为 12ppm。采用第一种配比方案，减黏装置塔顶低温系统工艺防腐注剂的总费用约是 2021 年的 47%，采用第二种配比方案，减黏装置塔顶低温系统工艺防腐注剂的总费用约是 2021 年的 35%。

2.3.3　工业试验药剂注入后对三个塔顶系统脱水带油的影响

减黏装置在以往运行过程中经常出现脱水带油情况，影响因素主要包括原料性质变化、操作波动、油水分离罐中的介质停留时间及氨水和缓蚀剂注入的影响等。本次工业试验期间，对塔顶冷凝水的脱水带油情况进行了跟踪观察，结果表明，采用两种试验配比方案，闪蒸、分馏和减压塔顶均未产生乳化现象。

3　结论及建议

（1）减黏装置塔顶低温系统设备的腐蚀十分严重，且工艺物料和塔顶助剂很容易造成塔顶低温系统的乳化带油严重，尤其是减压塔顶系统，在不注剂或注不适合的缓蚀剂情况下，均有乳化带油严重的现象发生。

（2）通过对不同类型的缓蚀剂进行筛选评价及复配，评价出了水溶性、成膜性及缓蚀性能等指标均较好的 5#缓蚀剂。该缓蚀剂成膜性优良，能在 2h 内迅速成膜，缓蚀率高达 94.16%，并在减黏装置成功进行了工业试验。

（3）工业试验结果表明，使用 5#缓蚀剂的两种配比方案均能使减黏装置闪蒸、分馏和减压塔顶冷凝水中的铁离子含量控制在合格的范围内。尤其是分馏塔顶注入该缓蚀剂后，塔顶冷凝水中的铁离子含量降至 1.0mg/L 以下，且无论装置工艺操作还是注剂系统的波动，甚至塔顶冷凝水中的 pH 值降至 5.6 左右，铁离子含量仍在合格的范围内，说明该缓蚀剂在减黏装置塔顶低温系统应用时的成膜性和缓蚀效果非常好，能够抑制塔顶低温系统设备的严重腐蚀。

（4）本次工业试验采用两种配比方案，第一种方案三个塔顶氨水的注入量约为 393ppm（相对处理量 $100×10^4$t/a），缓蚀剂的注入量约为 16.5ppm。第二种方案三个塔顶氨水的注入量约为 299ppm（相对处理量 $100×10^4$t/a），缓蚀剂的注入量约为 12ppm。在两种配比方案进行工业试验期间，减黏装置闪蒸、分馏和减压塔顶均未产生乳化带油现象。

（5）本次工业试验简化了减黏装置塔顶低温系统工艺防腐的注剂流程，只需采取氨水+5#缓蚀剂注入方式，取代了以往氨水+水溶性中和缓蚀剂+油溶性缓蚀剂的注入方式，同时每年可节约大量工艺防腐费用。

（6）通过对减黏装置塔顶低温系统缓蚀剂的实验室筛选评价及工业试验，探索出了适合常减压、减黏等一次加工装置塔顶低温系统的工艺防腐管理模式。

（7）建议减黏装置在进行工艺防腐注剂的操作时，首先要确定氨水和缓蚀剂的配比方案，尽量保持注剂泵的行程和注剂量不变，避免频繁操作导致工艺防腐注剂系统的波动，加剧塔顶低温系统设备的腐蚀。

（8）相关部门必须加强工艺防腐的规范操作，才能保证缓蚀剂的使用效果。

参 考 文 献

[1] 杜磊，上官昌淮，林修洲. 分子模拟辅助油气田缓蚀剂研究进展[J]. 四川理工学院学报（自然科学版），2013，26(1).

[2] 李自力，程远鹏，毕海胜，等. 油气田 CO2/H2S 共存腐蚀与缓蚀技术研究进展[J]. 化工学报，2014，65(2)：406-414.

[3] Hong LIU. Corrosion Inhibition of a Bis-schiff Base for N80 Steel in HCl Acid Solution[J]. Corrosion Science and Protetion Technology，2018，30(6)：613-619.

[4] 夏明珠，赵维，雷武，等. 含 P 有机缓蚀剂缓蚀性能的量子化学研究[J]. 腐蚀科学与防护技术，2002，14(6)：311-314.

[5] 孙福星，庞正智，武德珍，等. HCl 中咪唑衍生物复配对碳钢的缓蚀作用研究[J]. 北京化工大学学报（自然科学版），2005，32(6)：99-102.

[6] 蒋华麟，陈萍华，舒红英，等. 不同表面活性剂对碳钢电极极化曲线的影响[J]. 实验科学与技术，2018，16(6)：79-81.

加氢装置高压换热器长周期运行下的腐蚀分析与防护技术

康秀阁

(中国石油辽河石化公司)

摘　要： 本文分析总结了某公司柴油加氢改质装置热高分气/混合氢换热器 NH_4Cl 结晶引起垢下腐蚀、氯离子引发应力腐蚀的典型腐蚀问题，并从腐蚀现象、腐蚀机理、腐蚀物来源及发生腐蚀前一阶段的设备运行状态展开分析，提出了从原料管控、注水优化、材质升级、参数调整及腐蚀预警方面开展腐蚀防控的具体措施，为装置长周期安全平稳运行奠定基础。

关键词： 加氢装置；隔膜密封式高压换热器；腐蚀；NH_4Cl；防护技术

1　背景简述

随着国家"碳达峰、碳中和"战略持续推进，石化行业促进高质量发展、提升本质安全的发展方向正在加速演进、不断深化。在此背景下，设备腐蚀分析与精准防控技术的重要性进一步凸显。某公司 $120×10^4 t/a$ 柴油加氢改质装置热高分气/混合氢换热器 E-2102 为隔膜密封式高压换热器，该设备自投产以来，在运行的 3 个生产周期 10 年时间，频繁发生腐蚀问题。腐蚀问题一方面造成装置生产波动乃至停工，影响安稳运行；另一方面降低了换热器运行寿命，增加了运维成本。因此，针对高压换热器进行长周期、系统性的腐蚀情况调研分析，查找出各生产周期、工艺条件下高压换热器的腐蚀原因和相应防腐对策，对装置的长周期安全平稳运行和装备的腐蚀管控能力提升具有积极意义。

2　工艺条件与设备参数

工艺流程方面：该设备管程介质是来自热高压分离器顶部的气相组分，主要包含油气、H_2 及 H_2S；壳程介质是来自机组的混合氢(新氢+循环氢)，其工艺流程如图 1 所示。

设备参数方面：该换热器为隔膜密封式高压换热器。壳体材质为 12Cr2Mo1R(H)，管束材质为 2507 型双相不锈钢，管板为 12Cr2Mo1(H)+堆焊(E309MoL+E2209)，密封盘材质为 316L。其他主要设备参数见表 1。

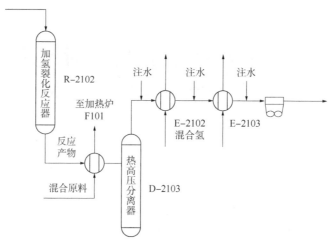

图 1   高压换热器 E-2102 局部工艺流程

表 1   高压换热器 E-2102 技术参数

工艺编号	设备名称	介质	材质	操作温度（℃）	操作压力（MPa）
E-2102	热高分气与混合氢换热器	管程：油气、H$_2$、H$_2$S	2507 型双相不锈钢	228/152	10.18
		壳程：混合氢	12Cr2Mo1R（H）	65/172	11.40

3   腐蚀情况及原因分析

3.1   腐蚀情况简述

该设备曾数次发生隔膜密封盘本体或角焊缝氯离子应力腐蚀开裂（裂纹电镜下形貌如图 2 所示），历次拆检处置过程中均发现管、壳程存在不同程度结盐、腐蚀问题。下文将以该设备最近一次泄漏检修与检查分析为论述对象，对该设备长期存在的腐蚀情况与管控措施进行详细论述。

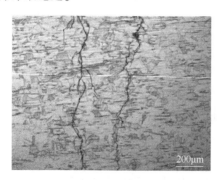
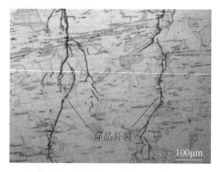

穿晶开裂

图 2   E-2102 应力腐蚀裂纹形貌

2022 年 4 月 14 日，发现热高分气与混合氢换热器 E-2102 管箱端部隔膜密封盘角焊缝位置出现长约 8mm 贯通裂纹，换热器管箱打开后，发现该管箱内存在片状垢块且氨味较重。管箱简体内壁呈斑驳腐蚀形貌，平均减薄量约 2.5mm；管程入口与分程箱衔接位置一周均存在腐蚀沟槽，腐蚀最为严重，最大深度约 8mm。管程腐蚀与结垢情况如图 3 所示。

图 3 E-2102 管程腐蚀与结垢情况

管束抽出清洗完毕后，目测即发现管板与管头角焊缝位置存在大量裂纹，最长处约 150mm。E-2102 管板裂纹情况如图 4 所示。

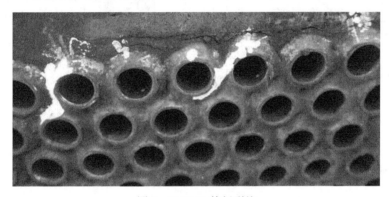

图 4 E-2102 管板裂纹

3.2 腐蚀产物的确定

采集的垢块表面存在黑色油迹，内部主体为白色固体，烘干后的样品基本可以全溶于蒸馏水，分析化验结果见表 2。该结盐物中氯含量约为 66.55%，氨氮含量约为 22.07%，由此可以推断，该结盐物基本全部为 NH_4Cl。

表 2 腐蚀产物分析化验数据

采样部位	采样时间	氯化物(mg/L)	硫化物(mg/L)	氨氮(mg/L)	NH_4Cl 总量
E-2102 管程	2022.05.16	449.3	0	154.5	60.38%

3.3 腐蚀机理

3.3.1 垢下腐蚀

装置原料中的 N、Cl 及 S 等元素的化合物，会在反应器中与 H_2 反应生成 NH_3、HCl 和 H_2S 气体。在随着反应产物进入到分离、换热系统时，随着温度的逐渐降低，气相中的 HCl、H_2S 组分可与 NH_3 发生反应，生成 NH_4Cl 和 NH_4HS。在加氢装置通常 NH_4Cl 的结晶温度约为 180~220℃，故其结晶常在空冷前的换热器中开始；NH_4HS 的结晶温度约为 70~120℃，因此 NH_4HS 结晶常发生在空冷器中。根据 API932-A 提出的理论结晶平衡常数计算方式，通过计算 NH_4Cl 结晶温度系数 K_p 值（氯化铵 K_p 值为 NH_3 分压值与 HCl 分压值乘积，即：$K_p = (PNH_3) \cdot (PHCl)$），结合 NH_4Cl 的结晶温度估算图，可以确定反应流出物系统中 NH_4Cl 的结晶温度，NH_4HS 也是如此[1]。

从图 5 得到 NH_4Cl 的结晶温度约为 190℃，而换热器 E-2102 管程的进口温度为 220~230℃，出口温度为 145~165℃，达到 NH_4Cl 的结晶温度，因此换热器管程内出现 NH_4Cl 结晶析出现象；NH_4HS 结晶温度在 120℃ 左右，换热器管程最低温度 145℃，因此可排除 NH_4HS 导致垢下腐蚀的因素。

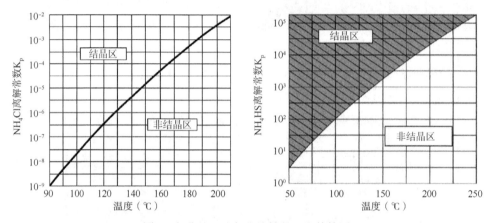

图 5　氯化铵、硫氢化铵结晶温度估算图

氯化氨在管程内部逐步挂壁沉积并发生潮解，在垢下形成高浓度强酸环境。其机理可表示为：

$$NH_4Cl + H_2O \longrightarrow NH_3 \cdot H_2O + HCl$$

$$Fe + 2HCl \longrightarrow FeCl_2 + H_2 \uparrow$$

由于氯离子半径小，易穿透金属保护膜内极小的孔隙与金属产生离子反应，导致微孔不断扩大，Cl^- 不断向孔内迁移、富集，使得孔内溶液不断酸化、阳极加速溶解，形成闭塞电池的自催化过程，不断加速腐蚀的发展。

3.3.2　腐蚀与冲蚀

同时，NH_4Cl 与 H_2S 共存的情况下也会存在相互促进的作用[2]，使 H_2S 在金属表面作用生成的 FeS 保护膜持续溶解脱落，新鲜表面不断暴露、腐蚀不断向金属构件内部发展延伸。这种现象在流速较高的部位如管口或存在湍流的位置更为显著。

3.3.3　Cl^- 应力腐蚀

应力腐蚀是指金属在拉应力和特定的腐蚀介质共同作用下引起低于材料强度极限的脆性开裂现象[3]。300 系列奥氏体不锈钢的 Cl^- 敏感性均较强，因此对该设备来说，隔膜密封盘角焊缝存在的残余应力、温度梯度造成的热应力、微观缺陷发展进而造成的应力集中等情况，均会在 Cl^- 电解质溶液环境下发生应力腐蚀，且随 Cl^- 浓度上升，开裂可能性随之增加。2205 双相不锈钢虽然具有一定的耐氯化物应力腐蚀的能力，但其允许的最大 Cl⁻ 使用浓度为 2%，且温度应小于 150℃[4]。当长期处于高温、高 Cl⁻ 含量、强酸环境时，随着 PH 值的降低，双相不锈钢的表面膜被破坏，最终也将发生应力腐蚀开裂。

这一方面解释了该设备隔膜密封盘本体及角焊缝多次腐蚀开裂的原因，也说明了 2205 双相钢管束在长周期暴露于 Cl⁻ 环境时，也面临着发生应力腐蚀开裂的较大风险。

3.4 腐蚀物来源

3.4.1 氢气

装置氢气主要为重整氢，少部分来自制氢。查询设备发生泄漏前 1 年的入装置新氢分析化验数据显示，新氢中氯含量无超标历史记录，历次分析化验数据均为"合格"（< $0.2\mu L/L$）。

3.4.2 原料油

目前国内柴油加氢装置原料氯含量基本均按照小于 $1\mu g/g$ 设计，但各企业柴油加氢装置实际运行状况差异较大。查询设备发生泄漏前 1 年时间原料氯含量，情况如图 6 所示。

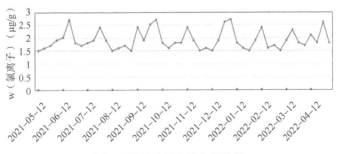

图 6 原料油氯含量分析数据

从图 6 可以看出，1 年中原料油中的氯质量分数均大于 $1.5\mu g/g$，采样数据最大值为 $2.7\mu g/g$，均超过了加氢装置的控制指标(不大于 $1\mu g/g$)。

3.4.3 注水

柴油加氢装置的注水采用了除盐水，其分析数据显示：水中氯离子质量分数最大为 $0.4\mu g/g$。

综上可见，该装置的氯离子主要来源是原料油。

3.5 运行状态分析

3.5.1 操作温度

查询 E-2102 检修前 1 年时间换热器管程入口、出口操作温度趋势变化如图 7 所示。

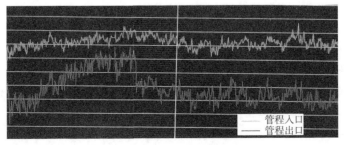

图 7 E-2102 管程入、出口温度变化趋势

其中入口温度变化范围为 220~230℃，出口温度变化范围为 145~165℃。可见该设备管程操作温度始终处于 NH_4Cl 结晶析出温度范围内。

3.5.2 注水情况

装置采用换热器前注水点连续注水方式。利用 PROII 模拟软件计算注水量和注水后温度，当介质温度为 225℃ 和 230℃ 时，若要满足注水后剩余液态水的质量分数达到 25% 的要求，注水量应分别不小于 5.8t/h 和 6.4t/h，注水后温度分别为 151℃ 和 153℃。而目前该点注水量靠手阀控制且无流量显示，只能凭经验大致控制在约 6~7t/h。

3.5.3 流速影响

装置上一周期起长期处于低负荷工况，相应的换热管内的介质流速也将有所降低。低流速更有利于铵盐结晶在管程内的沉积，结晶沉积的累积又将进一步影响介质流速，形成恶性循环过程。

4 防腐措施

根据上文分析，高压换热器的腐蚀主要受到原料中的氯化物、硫化物等杂质含量、注水方式与注水量以及生产操作条件等因素的影响。因此可采取如下措施进行相应的腐蚀防控。

4.1 控制原料的腐蚀物含量

目前装置氯化物主要来自原油本身携带的氯化物及注剂残留的氯化物，其中部分有机氯经电脱盐后的脱除效果并不理想，导致氯化物从分馏装置进入到各下游装置中。为了解决该问题，目前可采取如下措施：

（1）在上游装置采用脱氯助剂，将有机氯转化为无机氯后进而脱除。从源头上降低原料油的氯化物含量[5]；

（2）适当提高低氮柴油的掺炼比例，降低混合进料中的氮含量，进而也能降低 NH_4Cl 的结晶平衡常数，从而降低 NH_4Cl 的结盐温度。

4.2 注水优化调整

4.2.1 注水量的核算与调控

根据原料氯含量、氮含量及加工负荷对注水量进行核算，及时调整高压换热器注水量，确保总注水量的 25% 在注入后为液态。同时，应合理控制注水量的稳定平衡，注水量过大会使介质的温度降低过多，增加冷却负荷，影响换热器的换热平衡；注水量过小则不能起到理想的冲洗效果，甚至可能加重腐蚀。

此外，也应注意合理控制高压换热器前、后的注水量分配。由于两个注水点均无流量显示，只能依靠靠阀门开度判断、调整注水量。而由于高压换热器自身存在压降，导致设备后注水点系统压力必然更低，因而往往导致注水更容易从换热器后注水点进入系统。因此必须注意设备前后注水阀门的调控原则，避免换热器侧注水量不足，铵盐结晶冲洗不充分。

4.2.2 注水形式的优化

传统注水方式，水通过注水管道直接注入系统，由于水的密度远高于高分气相介质，导致注入后气液混合效率很低，铵盐洗涤效果不佳。用 fluent 模拟直管注水，从分布图中可以看出，水在注入后出现明显偏流。为了提高注水的混合效率，可采用雾化喷头使注水的分布更加分散，与高分气相的混合更加均匀，从而更充分地冲洗掉油气中的铵盐[6]，同时也能有效降低对注水点后管线的冲刷腐蚀。采用雾化喷头前、后的注水分布情况如图 8 所示。

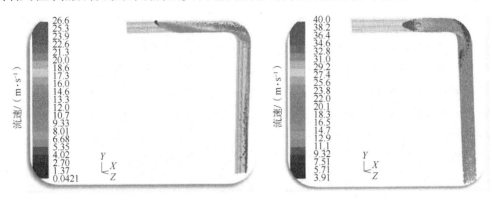

图 8　采用雾化喷头前、后的注水分布情况

4.2.3　注水方式的选择

若采用连续注水，则如上文所述，必须始终保证足够的注水量，且充分考虑原料组分变化、处理量变化的影响；连续注水方式有利于铵盐结晶的彻底冲洗，但同时存在较高的能耗，也伴随着持续的高浓度酸性物质冲刷腐蚀的风险。因此，目前在高换前采取间歇注水的方式也是较为普遍的。

若采用间歇注水，需注意除了科学计算注水量保证水量充足，同时应做好后路酸性水质分析化验监测，保证铵盐冲洗彻底--工艺波动相对较小--能耗相对经济节约的动态平衡。同时，密切监控换热器压降、换热温差等相关工艺参数变化趋势，合理掌控、适时调整间断注水的持续时间和注水周期。

4.2.4　加入助剂

注水中可考虑加入高温缓蚀剂，起到分散 NH_4Cl 结晶、避免 NH_4Cl 结晶挂壁聚集并能在管壁形成保护膜，进而达到提高防结盐、耐腐蚀效果。选择加入助剂，除需考察助剂的缓蚀性能外，也应注意考察助剂对流程上各设备的运行有无不利影响以及对下游的工艺和产品的影响。目前，相关助剂在类似工况的应用效果尚需进一步观察。

4.3　合理选用材质

合理选用材质是炼化行业高温部位防腐管控的主要方式之一，是提升设备耐蚀能力的基础。根据 SH/T 3129—2012，镍基合金 Incoloy825 是该工况下的推荐选材，其在该腐蚀环境下具有较为优良的耐腐蚀性能。与 300 系列不锈钢及双相钢相比，该合金具有更优良的抗 Cl^- 应力腐蚀、抗稀盐酸及抗点蚀的能力，广泛应用于加氢装置中存在严重硫化物及氯化物腐蚀的设备。

4.4　加强生产过程的参数监测与调节

4.4.1　原料参数监测

制定原料中氮、硫、氯含量设防值并密切监控，确保原料油、氢气及注水中的氯、氮、硫等腐蚀相关元素含量合规受控。同时，还需对冷高分含硫污水氯离子、铁离子、氨氮、硫化物和 pH 值等腐蚀数据进行监测，做到提前预警。

4.4.2　工艺参数调整

根据氯化铵结晶热平衡曲线可以看出，温度的提高可显著提升结晶析出的平衡浓度。因此，在工艺条件允许、能耗控制合理的范围内，可适当提高高压换热器的入口温度，从而降低铵盐在高换中结晶析出的比例。目前，部分企业通过增设软硬件设施，实现了 K_p 值和结盐温度在 DCS 系统的实时计算、动态监测，操作员可根据计算结果实时调整操作条件[7]，保证高压换热器出口温度大于结盐温度并留有一定安全裕度。

根据平衡曲线，也可在工艺允许的条件下适当提高氢油比，降低腐蚀性介质气体分压，进而降低氯化铵的结晶温度。

4.4.3　腐蚀监测完善

目前各柴油加氢装置在各高换出入口管线上的监测仪表布置并不全面，往往导致高换压降、出入口温差等衡量设备运行状态的关键参数无法直观读取计算。因此，可在结盐情况严重、腐蚀风险较高的高压换热器出、入口管线，分别增设完善压力、温度测量仪表，实现换热器温差、压降参数的实时监控，为工艺调整、注水调整提供可靠依据，保障设备的安全平稳运行。

4.5　腐蚀预警新技术的应用

目前基于工业大数据的设备腐蚀预警系统在炼化行业中已有应用。该项技术依托石油化工系统信息采集传感器多的特点，通过对大量生产工艺数据、化学分析数据和操作参数的综合处理和分析，建立相应的腐蚀预测模型，实现多参数工况下材质腐蚀速率的估算，对设备运行状态进行评估和腐蚀风险的事前预判，有效协助炼化企业提前处理腐蚀风险，选择适宜的防腐蚀措施，消除设备运行隐患[8]。相比传统的腐蚀相关数据定期采集与分析，该技术具有数据采集全面、处理准确，风险实时监控、提前预警等优势，若该项技术能持续优化完善，可对设备的腐蚀防控管理提供较大帮助。

参 考 文 献

[1] 任日菊，周斌，程伟，等．加氢装置高压换热器失效分析及铵盐腐蚀结晶温度的变化规律研究[J]．石油炼制与化工，2021，52(1)：118-125.

[2] 李铸，余蕾，禹建军．加氢裂化热低分气空冷器结盐腐蚀泄漏原因分析[J]．石油化工腐蚀与防护，2020，37(1)：62-64.

[3] 孙毅，张小莉，董建伟．加氢裂化高压空冷器的防腐分析与措施[J]．石油炼制与化工，2009，40(6)：60-70.

[4] 包振宇，段永锋，于凤昌．加氢装置高压换热器铵盐腐蚀的模拟计算和试验研究[J]．石油化工腐蚀与防护，2018，35(3)：6-18.

[5] WU Z H. Analysis On the Corrosion Leakage Of High Pressure Heat Exchanger For Hydrogenation And Countermeasures[J]. Petrochemical Safety And Environmental Protection Techno logy，2016，32(2)：20.

[6] 韦勇．加氢裂化高压换热器的腐蚀泄漏及对策[J]．石油化工腐蚀与防护，2021，38(1)：14-17.

[7] 王国庆．加氢裂化装置高压换热器的腐蚀与防护[J]．石油化工腐蚀与防护，2014，31(3)：38-43.

[8] 李璐婕，柳旭．大数据技术在加氢高压换热器腐蚀预警系统中的应用[J]．石油化工腐蚀与防护，2019，36(2)：36-40.

连续重整装置工艺防腐蚀现状及分析

冷文明 张 淼

（中国石油辽河石化公司）

摘 要：本文主要从工艺防腐蚀监测体系、腐蚀检测、大修期间防腐蚀检查情况等方面、阐述了连续重整装置工艺防腐存在的问题及应对的解决措施。

关键词：重整装置；在线监测；腐蚀；定点测厚；露点温度

某石化公司 60×10^4 t/a 连续重整装置由原料预处理、重整反应再生、苯抽提、变压吸附氢气提纯等四个部分及公用工程与余热锅炉等组成，以三套常减压装置、焦化汽油加氢装置及柴油加氢改质装置提供的石脑油为原料，生产高辛烷值汽油组分、混合二甲苯、苯等芳烃产品，同时还副产 H_2、液态烃、干气、轻石脑油等产品。苯抽提系统设置有单乙醇胺注入点，预加氢进料换热器 E1101 设置了注水点，预加氢蒸发塔、C4/C5 分离塔、脱戊烷塔 C1201 设置了缓蚀剂注入点。装置共安装腐蚀在线监测探针 14 支，其中腐蚀速率探针 7 支，pH 探针 2 支，在线测厚探针 5 支。逐步完成了"一图两表一手册一报告"等工艺防腐标准化资料的编制，健全了装置防腐蚀管理监测体系。

1 重整装置腐蚀概述

（1）氯化物腐蚀是催化重整装置的主要问题之一。

在预加氢部分，由于原料中含有一定量的硫、氮、氧、氯等化合物，在预加氢过程中会与氢反应生成 H_2S、NH_3、H_2O、HCl 等，形成低温 H_2S+HCl+NH_4+H_2O 腐蚀环境。

重整部分因为反应催化剂需要通过有机氯活化，有机氯在反应器中会生成 HCl，部分进入气相随 H_2 循环，部分随反应产物进入脱戊烷塔。虽然干态的 HCl 对没有腐蚀性，但有水存在时会发生强烈的腐蚀。因此在重整反应产物后冷却系统、脱戊烷稳定塔塔顶系统、轻油管线等部位会存在比较严重的 HCl+H_2O 腐蚀。

（2）苯抽提系统的腐蚀。

苯抽提部分的腐蚀主要是由于抽提溶剂降解造成的，在系统中存在的少量氧的作用下，溶剂在一定的温度条件下会发生降解，生成有机酸或无机酸产物，造成设备腐蚀。

2 检修期间腐蚀检查情况

2022 年 5 月，连续重整装置开展停工期间的专项腐蚀检查。主要检测了塔器、容器、换热器、工艺管线的易腐蚀部位，现简略做如下分享。

2.1 塔器腐蚀检查情况

（1）溶剂回收塔 C1402 塔盘腐蚀。人孔内各层塔盘上条形浮阀四个顶点与塔盘接触处，塔盘有腐蚀坑，深度 1~2mm，如图 1 所示。

（2）塔 C1402 塔壁腐蚀。人孔内部周围塔壁有大面积腐蚀坑，深度 1~2mm，测厚数据：12.2~14.0mm，如图 2 所示。

图 1　C1402 塔盘腐蚀坑

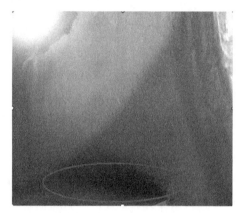
图 2　C1402 塔壁腐蚀凹陷

（3）塔 C1402 进料管线腐蚀。人孔内进料分配管盲端腐蚀穿孔，直径约 Φ50mm，如图 3 所示。

（4）塔 C1402 分配管支撑座腐蚀。进料管底部分配孔之间金属腐蚀殆尽，形成一条长度约 500mm，宽度约 80mm 的穿孔区，如图 4 所示。

图 3　C1402 进料分配管盲端腐蚀穿孔

图 4　进料分配管底部穿孔区腐蚀

（5）塔 C1402 降液板腐蚀。人孔北侧降液板大面积腐蚀缺失，降液板与塔壁焊缝腐蚀开裂。第一层塔盘受液盘与塔壁焊缝局部腐蚀开裂，长度约 1m（图 5 和图 6）。

2.2 容器腐蚀检查情况

（1）溶剂再生罐 D1404 破沫网局部破损，破沫网腐蚀发黑变色，如图 7 所示。

（2）溶剂再生罐 D1404，2#人孔（罐底）底部重沸器（E1408）支架局部坑蚀 2~3mm，如图 8 所示。

图 5 C1402 液板大面积腐蚀缺失

图 6 2#人孔受液盘与塔壁焊缝腐蚀开裂

图 7 D1404 罐顶破沫网腐蚀情况

图 8 罐底重沸器支架坑蚀

（3）溶剂再生罐 D1404，下方进料分配管法兰有一处螺栓缺失。分配管孔部分堵塞（图 9）。

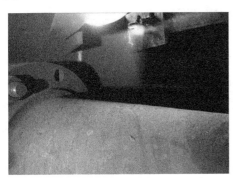

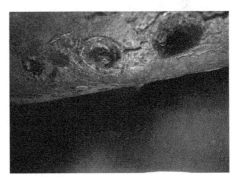

图 9 罐底进料分配管法兰螺栓缺失、分配管孔堵塞

2.3 水冷器、换热器腐蚀检查情况

2.3.1 C4/C5 分离塔进料换热器 E-1206 检查情况

（1）管箱：管箱内附有较多红褐色铁锈，腐蚀较轻。

（2）筒体及封头：筒体及封头底部有较多泥垢，垢下密集点蚀（图 10），深度 0.3～0.5mm。

图 10　封头及筒体底部垢下密集点蚀

（3）管束、管板表面防腐涂层脱落，管束及管板金属表面轻微腐蚀（图 11）。

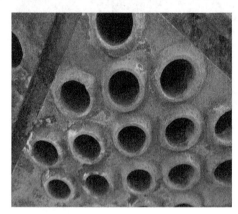

图 11　管束、管板防腐涂层老化脱落

2.3.2　预加氢反应产物水冷器检查情况

（1）筒体及封头：进料口环焊缝局部有不连续腐蚀沟槽，长度约 100mm，深度约 1mm。进料口附近筒体轻度点蚀，深度 0.2～0.3mm。筒体出料口直角转角处有一处机械损伤和一处腐蚀坑，直径约 15mm。西侧筒体底部轻度点蚀 0.2～0.3mm。封头腐蚀较轻。

（2）管箱及浮头：管箱内牺牲阳极块消耗过度，管程进出口两侧牺牲阳极块腐蚀殆尽。管箱内防腐涂层老化变质，鼓包开裂。浮头内部防腐涂层老化变质局部脱落。

（3）管束：管束外表面及结构件完好，腐蚀较轻。管板及管口内防腐涂层大部分脱落。金属部分腐蚀较轻。

2.3.3　脱戊烷塔后水冷器（E-1218）检查情况

（1）筒体及封头：西侧筒体及封头腐蚀较轻，东侧筒体及封头法兰两侧约 200mm 密集点蚀 0.8～1mm（图 12）。

（2）管箱及浮头：管箱内牺牲阳极块腐蚀殆尽，管箱及浮头内部防腐涂层老化变质，局部脱落，局部金属表面点蚀 0.8～1.0mm。

（3）管束：东侧管束、防冲板、折流板等构件密集点蚀深度 0.8～1.0mm，局部管束点蚀深度 1.0~1.2mm。西侧管束、防冲板、折流板等构件腐蚀较轻。东侧管板及管口防腐涂层局部脱落。西侧管板及管口涂层脱落殆尽。管束测厚数据：2.0mm。

图12　E1218筒体及法兰内侧点蚀

2.4　工艺管线检查情况

溶剂回收塔(C1402)进料线有腐蚀减薄现象，返塔法兰后管线侧面实测即将穿孔(图13)。

图13　管束、管板防腐涂层老化脱落

2.5　原因分析

（1）苯抽提系统。溶剂回收塔操作温度180℃，操作压力-40kPa，运行介质为环丁砜、苯，塔体材质及内构件均为碳钢。该塔腐蚀部位主要集中在进料段以下部位，结合工艺流程及腐蚀回路分析判断腐蚀原因主要为环丁砜降解物腐蚀。

（2）由于运行过程中系统中氧的混入或运行温度较高的情况下，环丁砜降解产生 SO_2、SO_3 以及磺酸等酸性物质，形成了强酸的腐蚀环境，对设备造成腐蚀。

（3）C4/C5分离塔进料换热器 E-1206。H_2S+H_2O 腐蚀

（4）预加氢反应产物水冷器 E1102。壳程 $H_2S+HCl+NH_3+H_2O$ 腐蚀、管程循环水腐蚀。

（5）脱戊烷塔后水冷器 E-1218。水冷器壳程操作温度53℃，操作压力1.29MPa，壳程介质为脱戊烷塔顶气(戊烷油)，管程材质为1#钢，壳程材质为Q345R。水冷器处于重整反应单元分馏塔顶回路，如图14所示。

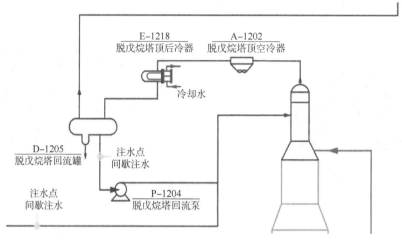

图 14　脱戊烷塔塔顶回路

脱戊烷塔为重整反应后的第一道分馏过程，由于重整反应催化过程是以 Cl⁻ 为酸性中心，因此反应产物中会携带较多的 Cl⁻，在脱氯效果不理想的情况下，分馏塔进料中将会携带少量的 HCl，在分馏塔低温部位冷凝后形成了 HCl+H_2O 的腐蚀环境，对设备造成腐蚀。

3　结论与防腐措施

3.1　结论

该连续重整装置的腐蚀问题主要存在于重整反应单元分馏塔顶回路(脱戊烷塔顶低温设备)及苯抽提部分的溶剂系统回路。

重整反应单元分馏塔顶回路设备主要包括：重整反应单元分馏塔顶回路：脱戊烷塔顶、脱戊烷塔顶空冷器、脱戊烷塔顶后冷器、脱戊烷塔顶回流罐等设备及相关管线。

苯抽提单元溶剂系统回路设备主要包括：苯抽提单元溶剂系统回：抽提蒸馏塔进料段以下部分、溶剂回收塔进料段以下部分、溶剂再生罐、地下溶剂罐、贫溶剂水冷器壳程、抽提塔进料—品溶剂换热器、抽提蒸馏塔重沸器、苯蒸发塔底重沸器管程、汽提水换热器管程等设备及相关管线。

其余的问题是个别设备的低速率长期硫化氢腐蚀以及循环水腐蚀。

总体上，装置的主要腐蚀问题反应单元脱戊烷塔顶低温系统的 HCl+H_2O 腐蚀及抽提单元溶剂系统的环丁砜降解物腐蚀，因此需要重点加强脱戊烷塔顶低温回路及溶剂系统的工艺防腐措施等。

3.2　防腐管控措施

(1)材质升级。2022 年 5 月装置大检修期间对溶剂回收塔溶剂进料线进行材质升级，升级材质建议选用更耐酸的白钢材质。

(2)苯抽提控制加热蒸汽温度在 220℃以内，溶剂回收塔塔底温度控制在 160~175℃，压力(绝压)控制在 0.04~0.05MPa，溶剂再生塔的温度禁止超过 180℃。

（3）苯抽提系统防止氧气进入系统。①每次停开工，加强对系统的气密，特别是真空系统；同时真空试验不合格，不能开车；②定期对循环水冷却器查漏，防止循环水夹带的氧漏入系统；监控水洗水电导率的变化，发现异常及时查找确认循环水冷却器漏点，及时消除；③系统设备及管线检修时，做好盲板隔离工作和氮气保护，防止空气串入；④对原料储罐和溶剂储罐增加氮封。

（4）系统的水含量管控。①加强对原料罐的脱水管理，形成日常工作机制；②针对系统中循环水侧压力高于系统压力的循环水冷却器定期查漏，发现泄漏立即处理；③控制好苯抽提系统注水量，避免水含量过高，加速环丁砜劣化，同时也可能对塔盘造成冲击。

（5）确保贫溶剂 pH≥8。溶剂系统添加单乙醇胺。单乙醇胺既是弱碱，又是一种缓蚀剂，能中和掉循环溶剂中的有机酸，可防止有机酸对管束腐蚀，还能在金属表面形成钝化膜。确保贫溶剂 pH 在指标范围。

（6）监测系统。对装置预加氢原料、重整反应原料、重整生成油前、外送氢气进行数据监测分析；对预加氢产物分离罐 D1102、预加氢蒸发塔顶回流罐 D1104 酸性水进行 pH 值在线监测；预加氢系统、分馏系统、苯抽提系统设腐蚀速率探针 7 支，在线测厚探针 5 支；委托外部检测公司采用超声波测厚仪 26MG 对装置进行定点测厚，目前装置共设置 356 个检测点。装置定点测厚监测点应实行动态管理，腐蚀速率异常的点，经申请后重新进行检测。

（7）塔顶露点温度管控。根据蒸发塔、脱戊烷塔顶压力、物料组成、流量等工艺条件，采用水分压法计算分馏塔顶水露点温度。按照工艺防腐管理规定要求，控制塔顶内部操作温度应高于水露点温度 14~28℃。装置脱戊烷塔设有注水线，必要时注水，以清洗塔盘及下游设备，稀释 HCl 浓度。

（8）控制系统的 Cl^-。定期对循环水冷却器的查漏，防止 Cl^- 随循环水带入系统；重整反应系统设置合理的注氯量；重整生成油设有液相脱氯罐，油中的 Cl^- 含量控制在 1mg/kg 以下，当氯离子含量过大时更换脱氯剂。

（9）检修期间重点检查塔、容器内构件、进料分配管及其减薄支撑座，缺失螺栓补充；更换溶剂再生罐顶破沫网；疏通堵管孔；修复管板脱落涂层；清理换热器、冷却器筒体底部泥垢，筒体底部腐蚀沟槽打磨除锈，补焊处理管束打压试漏；若单程堵管比超过 10%，则更换管束；补充消耗殆尽的牺牲阳极块；修复管箱、浮头、管板及管口内防腐涂层。

催化装置分馏塔顶结盐腐蚀防护措施

周定一 杨晓柯

(中国石油辽河石化公司)

摘 要：本文主要阐述了某石化公司 80 万 t/重油催化裂化装置分馏塔的运行情况，根据每周期对分馏塔顶塔盘结盐腐蚀监控情况，采取了包括原料监控，顶循环开路水洗，加注分散阻垢剂，控制顶循环回流温度一系列措施，保障重油催化裂化装置分馏塔的运行正常，从而保证了催化装置的长周期运行。

关键词：分馏塔；结盐；腐蚀；长周期

重油催化裂化分馏塔的主要任务是把催化反应生成的油气按沸点范围分为液态烃、汽油、柴油、回炼油及油浆，分馏塔顶循环油结盐及腐蚀是催化生产中的常见问题，油品中的硫、氯等多种杂质的存在，在分馏塔顶部与高温油气中的氮化物反应生成 NH_4Cl，最终在分馏塔塔顶低温区结晶析出。

1 催化裂化装置分馏塔结盐腐蚀问题概述

1.1 NH_4Cl 会对塔盘造成严重的垢下腐蚀及磨损腐蚀。

1.2 塔中注水洗涤会造成导致分馏塔顶部塔盘温度经常低于露点温度而出现液态水，这为低温 H_2S-HCl-NH_3-H_2O 型腐蚀的发生创造了条件，也因此加剧了顶部塔盘的腐蚀程度。

1.3 Cl^- 点蚀造成的腐蚀泄露，超出均匀腐蚀速率。

由此可见催化装置分馏塔顶结盐问题是制约装置长周期运行的主要瓶颈

2 催化裂化装置分馏塔顶结盐情况

某石化公司催化裂化装置投产于 1992 年 8 月，装置处理量为 $72×10^4$ t/a，最大处理量为 $80×10^4$ t/a，分馏塔共有 29 层塔盘，塔底部装有 8 层人字挡板。在催化裂化装置运行的第 16 周期中(2009 年 5 月 8 日至 2012 年 7 月 31 日)，装置大检修 1 次，非计划停工 2 次，计划抢修 2 次。最短运行周期仅 6 个月，两次非计划停工都是因分馏塔顶循系统结盐堵塞，分馏系统无法正常操作，装置被迫停工。

（1）分馏塔顶结盐问题是制约本套装置长周期运行的主要瓶颈，具体表现如下：

① 分馏塔顶循系统结盐速度较快，装置开工后运行三个月左右，分馏塔内压降开始升高。

② 装置运行五个月后，顶循环出现大幅度波动，分馏塔频繁冲塔，汽油干点控制困难。

③ 尤其到运行末期后，导致反应—分馏压降持续上升，造成气压机功耗增加，影响装置处理量。随着塔盘结盐厚度的增加，堵塞塔盘升气孔，造成气相流通面积减小，分馏塔难以正常操作，装置被迫停工，处理堵塞的塔盘。

④ 结盐情况的严重，为腐蚀创造了有利条件，分馏塔塔盘存在腐蚀风险。

（2）停工检查情况：

① 第 29 层塔盘上残余垢厚度 2~3cm，盘下 4~5cm（图 1 和图 2）。

图 1　2011 年 8 月第 29 层塔盘阻塞情况

图 2　2012 年 03 月 29 层塔盘阻塞情况

② 第 27 层和 28 层塔盘上 1~2cm，盘下 2~3cm，全塔盘来看，中部薄而边缘厚，并沿阀孔形成火山口状，阀孔全部堵死。

③ 第 26 层塔盘上 1~2cm，盘下无垢，光洁如新。

从表观上看：塔盘上的垢类物质棕黑（褐）色、菜花状，粒间有极细小孔洞（怀疑这些孔洞原被盐类占据，在停工水洗时盐类被溶解后所形成）。从性质上看：垢类质地松软，密度极小，可浮于油、水之上，易燃，焙烧后残留物极少。

3　分馏塔顶结盐解决措施

为了解决分馏塔顶结盐结垢的问题，经反复论证，决定对分馏塔顶循环系统进行技术改造，减少分馏塔顶循结盐，保证装置长周期运行。

3.1 采取设置顶循在线除盐

在顶循换热器(E204)出口顶循环返塔管线上增设油水分离罐(2.5m×4m)，在顶循环系统换热器(E203)入口和油水分离罐出口分设低压除盐水注水点，正常生产过程中控制注水量5t/h，将顶循油中的盐类溶解至水中，再通过油水分离器，将含盐污水脱除，进入汽油罐V202B，通过酸性水系统送出装置。

图3中的两个注水点起着不同的作用，注水点1位置在E203换热器入口管线上与换热后的顶循油进行混合，目的是将顶循油中的大分子焦连聚合物吸收到水中，到V203脱水罐进行油水分离，顶循油由上出口返回分馏塔29#塔盘，酸性水由下出口进入油气分离器V202B，经酸性水泵P209送出装置。注水点2位置在V203出口的管线上，其目的是用水将分流塔内的结盐进行冲洗，保持塔内的操作环境。

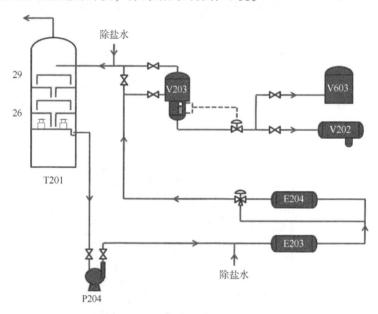

图3 注除盐水流程图

可选择不同的方案如下：

（1）洗油。向顶循环返回管线内注入低压除氧水(5t/h)，洗涤塔盘后的混合物经油水分离罐进行油水分层，上层顶循油组分返塔，下层携带杂质的含盐水分直接排出，降低分馏塔内所含无机盐浓度，从根本上减少盐类在塔盘上析出。

（2）洗塔。通过顶循环返回对塔盘进行长期水洗，消除塔盘上附着性较强的硫酸铵盐，遏制塔盘结盐倾向。

（3）带水操作。分馏系统采用顶循环带水操作法，可以在正常生产期间对分馏塔盘进行洗涤，不降低装置加工量，也不影响装置的正常操作，对产品质量、收率及装置安全运行无影响。

3.2 顶循系统加注助剂

针对本装置催化分馏塔结盐问题，2021年2月装置除开路水洗，还采用向塔内注入由纳尔科公司提供的 EC3031A 型分散阻垢剂来实现金属表面钝化和去污功能，助剂会在金属表面形成钝化膜屏障，同时展现出金属表面的活化和去污性能，硫化亚铁和氯化铵在管线、塔盘、设备中沉积不是连续和较顽固的沉积层，而是呈不连续沉积，盐分散剂能从非连续性的积垢间隙向金属表面渗透成膜，使积垢松散，并脱离金属表面薄膜，使盐稳定地分散于工艺介质中，经分馏塔侧线抽出，达到除盐除垢目的。

图 4　水洗与加注分散剂后的塔盘

3.3　控制顶循返回温度

目前，本装置分馏塔顶温塔顶实际操作温度均值为 109.8℃，满足高于露点温度 14℃ 的要求；顶循返回温度控制均值为 99.81℃，此操作可减少分馏塔顶部低于露点温度而出现液态水现象，减少低温 H2S-HCl-NH3-H2O 型腐蚀条件的发生。

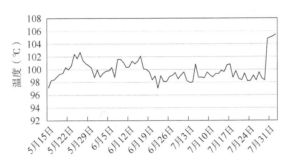

图 4　分馏塔顶循返回温度

3.4　定期监控

装置除加注分散阻垢剂，顶循水洗，控制顶循返回温度工艺条件外，装置加强对原料与酸性水的采样分析，重点监控原料中 Ni、Fe、Na、Cu、N 离子，对上游流入装置的裂化料出现超标情况及时反馈；每周进行酸性水采样分析，监控酸性水 PH、铁离子、硫化物、氯离子、氨氮，月底进行进行防腐月报的总结与腐蚀监控措施制定，真正有效的减少催化装置分馏塔结盐腐蚀现象的产生。

3.5　效果

装置第 19 周期(2020 年 6 月 28 日—2022 年 5 月 9 日)，开工初期，沉降器与分馏塔压降为 0.025MPa，运行 7 个月后，2021 年 2 月压降升高至 0.036MPa，同年 2 月起加注由纳尔科(中国)环保技术服务有限公司提供的 EC3031A 型分散阻垢剂，在运行 15 个月后装置压降未见明显增长，分馏塔顶循回流未出现异常波动，装置运行平稳，此周期为 2010 年起运行最长周期，运行时长约为 23 个月。

装置第 20 周期（2022 年 7 月 6 日起），开工初期沉降器与分馏塔压降为 0.020MPa，至今已连续运行 13 个月，沉降器与分馏塔压降并未发生较大升高，平均压降为 0.025MPa。

4　总结

催化裂化装置的腐蚀不仅会影响到装置的功能运行，更会影响整体系统的功能运行，针对催化裂化装置腐蚀进行深入分析的同时，能够使腐蚀的原因更加明确，在采取防腐措施时，能够更加具有针对性和有效性。

参 考 文 献

[1] 马伯文. 催化裂化装置技术问答[M]. 北京：中国石化出版社，2003.

柴油加氢高压换热器腐蚀失效分析及解决措施

张晋玮 刘俊军 秦 汉 陈 龙 陈正杰

（中国石油化工股份有限公司洛阳分公司）

摘 要：本文介绍了洛阳石化 260 万吨/年柴油加氢装置高压换热器 E3402 管束腐蚀失效的问题。通过形貌分析与理化表征，在临氢条件下，换热器管束内存在铵盐垢下腐蚀；日常操作中存在除盐水注水冲洗量不足现象，导致管束内腐蚀速率沿环向产生差异；管束外壁腐蚀是由于环境中 NH_4Cl 与 H_2S 的共同作用所致；连续少量注水的方式容易引发管束内的垢下腐蚀。

关键词：高压换热器；铵盐；垢下腐蚀；注水量

中国石化洛阳石化公司 260×10^4 t/a 柴油加氢装置于 2010 年中交建成投产。装置原设计为柴油加氢精制装置，主要生产国Ⅲ标准精制柴油。近年来，随着油品的不断升级要求，国家对于空气环境质量的严格把控，装置同时优化改造，目前，装置严格按照国Ⅵ标准生产柴油。装置高压换热器 E3402 是加氢装置热高分气/混合氢换热器，管程介质为热高分气，壳程介质为混合氢。

加氢反应装置的工作特点是临氢、高温、高压，临氢系统的设备在高温、高压的氢气环境中，容易产生氢蚀等损伤[1-2]。加氢反应过程中存在脱硫、脱氮及脱氯等反应，反应产物中存在 H_2S、HCl、NH_3 等，在水存在的低温部位易产生 $H_2S(HCl)-NH_3-H_2O$ 型腐蚀，会产生铵盐及冲刷磨蚀，最终由于冷却作用会导致在换热器等设备管线内壁产生结晶盐[3]。此外，由于反应器催化剂在装填过程中会产生催化剂粉末，催化剂粉末或原料油中未过滤掉的杂质等随介质的流动不断带出反应器，在临氢系统中流动，易在发生结盐、内壁缩小的换热器管束内聚集，日积月累成垢，即使频繁的注水冲洗也很难去除[4]。注水方式的差异会对管束内壁清除阻垢的效果产生影响，从而严重降低换热器的换热效率，影响装置的安全稳定的长周期运行[5]。本课题首先对高压换热器抽芯后的管束壁进行形貌与壁厚的表征，通过分析管壁上腐蚀产物的成分，结合注水方式等实际工况，对换热器管束腐蚀机理进行初步分析，并根据实际工况研究了注水条件对管束腐蚀的影响，最终提出对高压换热器 E3402 管束进行腐蚀防护的措施。

1 装置运行情况及管束形貌表征

1.1 装置运行情况

装置加氢反应流出物系统的分离工艺流程如图 1 所示。反应产物经初步换热冷却至 210℃后进入到热高压分离器（V3402，简称"热高分"）内被分离成气液两相。其中较重的液态烃类经液力透平送至热低压分离器(V3404,简称"热低分"),进行进一步的气液两相分离,液相(热低分油)最终送至分馏系统,从热低分顶部出来的气相经空冷器 A3402 冷却后与从冷高压分离器(V3403,简称"冷高分")出来的油一起进入冷低压分离器(V3405,简称"冷低分")中。热高分顶部气相先后经高压换热器 E3402 和空冷器 A3401 冷却至 45℃左右进入冷高分。

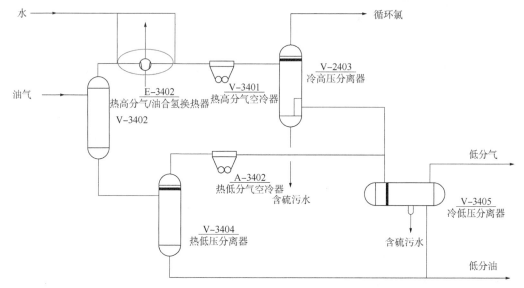

图 1　柴油加氢反应流出物分离过程示意图

柴油加氢高压换热器 E3402 技术规格:BFU800-7.6/9.14-102-3.1/19-2/2,U 型管,φ19mm 管子,B=300;主要材质:15CrMoR(H)锻,换热管:15CrMo。设计及运行参数见表 1。自 2010 年开工运行以来,高压换热器 E3402 接连发生泄漏事件,2016 年 10 月发生一次泄漏,对其中 1 根 U 形管束进行了堵管;2018 年 6 月再次发生泄漏,对其中 5 根管束进行了堵管。装置运行一季度后,反应系统出现异常,包括反应器床层压降逐渐降低、循环氢流量逐渐升高、脱硫前循环氢中 H_2S 含量逐渐降低等情况,据此判断高压换热器 E3402 可能发生较为严重的内漏,其造成的影响会导致柴油加氢装置无法稳定运行,为解决这一情况,对柴油加氢装置高压换热器 E3402 进行抽芯查验并及时进行更换与腐蚀分析。

表 1　E3402 运行及设计参数

部位	介质	压力(MPa)		温度(℃)	
		设计	运行	设计	运行
管程	热高分气	7.6	7.2	210/148	192/149
壳程	混合氢	9.1	8.7	75/145	75/132

柴油加氢装置反应系统原设计有两处注水点,一处在高压换热器 E3402 之前,一处在空冷器 A3401 之前,即换热器 E3402 之后。换热器之前注水点位于 E3402 管程入口处。注水总量原设计值为 8.44 t/h,用以冲刷结盐,后因装置负荷原因与下游污水汽提装置的需要,实际注水量调整为 5.00 t/h。第一路注水每周一次冲洗管束内氯化铵结晶,注水时第

二路注水全关。正常运行时第一路注水有微量开启。

1.2 管束形貌分析

E3402 抽芯后管束的整体形貌及腐蚀情况如图 2 所示。图 2 中可以清晰的看出，换热器头盖侧与管束侧均出现了较为严重的腐蚀，换热器管束外壁被一层较厚的黑色污垢覆盖；临近防冲板(壳程入口)位置有许多管束被腐蚀掉一段；U 形管弯曲处外侧有部分管束被腐蚀穿孔，穿孔位置都位于管束的外弯管壁。从换热器上切割 8 整根管束，剖开其中 6#、7# 和 8# 三根管束，观察其内外壁。三根管束的位置如图 2 所示。

（a）壳程入口　　　　　　　（b）U形弯曲处　　　　　　　（c）管束取样位置

图 2　换热器管束清洗之前整体形貌

从管程入口端看，三根管束的位置依次位于自下至上第二排、第五排、第十一排。肉眼观察可以看出：8# 管束腐蚀最为严重，已经腐蚀破损；7# 管束其次，局部有孔；6# 管束最轻，整体保持完整。剖开后的内外壁部分形貌图见图 3~图 5。观察 6#、7#、8# 三根管束可以发现，三根管程入口侧靠近弯头之前的直管段[图 3(a)；图 4(a)；图 5(a)]内外壁腐蚀都不严重；但大约从管程入口侧 U 形弯管开始管束内外壁腐蚀逐渐加重，且管束壁一侧明显比另一侧腐蚀严重[图 3(a)；图 4(b)、(c)、(d)；图 5(c)]；紧邻管卡或者管卡底部的管束外壁明显腐蚀严重[图 3(a)；图 4(c)、(d)；图 5(c)]；三根管束内外壁都有黑色污垢，其中腐蚀破损严重的 8# 管束内部黑色污垢最厚。

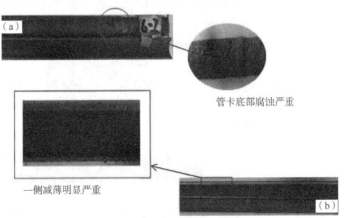

图 3　6# 管局部宏观形貌图

(a)管程入口或者壳程出口侧，靠近 U 形弯；(b)管程出口或者壳程入口侧，靠近管板

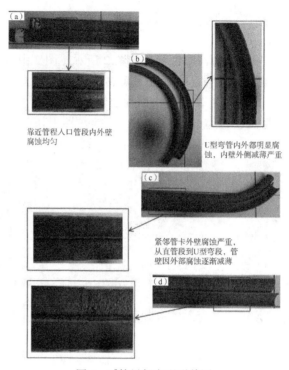

图4 7#管局部宏观形貌图

(a)管程入口侧，靠近U形弯；(b)管程入口侧，U形弯；(c)管程出口侧，U形弯；
(d)管程出口侧，靠近壳程入口

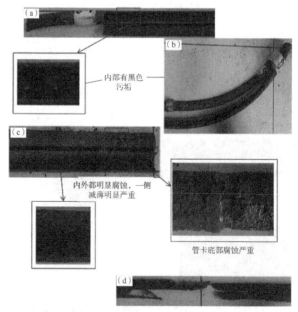

图5 8#管局部宏观形貌图

(a)管程入口侧，紧邻管板；(b)管程出口侧，U形弯；(c)管程出口侧，
靠近U形弯；(d)管程出口侧，靠近壳程入口或防冲板

分别截取了 6#管束和 7#管束一小段试样，两段试样都位于管程出口侧靠近管板的位置。用标准洗液清洗后，在体视显微镜下进行观察。图 6 为宏观形貌。

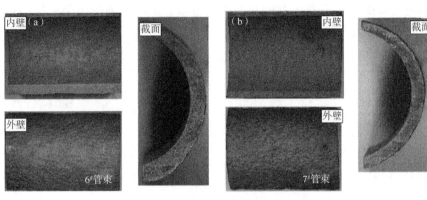

图 6　取自试样去除产物后的宏观形貌
(a)6#管束；(b)7#管束

利用体视显微镜可以清晰的看出：两个管束内壁在环向上存在偏腐蚀，管束内壁一侧明显比另一侧腐蚀严重；管束外壁比内壁粗糙，即管束内壁比外壁腐蚀均匀。换热器 E3402 自管程入口侧接近 U 型弯处的位置管束内外壁腐蚀开始逐渐加重，最严重的区域出现在壳程入口位置。

为进一步分析管束壁被腐蚀的程度，本课题采用超声波测厚仪沿管程流动方向对管束进行测厚，测厚数据如图 7 所示。图中壁厚数据采自没有腐蚀破损的位置。这里需要指出，6#管束原始壁厚 2.5mm，7#、8#原始壁厚为 2.0mm。从测厚数据可以看出，三根管束从距离管程进口大约 3 m 左右剩余壁厚开始变小，大约 4m 处急剧下降。8#管束被腐蚀掉的部分位于壳程入口位置。结合上述分析，换热器管束在距离出口 1m 处出现破损，对应换热器壳程入口缓冲挡板位置，该现象与管束壁厚相对应。

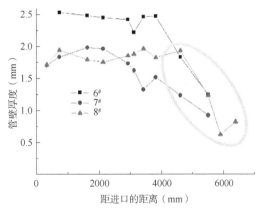

图 7　换热器管束壁厚
椭圆部分表示有管束被腐蚀掉

2　管壁腐蚀产物分析

柴油加氢精制的主要目的是脱除油品中的硫氮氧以及金属元素等杂质，生成相应的 H_2S、NH_3、H_2O、MS（M 代表金属元素），达到精制的目的。生成物中的 H_2S 和 NH_3，在低温下会合成 NH_4HS 及 $(NH_4)_2S$，二者在缺少液态水和 130℃左右温度条件下，会产生结晶此类铵盐晶体能迅速沉积在管壁上，并形成垢下腐蚀对管壁造成危害[6]。在注水冲洗的过程中，水溶解铵盐形成酸性水，冲洗初期酸性水对管束造成均匀腐蚀。管束外壁即壳程中的腐蚀介质主要为高温循环氢。因此有必要对换热器管束内外壁(管、壳程)污垢进行取样分析,以判断腐蚀类型及形成原因。

从换热器 E3402 外壁采集 3 个垢样,从换热器管束内部采集 1 个试样(取样位置见表2)。采集的试样宏观形貌如图 8 所示。

表 2　采样信息

样品名称	取样部位	样品形态
样品 1	靠近壳程出口,管束与管束之间	粉末状,干燥
样品 2	换热器壳程中部,管束与管束之间	粉末状,干燥
样品 3	U 型管束弯曲处,管束与管束之间	粉末状,干燥
样品 4	管束内部,靠近 U 型弯曲处	粉末状或块状,干燥

 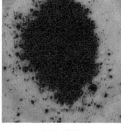 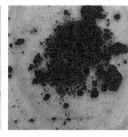 

（a）样品1　　　　（b）样品2　　　　（c）样品3　　　　（d）样品4

图 8　样品宏观形貌

2.1　EDS 元素分析

采用电子能谱分析仪(EDS)对四个垢样进行元素分析,分析结果见表3。四个垢样都含有S、Cl 两种元素,管束内部 Cl 元素明显低于其他三个垢样。这说明垢样中都含有含硫化合物和含氯化合物。至于内部垢样中 Cl 元素含量少,可能是由于原先垢样中的氯盐在停工过程水洗溶解。

表 3　垢样的 EDS 元素分析结果

元素	含量[%(质量分数)]			
	样品 1	样品 2	样品 3	样品 4
Fe	57.37	53.37	59.27	53.70
S	12.47	17.36	18.08	20.78
C	6.18	8.00	5.37	9.08
O	21.68	18.83	14.83	14.48
Cl	1.69	1.85	1.58	0.59
Cr	0.61	0.59	0.87	1.37

2.2　浸泡溶液的离子分析

先用水浸泡垢样,然后在分析浸泡后溶液中的水溶性离子,用来判断垢样中可能存在的物质。试验步骤如下:分别采四组样品每组大约 20g,将他们研磨成粉末;然后分别取

5g 粉末样品放入 50mL 蒸馏水中，玻璃棒搅拌后再用超声震荡 5min；然后进行过滤，收集过滤液；对水溶液进行离子色谱分析（HPIC）、紫外-可见光分光光度计分析（UV-Vis）和 pH 值测定。所有的分析结果见表 4。

表 4　样品的水溶液 HPIC & UV-Vis & pH 值

样品名称	Cl⁻浓度（mg/L）	SO_4^{2-}浓度（mg/L）	NH_4^+浓度（mg/L）	pH 值
样品 1	3300	39.7	153.13	5.96
样品 2	3740	—	219.24	5.96
样品 3	3390	—	160.33	5.16
样品 4	330	59.3	112.15	5.66

分析结果表明，换热器壳程和管程的垢样中都含 Cl⁻和 NH_4^+，样品 1 和样品 4 中还含有 SO_4^{2-}。这说明垢样中都含有水溶性的氯盐与或水溶性铵盐，样品 1 和样品 4 还含有水溶性硫酸盐。结合工艺可知，工作介质中的硫、特别是硫化氢会与设备材质发生化学反应，在设备和管道表面生成硫化亚铁，而硫酸盐是硫化亚铁与空气接触之后的产物[7]。

2.3　热重分析

采用热重分析仪对 4 个垢样进行了分析，扫描温度为室温~900℃，图 9 是热重分析图谱，表 5 是对应的结果统计。

从热重分析图谱可以看出，四个样品在温度略大于 100℃，温度接近 240℃，温度接近 300℃ 三个温度点都有明显的吸热峰。温度略大于 100℃ 的吸热峰表明垢样中含有水分。对比氯化铵的标准热重图谱，并结合浸泡离子分析结果，可以判断 4 个垢样中都含有氯化铵盐。

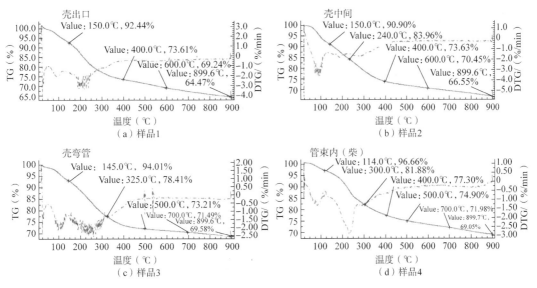

图 9　4 个垢样的 TGA 图

表 5   样品失重数据

项目	失重(%)		900℃剩余重量(%)
	起始~550℃	550~900℃	
样品 1	29.67	5.86	64.47
样品 2	28.76	4.69	66.55
样品 3	27.22	3.20	69.58
样品 4	25.83	5.12	69.05

3   腐蚀失效分析

通过对管束切割试样进行的成分分析结果可知管束的化学成分满足国家标准 GB/T3077 的要求。因此必须结合实际运行环境和腐蚀形貌进行分析。

E3402 管程的主要腐蚀介质有 H_2、H_2S、NH_3、HCl，壳程侧的腐蚀介质主要为 H_2，还有可能含有补充氢带来的 HCl。热高分 V3402 入口设计温度 TC4249 为 210℃，但装置运行过程中，受限于高压空冷(A3401)以及脱硫化氢汽提塔塔顶冷却负荷不足的原因，热高分入口温度为 190℃左右，尤其是夏季，该问题更加突出，2015 年大检修发现高分顶部结盐情况严重。

该换热器处于低温部位，即使热高分入口温度达到设计值 210℃，热高分气经 E3402 换热后温度也仅为 150℃左右，结合中石化 SEG 洛阳研发中心对加氢装置高压换热器 NH_4Cl 结晶条件的总结计算可知，在该换热器的低温部位出现铵盐结晶是必然的[8-9]。虽然该换热器管程入口设置有注水流程，以冲洗铵盐，但由于管程介质的流动方向是上进下出，注入到换热器的水存在着未将管箱充盈的可能(如图 2.3 所示，图中阴影部分为注水后管箱内的水位高度)，还存在着偏流的可能，这两种情况的存在，会导致管束上方换热管(对应下方低温部位换热管)内无水流入(图 10 中点状线表示)，会造成无法将结晶的铵盐溶解带出，随着装置的运行，铵盐在该部分换热管内结垢，且越来越多，形成垢下腐蚀，加速了对换热管的腐蚀，而从换热器的实际腐蚀情况来看也间接证明了这种现象的发生。

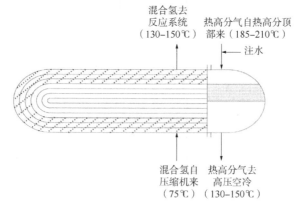

图 10   E3402 工艺流程简图

阴影部分表示为注水后管箱内的水位高度；点状线表示管束内无水冲洗的区域

3.1 管束内部腐蚀(管程)

管程介质可能形成的腐蚀有高温氢腐蚀、高温 H_2/H_2S 腐蚀、NH_4Cl 腐蚀、NH_4HS 腐蚀等腐蚀类型。其中高温氢腐蚀和高温 H_2/H_2S 腐蚀的破坏程度都有温度下限:高温氢腐蚀为230℃;高温 H_2/H_2S 为260℃。这两个温度都超过了换热器正常操作温度的上限。管束形貌表征结果表明换热器的高温侧腐蚀并不严重,这说明这两种腐蚀不是引起腐蚀失效的直接原因。NH_4HS 从工艺介质中析出的温度一般小于66℃,这个温度远小于换热器的管程出口温度。因而可以排除 NH_4HS 腐蚀是引起失效的原因。结合热重分析的结果以及实际工艺中的温度、压力条件,可以推断 NH_4Cl 是引起管程内部腐蚀的主要物质。

NH_4Cl 可以通过两种方式腐蚀管束:一是注水冲洗时溶解形成酸性 NH_4Cl 水溶液腐蚀设备,尤其在冲洗初期形成高浓度氯化铵水溶液对碳钢、低合金钢等材料腐蚀腐蚀速率很大,腐蚀类型为均匀腐蚀,同时在冲蚀作用下介质会对管束壁造成一定的腐蚀作用;二是环境湿度足够大,吸潮引起垢下腐蚀,腐蚀形态为坑蚀或者点蚀。结合管束内部形貌分析,可以判断 NH_4Cl 腐蚀主要以第一种方式腐蚀管束内壁。

3.2 管束外壁腐蚀(壳程)

壳程侧腐蚀介质可能产生两种腐蚀:一是高温氢腐蚀;二是当重整氢脱氯效果不好时,管束当中还会产生 HCl 腐蚀。正如管程侧一样,高温氢腐蚀不会引起管束外壁严重腐蚀。而 HCl 是外部腐蚀的主要介质,若壳程侧的主要腐蚀形式是 HCl 腐蚀,那么会出现如下两种腐蚀现象:一是壳程入口防冲板位置会发生严重腐蚀;二是在一定的区域管束外壁温度越高,腐蚀越严重,即在壳程流动方向上一段距离,管束会因 HCl 溶液的浓缩而腐蚀越来越严重。事实上以上两种现象都没有出现,也就是说壳程侧的腐蚀介质不是来自混合氢。

根据壳程侧垢样的分析结果,可知壳程侧的主要腐蚀介质也是 NH_4Cl。另根据对工艺过程分析可以判断,NH_4Cl 结晶在换热管束不泄漏的情况下不可能在壳程侧存在,因此 NH_4Cl 应该来自管程侧,且壳程侧的 NH_4Cl 是管束泄漏后从管程侧进入的。

综上分析可知换热器管束失效的直接原因是管程侧的 NH_4Cl 腐蚀,腐蚀过程如下两个阶段:

(1)管束内部腐蚀阶段:在这个阶段,腐蚀主要发生在注水冲洗过程。壁温低的管束 NH_4Cl 结晶量大,需要冲洗时间长,腐蚀越严重。这个阶段结束的终点为某一管束因内部腐蚀穿孔。

(2)管束内外腐蚀阶段:某一管束穿孔之后,再次注水时氯化铵溶液从管程进入到壳程,然后沿壳程流动方向移动,受热蒸发浓缩后氯化铵附着在管束外壁,与混合氢的水蒸气共同作用产生 NH_4Cl 垢下腐蚀。这种 NH_4Cl 垢下腐蚀就一直在外壁存在。在这个阶段由于垢下腐蚀和冲蚀的共同作用,管束的腐蚀程度远超过第一阶段。

5 建议腐蚀控制措施

注水冲洗氯化铵过程中形成的酸性溶液腐蚀 E3402 管束很难避免,这样换热器运行一定时间之后就会因腐蚀而失效。从腐蚀控制角度来说,应做好三方面的工作:一是控制氯化铵只能在换热器 E3402 内或之后结晶；二是采用合理的腐蚀防护措施减缓腐蚀，延长换热器的使用寿命；三是能够做到可靠的寿命预测，在换热器泄漏之前及时更换，尽可能不影响正常生产。以下从工艺、注水及选材进行考虑。

5.1 工艺调整

因为氯化铵在换热器结晶很难避免，比较好的方法是控制氯化铵结晶不会在换热器 E3402 上游设备析出，因此有必要将热高分入口实际运行温度提高至设计值 210℃。

5.2 合理注水

注水时应避免出现以下情况：一是注水量不足；二是注水分散不均，出现偏流。这两种情况使得冲洗出现两种结果：一是氯化铵冲洗不彻底；二是冲洗时间增加。氯化铵被冲洗掉的时间越长和残留都会使得管束内壁腐蚀加快。E3402 的管束内壁腐蚀状况和注水量计算结果表明注水存在问题。

中国石化《炼油工艺防腐蚀管理规定》实施细则指出，合理的注水量为保证注入点剩余液态水的量不小于 25%，将注水量提高至设计值 8 t/h 左右运行可以有效延缓管束腐蚀。为了合理控制注水水量，建议高压换热器、高压空冷器之前的注水都要安装流量计。

间歇注水时必须将换热器管束内铵盐彻底的冲洗干净、不留残余，尤其是在存在干燥铵盐的注水点的上游，否则湿润的铵盐将导致设备发生严重的腐蚀。确定注水量是否合适的方法是检查排水中的氯离子含量，若排水中的氯离子浓度与注水中的氯离子浓度基本一致，就认为冲洗彻底，因此及时的排水检测也是控制腐蚀的有效措施。同时注意核算间歇注水期间系统的总注水量不超出冷高分的油水分离负荷，避免因冷高分油带水导致后续单元的腐蚀问题。

5.3 材料更换

高压换热器 E3402 内的主要腐蚀介质为 NH_4Cl，NH_4Cl 的存在会引起不锈钢发生点蚀和应力腐蚀开裂。因而管束的材料应该选择耐氯化物应力腐蚀和点蚀性能良好的镍基合金。

6 结论

（1）直柴加氢换热器 E3402 管束腐蚀严重的区域位于管程出口，靠近防冲板或者壳程入口区域，主要发生在氯化铵盐沉积及下游部位。

（2）换热器管束失效的主要原因是在间断注水冲洗过程中形成的高温氯化铵水溶液腐蚀环境，且在冲蚀共同作用下，导致管束发生严重腐蚀失效。

（3）换热器管束外壁腐蚀是因管束腐蚀穿孔后，管束内腐蚀介质氯化铵进入壳程，且在硫化氢共同作用下所导致。

（4）换热器 E3402 入口的连续少量注水可能引起管束发生氯化铵垢下腐蚀风险。间歇注水期间，彻底冲洗沉积的铵盐是减缓腐蚀的关键，应及时分析注入水和酸性水中氯离子含量，在检修或维修时对管束进行定点测厚，计算腐蚀速率，估算剩余寿命。

参 考 文 献

[1] 马超，孙晨，宗廷贵. 柴油加氢高压换热器结垢腐蚀分析[J]. 石油化工应用，2021，40（2）：

109-112.

[2] 袁红林，李凤山．高压换热器结垢腐蚀的分析与总结[J]．设备管理与维修，2021(15)：140-141.

[3] 李健．加氢精制腐蚀风险分析与控制措施[J]．石油和化工设备，2020，23(08)：113-115.

[4] 邵同培．柴油加氢改质装置高压换热器管束腐蚀原因分析及对策[J]．中外能源，2016，21(4)：83-87.

[5] 李锡伟，汉继程，缪磊，等．柴油加氢装置反应流出物系统注水措施优化与防腐建议[J]．涂层与防护，2021，42(01)：11-14.

[6] 李松岭．加氢装置氯化铵盐结晶沉积研究[D]．济南：山东大学，2021.

[7] 石振东．硫对设备高温腐蚀产物自燃性及自燃预防措施的研究[D]．东北大学，2009.

[8] 任日菊，周斌，程伟，等．加氢装置高压换热器失效分析及铵盐腐蚀结晶温度的变化规律研究[J]．石油炼制与化工，2021，52(1)：118-125.

[9] 薛皓，于凤昌．加氢装置高压换热器氯化铵沉积原因分析及对策[J]．炼油技术与工程，2021，51(7)：29-33.

常减压蒸馏装置腐蚀监测系统 pH 探针故障分析与处理

艾尔西丁 包 军 段 强 王 虎 李 雨

(中石油克拉玛依石化有限责任公司)

摘 要：克拉玛依石化公司常减压塔顶 pH 值探针监测用的是格鲁森公司提供的电感探针，目前 pH 值探针能够有效提供常减压塔冷凝水 pH 值实施监测数据，将 pH 值控制在 7~9，当在线监测系统监测出腐蚀速率超标，能更有效更快采用工艺防腐调整，最近 pH 值探针出现故障，影响到常减压塔顶 pH 值监测，无法及时正确收集腐蚀数据；为了保障装置长周期运行，对其 220 万吨/年蒸馏装置减顶 pH 值探针进行完善，能及时准确反映塔顶腐蚀状况。

关键词：pH 值探针；在线监测系统；腐蚀速率；常减压塔顶；冷凝水

随着加工原油劣质化日趋突出，装置设备的腐蚀问题越来越严峻，由腐蚀引发的设备问题和安全隐患也逐渐增多，所以对防腐要求越来越高。如何更好地利用腐蚀进行监测、及时掌握设备的腐蚀状况，及时让工艺防腐干预腐蚀速率的上升，对腐蚀进行有效的控制和防护成为目前设备管理的重要课题。此次 220 万吨/年减压塔顶 pH 值探针出现故障，且 2023 年上半年出现故障 6 次，且每次出现故障导致在线腐蚀监测系统数据掉线，无法及时掌握 pH 值值实时数据，所以对腐蚀在线监测系统故障及维修进行研讨。

1 背景

1.1 装置状况

常减压蒸馏装置在不同的温度和压力条件下，利用组分分馏点的不同将原油分馏成汽油、煤油、柴油、蜡油和渣油等。在常减压蒸馏装置中主要有以下 3 种腐蚀形态：(1) 低温 H_2-HCl-H_2O 腐蚀；(2) 高温 H_2S+S+RSH(硫醇) 腐蚀及高温 H_2S+$RCOOH$(环烷酸) 腐蚀；(3) 烟气露点腐蚀[1]。

1.2 腐蚀状况

减压塔顶低温部位腐蚀主要是典型的 HCl-H_2S-H_2O 环境低温腐蚀，腐蚀的表现形式以露点腐蚀为主，同时存在垢下腐蚀。露点腐蚀主要发生在塔顶露点温度区域，但在汽液两相接触区域也会发生和露点腐蚀和局部腐蚀。在塔顶注无机氨作为中和剂的条件下，会在管壁上形成铵盐结晶，导致垢下腐蚀。露点腐蚀和垢下腐蚀都是比较强烈的局部腐蚀形态，是导致常减压塔顶低温腐蚀问题的主要因素，所以采用注氨及中和缓蚀剂注剂的方式来抑制腐蚀速率过高，减顶 pH 值控制在 7~9 时防腐效果更佳。

2 在线监测系统原理

2.1 pH 值探针原理

采用电位法，它利用一个复合电极，包括以玻璃电极作测量电极和 Ag/AgCl 电极作参比电极。将 pH 值电极直接安装于监测管路，电极与介质接触，两个电极间产生电位差，而参比电极的电位与溶液的 pH 值值无关，测量电极的电位与溶液的 pH 值值有关，通过式（1），获得溶液的 pH 值值：

$$E_{待测液} - E_{标准液} = -58.16\frac{273+t}{293}(pH\,值_{待测液} - pH\,值_{标准液}) \tag{1}$$

pH 值探针主要作用在于反应水相腐蚀性最重要的指标，而且响应速率快，便于及时调节注剂量，不足之处在于寿命比较短，不用于高浓度盐溶液中耐温、耐压性差

2.2 现场应用状况

装置采用的是格鲁森公司提供的 M300 仪表，现场将仪表线与在线腐蚀监测系统的电缆分别在两个模块连接，最后合并成一条线分别传送到 DCS 与在线腐蚀监测系统网站上。现场在线监测系统由监测点接出装置、测量探头、数据传输电源，屏蔽电缆和信号采集电缆、计算机组成。

3 典型案例分析

装置 pH 值探针 2012 投用至今，运行状况整体良好，pH 值探针常见的故障有电极损坏、仪表表头失灵、电缆线老化等，常减压蒸馏装置 2023 年上半年出现 pH 值探针常见的故障，pH 值探针正常显示如图 1 所示。

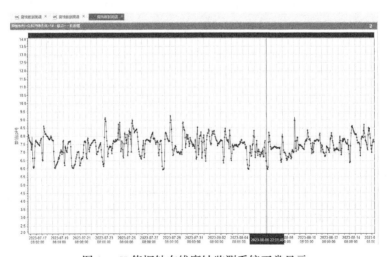

图 1 pH 值探针在线腐蚀监测系统正常显示

（1）pH 值探针电极损坏

pH 值电极是其中 3 月份出现 pH 值探针现场显示与传输到在线监测系统数据偏差，经排查发现为探头损坏，达到使用寿命年限，更换新探头后现场数据与传输数据一致，但 3 月室外气温较低，更换探头标定时注意不能将标定的探头直接裸露在外，会破坏探头的传感件，导致监测数据不准。

（2）pH 值探针仪表模块失效

pH 值探针仪表表头及线缆老化导致 pH 值探针失效也是常见故障之一，情况如图 2 所示，与维保单位进行沟通处理，采取的方式为将电缆线进行断开后重新连接数据恢复正常。

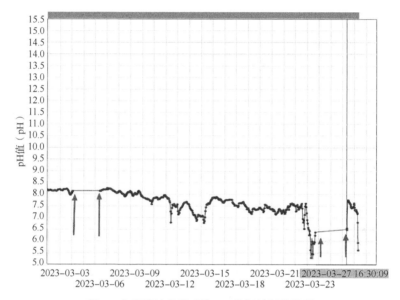

图 2　在线腐蚀监测系统 pH 值探针断线情况

后期数据又出现断线情况如图 3 所示，无法再重新连接电缆线后恢复数据，并长期处于断线情况，联系维保单位到现场进行分析，查找原因，最后确认为 5 月 9 日 II 套蒸馏减顶 pH 值计断线，5 月 2 日至 7 日出现波动，pH 值最低为 1.0，5 月 7 日安排班组现场检测减顶 pH 值，检测结果在 6.5~7.0 之间，与厂家沟通咨询后可能存在以下原因：减顶 pH 值监测仪有两根线，一根与 DCS 连接，另一根与腐蚀监测系统连接，有可能是连接线出现松动造成波动，还有可能是探针表头模块故障导致波动，出现断线情况。联系仪表对此监测仪器的连接线进行重新安装连接，还是出现数据无法采集情况，考虑跟厂家沟通采购新表头进行安装，再观察运行状况。

在更换新表头期间，我们采用每两小时对减顶进行现场检测 pH 值值（表 1），发现检测超出或低于范围值时，及时通过调整注氨量及中和剂量进行干预，防止腐蚀速率超标。更换新表头后，数据目前采集正常如图 4，pH 值值在可控范围内。

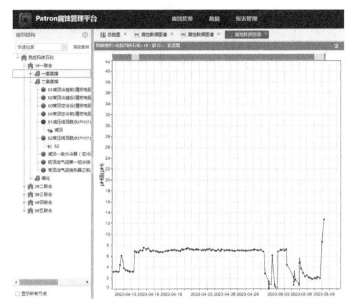

图 3　pH 值探针仪表表头模块损坏数据异常

表 1　在线腐蚀监测系统无法采集数据现场测 pH 值值数据表

	10：00		12：00		14：00		16：00	
2023.7.26	常顶	减顶	常顶	减顶	常顶	减顶	常顶	减顶
	8.5	8.6	8.3	8.2	8.4	8.5	8.5	8.2
2023.7.27	8.0	9.0	8.0	6.0	8.0	6.0	8.0	6.0
2023.7.28	7.5	7.5	8.0	8.0	8.0	7.0	7.5	8.0
2023.7.29	7.6	8.0	7.5	7.5	7.0	7.0	7.0	6.5
2023.7.30	7.5	7.0	7.5	6.5	7.1	6.5	7.5	7.0
2023.7.31	7.5	7.5	7.5	7.5	7.5	8.0	8.0	8.0
	18：00		20：00		22：00		0：00	
2023.7.26	常顶	减顶	常顶	减顶	常顶	减顶	常顶	减顶
	8.4	8.3	8.6	8.5	8.1	8.2	8.1	8
2023.7.27	7.4	7.5	6.8	7.2	6.8	7.5	7.1	7.0
2023.7.28	7.5	7.5	7.5	8.0	7.5	8.0	7.0	7.0
2023.7.29	7.5	7.0	7.7	7.0	7.7	7.0	7.9	7.0
2023.7.30	8.0	8.0	8.5	7.5	8.5	7.0	8.7	7.5
2023.7.31	8.0	7.1	7.5	7.5	8.0	7.0	8.0	7.5
	2：00		4：00		6：00		8：00	
2023.7.26	常顶	减顶	常顶	减顶	常顶	减顶	常顶	减顶
	8.2	8.1	8	8.1	8.2	8.1	8	7.7
2023.7.27	7.0	7.0	7.2	7.0	7.2	7.0	7.1	7.0

续表

2023.7.26	2：00		4：00		6：00		8：00	
	常顶	减顶	常顶	减顶	常顶	减顶	常顶	减顶
	8.2	8.1	8	8.1	8.2	8.1	8	7.7
2023.7.28	7.0	7.0	7.0	7.0	7.5	8.0	7.5	7.5
2023.7.29	7.9	7.0	8.0	7.0	8.0	7.0	8.1	7.0
2023.7.30	8.8	7.0	8.8	7.5	8.0	8.0	8.0	7.5
2023.7.31	8.0	8.0	8.0	8.5	8.0	9.0	8.0	7.0

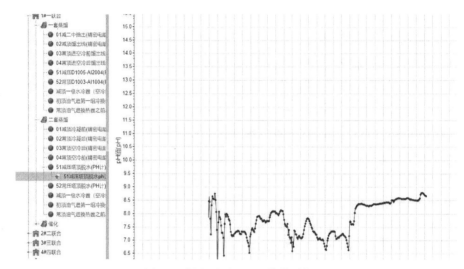

图 4　更换新表头后 pH 值值采集图

4　结论

根据典型案例分析可以看出，pH 值探针整体运行良好，基本控制在 7~9 之间，出现故障时采取对应的措施进行处理，腐蚀在线监测系统能够在最快时间反应腐蚀速率，保证装置能及时作出抑制腐蚀速率上升的措施，能够有效抑制腐蚀带来的问题，也更加熟练掌握腐蚀在线系统，从而保障装置长期在可控范围内安全运行。

参　考　文　献

[1] 林世雄 . 石油炼制工程[M]. 北京：石油工业出版社，2000：191-278.

制氢装置转化炉炉管检测及材质劣化分析

木合塔尔·买买提[1]　潘从锦[1]　于　阔[2,3]　邹德令[1]　韩志远[2,3]

(1. 中石油克拉玛依石化有限责任公司；2. 中国特种设备检测研究院；
3. 国家市场监管技术创新中心)

摘　要：针对某石化公司制氢装置转化炉炉管长周期服役的问题，采用爬壁超声检测、宏观检测、金相检测、硬度检测、渗透检测等方法对炉管进行测试，结合炉管缺陷产生的原因综合分析，认为制氢转化炉炉管整体已处于蠕变劣化损伤后期，部分炉管可能已过渡到蠕变劣化加速期，炉管高温性能向不稳定状态发展，转化炉管材料的高温持久强度、塑性等性能有较大程度降低，材料脆性增大，推测该批炉管已处于寿命后期。转化炉炉管检测结果的综合分析，对评估在役炉管的安全服役状况具有一定的参考价值。

关键词：制氢装置；转化炉炉管；材质劣化；无损检测

某石化公司制氢装置是全公司润滑油加氢、汽柴油加氢、加氢改质等装置的主要配套装置，为其提供高纯度氢气。制氢转化炉是装置中的核心设备，而炉管又是转化炉的核心，其运行是否安全、高效，直接关系到整个装置甚至全公司的生产平稳和经济效益。炉管一般由 HP40Nb、HP40Nb-M 等耐热钢材料离心铸造而成，任何一根炉管的损坏，均将迫使整个装置停车，不仅造成巨大的经济损失，还极易引发人身伤亡事故。然而炉管表面有杨梅粒子，常规无损检测方法无法有效对炉管进行检测。国内有学者对比了多种炉管检测方法，其中爬壁超声检测方法可对炉管进行高效准确的检测[1]，国外也开展了水浸超声透射法对炉管进行检测[2]。胡振龙等[3]对人工刻槽的炉管进行水浸超声检测试验，发现采集信号的底波衰减随缺陷深度的增加而增大。因此，根据炉管的损伤形式及特点，在设备停车检修期间，采用多种方法对炉管进行检测，采用基于宏微观的综合评估方法评估炉管的损伤级别，提前做到预测、预防、预判，对设备下一周期内安全、平稳运行的具有重要意义。

1　转化炉操作工况

该制氢装置转化炉为顶烧箱式炉，辐射室内炉管设 4 排共 280 根，炉管有效长度为 12m，管束垂直布置在炉腔中，辐射室顶部有 5 排共 100 台燃烧器布置在每排炉管两侧，火焰垂直向下燃烧，与炉管平行，对每排转化管束进行双面辐射传热。高温烟气在位于烟气下游引风机的负压作用下向下流动，通过炉腔下部转化炉管排之间的长形烟气隧道离开辐射室，进入位于辐射室底部端墙旁边的对流室，与对流段盘管进行对流换热。转化炉的燃料由天然气与 PSA 解析气组成，解析气全部进入燃烧器为转化炉提供约 47%的热量，剩余部分热量由天然气补充。

该装置采用转化天然气制氢工艺，原料经脱硫后与蒸汽按一定水碳比混合后，进对流室的原料预热段进行预热至 520℃，随后经转油线至转化炉顶部的上集合管，然后通过上猪尾管进入装有催化剂的转化炉管进行转化反应，在高温及催化剂作用下 CH$_4$ 与蒸汽反应生成 H$_2$ 及 CO 等气体。高温转化气从炉管底部经下猪尾管进入下集合管，随后离开出口管系，进入废热锅炉，回收热量产蒸汽。转化炉炉管不仅在高温 H$_2$ 及 CO 等气体和析碳、氧化等环境下工作，而且承受内压、自重、温度变化等因素的影响，开停工和操作不当都会造成炉管损伤[4]。该炉管设计、操作参数见表 1。

表 1 炉管设计、操作参数

项目	参数
设计使用寿命（h）	100000
炉管材质	25Cr35NiNb
炉管规格	φ140×14
设计压力（MPa）	3.0
操作压力（MPa）	2.53
设计温度（℃）	950
操作温度（℃）	856
介质	烃类混合物
投用日期	2006 年 10 月

2 检测结果与分析

2.1 宏观检测

2022 年制氢转化炉炉管（共 200 根）辐射段炉管宏观检测发现：多根炉管表面杨梅粒子已出现轻度高温氧化脱落现象，炉管颜色暗黑色，虽然炉管运行正常，但已处于偏差的运行工况。炉管普遍出现弯曲变形，其中部分炉管弯曲较严重。部分下猪尾管弯曲变形严重，可能已出现材质劣化。辐射段炉管及下猪尾管宏观检测情况如图 1 所示。

2.2 爬壁超声检测

新型水浸超声爬壁机器人采用水作为耦合剂，两个探头一收一发检测管壁内的高温蠕变裂纹。当爬壁超声采集信号出现底波信号衰减的情况时，则确定可能存在缺陷的位置。本次对转化炉 213 根炉管进行了爬壁超声检测，制氢转化炉炉管分布如图 2 所示。

根据超声信号衰减程度依次划分为 A、B+、B-、C+及 C-五个等级[5]，爬壁超声检测结果见表 2。由表 2 可以看出，A 级管、B+级管为 0 根，占比 0%；B-级为 136 根，占比 63.8%；C+级为 69 根，占比 32.4%；C-级为 8 根，占比 3.8%。根据爬壁超声检测结果及数据库比对来分析，推测该批炉管整体已达到寿命后期，炉管材料可能已由塑性材料变为脆性材料，组织已脆化较严重，大部分炉管处于蠕变劣化后期，小部分炉管可能已快过渡到蠕变劣化加速期。

图 1 转化管及下猪尾管宏观变形

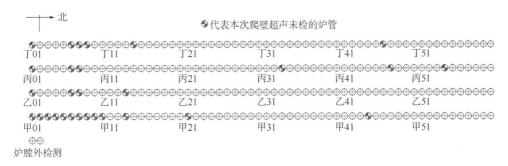

图 2 转化管编号及分布

表 2 炉管损伤级别分布统计

项目	等级					
	A	B+	B-	C+	C-	总计
1（甲排）	0	0	34	20	1	55
2（乙排）	0	0	32	20	2	54
3（丙排）	0	0	37	14	4	55
4（丁排）	0	0	33	15	1	49
总计	0	0	136	69	8	213

2.3　金相检测

根据爬壁超声检测结果，选取甲-42、乙-13、丙-8及丙-24号炉管超声信号衰减严重的位置分别进行金相组织检测(图3)。

根据炉管外表面金相检测可以看出[6]：炉管基体组织为奥氏体，一次碳化物沿晶界块状析出，二次碳化物在晶内消失；原始块状碳化物(M_7C_3)已开始由原来的骨架状态向分散状块状碳化物($M_{23}C_6$)转变，网链状中度、部分位置偏重度；金相处未见显微蠕变孔洞和裂纹；由碳化物形态分析，金相组织已处于材质裂化后期。

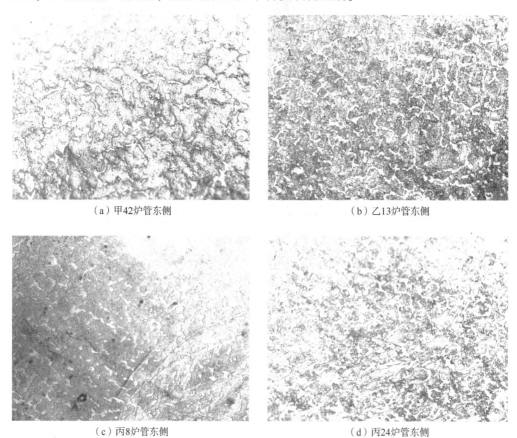

（a）甲42炉管东侧　　　　　　　　　　（b）乙13炉管东侧

（c）丙8炉管东侧　　　　　　　　　　（d）丙24炉管东侧

图3　炉管金相组织形貌(200倍)

2.4　硬度检测

炉管在服役过程中，在高温环境下材料中的过饱和碳化物会析出、表面会氧化脱碳，硬度会随炉管服役年限增加而相应降低[7]。对200根辐射段炉管最下方焊缝抽检焊缝上母材、焊缝热影响区、焊缝下母材共三个位置进行硬度测量，硬度检测分布情况如图4所示。新炉管硬度值一般为171~174 HB，从图4中可以看出，检测数据分析大部分炉管已比新炉管硬度值偏低。根据强度与硬度的力学关系，推测炉管强度相比原始强度有较大幅度下降。

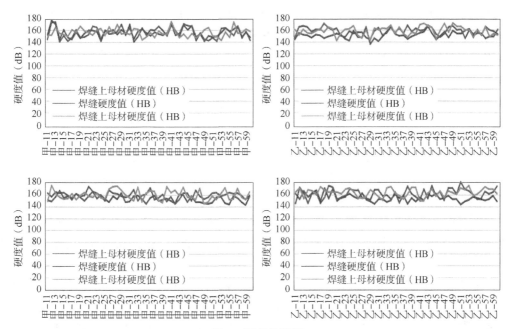

图 4　硬度检测值

2.5　渗透检测

对下集合管焊缝及四通母材表面进行渗透检测，其中四通位置焊缝及母材表面发现多处裂纹及气孔，最长一处裂纹长 105mm，具体位置如图 5 所示，裂纹形状发图 6 所示。

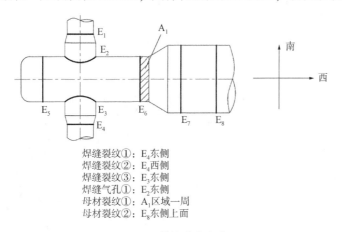

焊缝裂纹①：E_4 东侧
焊缝裂纹②：E_4 西侧
焊缝裂纹③：E_3 东侧
焊缝气孔①：E_2 东侧
母材裂纹①：A_1 区域一周
母材裂纹②：E_8 东侧上面

图 5　四通管缺陷分布位置

3　失效原因分析

（1）转化炉管组织损伤的主要是由于目前的实际需求供气量远小于原装置的转化炉出口设计转化气量(转化炉设计负荷大，有 280 根炉管及 100 个燃烧器)，转化炉需要长期低负荷操作，使得转化管系内介质流量减小，导致各转化管内工艺气分配不均、炉管表面周向受热分布不均匀，局部温度偏高等因素所致。从表 2 可以看出，检测的所有 213 根管子都出现 B-级以上损伤，说明转化管有不同程度的组织劣化，且炉管的服役年限已接近设计使用寿命，推测炉管有加速劣化的风险；严重弯曲变形也会导致炉管组织拉应力增加，从而引起组织变化。

（2）转化炉管上部为悬挂式高强弹簧，下部有滚动滑动支撑。常温时弹簧和下支撑受力与高温工作时情况完全不同[8]。常温时由于重力作用，弹簧受力最大，形变也最大，下支撑受力小。高温时炉管管系在热应力的作用下发生热位移，由于下集合管滑动支撑的限制作用，使转化管向上热膨胀，转化炉 2006 年 10 月投入运行至今悬挂式高强弹簧超长时间服役会造成弹簧伸缩疲劳，K 值（弹簧的弹性系数）下降，导致预拉应力衰减，使炉管不能随温度变化上下自由伸缩，致使炉管在自重、催化剂重量及热应力的联合作用下弯曲，加上顶部导向槽卡住炉管过紧，阻碍热膨胀伸长，引起炉管变形；而下集合管轴向膨胀，转化管由于径向位移的限制，使下猪尾管跟随下集合管发生位移，从而导致下猪尾管产生变形。

（3）从金相检验的结果来看，晶界由于一次碳化物的随着服役时间的增加会继续扩散形成空位，导致炉管的强度持续的降低，随着炉管的服役到寿命末期，还会在空位处慢慢形成微孔洞、直至破裂。炉管已进入蠕变劣化后期，部分炉管可能已快过渡到蠕变劣化加速期，整体炉管高温性能向不稳定状态发展。推算转化管材料的强度、塑性等性能有较大程度降低，材料脆性增大。

（4）下集合管焊缝及四通母材失效原因：由于转化炉出口转化气量与目前的制氢要求不匹配，转化炉需要长期低负荷操作，使得转化管系内介质流量减小，导致各转化管内工艺气分配不均，导致炉管局部过热，炉管内壁萌生出大量的蠕变空洞和裂纹；在内压的作用下，裂纹向外壁方向扩展，最终导致下集气管四通环缝及母材上出现多处表面裂纹情况。

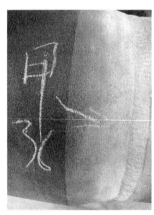 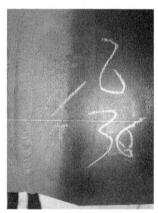 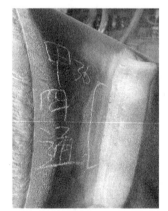

焊缝裂纹①形貌　　焊缝裂纹②形貌　　焊缝裂纹③形貌

图 6　下集气管裂纹及气孔形貌

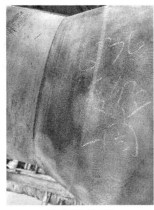

焊缝气孔①形貌　　　　　母材裂纹①形貌　　　　　母材裂纹②形貌

图6　下集气管裂纹及气孔形貌(续图)

4　结论及建议

4.1　结论

根据检测数据，进行综合技术分析，得出以下结论：

（1）炉管普遍出现弯曲变形，部分炉管弯曲度较大，与长期服役的弹簧吊架有关；

（2）从检测的炉管数据分析推测转化炉炉管整体运行情况已处于蠕变劣化损伤后期，部分炉管可能已过渡到蠕变劣化加速期。整体炉管高温性能向不稳定状态发展，转化炉管材料的高温持久强度、塑性等性能有较大程度降低，材料脆性增大，推测该批炉管已处于寿命后期，存在较大的安全运行风险；

（3）下猪尾管与下集合管焊缝位置及下集合管四通发现多处裂纹及气孔，存在较大的安全运行风险。

4.2　建议

签于上述情况，提出以下建议：

（1）原设计的下集气管12组滚轮滑动支撑已经与下集气管脱离，没有支撑作用，要全部拆除，采用12个恒力弹簧吊架代替；

（2）根据所检测项目数据分析，推测本批炉管已处于炉管寿命的后期，建议有条件应对炉管整体更换；

（3）针对爬壁超声检测的213根炉管，其中8根炉管的检测情况较差，炉管为C−级，编号分别为甲−5、甲−9、乙−34、丙−8、丙−18、丙−19、丙−23和丁−25，应停止使用；检测级别为C+的炉管，在后期运行过程中应重点关注监控使用，若有条件尽快进行更换；

（4）下猪尾管与下集合管焊缝位置及下集合管四通应立即处理；

（5）优化转化炉工况，匹配供气量需求。减少燃烧器，降低转化炉热负荷；减少炉管数量，总气量不变的情况下，各转化管内工艺气分配均匀，使得转化管系内工艺气充满，避免炉管出现空管或半管运行工况，防止炉管内工艺气受热分布不均匀，局部温度偏高、过烧等因素损伤炉管。建议：拆除80根炉管及20个燃烧器，择机整体更换其余使用寿命到期的炉管；

（6）在炉管运行过程中，一定要关注炉管热胀冷缩的受力情况，不得存在阻碍应力释放因素；一定要注意升温曲线和降温曲线的平缓（一般为 30~50℃/h）；还要关注炉膛温度场的分布均衡，燃烧器的燃烧温度不要局部过高，每次停炉检修要检查烧嘴是否堵塞或积瘤；正常操作时将温度尽量调到转化温度的中限、下限，另外压力也要控制好，不能超压工作；非正常停车对炉管伤害较大，建议尽量避免非正常停车，停车时先降压后缓慢降温，开车时先缓慢升温再缓慢加压。

参 考 文 献

［1］何萌，韩志远，杜亮，等．制氢转化炉辐射段炉管检测方法概述及展望［J］．中国特种设备安全，2020，36（11）：45-48.

［2］Guan K，Xu H，Wang Z. Analysis of failed ethylene cracking tubes. Engineering Failure Analysis［J］. 2005，12（3）：420-431.

［3］胡振龙，沈功田，肖尧钱，等．高温炉管蠕变裂纹的水耦合超声检测研究［J］．中国特种设备安全，2020，36（12）：7.

［4］王汉军，薄锦航，张国良，等．制氢转化炉炉管失效分析［J］．石油化工腐蚀与防护，2004，21（3）23-26.

［5］赵传明，张玉杰．浅谈一段转化炉管的超声波检测［C］．第十六届全国大型合成氨装置技术年会．2003.

［6］NB/T 10617-2021，制氢转化炉炉管寿命评估及更换导则［S］.

［7］郭景锋．裂解炉服役后辐射段炉管损伤与相结构转变［D］．大连：大连理工大学，2019.

［8］潘超．制氢装置转化炉下猪尾管开裂失效分析［D］．武汉：武汉工程大学，2018.

常减压蒸馏装置减压塔顶注水防腐技术应用

张 磊 段 强 彭 伟 李梦颖 薛鹏飞

(中国石油克拉玛依石化有限责任公司)

摘 要: 常减压蒸馏的减压塔顶注水工艺,是腐蚀防护的必要措施,能够减缓减顶油气管线,减顶空冷、阀门等设备和管线的结垢和腐蚀问题。针对常减压蒸馏减压塔顶采用三级板式空冷冷却抽真空技术,板式空冷翅片内部易结盐,换热效率降低,夏季温度过高,外部喷淋效果有限,导致减压塔真空度下降问题。通过技术分析和实践论证,在合适的位置设置注水点,采用分散多点注水的方式,利用注水喷头将注水雾化,不但能够达到工艺防腐的目的,而且能够有效提高减压塔顶真空度。提高真空度,减压塔侧线拔出率提高,稳定质量控制,有效降低减压炉出口温度,节约加热炉燃料气用量,达到装置节能降耗、提质增效的目的。该技术应用后,使用效果良好,低温腐蚀速率降低的同时,夏季真空度明显提高,经济效益尤为可观。

关键词: 减顶注水;低温腐蚀;注水点;喷头;真空度;节能降耗

近年来,常减压蒸馏两顶腐蚀防控问题层出不穷,许多炼厂针对常压塔顶工艺防腐都有一套自己完备的控制措施,减压塔顶腐蚀确关注度相对较少,尤其是采用减顶板式空冷的抽真空系统,在夏季运行时,因内部结盐问题,减顶真空度较低,减压收率较低,减压侧线质量和减渣软化点波动较大。是否有一种合理的注水工艺,既可以达到设备防腐,又可以优化工艺参数呢?

1 背景

1.1 板式空冷运行概况

某炼厂常减压蒸馏装置减顶采用三级板式空冷抽真空技术:减压塔顶油气由挥发线并列进入三台板式空冷(1#、2#、3#),经过一级蒸汽抽真空器,并联进入两台板式空冷(4#、5#),再经过二级蒸汽抽真空器,进入单台板式空冷(6#),最后是水环真空泵的机械抽真空。板式空冷采用外部喷淋降温的运行方式,在西北方,冬季气温低,真空高,外部喷淋必须停用,并且吹扫防冻。夏季喷淋水消耗量大,效果不是很理想。板式空冷内部为翅片结垢,间歇较小,减顶注中和剂和氨水,易结垢堵塞翅片。导致板式空冷偏离,影响换热效果。

夏季为了达到真空度的工艺指标,缓解结垢情况,被迫采用定期切换空冷,离线浸泡的方式，稀释溶解管束内的盐垢，达到减小压降目的，但是在高温天气下，离线浸泡的效果并不好。换热效果不理想，真空度也比较低。每次切除离线浸泡，都会影响减压塔顶操作，造成减压塔顶温度和真空度波动。同时在减压顶层平台一周三次，每次开关4只DN500的闸板阀，操作人员劳动强度很大。

1.2 腐蚀状况

减压塔顶低温部位腐蚀主要是典型的 $HCl-H_2S-H_2O$ 环境低温腐蚀，腐蚀的表现形式以露点腐蚀为主，同时存在垢下腐蚀。露点腐蚀主要发生在塔顶露点温度区域，但在汽液两相接触区域也会发生和露点腐蚀和局部腐蚀。在塔顶注无机氨作为中和剂的条件下，会在管壁上形成铵盐结晶，导致垢下腐蚀。露点腐蚀和垢下腐蚀都是比较强烈的局部腐蚀形态，是导致常减压塔顶低温腐蚀问题的主要因素。

1.2 减压操作概况

减压操作主要任务是将常压重油按生产方案切割成各种优质的润滑油料，达到高真空、低炉温、窄馏分、浅颜色，同时为二次加工装置提供理想原料，减渣油作为丙烷原料，加工生产沥青。为此必须搞好平稳操作，达到所切割侧线份质量优，收率高的目的。但是夏季气温较高，真空度较低。影响减压塔整体的平稳操作。减压侧线因真空度偏低，波动较大。产品质量不能得到很好的控制。

2 技术应用情况

3.1 技术分析

夏季，减顶板式空冷外部进行喷淋降温，内部为什么不行呢？技术分析认为，减顶流程注水可以有效稀释初凝区，稳定pH值控制，避免垢下腐蚀，在空冷入口处增加在线冲洗流程，缓解结盐问题，减小压降，减小劳动强度。提高真空度有利于提高收率，平稳减压操作。常减压装置减压塔顶普遍采用塔顶注水的工艺措施，减缓低温部位腐蚀速率。减顶真空度主要受板式空冷冷凝温度的影响，一级减顶板式空冷进口温度95℃，出口温度35℃，在板式空冷进口注入40℃的软化水，通过内部分散注水，充分与减顶油气接触，降低油气温度，油气迅速冷凝，体积减小，达到降低饱和蒸汽压的目的，从而提高减压塔顶真空度，板式空冷进口连续注水，保证减低顶真空度的稳定，此外，通过板式空冷注水，减少翅片内结盐结垢的倾向，减缓垢下腐蚀，达到长周期运行的目的。

本项目在一级减顶板式空冷1#、2#、3#、4#、5#、6#入口共计12条支路增加在线冲洗流程，对板式空冷进行在线不间断冲洗，利用注水温度与介质温度差，与减顶油气直接接触换热降温，加速局部油气冷凝，提高真空。因注水点多，自制喷嘴将内部注水有效分散，内部冷凝效果叠加，使真空度大幅度提高。同时在线冲洗有效减轻空冷结盐、减缓设备腐蚀，提高减顶板式空冷的换热效率。淘汰了定期切除浸泡除盐日常操作，可谓一举多得。

2.2 注水量

参照《炼油工艺防腐蚀管理规定》实施细则，注水量为塔顶馏出量的10%～25%。蒸馏装置负荷按 20t/h 计算，则减顶理论注水量为 1.5~3.75t/h；减顶由于其水吸收量较低，注水量在 2~4t/h。当前实际注水量均参照理论注水量执行。固单独考虑减顶工艺防腐注水量在 3t/h 为宜。

2.3 注水点分布

注水点单一的选择在挥发线上，例如注中和剂后，除了能够缓解腐蚀速率外，不能起到提高真空的目的，而且分散不充分。考虑到注水影响体积越大、分布点越多，效果越好的因素。那么板式空冷的入口放空处是最佳选择。这样 6 台板式空冷，就有 12 个注水点，每个注水点在分散喷头的作用下，内部喷淋降温的目的非常显著。采用分段多点注水的形式解决了单一注水不能有效分布的问题，使各易腐蚀部位均能得到有效冲洗，以减缓腐蚀速率。

2.4 注水点安装分布喷头

注水不能直接注入，首先注水会对管壁进行冲刷腐蚀，其次是水柱状注入一定比不上分布管注入效果好。那么喷头的形式尤为重要，而且要满足运行装置安装的目的，绝对不能在管线上动火开口和焊接。根据现场测量，反复实验，喷嘴和八字盲板的组合恰好满足需求。分别实验制作了两种喷嘴，显然雾化喷头效果要更好，固选用安装雾化喷头。

喷头 1：直管截面 360 均布 3 列筛孔，每列钻 9 个 ϕ5mm 的小孔。与八字盲板环形面焊接，形成八字盲板连直筛管的形式。实验效果如图 1 所示。

喷头 2：安装雾化喷头，节约用水 50%，分散雾化效果显著。实验效果如图 2 所示。

图 1　筛孔喷头效果　　　　　　　　　图 2　雾化喷头效果

3　应用效果

单组空冷入口注水，真空度提高 3~5Hgmm，同时投用 3 台 6 个注水点，相同工况，真空度提高 15~25Hgmm。相比以前，夏季平均真空度在 685~695Hgmm 之间，目前可以达到 705~710Hgmm。在极端天气（气温在 40℃ 以上时），也能将真空度稳定在 700Hgmm 以上。效果显著(图3)。

减顶板式空冷入口分点在线注水技术可以有效提高真空度，提高减压收率，降低减压炉出口温度，减少瓦斯用量，从而降低装置能耗。另外稳定减压操作有效保证减渣软化点，为沥青生产提供保障。收率同比增加 1.15%，百分比增加 2.44%(表1)。

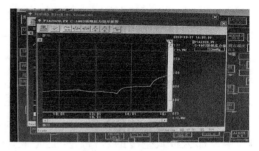

图3 真空度变化图

表1 应用前后收率同比增长表

	4月	5月	6月	7月	8月	9月	10月
2019年	39.08	40.01	39.56	40.75	41.17	41.16	41.54
2020年	41.87	41.13	40.91	41.55	41.56	41.53	41.62

减顶板式空冷分段多点注水技术应用后，有效降低酸性水各项指标(表2)，减缓板式空冷结盐堵塞和垢下腐蚀的情况，为设备长周期运行周期提供保障。

表2 应用前后冷凝水分析数据表

分析项次	pH值	氯离子含量(mg/L)	铁离子含量(mg/L)	硫含量含量(mg/L)	氨氮含量(mg/L)
应用前	7.92	162.01	2.05	105	307
应用后	7.17	22.9	0.96	78	136

4 结论

（1）该技术实施投入较少，技术简单，便于操作，见效显著，可以在运行周期内的装置进行施工安装，不用等待大检修期间再进行施工。

（2）适用于常减压蒸馏减顶板式空冷抽真空技术，可以有效提高减顶真空度，稳定减压质量；

（3）注水点增设喷头后，使注水分布更加均匀、合理，防腐效果增强，塔顶冷凝水分析各项数据优化，塔顶设备腐蚀故障率降低。

（4）板式空冷分段多点在线注水技术可降低装置年度能耗费用，有利于装置节能降耗、提质增效。

参 考 文 献

[1] 陈金晖. 掺炼俄罗斯原油对常减压装置设备腐蚀及防护措施[D]. 大庆：大庆石油学院，2005.
[2] 殷雪峰，莫少明，韩磊，等. 常减压蒸馏装置塔顶空冷器腐蚀泄漏研究[J]. 石油化工腐蚀与防护，2014(4)：1-4.
[3] 张晓明. 常减压塔顶切水 pH 值波动原因分析与控制[J]. 中国化工贸易，2013(9)：233-234.

臭氧催化氧化系统腐蚀原因分析及防护措施

赵利生　卢　振　李正路

（中国石油克拉玛依石化有限责任公司）

摘　要：臭氧在催化剂的作用下，氧化反应迅速、二次污染小，现场实地占用空间也较小，在石油炼制企业污水预处理和深度处理应用广泛。由于臭氧氧化性极强，与臭氧有接触的设备及管线极易发生局部腐蚀而造成物料泄漏，影响装置单元长周期稳定运行。以某石油炼制企业污水处理装置浓水臭氧催化氧化处理系统中的设备和管线为研究对象，进行腐蚀失效案例分析，并结合装置工艺流程和原料水组成，分析臭氧催化氧化系统的腐蚀影响因素及腐蚀原因，提出了有针对性的腐蚀控制措施及建议。

关键词：石油炼制企业污水；臭氧；局部腐蚀；腐蚀成因；控制措施

石油炼制企业的污水排放水量大，且污染物成分复杂，难生物降解有机物浓度高，硫化物和矿物油类含量达，因此在污水预处理和深度处理过程，各类高级氧化技术较为常见，将难降解的大分子有机物分解为小分子有机物，从而提高污水的可生化性[1-2]。臭氧催化氧化技术是最为常见的一种高级氧化技术，其具有反应迅速、二次污染小、现场占用空间小等特点，已成为污水处理系统中不可或缺的重要环节。然而随着臭氧催化氧化系统的运行时间的延长，与臭氧连续接触的设备及管线极易发生局部腐蚀而导致物料泄漏，影响装置单元长周期稳定运行。目前针对污水处理过程中，因臭氧存在工况下的设备和管线腐蚀特性研究较少，本分以某石油炼制企业浓水臭氧催化氧化处理系统中的设备和管线为对象，进行腐蚀案例分析，从工艺流程、腐蚀情况、物料组成、腐蚀影响因素和腐蚀成因等方面进行分析，并提出有针对性的改进措施及建议[3]。

1　臭氧催化氧化处理单元工艺流程

某石油炼制企业浓水处理单元于2017年建成并投用，采用两级臭氧催化氧化处理工艺，设计规模为200m³/h，其工艺流程如图1所示。纳滤和反渗透膜产生的浓水收集至浓水提升池，提升至混凝沉淀池。在混凝沉淀池前段投加PAC使之进行混凝反应可去除污水中部分悬浮物，同时在混凝沉淀池前段投加碱液，将浓水pH值调至11以上。将浓水pH值调至11以上一是提高臭氧的氧化效率，二是去除浓水中大部分碳酸氢根和钙镁离子，使浓水中的悬浮物和大部分碳酸盐硬度在沉淀池中去除。沉淀池出水提升至活性砂过滤器，去除混凝沉淀工序中没有去除的悬浮物，保证进入臭氧催化氧化塔浓水中的悬浮物含量达标。通过泵将活性砂过滤出水提升至臭氧催化氧化塔进行臭氧催化氧化。两级臭氧催化氧化塔串联运行，第二级氧化塔后进入稳定池，分离未反应的臭氧，稳定池顶部设臭氧破坏单元，用于消解未反应的剩余臭氧，避免氧化后浓水携带剩余臭氧杀死后一工序BAF池内生物细菌。稳定池后设BAF池，进一步去除臭氧氧化后浓水中剩余的COD，起到保障作用。BAF池出水进入监控提升池，达标污水通过泵提升至现有外排污水排放口，未达标污水重新氧化处理。

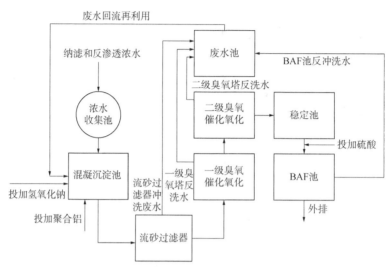

图1 臭氧催化氧化处理工艺流程

2 臭氧催化氧化处理单元腐蚀情况

臭氧催化氧化处理单元在运行两年后，部分设备及管线出现了腐蚀泄漏现象，其中发生腐蚀泄漏的设备为臭氧催化氧化塔，臭氧塔的壳体材质为316L，腐蚀泄漏点有多处，且均在臭氧塔底部，现场点焊处理后在点焊附近又发生了新的泄漏。同时臭氧发生器也发生了多处腐蚀。在臭氧催化氧化塔的入口管线、出口管线、底部污水放空管线和臭氧塔人孔结法兰结合处等部位发生腐蚀泄漏，发生泄漏的管线材质均为316L，其中无保温管线的腐蚀部位主要集中在焊缝热影响区，以点蚀穿孔形貌为主，蚀坑数量较少，其直径为0.5~1.5mm，且穿孔部位附近覆盖有垢层。另外有保温管线的腐蚀更为严重，管线表面蚀坑数量较多，且分布较为密集，其直径较大，为1~3mm，蚀坑周围区域尚未发现壁厚明显减薄现象。

3 臭氧催化氧化处理单元腐蚀影响因素分析

3.1 水质分析

臭氧催化氧化处理单元设备及管线的腐蚀失效主要由内部介质腐蚀所导致，因此对臭氧发生器(A)的冷却水以及一级臭氧催化氧化塔(B)与臭二级氧催化氧化塔(C)的进水、出水进行了采样分析，水质分析结果见表1。

表1　浓水水质分析数据

项目	冷却水 A	进水 B	出水 B	进水 C	出水 C
pH 值	8.2	7.8	8.0	7.7	8.2
COD 质量浓度（mg/L）	25	165	115	110	70
氨氮质量浓度（mg/L）	0.28	0.25	0.26	0.23	0.24
溶解氧质量浓度（mg/L）	7.40	7.00	6.65	5.60	7.50
微生物质量浓度（个/mL）	5100	600	320	300	150
溶解性总固体质量浓度（mg/L）	366	5035	6057	7262	8149
钙离子质量浓度（mg/L）	60.9	418	546	500	488
镁离子质量浓度（mg/L）	64.2	216	224	85	96
硫酸离子质量浓度（mg/L）	57	303	246	253	203
氯离子质量浓度（mg/L）	280	4180	4520	4600	5260
电导率质量浓度（μs/cm）	750	4200	3890	3650	3240

从表1可以看出，三个设备中水样的 pH 值、COD 质量浓度和氨氮质量浓度均在适宜范围，溶解氧含量较低，而在一级臭氧质量浓度催化氧化塔和二级臭氧催化氧化塔中，进水与出水的部分杂质含量偏高，其中溶解性总固体质量浓度为 5035~8149mg/L，钙离子质量浓度为 303~546mg/L，硫酸离了质量浓度为 203~303mg/L，氯离子质量浓度为 4180~5260mg/L。总体来看，臭氧发生器冷却水的各种杂质含量均在适宜范围内，而在两级臭氧催化氧化塔中，进水与出水的溶解性总固体及氯离子含量相对较高。基于浓水的水质分析数据，重点从污水的腐蚀性离子和臭氧等两个方面展开腐蚀影响因素分析。

3.2　腐蚀性离子分析

污水中的腐蚀性离子主要有氯离子和硫酸离子，两者的腐蚀机理各有不同。氯离子点蚀是典型的电化学腐蚀，腐蚀机理如图2所示，氯离子半径小，其迁移和穿透能力强，易吸附在金属表面的钝化膜上并挤掉氧原子，然后与钝化膜中的阳离子结合生成可溶性氯化物并形成蚀坑，同时氯化物易水解，使蚀坑内溶液的 pH 值下降，溶液呈酸性后进一步腐蚀基体，造成更多的金属离子进入溶液中，为了保持溶液电中性，外部的氯离子不断向点蚀坑内迁移，与亚铁离子形成高浓度的氯化亚铁，氯化亚铁水解产生氢离子，使蚀坑内的 pH 值下降，如此循环，使蚀坑沿着轴向继续发展，直至形成穿孔[5-6]。硫酸离子的腐蚀性主要体现在两个方面：第一，若介质中含有微生物如硫酸盐还原菌等，可将硫酸离子还原成硫化氢，形成湿硫化氢腐蚀环境；第二，硫酸离子与介质中的钙离子和镁离子结合生成沉淀，在低流速区域或者粗糙表面发生沉积，形成垢下腐蚀环境。另外，当硫酸离子和氯离子同时存在时，两者会在钝化膜上发生竞争吸附，硫酸离子会在一定程度上阻止氯离子对钝化膜的溶解。

3.3　臭氧腐蚀分析

臭氧是一种潜在的金属腐蚀加速剂，其分子能量高且不稳定，臭氧在空气中易分解为氧气和单原子氧，在水中则易分解为氧气和羟基自由基，单原子氧和羟基自由基对各种金属均有很大的腐蚀破坏作用[7-8]。

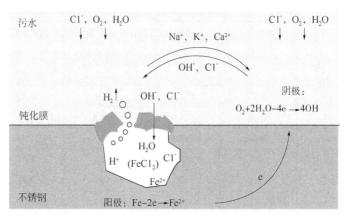

图 2　氯离子点蚀机理

在潮湿的空气中，Fe 首先以 $FeOH^+$ 形式析出 Fe^{2+}，同时臭氧易分解为氧气和单原子氧，氧化性极强的单原子氧与 $FeOH^+$ 反应生成 $\gamma-FeOOH$，部分 $\gamma-FeOOH$ 脱水生成了 $\gamma-Fe_2O_3$，一定时间后，腐蚀产物变为 $\gamma-Fe_2O_3$ 和 $\alpha-Fe_2O_3$，其中 $\alpha-Fe_2O_3$ 是稳定性最高的铁的氧化物，这与单原子氧的强氧化性有关。

在溶解臭氧的水相环境中，金属腐蚀过程如下：

$$Fe-2e \longrightarrow Fe^{2+} \tag{1}$$

$$O_3+H_2O+2e \longrightarrow O_2+2OH^- \tag{2}$$

$$2Fe^{2+}+4OH^- + O_3+H_2O \longrightarrow 2Fe(OH)_3+O_2 \tag{3}$$

水中溶解的臭氧主要是从两个方面加速金属腐蚀：第一，金属在水中首先失去电子生成 Fe^{2+} 见反应式(1)，同时臭氧作为电子受体发生反应式(2)生成 O_2；第二，臭氧作为氧化剂发生反应式(3)，促进了 $Fe(OH)_3$ 的生成。在溶解臭氧的水相环境中，与不锈钢、低合金钢、铜和黄铜等材料相比，碳钢的腐蚀速率较高。

4　臭氧处理系统腐蚀成因分析

4.1　臭氧发生器腐蚀

臭氧发生器在放电过程中会产生热量，为防止臭氧在高温下分解，需及时将产生的热量导出。臭氧发生器壳体的材质为 316L，其内部结构为列管式，一般在壳程通入冷却水带走热量，水质分析数据表明，冷却水的 pH 值和各种杂质含量均在适宜范围内。臭氧发生器的泄漏位置有多处，且均集中在壳体环焊缝根部，这与设备制造过程中的焊接操作不当有关。对腐蚀泄漏处进行点焊处理，之后在点焊附近又发生了新的泄漏。据此推测，在点焊过程中产生的局部高温使基材热影响区发生了敏化而出现贫铬区，其腐蚀倾向增大，因此在点焊附近再次出现腐蚀泄漏现象[9]。

4.2　臭氧处理系统管线腐蚀

臭氧处理系统的污水中氯离子质量浓度为 4180~5260mg/L，属于高氯污水，现场发生腐蚀泄漏的管线材质均为 316L，在高氯污水和臭氧共存的环境中，管线泄漏频次较高。根据管线的腐蚀泄漏点分布可以看出，无保温管线腐蚀泄漏点集中在焊缝热影响区；而在污水和臭氧共存环境中，管线腐蚀泄漏点则集中在管线表面，其分布相对密集。尽管 316L 具有一定的耐氯离子点蚀性能（氯离子质量浓度低于 1400mg/L），但现场污水中氯离子质量浓度已远远超出 316L 适用范围，焊缝附近的贫铬区作为管线的薄弱点易发生氯离子点蚀。在高氯污水和臭氧共存环境中，氯离子和臭氧是造成 316L 管线腐蚀泄漏的关键因素，臭氧的引入加速了氯离子的点蚀过程。氯离子和臭氧的协同腐蚀机制如图 3 所示，其主要表现在两个方面：第一，臭氧具有很强的反应活性，高氯污水环境中臭氧的引入，提高了电子的需求总量和电子迁移速率，加剧了阳极的腐蚀；第二，臭氧和臭氧分解产生的羟基自由基具有极强的氧化性，在蚀坑内可以将 Fe^{2+} 快速氧化为 Fe^{3+}，使蚀坑内电荷不平衡，并使蚀坑外围的 Cl^- 向蚀坑内部迁移，加速了氯离子点蚀穿孔过程；此外，蚀坑内产生更多的 Fe^{3+}，Fe^{3+} 水解后导致蚀坑内的污水酸性增强，促进了金属的进一步腐蚀[10]。

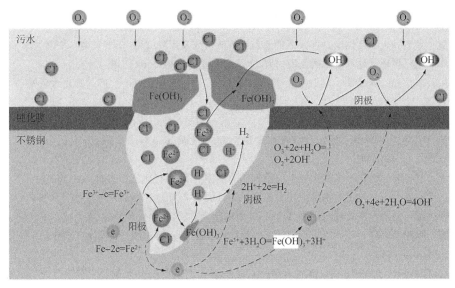

图 3 氯离子与臭氧的协同腐蚀机制

5 改进措施及建议

（1）针对臭氧发生器壳体的腐蚀问题，在设备方面，优化臭氧发生器结构设计，加强装置长周期的稳态操作，防止出现臭氧发生管击穿等现象；在介质方面，采用易结垢离子和氯离子含量都较低的水作为冷却水。

（2）针对臭氧处理系统的进出口管线及焊缝的腐蚀问题，从腐蚀控制方面提出改进措施：管线内壁涂覆环氧聚氨酯和熔结环氧粉末防腐涂层，为避免涂层出现断裂和溶胀现象，应对涂层进行改性，提高其阻垢性能和耐腐蚀性能；优化管线选材，针对高氯污水环境、高氯污水与臭氧共存环境、有无保温和污水浸没环境等不同的管线使用环境，在满足管线强度要求的情况下，制定非金属管线和碳钢衬塑管线的选材方案；加注缓蚀剂，且尽量选择复合型缓蚀剂,并根据实际的污水环境进行筛选;采用阴极保护,其保护方式主要有牺牲阳极法和强制电流法两种[11]。

(3)建议继续研究氯离子和臭氧的协同腐蚀机制,在高氯污水和臭氧共存的环境中,对金属和非金属材料的耐蚀性能进行评价,并结合工艺情况,优化腐蚀控制方案。

6 结语

结合臭氧催化氧化处理单元的工艺流程和原料水水质分析数据对腐蚀原因进行了分析,认为浓水中的氯离子和臭氧是导致316L材质的管线和设备发生腐蚀泄漏的重要因素,两者之间存在协同腐蚀机制,臭氧的引入加速了氯离子点蚀进程。此外,针对臭氧处理系统的腐蚀情况提出了有针对性的改进措施,建议开展模拟试验,对氯离子和臭氧的协同腐蚀机制进行研究,制定和优化腐蚀控制方案,保障臭氧处理系统的长周期稳定运行。

参 考 文 献

[1] 娄玉莹. 臭氧—生物活性炭处理微污染地表水效能研究及工程应用[D]. 济南:济南大学,2021.

[2] 夏双辉. 电厂循环水处理技术的发展[J]. 全面腐蚀控制,2006(6):35-37.

[3] 赖万东,杨卓如,陈焕钦. 臭氧在冷却水中缓蚀与阻垢机理的研究[J]. 工业水处理,1999(3):26-27.

[4] 石仁委,龙媛媛. 油气管道防腐蚀工程[M]. 北京:中国石化出版社,2008,8-10.

[5] 王华然,王尚,李昀桥,等. 臭氧在水中的溶解特性及其影响因素研究[J]. 中国消毒学杂志,2009,26(5):481-483.

[6] 朱越平,钟冬晖. 石化污水回用技术应用现状及展望[J]. 当代化工,2014,43(5)(5):793.

[7] 张超,李本高. 石油化工污水处理技术的现状与发展趋势[J]. 工业用水与废水,2011,42(4):6.

[8] 凌思宸. 炼厂污水深度处理与回用技术[J]. 山东化工,2017,46(19):164.

[9] 林德源,杜雅莉,陈云翔,等. 不同状态的钢筋在氯离子入侵过程中的腐蚀行为[J]. 腐蚀与防护,2014,35(10):982.

[10] 刘东,李岩岩,丁一刚,等. 氯盐和硫酸盐对钢筋在模拟混凝土孔隙液中腐蚀行为的影响[J]. 腐蚀与防护,2019,40(1):7.

[11] 武琼,闫莹,周浩,等. 碳钢在臭氧中的初期腐蚀行为与机理[J]. 腐蚀与防护,2014,35(8):767.

焦化汽油加氢装置腐蚀与防护探讨

姜 城 李立峰 倪家俊 王 屹

(中国石油克拉玛依石化有限责任公司)

摘 要： 由于焦化汽油加氢装置操作条件的特殊性，装置有可能出现一些如氢脆、氢腐蚀、氢鼓泡、晶间腐蚀等特殊的损伤现象。为避免这些破坏性损伤的产生，装置必须要有正确的设计与选材，并且从装置运行管理、工艺防腐等方面制定有效措施，从而保证设备的使用安全。

关键词： 腐蚀；防护；氢鼓包；工艺防腐；安全

加氢精制是指油品在催化剂、氢气和一定的压力、温度条件下，含硫、氮、氧的有机化合物分子发生氢解反应，以脱除硫、氮、氧等成分，同时烯烃和芳烃分子发生加氢饱和以提高油品质量的反应过程。在这工艺过程中，硫元素、氮元素与氢气反应生成硫化氢和氯化氢，两者均在一定的压力、温度、水等条件下可引起设备腐蚀破裂，及由此引起的次生危害如火灾、爆炸、硫化氢中毒等事故发生率也在增高。

1 焦化汽油加氢装置腐蚀类型

1.1 氢腐蚀

氢腐蚀是指钢暴露在高温、高压的氢气环境中，氢原子在设备表面或渗入钢内部与不稳定的碳化物发生反应生成甲烷，使钢脱碳，机械强度受到永久性的破坏。由于甲烷分子比氢分子大得多，在钢中的扩散能力很小，会聚集在晶界原有微观间隙或亚微观孔隙，形成 $10^5—10^{6-1}$Pa 的局部高压，造成应力集中，使晶界变宽并发展成为裂纹，导致钢材的强度和韧性下降，失去原有的塑性而变脆[1]。这种性质变化具有不可逆转性，即使热处理也无法消除。影响氢腐蚀的主要因素有：操作温度、氢的分压和加热时间；形成稳定碳化物的合金元素，如铬、钛、钨及钼的添加情况；固溶体中碳和氢原子的含量；冷加工程度；晶粒大小、表面条件和表面张力；钢材所受的应力水平；合金元素的偏析情况。氢腐蚀图如图 1 所示。

1.2 氢鼓包

氢原子扩散到金属内部(大部分通过器壁)，在另一侧结合为氢分子逸出。如果氢原子扩散到钢内空穴，并在该处结合成氢分子，由于氢分子不能扩散，就会积累形成巨大内压，引起钢材表面鼓包甚至破裂的现象称为氢鼓包，如图 2 所示。

图 1　氢腐蚀图

图 2　氢鼓包图

1.3　氢脆

氢脆是指由于氢残留在钢中所引起的脆化现象。氢脆是可逆的，也称作一次脆化现象。产生了氢脆的钢材，其延伸率和断面收缩率显著下降。氢脆一般发生在 150℃ 以下，所以实际装置中氢脆损伤往往发生在装置停工过程中的低温阶段。氢脆的敏感性一般是随钢材强度的提高而增加，钢材的氢脆化程度与钢中的氢含量密切相关（可以认为，在可能发生氢脆的温度下，会存在着不引起亚临界裂纹扩展的氢浓度，称为安全氢浓度。它与钢材的强度水平、裂纹尖端的拉应力大小以及裂纹的几何尺寸有关）。对于工作在高温高压氢环境下的反应器，在操作状态下，器壁中会吸收一定量的氢，在停工的过程中，若冷却速度过快，使吸藏的氢来不及扩散出来，造成过饱和氢残留在器壁内，就有可能引起亚临界裂纹的扩展，给设备的安全使用带来威胁，氢脆图如图 3 所示。

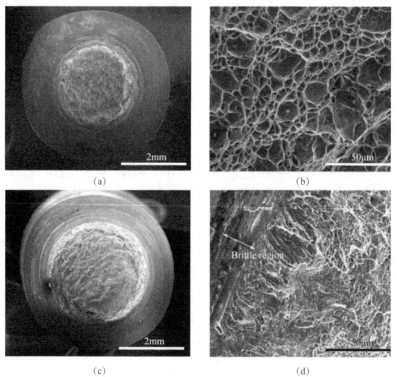

图 3　氢脆图

1.4 晶间腐蚀

奥氏体不锈钢在制造和焊接时，加热温度和加热速度处在敏化温度区域时，材料中过饱和碳就会在晶粒边界首先析出，并与铬结合形成碳化铬，此时碳在奥氏体内的扩散速度比铬扩散速度大，铬来不及补充晶界由于形成碳化铬而损失的铬，结果晶界的铬的含量不断降低，形成贫铬区，使电极电位下降，当与含氯离子等腐蚀介质接触时，就会引起微电池腐蚀。虽然腐蚀仅在晶粒表面，但却迅速深入内部形成晶间腐蚀。由此，我们知道产生晶间腐蚀的原因有：只有在敏化温度区域内，才会造成贫铬区；还与其含碳量有关，含碳量越多，贫铬区渗入晶界的深度越大，从而引起晶间腐蚀。奥氏体和双相不锈钢晶间腐蚀的敏化温度范围是 $450 \sim 850$℃，铁素体不锈钢在 850℃以上。晶间腐蚀图如图 4 所示。

1.5 连多硫酸腐蚀

装置运行期间遭受硫的腐蚀，在设备表面生成硫化物，装置停工期间有空气和水分进入时，它们和设备表面的硫化物反应可生成连多硫酸（H_2SxO_6），在连多硫酸和拉应力的共同作用下，就有可能发生连多硫酸应力腐蚀开裂。连多硫酸应力腐蚀开裂最易发生在不锈钢和高合金材料制造的设备上，其开裂机理为：不锈钢或高合金材料制造的设备表面在操作运行中与环境中的硫化物反应生成 FeS，当设备检修停工时，设备表面与空气中的氧和水分充分接触，发生反应生成连多硫酸。连多硫酸应力腐蚀开裂往往与奥氏体钢的晶间腐蚀有关，由于应力腐蚀后所产生的裂纹是沿晶界扩展的，实际上这近似于加速的晶间腐蚀。奥氏体不锈钢中含碳量高时，会使不锈钢在焊接或高温使用过程中，发生碳化铬在晶界沉淀，引起晶界贫铬，所以这些区域首先发生连多硫酸的晶间腐蚀，接着由于拉应力的存在，造成这些最薄弱的区域发生连多硫酸应力腐蚀开裂，如图 5 所示。

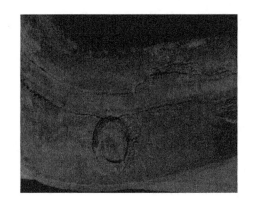

图 4　晶间腐蚀图　　　　　　　　　图 5　连多硫酸腐蚀图

2　腐蚀发生的部位

2.1 高温部位

在焦化汽油加氢装置中，高温部位，由于在高温（$320 \sim 450$℃）及 $3.92-7.85$MPa 压力下操作，以及物料中含有 H_2 及硫化氢等介质，故在高温临氢设备（如加热炉，反应器及反应物换热等）的不同部位上存在以下腐蚀形式：

(1) 高温氢损伤(主要为表面脱碳和氢腐蚀);

(2) 高温 H_2+H_2S 的腐蚀;

(3) 钢热壁反应器铬钼的回火脆性和不锈钢堆焊层的剥离;

(4) 反应产物奥氏体不锈钢换热器由 CS_2 引起的硫化物腐力腐蚀开裂[2];

(5) 不锈钢设备在停工期间的连多硫酸应力腐蚀开裂;

2.2 低温部位

在低于 250℃ 部位的设备(如高压分离器,反应产物冷凝冷却系统、汽提塔等)存在下列腐蚀形式:

(1) 氢损伤(主要为氢鼓泡及氢脆);

(2) 低温部位由 H_2S+H_2O 造成的硫化物应力腐蚀开裂;

(3) 奥氏体不锈钢冷换设备的氯化物应力腐蚀开裂;

(4) 冷换设备的硫氢化铵(NH_4HS)及氯化铵(NH_4Cl)的腐蚀。

3 防腐对策

3.1 原料控制

(1) 对加氢装置负荷、原料的变化,辨识因负荷、原料变化出现反应放热变化,导致结盐点前移和后移的风险,总氯含量宜不大于 $1\mu g/g$,出现短期超标时应加强分析频次,对原料中氯含量变化趋势进行追踪,长期超标时需加强结盐温度计算和结盐位置的辨识的管理;

(2) 当氢气来自连续重整时,氢气必须符合设计要求,氢气中 HCl 含量小于 $0.5uL/L$,降低反应流出物系统结盐风险。

3.2 工艺防腐

3.2.1 防止空冷器 NH_4Cl、NH_4HS 垢下腐蚀和冲刷腐蚀对策

(1) 依据 API-932B 进行 K_p 值(反应流出物中 H_2S、NH_3 和 HCl 的分压乘积)和结盐温度估算,控制结盐点在注水点之后;为防止高压换热器、高压空冷器铵盐结垢和腐蚀,宜在高压换热器、空冷器入口分别采用单点连续注水方式,须保证总注水量的 25% 在注水部位为液态,并控制高分水 NH_4HS 浓度小于 4%;控制注水水质,宜选择使用除氧水或临氢系统净化水(用量最大不能超过注水量的 50%),建议指标见表 1。

表 1 注水水质指标

成分	最高值	期望值	建议分析方法
氧($\mu g/kg$)	50	15	HJ 506—2009
pH 值	9.5	7.0~9.0	GB/T 6904—2008
总硬度($\mu g/g$)	1	0.1	GB/T 6909—2008
溶解的铁离子($\mu g/g$)	1	0.1	HJ/T 345—2007
氯离子($\mu g/g$)	100	5	HJ/T 343—2007
硫化氢($\mu g/g$)	—	<45	HJ/T 60—2000

续表

成分	最高值	期望值	建议分析方法
氨氮	—	<100	HJ 535—2009 HJ 536—2009 HJ 537—2009
CN⁻(μg/g)	—	0	HJ 484—2009
固体悬浮物(μg/g)	0.2	少到可忽略	GB/T 11901—89

（2）高压空冷器选用碳钢设备时，要控制 $K_p(NH_4HS)$（干基气相中 H_2S 和 NH_3 摩尔分率的乘积）在 0.5 以下，碳钢管束内物流的流速最大峰值为 6m/s，合金管束内物流的流速最大峰值为 9m/s；计算高压空冷入口分配管或空冷管束内流速时，采用气相平均流速。

① 计算气相体积流量。

$$F_v = M_{gas} \times \frac{8.314(T+273.15)}{100\rho}$$

② 计算流速。

$$v = \frac{F_v}{n \times \pi (D/2000)^2 \times 3600}$$

式中，F_v 为空冷器入口气相体积流量，m_3/h；M_{gas} 为气相摩尔流量，$kmol/h$；T 为系统操作温度，℃；p 为系统操作压力，MPa（A，绝压）；n 为并列管子数；D 为单根管子内径 mm；v 为管内流速，m/s。

（3）装置最低负荷不能低于 70%，防止高压空冷器因流速低而出现偏流和管子结垢的情况；

（4）有条件的还可同时加注缓蚀阻垢剂。

3.2.2 减轻装置汽提塔顶系统低温腐蚀对策

（1）核算加氢装置汽提塔、分馏塔、脱丁烷塔等塔顶油气中水露点温度，控制塔顶内部操作温度宜高于露点温度 14℃ 以上；水露点温度推荐采用流程模拟软件计算，也可采用手算，主要计算步骤为：首先估算塔顶油品性质，再计算塔顶物料组成，然后计算水分压，最后根据饱和水蒸气表获得对应的水露点。

① 塔顶油品分子量计算。

$$T_b = exp\left[-0.94402-0.00865\left(\frac{T_{10}+T_{50}+T_{90}}{3}\times 1.8\right)^{0.6667} + 2.99791\left(\frac{T_{90}-T_{10}}{90-10}\times 1.8\right)^{0.333}\right] + 459.67$$

$$(1)$$

式中，T_b 为塔顶油中平均沸点，R（兰氏度）；T_{10}、T_{50} 和 T_{90} 分别为采用 ASTM D86 方法在体积收率 10%、50% 和 90% 对应的馏出温度，℃。

$$M = 20.486\left[exp(1.165\times 10^{-4} T_b - 7.78712SG) + 1.1582\times 10^{-3} T_b SG\right] T_b^{1.26007} SG^{4.98308} \quad (2)$$

式中，M 为塔顶油品分子量；SG 为塔顶油比重。

② 计算塔顶物料组成。

$$M_{\text{H2OTOP}} = \frac{F_{\text{steam}}}{18} \times 1000 \tag{3}$$

$$M_{\text{OilTOP}} = \frac{F_{\text{back-flow}} + F_{\text{topoil}}}{18} \times 1000 \tag{4}$$

$$M_{\text{GasTOP}} = \frac{F_{\text{topgas}}}{22.4} \tag{5}$$

式中，M_{H2OTOP} 为塔顶水蒸气摩尔流量，kmol/h；F_{steam} 为塔顶水蒸气流量，t/h；M_{OilTOP} 为塔顶油品摩尔流量，kmol/h；$F_{\text{back-flow}}$ 为塔顶冷回流流量，t/h；F_{topoil} 为塔顶产品流量，t/h；M_{GasTOP} 为塔顶不凝气摩尔流量，kmol/h；F_{topgas} 为塔顶不凝气流量，m^3/h。

③ 计算气相水分压。

$$p_{\text{H}_2\text{O}} = \frac{M_{\text{H2OTOP}}}{M_{\text{H2OTOP}} + M_{\text{OilTop}} + M_{\text{OilTop}}} \tag{6}$$

式中，$p_{\text{H}_2\text{O}}$ 为水分压，MPa；p 为塔顶操作压力，MPa（A，绝压）。

④ 由水分压计算水露点。

可以查饱和水蒸气表，或利用下列拟合公式

$$T_{\text{d}}(C) = \frac{n10 + D - \sqrt{(n10+D)^2 - 4(n9+n10D)}}{2} - 273.15 \tag{7}$$

$$D = \frac{2G}{\sqrt{-F - (F^2 - 4EG)}} \tag{8}$$

$$E = \beta^2 + n3\beta + n6 \tag{9}$$

$$F = n1\beta^2 + n4\beta + n7 \tag{10}$$

$$G = n2\beta^2 + n5\beta + n8 \tag{11}$$

$$\beta = p_{\text{H}_2\text{O}}^{0.25} \tag{12}$$

式中，T_{d} 为水露点温度，℃；D、E、F、G、β；$n_1 \sim n_{10}$ 等为参数，值见表2。

表 2 n1−n10 数值

i	n_i	i	n_i
1	0.11670521452767×10^4	6	0.14915108613530×10^2
2	−0.72421316703206×10^6	7	−0.48232657361591×10^4
3	−0.17073846940092×10^2	8	0.40511340542050×10^6
4	0.12020824702470×10^5	9	−0.23855557567849
5	−0.32325550322333×10^7	10	0.65017534844798×10^3

(2) 塔顶系统可根据实际腐蚀情况选择加注缓蚀剂，缓蚀剂注入推荐采用原剂注入方式，使用自动注入设备，保证均匀、连续注入；也可根据实际腐蚀情况在高压空冷前选择加注缓蚀剂，建议加注部位距空冷器入口大于 5m 或与高压注水共同加注；汽提塔塔顶系统腐蚀控制指标：汽提塔塔顶冷凝水铁离子含量不大于 3mg/L。

3.2.3 防止连多硫酸应力腐蚀开裂对策

(1) 在停工前制定高换区化学清洗方案，对高换设备进行清洗，在打开设备前，将设备中的 FeS 清除或转化，清洗后的管道和设备保留碱液直到用尽。

(2) 在停工后，及时做好设备敞口的密封工作，避免设备接触空气或保持设备表面干燥。

(3) 设备打开后，用 2%纯碱+0.2%表面活性剂+0.4%硝酸钠的稀碱液清洗设备表面，以清除生成的连多硫酸。

3.2.4 防止堆焊层氢剥离和氢脆对策

为防止或缓和堆焊层氢剥离裂纹的发生或扩展，在设备使用过程中，应严格遵守操作规程，尽量避免非计划紧急停车，在正常停工时要设定使氢气尽可能从器壁中释放出去的停工条件，以减少残余氢量。另外，在定期检修中，采用超声技术进行检测以判断是否有剥离发生或扩展也是很有必要的。

3.2.5 防止 Cr-Mo 钢的回火脆化对策

为了防止由于 Cr-Mo 钢回火脆化引起 2.25Cr-1Mo 钢制设备的脆裂，在生产过程中对反应部分的 2.25Cr-1Mo 钢制设备，在脆化温度范围(一般为 325~575℃)内工作的，在装置第一次投入生产后的停工时，先降压，后降温。开工时，不得在低温下，就对设备加满压。而是采用先升温后升压，即开工时采用较高的最低升温温度，最低的升压温度要根据设计要求而定。另外当紧急泄压时，其压力紧急泄放至 6.27MPa 以下，温度勿使其突降到 93℃以下。只有这样才不会使设备材质发生回火脆化性破坏。而且在开停工时也应避免由于升降温过快而造成过大的热应力。一般当设备壁温小于 150℃时，升降温速度不宜超过 25℃/h。

3.3 检测分析管理

(1) 加强各装置腐蚀监检测，考察工艺防腐实施效果，并为工艺防腐的调整提供依据。腐蚀监检测方式包括在线监测(在线 pH 值计、高温电感或电阻探针、低温电感或电阻探针、在线测厚探针、电化学探针等)、化学分析、定点测厚、腐蚀挂片、红外热像测试、烟气露点测试、导波检测、涡流检测等。

(2) 加强注水注剂部位腐蚀监测，注入点前 300mm 或 3 倍管径(取二者最大值)范围内管段，注入介质直接冲刷部位，注入点下游 5m 内管段，注剂(水)支管靠近工艺管道部位。必要时应对该部位整段管线进行全面检测，监测注入点是否引起腐蚀，推荐选用注水雾化喷头。

注水点测厚如图 6、图 7 所示。

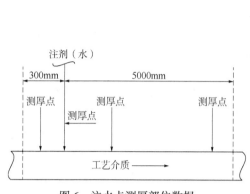

图 6　注水点测厚部位数据

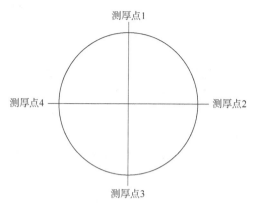

图 7　管道界面测厚点具体布置图

4　结论

（1）通过对焦化汽油加氢装置腐蚀的类型机理进行分析研究，识别出装置易发生腐蚀的部位。

（2）针对装置易发生腐蚀或可能存在腐蚀的部位，从原料控制、工艺防腐及检测分析等方面制定相关防腐的对策，为后续装置防腐蚀运行提供措施，实现有效防腐。

参 考 文 献

[1] 史开洪等 . 加精制装置技术问答［M］. 北京：中国石化出版社，2014：319-320.

[2] 刘金纯，赵延江，等 . 加氢精制反应器的腐蚀与防护［J］. 当代化工，2010，39(5)：532-534.

炼厂脱钙配套缓蚀剂的制备及应用研究

马 玲 李 磊 雷 兵 聂常贵 贾 可

(中国石油克拉玛依石化有限责任公司)

摘 要：原油脱盐装置实施脱钙过程形成高含盐(无机盐与有机盐)、高含酸(特别是有机酸)及高温(120~140℃)体系会导致电脱盐装置及后续常减压蒸馏装置的塔顶冷凝系统、设备腐蚀严重。本研究有针对性地开发了一种脱钙配套缓蚀剂并应用与中石油克拉玛依石化有限责任公司焦化电脱盐装置，结果表明：脱钙配套缓蚀剂注剂期间，装置腐蚀速率小于 0.15mm/a。脱钙配套缓蚀剂表现出了良好的缓蚀作用，可有效抑制原油脱钙系统内复杂介质的协同腐蚀，有效保障了装置安全平稳生产。

关键词：缓蚀剂；曼尼希碱；缓蚀性能；腐蚀速率；咪唑啉

腐蚀是炼油厂装置安全平稳运行的重要隐患之一。近年来，随着原油硫含量高、酸值呈逐步增高的趋势，原油的劣质化更加重了炼油装置、设备的腐蚀[1]。原油重质化、劣质化也呈现出原油中钙、铁等金属含量不断增加，会导致催化剂严重失活、结垢等问题，严重影响了炼油加工装置的安全、平稳运行。原油中的钙通常分为无机钙和有机钙两类。无机钙主要以氯化钙、碳酸钙、硫酸钙等形式存在，有机钙主要以环烷酸钙、脂肪酸钙、酪钙等形式存在。无机钙中溶于水的钙盐在原油电脱盐处理过程中将大部分随污水排出，不溶于水的无机钙盐也可在原油电脱盐过程中被部分脱除[2]。而原油中的有机钙主要是以非水溶性钙的形式存在，在电脱盐过程中很难被脱除，且主要富集于减压渣油中[3]。高钙含量的原油会对原油加工造成一系列负面影响，因此脱钙技术的开发与应用成为了热点，其中脱钙剂大部分为酸性化合物，因此原油在脱盐装置中利用酸性化合物的脱钙剂进行脱钙时，电脱盐罐中将存在盐与酸两种腐蚀介质叠加的危害，尤其当>100℃时，腐蚀速率更呈几何级数剧烈增长。这一腐蚀现象主要发生在电脱盐罐内、集输管线以及脱水装置的贮罐、沉降罐、换热器等部位。选择曼尼希碱或咪唑啉类缓蚀剂是抑制金属材料腐蚀的重要方法和手段[4-6]，本文介绍了一种以曼尼希碱类缓蚀剂为主剂的脱钙配套缓蚀剂的合成及应用。

1 实验内容

1.1 原料和试剂

丙酮，化学纯；苯乙酮，化学纯；环己酮，化学纯；甲醛，化学纯；苄胺，化学纯；苯胺，化学纯；乙二胺，化学纯；环己胺，化学纯；吡啶，化学纯；环氧氯丙烷，化学纯；甲醇，化学纯。腐蚀试片材质为 16Mnr 钢片，规格：40mm×13mm×2mm。

1.2 实验设备

电热鼓风干燥箱；AL204DU-IC 电子天平；React IR IC10 在线反应红外分析测定仪；HA-AAY 电热套等。

1.3 缓蚀性能评价方法——静态腐蚀挂片法

采用密闭材质为 316L 的不锈钢罐，按 GB 10124—86《金属材料实验室均匀缓蚀全浸试验方法》及 SY5273《挂片法测介质腐蚀性》标准处理好并精确称量试片，将试片浸入腐蚀介质中而不接触罐的内壁，试片顶部距液面不少于 2cm，试片挂好后，上紧罐盖，放入烘箱中，当温度达到试验要求之后取出试片，立即用请水冲洗掉腐蚀液，观察试片表面的腐蚀情况。用清水清洗试片表面后再用软橡皮擦拭试片表面，然后用石油醚清洗一遍，放入无水乙醇中浸泡 1min，取出后用冷风吹干，放在干燥器中干燥 15min，称重准确至 0.0001g，并对腐蚀现象进行描述。根据试验前后试片重量变化计算腐蚀速率、缓蚀率。

$$H=\frac{m_1-m_2\times365\times10}{S\times T\times d} \tag{1}$$

式中，H 为腐蚀速率，mm/a；m_1 为腐蚀前试片质量，g；m_2 为腐蚀后试片质量，g；S 为试片表面积，cm^2；T 为试验时间，d；d 为试片密度，g/cm^3。

$$A=\frac{H_1-H_2}{H_1}\times100\% \tag{2}$$

式中，A 为缓蚀率，%；H_1 为空白试验的平均腐蚀速率，mm/a；H_2 为加缓蚀剂后平均腐蚀速率，mm/a。

2 结果与讨论

2.1 曼尼希碱缓蚀剂的合成

2.1.1 曼尼希碱缓蚀剂的合成方法

以适量醇为溶剂溶解一定量的多胺，将其加入装有搅拌和温度计的反应烧瓶中，使用醇-酸溶液将 pH 值调至酸性，温度升至 95~115℃后依次加入酮和甲醛。多胺、酮和甲醛的摩尔比为 1：1.2：1.2，反应时间为 3h。

2.1.2 曼尼希碱反应机理

曼尼希反应机理如图 1 所示：首先醇在酸性环境中发生羰基质子化，胺与羰基发生亲核加成，当时去质子后，氮上的电子发生转移，脱除一分子水后，得到亚胺离子中间体。亚胺离子作为亲电试剂，进攻含活泼氢化合物的烯醇型结构，加成后失去质子，便得到曼尼希碱产物。

2.1.3 曼尼希碱反应进程分析

以梅特勒 React IR IC10 在线反应红外分析测定仪作为监测平台，考察反应温度、反应时间对曼尼希反应进程的影响。

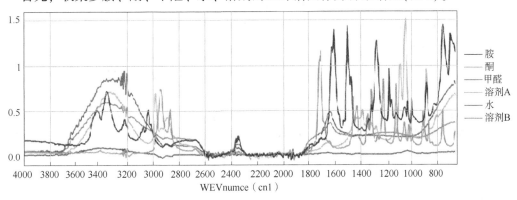

图1 曼尼希反应机理

（1）背景谱图。

首先，收集多胺、酮、甲醛、水、溶剂的红外谱图作为背景谱图（图2）。

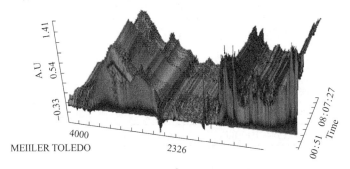

图2 背景谱图

（2）反应过程动态红外谱图监测。

反应过程中的动态红外三维监测谱图（图3），其中 X 轴为波数，Y 轴吸收强度，Z 轴为时间。可从三维谱图中观察某特定波数的吸收峰随时间的变化情况。

图3 反应过程红外三维监测谱图

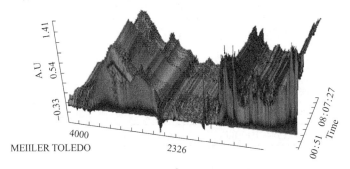

反应过程中体系中各物质的变化趋势如图 4 所示。

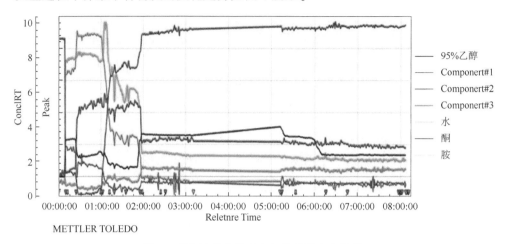

图 4　反应过程中体系中各物质的变化趋势

从图 4 看出，反应大概在进行到 2h 后，反应物多胺、酮的浓度变化趋于平缓，温度从 95℃ 升高到 115℃，变化趋势不大。其中酮、多胺、水的变化趋势是由软件比较反应前收集的背景红外谱图而得，component1$^#$，component2$^#$，component3$^#$ 是选取整个检测波数范围内的特征峰变化通过软件计算而得到的物质变化情况。

2.2　脱钙缓蚀剂的制备

单一的曼尼希碱缓蚀剂不能满足电脱盐装置中实施脱钙工艺的防腐要求，因此，采用以曼尼希碱缓蚀剂为主剂，复配其它缓蚀剂及有效组分制备出脱钙配套缓蚀剂将可以满足脱钙缓蚀剂的防腐要求，制备方法为：将占脱钙配套缓蚀剂重量百分比 30%~60% 的曼尼希碱型缓蚀主剂，在常压下，40~50℃ 下边搅拌边加入占脱钙配套缓蚀剂重量百分比为 20%~40% 的咪唑啉类缓蚀剂、20%~40% 的炔氧甲基胺类等辅助缓蚀组分调合，调合时间 1~3h。

2.3　脱钙配套缓蚀剂的性能评价

2.3.1　空白腐蚀速率的测定

依据上述模拟原油脱盐装置在实施脱钙工艺时发生的腐蚀各关键要素所建立的静态腐蚀评价方法对研发的脱钙缓蚀剂进行评价，不同材质的试片静态空白腐蚀速率试验结果见表 1。

表 1　不同材质静态空白腐蚀速率

材质	腐蚀介质	温度(℃)	时间(h)	腐蚀速率(mm/a)
A3	3%脱钙剂+1%NaCl	140	24	141.01
16MnR	3%脱钙剂+1%NaCl	140	24	134.45
20#	3%脱钙剂+1%NaCl	140	24	119.33
1Cr18Ni9Ti	3%脱钙剂+1%NaCl	140	24	0.02
316L	3%脱钙剂+1%NaCl	140	24	0

由表1可以看出：在不加缓蚀剂及未采取其他防腐措施的情况下，140℃有机酸、盐共存体系下A3、16MnR、20#钢等不同金属材质发生的腐蚀非常严重，该实验数据也很好地验证了作为酸性化合物的脱钙剂、盐共存体系高温腐蚀效应叠加的规律。实验数据显示脱钙、脱盐系统内A3、16MnR、20#钢等材质不能在未采取防腐措施的情况下直接使用。

2.3.2 脱钙配套缓蚀剂前后实验室静态挂片腐蚀速率数据对比及缓蚀效果评定试验

通过表2及图5中的数据可以看出：腐蚀介质中不加缓蚀剂时，普通碳钢A3、16MnR、20#钢腐蚀速率均大于110mm/a，当加入脱钙配套缓蚀剂500μg/g后，普通碳钢A3、16MnR、20#钢腐蚀速率大幅度降低，均小于0.3mm/a，缓蚀率高达99%以上，缓蚀效果明显。

表2 实验室不同材质加剂前后静态腐蚀速率对比

材质	时间(h)	腐蚀介质	注剂量(μg/g)	温度(℃)	腐蚀速率(mm/a)	缓蚀率(%)
A3	24	3%脱钙剂+1%NaCl	0	140	141.01	/
			500	140	0.30	99.78
16MnR	24	3%脱钙剂+1%NaCl	0	140	134.45	/
			500	140	0.15	99.89
20#	24	3%脱钙剂+1%NaCl	0	140	119.33	/
			500	140	0.27	99.77

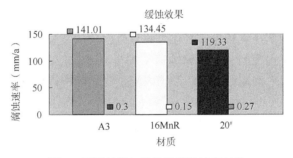

图5 不同材质加剂前后腐蚀速率对比

2.4 脱钙配套缓蚀剂现场应用情况

本研究的脱钙缓蚀剂在克拉玛依石化公司焦化电脱盐装置脱钙剂试验期间配套应用期间，克拉玛依石化公司委托第三方检测公司对电脱盐装置进行了腐蚀挂片及电阻探针等腐蚀跟踪在线监测，监测数据见表3。

表3 腐蚀挂片及电阻探针监测数据

注剂情况	温度(℃)	压力(MPa)	监测材质	监测介质	监测形式	腐蚀速率(mm/a)
注剂	125	0.9	碳钢	电脱盐排水	挂片	0.0654
					探针	0.1036
停注	125	0.9	碳钢	电脱盐排水	挂片	0.1485
					探针	0.2842

续表

注剂情况	温度(℃)	压力(MPa)	监测材质	监测介质	监测形式	腐蚀速率(mm/a)
注剂	130	1.0	316L	脱钙富液	挂片	0.0009
			碳钢	脱钙富液	探针	0.0829
停注	130	1.0	316L	脱钙富液	挂片	0.0024
			碳钢	脱钙富液	探针	0.0516

试验期间的腐蚀挂片及电阻探针在线监测数据表明：脱钙配套缓蚀剂注剂期间，装置腐蚀速率小于0.15mm/a。脱钙配套缓蚀剂表现出了良好的缓蚀作用，可有效抑制原油脱钙系统内复杂介质的协同腐蚀，与实验室静态腐蚀评定试验数据对应性好。

3 结论

（1）制备了脱钙配套缓蚀剂，由30%～60%的曼尼希碱型缓蚀主剂与20%～40%的咪唑啉类缓蚀组分、20%～40%的炔氧甲基胺类辅助缓蚀组分调合而成。其中，曼尼希碱型缓蚀主剂是由多胺、酮和甲醛按摩尔比为1:1.2:1.2经曼尼希反应制得。

（2）在腐蚀体系为3%脱钙剂+1%无机盐水溶液、评定温度为140℃、评定时间为24h、缓蚀剂加量为500μg/g（折合为原油中的浓度为50μg/g）的试验条件下，普通碳钢A3、16MnR、20#钢腐蚀速率大幅度降低，均小于0.3mm/a，缓蚀率高达99%以上，缓蚀效果明显。

（3）脱钙配套缓蚀剂在克拉玛依石化公司焦化电脱盐装置脱钙剂试验期间配套应用期间，脱钙配套缓蚀剂注剂期间，装置腐蚀速率小于0.15mm/a。脱钙配套缓蚀剂表现出了良好的缓蚀作用，可有效抑制原油脱钙系统内复杂介质的协同腐蚀，与实验室静态腐蚀评定试验数据对应性好。

参 考 文 献

[1] 任世科, 盛刚, 邵鹏程, 等. 含硫原油加工过程腐蚀环境分析[J]. 腐蚀与防护. 2006, 27(6): 306-307.

[2] 徐岳峰, 张佩甫, 张同生, 等. 用无机含磷螯合剂从原料中脱除金属杂质[P]. 中国专利: 1076473, 1993.

[3] 王玉春. 原油脱钙剂的研究[D]. 兰州: 兰州大学, 2001.

[4] 李东良, 贾李军, 徐一平, 等. 油田系统的缓蚀剂研究进展[J]. 材料保护, 2021, 54(1): 147-153, 183.

[5] 葛霖, 吕涯, 贾凌燕. 3种类型石油酸的腐蚀性以及相互影响[J]. 石油学报(石油加工), 2021, 37(3): 653-661.

[6] 章群丹, 田松柏, 蔺玉贵, 等. 实沸点蒸馏对2种高酸原油腐蚀性的影响及表征[J]. 石油学报(石油加工), 2022, 38(3): 695-701.

燃煤电厂 SCR 烟气脱硝对空预器的堵塞腐蚀影响及防控措施

朱文龙　杜晓锋　廖园轲　朱焱松　何光杰

（中国石油克拉玛依石化有限责任公司）

摘　要：某电厂进行脱硝改造后，在更换空预器后一年，锅炉排烟温度异常上升，对此原因进行检查分析，对后续设备尤其是空预器运行的状态进行观察和对比，得出脱硝对空预器运行状态的堵塞腐蚀影响，对堵塞腐蚀机理进行分析，并尝试各种应对措施，并进行合理优化锅炉运行参数，以消除或减少脱硝引发的空预器隐患对机组安全经济运行的影响。

关键词：SCR 烟气脱硝；空预器；堵塞；腐蚀；防控

随国家节能减排工作的不断深入，国内燃煤锅炉均已安装脱硝系统，其中绝大部分采用 SCR 脱硝方式，SCR 脱硝效率一般为 60%，从而导致氨逃逸是不可避免的。逃逸的氨在空预器中与 SO_3 生成硫酸氢氨，反应中生产的硫酸氢氨冷固时，易吸附烟气中的灰尘，造成空预器堵塞，严重影响锅炉的安全稳定运行。本文结合实例，通过对某电厂空预器堵塞案例的原因分析及处理过程，提出预防脱硝系统运行造成空预器堵塞的控制措施，以消除或减少脱硝引起空预器堵塞的对机组安全经济运行的影响。

1　脱硝工艺概述

选择性催化还原（SCR）脱硝技术是在催化剂作用下，含有 NO_x 的烟气与还原剂——液氨、氨水、尿素（热解和水解）反应，将烟气中的 NO_x 还原为无毒、无污染的氮气和水的工艺过程。SCR 脱硝系统主要是由还原剂、喷射混合装置、反应器和催化剂组成。反应温度一般在 320~420℃ 之间，SCR 法脱硝技术是目前国内外最成熟可靠的脱硝技术，脱硝效率高，系统安全稳定。

某热电厂锅炉烟气脱硝系统是针对燃煤锅炉的氮氧化物进行减排控制。由低氮燃烧器改造、选择性催化还原脱硝（SCR）单元及相关设备分组成。还原剂（氨气）由液氨制备。即首先通过 LNB 技术在源头上减少 NO_x 的排放，将 NO_x 排放浓度降至 350~400mg/m³（标准状态下）以下；在锅炉炉膛尾部烟道脱硝催化剂的入口处喷射过量的氨气从而实现 SCR 反应，氨气在 SCR 催化剂的作用下，实施脱硝反应，经过上述工艺技术的组合，可以实现较高的脱硝效率，从而达到国家环保的 NO_x 排放标准。脱硝反应原理如图 1 所示，某电厂脱硝布置图如图 2 所示。

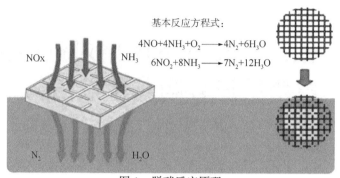

基本反应方程式:

$$4NO+4NH_3+O_2 \longrightarrow 4N_2+6H_3O$$

$$6NO_2+8NH_3 \longrightarrow 7N_2+12H_3O$$

图 1   脱硝反应原理

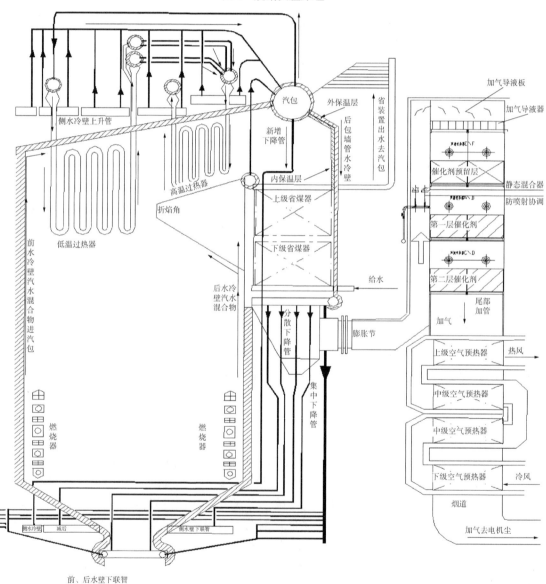

图 2   某电厂脱硝布置示意

脱硝主要工艺系统包括 SCR 反应器、催化剂、还原剂、声波吹灰系统、氨稀释系统、氨喷射系统、压缩空气系统等。

2 脱硝后空预器出现的异常状况

该电厂 2022 年 6 月大检修时更换了#3 炉一组空预器，2023 年 7 月停炉检查，发现空预器下部有悬垂式结灰状况，检查管束内部，有不同程度的结灰情况，结灰情况如图 3 所示，查询一年期间的运行参数报表判断，2022 年 7 月更换空预器点炉后排烟温度在 139～144℃，2023 年 7 月停炉前排烟温度已经达 168～177℃，排烟温度平均温度上升了 30℃ 左右。对比锅炉烟气系统各项参数，SCR 脱硝催化剂前的各项烟气温度记录，年度内没有较大变化，空预器前烟

图 3　空预器堵塞情况

气温度对比其他锅炉和年度记录，数值基本一致，由此推测使排烟温度异常上升的原因为上、中、下四级空预器的换热效率下降导致。正常情况下锅炉最下级空预器出口烟温在 150℃ 左右，考虑锅炉燃烧不充分、脱硝增加的压降，反应器风阻等因素导致的排烟温度上升外，如此大幅度的温升可归结为异常温升。

3 对空预器中堵塞状况进行分析

3.1 对堵塞样品进行化验分析

空预器管板上物质呈现结晶样颗粒，且结晶物较为坚硬。通过对堵塞物质取样分析，主要检测其中是否含有硫酸铵、硫酸氢铵等，目前国内尚无硫酸氢铵的检测标准，无法直接检测硫酸氢铵含量，只能通过间接的方式对硫酸氢根离子、铵根离子分别进行检测，对硫酸氢铵的存在及含量进行分析[1]。显示样品中硫酸铵和硫酸氢铵含量占 15% 左右。其他主要为灰分。

3.2 硫酸氢铵的产生机理

硫酸氢铵产生必须有氨气和三氧化硫气体发生反应，氨气的来源是脱硝过程中喷入的，锅炉脱硝为了追求高净化指标，NO_x 排放值长期控制在 10～30mg/m³，导致大量的氨逃逸，从安装的氨气检测仪数据显示，正常氨逃逸在 2.28mg/m³，锅炉烟气在通过催化剂中的活性组分 V_2O_5 催化降解 NO_x 的过程中，也会对烟气中的 SO_2 的氧化起到一定的催化作用，生成 SO_3。在脱硝过程中由于氨的不完全反应和过量的加入，氨逃逸是难免的，反应生成的 SO_3 进一步同烟气中逃逸的氨反应，生成硫酸氢铵和硫酸铵，其反应如下：

$$SO_3 + NH_3 + H_2O === NH_4HSO_4 \tag{1}$$

$$SO_3 + 2NH_3 + H_2O === (NH_4)_2SO_4 \tag{2}$$

运行经验和热力学分析都表明，硫酸氢铵的形成取决于反应物的浓度和它们的比例。硫酸氢铵的形成量随 NH_3 浓度的增加而增加。

3.3　硫酸氢铵堵塞空预器的过程

该电厂在空预器刚安装时锅炉排烟温度不超过 144℃，硫酸氢铵的熔点温度为 147℃，这时反应生产的硫酸氢铵就会在空预器中凝固，附着在空预器上，随着凝固的不断增加，空预器换热效率逐渐下降，导致排烟温度不断升高，温度高于 147℃ 时硫酸氢铵以液态存在，凝固逐渐减少，凝固点逐渐后移，向下级空预器及后续的除尘器等富集，此时并不是空预器就达到了动态平衡不在产生堵塞，只是烟气温度上升，凝固的环境发生变化，硫酸氢铵在液态下吸附烟气中的灰分，也会在空预器中产生吸附固化，只是附着的速率与低温状态相比，速率有所下降。

140~350℃ 是硫酸氢铵的熔点至沸点的温度范围，根据锅炉各阶段烟气温度可以看出（表 1），整个空预段的烟气温度刚好是硫酸氢铵由气态转化为液态的温度区域，由于硫酸氢氨在此温区为液态向固态转变阶段，具有极强的吸附性，会造成灰分在空预器沉降，引起空预器堵塞及阻力上升，

表 4　锅炉各阶段烟气温度范围

项目	烟气入口温度(℃)	烟气出口温度(℃)
炉膛	/	950
凝渣管	956	915
高温过热器	915	753
低温过热器	751	593
省煤器	585	438
上级空预器	438	320
中级空预器 I	320	237
中级空预器 II	237	173
下级空预器	173	150

3.4　其他与脱硝相关造成空预器堵塞的原因

3.4.1　空预器缺少吹灰系统

由于烟气的成份比较多，在通过空预器时比重较大的灰就会沉积下来，没有吹灰系统，在烟气中的灰分和硫酸氢铵相互吸附黏合过程中，堵塞速率将会增加，长时间运行后就会导致空预器堵灰，若在锅炉设计时在烟气侧都安装了不同的吹灰器，定时吹灰，保证吹灰器设备的正常使用。这样也可以缓解空预器堵灰的问题。

3.4.2　燃煤掺烧干气、石油焦

锅炉在燃煤过程中掺烧炼厂干气、石油焦，在燃烧不完全时，产生的飞灰、炭黑、焦粒还有类似焦油物质就会混合附着于空预器低温段，长时间掺烧，这些黏附颗粒进入空预器增加了堵灰的风险。

3.5 脱硝对空预器的腐蚀影响

常规空气预热器冷端腐蚀区仅在冷端 100~200mm 的范围内，在增加了 SO_3 转化率后，硫酸露点通常上升 5~10℃，预热器冷端受硫酸腐蚀区范围将上升到 250~450mm，原有空气预热器的冷段高度就显得不够了。为不影响机组的正常运行，就必须对空气预热器进行改造。一般改造主要包括空预器换热元件的更换。

4 空预器堵塞腐蚀控制措施

4.1 硫酸氢铵生产反应控制

（1）通过检测省煤器出口 NO_x 的分布特性，调整 SCR 烟气入口导流板和均布器，尽量使 SCR 入口 NO_x 分布均匀；烟气流场的不均匀导致脱硝系统出口氨逃逸率局部超标，可利用流场模拟软件优化设计，对 SCR 脱硝装置入口烟气流量和流速分布进行模拟，确定导流叶片的类型、数量和位置，同时，在运行中针对经常的运行工况进行调匀试验。以使入口烟气流速、温度和浓度均匀；同时调整喷氨格栅各个喷口，使 NH_3 混合均匀保证脱硝出口的 NO_x 含量和 NH_3 均匀，避免局部氨逃逸量超标，最终减少氨逃逸量。

（2）避免 SCR 在低于最低喷氨温度下长期运行，低温环境下对氨气进行气化加热；减少喷入氨气对烟气的局部降温。

（3）合理控制对烟气中 NO_x 的脱除效率，在达标排放的前提下，尽量减少喷氨量。脱硝后烟气增加氨逃逸检测仪，进行氨气逃逸浓度参数控制，尽量控制在 $1mg/m^3$ 以下。

（4）充分发掘低氮燃烧器的潜能，从炉膛处降低 SCR 入口 NO_x 浓度，从而降低喷氨量；

（5）每年停炉检查催化剂表面及蜂窝孔内的积灰情况，采用压缩空气进行人工清灰，疏通全部孔道。

（6）定期评估催化剂剩余活性，加强催化剂寿命管理，对于面临超期使用的催化剂要及时更换，防止催化剂活性降低导致的氨逃逸增加；年度检修时可以将活性底的催化剂倒换至催化剂预留安装层，将新催化剂安装在倒换层，可提高催化剂利用率，增加催化反应区间。

4.2 SO_2 氧化率控制

SCR 脱硝过程使用的钒基催化剂会对烟气中 SO_2 的氧化产生催化作用，使其易被氧化为 SO_3。SO_3 在空预器冷段（温度 177~232℃）浓缩成酸雾，腐蚀受热面。在 SCR 反应器出口 SO_3 与逃逸的氨反应生成硫酸氢铵。在 SO_2 氧化率的控制方面，主要取决于催化剂 V_2O_5 中的含量，钒的担载量不能太高，通常控制在 1% 左右可减少 SO_2 氧化。此外，采用提高催化剂活性组分（如 WO_3 含量，亦可抑制 SO_2 氧化。需要在每次购买更换催化剂进行参数限定，要求催化剂厂家根据限定值配比催化剂。还原剂 NH_3 主要是被 NO_x 氧化成 N_2 和 H_2O，而不是被 O_2 氧化。催化剂的高选择性有助于提高还原剂的利用率，降低运行成本。此方案尚未实施，在技术对接过程中。

控制入炉煤粒径，入炉煤粒径是衡量锅炉燃烧状况的一个重要指标，如果粒径合适，锅炉炉膛温度均匀，一次风会大幅下降，为低氧燃烧创造条件。低氧分级燃烧对抑制 NO_x

和 SO_3 的产生作用明显。为了实现低氧分级燃烧，需要对二次风进行改造：提高二次风喷口，拉大二次风喷口距离；适当缩小底层二次风量，加大上层二次风量；喷口缩颈、减小倾斜角，从而提高锅炉燃烧的穿透力。

4.3 增设空预器吹灰防堵塞

省煤器出口烟气流速通常为 10m/s，省煤器灰斗除灰占总灰量的 5%，而 SCR 反应器内烟气流速约为 4~6m/s，势必形成一定程度的积灰。为保证 SCR 催化剂的催化效果，在 SCR 内配置的吹灰器将会把积灰吹入空预器，在空预器内会形成堵灰。在空预器增设吹灰器是有必要的，对空预器进行压差监控，发现空预器进、出口差压增大时，及时减少喷氨量，增加空预器的吹灰次数。

4.4 燃煤掺烧硫分控制

燃用煤质含硫量与设计煤种偏差大时，应重新核算最低连续运行喷氨温度；尤其是采用煤种混烧和掺烧情况下，各煤种和掺烧组分含硫量不同，混烧均匀度不同，烟气中含 SO_2 量不均衡，由于运行中烟气流经催化剂后，烟气中 SO_2 氧化为 SO_3 的比率基本不变，因而，随入炉煤硫分的增加，硫酸氢铵的生成物增加，只能通过控制入炉煤中的硫分来控制硫酸氢铵。停止石油焦的掺烧或将掺烧比例控制在 1‰，将掺烧的影响因素降至可忽略程度。各煤种混烧在入炉之前进行多次混掺，尽量保证掺烧均匀，并进行硫分取样分析。根据分析结果进行锅炉脱硝加氨调整。

4.5 空预器腐蚀控制

安装 SCR 脱硝工艺的空预器在防止低温段腐蚀、积灰堵塞和清洗方面需要进行特殊设计，为防止由于空预器脏污使传热效果降低，或空预器堵塞导致被迫停炉事件的发生，空预器低温段传热元件可采用搪瓷表面传热元件。一方面是搪瓷表面可以隔离腐蚀物与金属接触，其表面光洁，易于清洗；另一方面是搪瓷层稳定性好，耐磨损，使用寿命长。为避免锅炉运行期间由于出现空预器严重堵塞而被迫停炉事件的发生，在空预器吹灰器选型时采用双介质吹灰器(蒸汽和水)，实现对空预器在线水冲洗。

5 结论

(1) 通过上述技术改造后，目前运行空预器还未出现严重的堵灰和结垢现象，使锅炉能够安全经济的运行。提高了锅炉空预器的安全可靠性。解决了空预器低温腐蚀和结垢的问题。提高了空预器的使用寿命。

(2) 燃煤锅炉进行 SCR 脱硝后，在脱硝催化剂的作用下，烟气中的 SO_2 受催化作用被氧化为 SO_3。SO_3 与逃逸的氨反应生成硫酸氢铵。硫酸氢铵是空预器堵塞腐蚀的主要因素，是造成空预器下降的主因之一，

(3) 通过控制氨逃逸、SO_2 氧化率控制、空气器增设吹灰器、煤种硫分控制及空预器换热元件升级可以有效抑制空预器的堵塞腐蚀。

参 考 文 献

[1] 陈城．燃煤电厂飞灰中硫酸氢铵判定方法：广东化工[J]．2018，45(20)：104-105.

污水处理装置臭氧塔泄漏原因分析

潘从锦　木合塔尔·买买提

（中国石油克拉玛依石化有限责任公司）

摘　要： 某石化公司随着原油加工规模扩大，炼油能力增加，水质污染物排放总量增加。随着新的环保法实施和工业水排放指标执行，该公司又建设投产了一套污水处理装置实现外排污水达标。该污水处理装置采用混凝沉淀+活性砂过滤+两级臭氧催化氧化+BAF 组合工艺。由于臭氧塔进水水质氯离子浓度及含盐量均超出规格书要求，导致水中氯离子在臭氧浓度较高情况下发生局部电化学腐蚀，造成臭氧塔点蚀穿孔泄漏。针对泄漏原因提出了阴极保护防腐、材质升级和注入缓蚀剂等相应的解决措施。

关键词： 臭氧塔；氯离子；腐蚀；泄漏；防护

臭氧催化氧化是污水处理过程中一个非常重要的单元，是利用臭氧的氧化作用，氧化分解水中的有机物及其他还原性物质，以降低 BAF 池的有机负荷，同时臭氧氧化能使水中难以生物降解的有机物断链、开环，使它能够被生物降解，可显著提高部分难降解有机污染物的氧化分解效率，为 BAF 池的稳定高效运行创造良好的条件。高含盐浓水收集至浓水提升池，然后通过两台自吸泵(一开一备)，提升至混凝沉淀池，沉淀池出水提升至活性砂过滤器，活性砂过滤主要是去除混凝沉淀工序中没有去除的悬浮物，保证进入臭氧催化氧化塔(以下简称臭氧塔)浓水中的悬浮物含量小于 15mg/L。活性砂过滤器出水进入二级提升池，通过泵将活性砂过滤出水提升至臭氧塔进行臭氧催化氧化。该装置于 2017 年 8 月建成调试，10 月投用生产，2018 年 8 月二级塔封头开始出现漏点，后期陆续出现漏点，并呈现加速增加的趋势。截止到 2019 年初，一、二级六个塔出现的漏点大大小小近 200 处。期间多个罐体出现了底部漏水问题，漏点主要集中在二级塔的罐体底部和一级塔底部，不仅影响装置的正常安全生产，还造成了较大的经济损失。因此，针对装置的运行情况，综合分析臭氧塔泄漏原因，提出了防腐措施建议。

1　臭氧塔运行及维修情况

两级臭氧塔串联运行。分别为一级 4 台(A～D)，二级 4 台(A～D)，其设计参数见表 1。臭氧塔实际运行中，高含盐浓水处理量为 20～30m³/h，臭氧浓度为>100mg/L，进水压力为 0.16MPa，臭氧工作压力 0.09MPa，罐顶压力为微正压(1～5kPa)，出口压力为常压，浓水介质通过自流方式出水，浓水的温度通常在 25～35℃。2019 年 4 月 30 日，发现臭氧塔人孔处的腐蚀成蜂窝点腐蚀，该人孔位于臭氧塔中下部，公称直径为 DN500，材质为

316L，浓缩污水介质含有大量的氯化盐，氯离子含量高。

表1 臭氧塔设计参数

项目	参数
介质	高含盐浓水及臭氧
主体材质	316L
内部的隔板、格栅、配气管线等材质	316L
容积（m³）	60
处理量（m³/h）	50
设计压力（MPa）	1.0
催化剂填充量（%）	≥50

停车状态下消缺补漏，封头的漏点都是在底部打磨后补焊。打开一处人孔补漏时，发现人孔内壁有很多蜂窝状腐蚀麻点和小坑（图1），在宽约30cm的接管内表面出现大量的腐蚀坑，5处以上已经腐蚀穿孔。另外，臭氧塔底部封头多处出现腐蚀坑穿孔（图2），装置已经进行了外部补焊处理。

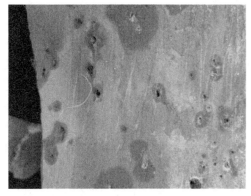

图1 人孔处的腐蚀成蜂窝点腐蚀

图2 底部封头多处出现腐蚀坑穿孔

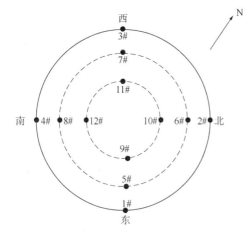

图3 一级臭氧塔下封头检测部位示意

2 腐蚀状况调查

2.1 宏观检查

臭氧氧化塔整体腐蚀情况比较严重，通过4月30日对臭氧氧化塔的宏观检查可以发现，其内表面腐蚀严重，主要以点蚀、孔蚀为主。8月7日的宏观检查观察出工业水车间臭氧氧化塔外表面腐蚀情况一般，有补焊痕迹。

2.2 测厚

8座臭氧氧化塔进行了壁厚检测，臭氧氧化塔检测示意图如图3所示，检测数据见表2。

表 2　一级臭氧塔下封头检测数据

检测位置	下封头外圈(1~4)	下封头中间圈(5~8)	下封头里圈(9~12)
检测结果(mm)	11.3　11.3　11.4　11.4	11.2　11.1　10.8　11.2	10.8　10.8　10.5　11.0
最小值(mm)	11.3	10.8	10.5

检测发现臭氧氧化塔内表面坑蚀、点蚀严重，从设备外部检测厚度均在 10~12mm 之间；同时可以看出封头处由外向里存在均匀腐蚀的现象，越靠近底部腐蚀越严重。

3　泄漏原因分析

3.1　介质原因

氧化塔罐体底部出现砂眼式漏水状况，现场打开人孔观察，人孔内壁周围出现大量麻坑腐蚀情况，因塔内构件较多，空间狭小，导致无法进入塔内做详细检测。依据人孔内表面腐蚀情况估计，塔底腐蚀情况与之类似，主要是因为罐体主材局部腐蚀而导致的。

引起主材腐蚀的主要原因一般有介质的温度、pH 值、流速、成分等。氧化塔内介质为反渗透浓水，水温为常温，pH 值偏碱性，所以，水温和 pH 值不可能导致主材腐蚀。罐体内上升流速只有 5.0m/h，流速非常低，不可能因为冲刷而导致腐蚀。

从介质成分看，可能导致主材腐蚀的主要是臭氧和氯离子。气态臭氧对不锈钢主材是无腐蚀性的，但是，溶解到水中的臭氧会加强氯离子对不锈钢 316L 主材的腐蚀性。对氧化塔进水取样检测结果见表 3。

表 3　氧化塔进水取样检测结果

项目	氧化塔进水	项目	氧化塔进水
外观	有微量黄色沉淀物透明液体	氯离子(mg·L)	1704.47
总溶固(mg·L)	5438	硫酸根(mg·L)	1476.82
电导率(μs·cm)	8220		

在臭氧塔技术规格书中，限定的介质技术参数要求见表 4。

表 4　技术规格书中，限定的介质技术参数

项目	进水水质	出水水质
COD(mg/L)	≤190	≤50
BOD5(mg/L)	≤20	/
pH 值	7~11.5	/
悬浮物(mg/L)	≤20	/
TDS(mg/L)	3000~4000	/
氯离子(mg/L)	1000~1400	/

从水质分析表和规格书中的介质浓度指标中可看出，规格书中规定的氯离子浓度为 1400mg/L 以下，总溶固 4000mg/L 以下，而实际进水水质均超出规格书中的要求，其中主

要导致主材腐蚀的成分为氯离子，比规格书中的浓度超出了300mg/L以上。所以，罐体主材腐蚀漏水的原因基本可以确定为水中氯离子在臭氧浓度较高的条件下导致的局部电化学腐蚀。

3.2 设备方面原因

塔内介质为高含盐污水，经查阅水质数据，氧化塔内的高含盐污水氯离子含量大于1000mg/L，经查阅文献资料，316L不锈钢对氯离子的极限容忍度在500mg/L[1]，而氧化塔内壁无任何防腐措施，造成高氯离子的不锈钢点蚀，最终导致设备穿孔。

当介质中含有活性阴离子(如氯离子)时，平衡受到破坏，溶解占优势，其原因是氯离子优先选择性地吸附在钝化膜上[2]。因为氧决定着金属的钝化状态，氯离子和氧争夺金属表面上的吸附点，甚至可以取代吸附中的钝化离子与金属形成氯化物，氯化物与金属表面的吸附并不稳定，形成了可溶性物质，结果在新露出的基底金属的特定点上生成小蚀坑(孔径多数在20~30μm之间)，这样导致了腐蚀的加速。结理论上讲，蚀核可在钝化金属的光滑表面上任何地点形成，随机分布，但当钝化膜局部有缺陷(金属表面有伤痕，露头位错等)，内部有硫化物夹杂，晶界上有碳化物沉积等时，蚀核将在这些特定点上优先形成。在大多数情况下，蚀核将继续长大。当孔蚀核长大到一定临界尺寸时(一般孔径大于30μm)，金属表面出现宏观可见的蚀孔，蚀孔出现的特定点称为孔蚀源。在外加阳极极化的条件下，介质中只要含有一定量的氯离子便可能使蚀核发展为蚀孔。在自然腐蚀的条件下，含氯离子的介质中有溶解氧或阴离子氧化剂(如FeCl$_3$)时，亦能促使蚀核长大成蚀孔。含氯离子的介质对不锈钢腐蚀过程示意如图4所示。

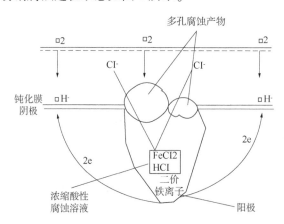

图4 不锈钢在高氯离子介质中形成孔蚀示意

臭氧氧化塔内介质含有一定的氧化性阳离子，孔蚀的发生和介质中含有活性阴离子或氧化性阳离子有很大关系。大多数的孔蚀都是在含氯离子或氯化物的介质中发生的。实验表明，在阳极极化条件下，介质中只要含有氯离子便可使金属发生孔蚀。所以，氯离子又可称为孔蚀的"激发剂"。而且随着介质中氯离子浓度的增加，孔蚀电位下降，使孔蚀容易发生。在氯化物中，含有氧化性金属阳离子的氯化物如FeCl$_2$、CuCl$_2$、HgCl$_2$等属于强烈的孔蚀促进剂。由于这些金属阳离子的还原电位较高，即使在缺氧的条件下，亦能在阴极上进行还原，起促进阴极去极化的作用。

另外，氧化塔内为常压状态，介质流速很缓慢，介质流动减慢能促使孔蚀的发生。介质的流速增大，一方面有利于溶解氧向金属表面的输送，使钝化膜容易形成；另一方面可以减少沉积物在金属表面沉积的机会，从而减少孔蚀发生的机会。以上几点原因都能促使、加剧设备孔蚀的产生。

蚀孔通常沿着重力方向发展，孔蚀一旦形成，具有深挖的动力，即向深处自动加速。在自然条件下的腐蚀，含氯离子的介质中含有氧或阳离子氧或阳离子氧化剂时，能促使蚀核长大成蚀孔。在局部钝化膜破坏的同时其余的保护膜保持完好，这使得点蚀的条件得以实现和加强。根据电化学产生机理，处于活化态的不锈钢较之钝化态的不锈钢其电极电位要高许多，电解质溶液就满足了电化学腐蚀的热力学条件，活化态不锈钢成为阳极，钝化态不锈钢作为阴极。腐蚀点只涉及一小部分金属，其余的表面是一个大的阴极面积。在电化学反应中，阴极反应和阳极反应是以相同速度进行的，因此集中到阳极腐蚀点上的腐蚀速度非常显著，有明显的穿透作用，这样形成了腐蚀穿孔，发生泄漏。

4 防腐措施建议

（1）阴极保护防腐。阴极保护防腐方式较简单。罐体出现点蚀的部位为阳极，失去电子后形成可溶性盐，溶到介质中。为了防止点蚀孔进一步腐蚀扩大，在罐体上施加一定的直流电流，使其产生阴极极化，当金属的电位负于其腐蚀电位值时，腐蚀的阳极溶解过程就会得到有效抑制。根据提供阴极电流的方式不同，阴极保护可采用牺牲阳极法和外加电流法两种。牺牲阳极法是将一种电位更负的金属（如镁、铝、锌等）与被保护的金属结构物电性连接，通过电负性金属或合金的不断溶解消耗，向被保护物提供保护电流，使金属结构物获得保护。后者是将外部交流电转变成低压直流电，通过辅助阳极将保护电流传递给被保护的金属结构物，从而使腐蚀得到抑制。

（2）材质升级。氧化塔材质为 316L 奥体不锈钢，缺点是不耐氯离子腐蚀，因而只能在一般的腐蚀环境下应用，在高浓度氯离子环境下，建议升级材质或加装耐腐蚀衬里选用耐孔蚀合金，以提高设备的耐孔蚀性能。如在不锈钢中添加一定量的钼、氮、硅等合金元素的同时提高不锈钢中的铬含量，可获得抗孔蚀性能良好的钢种。实践表明，高铬量与高钼量配合的抗孔蚀性能效果显著。

（3）注入缓蚀剂。在不影响臭氧塔正常反应的前提下，工艺流程中可加入缓蚀剂，增加钝化膜的稳定性或有利于受损的钝化膜得以再钝化。

（4）优化操作。降低氧化塔介质中卤素离子的含量（如 Cl⁻），并使其浓度均匀。增加氧化塔内介质的流速，也可减缓孔蚀的发生。车间把设备和工艺结合起来调整，以延长臭氧氧化塔的使用寿命。

参 考 文 献

[1] 鲍其鼐. 氯离子与冷却水系统中不锈钢的腐蚀[J]. 工业水处理. 2007, 27(9)：1-6.
[2] 李长岭. 氯离子对不锈钢材料点蚀的影响[J]. 中国氯碱. 2021, 9：20-21.

常减压装置常压塔过汽化油上方
远传压力表阀后弯头失效分析与应对策略

贾超亚

(中国石油云南石化有限公司)

摘 要：300 系列不锈钢在氯离子环境中腐蚀失效案例时常发生，但在常减压过汽化油系统出现氯离子腐蚀情况并不多见，本文以某常减压装置常压塔常压过汽化油远传压力表阀后弯头焊缝开裂为研究对象，通过宏观及 PT 检测、化学成分分析、金相分析、X 射线能谱分析、腐蚀产物 X 射线衍射分析等分析手段，分析了 S30403 材质弯头开裂失效原因，结果表明为氯离子应力腐蚀开裂而引起泄漏，并根据氯化物应力腐蚀开裂失效模式提出应对策略。

关键词：腐蚀；开裂；失效原因；失效模式；应对策略

300 系列不锈钢因其优越的机械性能和耐蚀性而被广泛应用于石油化工行业，但同时其在某些特定的腐蚀环境下易发生晶间腐蚀、应力腐蚀、点蚀等局部腐蚀[1-3]，特别是应力腐蚀失效案例发生最多[4]。目前关于 300 系列不锈钢应力腐蚀开裂的相关文献也很多，因此，在材料品控、焊接质量、精准选材等方面进行把关，避免出现材料失效是 300 系列不锈钢在化工领域应用的关键。

应力腐蚀开裂是指敏感金属材料在某些特定腐蚀介质中，由于腐蚀介质和拉应力的协同作用而发生的脆性断裂。影响氯化物应力腐蚀开裂的因素与材质本身、应力状态、介质环境等有关。目前普遍认同的开裂机理有三种，即阳极溶解机理、氢脆机理、阳极溶解和氢脆共同作用的机理[4]。

本文通过对一个弯头腐蚀开裂案例进行原因分析，希望能为其他 300 系列不锈钢开裂问题研究分析提供一些借鉴意义。

1 腐蚀开裂弯头失效基本情况

某常减压装置 2017 年 6 月 18 日投产运行。2021 年 11 月 4 日班组巡检人员发现该装置常压塔下部过汽化油上方远传压力表阀后弯头发生泄漏，该弯头从常压塔引出约 200mm 长的短管，短管通过法兰与阀门相连，再通过法兰与弯头连接(图 1)，弯头前的阀门平时为微开状态，失效弯头主要技术参数见表 1。

图 1　弯头现场照片

表 1　失效弯头主要技术参数

规格	材质	设计压力(MPa)	操作压力(MPa)	设计温度(℃)	操作温度(℃)	介质
DN50 SCH40	S30403	0.35MPa	0.1MPa	385	345	油气(硫含量1.98%,氯含量0.5mg/kg)

2　理化检验

2.1　腐蚀基本情况和宏观形貌

常压过汽化油上方远传压力表阀后弯头泄漏后,为判断是否为材质和腐蚀原因导致,将泄漏部位弯头割除后进行相关分析,对弯头的内壁进行 PT 检测,在弯头介质入口的焊接接头部位整圈发现有裂纹,同时在弯头的大 R 母材上也发现有裂纹(图 2),在弯头的内壁还出现腐蚀坑,蚀坑严重区域位于小 R 母材内壁侧,裂纹与蚀坑均发生在弯头介质入口侧,出口侧未发现有裂纹和蚀坑(图 3)。

(a)

(b)　　　　　　　　　　(c)

图 2　大 R 内外壁 PT 检测

2.2 铁素体含量测定

对弯头进行铁素体含量测定，测定部位如图 4 所示，结果见表 2。焊缝铁素体含量为 6.0%～9.9%，母材铁素体含量为 0.10%～0.28%。测定部位的铁素体含量均属正常。

图 3　弯头内壁腐蚀坑

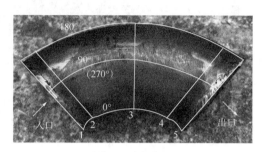

图 4　测点位置

表 2　铁素体含量测定结果 　　　　　　单位:%

测试位置	1(焊缝)	2	3	4	5(焊缝)
0°(小 R)	8.4/6.1	0.10/0.11	0.11/0.18	0.24/0.28	6.0/8.5
90°	8.7/9.1	0.16/0.31	0.17/0.14	0.12/0.10	7.4/8.6
180°(大 R)	7.5/8.0	0.13/0.15	0.12/0.23	0.39/0.34	9.9/8.5
270°	8.3/8.8	0.16/0.13	0.12/0.14	0.10/0.12	8.4/9.2

2.3 厚度测量

对弯头进行厚度测量，结果见表 3。大 R(180°)为 4.21～4.76mm，小 R(0°)为 6.51～6.72mm，侧 R(90°、270°)为 4.55～4.97mm。

由于在小 R 腐蚀严重部位没有测点，详见后面金相分析中针对小 R 腐蚀严重部位的厚度约为 4.7mm，而蚀坑底部剩余厚度仅有 3.22mm。

表 3　壁厚测量结果 　　　　　　单位：mm

测试位置	2	3	4
0°(小 R)	6.51	6.78	6.25
90°	4.97	4.88	4.69
180°(大 R)	4.76	4.21	4.61

2.4 化学成分分析

对弯头母材进行化学成分分析，分析结果(表 4)表明，弯头母材的化学成分满足相关标准的要求。

表4 化学成分分析结果 单位:%,质量分数

测试位置	C	Si	Mn	P	S	Cr	Ni
弯头母材	0.018	0.289	1.76	0.031	0.0020	18.45	8.05
GB/T 14976—2012 S30403	≤0.030	≤1.00	≤2.00	≤0.035	≤0.030	18.00~20.00	8.00~12.00

2.5 金相分析

2.5.1 金相试样截取部位及编号

在样品上截取3处全厚度金相试样进行金相分析,其中JX1位于焊接接头裂纹部位,JX2位于弯头母材裂纹部位,JX3位于弯头腐蚀严重部位,具体位置如图5所示。

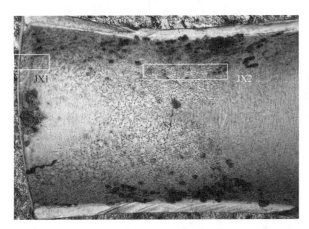

图5 金相试样截取部位及编号

2.5.2 裂纹及腐蚀坑微观形貌

分别对JX1、JX2和JX3进行光学和电子显微观察。

JX1:裂纹主要有两条,一条位于焊缝热影响区上,如图6(a)所示,另一条距焊缝熔合线约7mm,如图6(b)所示。两条裂纹基本垂直于内表面,并由内壁启裂向外壁穿晶扩展,局部有分支,在焊缝热影响区上的裂纹在熔合线上被止住,未进入焊缝,如图6(c)所示,局部高倍图像如图6(d)所示。JX2:裂纹较多,主要是由内壁启裂向外壁扩展,在裂纹附近还有较多的细小微裂纹;裂纹均为穿晶扩展,局部有分支,如图6(e)、(f)、(g)所示。

JX3:内壁有不同深浅的蚀坑,测得最深蚀坑约1.48mm,蚀坑底部的厚度仅有3.22mm,蚀坑边缘有微裂纹,裂纹也是穿晶扩展(图7)。

2.6 化学成分分析

通过扫描电子显微镜分别对焊缝金属、熔合区及母材的金相组织进行观察,结果如图8所示,其中焊缝组织为正常的奥氏体+δ铁素体,母材组织也为正常的奥氏体。

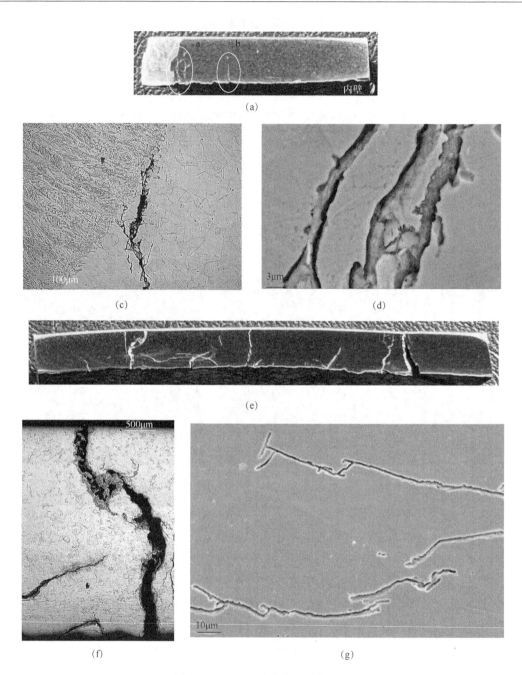

图 6　JX1、JX2 裂纹微观形貌组图

2.7　化学成分分析

使用维氏硬度计 DVK-1S 对金相试样进行硬度测试，测试部位如图 9 所示，结果见表 5，焊缝金属为 182.4~201.3HV，母材为 163.3~193.0HV。测试部位的硬度均属正常。

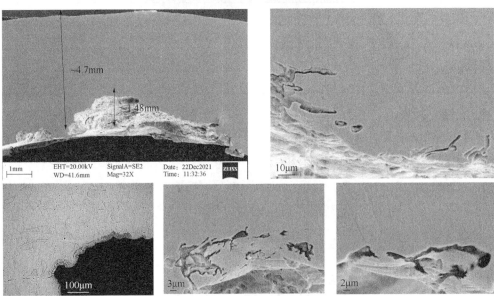

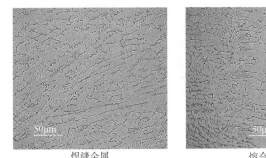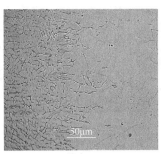

图 7　JX3 裂纹微观形貌组图

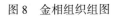

焊缝金属　　　　　　　　　　熔合区　　　　　　　　　　　母材

图 8　金相组织组图

图 9　硬度测点位置示意图

表5　硬度结果　　　　　　　　　　　　单位：HV(10)

样品编号		近外壁	1/2 壁厚	近内壁
JX1	焊缝	195.5	182.4	201.3
	热影响区	183.4	177.2	173.0
	母材	179.2、178.0	174.1、176.9	193.0、186.7
JX2	母材	175.1、183.9、169.3	170.0、172.3、163.3	173.8、172.4、166.2
JX3	母材	169.1、182.8、180.3	172.7、175.7、165.7	176.4、173.4、170.9

2.8　断口分析

分别选取焊接接头(XM1)和母材(XM2)上裂纹打开，断口的宏观形貌如图10所示。断口上呈咖啡色为裂纹断裂面，灰色为人工打开面。

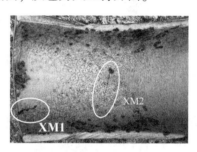

图10　断口试样取样部位及编号

2.9　断口微观形貌

分别对两个断口进行化学清洗后在扫描电镜下观察断口的微观形貌。其中 XM1 断口微观形貌对应图11上面的1~4点，XM2 断口微观形貌对应图13上面的1~9点。

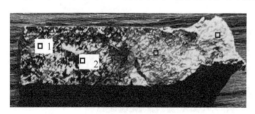

图11　XM1断口微观分析部位

XM1：断裂面为解理断裂，在断裂面上有二次裂纹存在，人工打开断口为韧窝形貌图12。

XM2：断口上1~9点断裂面也为解理断裂，在断裂面上也有二次裂纹，同时在断裂面上还观察到不规则的空洞，洞内为沿晶形貌特征，取点1微观貌图如图14(a)所示，取点2~9微观貌图与图14(b)相似。

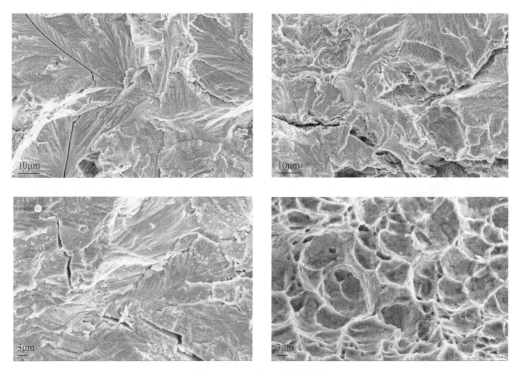

图 12　XM1 断口微观形貌

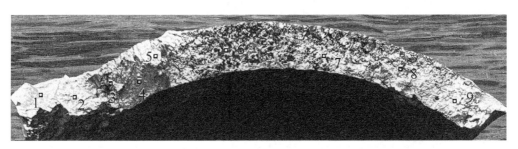

图 13　XM2 断口微观分析部位

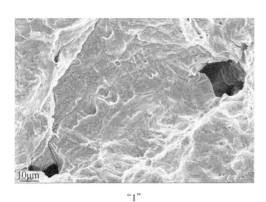

"1"

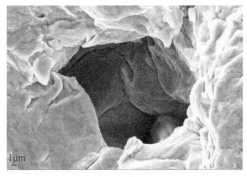

"1" 局部放大

图 14　XM2 断口微观形貌

2.10 X-射线能谱分析

2.10.1 裂纹缝隙内腐蚀产物

用 X 射线能谱仪对金相试样上裂纹缝隙内的腐蚀产物进行能谱分析，分析部位如图 15 所示，分析结果如表 6 所示。由分析结果表明，裂纹缝隙内主要腐蚀性元素为"O"和"Cl"。

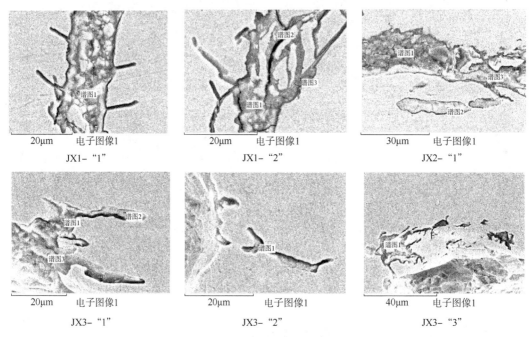

图 15　金相试样能谱分析部位

表 6　金相试样能谱主要元素分析结果

分析部位			主要成分分析结果(%，质量分数)				
			C	O	Cl	Cr	Fe
JX1	"1"	谱图 1	/	17.89	2.29	21.44	58.38
	"2"	谱图 1	7.66	31.53	0.96	18.33	41.53
		谱图 2	26.17	28.96	0.97	15.07	28.82
		谱图 3	10.68	26.09	1.11	17.40	44.73
JX2	"1"	谱图 1	/	26.15	3.76	41.69	28.40
		谱图 2	/	43.00	3.24	39.62	14.14
		谱图 3	/	40.46	2.34	27.47	29.73
JX3	"1"	谱图 1	/	9.65	1.67	26.12	62.56
		谱图 2	/	18.19	2.47	21.72	57.62
		谱图 3	/	10.39	7.06	20.65	61.90
	"2"	谱图 1	/	9.70	1.91	20.96	67.42
	"3"	谱图 1	/	28.03	6.18	20.86	44.93

2.10.2 断口表面腐蚀产物

用 X 射线能谱仪分别对断口表面腐蚀产物进行能谱分析(图 16、图 17),分析结果见表 7。由分析结果表明,断口表面主要腐蚀性元素为"O""Cl"和"S"。

图 16 XM1 能谱分析部位　　　　　图 17 XM1 腐蚀产物微观形貌

表 7 断口表面能谱主要元素分析结果

分析部位			主要成分分析结果(%,质量分数)						
			C	O	S	Cl	Cr	Ni	Fe
XM1	"1"	谱图 1	/	27.4	/	11.61	10.55	/	50.44
		谱图 2	/	30.15	/	5.63	8.59	/	55.64
	"2"	谱图 1	/	32.3	3.35	7.11	24.24	/	33
		谱图 2	/	40.94	/	3.31	41.57	/	14.18
	"3"	谱图 3	/	26.74	/	10.66	19.6	/	43
		谱图 1	/	31.62	2.87	3.66	10.93	/	50.92
	"4"	谱图 2	/	16.98	2.42	4.02	21.28	/	55.3
		谱图 3	/	34.23	3.49	2.55	32.3	/	27.43
		谱图 1	/	26.56	/	3.35	/	/	70.1
		谱图 2	/	28.03	/	1.79	6.36	/	63.82
XM2	"1"	谱图 1	/	35.05	/	8.03	16.81	/	40.12
		谱图 2	/	23.44	/	14.52	13.77	/	48.27
	"2"	谱图 3	/	16.28	/	5.77	18.25	/	59.7
		谱图 1	16.04	38.53	3.45	0.83	5.27	/	35.87
	"3"	谱图 2	18.87	28.27	4.84	1.06	7.3	/	39.66
		谱图 3	17.09	36.43	2.89	1.05	7.55	/	34.98
	"4"	谱图 1	/	37.09	/	12.65	13.91	/	36.35
		谱图 2	/	37	3.89	11.82	14.18	/	33.11
	"5"	谱图 1	/	36.86	/	7.06	/	/	56.07
		谱图 2	/	28.85	/	17.66	/	/	53.49
		谱图 1	/	33.56	15.89	0.83	10.53	22.75	16.44
		谱图 2	/	20.83	3.42	1.37	22.33	/	52.05

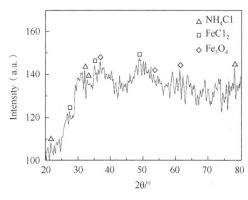

图 18　X 射线衍射分析结果

2.11　X 射线衍射分析

从弯头内刮取腐蚀产物进行 X 射线衍射分析。分析结果(图 18)表明,腐蚀产物主要由 NH_4Cl、$FeCl$、Fe_3O_4 等构成。

3　原因分析

3.1　主要分析结果

(1) 宏观检查:裂纹与蚀坑均位于弯头介质的入口侧,在法兰与弯头连接的焊接接头处也有裂纹,在弯头大 R 处的母材上既有裂纹又有蚀坑,在弯头小 R 处有蚀坑,且蚀坑要比大 R 处严重,蚀坑最深约 1.48mm,该部位的厚度仅有 3.22mm(弯头公称壁厚 4mm)。

(2) 硬度测试结果显示,焊缝金属、热影响区及弯头母材硬度均属正常。

(3) 化学成分满足相关标准的要求。

(4) 焊缝金属和母材的金相组织基本属正常,裂纹为穿晶开裂。

(5) 裂纹(有分叉)及断口(解理、二次裂纹)形貌与应力腐蚀开裂特征相吻合。

(6) 裂纹缝隙内和断口表面的腐蚀产物中有较高浓度的 O 和 Cl 元素,局部还检测到 S 元素。

(7) X 射线衍射分析结果表明,腐蚀产物主要由 NH_4Cl、$FeCl_2$、Fe_3O_4 等构成。

3.2　失效讨论

试验结果表明:弯头入口处环焊缝上有裂纹,入口处的大、小 R 母材部位均出现局部腐蚀,其中大 R 母材处则表现为应力腐蚀开裂,焊缝表现为应力腐蚀开裂特征,而小 R 母材部位表现为蚀坑形貌(最深约 1.48mm)。腐蚀部位表面附着物主要由 NH_4Cl、$FeCl_2$、Fe_3O_4 构成。根据失效部位形貌特征以及表面附着物性质判断,失效部位存在氯离子和铵盐(氯化铵)介质环境。

氯化铵腐蚀一般表现为铵盐结晶部位的垢下局部腐蚀并形成蚀坑。氯化铵腐蚀的前提是局部存在铵盐结晶堆积。干燥的氯化铵晶体不具有腐蚀性,但一旦吸潮,则会形成盐酸腐蚀环境,对碳钢、低合金钢和不锈钢造成严重腐蚀。氯化铵是高温下介质中氨和氯反应的产物,高温下为气相,在 Cl^- 含量约 0.5mg/kg 时,结晶温度约 171℃,低于该温度下则会出现胺盐沉积,如同时有冷凝水析出,铵盐吸潮就会对金属壁造成胺盐垢下腐蚀。此外,当有液相水存在时,则会形成氯离子腐蚀环境,造成奥氏体不锈钢应力腐蚀开裂。

对于常减压装置而言,铵盐腐蚀一般发生在塔顶低温系统。而本案例短管弯头位于常压塔下部高温区,引出部位塔内介质(过汽化油)温度为 340℃,由于温度高、压力低,正常情况下弯头部位不应该出现铵盐结晶,也不会出现液相水。因此一般认为不具备发生氯离子和铵盐(氯化铵)腐蚀的条件。

本案例失效弯头所在部位如图 19 所示,是从常压塔偏下部引出约 200mm 长的短管,短管通过法兰与阀门相连,再通过法兰与弯头连接,阀门平时为微开状态传递压力,管内介质基本处于静止状态。从塔引出的短管处于塔壁保温层内，其后法兰、阀门及弯头均未进行保温，由于内部介质基本不流动，经过法兰、阀门的散热，到达弯头的介质温度明显降低(现场实测弯头外壁温度仅约 70~100℃)，该温度已低于铵盐结晶临界温度以及水在常压下的露点温度，因而出现胺盐结晶堆积和液相水析出现象，导致在弯头大 R 母材上既发生了氯离子应力腐蚀开裂(大 R 处存在加工残余拉应力)，同时也存在一定的点蚀，在小 R 母材上存在氯化铵垢下腐蚀造成的局部壁厚减薄，在焊接接头上发生了氯离子应力腐蚀开裂(存在焊接残余应力)，弯头最终因应力腐蚀裂纹穿透而引起泄漏。

油品中氯离子含量分析结果：最大值 0.5mg/L，平均值 0.34mg/L，由于 300 系列不锈钢对氯离子敏感，且敏感性随氯离子浓度升高而升高，且很多情况下氯离子会在局部浓缩，即使介质中氯化物含量很低，也能发生氯离子应力腐蚀。残余应力和外加应力越大，开裂敏感性越高[5]，腐蚀开裂部位发生在焊缝区，焊接导致的残余应力加剧了腐蚀开裂。

API 571《影响炼油工业固定设备的损伤机理》关于氯化物应力腐蚀开裂损伤外观和形态描述如下：表面断裂裂纹会从工艺侧或者绝热层下的外面开始出现，有应力腐蚀特点的裂纹有很多分支并且在表面有肉眼可见的龟裂外观，有裂纹的样本的金相学显示出典型的有分支的穿晶裂纹，断裂表面常常有一个易碎的外观[6]]。腐蚀开裂弯头宏观检查及 PT 检测，金相分析，断口形貌分析与氯化物应力腐蚀开裂损伤外观和形态描述一致，可以判断失效模式为氯化物应力腐蚀开裂。

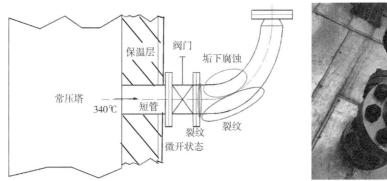

图 19　过汽化油上方远传压力表管线局部示意图(非比例)

4　应对措施

(1) 阀后弯头处增加保温，并将管道内介质温度控制在水露点温度以上。

(2) 如果增加保温也无法达到水露点温度之上，则应考虑材质升级，避免胺盐腐蚀与开裂。

(3) 由于远传压力表设计本身导致氯化物存在浓缩或沉积的停滞区，材料表面敷涂涂层，避免 300 不锈钢直接接触介质。

(4) 腐蚀开裂位于焊缝处，焊接后有较高的残余应力，对于 300 系列不锈钢焊缝处可以固溶处理。

参 考 文 献

[1] 张述林，李敏娇，王晓波，等.18-8型奥氏体不锈钢的晶间腐蚀[J].中国腐蚀与防护学报，2007，27(2)：124-128.

[2] 熊立斌，孟若愚.0cr18Ni9不锈钢换热管应力腐蚀开裂原因分析[J].理化检测(物理分册)，2017，53(12)：1-4.

[3] 谢一麟，熊立斌，孟若愚.不锈钢氮气管裂纹原因分析[J].石油和化工设备，2022，25(9)：135-138.

[4] 杨宏泉，段永锋.奥氏体不锈钢的氯化物应力腐蚀开裂研究进展[J].全面腐蚀控制，2017，31(01)：13-19.

[5] GB/T 30579—2022，承压设备损伤模式识别[S].中华人民共和国国家标准：国家质量技术监督局，2022.

[6] API571-2003，影响炼油工业固定设备的损伤机理[S].石油工业标准化研究所翻译出版，2003.

合成氨单元开工加热炉炉管开裂失效分析

季 斐[1] 王 海[1] 朱继红[1] 杜延年[2] 杨琰嘉[2] 包振宇[2]

(1. 中国石油化工股份有限公司安庆分公司;
2. 中石化炼化工程集团洛阳技术研发中心)

摘 要:为了明确合成氨单元开工加热炉炉管开裂的失效原因,采用多种检测方法对失效炉管进行了分析。根据裂纹形貌、材质化学成分、金相组织分析和裂纹填充物能谱分析等数据可以得出,失效炉管两处开裂的成因分别是湿硫化氢破坏和异种金属混入导致的开裂,炉管上部的密集坑蚀则是烟气硫酸露点腐蚀所致,基于以上失效成因分析提出了针对性的预防措施。

关键词:开工加热炉;炉管;失效原因;湿硫化氢;硫酸露点

国内某企业的合成氨单元开工加热炉在停工大检修期间发现炉管存在两处裂纹,该裂纹分别位于第9根炉管的距离地面 1.5m 处和 2.2m 处,相对位置如图 1 和图 2 所示。在第 19~42 根炉管上部存在密集蚀坑,蚀坑宽而浅,坑深最大值为 1mm,蚀坑形貌如图 3 所示。该套装置于 1978 年建成投用,炉管采用低合金钢(5Cr-0.5Mo)材质,加热炉所用燃料气为混合干气,压力 0.5MPa,组成以 N_2、H_2、CH_4 和 C_2H_4 为主,H_2S 的体积分数为 1.3%,详细组成见表 1。加热炉炉

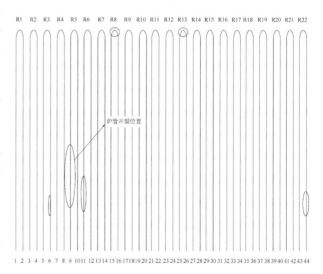

图 1 裂纹在炉管中的相对位置

管内介质为合成塔的进料合成气,炉管内压力为 9MPa,炉管在停用期间采用氮气进行充压保护,周围环境不存在振动现象。技术人员对炉管开裂部位进行切割,通过开展裂纹宏观形貌、材质化学成分、金相组织和能谱分析,查明失效原因并提出腐蚀控制措施,防止此类问题再次发生。

 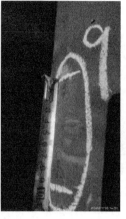 

图 2 炉管外壁的开裂形貌   图 3 炉管外壁腐蚀形貌

表 1 加热炉燃料气组成   单位:%(体积分数)

分析项目	催化干气	焦化干气	烃化尾气	凯美特干气	混合干气
H_2	25.75	10.24	29.33	8.16	18.93
CH_4	27.85	56.44	38.63	38.85	44.34
C_2H_6	13.05	17.94	10.02	25.57	15.72
C_2H_4	13.86	2.51	0.05	0.31	0.89
CO_2	2.83	0.29	1.66	1.55	1.2
C_3H_8	0.2	1.35	–	4.51	1.35
C_3H_6	0.62	0.98	–	0.06	0.32
异丁烷	0.25	0.13	–	0.54	0.15
正丁烷	0.11	0.49	–	0.29	0.22
反-2-丁烯	0.03	0.05	–	0.01	0.02
1-丁烯	0.04	0.15	–	0.01	0.05
异丁烯	0.04	0.11	–	0.01	0.04
顺-2-丁烯	0.02	0.03	–	–	0.01
H_2S	0.24	4.08	–	–	1.3
O_2	0.48	0.63	0.77	0.69	0.71
N_2	13.83	4.08	18.46	19.26	14.05
CO	0.76	0.39	1.08	0.19	0.68

2 失效分析方法

采用体视显微镜对开裂炉管进行宏观观察,以确定裂纹的宏观形貌;通过超声波测厚,明确炉管的腐蚀情况;对炉管的材质化学成分进行分析,判断材质是否合格;对炉管开裂部位进行金相组织分析,判断炉管在服役过程中是否发生不良组织转变;对炉管的裂纹间隙进行能谱分析，判断裂纹中化合物的特性。基于分析检测数据，结合炉管的服役状况和相关文献分析总结，确定失效成因，并提出预防措施。

3 分析结果与讨论

3.1 裂纹形貌

开裂炉管经切割后进行编号，分别为炉管 1 和炉管 2，形貌如图 4 所示，炉管 1 和炉管 2 的裂纹长度分别为 180mm 和 110mm，裂纹周边的凹陷区域是现场打磨所致。将炉管的裂纹区域进行径向切割，观察径向截面裂纹形貌，如图 5、图 6 所示，炉管 1 的裂纹自起始点先横向发展，然后向径向延伸，炉管 2 的裂纹相对较宽，明显观察到裂纹中有异物填充，且无裂纹延伸发展迹象，炉管内壁形貌如图 7 所示，存在少量蚀坑，深度较浅，整体腐蚀程度轻微。对裂纹及附近母材区域进行了壁厚检测和硬度检测，壁厚在 16.71 ~ 17.44mm 之间，无均匀腐蚀减薄迹象，硬度在 107~149HB 之间，未超标。

图 4 炉管切割样件

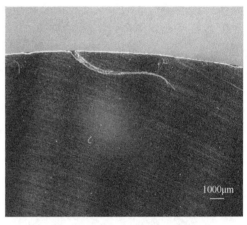

图 5 炉管 1 径向截面裂纹形貌

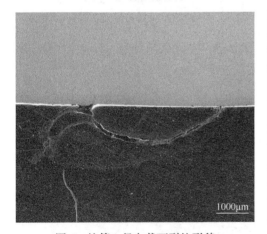

图 6 炉管 2 径向截面裂纹形貌

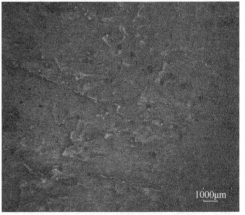

图 7 炉管内壁腐蚀形貌

3.2 材质化学成分

对炉管进行了材质化学分析，分析方法参照标准《GB/T 20123—2006 钢铁总碳硫含量的测定高频感应炉燃烧后红外吸收法》，分析数据见表2，参照《ASME BPVC Ⅱ-A Iron-based Material》中规定的5Cr-0.5Mo材质化学成分含量要求，结果表明：炉管材质各元素含量均在标准范围内，材质合格。

表2 炉管化学元素含量分析结果   单位:%(质量分数)

元素	C	S	P	Si	Mn	Cr	Mo
标准值	≤0.15	≤0.025	≤0.025	≤0.50	0.3~0.6	4.0~6.0	0.45~0.65
炉管	0.086	0.016	0.007	0.337	0.466	5.95	0.504

3.3 金相组织分析

对炉管1和炉管2的裂纹及裂纹与母材交界区域进行了金相组织观察，分析方法参照标准《GB/T 13298—2015 金属显微组织检验方法》，金相组织形貌如图8至图11所示，炉管母材是典型的球粒状珠光体组织，炉管1和炉管2的裂纹走向均为穿晶形态，对比母材的金相组织，炉管1裂纹附近的金相组织并明显的差异，说明在管道在使用过程中未发生金相转变，但是炉管2的裂纹附近的金相组织与母材完全不同，是典型的铁素体和珠光体组织，初步推断此异种金属组织为碳钢。

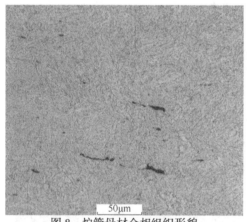

图8 炉管母材金相组织形貌

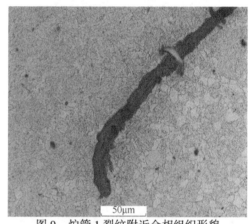

图9 炉管1裂纹附近金相组织形貌

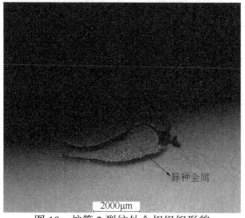

图10 炉管2裂纹处金相组织形貌

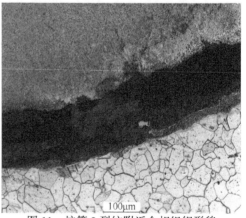

图11 炉管2裂纹附近金相组织形貌

3.4 能谱分析

对炉管1和炉管2的径向截面裂纹及炉管2中的异种金属进行能谱分析，方法参照标准《GB/T 17359—2012 微束分析．能谱法定量分析》，能谱分析的位点如图12至图14所示，详细数据见表3至表5。数据表明：炉管1裂纹中的填充物以Fe、C和O元素为主，同时在裂纹的起始、中间和尖端部位均发现了S元素；炉管2裂纹中的填充物以Fe、Cr、Si和O元素为主，其中硅氧元素在裂纹的起始和中间部位大量存在；炉管2中的异种金属区域主要由Fe、C和N元素组成，而母材则以Fe和Cr元素组成，说明异种金属为碳钢。

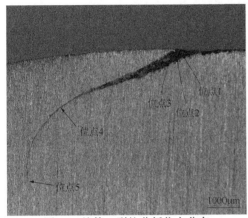

图12 炉管1裂纹分析位点分布

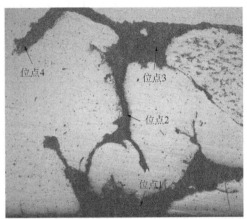

图13 炉管2裂纹分析位点分布

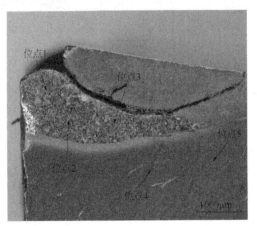

图14 炉管2异种金属分析位点分布

表3 炉管1裂纹不同位点的能谱分析数据 单位:%(质量分数)

样品	Fe	C	O	Si	Mo	Ca	Cr	Ti	Al	Cl	S
位点1	26.70	49.71	15.16	2.56	2.15	–	1.95	0.84	0.45	0.34	0.15
位点2	59.46	18.20	13.74	0.87	–	0.33	4.93	1.50	0.74	0.06	0.17
位点3	46.43	11.68	36.85	0.67	–	–	3.64	–	–	0.02	0.69
位点4	62.39	13.65	21.83	0.37	–	–	1.51	–	–	–	0.26
位点5	86.94	6.75	–	0.47	–	–	5.61	–	–	0.06	0.18

表4　炉管2裂纹不同位点的能谱分析数据　　　单位:%(质量分数)

样品	Fe	Al	O	C	Si	Cr	Mn	Ca	S
位点1	1.20	0.91	48.60	4.81	30.62	3.67	9.98	0.22	–
位点2	28.87	0.17	33.17	30.43	0.99	3.09	2.66	–	0.61
位点3	1.16	1.61	44.87	3.49	32.60	4.17	11.72	0.37	–
位点4	2.68	2.18	41.74	2.93	5.94	26.16	18.16	0.2	–

表5　炉管2异种金属不同位点的能谱分析数据　　　单位:%(质量分数)

样品	Fe	C	N	S	Si	Cr
位点1	88.54	6.19	5.24	0.02	–	–
位点2	96.75	–	2.98	–	0.28	–
位点3	87.44	6.43	6.13	–	–	–
位点4	93.8	–	–	–	–	6.2
位点5	93.61	–	–	–	–	6.39

3.5　讨论

3.5.1　检验结果分析

(1) 开工加热炉炉管材质为5Cr-0.5Mo,燃料气为混合干气,组成以 N_2、H_2、CH_4 和 C_2H_4 为主,H_2S 体积分数为1.3%,分压达到6.5kPa,加热炉停用期间炉管内部充入 N_2 进行保护,炉膛与外部的空气未隔绝,在炉膛内停止鼓入燃料气后进行自然置换。

(2) 开工加热炉第9根炉管的直段存在两处开裂,第19~42根的加热炉炉管上部均存在密集蚀坑,炉管1的裂纹自起始点先横向发展后向径向延伸,炉管2的裂纹相对较宽,无明显的裂纹延伸发展迹象,且裂纹中有异物填充,炉管内壁整体腐蚀轻微,开裂部位附近的壁厚和硬度均正常。

(3) 材质化学分析数据表明炉管各元素含量均在标准范围内。

(4) 金相分析结果表明炉管母材是球粒状珠光体组织,炉管1和炉管2的裂纹走向均为穿晶形态,无明显金属组织转变现象,炉管2的裂纹处附近区域金相组织为铁素体和珠光体,初步推断异种金属组织为碳钢。

(5) 炉管裂纹能谱分析数据表明在炉管1裂纹的起始、中间和尖端部位均发现了S元素;炉管2裂纹中的填充物存在较多硅氧化物,炉管2中的异种金属为碳钢。

(6) 基于上述的检验结果,推测炉管1的失效类型为是湿硫化氢破坏,炉管2的失效类型为异种金属混入导致的开裂。

3.5.2　失效原因分析

通过系统分析开工加热炉炉管的裂纹形貌、材质化学成分、金相组织和裂纹中填充物组成等信息,结合工况条件和介质组成,推测开工加热炉第9根炉管两处开裂的失效类型分别是湿硫化氢破坏和异种金属混入导致的开裂。炉管1的开裂过程如下,当开工加热炉在退出工艺流程后,炉管内部充入 N_2 进行保护,炉膛未与外部空气隔绝,在炉膛内停止鼓入燃料气后,进行自然置换,南方天气空气湿度相对较大,由于自然置换的速率相对较慢，且燃料气中含有硫化氢，在燃料气中的分压达到 6.5kPa，据现场技术人员反馈，开工加热炉的开停工频次相对较高，仅 2022 年就进行了 6 次开停车，可以得出加热炉炉膛内的低温湿硫化氢环境存在时间相对较长，同时炉管内充压使得炉管外壁一直承受拉应力，国标中[1]明确提到，在潮湿气体中硫化氢分压大于 0.3kPa 时，容易发生湿硫化氢破坏，分压越大，敏感性越高。炉管 2 的开裂则是由炉管在制造过程中混入异种金属所致，由于异种金属不能形成合金，碳钢和低合金钢的线胀系数不同，在受热过程中容易产生热应力，而且这种热应力往往不易消除，异种金属接触区域的力学性能较差，尤其是塑性减损严重，很容易产生裂纹[2,3]；加热炉炉管上部外壁存在密集蚀坑，则可能是硫化氢在燃烧过程中生成三氧化硫，与烟气中的水反应生成硫酸，硫酸蒸汽的存在会提高烟气的露点温度，加热炉在降低负荷并退出工艺流程的过程中，炉膛内的温度逐渐下降，当炉管外壁温度低于烟气露点温度时，硫酸蒸汽就会凝聚成液体并吸附在炉管外壁进而发生腐蚀[4-5]，蚀坑的特点宽而浅，这与现场腐蚀形貌相吻合。

3.5.3 腐蚀防护措施

（1）提高燃料气脱硫深度，降低燃料气中的硫化氢含量，防止湿硫化氢破坏和烟气硫酸露点腐蚀的发生。

（2）优化开工加热炉退出工艺流程的保护措施，如鼓入氮气进行快速置换，减少硫化氢在炉膛内的停留时间，同时在烟道内设置隔板，停工后将加热炉炉膛与空气隔绝，防止形成湿硫化氢环境。

（3）加强炉管出厂质量检测，避免使用存在缺陷的炉管。

（4）建议尽量缩短开工加热炉的低负荷运行时间[1,6]，同时在炉管外壁涂刷致密的耐蚀涂层，缓解烟气硫酸露点腐蚀。

4　结论

通过对合成氨单元开工加热炉炉管进行失效分析，得出其腐蚀失效类型分别是湿硫化氢破坏和混入异种金属导致的开裂。同时，基于低合金钢炉管的失效成因，提出对燃料气进行深度脱硫、优化开工加热炉的退出工艺流程保护措施、加强炉管出厂质量检测、缩短开工加热炉低负荷运行时间和涂刷致密的耐蚀金属涂层等预防措施，供企业参考，从而防止此类事件的再次发生。

参　考　文　献

[1] GB/T 30579—2022 承压设备损伤模式识别[S].

[2] 操龙飞，徐光，邓鹏等. 低合金钢热膨胀系数测定和分析[J]. 材料科学与工艺，2013，21（3）：105-109.

[3] 华瑛. 材料的热膨胀性能及其影响因素[J]. 上海钢研，2005，2：60-63.

[4] 赵耀，王彤，董峰. FCC 余热锅炉烟气硫酸露点预测[J]. 应用化工，2020，49（z2）：386-388.

[5] 魏伟，李秀财，孙奉仲. 超细飞灰对烟气酸露点与酸凝结的影响研究[J]. 化工学报，2020，71（7）：3258-3265.

[6] 张玉杰. 烟气露点与露点腐蚀防护[J]. 硫酸工业，2020，（10）：7-12.

煤气化变换单元粗合成气与变换气换热器管束腐蚀泄漏失效分析

陈　磊[1]　朱兵兵[1]　谷伟伟[1]　杜延年[2]　杨琰嘉[2]　包振宇[2]

(1. 中国石油化工股份有限公司安庆分公司；
2. 中石化炼化工程集团洛阳技术研发中心)

摘　要：为了明确煤气化变换单元粗合成气与变换气换热器管束腐蚀失效原因，采用多种检测方法对失效管束进行了分析。根据基础信息分析、腐蚀形貌观察、材质化学组成和管束垢样组成等分析结果可以得出，失效管束内壁发生了严重的腐蚀，失效机理以垢下腐蚀、NH_4Cl 腐蚀和盐酸腐蚀为主，同时换热器管束进口处的蒸发浓缩过程和体系当中存在的 CN^-，对腐蚀失效的发生起到了很大的促进作用，基于腐蚀失效成因提出了针对性的预防措施。

关键词：煤气化变换单元；换热器管束；NH_4Cl 腐蚀；盐酸腐蚀；蒸发浓缩

2022 年国内某企业的煤气化装置进行停工大检修，在上一运行周期中变换单元的粗合成气与变换气换热器出现了多次腐蚀泄漏，为了不影响生产，现场进行了堵管处理。在停工检修期间，技术人员对泄漏失效的换热器管束进行了切割，开展专项失效分析，通过对失效管束对服役环境、历史检维修情况、腐蚀形貌、材质化学成分和垢样组成进行分析，查明失效原因并提出腐蚀控制措施，防止此类问题再次发生。

1　失效分析方法

收集并分析失效管束的服役环境和历史检维修情况等信息，明确管束的腐蚀环境和运行概况；采用体视显微镜对失效管束进行宏观观察，以确定失效管束的腐蚀形貌；对失效管束的材质化学成分进行分析，判断材质是否合格；对失效管束内外壁垢样组成进行分析，确定腐蚀产物的特性。基于检测结果分析，并结合相关文献分析总结，最终确定失效原因，并提出预防措施。

2　分析结果与讨论

2.1　设备服役环境

粗合成气与变换气换热器是为粗合成气进行升温的设备，其在煤气化变换单元中的相对位置如图 1 所示。该换热器的管程介质为粗合成气，进出口温度为 160℃、261℃，操作压力为 3.48MPa；壳程介质为变换反应器的出口变换气，进出口温度为 266℃、226℃，操作压力为3.7MPa；管程介质粗合成气和壳程介质变换气的常规组成分析见表1，其中粗合成气以CO和H_2为主，H_2S含量在0.3%~0.5%之间，变换气以CO_2和H_2为主，H_2S含量在0.2%~0.4%之间。

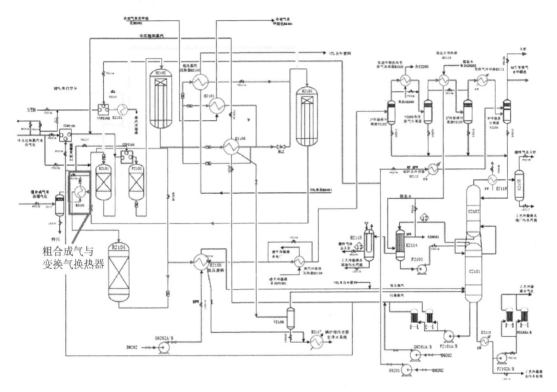

粗合成气与变换气换热器

图1　换热器在工艺流程中的相对位置

表1　换热器管程和壳程介质组成分析

分析项目	粗合成气	变换气
H_2(%，体积分数)	20.58	37.5
CO(%，体积分数)	55.76	0.73
CO_2(%，体积分数)	2.7	28.5
N_2(%，体积分数)	5.1	2.55
H_2S(%，体积分数)	0.3~0.5	0.2~0.4
H_2O(%，体积分数)	15.59	30.57
温度(℃)	150~160	250~280
压力(MPa)	3.35~3.55	3.15~3.35
流量(t/h)	140~160	250~270

3.2 历史检维修情况

粗合成气与变换气换热器的历史检维修情况如图 2 所示，该装置于 2006 年投产，选用 321 材质的 U 形换热器，管程介质为变换气，进出口温度为 231℃、210℃，操作压力 3.04MPa，壳程介质为粗合成气，进出口温度为 160℃、210℃，操作压力 3.7MPa；2012 年 10 月检修，发现粗合成气进口处多根管束腐蚀穿透，其它管束也存在不同程度的局部减薄，管束外壁附着有固体沉积物，经分析为粗合成气夹带的灰分；2013 年 4 月检修，发现 12 根管束泄漏，现场进行堵管处理，累计堵管 54 根；2016 年，经低水汽比工艺改造后，提高了变换气进出口温度，并更换为 321 材质固定管板换热器，管程介质与壳程介质进行互换，粗合成气走管程，进出口温度为 160℃、261℃，操作压力 3.48MPa，变换气走壳程，进出口温度为 266℃、226℃，操作压力 3.7MPa；2017 年 11 月检修，对换热器管束进行了涡流检测，发现存在明显的腐蚀减薄；2019 年 3 月检修，发现管束有 8 处漏点；2019 年 10 月检修，更新为 321 材质换热器；2021 年 1 月，E2102 换热器材质升级为 825，2021 年 6 月初次泄漏；2021 年 7 月、11 月、2022 年 2 月检修时均进行了堵管处理；2022 年 7 月检修发现，管束进口处 300mm 处被坚硬的垢层堵塞，为缓解腐蚀，将管程的进出口进行了调换。

图 2　换热器的检维修历史情况

3.3 腐蚀形貌

3.3.1 换热器整体腐蚀情况

现场勘查发现，825 材质换热器管束的堵管数量约占 1/4，换热器两侧管板未见明显腐蚀，管口处焊肉饱满；管箱为 15CrMo 材质，管箱内壁附着有较薄锈层，管程隔板整体腐蚀程度轻微；换热器壳程出口侧的换热管外壁无明显腐蚀迹象，以往的换热器管程进口侧结垢较为严重，距离管口的 300mm 处堵塞严重，管束内壁均存在不同程度的局部腐蚀，具体形貌如图 3 至图 7 所示。

图 3　换热器管板腐蚀形貌

图 4　壳程出口侧的换热管外壁形貌

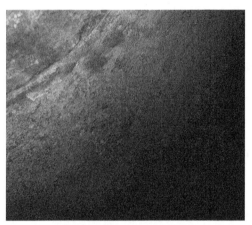

图 5　管箱(15CrMo)内壁腐蚀形貌

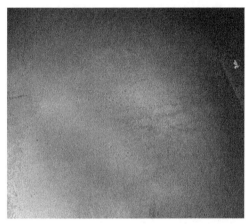

图 6　管程隔板(15CrMo)内壁腐蚀形貌

3.3.2　失效管束腐蚀形貌

对泄漏失效的 825 材质换热器管束进行切割,切割部位如图 8 所示,取样位置接近管程进口,分别是上部、中部和下部,每个部位取 3 根管束。勘查发现该 9 根管束当中只有两根出现了明显的穿孔,管束存在相对明显的局部减薄情况,管束壁厚在 1.09 ~ 2.32mm 之间,管束内垢层厚度最大值为 6mm。管束轴向剖开后,内壁附着有浅黄色的垢层,清洗过后发现管束内壁有密集的点蚀坑,且部分蚀坑外观呈蓝色,观察管束径向截面,发现腐蚀痕迹集中在管束内壁,详细腐蚀情况如图 8 至图 13 所示。

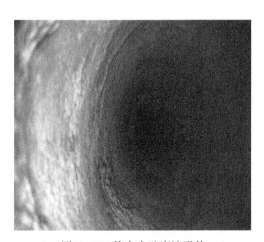

图 7　825 管束内壁腐蚀形貌

图 8　换热器管束取样位置

图 9　换热器管束宏观腐蚀形貌

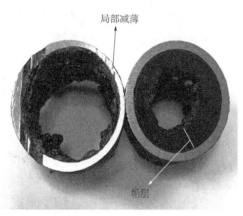

图 10　换热器管束局部减薄

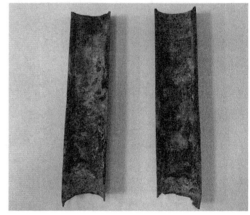

图 11　换热器管束内壁腐蚀宏观形貌

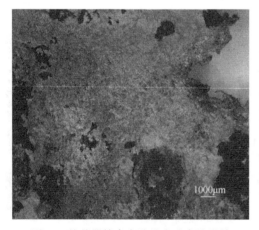

图 12　换热器管束穿孔处内壁腐蚀形貌

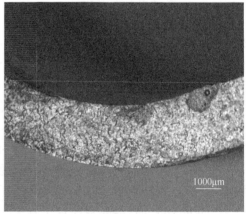

图 13　换热器管束径向截面腐蚀形貌

3.4 材质化学成分

针对换热器的 3 个取样部位，各抽取 1 根管束进行材质化学分析检测，分析标准为《ASTM E2594-20 Standard Test Method for Analysis of Nickel Alloys by Inductively Coupled Plasma Atomic Emission Spectrometry》和《GB/T 20123—2006 钢铁 总碳硫含量的测定高频感应炉燃烧后红外吸收法》，分析数据见表 2。采用合金分析仪对剩余的 6 根管束进行了材质化学组成定性分析，分析数据见表 3。参照《GB/T 15007—2017 耐蚀合金牌号》中规定的 825 材质化学成分含量，结果表明现场换热器管束材质各元素含量均在标准范围内，材质合格。

表 2　换热器管束化学元素含量分析结果　　　　单位:%（质量分数）

元素	C	S	Si	Mn	Cr	Ni	Mo	Cu	Ti	Al
标准值	≤0.05	≤0.03	≤0.5	≤1.0	19.5~23.5	38~46	2.5~3.5	1.5~3.0	0.6~1.2	≤0.2
上部管束	0.01	<0.005	0.197	0.450	21.49	39.71	2.96	1.82	0.717	0.068
中部管束	0.01	<0.005	0.193	0.445	21.49	39.61	2.96	1.80	0.710	0.068
下部管束	<0.01	<0.005	0.197	0.446	21.42	39.65	2.95	1.80	0.707	0.068

表 3　换热器管束化学元素含量分析结果　　　　单位:%（质量分数）

元素	Mn	Cr	Ni	Mo	Cu	Ti
标准值	≤1.0	19.5~23.5	38~46	2.5~3.5	1.5~3.0	0.6~1.2
上部管束 1	0.13	22.5	38.7	2.63	1.87	0.83
上部管束 2	0.19	22.6	38.3	2.69	1.53	0.84
中部管束 1	0.15	22.5	38.5	2.69	1.71	0.84
中部管束 2	0.05	22.6	38.5	2.69	1.71	0.81
下部管束 1	0.15	22.5	38.7	2.71	1.61	0.88
下部管束 2	0.14	22.5	38.5	2.69	1.77	0.85

3.5 管束垢样组成分析

3.5.1 垢样水溶液分析

取 1g 垢样，加入蒸馏水至 100mL，超声振荡溶解后进行过滤，对滤后水溶液分别进行了 pH 值、电导率、氨氮含量、阴离子和阳离子含量检测，数据见表 4 至表 6。数据表明：换热器管束的内外侧均处于酸性腐蚀环境，且垢样中的氨氮和氯离子含量相对较高，管束外侧的腐蚀性介质含量相对高于内侧，垢样当中的金属离子含量，如 Fe^{3+}、Cr^{3+} 和 Ni^{2+}，均是内侧大于外侧，说明管束内壁的腐蚀程度要高于外侧。

表 4　垢样水溶液中的 pH 值、电导率和氨氮含量分析

样品	pH 值	电导率（S/m）	氨氮含量（μg/g）
内侧垢样	5.97	141.6	416
外侧垢样	5.33	209	1645

表5 垢样水溶液中的阴离子含量　　　　（单位：mg/L）

样品	F$^-$	乙酸根	甲酸根	Cl$^-$	CO$_3^{2-}$	SO$_4^{2-}$	C$_2$O$_4^{2-}$	NO$_3^-$
内侧垢样	/	4.86	3.68	179	4.87	37.6	/	0.115
外侧垢样	/	7.34	3.44	382	3.63	137	/	0.203

表6 垢样水溶液中的阳离子含量　　　　（单位：mg/L）

样品	Ca^{2+}	Mg^{2+}	Cr^{3+}	Fe^{3+}	Ni^{2+}
内侧垢样	5.91	0.63	0.12	13.5	55.8
外侧垢样	7.83	0.71	<0.05	8.87	17.0

3.5.2　垢样能谱分析

将换热器管束内外侧收集的垢样干燥处理后进行能谱分析，分析数据见表7，数据表明：垢样组分中以 Fe、S、O 和 C 元素为主，此外还含有一定的 Cl 元素，内侧垢样中的 S 元素含量要高于外侧，但外侧垢样中的 Cl 元素要高于内侧。

表7 垢样的能谱分析数据　　　　[单位:%（质量分数）]

样品	Fe	S	O	C	Ni	Cr	Cl	其他
内侧垢样	34.62	24.70	13.52	13.35	6.38	4.22	2.12	1.08
外侧垢样	28.41	14.18	24.64	18.96	3.50	2.24	5.41	2.65

3.5.3　垢样 XRD 分析

将换热器管束内外侧收集的垢样干燥处理后进行 X 射线衍射分析，分析数据如图14所示，数据表明：换热器管束内外侧垢样的组成均以 FeS 为主。

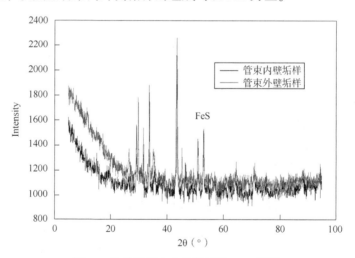

图14　换热器管束内外侧垢样 XRD 图谱

3.6　讨论

3.6.1　检验结果分析

（1）粗合成气与变换气换热器管束是 825 材质，管程介质为粗合成气，以 CO 和 H$_2$ 为主，H_2S 含量在 0.3%~0.5% 之间，进出口温度为 160℃、261℃，操作压力 3.48MPa，壳程介质为变换气，以 CO_2 和 H_2 为主，H_2S 含量在 0.2%~0.4% 之间，进出口温度为 266℃、226℃，操作压力 3.7MPa。

（2）换热器在服役过程中经过多次维修和更新，分别是 321 材质的 U 型换热器、321 材质固定管板换热器，825 材质固定管板换热器，但管束的腐蚀泄漏问题依然严峻。

（3）825 材质换热器的腐蚀部位集中在换热器管束，同时管束内垢层较厚，腐蚀穿孔部位集中在粗合成气进口管束附近，存在不同程度的局部减薄，且管束内壁腐蚀程度要远大于外壁。

（4）材质化学分析数据表明：各元素含量均在标准范围内，材质合格。

（5）垢样水溶性分析数据表明：换热器管束内外均处于酸性腐蚀环境，管束外的腐蚀性介质如 Cl^- 和氨氮含量要大于管束内侧，然而管内侧垢样的金属离子含量要大于管束外侧，说明管束内侧的腐蚀要大于外侧。

（6）基于以上检测结果，推测粗合成气与变换气换热器管束腐蚀失效过程主要发生在管束内侧，腐蚀机理以垢下腐蚀、NH_4Cl 腐蚀和盐酸腐蚀为主，同时体系当中存在 CN^-，这对腐蚀失效的发生起到了一定的促进作用，需要说明的是换热器管束进口附近存在蒸发浓缩过程，进一步提高了腐蚀速率。

3.6.2 失效原因分析

通过系统分析粗合成气与变换气换热器管束的服役环境、历史检维修情况、腐蚀形貌、材质化学成分和垢样组成等信息，推测腐蚀失效类型以垢下腐蚀、氯化铵腐蚀和盐酸腐蚀为主，其中 CN^- 对腐蚀失效的发生起到了一定促进作用，同时换热器管束进口处存在局部蒸发浓缩过程，这也大大加速了腐蚀失效的发生。具体的腐蚀过程是：煤中含有的 S、Cl 和 N 等腐蚀性元素，在气化过程中经过一系列反应生成 H_2S、HCl、NH_3 和 HCN 并存在于粗合成气中[1-3]，而气相中的 HCl 和 NH_3 在达到一定的分压和温度条件时会生成 NH_4Cl，尽管粗合成气在进入换热器之前有一级气液分离器进行液态水脱除，但还是会有部分液滴被夹带至换热器管束进口处，随着温度的持续升高，管束内则出现了蒸发浓缩过程，液滴中的盐类（NH_4Cl）和颗粒物则沉积在管束内壁当中并形成坚硬的垢层，这与现场管束的堵塞情况吻合。在少量液态水情况下，NH_4Cl 会形成腐蚀性氯化物溶液；当不存在液态水时，NH_4Cl 会大量吸收气态水使自身发生潮解，在水解过程中生成盐酸[4]。随着管束进口处蒸发浓缩过程的加持，腐蚀性较强的氯化物溶液，会水解形成酸性极强的盐酸溶液，体系的腐蚀速率则大大提升；此外，粗合成气体系中存在 CN^-，它会促进金属钝化膜的溶解[5]，并生成络合离子 $Fe(CN)_6^{4-}$，该络合物在停工时会进一步生成 $Fe_4[Fe(CN)_6]^{3-}$，该物质呈普鲁士蓝色[6]，这与观察到的穿孔处附近的内壁腐蚀形貌相吻合。

3.6.3 腐蚀控制措施

825 材质综合性能优异，但是耐氯离子腐蚀的性能也是存在上限的，且材质升级成本相对较高，因此需要结合工艺防腐措施来延长装置运行周期。

（1）控制粗合成气中的氯元素和固体颗粒物含量，首先从源头控制，优化煤源，采用配煤工艺，控制煤中的氯含量；其次是中间脱除，换热器前再增加一级气液分离器，从而减少粗合成的液滴夹带。

（2）通过定期分析换热器前的气液分离器外排液中的氯含量、监测换热器压降和换热效率来综合判断换热器管束的结盐和结垢情况，并设置一台备用换热器，当发生换热器结垢严重时切出并进行清洗。

（3）换热器管程进口处的管束内衬长度不小于 400mm 的钛管，但要注意端口的处理，防止缝隙腐蚀的发生。

4 结论

通过对粗合成气与变换气换热器的管束进行失效分析，得出其腐蚀失效类型主要以垢下腐蚀、NH_4Cl 腐蚀和盐酸腐蚀为主，同时体系当中存在 CN^-，对腐蚀失效的发生起到了一定的促进作用，需要说明的是换热器管束进口附近存在蒸发浓缩过程，进一步提高了腐蚀速率。基于失效成因，提出从加强煤源质量控制、增加一级气液分离器、换热器切出清洗和管束内衬钛管等措施来确保装置长周期运行，从而防止此类事件的再次发生。

参 考 文 献

[1] 卢利飞. 煤化工变换冷凝液汽提系统存在的问题及技术现状[J]. 神华科技，2016，14(3)：72-77.

[2] 李志，张跃强. CO 变换汽提系统腐蚀问题及技改措施[J]. 氮肥技术，2020，41(6)：6-8.

[3] 瞿磊，李佐鹏，王军龙，等. 煤气化变换系统蒸汽过热器列管失效分析及防范措施[J]. 煤化工，2020，48(3)：65-67.

[4] GB/T 30579—2022 承压设备损伤模式识别[S].

[5] RIVA S，CHALLIS S. Understanding HCN in FCC：Formation，effects and mitigating options[J]. Hydrocarbon Processing，2021，100(6)：55-58.

[6] 王菁辉，赵文轸. 部分炼油装置湿硫化氢的腐蚀与工艺防腐蚀[J]. 石油化工腐蚀与防护，2008，25(6)：40-44.

炼化企业防腐蚀智能化管理决策
系统的探索与建立

梁宗忠[1]　吴艳萍[1]　胡　伟[2]

(1. 中国石油兰州石化公司；2. 昆仑数智科技有限责任公司)

摘　要：炼化生产装置的设备及管道腐蚀泄漏极易导致装置非计划停工、安全环保事故及人员伤害等事故事件发生，给炼化企业带来了巨大的经济损失与安全隐患。为切实提高炼化企业防腐蚀管理智能化水平，通过建立防腐蚀智能决策管理决策系统，提供技术指导规范和腐蚀信息的全面集成为智能化决策提供信息和技术支撑。通过搭建腐蚀信息集成、创建智能决策管理平台，实现防腐蚀的数据共享、闭环管控、腐蚀状态预测、信息推送和防腐蚀技术报表的自动获取，最终建立起数字化、网络化、智能化的防腐蚀决策管理新模式，为炼化企业数字化转型智能化发展提供了积极探索。

关键词：防腐蚀；智能化；决策；信息；管理

在数字经济时代，数字化转型是企业高质量发展的必由之路，是落实贯彻执行习近平总书记关于建设网络强国、数字中国等重要指示精神的具体行动，大力推进数字化、智能化转型已是助力炼化企业高质量发展的重要目标和举措。在当前石油石化企业转型升级发展的新形势下，通过工业互联网、工业大数据和智能化平台等新一代信息技术与石化产业的深度融合与应用，以数字化手段推动炼化企业高质量发展的方法与路径，助力企业转型升级，实现高质量发展。

本文基于炼化企业数字化转型发展的需求，探索炼化生产装置腐蚀与防护数字化系统和平台建设，通过建立炼化企业防腐蚀智能化管理决策系统，为实现对炼化生产装置防腐蚀运行、监测、预警及决策为一体的智能化管理和应用提供支持。

1　研究背景

在过去的十几年中，我国的炼油和化工企业发生了一万多起腐蚀泄漏事故，其中炼化装置中的常减压和催化裂化等主要炼化设备所发生的腐蚀泄漏占10%以上。当前炼化装置面临加工原油劣质化和原料成分多变的趋势，含硫和高硫原油加工流程中的腐蚀溢流和材料破损等腐蚀倾向性日益增加。同时腐蚀具有多样性、复杂性和隐蔽性的特点，若监测不到位、处置不及时极易导致严重事故的发生，更是造成了次生的社会负面影响。

兰州石化公司是集炼油、化工为一体的大型综合炼化企业，拥有各类炼化生产装置 90 余套，随着装置运行年限的增长及加工原料和产品腐蚀特性的多样化，炼化装置出现了以常减压和催化裂化塔顶低温露点腐蚀、加氢装置反应馏出物系统铵盐结晶等为代表的腐蚀问题，各类腐蚀问题造成的泄漏事故及装置非计划停工事件给企业带来了巨大的经济损失与安全隐患。为此创建一个腐蚀信息集成、智能决策的管理系统，推动防腐蚀管理从单一数据管理向信息集成、智能化管控的转型，有效促进防腐蚀管理业务与信息化、智能化的深度融合，加快腐蚀监测数据由分散型向协同共享的转变，实现工艺防腐和设备防腐的深度融合与一体化管理，最终建立数字化、网络化、智能化的腐蚀决策管理，成为了炼化企业亟待研究提升的新课题。

1.1 企业高质量发展必然要求

2020 年 8 月，《黄河流域生态保护和高质量发展规划纲要》中提出，要把黄河流域生态保护和高质量发展作为事关中华民族伟大复兴的千秋大计。兰州石化公司"十四五"规划中也明确了基本完成黄河流域高质量发展示范企业总体布局、基本建成黄河流域高质量发展示范企业、全面建成黄河流域高质量发展示范企业"三步走"的总体战略布局。在保护黄河流域生态和建设黄河流域高质量发展示范企业的双重目标下，切实提高兰州石化公司腐蚀管理水平，确保企业的安全平稳可持续发展刻不容缓。

兰州石化公司作为大型的城市型炼化企业，地处黄河上游，民众和社会关注度高，安全环保压力大。因此，如何创建防腐蚀智能化决策管理，解决公司腐蚀管理工作中存在的腐蚀防控被动防御、腐蚀监测数据存在信息孤岛、现有监测平台不能提供智能决策支持等一系列问题，全面提升公司腐蚀管理水平，保障炼化装置设备本质安全，确保装置安全稳定运行，成为了兰州石化公司高质量发展的必然要求。

1.2 企业数字化转型示范引领作用发挥

中国石油天然气集团有限公司(简称集团公司)对推进数字化转型工作高度重视，戴厚良董事长指出，数字化转型不是做与不做的选择题，而是必须做好的必答题。突出抓好数据标准建设，加强数据集成共享，构建一体化经营管理平台和共享服务平台已被列入中石油数字化转型六项重点工作。

兰州石化公司作为集团公司数字化转型智能化发展试点建设单位的先行者，没有可供借鉴的技术和成功经验。因此，通过创建防腐蚀智能化决策的技术指导规范、监测系统和管理平台，以信息化推动管理转型，有效促进腐蚀管理业务与信息化深度融合，加快腐蚀监测数据由分散向协同共享发展，实现工艺防腐和设备防腐的深度融合与一体化管理，最终建立数字化、网络化、智能化的防腐蚀决策管理，为炼化企业数字化转型智能化发展发挥积极的示范引领作用。

2 当前存在的问题

2.1 腐蚀防控长期处于被动防御阶段

炼化装置的腐蚀防护工作是个系统工程，原料性质变化、工艺参数变化、生产工艺变更、产品性质变化等都会导致设备腐蚀状态发生变化。然而传统的腐蚀防护主要集中在设备材质升级、设备壁厚监测和消缺补漏等方面，工艺防腐蚀管控与设备腐蚀防护不能有机融合，腐蚀管理工作长期处于"头疼医头、脚疼医脚"的被动防御阶段。

目前，随着兰州石化公司"一图、两表、一手册、一报告"工艺腐蚀管理体系的逐步建立，防腐蚀检测项目的逐年完善，为防腐蚀管理能力提升起到了一定的作用。但在现行的防腐蚀管理工作中，仍缺乏对加工原料变化的有效腐蚀预判和预警，存在防腐蚀管控措施执行不到位、腐蚀监测项目不全面、工艺防腐和设备防腐不能有机结合等问题。同时，在炼化装置运行期间，受原料供给、生产负荷、产品结构等多方因素的制约，腐蚀防控长期处于被动防御阶段。

2.2 现有腐蚀监测系统对智能化决策的信息支撑力不足

目前，兰州石化公司在用的低温电感在线腐蚀监测探针共 23 套，PH 探针 5 个，在线测厚监测探针 68 套，远低于《炼油装置腐蚀监测选点规范》和《炼化装置腐蚀在线监测系统选点指导意见》中的基本要求，不能充分反映设备腐蚀状态和工艺腐蚀回路特性，且未形成覆盖全面、监测有效的监测体系，因此现有腐蚀监测系统对智能化决策的信息支撑力不足。

2.3 腐蚀监测数据存在信息孤岛

目前，兰州石化公司腐蚀监测数据分散在各个监测系统和管理平台，未进行有效整合。低温电感在线腐蚀监测系统使用沈阳中科韦尔提供的腐蚀监检测数据分析管理平台，在线测厚系统使用深圳格鲁森提供的 STS 5.0 监测平台，原料腐蚀监测及冷凝水检测数据使用 Lims 系统，工艺防腐蚀管控指标执行使用 DCS 控制系统，防腐药剂加注使用成本对标分析系统，定点测厚采用离线人工检测，腐蚀回路及易腐蚀部位需查询各装置腐蚀手册。

腐蚀监测数据分散在各个管理系统和平台，导致数据异常时，技术管理人员需进入多个管理系统和平台进行查询才能收集到足够的信息量进行判断和处理。腐蚀监测信息匮乏，集成共享程度较低，数据收集和判断极度依赖人工分析，造成了严重的信息孤岛现象。

2.4 现有腐蚀监测平台不能提供智能化决策支持

兰州石化公司现有的各个腐蚀监测管理系统和平台仅能做到在监测数值超出设定值时进行模块色变以起到预警作用，无法做到腐蚀风险自动识别、腐蚀状态量化评估、腐蚀智能预警和信息智能化推送，无法为腐蚀管理提供智能化决策支持。

同时，现有的各腐蚀监测管理系统和平台采用不同编码和不同建设标准，导致输出的各项数据无法实现自动整合，腐蚀预警数据梳理、超标原因分析、腐蚀状态评估和腐蚀技术报表集成等工作仍需人工进行，再则相关技术管理人员的能力层次差异，也直接制约了防腐蚀管理水平的提升。

3 防腐蚀智能化决策管理的思考

针对目前腐蚀管理过程中中存在的问题，首先，应建立防腐蚀管理智能决策技术指导规范，为智能化决策提供技术支撑；其次，建立全面有效的腐蚀监测系统，为智能化决策提供信息支撑；进而，创建一个防腐蚀智能决策管理系统，从而全面实施防腐蚀智能化决策的管理。

3.1 建立防腐蚀管理智能决策技术指导规范，为智能化决策提供技术支撑

建立防腐蚀管理智能决策技术指导规范，将腐蚀监测管理平台的维护、改进反馈、离线数据的录入、非结构性数据转化、腐蚀回路的动态修订及人工响应等要求规范化、规程化，实现精细化运营、精准化控制、互联化运维的智能化建设。同时，按照源头治理的原则，将原料性质变化、工艺流程优化、产品结构调整、工艺操作波动与腐蚀监测项目、设备材质升级、防腐药剂加注、水质管理有机结合，建立一套设备与工艺相互协作、上下游装置联合防腐、腐蚀元素全系统追踪的腐蚀防护管控模式，实现腐蚀防护工作体系化、专业化、规范化、智能化，明确职责分工，健全管理机构，为防腐蚀智能化决策管理提供技术指导。

3.2 腐蚀监测全面有效，为智能化决策提供信息支撑

设备腐蚀监测项目包括在线监测和离线检测等，应充分利用 2023 年大检修的时机完成在线监测项目的完善，同时引进新技术和新设备，将在线监测和离线检测手段多样化。装置运行期间，应利用脉冲涡流检测技术和腐蚀在线监测、人工测厚相结合，完成生产装置设备及管道剩余壁厚检测，为 2023 年设备及管道更换、材质升级提供数据支撑。

3.2.1 完善腐蚀在线监测手段，做到重点部位全覆盖

随着在线监测技术的发展，除了常用的低温电感在线腐蚀速率探针监测（图 1）、在线测厚监测（图 2）、pH 值探针监测和腐蚀挂片监测技术，FSM 电场矩阵面壁厚监测（图 3）、在线氯离子监测、在线水中油监测、氢通量监测、水冷器泄漏监测预警（图 4）、红外热成像监测等技术在炼化装置的在线监测中也发挥着越来越重要的作用。引进先进的在线监测技术，完善兰州石化公司在线监测手段，将有效提高腐蚀在线监测的有效性。

图 1 低温电感在线腐蚀速率探针及其监测数据

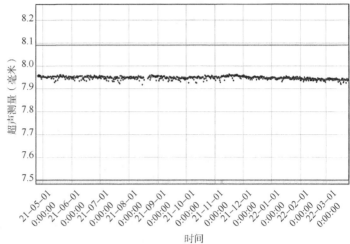

图 2　在线测厚探针及其监测数据

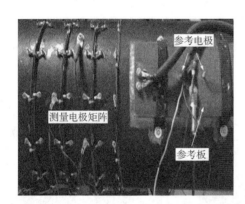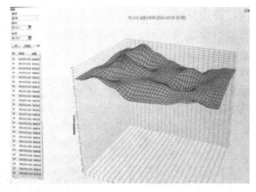

图 3　FSM 电场矩阵面壁厚监测

图 4　水冷器泄漏监测预警

　　合理选择腐蚀状态监测部位是实现腐蚀状态有效监控的重要环节。在线腐蚀监测选点要严格执行《炼油装置腐蚀监测选点规范》和《炼化装置腐蚀在线监测系统选点指导意见》，还应基于装置腐蚀机理判定、工艺流程及设备管道材质分析，建立在对装置腐蚀回路划分和腐蚀状况全面评估的基础上，确保测点能够准确反映监测部位的腐蚀状况。选点应具有代表性、针对性和有效性，利于对腐蚀产生的设备隐患进行预警预判，并协助制定设备管道的检维修策略。

对重点装置如常减压装置、催化裂化装置、加氢装置、连续重整装置、烷基化装置、延迟焦化装置和乙烯装置而言，应严格按照装置腐蚀回路，制定各腐蚀回路的腐蚀监测方案及有效监控点，使腐蚀在线监测能动态反映腐蚀回路的动态变化，并指导其它腐蚀监测手段的实施，使装置设备及管道腐蚀状态处于可控状态。

3.2.2 完善离线检测手段，做到分析检测数据精确。

装置运行期间，常用的离线检测手段包括人工测厚和化学分析。受系统切除、分析手段、检测部位和操作温度的影响，常规离线检测方法受限较大，因此，引入新技术、新设备和新的分析方法，为完善设备检验检测，及时发现设备隐患起到重要作用。

人工测厚是利用超声波测厚仪进行定点监测的重要手段，但人工测厚普遍存在测量精度低、高温部位测量困难等问题。引入性能优良的高温耦合剂、高精度超声检测仪、脉冲涡流检测技术（图5）、相控阵技术将有效提升剩余壁厚监测的适用范围及数据精度。引进先进的分析技术和仪器，准确检测腐蚀产物和垢样的化学组成物，对腐蚀精准防控具有重要意义。

 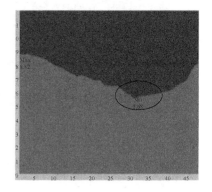

图 5 脉冲涡流检测技术

4 防腐蚀智能化管理决策系统的建立

在新一代工业革命和信息技术发展日新月异背景下，工业互联网的提出和应用已成为炼化企业数字化转型、智能化发展的重要基石，是建立工业新业态、实现智能化的关键支撑，因此基于工业互联网架构对信息系统进行规划、设计和建设是炼化企业的必经之路。

4.1 系统架构与技术路线

4.1.1 系统架构

本系统基于工业互联网平台架构，采用微服务技术进行建设。基于工业互联网平台构建网络（图6）、平台、安全三大功能体系，从而打造人、机、物全面互联的腐蚀管理系统，如下图所示的系统架构由设备与设施层、边缘层、资源层、PAAS 层、应用层和展现层，以及贯穿六层的信息化标准与规范体系和网络安全与工控安全防护体系构成。

企业在物联网层级通过配套部署智能传感器为前端监控对象赋能，实现监控对象被动感知，在资源层(IAAS 层)部署的 PAAS 平台上部署安装本系统应用。

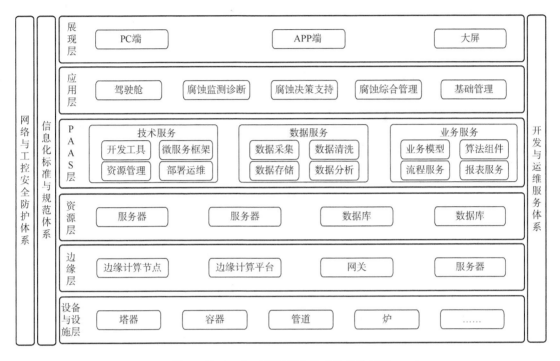

图 6　基于工业互联网平台的系统总体架构

4.1.2 关键技术

（1）多源腐蚀监检测数据融合技术。

建立大数据平台，解决研发已有系统数据标准不统一的问题，将多种来源的腐蚀数据提取、容纳进来，同时构建腐蚀监检测数据模型，为数据应用做技术准备，解决各系统标准不统一，腐蚀管理缺乏规范的技术体系和支持其运行的信息化管理系统的问题。

（2）基于腐蚀回路模型和数理模型融合建模技术。

立足于炼化企业的腐蚀回路，使用腐蚀回路模型和数理模型融合为主要技术方法，结合工艺流程、材质材料，通过设备基础数据、运行数据、腐蚀状态数据对装置及管道腐蚀进行分析预测，并以此为根据推荐防腐工艺调整策略及设备防腐运维策略。

（3）基于矢量图的腐蚀综合监控技术。

在建立完整腐蚀与防护管理体系的基础上，通过分析装置物流流程和性质、工艺操作条件、腐蚀机理等建立关键腐蚀控制回路，利用矢量图工具，对腐蚀控制回路中各监检测点位进行标注，关联实时数据，同时关联腐蚀机理，实现对腐蚀状态动态的掌握，评估与改进设备防腐、工艺防腐措施，使设备及管道的防腐措施达到最优化。

4.2 系统功能建设

4.2.1 腐蚀监测诊断

集成 MES 系统、LIMS 系统、在线腐蚀监测系统中腐蚀介质监测数据进行集中管控，建设设防值并配置报警策略，当发生超标报警时(图 7)由系统根据策略自动推送至相关人员，相关人员在系统中进行报警处理并关闭，最终实现业务闭环管理。包括工艺防腐介质监测和设备防腐在线监测。

图 7　腐蚀监检测数据超标报警

根据腐蚀机理，建立腐蚀回路图(图 8)，在腐蚀回路中关联腐蚀监测因子并进行动态显示，通过回路图直观反映现场监测点实时数据，对超标、异常数据腐蚀因子高亮预警。

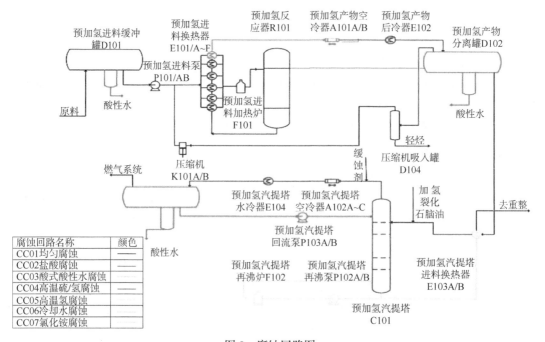

图 8　腐蚀回路图

4.2.2 腐蚀决策支持

腐蚀决策支持主要包括管道腐蚀风险预警(图9)、设备剩余寿命预测及工艺防腐计算模拟。

管道腐蚀风险预警根据设备属性及腐蚀监检测情况,利用腐蚀风险评估模型,实现对管道腐蚀风险分级动态管理,提高腐蚀风险管控能力。

图9 腐蚀风险预警

设备剩余寿命预测根据设备属性及腐蚀监检测情况,利用寿命预测模型评估设备剩余寿命,为腐蚀决策提供量化数据支撑。

工艺防腐计算模拟(图10)主要是利用工艺防腐计算模型对装置 Kp 值、露点温度、结盐温度等关键参数进行评估模拟,最终对装置操作参数调整提供数据支撑,工艺防腐计算模型涵盖了常减压装置、加氢装置、催化装置、重整装置四大类。

图10 工艺防腐计算模拟

4.3 腐蚀综合管理

对腐蚀业务管理进行集中管控,包括对水冷器管理、腐蚀调查、注水注剂管理、腐蚀知识库等的线上化管理，提高防腐蚀管理工作效率及完整性。

其中，腐蚀知识库将实现对相关防腐知识系统化的汇聚，从而建立腐蚀失效案例库和资料库，为企业腐蚀管理提供知识共享和指导。包括腐蚀机理，腐蚀案例库、设备文档管理等。

4.4 防腐业务报表

根据平台数据，结合各生产装置的腐蚀特点和管控措施，对腐蚀数据自动归集整理，对腐蚀监测系统的完好性进行自动排查，对腐蚀防护措施进行评估和改进，对腐蚀薄弱环节进行智能预警，从而实现设备与工艺技术报表的自动获取。

5 结束语

创建防腐蚀智能化决策管理，是在目前防腐蚀现有管理成果的基础上，顺应数字化转型智能化发展的总体要求进行的积极探索。通过建立防腐蚀管理智能决策技术指导规范和全面有效的腐蚀监测系统，为防腐蚀智能化决策管理提供技术支撑和信息支撑。创建防腐蚀智能决策管理系统与平台，通过腐蚀数据集成共享、腐蚀防控闭环管理、腐蚀状态智能预测和腐蚀信息智能推送，建立起数字化、网络化、智能化的防腐蚀决策管理新模式，为炼化企业数字化转型智能化发展提供积极探索，为提高炼化企业防腐蚀管理水平、保障炼化企业安全环保生产、营造企业社会良好形象的必然选择，在炼化企业数字化转型过程中起到了积极的示范引领作用。

参 考 文 献

[1] 戴厚良. 以数字化转型驱动油气产业高质量发展[J]. 中国产经, 2021(2)：70-72.
[2] 张建雄, 吴晓丽, 杨震, 等. 基于工业物联网的工业数据采集技术研究与应用[J]. 电信科学, 2018, 34(10)：124-129.
[3] 徐豪杰, 胡伟, 崔振伟, 等. 基于工业互联网的石化企业腐蚀管理系统的研究与建设[J]. 全面腐蚀控制, 2023, 37(4)：101-105.
[4] 丛培振, 孔朝辉, 李凤先, 等. 建立腐蚀综合监测体系 提高腐蚀监测工作效率[J]. 化工设备与防腐蚀, 2003, 6(4)：75-77.
[5] 赵敏, 康强利, 孔朝辉. 石化企业中腐蚀监测体系的建立[J]. 石油化工腐蚀与防护, 2010, 27(1)：55-57.
[6] 许述剑, 刘小辉. 炼化企业防腐蚀信息化管理系统的研发与展望[J]. 腐蚀与防护, 2010, 31(3)：188-192.

MTBE 装置腐蚀原因分析及应对

姜 勇　王 宁　王秀萍　回 涛　李志刚

(中国石油兰州石化公司)

摘　要： MTBE 装置腐蚀问题一直是业内困扰装置长周期运行的问题，本文通过整理装置历年设备腐蚀泄漏事件，找出了系统酸性腐蚀、吸氧腐蚀等主要腐蚀因素，有针对性的提出了降低催化剂失活速率，优化工艺流程、改进防腐蚀材质等技术措施，解决了影响装置长周期运行的腐蚀问题，实现了四年一修的目标，对国内同类装置防腐蚀攻关有一定的借鉴意义。

关键词： 腐蚀问题；吸氧腐蚀；失活速率；技术措施；长周期运行

1　背景描述

甲基叔丁基醚(methyltert-butylether，MTBE)是一种重要的有机化工产品，常用于高辛烷值汽油的调和，能够有效改善汽油的抗爆性、冷启动性，目前生产 MTBE 是各炼油企业碳四组分深加工利用的重要工艺路线。某石化企业 8 万吨/年 MTBE 装置采用齐鲁石化研究院催化精馏技术，原料为抽余碳四和甲醇，催化剂为大孔强酸性阳离子催化树脂，产品为 MTBE、1-丁烯和液化气。MTBE 装置的腐蚀问题一直是防泄漏管理面临的一项重大难题，也一直是国内行业难题，腐蚀区域主要集中在甲醇水洗回收、脱轻单元，每年因腐蚀泄漏造成装置非计划停车两次以上；其中甲醇水洗、回收系统设备腐蚀最为严重，在造成非计划停车的同时，泄露风险持续偏高，是制约装置安全生产的主要因素(表 1、图 1)。

表 1　近年腐蚀情况

时间	2009 年	2011 年	2012 年	2013 年	2014 年	2015 年
泄漏部位	甲醇回收塔 T-204 塔加料管线发生泄漏	1-丁烯精制岗位 P-303A/B、P-306A/B 设备叶轮腐蚀严重	P-303A/B 至 V-305 管线出现垢下腐蚀，管线发生 4 次泄漏，醚化反应精馏岗位不锈钢阀体发现有两处泄漏。	P-207A/B 两台泵出入口管线腐蚀严重，管内结垢。T203\\T204 塔内附件降液板、溢流堰腐蚀严重	T203\\T204 塔内附件降液板、溢流堰腐蚀严重	T203\\T204 加料口以下 6 层塔内附件降液板、溢流堰腐蚀严重，E303 冷却器 15 根列管腐蚀泄漏，脱轻塔回流管线腐蚀

MTBE 装置使用的催化剂为大孔强酸性阳离子树脂。由苯乙烯和二乙烯苯用悬浮法生成的催化剂颗粒称为裸基催化剂，裸基催化剂用 98% 浓度的硫酸磺化及水洗后，才生成大孔强酸性阳离子树脂催化剂。因此，新鲜催化剂颗粒含有酸性较强的水，一般湿基催化剂

的含水量在50%~55%之间。裸基催化剂用98%浓度的硫酸磺化时，裸基催化剂夹带的催化剂粉末被碳化导致新鲜催化剂中含有大量杂质，装置生产前只进行简单的醇洗，催化剂杂质未处理干净导致酸性杂质腐蚀设备、管线。同时由于装置甲醇水洗回收系统因原料甲醇、补加脱盐水中带入的氧气，会造成系统发生析氧腐蚀。

图1　塔内壁腐蚀情况

2　装置腐蚀原因分析

通过研究 MTBE 装置的腐蚀机理，分析出腐蚀机理主要有两个方面的原因：

（1）由于装置所用的催化剂是强酸性阳离子催化树脂，在使用过程中会因其活性的降低而造成催化剂磺酸基的脱落，从而造成系统酸性腐蚀。MTBE 装置使用的催化剂为大孔强酸性阳离子树脂，由苯乙烯和二乙烯苯用悬浮法生成的催化剂颗粒称为裸基催化剂，裸基催化剂用98%浓度的硫酸磺化及水洗后，才生成大孔强酸性阳离子树脂催化剂。因此，新鲜催化剂颗粒含有酸性较强的水，一般湿基催化剂的含水量在50%~55%之间。裸基催化剂用98%浓度的硫酸磺化时，裸基催化剂夹带的催化剂粉末被碳化导致新鲜催化剂中含有大量杂质，装置生产前只进行简单的醇洗，催化剂杂质未处理干净导致酸性杂质腐蚀设备、管线。

（2）装置甲醇水洗回收系统因原料甲醇、补加脱盐水中带入的氧气，会造成系统发生吸氧腐蚀，通过对历年来对腐蚀产物进行分析，三氧化二铁和四氧化三铁为主要腐蚀产物。

3　主要防腐蚀措施

3.1　采用原料净化装置、在线核算转化率等方法延长催化剂使用周期，减少酸性组分的脱落

MTBE 装置催化剂原设计使用寿命为一年，经过近年来的工艺调整使用寿命延长至了

四年，通过对延长催化剂使用寿命降低磺酸根脱落速率进行了研究分析，最终分析出影响催化剂使用寿命的主要原因是原料抽余碳四与和甲醇中含有的金属离子、碱性化合物等杂质进入催化剂床层，吸附在第一醚化反应器上层催化剂表面上，造成催化剂失活，同时也会造成床层阻力增大，缩短了催化剂使用寿命。通过现场分析研究，提出以下改进措施：

（1）在不改变原有工艺流程的基础上，创新性的在醚化反应器进料流程上新增两台原料净化器，净化器开一备一、切换使用。原料净化器里面填装催化剂，在正常生产时可以对原料抽余碳四和甲醇进行净化处理，将原料中的杂质、金属离子以及碱性化合物进行过滤，通过净华过滤保护了反应器内的催化剂，解决了催化剂床层压差增大的现象，延长了催化剂的使用寿命，减轻了磺酸根的脱落速率。

（2）转变催化剂更换方式，通过定期计算异丁烯转化率来监控催化剂使用效果，催化剂使用时间由一年延长至四年，节约了成本，同时也减少了酸性组分的脱落。

3.2 新增催化剂水、醇洗环节，优化工艺流程，降低系统腐蚀速率

通过腐蚀机理的研究分析，催化剂中酸性组分的脱落是造成装置系统腐蚀的主要原因之一，通过对工艺流程进行调查研究，最终提出了多项创新措施，减轻酸性腐蚀环境。

（1）新增催化剂水洗、醇洗流程，改善酸性环境。

主要原因是 MTBE 装置所用的催化剂是强酸性阳离子树脂催化剂，新催化剂出厂时含有 50%左右的水，且带有大量的游离酸。具体做法是采用的脱盐水连续水洗置换的方式，将新催化剂洗涤水的 pH 值由 4 洗至 7 左右后停止水洗，然后用氮气将系统内的水份吹扫干净，水洗完成后再进行催化剂醇洗，主要是为了脱除催化剂中的剩余水份。通过新增水洗、醇洗流程很大程度的减轻了酸性腐蚀环境产生的根源，同时减少了生产过程中副产物的生成，提高了产品质量

（2）改进水置换方式，将甲醇水洗塔水置换方式由间断置换改为连续置换。

对甲醇水洗系统补排水工艺和流程进行优化（图 2），将甲醇水洗系统的萃取水置换频次由间断置换改为连续置换，同时改配凝液补水流程，回收利用车间自产的蒸汽凝液，来代替脱盐水对甲醇水洗系统进行置换，从而提高补水量（由 1.2t/h 提升至 4t/h），提升甲醇水洗系统的置换效果。重新选择补排水位置，将补水口选在萃取水加料泵入口，排水口由甲醇回收塔釜直排改至塔釜液换热器的出口，同时加装调节阀，实现补排水自控操作。流程优化改造后，一方面系统中的酸性物质能够及时排出，系统 pH 值维持在 7.0 左右。另一方面，每年能回收利用蒸汽凝液约 32000t，减少脱盐水用量约 9600t，将排水口位置改变后，废水水温由 100℃降至 56℃，降低了甲醇水洗系统的热损耗，塔釜蒸汽用量每小时减少约 0.25t，预计每年能节约中压蒸汽用量约 2000t，取得了突出效果。

（3）新增在线监控设施，提高自动控制水平。

为及时监控调整系统 pH 值，通过在甲醇回收塔进料管线上加装在线 pH 值计，实现了甲醇水洗系统 pH 值持续监控和调整功能。

（4）增加储罐氮封，降低系统含氧量。

甲醇原料罐为常压容器，增加氮气密封设备，可完全将外界游离氧与系统隔绝，避免氧气带入系统。水洗系统补充的脱盐水可能带入的游离氧，通过在甲醇回收塔塔顶冷凝器增加高点放空，可有效将系统的游离氧排出至系统外。

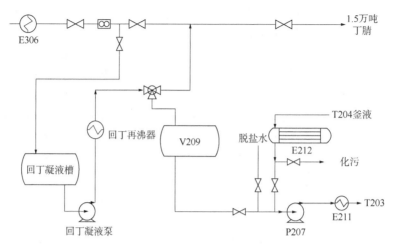

图 2　优化后甲醇水洗塔凝液补水流程

3.3　通过腐蚀监控、升级设备材质等手段减缓设备腐蚀

（1）在水洗岗位甲醇回收塔加料线安装腐蚀探针，检测介质对材料的腐蚀速率。

通过新增腐蚀监测探针的实现了关键部位腐蚀速率监测的目的。例如自 2012 年 11 月至 2013 年 1 月，该段管线内介质腐蚀性出现较大变化，在 12 月之前，整体腐蚀损耗较为平稳，平均腐蚀速率为 0.22mm/a 左右，在 12 月之后，腐蚀损耗呈明显上升趋势，说明管线内介质腐蚀性明显增强，平均腐蚀速率达到 0.48mm/a 左右（最大值达到 0.6mm/a 以上），介质对碳钢的腐蚀速率已超过 0.2mm/a 的标准，通过及时调整系统 pH 值、反应温度等措施将腐蚀速率控制在了合理的范围（图 3）。

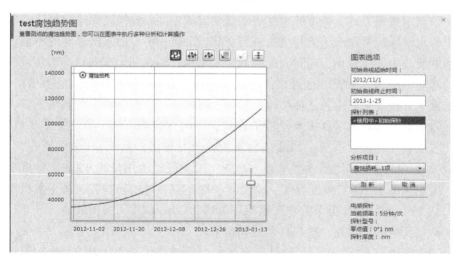

图 3　探针腐蚀监控图

（2）根据腐蚀监控，升级设备材质。

将腐蚀最严重的塔内件、管线进行材质升级，重点利于装置检修期间对甲醇水洗回收塔、脱异丁烷塔、1-丁烯精馏塔塔盘材质进行升级，更换为 304 不锈钢，更换脱轻单元管线共计 18 条管线，其中脱异丁烷回流管线升级为 304 不锈钢材质。通过材质升级，易腐

蚀部位设备、管线腐蚀速率明显下降，取得了较为明显的效果。

4 措施实施效果石油化工腐蚀与防护

4.1 甲醇水洗塔 pH 值明显提高，系统腐蚀明显降低

分别对近年来甲醇水洗塔 pH 值监测数据进行统计分析，攻关措施实施后，甲醇水洗塔 PH 平均在 7.5，近四年无一起因腐蚀原因造成的泄露。

4.2 装置设备腐蚀泄漏次数减少，装置开工时间增加

随着攻关措施的实施，装置设备腐蚀泄漏次数明显减少，设备腐蚀次数由原来的每年 3 次降低至近年来的 0 次(表2)，实现了四年一修的目标。

表 2 装置运行数据统计表

年份	2014-2016	2017-2020	2021-2023
设备腐蚀泄漏次数	12	3	0

4.3 催化剂使用周期延长至四年，装置产能增加

通过严格控制原料质量，严格控制醚化反应工艺指标，避免超温，降低了催化剂失活速率，将催化剂更换周期由一年延长至四年。催化剂更换周期延长后，大大的降低催化使用成本，同时也大大降低了换剂检修带来的风险。

5 结束语

针对 MTBE 装置腐蚀现象，通过深入分析设备腐蚀原因，从改进工艺流程、降低催化剂失活速率、提升设备材质等方面提出了改进措施，取得了突出的效果，对同类 MTBE 装置的防腐蚀具有一定的借鉴意义。

参 考 文 献

[1] 祁有彬. MTBE 装置甲醇回收系统腐蚀研究[J]. 化工管理，2022(12)108-110.
[2] 戴旭东. 浅谈 MTBE 装置腐蚀问题[J]. 石油化工腐蚀与防护，2011(5)：14-16.
[3] 张宇婷，何德永. MTBE/1-丁烯装置腐蚀原因分析及防范措施探讨[J]. 石化技术，2017(11)：34-35+158.

丙烯酸丁酯反应器循环泵出口膨胀节
腐蚀泄漏原因分析

张恩瑞　黄林林

（中国石油兰州石化公司）

摘　要：丙烯酸丁酯反应器循环泵出口膨胀节端管等部位腐蚀减薄，最终导致膨胀节腐蚀泄漏失效，停车期间对膨胀节进行了更换。为了分析清楚膨胀节腐蚀泄漏的原因，委托检验单位从能谱分析、金相分析、硬度检测等方面进行了检验分析，并结合工艺状况，进行了具体腐蚀原因分析，分析出甲苯磺酸的游离酸增多、腐蚀性S和氯元素、介质的湍流状态是腐蚀加剧的主要原因。随着装置运行时间的增长，膨胀节端管腐蚀不断减薄，最终导致膨胀节端管薄弱位置发生泄漏。最后根据原因分析，提出了相应的防腐蚀和防范措施，为延长膨胀节使用寿命、设备的长周期运行提供了保障。

关键词：膨胀节；腐蚀；氯离子；金相分析

1　设备概况

兰州石化公司 10 万吨/年丙烯酸及酯装置由中国石油集团工程设计有限责任公司（CPE）设计，采用先进可靠的连续酯化法技术生产丙烯酸丁酯，装置于 2008 年 4 月 18 日投料试车。丙烯酸丁酯反应器循环泵出口总管膨胀节为复式拉杆型膨胀节，由廊坊开发区首都航天波纹管厂制造，主要技术参数如表 1 所示。

表 1　膨胀节主要技术参数

名称	介质	操作温度（℃）	操作压力（MPa）	规格（mm）	材质
膨胀节	丁醇、丙烯酸、丙烯酸丁酯、对甲苯磺酸、β-丁氧基丙酸丁酯	93.0~100.0	0.1	φ610×6.35	316L（00Cr17Ni14Mo2）

2　腐蚀泄漏过程

2021 年 1 月 25 日，丙烯酸丁酯反应器循环泵出口总管膨胀节定位拉杆固定板的筋板角焊缝处（入口侧）出现一处漏点，1 月 28 日同一个筋板的另外一处角焊缝处也出现泄漏，对泄漏位置的膨胀节端管厚度进行测量，仅为 1.52mm 左右（图 1）。

2021年3月1日，丁酯单元停车进行检修，对膨胀节的筋板部位进行打磨并贴补焊接加强板(图2)。

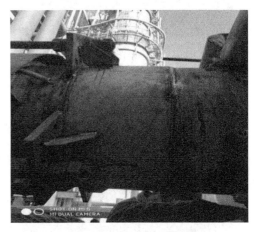

图1　膨胀节泄漏位置　　　　　　　　图2　膨胀节焊接加强板

2021年5月8日，丁酯单元停车进行检修，对膨胀节进行了更换。对更换下的膨胀节进行检查，发现膨胀节端管腐蚀减薄严重，尤其是3月1日焊接加强板处的原端管管壁已腐蚀成孔洞，定位拉杆固定板的另外一处筋板角焊缝的端管管壁腐蚀成小沙眼，内部导流筒已腐蚀完(图3)。

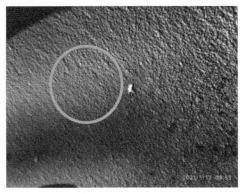

图3　膨胀节腐蚀情况

3　化验分析

从膨胀节入口侧端管截取一块样品，并委托第三方检测机构进行了化验分析，分析结果如下。

3.1　宏观检查

图4为膨胀节端管的宏观形貌，可见焊缝一侧膨胀节端管内壁存在明显的腐蚀，如图4所示；腐蚀侧的膨胀节端管壁厚有明显减薄，取16个点测厚数据见表2，壁厚最小为1.9mm。

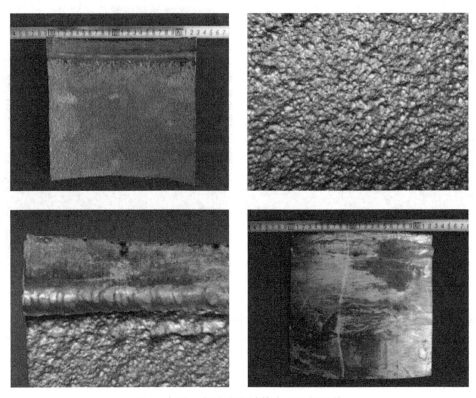

图 4　焊缝一侧膨胀节端管内壁局部形貌

表 2　壁厚测定结果　　　　　　　　（单位：mm）

测厚位置	1	2	3	4	5	6	7	8	9	10	11	12	13	14	15	16
实测结果	2.2	2.3	2.4	2.1	2.0	2.1	1.9	2.2	2.3	2.4	2.3	2.5	2.6	2.4	2.3	1.9

3.2　硬度检测

对膨胀节端管进行维氏硬度检测，分析结果（表 3）表明，膨胀节端管及连接管线各部位硬度值符合 GB/T 24511—2017 对 316L 不锈钢的要求。

表 3　维氏硬度检测结果　　　　　　　　（单位：HV）

名称	位置 1	位置 2	位置 3	位置 4	均值
近外壁区	192	190	185	186	188
心部	190	194	196	191	193
近内壁区	192	197	193	187	192
GB/T 24511—2017	≤220HV				

3.3　金相分析

腐蚀减薄膨胀节端管侧的管壁分别截取 1 个径向金相试样和 1 个轴向金相试样，命名为 JX1 和 JX2。JX1、JX2 腐蚀减薄的膨胀节端管管壁径向金相组织如图 5 所示，轴向金相组织如图 6 所示，金相组织为奥氏体+沿加工方向存在的 α 铁素体，组织内还分布着轧制时留下的滑移带，外壁表面存在一定的腐蚀，内壁表面存在较大的腐蚀凹坑。

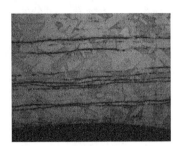

近外壁区，500×　　　　　　　内部区，500×　　　　　　　近内壁区，500×

图 5　JX1 径向金相组织

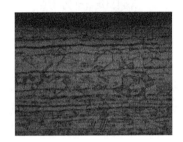

近外壁区，500×　　　　　　　内部区，500×　　　　　　　近内壁区，500×

图 6　JX2 轴向金相组织

3.4　扫描电子显微镜及能谱分析

3.4.1　扫描电子显微镜分析

样品原始表面形貌及分析部位如图 7 所示，腐蚀侧膨胀节端管内壁有明显的腐蚀凹坑存在，且表面附着有大量的垢物。

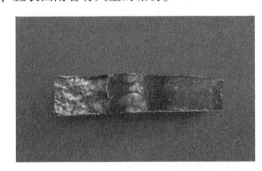

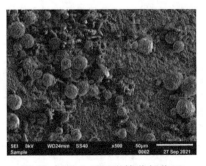

图 7　扫描电子显微镜分析位置

腐蚀减薄膨胀节端管内壁垢物能谱分析结果见表4，由分析结果可知，垢物以铁的氧化物为主，并含有一定量的腐蚀性S、氯元素。

表4 元素能谱分析

分析部位	主要元素分析结果（%，质量分数）										
	C	O	Si	Na	S	氯	K	Mn	Cr	Ni	Fe
谱图1	2.41	16.36	1.13	–	0.41	0.11	–	1.44	15.53	6.83	55.06
谱图2	2.37	21.41	1.05	–	0.43	0.13	–	1.48	14.80	6.05	52.28
谱图3	5.07	23.77	2.25	–	0.43	0.60	–	–	13.18	6.22	48.48

4 腐蚀原因分析

4.1 介质成分因素

（1）膨胀节物料中有丁醇（质量分数≥14%）、丙烯酸（质量分数≤15%）、丙烯酸丁酯（质量分数≥60%）、β-丁氧基丙酸丁酯（质量分数≤5%）、对甲苯磺酸等介质，此外通过分析，介质中还存在氯、S有害腐蚀性元素。316L在25~50℃、100%浓度以下的丙烯酸和25~100℃、100%浓度的丙烯酸耐腐蚀性能为优良（<0.05mm/a）。可推断，在实际操作条件下93~100℃、≤15%浓度丙烯酸中，316L耐腐蚀性能也是优良的。

（2）丁酯使用催化剂对甲苯磺酸生产厂家为日本江南化学有限公司，自2018年6月份起对甲苯磺酸逐步国产化，厂家有江苏兴业化工有限公司和江苏盛鑫恒化工有限公司，对三家供应商所生产对甲苯磺酸中游离酸含量分析（表5）。

表5 游离酸含量分析

项目	日本江南化学有限公司	江苏兴业化工有限公司	江苏盛鑫恒化工有限公司
游离酸	0.17%	0.20%~0.27%	0.27%

虽然各厂家游离酸的含量均满足工艺指标要求≤0.30%，但国产化厂家的游离酸含量偏高，接近指标上限。对甲苯磺酸是酸性较强的有机酸，成分的变化势必加剧膨胀节端管的腐蚀，国产化后丁酯反应系统设备及管线腐蚀泄漏次数明显增多。

（3）通过前面垢物能谱分析发现，垢物中含有一定量的腐蚀性氯元素，主要是因为介质中含有氯离子，而氯离子主要来自对甲苯磺酸（氯离子含量≤10mg/L）和脱盐水（氯离子含量≤4mg/L）。

表6 不同材质的耐氯离子腐蚀界限[1]

温度（℃）	氯离子含量（mg/L）溶液pH值为7（min）					
	304不锈钢		316不锈钢		合金20、18、6#	
	小于以下值不腐蚀	大于以下值肯定腐蚀	小于以下值不腐蚀	大于以下值肯定腐蚀	小于以下值不腐蚀	大于以下值肯定腐蚀
100	12	21	50	85	450	740
95	95	14.4	24	55	534.6	893.3

温度(℃)	氯离子含量(mg/L)溶液 pH 值为 7(min)					
	304 不锈钢		316 不锈钢		合金 20、18、6#	
	小于以下值不腐蚀	大于以下值肯定腐蚀	小于以下值不腐蚀	大于以下值肯定腐蚀	小于以下值不腐蚀	大于以下值肯定腐蚀
90	15.7	26.7	62	105	668.4	1100
85	17.7	31	72	120	855.1	1400
80	20.5	35	81	130	1080	1870.7
75	23.3	41	95	160	1336.6	2400
70	27.0	47.2	105	190	1700	3100
65	32	54.6	115	210	2300	4100
60	37.5	64.7	140	240	3050	5300
55	43.4	75	175	300	4070	7000
50	52	86	201	330	5400	9300
45	61	103	250	410	7800	13000
40	71.3	120	290	505	10000	18500
35	85	150	340	615	14000	29000
30	103	180	410	750	20000	42756.3
25	125.9	210	540	950	34000	70000
20	150	250	650	1150		
15	190	320	830	1600		
10	228	420	1050	2050		

膨胀节内介质的操作温度为 93.0~100.0℃，由表6可知，在相应温度下 316L 不锈钢耐氯离子腐蚀的界限为 85~99mg/L，而 304 不锈钢耐氯离子腐蚀的界限仅为 21~25mg/L。介质中的氯离子的累积有可能造成氯离子浓度超过膨胀节端管的耐氯离子腐蚀界限，氯离子造成不锈钢钝化膜的破坏并发生点腐蚀。此外通过垢物能谱分析发现，介质中含有一定量的腐蚀性硫元素，硫化物也对腐蚀起到了一定的促进作用。

4.2 介质流速因素

介质流速对腐蚀速率的影响：不锈钢在静止的介质中易产生点腐蚀，而在流动的介质中不易产生点腐蚀，试验证明，对于不锈钢有利于减少点腐蚀的流速为 1m/s，当流速进一步增大，出现湍流状态时，钝化膜被破坏，点腐蚀随之加重，此外出现湍流状态时，均匀腐蚀、应力腐蚀等腐蚀也随之加剧。这是因为形成湍流时，破坏了紧贴金属表面、几乎静止的边界层，使表面流体剧烈扰动，并对金属表面产生切应力，不锈钢钝化膜受到高速腐蚀性流体的冲刷而离开金属表面，使新鲜的金属表面直接与腐蚀性介质接触，从而加剧了腐蚀破坏[2][3]。

流体流动状态计算：

泵额定流量 $Q = 1359.4 m^3/h$，泵入口管线内径 $d_{入口} = 0.8m$，

膨胀节内径 $d_{出口}=0.6m$,

泵入口介质流速 $V_{入口}=\dfrac{4Q}{\pi d_{入口}^2}=\dfrac{4\times1359.4}{3.14\times0.8\times0.8\times3600}=0.75m/s$,

膨胀节介质流速 $V_{出口}=\dfrac{4Q}{\pi d_{出口}^2}=\dfrac{4\times1359.4}{3.14\times0.6\times0.6\times3600}=1.34m/s$,

介质密度 $\rho=813kg/m^3$,介质动力黏度 $\mu=0.42mPa\cdot s=0.42\times10^{-3}Pa\cdot s$,

膨胀节内流体雷诺数 $Re=\dfrac{d_{出口}V_{出口}\rho}{\mu}=\dfrac{0.6\times1.34\times813}{0.42\times10^{-3}}=2075085>4000$

流体雷诺数 $Re\leq2000$ 时,流动状态为层流;流体雷诺数 $2000<Re<4000$ 时,流动状态为过渡流;流体雷诺数 $Re\geq4000$ 时,流动状态为湍流。通过计算可以得出膨胀节内介质流动状态为湍流,因此介质湍流状态也促进了膨胀节端管管壁的腐蚀减薄。

4.3 综合分析结果

甲苯磺酸的成分变化(游离酸含量增多)、腐蚀性 S 和氯元素、介质的湍流状态促进了膨胀节端管管壁的腐蚀减薄,膨胀节随着装置运行时间的增长(运行时间长达 13 年多),端管不断腐蚀减薄,首先在端管薄弱位置发生泄漏(筋板的焊接部位成分进一步恶化,且存在应力集中现象),最终造成了膨胀节端管的腐蚀失效。

5 防腐蚀措施

5.1 材料要求

丁酯反应系统使用的材质必须为 316L 材质,使用的管材、管件、备件等的材质元素成分必须符合《GB/T 24511—2017 承压设备用不锈钢和耐热钢钢板和钢带》等国家标准,验收材料备件时要求供应商必须提供产品质量证明书、产品合格证、无损检测报告等技术资料,对于资料不齐全、材质不清楚的材料备件拒绝接收。材料焊接时必须使用合格的 316L 材质的焊条、焊丝,焊缝元素成分符合标准《GB/T 983—2012 不锈钢焊条》对 316L 熔覆金属的要求,并对焊缝进行相应的无损检测。

5.2 膨胀节要求

采购新膨胀节时,要求厂家在膨胀节 8 个定位拉杆筋板位置的端管外表面设计增加一层不锈钢加强板,从而改善筋板焊缝处的受力状况和焊接质量。

5.3 工艺要求

控制丁酯反应系统的操作压力和操作温度在指标范围之内,防止因工艺参数的变化引发设备腐蚀加剧;采购的丁酯催化剂对甲苯磺酸必须达到质量指标,重点对游离酸含量、氯离子含量进行管控;由于循环水中的氯离子含量较高,一般工艺指标 $\leq500mg/L$,因此禁止循环水进入丁酯反应系统,此外建议对丁酯反应器内的氯离子含量进行采样分析,防止氯离子超标造成膨胀节等部位的腐蚀。

膨胀节为丁酯反应系统薄弱部位,须定期对膨胀节进行外观检查、壁厚测定等工作,掌握膨胀节端管、波纹管的腐蚀减薄情况。

6 结束语

丙烯酸丁酯反应器循环泵出口膨胀节端管腐蚀泄漏失效，从能谱分析、金相分析、硬度检测等方面进行了检验分析，并结合工艺状况，认为催化剂甲苯磺酸的游离酸增多、腐蚀性 S 和氯元素超过 304 不锈钢耐腐蚀界限、介质的湍流状态三方面因素是腐蚀加剧的主要原因。为延长膨胀节使用寿命，必须从设备材料及控制游离酸、S、氯浓度等方面制定相应的防腐蚀和防范措施，以保障设备的长周期运行。

参 考 文 献

[1] 吕国诚，许淳淳，程海东. 304 不锈钢应力腐蚀的临界氯离子浓度[J]. 化工进展 2008，27(8)：1284-1287.

[2] 林玉珍，杨德均. 腐蚀和腐蚀控制原理[M]. 北京：中国石化出版社，2007：99.

[3] 王保成. 材料腐蚀与防护[M]. 北京：北京大学出版社，2014.

柴油加氢装置高压换热器腐蚀分析及对策

张维燕

（中国石油兰州石化分公司）

摘　要：针对加工焦化汽油工况下柴油加氢装置高压换热器的腐蚀泄漏，利用结盐温度核查、气相速率计算、垢样色谱分析、换热器定点测厚等数据，对换热器管程和壳程不同腐蚀机理进行分析，提出了加强原料腐蚀介质管控、改善原料配比、降低焦粉含量、严格控制结盐温度、定期在线水洗等有效的改进措施，延长了换热器使用寿命，实现了装置长周期稳定运行目标。

关键词：焦化汽油；高压换热器；铵盐结晶；长周期

高压换热器是柴油加氢装置的关键设备之一，其管程介质是加氢反应后的反应产物，主要成分是加氢反应后的柴油、氢气以及反应生成的硫化氢、氨气、水和硫氢化铵等[1]，当换热器操作温度低于铵盐析出温度时，铵盐在换热器管束中沉积，造成换热效果变差，管程压降持续增大，严重影响装置的长周期安全运行；壳程介质是混氢原料，因含有焦化汽柴油，焦化汽油中部分二烯烃化合物，受热后易发生 Diels-Alder 环化反应和聚合反应形成大分子有机化合物。在焦粉的作用下在换热器低流速区沉积并形成结焦区，导致高换段压降上升，长时间产生垢下腐蚀，导致管束内漏。兰州石化公司 3Mt/a 柴油加氢装置自2012 年开工以来，先后共发生六次因高压换热器压降增大和管束腐蚀内漏而导致的装置停工检修。

1　装置高压换热段工艺流程及腐蚀现状

兰州石化分公司 3Mt/a 柴油加氢装置由中国寰球辽宁分公司设计，于 2012 年 6 月建成投产，以直馏柴油、焦化汽柴油、少量催化柴油、化工轻油为原料，于 2016 年 8 月经过改造升级后目前生产国Ⅵ柴油，采用传统的冷高分流程，混氢原料流经四台高压换热器壳程与反应产物换热，反应后的反应产物经五台高压换热器与原料、低分油换热后至高压分离器进行气液分离，流程如图 1 所示。

2012 年 12 月，该装置运行半年后反应产物-低分油换热器（E-102）发生内漏；于2013 年 3 月抢修整体更换，将换热器管束材质由 15CrMo 升级为 0Cr18Ni10Ti，管板材料为15CrMoⅣ锻件+堆焊（堆焊层材料 E309L+347）。通过对 E-102 内漏管束（材质为 15CrMo）垢样进行分析，主要系氯化铵。换热管外壁明显减薄，内壁腐蚀轻微，换热管断口以韧性断裂为主，泄漏原因系换热管外壁腐蚀减薄，承压能力下降导致列管破裂。产生腐蚀的主要原因是装置原设计反应产物-混氢油换热器（E-101A/B）换热能力过大，造成反应产物进 E-102 管程入口温度长期低于设计约 35℃，导致换热器 E-102 管束中氯化铵析出结晶，形成腐蚀。

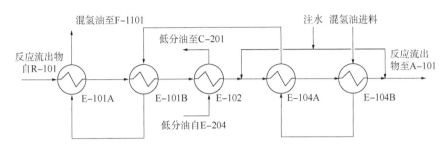

混氢油至F-1101   低分油至C-201   注水 混氢油进料

反应流出物自R-101   反应流出物至A-101

E-101A   E-101B   E-102   E-104A   E-104B

低分油自E-204

图 1   3Mt/a 柴油加氢装置高换段工艺流程简图

2014 年 7 月，系统停工大检修，检查发现材质升级后的 E-102 管程结垢严重，内窥镜检查发现 1 根换热管有疑似裂纹，堵管处理。

2015 年 3 月装置换剂大检修，五台高压换热器检修，其中 E-101A/B 壳程干净无结焦；E-101A 管程干净无结焦；E-101B 管程出口氯化铵结垢；E-102 管程结垢，内窥镜检查发现 11 根换热管有疑似裂纹，堵管处理；反应产物-冷混氢油换热器 E-104A/B 管束无腐蚀，管口干净无结焦。

2016 年 2 月初装置精制柴油硫含量上升，利用糠醛试漏，检测出高压换热器 E-101A/B、E-104A/B 存在内漏。2016 年 8 月底停工处理，将 E-101A/B 进行堵管，每台堵管 630 根（原 1520 根），提高 E-101A/B 换热终温，从而提高 E-102 管程入口温度，避免铵盐结晶；E-104A/B 管束严重腐蚀，因无备件，临时制作碳钢管束进行更换。

2019 年装置大检修更换 E-104A/B 管束，材质为 15CrMo。2022 年 1 月，装置再次发生反应产物-原料换热器内漏，于 2022 年 3 月底停工处理，打开检查发现 E-104A 管箱下方有黑色沉积物，管板及半月板上有积垢，管口腐蚀减薄，管束外壁末发现明显的腐蚀现象。在冲洗过程中有较多的黑色物质冲出，水质较差，且部分管束堵塞，一根管束泄漏。E-104B 管箱隔板有沉积物，半月板及管箱下方有黑色积垢。E-104B 管束外壁无明显腐蚀现象，管口有少量黑色垢物，无明显腐蚀；在冲洗过程中有少量杂质。

2   腐蚀监测数据分析

2.1   原料中腐蚀介质元素影响分析

根据 3000t/a 柴油加氢装置设计条件的工艺参数和物料平衡计算该装置反应流出物系统不同氮含量和不同氯含量下的氯化铵的结盐温度并绘图。

根据图2可以看出加氢原料中氯含量与氯化铵结晶温度成正比关系，当原料中的氯含量在1~2mg/L时曲率最大，随后随着原料氯含量的增加，曲率减小。也就是说当原料中氯含量增加1ppm，结晶点温度最高可提高7℃。其次氮含量增加400ppm，氯化铵的结晶点温度可升高10℃。因此控制原料氯含量和氮含量是降低氯化铵结晶点温度的主要手段之一，也是最直接的手段。

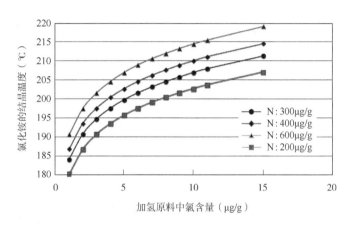

图2　加氢原料中氯含量与氯化铵结晶温度的关系曲线[1]

表1　原料分析数据（注1：分析数据时间范围为2021.2.1—2022.2.25）

项目	硫含量	密度（20℃）	水含量	溴值	氮含量	氯含量
规格指标	≤0.5000		实测		≤900	实测
	（%，质量分数）	（kg/m）	（mg/kg）	（gBr/100g）	（mg/kg）	（mg/L）
最大值	0.3390	844.3	2061	10.60	786	1.30
最小值	0.0195	822.6	100	6.90	134	0.80
平均值	0.1735	835.8	572	9.33	337	0.95

统计装置2021年2月1日至2022年2月25日装置原料分析数据，其中氯含量最大值1.3mg/L，氮含量最大值786mg/kg，查图可得氯化铵结盐温度约195℃，根据洛阳院防腐专家的建议，操作须留有10~20℃的富余量以考虑冬季管壁散热温度低于管心温度等实际情况，也就是约205~215℃。实际E-102入口温度控制在240~250℃，E-102出口注水后温度为180℃，因此在E-102管程下方及E-104A入口段处于易结盐区域。

2.2　换热器气相分率模拟计算

通过流程模拟计算结果（表2）可以看出，随着换热器温度的逐渐降低，反应产物气相分率也逐渐下降，相对应的管束中反应产物流速也在不断降低；同时，由于E-102后有水注入，一方面可将部分结盐洗去，但也促使焦粉凝结、结垢。

表2 高压换热器换热温度计气相分率流程模拟计算汇总表
（注2：E102实测温度应为注水点后的温度（177.8℃））

位号	项目	物流名称	流量(t/h)	温度(℃)		气相分率(%)		
				进口	出口	进口	出口	注水后
E101A	实测	反应产物/管程	/	355.6	303.1	/		/
		混氢油/壳程	/	236.5	294.9	/		/
	模拟	反应产物/管程	327.5	355.6	310.1	90.72	85.71	/
		混氢油/壳程	326.6	236.5	295.0			/
E101B	实测	反应产物/管程	/	303.1	242.2	/		/
		混氢油/壳程	/	160.3	236.5	/		/
	模拟	反应产物/管程	/	310.1	250.1	85.71	82.33	/
		混氢油/壳程	/	160.3	236.5			/
E102	实测	反应产物/管程	/	242.2	177.8[注2]	/		/
		低分油/壳程	/	137.5	/	/		/
	模拟	反应产物/管程	/	250.1	211.1	82.33	81.16	81.57
		低分油/壳程	/	137.5	193.9			/
E104A	实测	反应产物/管程	/	177.8	148.2	/		/
		冷混氢油/壳程	/	123.5	160.3	/		/
	模拟	反应产物/管程	/	191.7	160.6	81.57	81.02	/
		冷混氢油/壳程	/	123.5	138.8			/
E104B	实测	反应产物/管程	/	148.2	104.1	/		/
		冷混氢油/壳程	/	56.3	123.5	/		/
	模拟	反应产物/管程	/	160.6	113.9	81.02	77.86	69.42
		冷混氢油/壳程	/	56.7	123.5			/

3 垢样分析

由图3可看出，E-104A换热管进口、管箱进料口上方有少量白色沉积物，管箱下方存在一些黑色物质，管板及半月板上有积垢。换热管管口存在腐蚀减薄现，管束外壁末发现明显的腐蚀现象。在冲洗过程中有较多的黑色物质冲出，水质较差，且部分管束堵塞，发现有一根管束泄漏。

分别对E-104A半月板、导流筒管板、管束水洗垢样进行分析，发现半月板主要含有元素C、S、Fe，少量含有元素Mn；导流筒管板垢样主要含有元素C、S、Fe，少量含有元素Cl、Cr、Na等；水洗垢样主要含有元素C、O、S、Fe、Cl，少量含有Cr、Mn等元素（图4、表3）。

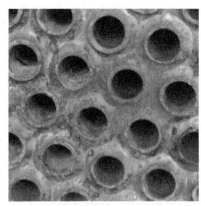

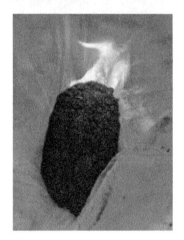

图 3　E-104A 现场照片

表 3　E-104A 各部位垢样元素分析数据表

位置	半月板垢样(图1)	导流筒管板垢样(图2)	管束水洗垢样(图3)
元素	%(原子分数)	%(原子分数)	%(原子分数)
C	87.67	87.28	20.80
S	4.98	4.93	4.76
Fe	7.05	5.82	24.83
Mn	0.29	—	1.07
O	—	1.62	41.87
Cl	—	0.16	6.51
Cr	—	0.07	0.16
Na	—	0.11	—
总量	100	100	100

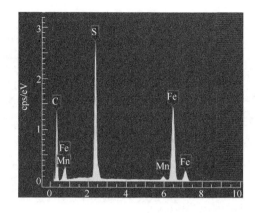
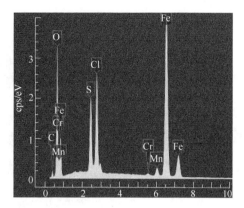
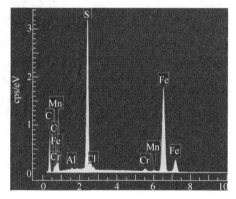

图 4　E-104A 各部位能谱分析照片

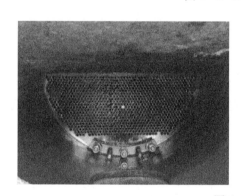

图 5　E-104B 现场照片

　　E-104B 管束外壁无明显腐蚀现象，管口有少量黑色垢物，无明显腐蚀；在冲洗过程中有少量杂质(图 5)。垢样分析结论(图 6)：对 E-104A/B 垢样进行分析，主要为黑色板结状固体物质，质地酥软易研磨，其中含量较高的元素为 C、Fe、S，少量含有元素 Cl、Cr、O 等，在部分样品中夹杂白色半透明固体物质，主要元素为 C，微量含有元素 Fe、S。E-104A 水洗垢样中，除了元素 C、Fe、S 含量高，Cl 元素的含量明显升高。在垢样中存在白色半透明固体物质，且主要含有元素 C、N、Cl，为铵盐。

图 6　E-104B 各部位能谱分析照片

4　测厚分析

通过对两台换热器管束进行定点测厚(图 7、图 8),发现 E-104A 管程进口壁厚存在减薄现象,由进口至出口管壁逐渐变厚;在检测过程中发现有测点数据明显异常,说明管线内可能存在局部坑蚀现象。

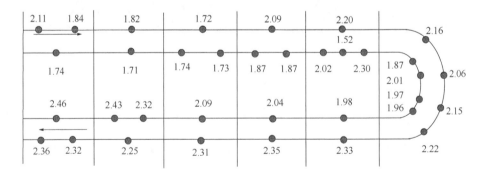

图 7　E-104A 定点测厚分布图

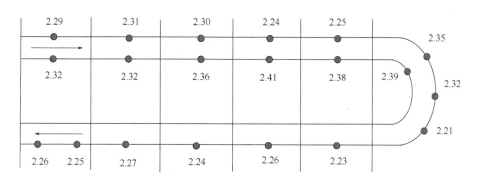

图8　E-104B定点测厚分布图

E-104B换热管厚度基本均匀，末发现明显的腐蚀减薄。

5　腐蚀机理讨论

从上述高压换热器出现的腐蚀及内漏情况可以看出，E-102管束泄漏主要受氯化铵结盐腐蚀影响，E-104A/B管束泄漏主要受结焦腐蚀影响。下面将具体从腐蚀机理进行分析。

5.1　管程铵盐结晶原因分析

加氢精制装置中，由于原料油中含有经过加氢反应，主反应加氢脱硫和加氢脱氮反应生成 NH_3 和 H_2S，NH_3 分别于 H_2S 和 HCl 反应，生成 NH_4HS 和 NH_4Cl。化学反应方程式为：

$$H_2S+NH_3 = NH_4HS \qquad HCl+NH_3 = NH_4Cl \qquad (1)$$

由于 HCl 和 H_2S 的存在，垢下会发生金属的腐蚀溶解，造成金属阳离子（Fe^{2+}）的聚集，溶液的正电荷过剩，外部的 HS^- 和 Cl^- 在电泳作用下，前移至腐蚀发生部位形成氯盐，进一步水解导致局部的 pH 值降低。同时由于已经生成的 FeS 保护膜受到 HCl 和 NH_4HS 的破坏（或者使 FeS 保护膜凝出时铵盐可析出，NH_4Cl 盐的沉积与 K_p 值有关）（见 API932B）。

$$K_p = \frac{MOl_{NH_3} \times MOl_{HCl} \times P_{操作}}{\sum MOl_{气}} \qquad (2)$$

E-102 主要发生的正是铵盐结晶导致的管束堵塞，长时间运行吸附加氢反应中的少量水导致局部发生氯化铵腐蚀。

5.2　壳程结垢原因分析

因装置加工原料中含有焦化汽油，导致原料及反应产物换热器的壳程发生结焦。有文献对焦化汽油生焦机理进行研究，主要从以下三方面进行论述。

5.2.1　二烯烃缩合生焦

根据垢物形成机理，烯烃氧化缩合反应在150~250℃温度范围内发生，而焦化汽油含有部分二烯烃化合物，受热后易发生 Diels-Alder 环化反应和聚合反应形成大分子有机化合物。加拿大有限公司的埃德蒙顿研究中心用典型的镍钼氧化铝催化剂对焦化汽油的加氢进行中试，在试验 2000h 后，反应温度达到 290℃，因二烯烃发生聚合反应而堵塞催化剂。众所周知，即使在常温常压条件下，二烯烃也非常容易聚合，只不过所形成的聚合物为低聚物而仍然溶解在汽油中。

5.2.2 有氧参与的自由基链反应

在原料的储运过程中，原料与空气的氧接触，使其含有一定的溶解氧，由于焦化汽油中含有 N，S 等非烃化合物，如硫醇和碱性氮类化合物，这些化合物的热稳定性差，首先离解成自由基，然后引发不饱和烃的自由基聚合反应，并进一部缩合生焦。因此经过储存的焦化汽油不适合作为加氢原料，在较高的加氢温度和压力条件下，经储存后所形成的二烯烃的低聚物迅速向高聚物转变，从而造成严重的结垢。

5.2.3 焦粉积聚沉积

原料中含有细小焦粉，虽然加氢装置均设置过滤器，可以滤出 >25μm 以上的固体杂质，但仍有少量的焦粉随原料进入装置，这些细小焦粉具有很强的吸附性，易与聚合反应中形成的有机大分子化合物黏结在一起，使焦垢颗粒逐渐长大，当其长大到物流不能携带其继续向前运动时就从物流中析出，沉积在设备内部和反应器催化剂床层顶部。由于介质流速低，在换热器管板和折流挡板处更容易出现结垢，反应器上层垢物部分从换热器带过来，与从管线到反应器扩径造成介质流速急剧下降有关。

从混氢原料—反应产物换热器(E-104A/B)壳程管板和折流挡板处结垢最为致密和严重，而温度更高的加热炉炉管无明显的结垢现象，验证了上述论述。

6 解决措施

6.1 原料特征元素管控

柴油加氢装置中的氯主要来自原料油和氢气。目前炼厂氢气主要有制氢 PSA 氢、少量化工氢，均不含氯，其次重整氢因加入脱氯剂，含氯可能性不大，因此暂不考虑氢气中含氯。目前关于加氢装置中氯的来源问题存在争论，一方认为油田使用含氯有机添加剂，有机氯随原料油进入加氢装置导致加氢装置的积盐，另一方认为二次加工装置(催化裂化和延迟焦化)加工过程中生成氯化氢，氯以无机盐的形式存在原料油中，进入加氢装置导致结垢。

从前述分析可以看出该装置高换管程段主要发生的是铵盐结晶腐蚀，自 E-104A 管程入口设置有注水点，因此结盐点温度应控制在 E-104A 的管程入口温度以下，可有效实现管控。目前高压换热器 E-102 管程入口温度控制 250℃，管程出口在 211℃，壳程段入口温度 138℃，出口在 194℃，从图 2 可以看出，原料氯含量尽量控制 <1mg/L，氮含量控制 <400mg/kg，结盐温度可控制在 190℃ 以下，满足结盐点控制要求。因此日常控制需要关注 E-102 壳程温度管控，即低分油进换热器温度应尽可能控制的高，放至在低分油进壳程

后温度过低导致附近管程局部区域温度下降，造成结盐，进而引发铵盐腐蚀问题。从 E-104 管程垢样分析数据和温度分布可以看出，E-104 局部区域仍存在铵盐结晶，E-102 注水后气相化率下降，导致部分管束流速偏低，该部位反应注水后的液态水量低，受焦粉存在的影响，部分未溶解的铵盐在低流速区沉积下来，形成盐垢，长时间运行吸附一定的水分后，局部区域形成酸腐蚀环境，进而引发管束泄漏。E-104B 管控白色垢样系铵盐，可能为 E-104A 不断带出的盐垢。因此，管控原料的氯、氮含量仍为关键。

6.2　原料组份调整

通常加氢装置在设计初期阶段，高压换热器的换热平衡均是根据炼厂提供的原料配比经催化剂厂家经过模拟实验后的数据换算而来，通常会预留10%的余量。反应产物与分馏油换热器出口温度通常为根据装置原料模拟的铵盐结晶温度点，在该换热器后均设有注水，来溶解因温度降低析出的铵盐。但在实际生产过程中由于原料性质(硫、氮)均较设计值缓和，实际反应放热小于设计值，导致反应产物第一换热器换热终温远低于设计值，若此时通过高换副线调整原料与反应产物换热量仍低于铵盐结晶点温度，则经过长时间运行，铵盐逐渐沉积在换热器内，导致换热器管程段压降迅速上升，换热效果变差，从而影响装置加工负荷。这一不可逆过程，当到一定程度后，装置加工负荷仅可维持设计最低量时，因系统压降逐渐增大，氢油比降低，导致反应产物与冷混氢油换热器内部分点流速过低，注水后发生氯化铵垢下腐蚀，从而引发原料与反应产物换热器内漏，影响产品质量，装置被迫停工。

因此，为保证在设计阶段，高压换热器的热平衡能够越接近装置实际生产情况，在前期提供给催化剂厂家的条件应尽可能考虑多种加工方案。其次装置开工后，原料配比应尽可能按照设计原料配比，防止出现偏差大，反应放热低出现结盐点前移的情况。

6.3　焦化汽油及焦粉影响

受焦化汽油和焦粉影响，高换壳程侧，E-104B 壳程出口温度约 123℃，达到二烯烃自聚反应温度要求，加之焦粉的强吸附性，与聚合反应中生成的有机大分子化合物黏结在一起，使得焦垢颗粒逐渐长大，在换热器低流速部分沉积结焦，这也是目前 E-104。装置实际运行过程中也反应出，自焦化汽柴油进装置后，运行一段时间，E-104B、E-104A 相继发生换热效果越来越差的现象，印证了这一推论。因此加工焦化汽油的装置需关联上下游装置共同考虑，一是上游焦化装置应加强焦粉管控，通过增上措施彻底解决焦粉的问题；二是保证焦化汽油的直供柴油加氢路线，同时避免暂存罐区焦化汽油全量进装置，按照一定配比进装置加工，降低进装置焦化汽油中胶质和低聚物含量；三是原料缓冲罐的保护气体应为无氧气体，本装置采样燃料气作为保护气体，从装置标定燃料气分析数据可以看出燃料气中含有少量氧气，因此可以考虑采用新氢作为保护气体。

6.4　合理调整反应注水

反应流出物换热系统的注水是加氢装置中的一个非常重要的辅助系统。注水的主要目的是溶解在反应流出物冷凝冷却过程中形成的铵盐，防止铵盐的结晶析出、堵塞换热器和空冷器管束以及管道；同时注水也可以稀释腐蚀介质铵盐的浓度，降低设备和管道的腐蚀。但是，如果原料中氯含量过高，导致氯化铵结盐温度上升，结盐部位前移，高压换热器材质多采用奥氏体不锈钢（或奥氏体不锈钢堆焊），而采用不当的注水方式则易导致氯化物应力腐蚀开裂，造成严重的高低压互串和产品质量不合格事故。一般应保证总注水量的25%在注水部位为液态，在干态下建议采取间歇性注水，湿态下采取连续注水方式。注水水质：除氧水或装置回用水（用量最大不能超过注水量的50%），且水中 pH 值必须≥7.5。

通过对 E-104A/B 管程入口处注水点不同工况下的注水量气液态量进行核算，结果见表4。

表4　不同工况下注水量液态水比例核算结果汇总表

装置加工量 （t/h）	6 吨注水量（7.25MPa，210℃）			8 吨注水量（7.25MPa，210℃）		
	气态（kg/h）	液态（kg/h）	液态水比例（%）	气态（kg/h）	液态（kg/h）	液态水比例（%）
280	5546	607	10.12	7357	796	13.27
375	5518	597	9.95	7332	783	13.05
417	5560	610	10.17	7369	801	13.35

从上表数据可以看出，在装置设计负荷范围内，当注水量达到设计值 6t/h 和设计最大量 8t/h 时，液态水最大比例为 10.17% 和 13.35%，均不能达到 25% 的要求，但随注水量的提高，注水比例同步提高，因此该点注水量还需进一步提升以满足 25% 的液态水比例要求，下一步可通过增大注水泵额定量提高液态水注入比例，达到最佳水洗效果。

6.5　尝试在线水洗方案

该装置于 2016 年增加 E-102 入口注水点，当换热器发生铵盐结晶堵塞管束，压降上升后，装置反应系统可改循环降温后进行冷油循环，利用新增注水点进行在线水洗。该方法目前金陵石化和华北石化均已有成功应用，且通过定期在线水洗有效控制 E-102 的压降稳定，延长运行周期。过程中必须注意，反应器出口温度<200℃，必须保证进入换热器的水为液态水，防止因温度过高，铵盐溶于水后 pH 值降低，造成氯化物应力腐蚀开裂。

7　结束语

（1）柴油加氢装置高压换热器腐蚀主要是铵盐结晶和垢下腐蚀。

（2）合理的换热流程可以有效抑制铵盐结晶。主要从设计阶段考虑多种加工方案，选择最适宜装置的原料比例，实际运行过程中应尽可能按照设计原料配比，防止因偏差大造成反应放热低出现结盐点前移的情况。

（3）关键元素控制和原料组份控制对抑制结盐作用明显。从源头把关，减少或禁止油田及上游装置含氯添加剂的应用，其次确保掺炼催化柴油的比例，控制混合原料氮含量，从根本上减少铵盐的来源。针对二次加工装置的氯化铵结盐，不能孤立考虑本装置的问题，需要关注加工装置的上下游联系。当加工催化柴油时，重点关注催化分馏塔冲洗期间催化柴油原料的氯含量。如果催柴为热进料，应考虑增加沉降罐，控制催化装置分馏塔冲洗期间原料的氯含量；如果催柴为冷进料，建议增设催化分馏塔冲洗期间的沉降罐，降低携带的氯盐进入加氢装置。

（4）合理的工艺条件是高压换热器长周期运行的有利保障。日常操作中，尽可能将反应系统压力、循环氢流量靠上限控制，降低反应流出物系统氯化氢和氨的分压，从而降低氯化铵的结晶温度。提高反应流出物在换热器 E-101B 管程出口温度及 E-102 壳程入口温度，尽量控制结盐点在注水点之后。

（5）有效利用注水点，实现高换定期在线水洗，为装置长周期运行提供保证。

参 考 文 献

［1］王春雷，舒畅等．焦化汽柴油加氢装置换热器结垢影响因素分析［J］．当代化工．2018.47（8）：1633-1636.

个性化检验在工业管道保温下腐蚀防护中的应用

郝文旭

(中国石油兰州石化公司)

摘　要：石化行业绝大部分工业管道因隔热、防冻凝或工艺的需求而设置了保温层，由于保温施工质量、使用过程发生破损等状况，水分进入保温层下易引发保温层下腐蚀(CUI)。保温层下腐蚀具备的隐蔽性，一般不容易被及时发现，近些年来因保温层下腐蚀引起的物料泄漏的事件时有发生，逐步成为石化行业安全生产的重大隐患。通过分析保温下腐蚀特点，推行有针对性的个性化检验，及时发现腐蚀缺陷避免泄漏事件的发生。

关键词：保温层下腐蚀；隐蔽；泄漏；个性化检验

保温层下腐蚀主要腐蚀形态为均匀减薄和点蚀凹坑，发生腐蚀的原因普遍认为由于保温金属保护层由于施工质量、或使用过程中发生变形、破损，导致水分渗入保温材料，如果介质温度不高，水分无法蒸出，在金属和保温材料间形成薄层电解质溶液，为电化学腐蚀提供了条件。阳极反应生成的 Fe^{2+} 与阴极反应生成的 OH^- 生成次生反应产物 $Fe(OH)_2$，$Fe(OH)_2$ 在氧气的作用下继续发生反应，生成最终腐蚀产物 $Fe(OH)_3$ 和 Fe_3O_4，这些腐蚀产物比较疏松，缺乏保护性，腐蚀介质很容易通过腐蚀产物继续腐蚀金属本体，所以金属本体一旦发生了腐蚀，就会持续不断地发展下去。近些年来由于保温层下腐蚀引起的油气泄漏时有发生。

1　保温层下腐蚀特点及防护

工业管道易发生保温层下腐蚀的温度区间一般集中在−4~150℃之间，温度作为保温层下腐蚀发生的一个重要因素，还影响腐蚀速率的快慢。保温层下的腐蚀环境可看作是个封闭的系统，随着温度的升高，系统内的氧浓度增大，保温层下金属的腐蚀速率也随之提高；伴随持续高温，水分在金属表面更易蒸发，导致腐蚀介质的浓缩和沉积，腐蚀速率进一步提高；当温度持续升高达到120℃时，保温层结构逐渐达到干燥状态，金属表面水分蒸发殆尽无法形成电解质溶液薄膜，此时保温层下腐蚀速率为零。

针对保温下腐蚀的特点，通常从以下几个方面做好防护：

(1) 合理布置保温层结构，防止水分进入保温层。对于易进水部位进行密封处理，减少水分进入保温层的量，从根源减少保温层下腐蚀发生的概率。甚至对于工业管道上可有可无的保温进行拆除；

（2）做好工业管道的外防腐涂层施工质量管控，隔离腐蚀介质与金属表面的接触，阻止保温层下腐蚀的发生。防腐涂层的使用寿命直接影响着工业管道的使用寿命；

（3）按照《在用工业管道定期检验规程》对工业管道进行定期进行全面检验，同时根据特种设备管理要求，进行月度及年度检查。

2　保温层下腐蚀管道失效分析

案例1：某化工厂烯烃装置碳三加氢反应器顶部管道在弯头处发生泄漏（图1），造成大量丙烯介质的泄漏。该管道材质为15CrMo，设计壁厚6.5mm，正常操作温度60℃，操作压力2.6MPa，再生时操作温度约400℃。管道投用时间1996年，在其检验周期内。

案例2：某化工厂罐区装置丙烯送出线在使用过程中发生泄漏（图2），该管道材质为20#钢，设计壁厚4.5mm，操作温度为常温，操作压力2.2MPa。管道投用时间2003年，管道在其安全检验周期内。

图1　碳三加氢管道保温层下腐蚀泄图　　　　图2　丙烯管道保温层下腐蚀泄漏图

虽然在预防保温层下腐蚀方面采取了一定的防护措施，但是还是发生了上述两例保温层下腐蚀导致工业管道泄漏的事件，说明我们采取的措施及防护方案并不完善。因为保温层在使用过程中不可能不发生变形、破损等缺陷，同时根据SH/T—2011《石油化工设备和管道涂料防腐蚀设计规范》中要求，外防腐涂层有着一定的使用寿命，一旦水分沿保温层的破损处进入保温层下，接触防腐涂层已失效的工业管道，就会在金属表面产生腐蚀，如果工业管道在全面检验中没有及时发现这些腐蚀缺陷，成为检验的"漏网之鱼"，就会严重影响管道的安稳运行，所以我们需要更有效的检验手段发现缺陷并及时处理。

3　个性化检验在工业管道检验中的应用

以往工业管道的检验方式，检验单位只是根据《在用工业管道定期检验规程》的要求对管道进行宏观检查、一定比例的抽检弯头、三通等易冲刷部位的壁厚。检验并没有结合设工业管道自身状态，因此检验缺乏针对性，上述发生泄漏的工业管道均在其检验周期内。所谓的个性化检验方案，即使用单位根据工业管道的使用年限，制定有针对性的预检验方案，与检验单位制定的全面检验方案相结合，并在检验过程中予以执行。

按照工业管道保温层下腐蚀的特点，编制有个性的预检验方案应该从以下几方面出发：

（1）排查确定重点检查对象。

根据工业管道年度检验计划，筛选出重点需要进行保温层下腐蚀检查的对象：工作温度在-4~150℃之间，使用年限大于等于10年，且设置了保温层的工业管道。确定重点检查对象的原因就是要根据风险的大小，减轻工作负担及避免过度检验。

关于工作温度的规定，当温度低于-4℃，腐蚀速率很低可以忽略，当温度高于150℃时，金属表面可以有足够的热量来保持表面的干燥，也很少发生腐蚀。但是一旦当管道因停运、检修等问题，温度区间一到这个范围区间内时，保温层下也腐蚀会很快发生。所以对于间歇运行的工业管道，正常工作使用温度超过150℃时，也要排查进入重点检查对象范围。

关于使用年限的规定，一般认为外防腐涂层设计寿命一般不会超过10年，从保温层下腐蚀引起泄漏的实际案例中，同样可以看到绝大部分管线使用年限在10年以上。

（2）明确工业管道年度检查与全面检验宏观检查相结合的管理要求。

工业管道全面检验中的第一项内容基本是宏观检查报告，包括管支座、保温层、防腐层等一系列的检查。将工业管道的年度检查内容与检验单位的宏观检查相结合，对工业管道的保温层及防腐层的完好性作为检查的重点，并将检查的结果作为重点纳入工业管道年度检查报告。检查中发现的保温层、防腐层缺陷，应及时处理，就能够有效避免腐蚀的进一步扩展。

在工业管道的日常管理中，我们可能会轻视保温、防腐不完好等所谓的"小事"，然而磨破脚趾的未必是漫漫长路，有可能是鞋中的一粒沙。因此工业管道管理无小事，只有把当前繁琐的"小事"解决好，才能成就未来工业管道安稳运行的大事。

（3）确定重点检查部位。

工业管道的全面检验中壁厚测定，确定抽检过程中优先、重点进行检查的部位：

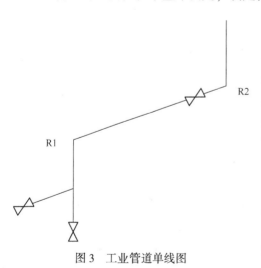

① 直立管道保温末端弯头处测厚检查；

举例说明对于图3中，工业管道弯头R1与R2比较，其中R2要比R1有着优先检查权，因为R2不仅要考虑到介质流动对其的冲刷，由于处于管道末端，该弯头部位容易存水，其被水分浸湿的概率大，易发生保温层下腐蚀导致壁厚减薄。

② 管道上所有分支处测厚检查；

上述案例2就是典型工业管道分支处金属保护层开口未进行防水措施，水分沿着开口进入保温层，而引起保温层下腐蚀导致丙烯泄漏。

图3　工业管道单线图

工业管道的分支不仅仅是指管道的支管，

同时也应将倒淋、引压管等一些小接管纳入需重点检查部位，进行管理。如图 4 所示，排查发现小接管根部未设置支管台发生严重的腐蚀，最终对接管进行了更换。

③ 保温层下阀门、法兰、螺栓等附件检查：

目前工业管道上阀门保温层普遍采用包"盒子"的型式，由于保温材料填充过程中，不可能完全按着"盒子"的形状充分填充，就会导致保温"盒子"在使用过程中发生变形，水分随之进入保温层。腐蚀经常发生在法兰连接处的直管段附近，同时也可导致螺栓腐蚀失效，造成法兰泄漏，如图 5 所示，排查过程中发现阀门"盒子"处引发的保温层下腐蚀。

图 4　压力管道上小接管根部腐蚀图

图 5　压力管道上阀门等不规则保温部位腐蚀图

④ 特殊环境下工业管道检查：

对于在空气湿度较大环境下运行的工业管道要进行重点检查，例如常年在循环水厂下风口工作的管道或喷淋水下管道，由于水汽蒸发空气湿度大，保温材料容易吸潮，从而引起管道腐蚀。

⑤ 保温报损处或保温结构不合理处的检查：

保温破损容易引起水分进入保温层下，为腐蚀的发生提供有力条件。同时部分管线设置不合理，保温不规范同时引起两条管线同时发生保温层下腐蚀。如图 6 所示，在排查过程中发现，保温丁二烯管线与裸管己烯管线距离太近，保温设置不合理，最终引起两条管线都发生较为严重的保温层下腐蚀，

图 6　压力管道上保温设置不合理造成的管线腐蚀

最终对保温进行了局部拆除，管线防腐处理。

（4）确定合理检验方式。

工业管道保温层下腐蚀具备的隐蔽性，如果大面积拆除保温进行检查，必然造成施工成本过大。此时可采用先进的检验手段，如导波检验，在不必大面积拆除保温的状况下，就能够对检测的管道安全等级进行整体的评估。

大检修期间，某乙烯装置压力管道检验过程中采取有针对性的个性化检验，发现并完成了 35 条 500m 四级管线的更换，小接管整改 43 项、引压管腐蚀管线整改 31 条，"盲肠"死角治理 8 项，A 类倒淋整改 88 项，对 200 对法兰腐蚀严重的螺栓进行更换，彻底排查并治理压力管道存在的本质安全隐患。

4　结束语

工业管道的保温层下腐蚀广泛存在，且具备的隐蔽性，给工业管道管理工作带来了困扰。但通过了解并掌握保温层下腐蚀特点，深入落实并推行个性化检验，建立将全面检验和年度检查相结合的管理要求，及时发现腐蚀缺陷，就能够降低因保温层下腐蚀引发物料泄漏的风险。

参　考　文　献

[1] 姜莹洁，巩建明，唐建群，等.《保温层下金属材料腐蚀的研究现状[J]. 腐蚀科学与防护技术，2011，23（5）：381-385.
[2] 郝文旭，张健，等. 碳钢材料的保温层下腐蚀及防护措施[J]. 石油和化工设备，2017（11）：63-65.

减压塔顶空冷器腐蚀泄漏原因分析

雷　静　刘鹏举

（中国石油兰州石化公司）

摘　要：2022 年 4 月某公司常减压装置减压塔顶一级空冷 A-105/3 底部管箱发生腐蚀泄漏。空冷 A-105 为板式湿空冷，共有 6 组空冷器，其入口管线为非对称分布，呈鱼骨状，发生泄漏的空冷器为北侧的末端空冷。结合宏观腐蚀形貌观察、测厚检查和垢样分析认为：该空冷入口非对称式布管，造成油、水和气相无法平均分布，使后程空冷中的缓蚀作用弱化，腐蚀介质浓度增大，形成严重的酸性腐蚀环境，是造成空冷泄漏的主要原因之一。同时，凝液冲刷与设备缺陷的加剧了设备的腐蚀。

关键词：减压塔；空冷；腐蚀泄漏；不对称分布；冲刷

1　概述

该常减压装置为 2003 年投产，设计能力为 $500×10^4$ t/a（8000h），以加工长庆、青海与吐哈的混合原油为主。装置采用"两炉、三塔"蒸馏技术，是典型的燃料—润滑油型常减压蒸馏装置。2022 年 4 月，装置减压塔顶空冷 A-105/3 空冷（东侧）底部管箱发生腐蚀泄漏。

2　减顶冷凝冷却系统工艺流程及设备参数

2.1　减顶冷凝冷却系统工艺流程

减压塔顶油气进入减顶预湿空冷（A-105/1~6）冷到 28℃ 左右，液相进入减顶分水罐（D-104），气相经过减顶一级抽空器（EJ-101/1，2）抽出，一级抽空器排出的不凝气、水蒸汽和油气进入减顶一级湿空冷（A-106/1~3）冷凝，冷凝的液相流入减顶分水罐（D-104），气相被机械抽空器（EJ-103/1，2）的真空泵抽出，进入减顶分水罐（D-104），如图 1 所示。

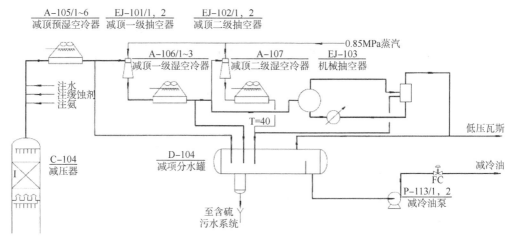

图1 减顶冷凝冷却系统工艺流程

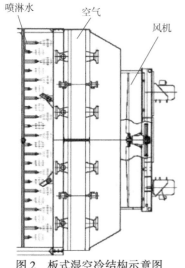

图2 板式湿空冷结构示意图

2.2 空冷A-105/3设备参数

空冷A-105/3为板式湿空冷，整体由板束、风机、构架水箱及喷淋装置组成，其中风机与喷淋装置位于板束的两侧，具体结构如图2所示。该空冷为2006年4月安装投用，主体材质为碳钢，板束材质为316L，介质为减顶油气，进口温度约61℃。

现场观察发现，A-105共有6组空冷器，其入口管线为非对称分布，呈鱼骨状，发生泄漏的空冷器为北侧的末端空冷(第3台)，具体情况如图3所示。

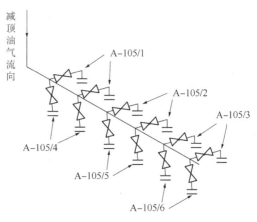

图3 空冷A-105/1~6进口管线分布示意图

3 检验分析

3.1 宏观腐蚀形貌

现场检查发现，泄漏位置为 A-105/3 空冷器靠近喷淋水一侧的管箱底部，由于该空冷管箱底部曾于 2019 年发生过泄漏，当时装置进行胶封堵漏后管箱底部整体包覆玻璃钢的方式进行处理。此次检查发现空冷器管箱底部钢材已完全腐蚀殆尽，去除玻璃钢层后漏点孔洞扩大近 1 倍左右，如图 4 所示。

图 4　泄漏部位形貌

图 5 为漏点附近管箱内部腐蚀形貌图，由图可知管箱内壁整体附着有一层红褐色腐蚀产物，近喷淋水一侧管箱内壁腐蚀严重，可见明显腐蚀沟槽；近风机一侧管箱内壁的整体平滑，为均匀腐蚀，腐蚀较轻微。观察板束可知（图 6），喷淋水侧的管束有明显结垢现象，部分板束几乎堵死，而风机侧板束无结垢情况，可见金属光泽。同时管箱底部短接两侧有明显的液体冲刷沟槽（图 7）。由上可知，靠近喷淋水一侧的腐蚀更严重，且空冷管箱底部存在明显的冲刷腐蚀现象。

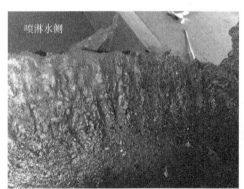
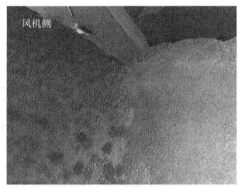

图 5　管箱内部腐蚀形貌

图 6　空冷板束腐蚀形貌　　　　　　图 7　管箱底部短接腐蚀形貌

3.2 测厚检查

对泄漏部位进行了测厚检查，测厚点分布及检测结果见图8、表1。为了充分了解空冷 A-105/3 底部管箱的腐蚀情况，对另一侧管箱相应位置进行了测厚检查，测厚点分布及检测结果见图9、表2。测厚数据表明，离漏点越近的部位壁厚越薄，最小值为 1.4mm，距离漏点边缘 5cm 左右的位置壁厚值普遍在 7mm 以上。

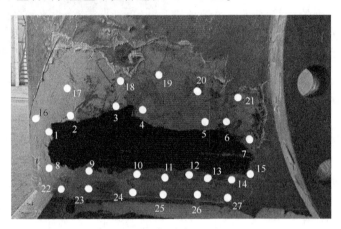

图 8　泄漏部位测厚点分布图

表 1　泄漏部位测厚数据

编号	1	2	3	4	5	6	7	8	9
厚度（mm）	1.4	3.38	2.33	1.08	2.9	2.49	2.86	2.48	3.81
编号	10	11	12	13	14	15	16	17	18
厚度（mm）	3.04	2.87	4.41	3.69	3.27	2.3	5.64	6.39	7.47
编号	19	20	21	22	23	24	25	26	27
厚度（mm）	8.02	9.63	11.32	10.5	6.1	9.64	9.43	9.42	9.12

图 9　对侧管箱测厚点分布图

表2 对侧管箱测厚数据

编号	1	2	3	4	5	6	7
厚度(mm)	12.6	14.1	13.6	9.76	9.4	8.4	8.11

3.3 腐蚀产物分析

对空冷管箱漏点附近的内壁及底部短接垢样进行能谱 EDS 分析,样品示意图见图10、图11,分析结果见表3、表4。通过分析可知,空冷管箱漏点附近的内壁及底部短接垢样包含的主要元素为 C、O、S 和 Fe,其中腐蚀性元素 S 含量较多。

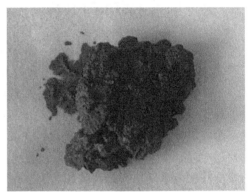

图10 空冷管箱漏点附近的内壁样品示意图　　　图11 空冷底部短接垢样示意图

表3 空冷管箱漏点附近的内壁垢样能谱分析结果

① 本体黑色部分			② 本体红褐色部分		
元素	重量百分比(%)	原子百分比(%)	元素	重量百分比(%)	原子百分比(%)
C	11.02	26.53	C	9.79	23.46
O	20.6	37.21	O	23.01	41.38
Si	1.4	1.44	Al	0.17	0.18
S	0.3	0.27	Si	0.38	0.39
Ca	0.2	0.14	S	0.47	0.42
Mn	1.11	0.58	Ca	0.13	0.09
Fe	65.36	33.82	Mn	2.9	1.52
/	/	/	Fe	63.15	32.54
总量	100	100	总量	100	100

表4 空冷底部短接垢样能谱分析结果

元素	重量百分比(%)	原子百分比(%)
C	21.28	42.12
O	20.96	31.15
Al	0.20	0.18
S	6.44	4.77

元素	重量百分比(%)	原子百分比(%)
Cr	0.39	0.18
Mn	0.67	0.29
Fe	50.06	21.31
总量	100.00	100.00

4 腐蚀机理及腐蚀原因分析

4.1 腐蚀机理

减压塔顶冷凝冷却系统属于低温含水的环境，其腐蚀以 $H_2S-HCl-H_2O$ 型腐蚀为主[1-2]，其中的 HCl 来源于原油中氯盐(NaCl、$CaCl_2$、$MgCl_2$ 等)的水解作用，H_2S 主要是原油中的硫化物在 260℃以上分解的产物。HCl 和 H_2S 二者共同作用，在有液态水时形成酸性腐蚀环境，尤其是在气液相变的部位该腐蚀尤为明显。

4.2 气液相分配不均导致偏流

减顶挥发线至减顶空冷入口管线采用鱼骨状非对称分布形式，这种管路系统中流量分布的不均匀性是该系统的固有特性[3]。因此对于该空冷系统，物流的偏流是不可避免的。另外减压塔顶挥发线外无保温，且塔顶馏出物较少(液相采出仅 1.0~1.5t/h 左右)，在冬季外界温度低的情况下，会有大量凝液形成，更易造成气液相分配不均。虽然在 A-105 入口总管处有注水、注缓蚀剂的防腐措施，但在物流通过空冷器系统流道的过程中，油、水和气相无法平均分布，加之油水分层的原因，很可能使后程空冷中的缓蚀作用弱化，腐蚀介质浓度增大，而形成严重的酸性腐蚀环境，导致了局部腐蚀加剧。

4.3 冲刷腐蚀

在喷淋水侧受到喷淋水的影响，温降更加明显，更易形成凝液。空冷热负荷小，导致气相在喷淋水侧迅速液化，凝液沿壁流下造成冲刷腐蚀，形成了管箱内壁的明显沟槽。

4.4 原有设备缺陷加剧了腐蚀

由于该设备管箱底部在 2019 年就曾发过腐蚀泄漏，泄漏位置位于此次泄漏位置附近。根据现场打开情况，原漏点胶封部位钢材已全部被腐蚀，并向低点扩散。胶封位置属于设备缺陷部位，且可能存在高低不平导致少量积液，缺陷部位本就是高腐蚀点，在长期的酸性液体浸泡下，导致腐蚀范围不断扩大，进而导致二次泄漏。

5 结论

综上所述，减压塔顶空冷中主要为 $H_2S-HCl-H_2O$ 型腐蚀，由于该空冷进料分配管存在偏流现象，进料经分配管后的分布并不均匀，导致末端空冷器的腐蚀环境更为苛刻，同时在冲刷及设备原有缺陷的影响下最终造成腐蚀泄漏。根据上述分析，为防止类似问题发生的可能，建议采取如下措施：

（1）调整 A-105/1~6 各台空冷入口阀门，防止偏流；

（2）在 A-105/1~6 各台空冷入口处增设注水、注缓释剂设施，确保防腐效果；

（3）加强 A-105/1~6 易腐蚀部位腐蚀监测，重点监测空冷管箱、空冷弯头迎冲面、管线盲端死区等。

参 考 文 献

［1］柴永新，刘小辉．减顶冷却器的腐蚀与防护对策［J］．广东化工，2014，16：158-159.

［2］王惠军．原油预处理单元减压塔塔顶系统露点腐蚀与控制［J］．化工技术与开发，2020，49(2/3)：93-95.

［3］卜江华，胡明辅，朱孝钦．并联管组系统中的流体流量分布研究［J］．昆明理工大学学报，2003，28(5)：131-132.

炼化装置腐蚀源头主动防腐新技术、新装备探讨

孙亚旭　张海飞　刘晓燕　郭文婷　魏　玮

（中国石油兰州石化公司）

摘　要：随着国内原油资源的深度开采，原油的酸值、硫含量、密度不断增大，同时由于开采过程中加入多种助剂，使得原油中的非碳氢元素对加工装置的腐蚀日益加剧，给原油加工装置长周期安全生产带来前所未有的挑战。由于技术、费用等方面的限制，设备、管线的材质升级不彻底，对现加工原油的适应性差，装置因腐蚀造成的泄漏事故明显增多，因此要从工艺手段、监测技术入手，加强装置防腐蚀控制管理能力，从而降低腐蚀风险，保障装置安全平稳生产。

关键词：深度开采；长周期安全生产；工艺手段；监测技术；腐蚀控制管理

随着全球原油性质重质化、劣质化趋势的加剧，对加工装置腐蚀控制和腐蚀管理的要求越来越高。有的企业长期加工低硫低酸原油，因此装置的腐蚀控制措施不完善、腐蚀管理水平低下，如加工高硫、高酸原油时，虽然装置硬件基本可以满足加工需求，但由于缺乏腐蚀控制技术、监测手段、腐蚀管理等，因腐蚀造成的泄漏事故就会频发，造成人员伤亡、环境污染、设备损坏[1]。

为了能实现装置长周期安全平稳运行，通过不断研究与实践运用源头管控、过程监控、成效把控等措施，将工艺防腐与设备防腐有机结合，通过先进的监检测技术，来实现腐蚀过程的有效管控，在发生腐蚀泄漏前将存在的风险消除，达到装置安全平稳运行的目标。

1　研究背景

原油中存在硫、氮、氧、氯及重金属和杂质等非碳氢元素在加工过程中的高温、高压、催化剂作用下转化为各种各样的腐蚀性介质，并与石油加工过程中加入的化学物质一起形成复杂多变的腐蚀环境（图1至图4）。

硫作为炼化装置最为常见的腐蚀元素，腐蚀类型包括低温湿硫化氢腐蚀、高温硫腐蚀、连多硫酸腐蚀、烟气硫酸露点腐蚀等，并且贯穿于一次和二次加工装置。含氧化合物以环烷酸的形式，对常减压等装置高温部位弯头、泵壳产生严重的腐蚀。含氮化合物经过二次加工装置高温、高压和催化剂的作用后可转化为氨和氰离子，在催化裂化、焦化、加氢裂化流出物系统形成氨盐结晶，严重时会堵塞设备和管线，引起垢下腐蚀。氰化物会造

成催化裂化吸收、稳定、解吸塔顶及其冷凝冷却系统的均匀腐蚀、氢鼓泡和应力腐蚀开裂。无机氯和有机氯经过水解或分解作用，在一次和二次加工装置的低温部位形成盐酸复合腐蚀环境，造成低温部位的严重腐蚀[1]。

图 1　HCl+H_2S+H_2O 腐蚀

图 2　NH_4Cl 结盐腐蚀

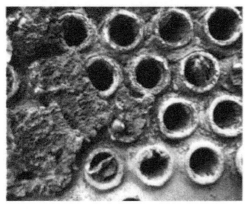

图 3　铵盐沉积和腐蚀

图 4　应力腐蚀开裂

2　源头管控

2.1　防腐措施

加工原油中的硫、氮等元素是造成腐蚀的主要介质，因此加强控制原料中腐蚀介质的含量是防腐蚀的首要措施[2]。

（1）采取原油"分贮分炼"，通过原油快评技术在进入装置前对原油硫含量和酸值进行准确的数据分析，在超过装置加工能力的情况下，在罐区对原油进行混掺，并采取有效措施尽量做到混掺均匀，避免对装置造成冲击。

（2）对常减压装置电脱盐罐入口原油进行腐蚀性介质分析（硫含量、酸值、盐、水分等）。

（3）跟踪监测电脱盐系统的运行状况，对脱后含盐、脱后含水、排水含油等指标定期监测，确保电脱盐系统的有效运行。

（4）对进入二次加工装置的原料进行酸值、硫含量及其他腐蚀性介质含量的分析，确保含量低于设计值。

（5）当欲加工原油的酸值和硫含量高于装置设计值时，应组织相关部门进行装置的腐蚀适应性评估和 RBI（基于风险的检验）风险评估，对全装置的设备、管道的腐蚀状况和安全隐患进行综合分析，摸清装置的薄弱环节，有针对性的采取相应的措施，如加强腐蚀监检测、完善工艺防腐措施等。

2.2 经验做法

常减压装置作为原油的一次加工装置，提升其腐蚀管控能力显得尤为重要。为了减轻腐蚀介质对二次加工装置的冲击，常减压装置需通过电脱盐系统对原油中的腐蚀性介质进行有效的脱除。因此，如何强化腐蚀介质脱除效果是常减压装置所面临的问题。通过长期积累得到以下几点经验做法：

（1）根据原油性质及时调整电脱盐操作温度、压力、电场强度、停留时间、混合强度、油水界面及反冲洗操作，确保电脱盐系统运行平稳；

（2）针对加工原油性质，选择适应性较强的助剂，并定期对现用助剂进行全面分析，以确保其可靠性；

（3）加强电脱盐注水水质管理，确保电脱盐注水水质达标，提升脱除效率；

（4）加大脱后原油含盐含水分析频次，根据分析数据及时调整破乳剂注入浓度及注入量；

（5）对易腐蚀部位进行风险评估，选择合适的助剂加注点，通过优化注剂系统达到提升注剂效果的目的。

2.3 设备选材

为了从根本上提升装置设备设施的防腐能力，在新建装置或大检修期间可根据装置实际情况，对可能存在的腐蚀部位从腐蚀机理、环境因素、原料性质等方面结合实际操作条件进行全面评估。选择经济效益、防腐效果等相对最优的材质[4]。

（1）设备选材应主要考虑加工原料中硫、酸、氯的分布，并以流体流速作为选材的基础数据。

（2）设备选材应参考装置腐蚀适应性评估和 RBI 风险评估，如果操作介质泄漏会造成人员中毒、着火等恶性后果，选材是应考虑升高一个等级。

（3）低温腐蚀部位的选材以碳钢为主，主要靠工艺防腐来解决。

（4）高温环烷酸腐蚀部位，通常选用含 Mo>2.5%（质量分数）的 316 不锈钢，其耐高温环烷酸腐蚀性能良好。

（5）通过涂料、表面处理、阴极保护等材料防腐技术，提高设备防腐等级。

（6）压力容器、压力管道若经检测剩余壁厚小于最小允许壁厚，应立即更换；若经检测年腐蚀速率，压力容器大于 0.3mm/a，压力管道大于 0.275mm/a，则应选用更好的耐腐蚀材料。

3 过程监控

目前，国内炼化装置针对设备管线腐蚀监检测主要运用了定点测厚、在线监测、腐蚀探针挂片、脉冲涡流扫查等方式[3]，在条件运行的情况下还可以采取氢通量检测、红外成像、露点腐蚀监测、无损检测等其它腐蚀检测技术，提高腐蚀检测的准确性和工作效率（图5至图8）。腐蚀监检测技术是实现腐蚀速度预测和剩余寿命评估的重要手段，其关键在于确定监测部位、固定监测人员以保证数据的可靠性和连续性，不仅要重视装置运行当中的腐蚀监检测，还应加强停工检修期间的腐蚀检查[4]。要成立专门的防腐蚀团队对腐蚀监检测数据进行收集整理、对比研究，为装置防腐措施的落实提出针对性的建议，以此消除装置存在的泄漏隐患。

图5　涡流扫查仪

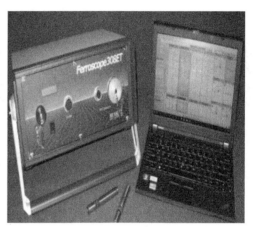

图6　定点测厚仪

图7　在线测厚

图8　电阻探针

（1）定点测厚技术采用超声波测厚方法，通过测量壁厚的减薄来反映设备管线的腐蚀速度。分为在线定点、定期测厚和检修期间定点测厚。主要针对设备、管道的均匀腐蚀和冲刷腐蚀。在高温硫和高温环烷酸腐蚀环境下，重点对碳钢、铬钼合金钢制设备、管道进行测厚监测。定点测厚点必须有明显的标示和编号，测厚频率应根据设备管线的腐蚀程度、剩余寿命、腐蚀危害性程度等进行确定。

测厚腐蚀速率(mm/a)＝某两次所测得的常温厚度差(mm)/对应两次测厚间隔时间(a)

$$(1)$$

(2)在线监测利用电阻、电感、电化学等监测技术，将多个腐蚀探针的监测信号通过模数转换、远程传输、数据处理、软件集中控制等实现多路在线自动腐蚀监测，多用于低温部位的腐蚀检测。电阻探针腐蚀监测仪通过测量金属元件在工艺介质中电阻值的变化，计算金属的腐蚀速度。电感探针通过金属或合金敏感元件周围的线圈引起的阻抗变化信号来反映腐蚀速度。电化学探针的优点是测量迅速，可以测得瞬时腐蚀速度，及时反映设备状况。

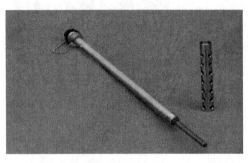

图9　腐蚀探针

(3)腐蚀探针挂片一是利用装置停工检修，在装置设备内部重点腐蚀部位挂入腐蚀挂片，待运行一个生产周期，装置再次停工检修时取出，测量挂片腐蚀失重情况，计算腐蚀速度(图9)。第二种是挂片探针技术，可以在装置运行过程中对重点腐蚀部位进行监测，监测周期通常为一到二个月，适用于高温部位的腐蚀监测，同时可以作为腐蚀在线监测系统的对比监测和工艺防腐效果的评估。

(4)脉冲涡流扫查是利用瞬变电磁原理，通过特定传感器对设备和工艺管道进行全面扫查，获取被测区域壁厚分布情况、隐患位置及严重程度，为设备和工艺管道的维护维修提供数据支持的综合腐蚀监测技术(图10)。主要用于钢类构件的缺陷检测，在不停工状态下和不拆保温层的条件下，检测构件的剩余壁厚和存在的缺陷，评估腐蚀状况。

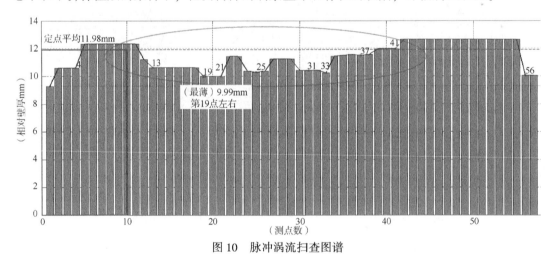

图10　脉冲涡流扫查图谱

4　成效把控

腐蚀防控作为目前炼化装置实现长周期运行的关键，要想最大限度的管控出成效，除了对原料、材质的提升和关注腐蚀速率的监控，提升防腐蚀管理理念、加强装置防腐管理水平也是不可缺失的。应做好以下各方面的工作：

（1）加强与同行业之间的技术交流，借鉴国内外其它单位的先进经验，结合企业实际完善防腐体系的建立；

（2）根据自身企业特点，对标先进企业新标准，制定合理可行的防腐措施和腐蚀管理制度；

（3）建立装置重点操作参数、工艺防腐参数、腐蚀监检测参数指标清单，通过日常监控及时发现隐患；

（4）做好装置腐蚀适应性评估、设防值评估等腐蚀相关评估工作；

（5）对参与防腐的人员进行腐蚀与防护的基础知识培训教育，提升全员的防腐意识；

（6）注重腐蚀失效案例分析和腐蚀规律研究，建立腐蚀数据模型，为腐蚀预测和消除隐患提供理论依据；

（7）加强对防腐方案设计的审核，强化施工质量的监督和检验，从工艺设计、材质选择等方面着手，达到防腐要求。

5　结束语

防腐蚀是一个需要长期重视的课题，炼化企业想要在未来走向一个新的高度就必须以保障装置长周期安全平稳运行为基石，减少安全生产事故的发生，不断总结经验教训，勇于攻关创新，实现防腐蚀技术的不断发展。防腐蚀工作不仅仅是简单的某一个专业或某一个方法能够完全解决的难题，它必须是基于多专业、多方位的有机融合，企业必须建立健全有效的腐蚀防控制度体系，为防腐蚀措施的落实提供坚实的基础，达到预期的腐蚀控制目标。

参　考　文　献

[1] 高雄厚. 劣质重油加工技术[M]. 北京：中国工业出版社，2022(1)：1-5.

[2] 章建华. 炼油装置防腐蚀策略[R]. 北京：中国石油化工股份有限公司青岛安全工程研究院，2008(1)：2-10.

[3] 凌逸群. 炼油装置防腐蚀技术[M]. 北京：中国石化出版社，2021(1)：100-150.

[4] 李宇春. 材料腐蚀与防护技术[M]. 北京：中国电力出版社，2004(1)：50-70.

浅谈原油劣质化背景下炼化装置
腐蚀危害及防控措施

魏　玮　孙亚旭　刘晓燕　郭文婷　张海飞

（中国石油兰州石化公司）

摘　要：本文就原油劣质化对炼化装置腐蚀带来的影响进行说明，简要分析腐蚀危害，并针对原油劣质化背景下炼化装置腐蚀现状，从工艺防腐、新技术应用、腐蚀监检测、设备选型等角度提出腐蚀防控建议，为炼化装置"安、稳、长、满、优"运行提供一定参考。

关键词：原油；劣质化；腐蚀；防控

石油化工工业是我国国民经济的支柱。2022 年，我国原油加工规模达到 9.18×10^8 t，位列全球炼油能力第一大国，其中，加工的劣质原油（高硫、高酸、含氯）占总加工量比例高达 75%以上。随着原油劣质化倾向日益严重，对炼化装置设备造成的腐蚀问题日益突出，腐蚀泄漏事故事件和因腐蚀造成的装置非计划停工时有发生，每年直接经济损失约为 100 万~2000 万元，间接经济损失约为 4000 万~8000 万元，腐蚀已经成为制约装置"安、稳、长、满、优"运行的重要因素。

随着炼化企业对生产装置安全稳定长周期运行要求的日益提高，腐蚀控制、尤其是装置运行期间的防腐工作成为了安全生产的核心，也被提到了重要高度。因此，深入了解在炼化装置生产过程中造成的腐蚀问题与防护技术对于炼化企业有着非常重要的意义，加强腐蚀监测，寻找腐蚀点及腐蚀原因，以便采取有效可靠的防腐措施，可有效预防腐蚀的发生，减少安全事故，可以大大提高提升炼化装置的安全运行水平。

1　原油劣质化对腐蚀的影响

据有关数据显示，我国所加工的原油，国产原油大约占 20%~30%，其余主要依靠进口，对外依存度已超过了 73%。目前，在我国，老油田进入稳产、衰减阶段，为了提高产油量，在三次采油、四次采油过程中，会加入一定数量的增油剂，增油剂一般为含氯、氮的有机物，在原油本身质量较差的基础上，会人为带来杂质，新开采的油田，大部分为含硫、含酸、含盐较高的重质原油，而世界石油总产量中劣质原油的占比已高达 75%以上。

1.1　原油含硫量对腐蚀的影响

原油中的硫分为活性硫和非活性硫，主要为硫化氢、硫化物、二硫化物和单质硫，占比为 1%~3%，硫腐蚀贯穿于原油加工的一次、二次装置，腐蚀类型主要为低温湿硫化氢腐蚀、高温硫腐蚀、连多硫酸腐蚀、烟气硫酸露点腐蚀，其中，原油中硫含量的增加，会造成高温部位的高温硫腐蚀更加突出。

1.2 原油含氮量对腐蚀的影响

原油中的氮一般存在形式为带胺基的碱性化合物，正常情况下占比在 1% 以下，劣质原油中含氮量有可能高于 3%，例如，国外马雅原油中的含氮量高达 3.414%。含氮化合物带来的腐蚀主要在原油二次加工装置中表现的较为明显，主要是含氮化合物经过二次加工装置高温、高压和催化剂的作用后，会转化为氨和氰化物，形成铵盐结晶，堵塞设备和管线，引起垢下腐蚀，同时，氰化物还会造成重油催化裂化装置吸收、稳定、解析塔顶以及冷凝冷却系统的均匀腐蚀、氢鼓泡和应力腐蚀开裂。

1.3 原油含氯量对腐蚀的影响

原油中的氯主要分为无机氯化物和有机氯化物，无机氯化物是天然存在的，主要以氯化钠、氯化镁和氯化钙等碱金属或碱土金属盐形式存在；有机氯化物主要来自采油过程中加注的前置液、降黏剂、黏土稳定剂、解堵剂等含氯药剂，上游采输过程中使用的含氯助剂，导致原油含大量有机氯，有机氯会在低温部位形成盐酸复合腐蚀环境，造成原油一次加工装置塔顶低温系统严重腐蚀和二次加工装置氯化铵结盐及腐蚀等问题。

1.4 原油含氧量对腐蚀的影响

原油中的氧存在于二氧化碳、苯酚、酮和羧酸等有机化合物中，其中多以环烷酸的形式存在，也就是原油中的有机酸，会随着温度的逐渐上升，腐蚀速度也逐渐增加，在 280℃ 左右达到峰值，也就是说，环烷酸会对装置高温部位产生严重腐蚀。

1.5 原油含金属量对腐蚀的影响

原油中的重金属化合物主要是在原油加工过程中，残存在重油组分当中，在二次加工过程当中，造成催化剂的失效，影响装置的正常运行。同时，原油中的重金属(V)，会在原油加工过程中，高温下在加热炉炉管外壁形成低熔点的化合物，造成合金构件的熔灰腐蚀。

2 腐蚀危害分析

在炼化装置中，物料中的各种腐蚀介质都会对设备产生一定程度的腐蚀，轻则导致承压设备减薄、开裂等失效问题，重则引发火灾、爆炸等灾难性事故，危及人民生命财产安全，具体造成损失可分为以下三个方面。

2.1 直接损失

腐蚀直接成本一般是指新建防腐蚀设备费用、旧防腐设备的更新改造费用、药剂费用、腐蚀监测费用、抢维修工程费用以及其他防腐措施费用等，查询相关数据，在直接损失中，占比较大的为药剂费用、涂料涂装费用以及旧防腐设备的更新改造费用，占比超过 75%。

2.2 间接损失

间接损失主要包括停产损失、材料及制品失效引起的产品的流失、腐蚀产物积累或腐蚀破损引起的流失、腐蚀产物积累或腐蚀破损引起的效能降低、腐蚀产物导致成品质量下降等所造成的损失、环境污染损失费和人身事故的赔偿费等。

2.3 安全环保压力

在管控不到位的情况下，腐蚀还有可能造成物料的泄漏，泄漏即事故，石油化工企业35%以上的安全事故由泄漏引起，49%左右的装置非计划停车或局部停车消缺都与腐蚀泄漏、密封泄漏等有关，在造成经济损失同时，还会引发严重的环境污染，甚至危害到人民生命，发酵为性质恶劣的安全环保事故事件。

3 腐蚀防控建议

3.1 加强设备选材

腐蚀是"材料和设施的癌症"，合理的选材是最可靠也是最广泛使用的控制炼化装置腐蚀的方法，选材应坚持材料适应性、经济性和可得性兼顾的原则。优质耐蚀材料不仅有益于控制腐蚀速率，增强装置的韧性和强度，对整个装置长期稳定、安全有效地运行有质的提升。

因此，针对不同装置不同腐蚀类型，甚至是不同部件，需要综合考虑进行炫彩，例如静设备、动设备、配管、工业炉等，在设计之初，众多工艺包和专利就商需要站在全厂角度考虑，做到全场一盘棋，同一介质环境同一选材，为后续管理提供便利，在这里，就对炼化工程公司在提供材料流程设计文件和全场工艺装置材料流程整合方面有了一定高度的要求。

3.2 加强工艺防腐

炼化装置工艺防腐技术是指在设备和管道材质不便于升级更换的情况下，采取相应措施降低工艺介质的腐蚀性，从而减缓设备或管道的腐蚀，腐蚀控制尤其是运行期间的工艺防腐作为安全生产的核心也被提到重要的高度。

工艺防腐是从工艺角度出发的来综合性解决设备腐蚀问题的措施，是解决低温系统腐蚀的关键；同时工艺防腐又是一个系统、全方位的工作，是一个需要根据原料性质、工艺和外部环境变化随时调整的动态控制过程。故，针对炼化装置，首先应控制好原油的酸值和含硫量，做好装置设防工作，以保证加工原油不超设防值，加强原油破乳剂的适应性评价，根据不同的原油性质，筛选出与不同性质的原油相配伍的破乳剂，优化电脱盐操作，确保脱后原油盐含量、水含量达标，优选塔顶注剂，加强中和剂、缓蚀剂质量管控，科学制定塔顶注剂方案，开展缓蚀剂评价，并评估现有注剂设施的合理性，进行必要改造。

3.3 加强腐蚀监检测

炼化装置的腐蚀监检测工作应与时俱进，常做常新，永远在路上。

当前，国内外常用腐蚀监检测技术大概有 25 种及以上（表 1），适用的损伤类型集中在减薄类、开裂类、材质劣化类和其他类，其中针对减薄类的监检测方法最多，而绝大部分的炼化公司腐蚀的关注点也主要在减薄类，例如冲刷、垢下、点蚀等类型，均可借助下列先进的腐蚀监检测技术进行监控。

表1 主要腐蚀监检测技术

序号	腐蚀监检测方法	适用的损伤类型
1	人工定点测厚(超声波)	减薄类
2	腐蚀介质分析	减薄类、开裂类、材质劣化类、其他类
3	腐蚀产物分析	减薄类、开裂类、材质劣化类、其他类
4	装置停工腐蚀检查	减薄类、开裂类、材质劣化类、其他类
5	腐蚀挂片	减薄类、开裂类、材质劣化类、其他类
6	在线腐蚀探针	减薄类
7	pH 值在线监测	减薄类、开裂类、材质劣化类、其他类
8	在线壁厚测量技术	减薄类
9	超声波探索	减薄类、开裂类
10	涡流(远场/近场/脉冲)	减薄类、开裂类
11	超声导波	减薄类、开裂类
12	射线检测(含数字射线)	减薄类、开裂类
13	红外热成像	减薄类、开裂类
14	氢通量检测	减薄类、开裂类
15	场矩阵 FSM	减薄类
16	电磁超声	减薄类、开裂类
17	声发射	减薄类、开裂类
18	交变电流检测 ACFM	减薄类、开裂类
19	漏磁检查	减薄类
20	磁记忆检测	减薄类、开裂类
21	材质成分分析	减薄类、开裂类、材质劣化类、其他类
22	矫顽力检测	减薄类、材质劣化类、其他类
23	目视检测	减薄类、开裂类、材质劣化类、其他类
24	金相分析(含 SEM 等)	减薄类、材质劣化类、其他类
25	物理性能分析(如硬度)	减薄类、材质劣化类、其他类

3.4 加强新技术应用

防腐蚀新技术涵盖面较广,简单来讲,炼化装置工艺防腐蚀、设备防腐蚀、腐蚀监测等方面的技术创新均统称为防腐蚀新技术。

在工艺防腐蚀这一领域,新技术涵盖注入系统与设备、分馏塔顶循系统在线除盐技术、静电聚结油水分离技术等;设备防腐蚀主要指表面防腐蚀,包括涂层技术、合金催化技术、不锈钢表面强化技术、非金属衬里技术、热喷涂技术等;腐蚀监检测新技术主要包括脉冲涡流检测、超声导波检测、数字射线检测、贴片式无源测厚、电感探针腐蚀检测、在线超声波测厚、FSM(区域特征检测法)工业用红外热成像检测、氢通量检测等。

4 结语

综上所述，原油劣质化是必然趋势，原油劣质化会加快腐蚀速率，腐蚀是炼化装置安全平稳生产的潜在隐患，在原油劣质化背景下，从设备选型、工艺防腐、加强腐蚀监检测和新技术应用等方面入手，探究有效的炼化装置腐蚀防控措施，是保障装置"安、稳、长、满、优"运行的必要之举。

参 考 文 献

[1] 高雄厚. 劣质重油加工技术[M]. 北京：中国工业出版社，2022(1)：1-5.
[2] 张焱琴. 原油劣质化对炼油常减压装置腐蚀影响及防护措施探究[J]. 山东化工，2023，52(7)：174-176.

新型保温隔热反射材料在液化烃球罐的应用分析

张兆辉

（中国石油兰州石化公司）

摘　要：为进一步保障一级重大危险源球罐夏季安全运行，降低夏季冷却喷淋开启造成的球罐外腐蚀及能耗浪费问题，某泵房通过"四新"技术引入，采用新型"水性纳米保温隔热反射材料"在现有 G-99、G-100 两具液化烃球罐进行工业试验。在兰州最炎热阶段，通过与球罐外防腐采用最多的凉凉胶（具有同等功能）进行空罐直观比对、介质罐同类比较等四种测量方法进行测量对比，发现两具球罐使用新型材料在夏季高温天气环境，针对于普通凉凉胶隔热反射漆更能有效阻止太阳强光辐射热的吸收，具有优良的热反射、隔热性能，同时该两具罐相比往年夏季冷却喷水量显著降低，达到节能降耗、降低腐蚀目的，为罐区的夏季安全运行提供有力保障。

关键词：一级重大危险源；球罐；新型保温隔热反射材料；外腐蚀；本质安全

兰州石化公司某泵房现有球罐22具，主要储存介质为液化烃，属于公司一级重大危险源罐区。夏季运行中温度对液化烃球罐的安全运行影响非常大，夏季经常通过泵加压向球罐外表面进行喷淋冷水降温维持夏季安全生产（图1）。主要因为高温条件下，体积一定时液化烃介质的压力随着温度的升高而升高（$PV=NRT$，P 是压力，V 是体积，N 是液态烃的含量，R 是一个常数，T 是温度），压力增大易引发球罐安全运行事故，因此要进行球罐外壁喷水降温。在夏季冷却喷水过程中，经常喷水一方面造成水、电能耗的增加，另一方面经常喷水易造成球罐外壁、罐底接管、管线等外腐蚀，带来安全运行隐患[1]。

球罐外壁防腐涂层材料主要以对抗环境腐蚀为目的，除此之外还有以节约水资源，取代喷淋降温为目的的热反射涂层[2]。尤其是热反射隔热降温涂料的出现，取代了以前落后的降温工艺，可大幅度降低储罐表面温度和罐内受热，可取代淋水降温，降低罐内液体的蒸发损耗、提高运行安全性，起到节省水电费用和安全储藏及运行的双重效果，经济效益十分显著[3,4]。

图 1　球罐夏季喷淋及腐蚀情况图

　　为贯彻公司加大"四新技术"应用，突出安全管理要求，降低夏季球罐运行中的安全风险，寻求更加高效的隔热反射材料，经技术交流，拟采用"水性纳米保温隔热反射材料"在该区域 G-99、G-100 两具球罐进行工业使用[5]。

1　基本情况简介

　　该区域 G-99、G-100 球罐内存放混合轻烃化工原料，容积 400m³，建于 1994 年，材质 SPV355，操作压力<1.3MPa、操作温度-15~40℃，在球罐进料温度高于 30℃，环境直晒温度高于 35℃左右时，基本需要对球罐进行喷淋降温，从而维持球罐压力。该两具球罐原外防腐采用凉凉胶隔热反射材料(图 2)。

图 2　球罐隔热材料施工完成图

　　本次试验选用水性纳米保温隔热反射材料为单组分产品，溶剂为水，产品无毒无味。采用多种纳米级材料以特殊工艺制造而成。该材料施工成型后，能有效阻止太阳强光辐射热的吸收，具有优良的热反射性能，全太阳反射率≥85%。因材料中采用空心充惰性气体玻璃微珠作为其主要成分之一，使涂层成膜后具有良好的冷热的收缩性，相比普通反射隔热材料，大大减少了涂层因受热胀冷缩而引起龟裂、起皮、脱落等现象。

2 水性纳米保温隔热反射材料应用效果验证

为充分验证球罐 G-99、G-100 喷涂水性纳米保温隔热反射材料后的反射隔热保温效果，在兰州石化公司研究院的技术支持下，通过热成像仪、测温仪器等开展了现场实测，在 2022 年 7 至 8 月兰州最炎热阶段，通过与球罐外防腐采用最多的凉凉胶进行空罐直观比对、介质罐同类比较等四种测量方法进行测量对比，测试完后进行数据分析，即能验证出水性纳米保温隔热反射材料在球罐上的应用效果[6,7]。

2.1 空罐内部测试及分析

为验证测试新材料对的隔热反射性能，利用 G-100 罐、G-86 罐到期检测倒空置换人孔打开的机会，用测温仪器分别从不同方位对不同体积、不同防腐隔热材料的两具空罐从内部进行直观测温，相关数据见表 1、图 3、图 4。

表 1 同一环境温度下、不同体积的空罐罐内温度对比

位号\n项目	G-100\n（喷涂隔热反射材料）			G-86\n（涂刷凉凉胶隔热漆）		
球罐体积(m³)	400			1000		
直径(m)	9.2			12.3		
球罐壁厚(mm)	33			24		
球罐状态	空罐			空罐		
环境温度(℃)	37			37		
检测时间	2022 年 7 月 5 日 17 时			2022 年 7 月 5 日 17 时		
罐内检测温度（℃）	41.4	41.1	43.5	52.7	56.5	53.3
	41.6	42.3	44.3	57.4	59	56.5
平均温度(℃)	42.36			55.9		
温度差(℃)	13.54					

图 3 G-100 测温图

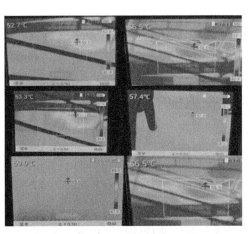

图 4 G-86 测温图

测量结论：通过测量对比，在夏季正常日照情况下，经过一天的太阳照射，能对比出同一环境温度下喷涂水性纳米隔热反射材料与涂刷普通热反射涂料凉凉胶隔热漆的球罐罐内温差相差 13.54℃，降温效果较为显著，表明该材料更好的降低了碳钢表面对于太阳光能的吸收，隔热反射效果更好。虽然 G-100、G-86 球罐罐壁钢板壁厚相差 9mm，但由于钢材是热的良导体，并且球罐都已在同等条件下经过了一天暴晒，钢材导热对内部温度的影响非常低，因此我们可以认为水性纳米隔热反射材料有效地降低了表面对于光能的吸收，从而使罐内保持了较低的温度。

2.2 空罐外部测试及分析

为进一步验证空罐内部测试新材料对于太阳光的反射性能，利用 G-100、G-104 罐人孔打开都为空罐的机会，用红外测温仪分别从不同方位对不同防腐隔热材料的两具空罐从外部进行直观测温，相关数据见表 2、图 5、图 6。

表 2　同一环境温度、同一体积空罐情况下的罐外壁温度对比

项目	位号	G-100 （喷涂隔热反射材料）			G-104 （涂刷凉凉胶隔热反射漆）		
球罐体积(m³)		400			400		
球罐状态		空罐			空罐		
环境温度(℃)		33			33		
检测时间		2022 年 7 月 26 日 14 时 48 分			2022 年 7 月 26 日 14 时 56 分		
罐外检测平均温度(℃)		28.7	28.2	28.2	34	35.4	34.4
		28.8	28.7		33.8	35.2	
平均温度(℃)		28.52			34.56		
温度差(℃)		6.04					

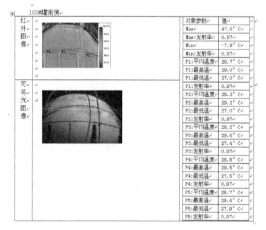
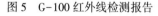
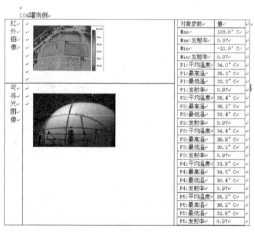

图 5　G-100 红外线检测报告　　　　　　图 6　G-104 红外线检测报告

测量结论：本次测试是在下午 15 点之前，此时在全天候阳光暴晒情况下，照射强度已接近或达到最大值，但表面升温仍在继续。表面温度应该在 18：00 点之后开始下降，

因为这个时候光强、外部气温明显减弱，表温开始下降。也就是说在这个测试时间点，球罐表面升温远未达到最大值。即使在这种情况下，使用水性纳米隔热反射材料的表面仍然比使用普通凉凉隔热胶的表面低了6℃以上，可见该种材料对于各谱段光能的吸收是非常低的，其热反射性能大大优于普通热反射涂料。

2.3 环境温度低于介质温度情况罐外部测试及分析

为验证介质情况下，新材料的保温隔热性能，选取G-99、G-101球罐储存介质都为轻烃，在介质、温度、压力、液位基本相同的外部环境温度高于介质温度情况下，对其采用红外检测技术进行测温，相关数据见表3、图7、图8。

表3　同一环境温度、同一体积情况下的介质温度几乎同等情况下罐外壁温度对比

位号 项目	G-99 （喷涂隔热反射材料）			G-101 （涂刷凉凉胶隔热反射漆）		
球罐体积（m³）	400			400		
球罐介质	轻烃			轻烃		
球罐液位（m）	5.154			4.226		
球罐压力（MPa）	0.905			0.900		
球罐介质温度	30.3			31.2		
环境温度（℃）	23			23		
检测时间	2022年8月1日09时45分			2022年8月1日09时50分		
罐外检测平均温度（℃）	23.9	23.5	22.3	31.5	28.7	30.9
	23.9	25.6	24.8	30.9	28.2	31.4
	24.2	24.2		32.3		
平均温度（℃）	24.05			30.56		
温度差（℃）	6.51					

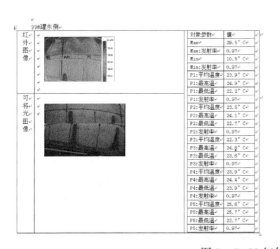
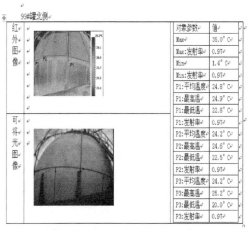

图7　G-99红外线检测报告

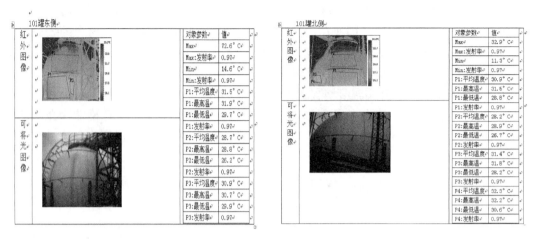

图 8 G-101 红外线检测报告

测量结论：测试时间为上午 10 点前，环境气温比较低。因兰州地区昼夜温差比较大，两具设备内的介质温度大于环境温度；10：00 点左右太阳初照，罐表面散热和吸热应处于均衡状态，之前应处于散热状态。经过一昼夜的散热，在 G-99 内部介质温度与 G-101 基本相同的情况下，G-99 外表面温度与环境温度基本接近，介质温度与环境温度相差约 7℃；而 G-101 的外表面温度与介质温度基本接近。以上两点说明 G-99 外涂层有较好的保温隔热效果，阻止了热量自内向外或由外及内的传递。

2.4 环境温度高于介质温度情况罐外部测试及分析

为进一步验证介质情况下，新材料的隔热反射性能，G-99、G-98 球罐储存介质都为轻烃，在介质、压力、液位基本相同，采用新涂层球罐介质温度高于其他介质球罐温度并且在高温环境下暴晒后，对其采用红外检测技术进行测温，相关数据见表 4、图 9、图 10。

表 4 同一环境温度、同一体积情况下介质温度不等的罐外壁温度对比

项目 \ 位号	G-99（喷涂隔热反射材料）			G-98（涂刷凉凉胶隔热反射漆）		
球罐体积（m³）	400			400		
球罐介质	轻烃			轻烃		
球罐液位（m）	3.553			3.054		
球罐压力（MPa）	1.029			1.025		
球罐介质温度	35.1			30		
环境温度（℃）	36			36		
检测时间	2022 年 8 月 6 日 16 时 10 分			2022 年 8 月 6 日 16 时 16 分		
罐外检测平均温度（℃）	36.8	35	34.3	37	36.3	35.9
	35.3	34.2		35.9	39.5	
平均温度（℃）	35.12			36.92		
温度差（℃）	1.8					

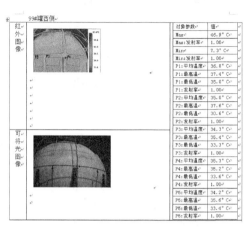

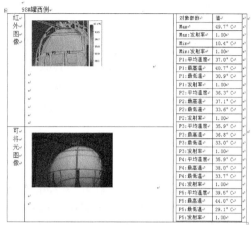

图 9　G-99 红外线检测报告　　　　　　　图 10　G-98 线检测报告

通过测量对比：在 G-99 比 G-98 介质温度高 5℃的情况下，测试显示 G-99 外壁平均温度（35.12℃）仍低于 G-98 外壁平均温度（36.92℃）1.8℃。显示经过一天的照射，隔热反射材料对于光能的吸收明显低于凉凉胶隔热反射涂料，新材料具有更好的的隔热反射性能。

3　应用结论及球罐采取隔热材料的几点建议

3.1　应用结论

通过以上四种测量方法的对比，该区域 G-99、G-100 球罐使用水性纳米隔热反射材料在夏季高温天气环境，在不同工况下。针对于普通凉凉胶隔热反射漆更能有效阻止太阳强光辐射热的吸收，具有优良的热反射、隔热性能，同时该两具罐在 2022 年夏季没有开启冷却喷淋，相比往年夏季冷却喷水量显著降低，达到节能降耗、降低腐蚀目的，为罐区的夏季安全运行提供有力保障。该球罐防腐层从 2021 年 9 月施工完成，运行到现在未产生龟裂、起皮、脱落等现象。

3.2　不同环境下采用不用性能搭配效果最佳的几点建议

水性纳米保温隔热反射材料针对于凉凉胶成本会增加 1 倍，因此在选用时可以根据介质的具体情况分类进行选用施工[8]。

（1）夏季当介质进入球罐内，不需要进行加温过程处理，也就说入罐介质温度低于环境温度 8~12℃时或恒温时，这种情况下，一般球罐外壁采用保温隔热材料加反射材料搭配效果最佳。目前该球罐区夏季正常进料温度基本在 20~30℃间，夏季不需要开启加温；而冬季因外部气温较冷，需要开启蒸汽加温提升压力，因此该区域球罐选择保温隔热加反射材料效果最佳。

（2）夏季介质进入球罐之前或进入球罐后由于受加压影响，使得球罐内的介质温度高于或超过环境温度达到 32℃—35℃或接近需开启喷淋降温时，在这种情况下，一般在球罐上半球面外壁采用厚 1~1.5mm 的保温隔热材料加反射材料搭配施工，在球罐下半球外壁直接采用反射材料施工即可，这样做是考虑在夜间将球罐内的介质温度处于放热或散热状态。

（3）夏季进入球罐内的介质，温度本身就超过环境温度 35~38℃，再加上受加压影响，介质在球罐内温度还会增高，温度达到 40~45℃ 的情况下，采取整个球罐外壁喷涂反射材料施工，这样能将太阳光热能反射掉 88% 进不了球罐内，而且如启用喷淋系统辅助降温时，不会影响降温性能速度，能阻断外部热能传递到罐内，夜间在不喷淋的条件下，照样能发挥罐壁散热降温效果。

参 考 文 献

[1] 纪永进，于朋．太阳能反辐射涂料在液化气球罐区的应用[J]．管道技术与设备，2007(3)．

[2] 董群峰，吴翠岩．HC 涂料在球罐保冷防腐中的应用[J]．石油化工设备，2007(5)．

[3] 郭建利．液态烃球罐采用新型隔热涂料节能效果分析[J]．石油化工设备，2013，42(2)．

[4] 李华．表面涂层技术在压力容器腐蚀防护上的应用策略[J]．全面腐蚀控制，2021，35(5)．

[5] 吕承杰，王芷芳．天然气球罐的涂装施工[J]．煤气与热力，2003(6)．

[6] 周健，王健，陈军．YFJ332 型热反射隔热防腐蚀涂料的特点和应用[J]．石油化工腐蚀与防护，2006(3)．

[7] 章健．新型保温材料在节能工程中的应用—以反射隔热涂料为例[J]．安徽建筑．2021，28(1)．

[8] 陈璐．喷涂材料在石油化工装置隔热设计中的应用[J]．石油化工设计，2023，40(2)．

炼油装置腐蚀智能化决策系统研究

李 斌 马 斌

（中国石油兰州石化公司）

摘 要：基于炼化装置腐蚀分析数据和监测数据，建立了一套涵盖工艺防腐、设备防腐、在线监测、腐蚀预测分析及诊断的智能化管控系统，为腐蚀防控提供科学依据。

关键词：腐蚀监测；多因素分析；腐蚀预测；综合决策

腐蚀是影响炼油装置安全生产的主要因素之一，据统计，约41%的炼化生产装置设备事故是由腐蚀引起的。出于技术和经济性的原因，炼化生产装置设备及管道存在腐蚀是必然的，关键是如何能及时监控其腐蚀状态并消除事故隐患。特别是在加工原油劣质化或原料成分多变的趋势下，如何及时掌握生产装置设备及管道的腐蚀变化趋势和规律，并预先采取防腐措施，是企业急需解决的重大技术问题，关系到生产装置能否安稳长满优运行。

1 国内外技术现状

目前，国内外炼油装置腐蚀监测方法较为成熟，主要的监测手段集中在腐蚀介质、腐蚀产物分析，挂片监测、腐蚀探针监测、定点测厚监测等，借助于计算机技术和网络的发展，腐蚀监测的实时性与准确性得到大幅提高。但任何一种监测方法都存在一定的局限性，加之原油性质的差别和不确定性，单纯的使用一种监测方法并不能够达到解决腐蚀问题的目的。

国外先进炼化企业在腐蚀监测应用方面起步较早，壳牌公司先后开发应用了数十种腐蚀分析评估软件并在腐蚀防护工作上取得了一定成效。霍尼韦尔、挪威 CorrOcean、美国 RCS 等通过建立综合性腐蚀监测管理软件，实现了监测数据的管理和初步的分析预测功能。

国内中国石油、中国石化部分炼化企业，为了加强对炼化生产装置腐蚀控制，特别是对加工高含硫和高酸值原油生产装置设备及管道的腐蚀控制，也引进了基于各种传感器技术的腐蚀在线监测系统，但基本处于离散运行、单线管理。通过调研，目前腐蚀监测与防腐管理中仍存在以下主要问题：

（1）现有腐蚀在线监测系统常常只是一个孤立的腐蚀数据采集系统，没有将生产装置腐蚀控制相关信息建立系统关联并进行综合分析，使动态腐蚀监测结果为指导工艺生产操作、工艺防腐操作、原油混炼方案改进、工艺防腐药剂效果评估、RBI 分析等服务。

（2）腐蚀控制策略缺乏依据，未建立基于腐蚀回路的机理和数理模型，缺乏腐蚀趋势预测技术和寿命预测技术，没有实现设备防腐、工艺防腐措施的持续评估与改进。

由于生产装置的腐蚀控制是一个动态的多因素关联的复杂系统问题，因此，在一套完整的炼化生产装置腐蚀与防腐动态监管体系的基础上，建立基于多因素关联的腐蚀控制策略，实现一体化综合决策管理，为风险分析、策略制定提供技术依据，是系统性解决炼化生产装置腐蚀控制问题的正确策略。结合炼化企业数字化转型战略，有必要建设腐蚀智能化信息决策系统，提升企业腐蚀监测数据管理与应用水平，系统性地解决生产装置腐蚀控制问题，有效指导炼化企业开展腐蚀与防护工作。

2 系统功能

腐蚀智能化决策系统基于腐蚀控制回路建立腐蚀分析模型与预测模型，依托现场腐蚀工艺数据与监测数据，利用多源数据处理技术，实现腐蚀风险评估与策略制定，提升腐蚀预警管控和综合决策能力(图1)。

图 1　腐蚀智能化信息决策系统功能架构

2.1 工艺防腐

(1) 工艺防腐监测分析功能用来管理装置采样点及分析数据。原油分析管理提供原油(蒸馏原料)基本信息管理，包括原油编码、原油名称、品种、产地来源等；原料分析管理提供二次加工装置进料采样点的维护，包括对装置、采样点、原料、部位、分析频次的管理；原油脱盐分析提供电脱盐采样点的数据维护，包括采样点原油药剂的使用情况、脱盐前后的含盐含水等数据的维护；工艺防腐水质分析用于水质分析数据的管理和维护。数据的分析操作可为采样点配置分析参数，并为各分析项目设定控制指标，可按时间记录提供采样点分析数据，以动态曲线形式直观展示各分析项数据并动态生成报表。

(2) 工艺防腐药剂管理用于药剂信息的维护管理，包括药剂编码、药剂需求计划、药剂使用和药剂加注、药剂评价、药剂质量管理。

(3) 工艺操作参数管理通过 DCS 自动获取关键静设备运行参数及波动幅值，对采集点设备运行参数监测记录、设置报警、展示实时运行数据，并对监测到的设备运行参数超工艺上下限异常信息发出警告。

(4) 工艺防腐方案功能依据数据关联在线编辑方案，新增监测点后可对原料、部位、分析频次、分析类型、物流类型、数据类型等监测点信息进行设定，设置分析项目和控制指标。也可对工艺指标、波动幅度、波动范围、报警级别等工艺操作参数进行设定。通过添加药剂注入位置、注入量、注入方式以及控制指标制定防腐措施，也可查看药剂历史情况。

(5) 工艺防腐效果监测功能用于管理装置防腐蚀措施的效果监测分析数据的维护和分析。装置监测点分析记录的添加需要满足以下几个条件：装置建立了防腐方案；防腐方案中有该监测点；给该监测点指定了分析项目，只有分析项目指定的参数才能添加分析数据。同时，对原油原料分析、采样分析、水质分析、原油脱盐分析等采样超标数据进行统计和分析处理，一旦操作或工艺超过设定范围，系统会反馈一个报警，并提供处理意见。

2.2　设备防腐

（1）腐蚀控制回路管理。以装置 RBI 分析结果为基础，对照技术标准，依据生产装置工艺物流流程、工艺操作条件与材质等，对装置各部位及系统的腐蚀机理进行分析确认，并依据腐蚀机理的变化，建立以对象和位置为要素的炼油装置不同腐蚀控制回路矢量图。以腐蚀控制回路为核心关联回路腐蚀机理、对应管道及设备部件、在线腐蚀监测、定点测厚、工艺分析布点信息等，并对不同腐蚀回路采用不同的工艺和设备防腐措施及有效腐蚀监测方法，动态的掌握设备及管道的腐蚀状态。系统提供以图为核心的腐蚀综合分析展示，利用腐蚀回路矢量图的元素对象优势和实体属性，直观实时展示腐蚀在线监测（探针及 pH 值）、定点测厚（在线/离线）、采样分析、药剂加注、设备运行参数和腐蚀调查数据。

（2）定点测厚闭环管理。定点测厚功能在数据维护、数据查询、数据报表输出和图文关联等基础功能的基础上，具有测厚计划管理、测厚周期管理、测厚分析及腐蚀速率预测功能、测厚数据异常处理（如：增加测厚频次、计划更换、临时夹具、强度校核等）及剩余寿命安全预警功能。在添加定点测厚部位信息后，可以对选定的部位批量导入测点信息和测点测厚数据，根据测厚记录系统可以自动绘制生成趋势分析图。通过调用系统数据或参数维护，可计算管道安全厚度，并进行腐蚀速率及剩余寿命计算，从而有依据的制定管道检修计划。模块还可对管道或测点报警信息进行查询、处理和统计的闭环管理。

（3）腐蚀检查管理。通过停工腐蚀检查计划、停工腐蚀检查方案、停工腐蚀检查问题、停工腐蚀检查报告、关联腐蚀回路矢量图的检查分布管理等，实现腐蚀专项检查计划、方案、问题及报告的闭环管理。积累大量炼化企业腐蚀检查报告，实现石化行业兄弟企业内的知识共享和行业内大数据统计分析。

（4）水冷器管理。提供水冷器台账管理和技术参数维护、牺牲阳极安装记录和流量流速检测记录。

2.3　腐蚀在线监测

腐蚀在线监测模块将腐蚀监测探针、pH 值探针、在线测厚等在线监测系统数据进行统一管理和展示，提供在线监测点管理、监测数据实时展示及探针运行状态管理。可在腐蚀控制回路矢量图上直观查看在线监测点的位置、探针参数、安装组态及部位图等，通过分析监测点采集数据，计算周期腐蚀损耗、时段腐蚀速率（可排除异常时段或异常数值）、安全壁厚、剩余寿命及腐蚀趋势曲线，并对测点异常状态进行告警。模块还提供不同监测点之间的腐蚀趋势变化对比，可对不同装置、同类型测点的腐蚀损耗和腐蚀速率进行对比，也可对某段腐蚀回路的总体腐蚀情况进行综合分析。

2.4　综合分析决策

综合分析决策模块提供腐蚀多因素综合分析和装置 IOW 分析管理（智能化分析模型），以及剩余寿命预测与检维修管理（智能化预测模型），开展综合分析并自动读取数据形成完整的阶段性腐蚀综合分析报告，提供装置原油混炼方案及硫、酸、盐含量分析统计、装置脱盐及三顶水分析统计的工艺防腐综合分析。

（1）防腐多因素分析。该功能通过建立各装置腐蚀变化多因素分析关系，即原油、原料、工艺操作、工艺防腐操作、工艺分析数据、腐蚀敏感性分析等与腐蚀监测结果的关联关系，辅助技术人员初步进行腐蚀原因分析。用户可通过建立多分析项对应关系实现多因素分析模型的建立，模型可自动生成腐蚀多因素关系图，通过系统内置的腐蚀预测模型，提供腐蚀失效分析预警，并制定预警分析措施和建议。

（2）装置 IOW 分析管理。完整性操作窗口（IOW）通过预先设定并建立一些操作边界或工艺参数临界值，使操作或工艺严格控制在这些界定的范围内，对于超范围操作，IOW 将反馈超限警报，从而起到预防设备提前劣化或发生突然破裂泄漏、并造成装置非计划停车事故的作用，提高设备运行的可靠性。该功能提供基于装置控制腐蚀回路的 IOW 分析管理功能，依据装置工艺操作实际及腐蚀控制需求，对可能对腐蚀发生或腐蚀速率变化存在影响的各项工艺参数（包括：温度、压力、流速、介质中腐蚀性物质含量等）设定合理的控制指标或范围，并设置相应超限措施，即完成 IOW 模型的建立。系统还提供 IOW 超标记录和 IOW 控制指标合格率统计，并对 IOW 超标数据进行原因分析和警告处理。

（3）剩余寿命预测与检维修管理。根据已经建立的主要管道材料不同温度下的许用应力数据库结合计算标准，可以计算管道安全厚度。根据材料类别、腐蚀类别、操作压力、操作温度、pH 值等不同机理，系统提供不同材质每一潜在减薄机理的理论腐蚀速率保守估计。依据实测的当前壁厚、计算的安全壁厚、腐蚀速率或壁厚曲线最小二乘法拟合得到的斜率等信息，自动计算剩余寿命。同时，用户可通过剩余寿命预测结果及内置的检维修策略有依据的制定检修计划，并自动提供检维修建议及措施。

（4）腐蚀决策诊断。依据装置工艺参数、介质情况、设备类型及用材，结合装置特点，判别具体部位可能发生的腐蚀类型。依据腐蚀类型判别结果评估计算、判别分析处于主导地位的减薄腐蚀类型与应力腐蚀类型，再采用腐蚀监测数据和检维修数据进行校正，输出腐蚀因子，完成腐蚀评估。结合腐蚀检查数据、腐蚀案例库、腐蚀数据库、腐蚀数据超标原因，建立决策诊断模型，对腐蚀防控提供意见和建议。

（5）工艺数据计算。该功能实现水露点温度、烟气露点温度、NH_4Cl 结盐温度、NH_4SH 结盐温度、注水量、酸性水中硫氢化铵浓度实时计算功能。

2.5　腐蚀知识管理

腐蚀案例库具备各企业腐蚀故障分析及处理记录管理，能按装置类型、设备分类、腐蚀类型、腐蚀现象、材质类别、工艺情况等基本参数刻画腐蚀特征，通过结构化数据提取可成为腐蚀故障案例库组成部分，也可实现兄弟企业内的案例共享。同时，建立 API、NACE、PB 及石化行业腐蚀与防腐重要标准、方法、研究及工程处理方法的重要技术文献库，供技术人员参考。

3　数据集成

数据是系统有效运行的基础，腐蚀智能化决策系统具有通用、开放的标准数据接口，建立了与 EAM、ERP、MES、DCS、LIMS 及各厂家腐蚀在线监测和在线测厚系统的数据接口，实现设备主数据、技术参数、分析数据、监测数据、工艺数据的无缝集成，保证了数据的唯一性、有效性和实时性，通过各业务系统数据资源共享对腐蚀管理形成支撑实现了腐蚀专业系统间的融合深化协同。

4 总结

炼化装置腐蚀智能化信息决策系统的建立，可以帮助腐蚀防护工作人员科学准确的分析管线、设备的腐蚀状况，能够实现腐蚀监测数据的实时监控、数据分析以及风险预警提示，并能够根据检测结果，动态校正评估结果，提供腐蚀综合性分析报告，辅助装置腐蚀工作，为腐蚀防护提供科学指导和决策依据。

参 考 文 献

[1] 赵敏，康强利，孔朝辉. 石化企业中腐蚀监测体系的建立[J]. 石油化工腐蚀与防护，2010，27（1）：55.

[2] 段汝娇，张勇，何仁洋，等. 油气管道内腐蚀外监测系统软件设计与实现[J]. 中国特种设备安全，2017，33(8)：35-40.

[3] 陈轩，冯丹，陈阵，等. 腐蚀监测系统在炼油装置的建立及应用[J]. 腐蚀科学与防护技术，2016，28(4)：379-383.

[4] 洪政甫，文学，吴巍，等. 油气管道的腐蚀监测、检测及安全评估[J]. 全面腐蚀控制，2004(5)：34-36.

[5] 李杰，李煌，王利波，等. 在线腐蚀监测在高含硫天然气净化厂的应用及优化[J]. 石油化工腐蚀与防护，2018，35(1)：38-40.

[6] 许述剑，刘小辉. 炼化企业防腐蚀信息化管理系统的研发与展望[J]. 腐蚀与防护，2010，31(3)：188-192.

[7] 范明新. 自动在线定点测厚系统在常减压装置中的应用[J]. 化工自动化及仪表，2013，40(5)：670-673.

[8] 孔祥军，马玲等. 炼油行业设备腐蚀监测技术现状[J]. 炼油与化工，2010，21(2)：32-34.

[9] 刘小辉，吴惜伟. 炼油装置腐蚀适应性评价[J]. 安全、健康和环境，2006，6(11)：2-5.

[10] 刘小辉，李贵军，兰正贵，等. 炼油装置防腐蚀设防值研究[J]. 石油化工腐蚀与防护，2012，29（1）：27-29.

川东北高含硫气田净化厂脱硫系统腐蚀原因及对策研究

王 希 叶开清 龙继勇 李丁川 沈若飞 甘凤明

（中国石油西南油气田公司）

摘 要：川东北高含硫气田 LJZ 脱硫系统每年因腐蚀原因需进行停产检修，严重制约了生产工艺的高效、经济运行，通过对腐蚀情况、硫沉积垢样的监测和分析，腐蚀监测和检测实施情况的统计分析，确定了：影响腐蚀监测效率的 3 个要因要因，分别是长期监测带位置设计不优化不同腐蚀程度监测带监测频率过于频繁；很多无现场实际指导意义，造成测厚工作量巨大；即测厚数据的分析应用不充分也是导致无效或无意义测厚工作量大。针对 3 个要因，制定了对于监测的管道，梳理前期监测工作，优化监测带位置及测厚数据量；根据已取得的腐蚀速率、风险等级确定不同的测厚频率，根据优化结果，结合腐蚀监测系统中计算的腐蚀速率对应的严重程度分级，以及设备的风险等级，综合确定管道和容器检测频率；多种监测数据相互印证，确定可靠腐蚀速率，指导监测带的优化和调整。通过 3 个对策的逐步实施，分类、分级对管道类、容器类的测厚带个数及检测频次进行优化。优化工作分三轮逐步实施，最终实现整个项目管道类和容器类状态监测带较活动前减少了 58%。人工超声测厚工作量减少了 58%，活动后，腐蚀监测年均成本降低至 60%。

关键词：腐蚀对策；净化装置；腐蚀速率；测厚；腐蚀监测

1.1 问题描述

1.1.1 生产系统腐蚀情况

根据 LJZ 气田现场的大修记录，自投产以来，LZJ 气田每年都进行了大修，每次耗时 2 个月左右，大修期间现场生产难以继续，严重限制了 LZJ 气田生产工艺的高效、经济运行。从每年的大修内容上看，多为压力容器、阀门的常规检查，以及填料、TEG 溶液等耗材的更换或补充。通过 2020 年的技术改造项目，对燃料系统、TEG 等管线进行优化，部分关键设备、阀门增加了备用设备，LJZ 气田脱硫生产系统的可靠性已经大为加强。但是，由于 LJZ 气田的气质为高含硫天然气（H_2S 含量为 9.5%~11.5%），脱硫生产系统的腐蚀问题仍然较为突出。如再生塔重沸器因严重的管束腐蚀穿孔导致装置停产；脱硫单元贫富砜胺液换热器也因换热板腐蚀穿孔问题在 2019 年大修时进行了返厂维修，一定程度上影响了装置的正常开产；目前装置脱硫再生塔内部也腐蚀比较严重，2/3 列脱硫吸收塔在 2020 年大修期间也发现严重的焊缝裂纹问题，如图 1 所示。

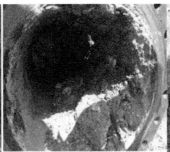

图1 设备腐蚀图

根据同类高含硫天然气田生产设备的腐蚀情况研究，高含硫净化装置主要腐蚀介质为 H_2S、CO_2、胺液及其降解物质等。存在 $H_2S-CO_2-H_2O$ 腐蚀、$MDEA-CO_2-H_2S-H_2O$、高温硫化、氧化腐蚀、H_2SO_4、H_2SO_3 露点腐蚀、元素 S 引起的腐蚀、甘醇引起的腐蚀等腐蚀环境。净化装置重点腐蚀部位见表1。

表1 净化装置重点腐蚀部位分布

序号	装置	重点腐蚀部位	腐蚀介质	腐蚀类型
1	脱硫装置	原料气的过滤分离器底部及其排污管道	原料气	硫化物引起的应力腐蚀开裂；氯离子引起的不锈钢腐蚀开裂；H_2S 引起的电化学腐蚀
2		液力透平的出口管道；吸收塔底部及其出口管道；贫富胺液换热器的富胺液端及其管道	富胺液	$MDEA-CO_2-H_2S-H_2O$ 腐蚀；均匀减薄；点蚀；胺应力腐蚀开裂
3		胺液再生塔顶冷凝器及其管道	酸性气、酸气水	$H_2S-CO_2-H_2O$ 腐蚀；氯离子引发的不锈钢腐蚀开裂
4		胺液再生塔底再沸器出口部位壳体和返塔线	富胺液、酸性气、酸性水	$MDEA-CO_2-H_2S-H_2O$ 腐蚀；胺应力腐蚀开裂
5	脱水装置	吸收塔底部；贫富甘醇换热器的富甘醇端及其管道	富甘醇	富甘醇降解产物；杂质
6		甘醇再生系统	富甘醇	富甘醇降解产物；杂质
7	硫磺回收装置	酸气放空管道；液硫脱气管道；酸气分液罐及其管道	酸性气、酸气水	低温湿硫化氢腐蚀；硫化物应力腐蚀开裂
8		Claus 炉燃烧室；一、二级转换器；三级硫冷凝器进口管道	酸性气、过程气	高温硫腐蚀；硫化物引发的应力腐蚀焊接开裂；硫酸的露点腐蚀
9		三级硫冷凝器及其出口管道	过程气	硫酸的露点腐蚀；低温湿硫化氢；硫化物引发的应力腐蚀焊接开裂

续表

序号	装置	重点腐蚀部位	腐蚀介质	腐蚀类型
10	尾气处理装置	急冷水泵出口管道；急冷塔底部	酸性水	低温的湿硫化氢腐蚀；硫化物引发的应力腐蚀开裂
11		尾气吸收塔及其管道	胺液	$MDEA-CO_2-H_2S-H_2O$ 腐蚀；胺应力引发的腐蚀开裂
12	酸水汽提装置	酸水汽提塔及其管道；酸水缓冲罐	酸性水	硫化物引发的应力腐蚀开裂；低温下的湿硫化氢腐蚀

通过现场腐蚀监测实验，分析 LJZ 气田脱硫生产系统各区域腐蚀速率。选取 LJZ 气田净化厂脱硫生产系统的主要腐蚀区域，采用探针/挂片等腐蚀检测方法，测试各区域的腐蚀速率，各腐蚀检测点位见表 2。

表 2　LJZ 气田净化厂的主要腐蚀检测点位

编号	检测部位	挂片/探针材质	所在单元
FS-1	天然气进站管线	316L	脱硫单元
FS-2	进料过滤分离器出液管	316L	脱硫单元
FS-3	水解反应器空冷出口管	316L	脱硫单元
FS-4	再生塔底重沸器气相返回管	316L	脱硫单元
FS-5	液体透平出口管	316L	脱硫单元
FS-6	胺液再生塔顶空冷器出口管	316L	脱硫单元
FS-7	再生塔顶回流罐至硫磺回收单元管路	316L	脱硫单元
FS-8	胺液再生塔顶回流管	316L	脱硫单元
FS-9	脱水塔天然气入口管	20#	脱水单元
FS-10	脱水塔出口富 TEG 管	20#	脱水单元
FS-11	次级硫冷凝器酸性气入口管线	20#	硫磺回收单元
FS-12	末级硫冷凝器尾气出口管线	20#	硫磺回收单元
FS-13	急冷水泵出口管线	20#	尾气处理单元

为便于比较，同时又可反映腐蚀速率随时间变化情况，采用各月的平均腐蚀速率进行比较，分别对探针/挂片在线监测腐蚀数据进行分析，结果如图 2 所示。LJZ 气田净化厂脱硫生产系统腐蚀较严重的部位主要集中在天然气进站管线、进料过滤分离器出液管、胺液再生塔、末级硫冷凝器尾气出口管线和急冷水泵出口管线，特别是天然气进站管线，尤其在 2020 年 7 月份腐蚀速率达到 0.729mm/a，远超国家腐蚀控制标准 0.076mm/a。

1.1.2 硫沉积与垢样情况

LJZ 气田自 2016 年投产以来，在净化厂脱硫生产系统的进汇管球阀。LJZ 气田自 2016 年投产以来，在净化厂脱硫生产系统的进汇管球阀、单流阀等位置陆续出现硫沉积现象，管线中的硫沉积导致集输管道的压力升高，逼近联锁压力值，不得不采用压产的方式来维持气井生产，硫沉积一定程度上制约了脱硫生产装置的长周期运行。经过统计分析，硫沉积主要发生在压力、温度发生较大变化的部位，如靶式流量计阀座处等（图 3）。

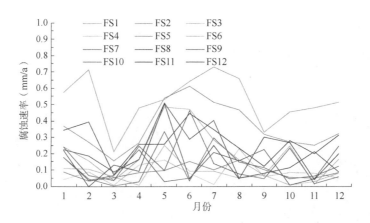

图 2　净化厂生产系统 2020 年各腐蚀检测点的腐蚀速率

（a）分离器底部的单质硫　　　　　　　　　　（b）靶式流量计阀座处的单质硫

图 3　不同设备的硫沉积现场图片

采用扫描电镜能谱（SEM-EDX）仪（型号 JSM IT-500）进行实验，对于靶式流量计阀座处的沉积物综合分析结果可见：（1）样品微观呈块状结构；（2）EDS 结果显示，主要元素有碳、硫，还有少量氧、钙。其中，无机物主要有元素硫组成，这与管道所输送的高含硫介质具有直接关系。根据清管作业的台账数据，每次清管作业的排出物含硫较少，说明硫沉积在净化厂脱硫生产系统中并不严重（图 4、图 5）。

图 4　靶式流量计阀座处的样品

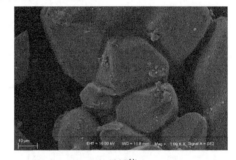

200倍　　　　　　　　　　　　　1000倍

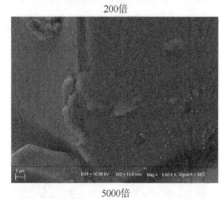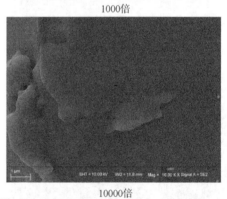

5000倍　　　　　　　　　　　　10000倍

（a）SEM图

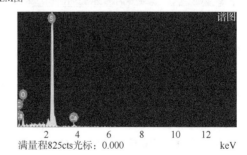

200μm　　电子图像1

（b）EDX图

图 5　腐蚀产物样品 SEM-EDX 分析结果

1.1.3 腐蚀监测和检测实施情况

根据近三年 LJZ 气田腐蚀监测工作的统计（图 6）：智能清管监测设备的风险等级为 IC1级，计划 1 次/3 年，实际实施 1 次，年均费用支出 123 万元，占比总腐蚀监测管理成本的 14%；腐蚀挂片和腐蚀探针主要针对风险等级为 IC1 的设备，计划 2 次/1 年，腐蚀挂片正常按计划实施，近 3 年实施 6 次，腐蚀探针受某些因素的影响，近 3 年只取了 1 次，挂片和探针合计年均费用支出为 150 万元，占腐蚀监测年均费用的 17%。超声测厚工作量相对巨

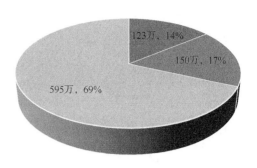

图 6　腐蚀监测年均费用构成图

大，活动前激活需长期监测的测厚带共计 12511 个，近三年年均采集数据点超 90000 个，其中测厚频率为 1~36 月不等，从 IC1-IC3+类容器和管道均有不同程度的涉及，近三年年均费用支出为 595 万元，占腐蚀监测总费用的 69%。

近 3 年年年均费用支出为 868 万元，其中智能清管、腐蚀挂片及腐蚀探针合计年均费用占比为 31%，且针对的全部是 IC1 高风险等级的设备，且本身监测的频率不高，因此该几项工作优化空间不大，并非是年均费用成本高的症结所在。

人工超声测厚占比最大，达到了 69%，其中无危害介质 IC3+类管线容器、管线或容器材质本身为不锈钢、测厚带数据点位置过于密集（网格类型）、连续多次测厚已证明未见腐蚀、非严重腐蚀测厚频次过大这 5 种情况占总测厚工作量的 65% 左右（图 7）。这种大量存在重点不突出、针对性不强无效或基本无意义测厚工作量，是造成年均费用成本高的症结所在。

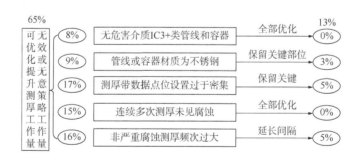

图 7　可优化提升工作量占比分析图

1.2 影响腐蚀检测效率的因素分析

从"人员"、"机器"、"材料"、"方法"、"环境"五个方面，共分析出 7 个造成项目无效或者无意义测厚工作量大的末端因素：（1）检验员操作经验不足；（2）专业技术人员配备不足；（3）同一个点位需多次重复测量；（4）测厚工作开展及测量结果管理不到位；（5）结果数据分析应用不充分；（6）基线数据基础上长期监测带位置设计不优化；（7）不同腐蚀程度监测带监测频率设计不合理。如图 8 所示。

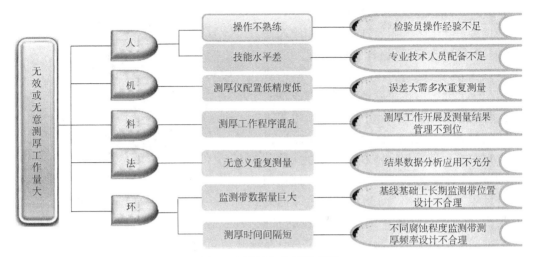

图 8   末端因素分析关联图

在确定末端因素的基础上，对 7 个末端因素逐一进行了要因确认。通过资料调查、数据分析和现场确认，目前激活的长期监测带并未根据管道和容器输送的介质、本身材质、已经获得的可靠的腐蚀情况等对其进行优化，长期监测带位置设计不优化是要因之一。不同腐蚀程度监测带监测频率过于频繁，很多无现场实际指导意义，造成测厚工作量巨大，也是要因之一。通过数据分析和现场确认发现，项目目前已取得大量的测厚数据，但是测厚数据并未与其他监测手段如腐蚀挂片探针的数据进行比对分析验证，且未根据已经获得的可靠的腐蚀趋势去优化后续的测厚工作，即测厚数据的分析应用不充分也是导致无效或无意义测厚工作量大的一个主要原因。

综上所述，共确定长期监测带位置设计不优化、不同腐蚀程度监测带测厚频率设计不合理、测厚数据分析应用不充分为无效或无意义测厚工作量大的三个重要原因。

2   腐蚀监测方案改进措施

2.1   方案比选

针对以上 3 点主要原因，并通过对比、分析及评价优选出腐蚀检测改进方案，具体见表 3。

表 3   对策提出与优选表

序号	要因	对策	有效性	操作性	经济性	可靠性	选定方案
1	长期监测带位置设计不优化	梳理前期监测工作，优化监测带位置范围	中	低	中	中	选定
		全部重新部署监测带	中	低	高	中	否定
2	不同腐蚀程度监测带测厚频率不合理	将所有监测带测厚频率降低为原来的1/3	高	中	低	高	否定
		根据已取得的腐蚀速率、风险等级确定不同的测厚频率	低	低	低	中	选定

序号	要因	对策	有效性	操作性	经济性	可靠性	选定方案
3	监测数据分析应用不充分	引进新的监测技术，获取多样化的腐蚀监测数据	高	低	中	高	否定
		多种监测数据相互印证，确定可靠腐蚀速率，指导监测带的优化和调整	中	低	低	中	选定

2.2 对策实施方案

选定最佳对策方案后，制定对策实施方案。

2.2.1 对策实施一

对于监测的管道，梳理前期监测工作，优化监测带位置及测厚数据量。

(1) IC3+类管道：按照雪佛龙后果风险标准 IC 排序，未纳入腐蚀回路的 IC3+和非特种设备管道。剔除以下介质的 IC3+管线：LT(三甘醇贫液)、RT(三甘醇富液原因：进行 3 次测厚未发现腐蚀)、OW(检修污水)、FG(不含水燃料气)、N_2(氮气)、WW(废水 & 检修污水 & 冷凝水)、CI(化学品注入管线)、DW(洁净水)、PL(液硫、三甘醇溶液排放)、AA(空气)、W(冷却水)、TF(三甘醇进料)、TLD(三甘醇剔料)、TW(锅炉进水)、OG(放空)。保留以下介质的 IC3+管线：SW(酸水)、WS(汽提水)、LS(贫/半贫砜胺液)、CND(凝结水)、STM(高压 & 中压蒸汽管线)。

(2) IC1/IC2 管道剔除无腐蚀介质的 FG(燃料气)、GP(产品气)、N_2(氮气)；保留 PLD(排放溶液)。

(3) 根据腐蚀速率：对 2018 年 1 月 1 日以后累计测厚大于 3 次，且 visions 系统中计算的四个腐蚀速率最大值达到 0.025mm/a 的测厚带所在回路确定为必须持续检测的管道回路。

(4) 无条件保留已经发现内部腐蚀情况比较严重的标记为重点关注管道。

对于监测的容器：

(1) IC3+类容器。

① 剔除系统台账中所有非在役设备。

② 按照雪佛龙后果风险标准 IC 排序，剔除 IC3+中如下系统和单元容器：02 化学注药系统、03 加热分离和计量单元、10 硫磺成型系统、11 商业计量站、15 管廊系统(保留蒸汽分离器 D-071501)、19 空气和氮气系统、21 新鲜水系统、23 消防水系统、24 污水生化处理系统、25 污水回注处理系统、26 污水反渗透系统、27 冷却水系统、29 雨水处理系统、30 原水处理系统、33 排水收集转输系统、35 中控室、51 综合楼警卫室系统。

③ 在①和②筛选结果的基础上，结合 Visions 系统中记录的测厚数据(根据四个腐蚀速率最大者)，筛选出腐蚀较严重的容器纳入监控范围。

④ 将以下介质的 IC3+容器保留在监控范围内：如果 IC3 容器中有介质为 AW(酸水)、WS(汽提水)、LS(贫/半贫砜胺液)。

⑤ 根据现场工况验证腐蚀情况比较严重的设备标注为重点关键设备，纳入必须监控

范围。

（2）IC1/IC2 类容器。

① IC1 和 IC2 容器清单(62 台 IC1，123 台 IC2)共 185 台，保留具有腐蚀性介质(如酸水、酸气、半贫/富砜胺液等)的容器。该类容器要结合 Visions 测厚数据和历史内部检查报告，核实腐蚀情况，合理布置状态检测位置和数量。若数据分析后无明显腐蚀的该类容器，根据腐蚀和损伤机理安排监测点来监测潜在的腐蚀和损伤，比如有耐腐蚀涂层和衬里的碳钢容器等。

② 对于非强腐蚀性的 IC1 和 IC2 类容器的腐蚀监测点选取时应结合 Visions 系统计算的腐蚀速率和系统里的完整性检测报告，尤其是历史的大修内部检查报告(大修时的测厚报告由于动态选点从而无法保持点位一致性一般不录入系统计算)，合理布置状态检测带的位置和数量。对于识别出该类中无明显腐蚀的容器，也应选择合理的点位布置监测带，但是在实际检测频率和管理上按照上述 IC3 类执行。

③ 平时在线无法检测的放空塔和火炬塔顶点火系统应考虑在大修时检测并纳入大修检测计划包里，比如火炬系统开头的点火设备。

④ 对于 IC1IC2 有腐蚀性介质的和验证内部腐蚀情况比较严重的容器标记为重点关注设备，纳入需长期重点监测的范围。

2.2.2 对策实施二

根据已取得的腐蚀速率、风险等级确定不同的测厚频率，根据优化结果，结合腐蚀监测系统中计算的腐蚀速率对应的严重程度分级，以及设备的风险等级(IC1、IC2、IC3+)，见表4，综合确定管道和容器检测频率。

表 4　测厚时间间隔频率

腐蚀速率/严重程度分级	风险等级			剩余寿命因子
	IC1	IC2	IC3	
已经泄漏、临时修补、临界最小厚度被允许继续生产的设备	≤3 月			0.5
高(≥0.125mm/a)	1 年			0.5
低(<0.125mm/a)	3 年			0.5
新装、换新设备/部件	1 年			0.5

2.2.3 对策实施三

多种监测数据相互印证，确定可靠腐蚀速率，指导监测带的优化和调整。对监测结果数据展开综合分析比对，准确判断被监测容器和管道真实的腐蚀状况。一方面，完整性数据分析员将测厚数据上传至 Visions 系统腐蚀趋势分析模块，将人工超声测厚数据与历史测厚数据进行比对，尤其是上次测厚数据，计算出短期腐蚀速率和长期腐蚀速率及设备剩余使用寿命。另一方面，将人工超声测厚数据与同期送检的腐蚀挂片和腐蚀探针数据进行比对，若项目后期引进在线测厚和自动超声测厚技术，人工测厚数据还将与在线测厚和自动超声测厚数据进行比对和相互验证，最终判定设备真实准确的腐蚀状况。

针对腐蚀异常加剧的结果指示，加强与工艺工程师的沟通，进一步分析现场工艺变化可能导致或加剧腐蚀的容器或管道回路。最后经过小组讨论，根据设备腐蚀的严重程度，对设备提出维修、改造或更换等建议。若为严重腐蚀设备，应立即实施维修、改造或者更换，并把设备标注为重点监控设备，并采取相应的扩大监测范围，缩短监测周期，增加监测方法等对策，采集更多上下游数据，以保证设备的安全可靠运行。最后，完整性数据分析员关闭当前监测任务，并在腐蚀监测系统里实时更新调整后的监测任务和计划，现场执行调整后的监测任务，强化监测数据应用分析流程图如图9所示。

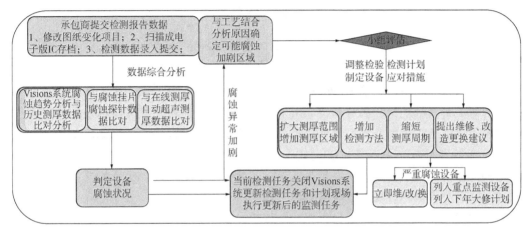

图9　强化监测数据应用分析流程图

3　结论

通过3个对策的逐步实施，分类、分级对管道类、容器类的测厚带个数及检测频次进行优化。优化工作分三轮逐步实施，最终将整个项目管道类的8835个和容器类3676个共计12511个状态监测带TML优化到5213个状态监测带，较活动前减少了58%。

根据活动成果，人工超声测厚年均费用支出占比为69%，通过改进措施，测厚工作量减少了58%，所以腐蚀监测年均成本降低值=费用成本降低值=69%×58%=40%，活动后，腐蚀监测年均成本=100%−40%=60%。

参 考 文 献

[1] GB/T 30579-2014，承压设备损伤模式识别[S].

[2] Keen D J, Laycock N J, Krouse D P, et al. Risk–based aeeseement of corroding systems[C]. Corrosion Control & NDT vol. 2. Plant Reliability Solutions Australia, 2003.

[3] 中国石化股份公司青岛安全工程研究院. 设备风险检测技术实施指南[M]. 北京：中国石化出版社，2005.

[4] 胡伟. 天然气脱酸工艺[J]. 辽宁化工，2017，46(9)：917-919.

硫磺回收装置一级冷凝冷却器
硫酸腐蚀分析及防护

何　银　钱义刚　高青松　李鸿雁　陶武军　何志英

（中国石油庆阳石化公司）

　　摘　要：硫磺回收装置一级冷凝冷却器（以下简称一冷）发生低温硫酸腐蚀是较为鲜见的腐蚀现象，从腐蚀情况来看，一冷管箱两侧内壁有大面积蚀坑，蚀坑连接成片，通过调查发现，腐蚀的主要原因是自制硫炉来的高温含硫过程气，气流所含 H_2S、SO_2、硫蒸汽、CS_2、CO_2、N_2 和水蒸汽等以复合形式存在，在一冷管箱处温度相对较低处，遇冷发生低温硫酸腐蚀，根据形成硫酸的机理，采取相应的措施，可以到达避免硫酸腐蚀的目的。

　　关键词：硫磺回收；腐蚀机理；分析及防护

　　某公司 3000kt/a 单套小规模硫磺回收装置采用 CLAUS 生产制硫工艺，其一冷管箱出口是自制硫炉来的高温过程气（约 1317℃）经冷凝后、温度降至 160℃ 的过程气和液体硫磺，在出口，被冷凝下来的液体硫磺与过程气分离，液体硫磺自底部流出进入硫封罐，而过程气则从顶部返回，在制硫炉高温掺和阀处与高温过程气混合，温度到达 258℃ 后进入一级转化器。

1　一级冷凝冷却器腐蚀状况

　　2018 年公司利用装置停工期间是对装置进行全面"体检"，腐蚀检查的重点集中在塔器、反应器、容器、换热器等设备上。从腐蚀检查情况来看，设备普遍存在轻微腐蚀，装置的腐蚀主要形态有低温湿硫化氢腐蚀、高温部位的硫腐蚀，其中较为严重的腐蚀部位是一冷管箱发生的低温硫酸腐蚀。

　　"体检"发现，在一冷管箱东西两侧内壁发现大面积蚀坑，蚀坑连接成片，最大蚀坑位于管箱正东正西的两侧，正东侧蚀坑长约 150mm，宽约 100mm，最深约 15mm，西侧蚀坑长约 120mm，宽约 80mm，最深约 16mm（图1、图2）。

2　一冷低温硫酸产生机制分析

　　自制硫炉来的的高温含硫过程气，气流组成为 H_2S、SO_2、硫蒸汽、CS_2、CO_2、N_2 和水蒸汽等，这些介质以复合形式存在，在此部位存在温度低点遇冷产生低温硫酸腐蚀。

2.1 硫酸雾的形成机理

硫酸雾的形成主要有两个机制，第一个机制是形成液滴的 H_2O 蒸汽和 SO_3 之间的反应，第二个机制是当气流温度降低到 H_2SO_4 露点以下时在气相中硫酸蒸汽的冷凝。

图 1 一冷管箱腐蚀形貌(西)　　　图 2 一冷管箱腐蚀形貌(东)

在 400℃ 条件下，SO_2 氧化成 SO_3 不超 2%，由于 SO_2 和 O_2 反应形成 SO_3 是放热反应，所以在制硫炉高温(1400℃ 以上)下形成很少的 SO_3，在 600℃ 时，约 70% 的 SO_2 可转化为 SO_3，但反应速度慢的多。如果酸性气经过制硫炉(正常操作指标为 1250~1400℃)燃烧到 1600~1700℃ 后，经一冷冷却到 1000℃ 过程中，大部分 SO_3 可在数秒内形成，SO_3 的产生还会随着氧浓度的增加而增加。

$$2SO_2+O_2 =\!=\!= 2SO_3 \tag{1}$$

一冷管箱过程气中的 H_2O 蒸汽和 SO_3 的反应，就完成了硫酸雾形成的第一个机制。

$$SO_3+H_2O =\!=\!= H_2SO_4 \tag{2}$$

硫酸雾形成的第二个机理是通过本体中的蒸汽冷凝，将气流温度降低到低于 H_2SO_4 露点的气相，必须指出的是，尽管典型条件下硫酸的露点为 150~180℃，但由于体相温度差异的不确定，在非理想条件和壁效应下，温度可达 220℃，当包含 SO_3、H_2SO_4 和 H_2O 蒸汽的气流被冷却时，H_2SO_4 蒸汽冷凝，并且 SO_3 和 H_2O 蒸汽反应形成另外的 H_2SO_4。当气体被更快的冷却时，形成非常细的亚微米雾颗粒，冷凝的蒸汽可以通过传质，即"冲击冷却"去除，当含有 SO_3 的干燥气流与湿气流混合时，可以发生相同的效果，此时，两种气流的快速混合显著的使 H_2SO_4 液滴尺寸最小化。

2.2 硫酸雾的冷凝机理

根据气溶胶原理，气体中的蒸汽的饱和比 S 是气体中的分压和液体表面上的蒸汽的饱和蒸汽压的比率，当 $S>1$ 时，气体被称为蒸汽过饱和，当 $S=1$ 时，气体饱和，当 $S<1$ 时，气体与蒸汽不饱和，为了发生冷凝，硫酸蒸汽必须过饱和($S>1$)。然而，硫酸雾的冷凝可以在热力学上不可能的条件下进行，例如，在含有飞尘气体中，飞尘可以作为蒸汽的冷凝核，当蒸汽流过冷却器阶段时，硫酸蒸汽在飞尘上冷凝，如果酸性气中烃含量过高或者烃含量波动较大时，可能由于配风不足或配风不能及时跟上烃含量的变化，烃在空气不足的情况下进行燃烧产生了碳黑，碳黑不但会污染硫磺，还会形成含飞尘气体，从而使硫酸蒸汽冷凝在含尘的冷凝核中而冷凝下来。

硫酸冷凝的另一机制($S<1$)在较冷的管箱壁表面冷凝，一冷管箱壁温明显低于气流的温度，在靠近管箱壁表面的非常薄的层状边界层中冷凝下来，由于层状层的厚度是总气体体积的一小部分，这种冷凝机理通常不会产生大量的硫酸雾。然而，如果层流层达到高饱和度状态，则是产生最大部分硫酸液滴的最好机制，在一冷管箱气体温度为约207℃，硫酸蒸汽浓度为50mg/g时，硫酸雾形成比小于1.0，在这种条件下，层状层中开始了硫酸的气相冷凝。

2.3 硫酸腐蚀一冷管箱成因分析

在一冷管箱，当发生慢气体聚冷时，发生了层状层中形成雾的过程，在缓慢的冷却过程，飞尘冷凝核起到了非常大的作用，它使大多数酸出现在现有的飞灰颗粒和冷凝器壁，由于一冷管箱管壁温度低于所生成的硫酸露点，硫酸就在管壁上凝结而产生腐蚀，管箱壁面被腐蚀的程度取决于硫酸凝结量的多少、浓度的大小和壁面温度的高低。硫酸象一层胶膜，一面黏在管壁上腐蚀，一面不断黏着飞尘，形成多种硫酸盐，并逐渐增厚，形成低温式结渣。由于长期积灰结垢，水蒸汽及SO_3容易黏附在灰垢上，最终在温度较低处凝聚而引起腐蚀。

3 防护措施

3.1 平稳操作，减少SO_3的生成

生产中，充分利用好、维护好比值分析仪，严格控制H_2S/SO_2比例，稳定制硫炉工艺操作。应该强调的是，过低的H_2S/SO_2比例要绝对禁止，当SO_2含量太高，如果此时制硫炉超温燃烧到1600~1700℃，冷却到1000℃过程中，就给SO_3在数秒内形成提供了恰当的条件；此外，如果配风过高，随着氧浓度的增加SO_3也随之增加。

3.2 加强收油，减少飞尘

由于含飞尘气体为硫酸雾的冷凝形成提供了冷凝核，因此，就要从减少飞尘的来源方面想办法，因为飞尘主要来自酸性水中的烃类，因此，无论从环保、硫磺产品质量还是防硫酸腐蚀方面来考虑，都需要尽可能的除去烃类。

3.3 提高一冷后的温度，减少硫酸露点腐蚀

由于硫酸的露点为150~180℃，但由于体相温度差异的不确定性，在非理想条件和壁效应下，气体温度可达220℃，因此，保持一冷管箱温度不低于220℃，是避免硫酸腐蚀的重要途径之一。

3.4 设备防腐措施

硫磺回收装置属于腐蚀问题多发装置，不仅在工艺上应加强管理，在材质上对设备的防腐蚀也不容忽视。

如选择耐硫酸低温露点腐蚀的 09CrCuSb（ND 钢）、焊后热处理以消除应力腐蚀，控制焊缝和热影响区硬度 HB≤200 等等。

3.5 管理防腐措施

3.5.1 建立完备的工艺、设备防腐体系

建立完善的工艺腐蚀风险预警、过程分析监控体系，完善工艺防腐监测分析项目，科学设置装置进料腐蚀性介质含量设防值。查对原始设计要求和近几年运行数据，科学设定设防值，及时掌握加工原料中的硫、酸、氮、氯等腐蚀性物质含量，以及装置的腐蚀性介质含量。

3.5.2 强化人员培训和技能提升

根据工作需要，为进一步强化腐蚀与防护管理，在日常腐蚀防控管理过程中，设备管理、技术人员牢固树立"管设备、管生产"的理念，在学好设备腐蚀专业相关知识、技能的同时，要注重工艺生产技术、操作管理方面的知识学习和积累，只有学懂、学好工艺技术、生产操作，熟悉工艺流程、腐蚀机理，进一步提高装置技术管理人员的腐蚀理论等技能知识，强化腐蚀风险巡检和日常监测的责任落实。

4 结论

制硫炉在燃烧后产生的高温含硫过程气以复合形式存在，在一冷管箱处产生低温硫酸腐蚀，最关键的还是要平稳操作、加强监盘，不因高温、配风的波动而产生 SO_3，同时需要从上游减少酸性水带油情况，才能从根本上杜绝硫酸产生的根源。

参 考 文 献

[1] 张东荣，何灵生，王学斌，等 . 硫磺回收装置防腐蚀管理[J]. 石油化工腐蚀与防护，2019，36(3)

保温层下防护涂层耐腐蚀性能评价方法研究

李晓炜[1]　于慧文[1]　段永锋[1]　方瑶婧[2]　骆　惠[2]　张　雷[3]

(1. 中石化炼化工程集团洛阳技术研发中心；2. 佐敦涂料(张家港)
有限公司；3. 中海油常州涂料化工研究院有限公司)

摘　要：在实验室模拟保温层下腐蚀环境，针对不同的配套涂层体系开展了横置式方管和竖立式圆管循环腐蚀试验，筛选了不同涂层的耐保温层下腐蚀性能，并对方管和圆管试验评价方法进行了对比和分析。结果表明，普通环氧酚醛漆、玻璃鳞片增强环氧酚醛漆以及惰性无机共聚物漆具备良好的耐保温层下腐蚀性能，含有机硅铝粉的涂层体系由于较薄的干膜厚度未通过测试。此外，相比于圆管试验，方管试验的试验条件更为苛刻，对不同涂层的筛选性更佳。

关键词：保温层下腐蚀；方管循环腐蚀试验；圆管试验；涂层体系。

为最大程度减少热量损失、保证工艺温度以及避免人身伤害，炼化企业往往对设备及管道实施保温结构。保温层下腐蚀(CUI, corrosion under insulation)是指由于水分的进入，导致保温层下金属材料发生腐蚀或应力腐蚀开裂的现象，目前已成为影响炼化装置安全稳定运行的热点、难点之一。由于外部保温结构的存在，使得保温层下腐蚀具有隐蔽性强、检测难度大以及检测成本高等特点[1-2]，一旦发生腐蚀泄漏会对装置运行、安全生产构成较大危害，对企业效益和人身、社会安全造成重大损失[3-4]。

保温层下腐蚀发生的最主要原因保温结构破损后水分的进入引起保温层下金属发生的电化学腐蚀。具备物理阻隔性能和耐腐蚀性能的涂层体系被认为是保温层下腐蚀防护的最有效办法[5]。当前，炼化企业用于保温层下的防腐蚀涂层配套往往缺少保温层下工况的性能评价数据，尽管 HG/T 5178 和 ISO 19277 等国内外标准对保温层下防腐蚀涂层的性能要求及评价方法(方管试验和圆管试验)做出了详细规定，但并未得到良好的应用和执行，仍有部分学者仅采用圆管试验方法用于保温层下防腐蚀涂层的耐腐蚀性能评价[6-8]。

本文通过选用若干常用涂层配套，分别采用方管和圆管两种模拟保温层下工况的腐蚀评价方法，用于适用于保温层下涂层配套体系的筛选，同时对比两种评价方法的优势和不足，为保温层下防腐蚀涂层体系的选用及性能评价方法提供参考依据。

1　试验

1.1　试验方法

1.1.1　方管循环腐蚀试验

图 1 展示了方管循环腐蚀试验装置示意图。将两个底材为碳钢的方形钢管左右两侧各

涂覆两种不同的配套涂层(图1中用不同颜色示意),并对单个侧面进行划×处理。之后放置于横置式循环腐蚀箱的干/湿室中,再泵入5%(质量分数)氯化钠溶液,液面位置不低于方管划线面的1/3。设定通过方管的导热油温度为175℃,然后进行42d(1008h)的热循环试验。共进行六个周期,每个周期7d(168h),每次循环为[(4h干状态、4h湿状态)/8h],共循环15次,循环120h后关闭加热盘,清洗实验槽和方管,时间为48h。此为一周期。每周期结束后取出方管各面进行外观形貌观察及老化评级。

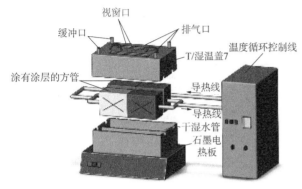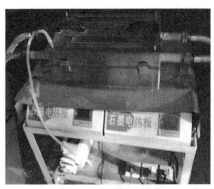

图1 方管循环腐蚀试验示意图及实物图

1.1.2 圆管循环腐蚀试验

圆管循环腐蚀测试在包裹有保温结构的圆管上进行(图2)。底材为涂覆有不同涂层配套体系的碳钢圆管,四周包覆硅酸钙保温结构,并将导热铝棒放入圆管中。试验前在保温套内倒入1%质量分数的NaCl溶液,并静置10min。设定加热板温度为280℃后开始加热,记录圆管壁面17个热电偶测温点的温度数据。加热8h后趁热在保温套内倒入1%质量分数的NaCl溶液,然后静置16h,此为1次循环。每周5次循环,第五次循环后室温放置48h,此为一个周期。六个测试周期(总计42d)结束以后,取出圆管进行外观形貌观察及老化评级。

图2 圆管循环腐蚀试验示意图及实物图

方管和圆管循环腐蚀试验单循环周期(7d，168h)的简明示意见表1。

表1 循环腐蚀试验168h循环简明示意

	设备名称	循环时间			
横置式方管试验		0~4h	4h~8h	8h~120h	120h~168h
	热油循环加热器	175℃持续加热			关闭
	加热盘	100℃持续加热			关闭
	干/湿室	干状态	NaCl 溶液	干状态/4h，湿状态/4h（共14次循环）	室温状态，冲洗方管
竖立式圆管试验	设备名称	循环时间			
		0~8h	8~24h	24~120h	120h~168h
	电加热板	280℃持续加热	停止加热	有溶液加热/8h、加入溶液静置/16h(共4次循环)	停止加热，圆管室温放置

1.2 试验材料

选取6组常用的涂层配套体系进行试验，详细信息见表2。其中，涂层配套1的底漆和中间漆选用环氧云铁涂料，为目前炼厂大气腐蚀环境涂层配套中最常用的中间漆。配套2和配套3均为保温层下腐蚀环境中常用的环氧酚醛漆，其中配套3在环氧酚醛漆中添加了经过比例优化的玻璃鳞片，以期提高环氧酚醛涂层的耐高温和耐保温层下腐蚀性能。配套4、5均含有炼化企业高温部位常用的有机硅铝粉漆，涂层配套体系分别为无机富锌漆+有机硅铝粉漆和有机硅铝粉漆*2，配套6为一种无机陶瓷惰性共聚物耐高温漆。

表2 试验涂层配套体系

序号	涂层配套		设计参数	
			干膜厚度(μm)	总干膜厚度(μm)
配套1	底漆	环氧云铁漆	100	200
	中间漆	环氧云铁漆	100	
配套2	底漆	环氧酚醛漆	150	300
	中间漆	环氧酚醛漆	150	
配套3	底漆	玻璃鳞片增强环氧酚醛漆	100	200
	中间漆	玻璃鳞片增强环氧酚醛漆	100	
配套4	底漆	无机富锌漆	70	110
	中间漆	有机硅铝粉漆	40	
配套5	底漆	有机硅铝粉漆	40	60
	中间漆	有机硅铝粉漆	20	
配套6	底漆	惰性无机共聚物	100	200
	中间漆	惰性无机共聚物	100	

2 试验结果

2.1 方管循环腐蚀试验

图 3 为 175℃条件下方管循环试验后各涂层配套体系的外观形貌。由结果可知，对于受试的所有涂层，浸没在液相面的变色、开裂、锈蚀和脱落等老化程度明显高于气相面。其中，配套涂层 1 的浸液面在试验后出现了大量裂纹，未通过测试。配套 2 和配套 3 涂层均匀平整，四面均未发现开裂、剥落和锈蚀。配套 4 和配套 5 中均含有有机硅铝粉漆，其中配套 4 为无机富锌漆+有机硅铝粉漆，配套 5 为两道有机硅铝粉漆，从试验后的结果来看，两种涂层配套的浸液面均发现不同程度的起泡和锈蚀，划×处均有涂层脱落，锈蚀和起泡，表明有机硅铝粉漆不具备良好的保温层下耐蚀性能。其中配套 5 液相面布满了密集的锈蚀孔，边缘处涂层大面积剥落，露出的金属基底已严重腐蚀，而配套 4 腐蚀程度相对轻微，涂层的老化严重程度为配套 5>配套 4。因而，选取无机富锌作为底漆能够一定程度上提升有机硅铝粉漆涂层的耐蚀程度，但相较其他涂层体系仍不具备良好的耐蚀性能。

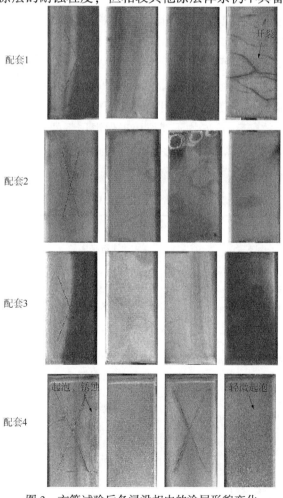

图 3　方管试验后各浸没相中的涂层形貌变化

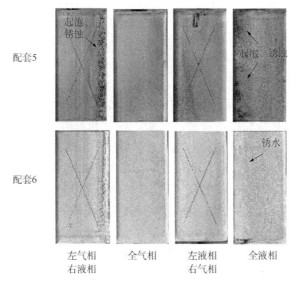

配套5

配套6

左气相　全气相　左液相　全液相
右液相　　　　右气相

图3　方管试验后各浸没相中的涂层形貌变化(续)

　　有机硅铝粉的配套涂层虽具备优异的耐高温性能，但耐腐蚀性能严重不足。其原因是有机硅铝粉涂层干膜厚度较低，一般要求其不超过40μm，因此为达到一定膜厚需要较多的施工道数，导致其高温条件下极易开裂[4,9]。而当设备或管道停工检修温度低于100℃时，涂层由于较差的防腐性能极易失效。此外，有机硅铝粉涂层中添加的无机富锌在温度高于60℃时易发生阴极翻转，使碳钢由阴极转为阳极[10]，不能起到保护底材的作用，加剧了碳钢底材的腐蚀，故配套4、5均不建议用于保温层下的涂层体系。配套2、配套3和配套6的液相面未发现明显的涂层老化现象，整体符合测试要求，耐蚀性能良好。方管循环腐蚀试验后，所有涂层各测试面的性能评价情况如图3、表3所示。

表3　方管试验涂层性能评级情况

试样名称	外观检查结果(方管)			是否通过测试
	划X面	气相面	液相面	
配套1	表面有轻微开裂 划线处涂层剥落<2mm 锈蚀扩展<2mm 锈蚀≤Ri1	表面有轻微开裂， 未发现起泡	表面大面积开裂	否
配套2	划线处涂层剥落<2mm 锈蚀扩展<2mm 锈蚀≤Ri1	未发现开裂、 剥落、锈蚀	未发现开裂、 剥落、锈蚀	是
配套3	划线处涂层剥落<2mm 锈蚀扩展<2mm 锈蚀≤Ri1	未发现开裂、 剥落、锈蚀	未发现开裂、 剥落、锈蚀	是
配套4	局部边缘有气泡、锈蚀 划线处涂层剥落<2mm 锈蚀扩展<1mm	未发现开裂、 剥落、锈蚀	局部有少量 起泡和锈蚀	否

试样名称	外观检查结果（方管）			是否通过测试
	划 X 面	气相面	液相面	
配套 5	划线处涂层剥落<2mm 锈蚀扩展<2mm 大面积有锈蚀，锈蚀>Ri1	未发现开裂、剥落、锈蚀	大面积起泡、锈蚀	否
配套 6	划线处涂层剥落<2mm 锈蚀扩展<2mm 锈蚀≤Ri1	未发现开裂、剥落、锈蚀	锈蚀<Ri1	是

2.2 圆管循环腐蚀试验

图 4 为不同涂层配套体系在 280℃圆管试验后的外观形貌。其中涂层配套 1、配套 2 和配套 3 圆管底部均发生了一定程度的变色。除配套 5 圆管外，其余涂层体系圆管与加热盘接触的底部高温位置涂层剥落和锈蚀长度均在 3mm 以内，锈蚀等级≤Ri1，涂层表面无明显开裂、起泡和剥落，满足 HG/T 5178 中 280℃条件下的试验要求，在圆管试验中表现了良好的耐保温层下腐蚀性能。涂层配套 5，即纯有机硅铝粉涂层在圆管试验中的性能评价结果较差，底部位置涂层出现较大面积锈蚀，脱落长度约 10cm，锈蚀等级>Ri1，未能通过圆管测试。表 4 为不同涂层配套体系圆管循环腐蚀试验后的结果。

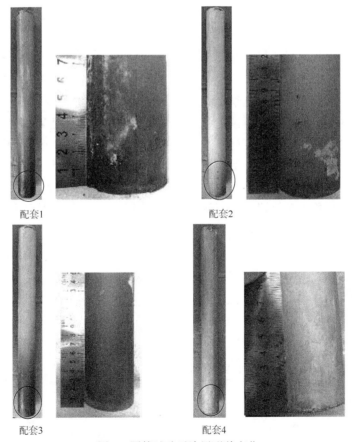

配套1　　　　　　　　　　　配套2

配套3　　　　　　　　　　　配套4

图 4　圆管试验后涂层形貌变化

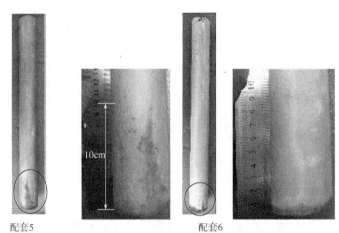

配套5　　　　　　　　　　　　　　配套6

图4　圆管试验后涂层形貌变化(续)

表4　圆管试验涂层性能评级情况

试样名称	外观检查结果(圆管)		是否通过测试
	底部剥落、锈蚀长度	锈蚀等级	
配套 1	1~3mm	≤Ri1	是
配套 2	1~2mm	≤Ri1	是
配套 3	1~3mm	≤Ri1	是
配套 4	1~3mm	≤Ri1	是
配套 5	10cm 左右	>Ri1	否
配套 6	1~2mm	≤Ri1	是

以涂层配套1和配套3为例，绘制圆管实验的每一个周期中第一个循环关闭加热前的温度梯度曲线，对比测试不同阶段圆管各点的温度变化及差异，结果如图5所示。可以看出，随试验周期的进行，后期温度梯度较前期差异较大。其中第一个试验周期各点的温度梯度明显，但自第二周期开始，配套1、配套3圆管的各测试点温度相较于第一周期大幅降低，最大分别降低了59%和61%。这是由于随着圆管试验的进行，保温层中含盐水量不断增加，导致各点温度不断下降，这与实际中保温层下含水后的工况较为一致。

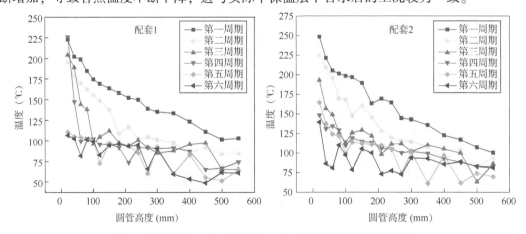

图5　涂层配套1(左)及配套3(右)圆管实验温度梯度曲线

3 分析讨论

综合各涂层体系在方管及圆管试验中的评价结果(表5),可以看出,配套2、配套3和配套6涂层体系在两种条件的循环腐蚀试验中均展现良好的保温层下防腐蚀性能,即普通酚醛环氧漆、玻璃鳞片增强酚醛环氧漆以及惰性无机共聚物具有良好的保温层下工况防腐蚀效果。配套1和配套4仅通过圆管测试、未通过方管测试。而配套5在圆管和方管试验中均未通过测试,说明有机硅铝粉涂层由于较薄的干膜厚度,不适用于保温层下防腐涂层的配套体系。

表5 不同评价方法的试验结果对比

试样名称	评价试验		是否通过测试
	圆管实验(280℃)	方管试验(175℃)	
配套1	是	否	否
配套2	是	是	是
配套3	是	是	是
配套4	是	否	否
配套5	否	否	否
配套6	是	是	是

通过对比方管和圆管的试验结果可以看出,在280℃圆管试验中表现出良好防腐性能的涂层配套体系,未必能通过175℃方管循环腐蚀测试,如配套1和配套4。而在圆管试验中防护效果较差的涂层,在方管试验中同样性能表现较差,如配套5。其原因是,方管试验方法可以同时实现全浸条件、气相条件、半浸条件、划叉面、温度交替等多个方面的评价,可以更好地模拟现场保温层下多种界面条件的腐蚀工况,具有较好的筛选性,可用于区分不同涂料配套的耐腐蚀性能;但设备相对较为复杂,辅助上其它相关测试,可以对保温层下腐蚀进行较好的评估。相对而言,圆管试验设备相对简单,应用温度范围更高,但是相对横管较为稳定的参数循环,圆管方法中如温度、含水量等的参数设置相对动态,针对多界面评价的试验条件相对缓和,筛选能力也相对较差,因此经圆管测试的涂层配套体系多数合格。

二者测试方法均有相关国内国际企业多年应用评估经验,目前标准 HG/T 5178 中关于两种评价方法的要求为任选一种,而实际上两种方法的试验结果差别较大。但哪种更为适合或需更进一步的改进,仍需要更多的研究。

4 结论

采用方管和竖立式圆管循环腐蚀试验方法,考察了多种配套涂层体系在保温层下腐蚀工况的耐腐蚀性能,并对比了两种方法的优势和不足,结果如下:

(1)普通酚醛环氧漆、玻璃鳞片增强酚醛环氧漆以及惰性无机共聚物均能通过两种方法的循环腐蚀测试，具有良好的耐保温层下腐蚀性能；

（2）纯有机硅铝粉耐热漆在保温层下腐蚀工况明显耐腐蚀性能不足，富锌类涂料用于大气腐蚀环境的涂层体系具有良好的耐腐蚀性能，但用于保温层下腐蚀工况会因锌粉的阴极反转而出现起泡的老化问题，因而不能用作保温层下环境的涂层防护体系；

（3）方管试验方法能够可以更好地模拟现场保温层下多种界面条件的腐蚀工况，相对于圆管测试方法具备更佳的涂层筛选能力。

参 考 文 献

［1］ Marquez A, Singh J, Maharaj C. Corrosion under insulation examination to prevent failures in equipment at a petrochemical plant［J］. Journal of Failure Analysis and Prevention, 2021, 21(3): 723-732.

［2］ Eltai E O, Musharavati F, Mahdi E. Severity of corrosion under insulation (CUI) to structures and strategies to detect it［J］. Corrosion Reviews, 2019, 37(6): 553-564.

［3］ 姜莹洁, 巩建鸣, 唐建群. 保温层下金属材料腐蚀的研究现状［J］. 腐蚀科学与防护技术, 2011, 23(05): 381-386.

［4］ 周建龙, 王箫然, 潘莹, 等. 保温层下的碳钢腐蚀与解决方案［J］. 中国涂料, 2015, 30(2): 56-62.

［5］ Luo X, Zhou C, Chen B, et al. A superior corrosion-protective coating based on an insulated poly-2-amiothiazole noncovalently functionalized graphene［J］. Corrosion Science, 2021, 178: 109044.

［6］ 丛海涛. 保温层下腐蚀及防腐对策分析［J］. 涂料技术与文摘, 2014, 35(6): 7-9.

［7］ 刘强. 耐保温层下腐蚀涂料的制备及性能研究［J］. 涂料工业, 2019, 49(9): 7-13.

［8］ 李君. 保温层下防腐保护及冷喷铝技术［J］. 上海涂料, 2008(6): 19-22.

［9］ 吴显斌, 豆小艳, 何宾等. 浅析保温层下的腐蚀与涂层防护［J］. 全面腐蚀控制, 2017, 31(3): 65-66+86.

［10］ 岳中海. 阴极保护时锌—碳钢电偶对的电位反转［J］. 腐蚀与防护, 1992, 13(6): 282-285.

304L 和 316L 耐酸性水中氯离子的阈值研究

包振宇　段永锋　李朝法　李晓炜

(中石化炼化工程集团洛阳技术研发中心)

摘　要： 随着天然气净化装置设备和管道的材质升级奥氏体不锈钢替代碳钢逐步得以应用。当奥氏体不锈钢在含氯酸性水中服役时，会发生点蚀和应力腐蚀开裂(SCC)等危及生产安全的腐蚀损伤。本文采用 U 形弯曲试验探索 304L 和 316L 不锈钢在 60℃的酸性水中耐受 Cl⁻的边界值，进而提出其推荐服役范围，结果表明：304L 不锈钢在 Cl⁻浓度为 5000μg/g 以上的酸性水中具有点蚀倾向，Cl⁻更高时具有 SCC 敏感性，实际生产时不推荐使用；316L 不锈钢在 Cl⁻浓度为 20000μg/g 以上的酸性水中具有点蚀倾向和 SCC 敏感性，使用时建议控制酸性水中 Cl⁻浓度不高于 15000μg/g。

关键词： 酸性水；奥氏体不锈钢；U 形弯曲；氯离子；阈值

天然气净化装置主要用来脱除天然气中的酸性气和水蒸气等，进而保证输送和加工过程的安全性[1,2]。由于潮湿的酸性气对碳钢设备具有较强的腐蚀性[3]，为避免腐蚀泄漏带来的严重危害，国内天然气净化装置已普遍采用奥氏体不锈钢替代碳钢作为重点部位的用材[4]。然而，随着产气的进行，气井产出水量逐步增大[5]，集气站原料气分离器分液效果不佳[6,7]，净化装置处理的气体中通常会携带含有氯离子(Cl⁻)的凝液，提高了奥氏体不锈钢点蚀和应力腐蚀开裂(SCC)风险[8]。含氯酸性水可能存在于：脱硫单元的原料气管线及原料气过滤器[9]、吸收塔顶部、胺液再生塔顶部及酸性气管线[10]、富胺液闪蒸罐上部气相空间[11]及尾气线，硫磺回收单元的酸性气分液罐[12]及相连管线，尾气处理单元的急冷塔及相连管线、急冷水过滤器、急冷水冷却器[13]，酸性水汽提单元的酸性水汽提塔[14]、酸性水换热器等部位。

净化装置的腐蚀程度和 SCC 敏感性随着腐蚀环境温度、所处理原料气中 H_2S、CO_2 等酸性气体浓度、Cl⁻含量的增加而增加[15-16]。ISO 15156[17]给出了 316L 不锈钢在 60℃、H_2S 分压(p_{H_2S})为 1.0MPa 下的可接受 Cl⁻浓度范围为 50000mg/L，但国内净化装置 p_{H_2S} 高于标准中的数值，使得奥氏体不锈钢在含氯酸性水中的服役范围不清晰。鉴于此，本文利用 U 形弯曲(以下简称 U 弯)试验开展相关服役范围的考察，以期为净化装置的安稳运行和选材优化提供参考。

2 研究方法

2.1 试样

试验中采用 U 弯试样，样品取材均为沿轧制方向的机加工切割，试验中使用的 304L 基材和焊接试样、316L 基材和焊接试样的化学组成见表 1。实测值符合国标，所用材料合格。

表 1 试样的化学成分表

材质		C	Si	Mn	P	S	Cr	Ni	Mo	Cu	Fe
304L 固溶	国标	0.03	1	2	0.045	0.03	18~20	8~12	–	–	bal.
	实测	0.026	0.45	1.26	0.025	0.003	18.28	8.02	–	–	bal.
304L 焊接	国标	≤0.04	≤1.0	0.5~2.5	≤0.04	≤0.03	18~21	9~11	≤0.75	≤0.75	bal.
	熔敷金属	0.034	0.37	1.19	0.011	0.005	20.1	9.6	0.01	0.02	bal.
316L 固溶	国标	0.03	1	2	0.045	0.03	16~18	10~14	2~3	—	bal.
	实测	0.018	0.42	1	0.038	0.0042	16.54	10.24	2.07	—	bal.
316L 焊接	国标	≤0.04	≤1.00	0.5~2.5	≤0.04	≤0.03	17~20	11~14	2~3	≤0.75	bal.
	熔敷金属	0.017	0.67	0.67	0.019	0.005	18.6	11.6	2.50	0.07	bal.

U 弯试样为双孔式试片，在使用之前需要预成型，成型后略有反弹，可忽略，其预成型的具体过程依照标准 ASTM G30—2016[18]。U 弯试样的规格信息如图 1 所示。焊接试样的焊接区位于试样的中间部位，弯曲后处于 U 形的底部。

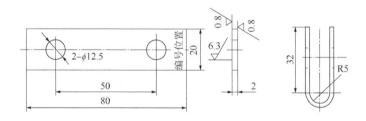

图 1 U 弯试样示意图

2.2 试验方法

试验参照 GB/T 15970.3—1995[19]标准，在大连科贸高温高压釜中完成，每组试验设置 2 个平行试样。试验温度 60℃，$p_{H_2S} = 1.2MPa$、$p_{CO_2} = 0.8MPa$，试验周期 720h。根据 ISO 15156[16]中图 D.1 推算出介质 pH 值约为 3.4。各材质考察的 Cl^-（添加 NaCl）浓度见表 2。

表 2　U 弯试验条件

材质	Cl⁻浓度(μg/g)	材质	Cl⁻浓度(μg/g)
304L 固溶 304L 焊接	5000	316L 固溶 316L 焊接	15000
	8000		20000
	10000		25000
	20000		30000

试验结束后，进行宏观检查并记录。然后依据 GB/T 16545—2015[20] 清除表面腐蚀产物，用 20 倍体视显微镜观察试样的裂纹和破裂情况，最后采用着色渗透检测方法观察试样弯曲部位的裂纹情况。

3　结果与讨论

3.1　304L 不锈钢

试验结果及检测描述见表 3，试验结束后 U 弯试样的渗透检测形貌见图 2。

表 3　U 弯试验结果及描述

序号	试验条件 60℃，H_2S1.2MPa， $CO_2$0.8MPa，720h	试样类型	宏观形貌观察
1	5000μg/g Cl⁻	304L 固溶	无裂纹
			无裂纹
		304L 焊接	无裂纹，HAZ 发现部分微小点蚀坑
			无裂纹
2	8000μg/g Cl⁻	304L 固溶	弯曲端面处出现微裂纹，点蚀不明显
			出现微裂纹，有两处明显点蚀
		304L 焊接	焊接热影响区有点蚀坑
			有微裂纹，局部有点蚀
3	10000μg/g Cl⁻	304L 固溶	顶端有贯穿裂纹，侧面有微裂纹
			存在微裂纹
		304L 焊接	焊接热影响区有贯穿裂纹，多处存在点蚀
			焊接热影响区有贯穿裂纹，局部有成片点蚀坑
4	20000μg/g Cl⁻	304L 固溶	局部有微裂纹，局部有点蚀坑
			多条裂纹接近连续贯穿，点蚀密集
		304L 焊接	沿焊缝边缘有一条贯穿裂纹，热影响区多处有点蚀
			焊接热影响区有贯穿裂纹，点蚀密集成片

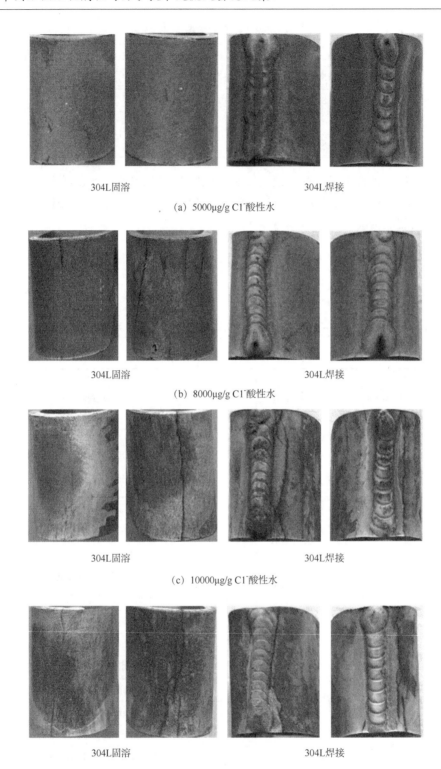

(a) 5000μg/g Cl⁻酸性水

(b) 8000μg/g Cl⁻酸性水

(c) 10000μg/g Cl⁻酸性水

(d) 20000μg/g Cl⁻酸性水

图2　304L 不锈钢 U 弯试样的着色渗透检测形貌

由表 3 可知，在试验条件下，固溶态和焊接态 304L 不锈钢 U 弯试样在 5000μg/g Cl⁻ 酸性水中均没有产生裂纹，见图 2(a)，仅在 1 个焊接试样的热影响区(HAZ)发现部分微小点蚀坑。

固溶态试样在 8000μg/g Cl⁻ 酸性水中产生浅表面微裂纹，其中 1 个表面发现明显点蚀坑(两处)；焊接态试样 1 个发现微裂纹、局部有点蚀，另 1 个没有出现裂纹、HAZ 有点蚀见图 2(b)。

1 个固溶态和 2 个焊接态试样在 10000μg/g Cl⁻ 酸性水中发生严重开裂，并且裂纹为贯穿性。焊接态试样的裂纹严重程度高于固溶态试样，且在金属表面出现多处点蚀坑，见图 2(c)。

固溶态和焊接态试样在 20000μg/g Cl⁻ 酸性水中均发生严重开裂，其中，1 个固溶态和 2 个焊接态试样出现贯穿性裂纹，并且试样表面都出现了大面积点蚀坑，见图 2(d)。

由此可知，304L 不锈钢在 H_2S 和 CO_2 分压分别为 1.2MPa、0.8MPa、温度 60℃的酸性水中，当 Cl⁻ 浓度超过 5000μg/g 后，其 SCC 敏感性显著增强，且随 Cl⁻ 浓度的升高，点蚀程度逐渐加重，另外，焊接态试样的 SCC 敏感性高于固溶态试样。

3.2 316L 不锈钢

试验结果及检测描述见表 4，试验结束后 U 弯试样的渗透检测形貌见图 3。

表 4 U 弯试验结果及描述(316L 不锈钢)

序号	试验条件 60℃，H_2S1.2MPa， $CO_2$0.8MPa，720h	试样类型	宏观形貌观察
1	15000μg/g Cl⁻	316L 固溶	无裂纹或点蚀
			无裂纹或点蚀
		316L 焊接	无裂纹或点蚀
			无裂纹或点蚀
2	20000μg/g Cl⁻	316L 固溶	无裂纹或点蚀
			无裂纹或点蚀
		316L 焊接	无裂纹，局部点蚀
			热影响区有疑似裂纹
3	25000μg/g Cl⁻	316L 固溶	多条平行裂纹，未贯穿
			多条树枝状裂纹，未贯穿
		316L 焊接	热影响区有疑似裂纹
			无裂纹，局部点蚀
4	30000μg/g Cl⁻	316L 固溶	裂纹存在多处分支
			裂纹多处分支，接近贯穿
		316L 焊接	无裂纹，局部点蚀
			热影响区有疑似裂纹

316L固溶　　　　　　　　　　　　　316L焊接

(a) 15000μg/g Cl⁻酸性水

316L固溶　　　　　　　　　　　　　316L焊接

(b) 20000μg/g Cl⁻酸性水

316L固溶　　　　　　　　　　　　　316L焊接

(c) 25000μg/g Cl⁻酸性水

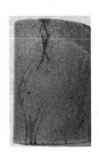

316L固溶　　　　　　　　　　　　　316L焊接

(d) 30000μg/g Cl⁻酸性水

图3　316L不锈钢U弯试样的着色渗透检测形貌

由表 4 可知，固溶态和焊接态 316L 不锈钢 U 弯试样在 15000μg/g Cl⁻ 的酸性水中均没有出现裂纹和点蚀，见图 3(a)。

在 20000μg/g Cl⁻ 的酸性水中，固溶态试样没有出现裂纹和点蚀；焊接态试样的弯曲部位出现了局部点蚀形貌，其中 1 个还出现了疑似裂纹，见图 3(b)。

固溶态试样在 25000μg/g Cl⁻ 的酸性水中出现了多处浅表面裂纹，1 个表现为多条平行裂纹、1 个表现为多条树枝状裂纹，见图 3(c)，弯曲表面的裂纹微观形貌见图 4，在裂纹周边有多处密集的点蚀坑，裂纹将几处较大的点蚀坑串联起来；焊接态试样表面的点蚀形貌与固溶态试样相似，其中 1 个焊接态试样也出现了微裂纹。

在 30000μg/g Cl⁻ 的酸性水中，固溶态试样的弯曲部位发生多处开裂，其中严重裂纹接近贯穿；焊接态试样形貌与固溶态相似，裂纹程度稍弱，见图 3(d)。

结合上述试验结果可知，316L 不锈钢在 H_2S 和 CO_2 分压分别为 1.2MPa、0.8MPa、温度 60℃ 的酸性水中，SCC 敏感性和点蚀程度随 Cl⁻ 浓度升高而逐渐增强，当介质中 Cl⁻ 浓度达到 20000μg/g 时，固溶态和焊接态试样均出现点蚀；Cl⁻ 浓度达到 25000μg/g 时，固溶态和焊接态试样均发生开裂。另外，固溶态和焊接态试样的 SCC 和点蚀的敏感性相差不大。

图 4　316L 不锈钢 U 弯试样局部微观形貌
（25000μg/g Cl⁻ 酸性水，放大 20 倍）

3.3　讨论

Cl⁻ 在酸性水中的作用是使奥氏体不锈钢不断产生微区电化学反应，加重局部腐蚀程度，产生点蚀坑。从深度方向来看，点蚀坑产生后，拉应力能够促进裂纹萌生和扩展，直至贯穿壁厚截面，产生断裂，过程示意图如图 5(a)所示。从金属表面观察，由于 Cl⁻ 破坏钝化膜后在金属表面形成多处应力集中点(即点蚀坑)，裂纹在拉应力的协同作用下沿某一路径扩展，将散落分布的应力集中点串联起来，形成渗透检测观察到的树枝状裂纹形态，过程示意图如图 5(b)所示。

由此可见，Cl⁻ 浓度是决定奥氏体不锈钢在含氯酸性水中服役范围的重要因素。随着 Cl⁻ 浓度的升高，奥氏体不锈钢在该温度下的点蚀电位逐渐降低[21]，直至腐蚀电位大于点蚀电位时，会首先产生点蚀；当 Cl⁻ 浓度继续增加时，点蚀数量和深度增加，金属的完整性遭到明显破坏，裂纹在拉应力的作用下迅速产生，导致 SCC。

本研究的试验结果表明：304L 不锈钢在 Cl⁻ 浓度不高于 5000μg/g 的酸性水中，SCC 敏感性不强，但 Cl⁻ 浓度为 5000μg/g 时，存在点蚀倾向；316L 不锈钢在 Cl⁻ 浓度不高于 15000μg/g 的酸性水中，点蚀和 SCC 敏感性不强。

根据 ISO 15156[16]中表 A.2，在 60℃、p_{H_2S} 为 1.0MPa、pH 值 ≥4.5 的条件下，使用 316L 不锈钢的最高 Cl⁻ 浓度限值为 50000mg/L。而试验室研究结果显示，在温度 60℃、p_{H_2S} 为 1.2MPa、pH 值约为 3.5 的条件下，316L 不锈钢在 Cl⁻ 浓度达到 20000μg/g 就发生点

蚀，达到 25000μg/g 后就发生开裂，与标准 ISO 15156 有较大偏差。原因在于国内天然气净化装置的 p_{H_2S} 为 1.2MPa，与国外相比更高，本文所采用的试验条件相对标准 ISO 15156 更为苛刻(更高的 H_2S 分压及更低的 pH 值)，故使用时 Cl^- 浓度的限值会有所降低。

综上，由于国内天然气净化装置中 p_{H_2S} 达到 1.2MPa，出于安全考虑，不推荐使用 304L 不锈钢，使用 316L 不锈钢时，建议控制 Cl^- 浓度不超过 15000μg/g。

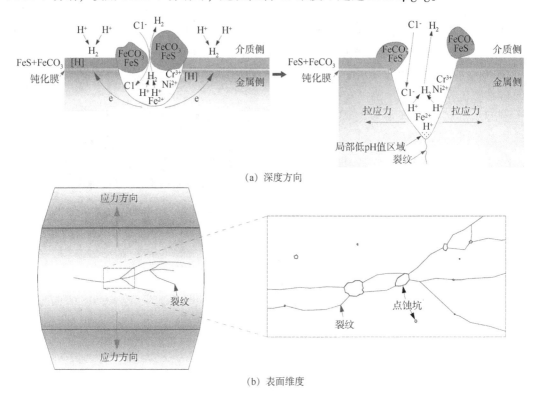

（a）深度方向

（b）表面维度

图 5   裂纹扩展过程示意图

4   结论

（1）酸性水腐蚀工况下，316L 不锈钢的耐点蚀和 SCC 能力均优于 304L 不锈钢，随着溶液中 Cl^- 浓度的升高，点蚀和 SCC 敏感性增强。

（2）304L 不锈钢在 Cl^- 浓度高于 5000μg/g 的酸性水中，具有 SCC 敏感性；316L 不锈钢在 Cl^- 浓度高于 20000μg/g 的酸性水中，具有点蚀倾向，在 Cl^- 浓度高于 25000μg/g 的酸性水中具有 SCC 敏感性。

（3）当酸性水中 Cl^- 浓度达到临界值时，会首先产生点蚀，随着 Cl^- 浓度的继续增加，点蚀数量和深度增加，裂纹在拉应力的作用下迅速产生。

（4）天然气净化装置的酸性水腐蚀环境中，不推荐使用 304L 不锈钢，使用 316L 不锈钢时，建议控制 Cl^- 浓度不超过 15000μg/g。

参 考 文 献

[1] ABOTALEB A, EL-NAAS M H, AMHAMED A. Enhancing gas loading and reducing energy consumption in acid gas removal systems: A simulation study based on real NGL plant data [J]. Journal of Natural Gas Science and Engineering, 2008, 55: 565-574.

[2] 王林平, 魏立军, 杨会丰, 等. 天然气净化厂脱硫装置能耗计算及测试方法[J]. 油气储运, 2013, 32(10): 1101-1106.

[3] 齐国权, 戚东涛, 魏斌, 等. 非金属管在酸性环境应用存在的问题[J]. 油气储运, 2015, 34(12): 1272-1275.

[4] 张杰. 基于风险的检验技术(RBI)在高硫天然气净化装置的应用[J]. 中国化工贸易, 2015, (13): 150.

[5] 董琴刚. 普光气田集输站场排污管线腐蚀与对策[J]. 石油化工腐蚀与防护, 2019, 36(4): 28-32.

[6] 纪妍妍, 王增刚, 张功臣, 等. 高含硫气田集气总站工艺优化改造及效果分析[J]. 油气田地面工程, 2020, 39(5): 31-35.

[7] 杨秘, 赵东胜, 王聚锋, 等. X65 管线钢焊接接头抗 H_2S 应力腐蚀开裂性能[J]. 油气储运, 2013, 32(3): 334-338.

[8] 王丹, 谢飞, 吴明, 等. 硫化氢环境中管道钢的腐蚀及防护[J]. 油气储运, 2009, 28(9): 10-12.

[9] 杨子海, 李静, 刘刚, 等. 川中天然气净化处理装置腐蚀因素及对策分析[J]. 石油与天然气化工, 2005, 34(5): 389-393.

[10] SHARIFI A and AMIRI E O. Effect of the Tower Type on the Gas Sweetening Process [J]. Oil & Gas Science and Technology, 2017, 72(4): 24.

[11] 崔凯燕. 高含硫天然气净化厂闪蒸过程模拟及闪蒸气回收技术研究[D]. 中国石油大学(华东), 2014: 47-48.

[12] SAYED A E, ASHOUR I, GADALLA M. Integrated process development for an optimum gas processing plant [J]. Chemical Engineering Research and Design, 2017, 124: 114-123.

[13] TURPIN A, COUVERT A, LAPLANCHE A, PAILLIER A. Experimental study of mass transfer and H_2S removal efficiency in a spray tower [J]. Chemical Engineering and Processing, 2008, 47(5): 886-892.

[14] 兰宝勤, 王团亮, 李炜锋, 等. 酸水汽提装置酸气管线腐蚀开裂原因及对策[J]. 石油化工设备, 2014, 43(增1): 97-100.

[15] 刘然克. 典型 H_2S/CO_2 环空环境下高强油套管钢应力腐蚀机理与防护[D]. 北京: 北京科技大学, 2015: 59-61.

[16] 李科, 施岱艳, 李天雷, 等. 含 CO_2 气田用 316L 奥氏体不锈钢的应用边界条件[J]. 机械工程材料, 2012, 36(11): 34-36.

[17] ISO 15156. Petroleum and natural gas industries – Materials for use in H_2S-containing environments in oil and gas production[S]. ISO, 2015: 1-85.

[18] ASTM G30. Standard Practice for Making and Using U-Bend Stress-Corrosion Test Specimens[S]. ASTM, 2016: 1-7.

[19] GB/T 15970.3. 金属和合金的腐蚀 应力腐蚀试验 第3部分 U 型弯曲试样的制备和应用[S]. 中国标准出版社, 1995: 630-632.

[20] GB/T 16545. 金属和合金的腐蚀 腐蚀试样上腐蚀产物的清除[S]. 中国标准出版社, 2015: 5.

[21] 樊学华, 于勇, 张子如, 等. 316L 奥氏体不锈钢在不同电位下的点蚀和再钝化行为研究[J]. 表面技术, 2020, 49(7): 287-293.

大型石化储罐防腐涂层现状及问题分析

樊志帅[1]　丁少军[2]　任宁飞[3]　郭小波[2]　李晓炜[1]　张　猛[1]　杨琰嘉[1]

(1. 中石化炼化工程集团洛阳技术研发中心；

2. 中国石化北海炼化有限责任公司；

3. 中国石化工程建设有限公司)

摘　要：大型原油储罐防腐一直是安全生产关注的重点问题，其对保证储罐长周期安全稳定运行意义重大。但长期面临积水浸泡、紫外辐射等苛刻工况的外浮顶区域的腐蚀问题却并未受到足够重视，为连续安稳生产埋下了隐患。通过调研发现，外浮顶外防腐设计混用普通大气腐蚀环境罐壁配套，难以应对苛刻环境。此外，涂层施工厚度并未依据相关标准规范选择，且施工过程控制及验收执行不到位，导致涂层膜厚不足、附着力偏低、干喷等外观缺陷问题突出。在上述因素作用下，涂层过早发生返锈、鼓泡甚至剥落，失去对金属基底的保护作用，进而造成浮顶腐蚀穿孔，原油泄漏等。为保证外浮顶涂层实现长周期服役，需要从外浮顶积水腐蚀介质分析、强化涂层体系适用性筛选、完善施工过程控制及验收等环节，多措并举实现外浮顶涂层的长效防护。

关键词：大型储罐；外浮顶防腐；涂层性能；施工控制

石油化工设备防腐一直是安全生产关注的重点问题，在原油的运输、储存、中转环节均需建设大量储罐，虽然其面临着严酷腐蚀环境的挑战，但却未受到足够重视，为连续安稳生产埋下了隐患[1-5]。特别是沿海地区，其环境具有高温、高湿、高盐等特点，储罐外壁尤其是外浮顶部位易形成电解液膜，导致防腐涂层的提前失效及金属基体的腐蚀泄漏[5-10]。

外浮顶因受力产生连续起伏的变形[11-13]，导致局部区域形成积液并提供电化学腐蚀环境，腐蚀工况较其他部位更为恶劣，易出现涂层失效发生腐蚀穿孔。尽管其腐蚀环境较普通罐壁部位更为苛刻，而现有防腐涂层设计并未对其进行特殊要求，不能满足实际需求[14-16]。浮顶腐蚀穿孔后，将导致原油大量溢出罐顶，长期积存浮顶上方造成罐顶重量增加，加剧浮顶变形后阻碍上下浮动，甚至会导致浮顶塌陷压坏储罐。此外，原油溢出也会造成火灾安全隐患。因腐蚀造成的直接、间接损失巨大，甚至影响正常的生产，因此需采取必要的防腐措施[17-19]。

1　储罐外浮顶涂层应用现状调研

目前我国大型油品储罐浮顶常见的结构形式有两种，即双盘式及单盘式。单浮盘造价较低，但存在易变形积水、紧急排水不良、钢板较薄易穿孔、隔热不佳造成油气损耗等缺点。双盘式结构浮顶整体强度高、稳定性好，但是存在着结构相对复杂、建造费用相对较高、浮顶一定程度积水等缺点。无论是单盘式或双盘式，均存在着浮顶在变形后易积水的问题，积水区域的涂层提前失效现象突出。涂层失效剥落后失去保护作用，导致浮顶钢板出现腐蚀甚至穿孔。尤其是沿海地区的浮顶式储罐，大气盐雾腐蚀较为严重，腐蚀隐患更为严重。

经调研发现，不同气候地域的大型油品罐外浮顶上表面防腐涂层均存在明显涂层失效现象。涂层失效的主要形式包括粉化、鼓泡、返锈、剥落及锈蚀蠕变等。

为进一步明确浮顶储罐各部位涂层现状，选取某南方炼化企业（A企业）的储罐进行防腐涂层附着力检测（已运行10年），检测结果如图1所示。测试结果表明，罐壁外防腐附着力范围为4.29~5.87MPa，均值为5.22MPa；底部内防腐附着力范围为4.51~5.07MPa，均值为4.76MPa；浮顶内防腐附着力范围为3.40~4.25MPa，均值为3.70MPa；浮顶外防腐附着力最低仅为2.08MPa。储罐各部位附着力排名：罐壁外防腐>底部内防腐>浮顶内防腐>浮顶外防腐。

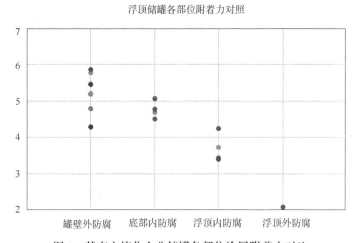

图1 某南方炼化企业储罐各部位涂层附着力对比

为进一步摸清大型油品外浮顶储罐防腐涂层的服役现状，选取北部沿海企业、中部内陆企业、南部沿海企业的储罐外浮顶区域进行检测，检测项目包括附着力、干膜厚度、外观检查等3项。

1.1 附着力测评结果

表1为附着力检测数据，B企业外浮顶涂层附着力范围为3.35~8.01MPa，平均值为6.23MPa；C企业外浮顶涂层附着力范围为0.8~9.97MPa，平均值为5.14MPa。

表1 储罐外浮顶上表面涂层附着力检测结果

企业名称	区域环境	服役期限（年）	附着力（MPa）									
B	北部沿海	1	6.90	3.35	6.43	8.01	7.69	5.38	6.34	7.53	7.00	3.68
C	中部内陆	1	3.69	9.97	8.76	5.09	9.54	6.52	2.89	2.12	2.02	0.80

1.2 干膜厚度测评结果

表 2 为涂层干膜厚度检测数据，B 企业外浮顶涂层干膜厚度范围为 $150\sim296\mu m$，平均值为 $215.6\mu m$；C 企业外浮顶涂层干膜厚度范围为 $149\sim229\mu m$，平均值为 $182.3\mu m$。

表 2　储罐外浮顶上表面涂层干膜厚度检测结果

企业名称	区域环境	服役期限(年)	干膜厚度(μm)											
B	北部沿海	1	296	294	279	222	222	215	202	191	186	170	160	150
C	中部内陆	1	149	155	157	174	176	177	179	189	194	202	207	229

1.3 外观检查结果

如图 2、图 3 所示，浮顶均观察到明显的沉降与变形，在低洼处存在大量区域积水甚至结冰。针对防腐涂层进行检查发现，积水区域防腐涂层存在大量鼓泡、成片返锈等涂层老化缺陷。此外，针对表面进行检查发现存在干喷、旧漆膜未彻底清除等施工不良导致的涂层缺陷。

变形积水　　　　　　结冰

严重沉降

图 2　沉降变形及积水

1.4 涂层失效带来的后果

外浮顶防腐涂层在积水工况下，耦合大气腐蚀、酸雨腐蚀、紫外线辐射等，逐渐发生返锈、鼓泡、剥落、粉化等老化现象，失去对腐蚀介质的屏蔽性能，导致金属基底在潮湿的大气环境下发生腐蚀直至穿孔泄漏，原油溢出后造成环境污染并增加雷击起火隐患，罗琼枝[8]等在对外浮顶的一次腐蚀调查中就发现 89 处局部腐蚀。外浮顶涂层的提前失效后的维修不仅造成大量人力物力的浪费及经济损失，而且对原油罐区的长周期稳定运行带来了极大的隐患。

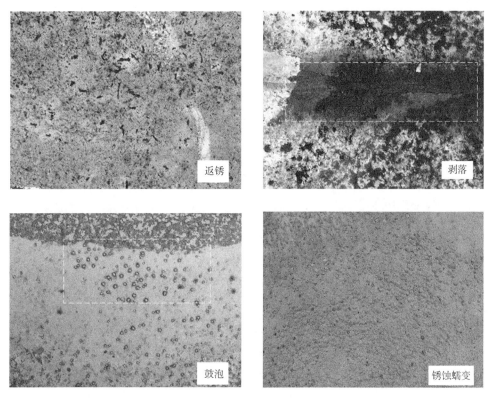

图 3　外观检查问题

2　涂层失效原因分析

涂层发生失效的直接原因是外浮顶因变形导致积水，深层次原因为逸出酸性气、盐雾等的溶解形成酸性介质环境。且未针对严苛的腐蚀环境设计适用的涂层配套，加上施工过程控制缺失，最终导致涂层的提前失效。

2.1　外浮顶的变形

原油储罐外浮顶在制造及服役过程中的变形难以避免，其原因可归纳如下：（1）液位下降时，罐体内部真空，浮顶发生凹陷；（2）油品进入储罐时，浮顶受到向上的浮力；（3）随液位变化过程中产生的摩擦力作用；（4）台风等极端天气条件下，风从罐顶吹过，单盘上产生负压作用，造成波动；（5）外浮顶受到的自身重力作用[11-13]。

2.2　积水后带来的恶劣腐蚀环境

储罐外浮顶表面发生变形后表面凹凸不平，导致在雨雪天气后局部区域总有积水，且不能顺利地通过罐顶的中央排水口集水坑排出罐外[11-13]。储罐内逸出的硫化氢气体、海边的盐雾、工业大气中酸性气等不断溶入积水中，形成含有氯离子、酸离子等的电解液。此外，紫外线老化效应、积水的冻融循环、干湿交替后的盐分富集等因素进一步加剧了涂层老化及金属腐蚀进程，危及浮盘运行安全，降低浮盘的使用寿命，图 4 为涂层失效机理示意图。

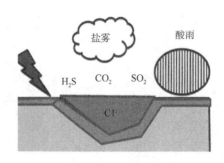

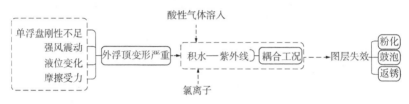

图 4　外浮顶上表面涂层失效机理

2.3　涂层配套选择不合理

目前国内油罐的外浮顶涂层选用主要以满足大气腐蚀、大气老化、保持良好外观为主；未考虑积水浸没特殊环境。底漆多用环氧富锌、环氧类；面漆多为聚氨酯类、丙烯酸类；近年来，太阳能热反射面漆等功能性涂料也开始得到更多应用[14-16]。

普通储罐外壁用涂层在浮顶上积水与紫外线耦合的工况条件下，难以达到服役寿命而提前失效。目前缺乏针对外浮顶特殊的腐蚀工况进行涂层体系选用的设计，相关标准未对外浮顶积水工况下的表面涂层体系做出针对性设计，相关研究仍为空白。

目前标准规定或文献报道的涂层体系设计要求见表 3（以 C3 等级为例），由表可知，各涂层设计体系均为针对外浮顶上表面的特殊工况进行针对性设计，配套种类繁多，且各标准之间的指标要求并不统一。调研的 A、B、C 三家企业浮顶涂层体系见表 4，外浮顶涂层与整体罐体外壁一致，且目前以水性漆为主，其中反射隔热涂层应用较多。

表 3　储罐外防腐涂层设计体系

标准/文献	腐蚀等级	服役年限	涂层类型	总干膜厚度（μm）
《GB/T 50393 钢制石油储罐防腐蚀工程技术标准》	C3	>15 年	环氧、聚氨酯	≥200
			环氧富锌、聚氨酯、硅酸乙酯、聚氨酯	≥160
			环氧富锌、聚氨酯、丙烯酸	≥200
			醇酸	≥200
			醇酸、丙烯酸	≥200
	储存轻质油品及易挥发溶剂储罐防腐		丙烯酸	≥200
			反射隔热涂料	≥250

续表

标准/文献	腐蚀等级	服役年限	涂层类型	总干膜厚度(μm)
《SY/T 0319—2021 钢制储罐防腐层技术规范》	C3	>15 年	富锌涂料、环氧云铁中间漆、丙烯酸聚氨酯涂料或氟碳涂料、聚硅氧烷涂料、聚天门冬氨酸酯涂料	≥200
《QSH CG 18014 浮顶原油储罐防腐涂料技术条件》	其它区域	—	环氧富锌底漆、环氧云铁中间漆、聚氨酯面漆	220~280
	海边、炼厂附近	二	环氧富锌底漆、环氧云铁中间漆、聚氨酯面漆	280~340
《中国石化炼化企业常压储罐管理规定》	—	—	环氧、环氧富锌、聚氨酯、氟碳、热反射隔热涂料	聚氨酯类、氟碳类涂料总涂层厚度不应小于200μm；热反射隔热涂层类不宜小于250μm

表4 A、B、C企业外浮顶涂层体系

企业	涂层体系	中间漆	面漆
A 企业	改性丙烯酸酯水性底漆	—	水性改性有机硅树脂防腐面漆
B 企业	丙烯酸酯水性纳米隔热底漆	丙烯酸酯水性纳米隔热中间漆	丙烯酸酯水性纳米隔热面漆
C 企业	水性丙烯酸防腐底漆	水性丙烯酸隔热防腐中间漆	水性有机硅改性丙烯酸隔热面漆

2.4 施工问题导致涂层的过早失效

调研中发现，大型油品储罐外浮顶涂层存在着干喷、旧漆膜未除尽导致的附着力或干膜厚度不足等施工缺陷。外浮顶储罐防腐涂层施工环节中存在的主要问题为：(1)表面处理不达标；(2)道间检查缺失。

2.4.1 表面处理不达标

目前表面处理方式主要为机械除锈及喷砂除锈，虽然标准中对应达到的处理等级有明确要求，但因表面处理效果的检查执行不到位，往往存在附着不牢的旧漆膜未彻底除尽，见图5。不仅造成涂装的干膜厚度厚薄不均，而且后续涂装的附着力难以得到保证[17-19]。如表1所示，B企业浮顶区域的附着力最低值为3.35MPa，最高值为8.01MPa，不同区域的附着力相差较大。C企业浮顶区域的涂层附着力最低值为0.8MPa，最高值为9.97MPa，有40%区域的附着力低于3MPa。如图5所示，在附着力测试中，涂层底部失效主要与表面处理不彻底有关。

建议在施工工序中增加针对旧漆膜的检验程序，加强隐蔽施工环节管理，采用划叉法、划格法或附着力拉拔仪针对旧漆进行检验达标后，再进行涂装。划叉法和划格法参照《GBT 31586.2 划格试验和划叉试验》；拉拔法附着力检测参照《GB/T 5210 色漆和清漆拉开法附着力试验》执行。

图 5　表面处理不足导致的界面失效

2.4.2　道间检查缺失

表 2 中，B 企业浮顶样本干膜厚度最小值为 150μm，最大值为 296μm。按照 GB/T 50393规定反射隔热涂料干膜厚度不应小于 250μm，其不合格率为 75%。C 企业浮顶涂层样本干膜厚度最小值为 149μm，最大值为 229μm；不合格率为 100%。即因缺乏道间膜厚检查，或检查不足，未能准确把控干膜厚度并针对薄涂部位及时补涂，导致干膜厚度偏低。干膜厚度偏低造成对腐蚀介质的屏蔽防护效果变差，导致发生涂层失效及基层金属腐蚀。

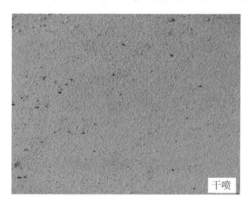

图 6　涂装施工中的干喷现象

此外在 B 企业浮顶发现连片干喷区域，表现为表面的硬态颗粒，如图 6 所示。干喷是由于喷涂时与被涂物表面的距离过远，使喷雾落在物面上之前涂料中的溶剂已经挥发，造成漆液已经失去了流动性而形成颗粒；喷涂时喷嘴口径过小、压力过大等施工参数控制不当也是诱因之一。干喷易造成干膜厚度不均匀等缺陷，进而影响涂层的屏蔽保护效果。存在干喷现象，说明在施工过程中未按照要求针对涂层外观进行宏观检查，未能及时发现涂装缺陷并整改。

3　措施及建议

3.1　合理选材料、结构设计
针对外浮顶变形开展浮顶结构优化设计，增加刚度，减少变形及积水环境。

3.2　涂层配套筛选
研究浮顶区域腐蚀环境，明确主要腐蚀介质，归纳涂层失效形式，明确其失效机理。模拟储罐外浮顶浸水环境，建立涂层评价方法体系；开展防腐涂层配套体系的耐腐蚀、耐候性等实验室性能评价；筛选与各地气候相适应的长周期涂层体系；同时提高产品的反射隔热效果，降低油耗。

3.3 强化施工质量控制

基于防腐涂料的施工工艺、表面处理方式选用、施工过程参数等对涂层性能的影响，制定科学可行的施工方案，保障防腐涂层质量；并形成配套的施工技术规范。

4 结束语

通过从附着力、干膜厚度、外观检查等方面开展外浮顶储罐外防腐涂层现状的调研和评估，实现了对炼化企业大型储罐外浮顶部位防腐涂层的现状评价，摸清了其在设计、施工、检验等环节存在的问题或不足。目前大型油品储罐防腐涂层设计过于粗放，未针对积水工况进行细化设计，混用普通罐壁涂料，造成其过早失效。而且涂装管理有待提高，表面处理不彻底、干膜厚度、宏观弊病等道间检查缺失，导致涂层出现干喷、膜厚不足等缺陷，进一步影响涂层防护效果。罐顶钢结构设计有待优化，尤其是单盘结构刚性不足，在随液位变化上下浮动时易变形，积水严重。此外，在保证防腐效果的前提下，应进一步降低油气蒸发损耗。

针对上述问题，建议研究浮顶区域腐蚀环境，筛选与各地气候相适应的长周期涂层体系；同时注意提高产品的反射隔热效果，降低油耗。从优化涂层设计、强化隐蔽工程管理等方面全面提升涂层质量，减缓浮顶部位腐蚀，降低储罐安全运行风险，实现储罐的长周期安全运行。

参 考 文 献

[1] 刘啸．储罐单盘式浮顶变形原因分析及对策[J]．石化技术，2016，23(1)：2.
[2] 胡海兰．储罐腐蚀分析与防腐[J]．化工安全与环境，2022(6)：035.
[3] 郭晓军，高俊峰，张静，等．大型浮顶原油储罐腐蚀因素分析与防腐蚀涂层技术[C]
[4] 田向军．大型外浮顶金属原油储罐安全及预防措施探究[J]．石油化工建设，2022(1)：044.
[5] 何玫，范中原．大型外浮顶原油储罐浮顶腐蚀的原因分析及防腐蚀对策[J]．化工管理，2017 (23)：1.
[6] 张峰杰．大型原油储罐腐蚀原因分析及防护对策[J]．石油和化工设备，2007，10(4)：5.
[7] 国志刚．单盘式浮顶油罐防腐技术研究[J]．中国石油和化工标准与质量，2013，34(1)：50.
[8] 罗琼枝，孙杰．某沿海地区原油储罐外浮顶失效原因讨论及防护措施[J]．无损探伤，2019，43(5)： 24-27.
[9] 姜惠娟．浅谈外浮顶原油储罐的腐蚀及防护措施[J]．中国石油和化工标准与质量，2012，32(2)： 92+157.
[10] 赵传波，吕星辰，岳梦．外浮顶油罐的安全管理[J]．化工管理，2015(9)：39.
[11] 李鹏．大型外浮顶油罐的设计[J]．化工设备与管道，2019(4)：8.
[12] 毕宏．大型外浮顶油罐结构设计优化[J]．石油化工设备，2004(03)：33-35.
[13] 胡玲芝．单盘式浮顶罐浮顶变形分析及预防措施[J]．化学工程师，2004(12)：27-28.
[14] 郭娟丽，窦宏强，闫明珍等．地上石油储备库浮顶储罐涂层防腐蚀技术[J]．涂料工业，2013，43 (5)：70-72.

[15] 张志忠. 浮顶罐顶板的保温与防腐[J]. 国外油田工程，1991(4)：76-85.

[16] 倪平平，李剑. 钢制外浮顶用新型碳纤维复合材料涂层材料的设计与研究[J]. 当代化工，2023，52(4)：834-837.

[17] 李志飞. 大型外浮顶储罐防腐施工工艺与应用[J]. 中国化工装备，2010(3)：4.

[18] 王巍. 炼油厂外浮顶原油罐腐蚀防护涂装工艺[J]. 电镀与涂饰，2011，30(9)：68-73.

[19] 王超. 关于做好原油外浮顶罐维护保养和运行管理研究[J]. 石化技术，2022，29(1)：238-239.

二氧化碳对干气回收乙烯装置的腐蚀影响及对策

刘自强

(中国石化扬子石油化工有限公司)

摘　要：二氧化碳腐蚀是干气回收乙烯装置最为重要的一种腐蚀类型，是设备失效的重要型式。通过介绍干气回收乙烯装置腐蚀情况及原因分析，为干气回收乙烯装置 CO_2 腐蚀防护提供解决办法，为新建干气回收乙烯装置的设计提供改进建议。

关键词：干气回收乙烯；半产品气；二氧化碳腐蚀

1　概述

扬子石化干气回收乙烯装置以产品精制单元脱硫后的干气为原料，采用国内先进、成熟的变压吸附组合净化技术，分离出富含乙烯的气体，提纯后作为乙烯装置生产原料。混合干气通过两段变压吸附回收 C2+组分，并经过胺洗脱除绝大部分 H_2S 和部分 CO_2，再经精脱硫、脱砷、脱氧等精制工序净化，合格的产品气直接进入乙烯装置，生产高附加值的乙烯、丙烯产品。

近两年来，中国石化多家干气回收乙烯装置压缩单元出现严重腐蚀减薄泄漏，干气回收乙烯装置的腐蚀防护已到刻不容缓的地步。通过对干气回收乙烯装置腐蚀情况分析，提出解决办法及改进建议，对中国石化所有干气回收乙烯装置的安全高效平稳运行有着良好的借鉴意义。

2　腐蚀情况

2022 年 9 月至 2023 年 3 月，利用涡流检测技术对干气回收乙烯装置管道进行腐蚀状况排查，发现 10 条管道存在较为明显的腐蚀减薄，其中 4 条管道减薄超 40%，分别为压缩机出口分液罐 V205AB 至半产品器分离器 V301 间的半产品气管道和 V205AB 至置换气管道 P20102 的半产品气管道(表 1)。

表 1　腐蚀状况排查

序号	管道/设备名称	管径（mm）	设计壁厚（mm）	材质	扫查结果
1	半产品气管道 P20105	150	7.1	20#	6#直管最大减薄43%
2	半产品气管道 P20107	150	7.1	20#	控制阀后弯头最小壁厚3.8mm，最大减薄45%；2个弯头减薄大于31%，1弯头减薄大于26%，3处减薄50%
3	半产品气 P20105A	150	7.1	20#	3个弯头减薄分别为31%、34%、37%
4	半产品气 P20105B	150	7.1	20#	1个弯头最小壁厚值为4.6mm，减薄34%；1个弯头最薄壁厚3.8mm，减薄45%
5	半产品气 P20105C	150	7.1	20#	1个弯头最小壁厚值为4.8mm，减薄31%；1个弯头最薄壁厚4.1mm，减薄41.4%

V205B 至置换气管道 P20102 的半产品气管道 P20107 弯头设计壁厚7.1mm，实测最小壁厚3.8mm，最大减薄45%，但更换下的弯头刨开后发现与弯头相连的偏头最薄壁厚1mm，严重腐蚀减薄，管道内部呈大面积坑蚀，设备及管道存在极大的腐蚀泄漏风险。压缩机级间管道未见超30%的腐蚀，仅有一处减薄25%（图1至图3）。

图 1　P20107 现场位置图	图 2　偏头剖面图	图 2　偏头剖面图

3　腐蚀机理

半产品气管道的腐蚀表现为全面腐蚀和沉积物下方的局部腐蚀，为典型的潮湿环境下的 CO_2 腐蚀。

二氧化碳溶入水后对金属有极强的腐蚀性，在相同的 pH 值下，由于二氧化碳的总酸度比盐酸高，因此，它对钢材的腐蚀比盐酸还要严重。根据腐蚀程度，二氧化碳腐蚀可以分为全面腐蚀和局部点蚀、台面状腐蚀。

3.1　二氧化碳全面腐蚀机理
腐蚀反应为：

$$CO_2 + H_2O \Longrightarrow HCO_{3-} + H^+ \qquad (1)$$

其中与 Fe 发生置换反应：

$$2H^+ + Fe \Longrightarrow Fe^{2+} + H_2 \qquad (2)$$

HCO_3 发生沉淀反应：

$$2HCO_{3-} + 2Fe^{2+} \Longrightarrow 2FeCO_3 + H_2 \qquad (3)$$

铁在 CO_2 水溶液中的腐蚀总反应表示为：

$$CO_2 + H_2O + Fe \longrightarrow FeCO_3 + H_2 \qquad (4)$$

3.2 二氧化碳局部腐蚀机理

CO_2 的局部腐蚀现象主要包括点蚀、台地侵蚀、流动冲刷诱使局部腐蚀等。CO_2 的腐蚀破坏往往是由局部腐蚀造成的。总的来讲，在含 CO_2 的介质中，腐蚀产物或其他的生成物膜在钢铁表面不同的区域覆盖度不同，不同覆盖度的区域之间形成了具有很强自催化特性的腐蚀电偶或闭塞电池。CO_2 的局部腐蚀就是这种电偶作用的结果[1]。

4 腐蚀原因

4.1 较高浓度的 CO_2 分压。

根据 De Waard 与 Milliams 提出的 CO_2 腐蚀机理[1]，无氧的 CO_2 饱和水溶液中碳钢腐蚀速率由阴极反应析氢动力学控制，并根据实验结果归纳出碳钢及低合金钢 CO_2 腐蚀速率的计算公式：

$$Log V_c = 0.67 log P_c + 7.96 - 2320/(T+273) + 5.55 \times 10^{-3} T \qquad (5)$$

式中，V_c 为腐蚀速率，mm/a；P_c 为 CO_2 分压，MPa；T 为工作温度，℃。

式(5)在工作温度小于 60℃、CO_2 分压小于 0.2MPa 时适用。

该式表明，腐蚀速率随 CO_2 分压增加而增大。溶液中 CO_2 分压升高，会导致溶解的碳酸浓度增高，从而从碳酸中分离出的氢离子的浓度也增高，对金属的腐蚀速率也将增高。

相关研究表明，根据 CO_2 分压的不同，CO_2 腐蚀存在不同的腐蚀类型：

(1) CO_2 分压低于 0.021MPa 时，CO_2 腐蚀情况十分轻微，可以不考虑；

(2) CO_2 分压为 0.021~0.0483MPa 时，存在 CO_2 均匀腐蚀；

(3) CO_2 分压为 0.0483~0.2MPa 时，存在小孔腐蚀/坑蚀；

(4) CO_2 分压为大于 0.2MPa 时，存在严重局部腐蚀。

在半产品气管道工况及原料气工况下，相关数据见表1。

表1 干气回收乙烯工况比对表

单元	介质	操作压力(MPa)	体积占比(%)	分压 p_c(MPa)	操作温度(℃)
吸附单元	原料气	0.6	1.3~2	<0.012	30
压缩单元	半产品气	1.7	4.5~4.9	>0.076	30

胺洗前半产品气管道：

$$\log V_{c1} = 0.67\log p_{c1} + 7.96 - 2320/(T+273) + 5.55\times10^{-3}T \qquad (6)$$

$$= 0.67\log 0.076 + 0.138$$

$$V_{c1} = 0.245\text{mm/a}$$

压缩机出口分液罐 V205AB 出口管道为半产品气管道，设计壁厚为 7.1mm，介质为胺洗前半产品气，2014 年 7 月投用。2023 年 3 月 V205AB 出口的 5 条半产品气管道检测，多处壁厚 3.5~5mm，减薄 2.1~3.6mm，平均腐蚀减薄速率 0.26~0.45mm/a。胺洗前半产品气管道计算腐蚀速率与实际比较接近，但由于实际工况下存在流态改变等因素，实际腐蚀速率要高于计算腐蚀速率。

原料气管道：

$$\log V_{c2} = 0.67\log p_{c2} + 7.96 - 2320/(T+273) + 5.55\times10^{-3}T$$

$$= 0.67\log 0.012 + 0.138 \qquad (7)$$

$$V_{c2} = 0.07\text{mm/a}$$

影响 CO_2 分压的因素主要有体积占比和操作压力，根据装置管道腐蚀情况与原料气及胺洗前半产品气数据对比分析，现场腐蚀严重程度与操作压力、CO_2 体积占比呈正向对应关系，半产品气管道腐蚀明显严重关于原料气管道。

4.2　较低的工作温度

研究表明，在腐蚀过程中，腐蚀产物会在金属表面形成一层 $FeCO_3$ 膜。在 $T<60℃$ 时，生成耐蚀性和附着力差的 $FeCO_3$ 膜，晶粒疏松沉积，并不断生长，部分脱离钢铁表面，未对钢铁表面形成保护作用，主要发生均匀腐蚀。T 为 $60~110℃$ 时，铁表面生成具有一定保护性的腐蚀产物膜，局腐蚀较为突出。T 为 $110℃$ 时，均匀腐蚀速度较高，局部腐蚀严重（一般为深孔），腐蚀产物为厚而松的 Fe_2CO_3 粗晶体。T 大于 $150℃$ 时，在钢铁表面生成致密的 $FeCO_3$ 和 Fe_3CO_4 保护膜，该层膜结晶致密，腐蚀速率较低。

半产品气管道工作温度为 $30~40℃$，介质中的水汽易在管道表面凝结成水，吸收 CO_2，形成 CO_2 腐蚀环境；腐蚀过程无法形成有效的 $FeCO_3$ 保护膜，导致管道腐蚀的加剧。

4.3　少量冷凝水的存在

冷凝水的存在使 CO_2 形成 CO_2 水溶液，大量的冷凝水使 CO_2 水溶液的 CO_2 浓度降低，腐蚀性能下降，但气体中携带的少量冷凝水使管道内形成高浓度的 CO_2 水溶液，致使腐蚀加剧。从腐蚀排查情况来看，腐蚀主要集中在压缩机分液罐后的半产品气管道，而分液前的级间管道腐蚀明显较轻。

4.4　H_2S 的存在

半产品气中 H_2S 的含量虽然不高，只有 $40~80\text{mg/L}$，H_2S 腐蚀作用不明显，但对 CO_2 腐蚀具有促进作用，加剧了 CO_2 腐蚀。

4.5 较高浓度的氧气的存在

根据 GB/T 30579—2022《承压设备损伤模式识别》，氧气浓度大于 10×10^{-9} 会导致 CO_2 腐蚀加剧。胺洗前半产品气管道工作温度只有 $30 \sim 40 ℃$，腐蚀产物 $FeCO_3$ 未形成有效的保护膜，半产品气中氧气含量为 $3mg/L$，氧气对 CO_2 腐蚀具有明显的加速作用[2]。

4.6 高流速和湍流流态的影响

高流速会发生湍流，造成不均匀点蚀，致使金属界面暴露在腐蚀介质中，遭受流体强烈的冲刷和腐蚀；高流速导致腐蚀产物 $FeCO_3$ 膜破损，使垢物溶解度加大，加剧腐蚀；增大了腐蚀介质达到金属表面的传质速度。

半产品气管道的腐蚀严重部位主要集中在弯头、偏头及孔板部位，由于介质流向及流态发生明显变化，流体对金属表面的冲刷腐蚀较为显著，腐蚀程度明显重于其它部位。

5 处理措施及改进建议

5.1 处理措施

（1）对腐蚀减薄超 30% 的管道进行检修更换，目前车间已完成 5 条管道腐蚀减薄严重部位的更换。

（2）利用涡流检测、在线监测及定点测厚等技术措施对半产品气管道进行腐蚀状况监测。

5.2 改进建议

（1）采取技术措施，降低原料气中 CO_2 含量。催化干气和焦化干气在产品精制进行脱硫处理。产品精制原料干气 H_2S 含量设计值 $14860mL/m^3$，实际 H_2S 含量为 $2450.10mg/m^3$，2022 年装置检修开车以来，经胺液脱硫后 H_2S 含量降至 $4.80mL/m^3$，低于设计值 $90mL/m^3$，脱除率 99.8%；但产品精制脱前干气 CO_2 浓度由 4.36% 降至 1.58%，虽低于设计值 3.17%，但脱除率仅为 63.76%，采取新的助剂，提升 CO_2 脱除率（表2）。

表2 产品精制脱前干气、脱后干气组成

组分	脱前干气		脱后干气	
	设计值	实际值	设计值	实际值
氮气（%，体积分数）	16.52	16.61	1.17	16.46
二氧化碳（%，体积分数）	3.08	4.36	3.17	1.58
一氧化碳（%，体积分数）	0	1.30	0	1.32
硫含量（mg/m³）≤25	/	3028.34	/	4.23
硫化氢（mL/m³）≤20	14860	2450.10	90	4.80

（2）半产品气分离器 V301 设备内部喷涂防锈蚀涂层，减缓设备内部腐蚀。

（3）装置设计时充分考虑 CO_2 腐蚀对设备的影响，在上游装置尽可能的脱除干气中的

CO_2含量，从根本上降低干气回收乙烯装置的腐蚀。

（4）装置设计时充分考虑 CO_2 腐蚀对设备的影响，在压缩机出口分液罐后管道采用不锈钢材质，提高设备的抗腐蚀能力。

（5）对存在较大腐蚀风险的半产品气管道易腐蚀部位安装在线测厚探针，进行实时监测，及时掌握管道腐蚀情况。

参 考 文 献

［1］冯蓓. 二氧化碳腐蚀机理及影响因素［J］. 辽宁化工，2010，39（9）.

［2］承压设备损伤模式识别［J］. GB/T 30579—2022.

脉冲涡流检测在隐患排查中的应用及影响因素分析

樊志帅　李晓炜　包振宇　段永锋

（中石化炼化工程集团洛阳技术研发中心）

摘　要：炼化装置设备和管道的在役腐蚀检测是现场隐患排查工作的重点和难点，对保证炼化装置的长周期安全稳定运行意义重大。脉冲涡流检测技术作为一种非接触式无损检测方法，具有操作简单、检测速度快、缺陷检出率高等优点，且在不拆除保温的前提下，实现炼化设备的腐蚀检测及缺陷的快速定位。本文采用脉冲涡流检测技术对国内某炼化企业常减压、焦化、加氢、硫磺等装置设备和管道开展隐患排查工作，结果表明：严重减薄（最大相对减薄量≥40%）占比约0.7%，中等减薄（20%≤最大相对减薄量<40%）占比约14.9%；腐蚀缺陷体积越大，脉冲涡流检测准确度越高；不带保温结构的设备或管道检测准确率高。但是，脉冲涡流检测结果受保温结构（包括变形、捆丝、搭接）、接管、伴热管、焊缝等多种因素的影响，针对检测的严重腐蚀缺陷应结合超声波壁厚检测进行验证。

关键词：脉冲涡流检测；腐蚀减薄；保温层；定点测厚；隐患排查

石油化工装置中带保温设备管道的在役检测，一直以来是现场隐患排查中的重点和难点。目前常见的检测手段包括超声、磁粉、射线及目视检查等，在实施检测前要拆除并及时恢复保温结构，造成人力物力的浪费，极大制约了检测效率。此外，因拆装保温过程破坏保温结构的完整性，也增加了发生保温层下腐蚀的风险。脉冲涡流检测作为一种非接触式无损检测方法，具有操作简单、检测速度快、安全、缺陷检出率高等特点[1]。可在不拆除保温的前提下，实现管线或设备的腐蚀检测及缺陷的快速定位。与其他检测方法相比，具有无辐射、无需耦合、可检测深层缺陷、频谱丰富等突出优势[1-8]。

为提高企业腐蚀检测与防护技术水平，完善防腐蚀技术管理手段，有效查找炼化装置存在的高风险腐蚀隐患，针对国内某企业多套炼化装置开展脉冲涡流扫查工作，检测管道和设备共计804处，总面积860m²，其中最大相对减薄量超过40%的6处，经拆除保温、超声波测厚验证后，腐蚀减薄量均在10%以上，最高的达26.9%。通过脉冲涡流扫查技术初选、超声波测厚验证的综合检测措施，有针对性的开展现场检查检测工作，及时掌握其运行状态，对工艺防腐、设备与管道选材、腐蚀速率等进行监控，提出防腐蚀与腐蚀监检测建议措施，有效查找腐蚀隐患，实现对风险部位的预知性维修，降低腐蚀风险。

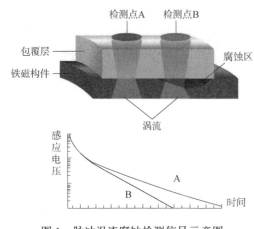

图 1 脉冲涡流腐蚀检测信号示意图

1 脉冲涡流检测原理及方法

激励线圈中电流衰减变化，产生变化的直流脉冲磁场，并穿过一定厚度的金属保护层及保温层到达被测试件，激发金属物体表面产生涡流，由外向内扩散并不断衰减。涡流扩散过程中产生与激励磁场方向相反的逆磁场，利用接收线圈便可实现对涡流磁场在金属壁中衰减的监控[9]。如图 1 所示，金属物体感生的涡流随着时间不断衰减，形成衰减曲线，纵坐标为信号幅值，横坐标表示时间。脉冲涡流检测采用周期性的方波或阶跃激励，相较于正弦式激励而言，包含更丰富的频率成分，可实现表面、深层缺陷的检测定位[10]。在现场实际检测时，激励线圈尺寸、激励脉冲频率、占空比及电压等参数选择对脉冲涡流检测系统的灵敏度有重要影响。实际检测过程中需要根据被检测对象的复杂性和具体要求，综合选择参数以达到最佳效果[11]。由于被测物体的温度、形状、磁场磁性的不同，故应在被测实体物上无缺陷部位进行标定，并以该部位厚度为 100%，以百分比形式表示其余部位的平均厚度[12]。

采用北京德朗公司 DPEC-17 型脉冲涡流检测仪进行扫查工作。针对管道直管段和弯头部位的扫查方法如下：(1)直管扫查：轴向沿 12 点、3 点、6 点和 9 点钟方向依次检测，每隔 1m 做 1 次环向扫查；(2)弯头扫查：按顺时针方向，依次进行外弯、侧面 1、内弯和侧面 2 的扫查，弯头部位至少做 1 次环向扫查，如图 2 所示。

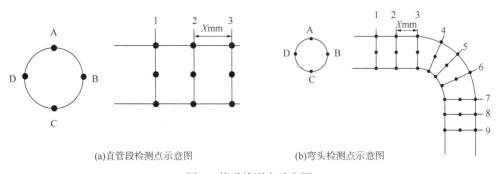

(a)直管段检测点示意图   (b)弯头检测点示意图

图 2 管道检测点示意图

2 检测结果概述

针对国内某企业常减压、焦化、加氢、硫磺等多套炼化装置开展脉冲涡流扫查工作，检测管道和设备共计 804 处，总面积 860m²，其中带保温结构的有 580 处，占比约 72.1%，不带保温结构的有 224 处，占比约 27.9%。总体检测结果统计如图 3 所示，其中最大相对减薄量≥40%(严重减薄)的 6 处,占比约 0.7%;20%≤最大相对减薄量<40%(中等减薄)的 120 处,占比约 14.9%;最大相对减薄量<20%(轻微减薄)的 678 处,占比约 84.3%。

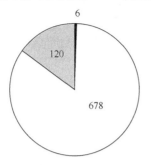

□ 最大相对减薄量<20%   □ 20≤最大相对减薄量<40%   ■ 最大相对减薄量≥40%
  轻微减薄占比:84.3%   中等减薄占比:14.9%   严重减薄占比:0.7%

图 3　脉冲涡流扫查结果统计

脉冲涡流扫查过程中最大相对减薄量超过 40%的统计明细见表 1,针对这些部位拆除了保温结构,并采用超声波测厚仪进行测厚验证,结果显示,各管道均有不同程度的减薄,但是实际的减薄量与脉冲涡流的扫查结果并非完全一致。

表 1　脉冲涡流扫查中最大相对减薄量超过 40%的统计明细

序号	装置	部位	是否带保温	最大相对减薄量(%)	拆除保温超声波测厚验证结果
1	焦化	T301F 塔顶放空线出口第 2 直管段	是	41.4	壁厚:16.41~13.73mm 下部减薄最严重
2	硫磺	E5605 壳程入口管道第 2 弯头	是	40.5	壁厚:9.19~10.61mm 弯头侧面减薄最严重
3		T102 塔底抽出线跨线第 1 弯头	是	40.6	壁厚:7.49~8.59mm, 外弯减薄最严重
4		T102 塔底抽出线跨线第 1 直管段	是	40.7	壁厚6.15~8.41mm, 南侧减薄最严重
5		T701 塔底抽出线第 1 弯头	是	48.7	壁厚:8.63~10.05mm 外弯减薄最严重
6		P402A 入口第 2 直管段	是	45.9	壁厚:5.59~7.01mm 三通入口侧减薄最严重

3　数据分析与讨论

3.1　带保温结构的脉冲涡流检测案例

硫磺装置 P5602A 出口管道材质为 20#,介质为富胺液,操作温度为 70℃,压力 0.6MPa,管径为 DN200,公称壁厚 8mm。P5602A 出口第 2 弯头外观形貌及单线示意图如图 4 所示。

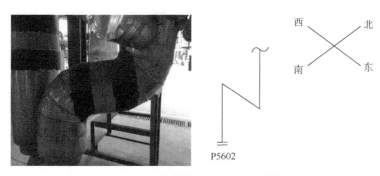

图4 P5602A出口管道第2弯头外观和单线示意图

采用脉冲涡流检测仪对该管段进行扫查，结果如图5所示，可以看出，P5602A出口管道第2弯头壁厚整体均匀，但局部最大相对减薄量为31.9%，拆除保温结构后进行超声波测厚验证，最薄处为6.23mm，较正常部位壁厚(8mm)减薄约22.2%，超声波测得减薄部位与脉冲涡流扫查出的减薄位置一致，但脉冲涡流测得的相对减薄量更大。

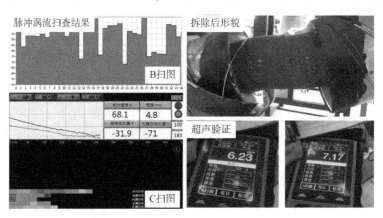

图5 P5602A出口管道第2弯头脉冲涡流扫查及超声验证结果

3.2 涡流检测影响因素分析

脉冲涡流检测在快速排查服役管线/设备腐蚀隐患方面具有突出优势，但炼化装置现场实际情况非常复杂，存在诸多可能影响脉冲涡流检测结果有效性的因素。如图6所示，选取6处典型裸管部位进行脉冲涡流及超声波检测结果对照，不同部位结果各异，两种方法所测减薄率差值在2.5%~8.87%范围内波动，说明虽然脉冲涡流在裸管检测上具有很高的准确度，但要注意识别规避特殊结构及电磁环境等的影响，并配合使用电磁超声等检测手段。如图7所示，两种检测方法差值随着实际减薄率增加呈现总体下降的趋势，随着实际减薄率由4.2%增加至23%，检测差值由6.41%降至2.5%。表明脉冲涡流检测在检测较大腐蚀缺陷时的准确度更高。

如图8所示，选取6处脉冲涡流检测减薄率大于40%的保温部位，拆除保温后，用电磁超声验证壁厚，并对照两种检测方法的差值。检测结果表明脉冲涡流可快速筛查出有包覆层管道/设备的腐蚀缺陷，极大节约了人力物力。其检测差值在13.9%~34.6%范围内波动，在添加保温层带来的各种干扰因素作用下，脉冲涡流的检测准确度有所下降。如图9

所示，两种检测方法差值随着实际减薄率增加同样呈现总体下降的趋势（随着实际减薄率由 12.8% 增加至 26.8%，检测差值由 27.8% 降至 13.9%），表明脉冲涡流在检测带保温设备管道中较大腐蚀缺陷时的准确度更高。

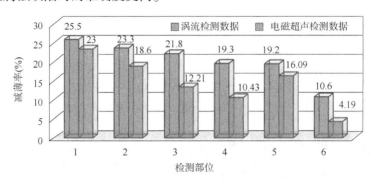

图 6 典型无保温部位脉冲涡流与超声检测结果对照

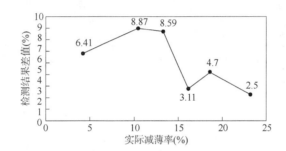

图 7 （无保温）两种方法检测差值随实际减薄率变化

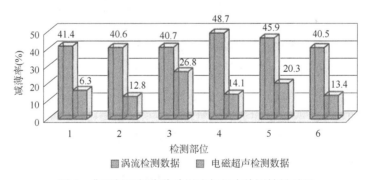

图 8 典型保温部位脉冲涡流与超声检测结果对照

炼化装置现场的干扰因素主要分为五大类：（1）因保温层下坠造成提离效应；（2）因保温层金属保护皮宽缝搭接、材质混用、捆扎铁丝、虾米腰螺钉、伴热管等铁磁性构件对一次磁场造成的干扰及减弱；（3）因焊缝等部位导致局部磁导率、电导率等物理参数变化；（4）变径段造成的干扰；（5）现场的电磁环境干扰，如旁边运行的风机等。现场发现的干扰因素详见图 10。

各脉冲涡流干扰因素的作用机理如下。

（1）老装置中管线或设备服役时间较长，保温层在重力作用或人为踩踏下，普遍发生下坠变形。在水平管道下端、竖直管道上端均易形成空腔，造成探头与被测管道之间的实

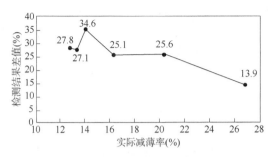

图9 （带保温）两种方法检测差值随实际减薄率变化

图10 炼化装置脉冲涡流检测干扰因素示例

际距离发生变化。此外，试样表面的不规则性以及操作过程中的操作运动变化都会引起提离距离变化[13]。提离距离的增加会改变激励线圈与被检试样之间的互感系数，同时导致金属表面涡流密度减小、涡流分布分散，对缺陷信号的初始阶段造成干扰，掩盖真实信息并降低缺陷定点检测的灵敏度。故在检测条件和现场环境允许的情况下，应尽可能的减小提离距离，以免造成误判[14]。

（2）涡流在被测物体中的衰减时间与被测物体的电导率、磁导率、壁厚等条件呈现一定函数关系，金属在焊接后其电导率、磁导率等物理参数发生变化，对脉冲涡流检测形成干扰。而焊缝在保温层下，在检测时难以提前甄别。

（3）在生产加工过程，奥氏体钢因偏析、热处理、冷轧、冷作硬化等形成铁素体与晶体点阵畸变，导致其电导率变化并具有铁磁性，对脉冲涡流检测造成干扰。

（4）金属保护层材质影响：炼化企业带包覆层的承压设备管线中，保护层的常用材料主要分为铝和镀锌钢（白铁皮）两种，铝的电导率很高，而镀锌钢为铁磁材料。铝保护层电导率较高，对一次磁场有反射作用使得透过保护层的一次磁场减小，会一定程度的降低差分信号的峰值；而镀锌钢磁导率高，相当于一个电磁屏蔽层，可以将电磁场限定在其内部，对激励线圈产生的瞬态电磁场进行屏蔽保护，使到达试件的一次磁场大大减小，导致差分信号峰值显著减小[9]。

（5）当探头靠近支管、管托或支架等部位时，这些磁性物件会影响测量结果的可靠性，可采用轴向与环向检测结果的对比进行识别[9]。

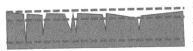

局部腐蚀

（6）方法本身的检测缺陷：如图 11 所示，该测量方法给出的是检测线圈作用区域的平均壁厚值，而非某一点的厚度值，因此不适于局部腐蚀(尤其是点蚀或坑蚀)的测量[9]。

图 11　局部腐蚀脉冲涡流检测结果示意图

（7）脉冲涡流信号在采集、传输等过程中难免会混入噪声对信号造成污染，造成瞬态电压信号零值点波动，信号峰值失真[14]。

（8）金属粗糙度以及表面存在微小堆积物可造成峰值扫描曲线抖动，造成扫描曲线两极值点时间间隔出错，影响缺陷长度定量检测的准确度[14]。

4　结论与展望

（1）用脉冲涡流检测技术对国内某炼化企业常减压、焦化、加氢、硫磺等装置设备和管道开展隐患排查工作，结果表明：严重减薄（最大相对减薄量≥40%）占比约 0.7%，中等减薄（20%≤最大相对减薄量<40%）占比约 14.9%。

（2）对于相对减薄量≥40%的部位（减薄程度严重）拆除保温结构并采用超声波测厚仪或电磁超声测厚仪进行验证，并制定补强或更换措施，跟踪完成情况。对于腐蚀减薄量在20%~40%的部位（减薄程度中等）纳入重点检测部位台账中动态管理，对异常减薄情况进行原因分析，提出改进措施并推动实施。而相对减薄量<20%的区域腐蚀程度轻微暂不采取措施。

（3）脉冲涡流扫查技术对于不带保温结构的碳钢/合金钢设备或管道的检测结果，其检测结果与超声波测厚结果基本一致。而对于带保温结构的管道，脉冲涡流扫查结果受保温结构（包括变形、捆丝、搭接）、接管、伴热管、焊缝等多种因素的影响，应在后续的脉冲涡流扫查工作中予以关注。现场数据表明，腐蚀缺陷体积越大，脉冲涡流检测准确度越高。建议采用涡流扫查技术初筛、超声波测厚验证的综合检测措施用于炼化装置的腐蚀隐患排查，可极大提升腐蚀隐患检出效率。

参　考　文　献

[1] 陈卫林，张旻，李骥. 脉冲涡流有效渗透深度的测定[J]. 无损检测，2020(1)：4.

[2] 毛国均，张翰林，李斌彬，等. 基于脉冲涡流检测技术的弯管冲刷减薄试验研究[J]. 化工机械，2021，48(1)：5.

[3] 肖阳，胡洋，田盈. 脉冲涡流扫查技术在炼油装置腐蚀检测上的应用[J]. 石油化工腐蚀与防护，2021，38(2)：4.

[4] Y. Le Bihan. Lift-off and tilt effects on eddy current sensor measurement：a 3-D finite elem-ent study[J]. The European Physical Journal Applied Physics，2002，17(1)：25-28.

［5］Forster F. New findings in the field of non-destructive magnetic leakage field inspect［J］. N-DT&E international，1986.

［6］Cawley P，Lowe M，Alleyne D，et al. Practical long range guided wave testing：Application to Pipes and rail［J］. Materials Evaluation，2003，61（1）：66-74.

［7］Crouzen P，Munns I. Pulsed eddy current corrosion monitoring in refineries and oil produc-tion facilities. Experience at Shell［C］. ECNDT 2006.

［8］Huang C，Wu X J，xu z Y，et al Pulsed eddy current signal processing method for signaldenoising in ferromagnetic plate testing［J］. NDT&E International，2010，43：648-653.

［9］石坤，林树青，沈功田，等. 设备腐蚀状况的脉冲涡流检测技术［J］. 无损检测，2007，029（008）：434-436.

［10］李威，武新军，金磊，等. 不锈钢构件脉冲涡流检测信号特性分析［J］. 中国特种设备安全，2021，37（4）：4.

［11］杨宾峰，罗飞路. 脉冲涡流检测系统影响因素分析［J］. 无损检测，2008（2）：3.

［12］郑中兴，韩志刚. 穿透保温层和防腐层的脉冲涡流壁厚检测［J］. 无损探伤，2008，032（001）：1-4.

［13］王春艳，陈铁群，张欣宇. 脉冲涡流检测技术的某些进展［J］. 无损探伤，2005（04）：4-7.

［14］何赟泽. 脉冲涡流无损检测技术研究［D］. 长沙：国防科学技术大学，2008.

制氢装置中变气热媒水换热器管束
漏点定位与分析

李 聪 毛立力 孟令滨

（中国石油大港石化公司）

摘 要：大港石化公司 40000Nm³/h 制氢装置采用烃类水蒸汽转化法制氢，其中中变气热量需进行回收。装置改造后增加了中变气热媒水换热器，管程介质为中变气，壳程介质为低温热水，换热器使用方式为间歇使用，每年冬季投用四个月，管束材质为 Q345R+S31603/00Cr17Ni14Mo2。2020 年投用后换热器检测出氢气和一氧化碳内漏，后进行了常规水压试验，无明显泄漏现象，无法定位泄漏换热管。为克服水分子与氢气分子的巨大差异，本文详细介绍了一种氦气氩气混合试压找漏的方式，采用图文形式介绍了亚克利板在壳程打压进行管束找漏上的应用，并最终通过氦氩混合试压的方式确定了泄漏管。此试压方式具有一定推广价值。因换热器需要继续服役，为查找确定换热管泄漏原因，对管束部分换热管拆检，并做了多项理化分析，其中包括硬度、金相、材质、外观等分析，使用了涡流检测、渗透检测、电子显微镜、光谱分析、能谱分析等多种手段。检测结果显示，包括材质、金相、硬度等在内的多项参数符合标准要求，最终通过电镜扫描配合能谱分析，确定了腐蚀介质富集区，并分析出了腐蚀介质的组成，推断失效原因为氯化物应力腐蚀开裂和点蚀穿孔共同作用。本文最后针对分析结果制定了相应的控制和改进措施，以最大程度减少换热管氯化物应力腐蚀和点蚀破坏的发生。

关键词：内漏；气压试验；氦气；氯腐蚀；点蚀

1 设备概况

大港石化公司制氢装置采用天然气混合干气与中压蒸汽转化反应加中温变化反应制氢。其中中变气与热媒水换热器 E-115 为 2013 年低温热利用项目增设的用以回收中变气热量的换热器，由抚顺机械设备制造有限公司设计制造，2013 年投用，使用方式为每年冬季投用，为低温热水供热。换热器工况如下：壳程介质为低温热水；壳程设计压力为 2.5MPa；壳程设计温度为 200℃；管程介质为中变气；管程设计压力为 4.0MPa；管程设计温度为 200℃。壳程操作压力 0.4MPa；壳程操作温度为 40℃（入）/70（出）℃；管程操作压力 2.5MPa；管程操作温度为 165℃（入）/155（出）℃。中变气的粗略组成：氢气 80%、一氧化碳 1%、二氧化碳 15%、甲烷 5%。换热器型号为 BIU1000-4.0/2.5-275-6/25-2I，管程材质 Q345R+S31603/00Cr17Ni14Mo2，管子数量 298 根，换热管规格 25mm×2.5mm。

2 故障经过

制氢 E-115 换热器为 2013 年低温热利用项目增设的用以回收中变气热量的换热器，由抚顺机械设备制造有限公司设计制造，2013 年投用，使用方式为每年冬季投用，为低温热水供热。2020 年 10 月投用该换热器后，南区低温热水储罐顶在线含油分析超报警值（8mg/L），切除换热器后报警消失，打开该壳程（水程）导淋监测，有氢气和一氧化碳报警，综上判断 E-115 内漏。2021 年检修，拆开 E-115 打水压找漏，经过 3.2MPa、4.5MPa、2.8MPa 三次试压，未发现漏点，判断换热器符合使用条件。2021 年冬季，低温热水引入装置后，再次投用换热器，使用氢气报警器进行检验，水程仍有微量氢气持续报警，又因公司生产调整供热渠道，该换热器可不投用，遂将水程打盲板隔离。2022 年 7 月，制氢锅炉上水流程改造后，中变气热量过盛，公司研究后认为可重新投用该换热器为公用系统车间除氧水预加热。重新打开管程（中变气程）手阀，仍能连续监测到氢气报警，关阀导淋后，压力上涨极慢，认定换热器在以极微量的速度内漏。遂制定了拆换热器打气压找漏的方案。2022 年 7 月 27 日在检修材料到货后开始检修该换热器。

3 气压试验

换热器整体拆下运送至维修场地。使用空气进行 0.6MPa 气压试验，检测方式为直接喷涂洗洁精泡沫，受制于泡沫存留时间过短，未发现漏点。改用氨气作 0.6MPa 气压试验，将检测方式改进为用防爆胶泥作简易封堵后，喷洗洁精水检测。检测结果为发现三处疑似漏点。气压试验受气温变化影响明显，三处疑似漏点也无法做最终确认。氨气升压至 0.8MPa，在管程试压法兰外加装亚克利透明板，涂抹密封胶，外侧用角钢加固，如图 1 所示，管程注水，壳程充氨气的方式，通过观察管程气泡确定泄漏的换热管，如图 2 所示。继续升压至 1.2MPa，相继发现了 4 根明显漏管。1.9MPa 氨氩混合试压，发现了 6 根确定漏管，3 根疑似漏管。之后对全部漏管和疑似漏管进行堵漏焊接。换热器投用后再无可燃气报警。

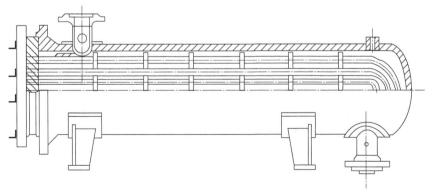

图 1 氨气试验装置示意

图2 氢气试验壳程充压，管程注水

4 理化分析

换热器管束为 U 形管结构，因管束需要继续服役，无法全部解体，只将最外侧管束拆出三根进行理化分析(表1)。

表1 检测用换热管基本信息表

换热管编号	长度(cm)	规格	材质
A1	80	$\phi 25 \times 2.5mm$	S31603
A2	87	$\phi 25 \times 2.5mm$	S31603
A3	195	$\phi 25 \times 2.5mm$	S31603

(1) 首先对管束进行了直管段的涡流检测，观察三根换热器管束外观图3可知，三根管束中段存在着不同程度的形变。利用脉冲涡流扫查技术对三根管束进行检测，A2 样管中段及右侧位置出现异常信号，样管弯曲处存在 10%~20% 的减薄，管束约 60cm 处，肉眼可看管束外表面有外伤导致的凹陷，凹坑腐蚀减薄率在 30%~40%；A3 样管中段存在大面积腐蚀减薄区域，最大腐蚀减薄率约 10%，管束其它部位未发现

图3 检测用换热管基本信息图

明显腐蚀减薄缺陷。A1 样管中段变形，存在轻微腐蚀减薄，其他位置未发现明显腐蚀减薄缺陷。

(2) 对直管束外表面进行部分渗透检测，未发现缺陷。

(3) 外观检查：换热管的外壁有些锈蚀，在局部位置锈蚀较为严重；锈蚀严重处应该是有折流板的地方。在体式显微镜下，看到换热管外壁腐蚀严重处的产物呈现红色、棕黄色和黑色，且较为疏松；同时，在腐蚀产物处疑似有孔洞和裂纹。由对换热管的宏观、低

倍分析(图4),确认在换热管外壁局部区域有腐蚀产物聚集或沉积,这些区域应该是管束折流板(或管板)处;但仅此还不能确认这些腐蚀产物聚集或沉积处,是否有孔洞和裂纹。

图4 换热管腐蚀处低部形貌

(4) 材质分析:分别从3个换热管的管样上切取块状样品,依据相关标准,使用光谱仪等,对其材质进行化学分析。结果表明,换热管的材质成分均符合00Cr17Ni14Mo2 (316L)不锈钢的标准要求。

表2 换热管的化学成分　　　　[单位:%(质量分数)]

元素	C	Si	Mn	P	S	Cr	Ni	Mo
A1	0.0159	0.446	0.818	0.0464	0.0060	16.5	12.8	2.24
A2	0.0146	0.444	0.810	0.0470	0.0062	16.7	12.7	2.26
A3	0.0149	0.448	0.819	0.0481	0.0068	16.6	12.6	2.29
316L	≤0.030	≤1.00	≤2.00	≤0.035	≤0.030	16.00~18.00	12.00~15.00	2.00~3.00

(5) 金相分析:分别在三根换热管外壁腐蚀产物聚集处切取金相样品,经预磨、抛光、腐刻后,在显微镜下观察分析,并使用显微硬度计对其硬度进行检测。A1换热管的外、内管壁未见有孔洞、裂纹存在;管壁的金相组织为固溶态奥氏体。A2换热管的外、内管壁未见有孔洞、裂纹存在;管壁的金相组织为固溶态奥氏体。A3换热管的外、内管壁未见有孔洞、裂纹存在;管壁的金相组织为固溶态奥氏体。可见,三根换热管的金相组织是相同的,即都是固溶态奥氏体。

(6) 硬度检测结果为:A1换热管硬度 HV1.0/15s140.5(140.5,139.1,142.0);A2换热管硬度 HV1.0/15s140.8(138.0,142.6,141.9);A3换热管硬度 HV1.0/15s156.8 (156.7,159.4,154.2)。可见,三根管的硬度值均小于HV200。

(7) 使用扫描电镜,对三根换热管外壁局部腐蚀区域进行微观形貌观察和元素成分能谱分析。A1换热管外壁局部腐蚀区域有黑色、灰色、白色处。其中,黑色、灰色处腐蚀较重,主要腐蚀性介质为O、S、Cl等;而白色处只有O,没有S、Cl。A2、A3换热管外壁局部区域的腐蚀情况与A1换热管相同;黑色、灰色处腐蚀较重,主要腐蚀性介质为O、S、Cl等,局部处还有Cl的富集;而白色处只有O,没有S、Cl(图5、图6)。

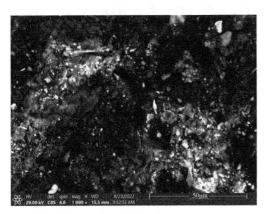

图 5　腐蚀区域的 SEM

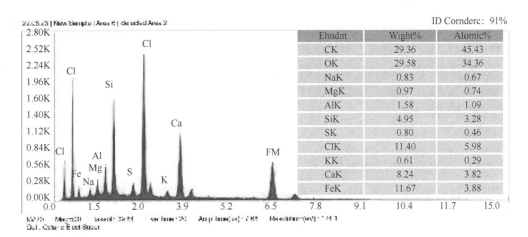

图 6　腐蚀区域的 EDS

5　综合分析

对三根换热管进行了多项理化检验分析,确认在三根换热管外壁的局部区域有腐蚀产物的富集。腐蚀产物中的 O、S、Cl 等是主要的腐蚀性介质,尤其是 Cl 的存在,会对 00Cr17Ni14Mo2(316L)不锈钢产生比较严重的腐蚀破坏作用。由于该换热器还需要继续服役的原因,送检的三根换热管均不是取自于漏点处,因此,对于该换热器换热管泄漏的性质,只能根据换热器的服役状态和现有的检测分析数据来进行推测。

目前看来,造成换热器管泄漏的主要破坏形式是氯化物应力腐蚀开裂;其次是点蚀穿孔破坏。

5.1　应力腐蚀开裂

00Cr17Ni14Mo2(316L)不锈钢虽然具有很好的耐蚀性,但其仍然是对氯离子应力腐蚀比较敏感的材料;换热器管在加工及运行过程中会存在着一定程度的应力集中,尤其是在一些局部区域,如管板胀接处、折流板处、弯管处等;换热管外壁的局部区域有腐蚀性介质 O、S、Cl 的富集。因此，当材质、应力、介质三个因素都具备的情况下，会造成换热器中换热管的应力腐蚀开裂。

5.2 点蚀穿孔

当换热管外壁局部区域有腐蚀性介质富集时，尤其是 Cl 元素富集时，容易造成奥氏体不锈钢的点蚀穿孔。虽然，00Cr17Ni14Mo2(316L)不锈钢对氯离子的点蚀破坏有一定的抗力，但还不能杜绝点蚀的发生。

6 结论

（1）送检的三根换热管材质均符合 00Cr17Ni14Mo2 不锈钢的标准要求，其金相组织均为固溶态奥氏体，其硬度值为 HV140.5~156.8，均小于 HV200。

（2）在三根换热管外壁的局部区域有腐蚀性介质 O、S、Cl 的富集。腐蚀性介质 O、S、Cl 的富集是造成奥氏体不锈钢发生应力腐蚀及点蚀的主要因素，尤其是 Cl 离子的存在和富集。同时，换热管材质的耐蚀性和应力状态也是重要的因素。

（3）根据对送检三根换热管的多项理化检验分析，推测该换热器管束泄漏是由换热管外壁发生和发展的，氯离子引起的换热管应力腐蚀开裂是最有可能的；其次，就是氯离子引发的换热管点蚀穿孔。

7 改进措施

（1）在换热器运行及维修期间，经常或定期地清理换热器管束外壁，尤其是管板、折流板等缝隙、死角处，防止腐蚀产物或垢物的聚集、沉积。保持换热管管壁的光滑、清洁，可以有效地防止腐蚀性介质 O、S、Cl 等的富集。

（2）加强热媒水的水质检测，严格地控制水中有害介质 O、S、Cl 等的含量，可以减少换热管应力腐蚀和点蚀破坏的发生。

参 考 文 献

[1] 张鑫等. 中变气-脱氧水换热器失效分析[J]. 冶金与材料，2021，41(3)：58~59.

[2] 周扬等. 制氢装置中变气系统奥氏体不锈钢设备失效问题分析[J]. 石油化工设备技术，2013，34(4)：31-33.

延迟焦化分馏塔腐蚀原因分析及防护措施

任诗韬

（中国石化扬子石油化工有限公司）

摘　要： 近年来，原油重质化、劣质化明显，原料硫含量、酸值日益上升，国际市场上原油价格变幻莫测，含酸原油在价格上具有明显的竞争力。炼油企业为了获得更高的利润，提高经济效益，逐渐提高了含酸油的加工量。由于含酸油在加工过程中会对生产设备造成严重腐蚀，为保证装置"安、稳、长、满、优"运行，必须想方设法搞好设备防腐工作。

其中氯离子腐蚀已经成为影响延迟焦化装置长周期运行的主要危害。通过收集装置分馏塔、顶循泵等腐蚀形貌，并对其产生的腐蚀产物、垢下物质进行取样，通过电镜能谱分析（EDS）。了解分馏系统腐蚀情况，在此基础上试图寻找优化工艺操作、缓蚀剂加注位置、材料升级等一系列防护措施，来减缓设备腐蚀。

关键词： 延迟焦化装置；分馏塔；氯离子腐蚀；电镜能谱分析；腐蚀防护

材料的腐蚀无论是对日常生活还是化工生产，都会造成巨大的危害。化工生产中，如果关键设备被腐蚀，可能造成装置的非计划停车，更严重的会发生物质泄漏、爆炸火灾，甚至威胁到人员的生命安全。近年来，随着加工劣质原油的增多，设备腐蚀泄漏着火事故时有发生，严重威胁了炼油装置的安全生产。金属的腐蚀给国民经济带来的损失是巨大的。统计表明，每年金属的腐蚀大约致使 10%~20% 的金属损失，工业国家年腐蚀花费约为国民经济总产值的 5%[1]。由于避免有限资源大量浪费和炼油设备长、稳、优的要求，这就需要对分析关键设备零部件的腐蚀成因更具针对性。

延迟焦化是一种原油二次加工工艺，主要以重质油为原料，在高温条件下进行深度的热裂化和缩合反应，将渣油中的重组分转化为轻组分后，生产富气、汽油、柴油、蜡油及焦炭的技术。装置原料以常减压来的减压渣油为主，兼炼催化油浆及渣油。此外，为了缓解环保压力，降低生产成本，实现废胺液环保有效的处理，延迟焦化装置从 2019 年 1 月 28 日开始处理全厂产生的废胺液（已停）。还同时回炼全厂产生的重污油、轻污油、废润滑油等。根据炼油厂污油回炼系统优化技术改造方案，二次加工污油中的重污油进放空塔，轻污油进分馏塔。该项目于 2018 年 1 月 3 日投用，轻污油直接进入第 10 层柴油回流口，流量 6t/h。回炼的轻污油除了二次加工污油外，还包含水汽装置、硫回收装置的撇油，这部分污油因夹带油品原油切水、浮渣等，氯离子含量较高，品质比较差。综上，近年来，装置分馏单元原料逐渐劣质化，腐蚀情况也随之加重。

本文通过无损检测、电镜能谱分析（EDS）等手段详细研究分馏塔的腐蚀情况，从而分析出产生腐蚀的原因，并提出防腐策略。但装置防腐是一项长期的工作，只有将材料科学、工艺科学与管理科学三者有效的结合起来，才能发挥出防腐工作的最大效果。

1 设备及问题现状

1.1 设备现状

延迟焦化装置分馏塔设备总高 59909mm，塔体筒节材料原设计上半部分为 20R+0Cr13Al，下半部分为 20R+00Cr19Ni10，分馏塔示意图如图 1 所示，相关参数见表 1。

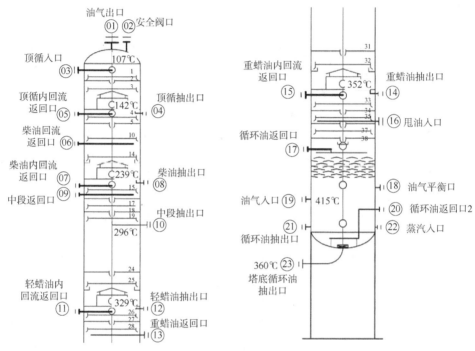

图 1 分馏塔示意图

表 1 分馏塔设备具体参数

名称	工艺介质	温度（℃）		压力［MPa·（G）］		塔盘				容积（m³）
		设计	操作	设计	操作	型式	材料	层数	分段距离 mm	
分馏塔	油气	435	134/420	0.28	0.1	"T"形条阀	0Cr18Ni10Ti	38	600	1193

1.2 问题现状

1.2.1 分馏塔外部腐蚀形貌

2019 年 3 月发现装置分馏塔东侧筒体在柴油上回流和顶循回流中间塔壁上有一个直径约 2mm 的砂眼，约在塔 50.3m 处，塔内部柴油向外泄漏，泄漏位置示意图如图 2 所示（0°方向为装置东，顺时针），分馏塔壁漏点照片如图 3、图 4 所示。分馏塔筒体由厚 16mm 的 20R 钢板和厚 3mm 的 06Cr13Al 不锈钢内衬组合而成，为了防止泄漏处进一步扩大，决定将分馏塔停工置换彻底后，对内部衬里和筒体钢板进行检修，同时检查紧固塔内附件。在分馏塔漏点处外检时，确认减薄严重区域范围为 470mm×30mm，并对分馏塔减薄处挖补补焊修复。

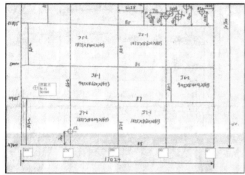

图2　泄漏位置示意图

图3　腐蚀穿孔照片

图4　塔外壁泄漏点

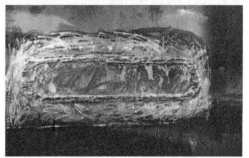

图5　分馏塔减薄点修补

1.2.2　分馏塔内部腐蚀形貌

分馏塔检修期间，发现分馏塔上部塔内件存在不同程度腐蚀的情况。其中包括塔盘腐蚀减薄(图6)。浮阀腐蚀损坏，部分浮阀缺失，见图7。四层集液筒液位根部壁板出现腐蚀坑点，坑深约1~3mm(图8)；一处长1.5m腐蚀焊缝，其中500mm有腐蚀贯通的形貌(图9)。分馏塔四到九层塔盘及受液盘积焦严重，塔壁出现点蚀形貌(图10、图11)。由于塔内件的腐蚀缺失，分馏塔上部对于油气的分馏洗涤效果变差，因此，造成上半部分塔盘及集液槽中焦粉含量大，情况严重时将导致分馏塔侧线产品终馏点变高，影响产品质量。

图6　塔盘腐蚀

图7　浮阀缺失

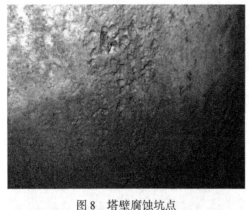

图 8　塔壁腐蚀坑点

图 9　焊缝腐蚀贯通形貌

图 10　分馏塔塔壁点蚀

图 11　分馏塔塔壁点蚀

1.2.3　顶循泵腐蚀形貌

2018 年 11 月顶循泵 P32104A 因振动大切出检修，拆检发现叶轮、蜗壳腐蚀严重(图 12、图 13)。查阅检修记录，此泵于 2018 年 4 月进行检修，未发现异常。追溯到装置首次开工，过去运行的 13 年里也没有更换过叶轮、泵盖等备件，腐蚀主要集中发生在 2018 年 5-11 月的半年时间内。说明在注入废胺液之前，回炼轻污油时分馏顶循系统已经存在腐蚀趋势。

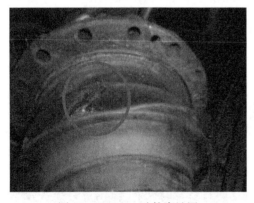

图 12　P32104A 叶轮腐蚀图

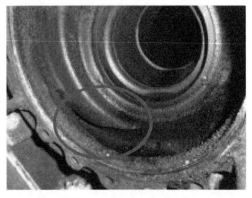

图 13　P32104A 蜗壳腐蚀图

2 腐蚀机理分析

2.1 塔内样品分析

分馏塔 C32102 是焦化工艺中的核心设备，焦炭塔中产生的油气通过塔顶挥发线进入分馏塔底部，经过分馏作用，不同馏段的油料从分馏塔各侧线分出，进入后继流程。从生产参数上看，全塔运行效果良好，但在 2019 年 3 月检修中发现，分馏塔壁腐蚀穿孔部位附近存在多处点蚀坑。从腐蚀形貌看，属于典型的氯离子点蚀坑，而且腐蚀主要集中在分馏塔上部，温度分布在 180℃ 以下的区域，与铵盐结晶温度吻合。目前，炼油系统内有多家企业的延迟焦化装置发现顶循结盐造成分馏塔上部堵塞、腐蚀等情况。

分馏塔检修期间，装置对三层塔盘油泥、七层塔盘积焦，以及三层塔盘腐蚀层、六层塔盘腐蚀层采样(图 14~图 15)。采用了电镜能谱(EDS)技术对样品进行分析，(表 2)。三层塔盘油泥中未检出 Cl 元素，七层塔盘积垢中 Cl 元素含量接近 0.25%。三层塔盘腐蚀层剥落物中的 Cl、S 元素含量较低；六层塔盘腐蚀层剥落物中的 Cl 元素含量接近 0.6%、S 元素含量达到 8.81%。Cl 元素及 S 元素含量与塔盘腐蚀的严重程度正相关。结合分馏塔此段塔温控制在 110℃ 左右，腐蚀形态为非均匀全面腐蚀或点蚀，与低温 $H_2S-NH_4Cl-H_2O$ 型腐蚀环境及蚀后形态高度吻合。

图 14　腐蚀层的油泥　　　　　　　图 15　受液盘的积焦

表 2　分馏塔三至七层样品部分元素含量　　　　　　（单位:%）

样品元素	三层塔盘油泥	七层塔盘积垢	三层塔盘腐蚀层	六层塔盘腐蚀层
S	5.52	3.55	0.705	8.81
Cl	0	0.248	0.0751	0.598
Mn	0.0028	0.0623	0.194	0.547
Fe	0.0987	1.73	23.9	16.8
C	94.0	91.3	70.6	72.3

2.2 氯离子腐蚀

延迟焦化装置分馏塔 C32102 的上部筒体材质都采用 20R+0Cr13Al 复合钢板，复合层是 3mm 的 0Cr13Al 不锈钢。由于原料油中含有较高的有机氯、氮和硫化物，因此易在分馏塔上层堆积析出大量铵盐。此外，2019 年 3 月分馏塔塔壁泄漏位于顶循下回流处，该处塔温控制在 110℃ 左右，塔中水汽在此频繁相变，形成低温 $H_2S-NH_4Cl-H_2O$ 型腐蚀环境。此类型腐蚀主要发生在温度低于 120℃ 的区域，腐蚀形态为非均匀全面腐蚀或点蚀，有液相存在时腐蚀特点为区域腐蚀，并且更为严重。这一点在积液槽根部体现明显（图 16、图 17）。

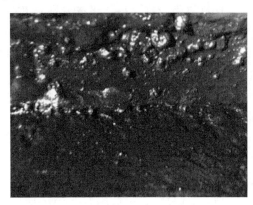 

图 16　集液槽根部坑蚀　　　　　　　　图 17　集液槽根部坑蚀

2.3　氯离子腐蚀危害

原油加工过程中，除硫及硫化物外，氯化物的存在也具有巨大的危害性。特别是近几年来，国内原油中的有机氯化物组分有不断增加的趋势。由氯化物导致的 Cl-腐蚀已由常减压装置扩展到了例如延迟焦化装置的二次加工装置，威胁着炼厂的安全生产。20 世纪 90 年代以来，国内的齐普公司胜利炼油厂、洛阳石化总厂、吉化公司炼油厂等厂的都分别遇到了较为严重的氯离子腐蚀和氯盐堵塞问题。

氯离子的活化作用对不锈钢氧化膜的建立和破坏均起着重要作用。虽然至今人们对氯离子如何使钝化金属转变为活化状态的机理还没有定论，但大致可分为成相膜理论和吸附理论这两种观点[2-3]。

3　氯离子来源分析

3.1　原料中的氯离子

延迟焦化装置的原料以减压渣油为主，根据 2019 年化验数据，原料油中沥青质最大值为 11.76%，最小值为 4.90%，平均值为 8.67%；胶质最大值为 30.74%，最小值为 23.96%，平均值为 28.55%。因原油中天然存在的有机氯化物多以复杂的络合物形式分布在胶质和沥青质中，故分馏单元氯离子浓度一直处于炼油装置中较高水平（图 8）。而原油中天然存在的有机氯化物主要以复杂的络合物形式分布在胶质和沥青质中。

常减压电脱盐无法除去的有机氯主要是低沸点的小分子卤代烃，卤代烃的 C-Cl 键决定了其化学性质，当反应条件超出一定范围后，化合物就会发生水解、热解、氧化等反应。Cl 的强电负性，容易与亲核试剂发生取代反应，原油中的含 S、N、O 化合物都是强亲核试剂，能够与卤代烃反应生成腐蚀性氯。卤代烃还可以自身脱除卤化氢发生消去反应，这类反应常在气相中进行，也就是说在装置的高温部分亦存在氯腐蚀情况。在临氢条件下，氢自由基作为氢负离子能够进攻正碳离子取代氯，发生加氢脱氯反应，生成腐蚀介质 HCl。

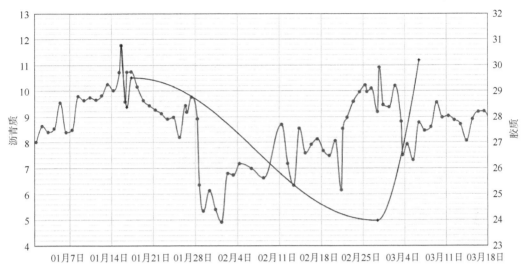

图 18　原料油沥青质、胶质含量趋势图

3.2　注入的废胺液

废胺液属于危险化学废物，其中的 COD 含量较高，对污水处理系统危害较大。为了降低生产成本，实现废胺液环保有效无害化处理，装置从 2019 年 1 月 28 日开始处理全厂产生的废胺液。废胺液虽在加热炉对流段充分分解，不对焦炭塔操作产生过多影响，但是分解出的 NH_3 和 HCl 随油气进入分馏塔。当在分馏塔温度较低的顶部时，便开始生成 NH_4Cl，最终混带部分焦粉滞留在塔盘和降液板上，发生了垢下氯离子腐蚀。

根据 2018—2019 年（2018 年 1 月至 2019 年 3 月）贫胺液氯离子数据可见，废胺液中氯离子含量并不低（图 19、图 20）。随着时间推移，氯含量也是逐步上升的。

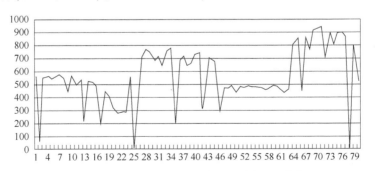

图 19　2018 年上游加氢装置贫胺液氯离子趋势图（单位：mg/L）

3.3　回炼的轻重污油等

延迟焦化装置的原料以减压渣油为主，同时回炼全厂产生的重污油、轻污油、废润滑油等。渣油中天然存在的有机氯化物主要以复杂的络合物形式分布在胶质和沥青质中，在延迟焦化装置的高温部分可能会发生因临氢热解脱氯而产生的氯腐蚀情况。

另一方面，根据炼油厂污油回炼系统优化技术改造方案，二次加工污油中的重污油进延迟焦化装置放空塔，轻污油进延迟焦化装置分馏塔。这部分污油中，氯离子含量也相对较高。

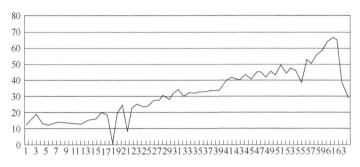

图 20   2018 年延迟焦化贫胺液氯离子趋势图（单位：mg/L）

4   结论

4.1   停注入废胺液和加工回炼污油

暂停注入废胺液和加工回炼污油，尽快完成对废胺液和回炼轻重污油的氯、硫、氮等元素含量的分析，尤其是对氯元素的类型（有机氯或无机氯）做出判断，重点关注硫回收、水汽轻污油中氯离子含量。根据分析结果进行安全风险评估，及时做好回炼污油的预处理或调整回炼加工去向。

4.2   加强预防监测与设备维护

研究分馏塔顶结盐预防措施，在保证操作安全及产品质量情况下，尽可能采取包括：减少分馏塔焦粉携带量、控制小吹汽量及时间、控小阀汽封蒸汽及炉管注汽量、高控塔顶温度、低控塔顶压力等措施。

增加顶循回流罐 D32103 酸性水 Cl^-、Fe^{3+}、pH 值、硫化物、氨氮等分析频次，根据分析结果及时调整原料性质、塔顶缓蚀剂加注量等操作。

加强顶循系统空冷、机泵、管道等设备运行监测，增加定点测厚频次，确保设备可靠性。

4.3   增设顶循回流脱水除盐

建议在顶循系统新增连续回流脱水除盐设施。目前系统内已有多家企业实施，对顶循环油连续在线脱盐，降低油中氯离子和消除塔顶系统结盐堵塞等效果明显。

该方法通过顶循油和除盐水混合，利用萃取的原理，将顶循油中的盐类溶解在水中，使其从顶循油中分离。脱盐后的顶循油通过顶循回流返回塔内，含盐污水送出装置进一步处理。用氯化铵在油水两相中的溶解度差异，将油中的氯化铵转移到水相当中，再利用液液旋分器将油水分离，从而达到脱除氯离子的目的。NH_4Cl 虽为极性分子，但与受油中"亲水基团"亲和：羟基、羧基、氨基、醛基、磺酸基，微量溶于油。

该工艺能最大程度地减少焦化分馏塔在水洗过程中出现的液态水量，降低 H_2S-NH_4

Cl-H$_2$O 类型腐蚀的程度，延长分馏塔上部塔盘的使用周期，具体工艺如图 21 所示。

4.4 改注缓蚀剂点位置

目前的缓蚀剂注入点在分馏塔顶挥发线空冷 E32115 入口前，其中分馏塔挥发线至空冷 E32115 和顶循泵 P32104 至返回分馏塔的很长一段管线没有得到保护(图 22)。

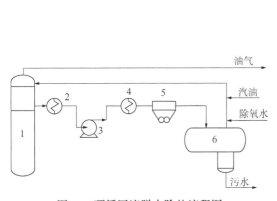

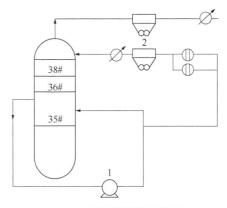

图 21　顶循回流脱水除盐流程图
1—分馏塔；2—换热器；3—顶循泵；
4—换热器 2；5—空冷器；6—顶循脱水罐

图 22　分馏塔顶循流程图
1—P32104 顶循泵；2—E32115 空冷

建议将注入点改至分馏塔顶循下回流抽出泵 P32104 入口前，这样注入的缓蚀剂可以保护整条顶循管线。另外，一部分缓蚀剂随蒸发进入塔顶挥发线，可有效避免挥发线之后空冷、水冷设备的垢下腐蚀；一部分进入下面的塔盘，形成的油性保护膜减轻铵盐腐蚀。

缓蚀剂虽然可能消耗增加，但能高效的利用其效果，充分保护分馏塔及以后的设备，长远角度来看仍然可以提高经济效益。

4.5 塔体材质升级

为消除分馏塔上部腐蚀隐患，保证长周期运行，择机对 14 层以上塔体进行更新，必要时对分馏塔上半段进行材质升级。

4.5.1 方案一：S32168+Q245R

此方案具有良好的机械性能及承压性能。但是，S32168 在某些特定环境中会表现出较高的应力腐蚀敏感性。当介质中含有氯离子时，氯离子的存在会加速奥氏体不锈钢表面氧化膜的溶解，使金属基体暴露在腐蚀环境中，诱使奥氏体发生点蚀并导致应力腐蚀。因此，该复合钢板在焊接时要求标准较高，以避免残余焊接应力易导致腐蚀发生。考虑到塔壁内层复合钢板 S32168 厚度较薄(3mm)，因此在使用后期可能会出现因 S32168 内板腐蚀穿透导致外部钢板 Q245R 腐蚀的风险。

4.5.2 方案二：S31703+Q245R

奥氏体不锈钢 S31703(0Cr19Ni13Mo)为超低碳钢，由于钼元素的加入，与常规铬-镍奥氏体不锈钢相比，该类型不锈钢有着良好的抗化学腐蚀能力，尤其对盐类有较好的耐蚀性。此外 S31703 在焊接期间及热处理过程中抗敏化作用性高，S31703+Q245R 复合钢板同时兼具良好的强度，因此该方案适用于分馏塔上半部分材质升级。

参 考 文 献

[1] 炼油化工设备腐蚀与防护案例[M]. 北京：中国石化出版社，2010：19-21.

[2] Sheldom W D, Richard D, Gemt V. Inhibitor type[J]. Material Performance, 1981, 20(12)：55.

[3] Bohnsack G. Investigations of the mechanisums of organic compounds used in cooling water corrosion control [C]. Boston PA, Corrosion, 1985：379.

硫磺回收装置氨吸收塔腐蚀
原因分析及对策

黄 鑫

（中国石化金陵分公司）

摘 要：介绍了硫磺回收装置氨吸收塔的腐蚀状况并进行了原因分析。氨法脱硫工艺使得硫磺回收装置中的硫酸铵浆液及冷凝水呈强酸性，介质的酸腐蚀、高速固体颗粒和液滴的冲刷以及氯离子的作用导致了吸收塔底部的腐蚀。根据腐蚀行为的影响因素，建议将硫铵浆液的 pH 控制在 3~5，氯离子的质量浓度控制在 3000mg/L 左右；在不改变介质流速的情况下，将管线中硫铵浆液的固体含量控制在 15% 以下。吸收塔塔体的材质为 316L 奥氏体不锈钢，建议选择更高等级的材料以及新型防腐涂料。

关键词：氨法脱硫；硫酸铵；氯离子；奥氏体不锈钢；腐蚀

氨法脱硫技术以水溶液中的 NH_3 和 SO_2 反应为基础，在多功能烟气脱硫塔（氨吸收塔）的吸收段，氨将硫磺回收装置烟气中的 SO_2 吸收，得到脱硫中间产物亚硫酸铵或亚硫酸氢铵的水溶液；在循环槽内鼓入压缩空气进行亚硫铵的氧化反应，将亚硫铵氧化成硫铵。相关反应式如下所示[1]：

$$SO_2 + H_2O + xNH_3 =\!=\!= (NH_4)_x H_{2-x} SO_3 \qquad (1)$$

$$(NH_4)_x H_{2-x} SO_3 + 1/2O_2 + (2-x) NH_3 =\!=\!= (NH_4)_2 SO_4 \qquad (2)$$

烟气送入吸收塔，经洗涤降温、吸收 SO_2、除雾后的净烟气从塔顶烟囱排放（排放口的高度为 80m）。烟气中的二氧化硫被吸收，形成的亚硫酸铵溶液经氧化、浓缩，得到一定浓度的硫酸铵溶液，送入蒸发结晶系统后，经蒸发、结晶，得到一定固含量的硫酸铵浆液。硫酸铵浆液再经旋流器、离心机、多功能干燥塔干燥后，得到水分小于 1% 的硫酸铵，经全自动包装机包装即可得到商品硫酸铵。

某硫磺回收装置氨吸收塔 T-8601 运行 53 个月后发现底部排水孔与基础之间有浆液渗漏，打开人孔后进行清理和检查，发现吸收塔底部两圈塔壁冲刷腐蚀严重，垫板和底板焊缝及其热影响区局部腐蚀并穿孔。针对这些腐蚀问题，结合装置氨法脱硫工艺、硫铵的腐蚀机理研究及氨吸收塔腐蚀调查，对氨洗塔的腐蚀原因进行了深入分析，并提出了改进措施。

1 氨吸收塔 T-8601 的基础数据

T-8601 的主体材质为 316L（S31603），塔体直径为 5000/2200mm，高度为 80000mm，塔壁厚度为 10/8/6mm。T-8601 的操作温度为 50~180℃，操作压力为常压，工作介质为烟气和硫铵液。T-8601 于 2018 年 11 月投入使用。

2 氨吸收塔 T-8601 腐蚀调查情况

2023 年 4 月 2 日检查时发现吸收塔 T-8601 底部排水孔与基础之间有浆液渗漏（图 1），排水孔周围塔壁测厚未发现明显异常。

图 1　底部排水孔与基础之间有浆液渗漏

4 月 11 日打开人孔，清理并检查后发现存在下列问题（图 2）：（1）吸收塔 T-8601 底部两圈塔壁酸腐蚀严重，进料北侧塔壁上有明显腐蚀减薄的斑痕（边缘有明显的减薄台阶）。塔壁材质为 316L，设计壁厚为 10mm，实测壁厚为 8.2~9.7mm，检测最小值位于西北侧底部人孔上方焊缝处附近。（2）吸收塔 T-8601 底部烟气入口大小头及弯头内表面合金衬板大面积蚀失，烟道基材内表面密集点蚀；冲洗水喷淋管南侧与烟道连接处腐蚀严重，烟道壁局部蚀穿，进料衬板的材质为 N8367。（3）进料口下方塔壁有较多铵盐结晶物。（4）自循环槽来的二次风分布管腐蚀严重，多数分布管底部已蚀穿，边缘呈刃口状，有 2 处已断裂。二次风分布管的材质为 316L，主管管径为 DN250，设计壁厚为 3mm，实测壁厚为 2.0~3.0mm，支管设计壁厚为 3mm，实测壁厚为 1.0~1.7mm，检测最小值均位于管件下侧。（5）烟气均布器腐蚀严重，部分已断裂并掉落。（6）塔内烟气入口处喷淋管及喷嘴局部蚀失严重，分布管有 2 根开裂，表面有较多铵盐结晶物。（7）塔底板均匀腐蚀，设计壁厚为 6mm，实测壁厚为 5.1~5.4mm。（8）底板上方自循环槽来的风管的支撑垫板焊缝局部腐蚀，部分焊肉已缺失，支撑垫板经打磨移除，发现垫板和底板焊缝及其热影响区存在腐蚀，其中东侧垫板的北侧焊缝热影响区有 1 处已穿孔，孔径约 5mm，用铁丝伸入发现底部基础距底板上表面深约 3cm，底板下面的液位高 1.5cm。

(a)底部两圈塔壁酸腐蚀严重

(b)进气口人孔上方腐蚀减薄斑痕

(c)进料衬板腐蚀严重并损坏

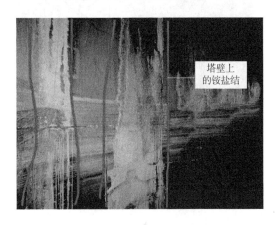

(d)进料口下方塔壁有较多铵盐结晶物

(e)自循环槽来二次风分布管腐蚀严重(Ⅰ)

(f)自循环槽来二次风分布管腐蚀严重(Ⅱ)

图2 吸收塔 T-8601 的腐蚀状况

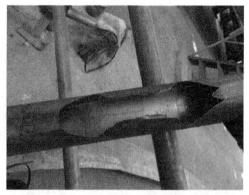

(g)断裂的二次风分布管腐蚀形貌

(h)烟气均布器部分断裂并掉落

(i)自循环槽来二次风分布管断裂和
支撑垫板焊缝的腐蚀形貌

(j)东侧垫板的北侧焊缝热影响区1处穿孔

图2　吸收塔 T-8601 的腐蚀状况(续)

3　氨吸收塔 T-8601 腐蚀原因分析

3.1　腐蚀机理

烟气通过烟道入口进入氨吸收塔,烟道入口有氨液喷淋管,对烟气进行洗涤降温,吸收 SO_2,生成 $(NH_4)_2SO_3$ 或 $(NH_4)HSO_3$ 的水溶液,水溶液沿塔壁流入塔底,在塔底经氧化形成 $(NH_4)_2SO_4$ 浆液。硫铵的腐蚀表现为全面腐蚀和均匀腐蚀。在介质的 pH 较低且流速较低的情况下,以全面腐蚀为主;当介质的 pH 在弱酸性以上时,以冲刷腐蚀为主,且随着流速的增加而加快。腐蚀影响因素还包括介质中氯离子含量和固体含量。化学反应式如下:

$$(NH_4)_2SO_4 =\!\!= NH_4HSO_4 + NH_3 \tag{1}$$

$$NH_4HSO_4 =\!\!= NH_{4+} + H^+ + SO_{42-} \tag{2}$$

$$Fe + 2H^+ =\!\!= Fe^{2+} + H_2 \tag{3}$$

3.2 腐蚀影响因素

3.2.1 pH 值的影响

由于氨法脱硫工艺的特殊性，极易造成吸收塔严重的酸腐蚀，2019 年以来吸收塔浓缩段浆液的 pH 的变化趋势如图 3 所示。

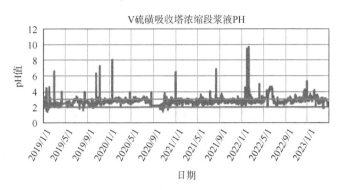

图 3 吸收塔浓缩段浆液的 pH 值

pH 值的降低会促进钝化膜的溶解。pH 值越低，不锈钢母材及焊缝的腐蚀速率越高。浓缩段浆液的 pH 值的控制范围为 2~3，从图中可看出部分 pH 值甚至低于 2，从而使吸收塔受到严重的酸腐蚀。

3.2.2 氯离子的影响

在脱除 SO_2 过程中，其他酸性气体如 HCl 也同时被脱除。由于硫铵系统中 Cl^- 的存在，奥氏体不锈钢存在应力腐蚀风险。氯离子的存在会破坏不锈钢表面的钝化膜，促进局部腐蚀的发生。吸收塔浓缩段浆液中氯离子的浓度如图 4 所示，为方便观察数据的变化情况，图中曲线已删除最大值(2019 年 6 月 24 日 8：00 氯离子的质量浓度为 68311.25mg/L)。

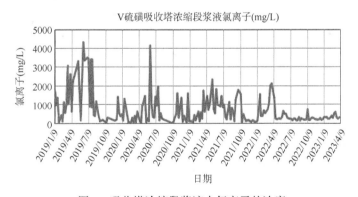

图 4 吸收塔浓缩段浆液中氯离子的浓度

3.2.3 介质流速和固含量的影响

不锈钢的腐蚀行为不但受介质 pH 值的影响，还受介质流速和介质中固含量的影响。介质流速和固含量对不锈钢腐蚀行为的影响仅次于 pH 值。流动介质与不锈钢表面接触时，会产生机械剥离作用，破坏钝化膜，促进腐蚀。介质的流速和固含量越高，不锈钢的腐蚀速率越高。pH 值的降低(最低降至 1)和介质冲刷作用的增强(流速或固含量增大)会降低钝化膜的稳定性，促进局部腐蚀的发生。在局部腐蚀坑处会形成应力集中，促进应力腐蚀裂纹的萌生与扩展，提高应力腐蚀敏感性。

3.2.4 焊缝区域与母材的成分和组织差异的影响

焊缝区域与母材的成分和组织均存在差异，因此，焊缝与相邻的母材会形成电化学腐蚀电偶，促进腐蚀的发生，这种交界区域易形成应力腐蚀裂纹，应力腐蚀敏感性高。

4 措施及建议

研究结果表明，吸收塔 T-8601 底部的腐蚀是由介质酸腐蚀、高速固体颗粒和液滴的冲刷、氯离子作用这三者共同导致的。硫铵的腐蚀行为主要受 pH 值、介质流速和固体含量的影响。

在不改变介质流速的情况下，应当将管线中硫铵浆液的 pH 值控制在 3~5 之间，固体含量控制在 15% 以下，以达到降低设备腐蚀速率的目的。

目前国内广泛用于烟气脱硫设备的不锈钢和镍合金材料的选用指南如图 5 所示[2]，对耐蚀金属材料的选择有一定的指导作用，但此图未考虑介质流速和高固体含量的影响。

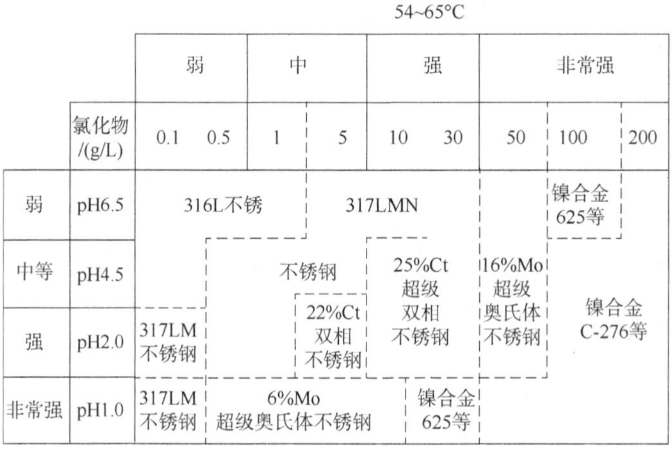

54~65℃

		弱		中		强		非常强		
氯化物/(g/L)		0.1	0.5	1	5	10	30	50	100	200
弱	pH6.5	316L不锈		317LMN					镍合金625等		
中等	pH4.5			不锈钢		25%Ct超级双相不锈钢		16%Mo超级奥氏体不锈钢		镍合金C-276等	
强	pH2.0	317LM不锈钢		22%Ct双相不锈钢							
非常强	pH1.0	317LM不锈钢		6%Mo超级奥氏体不锈钢			镍合金625等				

图 5　用于烟气脱硫装置的不锈钢与镍合金的选用参考

从图 5 可看出，316L 材质的等级是最低的，建议选用 317LM 不锈钢，甚至在底部腐蚀严重区域或可以选用 6%Mo 超级不锈钢。耐高温玻璃鳞片酚醛乙烯基酯树脂涂料或新型耐温耐酸耐磨损涂料也是可供选择的防腐材料。

5 结语

氨法脱硫工艺使得硫磺回收装置中的硫酸铵浆液及冷凝水呈强酸性，介质的酸腐蚀、高速固体颗粒和液滴的冲刷以及氯离子的作用导致了吸收塔底部的腐蚀。根据腐蚀行为的影响因素，建议将硫铵浆液的 pH 值控制在 3~5 之间，氯离子的质量浓度控制在 3000mg/L 左右；在不改变介质流速的情况下，将硫铵浆液的固体含量控制在 15% 以下。吸收塔塔体的材质为316L奥氏体不锈钢，建议选择更高等级的材料或在塔内壁采用防腐涂层进行保护。

参 考 文 献

［1］段飞飞. 氨法脱硫运行的经验及建议［J］. 中国环保产业，2018(10)：36-39.

［2］周志祥. 烟气脱硫常用金属耐腐蚀性能比较和选材［J］. 上海电力，2006(5)：459-465.

HYSYS 在焦化顶循环系统腐蚀
分析中的应用

涂连涛　张宏锋　徐豪杰　王博智　王文斌

（中国石油独山子石化公司）

摘　要：目的：延迟焦化装置腐蚀问题较突出的是分馏塔顶循环系统换热器腐蚀泄漏，因此，对分馏塔顶循环系统换热器腐蚀问题进行专题分析。方法：利用 Aspen HYSYS 对焦化分馏塔顶油气系统进行了模拟。结果：通过模拟，发现焦炭塔换塔期间分馏塔顶油气水露点温度为 103.6℃，较正常生产时提高了 7.3℃。分馏塔顶循环油温度低至 93℃，与顶循环油靠近的油气会发生水蒸气冷凝，析出液态水，形成电解质水溶液。结论：模拟了电解质水溶液的组成，H_2S 及 HS^- 浓度较高，Cl^- 浓度低，腐蚀类型可按单独的湿硫化氢腐蚀考虑。电解质水溶液进入顶循环系统后，因顶循环系统换热器 E-108、E-112AB 管束均为碳钢材质，会发生湿硫化氢腐蚀，导致管束的运行周期缩短。通过模拟核算获得分馏塔顶油气 NH_4Cl 结盐温度为 135℃，NH_4Cl 盐随顶循环油进入顶循环系统换热器，形成铵盐垢下腐蚀。

关键词：流程模拟；顶循环；电解质；硫化氢；氯化铵；腐蚀

石油炼制过程中，因高温、水解、加氢等作用，硫化物、氯化物、氮化物分解，产生 H_2S、HCl、NH_3 等腐蚀介质，在蒸馏装置常压塔顶、焦化装置分馏塔顶、催化装置分馏塔顶、加氢装置硫化氢汽提塔顶等部位油气水露点位置，H_2S、HCl、NH_3 等腐蚀介质溶于水中，形成电化学腐蚀。当油气温度进一步降低，开始有大量水出现时，腐蚀介质在水相的浓度大幅下降，腐蚀性快速下降。因此，通常油气水露点位置的电化学腐蚀是最严重的。

湿硫化氢对碳钢设备可以形成两方面的腐蚀：均匀腐蚀和湿硫化氢应力腐蚀开裂。NACE MR0103《腐蚀性石油炼制环境中抗硫化物应力开裂材料的选择》将游离水中溶解的硫化氢浓度大于 50mg/L 定义为湿硫化氢腐蚀环境的一种。国内的腐蚀调查报告显示，湿硫化氢对碳钢设备的均匀腐蚀随温度的升高而加剧，在 80℃ 时腐蚀速率最高，在 110～120℃ 时腐蚀速率最低。盐酸是强腐蚀性的酸，能加速多种金属和合金的溶解，盐酸能够与 FeS 反应，破坏 FeS 保护膜，对硫化氢腐蚀起到促进作用。氯离子具有离子半径小、穿透能力强、能够被金属表面较强吸附、易在空隙或缝隙中富集等特点。氯离子浓度越高，导电性越强，电解质电阻就越低，氯离子越容易到达金属表面，加快局部腐蚀的进程，形成腐蚀原电池[1]。

单广斌[2] 等研究了煤制氢黑水环境中氯离子浓度对 304 不锈钢应力腐蚀开裂敏感性的影响，通过实验得到氯离子应力腐蚀临界质量浓度为 16.8mg/L。当氯离子质量浓度大于 60mg/L 时，对碳钢即表现出了较强的腐蚀性，而当氯离子质量浓度小于 20mg/L 时，一般可按单独的湿硫化氢腐蚀考虑。pH 值对 HCl 腐蚀的影响和对 H_2S 腐蚀的影响是不同的。对 HCl 来说，pH 值越低，腐蚀性越强，在强酸性环境下，腐蚀速率随 pH 值的降低成倍增加。对 H_2S 腐蚀来说，低 pH 值的腐蚀是由 H_2S 引起的，而高 pH 值的腐蚀则是由 HS^- 引起的，中性环境下钢中氢通量最低，pH 值无论升高或降低，都会增加钢中的氢通量，氢通量越大，SSCC 和 HIC 的敏感性越高[3]。刘博昱[4] 等实验研究了 304 不锈钢在 NaCl 三元驱油剂中的腐蚀行为，发现 304 不锈钢在介质 pH 值提高后，临界点蚀温度上升，分析认为反应生成的 $Fe(OH)_2$ 和 O_2 进一步反应生成 $Fe(OH)_3$，再分解为 Fe_2O_3，形成具有一定钝化能力的氧化膜，附在金属表面，降低体系的腐蚀速率。

硫在石油馏分中的分布一般随石油馏分沸程的升高而增加，大部分硫集中在重馏分和渣油中。我国大多数原油中，约有 70% 的硫集中在减压渣油中。石油中的氮分布随着馏分沸程的升高，氮含量迅速增加，约有 80% 的氮集中在 400℃ 以上的重油中。我国原油氮含量偏高，我国大多数原油的渣油中浓集了约 90% 的氮[5]。原油脱盐后的盐含量一般要求小于 3mg/L，原油蒸馏过程中，盐类大多残留在渣油和重馏分中[6]。樊秀菊[7] 等实验测定了 3 套蒸馏装置加工原油各馏分氯分布，其中，重馏分的氯占比超过 85%。延迟焦化装置加工减压渣油，减压渣油硫含量、氮含量、氯含量在原油的各种馏分中是最高的。延迟焦化加热炉出口温度在 500℃ 左右，硫、氮、氯的化合物在延迟焦化高温热裂化反应中，部分转化成 H_2S、NH_3、HCl，随反应油气进入分馏塔，在低温部位形成 H_2S-HCl-NH_3-H_2O 型腐蚀。杨涛[8] 等研究了延迟焦化装置分馏塔腐蚀原因及改进措施，认为造成分馏塔顶部塔盘腐蚀的主要原因是焦化原料和回炼重污油的盐含量高、分馏塔水洗操作不当，采取加强原料盐含量监控、改善分馏塔上部热量分布、增设分馏塔顶部水洗专用线、优化分馏塔侧线回流等一系列改进措施，改善了分馏塔的结盐现象。

某石化公司延迟焦化装置 2009 年建成投产，装置设计加工能力 120×10⁴t/a，采取"一炉两塔"工艺，操作弹性为 60%~130%，循环比在 0.2~0.6 范围内可调。装置由焦化、分馏、吸收稳定、干气脱硫及冷焦水、切焦水循环系统等部分构成，原料为常减压蒸馏装置的减压渣油，同时回炼污水系统回收的污油及乙烯焦油；产品有干气、液化气、稳定汽油、柴油、轻蜡油、重蜡油及石油焦。

延迟焦化装置腐蚀问题较突出的是分馏塔顶循环系统换热器腐蚀泄漏，因此，对分馏塔顶循环系统换热器腐蚀问题进行专题分析。

1 顶循环系统腐蚀问题概况

延迟焦化装置分馏塔上部工艺流程如图 1 所示。

2014 年顶循环-低温水换热器 E-112AB 管束（碳钢材质）发生腐蚀泄漏，2018 年顶循环—燃料气换热器 E-108 管束（碳钢材质）发生腐蚀泄漏。E-108 进出口管板及泄漏管子剖管形貌如图 2 所示。

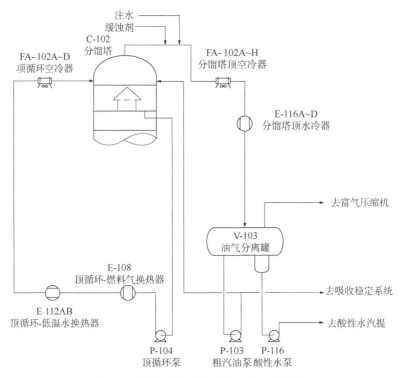

图 1 延迟焦化装置分馏塔上部工艺流程

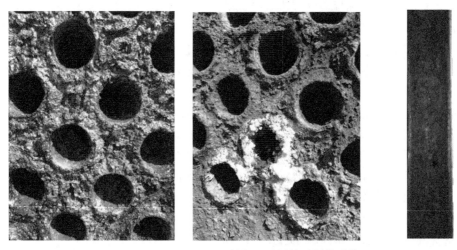

图 2 E-108 进出口管板及泄漏管子剖管形貌

从图 2 可以看出，E-108 进出口管板均有明显白色沉积物，进口管板较出口管板严重。管板与管束焊缝腐蚀严重，局部管束头部腐蚀减薄明显。底部出口管束内存在结垢，通过对泄漏管子剖管检查，发现管壁减薄且存在腐蚀坑。

2019 年大检修发现 E-112AB 两台管束表面结垢较多，结垢形貌如图 3 所示。

2018 年 E-108 管束材质升级为稀土合金 09 Cr2AlMoRE，2019 年大检修 E-112AB 管束材质升级为 304 不锈钢，截至 2023 年 7 月，E-108、E-112AB 未出现泄漏。

图 3 大检修 E-112AB 管束结垢形貌

2 操作参数变化分析

装置加工量按 130t/h，焦炭塔正常生产时，焦化分馏塔顶温度控制在 110℃左右（设计 108℃），焦化富气流量约 17.8t/h，粗汽油流量约 20t/h，分馏塔顶酸性水流量约 12t/h。焦炭塔换塔期间，老塔停止进料，反应减少，新塔反应还没有完全建立，反应油气量总体减少，分馏塔顶温度波动，最低降至 103℃左右，焦化富气和粗汽油流量减少约 15%。焦炭塔换塔期间，老塔小吹汽及两个塔高温部位威兰阀汽封、底盖机汽封蒸汽叠加，导致塔顶油气含水蒸汽量大幅上升，分馏塔顶酸性水量超流量计量程上限（15t/h），根据下游酸性水量变化情况估算，酸性水量达到约 18t/h。

2009 年至 2011 年大检修前，分馏塔顶循环抽出温度在 140~145℃（设计值 135℃）。2011 年，延迟焦化装置大检修开工后，顶循环抽出温度偏低，焦炭塔正常生产时，维持 100~105℃，焦炭塔换塔期间，最低降至 93℃。顶循环油从分馏塔抽出后，依次与燃料气、低温水换热，再经空冷器冷却至 65~80℃（设计值 60℃），回流进入分馏塔一层塔盘。2015 年大检修开工后，分馏塔顶循环抽出温度恢复至 140~145℃。2019 年大检修开工后，分馏塔顶循环抽出温度下降至 130~140℃。

3 腐蚀原因模拟分析

化工流程模拟软件是石油化工科研、设计和生产部门开发新技术、开展工艺设计、优化生产运行不可或缺的重要工具[9]，Aspen 流程模拟软件是目前应用较广泛的软件，不仅可以模拟烃类体系，也可以模拟电解质体系。王海博[10]等利用 Aspen plus 模拟预测常压塔顶冷凝系统露点及 pH 值。Aspen HYSYS 相比 Aspen plus，人机界面更加友好，在输入条件达到要求时自动完成计算，且支持逆向计算，软件更加智能化，因此用 HYSYS 模拟延迟焦化装置分馏塔顶油气系统。

分馏塔顶酸性水氯离子质量浓度 2.4~19mg/L，硫化物质量浓度 2000~3600mg/L，氨氮质量浓度 1200~2100mg/L。按照酸性水氯离子质量浓度 15mg/L，硫化物质量浓度 3000mg/L，氨氮质量浓度 1800mg/L，塔顶酸性水流量 12t/h，计算酸性水携带的氯化氢流量为 0.18kg/h，硫化氢流量为 38.25kg/h，氨流量为 26.23kg/h。

焦化富气组成见表 1。

表 1　焦化富气组成

组分	体积分数(%)	组分	体积分数(%)	
甲烷	43.25	1,3-丁二烯	0.08	
乙烷	17.55	异戊烷	0.55	
乙烯	2.78	正戊烷	0.91	
丙烷	9.43	C_{5+}	0.75	
丙烯	5.32	一氧化碳	0.33	
异丁烷	0.97	二氧化碳	0.13	
正丁烷	4.25	氧气	0.39	
正丁烯	1.82	氮气	1.42	
异丁烯	1.40	氢气	6.38	
反丁烯	0.60	硫化氢	1.27	
顺丁烯	0.42			

焦化粗汽油密度及恩式蒸馏分析数据见表 2。

表 2　粗汽油密度及恩式蒸馏分析数据

项目	分析数据	项目	分析数据
20℃密度(kg/m³)	744.1	50%馏出温度(℃)	136.5
初馏点(℃)	44.0	70%馏出温度(℃)	160.5
10%馏出温度(℃)	80.0	90%馏出温度(℃)	185.5
30%馏出温度(℃)	112.0	终馏点(℃)	206.0

根据以上数据，利用 HYSYS 构建焦化分馏塔顶油气系统模型(图 4)。

图 4 中，E-101、E-102 均为虚拟换热器，E-101 的作用是获得分馏塔顶油气水露点温度，E-102 的作用是设定电解质溶液的温度。组分分割器 SPLIT 的作用是将水、硫化氢、氯化氢、氨等物质与烃类物质分离开，简化处理，以便研究电解质体系。CUT 的作用是物性包转换，将烃类体系物性包 Peng-Robinson 转化为电解质物性包 Electrolyte-NRTL。

焦化装置加工量按 130t/h 计，焦炭塔正常生产期间，焦化富气流量按 17.8t/h 计，粗汽油流量按 20t/h，进入分馏塔的水蒸汽流量按 12t/h，由分馏塔顶油气系统模型，油气水露点温度为 96.3℃，分馏塔油气温度最低 103℃ 时，不会生成液态水；焦炭塔换塔期间，进入分馏塔的水蒸汽流量按 18t/h 计，焦化富气和粗汽油流量减少 15%，焦化富气流量按 15t/h 计，粗汽油流量按 17t/h 计，由分馏塔顶油气系统模型，油气水露点温度为

103.6℃，分馏塔油气温度最低 103℃时，会生成液态水。可见，焦炭塔换塔期间应注意控制分馏塔顶温度，防止塔内形成液态水，导致露点腐蚀。

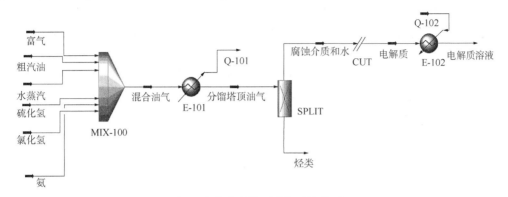

图 4　焦化分馏塔顶油气系统模型

2011 年大检修开工后至 2015 年大检修前，焦炭塔正常生产时，分馏塔顶循环抽出温度维持 100~105℃，焦炭塔换塔期间，最低降至 93℃，这时油气水露点温度为 103.6℃，则在分馏塔顶循环集油箱，靠近液相的气相区会发生水蒸气冷凝，析出液态水。将图 4 中 E-102 出口温度设定为 93℃，模拟 93℃时 H_2S-HCl-NH_3-H_2O 体系的气液平衡与液相电离平衡情况，由 HYSYS 模型得到电解质溶液及平衡气相组成，结果见表 3。

表 3　电解质溶液及平衡气相组成

组分	液相质量分率	气相摩尔分率	组分	液相质量分率	气相摩尔分率
H_2O	0.995345	0.671674	H_3O^+	0.000000	/
NH_3	0.000331	0.003494	HS^-	0.002477	/
H_2S	0.000479	0.324832	S^{-2}	0.000000	/
HCl	0.000000	0.000000	NH_{4+}	0.001357	/
OH^-	0.000000	/	Cl^-	0.000011	/

表 3 中，电解质水溶液 NH_3 质量浓度 331mg/L，NH_{4+} 质量浓度 1357mg/L，H_2S 质量浓度 479mg/L，HS^- 质量浓度 2477mg/L，Cl^- 质量浓度 11mg/L。可见，93℃时，溶液 H_2S 及 HS^- 浓度较高，Cl^- 浓度较低，腐蚀类型可按单独的湿硫化氢腐蚀考虑。分馏塔顶部位内件材质为 0Cr13，0Cr13 耐湿硫化氢腐蚀能力较好。由 HYSYS 模型，电解质水溶液 pH 值为 7.1，呈中性，因此塔内件基本没有腐蚀风险，这也符合大检修分馏塔的检查情况。93℃的电解质水溶液进入顶循环系统后，因顶循环系统换热器 E-108、E-112AB 管束均为碳钢材质，会发生湿硫化氢腐蚀，导致管束的运行周期缩短。

美国石油学会 API 932B"加氢反应流出物空冷系统控制腐蚀的设计、选材、制造、操作及检查指导原则"给出了 NH_4Cl 结盐温度与 Kp 值(HCl 和 NH_3 分压的乘积)关系曲线 NH_4Cl 结盐临界曲线如图 5 所示。

焦炭塔正常生产时，由 HYSYS 模型，分馏塔顶油气中 NH_3 的摩尔分率为 $1.2×10^{-3}$，HCl 的摩尔分率为 $3.8×10^{-6}$，分馏塔顶油气总压 196kPa，根据道尔顿分压定律，计算 NH_3

和 HCl 的分压分别为 3.4×10^{-2} psia、1.1×10^{-4} psia，NH_3 和 HCl 分压的乘积 Kp 为 3.7×10^{-6} psia²，根据 NH_4Cl 结盐临界曲线查得 NH_4Cl 结盐温度为 135℃，因分馏塔顶循环集油箱下部油气温度一般在 140℃ 以上，因此，NH_4Cl 结盐只可能发生在顶循环集油箱及上部塔内件，NH_4Cl 盐会随顶循环油进入顶循环系统换热器 E-108、E-112AB。焦炭塔换塔期间，顶循环抽出温度低于水露点温度时，液态水析出，进入顶循环系统换热器 E-108、E-112AB，聚集在换热器内的 NH_4Cl 盐吸收水分，形成铵盐垢下腐蚀。即使顶循环抽出温度在水露点温度以上，也不能确保顶循环油不含水，因为顶循环油会携带微量的溶解水，在温度降低时析出游离水。因此铵盐垢下腐蚀始终存在，铵盐吸收水分多少决定了垢下腐蚀的严重程度。

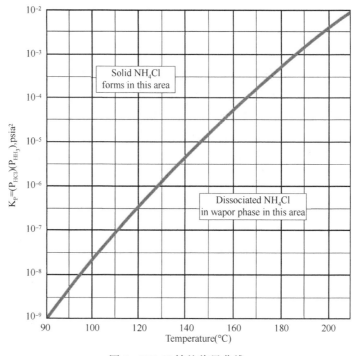

图 5　NH_4Cl 结盐临界曲线

4　总结及建议

通过操作参数分析，延迟焦化装置在 2011—2015 年运行周期，分馏塔顶循环抽出温度低，焦炭塔换塔期间，最低降至 93℃。通过 Aspen HYSYS 对焦化分馏塔顶油气系统模拟，发现换塔期间分馏塔顶油气水露点温度为 103.6℃，在分馏塔顶循环集油箱，靠近液相的气相区会发生水蒸气冷凝，析出液态水，形成电解质水溶液。模拟了电解质水溶液的组成，H_2S 及 HS^- 浓度较高，Cl^- 浓度较低，腐蚀类型可按单独的湿硫化氢腐蚀考虑。电解质水溶液进入顶循环系统后，因顶循环系统换热器 E-108、E-112AB 管束均为碳钢材质，会发生湿硫化氢腐蚀，导致管束的运行周期缩短。

模拟核算分馏塔顶油气 NH_3 和 HCl 分压的乘积 Kp，根据 NH_4Cl 结盐临界曲线查得 NH_4Cl 结盐温度为 135℃，NH_4Cl 盐随顶循环油进入顶循环系统换热器 E-108、E-112AB，形成铵盐垢下腐蚀。

为减轻分馏塔顶循环系统换热器的腐蚀，建议将分馏塔顶循环抽出温度控制在 130℃以上，在焦炭塔换塔期间温度务必高于油气水露点温度，防止顶循环油带明水。

参 考 文 献

[1] 汪燮卿. 中国炼油技术[M]. 北京：中国石化出版社，2021：1743-1746.

[2] 单广斌，迟立鹏，李贵军，等. 黑水环境中氯离子浓度对不锈钢应力腐蚀开裂敏感性的影响[J]. 腐蚀与防护，2019，40(11)：796-798.

[3] 李志强. 原油蒸馏工艺与工程[M]. 北京：中国石化出版社，2010：1191.

[4] 刘博昱，沙风生. 304 不锈钢在 NaCl 三元驱油剂中的腐蚀行为研究[J]. 油气田地面工程，2018，37(12)：76-79.

[5] 徐春明，杨朝合. 石油炼制工程[M]. 北京：石油工业出版社，2022：30-34.

[6] 瞿国华. 延迟焦化工艺与工程[M]. 北京：中国石化出版社，2017：109.

[7] 樊秀菊，朱建华，宋海峰，等. 原油/馏分油中氯的分布规律[J]. 辽宁石油化工大学学报，2009，29(4)：39-42.

[8] 杨涛，孙艳朋，翟志清，等. 延迟焦化装置分馏塔腐蚀原因分析及改进措施[J]. 石油炼制与化工，2013，44(3)：75-78.

[9] 高立兵，吕中原，索寒生，等. 石油化工流程模拟软件现状与发展趋势[J]. 化工进展，2021，40(S2)：1-14.

[10] 王海博，李云，欧阳文彬，等. Aspen Plus 模拟预测常压塔顶冷凝系统露点及 pH 值[J]. 石油学报（石油加工），2018，34(3)：629-633.